Springer-Lehrbuch

Springer

Berlin
Heidelberg
New York
Barcelona
Budapest
Hongkong
London
Mailand
Paris
Santa Clara
Singapur
Tokio

Michael H.W. Hoffmann

Hochfrequenztechnik

Ein systemtheoretischer Zugang

Mit 299 Abbildungen

Springer

Prof. Dr. Michael H.W. Hoffmann
Universität Ulm
Abt. Mikrowellentechnik
Albert-Einstein-Allee 41
89069 Ulm

Die Deutsche Bibliothek - CIP-Einheitsaufnahme
Hoffmann, Michael:
Hochfrequenztechnik: ein systemtheoretischer Zugang / Michael H.W. Hoffmann
Berlin; Heidelberg; New York; Barcelona; Budapest; Hongkong; London;
Mailand; Paris; Santa Clara; Singapur; Tokio: Springer 1997
(Springer-Lehrbuch)
ISBN 3-540-61667-5

ISBN 3-540-61667-5 Springer-Verlag Berlin Heidelberg New York

Einband-Entwurf: Meta design, Berlin
Satz: Reproduktionsfertige Vorlage des Autors
SPIN: 10548474 62/3021 - Gedruckt auf säurefreiem Papier

Meiner lieben Frau
Petra
gewidmet

Vorwort

Hochfrequenztechnik ist eines der Gebiete der Elektrotechnik, das auf Grund des wirtschaftlichen Wachstums in Mobilfunk, Satellitenfunk und anderen Anwendungen für den angehenden Ingenieur der Elektrotechnik interessante Berufsperspektiven anbietet. Für den bereits im Berufsleben stehenden Ingenieur wächst der Bedarf, hochfrequenztechnische Methoden auch in Teilgebieten der Elektrotechnik einzusetzen, die auf einen ersten Blick wenig mit den klassischen Anwendungsgebieten der Hochfrequenztechnik zu tun haben. So läßt sich beispielsweise ein schnelles Rechnernetzwerk nur noch optimieren, wenn Phänomene der Wellenausbreitung auf Leitungen berücksichtigt werden.

Die Hochfrequenztechnik stand jedoch lange Zeit in dem Ruf, eine ausgesprochene Spezialistensache zu sein. Der Grund dafür war, daß noch bis in die sechziger Jahre in der Ausbildung zur Hochfrequenztechnik eine große Lücke zwischen der praktischen Anwendung durch den Ingenieur und dem Fortschritt der theoretischen Entwicklung klaffte, welche eine Domäne der Physik war.

In den letzten Jahren hat sich jedoch ein Wandel vollzogen. So hat sich die mathematische Ausbildung der Ingenieure entscheidend verbessert. Dank des Fortschrittes in den theoretischen Grundlagen der Hochfrequenztechnik können heute viele Zusammenhänge, welche früher nur dem Feldtheoretiker erklärlich waren, auch ohne den Einsatz feldtheoretischer Methoden verständlich dargestellt werden.

Das vorliegende Buch entstand aus dem Wunsch, diese Fortschritte einer grösseren Leserschaft zugänglich zu machen. Aufbau und Stoffauswahl tragen dem Umstand Rechnung, daß sich nicht jeder Ingenieur der Elektrotechnik auch auf dem Gebiet der Hochfrequenztechnik spezialisieren möchte. Daher wird hier der Versuch unternommen, mit systemtheoretischen Methoden denjenigen Stoff aufzubereiten, mit dem praktisch jeder Ingenieur in Berührung kommt, der sich in der einen oder anderen Weise mit der Übertragung von Information durch Systeme der Hochfrequenztechnik auseinanderzusetzen hat. Dies beinhaltet insbesondere die Behandlung einfachster Wellentypen auf bestimmten Leitungen, die Eigenschaften von passiven und aktiven Wellen-N-Toren, wie etwa Filtern und linearen Verstärkern der HF-Technik, Rauscheigenschaften von HF-Systemen und von Mischern und Frequenzumsetzern.

Da es die Absicht dieses Buches ist, dem Leser den systemtheoretischen Zugang zur Hochfrequenztechnik näherzubringen, wird darauf verzichtet, eine möglichst große Vielfalt von Schaltungen zusammenzustellen. Aus dem gleichen Grund werden auch feldtheoretische Methoden nicht weiter abgehandelt. Für eine

Vertiefung in diesen interessanten Teilgebieten der Hochfrequenztechnik soll auf die Literatur verwiesen werden.

Das Buch ist so aufgebaut, daß möglichst wenig spezielles Wissen aus anderen Fachgebieten vorausgesetzt wird. Daher werden die benötigten mathematischen Verfahren teils kurz und ergebnisorientiert wiederholt, teils ausführlicher hergeleitet. Bei einem ersten Durcharbeiten des Buches können diese Herleitungen übergangen werden. Sie sollten aber bei einer zweiten, dringend empfohlenen Durchsicht nachgearbeitet werden. Mathematische Zusammenhänge, die über das empfehlenswerte Grundwissen hinausgehen, und Formelsammlungen werden in Anhängen dargestellt.

Basis aller Ausführungen dieses Buches ist die Tatsache, daß Information in hochfrequenztechnischen Systemen mit Hilfe von Wellen transportiert wird. Auch wenn der Wellencharakter dieses Mechanismus nicht immer offensichtlich ist, kann doch mit Hilfe der darauf beruhenden Beschreibungsmethode mittels Amplituden komplexer (skalarer) Wellen ein außerordentlich wirksamer und dennoch einfacher Formalismus zur Behandlung von Systemen der Hochfrequenztechnik hergeleitet werden. Die Herleitung dieses Formalismus und von darauf basierenden Arbeitstechniken ist der wesentliche Inhalt der ersten zehn Kapitel dieses Buches. Die Kapitel 11 bis 17 befassen sich mit Anwendungen auf Systeme und Subsysteme. Daher wird empfohlen, vor einer Durchsicht dieser Kapitel wenigstens die Kapitel 5 bis 10 durchzuarbeiten.

In dieses Lehrbuch ist eine Reihe kritischer Beiträge von Studenten, Mitarbeitern und Kollegen eingeflossen, denen ich an dieser Stelle ausdrücklich danken möchte. Namentlich sollen hier insbesondere die Herren Dipl.-Ing. Thomas Michael, Dipl.-Ing. Jörg Gustrau und Gewert Liszkowski (†) erwähnt werden.

Meinen ganz besonderen Dank möchte ich aber meiner lieben Frau Petra aussprechen, die auf viele gemeinsame Stunden verzichten mußte und mir dennoch immer mit viel Verständnis familiären Rückhalt gegeben hat.

Ulm, im Frühjahr 1997 Michael H.W. Hoffmann

Inhaltsverzeichnis

1 Einführung

Eine systemtheoretische Einführung in die Hochfrequenztechnik sollte sinnvollerweise auf Wellenbetrachtungen basieren. Warum dies so ist, und welche Konsequenzen dies für Aufgabenstellung und Abgrenzung der Hochfrequenztechnik gegen andere Gebiete der Elektrotechnik hat, wird nachfolgend ausgeführt.

1.1 Historischer Vorspann

Am 27. Mai 1844 nahm Samuel Morse[1] die erste Telegraphenlinie zwischen Washington und Baltimore in Betrieb. Bei dem dafür erforderlichen Einsatz langer Leitungen stellte sich heraus, daß die zur Telegraphie benutzten Morsezeichen – das sind im modernen Sprachgebrauch Rechteckpulse unterschiedlicher Dauer – nicht nur stark verformt, sondern auch teilweise zeitverzögert reflektiert wurden.

Die auf dieser Erkenntnis beruhenden Arbeiten von William Thomson, dem späteren Lord Kelvin[2], und insbesondere von Oliver Heaviside[3] waren der Beginn der modernen leitungsgebundenen Hochfrequenztechnik.

In den Jahren 1886 bis 1888 gelangen dann Heinrich Hertz[4] Erzeugung und Nachweis der elektromagnetischen Funkwellen auf der Basis der Maxwellschen Theorie. Damit wurde die drahtlose Hochfrequenztechnik begründet.

Der Leitungstheorie und der Theorie der Funktechnik ist gemeinsam, daß Information und Leistung mittels elektromagnetischer Wellen transportiert werden. Zum Verständnis der Hochfrequenztechnik ist daher ein tieferes Verständnis der Wellenphänomene notwendig.

Oliver Heaviside entwickelte deshalb zur Lösung der dabei auftretenden partiellen Differentialgleichungen das nach ihm benannte Operatorenkalkül, welches

---

[1] Samuel Finley Breeze Morse, 1791–1872, Professor für Malerei und Bildhauer in New York, Erfinder des Morsetelegraphen.

[2] William Lord Kelvin of Largs, vormals William Thomson, 1824–1907, britischer Physiker.

[3] Oliver Heaviside, 1850–1925, zunächst Telegraphist, später Privatgelehrter; erwarb sich seine mathematischen und physikalischen Kenntnisse als Autodidakt.

[4] Heinrich Rudolf Hertz, 1857–1894, deutscher Physiker, wies erstmals die Existenz von Funkwellen nach.

lange Zeit insbesondere wegen seiner damals noch fehlenden exakten mathematischen Grundlagen angefeindet wurde.

Inzwischen liegen aber dank weitgehender Ausarbeitungen der Theorie der Funktionaltransformationen, zu denen die Fourier- und die Laplacetransformation gehören, und des Mikusińskischen Operatorenkalküls[1] späte Rechtfertigungen der Heavisideschen Theorie vor. Damit ist es möglich, eine mathematisch saubere Begründung der Leitungstheorie zu geben.

Auf den gleichen Methoden aufbauend wurde eine fundierte Theorie zur Lösung der Maxwellschen Gleichungen unter den für die technische Praxis relevanten Randbedingungen geschaffen.

Damit ist die Hochfrequenztechnik heute theoretisch gut untermauert. Aus der Kenntnis dieser Theorie konnten Verfahren und Hilfsmittel entwickelt werden, welche insbesondere bei der Erklärung der leitungsgebundenen Phänomene weitgehend ohne Anwendung der Feldtheorie auskommen.

1.2 Themenstellung der Hochfrequenztechnik

Hochfrequenztechnik (HF-Technik) befaßt sich mit denjenigen Aufgabenstellungen, die bei der Durchführung des Transports von Information und Leistung mittels schnell veränderlicher elektromagnetischer Felder auftreten.

Im Unterschied dazu faßt man Informations- und Leistungstransportphänomene, die quasistationär beschrieben werden können, bei denen also die Verkopplung elektrischer und magnetischer Felder vergleichsweise von untergeordneter Bedeutung ist, unter dem Begriff Niederfrequenztechnik (NF-Technik) zusammen.

Die Grenze zwischen NF- und HF-Technik ist fließend. Als Faustregel gilt: überall dort, wo physikalische Abmessungen größer oder gleich einer zehntel Wellenlänge sind, wo also Wellenausbreitung eine Rolle spielt, muß mit Methoden der HF-Technik gearbeitet werden. Zwei Beispiele sollen dies erläutern.

- Bei 1 MHz, das ist eine Frequenz des Rundfunk-Mittelwellenbereiches, ist die Freiraumwellenlänge $\lambda = 300$ m. Hier werden gerade die Welleneigenschaften zur Rundfunkübertragung ausgenutzt. Dagegen werden Wellenphänomene bei dieser Frequenz auf einem Siliziumchip mit einer Ausdehnung von einigen mm sicher unbedeutend sein.
- Bei 10 GHz ist die Freiraumwellenlänge $\lambda = 3$ cm. Im Inneren von Galliumarsenid, einem wichtigen Halbleitermaterial, ist die Wellenlänge einer ebenen Welle sogar nur ca. 1 cm. Damit sind real vorkommende Leitungslängen von einigen mm nicht mehr als sehr klein gegenüber einer Wellenlänge anzusehen.

---

[1] Mikusiński, Jan, 1913–1987, polnischer Mathematiker, begründete eine konsistente Operatorentheorie.

Für die Beherrschung der Probleme, die bei der Ausbreitung von Wellen auf Leitungen entstehen, ist die Kenntnis einer Reihe von Methoden und Techniken nötig, die in diesem Buch vermittelt werden sollen.

1.3 Frequenzbereiche und Wellenlängen

Systeme und Meßmittel der HF-Technik unterscheiden sich oftmals je nach Grössenordnung der Wellenlängen und nach den Medien, in denen sich die Wellen ausbreiten. Daher ist eine Einteilung in Wellenlängenbereiche üblich. Die nachfolgende Tabelle gibt eine Übersicht über die durch internationale Vereinbarungen geregelten Einteilungen [1.1].

Tabelle 1.1. Zuordnung von Bandbezeichnungen und Frequenzen

Bereichs-Nummer	Frequenzbereich in Hz	Wellenlänge in m	Name (deutsch)	Name (englisch)	Abk.
1	$3\cdot10^0 \ldots 3\cdot10^1$	$10^8 \ldots 10^7$		extremely low	ELF
2	$3\cdot10^1 \ldots 3\cdot10^2$	$10^7 \ldots 10^6$		frequency	
3	$3\cdot10^2 \ldots 3\cdot10^3$	$10^6 \ldots 10^5$	Hektokilometerwellen	ultra low frequency	ULF
4	$3\cdot10^3 \ldots 3\cdot10^4$	$10^5 \ldots 10^4$	Myriameterwellen, Längstwellen	very low frequency	VLF
5	$3\cdot10^4 \ldots 3\cdot10^5$	$10^4 \ldots 10^3$	Kilometerwellen, Langwellen	low frequency	LF
6	$3\cdot10^5 \ldots 3\cdot10^6$	$10^3 \ldots 10^2$	Hektometerwellen, Mittelwellen	medium frequency	MF
7	$3\cdot10^6 \ldots 3\cdot10^7$	$10^2 \ldots 10^1$	Dekameterwellen, Kurzwellen	high frequency	HF
8	$3\cdot10^7 \ldots 3\cdot10^8$	$10^1 \ldots 10^0$	Meterwellen, Ultrakurzwellen	very high frequency	VHF
9	$3\cdot10^8 \ldots 3\cdot10^9$	$10^0 \ldots 10^{-1}$	Dezimeterwellen	ultra high frequency	UHF
10	$3\cdot10^9 \ldots 3\cdot10^{10}$	$10^{-1} \ldots 10^{-2}$	Zentimeterwellen, Mikrowellen	super high frequency	SHF
11	$3\cdot10^{10} \ldots 3\cdot10^{11}$	$10^{-2} \ldots 10^{-3}$	Millimeterwellen	extremely high frequency	EHF
12	$3\cdot10^{11} \ldots 3\cdot10^{12}$	$10^{-3} \ldots 10^{-4}$	Mikrometerwellen		

Koordinierendes Gremium für diese Vereinbarungen ist eine Unterorganisation der Vereinten Nationen, die International Telecommunication Union (ITU)[1].

Die nachfolgende Abbildung zeigt einen Überblick über Wellenlängen und Frequenzbereiche in einem größeren Ganzen. Die in der Hochfrequenztechnik üblichen Frequenzen liegen entsprechend den Empfehlungen der ITU [1.2] unterhalb von 3000 GHz, das entspricht Wellenlänge von größer 0,1 mm. Man spricht dabei von Funkwellen (engl.: radio waves)

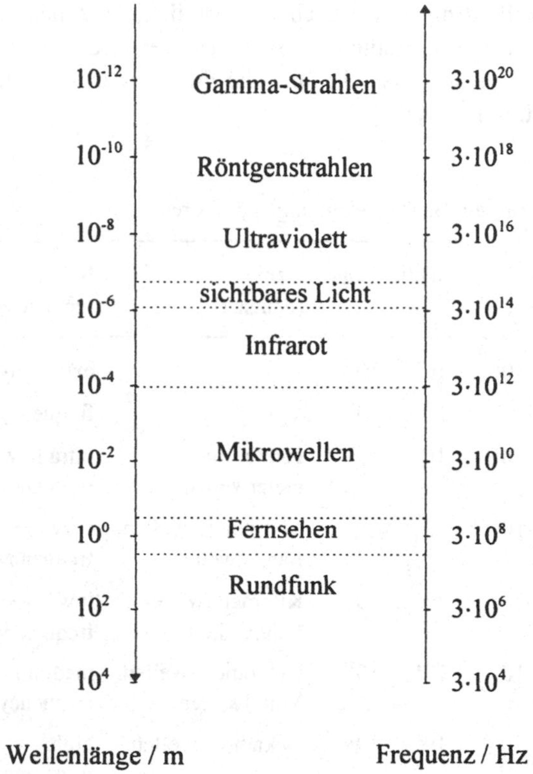

Abb. 1.1 : Einordnung der Funkwellen in den Bereich elektromagnetischer Strahlung

[1] Sitz der ITU ist Genf. Geschäftssprache ist daher neben Englisch auch Französisch (und Spanisch). Man findet deswegen häufig auch die Bezeichnung Union Internationale des Télécommunications (UIT).

2 Mathematische Hilfsmittel der HF-Technik (I): Fourier-Reihen und Integral-Transformationen

Zum Verständnis wesentlicher Phänomene der Hochfrequenztechnik benötigt man eine Vielzahl mathematischer Hilfsmittel, die mehr und mehr in die moderne Ausbildung des Ingenieurs einfließen. Hierzu zählen insbesondere die Fourierreihenentwicklung[1], die Näherung nichtperiodischer Funktionen durch trigonometrische Reihen, die Fouriertransformation und die Laplacetransformation[2], welche in den nachfolgenden Kapiteln unverzichtbare Grundlage der theoretischen Ausführungen sein werden.

In diesem Kapitel werden daher die wichtigsten Eigenschaften der genannten Hilfsmittel kurz wiederholend abgehandelt. Für tiefergehende Abhandlungen der Theorie wird auf die mathematische Spezialliteratur [2.1]...[2.3] verwiesen.

2.1 Fourierreihen

Warum für den Ingenieur der Elektrotechnik die Fourierreihenentwicklung unverzichtbares Hilfsmittel zur Beschreibung periodischer Funktionen geworden ist, kann man am besten an Hand eines aus dem Berufsalltag stammenden Beispiels demonstrieren.

Beispiel 2.1 : (Taktsignale)

Moderne Prozessoren der Digitaltechnik arbeiten mit Taktsignalen bis zu einigen hundert MHz Taktfrequenz. Die idealisierten Taktsignale können als

$$u_{CP}(t) = \hat{u}\,\mathrm{sgn}\big(\sin(\omega_{CP}\,t + \varphi_{CP})\big) + u_{=} \tag{2.1}$$

beschrieben werden. Mit Hilfe geeigneter Oszilloskope kann beobachtet werden, daß die von einem hochwertigen Taktsignalgenerator erzeugten Signale, die unter Nennbelastung noch sehr gut der idealisierten Form von Gleichung (2.1) entsprechen, nach Durchgang durch Tiefpässe ihre Form stark verändern. Dies wird in Abb. 2.1 beispielhaft illustriert.

---

[1] Benannt nach dem französischen Mathematiker und Physiker Jean Baptiste Joseph de Fourier, 1768–1830, einem der Begründer der mathematischen Physik.

[2] Benannt nach dem französischen Mathematiker und Physiker Pierre Simon Laplace, 1749–1827, der bedeutende Beiträge zu Mathematik, Physik und Astronomie leistete.

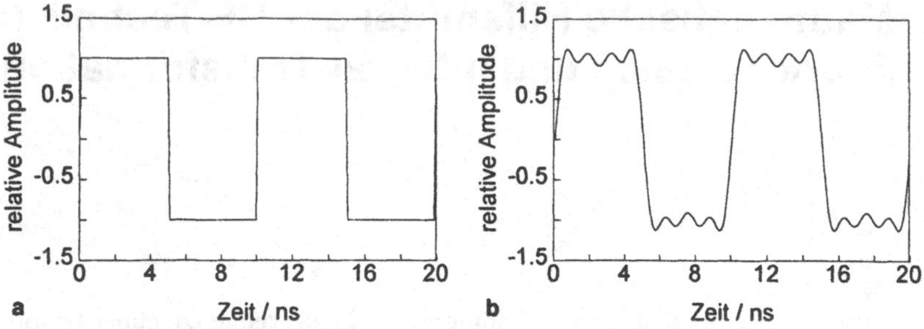

Abb. 2.1 : Rechtecksignal mit Pulsfolgefrequenz 100 MHz; **a** in ungefilterter Form, **b** nach Tiefpaßfilterung mit Tiefpaßgrenzfrequenz 800 MHz

Statt Pulsflanken mit unendlicher Steilheit sind nach Filterung nur endlich steile Flanken vorhanden. Außerdem beinhaltet die gefilterte Kurve „Über- und Unterschwinger" (engl.: overshoot), also eine vorher nicht vorhandene „Welligkeit" (engl.: ripple).

Eine einfache Erklärung dieses Phänomens wird ermöglicht, wenn es gelingt, die periodische Rechteckfunktion als beliebig genaue Überlagerung einfacher harmonischer Funktionen darzustellen. In der Tat gilt:

$$\begin{aligned} u_{CP}(t) &= \hat{u}\,\mathrm{sgn}\big(\sin(\omega_{CP}\,t+\varphi_{CP})\big)+u_= \\ &\approx \frac{4\,\hat{u}}{\pi}\sum_{i=1}^{\infty}\frac{1}{2i-1}\sin\big((2i-1)(\omega_{CP}\,t+\varphi_{CP})\big)+u_= =: u_F(t) \quad . \end{aligned} \tag{2.2}$$

Die Näherung u_F entsprechend Gleichung (2.2) stimmt bis auf differentiell kleine Umgebungen der Sprungstellen t_k der Rechteckfunktion u_{CP} mit dieser überein. An letzteren nimmt u_F den Wert $[u(t_k-0)+u(t_k+0)]/2 = u_=$ an.

Das Tiefpaßfilter unterdrückt die höheren Summenterme und es verbleibt eine Überlagerung von sinus-Funktionen. Diese ist in Abb. 2.1 für den Fall dargestellt, daß nur die Schwingungen mit den Frequenzen 100, 300, 500 und 700 MHz das Filter passieren können. ♦

Aus dem Beispiel können zwei für die Hochfrequenztechnik wesentliche Schlüsse gezogen werden:

1. Periodische Signale können (unter gewissen mathematischen Einschränkungen, die in der technischen Praxis fast immer gegeben sind) durch eine unendliche Summe harmonischer Funktionen dargestellt werden, welche eine einfache Interpretation von Filtervorgängen ermöglicht.
2. Ein periodisches Signal enthält möglicherweise Signalanteile mit wesentlich höheren Frequenzen als der Periodenwiederholfrequenz.

Die Zerlegung eines periodischen Signals in eine Reihe aus harmonischen Funktionen ist die bekannte *Fourierreihenentwicklung*. Sie entsteht aus der Absicht, die stückweise stetige, periodische Funktion $f(x)$ mit der Periodenlänge

$$L = P \cdot 2\pi \tag{2.3}$$

möglichst gut durch den Summenansatz

$$f_F(x) = \frac{A_0}{2} + \sum_{n=1}^{N} A_n \cos\left(\frac{nx}{P}\right) + \sum_{n=1}^{N} B_n \sin\left(\frac{nx}{P}\right) \tag{2.4}$$

zu approximieren. Als Gütekriterium für erfolgreiche Approximation gilt dabei, daß die Differenz zwischen Funktion und Näherung pro Periode möglichst kleine Leistung trägt. Damit ist eine Minimalwertaufgabe bezüglich der zunächst noch unbekannten Entwicklungsgrößen A_n und B_n zu lösen, die auf das Ergebnis

$$A_n = \frac{1}{\pi P} \int_{x_0}^{x_0+2\pi P} f(x) \cos\left(\frac{nx}{P}\right) dx \quad \text{für} \quad n = 0,1,2,\dots,N \quad , \tag{2.5}$$

$$B_n = \frac{1}{\pi P} \int_{x_0}^{x_0+2\pi P} f(x) \sin\left(\frac{nx}{P}\right) dx \quad \text{für} \quad n = 0,1,2,\dots,N \tag{2.6}$$

führt. Dabei ist x_0 ein beliebiger Urbildwert der Funktion f. Durch Grenzübergang $N \to \infty$ erhält man die gesuchte Fourierreihendarstellung.

Durch Umformung folgt die alternative Darstellung

$$f_F(x) = \frac{\hat{u}_0}{2} + \sum_{n=1}^{N} \hat{u}_n \cos\left(\frac{2\pi n x}{L} + \varphi_n\right) \tag{2.7}$$

mit

$$\hat{u}_n = \sqrt{A_n^2 + B_n^2} \quad , \quad \varphi_n = \begin{cases} -\arctan\dfrac{B_n}{A_n} & \text{falls } A_n \geq 0 \\ \pi - \arctan\dfrac{B_n}{A_n} & \text{falls } A_n < 0 \end{cases} . \tag{2.8}$$

Zu einer dritten, sehr nützlichen Formulierung gelangt man durch Anwendung der Eulerschen Relation auf Gleichung (2.4):

$$f_F(x) = \frac{A_0}{2} + \sum_{n=1}^{N} \left(\frac{A_n}{2} + \frac{B_n}{2j}\right) e^{j\left(\frac{nx}{P}\right)} + \sum_{n=1}^{N} \left(\frac{A_n}{2} - \frac{B_n}{2j}\right) e^{-j\left(\frac{nx}{P}\right)} . \tag{2.9}$$

Mit der Definition

$$C_n = \frac{1}{2\pi P} \int_{x_0}^{x_0+2\pi P} f(x)\, e^{-jnx/P}\, dx \quad \text{für} \quad n = -N,\dots,N \tag{2.10}$$

folgt daher

$$f_F(x) = C_0 + \sum_{n=1}^{N} C_n\, e^{j\left(\frac{nx}{P}\right)} + \sum_{n=1}^{N} C_{-n}\, e^{-j\left(\frac{nx}{P}\right)} \tag{2.11}$$

oder

$$f_F(x) = \sum_{n=-N}^{N} C_n\, e^{j\left(\frac{nx}{P}\right)} \tag{2.12}$$

Unter der Voraussetzung, daß die Funktion f über ein Periodenintervall betragsintegrabel und beschränkt ist, kann gezeigt werden, daß die Fourierreihe f_F bis auf die Sprungstellen der Funktion f punktweise gegen die Funktionswerte f konvergiert (siehe [2.1]).

2.2 Trigonometrische Approximation nichtperiodischer Funktionen

Auch nichtperiodische Funktionen können innerhalb eines vorzugebenden Intervalls durch trigonometrische Funktionen genähert werden. Dies ist immer dann sinnvoll, wenn man Näherungsaussagen über die in einer Funktion enthaltenen Spektralkomponenten gewinnen möchte. In diesem Buch wird die trigonometrische Näherung insbesondere für Leistungsbetrachtungen benötigt werden.

Beispiel 2.2 : (Digitale Signale)

Digitalsignale können als Überlagerungen von Pulsen der Form

$$u_P(t) = \mathrm{rect}\left(\frac{t}{T}\right) = \begin{cases} 1 & \text{falls} \quad |t| < T/2 \\ 1/2 & \text{falls} \quad |t| = T/2 \\ 0 & \text{sonst} \end{cases} \tag{2.13}$$

aufgefaßt werden. Auch hier würde man gerne wissen, wie sich ein solcher Puls bei Durchgang durch ein Filter verändert. Gesucht ist daher eine Näherung dieser Funktion durch eine trigonometrische Reihe. Eine Fourierreihenentwicklung ist in diesem Fall aber nicht möglich, da der Puls nicht periodisch ist. ♦

Zur Lösung des Problems macht man sich zu Nutze, daß für technische Zwecke eine Funktion g immer nur innerhalb eines gewissen Meß- oder Beobachtungsintervalls interessiert.

Sei also $g(x)$ im *Beobachtungsintervall* $(x_0, x_0 + L)$ eine stückweise stetige, betragsintegrable Funktion, welche durch eine trigonometrische Reihe genähert werden soll. Daraus läßt sich eine periodische Funktion f konstruieren, welche innerhalb des Beobachtungsintervalls exakt mit der zu nähernden Funktion g übereinstimmen soll. Eine von vielen Möglichkeiten, eine solche Funktion f zu bilden, ist die *periodische Fortsetzung* von g über das Beobachtungsintervall hinaus:

$$f(x) := g(x - m\,L) \quad \text{falls} \quad x \in \left[x_0 + m\,L, x_0 + (m+1)\,L\right) \quad \text{für} \quad m \in \mathbb{Z} \tag{2.14}$$

Dann wird durch

$$g_F(x) = \frac{A_0}{2} + \sum_{n=1}^{N} A_n \cos\left(\frac{2\pi\,n\,x}{L}\right) + \sum_{n=1}^{N} B_n \sin\left(\frac{2\pi\,n\,x}{L}\right) \tag{2.15}$$

mit

$$A_n = \frac{2}{L} \int_{x_0}^{x_0+L} g(x) \cos\left(\frac{2\pi\,n\,x}{L}\right) dx \quad \text{für} \quad n = 0,1,2,\ldots,N \quad , \tag{2.16}$$

$$B_n = \frac{2}{L} \int_{x_0}^{x_0+L} g(x) \sin\left(\frac{2\pi\,n\,x}{L}\right) dx \quad \text{für} \quad n = 0,1,2,\ldots,N \tag{2.17}$$

diejenige Näherungsfunktion gegeben, welche im Inneren des vorgegebenen Beobachtungsintervalls die Funktion g im Normensinne bestmöglich approximiert. Die Näherung kann durch Vergrößerung von N – bis auf die unmittelbare Umgebung der Sprungstellen – beliebig genau gemacht werden.

Beispiel 2.2 : (Fortsetzung)

Die unten stehende Abbildung 2.2 zeigt trigonometrische Näherungen für die Funktion rect (t/T) im Zeitintervall ($-5\,T$, $5\,T$) bis zu einer maximalen Frequenz von $1/2T$ bzw. von $3/2T$.

Statt eines einfachen Rechteckpulses erscheint nach Tiefpaßfilterung mit

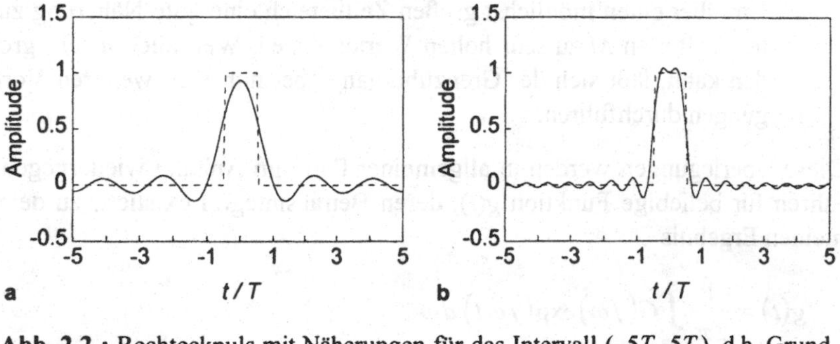

Abb. 2.2 : Rechteckpuls mit Näherungen für das Intervall ($-5T$, $5T$), d.h. Grundfrequenz $1/10T$; **a** mit maximaler Frequenz $1/2T$, **b** mit maximaler Frequenz $3/2T$

den Grenzfrequenzen $1/2T$ bzw. von $3/2T$ ein Hauptpuls mit Vor- und Nachläufern alternierenden Vorzeichens. Dieses Phänomen läßt sich in der Tat auch in der Praxis durch Messung nachweisen. Dabei ist die Genauigkeit, mit der die Rechteckpulse in den beiden Beispielgraphen durch nur 5 bzw. 15 Summanden genähert werden, bereits erstaunlich groß. ♦

Aus dem Beispiel können wieder für die Hochfrequenztechnik wesentliche Schlüsse gezogen werden:

1. Auch nichtperiodische Vorgänge lassen sich (praktisch immer) in beliebig guter Näherung als Überlagerung von Schwingungen darstellen.
2. Nichtperiodische Vorgänge können unter Umständen sehr hohe Frequenzen der sie beschreibenden Schwingungen beinhalten.

2.3 Fouriertransformation

Durch eine Grenzbetrachtung von trigonometrischen Näherungen nichtperiodischer Funktionen gelangt man zu der Fouriertransformation, welche aus der modernen Ingenieurpraxis nicht mehr wegzudenken ist.

Diese Grenzbetrachtung macht man sich wieder mit Hilfe eines Beispieles klar.

Beispiel 2.2 : (Fortsetzung)

Der Rechteckpuls rect (t/T) soll in möglichst großer Genauigkeit dargestellt werden, um zu erfahren, bei welcher Frequenz wesentliche Schwingungsanteile im Puls vorliegen. Im Intervall $(-MT, MT)$ wird der Rechteckpuls durch die folgende trigonometrische Approximation optimal im Normensinne genähert.

$$\operatorname{rect}\left(\frac{t}{T}\right) = \frac{1}{2M} + \frac{2}{\pi}\sum_{n=1}^{\infty}\frac{1}{n}\sin\left(\frac{\pi n}{2M}\right)\cos\left(\frac{\pi n t}{MT}\right) \quad . \tag{2.18}$$

Um über einen möglichst großen Zeitbereich eine gute Näherung zu erhalten, läßt man M zu sehr hohen Werten gehen. Weil auch n sehr groß werden kann, läßt sich der Grenzübergang aber nur nach weiteren Vorüberlegungen durchführen. ♦

Diese Überlegungen werden in allgemeiner Form im Anhang wiedergegeben. Sie führen für beliebige Funktion $g(t)$, deren Betragsintegral existiert, zu dem allgemeinen Ergebnis

$$g(t) = \frac{1}{2\pi}\int_{-\infty}^{\infty} G(j\omega)\exp(j\omega t)\,d\omega \tag{2.19}$$

mit

$$G(j\omega) = \int_{-\infty}^{\infty} g(t)\exp(-j\omega t)\,dt \quad . \tag{2.20}$$

Dieser Zusammenhang ist unter dem Namen *Fouriertransformation* bekannt. G heißt auch *(Leistungs-) Spektrum* der Funktion g. In Anhang A sind die wesentlichsten Eigenschaften der Fouriertransformation zusammengefaßt.

Man kann die Fouriertransformierte G auch als Abbildung der Funktion g betrachten. Will man diesen Zusammenhang hervorheben, dann ist die Schreibweise

$$G(j\omega) = \mathfrak{F}_{t\to\omega}\{g(t)\} \quad , \tag{2.21}$$

$$g(t) = \mathfrak{F}^{-1}_{\omega\to t}\{G(j\omega)\} \tag{2.22}$$

zu bevorzugen. Der Bildbereich der Funktionen G heißt dann *Spektralbereich* und in dem speziellen Fall, daß t die Zeit ist, *Frequenzbereich*. In diesem Fall heißt ω *Kreisfrequenz*.

Die Anwendung der Fouriertransformation ist bei linearen Funktionalzusammenhängen sehr vorteilhaft. Insbesondere wird die Behandlung von linearen Differentialgleichungen durch sie stark vereinfacht. Es gilt nämlich für die Fouriertransformierte der zeitlichen Ableitung einer Funktion $g(t)$

$$\begin{aligned} \mathfrak{F}_{t\to\omega}\{\dot g(t)\} &= \int_{-\infty}^{\infty} \dot g(t)\exp(-j\omega t)\,dt \\ &= \left[g(t)\exp(-j\omega t)\right]_{t=-\infty}^{\infty} + j\omega \int_{-\infty}^{\infty} g(t)\exp(-j\omega t)\,dt \quad . \end{aligned} \tag{2.23}$$

Da man für g Existenz des Betragsintegrals voraussetzen muß, verschwindet der Betrag von g im Unendlichen und es folgt:

$$\mathfrak{F}_{t\to\omega}\{\dot g(t)\} = j\omega\, G(j\omega) \quad . \tag{2.24}$$

Die zeitliche Ableitung der Zeitfunktion geht also im Fourierbildbereich über in eine Multiplikation mit $j\omega$. Den Vorteil dieser Operation demonstriert das folgende Beispiel.

Beispiel 2.3 : (Übertragungsfunktion eines RC-Tiefpasses)

Es sei ein einfaches RC-Tiefpaßfilter entsprechend der Schaltung nach Abb. 2.3 gegeben. Im Zeitbereich gilt:

$$u_{ein}(t) = R\,i(t) + u_{aus}(t) \quad , \tag{2.25}$$

$$q(t) = C\,u_{aus}(t) \quad . \tag{2.26}$$

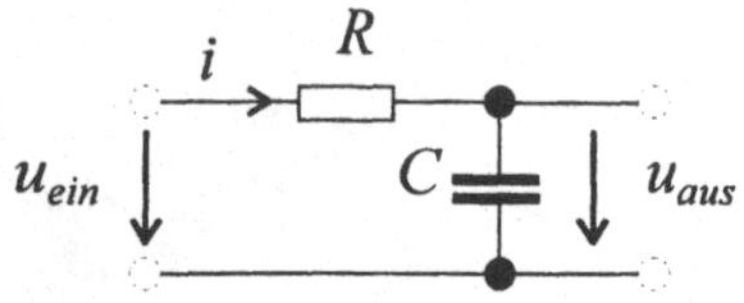

Abb. 2.3 : Einfacher RC-Tiefpaß

Durch zeitliche Ableitung folgt aus der letzten Gleichung der Strom durch den Kondensator:

$$i(t) = C\,\dot{u}_{aus}(t) \quad . \tag{2.27}$$

Durch Fouriertransformation der Gleichungen (2.25), (2.27) erhält man

$$U_{ein}(j\omega) = \mathfrak{F}_{t\to\omega}\{u_{ein}(t)\} = R\,I(j\omega) + U_{aus}(j\omega) \quad , \tag{2.28}$$

$$I(j\omega) = \mathfrak{F}_{t\to\omega}\{i(t)\} = \mathfrak{F}_{t\to\omega}\{C\,\dot{u}_{aus}(t)\} = j\omega\,C\,U_{aus}(j\omega) \quad . \tag{2.29}$$

Es ist also

$$\frac{U_{aus}(j\omega)}{U_{ein}(j\omega)} = \frac{1}{1 + j\omega\,R\,C} \quad . \tag{2.30}$$

Für das Verhältnis der Fouriertransformierten von Eingangs- und Ausgangsspannung gilt also das gleiche Ergebnis wie für das Verhältnis der komplexen Zeiger bei Ansteuerung durch genau eine harmonische Eingangsspannung mit Kreisfrequenz ω. Für die Urbilder der Fouriertransformierten war aber im Zeitbereich *nicht vorausgesetzt* worden, daß harmonische Signale vorliegen.

Die Lösung der zeitlichen Differentialgleichung des Beispiels wird offenbar auf die Lösung einer algebraischen Gleichung im Fourierbildbereich zurückgeführt. Durch anschließende Rücktransformation erhält man die Lösung im Zeitbereich. Die Ausgangsspannung des untersuchten Tiefpasses ist

$$u_{aus}(t) = \mathfrak{F}^{-1}_{\omega\to t}\{U_{aus}(j\omega)\} = \frac{1}{RC}\,e^{-\frac{t}{RC}} \int_{-\infty}^{t} u_{ein}(\tau)\,e^{\frac{\tau}{RC}}\,d\tau \quad . \tag{2.31}$$

Der Beweis mit Hilfe des Verschiebungssatzes und des Integrationssatzes der Fouriertransformation wird als Übungsaufgabe empfohlen. Die beiden Sätze sind in Anhang A zu finden. Ein Vergleich mit der ursprünglichen Differentialgleichung

$$u_{ein}(t) = R\,C\,\dot{u}_{aus}(t) + u_{aus}(t) \tag{2.32}$$

zeigt, daß die gefundene Lösung gerade eine spezielle Lösung der inhomogenen Differentialgleichung ist. Für die vollständige Lösung würde noch die Überlagerung der allgemeinen Lösung der homogenen Differentialgleichung benötigt. ◆

Lineare zeitinvariante Systeme werden im Zeitbereich durch lineare Differentialgleichungen und lineare algebraische Gleichungen beschrieben. Diese gehen durch Fouriertransformation in ein lineares Gleichungssystem für die gesuchte Ausgangsgröße $G_{aus}(j\omega)$ in Abhängigkeit von der Eingangsgröße $G_{ein}(j\omega)$ über. Daher läßt sich die Ausgangsgröße durch

$$G_{aus}(j\omega) = H(j\omega)\, G_{ein}(j\omega) \tag{2.33}$$

ausdrücken. $H(j\omega)$ heißt *eine*[1] *Übertragungsfunktion* des Systems. Im Zeitbereich gilt dann

$$g_{aus}(t) = \mathfrak{F}^{-1}_{\omega \to t}\{H(j\omega)\, G_{ein}(j\omega)\} \quad . \tag{2.34}$$

Im Fall $g_{ein}(t) = \delta(t)$ ist $G_{ein}(j\omega) \equiv 1$ und daher

$$g_{aus}(t) = \mathfrak{F}^{-1}_{\omega \to t}\{H(j\omega)\} =: h(t) \quad . \tag{2.35}$$

Man nennt deswegen $h(t)$ die *Impulsantwort* oder *Stoßantwort* des linearen zeitinvarianten Systems. Ganz offenbar ist

$$h(t) = \frac{1}{2\pi} \int_{-\infty}^{\infty} H(j\omega)\, e^{j\omega t}\, d\omega \tag{2.36}$$

und wegen des Faltungssatzes der Fouriertransformation

$$g_{aus}(t) = \int_{-\infty}^{\infty} h(t-\tau)\, g_{ein}(\tau)\, d\tau \quad . \tag{2.37}$$

Während also im Fourierbereich algebraische Gleichungen zu lösen sind, um die Ausgangsgröße zu erhalten, muß man im Zeitbereich Differentialgleichungssysteme lösen. Es ist daher einleuchtend, daß – bei linearen zeitinvarianten Systemen – eine Bearbeitung des Problems im Fourierbildbereich erheblich einfacher ist als im Zeitbereich.

Auf Grund der Tatsache, daß die zu transformierenden Funktionen betragsintegrabel sein müssen[2], können aber keine Lösungen gefunden werden, welche im Limes negativ unendlicher Werte t von 0 verschieden sind. Daher findet man mit Hilfe der Fouriertransformation immer nur spezielle Lösungen des Differential-

---

[1] Je nach dem, welche Funktion als Eingangssignal und welche als Ausgangssignal eines Systems interpretiert wird, kann es mehrere Übertragungsfunktionen geben.

[2] Siehe Anhang A.

gleichungssystems. Das Einschwingverhalten ist damit nicht immer vollständig charakterisiert. Dagegen wird das sogenannte stationäre Verhalten, das ist das Verhalten des Systems nach hinreichend langer Zeit, für den Fall asymptotisch stabiler Systeme[1] korrekt wiedergegeben.

Es soll nun für linear zeitinvariante Systeme gezeigt werden, daß die Fouriertransformierten der beteiligten Signale als Verallgemeinerungen der komplexen Zeigerschreibweise interpretiert werden können. (Der Beweis kann bei einem ersten Durchlesen übergangen werden).

Dazu wird folgendes komplexes Eingangssignal eines linear zeitinvarianten Systems mit der Übertragungsfunktion $H(j\omega)$ untersucht:

$$g_{ein}(t) = \underline{G}_{ein}(\Omega)\, e^{j\Omega t} \quad . \tag{2.38}$$

Durch Fouriertransformation erhält man daraus

$$G_{ein}(j\omega) = 2\pi\, \underline{G}_{ein}(\Omega)\, \delta(\omega - \Omega) \quad . \tag{2.39}$$

Infolgedessen ist das Ausgangssignal des Systems zu dieser Anregung im Frequenzbereich:

$$G_{aus}(j\omega) = 2\pi\, \underline{G}_{ein}(\Omega)\, \delta(\omega - \Omega)\, H(j\omega) \quad . \tag{2.40}$$

Daraus folgt durch inverse Fouriertransformation

$$\begin{aligned} g_{aus}(t) &= 2\pi\, \underline{G}_{ein}(\Omega) \frac{1}{2\pi} \int_{-\infty}^{\infty} \delta(\omega - \Omega)\, H(j\omega)\, e^{j\omega t}\, d\omega \\ &= \underline{G}_{ein}(\Omega)\, H(j\Omega)\, e^{j\Omega t} \quad . \end{aligned} \tag{2.41}$$

Demzufolge ist

$$g_{aus}(t) = g_{ein}(t)\, H(j\Omega) \quad , \quad \text{falls} \quad g_{ein}(t) = \underline{G}_{ein}(\Omega)\, e^{j\Omega t} \tag{2.42}$$

ist. Mit der Zeigerdefinition

$$\underline{G}_{aus}(\Omega) := g_{aus}(t)\, e^{-j\Omega t} \tag{2.43}$$

erhält man schließlich noch

$$\underline{G}_{aus}(\Omega) = \underline{G}_{ein}(\Omega)\, H(j\Omega) \quad , \quad \text{falls} \quad g_{ein}(t) = \underline{G}_{ein}(\Omega)\, e^{j\Omega t} \tag{2.44}$$

ist. Formal ist dies das gleiche Ergebnis wie in Gleichung (2.33). Da aber $\underline{G}_{ein}$ und $\underline{G}_{aus}$ die komplexen Amplituden von Zeigern sind, ist die Übertragungsfunktion eines linearen zeitinvarianten Systems auch als Verhältnis von komplexen Amplituden oder Zeigern zu interpretieren. ◆

---

[1] Stabilität wird hier im Sinne asymptotischer Stabilität nach Ljapunow interpretiert.

Daher werden im folgenden komplexe Zeiger, soweit nichts Gegenteiliges gesagt wird, als Fouriertransformierte aufgefaßt. Es werden dann auch, sofern keine Verwechslungsgefahr vorliegt, die Schreibweisen identisch benutzt:

$$G(j\omega) = \underline{G}(\omega) \quad . \tag{2.45}$$

Aus dem Gesagten können wieder wichtige Konsequenzen für die Hochfrequenztechnik gefunden werden:

1. Fouriertransformierte von Signalen sind Verallgemeinerungen der komplexen Zeigerschreibweise.
2. Die Anwendung der Fouriertransformation erleichtert die Beschreibung von linearen Systemen im eingeschwungenen oder stationären Zustand. Es ist hierfür lediglich die Übertragungsfunktion aufzufinden.

2.4 Laplacetransformation

Ein Nachteil der Systembeschreibung mittels Fouriertransformation ist, daß das Einschwingverhalten linearer zeitinvarianter Systeme nur unvollständig analysiert werden kann.

Beispiel 2.3 : (Fortsetzung)

Bei dem untersuchten Tiefpaß in Beispiel 2.3 soll zum Zeitpunkt $t = 0$ der Kondensator mit der Spannung u_0 aufgeladen sein.

Die Lösung der Differentialgleichung zeigt, daß sich ein exponentielles Einschwingverhalten ergibt. Damit ist die Zeitfunktion der Ausgangsspannung nicht über die gesamte Zeitachse betragsintegrabel: die Fouriertransformation wird das Einschwingverhalten nicht korrekt wiedergeben. ♦

Um dennoch mit Hilfe der Fouriertransformation zum Ziel zu gelangen, wird versucht, die mathematischen Voraussetzungen zur Anwendbarkeit der Fouriertransformation zu erzwingen. Dazu werden zwei Maßnahmen durchgeführt.

Zum einen interessiert in der Technik ohnehin nur das, was gemessen werden kann. Und Messungen müssen zu irgendeinem Zeitpunkt beginnen. Durch Transformation der Zeitachse kann man daher immer den frühesten Beginn der Überwachung eines Signals auf den Zeitpunkt $t = 0$ legen. Statt eines Signals $g(t)$ kann man somit – ohne Fehler für den Beobachtungszeitraum – das Signal

$$\tilde{g}(t) = g(t)\, \mathbb{1}^{(+)}(t) = \begin{cases} g(t) & \text{für} \quad t \geq 0 \\ 0 & \text{für} \quad t < 0 \end{cases} \tag{2.46}$$

mit der unsymmetrischen Einheitssprungfunktion

$$\mathbb{1}^{(+)}(t) = \begin{cases} 1 & \text{für} \quad t \geq 0 \\ 0 & \text{für} \quad t < 0 \end{cases} \tag{2.47}$$

untersuchen. Dadurch werden die Signalanteile, welche zu betragsmäßig großen negativen Argumenten hin zu stark anwachsen „neutralisiert".

Zu großen positiven Argumenten von t hin versucht man, Konvergenz durch einen multiplikativen Faktor $e^{-\alpha t}$ zu erzwingen.

Wenn dann

$$\int_0^\infty |g(t)|\, e^{-\alpha_0 t}\, dt \tag{2.48}$$

existiert für ein $\alpha_0 \in \mathbb{R}$, $\alpha > \alpha_0$, dann kann auch die Fouriertransformierte von

$$\hat{\hat{g}}(t) := \hat{g}(t)\, e^{-\alpha t} = g(t)\, \mathbb{1}^{(+)}(t)\, e^{-\alpha t} \tag{2.49}$$

gebildet werden. Diese ist

$$\mathfrak{F}_{t\to\omega}\left\{g(t)\, \mathbb{1}^{(+)}(t)\, e^{-\alpha t}\right\} = \int_0^\infty g(t)\, e^{-\alpha t}\, e^{-j\omega t}\, dt = \int_0^\infty g(t)\, e^{-pt}\, dt =: G(p) \tag{2.50}$$

mit

$$p := \alpha + j\omega\,. \tag{2.51}$$

Durch Anwendung der inversen Fouriertransformation wird daraus

$$g(t)\, \mathbb{1}^{(+)}(t)\, e^{-\alpha t} = \mathfrak{F}^{-1}_{\omega\to t}\{G(p)\} = \frac{1}{2\pi} \int_{-\infty}^{\infty} G(p) e^{j\omega t}\, d\omega \quad . \tag{2.52}$$

Es gilt also

$$g(t)\, \mathbb{1}^{(+)}(t) = \frac{e^{\alpha t}}{2\pi} \int_{-\infty}^{\infty} G(p) e^{j\omega t}\, d\omega = \frac{1}{2\pi} \int_{-\infty}^{\infty} G(p) e^{pt}\, d\omega \quad . \tag{2.53}$$

Durch Variablensubstitution folgt daraus

$$g(t)\, \mathbb{1}^{(+)}(t) = \frac{1}{2\pi j} \int_{\alpha - j\infty}^{\alpha + j\infty} G(p) e^{pt}\, dp \quad . \tag{2.54}$$

Daher wird folgende Funktionaltransformation *definiert*:

$$\mathfrak{L}_{t\to p}\left\{g(t)\, \mathbb{1}^{(+)}(t)\right\} = \int_0^\infty g(t)\, e^{-pt}\, dt =: G(p) \quad , \tag{2.55}$$

$$\mathfrak{L}^{-1}_{p\to t}\{G(p)\} = \frac{1}{2\pi j} \int_{\alpha - j\infty}^{\alpha + j\infty} G(p) e^{pt}\, dp = g(t)\, \mathbb{1}^{(+)}(t) \quad . \tag{2.56}$$

$G(p)$ wird (einseitige) Laplacetransformierte von $g(t)$ genannt, entsprechend ist $g(t)\ \mathbb{1}^{(+)}(t)$ die Laplace-Rücktransformierte von $G(p)$.

Für die Laplacetransformation gelten nun ganz ähnliche Gesetze wie für die Fouriertransformation, da sie ja aus jener entstanden ist. Insbesondere gilt:

$$\mathfrak{L}_{t\to p}\{\dot{g}(t)\}=\int_0^\infty \dot{g}(t)\exp(-pt)\,dt=\left[g(t)\exp(-pt)\right]_{t=0}^\infty+p\int_{-\infty}^\infty g(t)\exp(-pt)\,dt \quad .(2.57)$$

Es ist also

$$\mathfrak{L}_{t\to p}\{\dot{g}(t)\}=p\,G(p)-g(0) \quad . \tag{2.58}$$

Weitere Eigenschaften der Laplacetransformation werden im Anhang A gegeben.

Dadurch, daß bei der Laplacetransformation im Gegensatz zur Fouriertransformation die Differentiation nicht mehr in eine einfache Multiplikation überführt wird, sondern in eine Überlagerung gemäß obiger Gleichung, wird sich die Ausgangsgröße eines linearen zeitinvarianten Systems auch nicht mehr durch eine einfache homogene Gleichung darstellen lassen. Es wird sich vielmehr

$$G_{aus}(p)=H_{\mathfrak{L}}(p)\,G_{ein}(p)+G_{Anfang}(p) \tag{2.59}$$

ergeben, wobei G_{Anfang} die Anfangsbedingungen zum Zeitpunkt $t=0$ enthält. Man macht sich dies wieder am besten anhand eines Beispiels klar.

Beispiel 2.3 : (Fortsetzung)

Bei dem untersuchten Tiefpaß in Beispiel 2.3 soll zum Zeitpunkt $t=0$ der Kondensator mit der Spannung u_0 aufgeladen sein. Wegen

$$u_{ein}(t)=R\,C\,\dot{u}_{aus}(t)+u_{aus}(t) \quad , \tag{2.60}$$

folgt nach Laplacetransformation

$$U_{ein}(p)=R\,C\left(p\,U_{aus}(p)-u_0\right)+U_{aus}(p) \quad , \tag{2.61}$$

oder

$$U_{aus}(p)=\frac{U_{ein}(p)}{1+RC\,p}+\frac{RC\,u_0}{1+RC\,p} \quad . \tag{2.62}$$

Rücktransformation ergibt

$$u_{aus}(t)\,\mathbb{1}^{(+)}(t)=\mathbb{1}^{(+)}(t)\left\{\frac{1}{RC}\,e^{-\frac{t}{RC}}\int_0^t u_{ein}(\tau)\,e^{\frac{\tau}{RC}}\,d\tau+u_0\,e^{-\frac{t}{RC}}\right\} \quad . \tag{2.63}$$

Der Beweis mit Hilfe des Verschiebungssatzes und des Integrationssatzes der Laplacetransformation wird als Übungsaufgabe empfohlen. Die beiden Sätze findet man in Anhang A.

Die gefundene Lösung ist die allgemeine Lösung der Differentialgleichung, allerdings eingeschränkt auf den Beobachtungszeitraum $t\geq 0$. ♦

In dem Sonderfall, daß die zu transformierende Funktion $g(t)$ und ihre Zeitableitungen für nichtpositive Zeiten verschwinden und fouriertransformierbar sind, müssen Laplacetransformierte und Fouriertransformierte identisch sein. In diesem Fall ist

$$p = j\omega \quad , \quad G(p) = G(j\omega) \ . \tag{2.64}$$

Vergleich der Gleichungen (2.33) und (2.59) zeigt, daß dann auch

$$H_{\mathfrak{L}}(p) = H(j\omega) \tag{2.65}$$

gilt, daß also $H_{\mathfrak{L}}$ die Verallgemeinerung der durch Fouriertransformation gefundene Übertragungsfunktion ist. Nachfolgend wird daher die kürzere Schreibweise $H(p)$ statt $H_{\mathfrak{L}}(p)$ benutzt.

Die obigen Ausführungen lassen schließen, daß die Übertragungsfunktion im Laplacebereich durch folgende einfache Bestimmungsgleichung zu finden ist:

$$H(p) = \frac{G_{aus}(p)}{G_{ein}(p)} \text{ mit der Randbedingung } g_{ein}(0) = \dot{g}_{ein}(0) = \ldots = 0 \ . \tag{2.66}$$

Der Einsatz der Laplacetransformation ist in der Hochfrequenztechnik noch nicht so populär wie etwa in der Regelungstechnik. Es ist aber abzusehen, daß auch die Laplacetransformation zum Standardwerkzeug der Hochfrequenztechnik gehören wird, da sie die Lösung von linearen Differentialgleichungen mit Anfangsbedingungen erleichtert.

2.5 Zusammenfassung

In diesem Kapitel wurden grundlegende mathematische Hilfsmittel der Hochfrequenztechnik beschrieben, welche für das Verständnis der Ausführungen der folgenden Kapitel unabdingbar sind.

Zur Beschreibung periodischer Vorgänge ist die Fourierreihenentwicklung ein nützliches Hilfsmittel.

Aus ihr kann durch Vorgabe eines Beobachtungsintervalls auch die trigonometrische Approximation nichtperiodischer Vorgänge abgeleitet werden. Dadurch wird deren spektrale Analyse ermöglicht. (Da das Ergebnis eine Summe und kein Integral ist, eignet sich diese Form besonders für die Implementierung im Rechner).

Durch Grenzübergang konnte aus der trigonometrischen Approximation die Fouriertransformation hergeleitet werden. Diese ist daher ebenfalls ein Werkzeug zur Spektralanalyse. Darüber hinaus vereinfacht sie die Berechnung der stationären Systemantwort eines linearen zeitinvarianten Systems auf eine Anregung.

Die Laplacetransformation kann (unter in der Ingenieurpraxis immer gegebenen Voraussetzungen) als Verallgemeinerung der Fouriertransformation aufgefaßt werden, welche auch das Einschwingverhalten eines linearen zeitinvarianten Systems korrekt erfassen kann.

2.6 Übungsaufgaben und Fragen zum Verständnis

1. Warum läßt sich die Funktion e^t nicht in eine Fourierreihe entwickeln?
2. Geben Sie bitte die drei ersten Entwicklungsglieder einer trigonometrischen Approximation dieser Funktion im Intervall (0,1) an und skizzieren Sie diese Lösung.
3. Warum läßt sich die Funktion e^t nicht fouriertransformieren?
4. Bitte geben Sie die Laplacetransformierte der Funktion e^t an. Für welche Realteile der Funktionsvariablen p der Transformierten ist die Transformation durchführbar (konvergent)?
5. Geben Sie die Übertragungsfunktion des in Beispiel 2.3 behandelten Tiefpasses im Laplace-Bildbereich an.
6. a.) Welche Schwierigkeit ergibt sich, wenn Sie die Übertragungsfunktion eines einfachen Parallelresonanzkreises entsprechend Abbildung 2.4 bestimmen sollen? (Hinweis: Welche physikalische Größe sollte zweckmäßigerweise als Eingangsgröße und welche als Ausgangsgröße gewählt werden?)
   b.) Bestimmen Sie im Laplace-Bildbereich die Ausgangsspannung. Lassen Sie dabei eine Anfangsspannung über dem Kondensator und einen Anfangsstrom durch die Induktivität zu.
   c.) Versuchen Sie, die Lösung im Zeitbereich durch Partialbruchzerlegung der Übertragungsfunktion und Anwendung des Verschiebungssatzes und des Integrationssatzes zu gewinnen (siehe Anhang A).
   d.) Warum läßt sich diese Lösung nicht mit Hilfe der komplexen Wechselstromrechnung (Zeigerdarstellung) erhalten?

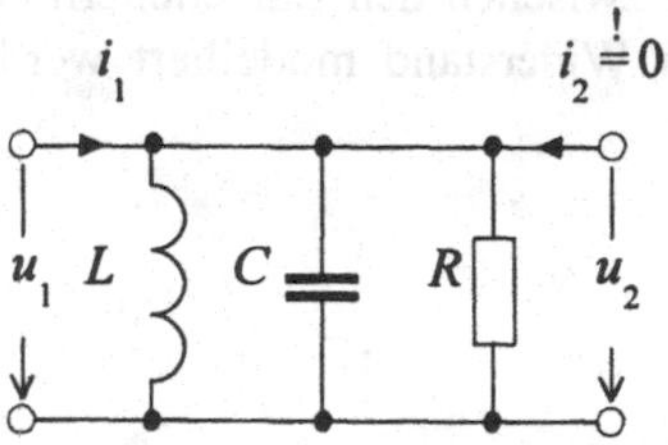

Abb. 2.4 : Parallelresonanzkreis

3 Wellen auf Leitungen

Hochfrequenztechnik unterscheidet sich von anderen Gebieten der Elektrotechnik dadurch, daß der Wellencharakter der Signale bei der Übertragung von Information und Leistung berücksichtigt werden muß. In diesem Kapitel wird das grundlegende Verhalten leitungsgeführter Wellen abgehandelt.

3.1 Ein einfaches Leitungsersatzschaltbild

In den folgenden Abbildungen sind einige typische Leitungsformen dargestellt, die in NF- und HF-Technik eingesetzt werden. Dabei sind die Querschnittsflächen der gut leitenden Materialien schwarz bzw. dunkelgrau dargestellt, die der schlecht leitenden Materialien hellgrau.

Allen unten gezeigten Leitungen ist gemeinsam, daß es je zwei gut leitende Regionen, die Einzelleiter, gibt, welche auf unterschiedliche, zeitlich konstante Potentiale gelegt werden können. Dazwischen liegen schlecht leitende Regionen. Man kann dann folgendes Experiment durchführen:

1. Einer der Einzelleiter wird auf ein festes, zeitlich konstantes Potential gelegt, der jeweils verbleibende Einzelleiter auf ein zweites, davon verschiedenes, zeitlich konstantes Potential. Dann bilden die Leitungen Kondensatoren mit einer bestimmten, von Geometrie und Dielektrikum abhängigen Kapazität. Wegen der in Praxis von 0 verschiedenen Leitfähigkeit der schlecht leitenden Materialien wird sich ein schwacher Gleichstrom zwischen den Einzelleitern einstellen, der durch einen verteilten ohmschen Widerstand modelliert werden kann.

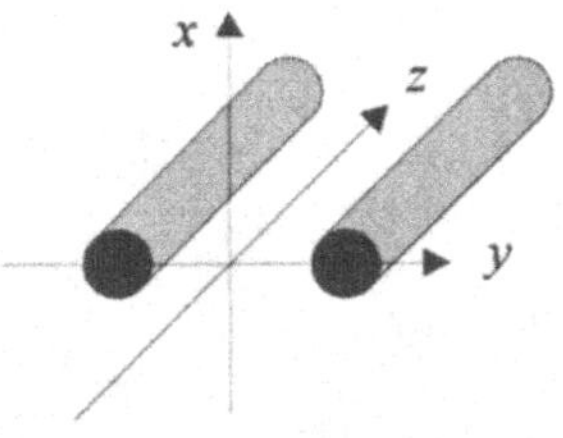

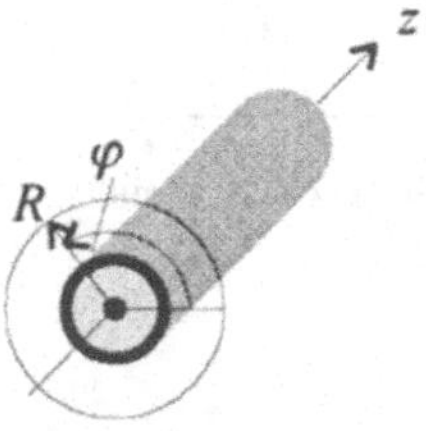

Abb. 3.1 : Typische Leitungen **a** Zweidrahtleitung, **b** Koaxialleitung

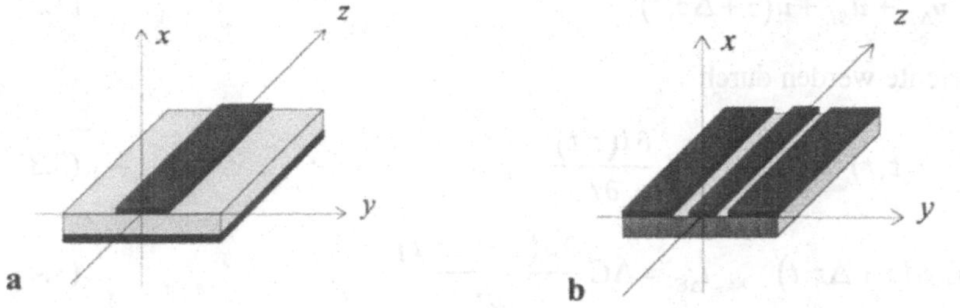

Abb. 3.2 : Typische Leitungen; **a** Mikrostreifenleitung, **b** Koplanarleitung (die beiden äußeren Metallisierungen sind durch Brücken leitend verbunden)

2. In den einen der Einzelleiter prägt man einen zeitlich konstanten Strom, in den verbleibenden Einzelleiter einen Strom entgegengesetzten Vorzeichens. Dann speichern die Leitungen magnetische Energie in einer von Geometrie und Material abhängigen Induktivität. Durch die in der Praxis nur endliche Leitfähigkeit der Einzelleiter wird sich längs eines Einzelleiters ein Spannungsabfall einstellen, der durch einen verteilten ohmschen Widerstand modelliert werden kann.

Mit diesem Experiment vor Augen wird der auf Oliver Heaviside zurückgehende Vorschlag nachvollziehbar, eine lange[1] Leitung gedanklich in eine Verkettung vieler differentiell kurzer Leitungsstücke mit dem in Abb. 3.3 dargestellten Ersatzschaltbild zu zerlegen.

Durch Anwendung der Kirchhoffschen Regeln gewinnt man aus dem Ersatzschaltbild des kurzen Leitungsstückes

$$i(z,t) = \Delta i_G + \Delta i_C + i(z+\Delta z,t)\,, \tag{3.1}$$

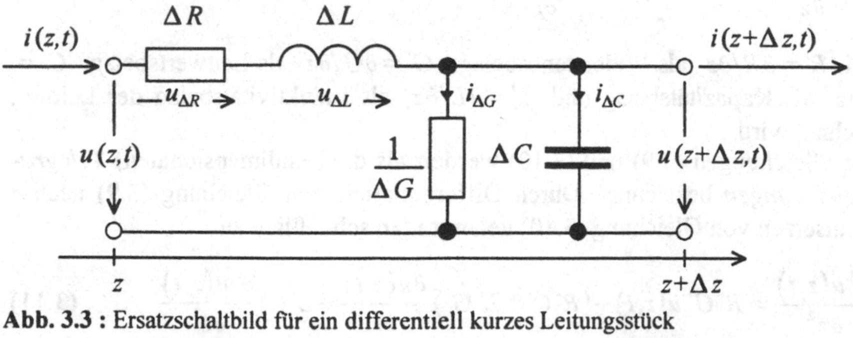

Abb. 3.3 : Ersatzschaltbild für ein differentiell kurzes Leitungsstück

[1] Streng genommen gilt dieses Ersatzschaltbild nur für unendlich lange Leitungen mit konstant bleibenden Eigenschaften des Leitungsquerschnitts, da sonst die Ersatzelemente ortsabhängig werden.

$$u(z,t) = u_{\Delta R} + u_{\Delta L} + u(z+\Delta z,t) \quad . \tag{3.2}$$

Die Bauelemente werden durch

$$u_{\Delta R} = \Delta R\, i(z,t) \quad , \quad u_{\Delta L} = \Delta L \frac{\partial\, i(z,t)}{\partial\, t} \quad , \tag{3.3}$$

$$i_{\Delta G} = \Delta G\, u(z+\Delta z,t) \quad , \quad i_{\Delta C} = \Delta C \frac{\partial\, u(z+\Delta z,t)}{\partial t} \quad . \tag{3.4}$$

charakterisiert. Damit folgt:

$$u(z,t) = \Delta R\, i(z,t) + \Delta L \frac{\partial i(z,t)}{\partial t} + u(z+\Delta z,t) \quad , \tag{3.5}$$

$$i(z,t) = \Delta G\, u(z+\Delta z,t) + \Delta C \frac{\partial u(z+\Delta z,t)}{\partial t} + i(z+\Delta z,t) \quad , \tag{3.6}$$

oder

$$\frac{u(z,t) - u(z+\Delta z,t)}{\Delta z} = \frac{\Delta R}{\Delta z} i(z,t) + \frac{\Delta L}{\Delta z} \frac{\partial i(z,t)}{\partial t} \quad , \tag{3.7}$$

$$\frac{i(z,t) - i(z+\Delta z,t)}{\Delta z} = \frac{\Delta G}{\Delta z} u(z+\Delta z,t) + \frac{\Delta C}{\Delta z} \frac{\partial u(z+\Delta z,t)}{\partial t} \quad . \tag{3.8}$$

Nach Grenzübergang $\Delta z \to 0$ wird daraus

$$-\frac{\partial u(z,t)}{\partial z} = R'\, i(z,t) + L' \frac{\partial i(z,t)}{\partial t} \quad , \tag{3.9}$$

$$-\frac{\partial i(z,t)}{\partial z} = G'\, u(z,t) + C' \frac{\partial u(z,t)}{\partial t} \quad , \tag{3.10}$$

wobei $R' = \partial R / \partial z$ als Widerstandsbelag, $G' = \partial G / \partial z$ als Leitwertsbelag, $C' = \partial C / \partial z$ als Kapazitätsbelag und $L' = \partial L / \partial z$ als Induktivitätsbelag der Leitung bezeichnet wird.

Die Gleichungen (3.9) und (3.10) werden als die (eindimensionalen) *Telegraphengleichungen* bezeichnet. Durch Differentiation von Gleichung (3.9) nach z und Einsetzen von Gleichung (3.10) gelangt man schließlich zu

$$\frac{\partial^2 u(z,t)}{\partial z^2} = R'\, G'\, u(z,t) + (R'\, C' + L'\, G') \frac{\partial u(z,t)}{\partial t} + L'\, C' \frac{\partial^2 u(z,t)}{\partial t^2} \quad . \tag{3.11}$$

Auch für die letzte Gleichung ist die Bezeichnung Telegraphengleichung in Gebrauch.

3.2 Die eindimensionale Wellengleichung

Im Fall vernachlässigbar kleiner ohmscher Verluste, wenn also $R' = G' = 0$ gesetzt werden kann, reduzieren sich die Telegraphengleichungen zu:

$$-\frac{\partial i(z,t)}{\partial z} = C' \frac{\partial u(z,t)}{\partial t} \quad , \tag{3.12}$$

$$-\frac{\partial u(z,t)}{\partial z} = L' \frac{\partial i(z,t)}{\partial t} \quad , \tag{3.13}$$

bzw.

$$\frac{\partial^2 u(z,t)}{\partial z^2} = \frac{1}{c^2} \frac{\partial^2 u(z,t)}{\partial t^2} \tag{3.14}$$

mit

$$c^2 := \frac{1}{L' C'} \quad . \tag{3.15}$$

Gleichung (3.14) soll nun durch Anwendung der Fouriertransformation gelöst werden. Benutzt man die Abkürzung $\mathfrak{F}_{t \to \omega}\{u(z,t)\} =: U(z, j\omega)$ so folgt:

$$\frac{\partial^2 U(z, j\omega)}{\partial z^2} = -\frac{\omega^2}{c^2} U(z, j\omega) \quad . \tag{3.16}$$

In der transformierten Wellengleichung liegt eine gewöhnliche lineare Differentialgleichung zweiter Ordnung für U nach z vor. Deren Lösung ist

$$U(z, j\omega) = U^{(+)}(j\omega)\, e^{-j\beta z} + U^{(-)}(j\omega)\, e^{j\beta z} \tag{3.17}$$

mit

$$\beta := \frac{\omega}{c} \quad . \tag{3.18}$$

Dabei sind $U^{(+)}$ und $U^{(-)}$ beliebige komplexwertige Größen, die noch von ω, nicht aber von z abhängen können.

Die Größen $\beta = \omega/c$ und $-\beta$ sind die *Eigenwerte* der Differentialgleichung (3.14). Deren Lösung im Zeitbereich erhält man durch Anwendung der inversen Fouriertransformation auf Gleichung (3.17):

$$u(z,t) = \frac{1}{2\pi} \int_{-\infty}^{\infty} \left\{ U^{(+)}(j\omega)\, e^{-\frac{j\omega}{c} z} + U^{(-)}(j\omega)\, e^{\frac{j\omega}{c} z} \right\} e^{j\omega t}\, d\omega \quad . \tag{3.19}$$

Durch Umformung gewinnt man

$$u(z,t)=\frac{1}{2\pi}\int_{-\infty}^{\infty}\left\{U^{(+)}(j\omega)e^{j\omega\left(t-\frac{z}{c}\right)}+U^{(-)}(j\omega)e^{j\omega\left(t+\frac{z}{c}\right)}\right\}d\omega$$

$$=u^{(+)}\left(t-\frac{z}{c}\right)+u^{(-)}\left(t+\frac{z}{c}\right) \tag{3.20}$$

Hierbei sind $u^{(+)}$ und $u^{(-)}$ die Fourierrücktransformierten von $U^{(+)}$ und $U^{(-)}$, welche ja weitgehend beliebige Funktionen von ω sein durften. Die Lösung der Gleichung (3.14) ist also die Überlagerung zweier beliebiger Funktionen mit den Argumenten $t-z/c$ und $t+z/c$, für die als einzige Einschränkung gilt, daß sie zweimal differenzierbar sein müssen. Die Argumente der Lösungsfunktionen nennt man *Phasen*:

$$\psi^{(+)}:=t-\frac{z}{c} \quad \Leftrightarrow \quad z=c\left(t-\psi^{(+)}\right) \quad , \tag{3.21}$$

$$\psi^{(-)}:=t+\frac{z}{c} \quad \Leftrightarrow \quad z=-c\left(t-\psi^{(-)}\right) \quad . \tag{3.22}$$

Offenbar wandert also eine fest vorgegebene, konstante Phase mit der konstanten Geschwindigkeit c auf der z-Achse nach links ($\psi^{(-)}$) bzw. nach rechts ($\psi^{(+)}$). Anders ausgedrückt: der Graph von $u^{(+)}$ wandert mit der konstanten Geschwindigkeit c nach rechts und der von $u^{(-)}$ nach links. Die nachfolgende Abb. 3.4 soll dies verdeutlichen.

Funktionen, deren Graphen sich ohne Änderung der Gestalt mit konstanter Geschwindigkeit in eine vorgegebene Richtung bewegen, heißen vereinbarungsgemäß (ungedämpfte ebene) *Wellen*. Damit sind die Lösungen der Gleichung (3.14) Überlagerungen einer von links nach rechts laufenden Welle mit einer von rechts nach links laufenden Welle. Beide Wellen bewegen sich jeweils mit Geschwindigkeit c fort. Gleichung (3.14) heißt daher auch (eindimensionale) Wellengleichung. Ihr Eigenwert β wird *Phasenkoeffizient* genannt. Für die Größe $j\beta$ findet

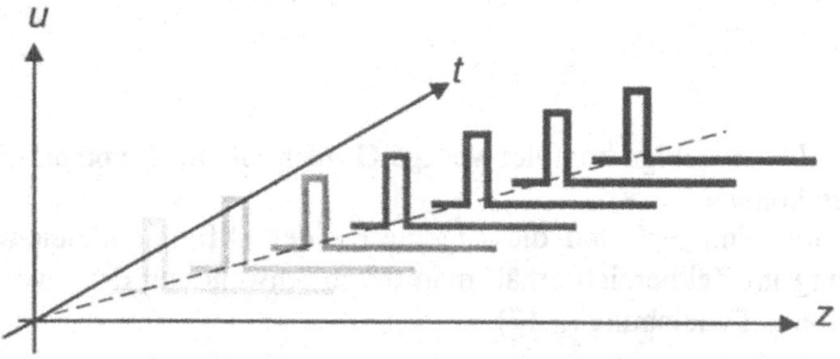

Abb. 3.4 : Momentaufnahmen einer Funktion mit von links nach rechts laufendem Graphen

man auch den Namen *Ausbreitungskoeffizient* (der ungedämpften Welle).

Zur Vervollständigung der Lösung der Telegraphengleichungen muß noch der Strom berechnet werden. Aus Gleichung (3.10) folgt mit $G' = 0$:

$$-\frac{\partial i(z,t)}{\partial z} = C' \left[u^{(+)'}\left(t - \frac{z}{c}\right) + u^{(-)'}\left(t + \frac{z}{c}\right) \right] \quad . \tag{3.23}$$

Dabei bedeutet der Strich Differentiation nach der Wellenphase. Diese Gleichung kann wiederum einfach nach z integriert werden:

$$i(z,t) = C' \left(c\, u^{(+)}\left(t - \frac{z}{c}\right) - c\, u^{(-)}\left(t + \frac{z}{c}\right) \right) + i_0 \quad . \tag{3.24}$$

Man definiert nun

$$Z_0 := \frac{1}{Y_0} := \frac{1}{c\,C'} = \sqrt{\frac{L'}{C'}} \tag{3.25}$$

und erhält im Falle verschwindenden Gleichstroms den Leitungsstrom als

$$i(z,t) = \frac{1}{Z_0} \left(u^{(+)}\left(t - \frac{z}{c}\right) - u^{(-)}\left(t + \frac{z}{c}\right) \right) \quad . \tag{3.26}$$

Gibt es nur eine in positiver z-Richtung laufende Spannungswelle, dann trifft dasselbe auch auf den Strom zu. Entsprechendes gilt für den Fall, daß nur eine in negativer z-Richtung laufende Welle existiert. Bis auf ein Vorzeichen sind in diesen Spezialfällen die Verhältnisse aus Spannung und Strom der Welle gleich Z_0. Man nennt Z_0 daher auch den *Leitungswellenwiderstand* oder kurz den *Wellenwiderstand*.

Merkregel:

> Der Leitungswellenwiderstand ist das Verhältnis einer einzigen, in positiver Leitungsrichtung laufenden Spannungswelle zur damit verbundenen Stromwelle.

3.3 Harmonische Wellen

Bisher wurde noch nichts über die Gestalt, also den Graphen der Wellenfunktionen gesagt. In der Tat können Wellen eine Vielzahl von Gestalten haben.

Durch Fouriertransformation vom Zeit- in den Frequenzbereich läßt sich aber jede (ebene) Welle in ein Integral oder eine Summe von sinusförmigen Funktionen zerlegen. Daher ist der Fall einer sinusförmigen Welle besonders wichtig:

$$u(z,t)=\hat{u}\cos\left(\Omega\left(t\mp\frac{z}{c}\right)+\varphi\right) \quad . \tag{3.27}$$

u ist eine sowohl in der Zeit als auch in der Ortskoordinate periodische Funktion. Die Zeitperiode wird bestimmt durch die *Periodendauer* T, welche durch die folgende Gleichung gewonnen wird:

$$\Omega\cdot(t+T)-\Omega t=2\pi \quad , \tag{3.28}$$

also

$$T=\frac{2\pi}{\Omega}=:\frac{1}{f} \quad . \tag{3.29}$$

f wird bekanntlich *Frequenz* und Ω wird *Kreisfrequenz* genannt.

Die Länge λ der Ortsperiode, die *Wellenlänge*, wird in entsprechender Weise bestimmt:

$$\frac{\Omega\cdot(\lambda-z)}{c}+\frac{\Omega z}{c}=2\pi \quad , \tag{3.30}$$

also

$$\lambda=\frac{2\pi c}{\Omega}=\frac{c}{f} \, . \tag{3.31}$$

Die Fouriertransformierte der sinusförmigen Welle ist

$$U(z,j\omega)=\pi\,\hat{u}\left[e^{j\left(\varphi\mp\frac{z}{c}\Omega\right)}\,\delta(\omega-\Omega)+e^{-j\left(\varphi\mp\frac{z}{c}\Omega\right)}\,\delta(\omega+\Omega)\right] \quad . \tag{3.32}$$

Durch Vergleich mit Gleichung (3.18) folgt dann

$$\beta=\frac{\Omega}{c}=\frac{2\pi}{\lambda} \quad . \tag{3.33}$$

Es ist zu beachten, daß dieser Zusammenhang zwischen Phasenkoeffizient und Wellenlänge nicht für Wellen beliebiger Gestalt gilt!

Wegen

$$u(z,t)=\Re\left\{\hat{u}\,e^{j\left(\Omega\left(t\mp\frac{z}{c}\right)+\varphi\right)}\right\} \tag{3.34}$$

ist die zu dieser Welle gehörende komplexe Amplitude

$$\underline{U}(z,\Omega):=\hat{u}\,e^{j\left(\varphi\mp\frac{\Omega z}{c}\right)}=\hat{u}\,e^{j(\varphi\mp\beta z)} \quad . \tag{3.35}$$

Es ist also auf Grund der Ausblendeigenschaften der δ-Funktion

$$U(z,j\omega)=\pi\left[\underline{U}(z,\omega)\delta(\omega-\Omega)+\underline{U}^*(z,-\omega)\delta(\omega+\Omega)\right] \quad . \tag{3.36}$$

Man kann daher die Fouriertransformierte einer sinusförmigen Welle als eine Überlagerung von komplexen Zeigern der Welle auffassen.

Dies erklärt andeutungsweise, warum die komplexe Zeigerrechnung so erfolgreich bei der Analyse von Wellenphänomenen auf Leitungen eingesetzt werden kann. Eine auch Mathematiker zufriedenstellende Erklärung kann aber erst mit Hilfe eines Operatorenkalküls gegeben werden.

3.4 Lösung der Telegraphengleichung für verlustarme Leitungen

(Dieser Abschnitt kann bei einem ersten Durcharbeiten bis auf die Ergebnisse übersprungen werden).

Die Lösung der Telegraphengleichung mit Hilfe der Fouriertransformation führt im Falle verlustbehafteter Leitungen zu Schwierigkeiten, da die Laufvariable ω der Funktionen im Bildbereich per definitionem reell ist. Daher sollen die Telegraphengleichungen für diesen Fall durch Anwendung der Laplacetransformation gelöst werden. Mit

$$-\frac{\partial i(z,t)}{\partial z}=G'\,u(z,t)+C'\,\frac{\partial u(z,t)}{\partial t} \quad , \tag{3.37}$$

$$-\frac{\partial u(z,t)}{\partial z}=R'\,i(z,t)+L'\,\frac{\partial i(z,t)}{\partial t} \quad , \tag{3.38}$$

$$I(z,p):=\mathfrak{L}_{t\to p}\{i(z,t)\} \quad , \quad U(z,p):=\mathfrak{L}_{t\to p}\{u(z,t)\} \quad , \quad p=\alpha_t+j\omega \tag{3.39}$$

folgt:

$$-\frac{\partial}{\partial z}I(z,p)=(G'+p\,C')\,U(z,p)-C'\,u(z,0) \quad , \tag{3.40}$$

$$-\frac{\partial}{\partial z}U(z,p)=(R'+p\,L')\,I(z,p)-L'\,i(z,0) \quad . \tag{3.41}$$

Differenzieren von Gleichung (3.41) und Einsetzen von Gleichung (3.40) liefert:

$$\frac{\partial^2}{\partial z^2}U(z,p)-(R'+p\,L')(G'+p\,C')\,U(z,p)=L'\frac{\partial i(z,0)}{\partial z}-(R'+p\,L')\,C'\,u(z,0) \quad . \tag{3.42}$$

Dies ist wiederum eine gewöhnliche lineare Differentialgleichung 2. Ordnung in U, die nach den bekannten Methoden gelöst werden kann. Ihre Eigenwerte sind $\pm\gamma$ mit

$$\gamma = \sqrt{(R' + p\,L')(G' + p\,C')} =: \alpha + j\beta \quad . \tag{3.43}$$

Die Lösung der Gleichung (3.42) ist daher

$$U(z,p) = U^{(+)}(p)\,e^{-\gamma z} + U^{(-)}(p)\,e^{\gamma z}$$
$$-\frac{1}{2\gamma}\int_{z_0}^{z}\left\{L'\frac{\partial i(s,0)}{\partial s} - (R' + p\,L')\,C'\,u(s,0)\right\}\left(e^{-\gamma(z-\zeta)} - e^{\gamma(z-\zeta)}\right)d\zeta \tag{3.44}$$

mit beliebigem Wert z_0.

Ganz offenbar sind die Terme, die von $i(z,0)$ oder $u(z,0)$ abhängen, Einschwingterme. Sie werden von zum Zeitpunkt $t = 0$ auf der Leitung vorhandenen Ladungen bzw. Magnetfeldern hervorgerufen. Die Einschwingterme klingen nach endlicher Zeit ab. Daher wird im folgenden vorausgesetzt, daß $i(z,0)$ und $u(z,0)$ identisch verschwinden.

Es ist also

$$U(z,p) = U^{(+)}(p)\,e^{-\gamma z} + U^{(-)}(p)\,e^{\gamma z} \quad . \tag{3.45}$$

Daraus wiederum folgt mit Gleichung (3.41)

$$I(z,p) = \sqrt{\frac{G' + p\,C'}{R' + p\,L'}}\left[U^{(+)}(p)\,e^{-\gamma z} - U^{(-)}(p)\,e^{\gamma z}\right] \quad . \tag{3.46}$$

Falls sich genau eine Welle in positiver z-Richtung ausbreitet, ist das Verhältnis der Laplacetransformierten von Spannung und Strom

$$Z_0 = \sqrt{\frac{R' + p\,L'}{G' + p\,C'}} \quad , \tag{3.47}$$

oder bei Einschränkung auf imaginäre p-Werte

$$Z_0 = \sqrt{\frac{R' + j\,\omega\,L'}{G' + j\,\omega\,C'}} \quad . \tag{3.48}$$

Das gleiche gilt – bis auf das Vorzeichen – wenn sich genau eine Welle in negativer z-Richtung ausbreitet. Daher nennt man Z_0 entsprechend *(komplexen) Wellenwiderstand.*

Es wird nun der Fall verlustarmer Leitungen betrachtet. Das bedeutet, daß bei den betrachteten Frequenzen näherungsweise gilt:

$$G' \ll |p\,C'| \quad ; \quad R' \ll |p\,L'| \quad . \tag{3.49}$$

Dann ist näherungsweise

$$\gamma \approx p\sqrt{L'C'} + \frac{L'G' + C'R'}{2\sqrt{L'C'}} = \frac{p}{c} + \alpha \tag{3.50}$$

mit

$$\alpha = \frac{L'G' + C'R'}{2\sqrt{L'C'}} \ . \tag{3.51}$$

In erster Näherung ist daher

$$U(z,p) \approx U^{(+)}(p)\, e^{-\frac{p}{c}z}\, e^{-\alpha z} + U^{(-)}(p)\, e^{\frac{p}{c}z}\, e^{\alpha z} \quad , \tag{3.52}$$

$$I(z,p) = \sqrt{\frac{C'}{L'}}\left[U^{(+)}(p)\, e^{-\frac{p}{c}z}\, e^{-\alpha z} - U^{(-)}(p)\, e^{\frac{p}{c}z}\, e^{\alpha z}\right] . \tag{3.53}$$

Durch Rücktransformation erhält man für $t > 0$ und mit $Z_0 \approx \sqrt{L'/C'}$:

$$u(z,t) \approx u^{(+)}\!\left(t - \frac{z}{c}\right) \mathbb{1}^{(+)}\!\left(t - \frac{z}{c}\right) e^{-\alpha z} + u^{(-)}\!\left(t + \frac{z}{c}\right) \mathbb{1}^{(+)}\!\left(t + \frac{z}{c}\right) e^{\alpha z} \ , \tag{3.54}$$

$$i(z,t) \approx \frac{1}{Z_0} u^{(+)}\!\left(t - \frac{z}{c}\right) \mathbb{1}^{(+)}\!\left(t - \frac{z}{c}\right) e^{-\alpha z} - \frac{1}{Z_0} u^{(-)}\!\left(t + \frac{z}{c}\right) \mathbb{1}^{(+)}\!\left(t + \frac{z}{c}\right) e^{\alpha z} . \tag{3.55}$$

Im Fall vernachlässigbar kleiner ohmscher Verluste, wenn also $R' = G' = 0$ gesetzt werden kann, und mit $p = j\,\omega$, erhält man für $t > 0$ exakt die Ergebnisse des vorigen Abschnitts.[1]

Sind die Verluste nicht vernachlässigbar, aber so klein, daß die obige Entwicklung gültig ist, dann folgt, daß Strom und Spannung Überlagerungen von Wellen sind, die durch Exponentialfaktoren gewichtet sind. Dabei stellen die zusätzlich noch vorhandenen Einheitssprungfunktionen sicher, daß die Exponentialfaktoren in Richtung der Wellenausbreitung abfallen. Man spricht daher von *gedämpften Wellen*. Die Geschwindigkeit, mit der sich die gedämpften Wellen ausbreiten, ist im Rahmen dieser Näherung gleich groß wie im ungedämpften Fall, nämlich c.

γ heißt (komplexer) *Ausbreitungskoeffizient*. Sein Realteil α heißt *Dämpfungskoeffizient*, sein Imaginärteil *Phasenkoeffizient*. Im Fall $p = j\,\omega$ gilt

$$\gamma = \sqrt{(R' + j\,\omega L')(G' + j\,\omega C')} =: \alpha + j\beta \approx \frac{L'G' + C'R'}{2\sqrt{L'C'}} + j\frac{\omega}{c} \ . \tag{3.56}$$

---

[1] Die hier noch zusätzlich auftretenden Einheitssprungfunktionen stellen sicher, daß der Definitionsbereich der Funktionen nicht verlassen wird.

3.5 Beispiele typischer Leitungen

Zwei typische Leitungsformen der Hochfrequenztechnik sind die Koaxialleitung und die Mikrostreifenleitung. Für sie sollen nachfolgend die wichtigsten Eigenschaften angegeben werden. Auf eine Herleitung, für die eine feldtheoretische Betrachtung notwendig wäre, wird dabei verzichtet.

3.5.1 Die Koaxialleitung

Die folgende Abbildung zeigt den Schnitt durch eine Koaxialleitung und die Richtungen der Feldlinien von elektrischem und magnetischem Feld für den stationären Fall (Frequenz 0), welche durch Symmetrieüberlegungen gegeben werden.

Es ist plausibel anzunehmen, daß dann auch bei höheren Frequenzen Felder mit einer solchen Ausrichtung existieren. In der Tat zeigt eine auf den Maxwellgleichungen beruhende Analyse, daß es im verlustfreien Fall eine Feldlösung gibt, bei der in einer Querschnittsfläche der Leitung das elektrische Feld nur radiale und das magnetische Feld nur tangentiale Komponenten enthält. Feldkomponenten in Ausbreitungsrichtung treten bei dieser Lösung nicht auf.

Unter dieser Voraussetzung berechnet man den Kapazitäts- und den Induktivitätsbelag als

$$C' = \frac{2\pi \varepsilon_0 \varepsilon_r}{\ln(b/a)} \quad , \tag{3.57}$$

$$L' = \frac{\mu_0 \mu_r}{2\pi} \ln(b/a) \quad . \tag{3.58}$$

Infolgedessen ist

$$c = 1/\sqrt{\varepsilon_0 \varepsilon_r \mu_0 \mu_r} \quad . \tag{3.59}$$

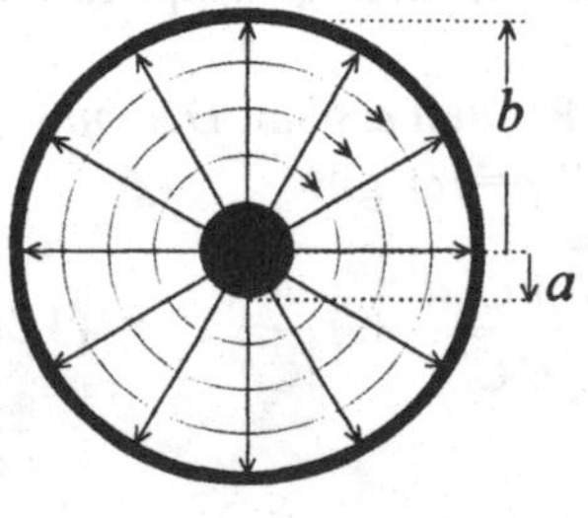

Abb. 3.5 : Koaxialleitung mit Feldlinien des *E*- und des *H*-Feldes in einer transversalen Schnittfläche im stationären Fall

Dieses einfache Resultat ist kein Zufall. Man kann nämlich mit Hilfe der Maxwellschen Gleichungen zeigen, daß dies generell die Geschwindigkeit ist, mit der sich elektromagnetische Wellen in einem verlustfreien homogenen isotropen Medium[1] mit der relativen Permittivität ε_r und der relativen Permeabilität μ_r ausbreiten, wenn keine Feldkomponenten in Ausbreitungsrichtung zeigen.

Der Leitungswellenwiderstand dieser Welle auf der Koaxialleitung ist

$$Z_0 = \sqrt{\frac{L'}{C'}} = \frac{\ln(b/a)}{2\pi} \sqrt{\frac{\mu_0 \mu_r}{\varepsilon_0 \varepsilon_r}} \quad . \tag{3.60}$$

Durch Veränderung der Geometrie und Variation der Permittivität kann man also den Wellenwiderstand dieser Welle auf der Koaxialleitung beeinflussen.

Auf Koaxialleitungen können sich bei hinreichend hohen Frequenzen auch elektromagnetische Wellen mit anderen Feldstrukturen ausbreiten. Diese Wellen nennt man auch *höhere Wellenmoden*, während man eine Welle mit der oben gezeigten symmetrischen Feldstruktur als den *Grundmode* der Wellenausbreitung in der Koaxialleitung bezeichnet. Die höheren Wellenmoden besitzen in der Regel andere Leitungswellenwiderstände als der Grundmode.

Beispiel:

In einem typischen Koaxialkabel der Mikrowellentechnik (halbstarres Kabel Typ RG 401 / U, Dielektrikum: Polytetrafluoräthylen) mit ε_r=2,08 und $2b$ = 5,46 mm, $2a$ = 1,64 mm ergibt sich ein Wert von 50 Ω für den Leitungswellenwiderstand. Diese spezielle Leitung ist bis etwa 18 GHz gut brauchbar. Ab etwa 20 GHz können sich in der Leitung auch höhere Wellenmoden ausbreiten. ♦

3.5.2 Die Mikrostreifenleitung

Die nachfolgende Abbildung zeigt einen Querschnitt durch eine Mikrostreifenleitung. Sie besteht aus einem Substrat mit relativer Permittivität ε_r und Höhe h. Auf der Unterseite des Substrates ist eine Schicht angebracht, die eine sehr große Leitfähigkeit besitzen soll. Diese wird im folgenden Masseleiter genannt. Auf der Oberseite ist ein sehr gut leitender Streifen der Breite w und der Dicke t.

Im stationären Fall wird es unter der Voraussetzung idealer Leiter wiederum Feldbilder des elektrischen und des magnetischen Feldes geben, welche aus

Abb. 3.6 : Mikrostreifenleitung mit Feldlinien des elektrischen Feldes im statischen Fall **a** Realer Querschnitt **b** Querschnitt nach konformer Abbildung

[1] Das ist ein Medium, das orts- und richtungsunabhängig aufgebaut ist.

Symmetriegründen keinen Anteil in Längsrichtung (z-Richtung) des Streifens auf der Oberseite haben. Es wird in diesem Fall also wieder einen Kapazitäts- und Induktivitätsbelag im konventionellen Sinne geben.

Ist die Leitfähigkeit der Leiter endlich und ist die Leitfähigkeit des Substrats nicht ganz 0, dann wird es auch einen Widerstands- und einen Leitwertsbelag im herkömmlichen Sinne geben.

Das Problem der Berechnung des Kapazitätsbelages ist hier nicht trivial. Ansätze zur Lösung des Problems und implizite Lösungen ähnlicher Probleme wurden bereits gegen Ende der vierziger und Anfang der fünfziger Jahre vorgeschlagen. (Siehe beispielsweise [3.1]).

Von M.V. Schneider [3.2] wurde 1969 eine konforme Abbildung vorgestellt, mit der das Problem implizit gelöst werden konnte. Man muß sich diese Abbildung so vorstellen, daß der Streifen und der Masseleiter auf die beiden parallelen und gleich großen Platten eines Kondensators abgebildet werden, der teilweise mit einem Dielektrikum der relativen Permittivität ε_r gefüllt ist (Siehe Abb. 3.6b). Wenn $\varepsilon_r = 1$ ist, dann kann die Kapazität bzw. der Kapazitätsbelag C_0' direkt bestimmt werden. Über den in Gleichung (3.59) gegebenen Zusammenhang

$$c = 1\Big/\sqrt{\varepsilon_0\,\varepsilon_r\,\mu_0\,\mu_r} \quad , \quad c_0 = 1\Big/\sqrt{\varepsilon_0\,\mu_0} \quad . \tag{3.61}$$

und mit

$$Z_{stat,0} := 1/c_0\,C_0' \tag{3.62}$$

erhält man für diesen Fall den stationären Wellenwiderstand $Z_{stat,0}$.

Ist im Gegensatz dazu $\varepsilon_r \neq 1$, dann ergibt sich ein Kapazitätsbelag C'. Dessen Verhältnis zu C_0' bestimmt eine „effektive relative Permittivität"

$$\varepsilon_{r,eff} := C'/C_0' \quad . \tag{3.63}$$

Das ist diejenige relative Permittivität, mit welcher der Plattenkondensator mit Kapazitätsbelag C_0' homogen gefüllt werden müßte, um daraus den Kapazitätsbelag C' zu erzielen. Damit ergibt sich rein formal der stationäre Wellenwiderstand für den Fall mit Dielektrikum zu

$$Z_{stat} = Z_{stat,0}\Big/\sqrt{\varepsilon_{r,eff}} \quad . \tag{3.64}$$

Schneider gibt in seiner Veröffentlichung bereits Näherungsangaben für $\varepsilon_{r,eff}$ an. Diese Näherung wurde später von E.O. Hammerstad [3.3] und I.J. Bahl und R. Garg [3.4] verbessert (siehe Anhang B). Dabei wird eine effektive, auf die Höhe h bezogene effektive Leiterbreite w_{eff}/h eingeführt, mit der sich dann der stationäre Wellenwiderstand als

$$Z_{stat} = \frac{Z_{stat,0}}{\sqrt{\varepsilon_{r,eff}}}\,\frac{h}{w_{eff}} \tag{3.65}$$

berechnet.

Als wesentliche Tatsache ergibt sich, daß sich bei der Mikrostreifenleitung der Wellenwiderstand durch Variation des Verhältnisses *w/h* der Leitungswellenwiderstand verändern läßt. Dabei gilt, daß der Wellenwiderstand bei Vergrößerung des Verhältnisses *w/h* kleiner wird.

Der stationäre Wellenwiderstand wurde unter der Voraussetzung ausgerechnet, daß elektrisches und magnetisches Feld auf der Leitung keine Komponente in Ausbreitungsrichtung besitzen. Für den stationären Fall ist dies aus Symmetriegründen auch richtig.

Im Fall von 0 verschiedenen Frequenzen ist die Situation aber grundsätzlich von der des Koaxialleiters verschieden. Bewegt sich nämlich eine Welle längs der Mikrostreifenleitung, dann muß sich ein Teil der Welle im Dielektrikum mit der relativen Permittivität ε_r bewegen, ein anderer Teil durch die den Mikrostreifenleiter umgebende Luft. Der erste Teil der Welle bewegt sich daher mit der Phasengeschwindigkeit c, der zweite mit der größeren Phasengeschwindigkeit c_0. Daher muß sich der Graph der Gesamtwelle in Ausbreitungsrichtung mit der Zeit ändern: das Feld besitzt eine Komponente in Ausbreitungsrichtung. Auf Grund der Frequenzabhängigkeit der Permittivität ist diese Komponente auch noch frequenzabhängig. Dies führt dazu, daß die Welle während ihres Fortschreitens die Gestalt verändert. Eine (näherungsweise) rechteckförmige Welle beispielsweise wird wegen der in ihr enthaltenen unterschiedlichen Frequenzkomponenten auseinanderlaufen. Man nennt dieses Phänomen *Dispersion*[1].

Die Dispersionseffekte sind bei harmonischen Feldanregungen um so kleiner, je kleiner die Anregungsfrequenz ist. Im Grenzfall 0 stellen sich die zur Berechnung des stationären Falls benutzten Verhältnisse ein. Daher kann man für hinreichend niedrige Frequenzen den stationären Wellenwiderstand und zur Benutzung der Ausbreitungsgeschwindigkeit die stationäre Näherung mit der effektiven relativen Permittivität $\varepsilon_{r,eff}$ benutzen. Für höhere Frequenzen gibt es inzwischen sehr gute Näherungen. Eine sehr genaue, für den rechnergestützten Entwurf geeignete Näherung wurde beispielsweise 1988 von M. Kobayashi [3.6] angegeben.

Bei sehr hohen Frequenzen können – wie bei allen anderen Leitungstypen auch – Wellen mit völlig anderer Feldverteilungen auftreten.

3.6 Zur Gültigkeit des Leitungsersatzschaltbildes

Wesentlich für die Herleitung der Telegraphengleichung ist die eindeutige Existenz einer Spannung und eines Stroms bei einer vorgegebenen Längskoordinate (z-Koordinate) der Leitung, also gemessen an einer transversalen Querschnittsfläche der Leitung.

---

[1] dispergere (lat.): auseinanderstreuen.

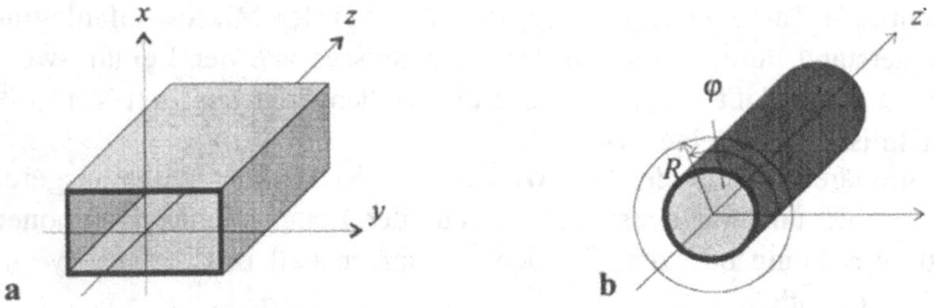

Abb. 3.7 : Leitungen, für die keine transversale Spannung definiert werden kann **a** Rechteckhohlleiter, **b** Rundhohlleiter

Eine genaue Feldanalyse auf der Basis der Maxwellschen Gleichungen zeigt, daß beispielsweise Spannungen im Sinne von Potentialdifferenzen innerhalb einer solchen Querschnittsfläche nur in Spezialfällen existieren.

Beispiele für Leitungsstrukturen, in welchen keine Spannungen in der Querschnittsfläche definiert werden können, sind Hohlleiter. Zwei typische Hohlleiterformen sind in Abb. 3.7 dargestellt. In allen Fällen von Leitungen gleichbleibender Querschnittseigenschaften können aber verallgemeinerte Ströme und Spannungen als Koeffizientenfunktionen der Transversalkomponenten von magnetischen und elektrischen Feldern definiert werden [3.7]. Auch für diese lassen sich Telegraphengleichungen aufstellen, die formal exakt so aussehen wie die Telegraphengleichungen des vorigen Abschnittes.

Daher ist das Heavisidesche Ersatzschaltbild auch in diesen Fällen anwendbar mit dem Unterschied, daß Ströme, Spannungen, Kapazitäts- und Induktivitätsbeläge und Widerstands- und Leitwertsbeläge in einem neuen Sinn interpretiert werden müssen..

3.7 Normierte Wellen

Es soll nun die Leistung berechnet werden, die durch Wellen auf einer Leitung transportiert wird. Dabei wird vorausgesetzt, daß sich genau eine hin- und eine rücklaufende Welle entsprechend dem bisher benutzten Leitungsmodell auf der Leitung ausbreitet. Die Rechnung wird zweckmäßigerweise im Zeitbereich durchgeführt, da die Leistungsberechnung eine nichtlineare Operation enthält.

Für eine einzelne hinlaufende Welle ergibt sich bei verlustloser Leitung an der Stelle z die Momentanleistung:

$$P^{(+)}(z,t) = u^{(+)}(z,t)\, i^{(+)}(z,t) = \frac{1}{Z_0}\left[u^{(+)}(z,t)\right]^2 = Z_0\left[i^{(+)}(z,t)\right]^2 \quad . \tag{3.66}$$

Für eine einzelne rücklaufende Welle ergibt sich in gleicher Weise

$$P^{(-)}(z,t)=u^{(-)}(z,t)\,i^{(-)}(z,t)=\frac{1}{Z_0}\left[u^{(-)}(z,t)\right]^2=Z_0\left[i^{(-)}(z,t)\right]^2 \quad . \tag{3.67}$$

Da $u^{(+)}$ als in positiver z-Richtung laufende Welle eine Funktion von $t-z/c$ ist, muß auch ihr Quadrat und damit $P^{(+)}$ eine Funktion von $t-z/c$ und damit auch eine Welle sein. Analoges gilt für $u^{(-)}$ und $P^{(-)}$.

Sind sowohl hin- als auch rücklaufende Welle vorhanden, dann ergibt sich an der Stelle z:

$$u(z,t)\,i(z,t)=\left[u^{(+)}(z,t)+u^{(-)}(z,t)\right]\frac{1}{Z_0}\left[u^{(+)}(z,t)-u^{(-)}(z,t)\right]$$

$$=\frac{1}{Z_0}\left\{\left[u^{(+)}(z,t)\right]^2-\left[u^{(-)}(z,t)\right]^2\right\}=P^{(+)}(z,t)-P^{(-)}(z,t) \quad . \tag{3.68}$$

Der Ausdruck

$$P(z,t)=P^{(+)}(z,t)-P^{(-)}(z,t) \tag{3.69}$$

beschreibt also die momentane *Nettowirkleistung*, welche durch die quer oder transversal zur Leitung an der Stelle z befindliche gedachte Schnittfläche transportiert wird.

Leistung wird den obigen Ausführungen zu Folge (bei von 0 verschiedenen Frequenzen) ebenfalls *in Form von Wellen transportiert*, welche eng mit den Spannungs- und Stromwellen verknüpft sind. Es liegt daher nahe, durch eine Normierung eine gemeinsame Beschreibung aller dieser Wellen zu ermöglichen.

Die dadurch entstehenden *normierten Wellen* sollten in einem möglichst einfachen Zusammenhang zur durch die Wellen transportierten Leistung stehen, da letztere auch dann noch eine meßbare Größe ist, wenn es keine Spannungen und Ströme im herkömmlichen Sinne mehr gibt. Man wählt daher die folgende Definition:

Definition 3.1 :

Die Größe

$$\tilde{a}(z,t):=\sqrt{Z_0}\;i^{(+)}(z,t)=\frac{1}{\sqrt{Z_0}}\,u^{(+)}(z,t) \tag{3.70}$$

heißt *normierte Welle in positiver z-Richtung*, die Größe

$$\tilde{b}(z,t):=\sqrt{Z_0}\;i^{(-)}(z,t)=\frac{1}{\sqrt{Z_0}}\,u^{(-)}(z,t) \tag{3.71}$$

heißt *normierte Welle in negativer z-Richtung*. ◆

Damit ist $\tilde{a}(z,t)^2$ identisch zur Momentanleistung der Welle, die durch eine gedachte transversale Schnittfläche durch die Leitung an der Stelle z in positiver z-

Richtung transportiert wird. Ganz entsprechend ist $\tilde{b}(z,t)^2$ die Leistung der Welle durch die gleiche Schnittfläche in negativer z-Richtung.

Für die Nettowirkleistung durch die Schnittebene an der Stelle z gilt

$$P(z,t)=\tilde{a}^2(z,t)-\tilde{b}^2(z,t) \quad . \tag{3.72}$$

Mit den normierten Wellen gilt an einer beliebigen Stelle z der Leitung:

$$u(z,t)/\sqrt{Z_0}=\tilde{a}(z,t)+\tilde{b}(z,t) \quad , \tag{3.73}$$

$$\sqrt{Z_0}\,i(z,t)=\tilde{a}(z,t)-\tilde{b}(z,t) \quad . \tag{3.74}$$

Dieser Zusammenhang legt seinerseits wiederum die Definition normierter Spannungen und Ströme nahe:

Definition 3.2 :

1. $\tilde{u}(z,t):=u(z,t)/\sqrt{Z_0}$ heißt *normierte Spannung.*
2. $\tilde{i}(z,t):=i(z,t)\sqrt{Z_0}$ heißt *normierter Strom.* ◆

Mit den normierten Größen folgt

$$\tilde{u}(z,t)=\tilde{a}(z,t)+\tilde{b}(z,t) \tag{3.75}$$

$$\tilde{i}(z,t)=\tilde{a}(z,t)-\tilde{b}(z,t) \tag{3.76}$$

Normierte Spannungen und Ströme stellen also ein einfaches Bindeglied zu den normierten Wellen dar.

Von besonderem Nutzen sind die Fouriertransformierten der normierten Wellen, welche ebenfalls normierte Wellen oder auch *komplexe Leistungswellen* genannt werden. Diese seien

$$a(z,j\omega):=\sqrt{Z_0}\;I^{(+)}(0,j\omega)\,e^{-j\beta z}=U^{(+)}(0,j\omega)\,e^{-j\beta z}/\sqrt{Z_0} \quad , \tag{3.77}$$

$$b(z,j\omega):=\sqrt{Z_0}\;I^{(-)}(0,j\omega)\,e^{j\beta z}=U^{(-)}(0,j\omega)\,e^{j\beta z}/\sqrt{Z_0} \quad . \tag{3.78}$$

Entsprechend seien

$$\underline{u}(z,j\omega):=U(z,j\omega)/\sqrt{Z_0}=a(z,j\omega)+b(z,j\omega) \quad \text{und} \tag{3.79}$$

$$\underline{i}(z,j\omega):=I(z,j\omega)\sqrt{Z_0}=a(z,j\omega)-b(z,j\omega) \tag{3.80}$$

die Fouriertransformierten[1] der normierten Spannungen und Ströme. Analog können Laplacetransformierte gebildet werden.

---

[1] Die Bezeichnungen mit Unterstrich werden hier gewählt, um Verwechslungen mit nicht normierten Größen auszuschließen.

Ist $\underline{u}(z, j\omega)$ die normierte Spannung über einer Impedanz am Ort z mit dem Wert $W(j\omega)$ und ist $\underline{i}(z, j\omega)$ der normierte Strom durch die Impedanz, dann gilt für die auf den Wellenwiderstand normierte Impedanz

$$w(j\omega) := \frac{W(j\omega)}{Z_0} = \frac{U(z,j\omega)/\sqrt{Z_0}}{I(z,j\omega)\sqrt{Z_0}} = \frac{\underline{u}(z,j\omega)}{\underline{i}(z,j\omega)} \quad . \tag{3.81}$$

Die normierte Impedanz kann also direkt als Verhältnis aus normierter Spannung und normiertem Strom bestimmt werden.

Um die transportierte Leistung auch mittels der spektralen Größen berechnen zu können, werden nun einige grundsätzliche Überlegungen durchgeführt. Angenommen, auf der Leitung werde eine harmonische Welle in positiver z-Richtung geführt. Sei also

$$u^{(+)}(z,t) = \hat{u}^{(+)} \cos\left(\Omega\left(t - \frac{z}{c}\right) + \varphi\right) \quad . \tag{3.82}$$

Dann ist

$$\tilde{a}^2(z,t) = \frac{\hat{u}^{(+)2}}{Z_0} \cos^2\left(\Omega\left(t - \frac{z}{c}\right) + \varphi\right) = \frac{\hat{u}^{(+)2}}{2\,Z_0}\left[1 + \cos\left(2\Omega\left(t - \frac{z}{c}\right) + 2\varphi\right)\right] . \tag{3.83}$$

Die in einem Periodenzeitraum von $t = t_0$ bis $t = t_0 + T$ in positiver z-Richtung transportierte *Energie* ist dann

$$E^{(+)}(t_0, T) = \int_{t_0}^{t_0+T} P^{(+)}(z,t)\,dt = \int_{t_0}^{t_0+T} \tilde{a}^2(z,t)\,dt \quad , \tag{3.84}$$

oder

$$E^{(+)}(t_0, T) = \hat{u}^{(+)2}\, T / 2\,Z_0 \; . \tag{3.85}$$

Definiert man die durch diese Welle transportierte mittlere Leistung $\overline{P^{(+)}}$ als die pro Periode der harmonischen Schwingung transportierte Energie, dann ist

$$\overline{P^{(+)}} = \hat{u}^{(+)2} / 2\,Z_0 \quad . \tag{3.86}$$

Es ist übrigens auch

$$\overline{P^{(+)}} = \lim_{T \to \infty} E^{(+)}(t_0, T)/T \quad . \tag{3.87}$$

Man benutzt diesen Zusammenhang daher zur verallgemeinerten Definition der mittleren Leistung, die auch dann noch anwendbar ist, wenn die zugrunde liegende Welle einen nichtperiodischen Graphen besitzt.

Ganz entsprechend geht man vor, um die Energie und die mittlere Leistung der Welle in negativer z-Richtung zu bestimmen.

Die Definition der mittleren Leistung als Grenzwert von transportierter Energie zu Transportzeit legt nahe, auch eine Grenzwertbetrachtung für die Energie alleine durchzuführen. Nun ist aber in dem hier vorliegenden Fall

$$\lim_{T\to\infty}\left\{E^{(+)}\left(t_0,T\right)\right\}=\lim_{T\to\infty}\left\{\frac{\hat{u}^{(+)^2}}{2\,Z_0}T\right\}=\infty \quad . \tag{3.88}$$

Das würde bedeuten, daß mit der harmonischen Welle unendlich viel Energie transportiert würde. Da aber nur endlich viel Energie zur Verfügung steht, muß die Voraussetzung, daß eine harmonische Welle (ohne Anfang und Ende) existieren kann, falsch sein.

Das Dilemma wird gelöst, wenn man die Erzeugung von Schwingungen in der Praxis untersucht. Jeder Schwingungsgenerator oder Oszillator muß erst einmal gebaut und eingeschaltet werden. Das von ihm erzeugte Signal verschwindet daher für die Zeiten vor seiner Inbetriebnahme am Zeitpunkt t_0. Spätestens, wenn die Energievorräte, die dem Oszillator zur Verfügung stehen, zur Neige gehen, muß der Oszillator ausgeschaltet werden. Damit ist das Oszillatorsignal auch nur für eine endliche Zeit T_{obs} von 0 verschieden. Es kann somit keine reine sinusförmige Schwingung sein.

Die Praxis zeigt allerdings, daß die von realen Generatoren erzeugten Signale ausgezeichnete Näherungen an sinusförmige Schwingungen sein können. Daher wird von hier an mit der Voraussetzung sinusförmiger Schwingungen oder Wellen stets die stillschweigende Annahme verbunden, daß diese nur Näherungsbeschreibungen sein können, die allerdings in dem betrachteten Zeitintervall sehr gut sein können.

Nach dem Gesagten muß also für jede physikalisch realisierbare normierte Welle gelten:

$$\int_{-\infty}^{\infty}\tilde{a}^2(z,t)\,dt<\infty \quad , \tag{3.89}$$

$$\int_{-\infty}^{\infty}\tilde{b}^2(z,t)\,dt<\infty \quad . \tag{3.90}$$

Aus dem Parsevalschen Theorem folgt dann

$$\int_{-\infty}^{\infty}\tilde{a}^2(z,t)\,dt=\frac{1}{2\pi}\int_{-\infty}^{\infty}\left|a(z,j\omega)\right|^2\,d\omega \quad , \tag{3.91}$$

$$\int_{-\infty}^{\infty}\tilde{b}^2(z,t)\,dt=\frac{1}{2\pi}\int_{-\infty}^{\infty}\left|b(z,j\omega)\right|^2\,d\omega \quad . \tag{3.92}$$

Der im Mittel durch die Schnittstelle bei z erfolgende Energietransport ist also durch

$$\overline{E}(z)=\frac{1}{2\pi}\int_{-\infty}^{\infty}\left\{\left|a(z,j\omega)\right|^2-\left|b(z,j\omega)\right|^2\right\}d\omega \tag{3.93}$$

gegeben.

Die weiter oben stehenden Ausführungen haben klar gemacht, daß technisch realisierbare Vorgänge nur eine endlich lange Zeit T_{obs} dauern können, die freilich sehr lang sein kann. Dennoch ist damit die mittlere Leistung eines solchen Vorgangs nicht durch einen Grenzwert, sondern durch den Quotienten

$$\overline{P}=\overline{E}/T_{obs} \tag{3.94}$$

gegeben. Die mittlere spektrale Leistungsdichte ist daher

$$\frac{d\overline{P}}{df}=2\pi\frac{d\overline{P}}{d\omega}=\frac{1}{T_{obs}}\left\{\left|a(z,j\omega)\right|^2-\left|b(z,j\omega)\right|^2\right\}. \tag{3.95}$$

Für hinreichend kleine Frequenzintervalle oder Frequenzbänder ist also

$$\Delta\overline{P}:=\left\{\left|a(z,j\omega)\right|^2-\left|b(z,j\omega)\right|^2\right\}\Delta f/T_{obs}\quad . \tag{3.96}$$

Da die Frequenz durch Messung nicht besser als der Kehrwert der Zeit T_{obs} aufgelöst werden kann (siehe Kapitel 2), macht es Sinn, durch Wahl von

$$\Delta f=\frac{1}{T_{obs}} \tag{3.97}$$

eine mittlere, auf die Bandbreite Δf bezogene oder *normierte Leistung* $\mathcal{P}$ entsprechend folgender Gleichung einzuführen:

$$\mathcal{P}:=\frac{\Delta\overline{P}}{(\Delta f)^2}=\left|a(z,j\omega)\right|^2-\left|b(z,j\omega)\right|^2. \tag{3.98}$$

Ein ähnlicher Zusammenhang kann auch für die Interpretation im Zeigerbild hergeleitet werden, welches allerdings eine echte harmonische Welle voraussetzt. Sei also

$$u^{(+)}(z,t)=\sqrt{2}\,u_{eff}^{(+)}\cos\left(\Omega\left(t-\frac{z}{c}\right)+\varphi\right)\quad . \tag{3.99}$$

Dann gilt für die normierte Welle im Zeitbereich

$$\tilde{a}(z,t)=\frac{\sqrt{2}\,u_{eff}^{(+)}}{\sqrt{Z_0}}\cos\left(\Omega\left(t-\frac{z}{c}\right)+\varphi\right)=\Re\left\{\frac{\sqrt{2}\,u_{eff}^{(+)}\,e^{j(\varphi-\Omega z/c)}}{\sqrt{Z_0}}\,e^{j\Omega t}\right\}\quad . \tag{3.100}$$

Mit der Definition

$$\underline{a}(z,\Omega)=u_{eff}^{(+)}\,e^{j(\varphi-\Omega z/c)}\Big/\sqrt{Z_0} \tag{3.101}$$

wird ein komplexer Zeiger definiert, für den gilt.

$$\left|\underline{a}(z,\Omega)\right|^2 = \frac{u_{eff}^{(+)2}}{Z_0} \quad . \tag{3.102}$$

Damit folgt:

$$\overline{P^{(+)}} = \overline{\tilde{a}^2(z,t)} = \left|\underline{a}(z,\Omega)\right|^2 \quad . \tag{3.103}$$

Entsprechendes läßt sich für die rücklaufende Welle herleiten, so daß gilt:

$$\overline{P}(z) = \left|\underline{a}(z,\Omega)\right|^2 - \left|\underline{b}(z,\Omega)\right|^2 \quad . \tag{3.104}$$

Diese Gleichung stimmt formal bis auf Benennung der Größen mit Gleichung (3.98) überein.

Hätte man in Gleichung (3.101) den Zeiger durch den Spitzenwert statt durch den Effektivwert definiert, dann hätte man statt Gleichung (3.104) die alternative Form

$$\overline{P}(z) = \frac{1}{2}\left|\underline{a}(z,\Omega)\right|^2 - \frac{1}{2}\left|\underline{b}(z,\Omega)\right|^2 \tag{3.105}$$

erhalten, welche in der Literatur ebenfalls sehr gebräuchlich ist.

In den nachfolgenden Kapiteln werden immer wieder Leistungsbilanzen benutzt. Ein Ausdruck der Form

$$\mathcal{P} = |a|^2 - |b|^2 \quad . \tag{3.106}$$

muß dann so interpretiert werden, daß $\mathcal{P}$ eine normierte mittlere Leistung ist, wenn a und b im Sinne von Fouriertransformierten der normierten Wellen interpretiert werden. Werden hingegen $|a|$ und $|b|$ im Sinne von Effektivwertlängen von Zeigern interpretiert, dann ist $\mathcal{P}$ eine nicht normierte mittlere Leistung .

3.8 Zusammenfassung

In diesem Kapitel wurde gezeigt, daß auf Leitungen Information und Leistung bei von 0 verschiedenen Frequenzen durch elektromagnetische Wellen transportiert werden.

Es stellte sich heraus, daß das Verhältnis von Spannungs- zu Stromwelle einer gemeinsamen Ausbreitungsrichtung ortsunabhängig ist und durch den Leitungswellenwiderstand Z_0 gegeben wird, der im Fall verlustloser Leitungen rein reell ist.

Am Beispiel der Koaxialleitung und der Mikrostreifenleitung wurde gezeigt, daß der Leitungswellenwiderstand von der relativen Permittivität und Permeabilität und der Geometrie der Leitung abhängig ist.

Für sinusförmige Wellen wurde ein Zusammenhang zwischen der Periodendauer und der Wellenlänge hergestellt.

Durch die Einführung von Normierungen wurde sowohl für Spannungen, als auch für Ströme und Leistungswellen, die sich in gleicher Richtung ausbreiten, eine gemeinsame Beschreibung gefunden.

Die Beschreibung mittels normierter Wellen ist auch dann noch anwendbar, wenn es keine Spannungen und Ströme im herkömmlichen Sinne gibt. In diesem Fall kann man aber verallgemeinerte Spannungen und Ströme definieren. (Dies wird hier allerdings nicht explizit vorgeführt. Siehe dazu beispielsweise [3.7].)

3.9 Übungsaufgaben und Fragen zum Verständnis

1. Erstellen Sie eine Wellengleichung aus einem Ersatzschaltbild gemäß Abb. 3.8. Wie unterscheiden sich die Lösungen dieser Wellengleichung von denen der Wellengleichung aus Abschnitt 3.2 ?
2. Skizzieren Sie den Graphen einer Gesamtwelle auf einer Leitung, welche sich aus den beiden Teilwellen sgn $(t - z/c)$ und $-$ sgn $(t + z/c)$ zusammensetzt, für wenigstens drei wesentliche Zeitpunkte.
3. Bestimmen Sie den Kapazitätsbelag und den Induktivitätsbelag des Koaxialkabels RG401/U aus Abschnitt 3.5.1 unter der Annahme $\mu_r = 1$. Wie groß ist also bei Vernachlässigung von Randeffekten die Kapazität und die Induktivität eines 1 cm breiten Stückes dieser Koaxialleitung ?
4. Formulieren Sie das ohmsche Gesetz mit Hilfe normierter Wellen für einen Widerstand R in einem System mit Leitungswellenwiderstand Z_0.

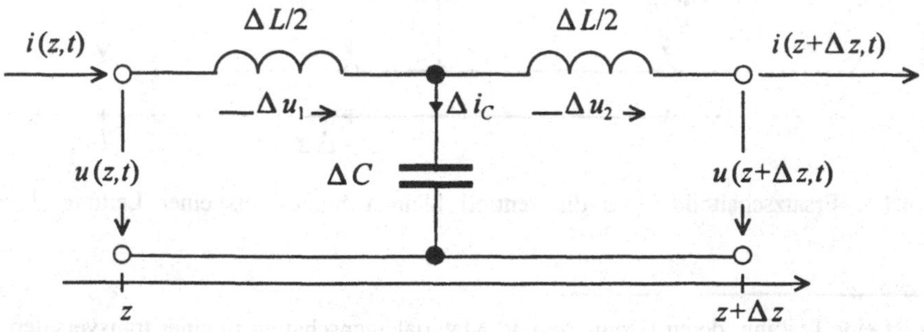

Abb. 3.8 : Ersatzschaltbild für ein differentiell kurzes Leitungsstück

4 Leitung und Last

In diesem Kapitel soll eine Leitung untersucht werden, an deren eines Ende eine Impedanz als „Last“ angeschaltet wird.

Gegenstand dieses Kapitels ist die Behandlung der Frage, welche Wirkungen die auf die Last zulaufende Welle verursacht, und wie die Länge der Leitung in das Gesamtverhalten eingeht.

4.1 Die Leitung endlicher Länge

Ein differentiell kurzes Stück im Inneren einer hinreichend verlustarmen Leitung kann nach Kapitel 3 in guter Näherung durch ein Ersatzschaltbild entsprechend Abb. 4.1 modelliert werden. Dabei sind im Inneren einer längshomogenen[1] Leitung die Induktivitäts- und Kapazitätsbeläge konstant. Lediglich die Endstücke der Leitung müssen auf Grund von Randeffekten durch veränderte Kapazitäts- und Induktivitätswerte modelliert werden.

Es wird nun vereinbart, diese Abweichungen der Bauelementwerte entweder ganz zu vernachlässigen, oder in der externen Beschaltung zu berücksichtigen. Dadurch wird das in Kapitel 3 entwickelte Modell für die vollständige Leitung gültig. Infolgedessen wird die Leitung durch die gleichen partiellen Differential-

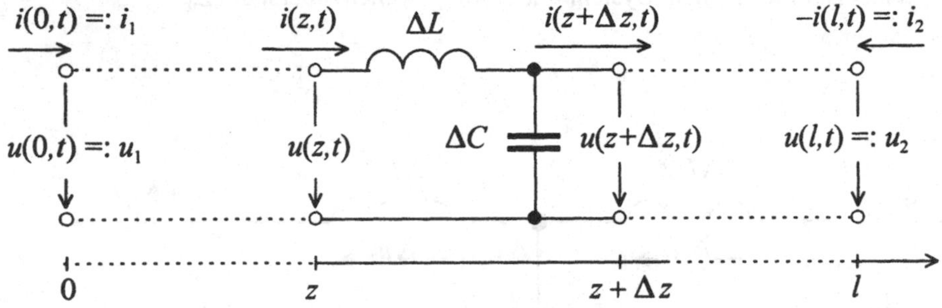

Abb. 4.1 : Ersatzschaltbild eines differentiell kleinen Stücks aus einer Leitung der Länge l

---

[1] Das ist eine Leitung, deren Geometrie und Materialeigenschaften in einer transversalen Querschnittsfläche über die Gesamtlänge der Leitung konstant bleiben.

gleichungen wie in Kapitel 3 beschrieben mit der einzigen Ausnahme, daß der Gültigkeitsbereich der Gleichungen auf den Koordinatenbereich $0 \le z \le l$ eingeschränkt ist.

Daher ist die allgemeine Lösung für Spannung und Strom auf der Leitung

$$U(z, j\omega) = U^{(+)}(j\omega)\, e^{-j\beta z} + U^{(-)}(j\omega)\, e^{j\beta z} \tag{4.1}$$

$$I(z, j\omega) = \left\{U^{(+)}(j\omega)\, e^{-j\beta z} - U^{(-)}(j\omega)\, e^{j\beta z}\right\} / Z_0 \tag{4.2}$$

mit

$$\beta = \frac{\omega}{c} \tag{4.3}$$

oder ausgedrückt durch normierte Spannungen und Ströme und normierte Wellen:

$$\underline{u}(z, j\omega) = a(0, j\omega)\, e^{-j\beta z} + b(0, j\omega)\, e^{j\beta z} \tag{4.4}$$

$$\underline{i}(z, j\omega) = a(0, j\omega)\, e^{-j\beta z} - b(0, j\omega)\, e^{j\beta z} \quad . \tag{4.5}$$

Führt man nun noch die Abkürzungen

$$a_1 = a(0, j\omega) \quad , \tag{4.6}$$

$$b_1 = b(0, j\omega) \tag{4.7}$$

für die bei $z = 0$ in die Leitung hineinlaufende bzw. die aus der Leitung herauslaufende normierte Welle ein, dann folgt

$$\underline{u}(z, j\omega) = a_1\, e^{-j\beta z} + b_1\, e^{j\beta z} \quad , \tag{4.8}$$

$$\underline{i}(z, j\omega) = a_1\, e^{-j\beta z} - b_1\, e^{j\beta z} \tag{4.9}$$

Damit ergeben sich normierte Spannung und normierter Strom bei $z = 0$ als:

$$u_1 := \underline{u}(0, j\omega) = a_1 + b_1 \, , \tag{4.10}$$

$$i_1 := \underline{i}(0, j\omega) = a_1 - b_1 \quad . \tag{4.11}$$

Führt man entsprechend Abb. 4.1 an der Stelle $z = l$ die normierte Spannung u_2 und den normierten Strom i_2 ein:

$$u_2 := \underline{u}(l, j\omega) \quad , \tag{4.12}$$

$$i_2 := -\underline{i}(l, j\omega) \quad , \tag{4.13}$$

dann folgt

$$u_2 = a_1\, e^{-j\beta l} + b_1\, e^{j\beta l} \quad , \tag{4.14}$$

$$i_2 = -a_1\, e^{-j\beta l} + b_1\, e^{j\beta l} \quad . \tag{4.15}$$

Offenbar ist $a_1 \exp(-j\beta l)$ die bei $z = l$ aus der Leitung herauslaufende normierte Welle und $b_1 \exp(-j\beta l)$ die bei $z = l$ in die Leitung hineinlaufende normierte Welle.

Mit den Abkürzungen

$$b_2 := a_1\, e^{-j\beta l} \quad , \tag{4.16}$$

$$a_2 := b_1\, e^{j\beta l} \tag{4.17}$$

folgt

$$u_2 = a_2 + b_2 \quad , \tag{4.18}$$

$$i_2 = a_2 - b_2 \quad . \tag{4.19}$$

Nennt man nun noch die Querschnittsfläche durch das Leitungsende an der Stelle $z=0$ „Tor 1" und die bei $z=l$ „Tor 2", dann gilt:

1. Normierte Spannungen und Ströme im Frequenzbereich heißen an Tor k der Leitung u_k bzw. i_k.
2. Die in das Tor k der Leitung hineinlaufende normierte Welle heißt a_k.
3. Die aus dem Tor k der Leitung herauslaufende normierte Welle heißt b_k.
4. Es gilt

$$u_k = a_k + b_k \quad , \tag{4.20}$$

$$i_k = a_k - b_k \quad , \tag{4.21}$$

$$b_1 = a_2\, e^{-j\beta l} \quad , \tag{4.22}$$

$$b_2 = a_1\, e^{-j\beta l} \quad . \tag{4.23}$$

Die Leitung läßt sich also an ihren Toren vollständig durch die in sie hinein- und aus ihr herauslaufenden normierten Wellen beschreiben. Da die normierten Wellen im Gegensatz zu (konventionellen) Strömen und Spannungen immer meßbare Größen sind, sollen im folgenden nach Möglichkeit alle Zusammenhänge, die in der NF-Technik üblicherweise mit Strömen und Spannungen beschrieben werden, auf eine Darstellung mit normierten Wellen zurückgeführt werden.

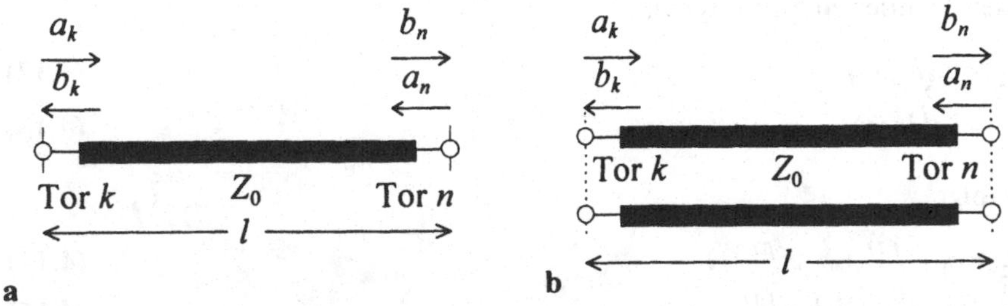

Abb. 4.2 : Leitungssymbole **a** mit Hervorhebung der Zweitoreigenschaften **b** mit Hervorhebung der Zweidrahteigenschaften

4.2 Der komplexe Reflexionsfaktor

Es wird nun an Tor 2, also an der Stelle $z = l$, eine Lastimpedanz mit der Übertragungsfunktion W an die Leitung angeschaltet (siehe Abb. 4.3). Dadurch wird ein festes Verhältnis von Spannung und Strom erzwungen:

$$W(j\omega) = \frac{U(l, j\omega)}{I(l, j\omega)} \quad . \tag{4.24}$$

Aus den Gleichungen (4.1) und (4.2) folgt andererseits:

$$\frac{U(l, j\omega)}{I(l, j\omega)} = Z_0 \frac{U^{(+)}(j\omega)\, e^{-j\beta l} + U^{(-)}(j\omega)\, e^{j\beta l}}{U^{(+)}(j\omega)\, e^{-j\beta l} - U^{(-)}(j\omega)\, e^{j\beta l}} \quad . \tag{4.25}$$

Nun ist aber

$$a(l, j\omega) = \frac{U^{(+)}(j\omega)}{\sqrt{Z_0}} e^{-j\beta l} \quad , \quad b(l, j\omega) = \frac{U^{(-)}(j\omega)}{\sqrt{Z_0}} e^{j\beta l} \quad , \tag{4.26}$$

so daß sich zusammen mit Gleichung (4.24) ergibt:

$$b(l, j\omega) = \frac{W - Z_0}{W + Z_0} a(l, j\omega) \quad . \tag{4.27}$$

Gibt es also eine von 0 verschiedene, in positiver z-Richtung auf der Leitung laufende Welle a, dann muß es auch eine in negativer z-Richtung auf der Leitung laufende Welle b geben.

Angenommen, W ist ein Kurzschluß. Dieser enthält keine Quellen, kann also selbst keine Leistung erzeugen. Dann läßt sich die in negativer z-Richtung laufende Welle nur dadurch erklären, daß ein Teil der in positiver z-Richtung laufenden Welle an dem Kurzschluß reflektiert wird! Ähnliche Argumentationen treffen ganz allgemein für andere Impedanzen zu. Es ist also zu folgern, daß eine Impedanz eine auf sie zulaufende Welle ganz oder teilweise reflektiert.

Das Verhältnis Γ zwischen der von der Last reflektierten normierten Welle und

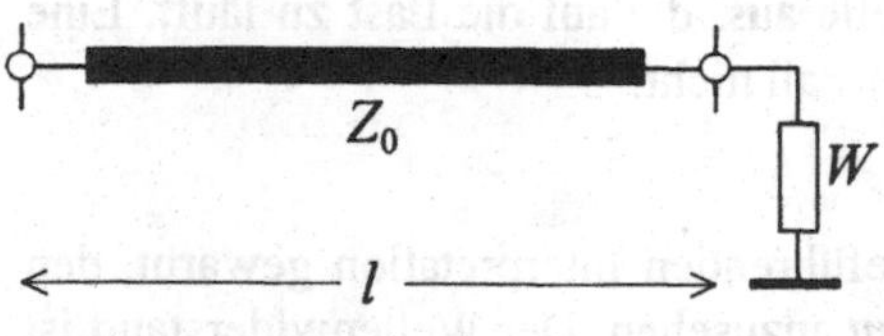

Abb. 4.3 : Leitung mit Lastimpedanz

der auf die Last zulaufenden normierten Welle wird *komplexer Reflexionsfaktor* genannt.

Es gilt also

$$\Gamma = \frac{b(l, j\omega)}{a(l, j\omega)} \quad . \tag{4.28}$$

Mit den Abkürzungen

$$Y_0 := \frac{1}{Z_0} \quad ; \quad Y := \frac{1}{W} \quad . \tag{4.29}$$

und mit Gleichung (4.27) folgt dann

$$\Gamma = \frac{W - Z_0}{W + Z_0} = \frac{Y_0 - Y}{Y_0 + Y} = \frac{W/Z_0 - 1}{W/Z_0 + 1} = \frac{1 - Y/Y_0}{1 + Y/Y_0} \quad . \tag{4.30}$$

Offenbar kommt es bei Berechnung des komplexen Reflexionsfaktors nicht auf die absoluten Zahlenwerte für Lastimpedanz und Wellenwiderstand an, sondern nur auf deren Verhältnis. Das legt die Einführung normierter Größen nahe. Man nennt

$$w = W/Z_0 \tag{4.31}$$

die *normierte Impedanz* und

$$y = Y/Y_0 \tag{4.32}$$

die *normierte Admittanz*. Damit folgt:

$$\Gamma = \frac{w-1}{w+1} = \frac{1-y}{1+y} \quad . \tag{4.33}$$

Im Fall $W = Z_0$ ist der Reflexionsfaktor 0, d.h. es gibt keine zurücklaufende Welle. Man sagt, die Leitung sei (mit dem Wellenwiderstand) *abgeschlossen*. Die Abschlußimpedanz vom Werte des Wellenwiderstandes wird oft auch *(Wellen-) Sumpf* oder *Absorber* genannt.

Merkregel:

Auf einer Leitung, die mit einer Lastimpedanz abgeschlossen ist, welche den *Wert* des Wellenwiderstandes besitzt, breitet sich (nach Abklingen von Einschwingvorgängen) nur eine Welle aus, die auf die Last zu läuft. Eine gegenläufige Welle gibt es in diesem Fall nicht.

Warnung:

Es wird an dieser Stelle vor der irreführenden Interpretation gewarnt, den Wellenwiderstand als ein *Bauelement* anzusehen. Der Wellenwiderstand ist lediglich ein Zahlenwert mit der Dimension einer Impedanz für das Verhältnis von Wellenparametern.

Aus dem Reflexionsfaktor kann umgekehrt auch eine eindeutige Lastimpedanz berechnet werden:

$$W = Z_0 \frac{1+\Gamma}{1-\Gamma} , \tag{4.34}$$

oder in normierter Schreibweise

$$w = \frac{1+\Gamma}{1-\Gamma} . \tag{4.35}$$

Die durch die Gleichungen (4.33) und (4.35) gegebenen Abbildungen werden an späterer Stelle noch ausgiebig besprochen. Mit

$$W = R + j\,X \tag{4.36}$$

folgt für den Betrag des Reflexionsfaktors

$$|\Gamma| = \sqrt{\frac{(R-Z_0)^2 + X^2}{(R+Z_0)^2 + X^2}} \quad . \tag{4.37}$$

Da Z_0 positiv ist, folgt für Lastimpedanzen mit nicht negativem Realteil *R*, daß dann der Betrag des Reflexionsfaktors kleiner oder gleich 1 ist:

$$|\Gamma| \le 1 \qquad \text{für} \qquad \Re\{W\} \ge 0 \quad . \tag{4.38}$$

Ein Ziel der Betrachtungen dieses Kapitels war die Beschreibung von Lastimpedanzen durch Wellengrößen. Daher wird entsprechend Abb. 4.4 die Last als ein *Eintor* mit Tornummer *m* beschrieben, auf das eine normierte Welle a_m zuläuft, welche in der Schnittebene des Tores den Wert a_m annimmt und von dem eine normierte Welle reflektiert wird, die in der Schnittebene des Tores den Wert b_m annimmt. Dann ist

$$b_m = \Gamma\, a_m \quad . \tag{4.39}$$

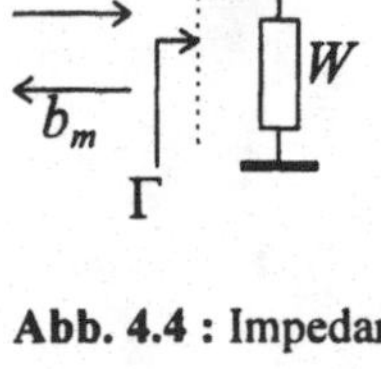

Abb. 4.4 : Impedanz als Eintor

4.3 Impedanztransformation durch Leitungen

Es wird nun eine Kettenschaltung aus einer Leitung mit Wellenwiderstand Z_0 und Länge l entsprechend Abb. 4.5 betrachtet. Leitung und Impedanz sollen direkt miteinander verschaltet sein. Die in der Abbildung gezeigte Trennung der Schnittebenen von Leitung und Last dient lediglich der Verdeutlichung der Tatsache, daß sowohl die Leitung als auch die Last physikalisch getrennte Einheiten sind.

Die Kettenschaltung aus Leitung und Impedanz kann wieder als eine neue Impedanz $\widetilde{W}$ aufgefaßt werden, welche einen Reflexionsfaktor $\widetilde{\Gamma}$ erzeugt.

Da durch die Definition des Reflexionsfaktors, nämlich Verhältnis einer an einem bestimmten Ort von der Last weglaufender zu auf die Last zulaufender Welle, ein Ort und eine Orientierung vorgegeben wird, wird dies auch in dem Schaltbild vermerkt.

Die Schnittebenen, in denen die Reflexionsfaktoren gemessen werden, nennt man *Referenzebenen* oder *Bezugsebenen*.

Es gelten folgende Zusammenhänge:

$$b_1 = a_2\, e^{-j\beta l} \quad , \tag{4.40}$$

$$b_2 = a_1\, e^{-j\beta l} \quad , \tag{4.41}$$

$$b_2 = a_3 \quad , \tag{4.42}$$

$$b_3 = a_2 \quad , \tag{4.43}$$

$$b_3 = \Gamma a_3 \quad , \tag{4.44}$$

$$b_1 = \widetilde{\Gamma} a_1 \quad . \tag{4.45}$$

Durch Auflösung dieses Gleichungssystems nach $\widetilde{\Gamma}$ erhält man

$$\widetilde{\Gamma} = \Gamma\, e^{-2j\beta l} \quad . \tag{4.46}$$

Der Betrag des Reflexionsfaktors ist also im Gegensatz zur Phase des Reflexionsfaktors unabhängig von der Leitungslänge. Wegen

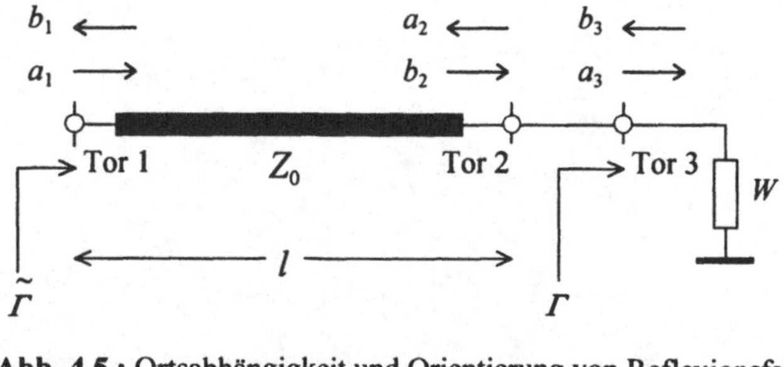

Abb. 4.5 : Ortsabhängigkeit und Orientierung von Reflexionsfaktoren

$$\beta = \omega / c \tag{4.47}$$

ist der Reflexionsfaktor auch frequenzabhängig. Da Reflexionsfaktoren eindeutig in Impedanzen umgerechnet werden können, gibt es eine zu $\widetilde{\Gamma}$ äquivalente Impedanz

$$\widetilde{W} = Z_0 \frac{1+\widetilde{\Gamma}}{1-\widetilde{\Gamma}} \quad . \tag{4.48}$$

Mit den Gleichungen (4.46) und (4.30) folgt daraus

$$\widetilde{W} = Z_0 \frac{W + Z_0 + (W - Z_0)\, e^{-2j\beta l}}{W + Z_0 - (W - Z_0)\, e^{-2j\beta l}} \quad , \tag{4.49}$$

oder nach Umformung

$$\widetilde{W} = Z_0 \frac{W + j\, Z_0 \tan(\beta\, l)}{Z_0 + j\, W \tan(\beta\, l)} = Z_0 \frac{W + j\, Z_0 \tan\left(\frac{\omega\, l}{c}\right)}{Z_0 + j\, W \tan\left(\frac{\omega\, l}{c}\right)} \quad . \tag{4.50}$$

Die Lastimpedanz W wird also durch eine Leitung in einen anderen Wert $\widetilde{W}$ *transformiert*. Diese Transformationen sind für die Schaltungstechnik von größter Bedeutung. Hier sollen nur drei Spezialfälle abgehandelt werden. Weitere Beispiele von Impedanztransformationen werden in einem eigenen Kapitel abgehandelt.

1. *Die kurzgeschlossene Leitung*. Ist die Last ein Kurzschluß, also $W = 0$, dann ist

$$\widetilde{W}_{Kurz} = j\, Z_0 \tan(\beta\, l) = j\, Z_0 \tan(\omega\, l/c) \quad . \tag{4.51}$$

Die kurzgeschlossene Leitung kann daher alle möglichen imaginären Impedanzwerte annehmen. Im Fall einer sinusförmigen Welle ist

$$\widetilde{W}_{Kurz} = j\, Z_0 \tan(2\,\pi\, l/\lambda) \quad . \tag{4.52}$$

Für hinreichend kurze Leitungslängen ($l < 0.1\,\lambda$) kann die Tangensfunktion durch eine lineare Näherung ersetzt werden:

$$\widetilde{W}_{Kurz} \approx j\,\omega\, Z_0\, l/c \qquad \text{falls} \qquad l/\lambda \ll 1 \quad . \tag{4.53}$$

Die transformierte Last verhält sich dann wie eine Induktivität mit Wert $Z_0\, l/c$.

2. *Die leerlaufende Leitung*. Ist die Last ein Leerlauf, also $Y = 0$, dann ist

$$\widetilde{Y}_{Leer} = j\, Y_0 \tan(\omega\, l/c) \quad . \tag{4.54}$$

Die leerlaufende Leitung kann daher alle möglichen imaginären Impedanzwerte annehmen. Im Fall einer sinusförmigen Welle ist

$$\widetilde{Y}_{Leer} = j\, Y_0 \tan\left(2\,\pi\, l/\lambda\right) \quad . \tag{4.55}$$

Für hinreichend kurze Leitungslängen ($l < 0.1\,\lambda$) kann die Tangensfunktion durch eine lineare Näherung ersetzt werden:

$$\widetilde{Y}_{Leer} \approx j\,\omega\, Y_0\, l/c \qquad \text{falls} \qquad l/\lambda \ll 1 \quad . \tag{4.56}$$

Die transformierte Last verhält sich dann wie eine Kapazität mit Wert $Y_0\, l/c$.

3. *Der $\lambda/4$-Transformator*. Es wird nun eine Leitung betrachtet, die mit einer beliebigen Last beschaltet ist. Auf diese Last soll sich eine *sinusförmige Welle* zubewegen. Die Länge der Leitung sei bei deren Frequenz gerade ein Viertel der Wellenlänge:

$$\widetilde{W} = Z_0 \frac{W + j\,Z_0 \tan\left(2\,\pi\, l/\lambda\right)}{Z_0 + j\,W \tan\left(2\,\pi\, l/\lambda\right)} = Z_0 \frac{W + j\,Z_0 \tan\left(\pi/2\right)}{Z_0 + j\,W \tan\left(\pi/2\right)} \quad . \tag{4.57}$$

Dann ist

$$\widetilde{W} = Z_0^2/W \quad (4.58) \qquad \text{oder} \qquad \widetilde{w} = y \quad (4.59)$$

Die $\lambda/4$-lange Leitung transformiert also die normierte Impedanz w in die normierte Admittanz y.

Beispiel: Eine kurzgeschlossene Leitung der Länge $l' = l + \lambda/4$ verhält sich bei der Kreisfrequenz $2\pi c/\lambda$ wie eine leerlaufende Leitung der Länge l.

4.4 Stehende Wellen

Es wird nun angenommen, daß sich eine sinusförmige normierte Welle auf die Last zu bewegt:

$$\widetilde{a}(z,t) = \hat{a}\cos\left(\Omega\left(t - \frac{z}{c}\right) + \varphi\right) \quad . \tag{4.60}$$

Im Fourierbereich ist dann

$$a(z, j\omega) = \hat{a}\,\pi\left(e^{j(\varphi - \Omega z/c)}\,\delta(\omega - \Omega) + e^{-j(\varphi - \Omega z/c)}\,\delta(\omega + \Omega)\right) \quad . \tag{4.61}$$

Befindet sich die Last mit dem komplexen Reflexionsfaktor $\widetilde{\Gamma}$ an der Stelle $z = 0$, dann entsteht dort eine rücklaufende Welle und es gilt:

$$b(0, j\omega) = \widetilde{\Gamma}(j\omega)\, a(0, j\omega) \tag{4.62}$$

und daher

$$b(z, j\omega) = \widetilde{\Gamma}(j\omega)\, \hat{a}\, \pi \left(e^{j(\varphi + \Omega z/c)}\, \delta(\omega - \Omega) + e^{-j(\varphi + \Omega z/c)}\, \delta(\omega + \Omega) \right) \quad . \tag{4.63}$$

Berücksichtigt man, daß die Last im Zeitbereich durch einen reellwertigen Operator beschrieben wird, dann erhält man mit $\widetilde{\Gamma}(-j\Omega) = \widetilde{\Gamma}^{*}(j\Omega)$ durch Rücktransformation:

$$\widetilde{b}(z,t) = \widetilde{\Gamma}(j\Omega) \frac{\hat{a}}{2} e^{j(\varphi + \Omega z/c)}\, e^{j\Omega t} + \widetilde{\Gamma}^{*}(j\Omega) \frac{\hat{a}}{2} e^{-j(\varphi + \Omega z/c)}\, e^{-j\Omega t} \quad . \tag{4.64}$$

Schreibt man noch den Lastreflexionsfaktor als

$$\widetilde{\Gamma} = |\Gamma|\, e^{j\psi} \quad , \tag{4.65}$$

dann folgt:

$$b(z,t) = |\Gamma(j\Omega)|\, \hat{a} \cos\left(\Omega\left(t + \frac{z}{c} \right) + \varphi + \psi(\Omega) \right) \quad . \tag{4.66}$$

Die rücklaufende Welle ist daher ebenfalls eine sinusförmige Welle, deren Amplitude allerdings um den Reflexionsfaktorbetrag der Last gegenüber der hinlaufenden Welle verändert ist. An der Laststelle unterscheiden sich die Wellen in der Phase um $\psi(\Omega)$. Die normierte Spannung auf der Leitung ist damit:

$$\begin{aligned}
\widetilde{u}(z,t) &= \hat{a} \cos\left(\Omega\left(t - \frac{z}{c} \right) + \varphi \right) + |\Gamma(j\Omega)|\, \hat{a} \cos\left(\Omega\left(t + \frac{z}{c} \right) + \varphi + \psi(\Omega) \right) \\
&= \left(1 - |\Gamma(j\Omega)| \right) \hat{a} \cos\left(\Omega\left(t - \frac{z}{c} \right) + \varphi \right) \\
&\quad + |\Gamma(j\Omega)|\, \hat{a} \left[\cos\left(\Omega\left(t - \frac{z}{c} \right) + \varphi \right) + \cos\left(\Omega\left(t + \frac{z}{c} \right) + \varphi + \psi(\Omega) \right) \right] .
\end{aligned} \tag{4.67}$$

Wegen $\cos(\alpha) + \cos(\beta) = 2 \cos((\alpha + \beta)/2) \cos((\alpha - \beta)/2)$ kann man die normierte Spannung daher auch als

$$\begin{aligned}
\widetilde{u}(z,t) &= \left(1 - |\Gamma(j\Omega)| \right) \hat{a} \cos\left(\Omega(t - z/c) + \varphi \right) \\
&\quad + 2 |\Gamma(j\Omega)|\, \hat{a} \cos\left(\Omega z/c + \psi(\Omega)/2 \right) \cos\left(\Omega t + \varphi + \psi(\Omega)/2 \right)
\end{aligned} \tag{4.68}$$

schreiben.

Die beiden Summanden in obiger Gleichung haben nun völlig unterschiedliche Qualitäten.

Der zweite Summand beschreibt eine Schwingung ortsabhängiger Amplitude. Diese ortsabhängige Amplitude ist zeitlich konstant. Man könnte daher den Gra-

Abb. 4.6 : a Wanderwelle, b Stehwelle

phen der Funktion als ortsfeste Welle ansehen. In der Tat nennt man eine Funktion, die als Produkt eines rein ortsabhängigen Faktors und einer ungedämpften Schwingung geschrieben werden kann, *stehende Welle*. Dagegen wandert der Graph des ersten Summanden mit der konstanten Geschwindigkeit c von links nach rechts, ohne daß sich seine Amplitude ändert. Der erste Summand stellt damit eine normale Welle dar, die man zur Unterscheidung von der stehenden Welle auch *Wanderwelle* nennt.

Obige Abbildung zeigt den Unterschied zwischen einer sinusförmigen Wanderwelle und einer sinusförmigen Stehwelle. Dabei ist auf der horizontalen Achse die Ortskoordinate und auf der vertikalen Achse der Funktionswert aufgetragen. Der Grauverlauf soll die Veränderung über der Zeit andeuten: dunklere Färbung entspricht einem jüngeren Zeitwert.

Im Fall der belasteten Leitung erhält man eine reine Stehwelle, wenn der Betrag des Lastreflexionsfaktors 1 ist. Bei kurzgeschlossener Leitung ist beispielsweise $|\Gamma|=1$, $\psi=\pi$ und daher

$$u(z,t)=2\,\hat{a}\sin\left(\frac{\Omega z}{c}\right)\sin(\Omega t+\varphi) \quad . \tag{4.69}$$

Eine reine Wanderwelle entsteht, wenn der Lastreflexionsfaktor verschwindet.

Der Graph der betrachteten Summe aus Stehwelle und Wanderwelle wird durch zwei geometrische Hüllkurven eingehüllt, deren Betrag durch

$$u_H(z)=\hat{a}\sqrt{1+|\Gamma|^2+2|\Gamma|\cos\left(\frac{2\,\Omega z}{c}+\psi\right)} \tag{4.70}$$

gegeben ist.

Das Verhältnis s aus Maximum zu Minimum der oberen Einhüllenden wird *Stehwellenverhältnis* (engl.: voltage standing wave ratio, VSWR) genannt:

$$s:=\frac{1+|\Gamma|}{1-|\Gamma|} \quad . \tag{4.71}$$

Sein Kehrwert

$$m:=\frac{1-|\Gamma|}{1+|\Gamma|} \tag{4.72}$$

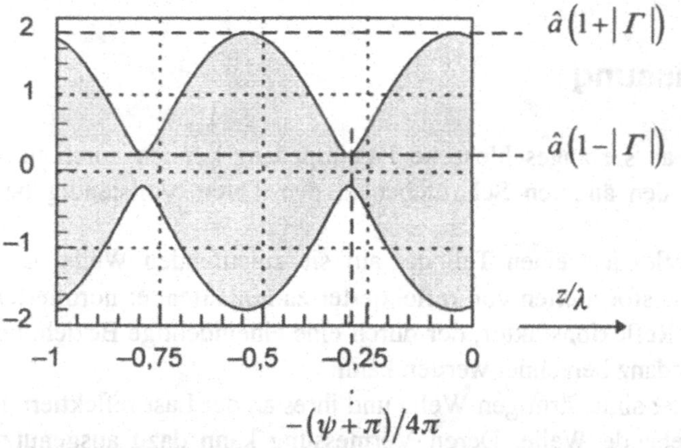

Abb. 4.7 : Einhüllende der Summe aus hin- und rücklaufender Welle einer mit einer Lastimpedanz an der Stelle $z=0$ beschalteten Leitung

wird *Anpaßverhältnis* oder *Anpaßfaktor* genannt.

In Leitungen, in denen eine Messung der (verallgemeinerten) Transversalspannung möglich ist (sogenannte Schlitzleitungen), kann man wegen

$$|\Gamma| = \frac{s-1}{s+1} \tag{4.73}$$

durch Messung der Spannungsminima und -maxima den Betrag des Reflexionsfaktors bestimmen. Durch Messung der relativen Lage der Minima oder Maxima im Vergleich zu einer Messung mit kurzgeschlossener Leitung kann man außerdem die Phase des Reflexionsfaktors bestimmen. Bei Abschluß der Leitung mit einem Kurzschluß ist nämlich bei $z = 0$ ein Spannungsminimum. Bei einem beliebigen anderen Eintor als Last der Leitung sei das Spannungsminimum bei z_0. Das Spannungsminimum muß aber auch an der Stelle liegen, an der

$$2\,\Omega\, z_0/c + \psi = -\pi \tag{4.74}$$

ist. Daher ist die Phase des gesuchten Reflexionsfaktors

$$\psi = -\pi - \frac{4\,\pi\, z_0}{\lambda} \quad . \tag{4.75}$$

Damit ist ein mögliches Meßverfahren zur Bestimmung von Betrag und Phase des Reflexionsfaktors gegeben.

4.5 Zusammenfassung

Eine Leitung und eine an sie angeschlossene Lastimpedanz können durch normierte Wellenwerte an den äußeren Schnittebenen, den Toren, vollständig beschrieben werden.

Die Lastimpedanz reflektiert einen Teil der auf sie zulaufenden Welle. Das Verhältnis der Fouriertransformierten von reflektierter zu hinlaufender normierter Welle ist der komplexe Reflexionsfaktor, der durch eine eineindeutige Beziehung aus der komplexen Impedanz berechnet werden kann.

Die Überlagerung einer sinusförmigen Welle und ihres an der Last reflektierten Anteils erzeugt eine stehende Welle. Deren Vermessung kann dazu ausgenutzt werden, Rückschlüsse auf die Last zu ziehen.

Die Kettenschaltung aus Leitung und Lastimpedanz ergibt eine neue oder transformierte Lastimpedanz, die im allgemeinen nicht mit der Lastimpedanz übereinstimmt.

4.6 Aufgaben und Fragen zum Verständnis

1. Bestimmen Sie den komplexen Reflexionsfaktor für die Impedanz $R + j\omega L$ für die Frequenzen 0 bis 10 GHz in Schritten von 1 GHz, wenn $R = 25\ \Omega$, $L = 2\,\text{nH}$ und $Z_0 = 50\ \Omega$ ist. Tragen Sie die Werte in einem kartesischen Koordinatensystem auf. Auf welcher Kurve scheinen die Werte zu liegen ?
2. Berechnen Sie den komplexen Reflexionsfaktor für die Kettenschaltung aus einer Leitung der Länge l und einer Impedanz $R = 25\ \Omega$ für Wellenlängen $\lambda =$ 0,1 l bis 0,5 l in Schritten von 0,1 l und einen Leitungswellenwiderstand von 50 Ω. Tragen Sie die Werte in einem kartesischen Koordinatensystem auf. Auf welcher Kurve scheinen die Werte zu liegen ?
3. Bestimmen Sie für die Reflexionsfaktoren aus Aufgabe 2 das Stehwellenverhältnis und den Anpaßfaktor.
4. Ein kurzes leerlaufendes Leitungsstück wirkt für ein sinusförmiges Signal wie eine Kapazität. Warum schränkt man diese Aussage auf ein sinusförmiges Signal ein ?

5 Wellenquellen

Bisher wurde noch keine Aussage über die Herkunft von Wellen auf Leitungen gemacht. Es wird nachfolgend gezeigt, daß die aus der NF-Technik bekannten Spannungs- und Stromquellen als Quellen von Wellen dienen können. Umgekehrt sind Wellenquellen an Leitungen, auf denen konventionelle Spannungen und Ströme existieren, auch immer als Spannungs- oder Stromquellen modellierbar.

5.1 Spannungs- und Stromquellen als Wellenquellen

Abb. 5.1 zeigt das Ersatzschaltbild einer realen Spannungsquelle mit einer Lastimpedanz. Die erforderlichen Leitungen zum Anschluß sollen vernachlässigbar kurz sein und den Wellenwiderstand Z_0 besitzen. Weiter wird unterstellt, daß Last und Quelleninnenimpedanz einen nichtnegativen Realteil besitzen.

Auf Grund der Spannungsteilerregel gilt für die normierte Spannung quer zur Referenzebene im Frequenzbereich

$$\underline{u}_L = \frac{w_L}{w_L + w_G}\,\underline{u}_{1,Leer} \quad . \tag{5.1}$$

Der normierte Strom quer zur Referenzebene wird dann durch

$$\underline{i}_L = \frac{1}{w_L + w_G}\,\underline{u}_{1,Leer} \tag{5.2}$$

gegeben. Es gilt daher für die normierten Wellen:

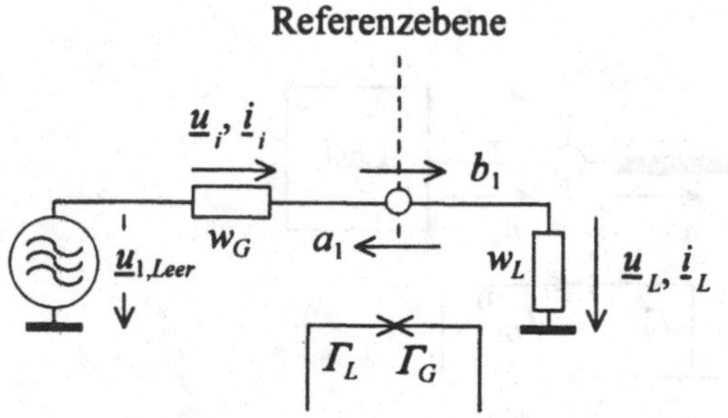

Abb. 5.1 : Spannungsquelle mit Innenimpedanz und passiver Lastimpedanz

$$a_1 = \frac{1}{2}\left(\underline{u}_L - \underline{i}_L\right) = \frac{1}{2}\frac{w_L - 1}{w_L + w_G}\underline{u}_{1,Leer} \quad , \tag{5.3}$$

$$b_1 = \frac{1}{2}\left(\underline{u}_L + \underline{i}_L\right) = \frac{1}{2}\frac{w_L + 1}{w_L + w_G}\underline{u}_{1,Leer} \quad . \tag{5.4}$$

Da angenommen wird, daß die Lastimpedanz keine eigene Leistung produziert, können die Wellen nur durch die reale Spannungsquelle verursacht werden. Die reale Spannungsquelle ist also eine Wellenquelle. Weil eine reale Spannungsquelle äquivalent durch eine reale Stromquelle ersetzt werden kann, ist auch jede reale Stromquelle eine Wellenquelle.

Den Gleichungen (5.3) und (5.4) ist zu entnehmen, daß

$$\frac{a_1}{b_1} = \frac{w_L - 1}{w_L + 1} = \Gamma_L \tag{5.5}$$

gilt.

Es wird nun eine Kettenschaltung aus realer Spannungsquelle, Leitung und passiver Last entsprechend Abb. 5.2 betrachtet. Vereinbarungsgemäß soll der Leitungsanschluß des Generators die gleichen Leitungseigenschaften haben wie die angeschlossene Leitung.

Es wird folgendes Gedankenexperiment ausgeführt: Die Quelle erzeuge eine normierte Spannung, deren Graph eine gute Näherung an einen Rechteckpuls der Zeitdauer T und der Amplitude A ist, und die zum Zeitpunkt $t = 0$ beginnt. Für Zeiten $t < 0$ soll sich an keiner Stelle der Leitung eine Welle befinden. Daher breitet sich zunächst eine Welle $\tilde{a}_2^{(1)}$ auf der Leitung aus, die alleine aus der Quelle stammt. Nach einer Laufzeit $\Delta t = l/c$ gelangt die Welle an das der Last zugewendete Tor der Leitung.

Als weitere Voraussetzung soll nun angenommen werden, daß die Zeitdauer Δt größer ist als die Pulsdauer T. Im allgemeinen wird die Welle reflektiert. Es entsteht eine zurücklaufende Welle, die nach der Laufzeit Δt, also zum Zeitpunkt $t = 2\,\Delta t$, am Generatoranschluß der Leitung als $\tilde{b}_2^{(1)}$ erscheint. Dies ist schematisch für einen reellwertigen Reflexionsfaktor in der Abb. 5.3 dargestellt.

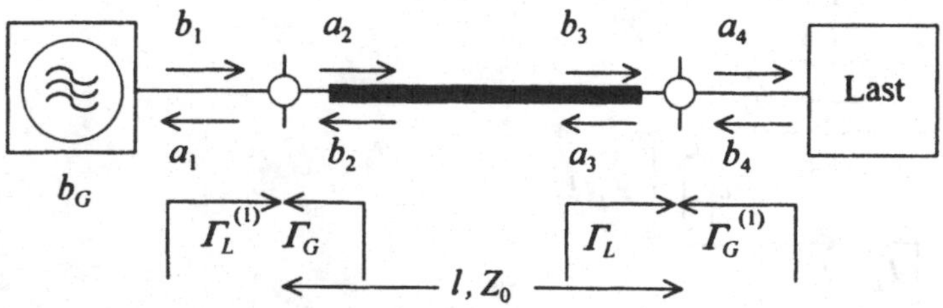

Abb. 5.2: Quelle – Leitung – Last

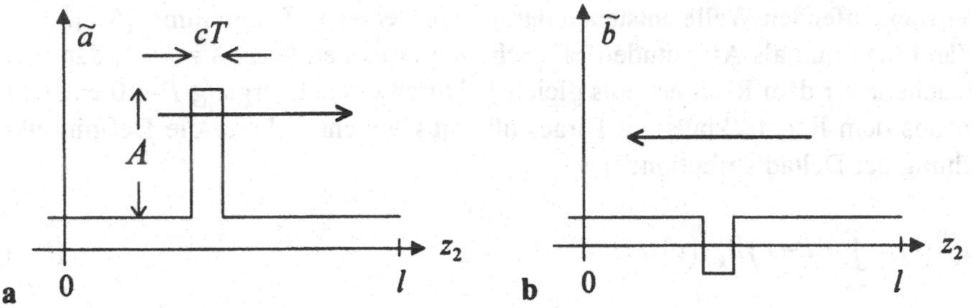

Abb. 5.3 : Wellenausbreitung a erzeugte Welle b an Last reflektierte Welle

Zum Zeitpunkt $t = 2\,\Delta t$ produziert der Generator nach Voraussetzung bereits keine Leistung mehr. Er verhält sich somit wie eine einfache Impedanz nach Masse und wird daher im Frequenzbereich wie ein Eintor mit dem Reflexionsfaktor

$$\Gamma_G = \frac{w_G - 1}{w_G + 1} \tag{5.6}$$

beschrieben. Dieser komplexe Reflexionsfaktor wird im folgenden der *Reflexionsfaktor der Quelle* genannt.

Im allgemeinen Fall wird also erneut durch Reflexion eine in Richtung Last laufende Welle $\tilde{a}_2^{(2)}$ entstehen usw. Man kann dies in einem Diagramm entsprechend Abb. 5.4 veranschaulichen. Diagramme dieser Art sind bei der Betrachtung von Quellen und Lasten mit nichtlinearem Reflexionsverhalten besonders nützlich. Zusammen mit einem graphischen Hilfsmittel zur Bestimmung der Amplitu-

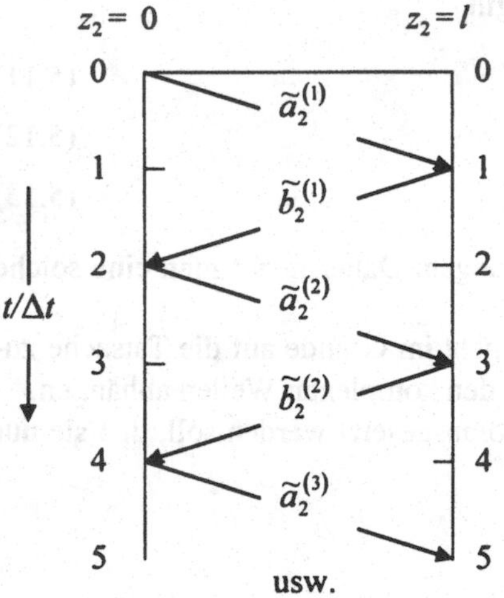

Abb. 5.4 : Weg-Zeit-Diagramm der Wellenausbreitung auf der Leitung in Abb. 5.3

de der rücklaufenden Welle entstehen daraus die Bergeron-Diagramme[1] [5.1].

Wählt man nun als Amplitude des Rechteckpulses den Wert $A = k/cT$, dann ist die Fläche unter dem Rechteckpuls gleich k. Durch Grenzübergang $T \to 0$ entsteht daher aus dem Rechteckpuls ein Diracstoß mit Gewicht k. Über die Definitionsgleichung der Deltadistribution:

$$\tilde{a}_k^{(l)}(t) = \int_{-\infty}^{\infty} \delta(t-\tau)\, \tilde{a}_k^{(l)}(\tau)\, d\tau \tag{5.7}$$

läßt sich dann jede Welle im Zeitbereich als Überlagerung aus gewichteten Diracstößen darstellen. Auf Grund des Überlagerungsprinzips gelten daher die vorangegangenen Überlegungen für Wellen beliebiger Gestalt.

Für die folgenden Überlegungen wird nun vorausgesetzt, daß sowohl der Quellenreflexionsfaktor Γ_G, als auch der Lastreflexionsfaktor Γ_L ausschließlich Funktionen der Frequenz und nicht etwa Funktionen der komplexen Wellen selbst sind.

Im Frequenzbereich gilt dann für die mit der Quelle verknüpften Wellen:

$$a_1^{(k)} = b_2^{(k)} \quad , \tag{5.8}$$

$$b_1^{(k)} = a_2^{(k)} \quad , \tag{5.9}$$

$$a_2^{(k+1)} = \Gamma_G\, b_2^{(k)} \quad . \tag{5.10}$$

In den Gleichungen wurde der Übersichtlichkeit wegen das Funktionsargument unterdrückt.

Die drei die Quelle beschreibenden Gleichungen sind linear. Daher wird eine solche Wellenquelle als *lineare Wellenquelle* bezeichnet.

Man beachte außerdem, daß in Gleichung (5.10) eine Teilwelle mit Index $k+1$ mit einer Teilwelle mit Index k verknüpft wird ($k \geq 1$).

Für die mit der Last verbundenen Wellen gilt

$$a_4^{(k)} = b_3^{(k)} \quad , \tag{5.11}$$

$$b_4^{(k)} = a_3^{(k)} \quad , \tag{5.12}$$

$$b_4^{(k)} = \Gamma_L\, a_4^{(k)} \quad . \tag{5.13}$$

Auch dies sind ausschließlich lineare Gleichungen. Daher nennt man eine solche Last eine *lineare Last*.

Die Linearität von Last und Wellenquelle geht im Grunde auf die Tatsache zurück, daß deren Reflexionsfaktoren nicht von den komplexen Wellen abhängen.

Schließlich gilt für die Leitung, von der vorausgesetzt werden soll, daß sie nur schwache Verluste habe:

---

[1] Nach dem französischen Professor M.L. Bergeron, der diese Diagramme erstmalig zur Beschreibung von Oberflächenwellen in Schiffahrtskanälen anwandte.

$$a_2^{(k)} = e^{\gamma l}\, b_3^{(k)} \quad , \tag{5.14}$$

$$b_2^{(k)} = e^{-\gamma l}\, a_3^{(k)} \quad . \tag{5.15}$$

Damit folgt für die Teilwelle $b_2^{(k)}$:

$$b_2^{(k)} = e^{-\gamma l}\, a_3^{(k)} = e^{-\gamma l}\, \Gamma_L\, a_4^{(k)} = e^{-2\gamma l}\, \Gamma_L\, a_2^{(k)} \quad . \tag{5.16}$$

Analog zu den Ausführungen des Kapitels 3 ergibt sich also

$$\Gamma_L^{(1)} = \frac{b_2^{(k)}}{a_2^{(k)}} = \Gamma_L\, e^{-2\gamma l} \tag{5.17}$$

als Reflexionsfaktor der aus Leitung und Last gebildeten Ersatzlast. Aus den Gleichungen (5.16) und (5.14) folgt zusammen mit Gleichung (5.10)

$$a_2^{(k+1)} = \Gamma_L\, \Gamma_G\, e^{-2\gamma l}\, a_2^{(k)} \quad . \tag{5.18}$$

In entsprechender Weise leitet man ab:

$$b_3^{(k+1)} = \Gamma_L\, \Gamma_G\, e^{-2\gamma l}\, b_3^{(k)} = \Gamma_G\, e^{-2\gamma l}\, a_3^{(k)} \quad . \tag{5.19}$$

Man kann also die Kettenschaltung aus Generator und Leitung als Ersatzquelle mit dem Reflexionsfaktor

$$\Gamma_G^{(1)} := \frac{b_3^{(k+1)}}{a_3^{(k)}} = \Gamma_G\, e^{-2\gamma l} \tag{5.20}$$

auffassen. Da die Beträge der Reflexionsfaktoren Γ_G und Γ_L auf Grund der Voraussetzungen kleiner oder gleich 1 sind, und da jede reale Leitung (wenigstens schwach) verlustbehaftet ist, muß $|\Gamma_G^{(1)}|$ und daher auch das Produkt $|\Gamma_G^{(1)}|\,|\Gamma_L|$ echt kleiner als 1 sein. Weil außerdem jede reale Quelle durch ein Leitungsstück – und sei es auch noch so kurz – an seine Umgebung angeschlossen werden muß, folgt die wichtige

Merkregel:

> Eine reale *lineare* Quelle hat stets einen Reflexionsfaktorbetrag, der echt kleiner als 1 ist. ◆

Mit dem Reflexionsfaktor der Ersatzquelle folgt:

$$b_3^{(k+1)} = \Gamma_G^{(1)}\, \Gamma_L\, b_3^{(k)} \quad . \tag{5.21}$$

Iterativ folgt daher

$$b_3^{(k+1)} = \left[\Gamma_G^{(1)}\, \Gamma_L\right]^k b_3^{(1)} \quad , \tag{5.22}$$

$$a_3^{(k+1)} = \Gamma_L \left[\Gamma_G^{(1)} \, \Gamma_L\right]^k b_3^{(1)} \quad . \tag{5.23}$$

Die Teilwellen jeweils einer Ausbreitungsrichtung sollen nun zu Gesamtwellen zusammengefaßt werden:

$$b_3(j\omega) := \sum_{k=1}^{\infty} b_3^{(k)}(j\omega) \qquad \text{bzw.} \qquad \widetilde{b}_3(t) := \sum_{k=1}^{\infty} \widetilde{b}_3^{(k)}(t) \quad , \tag{5.24}$$

$$a_3(j\omega) := \sum_{k=1}^{\infty} a_3^{(k)}(j\omega) \qquad \text{bzw.} \qquad \widetilde{a}_3(t) := \sum_{k=1}^{\infty} \widetilde{a}_3^{(k)}(t) \quad . \tag{5.25}$$

Alle Summanden von $\widetilde{b}_3$ sind Funktionen von $t + z_3/c$, daher muß auch die Summe eine Funktion von $t + z_3 / c$ sein. $\widetilde{b}_3$ ist daher wieder eine Welle in negativer z_3-Richtung. Entsprechendes gilt für die Summe der rücklaufenden Wellen.

Aus den Gleichungen (5.22) und (5.23) folgt dann im Spektralbereich:

$$b_3 = \sum_{k=0}^{\infty} \left[\Gamma_G^{(1)} \, \Gamma_L\right]^k b_3^{(1)} \quad , \tag{5.26}$$

$$a_3 = \Gamma_L \, b_3 \quad . \tag{5.27}$$

Da aber das Produkt der Reflexionsfaktorbeträge kleiner als 1 ist, läßt sich die geometrische Reihe in Gleichung (5.26) aufsummieren zu

$$b_3 = \frac{b_3^{(1)}}{1 - \Gamma_G^{(1)} \, \Gamma_L} \quad . \tag{5.28}$$

Aus den beiden letzten Gleichungen folgt:

$$b_3 = b_3^{(1)} + \Gamma_G^{(1)} \, a_3 \quad . \tag{5.29}$$

Daraus läßt sich zurückrechnen:

$$a_2 = e^{\gamma l} \, b_3 = e^{\gamma l} \, b_3^{(1)} + e^{\gamma l} \, \Gamma_G^{(1)} \, a_3 = a_2^{(1)} + \Gamma_G \, b_2 \quad . \tag{5.30}$$

Benutzt man noch die Identität

$$b_G := a_2^{(1)} \quad , \tag{5.31}$$

dann erhält man

$$b_1 = b_G + \Gamma_G \, a_1 \quad . \tag{5.32}$$

Hätte man zugelassen, daß die Leitung verlustlos ist und daß die Generatorinnenimpedanz rein imaginär ist, dann wäre bei einer Lastimpedanz mit Reflexionsfaktorbetrag 1 die geometrische Reihe aus Gleichung (5.26) divergent. Dann müßte die Leitung unendlich viel Leistung aufnehmen. Dies aber widerspricht dem Energieerhaltungssatz, da die Leitung für dieses Gedankenexperiment verlustfrei vorausgesetzt wurde. Die einzig mögliche Schlußfolgerung ist daher, daß

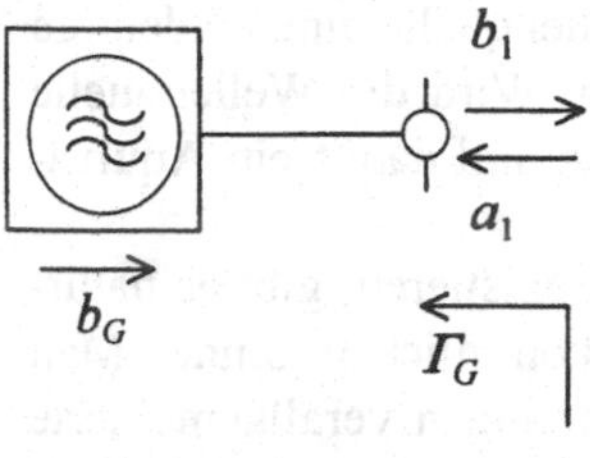

$$b_1 = b_G + \Gamma_G\, a_1$$

Abb. 5.5 : Schaltbild einer linearen Quelle und Beschreibungsgleichung

eine Wellenquelle mit einem Generatorreflexionsfaktor, der dem Betrage nach 1 ist, keine Wirkleistung abgeben kann.

Gleichung (5.32) läßt sich nun so interpretieren, daß die aus der Quelle herauslaufende Welle eine Überlagerung aus einer Welle b_G und einer reflektierten Welle $\Gamma_G\, a_1$ ist. Der Reflexionsfaktor der Welle ist dabei der komplexe Reflexionsfaktor, welcher der Innenimpedanz der Quelle zugeordnet ist.

Auslöser für die Vorgänge auf der Leitung ist die erste Teilwelle, die aus der realen Spannungsquelle auf die Last zuläuft. Man kann diese erste Teilwelle messen, wenn man als Last einen Absorber benutzt:

$$b_G = b_1\big|_{\Gamma_G=0} \quad . \tag{5.33}$$

Da b_G Ursache für die Vorgänge auf der Leitung ist, nennt man b_G die *Urwelle* der Quelle.

Um das Verhalten einer Wellenquelle zu beschreiben, sind nach den vorangegangenen Ausführungen insgesamt drei Bestimmungsgrößen erforderlich: die Urwelle b_G, der Generatorreflexionsfaktor Γ_G und der Wellenwiderstand Z_0. Im Gegensatz dazu sind Strom- und Spannungsquellen der NF-Technik durch nur jeweils zwei Bestimmungsgrößen charakterisiert, nämlich Leerlaufspannung und Innenimpedanz bzw. Kurzschlußstrom und Innenadmittanz.

Abb. 5.5 zeigt das Blockschaltbild einer Wellenquelle.

5.2 Wellenquellen als Spannungs- und Stromquellen

Bisher wurde gezeigt, daß reale Strom- oder Spannungsquellen als Wellenquellen wirken, wenn sie über eine Leitung an eine Last angeschlossen werden. Es stellt sich nun die Frage, ob beliebige Wellenquellen auch immer wie reale Spannungs- oder Stromquellen wirken.

Zunächst wird diese Frage auf Wellenquellen eingeschränkt, deren Anschlußleitungen nur Wellenmoden führen, bei denen konventionelle Spannungen und Ströme existieren. Für diese kann die Frage sofort über den linearen Zusammenhang zwischen normierten Wellen einerseits und Spannungen und Strömen andererseits positiv beantwortet werden.

Ein Spannungsmeßgerät wird am „Anschlußtor" der Wellenquelle eine eindeutige Spannung und einen eindeutigen Strom messen können. Wird die Wellenquelle ausgeschaltet, dann kann man auch den Reflexionsfaktor und damit ein Äquivalent zur Innenimpedanz messen.

Falls keine konventionellen Spannungen oder Ströme existieren, gibt es natürlich auch keine Spannungs- oder Stromquelle im herkömmlichen Sinne. Man kann aber mit Hilfe verallgemeinerter Ströme und Spannungen verallgemeinerte Spannungs- und Stromquellen einführen, um formal zu gewährleisten, daß Wellenquellen auch immer äquivalent zu Strom- oder Spannungsquellen sind. Solche äquivalenten Quellen sind für einige Betrachtungen nützliche Hilfsgrößen.

5.3 Anpassung

Unabhängig von der Realisierungsform einer Wellenquelle sollen nun deren wesentliche Eigenschaften untersucht werden. Es sind also zunächst bei bekanntem Wellenwiderstand „Meßvorschriften" zur Bestimmung von b_G und Γ_G zu erstellen.

Wird die Quelle mit einem Absorber belastet, dann fließt keine Welle auf die Quelle zurück. Infolgedessen ist dann die aus der Quelle herauslaufende normierte Welle

$$b_1\big|_{\Gamma_L=0} = b_G \quad . \tag{5.34}$$

Damit ist die Meßvorschrift zur Bestimmung der Urwelle bereits gegeben. Es ist „nur" ein Meßgerät zu beschaffen, das einen Eingangsreflexionsfaktor 0 besitzt, und welches in der Lage ist, die Eigenschaften einer normierten Welle zu messen. Für die Meßpraxis wird auf die Literatur über Hochfrequenzmeßtechnik verwiesen, beispielsweise [5.2]...[5.4].

Zur Bestimmung des Reflexionsfaktors kann man (wenigstens theoretisch) so vorgehen, daß ein gleichartiges Meßinstrument wie im vorigen Meßprozeß, aber mit unterschiedlichem Eingangsreflexionsfaktor benutzt wird. Es gilt dann mit den Bezeichnungen aus Abb. 5.6

$$b_1 = b_G + \Gamma_G\, a_1 \quad , \tag{5.35}$$

$$b_2 = \Gamma_L\, a_2 \quad , \tag{5.36}$$

$$b_2 = a_1 \quad , \qquad b_1 = a_2 \quad . \tag{5.37}$$

Daraus folgt

$$\Gamma_G = \frac{a_2 - b_G}{\Gamma_L\, a_2} \quad . \tag{5.38}$$

Damit ist auch der Reflexionsfaktor der Wellenquelle bestimmt.

In der NF-Technik versteht man unter einer idealisierten Spannungsquelle eine Quelle mit Innenimpedanz 0 und unter einer idealisierten Stromquelle eine Quelle

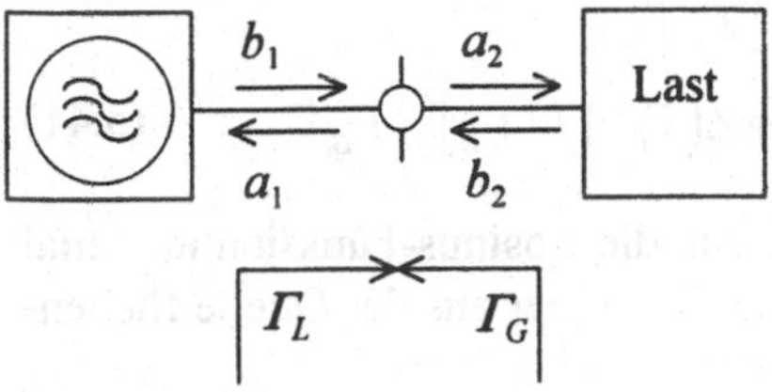

Abb. 5.6 : Quelle mit linearer Last

mit Innenadmittanz 0. Es liegt daher nahe, eine idealisierte Wellenquelle als Quelle mit Reflexionsfaktor 0 in einem vorgegebenen Leitungssystem aufzufassen.

Im Gegensatz zu idealisierten Spannungs- oder Stromquellen läßt sich eine solche Quelle (zumindest in sehr guter Näherung) realisieren, indem man nämlich eine Spannungsquelle mit dem Innenwiderstand des benutzten Leitungssystems zur Verfügung stellt. Da aus einer solchen Quelle unter allen Lastbedingungen immer genau die Urwelle austritt, soll für sie im folgenden auch der Ausdruck *rückwirkungsfreie Quelle* benutzt werden.

Aus den Gleichungen (5.35) bis (5.37) bestimmt man

$$a_2 = \frac{b_G}{1 - \Gamma_L \, \Gamma_G} \quad , \quad b_2 = \frac{\Gamma_L \, b_G}{1 - \Gamma_L \, \Gamma_G} \ . \tag{5.39}$$

Damit läßt sich entsprechend Kapitel 3 die normierte mittlere Leistung bestimmen, die von der Quelle in die Last läuft:

$$\mathcal{P} = |a_2|^2 - |b_2|^2 = \frac{\left(1 - |\Gamma_L|^2\right) |b_G|^2}{|1 - \Gamma_L \, \Gamma_G|^2} \ . \tag{5.40}$$

Bei vorgegebenen Quelleneigenschaften kann also durch Variation des Lastreflexionsfaktors die der Quelle entnommene Leistung variiert werden.

Definition 5.1:

Die maximal von einer Wellenquelle bei einer bestimmten Frequenz abgebbare mittlere (Wirk-) Leistung heißt *verfügbare Leistung* P_A (engl.: available power). Im Unterschied dazu heißt die in eine tatsächliche Last abgegebene mittlere Wirkleistung *tatsächliche Leistung* P_L (engl.: power delivered to the load). ♦

Zur Berechnung der verfügbaren Leistung ist eine Extremwertaufgabe für $\mathcal{P}$ in den beiden Variablen $|\Gamma_L|$ und $\angle(\Gamma_L)$ zu lösen. Da der Phasenwinkel des Lastreflexionsfaktors nur in den Nenner von $\mathcal{P}$ eingeht, muß dieser in Abhängigkeit von $\angle(\Gamma_L)$ minimiert werden. Es gilt

$$\begin{aligned}|1-\Gamma_L\,\Gamma_G|^2 &= 1-\Gamma_L\,\Gamma_G-\Gamma_G^*\,\Gamma_G^*+|\Gamma_L|^2\,|\Gamma_G|^2 \\ &= 1-2|\Gamma_L||\Gamma_G|\cos\big(\angle(\Gamma_L)+\angle(\Gamma_G)\big)+|\Gamma_L|^2\,|\Gamma_G|^2 \quad .\end{aligned} \tag{5.41}$$

Das Minimum dieses Ausdrucks ergibt sich, wenn die Cosinus-Funktion maximal ist. Daraus folgt als erste Bedingung für das Maximum der aus der Quelle fließenden Leistung:

$$\angle(\Gamma_L) = -\angle(\Gamma_G) \quad . \tag{5.42}$$

Unter dieser Bedingung ist aber

$$\mathcal{P}\Big|_{\angle(\Gamma_L)=-\angle(\Gamma_G)} = \frac{\left(1-|\Gamma_L|^2\right)}{\left(1-|\Gamma_L||\Gamma_G|\right)^2}|b_G|^2 \quad . \tag{5.43}$$

Das Maximum dieser Größe in Abhängigkeit von $|\Gamma_L|$ liegt bei

$$|\Gamma_L| = |\Gamma_G| \quad . \tag{5.44}$$

Der Lastreflexionsfaktor muß also das komplex Konjugierte des Reflexionsfaktors der Ersatzquelle sein, damit tatsächlich die verfügbare Leistung aus der Quelle entnommen wird:

$$\Gamma_L = \Gamma_G^* \quad . \tag{5.45}$$

Definition 5.2:

> Ist die von einer Quelle tatsächlich in die Last abgegebene Leistung identisch zu der verfügbaren Leistung, dann heißt die *Last auf die Quelle (komplex konjugiert) angepaßt* (engl.: conjugate matched load). Quellenreflexionsfaktor und Lastreflexionsfaktor sind dann zueinander komplex konjugiert.

◆

Im Falle der Anpassung ergibt sich die verfügbare Leistung der Quelle (im Frequenzbereich) als

$$P_A = \mathcal{P}\Big|_{\min} = \frac{|b_G|^2}{1-|\Gamma_G|^2} \quad . \tag{5.46}$$

Gleichung (5.46) erweckt den Eindruck, man müsse nur den Betrag des Generatorreflexionsfaktors eins setzen, um eine unendlich große Leistung aus der Quelle schöpfen zu können. Tatsächlich wurde aber weiter oben festgestellt, daß reale Quellen immer einen Reflexionsfaktor mit Betrag kleiner als 1 besitzen.

Um diesen Trugschluß zu vermeiden, wird daher eine Normierung eingeführt, welche durch folgende Definition festgelegt wird:

Definition 5.3:

Wird eine Quelle durch die Gleichung

$$b_1 = b_G + \Gamma_G\, a_1 \tag{5.47}$$

beschrieben, dann heißt

$$b_A = \frac{b_G}{\sqrt{1-|\Gamma_G|^2}} \tag{5.48}$$

die *normierte Urwelle* der Quelle. ♦

Mit der normierten Urwelle läßt sich die verfügbare Leistung einer Quelle besonders übersichtlich formulieren:

$$P_A = |b_A|^2 \quad . \tag{5.49}$$

Die tatsächlich von der Quelle in eine Last abgegebene Leistung ist

$$P_L = |b_1|^2 - |a_1|^2 = \frac{\left(1-|\Gamma_G|^2\right)\left(1-|\Gamma_L|^2\right)}{|1-\Gamma_G\,\Gamma_L|^2}\, P_A \quad . \tag{5.50}$$

Mit Hilfe der oben berechneten Leistungen kann bestimmt werden, wieviel der verfügbaren Quellenleistung durch Fehlanpassung der Last verloren geht:

Definition 5.4:

Das Verhältnis der verfügbaren Leistung der Quelle zur tatsächlich in die Last abgegebenen Leistung

$$M := \frac{P_A}{P_L} = \frac{|1-\Gamma_G\,\Gamma_L|^2}{\left(1-|\Gamma_G|^2\right)\left(1-|\Gamma_L|^2\right)} \geq 1 \tag{5.51}$$

heißt *Fehlanpassungsverlust* (engl.: mismatch loss). ♦

Der Fehlanpassungsverlust ist also im günstigsten Fall gleich eins, ansonsten größer. Häufig wird auch das Maß

$$M|_{dB} := 10 \lg M \tag{5.52}$$

als Fehlanpassungsverlust bezeichnet. Es ist dann stets größer oder gleich 0 dB.

Insbesondere bei Vorliegen kleiner verfügbarer Quellenleistungen ist man bestrebt, Fehlanpassungsverluste möglichst klein zu halten. Daraus erwächst die Aufgabe Schaltungen zu entwickeln, welche eine vorgegebene Lastimpedanz in das komplex Konjugierte einer vorgegebenen Quellenimpedanz transformieren.

5.4 Der Wirkungsgrad der Quelle

Nicht immer ist der Fall der komplex konjugierten Anpassung optimal. Dies soll anhand einer realen Spannungsquelle mit einem Leitungsanschluß betrachtet werden, auf dem ausschließlich Spannungen und Ströme im herkömmlichen Sinne existieren. Die Quelle werde durch eine lineare Last entsprechend Abb. 5.1 (Seite 55) belastet.

Mit Hilfe der Gleichungen (5.1) und (5.2) folgt dann unmittelbar für die in der Last im Mittel umgesetzte Wirkleistung:

$$P_L = \frac{1}{2}\left(\underline{u}_L \underline{i}_L^* + \underline{u}_L^* \underline{i}_L\right) = \frac{1}{2}\left|\frac{\underline{u}_{1,Leer}}{w_G + w_L}\right|^2 \left(w_L + w_L^*\right) \quad . \tag{5.53}$$

Gleichzeitig wird aber auch in der Innenimpedanz der Quelle Wirkleistung umgesetzt:

$$P_i = \frac{1}{2}\left(\underline{u}_i \underline{i}_i^* + \underline{u}_i^* \underline{i}_i\right) = \frac{1}{2}\left|\frac{\underline{u}_{1,Leer}}{w_G + w_L}\right|^2 \left(w_G + w_G^*\right) \quad . \tag{5.54}$$

Die in diesen Leistungen vorkommende Leerlaufspannung kann durch die verfügbare Leistung der Quelle ausgedrückt werden. Im Fall komplex konjugierter Anpassung ist nämlich

$$P_A = P_L\Big|_{w_L = w_G^*} = \frac{1}{2}\left|\frac{\underline{u}_{1,Leer}}{w_G + w_G^*}\right|^2 \left(w_G + w_G^*\right) = \frac{1}{2}\frac{\left|\underline{u}_{1,Leer}\right|^2}{w_G + w_G^*} \tag{5.55}$$

und folglich

$$\left|\underline{u}_{1,Leer}\right|^2 = 2\,P_A\left(w_G + w_G^*\right) \quad . \tag{5.56}$$

Damit erhält man dann

$$P_L = P_A \frac{\left(w_L + w_L^*\right)\left(w_G + w_G^*\right)}{\left|w_G + w_L\right|^2} \quad , \tag{5.57}$$

$$P_i = P_A \frac{\left(w_G + w_G^*\right)^2}{\left|w_G + w_L\right|^2} \quad . \tag{5.58}$$

Aus der letzten Gleichung wird deutlich, daß die an der Innenimpedanz der Quelle in Wärme umgesetzte Leistung von der Last abhängt. Diese Leistung kann aber nicht allgemein identisch sein mit der Leistung, die von der Last reflektiert wird. Man sieht dies sofort für den Fall ein, daß w_L dem Betrage nach sehr groß wird. Dann nämlich geht P_i gegen sehr kleine Werte.

Die gesamte von dem abgeschlossenen System aus Generator und Last umzusetzende Wirkleistung ist

$$P_{ges} = P_L + P_i = P_A \frac{w_G + w_G^*}{|w_G + w_L|^2} \left\{ w_L + w_L^* + w_G + w_G^* \right\} \quad . \tag{5.59}$$

Da man einen möglichst großen Bruchteil dieser Leistung in die Last transportieren möchte, führt man zur Beurteilung des Systems den Wirkungsgrad der Quelle ein.

Definition 5.5:

Das Verhältnis

$$\eta := \frac{P_L}{P_{ges}} = \frac{w_L + w_L^*}{w_L + w_L^* + w_G + w_G^*} = \frac{\Re\{w_L\}}{\Re\{w_L\} + \Re\{w_G\}} \tag{5.60}$$

aus von der Quelle in die Last abgegebener Leistung P_L zur gesamten in Quelleninnenimpedanz und Last umgesetzten Wirkleistung P_{ges} heißt *Wirkungsgrad* der Quelle. ◆

Mit den Bezeichnungen $w_L = r_L + j x_L$ und $w_G = r_G + j x_G$ ist

$$\eta = \frac{r_L}{r_L + r_G} = \frac{r_L / r_G}{1 + r_L / r_G} \quad . \tag{5.61}$$

Der Lastwirkungsgrad wird also dann groß, wenn der Realteil der Lastimpedanz groß ist gegen den Realteil der Quellenimpedanz.

Dies soll nun dem Fehlanpassungsverlust gegenübergestellt werden:

$$M = \frac{P_A}{P_L} = \frac{|w_G + w_L|^2}{(w_L + w_L^*)(w_G + w_G^*)} = \frac{(r_G + r_L)^2 + (x_G + x_L)^2}{4\, r_L\, r_G} \quad . \tag{5.62}$$

Der Fehlanpassungsverlust sollen minimiert und der Wirkungsgrad soll maximiert werden. Da dies gleichzeitig stattfinden soll, der Wirkungsgrad aber nur von dem Realteil der Lastimpedanz abhängt, muß M in jedem Fall bezüglich des Imaginärteils der Lastimpedanz minimiert werden. Daraus folgt unmittelbar, daß für ein optimales Ergebnis $x_L = -x_G$ gelten muß.

Definition 5.6:

Die Dimensionierungsvorschrift

$$x_L = -x_G \tag{5.63}$$

heißt *(Resonanz-) Abstimmung* der Last auf die Quelle. ◆

Der Fehlanpassungsverlust bei Resonanzabstimmung ist

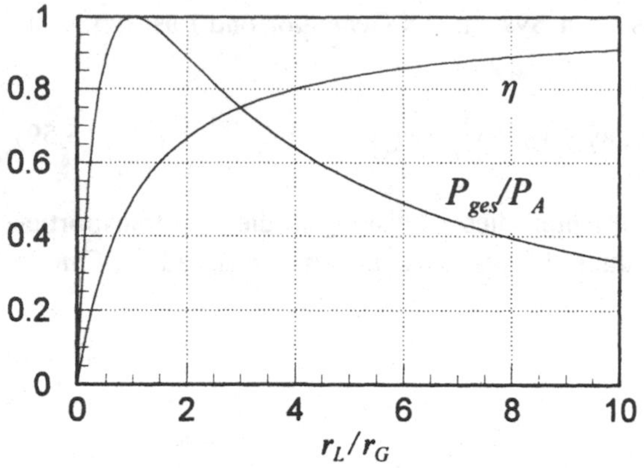

Abb. 5.7 :Lastwirkungsgrad η und Kehrwert des Fehlanpassungsverlusts bei Resonanzabstimmung als Funktionen des Verhältnisses aus Realteil der Lastimpedanz zu Realteil der Quellenimpedanz

$$M_{res} = \frac{(r_G + r_L)^2}{4\, r_L\, r_G} = \frac{(1 + r_L/r_G)^2}{4\, r_L/r_G} \quad . \tag{5.64}$$

Abb. 5.7 zeigt ein Diagramm, in dem der Lastwirkungsgrad und der Kehrwert P_{ges}/P_A der Fehlanpassung über r_G/r_L aufgetragen sind. Offenbar können nicht beide Ausdrücke gleichzeitig maximiert werden.

In Anwendungsfällen, in denen die Versorgungsleistung und Abwärme unkritisch sind, wird man komplex konjugierte Anpassung wählen. In Fällen aber, in denen Versorgungsleistung teuer oder Wärmeabfuhr kritisch ist, muß man einen Kompromiß schließen.

Beispiel 5.1 :

Ein Mittelwellensender soll eine Leistung von 1,2 MW abstrahlen. Würde der Sender komplex konjugiert an die Antenne angepaßt, dann müßten in der Sendeendstufe weitere 1,2 MW Leistung in Wärme umgesetzt werden. Dann sind wenigstens 2,4 MW an Versorgungsleistung aufzuwenden.

Entschließt man sich dagegen, mit einem Wirkungsgrad von 75% zu arbeiten, dann ist $P_i = P_L/3 = 400$ kW und es werden 800 kW Leistung gegenüber dem Fall der komplex konjugierten Anpassung eingespart. Das würde eine Einsparung von mehreren hunderttausend DM pro Jahr bedeuten. Da aber in diesem Fall bei gleicher abgestrahlter Leistung die verfügbare Leistung der Sendeendstufe erhöht werden muß, wird ein Teil der Einsparung wieder kompensiert.

Eine zu starke Fehlanpassung ist auch nicht ganz unproblematisch, da auf den Verbindungsleitungen stehende Wellen entstehen, die bei derartig großen Leistungen zu hohen Spannungen und Strömen führen, welche die Leitungen unter ungünstigen Umständen zerstören können. ◆

5.5 Zusammenfassung

In diesem Kapitel wurde gezeigt, daß herkömmliche Strom- und Spannungsquellen zur Erzeugung von Wellen auf Leitungen verwendet werden können. Umgekehrt wurde gezeigt, daß Wellenquellen wenigstens in einem verallgemeinerten Sinn auch Strom- und Spannungsquellen sind.

Es wurden Bedingungen für die möglichst gute Ausschöpfung der verfügbaren Quellenleistung hergeleitet. Als Maßstab dienten dabei Fehlanpassungsverlust und Wirkungsgrad der Quelle.

Es stellte sich heraus, daß in jedem Fall Resonanzabstimmung der Last auf die Quelle anzustreben ist. In vielen Fällen ist die darüber hinausgehende Leistungsanpassung zu bevorzugen. In einigen Fällen kann ein Kompromiß zwischen hohem Wirkungsgrad und geringem Fehlanpassungsverlust zu Kosteneinsparungen führen.

5.6 Übungsaufgaben und Fragen zum Verständnis

1. Ein Generator erzeuge periodisch Rechteckpulse im Tastverhältnis 1:1 mit einer Wiederholfrequenz von 10 MHz. Die Innenimpedanz des Generators sei 50 Ω. Der Generator werde über eine 14 m lange Koaxialleitung mit Leitungswellenwiderstand 75 Ω an eine Last von 1 kΩ geschaltet.
   a.) Bestimmen Sie Last- und Quellenreflexionsfaktor.
   b.) Skizzieren Sie den zeitlichen Verlauf eines einzelnen Teilpulses für die Zeitdauer von 5 Perioden.
   c.) Konstruieren Sie daraus die zeitliche Spannungsform des Signals an der Last.
2. Eine Wellenquelle, deren Leitungsanschluß einen Wellenwiderstand von 50 Ω hat, besitze eine verfügbare Leistung von 1 mW und einen Reflexionsfaktor von $j\,0{,}1$. Die Quelle werde als Spannungsquelle modelliert.
   a.) Bestimmen Sie die Innenimpedanz der Quelle.
   b.) Welche Leistung kann die Quelle in eine Last von 75 Ω abgeben? Mit welchem Wirkungsgrad arbeitet sie dann? Wie groß ist gleichzeitig der Fehlanpassungsverlust?
3. Der Mittelwellensender aus Beispiel 5.1 arbeite auf eine Antenne mit Impedanz 135 Ω. Er sei auf einen Wirkungsgrad von 75% ausgelegt.
   a.) Bestimmen Sie die erforderliche Innenimpedanz der Quelle.
   b.) Bestimmen Sie die maximal auf der Antennenzuleitung auftretende Spannung für den Fall, daß die Zuleitung den Wellenwiderstand der Antenne besitzt.
   c.) Welche reflektierte Leistung muß die Sendeendstufe aufnehmen können, wenn durch Blitzschlag die Antennenzuleitung unterbrochen wird ?

6 Mathematische Hilfsmittel der HF-Technik (II): Geraden und Kreise in der komplexen Ebene

Im vorigen Kapitel wurde erläutert, daß es in der Praxis notwendig sein wird, komplexe Impedanzen bzw. komplexe Reflexionsfaktoren gezielt in andere Werte zu transformieren. Bei dieser Aufgabe helfen graphische Darstellungen, welche als Werkzeuge aus der modernen Hochfrequenztechnik nicht mehr wegzudenken sind.

Ziel dieses Kapitels ist die Entwicklung der mathematischen Grundlagen dieser Werkzeuge. Als Beispiel wird die graphische Darstellung von Impedanzen, Admittanzen und Reflexionsfaktoren behandelt, welche in der Literatur als Smith-Diagramm oder Smith-Chart bekannt geworden ist.

6.1 Kurven in der komplexen Ebene

6.1.1 Kurvendarstellungen

Zur Beurteilung der Frequenzabhängigkeit von Meßgrößen ist oftmals eine graphische Darstellung in Form einer Kurve hilfreich.

Beispiel 6.1:

Der Serienresonanzkreis nach Abb. 6.1 hat die normierte komplexe Impedanz

$$w = \frac{R}{Z_0} + \frac{j}{Z_0}\left\{\omega L - \frac{1}{\omega C}\right\} \quad . \tag{6.1}$$

Trägt man die Werte von w für alle möglichen nichtnegativen Frequenzen in einer komplexen w-Ebene auf, dann ergibt sich eine Gerade, die parallel zur imaginären Achse durch den normierten Wert R / Z_0 verläuft (siehe Abb. 6.2).

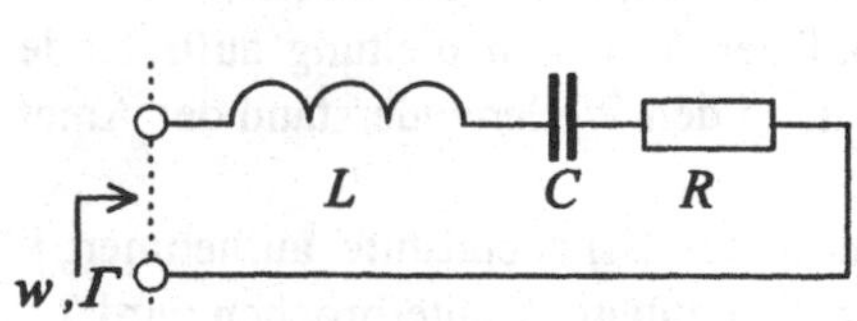

Abb. 6.1 : Serienresonanzkreis

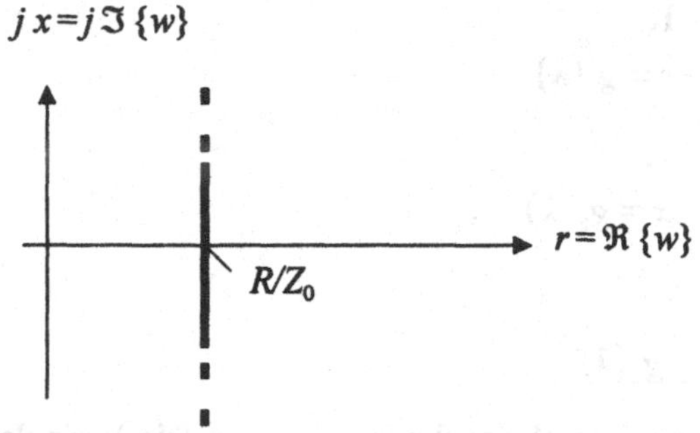

Abb. 6.2 : Ortskurve der normierten Impedanz des Serienkreises

Die vollständige Beschreibung der Kurve wäre schon durch

$$r = \frac{R}{Z_0} \tag{6.2}$$

gegeben. Sie ist der geometrische Ort all derjenigen normierten Impedanzen, deren Realteil R/Z_0 ist.

Gleichung (6.1) enthält aber wesentlich mehr Information. Daher ist die etwas umständlicher erscheinende Formulierung

$$r = \frac{R}{Z_0} \quad ; \quad x = \frac{1}{Z_0}\sqrt{\frac{L}{C}}\,\lambda \tag{6.3}$$

mit dem Parameter

$$\lambda := \omega\sqrt{LC} - \frac{1}{\omega\sqrt{LC}} \quad ; \quad \lambda \in \mathrm{R} \tag{6.4}$$

unter Umständen wertvoller für die Auswertung. Schränkt man zusätzlich den Definitionsbereich für λ auf ein Intervall Λ ein und läßt λ dieses Intervall von Anfang bis Ende durchlaufen, dann wird die Kurve auf einen Kurvenausschnitt mit bestimmter Orientierung reduziert. ◆

Eine indirekte Kurvendefinition wie in diesem Beispiel heißt *Parameterdarstellung* der Kurve. Man kann diese abstrakt wie folgt definieren:

Definition 6.1 :

Es seien r und x reellwertige Größen, die entsprechend

$$w = r + jx \quad . \tag{6.5}$$

eine komplexe Zahl bilden. Es seien weiter g_1 und g_2 zwei stetige Abbildungen

$$\begin{aligned} g_1 \;:\; & \Lambda \subset \mathrm{R} \rightarrow \mathrm{R} \\ & \lambda \mapsto r = g_1(\lambda) \quad , \end{aligned} \tag{6.6}$$

$$\begin{aligned} g_2 \;:\; & \Lambda \subset \mathrm{R} \rightarrow \mathrm{R} \\ & \lambda \mapsto x = g_2(\lambda) \quad . \end{aligned} \tag{6.7}$$

Dann wird durch

$$w = r + j\,x = g_1(\lambda) + j\,g_2(\lambda) \tag{6.8}$$

eine stetige Kurve in der komplexen Ebene gegeben. Die Variable λ wird *Kurvenparameter*, das Abbildungspaar (g_1, g_2) *Parameterdarstellung der Kurve* genannt. ◆

Falls eine der Abbildungen g_1 oder g_2 eineindeutig ist, läßt sich die Kurve in einer expliziten Darstellung angeben. Sei nämlich g_2 eine eineindeutige Abbildung von λ, dann ist

$$r = g_1\left(g_2^{-1}(x)\right) \quad . \tag{6.9}$$

Ist umgekehrt g_1 eine eineindeutige Abbildung von λ, dann ist

$$x = g_2\left(g_1^{-1}(r)\right) \quad . \tag{6.10}$$

In Beispiel 6.1 wird durch Gleichung (6.2) die explizite Kurvendarstellung gegeben, während durch Gleichung (6.3) eine implizite Darstellung gegeben wird.

6.1.2 Geraden

Geraden werden im folgenden eine besondere Rolle spielen. Daher wird eine für die weiteren Zwecke besonders nützliche explizite Geradendarstellung gesucht.

Die Gerade durch die beiden *nicht* identischen Punkte $w_1 = r_1 + j\,x_1$ und $w_2 = r_2 + j x_2$ wird durch die implizite Darstellung

$$w = w_1 + \lambda\left(w_2 - w_1\right) \tag{6.11}$$

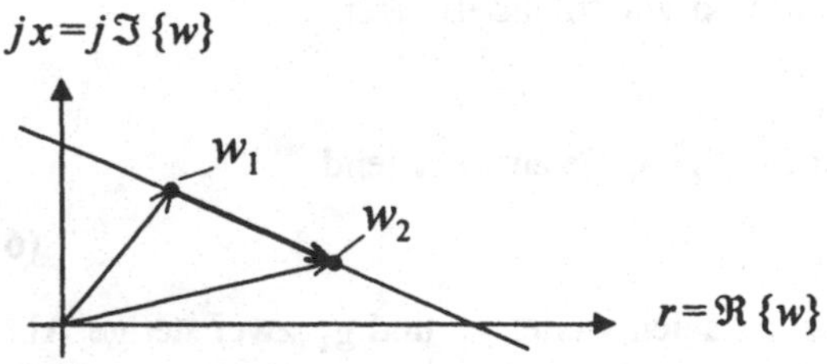

Abb. 6.3 : Gerade durch zwei Punkte

mit reellem λ beschrieben. Diese Darstellung wird verständlich, wenn man w als denjenigen Vektor in der komplexen Ebene auffaßt, der durch die Vektorsumme aus dem Ortsvektor w_1 und einem Vielfachen des Richtungsvektors der Geraden, nämlich $w_2 - w_1$, gebildet wird.

Durch Real- und Imaginärteilbildung erhält man daraus

$$r = r_1 + \lambda\left(r_2 - r_1\right) = g_1(\lambda) \quad , \tag{6.12}$$

$$x = x_1 + \lambda\left(x_2 - x_1\right) = g_2(\lambda) \quad . \tag{6.13}$$

Aus den Gleichungen (6.12) und (6.13) folgt:

$$r\left(x_2 - x_1\right) = r_1\left(x_2 - x_1\right) + \lambda\left(r_2 - r_1\right)\left(x_2 - x_1\right) \quad , \tag{6.14}$$

$$x\left(r_2 - r_1\right) = x_1\left(r_2 - r_1\right) + \lambda\left(x_2 - x_1\right)\left(r_2 - r_1\right) \tag{6.15}$$

und damit

$$r\left(x_2 - x_1\right) - x\left(r_2 - r_1\right) = r_1\, x_2 - r_2\, x_1 \quad . \tag{6.16}$$

Definiert man

$$s := \frac{1}{2}\left(x_2 - x_1\right) + j\,\frac{1}{2}\left(r_2 - r_1\right) \quad ; \quad k := r_2\, x_1 - r_1\, x_2 \quad , \tag{6.17}$$

dann folgt aus Gleichung (6.16)

$$s\,w + s^*\,w^* + k = 0 \qquad \text{mit} \qquad s\,s^* > 0 \qquad \text{und} \qquad k \in \mathrm{R} \tag{6.18}$$

als *Geradengleichung*. Bei bekanntem s und k findet man die Steigung m der Geraden als

$$m = j\,\frac{s + s^*}{s - s^*} \quad . \tag{6.19}$$

Der Schnittpunkt der Geraden mit der horizontalen Achse liegt bei

$$w_1 = \frac{-k}{s + s^*} \tag{6.20}$$

und der mit der vertikalen Achse bei

$$w_1 = \frac{-k}{s - s^*} \quad . \tag{6.21}$$

Beispiel 6.2:

Eine zur reellen Achse parallele Gerade durch den Punkt $w_1 = j\,x_1$ wird durch

$$j\,w - j\,w^* + 2\,x_1 = 0 \tag{6.22}$$

beschrieben. Eine zur imaginären Achse parallele Gerade durch den Punkt $w_1 = r_1$ wird durch

$$w + w^* - 2\,r_1 = 0 \tag{6.23}$$

beschrieben. ♦

6.1.3 Kreise

Einen Kreis mit dem Radius ρ und dem Mittelpunkt $w_0 = r_0 + j\,x_0$ kann man als Vektorsumme in der komplexen Ebene auffassen, bei der ein auf den Mittelpunkt zeigender Ortsvektor durch einen variablen Vektor der konstanten Länge ρ überlagert wird. Daher ist eine mögliche implizite Kreisbeschreibung

$$w = w_0 + \rho\, e^{j\lambda} \quad ; \quad \lambda \in [0, 2\pi) \quad . \tag{6.24}$$

Es ist also

$$(w - w_0)(w - w_0)^* = \rho^2 \quad , \tag{6.25}$$

oder

$$w\,w^* - w_0^*\,w - w_0\,w^* + w_0\,w_0^* - \rho^2 = 0 \quad . \tag{6.26}$$

Es werden nun folgende Größen definiert:

$$s := -w_0^*\,\delta \quad ; \quad k := \delta\left(w_0\,w_0^* - \rho^2\right) \quad . \tag{6.27}$$

Dabei ist δ eine beliebige reellwertige Größe, die von 0 verschieden ist. Dann ist

$$s\,s^* = w_0\,w_0^*\,\delta^2 \tag{6.28}$$

und daher

$$0 < \delta^2\,\rho^2 = s\,s^* - \delta\,k \quad . \tag{6.29}$$

Damit folgt

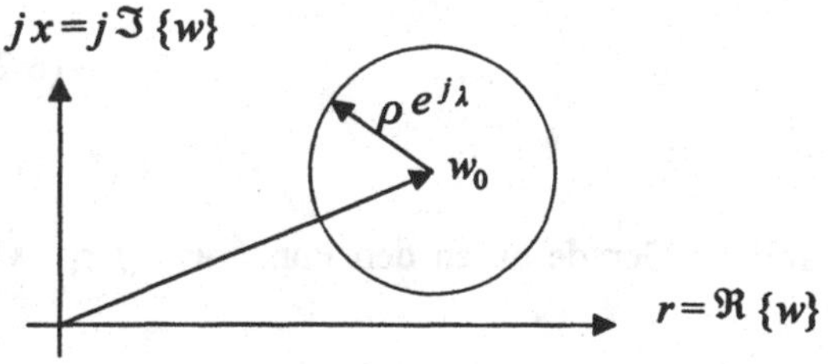

Abb. 6.4 : Kreis mit Mittelpunkt w_0 und Radius ρ.

$$\delta\, w\, w^* + s\, w + s^*\, w^* + k = 0 \quad \text{mit} \quad \delta \neq 0 \in \mathbb{R}, k \in \mathbb{R} \quad \text{und} \quad s\, s^* - \delta\, k > 0 \tag{6.30}$$

als *Kreisgleichung.*

Bei bekanntem δ, s und k kann man aus dieser Form sowohl den Radius ρ als auch den Mittelpunkt w_0 des Kreises berechnen. Es gilt

$$w_0 = -\frac{s^*}{\delta} \quad ; \quad \rho = \sqrt{\frac{s\, s^* - \delta\, k}{\delta^2}} \quad . \tag{6.31}$$

Beispiel 6.3:

Ein Kreis mit Mittelpunkt $w_0 = j\, x_0$ und Radius ρ wird durch die Gleichung

$$w\, w^* + j\, x_0 \left(w - w^*\right) + x_0^2 - \rho^2 = 0 \tag{6.32}$$

beschrieben. Ein Kreis mit Mittelpunkt $w_0 = r_0$ und Radius ρ wird durch die Gleichung

$$w\, w^* - r_0 \left(w + w^*\right) + r_0^2 - \rho^2 = 0 \tag{6.33}$$

beschrieben. ◆

Es läßt sich zeigen, daß ein Kreis durch die beiden Punkte w_1 und w_2 und mit einem Mittelpunkt, der gleich weit von diesen beiden Punkten entfernt ist, bei Grenzübergang $\rho \to \infty$ exakt in die Form der Geraden durch die beiden Punkte w_1 und w_2 übergeht. (Übungsaufgabe). Geraden sind somit entartete Kreise.

Geraden und Kreise lassen sich demzufolge in der komplexen Ebene durch die *gemeinsame Darstellung*

$$\delta\, w\, w^* + s\, w + s^*\, w^* + k = 0 \quad ; \quad \delta, k \in \mathbb{R} \quad ; \quad s\, s^* - \delta\, k > 0 \tag{6.34}$$

beschreiben.

6.2 Die Bilineartransformation

Als *gebrochen lineare Transformation* oder *Bilineartransformation* wird die Abbildung

$$\begin{aligned} f \;:\; & \mathbb{C} \rightarrow \mathbb{C} \\ & w \mapsto \Gamma = \frac{a w + b}{c w + d} \end{aligned} \quad . \tag{6.35}$$

definiert. Dabei dürfen *a, b, c* und *d* komplexwertige Größen sein, für die

$$ad - bc \neq 0 \tag{6.36}$$

gelte. Diese Einschränkung stellt sicher, daß *f* nicht zur Konstanten entartet.

f ist dann eine komplex differenzierbare[1] Funktion. Die Umkehrabbildung wird durch

$$\begin{aligned} f^{-1} \; : \; & \mathbb{C} \rightarrow \mathbb{C} \\ \Gamma \; & \mapsto \; w = -\frac{d\Gamma - b}{c\Gamma - a} \end{aligned} \tag{6.37}$$

gegeben. Angenommen, es ist nun eine Kurve in der komplexen z-Ebene gegeben:

$$g(w) = 0 \quad . \tag{6.38}$$

Dann wird durch

$$h(\Gamma) := g\left(-\frac{d\Gamma - b}{c\Gamma - a}\right) = 0 \tag{6.39}$$

eine transformierte Kurve in der Γ-Ebene gegeben.

Für die HF-Technik besonders interessant ist das Transformationsverhalten von Geraden und Kreisen bei einer Bilineartransformation. Sei also

$$\delta\, w\, w^* + s\, w + s^*\, w^* + k = 0 \quad ; \quad \delta, k \in \mathbb{R} \quad ; \quad s\, s^* - \delta\, k > 0 \tag{6.40}$$

eine Gerade bzw. ein Kreis in der w-Ebene. Dann wird daraus nach Bilineartransformation:

$$\begin{aligned} &\Gamma\,\Gamma^* \left\{\delta d d^* - s d c^* - s^* d^* c + k c c^*\right\} + \Gamma\left\{-\delta d b^* + s a^* d + s^* b^* c - k a^* c\right\} \\ &\quad + \Gamma^*\left\{-\delta d^* b + s b c^* + s^* a d^* - k a c^*\right\} + \delta b b^* - s a^* b - s^* a b^* + k a a^* = 0 \, . \end{aligned} \tag{6.41}$$

Mit den Abkürzungen

$$\tilde{\delta} := \delta d d^* - s d c^* - s^* d^* c + k c c^* \quad , \tag{6.42}$$

$$\tilde{s} := -\delta d b^* + s a^* d + s^* b^* c - k a^* c \quad , \tag{6.43}$$

$$\tilde{k} := \delta b b^* - s a^* b - s^* a b^* + k a a^* \tag{6.44}$$

folgt

$$\tilde{\delta}\,\Gamma\,\Gamma^* + \tilde{s}\,\Gamma + \tilde{s}^*\,\Gamma^* + \tilde{k} = 0 \quad . \tag{6.45}$$

$\tilde{\delta}$ und $\tilde{k}$ sind offensichtlich reell. Wegen

$$\tilde{s}\,\tilde{s}^* - \tilde{\delta}\,\tilde{k} = |ad - bc|^2 \left(s\, s^* - \delta\, k\right) \tag{6.46}$$

und der Voraussetzung $s\,s^* - \delta\,k > 0$ folgt dann mit der Einschränkung (6.36), daß $\tilde{s}\,\tilde{s}^* - \tilde{\delta}\,\tilde{k} > 0$ sein muß.

---

[1] f ist also eine holomorphe Funktion.

Damit ist gezeigt, daß die Bilineartransformation *Kreise in Kreise* transformiert. (Dabei wird eine Gerade als entarteter Kreis aufgefaßt).

Ohne Beweis wird hier angegeben, daß die Bilineartransformation auch den Winkel erhält, unter dem sich zwei Kurven in der w-Ebene schneiden. Das heißt, daß sich die beiden transformierten Kurven in der Γ-Ebene unter dem gleichen Winkel schneiden wie die Originalkurven in der w-Ebene. Die Bilineartransformtion ist daher eine konforme Abbildung. (Zum Beweis siehe [6.1]).

6.3 Das Smith-Diagramm

6.3.1 Das Reflexionsfaktordiagramm für normierte Impedanzen

Der komplexe Reflexionsfaktor Γ einer normierten komplexen Impedanz w läßt sich mit Hilfe der Bilineartransformation

$$\Gamma = \frac{w-1}{w+1} \tag{6.47}$$

für endliche $w \neq -1$ eindeutig aus w bestimmen. Da aber eine Impedanz der Anschauung besser zugänglich ist als der Reflexionsfaktor, wird im folgenden ein graphisches Hilfsmittel zur Bestimmung des Reflexionsfaktors aus der normierten Impedanz hergeleitet[1].

Dieses Hilfsmittel besteht aus einer „Landkarte", in der sich zu einem komplexen Reflexionsfaktor in der Reflexionsfaktorebene der entsprechende normierte Impedanzwert identifizieren läßt. Zur Konstruktion dieser Landkarte ruft man sich zunächst in Erinnerung, wie in der normierten Impedanzebene ein bestimmter Impedanzwert

$$w = r + jx \tag{6.48}$$

aufzufinden ist: die gesuchte normierte Impedanz befindet sich an der Stelle, an der sich der geometrische Ort für eine Impedanz mit dem festen Realteil r und der geometrische Ort mit dem festen Imaginärteil x schneiden. Diese geometrischen Orte sind Geraden.

Da die Abbildung dieser Orte in die komplexe Reflexionsfaktorebene durch eine Bilineartransformation erfolgt, müssen die Geraden konstanten Realteils der normierten Impedanzebene in Kreise abgebildet werden.

Abb. 6.5 zeigt als Beispiele die Geraden für normierte Impedanzen mit den Realteilen 0, 0.5, 1 und 2 in der normierten Impedanzebene im Vergleich zu den jeweils dazu gehörenden geometrischen Orten in der Reflexionsfaktorebene.

Die Berechnung der Kreise erfolgt mit den in den vorigen Abschnitten behandelten Methoden. Die Parameter der Bilineartransformation sind

---

[1] Der Punkt $w = -1$ wird aus diesen Betrachtungen ausgenommen.

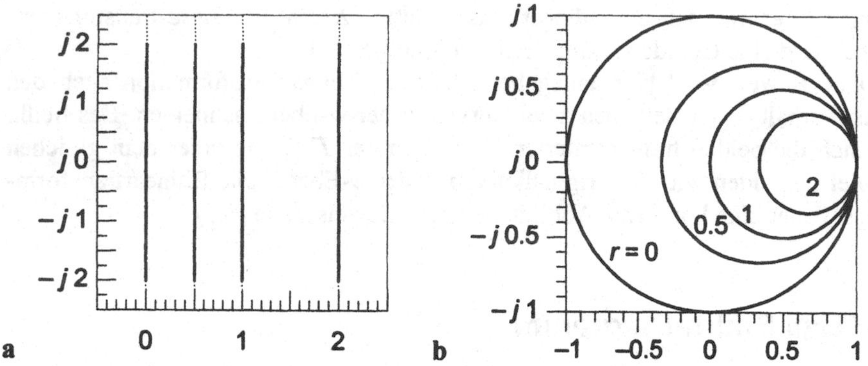

Abb. 6.5 : Transformation der Orte konstanten Realteils der normierten Impedanzebene **a** normierte Impedanzebene **b** Reflexionsfaktorebene

$$a=c=d=1 \quad ; \quad b=-1 \quad . \tag{6.49}$$

Damit ist

$$\widetilde{\delta} := \delta - s - s^* + k \quad , \tag{6.50}$$

$$\widetilde{s} := \delta + s - s^* - k \quad , \tag{6.51}$$

$$\widetilde{k} := \delta + s + s^* + k \quad . \tag{6.52}$$

Für die Geraden konstanten Realteils wurde bereits berechnet:

$$\delta = 0 \quad ; \quad s = 1 \quad ; \quad k = -2\,r_1 \quad . \tag{6.53}$$

Daraus erhält man

$$\widetilde{\delta} := -2 - 2\,r_1 \quad ; \quad \widetilde{s} := 2\,r_1 \quad ; \quad \widetilde{k} := 2 - 2\,r_1 \quad . \tag{6.54}$$

Dadurch werden Kreise mit Radius ρ und Mittelpunkt Γ_0 bestimmt:

$$\Gamma_0 = \frac{r_1}{r_1+1} \quad ; \quad \rho = \frac{1}{r_1+1} \quad . \tag{6.55}$$

Da der Mittelpunkt der Kreise auf der reellen Achse der Reflexionsfaktorebene liegt, gibt es zwei Schnittpunkte der Kreise mit der reellen Achse bei

$$\Gamma_1 = \Gamma_0 - \rho = \frac{r_1 - 1}{r_1 + 1} \quad \text{und} \quad \Gamma_2 = \Gamma_0 + \rho = 1 \quad . \tag{6.56}$$

Alle diese Kreise gehen also durch den Punkt $1+j0$ der komplexen Reflexionsfaktorebene und berühren sich dort.

Zur vollständigen Bestimmung der Stelle in der komplexen Reflexionsfaktorebene, die der normierten komplexen Impedanz z entspricht, müssen noch die geo-

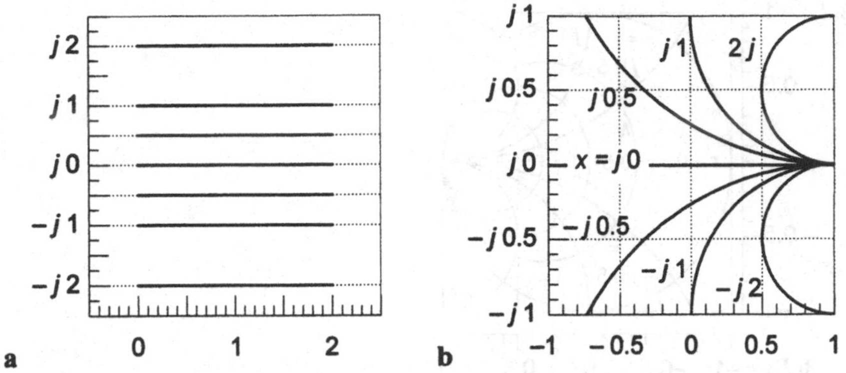

Abb. 6.6 : Transformation der Orte konstanten Imaginärteils der normierten Impedanzebene **a** normierte Impedanzebene **b** Reflexionsfaktorebene

metrischen Orte in der Reflexionsfaktorebene bestimmt werden, welche den Geraden konstanten Imaginärteils entsprechen. Natürlich sind auch dies Geraden oder Kreise.

Die folgende Abbildung zeigt die Geraden für normierte Impedanzen mit den Imaginärteilen -2, -1, -0.5, 0, 0.5, 1 und 2 im Vergleich zu den jeweils dazu gehörenden geometrischen Orten in der Reflexionsfaktorebene.

Für die Geraden konstanten Imaginärteils wurde bereits bestimmt:

$$\delta = 0 \quad ; \quad s = j \quad ; \quad k = 2\,x_1 \ . \tag{6.57}$$

Damit ist

$$\widetilde{\delta} := 2\,x_1 \quad ; \quad \widetilde{s} := 2\,j - 2\,x_1 \quad ; \quad \widetilde{k} := 2\,x_1 \ . \tag{6.58}$$

Für $x_1 = 0$ wird dadurch die Gerade $w = r + j\,0$ gegeben. Für $x_1 \neq 0$ werden dadurch Kreise mit Radius ρ und Mittelpunkt Γ_0 bestimmt:

$$\Gamma_0 = 1 + \frac{j}{x_1} \quad ; \quad \rho = \frac{1}{|x_1|} \ . \tag{6.59}$$

Da der Mittelpunkt der Kreise auf einer Parallelen zur imaginären Achse mit Realteil 1 der Reflexionsfaktorebene liegt, gibt es zwei Schnittpunkte der Kreise mit dieser Parallelen bei

$$\Gamma_1 = \Gamma_0 - j\,\rho = 1 + j\,\frac{1 - \operatorname{sgn}(x_1)}{x_1} \quad \text{und} \quad \Gamma_2 = \Gamma_0 + j\,\rho = 1 + j\,\frac{1 + \operatorname{sgn}(x_1)}{x_1} \ . \tag{6.60}$$

Alle diese Kreise gehen also durch den Punkt $1 + j0$ der komplexen Reflexionsfaktorebene und berühren sich dort. Die Kreise für positiven Wert von x_1 liegen in der oberen Halbebene.

Abb. 6.7 zeigt den Reflexionsfaktor der beiden normierten Impedanzen $0.5 + j1$ (gekennzeichnet durch ●) und $1 - j2$ (gekennzeichnet durch ☐) als Schnittpunkte

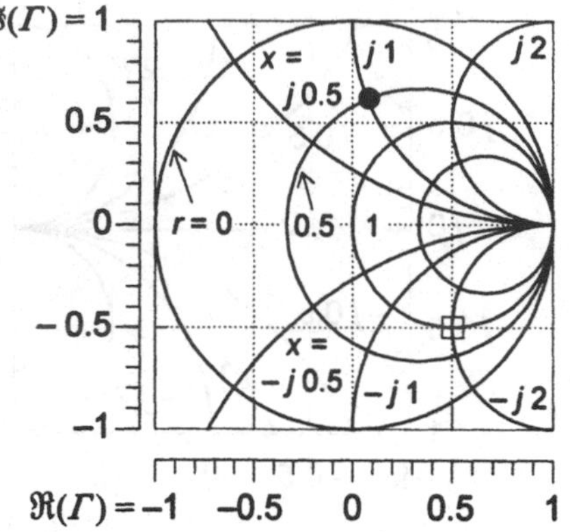

Abb. 6.7 : Reflexionsfaktor der beiden normierten Impedanzen $0.5 + j\,1$ (gekennzeichnet durch ●) und $1 - j\,2$ (gekennzeichnet durch □)

der geometrischen Orte für die Reflexionsfaktoren der normierten Impedanzen mit Realteil 0.5 und Imaginärteil 1 bzw. mit Realteil 1 und Imaginärteil –2.

Offenbar läßt sich der Reflexionsfaktor mit einem Diagramm, in dem die geometrischen Orte für normierte Impedanzen mit konstantem Realteil bzw. Imaginärteil eingetragen sind, graphisch sehr leicht ermitteln.

Abb. 6.8 zeigt ein solches Diagramm in einer Polarkoordinatendarstellung der Reflexionsfaktorebene für Reflexionsfaktorbeträge, die 1 nicht überschreiten. Nach den Ausführungen des vorigen Kapitels werden damit alle normierten Impedanzen mit nichtnegativen Realteilen erfaßt. In dieser Ausführung heißt das Diagramm *Reflexionsfaktordiagramm* für normierte Impedanzen oder *Smith-Diagramm* oder *Smith-Chart* nach dem Ingenieur Phillip H. Smith [6.2].

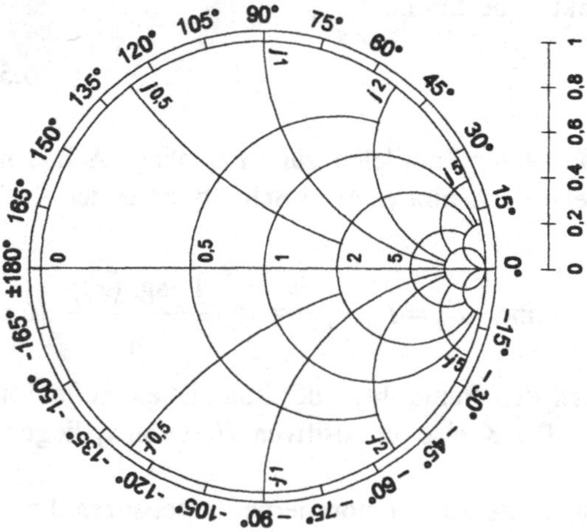

Abb. 6.8 : Reflexionsfaktordiagramm für normierte Impedanzen

6.3.2 Das Reflexionsfaktordiagramm für normierte Admittanzen

Es wird nun die Abbildung einer normierten Admittanz in einen komplexen Reflexionsfaktor betrachtet:

$$\Gamma = -\frac{y-1}{y+1} \quad . \tag{6.61}$$

Wegen

$$\frac{y-1}{y+1} = -\frac{w-1}{w+1} \tag{6.62}$$

ist diese Abbildung das Negative der Abbildung einer normierten Impedanz in einen komplexen Reflexionsfaktor. Daher können die Ortskurven der Reflexionsfaktoren von Admittanzen mit konstantem Real- bzw. Imaginärteil direkt aus dem Reflexionsfaktordiagramm für normierte Impedanzen bestimmt werden, indem diese am Ursprung der Reflexionsfaktorebene gespiegelt werden. Dem entspricht eine Drehung des Diagramms für normierte Impedanzen um 180° (Abb. 6.9).

6.3.3 Das gemeinsame Reflexionsfaktordiagramm für normierte Impedanzen und normierte Admittanzen

Da die Abbildungen von Impedanzen und Admittanzen in die Reflexionsfaktorebene in der HF-Technik eine ganz wesentliche Rolle spielen, werden vorgefertigte Reflexionsfaktordiagramme zur Verfügung gestellt. Um den Aufwand niedrig zu halten, verzichtet man auf die getrennte Darstellung für Admittanzen und Impedanzen, da man ja die Vorlage um 180° drehen kann. Statt dessen ergänzt man das Diagramm entsprechend Abb. 6.10 um einige Hilfskurven.

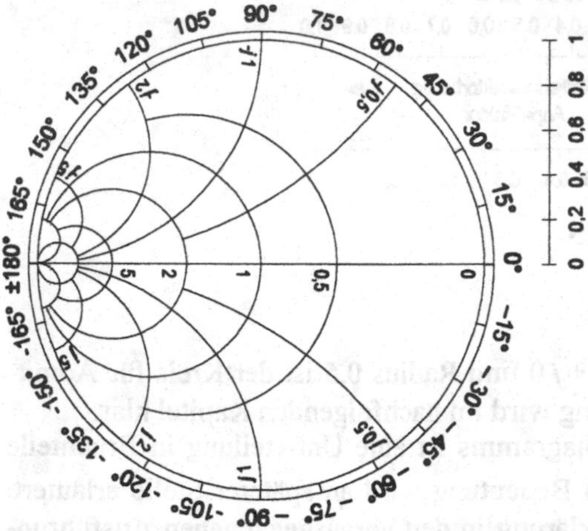

Abb. 6.9 : Reflexionsfaktordiagramm für normierte Admittanzen (geht durch Drehung um 180° aus dem Reflexionsfaktordiagramm nach Abb. 6.8 hervor)

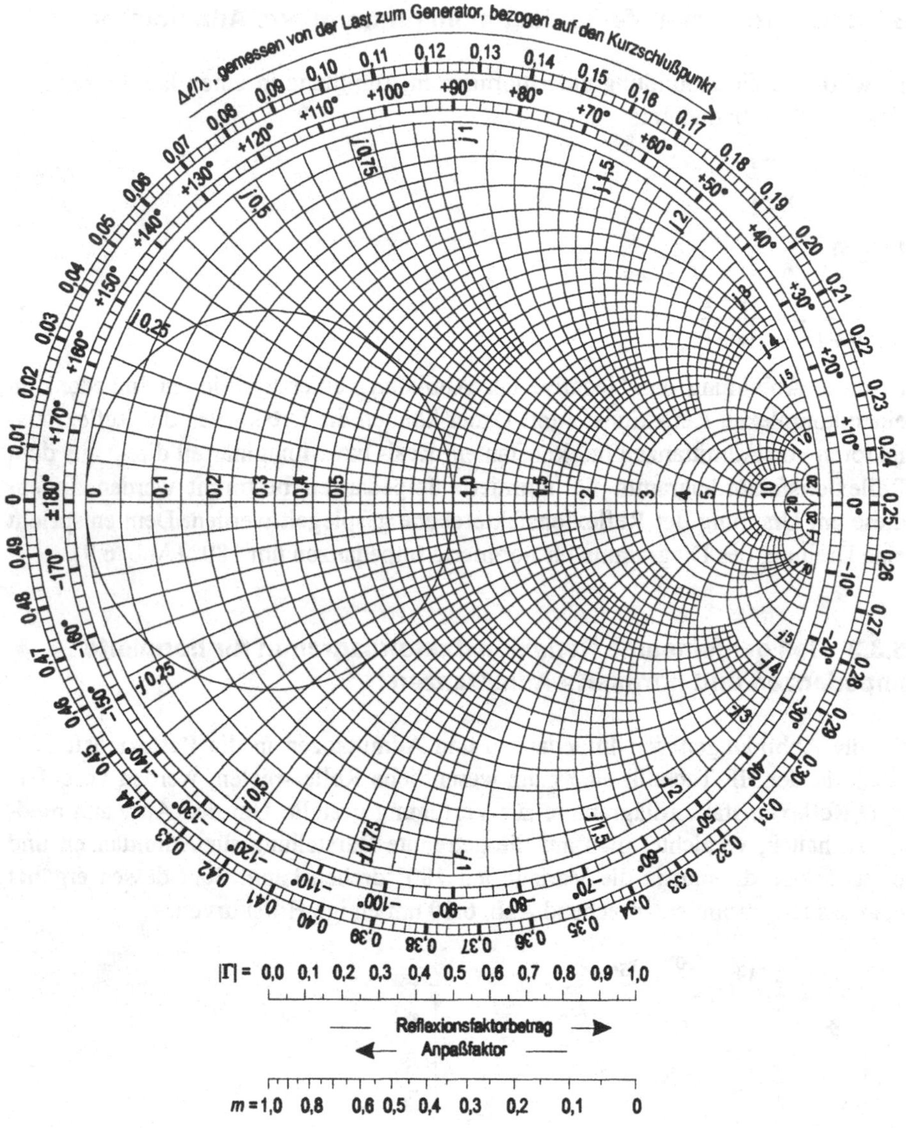

Abb. 6.10 : Smith-Chart

Der Kreis mit Mittelpunkt bei $-0,5+j\,0$ und Radius 0,5 ist der Kreis für Admittanzen mit Realteil 1. Seine Bedeutung wird im nachfolgenden Kapitel klar.

An der äußeren Peripherie des Diagramms ist eine Unterteilung in Bruchteile von $\Delta\ell/\lambda$ zu erkennen. Auch dessen Bedeutung wird an späterer Stelle erläutert. Alle anderen Kurven finden ihre Erklärung in den vorausgegangenen Ausführungen.

6.4 Zusammenfassung

In diesem Kapitel wurde eine gemeinsame Darstellung für Geraden und Kreise in der komplexen Ebene erarbeitet. Geraden lassen sich so als entartete Kreise auffassen. Es wurde gezeigt, daß Kreise (im weiteren Sinne) durch eine Bilineartransformation wieder in Kreise transformiert werden.

Der komplexe Reflexionsfaktor geht durch eine Bilineartransformation aus der ihm zugeordneten Impedanz hervor. Daher wird ein orthogonales Gitternetz der Impedanzebene in ein System aus Kreisen in der Reflexionsfaktorebene transformiert. Da die Bilineartransformation winkeltreu ist, schneiden sich diese Kreise unter rechten Winkeln. Es entsteht so das Reflexionsfaktordiagramm.

6.5 Übungsaufgaben und Fragen zum Verständnis

1. Berechnen Sie die Gerade durch die Punkte $1+j$ und $-2-2j$ und den Kreis mit Mittelpunkt $3+3j$ und Radius 3 entsprechend den Gleichungen (6.18) bzw. (6.30). An welchen Punkten schneiden sich die Kurven?
2. Fassen Sie die in der rechten komplexen Halbebene liegenden Teile der Kurven aus Aufgabe 1 als geometrische Orte für normierte Impedanzen auf. Berechnen Sie die dazu gehörenden geometrischen Orte der komplexen Reflexionsfaktoren und zeichnen Sie diese. Es handelt sich dabei um Kreise. Bestimmen Sie zu diesen Kreisen Mittelpunkt und Radius.
3. Zum Mittelpunkt $3+3j$ des Kreises aus Aufgabe 1 wird der komplexe Reflexionsfaktor bestimmt. Ist er identisch zum Mittelpunkt des in die Reflexionsfaktorebene abgebildeten Kreises?
4. Benutzen Sie die in Abb. 6.10 dargestellte Smith-Chart, um die Reflexionsfaktoren folgender normierter *Impedanzen* zu finden: $(1{,}5+j\,0{,}5)$, $(5+j)$ und $0{,}1-j\,0{,}25$.
5. Benutzen Sie die in Abb. 6.10 dargestellte Smith-Chart, um die Reflexionsfaktoren folgender normierter *Admittanzen* zu finden: $(0{,}5-j\,0{,}5)$, $(+j)$ und $0{,}12-j\,0{,}16$.

7 Anwendungen der Smith-Chart

Das Reflexionsfaktordiagramm wurde 1939 durch P.H. Smith bekannt gemacht. Es war ursprünglich als Hilfe zur numerischen Berechnung von Impedanztransformationen mittels Leitungen gedacht.

Es stellt sich jedoch heraus, daß dieses Diagramm wesentlich vielseitiger ist. So ermöglicht das Smith-Diagramm nicht nur die numerische Berechnung einer vorgegebenen Transformation. (Dies kann heute mit elektronischen Rechnern wesentlich schneller und genauer durchgeführt werden). Vielmehr ist es auch ein unschätzbares Hilfsmittel zur gezielten Synthese von Transformationsschaltungen und zur Darstellung des Amplituden- und Phasengangs von Impedanzen. Letzeres wird beispielsweise in modernen Meßgeräten wie etwa Netzwerkanalysatoren zur Anzeige der Meßergebnisse ausgenutzt.

Aus diesem Grund muß der heutige HF-Ingenieur in der Lage sein, dieses Hilfsmittel zu verstehen und einzusetzen. In diesem Kapitel wird daher der Umgang mit der Smith-Chart erläutert und eingeübt.

7.1 Impedanztransformationen mit Hilfe eines Bauelementes

Es soll im folgenden untersucht werde, mit welchen Maßnahmen eine Impedanztransformation zu erreichen ist. Daher werden zunächst zwei Schaltungen entsprechend Abb. 7.1 betrachtet.

Um die Auswirkungen des Serienwiderstandes *SR* in Abb. 7.1 auf die Impedanz W_L in der Smith-Chart untersuchen zu können, wird zunächst W_L auf die Impedanz Z_0 normiert. Solange die Schaltung nicht unter Aspekten der Wellenausbreitung betrachtet wird, darf dabei der reelle Normierungswiderstand beliebig

Abb. 7.1 : Transformationen mit ohmschem Widerstand **a** Serienschaltung mit ohmschem Widerstand **b** Parallelschaltung mit ohmschem Widerstand

gewählt werden. Zur Normierung verwendet man dann einen Wert, welcher die Reflexionsfaktoren von W_L und W möglichst nahe an das Zentrum der Smith-Chart abbildet. Ansonsten ist Z_0 zweckmäßigerweise der Wellenwiderstand der Leitung, welche W_L mit SR verbindet. Es sei also

$$w_L = W_L / Z_0 = r_L + j\, x_L \quad . \tag{7.1}$$

Entsprechend sei der normierte Serienwiderstand

$$sr = SR / Z_0 \quad . \tag{7.2}$$

Dann ist die normierte Eingangsimpedanz der Serienschaltung

$$w = W / Z_0 = r_L + sr + j\, x_L \quad . \tag{7.3}$$

Dies wird in dem Diagramm aus Abb. 7.2 mit $r_L = 0{,}5$, $x_L = 0{,}6$ und $sr = 1{,}5$ illustriert. Im Bild ist w_L als fetter Punkt am Schnittpunkt der Kreise für $r_L = 0{,}5$ und $x_L = 0{,}6$ dargestellt. Der normierte Serienwiderstand verändert den Imaginärteil der normierten Impedanz nicht. Daher wird die normierte Gesamtimpedanz auf dem Kreis mit konstantem $x_L = 0{,}6$ verbleiben und auf dem Schnittpunkt mit demjenigen Kreis liegen, dessen normierter Realteil um 1,5 größer ist als der Realteil der normierten Lastimpedanz. Das in Abb. 7.2 hervorgehobene Kurvenstück, das die Veränderung von w_L nach w mit vom Wert 0 aus wachsendem sr wiedergibt, ist der sogenannte *Transformationsweg* im Reflexionsfaktordiagramm. Am Bild läßt sich sofort ablesen, daß

- durch positives sr der Einheitskreis nie verlassen wird, wenn r_L nicht negativ ist,
- kein Schnittpunkt des Transformationsweges mit der reellen Achse erreichbar ist, wenn w_L nicht auf der reellen Achse liegt.

Ganz ähnliche Betrachtungen lassen sich für den Fall der Parallelschaltung vornehmen. Hier ist allerdings eine Berechnung der normierten Admittanzen

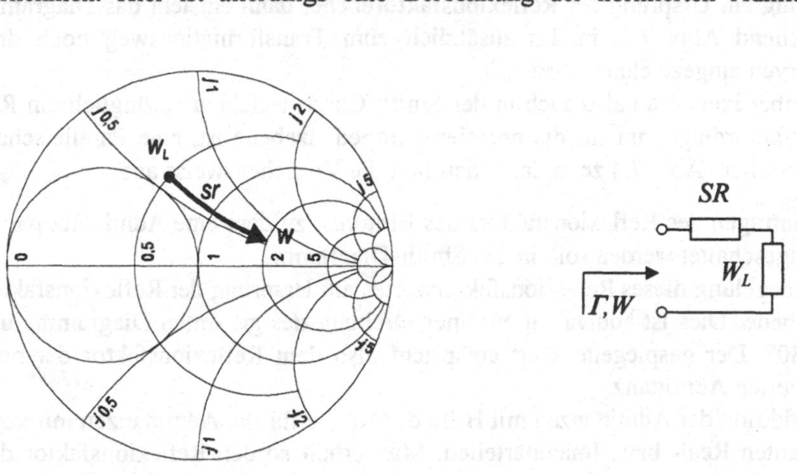

Abb. 7.2 : Serienschaltung mit ohmschem Widerstand

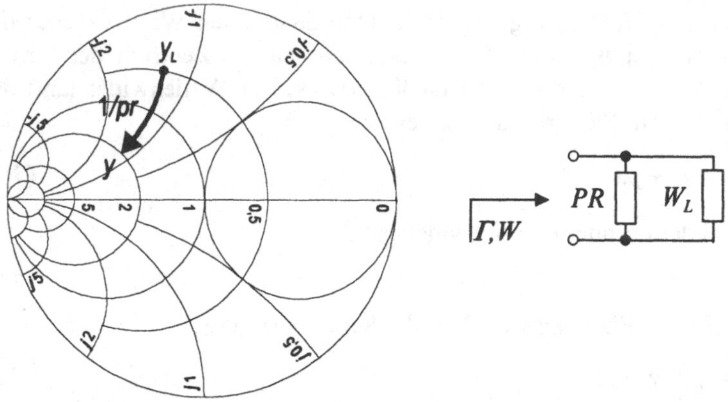

Abb. 7.3 : Parallelschaltung mit ohmschem Widerstand, dargestellt im Reflexionsfaktordiagramm für normierte Admittanzen

vorteilhafter. Die normierte Lastadmittanz sei in diesem Fall

$$y_L = Z_0 / W_L = g_L + j\,b_L \tag{7.4}$$

und der normierte Parallelleitwert $1/pr$ sei

$$1/pr = Z_0 / PR \quad . \tag{7.5}$$

Dann ist die normierte Eingangsadmittanz der Parallelschaltung

$$y = Z_0 / W = g_L + 1/pr + j\,b_L \quad . \tag{7.6}$$

Dies wird in dem Reflexionsfaktordiagramm nach Abb. 7.3 für die normierte Admittanzebene mit $g_L = 0{,}5$, $b_L = -1{,}25$ und $1/pr = 1{,}5$ illustriert.

Dreht man die Abb. 7.3 um 180°, oder – was dasselbe ist – spiegelt man die Abbildung am Ursprung der Reflexionsfaktorebene, dann entsteht das Diagramm entsprechend Abb. 7.4, in das zusätzlich zum Transformationsweg noch drei Hilfskurven eingezeichnet wurden.

Offenbar kann man also auch in der Smith-Chart, welche ursprünglich ein Reflexionsfaktordiagramm für die normierte Impedanzebene ist, eine Parallelschaltung darstellen. Abb. 7.4 zeigt dabei deutlich die Vorgehensweise an:

1. Eintragen des Reflexionsfaktors des Eintores, zu dem eine Admittanz parallelgeschaltet werden soll, in das Smith-Diagramm.
2. Spiegelung dieses Reflexionsfaktorwertes am Ursprung der Reflexionsfaktorebene. Dies ist äquivalent zu einer Drehung des gesamten Diagramms um 180°. Der gespiegelte Wert entspricht also dem Reflexionsfaktor der normierten Admittanz.
3. Addition der Admittanzen mit Hilfe der Kreise für die Admittanzen mit konstanten Real- bzw. Imaginärteilen. Man erhält so den Reflexionsfaktor der neuen normierten Admittanz.

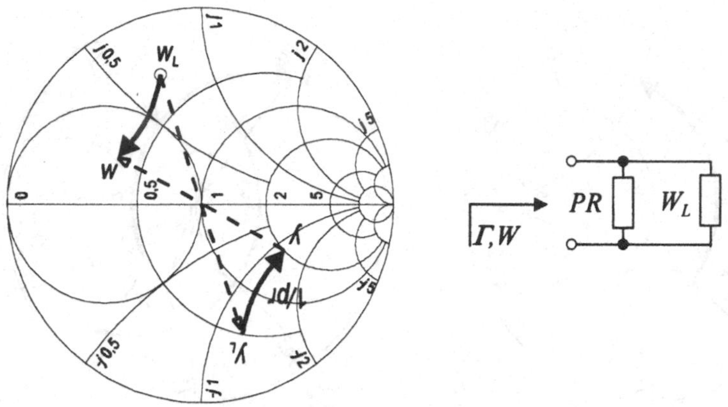

Abb. 7.4 : Parallelschaltung mit ohmschem Widerstand, dargestellt in der Smith-Chart

4. Spiegelung des resultierenden Reflexionsfaktorwertes am Ursprung der Reflexionsfaktorebene. Dies ist äquivalent zu einer erneuten Drehung des Reflexionsfaktordiagramms um 180°. Der gespiegelte Wert entspricht also dem Reflexionsfaktor der gesuchten normierten Impedanz.

Aus der Darstellung des Reflexionsfaktors für normierte Admittanzen läßt sich weiter ablesen, daß

- durch positives *pr* der Einheitskreis nie verlassen wird, wenn r_L nicht negativ ist,
- kein Schnittpunkt des Transformationsweges mit der reellen Achse erreichbar ist, wenn w_L nicht auf der reellen Achse liegt.

Impedanztransformationen mit ohmschen Serien- oder Parallelwiderständen werden nach Möglichkeit vermieden, da die ohmschen Widerstände Wirkleistung verbrauchen. Daher werden im folgenden Impedanztransformationen mit Blindelementen und Leitungen betrachtet. Als wesentliche Ausführungsformen werden Schaltungen mit einer Serieninduktivität bzw. einer Parallelinduktivität und mit einer Serien- bzw. Parallelkapazität untersucht. Die entsprechenden Diagramme und Schaltungen sind in Abb. 7.5 bzw. Abb. 7.6 dargestellt.

Der Unterschied der Transformationswege im Vergleich zu den Transformationen mit ohmschen Widerständen besteht darin, daß nun Kreise für normierte Impedanzen bzw. Admittanzen mit konstantem Realteil benutzt werden müssen. Zu beachten ist auch die Richtung des Transformationsweges, welche vom Vorzeichen des zu addierenden Impedanz- bzw. Admittanzwertes abhängt.

Aus der Darstellung des Reflexionsfaktors läßt sich weiter ablesen, daß

- der Einheitskreis nie verlassen wird, wenn r_L nicht negativ ist,
- höchstens ein Schnittpunkt des Transformationsweges mit der reellen Achse erreichbar ist.

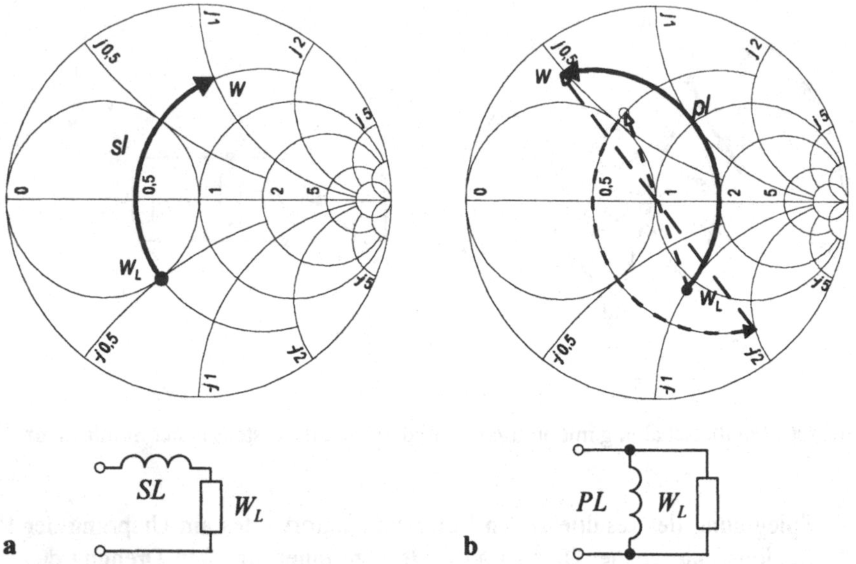

Abb. 7.5 : Transformationen mit konzentrierter Induktivität **a** Serienschaltung mit Induktivität **b** Parallelschaltung mit Induktivität

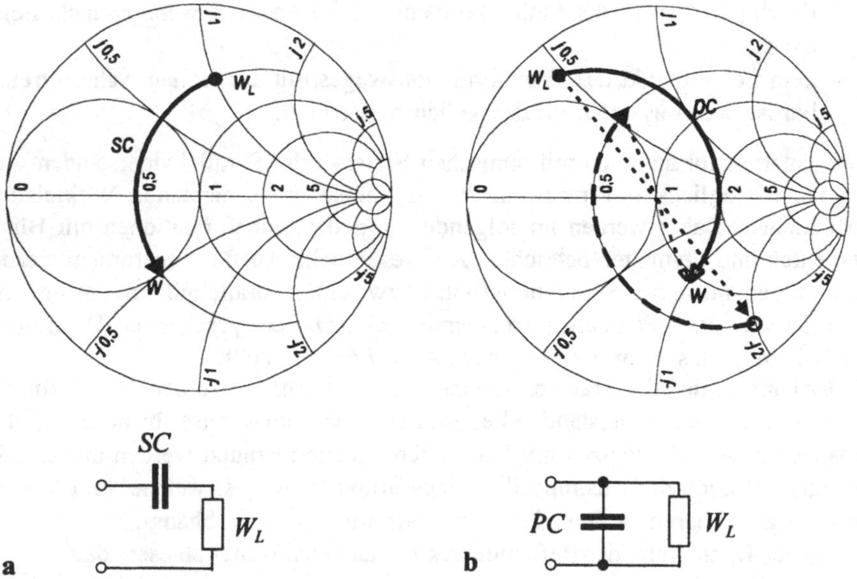

Abb. 7.6 : Transformationen mit konzentrierter Kapazität **a** Serienschaltung mit Kapazität **b** Parallelschaltung mit Kapazität

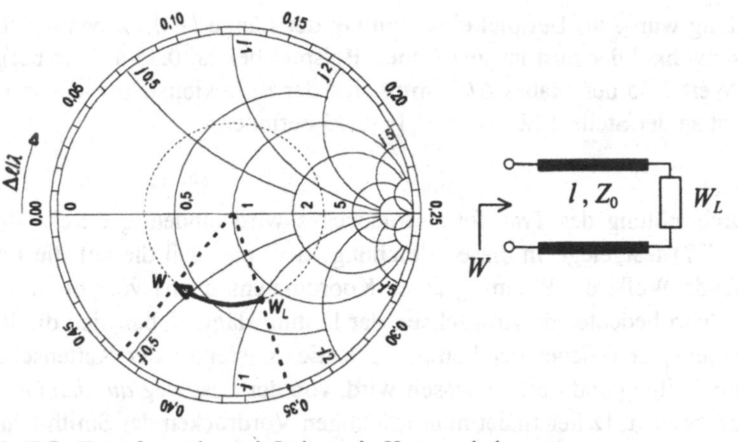

Abb. 7.7 : Transformation mit Leitung in Kettenschaltung

Dies ist bei Transformation mittels einer (verlustfreien) Leitung anders. Es wird in Erinnerung gerufen, daß die Kettenschaltung einer verlustfreien Leitung der Länge l und des Wellenwiderstandes Z_0 mit einer Impedanz, deren Reflexionsfaktor bei Normierung auf diesen Wellenwiderstand Γ_L ist, durch

$$\widetilde{\Gamma}_L = \Gamma_L \, e^{-2j\beta l} \tag{7.7}$$

gegeben ist.

Da der Betrag des Reflexionsfaktors durch die Leitung nicht verändert wird, muß sich $\widetilde{\Gamma}_L$ im Reflexionsfaktordiagramm auf einem Kreis befinden, dessen Mittelpunkt der Ursprung der Reflexionsfaktorebene ist, und dessen Radius durch $|\Gamma_L|$ gegeben ist. Der Transformationsweg ergibt sich entsprechend der Exponentialfunktion in Gleichung (7.7) als ein Kreisbogen, der bei Γ_L beginnt und durch Drehung um den Winkel $-2\beta l$, also in mathematisch negativer Drehrichtung, aus Γ_L hervorgeht. Dieser Sachverhalt ist in Abb. 7.7 dargestellt.

Das in Abb. 7.7 dargestellte Reflexionsfaktordiagramm gibt auf dem äußeren Ring als Maß nicht den Winkel

$$\varphi := -2\beta l = -4\pi\, l/\lambda \tag{7.8}$$

an, sondern das für die praktische Auswertung günstigere Maß

$$\frac{\Delta l}{\lambda} := \frac{\varphi + \pi}{4\pi} \quad . \tag{7.9}$$

Umgekehrt ist

$$\varphi = 4\pi \frac{\Delta l}{\lambda} - \pi \quad . \tag{7.10}$$

In der Abbildung wurde als Beispiel eine Leitung der Länge $l = 0{,}1\,\lambda$ benutzt. Da sich der Phasenwinkel der Last im gegebenen Beispiel bei ca. $0{,}35{\cdot}4\pi - \pi$ befindet, also am Wert 0,35 des Maßes $\Delta l/\lambda$, muß sich der Reflexionsfaktor der transformierten Last an der Stelle $\Delta l/\lambda = 0{,}35{+}0{,}1 = 0{,}45$ befinden.

Hinweis:

Die Drehrichtung des Transformationsweges wird eindeutig durch Gleichung (7.7) festgelegt. In diese Gleichung fließt ein, daß die auf die Last zulaufende Welle die Richtung eines Koordinatensystems vorgibt. In der Smith-Chart bedeutet ein Anwachsen der Leitungslänge l, daß sich die Referenzebene, in welcher der komplexe Reflexionsfaktor der Kettenschaltung aus Leitung und Last gemessen wird, von der Last weg *auf den Generator zu* bewegt. Daher findet man in einigen Vordrucken der Smith-Chart eine Bepfeilung in mathematisch negativer Richtung mit der Aufschrift „Wellenlängen zum Generator“.

Anmerkung:

Für φ oder $\Delta l/\lambda$ findet man auch die Bezeichnung „elektrische Länge“.

Da sich der geometrische Ort des Transformationsweges auf dem in Abb. 7.7 ebenfalls eingezeichneten Leitungskreis befindet, läßt sich ablesen, daß

- der Einheitskreis nie verlassen wird, wenn r_L nicht negativ ist,
- zwei Schnittpunkte des Transformationsweges mit der reellen Achse erreichbar sind.

Letzteres bedeutet, daß mit Hilfe einer verlustlosen Transformationsleitung eine reelle Impedanz ohne Leistungsverlust in eine andere reelle Impedanz transformiert werden kann. Da die Schnittpunkte des Transformationskreises sich gerade um das oben eingeführte Maß $l/\lambda = 0{,}25$ unterscheiden, muß die transformierende Leitung in diesem Fall $\lambda/4$ lang sein. Man spricht daher von einem $\lambda/4$-*Transformator*. Es gilt dann

$$\tilde{\Gamma}_L = -\Gamma_L \quad . \tag{7.11}$$

Infolgedessen ist

$$\frac{\tilde{R}_L - Z_0}{\tilde{R}_L + Z_0} = -\frac{R_L - Z_0}{R_L + Z_0} \quad , \tag{7.12}$$

wobei R_L bzw. $\tilde{R}_L$ die reelle Lastimpedanz bzw. die reelle transformierte Impedanz sind. Durch Auflösen nach Z_0 ergibt sich

$$Z_0 = \sqrt{\tilde{R}_L\, R_L} \quad . \tag{7.13}$$

Dieser Sachverhalt wird in der folgenden Merkregel zusammengefaßt:

Merkregel:

> Eine reellwertige Impedanz R_L kann verlustfrei durch einen $\lambda/4$-Transformator mit Wellenwiderstand $Z_0 = (\tilde{R}_L\, R_L)^{1/2}$ in den Wert $\tilde{R}_L$ transformiert werden.

Manchmal ist es notwendig, in einem Reflexionsfaktordiagramm, das auf den Wellenwiderstand Z_{01} normiert ist, den Transformationsweg einzutragen, den die Kettenschaltung aus der normierten Impedanz W_L/Z_{01} und einer Leitung mit dem von Z_{01} verschiedenen Wellenwiderstand Z_{02} einnimmt.

In einer auf den Wellenwiderstand Z_{02} der Leitung normierten Smith-Chart wäre der Transformationsweg ein Kreis mit Mittelpunkt 0 und einem Radius, welcher dem Reflexionsfaktorbetrag der normierten Impedanz W_L/Z_{02} entspricht. Dieser Kreis schneidet die reelle Achse unter dem Winkel 90° bei den Reflexionsfaktoren $\pm|\Gamma_L| =: \pm\rho$. Die Schnittpunkte entsprechen den (entnormierten) reellwertigen Impedanzen

$$R_L := Z_{02}\frac{1+\rho}{1-\rho} \quad ; \quad \tilde{R}_L := Z_{02}\frac{1-\rho}{1+\rho}\,. \tag{7.14}$$

Die Transformation des Kreises in die (entnormierte) Impedanzebene ist eine Bilineartransformation mit reellen Koeffizienten. Deshalb entsteht dort ein Kreis, der die reelle Achse bei R_L und $\tilde{R}_L$ unter rechtem Winkel schneidet, da die Bilineartransformation winkelerhaltend ist.

Eine erneute Transformation in die Reflexionsfaktorebene, die aber diesmal auf Z_{01} normiert ist, entspricht einer zweiten Bilineartransformation mit reellen Koeffizienten. Daher entsteht wieder ein Kreis, der die reelle Achse an den Stellen

$$\gamma_L := \frac{Z_{02}(1+\rho)-Z_{01}(1-\rho)}{Z_{02}(1+\rho)+Z_{01}(1-\rho)} \quad ; \quad \tilde{\gamma}_L := \frac{Z_{02}(1-\rho)-Z_{01}(1+\rho)}{Z_{02}(1-\rho)+Z_{01}(1+\rho)} \tag{7.15}$$

unter rechtem Winkel schneidet. Der Mittelpunkt des Kreises muß deswegen im auf Z_{01} normierten Reflexionsfaktordiagramm auf der reellen Achse bei

$$\gamma_M := \frac{1}{2}\gamma_L + \frac{1}{2}\tilde{\gamma}_L = \frac{(1-\rho^2)(Z_{02}^2 - Z_{01}^2)}{(Z_{02}+Z_{01})^2 - \rho^2(Z_{02}-Z_{01})^2} \tag{7.16}$$

liegen.

Bei vorgegebener Lastimpedanz W_L und vorgegebenem Impedanzwert W, auf den transformiert werden soll, kann man aus obigen Gleichungen den Transformationskreis und den Wellenwiderstand Z_{02} berechnen. Man kann den Kreis aber auch in einfacher Weise mit geometrischen Mitteln konstruieren. Dies ist in der folgenden Abbildung dargestellt.

Der Kreismittelpunkt des Transformationskreises wird durch Bildung des Schnittpunkts der Mittelsenkrechten der Verbindungsgeraden der Reflexionsfaktoren von W_L und W mit der reellen Achse bestimmt. Die Schnittpunkte des Kreise

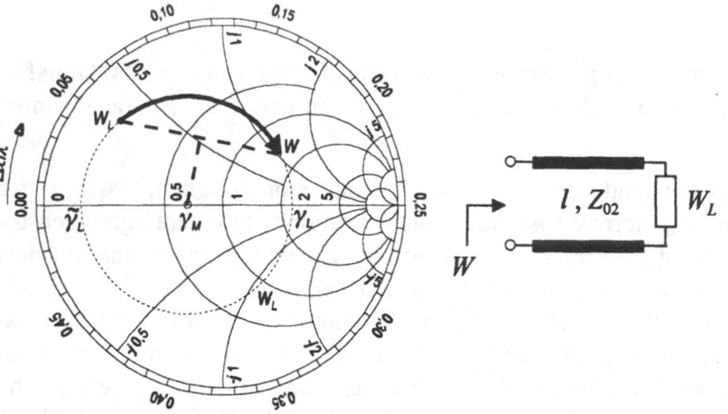

Abb. 7.8 : Transformation durch Leitung in Kettenschaltung zur Last. Der Wellenwiderstand der Leitung stimmt nicht mit dem Normierungswellenwiderstand überein.

mit der reellen Achse sind die Reflexionsfaktoren γ_L und $\tilde{\gamma}_L$. Dem entsprechen die Impedanzen R_L und $\tilde{R}_L$. Der Wellenwiderstand der Leitung bestimmt sich daraus entsprechend Gleichung (7.13) zu

$$Z_{02} = \sqrt{\tilde{R}_L R_L} \ . \tag{7.17}$$

Die Länge der Leitung bestimmt man dann am einfachsten mit Hilfe einer auf Z_{02} normierten Smith-Chart, in welche die entsprechenden Reflexionsfaktoren für W_L und W zusammen mit dem Transformationskreis eingetragen werden, welcher hier den Mittelpunkt bei Reflexionsfaktor 0 hat.

Auf die Konstruktion der Mittelsenkrechten und die Leitungslängenbestimmung kann man verzichten, wenn Ausgangs- und Endreflexionsfaktor der Transformation reell sind, da hier ja die Leitungslänge gerade $\lambda/4$ lang sein muß.

7.2 Impedanztransformation mit Hilfe zweier Bauelemente

Die Impedanzen, die durch Transformationsschaltungen mit einem konzentrierten Bauelement alleine erreicht werden, können nur auf einem Kreis oder einer Geraden im Smith-Diagramm liegen. Dadurch kann man oft nicht zu dem gewünschten Transformationsziel gelangen. Daher ist die Verwendung eines zweiten Bauelementes zur Transformation von Vorteil.

Im folgenden werden beispielhaft die Transformationswege verschiedener Kombinationen bei Transformation in den Ursprung der Reflexionsfaktorebene abgebildet. Man nennt Transformationen, welche eine reflexionsfreie Impedanz erzeugen sollen, auch *Anpaßtransformationen*.

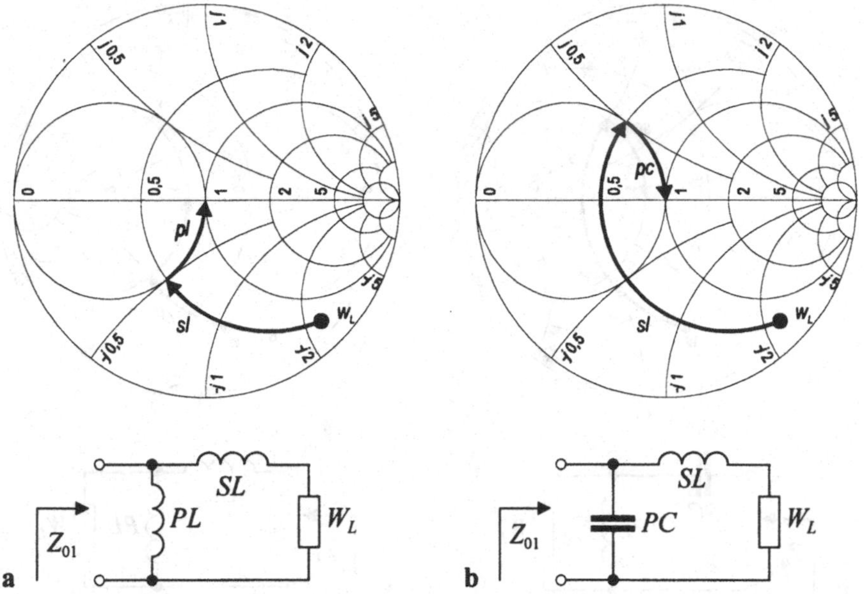

Abb. 7.9 : Transformation durch Serieninduktivität und konzentriertes Parallelelement. **a** mit Parallelinduktivität **b** mit Parallelkapazität

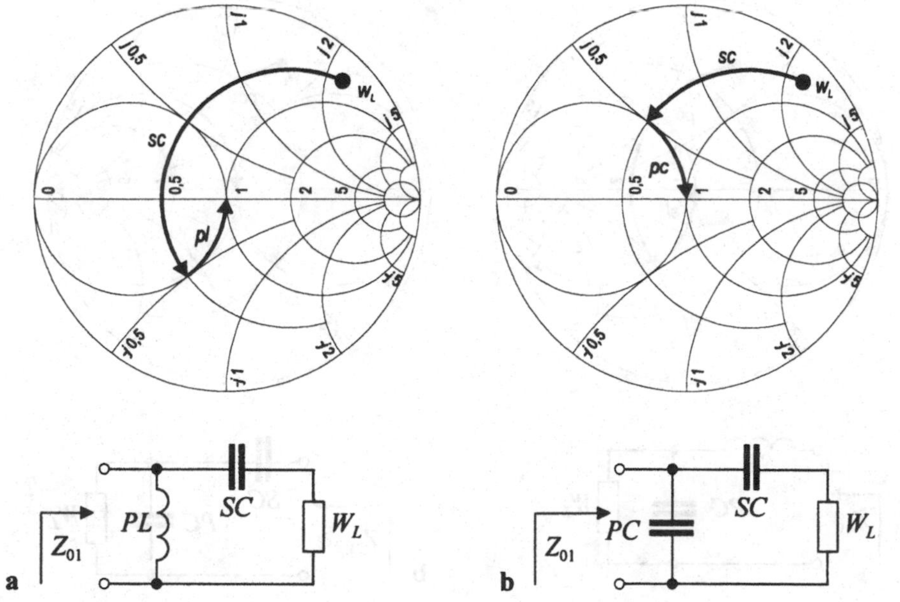

Abb. 7.10 : Transformation durch Serienkapazität und konzentriertes Parallelelement. **a** mit Parallelinduktivität **b** mit Parallelkapazität

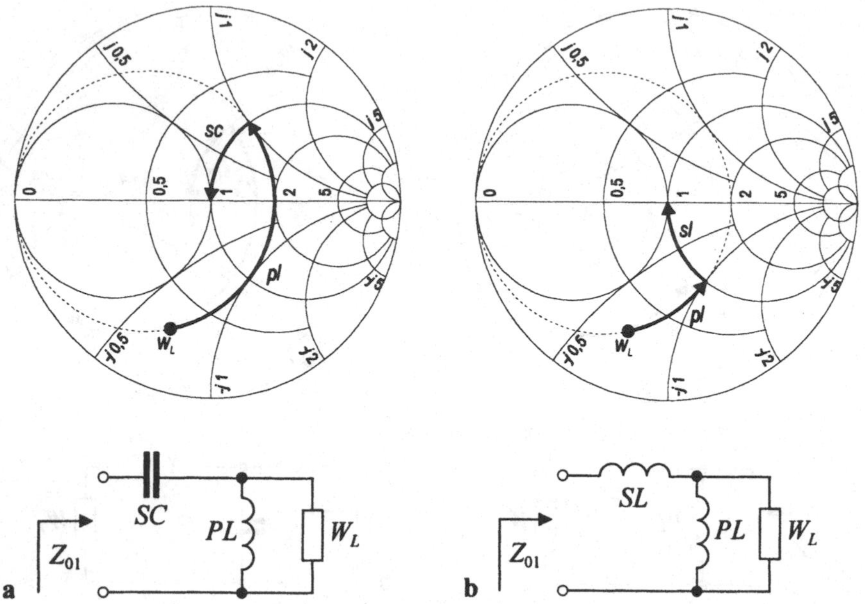

Abb. 7.11 : Transformation durch Parallelinduktivität und konzentriertes Serienelement. **a** mit Serienkapazität **b** mit Serieninduktivität

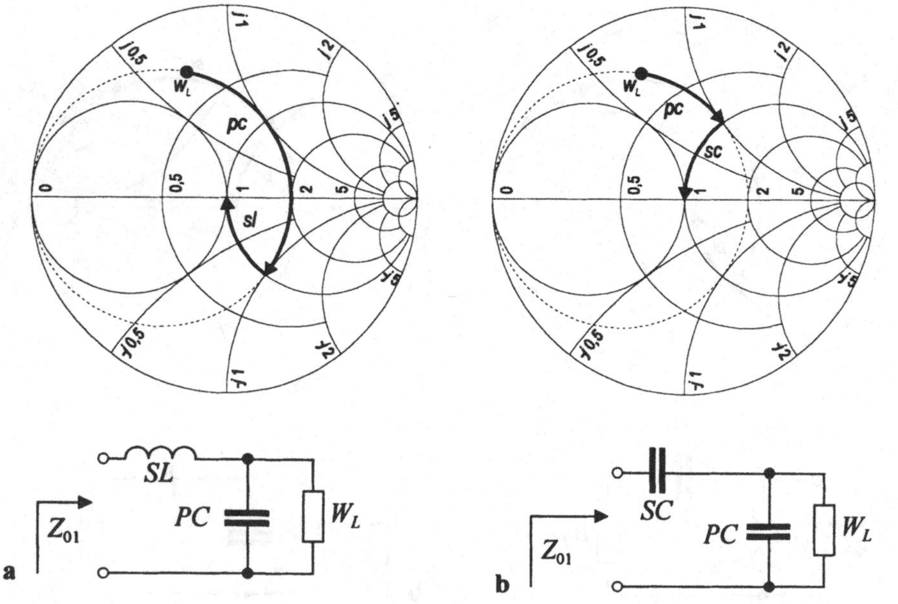

Abb. 7.12 : Transformation durch Parallelkapazität und konzentriertes Serienelement. **a** mit Serieninduktivität **b** mit Serienkapazität

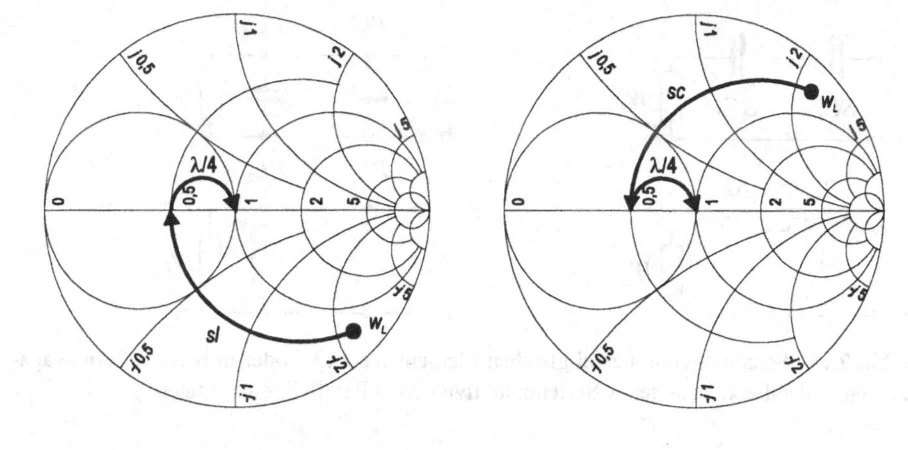

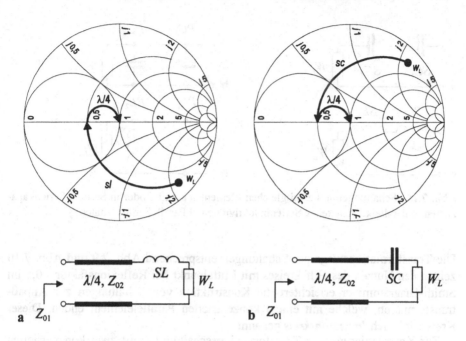

Abb. 7.13 : Transformation durch konzentriertes Serienelement und Leitung. a mit Serieninduktivität b mit Serienkapazität

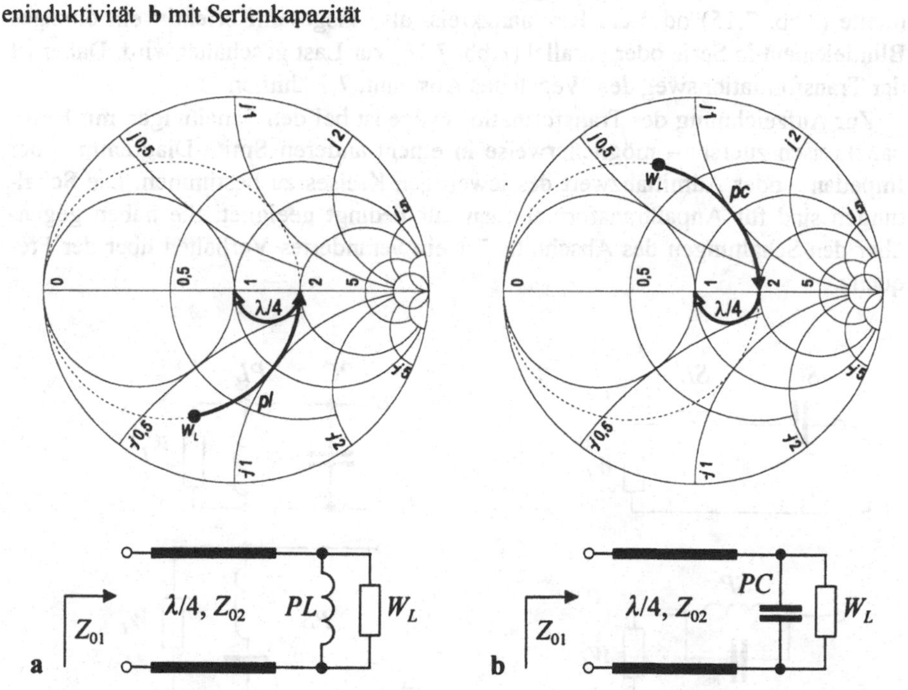

Abb. 7.14 : Transformation durch konzentriertes Parallelelement und Leitung. a mit Parallelinduktivität b mit Parallelkapazität

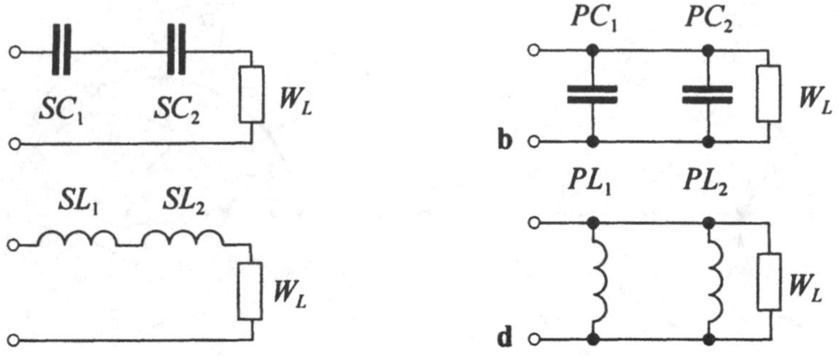

Abb. 7.15 : Schaltungen mit zwei gleichen Elementen parallel oder in Serie **a** Serienkapazitäten **b** Parallelkapazitäten **c** Serieninduktivitäten **d** Parallelinduktivitäten

Die Transformationswege der Schaltungen entsprechend Abb. 7.9 und Abb. 7.10 zeigen den Nutzen des Hilfskreises mit Mittelpunkt bei Reflexionsfaktor $-0{,}5$ im Smith-Diagramm: er erleichtert die Konstruktion von Schaltungen zur Anpaßtransformation, welche mit einem konzentrierten Parallelelement enden. Dieser Kreis wird auch *Inversionskreis* genannt.

Zur Komplettierung der Transformationsschaltungen mit zwei konzentrierten Elementen fehlen noch Schaltungen, bei denen entweder zwei gleichartige Elemente (Abb. 7.15) oder ein Resonanzkreis, also insgesamt effektiv ein einziges Blindelement in Serie oder parallel (Abb. 7.16) zur Last geschaltet wird. Daher ist der Transformationsweg den Wegen aus Abschnitt 7.1 ähnlich.

Zur Aufzeichnung der Transformationswege ist bei den Schaltungen mit Resonanzkreisen zuerst – möglicherweise in einem anderen Smith-Diagramm – der Impedanz- oder Admittanzwert des jeweiligen Kreises zu bestimmen. Die Schaltungen sind für Anpaßtransformationen nur bedingt geeignet. Sie haben gegenüber den Schaltungen des Abschnitts 7.1 ein verändertes Verhalten über der Frequenz.

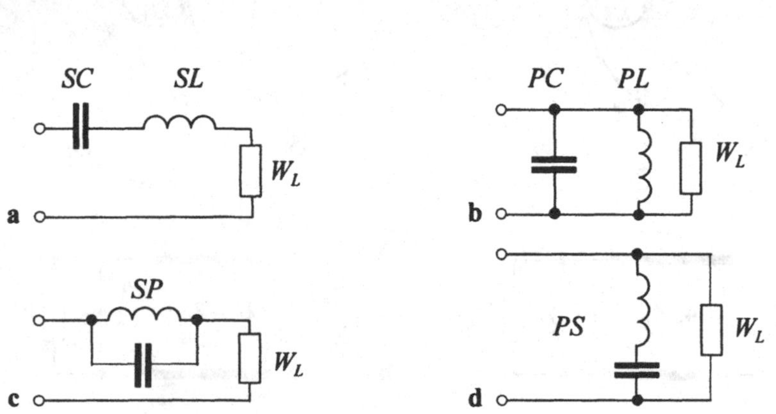

Abb. 7.16 : Schaltungen mit Resonanzkreisen **a** Serienkreis in Kette **b** Parallelkreis parallel **c** Parallelkreis in Kette **d** Serienkreis parallel

7.3 Frequenzgangdarstellung im Smith-Diagramm

Ausgehend vom Transformationsergebnis der Schaltungen des letzten Abschnitts könnte man zu der irrigen Meinung gelangen, daß sich strukturell unterschiedliche Schaltungen wie beispielsweise die Schaltungen aus Abb. 7.9 völlig gleichartig verhalten. Der Irrtum beruht darauf, daß das Transformationsergebnis nur für exakt eine Frequenz dargestellt wurde.

In der folgenden Abbildung wird dies anhand zweier Beispiele erläutert. Angenommen, es entsteht durch die Parallelschaltung aus einem ohmschen Widerstand R und einem Kondensator C die Last W_L. Dabei sei bei einer bestimmten Kreisfrequenz ω_0

$$\frac{R}{Z_0}=\frac{5}{2} \quad \text{und} \quad \frac{1}{\omega_0 C Z_0}=\frac{5}{4} \quad . \tag{7.18}$$

Wählt man dann zur Impedanztransformation zuerst eine Serieninduktivität L_S mit

$$\frac{\omega_0 L_S}{Z_0}=\frac{3}{2} \tag{7.19}$$

und eine Parallelkapazität C_P mit

$$\frac{1}{\omega_0 C_P Z_0}=1 \quad , \tag{7.20}$$

dann entsteht durch die Transformation bei Kreisfrequenz ω_0 die transformierte normierte Impedanz 1 bzw. der Reflexionsfaktor 0. Dies ist in Abb. 7.17 dargestellt. Außerdem sind noch die transformierten Reflexionsfaktoren für Kreisfrequenzen zwischen 0 und 5 ω_0 eingetragen und zu einer Kurve verbunden. Eine

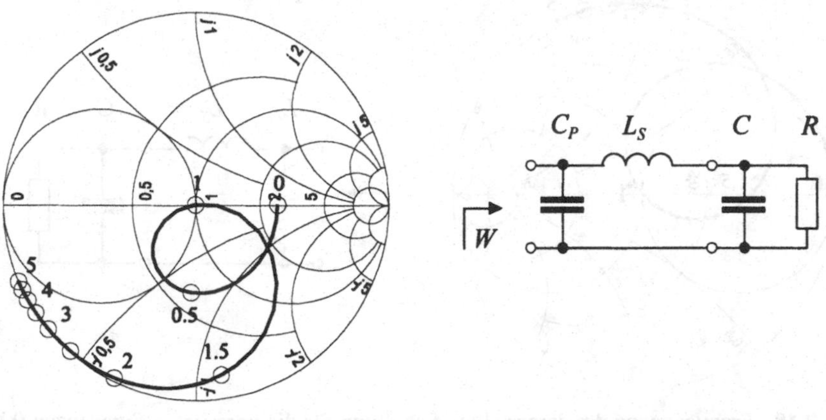

Abb. 7.17 : Frequenzgang der dargestellten Schaltung für die normierten Frequenzen 0 bis $5\omega/\omega_0$

solche Kurve, welche die transformierten Reflexionsfaktoren in Abhängigkeit von der (Kreis-) Frequenz darstellt, wird auch *Frequenzgang* der Transformation genannt. In Abb. 7.15 sind die Transformationswerte bei den relativen Frequenzen $\omega/\omega_0 = 0, 0{,}5, , 1, \ldots 5$ besonders hervorgehoben.

Erwartungsgemäß ist bei Frequenz 0 die transformierte Impedanz gleich R und bei ω_0 gerade Z_0. Für große Frequenzen strebt die transformierte Impedanz gegen einen Kurzschluß.

Verwendet man zur Transformation statt dessen eine Serieninduktivität L_S mit

$$\frac{\omega_0 L_S}{Z_0} = \frac{1}{2} \tag{7.21}$$

und eine Parallelinduktivität L_P mit

$$\frac{\omega_0 L_P}{Z_0} = 1 \quad , \tag{7.22}$$

dann erhält man zwar bei ω_0 ebenfalls die transformierte Impedanz Z_0, bei weiteren Frequenzen aber entstehen völlig andere transformierte Impedanzen als im ersten Fall. Dies ist in Abb. 7.18 dargestellt.

Hier ist bei Frequenz 0 ein Kurzschluß und bei hohen Frequenzen ein im wesentlichen induktives Verhalten zu erwarten.

Meßgeräte, welche die komplexe Impedanz eines Testobjekts über der Frequenz messen können, stellen oft die Meßergebnisse in Form von Frequenzgangkurven in der Smith-Chart dar.

Zur Eichung dieser Meßgeräte benutzt man übrigens gerne einen Kurzschluß, einen Eichwiderstand mit Wert Z_0 und einen Leerlauf. Damit sind die Reflexionsfaktoren -1, 0 und 1 und damit die relative Phasenlage und der Skalierungsmaßstab des Reflexionsfaktordiagramms vorgegeben.

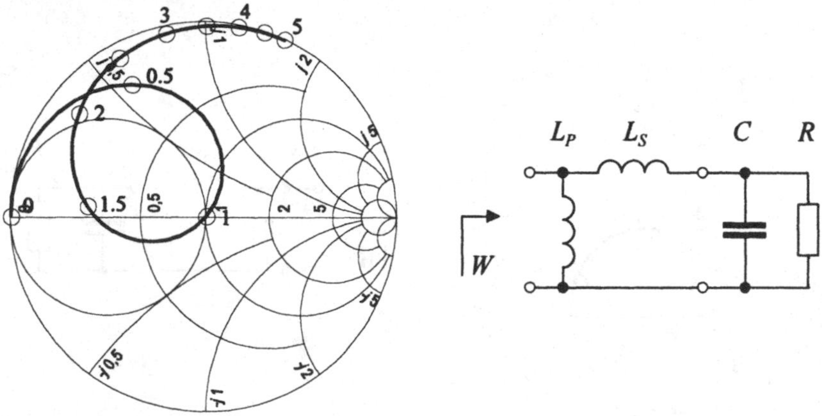

Abb. 7.18 : Frequenzgang der dargestellten Schaltung für die normierten Frequenzen 0 bis $5\omega/\omega_0$

7.4 Bestimmung von Stehwellenverhältnis und Anpaßfaktor

Wird eine Leitung an der Stelle $z = 0$ durch eine Last mit einem von 0 verschiedenen Reflexionsfaktor Γ abgeschlossen, dann entsteht nach den Ausführungen aus Abschnitt 4.4 auf einer (näherungsweise) verlustfreien Leitung bei Anregung durch eine harmonische Schwingung eine stehende Welle. Für die Spannungsamplituden der hin- und rücklaufenden Welle gilt demnach im Frequenzbereich an der Stelle $z = 0$

$$U^{(-)} = \Gamma\, U^{(+)} \quad . \tag{7.23}$$

Entsprechend gilt für die Stromamplituden an der gleichen Stelle

$$I^{(-)} = -\Gamma\, I^{(+)} . \tag{7.24}$$

An der Stelle $z = 0$ gilt dann für die Beträge der Gesamtspannung bzw. des Gesamtstroms:

$$|U| = |1+\Gamma|\,|U^{(+)}| \quad , \tag{7.25}$$

$$|I| = |1-\Gamma|\,|I^{(+)}| \quad . \tag{7.26}$$

Im Zeigerbild entspricht den Beträgen die Spannungs- bzw. Stromamplitude. Diese Amplituden können bei gegebenem Reflexionsfaktor mit Hilfe des Smith-Diagramms graphisch ermittelt werden. Das folgende Diagramm zeigt die komplexen Zahlen $1 + j\,0$, Γ, $1+\Gamma$ und $1-\Gamma$ als Vektoren im Smith-Diagramm. Durch

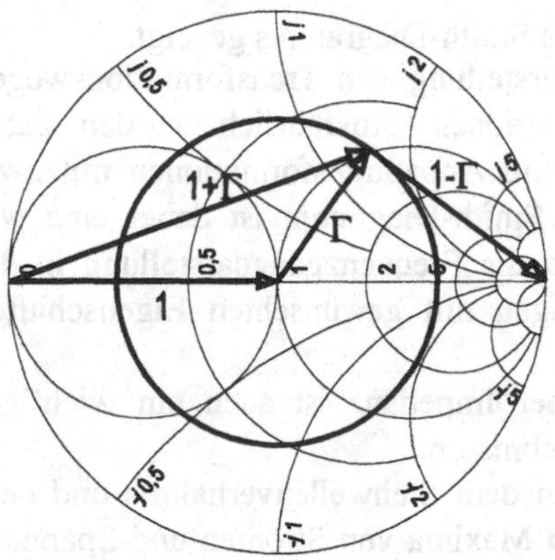

Abb. 7.19 : Zur Bestimmung der relativen Amplituden von Spannungs- und Stromstehwelle sowie des Stehwellenverhältnisses und des Anpaßfaktors

Abmessen der Vektorlängen kann man die relative Strom- und die relative Spannungsamplitude ablesen.

Offenbar kann man auch den möglichen Minimal- und Maximalwert der Spannungsamplitude bestimmen, indem man den Kreis konstanten Reflexionsfaktorbetrages einzeichnet und die Vektorspitze von $1+\Gamma$ auf diesem Kreis variieren läßt. Minimal- und Maximalwert der relativen Amplituden sind augenscheinlich:

$$\left.\frac{|U|}{|U^{(+)}|}\right|_{\max} = \left.\frac{|I|}{|I^{(+)}|}\right|_{\max} = 1+|\Gamma| \quad , \tag{7.27}$$

$$\left.\frac{|U|}{|U^{(+)}|}\right|_{\min} = \left.\frac{|I|}{|I^{(+)}|}\right|_{\min} = 1-|\Gamma| \quad . \tag{7.28}$$

Aus diesen Größen lassen sich Stehwellenverhältnis und Anpaßfaktor

$$s = \frac{1+|\Gamma|}{1-|\Gamma|} \quad , \tag{7.29}$$

bzw.

$$m = \frac{1-|\Gamma|}{1+|\Gamma|} \tag{7.30}$$

einfach bestimmen. In vielen Vordrucken für Smith-Diagramme findet man häufig s oder m als Funktion von $|\Gamma|$ und umgekehrt aufgetragen.

7.5 Zusammenfassung

In diesem Kapitel wurden Anwendungen des Smith-Diagramms gezeigt.

Eine wesentliche Anwendung ist die Darstellung von Transformationswegen für die Synthese von Impedanztransformationen. Ausführlich wurden dabei Transformationen mit einem Bauelement und Anpaßtransformationen mit zwei reaktiven Bauelementen abgehandelt. Das Smith-Diagramm ist dabei eine wesentliche Konstruktionshilfe. Ergänzt durch die Frequenzgangdarstellung in der Smith-Chart können damit Anpaßschaltungen mit gewünschten Eigenschaften konstruiert werden.

Die Darstellung des Frequenzgangs einer Impedanz ist auch ein wichtiges Hilfsmittel bei der Auswertung von Meßergebnissen.

Durch Zeigerdarstellungen können neben dem Stehwellenverhältnis und dem Anpaßfaktor auch die relativen Minima und Maxima von Strömen und Spannungen einer Welle auf der Zuleitung abgeschätzt werden.

7.6 Übungsaufgaben und Fragen zum Verständnis

1. Die Innenimpedanz eines Mittelwellensenders mit Frequenz 1422 kHz betrage $(200 + j\,150)\ \Omega$. Die Antennenzuleitung habe einen Wellenwiderstand von $135\ \Omega$. Auch der Fußpunktwiderstand der Antenne sei $135\ \Omega$. Konstruieren Sie eine Schaltung zur Anpaßtransformation, welche gleichzeitig den Fluß von Gleichstrom vom Sender zur Antenne unterbindet und keine ohmschen Widerstände enthält. Warum ist in diesem Fall eine Schaltung mit transformierender Leitung ungünstig?
2. Wie groß wäre in Aufgabe 1 das Stehwellenverhältnis auf der Antennenzuleitung, wenn keine Anpaßtransformation durchgeführt würde? Bestimmen Sie dieses Verhältnis aus dem Reflexionsfaktordiagramm.
3. Stellen Sie den Frequenzgang der Anpaßschaltung aus Aufgabe 1 im Smith-Diagramm für Frequenzen zwischen 200 kHz und 5 MHz in Schritten von 400 kHz dar.
4. Transformieren Sie die Impedanz $(20 - j\,25)\ \Omega$ bei 10 GHz mit möglichst wenigen nicht-ohmschen Bauelementen in den Wert $50\ \Omega$. (Hinweis: es reicht ein einziges Bauelement aus).
5. Zeigen Sie, daß sich die normierte Impedanz $1 + j1$ *nicht* durch eine einzige Anpaßleitung in den normierten Impedanzwert 1 transformieren läßt.
6. Aufgabe 5 impliziert, daß es normierte Impedanzwerte gibt, die sich nicht mit einem einzigen Bauelement in den Anpaßpunkt transformieren lassen. Geben Sie daher für die gezeigten Anpaßtransformationen diejenigen Gebiete in der Smith-Chart an, aus denen eine Transformation in den Anpaßpunkt $1 + j0$ nicht möglich ist.

8 Beschreibung von *N*-Toren durch normierte Wellen

In den vorangegangenen Kapiteln wurden Baugruppen beschrieben, die entweder durch einen oder durch zwei Leitungsanschlüsse mit ihrer Umgebung wechselwirken. Beispiele für Baugruppen mit genau einem Anschluß sind die in den vorangegangenen Kapiteln behandelten Lastimpedanzen und Wellenquellen. Die Transformationsschaltungen des letzten Kapitels haben zwei Anschlüsse.

In diesem Kapitel sollen nun ganz allgemein Systeme behandelt werden, welche über eine Anzahl N von Leitungen mit ihrer Umgebung kommunizieren. Solche Systeme werden N-Tore genannt.

8.1 *N*-Tore als Grundlage einer Systemtheorie der Hochfrequenztechnik

Die Bedeutung der N-Tore liegt darin, daß sich grundsätzlich jedes System der Hochfrequenztechnik auf ein System mit leitungsgebundenen Subsystemen, also mit N-Toren, zurückführen läßt. So kann beispielsweise eine Funkstrecke als ein Subsystem mit einer Eingangsschnittstelle an der Sendeantenne und einer Ausgangsschnittstelle an der Empfangsantenne betrachtet werden.

Kennt man das Verhalten der leitungsgebundenen Subsysteme, dann läßt sich das aus ihnen gebildete Gesamtsystem analysieren. Da in der Hochfrequenztechnik konventionelle Ströme und Spannungen nicht immer existieren, muß eine für die HF-Technik gültige N-Tor-Theorie auf (normierten) Wellen basieren. Diese ist daher Grundlage einer Systemtheorie der Hochfrequenztechnik.

8.2 Wellen-*N*-Tore

Nachfolgend werden Systeme der HF-Technik betrachtet. Diese sollen ihrerseits wieder aus Untersystemen bestehen, deren elektromagnetische Wechselwirkung mit dem Rest des Systems durch Wellenleiter erfolgt.

Definition: 8.1 : (N-Tore, definiert in Anlehnung an [8.1])

> Es sei ein System gegeben, das über Leitungen mit seiner Umwelt verbunden ist. Alle Leitungen sollen nur genau einen physikalischen Wellentyp

führen. Dies wird im Modell gegebenenfalls dadurch erzwungen, daß eine physikalische Leitung, auf der sich m unterscheidbare Wellenmoden ausbreiten, gedanklich in m parallele Leitungen zerlegt wird. Diese Leitungen werden nachfolgend Modelleitungen genannt.

Die nach außen führenden Leitungsschnittstellen sollen jeweils in transversal zur Leitungsrichtung liegenden Ebenen enden. Die Schnittstellen der (Modell-) Leitungen werden *Tore* genannt.

Benötigt man zur vollständigen Beschreibung des Systems N dieser (Modell-) Leitungen, dann wird das System ein *N-Tor* genannt. ♦

Zur Erstellung eines sinnvollen Modells für das Innere eines N-Tores kann es erforderlich sein, feldtheoretische Methoden anzuwenden. In diesem Buch wird allerdings davon ausgegangen, daß diese Modelle entweder bereits erstellt sind, oder sich auf einfachere Modelle zurückführen lassen, so daß auf die Anwendung von Feldtheorie verzichtet werden kann.

Ähnlich wie man bei Schaltungen der NF-Technik eine Orientierung durch Zählpfeile an Meßpunkten einführt, werden in der HF-Technik zur Anwendung der normierten Wellengrößen Koordinatensysteme und Richtungspfeile für Wellen eingeführt. Dies ist in Abb. 8.1 und Abb. 8.2 demonstriert.

Traditionell zeigen bei der Beschreibung von N-Toren durch normierte Wellen alle Koordinatensysteme auf das zu untersuchende Objekt hin. Die Koordinatennullpunkte liegen in den jeweiligen transversalen Anschlußebenen der Leitungen. Sie werden damit zu Referenzebenen.

Da das prinzipielle Verhalten der normierten Wellen auf Leitungen bekannt ist, kann auf eine explizite Formulierung der Ortsabhängigkeit der Wellen verzichtet werden. Es genügt, die auf jeder Leitung hin- und rücklaufende normierte Welle durch ihre Fouriertransformierte *am Ort der Referenzebene* zu kennzeichnen.

Zur Namengebung der einzelnen Bestimmungsgrößen im Fourierbereich werden folgende Vereinbarungen getroffen, welche sich anhand der Abbildungen 8.1 und 8.2 nachverfolgen lassen:

1. Die in das Tor k des N-Tores hineinlaufende normierte Welle heißt a_k.
2. Die aus dem Tor k des N-Tores herauslaufende normierte Welle heißt b_k.
3. Die normierte Spannung an Tor k heißt u_k. Es gilt entsprechend den Ausführungen des Kapitels 4

$$u_k = a_k + b_k \quad , \tag{8.1}$$

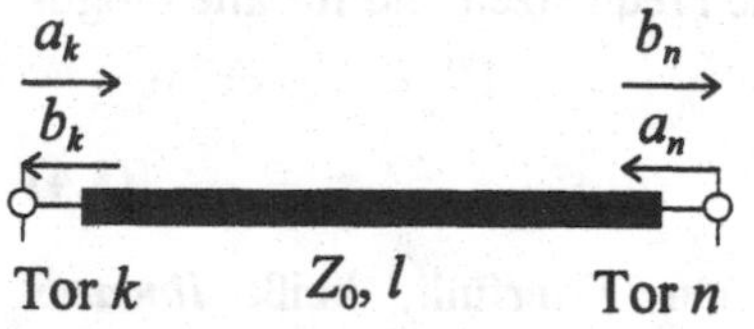

Abb. 8.1 : Leitung mit den Anschlußtoren k und n.

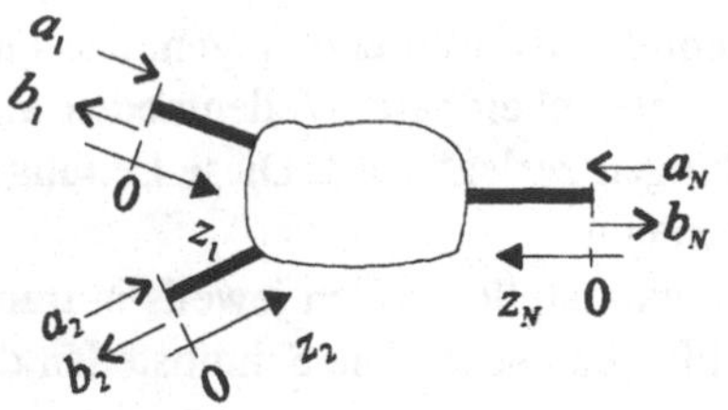

Abb. 8.2 : *N*-Tor mit Definition der Bezugskoordinatensysteme

4. Normierte Ströme an Tor k heißen i_k. Dabei zeigt der Zählpfeil des normierten Stromes i_k auf das Tor zu. Es gilt

$$i_k = a_k - b_k \quad . \tag{8.2}$$

Mit Hilfe der normierten Wellen können *N*-Tore vollständig beschrieben werden. Dabei ist nicht vonnöten, daß alle Leitungen gleichen Wellenwiderstand oder gleiche Geometrie und sonstige gleichartige Eigenschaften haben! Es wird aber für die weiteren Betrachtungen folgende wichtige Vereinbarung getroffen:

Vereinbarung:

Anschlüsse von *N*- und *M*-Toren, die miteinander verbunden werden, müssen identisch gleiche Leitungseigenschaften haben, also gleiche Geometrie des Querschnittes, gleiche Materialeigenschaften im Leitungsquerschnitt usw. ◆

Anhand von Ein- und Zweitoren wird nun die mathematische Beschreibung von *N*-Toren erläutert.

Für eine Impedanz, welche die beiden Leiter einer Zweidrahtleitung verbindet, wurde beispielsweise im vorigen Kapitel gefunden:

$$b = \Gamma a \quad . \tag{8.3}$$

Dies ist ganz offenbar ein linearer Zusammenhang zwischen der auf das Eintor zulaufenden und der von ihm weglaufenden Welle. Deshalb definiert man ganz allgemein:

Definition 8.2 :

Ein Eintor, das im Frequenzbereich für alle Frequenzen und für alle möglichen Wellen a den Zusammenhang

$$b(j\omega) = \Gamma(j\omega)\, a(j\omega) \tag{8.4}$$

mit einer von a unabhängigen Funktion Γ erfüllt, heißt *lineares (zeitinvariantes) Eintor.* ◆

Durch Einsetzen einer harmonischen, auf das lineare Eintor zulaufenden Welle in diese Definitionsgleichung erkennt man sofort, daß dann auch die von dem Eintor weglaufende Welle harmonisch sein muß und genau die gleiche Frequenz besitzen muß wie die sie hervorrufende Welle.

Durch inverse Fouriertransformation der Definitionsgleichung in den Zeitbereich und durch Anwendung des Produktsatzes erhält man:

$$\tilde{b}(t)=\int_{-\infty}^{\infty}\left\{\mathfrak{F}^{-1}_{\omega\to\tau}\{\Gamma(j\omega)\}\tilde{a}(t-\tau)\right\}d\tau:=\int_{-\infty}^{\infty}\{g(\tau)\tilde{a}(t-\tau)\}d\tau \quad , \tag{8.5}$$

also

$$\tilde{b}(t)=f_{lin}(\tilde{a}(t)) \quad . \tag{8.6}$$

Im Zeitbereich läßt sich also das lineare Eintor durch eine lineare Operation beschreiben, welche auf die Welle $\tilde{a}(t)$ wirkt und dadurch die von dem Eintor weglaufende Welle $\tilde{b}(t)$ erzeugt.

Ganz allgemein läßt sich im Zeitbereich der Zusammenhang zwischen den Wellen eines (möglicherweise nicht linearen, zeitinvarianten) Eintores als

$$\tilde{b}(t)=f(t,\tilde{a}(t)) \tag{8.7}$$

formulieren. Dabei ist f eine (verallgemeinerte) Funktion, die über $\tilde{a}$ implizit von der Zeit abhängt, aber auch noch explizit von t abhängen kann. In letzterem Fall heißt das Eintor *zeitvariant*, ansonsten *zeitinvariant*.

Die Beschreibung von Eintoren im Zeitbereich ist immer dann zu empfehlen, wenn in f nichtlineare Zusammenhänge auftreten. Läßt sich dagegen f durch einen linearen Operator ausdrücken, dann ist meist eine Beschreibung im Frequenzbereich vorteilhafter.

In Kapitel 4 wurde bereits ein einfaches *Zweitor*, nämlich die (längshomogene) Leitung, behandelt.[1] Von daher ist für die verlustlose Leitung der Länge l entsprechend Abb. 8.1 folgender Zusammenhang im Frequenzbereich bekannt:

$$b_1=e^{-j\beta l}\,a_2 \qquad b_2=e^{-j\beta l}\,a_1 \quad . \tag{8.8}$$

Durch Bildung der Vektoren

$$\vec{a}:=\begin{pmatrix}a_1\\a_2\end{pmatrix} \quad , \quad \vec{b}:=\begin{pmatrix}b_1\\b_2\end{pmatrix} \tag{8.9}$$

erhält man also

$$\vec{b}=\vec{S}\,\vec{a} \tag{8.10}$$

mit

[1] Dabei wurde modellinhärent vorausgesetzt, daß nur eine Mode auf der Leitung läuft.

$$\vec{S} = \begin{pmatrix} 0 & e^{-j\beta l} \\ e^{-j\beta l} & 0 \end{pmatrix} . \tag{8.11}$$

Die mathematische Beschreibung eines Eintors kann also in einfacher Weise auf ein N-Tor übertragen werden, wenn ein Vektor der auf das N-Tor zulaufenden Wellen und ein Vektor der von ihm weglaufenden Wellen definiert wird:

$$\vec{\tilde{a}}(t) := (\tilde{a}_1(t), \ \ldots \ , \tilde{a}_N(t))^T \quad ; \quad \vec{\tilde{b}}(t) := (\tilde{b}_1(t), \ \ldots \ , \tilde{b}_N(t))^T \ . \tag{8.12}$$

Es muß dann gelten:

$$\vec{\tilde{b}}(t) = \vec{f}\left(t, \vec{\tilde{a}}(t)\right) \ . \tag{8.13}$$

Ebenso wie es lineare Eintore gibt, existieren lineare N- Tore.

Definition: 8.3 :

> N-Tore, bei denen der Zusammenhang zwischen *sämtlichen* normierten Wellengrößen im Zeitbereich durch lineare Operatorgleichungen beschrieben werden können, heißen *lineare N-Tore*. Sind die Operatorgleichungen nicht explizit von der Zeit abhängig, dann heißt das N-Tor *zeitinvariant*. ♦

Offenbar ist die Leitung ein Beispiel für ein lineares zeitinvariantes Zweitor.

8.3 Lineare zeitinvariante Wellen-*N*-Tore

Für die Übertragung von Information sind lineare zeitinvariante N-Tore von besonderer Bedeutung. Daher wird ihrer Beschreibung ein eigener Abschnitt gewidmet.

8.3.1 Streumatrizen

Voraussetzungsgemäß läßt sich das lineare N-Tor im Frequenzbereich durch lineare Gleichungen beschreiben. Eine dieser Beschreibungsmöglichkeiten ist, alle aus dem N-Tor herausfließenden Wellen in Abhängigkeit von den in das N-Tor hineinfließenden Wellen auszudrücken:

$$\begin{aligned} b_1(j\omega) &= s_{11}(j\omega)\, a_1(j\omega) + \ldots + s_{1N}(j\omega)\, a_N(j\omega) \\ &\ \vdots \\ b_N(j\omega) &= s_{N1}(j\omega)\, a_1(j\omega) + \ldots + s_{NN}(j\omega)\, a_N(j\omega) \ . \end{aligned} \tag{8.14}$$

In diesen Gleichungen sind die s_{ik} Parameter, die noch von ω, nicht aber von den normierten Wellen oder Strömen und Spannungen abhängen können.

Gleichung (8.14) läßt sich in Matrizenschreibweise und mit Unterdrückung des Funktionsarguments $j\omega$ kompakter darstellen:

$$\begin{pmatrix} b_1 \\ \vdots \\ b_N \end{pmatrix} = \begin{pmatrix} s_{11} & \cdots & s_{1N} \\ \vdots & \ddots & \vdots \\ s_{N1} & \cdots & s_{NN} \end{pmatrix} \begin{pmatrix} a_1 \\ \vdots \\ a_N \end{pmatrix} \tag{8.15}$$

oder

$$\vec{b} = \vec{\vec{S}}\,\vec{a} \quad . \tag{8.16}$$

Der Vorteil dieser Beschreibungsweise liegt darin, daß in dem Vektor $\vec{a}$ alle möglichen externen physikalischen Ursachen für Effekte innerhalb des Zweitors gesammelt werden, während in dem Vektor $\vec{b}$ alle möglichen Wirkungen auf den Stimulus $\vec{a}$ gesammelt werden. Damit liegt eine eindeutige Ursache-Wirkung-Formulierung für das N-Tor vor.

Beispiel für die Matrizenbeschreibung eines Zweitors ist eine verlustlose Leitung, die entsprechend den Gleichungen (8.10) und (8.11) beschrieben wird.

Ein anderes Beispiel für ein lineares zeitinvariantes Zweitor ist die sogenannte *Richtungsleitung* (engl.: unidirectional line, uniline). Sie verhält sich für eine bei Tor 1 eingespeiste Welle wie eine Leitung mit Wellenwiderstand Z_0, für eine bei Tor 2 eingespeiste Welle wie ein reflexionsfreier Leitungsabschluß mit Wellenwiderstand Z_0. Eine Transmission von Tor 2 nach Tor 1 findet nicht statt. Die Richtungsleitung hat daher für eine angenommene Leitungslänge l die Matrix

$$\vec{\vec{S}} = \begin{pmatrix} 0 & 0 \\ e^{-j\beta l} & 0 \end{pmatrix} \quad . \tag{8.17}$$

Richtungsleitungen können für hohe Frequenzen mit Hilfe von Ferriten hergestellt werden.

Ganz allgemein gilt für die einzelnen Matrixelemente eine N-Tores

$$s_{ik} = \left.\frac{b_i}{a_k}\right|_{a_m=0 \text{ für } m\neq k} \quad . \tag{8.18}$$

Man kann daher folgende Meßvorschrift für die Messung der Matrixelemente s_{ik} angeben:

> Zur Messung von s_{ik} werden alle Tore des N-Tors außer den Toren i und k durch eine Impedanz vom Werte des Wellenwiderstandes, einen sogenannten Wellensumpf, abgeschlossen oder abgesumpft. An Tor k wird eine Wellenquelle mit Reflexionsfaktor 0 angeschlossen. Mißt man dann b_i und a_k, dann ist deren Verhältnis (entsprechend obiger Gleichung) das gesuchte Matrixelement. ◆

Im Falle $i = k$ hat das Matrixelement ganz offensichtlich die Bedeutung eines Reflexionsfaktors. Daher heißt s_{ii} auch *(Eigen-) Reflexionsfaktor* des Tores i. Im Falle $i \neq k$ beschreibt das Matrixelement die Übertragung von Welle a_k nach Tor i. Daher heißt s_{ik} auch *Transmissionsfaktor* von Tor k nach Tor i.

Die Matrix $\overleftrightarrow{S}$ sammelt also die Eigenreflexionsfaktoren und Transmissionsfaktoren. Sie wird daher in Anlehnung an Bezeichnungen aus der Optik und Teilchenphysik *Streumatrix* (engl.: scattering matrix) genannt, ihre Elemente heißen *Streuparameter*.

Die Beschreibung von N-Toren durch Streumatrizen ist in der Hochfrequenztechnik zu einem unverzichtbaren Arbeitsmittel geworden. Die nachfolgend angeführten Definitionen sollten daher jedem Ingenieur der Elektrotechnik geläufig sein.

Definition: 8.4 :

1. Weisen sowohl Tor i als auch Tor k die gleichen Eigenreflexionsfaktoren auf, so heißt das *Torpaar (eigen-) reflexionssymmetrisch*. Das ist dann der Fall, wenn gilt:

   $$s_{ii} = s_{kk} \quad . \tag{8.19}$$

   Reflexionssymmetrische Torpaare müssen nicht unbedingt auf den gleichen Wellenwiderstand normiert sein!

2. Weisen sowohl Tor i als auch Tor k die gleichen Transmissionsfaktoren auf, so heißt das *Torpaar (eigen-) transmissionssymmetrisch* oder *übertragungssymmetrisch*. Das ist dann der Fall, wenn gilt:

   $$s_{ik} = s_{ki} \quad \text{für} \quad i \neq k \quad . \tag{8.20}$$

3. Sind *alle* Tore eines N-Tores paarweise eigenreflexionssymmetrisch, so heißt das *N-Tor reflexionssymmetrisch*.
4. Sind *alle* Tore eines N-Tores paarweise eigentransmissionssymmetrisch, so heißt das *N-Tor übertragungssymmetrisch* oder *reziprok*. In diesem Falle gilt:

   $$\overleftrightarrow{S} = \overleftrightarrow{S}^T \quad , \tag{8.21}$$

   d.h. die Streumatrix ist gleich ihrer Transponierten. ♦

Es ist wichtig, sich die physikalische Bedeutung dieser Begriffe klarzumachen.

Sind beispielsweise zwei Tore i und k transmissionssymmetrisch, dann heißt dies, daß bei reflexionsfreiem Abschluß aller Tore Leistungsübertragung von Tor k nach Tor i gleich „gut" möglich ist, wie von Tor i nach Tor k. Sind darüber hinaus auch noch die Leitungseigenschaften an beiden Toren gleich, dann kann man bezüglich der Leistungsübertragung die beiden Tore vertauschen.

Sind zwei Tore i und k reflexionssymmetrisch, dann heißt dies, daß bei reflexionsfreiem Abschluß aller anderen Tore das Reflexionsverhalten von Tor k

gleich dem von Tor i ist. Sind darüber hinaus auch noch die Leitungseigenschaften an beiden Toren gleich, dann kann man bezüglich des Reflexionsverhaltens die beiden Tore vertauschen.

Sind zwei Tore i und k reflexionssymmetrisch und transmissionssymmetrisch, sind darüber hinaus auch noch die Leitungseigenschaften an beiden Toren gleich, dann kann man bei reflexionsfreiem Abschluß der anderen Tore die Tore i und k miteinander vertauschen. Bei einem reziproken, reflexionssymmetrischen N-Tor kann man also sämtliche Tore miteinander vertauschen, wenn auch die Eigenschaften der Leitungsanschlüsse gleich sind.

Beispiel für ein Zweitor, das gleichzeitig sowohl reflexionssymmetrisch als auch reziprok ist, ist die (monomodig betriebene) Leitung. Beispiel für ein Zweitor, das reflexionssymmetrisch, aber nicht reziprok ist, ist die Richtungsleitung.

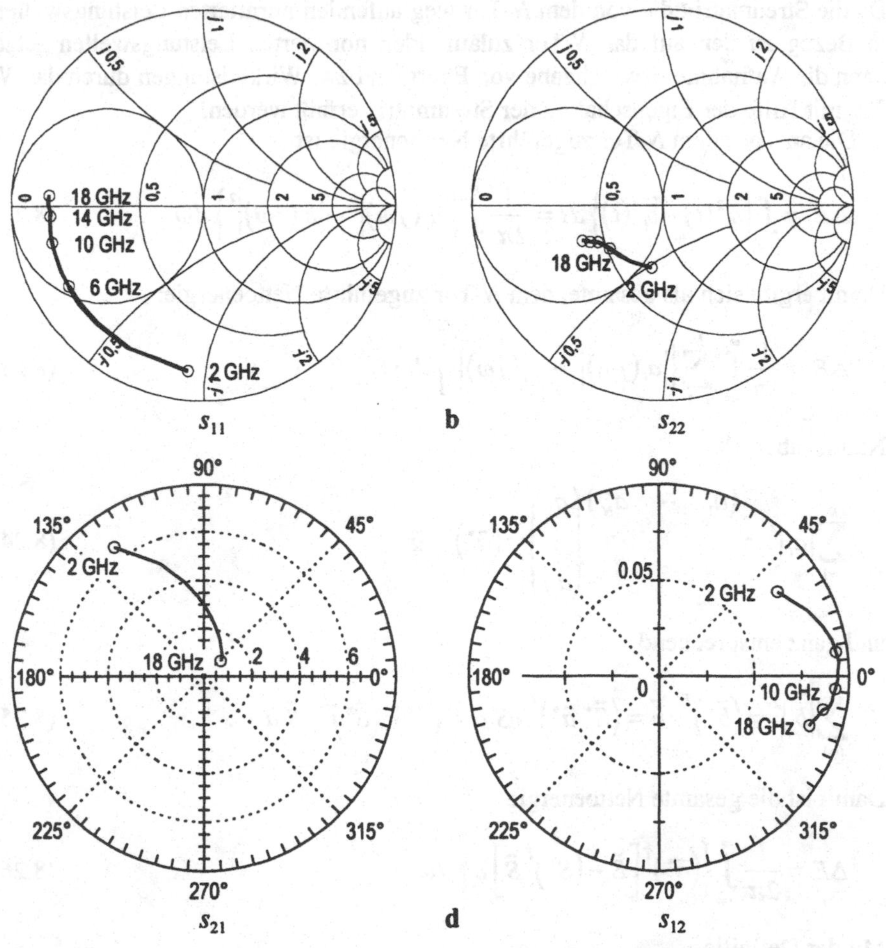

Abb. 8.3 : Streuparameter des MESFET F135 a Eigenreflexionsfaktor an Tor 1 b Eigenreflexionsfaktor an Tor 2 c Vorwärtstransmissionsfaktor d Rückwärtstransmissionsfaktor

Ein Beispiel für ein Zweitor, das weder reziprok noch reflexionssymmetrisch ist, wird in Abb. 8.3 dargestellt. Hier ist der Frequenzgang des GaAs-MESFET F135 aus der E05-Serie des Daimler-Benz Forschungszentrums [8.2] für alle vier Streuparameter aufgetragen. Der Arbeitspunkt ist dabei durch eine Gate-Source-Spannung von –0,2 V, eine Drain-Source-Spannung von ca. 3 V und einen Drain-Source-Strom von ca. 70 mA gegeben. Der Transistor ist auf einem GaAs-Chip integriert und über 50Ω-Koplanarleitungen mit seiner Umgebung verbunden. Die Parameter s_{11} und s_{22} sind Reflexionsfaktoren und daher in einer Smith-Chart wiedergegeben. Die beiden anderen Parameter sind in einer Polarkoordinatendarstellung gezeigt.

8.3.2 Leistungsbeziehungen

Da die Streumatrix die von dem *N*-Tor weglaufenden normierten Leistungswellen in Bezug zu den auf das *N*-Tor zulaufenden normierten Leistungswellen setzt, kann die Aufnahme bzw. Abgabe von Energien bzw. Wirkleistungen durch das *N*-Tor mit Hilfe der Eigenschaften der Streumatrix erfaßt werden.

Die an Tor *i* dem *N*-Tor zugeführte Nettoenergie ist

$$\Delta E_i = \int_{-\infty}^{\infty} \left\{ \tilde{a}_i^2(t) - \tilde{b}_i^2(t) \right\} dt = \frac{1}{2\pi} \int_{-\infty}^{\infty} \left\{ \left| a_i(j\omega) \right|^2 - \left| b_i(j\omega) \right|^2 \right\} d\omega \quad . \tag{8.22}$$

Damit ergibt sich als gesamte, dem *N*-Tor zugeführte Nettoenergie:

$$\Delta E = \frac{1}{2\pi} \int_{-\infty}^{\infty} \sum_{i=1}^{N} \left\{ \left| a_i(j\omega) \right|^2 - \left| b_i(j\omega) \right|^2 \right\} d\omega \quad . \tag{8.23}$$

Nun ist aber

$$\sum_{i=1}^{N} \left| a_i \right|^2 = \begin{pmatrix} a_1^* & \cdots & a_N^* \end{pmatrix} \begin{pmatrix} a_1 \\ \vdots \\ a_N \end{pmatrix} = \left(\vec{a}^* \right)^T \cdot \vec{a} \tag{8.24}$$

und ganz entsprechend

$$\sum_{i=1}^{N} \left| b_i \right|^2 = \left(\vec{b}^* \right)^T \cdot \vec{b} = \left(\vec{\vec{S}}^* \, \vec{a}^* \right)^T \cdot \vec{\vec{S}} \, \vec{a} = \left(\vec{a}^* \right)^T \left(\vec{\vec{S}}^* \right)^T \cdot \vec{\vec{S}} \, \vec{a} \quad . \tag{8.25}$$

Damit ist die gesamte Nettoenergie

$$\Delta E = \frac{1}{2\pi} \int_{-\infty}^{\infty} \left\{ \left(\vec{a}^* \right)^T \left[\vec{\vec{E}} - \left(\vec{\vec{S}}^* \right)^T \vec{\vec{S}} \right] \vec{a} \right\} d\omega \quad . \tag{8.26}$$

Mit der Definition

$$\overleftrightarrow{H} := \left(\overleftrightarrow{E} - \left(\overleftrightarrow{S}^* \right)^T \overleftrightarrow{S} \right) \tag{8.27}$$

folgt schließlich:

$$\Delta E = \int_{-\infty}^{\infty} \left\{ \left(\vec{a}^* \right)^T \overleftrightarrow{H} \, \vec{a} \right\} d\omega \quad . \tag{8.28}$$

Die in einem differentiell schmalen Kreisfrequenzintervall in das N-Tor eingespeiste Nettowirkleistung ist also:

$$P_{Wirk} = \left(\vec{a}^* \right)^T \overleftrightarrow{H} \, \vec{a} \quad . \tag{8.29}$$

Die hier auftretende Matrix $\overleftrightarrow{H}$ hat nun eine besondere Eigenschaft:

$$\overleftrightarrow{H}^T = \left(\overleftrightarrow{E} - \left(\overleftrightarrow{S}^* \right)^T \overleftrightarrow{S} \right)^T = \overleftrightarrow{E} - \left(\left(\overleftrightarrow{S}^* \right)^T \overleftrightarrow{S} \right)^T = \overleftrightarrow{E} - \overleftrightarrow{S}^T \overleftrightarrow{S}^* = \overleftrightarrow{H}^* \quad . \tag{8.30}$$

Die Transponierte von $\overleftrightarrow{H}$ ist offenbar gleich ihrer komplex Konjugierten. Matrizen dieser Art nennt man *hermitesch*, die dazu gehörende sesquilineare Abbildung[1] Hermitesche Form.

Auch $\vec{a}^{*T} \overleftrightarrow{H} \, \vec{a}$ hat besondere mathematische Eigenschaften. Produkte dieser Form, bei denen die Matrix hermitesch ist, heißen *Quadratische Formen*. Für hermitesche Formen und Matrizen und quadratische Formen liegt eine ausgearbeitete und eingehend untersuchte mathematische Theorie vor, deren wichtigste Aussagen im Anhang D zusammengefaßt werden.

Für die Hochfrequenztechnik sind dabei folgende Eigenschaften wesentlich:

1. Eine Hermitesche Matrix besitzt reellwertige Hauptdiagonalelemente.
2. Die Determinante und alle Hauptminoren[2] der hermiteschen Matrix $\overleftrightarrow{H}$ sind reell.
3. Die quadratische Form

   $$P_{Wirk} = \left(\vec{a}^* \right)^T \overleftrightarrow{H} \, \vec{a} = \sum_{i,k=1}^{N} H_{ik} \, \vec{a}_i^* \, \vec{a}_k$$

   ist stets reell.
4. Falls alle Hauptminoren von $\overleftrightarrow{H}$ nichtnegativ sind, ist auch die quadratische Form P_{Wirk} nichtnegativ: $P_{Wirk} \geq 0$. Die hermitesche Matrix $\overleftrightarrow{H}$ und die quadratische Form P_{Wirk} heißen dann positiv semidefinit.

---

[1] Sesquilineare Abbildungen und ihre Eigenschaften werden in Anhang D beschrieben. Sie können als Verallgemeinerungen linearer Abbildungen verstanden werden.

[2] Hauptminoren sind spezielle Unterdeterminanten der zugeordneten Matrix. Siehe Anhang D.

5. Falls alle Hauptminoren von $\overleftrightarrow{H}$ nichtpositiv sind, ist auch die quadratische Form P_{Wirk} nichtpositiv: $P_{Wirk} \leq 0$. Dann sind die hermitesche Matrix $-\overleftrightarrow{H}$ und die quadratische Form $-P_{Wirk}$ positiv semidefinit.
6. Es ist genau dann $P_{Wirk} = 0$, wenn $\overleftrightarrow{E} = \left(\overleftrightarrow{S}^*\right)^T \overleftrightarrow{S}$ d.i. $\overleftrightarrow{S}^{-1} = \left(\overleftrightarrow{S}^*\right)^T$ gilt. In diesem Fall heißt die Streumatrix *unitär*.

Damit läßt sich nun jedes *N*-Tor wie folgt klassifizieren:

1. Ein *N*-Tor heißt *passiv*, wenn die zugeführte Nettowirkleistung größer oder gleich 0 ist, wenn also P_{Wirk} nichtnegativ ist. D.h.: $\overleftrightarrow{H}$ ist positiv semidefinit.
2. Ein *N*-Tor heißt *verlustfrei*, wenn für alle Frequenzen die zugeführte Nettowirkleistung gleich 0 ist, wenn also $P_{Wirk} = 0$ gilt, d.h.:

   $\overleftrightarrow{E} = \left(\overleftrightarrow{S}^*\right)^T \overleftrightarrow{S}$ oder $\overleftrightarrow{S}^{-1} = \left(\overleftrightarrow{S}^*\right)^T$.

   Die Streumatrix ist dann *unitär*. Der Formulierung der Unitaritätsbedingung mit der Einheitsmatrix entnimmt man auch noch die Aussage, daß Spalten- und Zeilenvektoren der Streumatrix eines verlustfreien *N*-Tores orthonormiert sind. Durch diese Normierungsbedingung werden die Elemente der Streumatrix miteinander verknüpft. Sie sind daher nicht mehr alle unabhängig voneinander vorgebbar.
3. Ein *N*-Tor heißt *aktiv*, wenn für wenigstens eine Frequenz die zugeführte Nettowirkleistung kleiner als 0 ist. Das bedeutet, daß dann mehr Wirkleistung aus dem *N*-Tor abgeführt als zugeführt wird. Das ist der Fall, wenn P_{Wirk} negativ ist, wenn also $-\overleftrightarrow{H}$ positiv definit ist. Aktive *N*-Tore müssen Leistungsquellen enthalten, da ansonsten die geforderte Leistungsbilanz nicht eingehalten werden kann.
4. Ein *N*-Tor heißt *bedingt aktiv* bzw. *bedingt passiv*, wenn es nur für bestimmte Betriebsbedingungen aktiv bzw. passiv ist. Es heißt *unbedingt aktiv* bzw. *unbedingt passiv*, wenn es für alle Betriebsbedingungen aktiv bzw. passiv ist.

Die Eigenschaften der Passivität, Verlustfreiheit und Aktivität sollen im folgenden für Ein- und Zweitore explizit mit Hilfe der Streuparameter dargestellt werden.

Für Eintore mit dem Reflexionsfaktor Γ entartet die Streumatrix und damit auch die Matrix $\overleftrightarrow{H}$ zu einer 1×1-Matrix, für die gilt

$$\overleftrightarrow{H} = \left(1 - |\Gamma|^2\right) \quad . \tag{8.31}$$

Infolgedessen ist ein Eintor genau dann passiv, wenn der Betrag von Γ kleiner oder gleich 1 ist. Es ist verlustfrei, wenn für alle Frequenzen $|\Gamma| = 1$ ist, und es ist aktiv, wenn $|\Gamma|$ größer als 1 ist.

Zur entsprechenden Betrachtung für Zweitore sind zunächst alle Hauptminoren von $\overleftrightarrow{H}$ zu bestimmen. Hier ist

$$\overleftrightarrow{H}=\begin{pmatrix}1 & 0\\ 0 & 1\end{pmatrix}-\begin{pmatrix}s_{11}^{*} & s_{21}^{*}\\ s_{12}^{*} & s_{22}^{*}\end{pmatrix}\begin{pmatrix}s_{11} & s_{12}\\ s_{21} & s_{22}\end{pmatrix}=\begin{pmatrix}1-|s_{11}|^2-|s_{21}|^2 & -s_{12}\,s_{11}^{*}-s_{22}\,s_{21}^{*}\\ -s_{12}^{*}s_{11}-s_{22}^{*}s_{21} & 1-|s_{12}|^2-|s_{22}|^2\end{pmatrix}. \quad (8.32)$$

Der erste Hauptminor ist daher

$$\det_1\left[\overleftrightarrow{E}-\left(\overleftrightarrow{S}^{*}\right)^T\overleftrightarrow{S}\right]=1-|s_{11}|^2-|s_{21}|^2 . \quad (8.33)$$

Der zweite Hauptminor ist die Determinante von $\overleftrightarrow{H}$:

$$\det\left(\overleftrightarrow{H}\right)=\left(1-|s_{11}|^2-|s_{21}|^2\right)\left(1-|s_{12}|^2-|s_{22}|^2\right)-\left|s_{12}^{*}s_{11}+s_{22}^{*}s_{21}\right|^2 . \quad (8.34)$$

Damit läßt sich die Passivität des Zweitors durch die Bedingungen

$$1-|s_{11}|^2-|s_{21}|^2\geq 0 \quad , \quad (8.35)$$

$$\left(1-|s_{11}|^2-|s_{21}|^2\right)\left(1-|s_{12}|^2-|s_{22}|^2\right)-\left|s_{12}^{*}s_{11}+s_{22}^{*}s_{21}\right|^2\geq 0 \quad (8.36)$$

für alle Frequenzen und die Aktivität durch

$$1-|s_{11}|^2-|s_{21}|^2<0 \quad , \quad (8.37)$$

$$\left(1-|s_{11}|^2-|s_{21}|^2\right)\left(1-|s_{12}|^2-|s_{22}|^2\right)-\left|s_{12}^{*}s_{11}+s_{22}^{*}s_{21}\right|^2<0 \quad (8.38)$$

für wenigstens eine Frequenz darstellen. Die Unitaritätsbedingung für verlustfreie Zweitore lautet

$$|s_{11}|^2+|s_{21}|^2=1 \quad , \quad (8.39)$$

$$|s_{12}|^2+|s_{22}|^2=1 \quad , \quad (8.40)$$

$$s_{12}^{*}\,s_{11}+s_{22}^{*}\,s_{21}=0 \quad . \quad (8.41)$$

Am Beispiel des Zweitores läßt sich die einschränkende Wirkung der Eigenschaft „Verlustfreiheit" besonders einsichtig demonstrieren. Die Bedingung besteht aus den drei Gleichungen (8.39) bis (8.41). Aus diesen Gleichungen folgt

$$|s_{12}||s_{11}|=|s_{22}||s_{21}| \quad \text{sowie} \quad (8.42)$$

$$\varphi_{11}-\varphi_{12}=\varphi_{21}-\varphi_{22}+(2n+1)\,\pi \quad . \quad (8.43)$$

Dabei sind die φ_{ik} die Phasenwinkel der Matrixelemente mit gleichem Indexpaar. Durch Einsetzen der Betragsgleichung in die Gleichungen (8.39) und (8.40) folgt

$$|s_{11}|=|s_{22}| \;;\; |s_{12}|=|s_{21}| \;;\; |s_{11}|=\sqrt{1-|s_{12}|^2} \quad . \quad (8.44)$$

Die vier komplexen Elemente der Streumatrix werden damit erheblich eingeschränkt: Offenbar ist von den vier Beträgen nur noch einer und von den vier

Tabelle 8.1 : Einige wichtige *N*-Tore und ihre Streumatrizen

Name	Blockschaltbild	Streumatrix
Wellensumpf, Absorber		$(s_{11}) = (0)$
Kurzgeschlossene Leitung	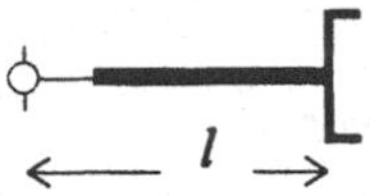	$(s_{11}) = (-e^{-2\gamma l})$
Leitung	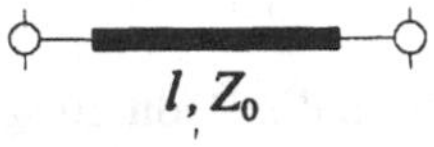	$\begin{pmatrix} 0 & e^{-\gamma l} \\ e^{-\gamma l} & 0 \end{pmatrix}$
Richtungsleitung	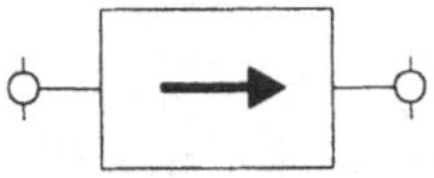	$\begin{pmatrix} 0 & 0 \\ e^{-\gamma l} & 0 \end{pmatrix}$
Serienimpedanz	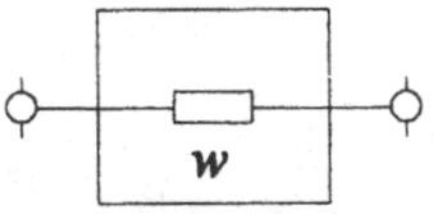	$\begin{pmatrix} \frac{w}{w+2} & \frac{2}{w+2} \\ \frac{2}{w+2} & \frac{w}{w+2} \end{pmatrix}$
Paralleladmittanz	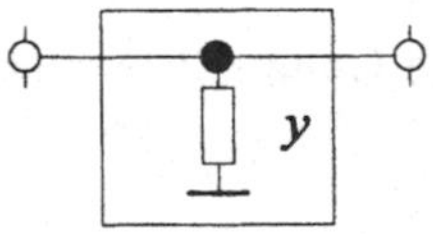	$\begin{pmatrix} \frac{-y}{y+2} & \frac{2}{y+2} \\ \frac{2}{y+2} & \frac{-y}{y+2} \end{pmatrix}$
Wellenwiderstandssprung	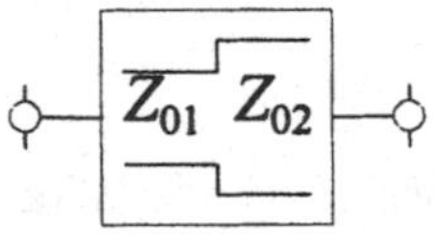	$\begin{pmatrix} \frac{Z_{02}-Z_{01}}{Z_{02}+Z_{01}} & \frac{2\sqrt{Z_{01}Z_{02}}}{Z_{02}+Z_{01}} \\ \frac{2\sqrt{Z_{01}Z_{02}}}{Z_{02}+Z_{01}} & -\frac{Z_{02}-Z_{01}}{Z_{02}+Z_{01}} \end{pmatrix}$
idealisierter Y-Zirkulator (Dreitor-Zirkulator)	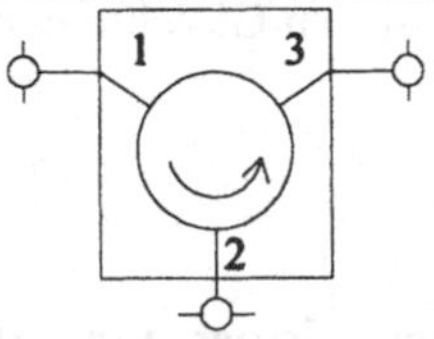	$\begin{pmatrix} 0 & 0 & 1 \\ 1 & 0 & 0 \\ 0 & 1 & 0 \end{pmatrix}$
idealisierter Richtkoppler	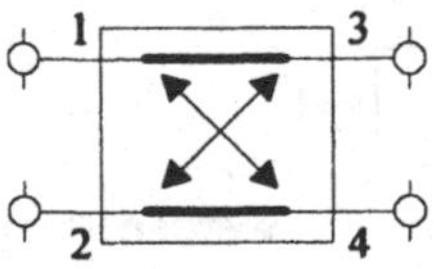	$\begin{pmatrix} 0 & 0 & \sqrt{1-k^2} & \pm jk \\ 0 & 0 & \pm jk & \sqrt{1-k^2} \\ \sqrt{1-k^2} & \pm jk & 0 & 0 \\ \pm jk & \sqrt{1-k^2} & 0 & 0 \end{pmatrix}$

Phasen sind nur noch drei frei vorgebbar. Wenn das Zweitor nicht nur verlustfrei, sondern auch noch reflexions- bzw. transmissionssymmetrisch ist, werden wegen $s_{11} = s_{22}$ bzw. $s_{21} = s_{12}$ auch weitere Einschränkungen bezüglich der Phasen gegeben. Für das verlustfreie, reflexionssymmetrische und reziproke 2-Tor sind folglich nur noch *ein* Betrag und *eine* Phase frei vorgebbar.
Ähnliche einschränkende Aussagen lassen sich auch für Mehrtore herleiten.

Tabelle 8.1 stellt einige Beispiele für weitere wichtige N-Tore der Hochfrequenztechnik zusammen mit Schaltsymbol und Streumatrix dar.

8.3.3 Transmissionsmatrizen

Die Streumatrixbeschreibung ist nicht die einzig mögliche Beschreibungsform eines N-Tors mit Hilfe von normierten Wellen. Eine andere Möglichkeit wird am Beispiel eines Zweitors demonstriert:

$$\begin{pmatrix} b_1 \\ a_1 \end{pmatrix} = \begin{pmatrix} \mathcal{T}_{11} & \mathcal{T}_{12} \\ \mathcal{T}_{21} & \mathcal{T}_{22} \end{pmatrix} \begin{pmatrix} a_2 \\ b_2 \end{pmatrix} \quad \Leftrightarrow \quad \begin{pmatrix} b_1 \\ a_1 \end{pmatrix} = \overleftrightarrow{\mathcal{T}} \begin{pmatrix} a_2 \\ b_2 \end{pmatrix} \quad . \tag{8.45}$$

Die grundsätzliche Idee ist hierbei, die Wellen eines Tores, das man als „Eingangstor“ einer Schaltung interpretieren könnte, mit den Wellen eines anderen Tores, das man als „Ausgangstor“ deuten könnte, in Zusammenhang zu bringen. Diese Darstellung ist daher besonders geeignet, den Energie- oder Signalfluß von einem Tor zu einem anderen zu beschreiben. Die Matrix $\overleftrightarrow{\mathcal{T}}$ nennt man daher die Transmissionsmatrix (engl.: wave-transmission matrix) des Zweitors. Es sind auch die Bezeichnungen Kettenstreumatrix, Wellenkettenmatrix und Kaskadenmatrix in Gebrauch. Statt des Buchstabens $\mathcal{T}$ wird auch der Buchstabe C verwendet.

Transmissionsmatrizen haben im wesentlichen nur für Zweitore größere Anwendung gefunden. Der Grund liegt darin, daß sie im Gegensatz zu den Streumatrizen nicht für alle Bauelemente existieren. Grundsätzlich lassen sich jedoch auch für N-Tore mit $N > 2$ Transmissionsmatrizen bilden, die dann möglicherweise nicht mehr quadratisch sind.

Der Umgang mit Transmissionsmatrizen kann anhand eines Beispiels veranschaulicht werden.

Beispiel 8.1:

Es werden die Transmissionsmatrizen einer Serienimpedanz und einer Paralleladmittanz entsprechend Abb. 8.4 gesucht. Wegen

$$u_k = a_k + b_k \quad , \tag{8.46}$$

$$i_k = a_k - b_k \quad , \tag{8.47}$$

$k = 1$ oder 2, folgt im Falle der Serienimpedanz mit

$$i_1 = -i_2 \quad \text{und} \quad w\, i_1 = u_1 - u_2 \tag{8.48}$$

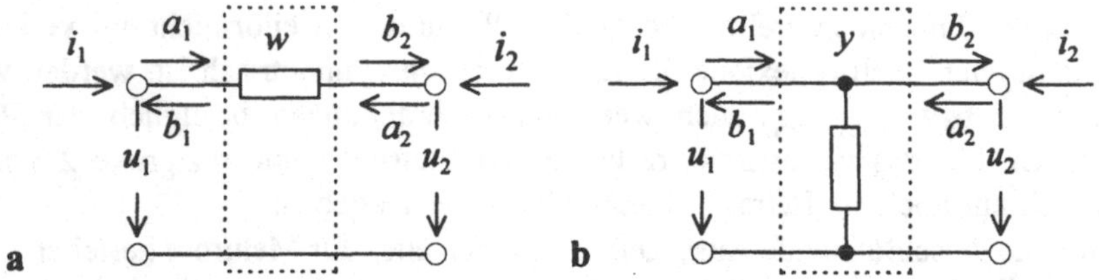

Abb. 8.4 : Zur Berechnung der Transmissionsmatrizen von **a** Serienimpedanz und **b** Paralleladmittanz

für die Transmissionsmatrix

$$\vec{T}_{SW} = \begin{pmatrix} 1-\frac{w}{2} & \frac{w}{2} \\ -\frac{w}{2} & 1+\frac{w}{2} \end{pmatrix} \quad . \tag{8.49}$$

Im Fall der Paralleladmittanz folgt mit

$$u_1 = u_2 \tag{8.50}$$

und

$$y\,u_1 = i_1 + i_2 \tag{8.51}$$

für die Transmissionsmatrix

$$\vec{T}_{PY} = \begin{pmatrix} 1-\frac{y}{2} & -\frac{y}{2} \\ \frac{y}{2} & 1+\frac{y}{2} \end{pmatrix} \quad . \tag{8.52}$$

◆

Am Beispiel einer Leitungsverzweigung läßt sich zeigen, daß Transmissionsmatrizen auch für N-Tore mit $N > 2$ existieren.

Beispiel 8.2:

Es werden die Transmissionsmatrizen einer Leitungsverzweigung in Parallelverzweigungsform und Serienverzweigungsform entsprechend Abb. 8.5 gesucht. Dabei soll Tor 1 das „Eingangstor" sein und die Tore 2 und 3 sollen die „Ausgangstore" sein. Es gilt im Falle der Serienverzweigung

$$i_1 = i_2 \quad , \tag{8.53}$$

$$i_2 = i_3 \quad , \tag{8.54}$$

$$u_1 + u_2 + u_3 = 0 \quad , \tag{8.55}$$

$$u_k = a_k + b_k \quad ; \quad k = 1,2,3 \quad , \tag{8.56}$$

$$i_k = a_k - b_k \quad ; \quad k = 1,2,3 \quad . \tag{8.57}$$

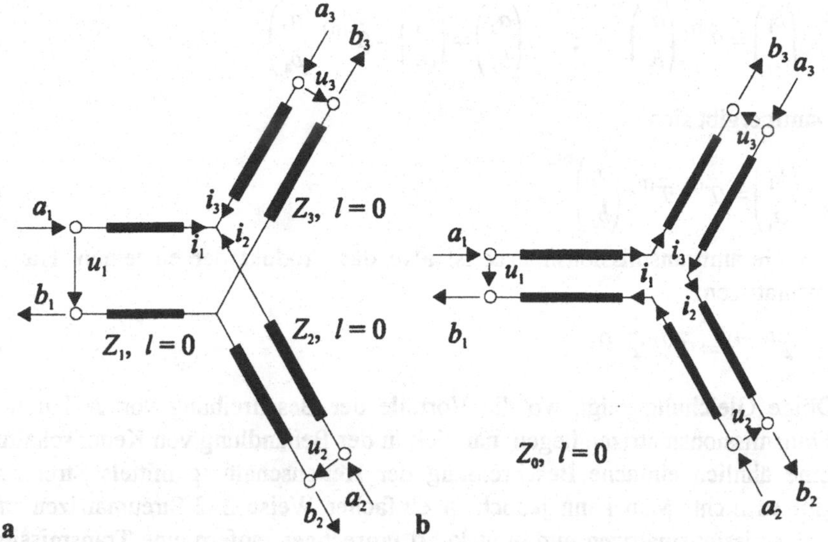

Abb. 8.5 : Zweidrahtausführungen einer **a** Parallelverzweigung **b** Serienverzweigung

Auflösung dieser Gleichungen nach b_1 und a_1 führt auf

$$\begin{pmatrix} b_1 \\ a_1 \end{pmatrix} = \begin{pmatrix} -1 & 0 & -1/2 & -1/2 \\ -1 & 0 & +1/2 & -3/2 \end{pmatrix} \begin{pmatrix} a_2 \\ b_2 \\ a_3 \\ b_3 \end{pmatrix} \quad \Leftrightarrow \quad \begin{pmatrix} b_1 \\ a_1 \end{pmatrix} = \vec{\mathcal{T}}_{Ser} \begin{pmatrix} a_2 \\ b_2 \\ a_3 \\ b_3 \end{pmatrix} . \tag{8.58}$$

Ganz entsprechend findet man für die Parallelverzweigung

$$\begin{pmatrix} b_1 \\ a_1 \end{pmatrix} = \begin{pmatrix} +1 & 0 & +1/2 & -1/2 \\ -1 & 0 & +1/2 & +3/2 \end{pmatrix} \begin{pmatrix} a_2 \\ b_2 \\ a_3 \\ b_3 \end{pmatrix} \quad \Leftrightarrow \quad \begin{pmatrix} b_1 \\ a_1 \end{pmatrix} = \vec{\mathcal{T}}_{Par} \begin{pmatrix} a_2 \\ b_2 \\ a_3 \\ b_3 \end{pmatrix} . \tag{8.59}$$

♦

Die Transmissionsmatrix eignet sich besonders gut zur Berechnung von Kettenschaltungen aus Zweitoren. Aus Abb. 8.6 entnimmt man nämlich

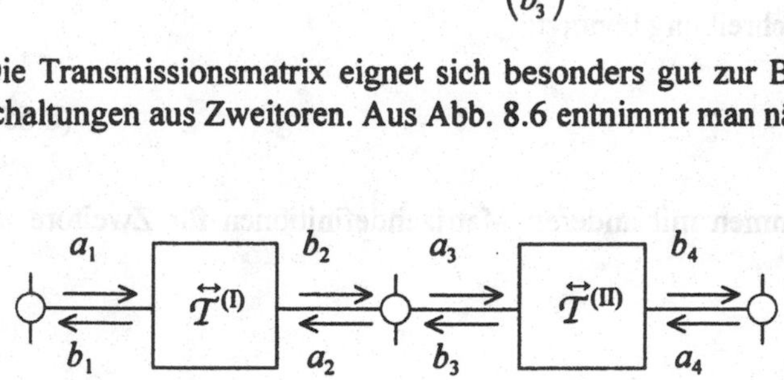

Abb. 8.6 : Kettenschaltung zweier linearer Zweitore

$$\begin{pmatrix} b_1 \\ a_1 \end{pmatrix} = \overleftrightarrow{\mathcal{T}}^{(\mathrm{I})} \begin{pmatrix} a_2 \\ b_2 \end{pmatrix} \quad ; \quad \begin{pmatrix} a_2 \\ b_2 \end{pmatrix} = \begin{pmatrix} b_3 \\ a_3 \end{pmatrix} = \overleftrightarrow{\mathcal{T}}^{(\mathrm{II})} \begin{pmatrix} a_4 \\ b_4 \end{pmatrix} \quad , \tag{8.60}$$

Damit ergibt sich

$$\begin{pmatrix} b_1 \\ a_1 \end{pmatrix} = \overleftrightarrow{\mathcal{T}}^{(\mathrm{I})} \, \overleftrightarrow{\mathcal{T}}^{(\mathrm{II})} \begin{pmatrix} a_4 \\ b_4 \end{pmatrix} \quad . \tag{8.61}$$

Die Gesamttransmissionsmatrix ist also das Produkt der einzelnen Transmissionsmatrizen:

$$\overleftrightarrow{\mathcal{T}}^{(\mathrm{Kette})} = \overleftrightarrow{\mathcal{T}}^{(\mathrm{I})} \, \overleftrightarrow{\mathcal{T}}^{(\mathrm{II})} \quad . \tag{8.62}$$

Obige Gleichung zeigt, wo die Vorteile der Beschreibung von N-Toren durch Transmissionsmatrizen liegen, nämlich in der Behandlung von Kettenschaltungen. Eine ähnlich einfache Beschreibung der Kettenschaltung mittels Streumatrizen gibt es nicht. Man kann jedoch in einfacher Weise 2×2-Streumatrizen in 2×2-Transmissionsmatrizen und umgekehrt umrechnen, sofern eine Transmission von Tor 1 nach Tor 2 stattfindet:

$$\overleftrightarrow{\mathcal{T}} = \frac{1}{s_{21}} \begin{pmatrix} -\det\left(\overleftrightarrow{S}\right) & s_{11} \\ -s_{22} & 1 \end{pmatrix} \quad , \tag{8.63}$$

$$\overleftrightarrow{S} = \frac{1}{\mathcal{T}_{22}} \begin{pmatrix} \mathcal{T}_{12} & \det\left(\overleftrightarrow{\mathcal{T}}\right) \\ 1 & -\mathcal{T}_{21} \end{pmatrix} \quad . \tag{8.64}$$

Da die Transmissionsmatrix nicht immer existiert oder nicht immer eindeutig ist, bleibt der Nutzen der Transmissionsmatrizen begrenzt.

8.3.4 Mischkettenmatrizen

Das Bindeglied zwischen Wellenbeschreibungen und den in der NF-Technik gebräuchlichen Matrizenbeschreibungen von Zweitoren stellt die Mischkettenmatrix dar. Hier werden an einem Tor normierte Wellen, am anderen normierte Ströme und Spannungen zur Beschreibung benutzt:

$$\begin{pmatrix} b_1 \\ a_1 \end{pmatrix} = \overleftrightarrow{m} \begin{pmatrix} u_2 \\ i_2 \end{pmatrix} \quad . \tag{8.65}$$

Ihre Definition ist zusammen mit anderen Matrizendefinitionen für Zweitore in Anhang E aufgelistet.

8.4 Zusammenfassung

In diesem Kapitel wurde die Darstellung von *N*-Toren mit Hilfe normierter Wellen behandelt.

Lineare, zeitinvariante *N*-Tore lassen sich besonders vorteilhaft durch Streumatrizen beschreiben. Der große Vorteil dieser Form ist, daß in ihr eine Ursache-Wirkung-Beschreibung vorliegt. Daher ist auch die Existenz einer Streumatrix für jedes *N*-Tor gesichert.
Aus den mathematischen Eigenschaften der Streumatrizen können wesentliche physikalische Eigenschaften des *N*-Tores abgeleitet werden.

Neben der Streumatrixbeschreibung ist zur Berechnung der Eigenschaften von Kettenschaltungen auch die Transmissionsmatrix von Nutzen. Allerdings existiert eine Transmissionsmatrix nicht für jedes *N*-Tor.

Die Verbindung zwischen einer Beschreibung durch normierte Wellen einerseits und normierte Spannungen und Ströme andererseits wird durch die Mischkettenmatrix gegeben.

8.5 Übungsaufgaben und Fragen zum Verständnis

1. Leiten Sie die Streumatrizen einer Serienimpedanz und einer Paralleladmittanz entsprechend Abb. 8.4 her. Welche Eigenschaften muß die Serienimpedanz bzw. die Paralleladmittanz haben, damit das Zweitor verlustfrei ist? Welche Eigenschaften müßten gefordert werden, damit ein aktives Zweitor entsteht?
2. Bestimmen Sie die Transmissionsmatrix und die Streumatrix einer Kettenschaltung aus einer Serienimpedanz und einer Paralleladmittanz. Ist das so entstehende Zweitor reziprok? Ist es reflexionssymmetrisch?
3. Bestimmen Sie die Streumatrix einer Kettenschaltung aus einer Richtungsleitung und einer Serienimpedanz. Ist die Transmissionsmatrix hier von Nutzen?
4. Leiten Sie die Streumatrizen der beiden in Abb. 8.5 gegebenen Leitungsverzweigungen her. Sind die Matrizen eigenreflexionsfrei? Sind sie reflexionssymmetrisch? Sind sie reziprok?
5. Ist die durch die Streuparameter der Abb. 8.3 charakterisierte Transistorschaltung aktiv, verlustlos oder passiv? Durch welche Ersatzschaltung könnte der Eigenreflexionsfaktor an Tor 1 näherungsweise beschrieben werden?
6. Weisen Sie nach, daß Kettenschaltungen von verlustfreien Zweitoren wieder verlustfrei sind.

9 Mathematische Hilfsmittel der HF-Technik (III): Signalfluß-Diagramme

Bei der Auflösung der Matrizengleichungen zur Berechnung von beschalteten N-Toren geht leicht die Übersichtlichkeit verloren. Als Hilfsmittel für eine schnelle und übersichtliche Berechnung wurde daher 1953 von dem amerikanischen Ingenieur Samuel J. Mason [9.1] die Anwendung eines graphentheoretischen Hilfsmittels, der *Signalflußgraphen* oder *Signalfluß-Diagramme* (engl.: signal flow graphs), vorgeschlagen. Diese haben die Aufgabe, den funktionalen Zusammenhang der Signale graphisch zu veranschaulichen.

Der Umgang mit Signalflußgraphen für lineare Zusammenhänge ist der wesentliche Inhalt dieses Kapitels.

9.1 Signalflußgraphen

Was Signalflußgraphen sind und wie man mit ihnen arbeitet, soll anhand einiger Beispiele verdeutlicht werden. Eine ausführlichere Darstellung findet man in der Literatur [9.1]...[9.4].

Beispiel 9.1 :

Es sei folgende Gleichung gegeben, welche beispielsweise die reflektierte Welle b beschreibt, die durch Reflexion einer auf ein Eintor zulaufenden Welle a mit dem komplexen Reflexionsfaktor Γ entsteht:

$$b = \Gamma a \quad . \tag{9.1}$$

Diese Gleichung soll nun graphisch veranschaulicht werden.

Hierzu werden die Signale durch fette Punkte, die Knoten, markiert, welche mit den Signalnamen gekennzeichnet werden. Um zu zeigen, daß ein Signal aus einem anderen durch eine Abbildung hervorgeht, wird ein Pfeil von dem unabhängigen Signal auf das abhängige Signal gezeichnet. Der Knoten, auf den der Pfeil zeigt, ist der abhängige Knoten. Faßt man b als Funktion von a auf, dann muß ein Pfeil von a auf b zeigen.

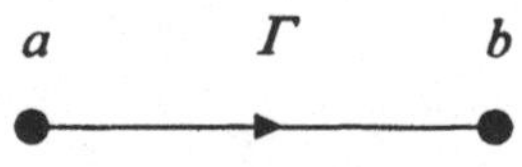

Abb. 9.1 : Signalflußgraph der Gleichung (9.1)

Hierdurch wird gleichzeitig impliziert, daß das unabhängige Signal eine Ursache und daß das abhängige Signal eine Wirkung darstellt.

An der Verbindungslinie zwischen den zwei Signalknoten wird der Funktionszusammenhang notiert. Da hier ein einfacher multiplikativer Zusammenhang verdeutlicht werden soll, genügt es, den Faktor an die Verbindungslinie zu schreiben. Damit ist die Gleichung (9.1) vollständig durch obigen Graphen charakterisiert.

Der Graph wird wie folgt gelesen: Signal b geht durch Multiplikation mit dem Faktor Γ aus dem Signal a hervor. ◆

Zur präzisen Beschreibung verwendet man folgende Definitionen.

Definition 9.1 :

Als *(Signal-) Knoten* (engl.: node) wird ein Platzhalter für eine Variable bezeichnet, welche ein Signal beschreibt. Er wird durch einen fetten Punkt in einem Diagramm dargestellt.

Der aktuelle Variablenwert heißt *Knotenwert* (engl.: node value).

Geht eine Knotenvariable durch (mathematische) Abbildung aus einer anderen Knotenvariablen hervor, dann heißt erstere eine *abhängige Variable*, der zugehörige Knoten heißt *abhängiger Knoten*.

Ein Knoten, der eine Variable beschreibt, die *nicht* durch Abbildung aus einer anderen Knotenvariablen hervorgeht, heißt *Quellknoten* (engl.: source). Ein Knoten, der eine Variable beschreibt, die durch Abbildung aus einer anderen Knotenvariablen hervorgeht, heißt *Zielknoten*. Ein Zielknoten, der eine Variable beschreibt, die nicht weiter abgebildet wird, heißt *Senkenknoten* (engl.: sink).

Als *Zweig* oder *Kante* (engl.: branch) wird ein Platzhalter für eine Abbildung bezeichnet, welche eine Knotenvariable in eine Zielknotenvariable abbildet. Der Zweig wird durch eine Verbindungslinie zwischen den Variablen in einem Diagramm dargestellt.

Ein Zweig, der zusätzlich auch noch die Richtung der Abbildung von der Urbildvariablen zur Bildvariablen durch eine Bepfeilung angibt, heißt auch *gerichteter Zweig* oder *Bogen* (engl.: directed branch).

Am Bogen wird üblicherweise der Funktionszusammenhang der Abbildung notiert. Die Funktion heißt dann *Bewertungsfunktion* (engl.: weighting function).

Im Fall *linearer* Abbildungen zwischen den Signalen, ist es üblich, jede unabhängige Signalkomponente durch einen eigenen Knoten darzustellen. Die Bewertungsfunktionen sind dann einfache Proportionalitäten. Die Proportionalitätsfaktoren heißen in diesem Fall *Übertragungsfaktoren* (engl.: gain, branch value)

Ein *Graph* ist eine Menge von Knoten, welche durch Zweige miteinander verbunden sind. Ein *Signalflußgraph* ist ein Graph mit gerichteten Zweigen. ◆

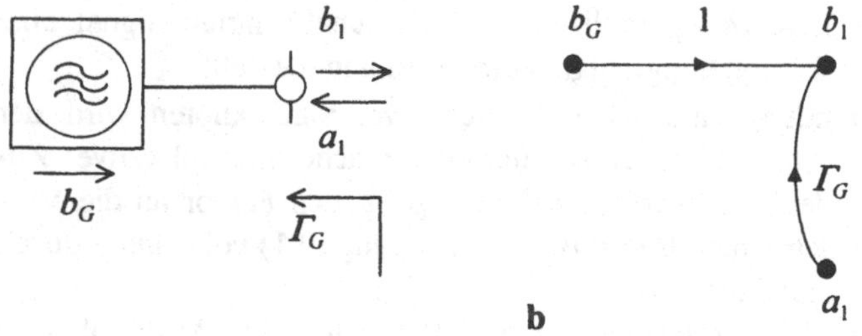

Abb. 9.2 : Wellenquelle **a** Schaltbild **b** Signalflußgraph

Der Signalflußgraph aus Beispiel 9.1 besteht also genau aus zwei Knoten und einem Bogen. Knoten a ist der Quellknoten und Knoten b der Senkenknoten. Die Bewertungsfunktion ist linear mit dem Übertragungsfaktor Γ.

Beispiel 9.2 :

Die aus einer Wellenquelle mit Urwelle b_G und Reflexionsfaktor Γ_G herauslaufende Welle b_1 wird entsprechend Kapitel 5 wie folgt beschrieben:

$$b_1 = b_G + \Gamma_G\, a_1 \quad . \tag{9.2}$$

Die graphische Veranschaulichung von Gleichung (9.2) zeigt der Signalflußgraph in Abb. 9.2. Er besteht aus den beiden Quellknoten b_G und a_1 und dem Senkenknoten b_1 sowie zwei Verbindungszweigen, mit den Übertragungsfaktoren 1 bzw. Γ_G. Es ist zu beachten, daß die Summation graphisch dadurch ausgedrückt wird, daß zwei Zweige in dem selben Knoten enden. ◆

Definition 9.2 :

Ein Zielknoten, auf den mehrere Bögen zulaufen, heißt *Summierstelle.* Ist der Zielknoten kein Senkenknoten, so heißt er *innere Summierstelle.* ◆

Beispiel 9.3 :

Die Wellenquelle aus Beispiel 9.3 soll nun wie in Abb. 9.3a durch eine lineare Last beschaltet werden. Die Situation wird durch folgende Gleichungen beschreiben:

$$b_1 = b_G + \Gamma_G\, a_1 \quad , \tag{9.3}$$

$$b_2 = \Gamma_L\, a_2 \quad , \tag{9.4}$$

$$a_2 = b_1 \quad , \tag{9.5}$$

$$a_1 = b_2 \quad . \tag{9.6}$$

Die graphische Veranschaulichung dieser Gleichungen zeigt der Signalflußgraph in Abb. 9.3b. Er besteht aus dem Quellknoten b_G, den Zielkno-

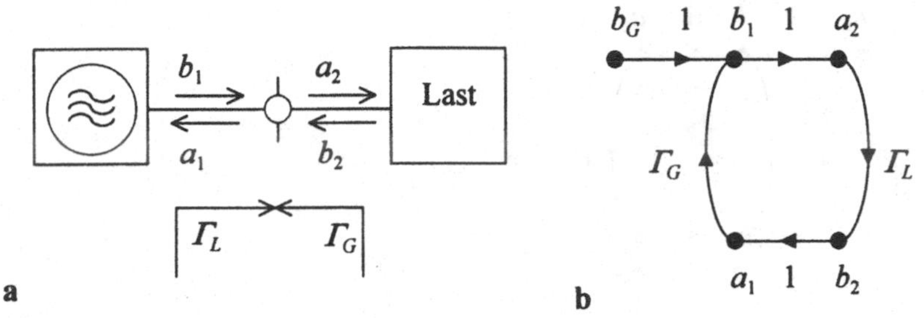

Abb. 9.3 : Lineare Quelle mit linearer Last **a** Schaltbild **b** Signalflußgraph

ten a_1, a_2, b_1 und b_2, sowie fünf Verbindungszweigen. b_1 ist eine innere Summationsstelle. ◆

Definition 9.3 :

Zwei Knoten heißen *benachbarte Knoten* (engl.: successive nodes), wenn sie durch einen Zweig verbunden sind.

Eine Folge benachbarter Knoten, die in Abbildungsrichtung durchlaufen werden, heißt *Pfad* (engl.: path). Wird bei Durchlaufen des Pfades jeder beteiligte Knoten genau einmal berührt, so heißt der Pfad ein *offener Pfad*[1] (engl.: open path). Zwei Pfade unterscheiden sich, wenn sie in wenigstens einem Zweig differieren.

Ein Pfad, der zu seinem Anfangsknoten zurückkehrt, heißt *Schleife* oder *geschlossener Umlauf* (engl.: closed path). Eine Schleife, bei der jeder Knoten genau einmal durchlaufen wird, heißt *Elementarschleife*[2] oder *Schleife 1. Ordnung* (engl.: feedback loop oder first-order loop).

Im Fall *linearer* Abbildungen zwischen den Signalen bezeichnet man

- den Graphen als *linearen Signalflußgraphen*,
- das Produkt der Übertragungsfaktoren der an einem Pfad beteiligten Bögen als *Übertragungsfaktor des (offenen) Pfades* (engl.: path gain),
- das Produkt der Übertragungsfaktoren der an einer Elementarschleife beteiligten Bögen als *Übertragungsfaktor der (Elementar-) Schleife* oder *Schleifenprodukt 1. Ordnung* (engl.: loop gain oder first-order loop product),
- das Verhältnis zwischen dem Knotenwert eines Senkenknotens und dem eines Quellknotens als *Übertragungsfaktor des Signalflußgraphen* (bezüglich dieser Knoten) (engl.: gain of a flow graph). ◆

[1] Einige Autoren benutzen den Begriff „Pfad" synonym zu „offener Pfad". In obiger Definition wird die von S. Mason benutzte Sprechweise benutzt.

[2] Einige Autoren benutzen den Begriff „Schleife" synonym zu „Elementarschleife".

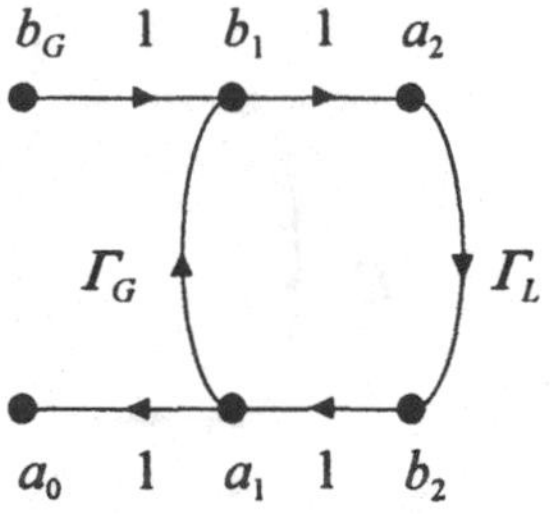

Abb. 9.4 : Ergänzter Signalflußgraph zu Beispiel 9.3

Beispiel 9.3 : (Fortsetzung)

In dem linearen Signalflußgraphen aus Beispiel 9.3 formen die Knoten b_1, a_2, b_2 und a_1 eine Elementarschleife mit dem Übertragungsfaktor $\Gamma_L\,\Gamma_G$. Ein Übertragungsfaktor des Signalflußgraphen kann hier nicht ohne Zusatzmaßnahme bestimmt werden, da kein Knoten als Senke erkennbar ist. Durch folgende identische Abbildung wird aber beispielsweise ein Senkenknoten a_0 definiert:

$$a_0 = a_1 \quad . \tag{9.7}$$

Durch Auflösung des linearen Gleichungssystems, welches dem Graphen zugrunde liegt, folgt dann als Übertragungsfaktor des Signalflußgraphen:

$$H_{0G} := \frac{a_0}{b_G} = \frac{\Gamma_L}{1 - \Gamma_L\,\Gamma_G} \quad . \quad \blacklozenge \tag{9.8}$$

Es ist stets möglich, durch Hinzufügung eines Senkenknotens zu einem Graphen den Wert eines beliebigen Knotens in den eines Senkenknotens zu überführen.

Nachfolgend wird nun eine etwas kompliziertere Situation betrachtet.

Beispiel 9.4 :

Es sei ein lineares Zweitor gegeben, das entsprechend Abb. 9.5 mit Quelle und Last beschaltet sei. Der Signalflußgraph zu dieser Schaltung ist in

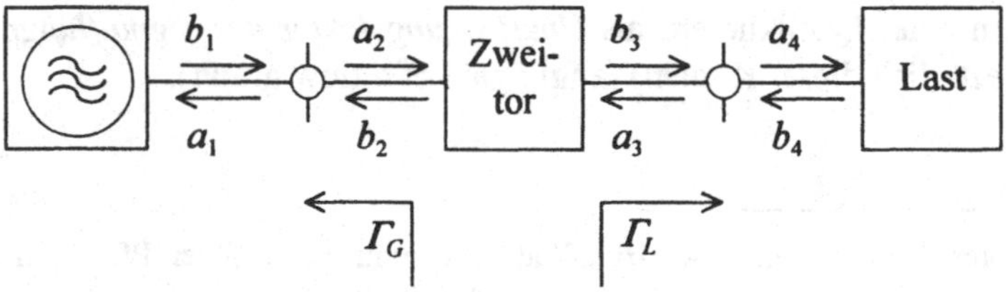

Abb. 9.5 : Zweitor mit Quelle und Last

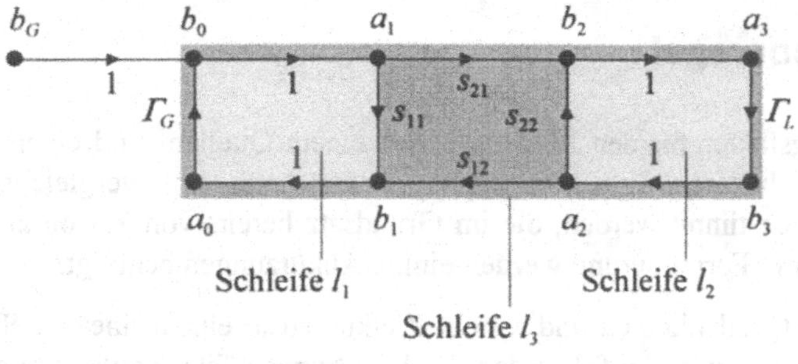

Abb. 9.6 : Signalflußgraph zu Abb. 9.5

Abb. 9.6 wiedergegeben. In diesem Graphen können drei Elementarschleifen identifiziert werden:

1. die Schleife l_1, die aus der Knotenfolge $b_0\,a_1\,b_1\,a_0$ besteht,
2. die Schleife l_2, die aus der Knotenfolge $b_2\,a_3\,b_3\,a_2$ besteht, und
3. die Schleife l_3, die aus der Knotenfolge $b_0\,a_1\,b_2\,a_3\,b_3\,a_2\,b_1\,a_0$ besteht.

Während die ersten beiden Elementarschleifen keinen Knoten gemeinsam haben, hat die dritte Schleife sowohl mit der ersten als auch mit der zweiten Schleife vier Knoten gemein.

Schleife l_1 besitzt das Schleifenprodukt 1. Ordnung

$$L_1^{(1)} = 1 \cdot s_{11} \cdot 1 \cdot \Gamma_G \quad , \tag{9.9}$$

Schleife l_2 besitzt das Schleifenprodukt 1. Ordnung

$$L_2^{(1)} = 1 \cdot \Gamma_L \cdot 1 \cdot s_{22} \quad , \tag{9.10}$$

Schleife l_3 besitzt das Schleifenprodukt 1. Ordnung

$$L_3^{(1)} = 1 \cdot s_{21} \cdot 1 \cdot \Gamma_L \cdot 1 \cdot s_{12} \cdot 1 \cdot \Gamma_G \quad . \qquad \blacklozenge \tag{9.11}$$

Definition 9.4 :

Zwei Schleifen bzw. Pfade heißen *disjunkt* (engl.: nontouching), wenn sie keinen gemeinsamen Knoten haben.

Das Produkt der Schleifenübertragungsfaktoren von n paarweise disjunkten Elementarschleifen heißt *Schleifenprodukt n-ter Ordnung* (engl.: *n*-th order loop product). ♦

Beispiel 9.4 : (Fortsetzung)

In Beispiel 9.4 sind die Schleifen l_1 und l_2 disjunkt. Das (einzige) Schleifenprodukt 2. Ordnung des Signalflußgraphen ist also

$$L_1^{(2)} = s_{11}\, s_{22}\, \Gamma_G\, \Gamma_L \quad . \qquad \blacklozenge \tag{9.12}$$

9.2 Die Masonregel

Der Übertragungsfaktor für den Pfad zwischen einem Quellen- und einem Senkenknoten eines linearen Signalflußgraphen kann durch eine vergleichsweise einfache Formel bestimmt werden, die im Grundsatz bereits von Mason angegeben wurde. Zu ihrer Formulierung werden einige Abkürzungen benötigt.

1. Es sei b_q ein Quellenknoten und a_z ein Zielknoten in einem linearen Signalflußgraphen. Dann wird im folgenden der Übertragungsfaktor zwischen diesen beiden Knoten mit H_{zq} abgekürzt.
2. Alle verschiedene offene Pfade p, die von b_q nach a_z führen, werden durchnumeriert. Der Übertragungsfaktor des Pfades p_m wird dann mit P_m bezeichnet.
3. Alle verschiedene Elementarschleifen l, welche einen Knoten mit einem offenen Pfad zwischen b_q und a_z gemein haben, werden durchnumeriert: Das Schleifenprodukt 1. Ordnung der Schleife l_k wird mit $L_k^{(1)}$ bezeichnet.
4. Alle Schleifenprodukte n-ter Ordnung ($n > 1$), die aus diesen Schleifen gebildet werden können, werden durchnumeriert und mit $L_K^{(n)}$ bezeichnet.
5. Alle Übertragungsfaktoren von verschiedenen Elementarschleifen erster Ordnung, welche den Pfad p_m *nicht* berühren, werden durchnumeriert und mit $S_{r,m}^{(1)}$ bezeichnet. $S_{r,m}^{(1)}$ wird *Schleifenprodukt 1. Ordnung einer zu Pfad p_m disjunkten Schleife* genannt
6. Alle Schleifenprodukte n-ter Ordnung ($n > 1$), welche aus den Schleifen l_k gebildet werden können, welche den offenen Pfad p_m *nicht* berühren, werden mit Laufindex r durchnumeriert und mit $S_{r,m}^{(n)}$ bezeichnet. $S_{r,m}^{(n)}$ wird *Schleifenprodukt n. Ordnung von zu Pfad p_m disjunkten Schleifen* genannt.

Mason zufolge kann man dann den Übertragungsfaktor H_{zq} wie folgt schreiben:

$$H_{zq} = \frac{\textit{Summe der gewichteten Pfadübertragungsfaktoren}}{1 + \textit{Korrekturfunktion}} \tag{9.13}$$

oder

$$H_{zq} = \frac{\sum_m g_m P_m}{1 + \sum_N f_N} \tag{9.14}$$

mit

$$f_1 = -\sum \textit{Schleifenprodukte 1. Ordnung} \tag{9.15}$$

$$f_2 = +\sum \textit{Schleifenprodukte 2. Ordnung} \tag{9.16}$$

$$\vdots$$

$$f_N = (-1)^N \sum \textit{Schleifenprodukte N. Ordnung} \tag{9.17}$$

und

$$g_m = 1 - \sum Schleifenprodukte\ 1.Ordnung\ von\ zu\ p_m\ disjunkten\ Schleifen$$
$$+ \sum Schleifenprodukte\ 2.Ordnung\ von\ zu\ p_m\ disjunkten\ Schleifen$$
$$\vdots$$
$$(-1)^n \sum Schleifenprodukte\ n.Ordnung\ von\ zu\ p_m\ disjunkten\ Schleifen \quad .(9.18)$$

Kompakter ausgedrückt ergibt sich

$$H_{zq} = \frac{\sum_m P_m \left[1 + \sum_n (-1)^n \sum_{r_n} S_{r_n,m}^{(n)}\right]}{1 + \sum_N (-1)^N \sum_{K_N} L_{K_N}^{(N)}} \qquad (9.19)$$

Masonregel (engl.: Nontouching loop rule)

Im Fall, daß nur Schleifenprodukte erster Ordnung, aber keine zweiter und höherer Ordnung existieren, reduziert sich die Masonregel auf

$$H_{zq} = \frac{\sum_m P_m \left[1 - \sum_r S_{r,m}^{(1)}\right]}{1 - \sum_K L_K^{(1)}} \qquad (9.20)$$

Masonregel für Signalflußgraphen, die keine Schleifenprodukte höherer Ordnung enthalten

Die zunächst recht kompliziert erscheinende Masonregel ist in Wirklichkeit ein eindrucksvolles Hilfsmittel. Dies wird in den folgenden Beispielen demonstriert.

Beispiel 9.3 : (Fortsetzung)

Der Quellknoten des in Beispiel 9.3 vorgegebenen Signalflußgraphen entsprechend Abb. 9.7 ist b_G und der Senkenknoten ist a_0.
Der einzige offene Pfad von der Quelle zur Senke besitzt den Pfadübertragungsfaktor

$$P_1 = 1 \cdot \Gamma_L \cdot 1 \cdot 1 = \Gamma_L \quad . \qquad (9.21)$$

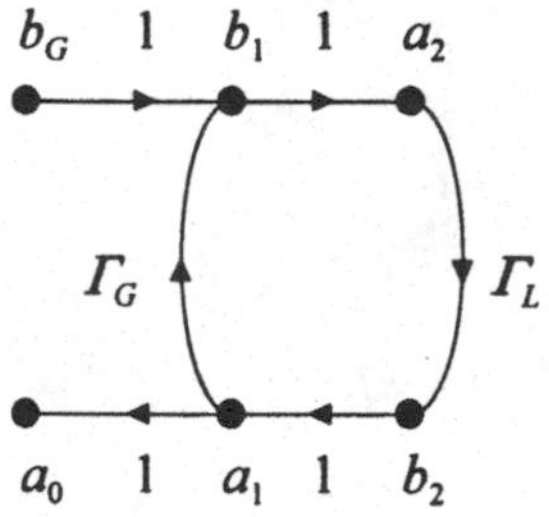

Abb. 9.7 : Signalflußgraph zu Beispiel 9.3

Der Graph enthält eine einzige Schleife. Damit können auch keine Schleifenprodukte höherer Ordnung auftreten. Das Schleifenprodukt ist

$$L_1^{(1)} = 1 \cdot \Gamma_L \cdot 1 \cdot \Gamma_G = \Gamma_L \Gamma_G \quad . \tag{9.22}$$

Da die einzige Schleife auch den einzigen offenen Pfad berührt, gibt es keine Schleifenprodukte von zu p_1 disjunkten Schleifen. Damit wird der Übertragungsfaktor

$$H_{0G} = \frac{a_0}{b_G} = \frac{P_1}{1 - L_1^{(1)}} = \frac{\Gamma_L}{1 - \Gamma_L \Gamma_G} \quad . \quad \blacklozenge \tag{9.23}$$

Beispiel 9.4 : (Fortsetzung)

Deklariert man in dem Signalflußgraphen zu Beispiel 9.4 entsprechend Abb. 9.8 b_G zum Quellknoten und a_3 zum Zielknoten, dann gibt es genau einen offenen Pfad vom Quellknoten zum Zielknoten:

$$p_1 = b_G \, b_0 \, a_1 \, b_2 \, a_3 \quad . \tag{9.24}$$

Sein Übertragungsfaktor ist

$$P_1 = s_{21} \quad . \tag{9.25}$$

Die Schleifenprodukte erster Ordnung sind

$$L_1^{(1)} = s_{11} \Gamma_G \quad , \tag{9.26}$$

$$L_2^{(1)} = \Gamma_L s_{22} \quad , \tag{9.27}$$

$$L_3^{(1)} = s_{12} s_{21} \Gamma_L \Gamma_G \quad . \tag{9.28}$$

Das einzige Schleifenprodukt 2. Ordnung, das hier auftreten kann, ist

$$L_1^{(2)} = L_1^{(1)} L_2^{(1)} = s_{11} s_{22} \Gamma_L \Gamma_G \quad . \tag{9.29}$$

Pfad p_1 wird von allen drei Schleifen berührt. Daher gibt es keine zu p_1

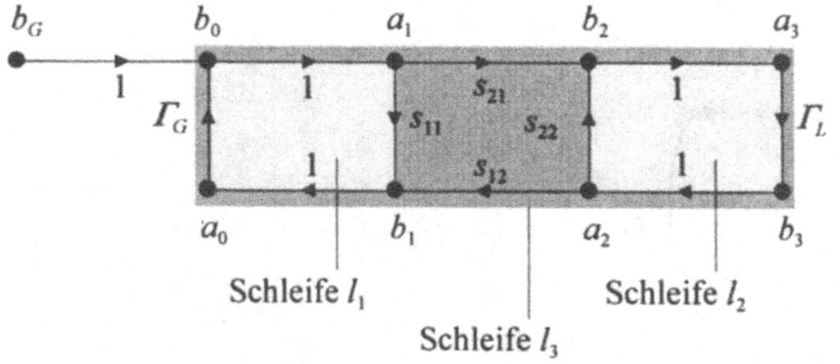

Abb. 9.8 : Signalflußgraph zu Beispiel 9.4

disjunkte Schleife. Insgesamt ist also

$$H_{3G} = \frac{P_1}{1-\left[L_1^{(1)}+L_2^{(1)}+L_3^{(1)}\right]+L_1^{(2)}} = \frac{s_{21}}{(1-s_{11}\Gamma_G)(1-s_{22}\Gamma_L)-s_{12}s_{21}\Gamma_G\Gamma_L} \tag{9.30}$$

♦

Beispiel 9.5 :

Der folgende Signalflußgraph stellt eine leicht veränderte Version zum Graphen aus Beispiel 9.4 dar. Er gibt die Situation wieder, daß die Urwelle der Quelle verschwindet, und daß über die Last keine Aussagen gemacht werden. Deklariert man diesmal b_3 zum Quellknoten und a_3 zum Zielknoten, dann gibt es genau zwei offene Pfade vom Quellknoten zum Zielknoten:

$$p_1 = b_3\,a_2\,b_2\,a_3 \quad , \tag{9.31}$$

$$p_2 = b_3\,a_2\,b_1\,a_0\,b_0\,a_1\,b_2\,a_3 \quad . \tag{9.32}$$

Ihre Übertragungsfaktoren sind

$$P_1 = s_{22} \quad , \tag{9.33}$$

$$P_2 = s_{12}\,s_{21}\,\Gamma_G \quad . \tag{9.34}$$

Die einzige Schleife l_1 hat das Schleifenprodukt 1. Ordnung

$$L_1^{(1)} = s_{11}\,\Gamma_G \quad . \tag{9.35}$$

Die Schleife l_1 berührt den Pfad p_1 nicht, so daß gilt:

$$S_{1,1}^{(1)} = L_1^{(1)} = s_{11}\,\Gamma_G \quad . \tag{9.36}$$

Andere Produkte dieser Form treten nicht auf. Dann ist der Übertragungsfaktor

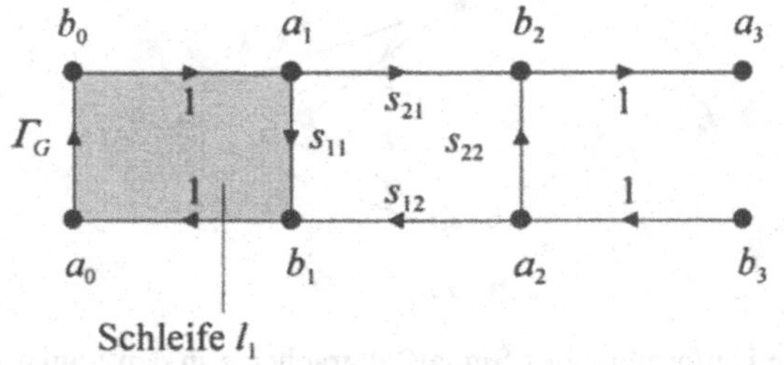

Abb. 9.9 : Signalflußgraph zu Beispiel 9.5

$$H_{33} = \frac{a_3}{b_3} = \frac{P_1\left(1 - L_1^{(1)}\right) + P_2}{1 - L_1^{(1)}} = s_{22} + \frac{s_{12}\, s_{21}\, \Gamma_G}{1 - s_{11}\, \Gamma_G} \quad . \tag{9.37}$$

Offenbar ist H_{33} der Reflexionsfaktor der Kettenschaltung aus Quelle und Zweitor! ♦

9.3 Umformung und Reduktion von Signalflußgraphen

So wie ein reguläres lineares Gleichungssystem nach bestimmten Variablen aufgelöst werden und damit in ein neues äquivalentes Gleichungssystem umgeformt werden kann, ist es auch möglich Signalflußgraphen in äquivalente Graphen umzuformen. Dies wird an folgendem Beispiel demonstriert, in dem eine innere Summierstelle in einen äquivalenten Graphen umgeformt wird.

Beispiel 9.6 :

Das Gleichungssystem

$$f_3 = k_1\, f_1 + k_2\, f_2 \quad , \tag{9.38}$$

$$f_4 = k_3\, f_3 \tag{9.39}$$

kann äquivalent umgeformt werden zu

$$f_3 = k_1\, f_1 + k_2\, f_2 \quad , \tag{9.40}$$

$$f_4 = k_1\, k_3\, f_1 + k_2\, k_3\, f_2 \quad . \tag{9.41}$$

Damit ist die Äquivalenz der beiden Graphen entsprechend Abb. 9.10 gezeigt. ♦

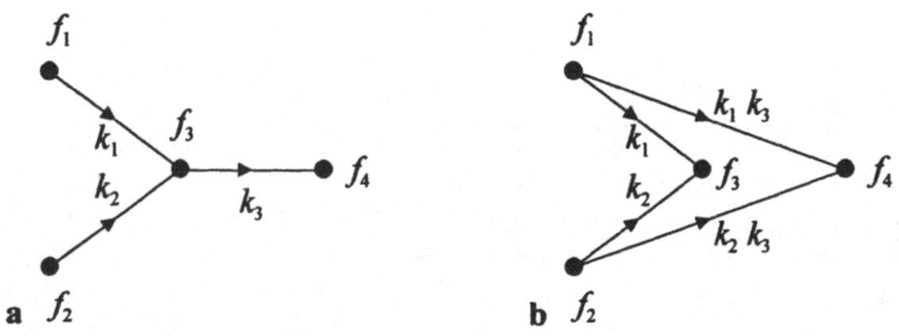

Abb. 9.10 : Äquivalente Umformung des Signalflußgraphen **a** in den Signalflußgraphen **b**

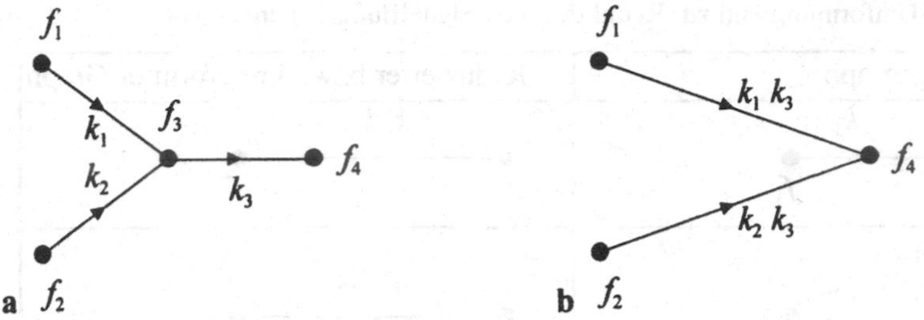

Abb. 9.11 : Reduktion des Signalflußgraphen **a** auf den Signalflußgraphen **b**

Interessieren an einem Gleichungssystem nur bestimmte Variable, dann kann durch Umformung des Systems in ein äquivalentes System und anschließendes Weglassen der nicht interessierenden Gleichungen eine Reduktion des Gleichungssystems erreicht werden. Dies trifft auch auf die Signalflußgraphen zu.

Beispiel 9.7 :

Interessiert an dem System der Gleichungen (9.38) und (9.39) nur der Wert von f_4 in Abhängigkeit von f_1 und f_2, dann kann das Gleichungssystem auf die eine Gleichung

$$f_4 = k_1\ k_3\ f_1 + k_2\ k_3\ f_2 \tag{9.42}$$

reduziert werden. Infolgedessen wird der Signalflußgraph entsprechend Abb. 9.11 reduziert. ♦

Die nachfolgende Tabelle 9.1 zeigt einige Umformungen und Reduktionen von Graphen.

9.4 Zur Erstellung von Signalflußgraphen

Signalflußgraphen sind gerichtete Graphen. Daher wird durch die Zuordnung der Richtung im Graphen ein durchgängiger Ursache-Wirkung-Zusammenhang eingeführt. Der Vorteil dieser Tatsache besteht darin, daß der Signalfluß durch ein System in übersichtlicher Weise nachverfolgt werden kann. Der Nachteil besteht darin, daß der Anwender von sich aus Ursachen im Sinne von Quellknoten und Wirkungen im Sinne von Senkenknoten definieren muß.

Beispiel 9.7 :

Es soll die Streumatrix eines Wellenwiderstandssprunges entsprechend Abb. 9.13 bestimmt werden. Dazu ist das folgende Gleichungssystem zu lösen:

Tabelle 9.1. Zur Umformung und zur Reduktion von Signalflußgraphen

Ausgangsgraph	Reduzierter bzw. umgeformter Graph
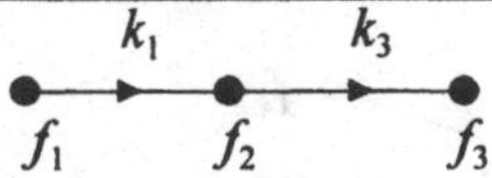	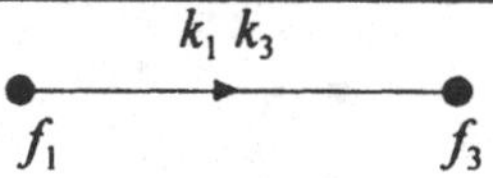
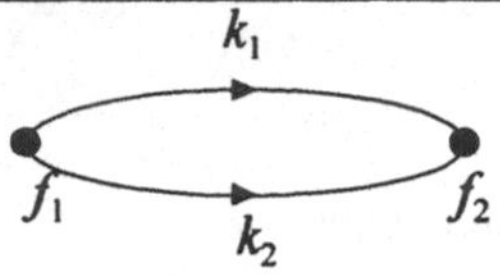	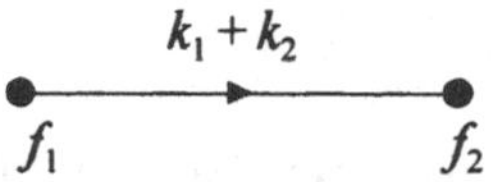
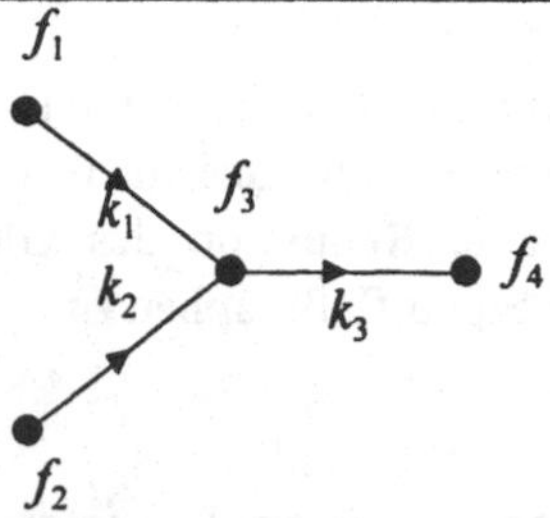	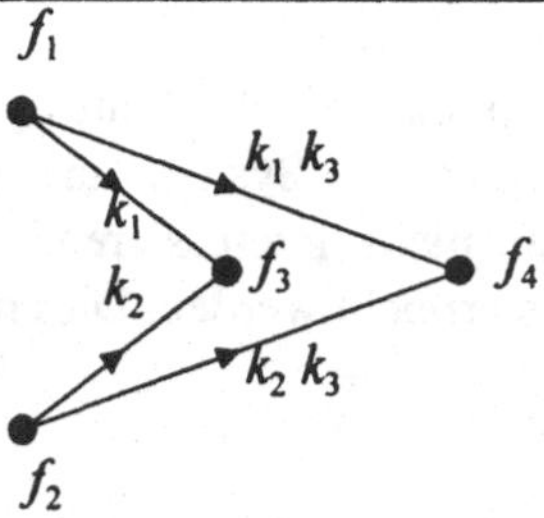
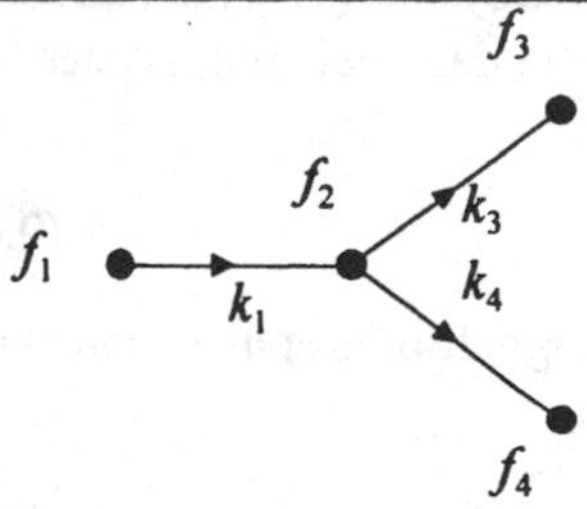	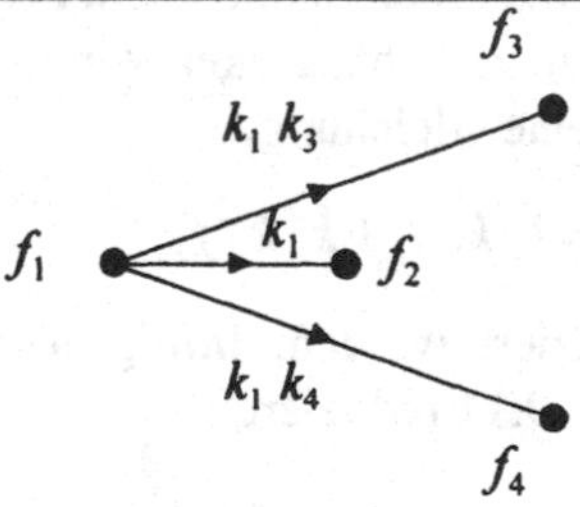
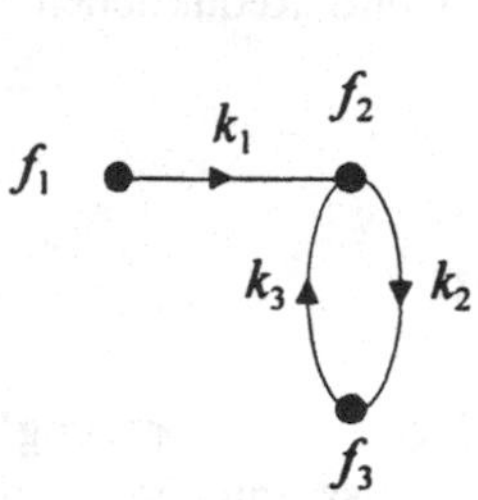	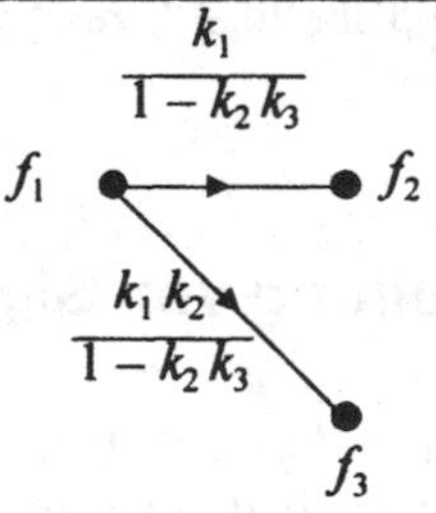
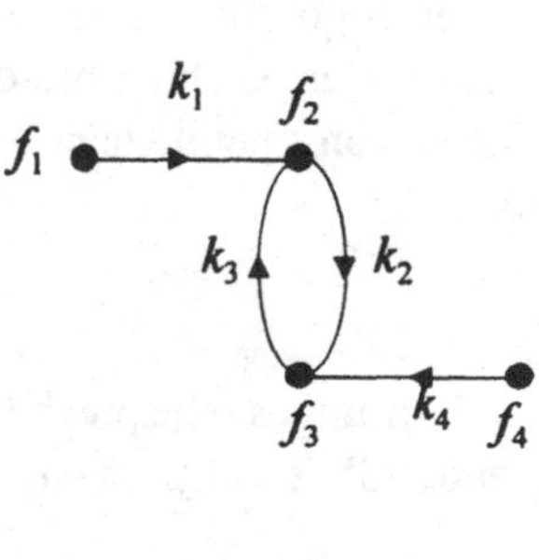	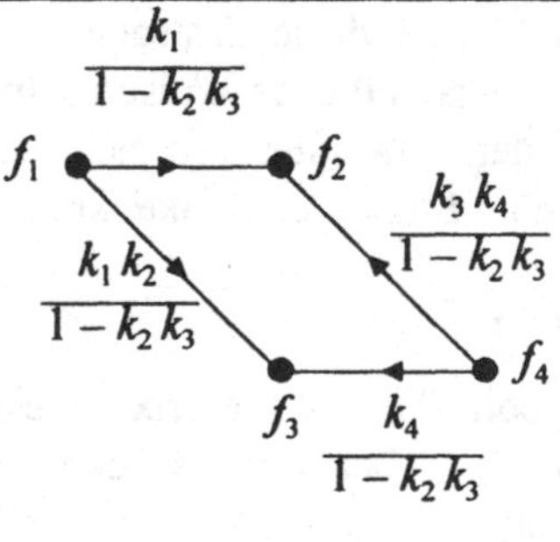

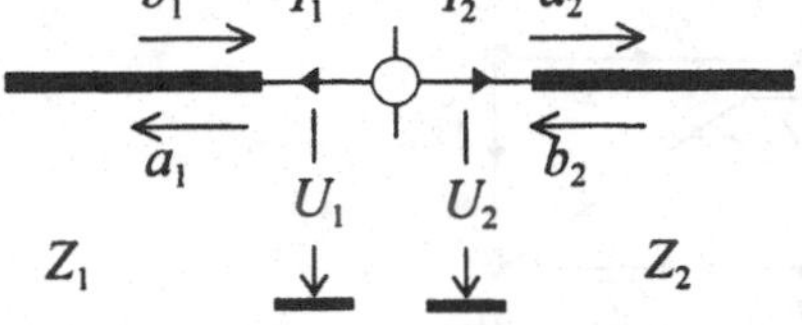

Abb. 9.12 : Wellenwiderstandssprung

$$U_1 = \sqrt{Z_1}\, a_1 + \sqrt{Z_1}\, b_1 \quad , \tag{9.43}$$

$$I_1 = \frac{a_1}{\sqrt{Z_1}} - \frac{b_1}{\sqrt{Z_1}} \quad , \tag{9.44}$$

$$U_2 = \sqrt{Z_2}\, a_2 + \sqrt{Z_2}\, b_2 \quad , \tag{9.45}$$

$$I_2 = \frac{a_2}{\sqrt{Z_2}} - \frac{b_2}{\sqrt{Z_2}} \quad , \tag{9.46}$$

$$U_2 = U_1 \quad , \tag{9.47}$$

$$I_1 = -I_2 \quad . \tag{9.48}$$

Teile des daraus folgenden Signalflußgraphen sind in Abb. 9.13 dargestellt. Der Versuch, die Gleichungen (9.47) und (9.48) in dem Graphen darzustellen, mißlingt, weil jede verbindende Kante als Summation zu interpretieren wäre. ◆

Der tiefere Grund für diesen Mißerfolg liegt darin, daß keine eindeutige Vorschrift vorliegt, welcher Knoten Quelleneigenschaft und welcher Senkeneigenschaft besitzt.

In Beispiel 9.7 laufen von dem Knoten b_1 ausschließlich Bögen weg, obwohl doch die Absicht war, b_1 zu berechnen. Dies ist aber durch die Form des Graphen unmöglich.

Einen Ausweg aus diesem scheinbaren Dilemma findet man, wenn man mit Ausnahme der designierten Quellknoten x_1 bis x_Q *jeden* einzelnen anderen *Knoten*

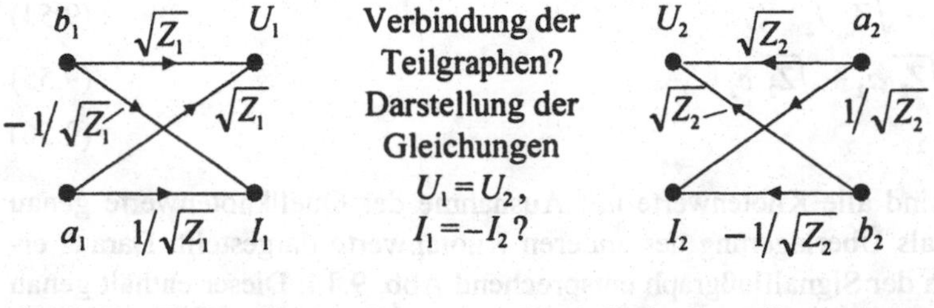

Abb. 9.13 : Wellenwiderstandssprung **a** Symbolische Darstellung mit Bepfeilung **b** Teilgraphen zu dem Gleichungssystem (9.43) … (9.48)

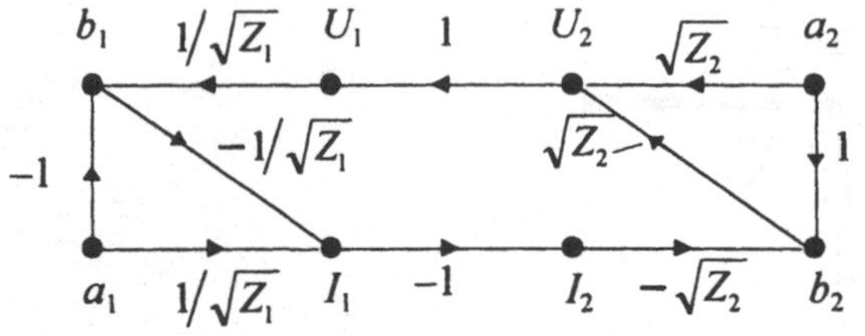

Abb. 9.14 : Signalflußgraph des Wellenwiderstandssprungs

x_l durch *genau eine Gleichung* der Form

$$x_l = \sum_{\nu \neq l} c_{\nu l} x_\nu \quad ; \quad l > Q \tag{9.49}$$

beschreibt. Das bedeutet, daß unter Umständen vor Erstellung des Graphen die Gleichungen des linearen Gleichungssystems (jede für sich) umgestellt werden müssen.

Um die Zuordnung zu verdeutlichen, kann man die Gleichungen auch wie folgt darstellen:

$$x_l \leftarrow \sum_{\nu \neq l} c_{\nu l} x_\nu \quad ; \quad l > Q \ . \tag{9.50}$$

Dadurch wird klar, daß auf jeden Knoten mit Ausnahme der Quellknoten gerichtete Zweige zeigen.

Beispiel 9.7 : (Fortsetzung)

Deklariert man die Knoten a_1 und a_2 aus Beispiel 9.7 als Quellknoten, dann lassen sich die Gleichungen (9.43) bis (9.48) wie folgt umordnen:

$$b_1 \leftarrow \frac{U_1}{\sqrt{Z_1}} - a_1 \quad , \tag{9.51}$$

$$I_1 \leftarrow \frac{a_1}{\sqrt{Z_1}} - \frac{b_1}{\sqrt{Z_1}} \quad , \tag{9.52}$$

$$I_2 \leftarrow -I_1 \quad , \tag{9.53}$$

$$b_2 \leftarrow a_2 - \sqrt{Z_2}\, I_2 \quad , \tag{9.54}$$

$$U_2 \leftarrow \sqrt{Z_2}\, a_2 + \sqrt{Z_2}\, b_2 \quad , \tag{9.55}$$

$$U_1 \leftarrow U_2 \quad . \tag{9.56}$$

Damit sind alle Knotenwerte mit Ausnahme der Quellknotenwerte genau einmal als Überlagerung der anderen Knotenwerte dargestellt. Daraus ergibt sich der Signalflußgraph entsprechend Abb. 9.14. Dieser enthält genau eine Schleife

$$l_1 = b_1 I_1 I_2 b_2 U_2 U_1 \tag{9.57}$$

mit dem Schleifenprodukt

$$L_1^{(1)} = -Z_2/Z_1 \quad . \tag{9.58}$$

Die Schleife berührt alle möglichen Pfade nach b_1 oder b_2, so daß es keine disjunkten Schleifen gibt. Nach b_1 führen genau zwei offene Pfade von a_1 aus mit den Übertragungsfaktoren –1 bzw. Z_2/Z_1, so daß für den Übertragungsfaktor von a_1 nach b_1 gilt

$$H_{a1,b1} = \frac{Z_2 - Z_1}{Z_2 + Z_1} \quad , \tag{9.59}$$

und zwei Pfade von a_2 aus mit jeweils den Übertragungsfaktoren $(Z_2/Z_1)^{1/2}$. Damit ergibt sich für als Übertragungsfaktor von a_2 nach b_1

$$H_{a2,b1} = \frac{2\sqrt{Z_2/Z_1}}{Z_2 + Z_1} \quad . \tag{9.60}$$

Insgesamt folgt also

$$b_1 = \frac{Z_2 - Z_1}{Z_2 + Z_1} a_1 + \frac{2\sqrt{Z_1 Z_2}}{Z_2 + Z_1} a_2 \quad . \tag{9.61}$$

In gleicher Weise findet man

$$b_2 = \frac{2\sqrt{Z_1 Z_2}}{Z_2 + Z_1} a_1 - \frac{Z_2 - Z_1}{Z_2 + Z_1} a_2 \quad . \quad \blacklozenge \tag{9.62}$$

Mit den obigen Ausführungen sollte der Leser nun in der Lage sein, den Signalflußgraphen für eine Parallelverzweigung entsprechend Abb. 9.16 herzuleiten. Die Verzweigung besitzt an allen drei Toren unterschiedliche Wellenwiderstände.

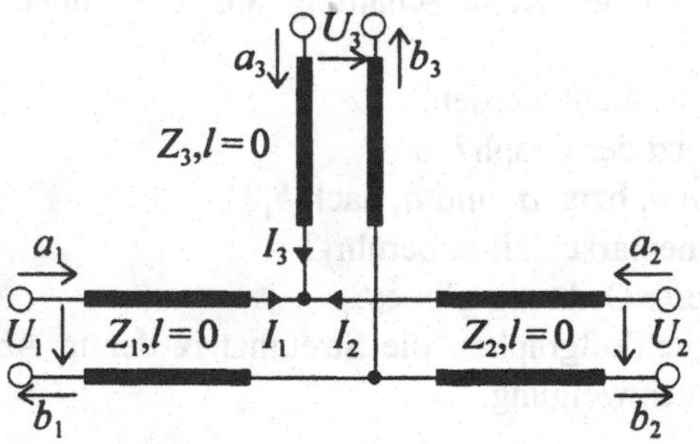

Abb. 9.15 : Parallelverzweigung mit verschiedenen Wellenwiderständen der Anschlüsse

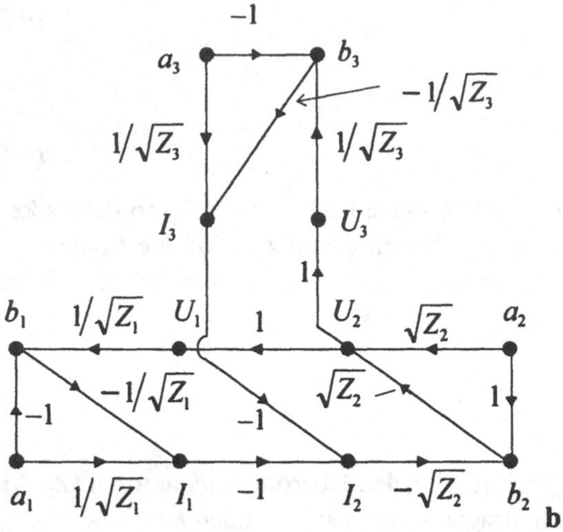

Abb. 9.16 : Signalflußgraph zu der Schaltung nach Abb. 9.15

9.5 Zusammenfassung

Signalflußgraphen sind graphentheoretische Hilfsmittel zur Beschreibung von Gleichungssystemen, welche einen Ursache-Wirkungs-Zusammenhang beschreiben. Sie gestatten eine relativ schnelle Auflösung des Systems mit Hilfe der Masonregel.

Zur Aufstellung der Graphen sind Regeln einzuhalten, welche durch den Ursache-Wirkungs-Zusammenhang der Graphen bedingt sind.

Graphen können durch Umformungsregeln in ihrer topologischen Struktur verändert werden.

9.6 Übungsaufgaben und Fragen zum Verständnis

1. Erstellen Sie den Signalflußgraphen der Kettenschaltung aus zwei linearen Zweitoren.
2. Es soll der Graph aus Abb. 9.16 untersucht werden.
   a) Wieviel Elementarschleifen besitzt der Graph?
   b) Wieviel offene Pfade führen von a_1 bzw. a_2 und a_3 nach b_1?
   c) Werden alle Pfade von den Elementarschleifen berührt?
   d) Wieviel Schleifenprodukte höherer Ordnung gibt es?
3. Bestimmen mit Sie Hilfe des Signalflußgraphen die Streumatrix der in Abb. 9.15 gezeigten parallelen Leitungsverzweigung.

10 Übertragungsfunktionen, Gewinne und Laufzeiten

Bei der Beschreibung von HF-Systemen interessiert ganz besonders, wie sich ein Signal bei seinem Durchgang durch das System verändert. Mathematisch wird dies durch „Übertragungsfunktionen" und daraus abgeleitete Größen erfaßt, welche in diesem Kapitel eingehend untersucht werden sollen.

10.1 Übertragungsfunktionen

10.1.1 Die systemtheoretische Definition

Die wohl am häufigsten benutze Definition des Begriffes „Übertragungsfunktion" ist die in der Systemtheorie gebräuchliche. Sie geht davon aus, daß sich jedes reellwertige leistungsbeschränkte Signal $s(t)$ mit Hilfe der Definitionsgleichung der Deltadistribution als

$$s(t) = \int_{-\infty}^{\infty} s(\tau)\,\delta(t-\tau)\,d\tau \tag{10.1}$$

darstellen läßt. $s(t)$ ist daher als unendlich feine Überlagerung von gewichteten, zeitlich verschobenen Delta-Impulsen zu interpretieren.

Weil das zu betrachtende System als linear und zeitinvariant vorausgesetzt wurde, muß sich das Ausgangssignal $g(t)$ ebenfalls als Überlagerung

$$g(t) = \int_{-\infty}^{\infty} s(\tau)\,h(t-\tau)\,d\tau \tag{10.2}$$

darstellen lassen, wobei $h(t-\tau)$ die Antwort des Systems auf die Impulsanregung $\delta(t-\tau)$ ist. Benennt man noch die Fouriertransformierten von s, g und h durch S, G und H, dann folgt auf Grund des Faltungssatzes der Fouriertransformation

$$G(j\omega) = H(j\omega)\,S(j\omega) \quad . \tag{10.3}$$

Definition 10.1 :

Die Fouriertransformierte H der reellwertigen Impulsantwort h eines linear zeitinvarianten Systems wird als die *systemtheoretische Übertragungsfunktion* des Systems bezeichnet. ◆

Der aufmerksame Leser wird bemerkt haben, daß es sich bei dieser Definition im wesentlichen um die bereits in Kapitel 2 angegebene Definition einer Übertragungsfunktion handelt.

Es wird an dieser Stelle besonders auf die Definitionsvoraussetzung hingewiesen: das System muß *vollständig* durch *eine* reellwertige Impulsantwort beschrieben werden können.

10.1.2 Die Cauersche Betriebsübertragungsfunktion

Der Begriff der Übertragungsfunktion war ursprünglich von Wilhelm Cauer[1] sehr viel enger definiert worden [10.1] als in Definition 10.1. Cauer zufolge wird das System aus Quelle Zweitor, Last und Meßgerät entsprechend Abb. 10.1 untersucht. Hier werden Informationsquellen durch reale (!) Spannungsquellen und Informationssenken durch reale (!) Spannungsmeßgeräte modelliert.

Will man nun die Veränderung der Information bei Durchgang durch das Zweitor charakterisieren, kann man im Frequenzbereich das Verhältnis aus gemessener Ausgangsspannung U_2 zur Leerlaufspannung U_0 der ansteuernden Quelle betrachten. Definiert man

$$H(j\omega) := k\, U_2(j\omega)/U_0(j\omega) \tag{10.4}$$

mit einem noch zu bestimmenden konstanten Faktor k, dann kann H als eine Übertragungsfunktion im Sinne der Definition 10.1 angesehen werden.

Das Betragsquadrat dieser Übertragungsfunktion ist

$$\left|H(j\omega)\right|^2 = |k|^2 \frac{\left|U_2(j\omega)\right|^2}{\left|U_0(j\omega)\right|^2} \quad . \tag{10.5}$$

Es ist damit proportional zu der in die Gesamtlast fließenden Wirkleistung P_2 und

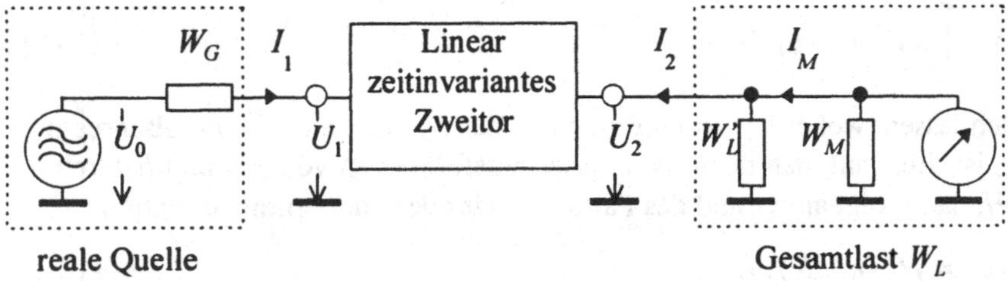

Abb. 10.1 : Lineares System der NF-Technik

[1] Wilhelm Cauer, 1900–1945, deutscher Mathematiker, Physiker und Hochfrequenztechniker, einer der wesentlichen Begründer der modernen Netzwerktheorie. Erstellte bedeutende Beiträge zur Filtertheorie.

umgekehrt proportional zu der verfügbaren Leistung $P_{0,A}$ der ansteuernden Quelle:

$$P_{0,A} = \frac{|U_0(j\omega)|^2}{4\,\Re\{W_G\}} \quad , \quad P_2 = \frac{|U_2(j\omega)|^2}{\Re\{W_L\}} \quad . \tag{10.6}$$

Wählt man also

$$k = 2\sqrt{\Re\{W_G\}/\Re\{W_L\}} \quad , \tag{10.7}$$

dann folgt

$$|H(j\omega)|^2 = \frac{P_2}{P_{0,A}} \tag{10.8}$$

Da die Leistungen $P_{0,A}$ und P_2 vergleichsweise einfach zu messen sind, ist bei dieser Wahl von k der Betrag der Übertragungsfunktion einer Messung gut zugänglich. Mit Cauer benutzt man daher die folgende Definition.

Definition 10.2 :

Das Verhältnis

$$H_{Cauer}(j\omega) := \frac{U_2(j\omega)}{U_0(j\omega)} \frac{2\sqrt{\Re\{W_G\}}}{\sqrt{\Re\{W_L\}}} \tag{10.9}$$

wird *Cauersche Betriebsübertragungsfunktion* genannt. ♦

Cauer hätte eine Betriebsübertragungsfunktion auch mit Hilfe von Strömen definieren können. Letztere hätte sich von der nach Definition 10.2 gefundenen Übertragungsfunktion lediglich um einen komplexen Faktor vom Betrage 1 unterschieden[1]. Daß er eine Definition auf der Basis von Spannungen benutzte, hat einen einfachen Grund: zu seiner Zeit war es einfacher, gute Spannungsmeßgeräte als gute Strommeßgeräte zu bauen.

10.1.3 Die idealisierte Übertragungsfunktion

Für die Puristen unter den Theoretikern weist die Definition der Betriebsübertragungsfunktion einen Makel auf: sie beinhaltet Einflüsse der ansteuernden Quelle und der tatsächlichen Last und beschreibt damit nicht das Zweitor alleine.

Es wird daher angestrebt, Quellen und Lasten so auszuwählen, daß eine Variation ihrer Parameter möglichst geringen Einfluß auf die Betriebsübertragungs-

[1] In der ursprünglichen Definition nach Cauer sind W_G und W_L reellwertig. Es ergibt sich dann ohnehin kein Unterschied.

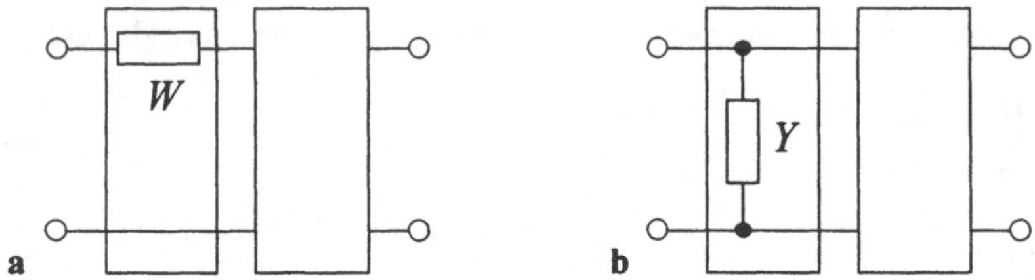

Abb. 10.2 : Mögliche Strukturen eines linear zeitinvarianten Zweitors **a** mit Serienimpedanz, **b** mit Paralleladmittanz am „Eingangstor".

funktion hat. Gelingt es, die Abhängigkeit von den Quellen- und Lastparametern vollständig zu eliminieren, dann wird auch die Definition einer neuen Übertragungsfunktion, der *idealisierten Übertragungsfunktion*, ermöglicht, die nun nicht mehr von Quelle oder Last abhängt.

Die Lösung dieses Problems ist für Systeme möglich, die sich in Teilsysteme entsprechend Abb. 10.2 und Abb. 10.3 zergliedern lassen.

Liegt eine Struktur nach Abb. 10.2a vor, dann ist es zweckmäßig, die reale Quelle als reale Spannungsquelle mit Innenimpedanz W_G zu modellieren. Ihr Einfluß auf die Betriebsübertragungsfunktion wirkt sich dann wie ein additiv zu dem Serienelement W der Schaltung überlagerter Term aus. Es ist klar, daß dieser Term um so geringere Auswirkungen auf das Gesamtresultat hat, je kleiner der Betrag von W_G im Vergleich zum Betrag von W ist.

Möchte man also den Einfluß der Quelle auf die Betriebsübertragungsfunktion der Struktur nach Abb. 10.2a minimieren, dann muß $|W_G|$ möglichst klein sein. Mit anderen Worten: die Quelle muß einer idealisierten Spannungsquelle möglichst nahe kommen. Für die Definition der idealisierten Übertragungsfunktion muß daher in diesem Falle als ansteuernde Quelle eine idealisierte Spannungsquelle gewählt werden.

Liegt eine Struktur nach Abb. 10.2b vor, dann ist es zweckmäßig, die reale Quelle als reale Stromquelle mit Innenadmittanz Y_G zu modellieren. Ihr Einfluß auf die Betriebsübertragungsfunktion wirkt sich wie ein additiv zu dem Parallelelement Y der Schaltung überlagerter Term aus. Es ist klar, daß dieser Term um so geringere Auswirkungen auf das Gesamtresultat hat, je kleiner der Betrag von Y_G im Vergleich zum Betrag von Y ist.

Möchte man also den Einfluß der Quelle auf die Betriebsübertragungsfunktion der Struktur nach Abb. 10.2b minimieren, dann muß $|Y_G|$ möglichst klein sein. Mit anderen Worten: die Quelle muß einer idealisierten Stromquelle möglichst nahe kommen. Für die Definition der idealisierten Übertragungsfunktion muß in diesem Falle als ansteuernde Quelle eine idealisierte Stromquelle gewählt werden.

Ganz ähnliche Betrachtungen kann man bezüglich des Einflusses der Last anstellen.

Liegt eine Struktur nach Abb. 10.3a vor, dann ist es zweckmäßig, die tatsächliche Last als Impedanz W_L (nach Masse) zu modellieren. Ihr Einfluß auf die Be-

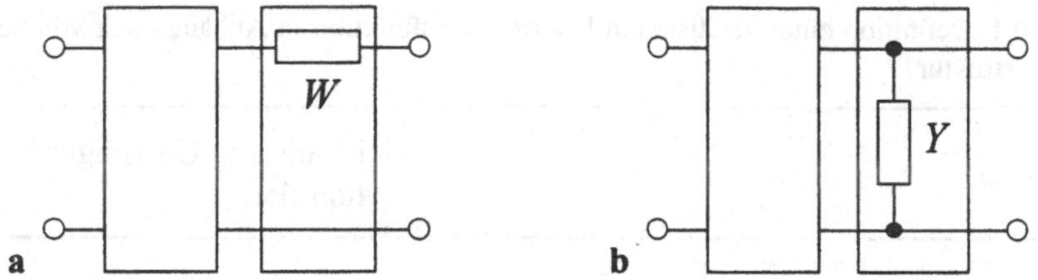

Abb. 10.3 : Mögliche Strukturen eines linear zeitinvarianten Zweitors **a** mit Serienimpedanz, **b** mit Paralleladmittanz am „Ausgangstor".

triebsübertragungsfunktion wirkt sich dann wie ein additiv zu dem Serienelement W der Schaltung überlagerter Term aus. Es ist klar, daß dieser Term um so geringere Auswirkungen auf das Gesamtresultat hat, je kleiner der Betrag von W_L im Vergleich zum Betrag von W ist.

Möchte man also den Einfluß der Last auf die Betriebsübertragungsfunktion der Struktur nach Abb. 10.3a minimieren, dann muß $|W_L|$ gegen 0, also einen Kurzschluß, gehen. Da dann die Spannung an diesem Tor im Grenzübergang 0 wird, bleibt als Ausgangsgröße für die Definition einer von den Lasteigenschaften unabhängigen Übertragungsfunktion der Ausgangsstrom.

Liegt eine Struktur nach Abb. 10.3b vor, dann ist es zweckmäßig, die tatsächliche Last als Admittanz Y_L (nach Masse) zu modellieren. Ihr Einfluß auf die Betriebsübertragungsfunktion wirkt sich dann wie ein additiv zu dem Parallelelement Y der Schaltung überlagerter Term aus. Es ist klar, daß dieser Term um so geringere Auswirkungen auf das Gesamtresultat hat, je kleiner der Betrag von Y_L im Vergleich zum Betrag von Y ist.

Möchte man also den Einfluß der Last auf die Betriebsübertragungsfunktion der Struktur nach Abb. 10.3b minimieren, dann muß $|Y_L|$ gegen 0, also gegen einen Leerlauf, gehen. Da dann der Strom in dieses Tor im Grenzübergang 0 wird, bleibt als Ausgangsgröße für die Definition einer von den Lasteigenschaften unabhängigen Übertragungsfunktion die Ausgangsspannung.

Mit diesen Überlegungen gelangt man zur Definition einer „idealisierten Übertragungsfunktion" entsprechend Tabelle 10.1.

Das angestrebte Ziel, nämlich die Definition einer von Quelle und Last unabhängigen Übertragungsfunktion, wurde zu dem Preis einer neu entstandenen Abhängigkeit erreicht, der Abhängigkeit von der Struktur der Schaltung. Dies macht die idealisierte Übertragungsfunktion für Anwendungen in der automatisierten Analyse von Systemen problematisch. Hinzu kommt, daß sie eine unphysikalische Größe ist, da sie auf idealisierten Strom- und Spannungsquellen aufbaut.

Dennoch kann die idealisierte Übertragungsfunktion von großem Nutzen sein, um das prinzipielle Verhalten eines Teilsystems vorauszusagen. In diesem Buch wird dies noch bei der Untersuchung frequenzumsetzender Systeme ausgenutzt.

Tabelle 10.1. Definition einer idealisierten Übertragungsfunktion in Abhängigkeit von der Schaltungsstruktur

Struktur	idealisierte Übertragungsfunktion
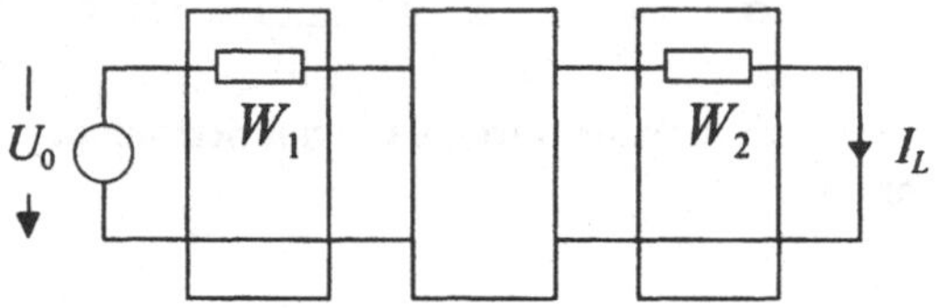	$H(j\omega)=\dfrac{I_L}{U_0}$
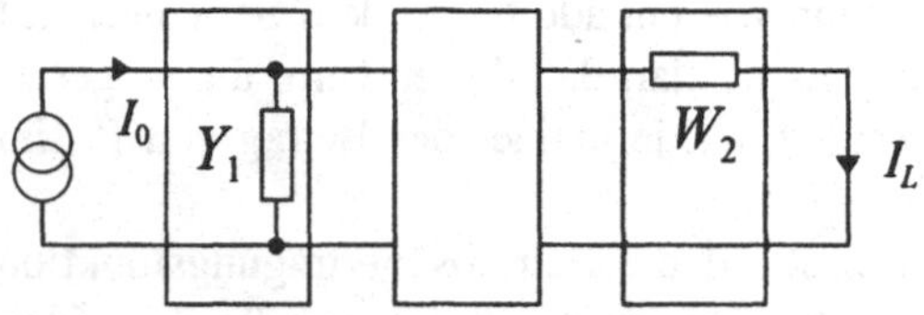	$H(j\omega)=\dfrac{I_L}{I_0}$
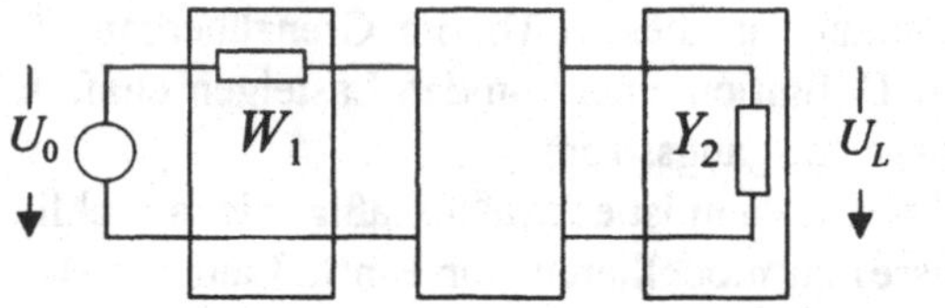	$H(j\omega)=\dfrac{U_L}{U_0}$
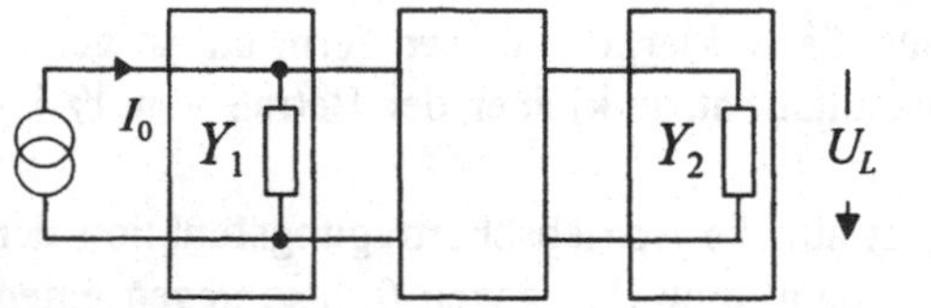	$H(j\omega)=\dfrac{U_L}{I_0}$

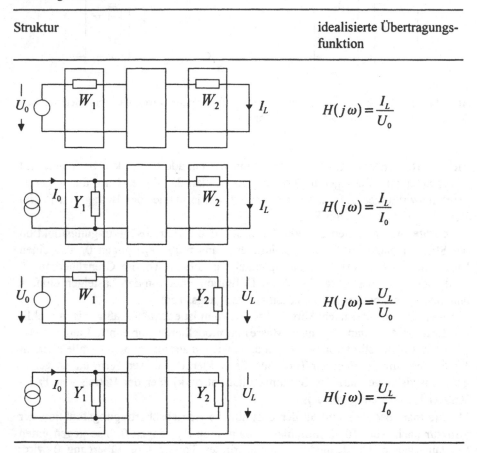

10.1.4 Kritik an den vorangegangenen Definitionen

In modernen Lehrbüchern der Nachrichtentechnik und Systemtheorie findet man praktisch ausschließlich die sehr allgemein gehaltene Definition 10.1 vor. Sie ist mathematisch elegant und läßt die Spezialisierung auf restriktivere Definitionen zu, ohne aber die für den Theoretiker lästige Einbindung in eine reale Schaltungsumgebung wie bei der Betriebsübertragungsfunktion, oder die umständliche Fallunterscheidung nach Strukturen wie bei der idealisierten Übertragungsfunktion, zu fordern.

Interessante Tatsache ist nun, daß etwaige *Beispiele* für Übertragungsfunktionen in der nachrichtentechnischen und systemtheoretischen Literatur trotz allgemeinerer Definition fast ausschließlich an Strukturen vorgeführt werden, die zu der idealisierten Spannungsübertragungsfunktion U_L/U_0 führen.

Es verwundert daher nicht weiter, daß so mancher Ingenieur die Übertragungsfunktion als das Verhältnis der Fouriertransformierten von Ausgangs- zu Eingangsspannung eines linear zeitinvarianten Systems interpretiert, ohne sich an die Einschränkung zu erinnern, daß sich das System durch *eine* Impulsantwort vollständig beschreiben lassen muß.

Genau das trifft aber auf viele Systeme der Hochfrequenztechnik *nicht* zu. Bei den üblichen Zweitoren sind es meist in Matrizenform gesammelte Quartette von Übertragungsfunktionen, welche das System vollständig beschreiben. Beispiele sind die vier Streuparameter der Streumatrix eines Zweitors (siehe Kapitel 8), die als Übertragungsfunktionen des Systems unter bestimmten Randbedingungen aufgefaßt werden können.

Daß mit der unbedachten Definition „Übertragungsfunktion gleich Verhältnis der Fouriertransformierten von Ausgangs- zu Eingangsspannung" zum Teil groteske Resultate entstehen, mag das folgende Beispiel erläutern.

Beispiel 10.1 :

Abb. 10.4 zeigt einen Parallelresonanzkreis. Er ist bei Anschluß durch Leitungen gleichen Wellenwiderstandes reflexions- und transmissionssymmetrisch. Seine Streumatrix enthält genau zwei verschiedene Elemente, beispielsweise s_{11} und s_{21}. Ohne weitere Randbedingungen ist daher die Definition einer systemtheoretischen (skalaren) Übertragungsfunktion nicht möglich.

Würde man entsprechend vielfacher Meinung als Übertragungsfunktion das Verhältnis aus Ausgangs- und Eingangs*spannung* wählen, dann wäre die Übertragungsfunktion konstant 1:

$$H(j\omega) \equiv 1 \quad . \tag{10.10}$$

Die idealisierte Übertragungsfunktion für den Parallelresonanzkreis ist

$$H_{ideal}(j\omega) = \frac{1}{j(\omega C - 1/\omega L) + G} \quad . \qquad \blacklozenge(10.11)$$

Bei Einbettung des Resonanzkreises zwischen eine reale Stromquelle mit reellwertiger Innenadmittanz G_G und eine Last mit dem reellen Admittanzwert G_L erhält man die Cauersche Betriebsübertragungsfunktion

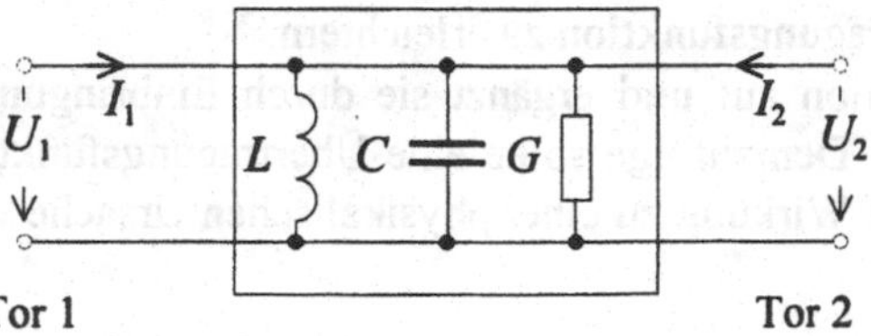

Abb. 10.4 : Parallelresonanzkreis

$$H_{Cauer}(j\omega) = \frac{2\sqrt{G_L\, G_G}}{j\,(\omega C - 1/\omega L) + G + G_G + G_L} \quad . \tag{10.12}$$

Die Aufgabe, die Veränderungen des Eingangssignals bei Durchgang durch den Parallelresonanzkreis vollständig zu beschreiben, wird durch die „Übertragungsfunktion" 1 sicher nicht gelöst, wohl aber durch die Betriebsübertragungsfunktion.

Damit erweist sich aber gleichzeitig das Konzept der systemtheoretischen Übertragungsfunktion als zu schwach, weil zu allgemein definiert.

Der Nachteil der idealisierten Übertragungsfunktion ist, daß dieses Konzept auf unphysikalische Größen zurückgreift.

Die alles in allem am besten abschneidende Definition von Cauer ist bei hohen Frequenzen, wegen ihres Rückgriffes auf Spannungen nicht mehr einsetzbar.

Es liegt daher nahe, auf normierten Wellen basierende Definitionen zu suchen, um die überaus erfolgreiche Idee der Übertragungsfunktion auch für hohe Frequenzen nutzbar zu machen.

10.1.5 Auf der Basis von normierten Wellen definierte Übertragungsfunktionen

Die Suche nach neuen Definitionen für Übertragungsfunktionen ist nur dann sinnvoll, wenn dabei Vorteile gegenüber den bisherigen Definitionen erreicht werden. Es wird daher ein Mindestanforderungskatalog für möglicherweise neu zu definierende Übertragungsfunktionen aufgestellt:

1. Sie müssen Übertragungsfunktionen im systemtheoretischen Sinn sein.
2. Sie müssen einem Ursache-Wirkung-Prinzip gehorchen. Das heißt, es muß durch sie ein eindeutiger Zusammenhang zwischen einer physikalischen Ursache und einer physikalischen Wirkung hergestellt werden.

Die erste Anforderung stellt sicher, daß der bisher so erfolgreiche mathematische Formalismus für systemtheoretische Übertragungsfunktionen weiterverwendet werden kann.

Die zweite Anforderung ist die systematische Weiterentwicklung der Gedanken von Hans Marko und Robert Maurer.

Marko definiert nämlich die Übertragungsfunktion als Verhältnis der Fouriertransformierten von Wirkung zu Ursache [10.2] . Was nun im einzelnen Ursache und was Wirkung ist, überläßt er dem Anwender, um diesem eine Auswahl im Sinne einer idealisierten Übertragungsfunktion zu erleichtern.

Maurer[1] greift diese Definition auf und ergänzt sie durch Einbringung einer physikalischen Argumentation. Demzufolge sollte eine Übertragungsfunktion das Verhältnis einer physikalischen Wirkung zu einer physikalischen Ursache sein.

---

[1] Private Mitteilungen, Saarbrücken 1977.

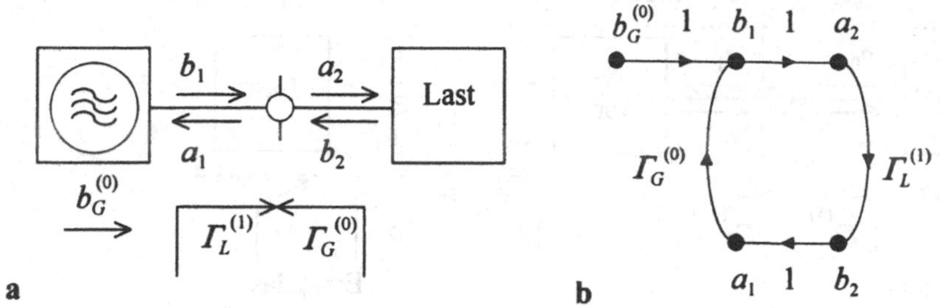

Abb. 10.5 : Lineare Quelle mit linearer Last **a** Schaltbild **b** Signalflußgraph

Geht man nun noch einen entscheidenden Schritt weiter und schließt alle Größen, die bei hohen Frequenzen möglicherweise gar nicht existieren, als Kandidaten für physikalische Ursachen und Wirkungen aus, können neuartige Übertragungsfunktionen auch nicht mehr auf der Basis von konventionellen Strömen und Spannungen definiert werden. Man könnte sonst nämlich nicht einmal simple Hohlleiterstücke durch Übertragungsfunktionen beschreiben.

Damit bleiben als sinnvolle Kandidaten für physikalische Ursachen und Wirkungen normierte Wellen. Aus Kapitel 5 bzw. 9 entnimmt man die in Abb. 10.5 wiedergegebenen Zusammenhänge für eine Wellenquelle. Damit ergibt sich

$$b_1 = \frac{b_G^{(0)}}{1-\Gamma_G^{(0)}\,\Gamma_L^{(1)}} \quad ; \quad a_1 = \frac{\Gamma_L^{(1)}\,b_G^{(0)}}{1-\Gamma_G^{(0)}\,\Gamma_L^{(1)}} \quad . \tag{10.13}$$

Da eine physikalische Ursache nicht von der Wirkung abhängen darf, kommt als Ursachenfunktion ganz augenscheinlich nur die Urwelle $b_G^{(0)}$ in Frage.

Wird die ansteuernde Quelle durch eine Kettenschaltung aus einem Zweitor und einer Last $\Gamma_L^{(2)}$ entsprechend Abb. 10.6 belastet, dann berechnet man aus dem Signalflußgraphen die auf die ansteuernde Quelle wirkende Ersatzlast als

$$\Gamma_L^{(1)} = s_{11} + \frac{s_{12}\,s_{21}\,\Gamma_L^{(2)}}{1-s_{22}\,\Gamma_L^{(2)}} \quad . \tag{10.14}$$

Die Kettenschaltung aus ansteuernder Quelle und Zweitor bildet eine Ersatzquelle mit dem Reflexionsfaktor $\Gamma_G^{(1)}$ und der Urwelle $b_G^{(1)}$. Den Reflexionsfaktor der Ersatzquelle entnimmt man dem obigen Signalflußgraphen unter der Randbedingung $b_G^{(1)}=0$ als

$$\Gamma_G^{(1)} = s_{22} + \frac{s_{12}\,s_{21}\,\Gamma_G^{(0)}}{1-s_{11}\,\Gamma_G^{(0)}} \quad . \tag{10.15}$$

Zur Bestimmung der Urwelle der Ersatzquelle berechnet man zunächst die unter tatsächlichen Lastbedingungen aus der Ersatzquelle fließende Welle b_2 als

$$b_2 = \frac{s_{21}}{1-s_{11}\,\Gamma_G^{(0)}-s_{22}\,\Gamma_L^{(2)}-s_{21}\,\Gamma_L^{(2)}\,s_{12}\,\Gamma_G^{(0)}+s_{11}\,\Gamma_G^{(0)}\,s_{22}\,\Gamma_L^{(2)}}\,b_G^{(0)} \quad . \tag{10.16}$$

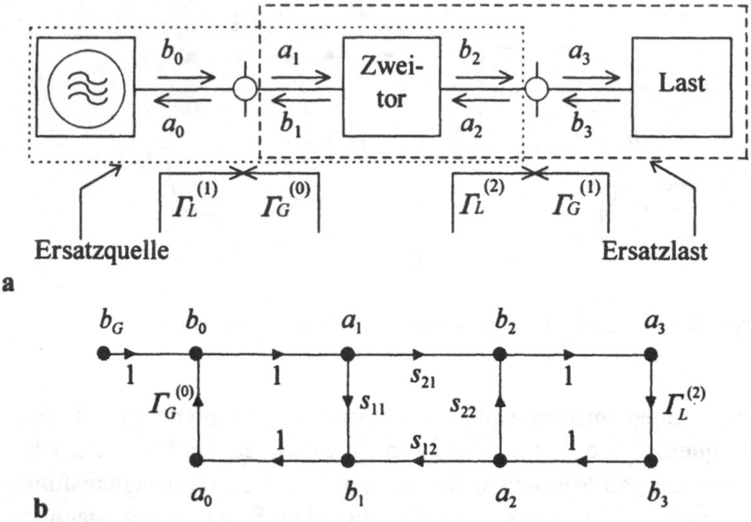

Abb. 10.6 : Zweitor mit Quelle und Last **a** Schaltbild **b** Signalflußgraph

Daraus erhält man mit der Randbedingung $\Gamma_L^{(2)} = 0$

$$b_G^{(1)} = \frac{s_{21}}{1 - s_{11}\,\Gamma_G^{(0)}}\, b_G^{(0)} \quad . \tag{10.17}$$

Für die Ersatzquelle können ganz ähnliche Aussagen wie für die ansteuernde Quelle alleine getroffen werden. Für die tatsächlich aus der Ersatzquelle herausfließende und die in sie hineinfließende Welle gilt

$$b_2 = b_G^{(1)} \Big/ \left(1 - \Gamma_G^{(1)}\,\Gamma_L^{(2)}\right) \quad . \tag{10.18}$$

$$a_2 = \Gamma_L^{(2)}\, b_G^{(1)} \Big/ \left(1 - \Gamma_G^{(1)}\,\Gamma_L^{(2)}\right) \quad . \tag{10.19}$$

Mit Hilfe der so gefundenen Wellen können nun Übertragungsfunktionen definiert werden.

Definition 10.3 :

Es sei eine Kettenschaltung entsprechend Abb. 10.6 aus

- einer ansteuernden Quelle,
- einem linear zeitinvarianten Zweitor und
- einer Last

gegeben. Die Kette aus ansteuernder Quelle und Zweitor bilde die sogenannte „Ersatzquelle“, die Kette aus Zweitor und Last die sogenannte „Ersatzlast“.

Das Verhältnis aus Urwelle der Ersatzquelle zu Urwelle der ansteuernden Quelle

$$H_Q\left(j\omega;\Gamma_G^{(0)}\right) := \frac{b_G^{(1)}}{b_G^{(0)}} \tag{10.20}$$

wird nachfolgend *Quellenübertragungsfunktion* genannt [10.3].

Die Abhängigkeit der Quellenübertragungsfunktion von dem Reflexionsfaktor der ansteuernden Quelle entsteht durch die entsprechende Abhängigkeit von $b_G^{(1)}$.

Mit der Nebenbedingung verschwindenden Reflexionsfaktors der Quelle entsteht daraus die *Zweitorübertragungsfunktion* [10.3]

$$H(j\omega) := H_Q(j\omega;0) = \left.\frac{b_G^{(1)}}{b_G^{(0)}}\right|_{\Gamma_G^{(0)}=0} . \tag{10.21}$$

Das Verhältnis aus tatsächlich aus der Ersatzquelle herausfließender Welle b_2 zur Urwelle der ansteuernden Quelle

$$H_T\left(j\omega;\Gamma_G^{(0)};\Gamma_L^{(2)}\right) := \frac{b_2}{b_G^{(0)}} \tag{10.22}$$

wird nachfolgend *(verallgemeinerte) Betriebsübertragungsfunktion* oder *Transducer-Übertragungsfunktion* [10.3] genannt.

Ihre Abhängigkeit von den Reflexionsfaktoren entsteht durch die entsprechende Abhängigkeit der Welle b_2 von diesen Größen.

Mit der Nebenbedingung verschwindenden Reflexionsfaktors der Quelle entsteht aus der verallgemeinerten Betriebsübertragungsfunktion die *Standard-Transducer-Übertragungsfunktion*

$$H_T^S\left(j\omega;\Gamma_L^{(2)}\right) := H_T\left(j\omega;0;\Gamma_L^{(2)}\right) = \left.\frac{b_2}{b_G^{(0)}}\right|_{\Gamma_G^{(0)}=0} . \quad \blacklozenge \tag{10.23}$$

Zunächst überzeugt man sich davon, daß es sich bei den in obiger Definition festgelegten Verhältnissen um Übertragungsfunktionen im systemtheoretischen Sinne handelt. Per definitionem gehorchen alle hier eingeführten Übertragungsfunktionen einem physikalischen Ursache-Wirkung-Prinzip. Damit ist der anfänglich aufgestellte Mindestanforderungskatalog für Übertragungsfunktionen erfüllt.

Die neuen Übertragungsfunktion lassen sich in einfacher Weise durch die Streuparameter des beteiligten Zweitors ausdrücken.

$$H_T = \frac{s_{21}}{1 - s_{11}\,\Gamma_G^{(0)} - s_{22}\,\Gamma_L^{(2)} - s_{21}\,\Gamma_L^{(2)}\,s_{12}\,\Gamma_G^{(0)} + s_{11}\,\Gamma_G^{(0)}\,s_{22}\,\Gamma_L^{(2)}} , \tag{10.24}$$

$$H_T^S = \frac{s_{21}}{1 - s_{22}\,\Gamma_L^{(2)}} \quad , \tag{10.25}$$

$$H_Q = \frac{s_{21}}{1 - s_{11}\,\Gamma_G^{(0)}} \quad , \tag{10.26}$$

$$H = s_{21} \quad . \tag{10.27}$$

Es stellt sich nun die Frage nach dem Nutzen der neu definierten Übertragungsfunktionen.

Die Quellenübertragungsfunktion ist ganz offenbar unabhängig von irgendwelchen Lasten definiert. Als Ursache verwendet sie die Urwelle einer Quelle, also eine stets observable Größe. Im Gegensatz zur idealisierten Übertragungsfunktion muß sie daher nie auf unphysikalische Ursachen zurückgreifen. Sie ist folglich der bessere Ersatz für die idealisierte Übertragungsfunktion. Sie ist im Gegensatz zu letzterer stets dimensionslos.

Beispiel 10.1 : (Fortsetzung)

Zur Berechnung der Quellenübertragungsfunktion des in Abb. 10.4 dargestellten Parallelkreises wird dessen Streumatrix bestimmt:

$$\vec{S} = \begin{pmatrix} \dfrac{-Z_0\{G + j(\omega C - 1/\omega L)\}}{Z_0\{G + j(\omega C - 1/\omega L)\} + 2} & \dfrac{2}{Z_0\{G + j(\omega C - 1/\omega L)\} + 2} \\ \dfrac{2}{Z_0\{G + j(\omega C - 1/\omega L)\} + 2} & \dfrac{-Z_0\{G + j(\omega C - 1/\omega L)\}}{Z_0\{G + j(\omega C - 1/\omega L)\} + 2} \end{pmatrix} . \tag{10.28}$$

Infolgedessen ergibt sich

$$H_Q = \frac{2}{Z_0\{G + j(\omega C - 1/\omega L)\}\left(1 + \Gamma_G^{(0)}\right) + 2} \quad , \tag{10.29}$$

$$H = \frac{2}{Z_0\{G + j(\omega C - 1/\omega L)\} + 2} \quad . \tag{10.30}$$

Bei hinreichend großem Wellenwiderstand ist der letzte Ausdruck näherungsweise proportional zu der idealisierten Übertragungsfunktion des Kreises. ♦

Es wird sich noch herausstellen, daß die Quellenübertragungsfunktion bei der Behandlung von gestörten Signalen von besonderem Vorteil ist.

Der Vorteil der verallgemeinerten Betriebsübertragungsfunktion oder Transducer-Übertragungsfunktion kann unmittelbar eingesehen werden, wenn ihr Zusammenhang mit der Cauerschen Betriebsübertragungsfunktion ermittelt wird.

Unter der Annahme, daß konventionelle Spannungen existieren, gilt nämlich

$$\frac{U_2}{\sqrt{\Re\{W_L^{(2)}\}}} = \frac{1+\Gamma_L^{(2)}}{\left|1+\Gamma_L^{(2)}\right|}\sqrt{1-\left|\Gamma_L^{(2)}\right|^2}\; b_2 \qquad (10.31)$$

und

$$\frac{U_0^{(0)}}{2\sqrt{\Re\{W_G^{(0)}\}}} = \frac{\left|1-\Gamma_G^{(0)}\right|}{1-\Gamma_G^{(0)}} \frac{b_G^{(0)}}{\sqrt{1-\left|\Gamma_G^{(0)}\right|^2}} \quad . \qquad (10.32)$$

Daraus berechnet man die Cauersche Betriebsübertragungsfunktion als

$$H_{Cauer} = \sqrt{1-\left|\Gamma_L^{(2)}\right|^2}\sqrt{1-\left|\Gamma_G^{(0)}\right|^2}\, \frac{1-\Gamma_G^{(0)}}{\left|1-\Gamma_G^{(0)}\right|} \frac{1+\Gamma_L^{(2)}}{\left|1+\Gamma_L^{(2)}\right|} H_T \quad . \qquad (10.33)$$

Die Cauersche Betriebsübertragungsfunktion und die Transducer-Übertragungsfunktion stimmen also bis auf einen komplexen Faktor überein, der im Fall verschwindenden Last- und Generatorreflexionsfaktors 1 wird.

Während jedoch die Cauersche Betriebsübertragungsfunktion nur für hinreichend niedrige Frequenzen definierbar ist, kann man die Transducer-Übertragungsfunktion immer definieren. Ihre Definitionsbestandteile, nämlich die normierten Wellen b_2 und $b_G^{(0)}$ sind darüber hinaus einer einfachen Messung zugänglich. Damit stellt sich die Transducer-Übertragungsfunktion als ein auch für HF-Anwendungen tauglicher Ersatz der Betriebsübertragungsfunktion dar.

Beispiel 10.1 : (Fortsetzung)

Für den Parallelresonanzkreis aus Beispiel 10.1 bestimmt man unter den Randbedingungen des Beispiels für die Standard-Transducer-Übertragungsfunktion

$$H_T^S = \frac{G_G + G_L}{j(\omega C - 1/\omega L) + G + G_G + G_L} \quad . \qquad (10.34)$$

Ein Vergleich mit Gleichung (10.12) zeigt, daß die prinzipielle Frequenzabhängigkeit der Standard-Transducer-Übertragungsfunktion und der Betriebsübertragungsfunktion gleich sind. ◆

10.1.6 Übertragungsfunktionen von Kettenschaltungen aus Zweitoren

Nachfolgend soll die Frage untersucht werden, ob und unter welchen Umständen sich die Übertragungsfunktion der Kettenschaltung von Zweitoren in einfacher Weise aus den Übertragungsfunktionen der einzelnen Kettenzweitore berechnen läßt. Wie bei der systemtheoretischen Übertragungsfunktion könnte man einen multiplikativen Zusammenhang vermuten. Zur Beantwortung dieser Frage wird ein einfaches Beispiel untersucht.

Beispiel 10.2 :

Abb. 10.7 zeigt die Kettenschaltung zweier gleicher Parallelresonanzkreise. Die Bauelemente können zu einem einfachen neuen Resonanzkreis zusammengefaßt werden mit dem neuen Induktivitätswert *L*/2, dem neuen Kapazitätswert 2*C* und dem neuen ohmschen Leitwert 2*G*. Infolgedessen gilt für die idealisierte Übertragungsfunktion

$$H_{ideal}(j\omega) = \frac{1/2}{j(\omega C - 1/\omega L) + G} \neq \left[\frac{1}{j(\omega C - 1/\omega L) + G}\right]^2 . \tag{10.35}$$

Für die Cauersche Betriebsübertragungsfunktion gilt

$$H_{Cauer}(j\omega) = \frac{2\sqrt{G_L G_G}}{j(2\omega C - 2/\omega L) + 2G + G_G + G_L} \neq \left[\frac{2\sqrt{G_L G_G}}{j(\omega C - 1/\omega L) + G + G_G + G_L}\right]^2 . \tag{10.36}$$

Für die Quellenübertragungsfunktion bestimmt man

$$H_Q = \frac{2}{Z_0\{2G + 2j(\omega C - 1/\omega L)\}(1 + \Gamma_G^{(0)}) + 2} \neq \left[\frac{2}{Z_0\{G + j(\omega C - 1/\omega L)\}(1 + \Gamma_G^{(0)}) + 2}\right]^2 . \tag{10.37}$$

Schließlich folgt für die Transducer-Übertragungsfunktion

$$H_T = \frac{Z_0}{2} \frac{(Y_0 + G_G)(Y_0 + G_L)}{2j(\omega C - 1/\omega L) + 2G + G_G + G_L} \neq \left[\frac{Z_0}{2} \frac{(Y_0 + G_G)(Y_0 + G_L)}{j(\omega C - 1/\omega L) + G + G_G + G_L}\right]^2 . \tag{10.38}$$

◆

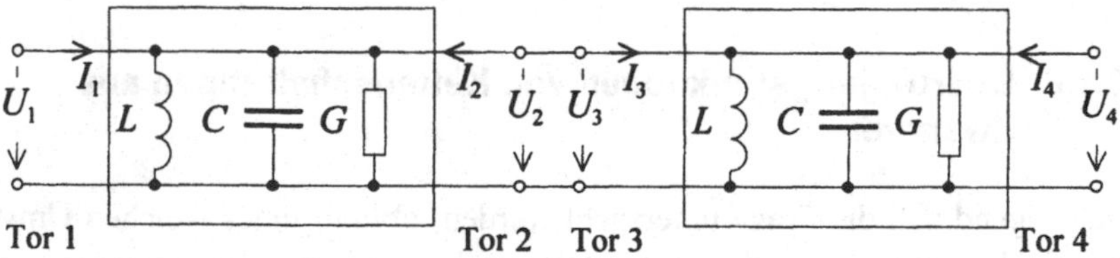

Abb. 10.7 : Kettenschaltung zweier gleichartiger Parallelresonanzkreise

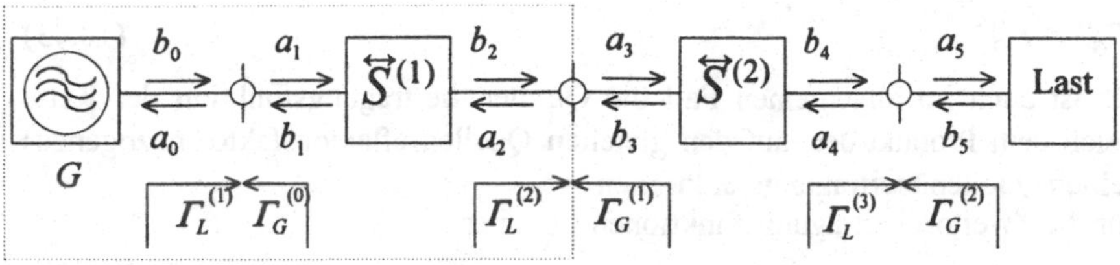

Abb. 10.8 : Kettenschaltung aus einer ansteuernden Quelle, zwei Zweitoren und einer Last

In keinem dieser Fälle stimmt die Übertragungsfunktion der Kette mit dem Produkt der Einzelübertragungsfunktionen überein! Wie kann es dann zu der vielfach in der Literatur vorzufindenden Meinung kommen, daß sich in einer Kettenschaltung die Übertragungsfunktion als Produkt einzelner Übertragungsfunktionen berechnen lasse?

Zur Klärung dieser Frage wird eine Kettenschaltung entsprechend Abb. 10.8 untersucht. Angenommen, Zweitor 1 und Zweitor 2 ließen sich durch von Quellen- und Lastimpedanzen unabhängige Spannungsübertragungsfunktionen

$$H_1 = \frac{U_2}{U_1} \quad ; \quad H_2 = \frac{U_4}{U_3} \tag{10.39}$$

beschreiben. Dann wäre wegen $U_3 = U_4$

$$H_{gesamt} = \frac{U_4}{U_1} = \frac{U_2}{U_1}\frac{U_4}{U_2} = \frac{U_2}{U_1}\frac{U_4}{U_3} = H_1\, H_2 \quad . \tag{10.40}$$

Nun ist aber in der überwiegenden Mehrzahl der Fälle weder eine Spannungsübertragungsfunktion die geeignete Beschreibungsform des Zweitors, noch ist die Übertragungsfunktion von Quellen- und Lastverhältnissen unabhängig.

Man muß sich also von dem (zu) einfachen Bild einer multiplikativen Übertragungsfunktion trennen. Dennoch gibt es Fälle, in denen ein einfacher Zusammenhang zwischen der Übertragungsfunktion einer Kette und den Einzelübertragungsfunktionen hergestellt werden kann.

Rein formal gilt nämlich für die Quellenübertragungsfunktion der Kettenschaltung nach Abb. 10.8:

$$H_{Q,Kette}\left(j\omega;\Gamma_G^{(0)}\right) = \frac{b_G^{(2)}}{b_G^{(0)}} = \frac{b_G^{(1)}}{b_G^{(0)}}\frac{b_G^{(2)}}{b_G^{(1)}} = H_{Q,1}\left(j\omega;\Gamma_G^{(0)}\right) H_{Q,2}\left(j\omega;\Gamma_G^{(1)}\right) \quad . \tag{10.41}$$

Wegen

$$\Gamma_G^{(1)} = s_{22}^{(1)} + \frac{s_{12}^{(1)}\, s_{21}^{(1)}\, \Gamma_G^{(0)}}{1 - s_{11}^{(1)}\, \Gamma_G^{(0)}} \tag{10.42}$$

ist im allgemeinen Fall

$$\Gamma_G^{(1)} \neq \Gamma_G^{(0)} \quad . \tag{10.43}$$

Daher ist auch im allgemeinen Fall die Quellenübertragungsfunktion der Kette ungleich dem Produkt der (auf den gleichen Quellenreflexionsfaktor bezogenen) einzelnen Quellenübertragungsfunktionen.

Für die Zweitorübertragungsfunktionen gilt aber

$$H_{Kette}(j\omega) = H_1(j\omega)\, H_{Q,2}\left(j\omega; s_{22}^{(1)}\right) \quad . \tag{10.44}$$

Ist also $s_{22}^{(1)} = 0$, dann ergibt sich

$$H_{Kette} = H_1\, H_2 = s_{21}^{(1)}\, s_{21}^{(2)} \quad . \tag{10.45}$$

Iterativ folgt, daß für die Zweitorübertragungsfunktion einer Kette von N+1 Zweitoren mit $s_{22}^{(k)} = 0$ für $k = 1,2,\ldots,N$ gilt:

$$H_{Kette} = \prod_{k=1}^{N+1} s_{21}^{(k)} \quad \text{falls} \quad s_{22}^{(k)} = 0 \quad \text{für} \quad k = 1,\ldots,N \quad . \tag{10.46}$$

In exakt der gleichen Weise kann für die Standard-Transducer-Übertragungsfunktion argumentiert werden, daß

$$H_{T,Kette}^{S}(j\omega) = \frac{1}{1 - s_{22}^{(N+1)}\, \Gamma_L^{(N+2)}} \prod_{k=1}^{N+1} s_{21}^{(k)} \quad \text{falls} \quad s_{22}^{(k)} = 0 \quad \text{für} \quad k = 1,\ldots,N \tag{10.47}$$

gilt.

10.1.7 Verallgemeinerung auf beliebige *N*-Tore

Die Begriffe der Quellenübertragungsfunktion und der Transducer-Übertragungsfunktion können auf beliebige linear zeitinvariante N-Tore verallgemeinert werden.

Dazu trifft man folgende Vereinbarungen:

1. Es werden E Tore des N-Tores zu Eingangstoren deklariert und von 1 bis E durchnumeriert. Alle anderen Tore werden als Ausgangstore deklariert und von E+1 bis N durchnumeriert.
2. Alle Eingangstore werden mit den tatsächlich zur Anwendung kommenden ansteuernden Quellen mit den Urwellen $b_{G,k}^{(0)}$ und den Reflexionsfaktoren $\Gamma_{G,k}^{(0)}$ ($k = 1,\ldots,E$) beschaltet.
3. Alle Ausgangstore werden mit den tatsächlich zur Anwendung kommenden Lasten mit Reflexionsfaktor $\Gamma_{L,k}^{(2)}$ ($k = E+1,\ldots,N$) beschaltet.

Setzt man nun alle Urwellen mit Ausnahme der Urwelle $b_{G,k}^{(0)}$ zu 0, dann ist

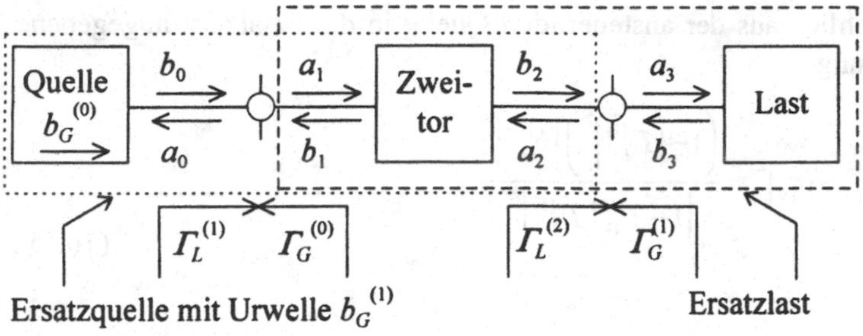

Abb. 10.9 : Zweitor mit Quelle und Last

$$H_{T,k\to l}(j\omega) := \left.\frac{b_l}{b_{G,k}^{(0)}}\right|_{b_{G,\kappa}^{(0)}=0 \text{ für } \kappa\neq k} \tag{10.48}$$

die Transducer-Übertragungsfunktion von Tor k nach Tor l. Diese hängt natürlich von allen beteiligten Reflexionsfaktoren ab.

Durch die Randbedingung verschwindenden Reflexionsfaktors der Last an Tor l erhält man die Quellenübertragungsfunktion von Tor k nach Tor l:

$$H_{Q,k\to l}(j\omega) := \left.\frac{b_l}{b_{G,k}^{(0)}}\right|_{b_{G,\kappa}^{(0)}=0 \text{ für } \kappa\neq k \text{ und } \Gamma_{L,l}^{(2)}=0} \quad . \tag{10.49}$$

10.2 Gewinne und Verluste

10.2.1 Definitionen

Mit Hilfe der Übertragungsfunktionen können nun Aussagen zu den Leistungsveränderungen getroffen werden, welche ein Signal bei der Übertragung von der Quelle über ein Zweitor zur Last erfährt.

Schwache Signale beispielsweise möchte man gerne in ihrer Leistung anheben, d.h. diese Signale sollen an Leistung „gewinnen". Umgekehrt kann es sinnvoll sein, zu starke Signale abzudämpfen, sie sollen an Leistung „verlieren".

Zur präzisen Formulierung dieser Leistungsgewinne und Verluste werden für eine Kettenschaltung aus einer Quelle, einem Zweitor und einer Last entsprechend Abb. 10.9 folgende Leistungen benutzt:

1. Die verfügbare Leistung $P_A^{(0)}$ der ansteuernden Quelle

$$P_A^{(0)} = \left|b_A^{(0)}\right|^2 = \left|b_G^{(0)}\right|^2 \Big/ \left(1-\left|\Gamma_G^{(0)}\right|^2\right) \quad , \tag{10.50}$$

2. Die tatsächlich aus der ansteuernden Quelle in die Ersatzlast abgegebene Wirkleistung

$$P^{(0)} = |b_0|^2 - |a_0|^2 = \frac{\left(1 - \left|\Gamma_L^{(1)}\right|^2\right) \left|b_G^{(0)}\right|^2}{\left|1 - \Gamma_G^{(0)} \Gamma_L^{(1)}\right|^2} \tag{10.51}$$

mit

$$\Gamma_L^{(1)} = s_{11} + \frac{s_{12}\, s_{21}\, \Gamma_L^{(2)}}{1 - s_{22}\, \Gamma_L^{(2)}} \quad , \tag{10.52}$$

also

$$P^{(0)} = \frac{\left(\left|1 - s_{22}\, \Gamma_L^{(2)}\right|^2 - \left|s_{11}\left(1 - s_{22}\, \Gamma_L^{(2)}\right) + s_{12}\, s_{21}\, \Gamma_L^{(2)}\right|^2\right) \left|b_G^{(0)}\right|^2}{\left|\left(1 - s_{11}\, \Gamma_G^{(0)}\right)\left(1 - s_{22}\, \Gamma_L^{(2)}\right) - s_{12}\, s_{21}\, \Gamma_L^{(2)}\, \Gamma_G^{(0)}\right|^2} \quad , \tag{10.53}$$

3. Diejenige Wirkleistung P_{direkt}, die der ansteuernden Quelle durch die Last mit Reflexionsfaktor $\Gamma_L^{(2)}$ entzogen würde

$$P_{direkt} = \frac{\left(1 - \left|\Gamma_L^{(2)}\right|^2\right) \left|b_G^{(0)}\right|^2}{\left|1 - \Gamma_G^{(0)} \Gamma_L^{(2)}\right|^2} \quad , \tag{10.54}$$

4. Die verfügbare Leistung $P_A^{(1)}$ der Ersatzquelle

$$P_A^{(1)} = \left|b_A^{(1)}\right|^2 = \left|b_G^{(1)} \Big/ \sqrt{1 - \left|\Gamma_G^{(1)}\right|^2}\right|^2 \tag{10.55}$$

mit

$$b_G^{(1)} = \frac{s_{21}}{1 - s_{11}\, \Gamma_G^{(0)}}\, b_G^{(0)} \quad ; \quad \Gamma_G^{(1)} = s_{22} + \frac{s_{12}\, s_{21}\, \Gamma_G^{(0)}}{1 - s_{11}\, \Gamma_G^{(0)}} \quad , \tag{10.56}$$

also

$$P_A^{(1)} = \frac{\left|s_{21}\right|^2 \left|b_G^{(0)}\right|^2}{\left|1 - s_{11}\, \Gamma_G^{(0)}\right|^2 - \left|s_{22}\left(1 - s_{11}\, \Gamma_G^{(0)}\right) + s_{12}\, s_{21}\, \Gamma_G^{(0)}\right|^2} \quad , \tag{10.57}$$

5. Die tatsächlich aus der Ersatzquelle in die Last abgegebene Wirkleistung

$$P^{(2)} = |b_2|^2 - |a_2|^2 = \frac{\left(1 - \left|\Gamma_L^{(2)}\right|^2\right) \left|b_G^{(1)}\right|^2}{\left|1 - \Gamma_G^{(1)} \Gamma_L^{(2)}\right|^2} \tag{10.58}$$

mit

$$\Gamma_G^{(1)} = s_{22} + \frac{s_{12}\, s_{21}\, \Gamma_G^{(0)}}{1 - s_{11}\, \Gamma_G^{(0)}} \quad , \tag{10.59}$$

also

$$P^{(2)} = \frac{\left(1 - \left|\Gamma_L^{(2)}\right|^2\right) \left|s_{21}\right|^2 \left|b_G^{(0)}\right|^2}{\left|\left(1 - s_{11}\, \Gamma_G^{(0)}\right)\left(1 - s_{22}\, \Gamma_L^{(2)}\right) - s_{12}\, s_{21}\, \Gamma_G^{(0)}\, \Gamma_L^{(2)}\right|^2} \quad . \tag{10.60}$$

Mit diesen Leistungen lassen sich folgende „Leistungsgewinne“ des Zweitors definieren:

Definition 10.4 :

Das Verhältnis G_A aus verfügbarer Leistung der Ersatzquelle zu verfügbarer Leistung der ansteuernden Quelle heißt *verfügbarer (Leistungs-) Gewinn* (engl.: available power gain)

$$G_A(j\omega) := \frac{P_A^{(1)}}{P_A^{(0)}} = \frac{\left|s_{21}\right|^2 \left(1 - \left|\Gamma_G^{(0)}\right|^2\right)}{\left|1 - s_{11}\, \Gamma_G^{(0)}\right|^2 - \left|s_{22}\left(1 - s_{11}\, \Gamma_G^{(0)}\right) + s_{12}\, s_{21}\, \Gamma_G^{(0)}\right|^2} \ . \tag{(10.61)}$$

Das Verhältnis G_T aus tatsächlich aus der Ersatzquelle in die Last fließender Leistung zu verfügbarer Leistung der Originalquelle heißt *Übertragungsgewinn* (engl.: transducer power gain):

$$G_T(j\omega) := \frac{P^{(2)}}{P_A^{(0)}} = \frac{\left|s_{21}\right|^2 \left(1 - \left|\Gamma_G^{(0)}\right|^2\right)\left(1 - \left|\Gamma_L^{(2)}\right|^2\right)}{\left|\left(1 - s_{11}\, \Gamma_G^{(0)}\right)\left(1 - s_{22}\, \Gamma_L^{(2)}\right) - s_{12}\, s_{21}\, \Gamma_G^{(0)}\, \Gamma_L^{(2)}\right|^2} \ . \tag{10.62}$$

Das Verhältnis G_P aus tatsächlich aus der Ersatzquelle in die Last fließender Leistung zu tatsächlich aus der ansteuernden Quelle in die Ersatzlast fließender Leistung heißt *effektiver (Leistungs-) Gewinn* (engl.: (effective) power gain):

$$G_P(j\omega) := \frac{P^{(2)}}{P^{(0)}} = \frac{\left|s_{21}\right|^2 \left(1 - \left|\Gamma_L^{(2)}\right|^2\right)}{\left|1 - s_{22}\, \Gamma_L^{(2)}\right|^2 - \left|s_{11} - \det\left(\tilde{S}\right) \Gamma_L^{(2)}\right|^2} \quad . \tag{10.63}$$

Das Verhältnis G_I aus tatsächlich aus der Ersatzquelle in die Last fließender Leistung zu der Leistung welche die ansteuernde Quelle direkt, also ohne Zwischenschaltung des Zweitors, in die Last abgeben würde, heißt *Einfügungsgewinn* (engl.: insertion power gain):

$$G_I(j\omega) := \frac{P^{(2)}}{P_{direkt}} = \frac{\left|1-\Gamma_G^{(0)}\,\Gamma_L^{(2)}\right|^2 \left|s_{21}\right|^2}{\left|\left(1-s_{11}\,\Gamma_G^{(0)}\right)\left(1-s_{22}\,\Gamma_L^{(2)}\right)-s_{12}\,s_{21}\,\Gamma_G^{(0)}\,\Gamma_L^{(2)}\right|^2} \ . \quad (10.64)$$

Die Kehrwerte der Gewinne eines Zweitors werden als Zweitorverluste oder als Zweitordämpfungen (engl.: loss of a two-port) definiert. Es ist daher

$$L_A(j\omega) := 1/G_A(j\omega) \quad (10.65)$$

die *verfügbare Dämpfung*,

$$L_T(j\omega) := 1/G_T(j\omega) \quad (10.66)$$

die *Übertragungsdämpfung*,

$$L_P(j\omega) := 1/G_P(j\omega) \quad (10.67)$$

die *effektive Dämpfung* und

$$L_I(j\omega) := 1/G_I(j\omega) \quad (10.68)$$

die *Einfügungsdämpfung*.

In einigen, vorwiegend deutschsprachigen Literaturstellen ist es üblich, die Gewinne statt der Dämpfungen mit dem Buchstaben L abzukürzen. ◆

10.2.2 Logarithmische Maße

Die oben definierten Gewinne und Verluste werden oft im logarithmischen Maß deziBel[1] (dB) angegeben:

$$G\big|_{\text{dB}} := 10\lg(G)\ [\text{dB}] \ . \quad (10.69)$$

Neben den Gewinnangaben in dB, die auf dem Briggsschen[2] Zehnerlogarithmus fußen, gibt es auch eine auf dem natürlichen Logarithmus basierende Maßeinheit, das Neper[3] (Np):

---

[1] Maßangabe zu Ehren des amerikanischen Erfinders Alexander Graham Bell, 1847 – 1922.

[2] Henry Briggs, 1561 – 1630, englischer Mathematiker, verhalf dem Zehnerlogarithmus zu seiner heutigen Bedeutung.

[3] Maßangabe zu Ehren des schottischen Mathematikers John Napier, Laird of Merchiston, 1561 – 1630, der grundlegende Arbeiten zur Logarithmenrechnung veröffentlichte.

$$G|_{\mathrm{Np}} := \frac{1}{2}\ln(G) \ [\mathrm{Np}] \quad . \tag{10.70}$$

Diese Maßeinheit wurde ursprünglich auf Spannungsverhältnisse (Pegelverhältnisse) angewendet, welche sich bei gleichem Bezugswiderstand als Quadratwurzel aus Leistungsverhältnissen berechnen lassen. Daher rührt der Faktor 0,5 in der Definitionsgleichung (10.70).

Die Umrechnung der verschiedenen logarithmischen Maße ist wegen

$$G = 10^{G|_{\mathrm{dB}}/10} = e^{2G|_{Np}} \tag{10.71}$$

durch die folgenden Zusammenhänge gegeben:

$$1\,\mathrm{dB} = \frac{\ln(10)}{20}\,\mathrm{Np} = 0{,}1151\,\mathrm{Np} \quad , \tag{10.72}$$

bzw.

$$1\,\mathrm{Np} = 20\lg(e)\,\mathrm{dB} = 8{,}686\,\mathrm{dB} \quad . \tag{10.73}$$

Auch die Verluste werden häufig in einem logarithmischen Maß angegeben:

$$L|_{\mathrm{dB}} := A := 10\lg(L) = -10\,G|_{\mathrm{dB}} \ [\mathrm{dB}] \quad . \tag{10.74}$$

Selbstverständlich ist auch hier eine Angabe in Neper möglich.

10.2.3 Kritischer Vergleich der Gewinndefinitionen

Die oben angegebenen Gewinn- und Verlustdefinitionen und ihre logarithmischen Äquivalente spielen in der Meßtechnik eine höchst wichtige Rolle. Sie werden auch zur Spezifikation von Schaltungseigenschaften eines zu verkaufenden Produktes verwendet und sind damit indirekt ein für die Produktkosten wichtiger Faktor, der bei falscher Anwendung zu erheblichen Schwierigkeiten führen kann. Dies soll an folgendem Beispiel illustriert werden:

Beispiel 10.3 :

Es sei eine ideale Richtungsleitung mit der Streumatrix

$$\vec{\vec{S}} = \begin{pmatrix} 0 & 0 \\ e^{-j\beta l} & 0 \end{pmatrix} \tag{10.75}$$

gegeben. Dann ist mit der abkürzenden Schreibweise $\Gamma_G := \Gamma_G^{(0)}$ bzw. $\Gamma_L := \Gamma_L^{(2)}$

$$G_A = 1 - |\Gamma_G|^2 \quad , \tag{10.76}$$

$$G_T = \left(1-|\Gamma_G|^2\right)\left(1-|\Gamma_L|^2\right) \quad , \tag{10.77}$$

$$G_P = 1-|\Gamma_L|^2 \quad , \tag{10.78}$$

$$G_I = |1-\Gamma_G\,\Gamma_L|^2 \quad . \tag{10.79}$$

Angenommen es sei nun $\Gamma_G = 0{,}3$ und $\Gamma_L = -0{,}7$, das sind Werte, die bei Transistorverstärkern durchaus auftreten können, dann ist

$G_A = 0{,}91 \mathrel{\hat{=}} -0{,}41$ dB , $\quad G_T = 0{,}46 \mathrel{\hat{=}} -3{,}33$ dB ,
$G_P = 0{,}51 \mathrel{\hat{=}} -2{,}92$ dB , $\quad G_I = 1{,}46 \mathrel{\hat{=}} +1{,}66$ dB .

Zwei Dinge fallen auf:

1. Die verschiedenen Gewinne weichen erheblich voneinander ab. In diesem Beispiel ist G_I das Dreifache von G_T.
2. Obwohl das Zweitor des Beispiels nicht aktiv ist, ist G_I größer als 1.

Liegen die tatsächlichen Verhältnisse bei $\Gamma_G = 0{,}3$ und $\Gamma_L = 0$, dann ergibt sich

$G_A = 0{,}91 \mathrel{\hat{=}} -0{,}41$ dB , $\quad G_T = 0{,}91 \mathrel{\hat{=}} -0{,}41$ dB ,
$G_P = 1{,}00 \mathrel{\hat{=}} 0{,}00$ dB , $\quad G_I = 1{,}00 \mathrel{\hat{=}} 0{,}00$ dB .

Hier fällt auf, daß der effektive Gewinn höher liegt als der verfügbare Gewinn. ♦

Während bei nicht aktiven Zweitoren der verfügbare Gewinn, der Übertragungsgewinn und der effektive Gewinn per definitionem nicht größer als 1 werden können, ist dies beim Einfügungsgewinn, wie das Beispiel zeigt, nicht auszuschließen.

Einfügungsgewinn und Einfügungsdämpfung sollten daher sowohl bei Messungen als auch bei Spezifikationen vermieden werden! Sie können unphysikalische Ergebnisse liefern.

Auch der effektive Gewinn ist nicht besonders gut für einen fairen Vergleich von Leistungen geeignet. Er setzt zwar eine Wirkung, nämlich die tatsächlich in die Last abgegebene Leistung ins Verhältnis zu einer Bezugsgröße, doch letztere ist nicht die eigentliche physikalische Ursache für die an der Last gemessene Leistung. Die tatsächlich aus der ansteuernden Quelle abgegebene Leistung bestimmt sich bekanntermaßen erst durch die Rückwirkung der Last über das Zweitor auf die Quelle. Ursachen dürfen aber nicht von Wirkungen abhängen.

Damit bleiben für einen fairen Leistungsvergleich nur noch der verfügbare Gewinn und der Übertragungsgewinn bzw. die entsprechenden Dämpfungen. Sie stehen in engem Zusammenhang mit den weiter vorn definierten Übertragungsfunktionen. Es gilt nämlich

$$G_A(j\omega)=\left|\frac{b_G^{(1)}\Big/\sqrt{1-\left|\Gamma_G^{(1)}\right|^2}}{b_G^{(0)}\Big/\sqrt{1-\left|\Gamma_G^{(0)}\right|^2}}\right|^2=\left|H_Q\right|^2\frac{1-\left|\Gamma_G^{(0)}\right|^2}{1-\left|\Gamma_G^{(1)}\right|^2} \tag{10.80}$$

und

$$G_T(j\omega)=\frac{\left(1-\left|\Gamma_L^{(2)}\right|\right)\left|b_2\right|^2}{\left|b_G^{(0)}\right|^2\Big/\left(1-\left|\Gamma_G^{(0)}\right|^2\right)}=\left(1-\left|\Gamma_G^{(0)}\right|^2\right)\left(1-\left|\Gamma_L^{(2)}\right|^2\right)\left|H_T\right|^2. \tag{10.81}$$

Damit wird auch der besondere Zusammenhang zwischen Quellenübertragungsfunktion und verfügbarem Gewinn einerseits und zwischen Transducer-Übertragungsfunktion und Übertragungsgewinn (transducer gain) andererseits offenbar.

Warum wurden nun die neuen Übertragungsfunktionen nicht so definiert, daß ihre Betragsquadrate identisch mit dem verfügbaren Gewinn bzw. Übertragungsgewinn sind? Untersucht man die Bestimmungsstücke, aus denen die verallgemeinerte Betriebs- oder Transducer-Übertragungsfunktion und die Quellenübertragungsfunktion gebildet werden, so stellt man fest, daß sie praktisch direkt gemessen werden können. Zur Bestimmung des verfügbaren Gewinns und des Übertragungsgewinns müssen aber zusätzlich noch zwei Reflexionsfaktorbeträge gemessen werden. Dies offenbart sich auch in den Gleichungen (10.80) und (10.81). Als Quotient je zweier observabler Größen sind die Transducer-Übertragungsfunktion und die Quellenübertragungsfunktion daher grundsätzlich genauer zu messen als anders definierte Größen.

Die Quellenübertragungsfunktion kann im übrigen als Sonderfall der Transducer-Übertragungsfunktion für den Fall einer reflexionsfreien Last aufgefaßt werden.

10.2.4 Gewinne von Kettenschaltungen

Auf Grund des Zusammenhangs zwischen Übertragungsfunktionen und Gewinnen können nun auch in einfacher Weise Aussagen zu den Gewinnen einer Kettenschaltung aus Zweitoren gewonnen werden. Mit den Gleichungen (10.46) und (10.47) folgt nämlich bei Annahme einer rückwirkungsfreien ansteuernden Quelle, d.h. $\Gamma_G^{(0)}=0$ für eine Kette aus $N+1$ Zweitoren und unter der Nebenbedingung, daß die Eigenreflexionsfaktoren an den Ausgängen der ersten N Zweitore verschwinden

$$G_{A,Kette}=\frac{\prod_{k=1}^{N+1}\left|s_{21}^{(k)}\right|^2}{1-\left|s_{22}^{(N+1)}\right|^2}\quad \text{falls}\quad s_{22}^{(k)}=0 \text{ für } k=1,\dots,N \text{ und } \Gamma_G^{(0)}=0 \quad , \tag{10.82}$$

$$G_{T,Kette} = \frac{\left(1-\left|\Gamma_L^{(N+2)}\right|^2\right)\prod_{k=1}^{N+1}\left|s_{21}^{(k)}\right|^2}{\left|1-s_{22}^{(N+1)}\,\Gamma_L^{(N+2)}\right|^2} \quad \text{falls } s_{22}^{(k)}=0 \text{ für } k=1,\ldots,N\ ,\ \Gamma_G^{(0)}=0\ . \quad (10.83)$$

Falls auch noch der Eigenreflexionsfaktor am Ausgang des letzten Zweitores verschwindet, folgt

$$G_{A,Kette} = \prod_{k=1}^{N+1}\left|s_{21}^{(k)}\right|^2 \quad \text{falls} \quad s_{22}^{(k)}=0 \text{ für } k=1,\ldots,N+1 \text{ und } \Gamma_G^{(0)}=0 \quad , (10.84)$$

$$G_{T,Kette} = \left(1-\left|\Gamma_L^{(N+2)}\right|^2\right)\prod_{k=1}^{N+1}\left|s_{21}^{(k)}\right|^2 \text{ falls } s_{22}^{(k)}=0 \text{ für } k=1,\ldots,N+1\ ,\ \Gamma_G^{(0)}=0. \quad (10.85)$$

Warnung:

In den Formeln zum Leistungsgewinn einer Kette müssen die Randbedingungen *über den gesamten betrachteten Frequenzbereich* eingehalten werden. Dies wird häufig vergessen.

10.3 Lineare Verzerrungen

Alle Veränderungen, welche ein Signal bei seinem Durchgang durch ein lineares N-Tor erfährt, können mit Hilfe einer Übertragungsfunktionen charakterisiert werden. Es kommt also wesentlich auf die Wahl einer geeigneten Übertragungsfunktion an.

Da üblicherweise die Einflüsse der Last mit erfaßt werden müssen, und da ein fairer Vergleich erforderlich ist, bleiben nur die Cauersche Übertragungsfunktion und die Transducer-Übertragungsfunktion zur Wahl. Wählt man wie Cauer reelle Quellen- und Lastimpedanzen, dann unterscheiden sich die beiden Übertragungsfunktionen ohnehin nur um eine reelle Konstante.

Daher werden sich im folgenden die Ausführungen stillschweigend auf die Transducer-Übertragungsfunktion oder verallgemeinerte Betriebsübertragungsfunktion beziehen. Selbstverständlich lassen sich die Betrachtungen auch auf andere Übertragungsfunktionen anwenden. Sie sind dann aber möglicherweise nicht mehr besonders sinnvoll.

10.3.1 Amplituden- und Phasengang

Definition 10.5 :

Unter dem *Amplitudengang A* (engl.: frequency response of amplitude, amplitude response) einer Übertragungsfunktion versteht man den Betrag der Übertragungsfunktion in Abhängigkeit von der Frequenz:

$$A(j\omega) := \left|H(j\omega)\right| \quad . \tag{10.86}$$

Unter dem *Phasengang* φ (engl.: phase response) einer Übertragungsfunktion versteht man den Phasenwinkel der Übertragungsfunktion in Abhängigkeit von der Frequenz:

$$\varphi(j\omega) := \arg\big(H(j\omega)\big) = -j \ln\Big(H(j\omega)\big/\big|H(j\omega)\big|\Big) \quad . \tag{10.87}$$

Trägt man Amplituden- und Phasengang über einer logarithmisch dargestellten Frequenzachse auf, und wählt man eine Darstellung des Amplitudengangs in dB, so heißt die Gesamtheit dieser Kurven ein *Bode-Diagramm*[1]. ◆

10.3.2 Die Phasenlaufzeit

Es soll nun die Frage geklärt werden, unter welchen Umständen ein Zweitor Signale unverzerrt überträgt.

Dies ist dann der Fall, wenn das Ausgangssignal sich im Zeitbereich vom Eingangssignal höchstens um einen konstanten reellwertigen, multiplikativen Faktor K und gegebenenfalls um eine zeitliche Verzögerung τ_P unterscheidet. Versteht man unter dem Eingangssignal die auf das Eingangstor des Zweitors zulaufende normierte Welle $\tilde{a}_1(t)$ und unter dem Ausgangssignal die aus dem Ausgangstor des Zweitors herauslaufende Welle $\tilde{b}_2(t)$, dann ist also zur Vermeidung von Verzerrungen

$$\tilde{b}_2(t) = K\,\tilde{a}_1(t-\tau_P) \tag{10.88}$$

erforderlich. Durch Fouriertransformation beider Gleichungsseiten folgt daraus

$$b_2(j\omega) = K\,a_1(j\omega)\,e^{-j\omega\tau_P} \quad . \tag{10.89}$$

Offenbar ist das Verhältnis b_2/a_1 eine Übertragungsfunktion

$$H(j\omega) = K\,e^{-j\omega\tau_P} \tag{10.90}$$

mit

$$H(j\omega)\big/H(0) = e^{-j\omega\tau_P} \quad . \tag{10.91}$$

Definition 10.6 :

Ein durch die Übertragungsfunktion H beschriebenes lineares Zweitor heißt *(generell) verzerrungsfrei*, wenn gilt:

---

[1] Nach dem amerikanischen Ingenieur Hendrik Wade Bode, *1905.

1. $\left|H(j\omega)/H(0)\right| \equiv 1$, (10.92)

2. $\arg\left(H(j\omega)/H(0)\right) = -\omega\,\tau_P$, $\tau_P \geq 0$. (10.93)

Unter diesen Voraussetzungen ist τ_P eine Verzögerungszeit, welche die zeitliche Verzögerung des Eingangssignals gegenüber dem Ausgangssignal beschreibt. τ_P heißt *Phasenlaufzeit des linearen, (generell) verzerrungsfreien Zweitors*.

In Verallgemeinerung dieses Zusammenhangs wird ganz allgemein und ohne Einschränkungen bezüglich der Übertragungsfunktion

$$\tau_P := -\frac{\arg\left(H(j\omega)/H(0)\right)}{\omega} \tag{10.94}$$

Phasenlaufzeit des linearen Zweitors genannt.

Man sagt, ein Zweitor verursache *Amplitudengangverzerrungen*, wenn der Betrag der Übertragungsfunktion nicht konstant ist. Es verursache *Phasengangverzerrungen*, wenn τ_P entsprechend Definitionsgleichung (10.94) nicht konstant ist.

Amplituden- und Phasengangverzerrungen werden unter dem Begriff *lineare Verzerrungen* zusammengefaßt. ♦

Warnung:

Es wird vor der Interpretation von τ_P als einer *Laufzeit* gewarnt, wenn der Amplitudengang der Übertragungsfunktion oder wenn τ_P entsprechend Definitionsgleichung (10.94) nicht konstant ist.

10.3.3 Bandpaßsignale

Die Forderung nach Freiheit von linearen Verzerrungen wird nur von wenigen Zweitoren erfüllt. Häufig muß man sich daher mit der näherungsweise Erfüllung der Verzerrungsfreiheit für ein eingeschränktes Frequenzintervall begnügen.

Für die in der Hochfrequenztechnik benutzten informationstragenden Signale begnügt man sich daher mit einer abgeschwächten Forderung.

Solche Signale können aus Leistungsgründen immer nur eine endliche Zeit T_{obs} von 0 verschieden sein. Für ein Zeitintervall der Länge $T > T_{obs}$ lassen sie sich daher entsprechend Kapitel 2 in beliebiger Genauigkeit durch einen Ausdruck der Form

$$s(t) = \frac{A_0}{2} + \sum_{n=1}^{\infty} A_n \cos\left(\frac{2\pi n t}{T}\right) + \sum_{n=1}^{\infty} B_n \sin\left(\frac{2\pi n t}{T}\right) \tag{10.95}$$

darstellen. Nennt man noch

$$\Delta f := 1/T =: \Delta\omega/2\pi \quad , \tag{10.96}$$

dann folgt:

$$s(t) = \frac{A_0}{2} + \sum_{n=1}^{\infty} A_n \cos(n\,\Delta\omega\, t) + \sum_{n=1}^{\infty} B_n \sin(n\,\Delta\omega\, t) \quad . \tag{10.97}$$

Für die hochfrequente Informationsübertragung werden nur Signale zugelassen, deren Spektralkomponenten sich um eine Mittenfrequenz $f_T = \omega_T/2\pi$ verteilen, und die ein zusammenhängendes Frequenzintervall endlicher Breite, ein sogenanntes *Frequenzband*, belegen. Nun läßt sich aber immer erreichen – gegebenenfalls durch Vergrößerung von T – , daß sich f_T als ganzzahliges Vielfaches von Δf darstellen läßt. Infolgedessen kann man ein solches *Bandpaßsignal* in praktisch beliebiger Genauigkeit durch

$$s(t) = \sum_{n=-N}^{N} A_n \cos((\omega_T + n\,\Delta\omega)\, t) + \sum_{n=-N}^{N} B_n \sin((\omega_T + n\,\Delta\omega)\, t) \tag{10.98}$$

darstellen. Nach Anwendung der Winkelfunktionstheoreme erhält man daraus

$$\begin{aligned} s(t) = {} & \cos(\omega_T\, t) \sum_{n=-N}^{N} \left[A_n \cos(n\,\Delta\omega\, t) + B_n \sin(n\,\Delta\omega\, t) \right] \\ & + \sin(\omega_T\, t) \sum_{n=-N}^{N} \left[B_n \cos(n\,\Delta\omega\, t) - A_n \sin(n\,\Delta\omega\, t) \right] \end{aligned} \quad . \tag{10.99}$$

Bandpaßsignale sind also Überlagerungen von Signalen der Form

$$\tilde{a}_1(t) = r(t) \cos(\omega_T\, t + \chi) \tag{10.100}$$

mit reellwertigem $r(t)$, wobei

$$r(t) = \sum_{n=-N}^{N} \left[C_n \cos(n\,\Delta\omega\, t) + D_n \sin(n\,\Delta\omega\, t) \right] \tag{10.101}$$

mit konstanten Werten C_n und D_n gilt. Man kann r als eine *Gruppe* von harmonischen Schwingungen in einem bestimmten Frequenzband betrachten. Eine ähnliche Interpretation gilt für das Signal $\tilde{a}_1(t)$.

Benennt man die Fouriertransformierte von r durch R, dann ist

$$a_1(j\omega) = \frac{1}{2} \left\{ e^{-j\chi} R(j(\omega + \omega_T)) + e^{j\chi} R(j(\omega - \omega_T)) \right\} \quad . \tag{10.102}$$

Aus den Gleichung (10.101) entnimmt man weiter, daß R für Kreisfrequenzen mit Beträgen größer als $N\,\Delta\omega$ verschwinden muß. Es gilt also

$$a_1 = \begin{cases} e^{-j\chi} R(j(\omega + \omega_T))/2 & \text{falls } -\omega_T - N\,\Delta\omega < \omega < -\omega_T + N\,\Delta\omega \\ e^{j\chi} R(j(\omega - \omega_T))/2 & \text{falls } \omega_T - N\,\Delta\omega < \omega < \omega_T + N\,\Delta\omega \\ 0 & \text{sonst} \end{cases} \quad . \tag{10.103}$$

10.3.4 Die Gruppenlaufzeit

Die Anforderung an ein generell verzerrungsfreies lineares System war, daß für alle Frequenzen der Betrag der Übertragungsfunktion H konstant sein mußte, und daß das Argument von $H(j\omega)/H(0)$ proportional zu ω sein mußte.

Diese Forderung ist in den meisten Fällen zu restriktiv. Daher wird die Forderung nun in zweierlei Hinsicht abgeschwächt.

Zum ersten werden nur noch Forderungen für Kreisfrequenzen gestellt, deren Betrag in einem Intervall liegen, das zur Übertragung eines Bandpaßsignales ausreicht: $\omega \in [\omega_T - N\Delta\omega, \omega_T + N\Delta\omega]$.

Zweitens wird die Anforderung an das Argument der normierten Übertragungsfunktion dadurch abgeschwächt, daß innerhalb des Übertragungsbandes nur noch

$$\arg\left(H(j\omega)/H(0)\right) = -\omega\tau_G + \theta \tag{10.104}$$

mit konstanten Werten τ_G und θ gelten muß. Zur Erinnerung: im verzerrungsfreien System muß $\theta = 0$ und $\tau_G = \tau_P$ gelten. Die strengere Forderung des generell verzerrungsfreien Systems soll als Grenzfall mit $N = 0$ enthalten sein. Das bedeutet, daß

$$-\omega_T\, \tau_G + \theta = \arg\left(H(j\omega_T)/H(0)\right) = -\omega_T\, \tau_P \tag{10.105}$$

gelten muß. Daraus folgt:

$$\theta = \omega_T\,(\tau_G - \tau_P)\ . \tag{10.106}$$

Die Forderung nach Konstanz des Amplitudengangs wird innerhalb des Übertragungsbandes nach wie vor aufrecht erhalten.

Zusammen mit der Forderung, daß H die Fouriertransformierte einer reellwertigen Funktion sein muß, und daß daher

$$H^*(j\omega) = H(-j\omega) \tag{10.107}$$

ist, ergibt sich folgende Übertragungsfunktion:

$$H(j\omega) = \begin{cases} K\, e^{-j\omega\tau_G}\, e^{-j\omega_T(\tau_G - \tau_P)} & \text{falls} \quad -\omega_T - N\Delta\omega < \omega < -\omega_T + N\Delta\omega < 0 \\ K\, e^{-j\omega\tau_G}\, e^{j\omega_T(\tau_G - \tau_P)} & \text{falls} \quad 0 < \omega_T - N\Delta\omega < \omega < \omega_T + N\Delta\omega \end{cases} \ . \tag{10.108}$$

Für das Ausgangssignal b_2 ergibt sich folglich

$$b_2(j\omega) = H(j\omega)\, a_1(j\omega) = \frac{K}{2}\left\{e^{-j\chi}\, R(j(\omega + \omega_T)) + e^{j\chi}\, R(j(\omega - \omega_T))\right\} e^{-j\omega\tau_G}\, e^{j\omega_T(\tau_G - \tau_P)}\ . \tag{10.109}$$

Zur Herleitung der letzten Gleichung wurde ausgenutzt, daß R für $|\,\omega\,| > N\,\Delta\omega$ verschwindet. Die Rücktransformation dieser Gleichung ist nun mit Hilfe des

Verschiebungssatzes und des Multiplikationssatzes der Fouriertransformation (siehe Anhang A) möglich:

$$\tilde{b}_2(t) = K\, r(t-\tau_G)\cos(\omega_T(t-\tau_P)+\chi) \quad . \qquad (10.110)$$

Die Amplitudenfunktion $r(t)$, welche die Information beinhaltet, wird also mit der Laufzeit τ_G durch das Zweitor verzögert, während die hochfrequente Trägerfunktion $\cos(\omega_T t+\chi)$ durch die Phasenlaufzeit τ_P verzögert wird. Demzufolge ist folgende Definition sinnvoll:

Definition 10.7 :

Ein lineares Zweitor heißt für ein Bandpaßsignal *im eingeschränkten Sinne verzerrungsfrei*, wenn für $H(j\omega)/H(0)$ in dem *gesamten* Frequenzband, welches das modulierte Signal belegt, mit *konstantem* τ_P und τ_G gilt:

1. $$\left|H(j\omega)/H(0)\right| \equiv 1 \quad , \qquad (10.111)$$

2. $$\arg(H(j\omega)/H(0)) = -\omega\,\tau_G + \omega_T\,(\tau_G-\tau_P)\,,\ \tau_P \geq 0\,,\ \tau_G \geq 0 \quad .(10.112)$$

Die Größe τ_G heißt *Gruppenlaufzeit* (engl.: group delay, envelope delay) des Zweitors im Frequenzbereich $0<\omega_T-N\Delta\omega<|\omega|<\omega_T+N\Delta\omega$, weil sie die Verzögerung derjenigen Gruppe von Summanden in der Signalzerlegung nach Gleichung (10.99) beschreibt, welche die Information trägt. ♦

Durch Umkehrung der Rechnung kann man nun folgern, daß Zweitorausgangssignale der Form entsprechend Gleichung (10.110) nur dann aus Eingangssignalen der Form nach Gleichung (10.100) entstehen, wenn die Übertragungsfunktion des Zweitors die in Definition 10.7 geforderten Eigenschaften besitzt. Insbesondere bedeutet dies, daß Konstanz des Amplitudengangs vorausgesetzt wird.

In der Literatur wird die Gruppenlaufzeit meist ein wenig anders ausgedrückt.

Definition 10.8 :

Es sei $H(j\omega)$ die (Betriebs-) Übertragungsfunktion eines Zweitors mit

$$H(j\omega) = \left|H(j\omega)\right| e^{j\varphi(\omega)} \quad . \qquad (10.113)$$

Dann wird

$$\tau_G := -\frac{d\varphi}{d\omega} \qquad (10.114)$$

als *Gruppenlaufzeit* des Zweitors *definiert*. ♦

Sofern die Voraussetzungen (10.111) und (10.112) erfüllt sind, stimmt die Gruppenlaufzeit nach Definition 10.8 mit der nach Definition 10.7 überein.

Beispiel 10.4 :

Es sei eine Schaltung entsprechend Abb. 10.10a gegeben. Sie werde durch eine rückwirkungsfreie Quelle ($\Gamma_G = 0$) angesteuert und durch einen Wellensumpf belastet ($\Gamma_G = 0$). Dann sind Transducer- und Betriebsübertragungsfunktion identisch zu dem Streuparameter s_{21}.

$$s_{21} = \frac{2}{j\omega C Z_0 + 2} \quad . \tag{10.115}$$

Daher ist der Amplitudengang durch

$$A = 1\Big/\sqrt{(\omega C Z_0/2)^2 + 1} \tag{10.116}$$

und der Phasengang durch

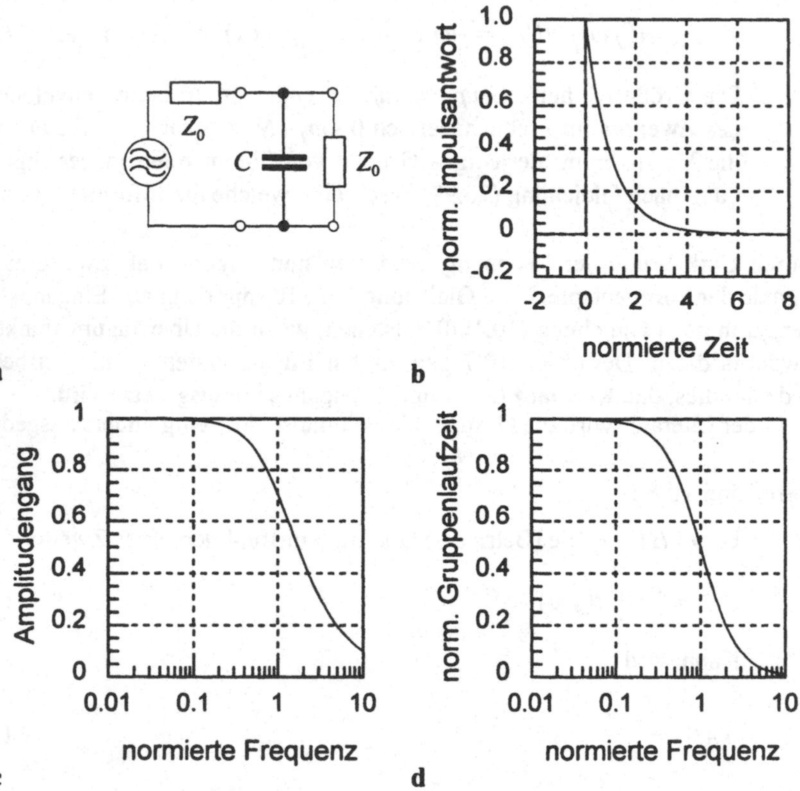

Abb. 10.10 : Beispielschaltung für die Anwendung der Definitionen linearer Verzerrungen **a** Schaltbild **b** Impulsantwort, normiert auf Maximalwert **c** Amplitudengang, Kreisfrequenz normiert auf Kehrwert der Gruppenlaufzeit bei Frequenz 0 **d** Gruppenlaufzeit, normiert auf Wert bei Frequenz 0

$$\varphi = -\arctan(\omega C Z_0/2) \tag{10.117}$$

gegeben. Für niedrige Frequenzen kann der Amplitudengang in guter Näherung durch

$$A \approx 1 \quad \text{für} \quad |\omega| \ll 2/(C Z_0) \quad , \tag{10.118}$$

$$\varphi \approx -\frac{\omega C Z_0}{2} \quad \text{für} \quad |\omega| \ll 2/(C Z_0) \tag{10.119}$$

approximiert werden. Für hinreichend niedrige Frequenzen sind daher die Gruppenlaufzeit und die Phasenlaufzeit identisch:

$$\tau_G = \tau_P \approx \frac{C Z_0}{2} \quad \text{für} \quad |\omega| \ll 2/(C Z_0) \tag{10.120}$$

und es kann von einer näherungsweise verzerrungsfreien Situation gesprochen werden.

Im Sinne der allgemeineren Definition 10.8 ist die Gruppenlaufzeit

$$\tau_G = \frac{2 C Z_0}{4 + (\omega C Z_0)^2} \quad . \quad \blacklozenge \tag{10.121}$$

Der Name Gruppenlaufzeit verführt nun dazu, die Größe $-d\varphi/d\omega$ allgemein als *Verzögerungszeit* zu interpretieren. Dies ist aber nicht in voller Allgemeinheit zulässig.

Wesentlich für diese Deutung war nämlich gewesen, daß für diejenigen Frequenzen, welche die Information tragen, der Amplitudengang als konstant vorausgesetzt wurde. Trifft dies nicht zu, dann kann die Interpretation der Größe $-d\varphi/d\omega$ als *Verzögerungszeit* zu unsinnigen Schlußfolgerungen führen. Dies wird in nachfolgendem Beispiel demonstriert.

Beispiel 10.5 :

Abb. 10.11a zeigt eine sogenannte Bandsperre, die von einer rückwirkungsfreien Quelle ($\Gamma_G = 0$) angesteuert wird, und die durch einen Wellensumpf belastet wird ($\Gamma_G = 0$). Die Bauelemente wurden durch $L = 1\mu$H, $C =$ 10 nF, $R = 10\ \Omega$ und $Z_0 = 50\ \Omega$ dimensioniert. Damit ergibt sich das Verhalten entsprechend Abb. 10.11b,c,d.

Ganz offenbar zeigt die Schaltung einen Frequenzbereich mit negativer Gruppenlaufzeit, der im übrigen genau dort auftritt, wo der Amplitudengang deutlich von einem konstanten Verlauf abweicht. In den Frequenzbereichen, in denen der Amplitudengang näherungsweise konstant ist, ist auch die Gruppenlaufzeit positiv.

Die Impulsantwort ist aber eindeutig kausal, d.h. sie tritt nicht vor der Anregung auf. ◆

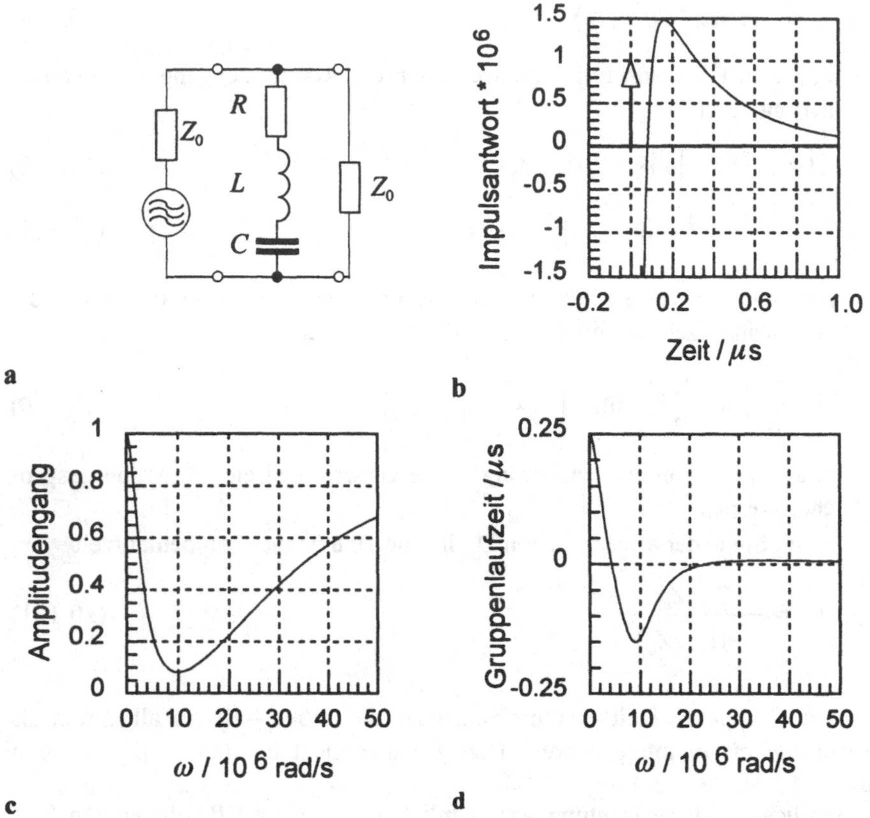

Abb. 10.11 : Bandsperre mit negativer Gruppenlaufzeit **a** Schaltbild **b** Impulsantwort, enthält bei $t = 0$ einen Deltaimpuls der Höhe 1 **c** Amplitudengang **d** Gruppenlaufzeit

Daß negative Gruppenlaufzeiten mit kausalen Schaltungen zu erzielen sind, wurde bereits 1961 von Werner Rupprecht gezeigt [10.4]. Er wies auch nach, daß damit keineswegs eine Verletzung der Kausalität einhergeht.

Dieser scheinbare Widerspruch ist die Folge einer unglücklichen Namengebung. Unter den Randbedingungen der Definition 10.7 ist nämlich $-d\varphi/d\omega$ tatsächlich eine *Laufzeit*, während dies unter den allgemeineren Bedingungen der Definition 10.8 nicht zutrifft.

Hinweis:

Gruppenlaufzeiten sollten nicht als *Laufzeit* im Sinne einer Signalverzögerungszeit, sondern als Maß für lineare Verzerrungen interpretiert werden!

In diesem Sinne besagen die Ergebnisse aus Beispiel 10.5 lediglich, daß die Schaltung starke lineare Verzerrungen verursacht und in den dargestellten Frequenzbereichen nicht für eine verzerrungsarme Übertragung geeignet ist.

10.3.5 Verzögerung der Impulsantwort

Um eine Aussage über die Laufzeit eines Impulses durch ein Zweitor zu erhalten, muß die Impulsantwort mit dem auslösenden Impuls verglichen werden.

An Beispiel 10.4 zeigt sich, daß die Antwort auf einen Impuls nicht selbst wieder ein Impuls sein muß. Sie kann zwar unmittelbar nach Auslösung durch den anregenden Impuls beginnen, ist aber normalerweise zeitlich ausgedehnt.

Um für solche Fälle ein Maß für die Verzögerungszeit zu erhalten, führt Werner Rupprecht [10.4] die zeitliche Schwerpunktskoordinate der Impulsantwort als

$$\tau_S := \int_{-\infty}^{\infty} t\, h(t)\, dt \Bigg/ \int_{-\infty}^{\infty} h(t)\, dt \tag{10.122}$$

ein und nennt sie Schwerpunktlaufzeit. Sie muß als eine mittlere Verzögerungszeit interpretiert werden, da im allgemeinen die Impulsantwort vor Ablauf der Schwerpunktlaufzeit beginnen und erst nach Ablauf der Schwerpunktlaufzeit enden kann.

Auf Günter Morgenstern [10.5] geht ein alternatives Maß, die Impulslaufzeit, zurück, die wie folgt definiert ist:

$$\tau_i := \int_{-\infty}^{\infty} t\, h^2(t)\, dt \Bigg/ \int_{-\infty}^{\infty} h^2(t)\, dt \quad . \tag{10.123}$$

Im Gegensatz zur Schwerpunktlaufzeit setzt sie Leistungen in Bezug. Sie stellt sich als mittlere Gruppenlaufzeit heraus. Diese Definition versagt allerdings, wenn in der Impulsantwort wie etwa in Beispiel 10.5 ein Delta-Impuls auftritt, da das Quadrat einer Dirac-Distribution nicht definiert ist. Dieses Problem läßt sich aber mit Hilfe eines künstlich eingeführten parasitären Tiefpasses mit sehr hoch liegender Grenzfrequenz eliminieren.

10.4 Zusammenfassung

In diesem Kapitel wurden Übertragungsfunktionen als wesentliches Hilfsmittel zur Beschreibung linearer zeitinvarianter Zweitore untersucht. Es stellte sich heraus, daß zur Beurteilung kausaler Zusammenhänge die auf der Basis normierter Wellen definierte Übertragungsfunktionen universell geeignet sind. Es handelt sich dabei insbesondere um die Transducer-Übertragungsfunktion, die Quellenübertragungsfunktion und die Zweitorübertragungsfunktion.
Diese Übertragungsfunktionen stehen in engem Zusammenhang zu der Cauerschen Betriebsübertragungsfunktion und verallgemeinern diese.

Aus den Übertragungsfunktionen lassen sich nützliche Maße zur Erfassung der Leistungsveränderung, nämlich die Gewinne bzw. Dämpfungen, und der linearen Verzerrungen, nämlich Amplitudengang, Phasengang und Laufzeiten herleiten.

Dabei wird deutlich, daß einige in der Literatur zu findende Maße zu Fehlinterpretationen führen können. Es ist wichtig, sich diese Grenzfälle bewußt zu machen, um Fehler zu vermeiden.

10.5 Übungsaufgaben und Fragen zum Verständnis

In den nachfolgenden Aufgaben sei Z_0 stets der Wellenwiderstand des Bezugssystems.

1. Bestimmen Sie für die Schaltungen nach Abb. 10.12a,b die idealisierte Übertragungsfunktion, die Transducer-Übertragungsfunktion und die Quellenübertragungsfunktion. Leiten Sie aus der Transducer-Übertragungsfunktion die Gruppenlaufzeit, die Schwerpunktlaufzeit und die Impulslaufzeit her.
2. Berechnen Sie für die Schaltung nach Abb. 10.12c die Schwerpunktlaufzeit aus der Transducer-Übertragungsfunktion.
3. Bestimmen Sie für die Schaltung nach Abb. 10.12d den Verlauf des Amplitudengangs und der Gruppenlaufzeit.
4. Wie groß sind der verfügbare Gewinn, der Übertragungsgewinn und der effektive Gewinn für die Schaltung nach Abb. 10.12a bei den Kreisfrequenzen 0, $2\,Z_0/L$ und ∞ ?

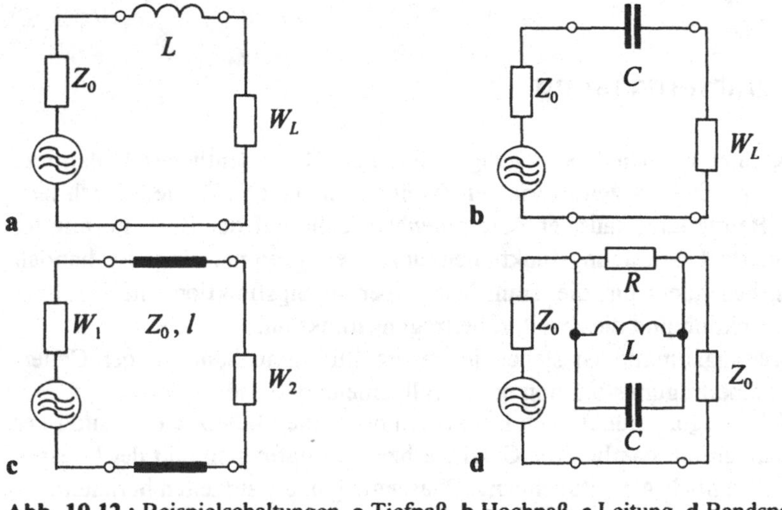

Abb. 10.12 : Beispielschaltungen **a** Tiefpaß **b** Hochpaß **c** Leitung **d** Bandsperre

11 Filter-Prototypen

Praktisch kein System der Hochfrequenztechnik kommt ohne *Filter* aus. Darunter versteht man – grob gesagt – Zweitore, welche eine frequenzabhängige Übertragungsfunktion besitzen. Mit Hilfe von Filtern bestimmter Eigenschaften gelingt es beispielsweise, Signale eines erwünschten zusammenhängenden Frequenzbereiches oder *Frequenzbandes* von Signalen unerwünschter Frequenzbereiche zu trennen.

Ziel dieses Kapitels ist es, grundlegende Eigenschaften von Filtern kennenzulernen, die in der Hochfrequenztechnik Anwendung finden. Dazu werden intensiv die im vorangegangenen Kapitel eingeführten Übertragungsfunktionen genutzt.

11.1 Einführende Beispiele

11.1.1 Ein RL-Tiefpaß

Abb. 11.1a zeigt das Schaltbild eines einfachen Zweitors mit Quelle und Last. Die Quelle habe die reelle Innenimpedanz Z_1, die Last habe die reelle Impedanz Z_2. Die Leitungen sollen die Wellenwiderstände Z_1 am Eingangstor und Z_2 am Ausgangstor des Zweitors haben. Das Zweitor selbst bestehe aus einer einzigen rein induktiven Serienimpedanz.

In Abb. 11.1b ist ein Ersatzschaltbild dieser Schaltung aufgezeigt, das auf die

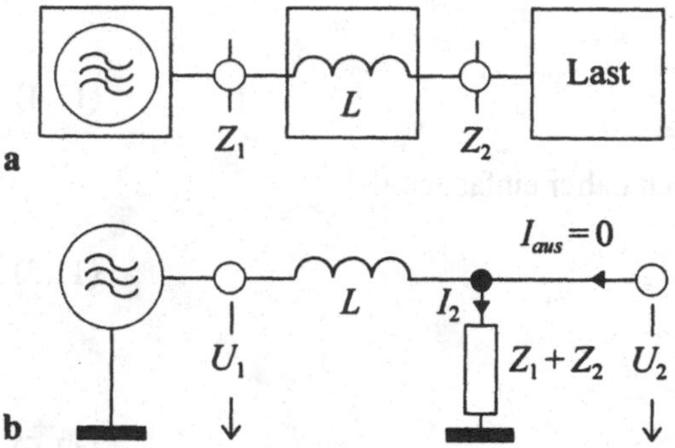

Abb. 11.1 : Einfacher Tiefpaß **a** Darstellung als Zweitor mit Quelle und Last **b** Ersatzschaltbild mit Zusammenfassung der Einflüsse von Quelleninnenimpedanz und Last

idealisierte Übertragungsfunktion führt. Hier wurde die Wellenquelle zunächst als reale Spannungsquelle mit Innenimpedanz Z_1 modelliert. Die Innenimpedanz wurde dann mit der Lastimpedanz Z_2 zusammengefaßt. In dem Schaltbild stellt U_1 die Leerlaufspannung der idealisierten Spannungsquelle dar und $I_2 = U_2/(Z_1+Z_2)$ den Laststrom.

Die Transducer-Übertragungsfunktion ist auf Grund der allseitigen Anpassung identisch zur Zweitorübertragungsfunktion. Mit der Streumatrix

$$\tilde{S} = \frac{1}{j\omega L + Z_1 + Z_2} \begin{pmatrix} j\omega L - Z_1 + Z_2 & 2\sqrt{Z_1 Z_2} \\ 2\sqrt{Z_1 Z_2} & j\omega L + Z_1 - Z_2 \end{pmatrix} \tag{11.1}$$

gilt also

$$H_T = \frac{2\sqrt{Z_1 Z_2}}{j\omega L + Z_1 + Z_2} = 2\sqrt{Z_1 Z_2}\,\frac{I_2}{U_1} = \frac{2\sqrt{Z_1 Z_2}}{Z_1 + Z_2}\,\frac{U_2}{U_1} \quad . \tag{11.2}$$

Sie ist in diesem speziellen Fall bis auf einen konstanten Faktor identisch zur idealisierten Übertragungsfunktion und bis auf einen anderen konstanten Faktor identisch zu dem Verhältnis aus Ausgangs- zu Eingangsspannung. Es wird aber nochmals nachdrücklich davor gewarnt, Übertragungsfunktionen gedankenlos als Verhältnis von Ausgangs- zu Eingangsspannung anzusehen.

Der Betrag der Übertragungsfunktion, d.i. der Amplitudengang, kann nur dann maximal werden, wenn $\omega = 0$ ist.

Die Eigenreflexionsfaktoren s_{11} und s_{22} und die Zweitorübertragungsfunktion s_{21} sind hier eng miteinander verknüpft, da das übertragende Zweitor reziprok und verlustlos ist. Es gilt dann nämlich

$$|s_{11}|^2 = |s_{22}|^2 = 1 - |s_{21}|^2 \quad . \tag{11.3}$$

Daraus und aus den oben angegebenen Streuparametern liest man ab, daß der Maximalwert 1 des Amplitudengangs dann erreicht wird, wenn die Eigenreflexionsfaktoren 0 sind, das ist bei $Z_1 = Z_2$. Im allgemeinen Fall liegt das Maximum des Amplitudengangs bei

$$|H|_{\max} = 2\sqrt{Z_1 Z_2}\big/(Z_1 + Z_2) \quad . \tag{11.4}$$

Die Übertragungsfunktion schreibt sich daher einfacher als

$$H_T = |H|_{\max}\,\frac{1}{1 + j\omega L/(Z_1 + Z_2)} \quad . \tag{11.5}$$

Führt man schließlich die Abkürzung

$$\omega_g := (Z_1 + Z_2)/L \tag{11.6}$$

ein, dann folgt:

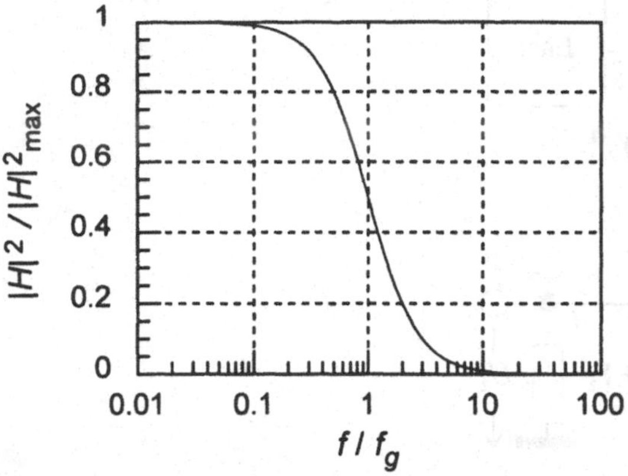

Abb. 11.2 : Quadrat des Amplitudengangs des RL-Tiefpasses nach Abb. 11.1 mit logarithmischer Darstellung der auf die Grenzfrequenz normierten Frequenzachse

$$H_T = |H|_{max} \frac{1}{1 + j\omega/\omega_g} \quad . \tag{11.7}$$

Diese Darstellung macht besonders deutlich, daß der Betrag der Übertragungsfunktion mit wachsendem Betrag der Frequenz immer kleiner wird und schließlich gegen 0 strebt, während bei kleinen Frequenzen näherungsweise die maximal übertragbare Leistung übertragen wird. Dies wird in Abb. 11.2 dargestellt.

Man sagt daher, das Zweitor verhalte sich wie ein *Tiefpaß*, da es die Leistung bei tiefen Frequenzen passieren läßt, bei hohen Frequenzen aber stark dämpft.

Bei $\omega = \omega_g$ ist das Betragsquadrat der Übertragungsfunktion auf die Hälfte des Maximalwertes abgesunken. Das bedeutet, daß bei dieser Kreisfrequenz nur noch die Hälfte der Leistung, welche von der Quelle zur Verfügung gestellt wird, in die Last am Ausgang des Zweitors fließt. Man nennt daher $\omega_g/2\pi$ auch die 3dB-Grenzfrequenz des Tiefpasses.

11.1.2 Ein RL-Hochpaß

Abb. 11.3 zeigt eine Schaltung, die gegenüber dem Tiefpaß nach Abb. 11.1 nur dadurch verändert ist, daß die Induktivität anders verbunden ist. Insbesondere sei die Innenimpedanz der Quelle wieder Z_1 und die Last Z_2. Mit der Streumatrix

$$\tilde{S} = \frac{1}{1/(j\omega L) + Y_1 + Y_2} \begin{pmatrix} -1/(j\omega L) + Y_1 - Y_2 & 2\sqrt{Y_1 Y_2} \\ 2\sqrt{Y_1 Y_2} & -1/(j\omega L) - Y_1 + Y_2 \end{pmatrix} \tag{11.8}$$

erhält man mit s_{21} die verallgemeinerte Betriebsübertragungsfunktion, die hier zur Zweitorübertragungsfunktion identisch ist:

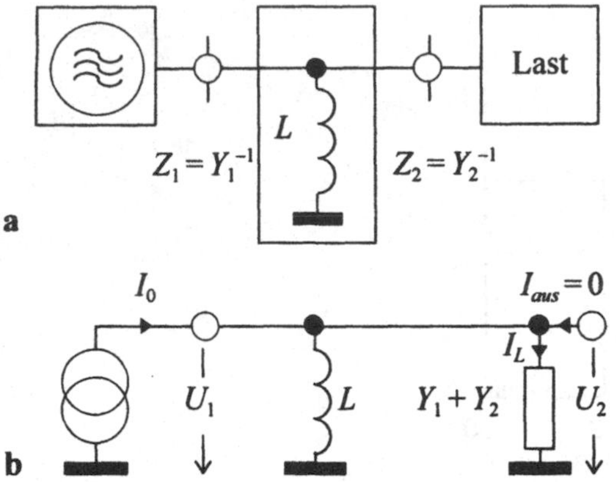

Abb. 11.3 : Einfacher Hochpaß **a** Darstellung als Zweitor mit Quelle und Last **b** Ersatzschaltbild mit idealisierter Stromquelle und Zusammenfassung der Einflüsse von Quellen- und Lastimpedanz

$$H_T = \frac{2\sqrt{Y_1 Y_2}}{1/(j\omega L) + Y_1 + Y_2} \quad . \tag{11.9}$$

Deren Betragsmaximum wird asymptotisch erreicht und durch Grenzübergang $\omega \to \infty$ berechnet:

$$|H|_{\max} = \frac{2\sqrt{Y_1 Y_2}}{Y_1 + Y_2} \quad . \tag{11.10}$$

Mit der Abkürzung

$$\omega_g := 1/L(Y_1 + Y_2) \tag{11.11}$$

erhält man die übersichtlichere Schreibweise

$$H_T = |H|_{\max} \frac{1}{1 + \omega_g / j\omega} = |H|_{\max} \frac{j\omega}{j\omega + \omega_g} \quad . \tag{11.12}$$

Daraus wird klar, daß bei niedrigen Frequenzen nur wenig Leistung, bei hohen Frequenzen aber nahezu das Maximum an übertragbarer Leistung transportiert wird. Man sagt, die Schaltung verhält sich wie ein *Hochpaß*, da sie im wesentlichen nur bei hohen Frequenzen Leistung passieren läßt. Dies ist in Abb. 11.4 dargestellt.

Vergleicht man die Tiefpaßübertragungsfunktion entsprechend Gleichung (11.7) mit der Hochpaßübertragungsfunktion entsprechend Gleichung (11.12), dann stellt man fest, daß die Hochpaßübertragungsfunktion aus der Tiefpaßübertragungsfunktion durch die Transformation

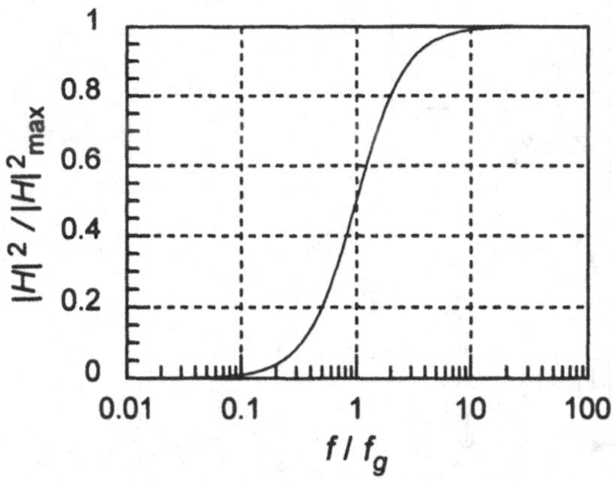

Abb. 11.4 : Quadrat des Amplitudengangs des RL-Hochpasses nach Abb. 11.3 mit logarithmischer Darstellung der normierten Frequenzachse

$$j\omega/\omega_g \rightarrow \omega_g / j\omega \tag{11.13}$$

hervorgeht. Dieser Umstand wird für die nachfolgende Filtertheorie noch von erheblicher Bedeutung sein.

11.1.3 Ein RLC-Bandpaß

Die nachfolgende Abb. 11.5 zeigt eine Parallelschaltung aus einer Induktivität und einer Kapazität als Zweitor, welches von einer Quelle angesteuert und von einem ohmschen Widerstand belastet wird. Die Innenimpedanz der Quelle sei wieder Z_1 und die Last Z_2. Mit der Streumatrix

$$\tilde{S} = \frac{1}{Y_1 + Y_2 + j\omega C + \dfrac{1}{j\omega L}} \begin{pmatrix} Y_1 - Y_2 - j\omega C - \dfrac{1}{j\omega L} & 2\sqrt{Y_1 Y_2} \\ 2\sqrt{Y_1 Y_2} & Y_2 - Y_1 - j\omega C - \dfrac{1}{j\omega L} \end{pmatrix} \tag{11.14}$$

erhält man die Transducer-Übertragungsfunktion

$$H_T = 2\sqrt{Y_1 Y_2} \Big/ \left[Y_1 + Y_2 + j\omega C + 1/(j\omega L) \right] \quad . \tag{11.15}$$

Der Betrag er Übertragungsfunktion wird maximal, wenn

$$\omega C = 1/(\omega L) \quad , \quad \text{also} \quad \omega^2 = 1/(LC) =: \omega_0^2 \tag{11.16}$$

ist. Er ist dann

$$|H|_{max} = 2\sqrt{Y_1 Y_2} \Big/ (Y_1 + Y_2) \quad . \tag{11.17}$$

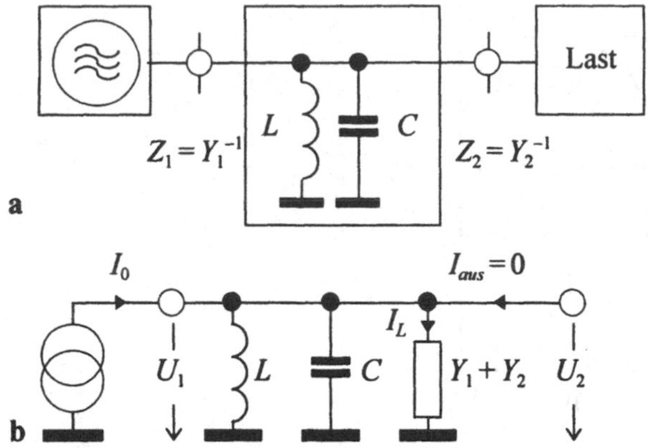

Abb. 11.5 : Parallelresonanzkreis als einfacher Bandpaß **a** Darstellung als Zweitor mit Quelle und Last **b** Ersatzschaltbild mit idealisierter Quelle

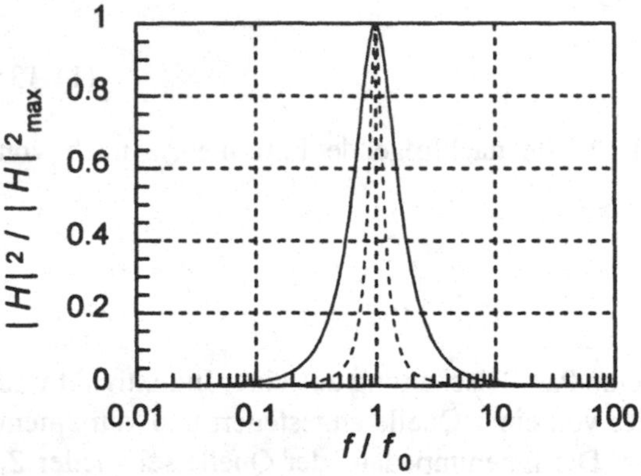

Abb. 11.6 : Betragsquadrat des Amplitudengangs des Bandpasses nach Abb. 11.5 für $Q = 1$ (durchgezogen) und $Q = 10$ (strichliert)

Die Frequenz $\omega_0/2\pi$ wird *Resonanzfrequenz* [1] der Schaltung genannt. Mit ihr und dem Maximalbetrag der Übertragungsfunktion ergibt sich:

$$H_T = |H|_{\max} \Bigg/ \left[1 + j\,\frac{\omega_0 C}{Y_1 + Y_2} \left(\frac{\omega}{\omega_0} - \frac{\omega_0}{\omega} \right) \right] \quad . \tag{11.18}$$

Damit wird klar, daß der Amplitudengang in einer Umgebung der Resonanzfrequenz maximal wird, aber für betragsmäßig kleine bzw. große Frequenzen gegen

[1] Dieser Ausdruck stammt ursprünglich aus der Musiktheorie. Eine Klaviersaite beispielsweise verhält sich bei Schallanregung wie ein akustisches Übertragungssystem mit ähnlichem Verhalten wie die hier behandelte Schaltung. Sie gerät in der Nähe des Maximums des Amplitudengangs in Resonanz (lat.: resonare = widerhallen).

0 strebt. Die Schaltung läßt Signale in einem Frequenzband nahe der Resonanzfrequenz passieren, dämpft aber Signale bei kleinen und großen Frequenzbeträgen. Sie wird daher auch *Bandpaß*, in diesem speziellen Fall auch *Resonanzkreis* oder *Resonator* genannt. Die Variable

$$v := \frac{\omega}{\omega_0} - \frac{\omega_0}{\omega} \tag{11.19}$$

nennt man die *Verstimmung* des Resonanzkreises. Sie ist ein Maß für die Abweichung der aktuellen Frequenz von der Resonanzfrequenz.[1]

Aus der Übertragungsfunktion lassen sich weitere Schlüsse ziehen. Nennt man

$$Q := \omega_0 C / (Y_1 + Y_2) \quad , \tag{11.20}$$

$$\eta := Q v \quad , \tag{11.21}$$

dann gelangt man zu der Schreibweise

$$H_T = |H|_{\max} \frac{1}{1 + j\,Q\,v} = |H|_{\max} \frac{1}{1 + j\,\eta} \quad . \tag{11.22}$$

Die Größe η nennt man *normierte Verstimmung* oder *normierte Frequenz* des Bandpasses.

Ein Vergleich zeigt, daß die Übertragungsfunktion des Bandpasses nach Abb. 11.5 aus der des Tiefpasses nach Abb. 11.1 durch die Transformation

$$\frac{j\omega}{\omega_g} \to j\eta = j\,Q\left(\frac{\omega}{\omega_0} - \frac{\omega_0}{\omega}\right) = Q\left(\frac{j\omega}{\omega_0} + \frac{\omega_0}{j\omega}\right) = j\,Q\,v \tag{11.23}$$

hervorgeht. Der Faktor Q in dieser Transformation wirkt wie ein Spreizfaktor für die Verstimmung v. Je größer Q ist, desto schneller wird das asymptotische Verhalten erreicht. Abb. 11.6 zeigt den Amplitudengang zu der Übertragungsfunktion nach Gleichung (11.22) für zwei verschiedene Werte von Q.

Legt man besonderen Wert darauf, daß der Bandpaß nur in einem sehr engen Frequenzbereich (wesentlich) Leistung überträgt, dann muß man offenbar einen hohen Wert von Q wählen. Aus diesem Grund hat diese Größe den Namen *(belastete) Güte* erhalten (engl.: (loaded) quality factor, figure of merit).

Für die Güte des Resonators kann ein sehr allgemeiner Zusammenhang mit der in der Schaltung gespeicherten Energie und der dissipierten Energie hergestellt werden. Betrachtet man nämlich eine harmonische Spannungsschwingung bei Resonanzfrequenz über dem Resonator,

$$u_1(t) = u_2(t) = \sqrt{2}\,U_{eff}\,\cos(\omega_0 t) \quad , \tag{11.24}$$

---

[1] Auch dieser Ausdruck stammt ursprünglich aus der Musiktheorie. Liegen die Resonanzfrequenzen eines Musikinstrumentes (beispielsweise Saiten in einem Klavier) nicht exakt bei den Sollfrequenzen, klingt das Instrument verstimmt.

dann ist die innerhalb einer Periodendauer in den Wirkwiderständen in Wärme umgesetzte Energie

$$E_{Wirk} = T_{Periode}\,(Y_1 + Y_2)\,U_{eff}^2 = (Y_1 + Y_2)\,U_{eff}^2\; 2\pi/\omega_0 \quad , \tag{11.25}$$

während die in dem Resonator gespeicherte Energie

$$E_{Blind} = C\,U_{eff}^2 \tag{11.26}$$

ist. Damit stellt sich heraus, daß

$$Q = 2\pi\frac{E_{Blind}}{E_{Wirk}} = 2\pi \left.\frac{\text{im Resonator gespeicherte Energie}}{\text{im Zeitraum einer Resonanzperiode dissipierte Energie}}\right|_{\omega=\omega_0} \tag{11.27}$$

ist. Diese Gleichung wird von nun an als Definitionsgleichung der Güte von Zweitoren mit Resonanzverhalten benutzt.

Die Güte des Resonanzkreises kann auch durch andere, in der Praxis leichter zu messende Parameter dargestellt werden. Eine von mehreren Möglichkeiten besteht darin, die beiden positiven Frequenzen auszumessen, bei denen der Amplitudengang um 3dB von seinem Maximum abweicht. Diese Frequenzen heißen folgerichtig 3dB-Grenzfrequenzen. Wird das Filter mit einem harmonischen Signal genau einer dieser beiden Frequenzen angesteuert, dann wird nur noch die Hälfte der von der Quelle verfügbaren Leistung in die angepaßte Last abgegeben. Es gilt:

$$\left|H_T(j\omega_{3\mathrm{dB}})\right|^2 = \frac{|H|^2_{\max}}{2} \quad , \quad \text{also} \quad 1 + Q^2\left(\frac{\omega_{3\mathrm{dB}}}{\omega_0} - \frac{\omega_0}{\omega_{3\mathrm{dB}}}\right)^2 = 2 \quad . \tag{11.28}$$

Damit folgt

$$\omega_{3\mathrm{dB},1} = \left(\omega_0 + \omega_0\sqrt{1+4Q^2}\right)\Big/(2Q)\,,\; \omega_{3\mathrm{dB},2} = \left(-\omega_0 + \omega_0\sqrt{1+4Q^2}\right)\Big/(2Q)\,. \tag{11.29}$$

Definiert man die *3dB-Bandbreite B* als

$$B := \left(\omega_{3\mathrm{dB},1} - \omega_{3\mathrm{dB},2}\right)/2\pi \quad , \tag{11.30}$$

dann erhält man

$$Q = \omega_0/2\pi B \quad . \tag{11.31}$$

11.1.4 Eine RLC-Bandsperre

Die nachfolgende Abb. 11.7 zeigt eine Serienschaltung aus einer Induktivität und einer Kapazität als Paralleladmittanz in einem Zweitor, welches von einer Quelle angesteuert und von einem ohmschen Widerstand belastet wird. Die Innenimpedanz der Quelle sei wieder Z_1 und die Last Z_2. Mit der Streumatrix

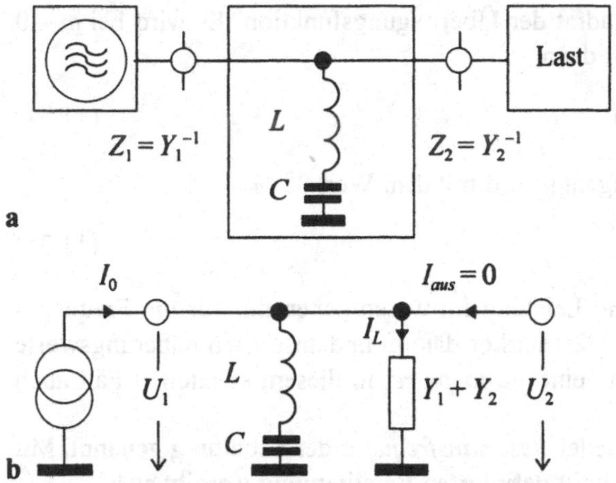

Abb. 11.7 : Serienresonanzkreis als einfache Bandsperre **a** Darstellung als Zweitor mit Quelle und Last **b** Ersatzschaltbild mit idealisierter Stromquelle

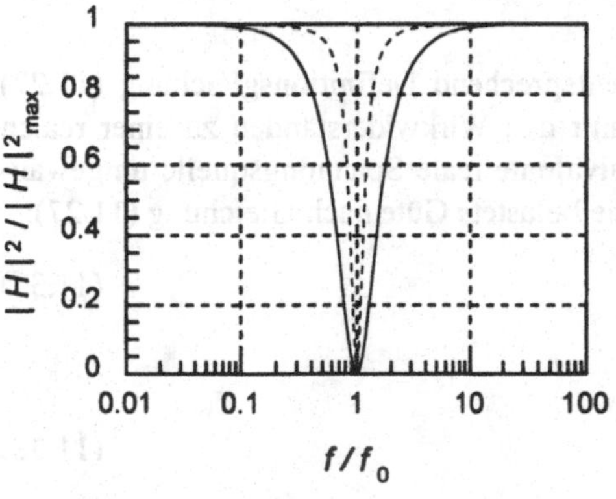

Abb. 11.8 : Betragsquadrat des Amplitudengangs der Bandsperre nach Abb. 11.7 für $Q = 1$ (durchgezogen) und $Q = 10$ (strichliert)

$$\overleftrightarrow{S} = \frac{1}{Y_1 + Y_2 + \dfrac{1}{j\omega L + 1/j\omega C}} \begin{pmatrix} Y_1 - Y_2 - \dfrac{1}{j\omega L + 1/j\omega C} & 2\sqrt{Y_1 Y_2} \\ 2\sqrt{Y_1 Y_2} & Y_2 - Y_1 - \dfrac{1}{j\omega L + 1/j\omega C} \end{pmatrix} \tag{11.32}$$

erhält man die Transducer-Übertragungsfunktion

$$H_T = \frac{2\sqrt{Y_1 Y_2}}{Y_1 + Y_2 + 1/(j\omega L + 1/j\omega C)} \quad . \tag{11.33}$$

Abb. 11.8 zeigt das Betragsquadrat der Übertragungsfunktion. Es wird bei $\omega = 0$ und bei $\omega \to \infty$ maximal. Es gilt dann

$$|H|_{\max} = 2\sqrt{Y_1 Y_2}\big/(Y_1 + Y_2) \quad . \tag{11.34}$$

Das Minimum des Amplitudengangs wird mit dem Wert 0 bei

$$\omega^2 = 1/(LC) =: \omega_0^2 \tag{11.35}$$

angenommen. Da die Schaltung Leistung im wesentlichen nur für ein Frequenzband in einer Umgebung von $\omega_0/2\pi$ stärker dämpft und ansonsten näherungsweise ungedämpft durchläßt, heißt sie eine *Bandsperre*, in diesem speziellen Fall auch ein *Saugkreis*.

Die Frequenz $\omega_0/2\pi$ wird wieder *Resonanzfrequenz* der Schaltung genannt. Mit ihr und mit der im letzten Abschnitt definierten Verstimmung v ergibt sich:

$$H_T = |H|_{\max} \frac{1}{1 + \dfrac{1}{j\,\omega_0\,L\,(Y_1 + Y_2)\,v}} \quad . \tag{11.36}$$

Zur Berechnung der belasteten Güte entsprechend Definitionsgleichung (11.27) faßt man die idealisierte Stromquelle mit den Wirkwiderständen zu einer realen Quelle zusammen, die nun in eine äquivalente reale Spannungsquelle umgewandelt werden kann. Danach erhält man die belastete Güte nach Gleichung (11.27):

$$Q = j\,\omega_0\,L\,(Y_1 + Y_2) \quad . \tag{11.37}$$

Es ergibt sich

$$H_T = |H|_{\max} \frac{1}{1 + 1/(j\,Q\,v)} \quad . \tag{11.38}$$

Ein Vergleich zeigt, daß die Übertragungsfunktion der Bandsperre nach Abb. 11.7 aus der des Tiefpasses nach Abb. 11.1 durch die Transformation

$$\frac{j\omega}{\omega_g} \to j\,x = \frac{1}{j\,Q\,v} \tag{11.39}$$

hervorgeht.

Auch im Fall der Bandsperre kann die Güte durch 3dB-Grenzfrequenzen bestimmt werden. Die Bestimmungsgleichungen sind exakt die gleichen wie im Fall des Bandpasses.

Man beachte, daß die 3dB-Grenzfrequenzen an den Stellen liegen, an denen das Betragsquadrat der Übertragungsfunktion auf die Hälfte seines *Maximalwertes* abgesunken ist und nicht etwa auf die Hälfte des Minimalwertes, der in der Praxis auf Grund zusätzlicher Verluste durchaus bei von 0 verschiedenen Werten liegen kann.

11.2 Die Filtertheorie als Approximationsaufgabe

Nachdem nun einige Filterbeispiele bekannt sind, sollen die Grundlagen zu einem Teilgebiet der Filtertheorie gelegt werden. Für eine ausführlichere Beschreibung wird auf die Fachliteratur, beispielsweise [11.1], verwiesen.

11.2.1 Toleranzschemata

Definition 11.1 :

Ein Zweitor mit dem Amplitudengang

$$\left|s_{21}(j\omega)\right| = \begin{Bmatrix} s_0 > 0 & \text{für} & |\omega| < \omega_1 \\ 0 & \text{für} & |\omega| > \omega_1 \end{Bmatrix} =: H_{TP}(j\omega) \tag{11.40}$$

heißt *idealisiertes Tiefpaßfilter* oder *idealisierter Tiefpaß*.

Ein Zweitor mit dem Amplitudengang

$$\left|s_{21}(j\omega)\right| = \begin{Bmatrix} 0 & \text{für} & |\omega| < \omega_2 < \infty \\ s_0 > 0 & \text{für} & |\omega| > \omega_2 \end{Bmatrix} =: H_{HP}(j\omega) \tag{11.41}$$

heißt *idealisiertes Hochpaßfilter* oder *idealisierter Hochpaß*.

Ein Zweitor mit dem Amplitudengang

$$\left|s_{21}(j\omega)\right| = \begin{Bmatrix} 0 & \text{für} & |\omega| < \omega_3 \\ s_0 > 0 & \text{für} & \omega_3 < |\omega| < \omega_4 < \infty \\ 0 & \text{für} & |\omega| > \omega_4 \end{Bmatrix} =: H_{BP}(j\omega) \tag{11.42}$$

heißt *idealisiertes Bandpaßfilter* oder *idealisierter Bandpaß*.

Ein Zweitor mit dem Amplitudengang

$$\left|s_{21}(j\omega)\right| = \begin{Bmatrix} s_0 > 0 & \text{für} & |\omega| < \omega_5 \\ 0 & \text{für} & \omega_5 < |\omega| < \omega_6 < \infty \\ s_0 & \text{für} & |\omega| > \omega_6 \end{Bmatrix} =: H_{BS}(j\omega) \tag{11.43}$$

heißt *idealisiertes Bandsperrenfilter* oder *idealisierte Bandsperre*.

Die Frequenzen $\omega_1/2\pi$ bzw. $\omega_2/2\pi$ heißen *Eckfrequenzen*. Diejenigen Frequenzbänder, in denen der Amplitudengang der idealisierten Filter maximal ist, heißen *Durchlaßband* (engl.: pass band), die Bänder, in denen er verschwindet, heißen *Sperrband* (engl.: stop band). ♦

Abb. 11.9 zeigt den Amplitudengang dieser Filter.

In Realität ist natürlich das Verhalten eines idealisierten Filters nur näherungs-

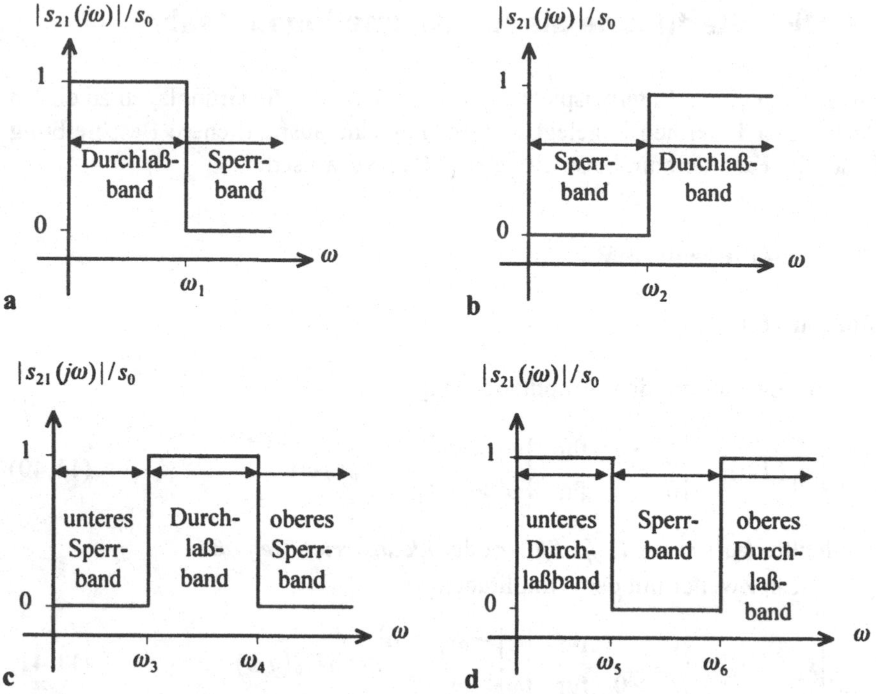

Abb. 11.9 : Amplitudengang von idealisierten Filtern (engl.: brickwall filter) **a** Tiefpaß **b** Hochpaß **c** Bandpaß **d** Bandsperre

weise nachzubilden. Insbesondere wird man weder den unendlich steilen Anstieg der Amplitudengangfunktionen, noch die vollständige Unterdrückung bzw. Übertragung eines Frequenzbandes erreichen. Man gibt daher bei der Entwicklung von realisierbaren Filtern Zielvorstellungen vor, welche mindestens erreicht werden müssen.

Definition 11.2 :

> Ein *Toleranzschema* für eine zu realisierende (reellwertige) Funktion ist die Vorgabe von Grenzfunktionen, welche von der zu realisierenden Funktion in bestimmten Intervallen nicht unter- bzw. überschritten werden dürfen. ♦

In der nachfolgenden Abbildung sind mögliche Toleranzschemata für das Betragsquadrat des Amplitudengangs der Transducer-Übertragungsfunktion von Filtern angegeben. In diesen Abbildungen sind die grau unterlegten Bereiche „verbotene Gebiete". Nur die zwischen den beiden fett gekennzeichneten stückweise linearen Graphen sind „erlaubte Gebiete", in denen sich der Graph eines „tolerierbaren" Betragsquadrates der Zweitorübertragungsfunktion befinden darf. Man spricht daher von einem *Toleranzschlauch*, in dem sich $|s_{21}|^2$ befinden muß.

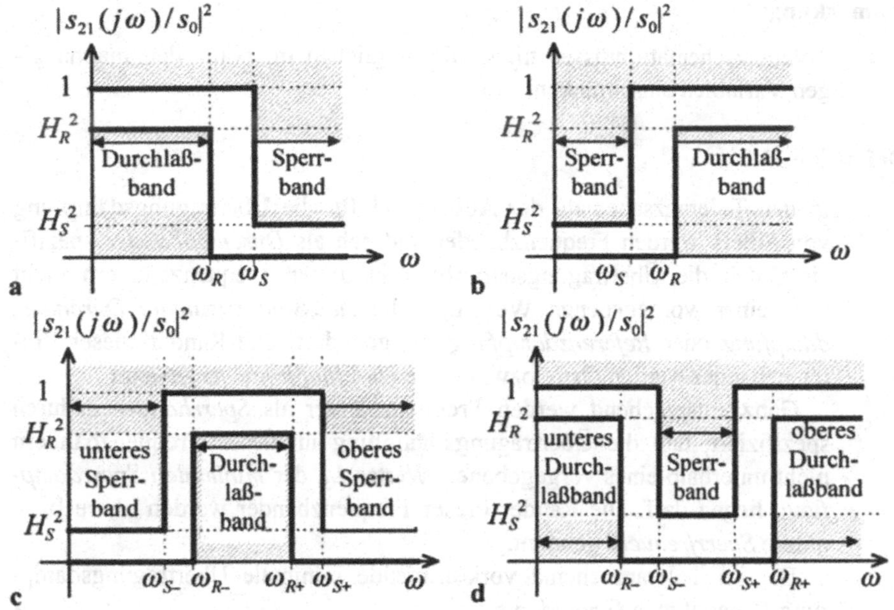

Abb. 11.10 : Mögliche Toleranzschemata für den Übertragungsgewinn von Filtern **a** Tiefpaß **b** Hochpaß **c** Bandpaß **d** Bandsperre

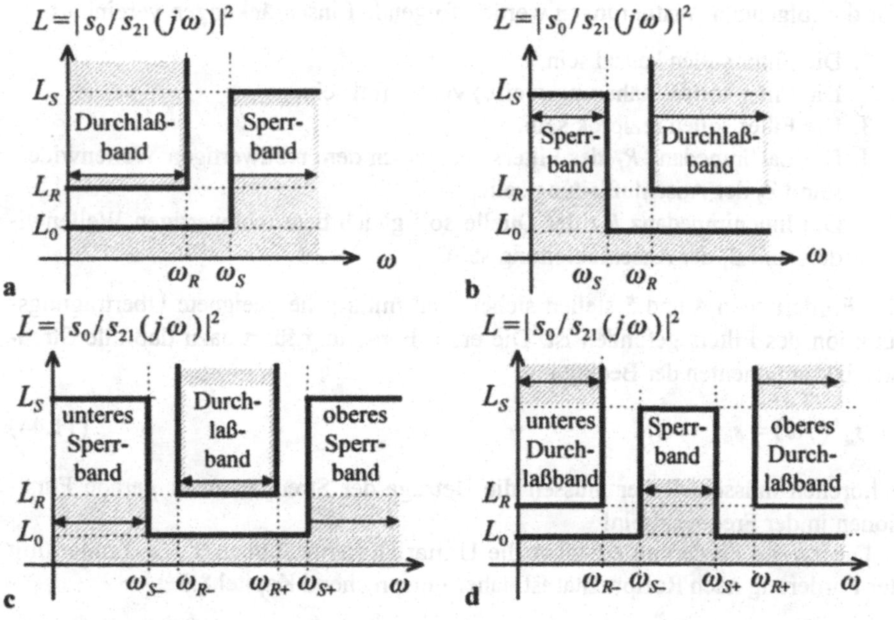

Abb. 11.11 : Mögliche Toleranzschemata für die Übertragungsdämpfung von Filtern **a** Tiefpaß **b** Hochpaß **c** Bandpaß **d** Bandsperre

Anmerkung:

Toleranzschemata müssen nicht alle möglichen Intervalle der unabhängigen Variablen einschränken.

Definition 11.3 :

In den Toleranzschemata der Abb. 11.11 für die Übertragungsdämpfung von Filtern werden Frequenzbänder dadurch als *Durchlaßbänder* spezifiziert, daß die Übertragungsdämpfung in diesen Frequenzbändern nicht über einen vorgegebenen Wert L_R , die *zulässige maximale Durchlaßdämpfung* oder *Referenzdämpfung*, steigen darf. Die Ränder dieser Frequenzbänder werden obere bzw. untere *Durchlaßfrequenz* genannt.

Ganz entsprechend werden Frequenzbänder als *Sperrbänder* dadurch spezifiziert, daß die Übertragungsdämpfung in diesen Frequenzbändern nicht unterhalb eines vorgegebenen Wertes L_S, der *minimalen Sperrdämpfung*, liegen darf. Die Ränder dieser Frequenzbänder werden obere bzw. untere *Sperrfrequenz* genannt.

Die im Toleranzschema vorkommende minimale Übertragungsdämpfung L_0 nennt man *Grunddämpfung*. ♦

11.2.2 Die Approximationsaufgabe

Für die folgenden Ausführungen werden folgende Einschränkungen vereinbart:

1. Die Filter sollen kausal sein.
2. Die Filter sollen (näherungsweise) verlustfrei sein.
3. Die Filter sollen reziprok sein.
4. Die Lastimpedanz R_L des Filters soll gleich dem reellwertigen Wellenwiderstand Z_2 der Anschlußleitung sein.
5. Die Innenimpedanz R_G der Quelle soll gleich dem reellwertigen Wellenwiderstand Z_1 der Anschlußleitung sein.

Die Forderungen 4 und 5 stellen sicher, daß mit s_{21} die geeignete Übertragungsfunktion des Filters gefunden ist. Die erste Forderung führt dazu daß alle Streumatrixkomponenten der Bedingung

$$s_{ik}^*(j\omega) = s_{ik}(-j\omega) \tag{11.44}$$

gehorchen müssen. Daher müssen die Beträge der Streuparameter gerade Funktionen in der Frequenz sein!

Die zweite Forderung erzwingt die Unitarität der Streumatrix. Zusammen mit der Forderung nach Reziprozität ist daher entsprechend Kapitel 8.3

$$|s_{11}| = |s_{22}| \quad , \quad |s_{12}| = |s_{21}| \quad , \quad |s_{11}| = \sqrt{1-|s_{21}|^2} \quad , \tag{11.45}$$

$$\varphi_{12} = \varphi_{21} \quad , \quad \varphi_{11} = 2\varphi_{21} - \varphi_{22} + (2n+1)\pi \quad . \tag{11.46}$$

Die Streumatrix ist also bis auf *eine* Phase vollständig durch die Zweitorübertragungsfunktion $s_{21}(j\omega)$, oder alternativ durch den Eigenreflexionsfaktor $s_{11}(j\omega)$ beschrieben. Letzteres wird für die Synthese verlustfreier Filter wesentliche Bedeutung haben.

Bei der Spezifikation des Filters über den Eigenreflexionsfaktor s_{11} benutzt man für

$$L_E(j\omega) := \left| s_{11}(j\omega) \right|^{-2} \tag{11.47}$$

die Bezeichnungen *Echodämpfung* oder *Reflexionsdämpfung*.

Eine wesentliche Aufgabe der Filtertheorie besteht nun darin, eine explizite Beschreibung von s_{21} zu finden, welche den Filteranforderungen genügt. In erster Linie muß also das Betragsquadrat von s_{21} in das vorgegebene Toleranzschema passen. Es können auch weitergehende Forderungen an den Phasengang von s_{21} gestellt werden.

Mathematisch gesehen stellt sich daher die Aufgabe, eine Funktion zu finden, welche die Übertragungsfunktion eines idealisierten Filters im vorgegebenen Toleranzschema approximiert. Da zudem Verlustlosigkeit des Filters gefordert ist, sind dabei nur bestimmte Approximationsformen erlaubt.

Für physikalisch realisierbare Systeme gilt nämlich

$$\mathfrak{L}_{t\to p}\left\{\mathfrak{F}^{-1}_{\omega\to t}\left\{s_{ik}(j\omega)\right\}\right\} = s_{ik}(p) \quad \text{mit} \quad p = \alpha + j\omega \quad . \tag{11.48}$$

Das bedeutet, daß in diesem Fall die Laplacetransformierte durch analytische Fortsetzung aus der Fouriertransformierten entsteht.[1]

11.2.3 Lösung der Approximationsaufgabe mit rationalen Funktionen

Die nachfolgenden Betrachtungen beschränken sich auf *rationale Approximationen* der Streuparameter. Aus der Forderung nach Verlustlosigkeit kann daher mit Hilfe der Laplacetransformierten $s_{ik}(p)$ eine einfache Schlußfolgerung gezogen werden: alle Polstellen von $s_{ik}(p)$ müssen in der linken p-Halbebene liegen, da sonst die Laplacerücktransformierte mit wachsender Zeit über alle Grenzen wächst, d.h. $s_{ik}(p)$ muß stabil sein.

Die einfachste rationale Approximation ist eine Polynomapproximation. Betrachtet man aber die Toleranzschemata der Abb. 11.10, dann stellt man fest, daß hier eine Polynomapproximation für $s_{21}(j\omega)$ wenigstens bei Tief- und Hochpässen wenig Erfolg verspricht, da der Betrag von Polynomen asymptotisch über alle

---

[1] Der mit der Laplacetransformation weniger vertraute Leser möge sich zunächst einfach p durch $j\omega$ ersetzt denken. Für ein weitergehendes Verständnis wird aber dringend die Lektüre von Anhang A empfohlen.

Grenzen wächst. In diesen Fällen ist es günstiger, statt $|s_{21}|^2$ die Zweitordämpfung

$$L(j\omega) := 1 / |s_{21}(j\omega)|^2 \tag{11.49}$$

zu approximieren. Die entsprechenden Toleranzschemata in Abb. 11.11 zeigen nämlich, daß hier ein asymptotisches Divergieren der Approximation zulässig ist. Eine andere Möglichkeit besteht darin, die Toleranzschemata zuerst durch Transformation der unabhängigen Variablen $j\omega$ in eine für die Approximation günstigere Form zu bringen. Zum besseren Verständnis wird daran erinnert, daß bei den einfachen Beispielen des Abschnittes 11.1 die Übertragungsfunktionen von Hochpaß, Bandpaß und Bandsperre durch eine einfache Transformation aus der entsprechenden Übertragungsfunktion des Tiefpasses hervorgingen. Dieser Weg wird an späterer Stelle noch ausführlich behandelt.

Gleichzeitig entnimmt man diesen Beispielen, daß eine Normierung auf eine Bezugskreisfrequenz die Beschreibung erheblich vereinfachen kann. Es werden daher auch für die folgenden Ausführungen Normierungen vorgenommen.

Definition 11.4 :

Ist ω_B eine positive Bezugskreisfrequenz, dann nennt man

$$\omega' := \omega / \omega_B \tag{11.50}$$

normierte Frequenz und

$$p' := p / \omega_B \tag{11.51}$$

die *normierte komplexe Frequenz*. Ist weiter $s_{21}\,(j\omega)$ die Zweitorübertragungsfunktion des Filters, dann heißt

$$D(j\omega') := \frac{|s_{21}|_{\max}}{s_{21}(j\omega_B\,\omega')} \tag{11.52}$$

die *normierte Dämpfungsfunktion* des Filters. Das Betragsquadrat

$$Q(j\omega') := |D(j\omega')|^2 \tag{11.53}$$

der normierten Dämpfungsfunktion wird *normierte Dämpfung* und ihr logarithmisches Maß

$$A(\omega') := 20\,\lg|D(j\omega')| \tag{11.54}$$

normiertes Dämpfungsmaß genannt. ♦

Damit stellt sich die Aufgabe, ein für das Betragsquadrat der normierten Dämpfungsfunktion vorgegebenes Toleranzschema, das man aus dem Toleranzschema des Übertragungsgewinnes ableiten kann, durch eine rationale Funktion zu approximieren. Bei dieser Approximationsaufgabe ist eine Nebenbedingung zu erfüllen, nämlich, daß die normierte Dämpfung niemals kleiner als 1 werden kann.

Die Einhaltung von Nebenbedingungen erschwert die Approximationsaufgabe. Daher konstruiert man zunächst aus dem Toleranzschema für die normierte Dämpfung ein neues Toleranzschema für die um 1 verringerte normierte Dämpfung. Dies ist am Beispiel des Toleranzschemas eines Tiefpasses beispielhaft in Abb. 11.12 demonstriert.

Funktionen, welche die Approximationsaufgabe für das neue Toleranzschema erfüllen, müssen also die Nebenbedingung erfüllen, daß sie nicht negativ sind. Sie müssen sich folglich als Quadrat einer reellwertigen Funktion $f(\omega')$ schreiben lassen. Funktionen D, welche die Bedingung

$$\left|D(j\omega')\right|^2 := f^2(\omega') + 1 \tag{11.55}$$

erfüllen, genügen dann automatisch dem Toleranzschema für die normiert Dämpfung.

Für kausale Filter ist die normierte Dämpfung eine in ω symmetrische Funktion. Es wird daher gefordert, daß f eine gerade oder eine ungerade Funktion in ω' ist. Dann genügt $|D(j\omega')|^2$ einem zur ω'-Achse symmetrischen Toleranzschema.

Um die Werkzeuge der Fourier- bzw. Laplacetransformation ausnutzen zu können, wird aus f eine neue Funktion K konstruiert:

$$K(j\omega') := \begin{cases} f(\omega') & \text{falls } f \text{ gerade} \\ j f(\omega') & \text{falls } f \text{ ungerade} \end{cases} \quad . \tag{11.56}$$

Infolgedessen ist

$$K(j\omega')\,K(-j\omega') = f^2(\omega') = \left|K(j\omega')\right|^2 \quad . \tag{11.57}$$

Definition 11.5 :

Es sei $|K(j\omega')|^2$ eine auf der reellwertigen geraden bzw. ungeraden Funktion f basierende Lösung der Approximationsaufgabe für das Toleranz-

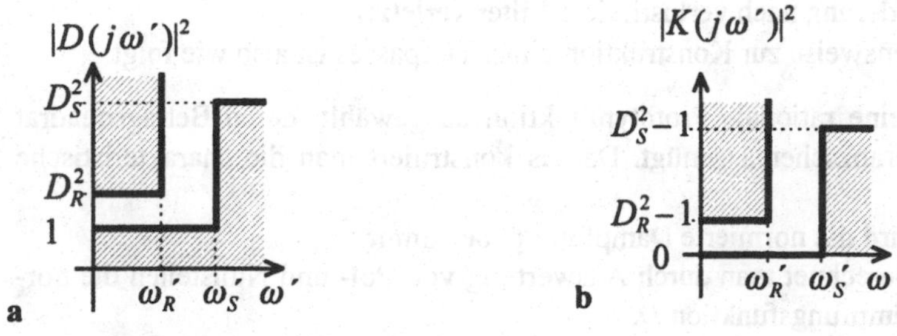

Abb. 11.12 : Tiefpaßtoleranzschema **a** für die normierte Dämpfung **b** für das Betragsquadrat der charakteristischen Funktion

schema der um 1 verringerten normierten Dämpfung eines Filters mit

$$K(j\omega')\,K(-j\omega') = \left|K(j\omega')\right|^2 = f^2(\omega') \quad . \tag{11.58}$$

Dann heißt f eine *Prototypfunktion* und K eine *charakteristische Funktion* des Filters. ◆

Die analytischen Fortsetzung der normierten Dämpfung läßt sich mit der charakteristischen Funktion als

$$Q(p') = 1 + K(p')\,K(-p') \tag{11.59}$$

schreiben. Sie kann keine Nullstellen auf der imaginären Achse oder bei $p' = 0$ besitzen, denn dies hieße, daß $|D(j\omega')|^2$ für irgendein ω' Null werden müßte!

Darüber hinaus ist Q entsprechend Gleichung (11.59) eine in p' gerade Funktion, die nach Voraussetzung rational sein soll. Diese läßt sich dann als

$$Q(p') = Q_0 \frac{\prod_{k=1}^{K}(p' - p'_{Z,k})(p' + p'_{Z,k})}{\prod_{m=1}^{M}(p' - p'_{N,m})(p' + p'_{N,m})} \qquad \Re\{p'_{Z,k}\} > 0\,,\, \Re\{p'_{N,m}\} > 0 \tag{11.60}$$

schreiben. Daher ist mit der Konstruktionsvorschrift

$$D(p') \overset{!}{=} \sqrt{Q_0}\,\prod_{k=1}^{K}(p' + p'_{Z,k}) \Big/ \prod_{m=1}^{M}(p' + p'_{N,m}) \tag{11.61}$$

eine Funktion gefunden, welche nicht nur die Bedingungsgleichung (11.59) erfüllt, sondern darüber hinaus nur Polstellen und Nullstellen in der *negativen* p'-Halbebene besitzt. (Man beachte die Vorzeichenwahl der Realteile von $p_{Z,k}$ und $p_{N,k}$).

Da D bis auf einen konstanten Faktor identisch zum Kehrwert der Übertragungsfunktion ist, wird dadurch gewährleistet, daß die vom Filter in die Last laufende Welle nicht exponentiell mit der Zeit anwachsen kann. (Wären Nullstellen von D mit negativem Realteil vorhanden, dann würde genau dies geschehen und es wäre die Forderung nach verlustfreiem Filter verletzt).

Die Vorgehensweise zur Konstruktion eines Tiefpasses ist also wie folgt:

1. Es wird eine rationale Prototypfunktion ausgewählt, deren Betragsquadrat dem Toleranzschema genügt. Daraus konstruiert man die charakteristische Funktion.
2. Daraus wird die normierte Dämpfung Q bestimmt.
3. Hieraus berechnet man durch Auswertung von Pol- und Nullstellen die normierte Dämpfungsfunktion D.
4. Aus D folgt durch Kehrwertbildung und Entnormieren s_{21}.

11.3 Tiefpaß-Prototypen

Die im letzten Abschnitt gefundene Konstruktionsvorschrift für die Zweitorübertragungsfunktion von Filtern soll nun auf Tiefpässe angewendet werden. Zur Vereinfachung wird die Durchlaßkreisfrequenz als Bezugskreisfrequenz gewählt. Es ist daher $\omega_R' = 1$. Weiter soll das Maximum der Betriebsdämpfung 0 sein. Es ergibt sich dann das Toleranzschema nach Abb. 11.12b für das Betragsquadrat der charakteristischen Funktion des Tiefpasses.

Es gibt nun vielfältige Möglichkeiten, das Toleranzschema durch eine rationale Funktion zu approximieren. Die wichtigsten werden nachfolgend abgehandelt.

11.3.1 Potenz- oder Butterworth-Tiefpässe

Definition 11.6 :

Werden Prototypfunktion und charakteristische Funktion eines Tiefpasses durch eine Potenzfunktion n-ter Ordnung in ω' gegeben,

$$f(\omega') = \pm\varepsilon\,(\omega')^n \quad , \quad K(j\omega') = \varepsilon\,(j\omega')^n \quad , \tag{11.62}$$

dann heißt der Tiefpaß ein *Potenztiefpaß*[1] oder ein *maximal flacher Tiefpaß n-ter Ordnung.* ◆

Der Tiefpaßgrad n und der Parameter ε müssen so gewählt werden, daß das vorgegebene Toleranzschema erfüllt wird. Abb. 11.13 zeigt vier Potenzfunktionen mit $\varepsilon = 1$ als Beispiel.

Durch die Annäherung des Toleranzschemas mit Hilfe einer Potenzfunktion wird in der Umgebung von $\omega' = 0$ ein - im Vergleich zu allen anderen Polynomnäherungen vom Grade n – maximal flacher Verlauf der Dämpfungsfunktion erreicht. Dies erklärt den Namen „maximal flach“. Eine weitere Besonderheit dieser charakteristischen Funktion ist, daß ihr Wert an der Stelle $\omega' = 0$ für jeden Grad n verschwindet.

Die normierte Dämpfung ist bei Potenztiefpässen

$$Q(j\omega') = \varepsilon^2\,\omega'^{2n} + 1 \quad , \tag{11.63}$$

oder in analytischer Fortsetzung:

$$Q(p') = \varepsilon^2\,(-1)^n\,p'^{2n} + 1 \quad . \tag{11.64}$$

Die Nullstellen von Q liegen bei

[1] In der englischsprachigen Literatur ist der Name Butterworth-Tiefpaß nach dem britischen Ingenieur S. Butterworth geläufig, der diesen Filtertyp durch eine Veröffentlichung [11.2] populär gemacht hat. Butterworth ist aber vermutlich nicht der Erfinder der Potenztiefpässe.

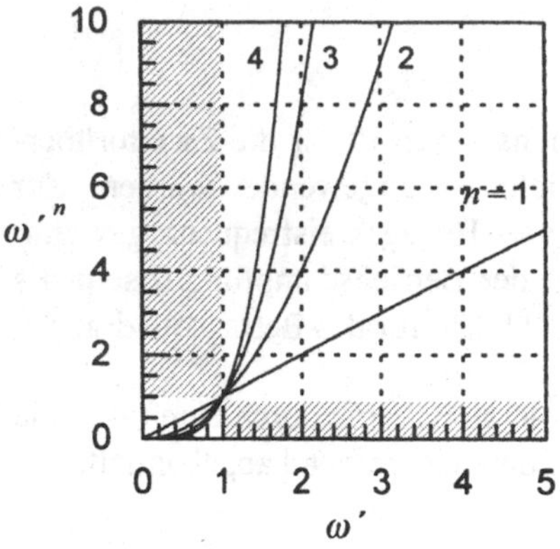

Abb. 11.13 : Potenzfunktionen mit Exponent n=1, 2, 3, 4 und $\varepsilon = 1$

$$p'_k = e^{j\pi\frac{n+1+2k}{2n}} \Big/ \sqrt[n]{\varepsilon} \quad ; \quad k = 0, \dots, 2n-1 \quad . \tag{11.65}$$

Die Nullstellen der rechten p'-Halbebene sind also durch

$$p'_k = e^{j\pi\frac{n+1+2k}{2n}} \Big/ \sqrt[n]{\varepsilon} \quad ; \quad k = n, \dots, 2n-1 \tag{11.66}$$

gegeben. Damit folgt für die normierte Dämpfungsfunktion:

$$D(p') = \sqrt{Q_0} \prod_{k=n}^{2n-1} (p' + p'_k) \quad \text{mit} \quad Q_0 := Q(j0) \quad . \tag{11.67}$$

Da aber $Q\,(j0) = 1$ ist und da die p'_k entweder in komplex konjugierten Paaren auftreten oder reell sind, gilt hier $Q_0 \prod_{k=n}^{2n-1} p'^2_k = 1$ (Übungsaufgabe!) und daher

$$D(p') = \prod_{k=n}^{2n-1} (p' + p'_k) \Big/ \prod_{k=n}^{2n-1} p'_k = \prod_{k=n}^{2n-1} \left(\frac{p'}{p'_k} + 1 \right) \quad . \tag{11.68}$$

Beispiel 11.1 :

Es wird die Zweitorübertragungsfunktion eines verlustfreien, reziproken Potenztiefpasses erster Ordnung gesucht, der bei einer Frequenz $\omega_g/2\pi$ eine normierte Dämpfung von 3 dB verursacht und der an beiden Toren mit 50 Ω-Leitungen angeschlossen werden soll.

Da eine Dämpfung bei Kreisfrequenz ω_g vorgegeben ist, empfiehlt sich die Normierung auf die Bezugskreisfrequenz $\omega_B = \omega_g$. Die normierte Dämpfung entsprechend 3 dB führt dann zu $D_R{}^2 = 2$, also $|K(j1)|^2 = 1$. Demzufolge ist $\varepsilon = 1$ zu wählen. Dann ist

$$Q(p') = 1 - p'^2 \quad . \tag{11.69}$$

Die einzige in der positiven p'-Halbebene liegende Nullstelle von Q ist dann

$$p'_0 = 1 \quad . \tag{11.70}$$

Infolgedessen ist

$$D(p') = p' + 1 \quad . \tag{11.71}$$

Dann ist die Zweitorübertragungsfunktion

$$s_{21}(j\omega) = s_{21}(j\omega_g\, \omega') = \frac{1}{j\omega/\omega_g + 1} = \frac{\omega_g}{j\omega + \omega_g} \quad . \tag{11.72}$$

Ein Vergleich mit dem einfachen Tiefpaß des Abschnittes 11.1 zeigt, daß sich der zu konstruierende Tiefpaß durch ein Zweitor mit einer einzigen Serieninduktivität realisieren läßt ♦

Beispiel 11.2 :

Es wird die Zweitorübertragungsfunktion eines verlustfreien reziproken Potenztiefpasses zweiter Ordnung gesucht, der bei 10 MHz gerade 0,1 dB Dämpfung verursacht und der an beiden Toren mit 50 Ω-Leitungen angeschlossen werden soll.

Da eine Dämpfung bei 10 MHz vorgegeben ist, empfiehlt sich die Normierung auf die Bezugskreisfrequenz $\omega_B = 2\pi \cdot 10$ MHz. Bei der Bezugsfrequenz ist die normierte Dämpfung 0,1 dB, d.h. es ist

$$D_R^2 = 10^{0,01} = 1{,}0233 \quad , \tag{11.73}$$

und demzufolge

$$|K(j1)|^2 = \varepsilon^2 = 0{,}0233 \tag{11.74}$$

zu wählen. Dann ist

$$Q(p') = \varepsilon^2\, p'^4 + 1 = 0{,}0233\, p'^4 + 1 \quad . \tag{11.75}$$

Es gibt dann genau zwei komplex konjugierte Nullstellen von Q in der positiven p'-Halbebene:

$$p'_0 = 1{,}81\,(1+j) \quad , \qquad p'_1 = 1{,}81\,(1-j) \quad . \tag{11.76}$$

Infolgedessen ist

$$D(p') = \left[p'^2 + 3{,}62\, p' + 6{,}5522\right]/6{,}5522 = 0{,}1526\, p'^2 + 0{,}5525\, p' + 1 \,. \tag{11.77}$$

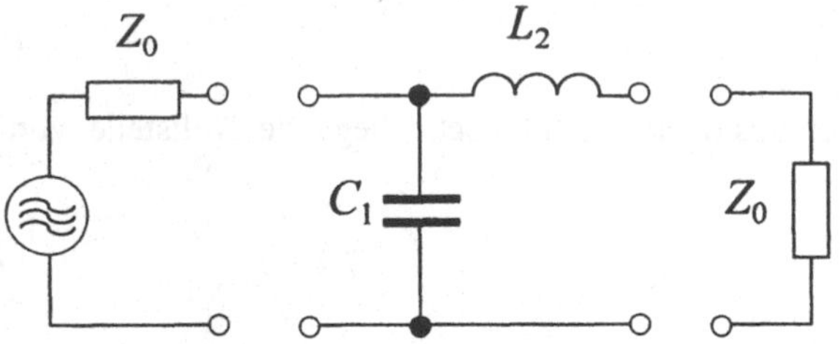

Abb. 11.14 : Potenztiefpaß 2. Ordnung

Es ist daher bei verlustfreier passiver Realisierung des Filters

$$s_{21}(j\omega) = \frac{1}{0{,}1526\,(j\omega/\omega_B)^2 + 0{,}5525\,(j\omega/\omega_B) + 1} . \tag{11.78}$$

Man überzeugt sich durch Berechnung der Streumatrix davon, daß die Schaltung nach Abb. 11.14 einen Streuparameter s_{21} mit den gewünschten Eigenschaften liefert. (In Kapitel 12 wird ein Verfahren vorgestellt, mit Hilfe dessen sich eine Realisierung des Filters mit konzentrierten Bauelementen systematisch aus der Zweitorübertragungsfunktion herleiten läßt).

Die Berechnung der Bauelementwerte wird als Übungsaufgabe empfohlen. ◆

Bisher wurde noch nichts über die Wahl des Tiefpaßgrades gesagt. Man macht sich aber mit einer einfachen Überlegung klar, daß der Tiefpaßgrad so klein wie möglich sein sollte.

Eine Induktivität beispielsweise besitzt die Impedanz pL, eine Kapazität die Admittanz pC. Durch Serien- und Parallelschaltungen kann man Bauelemente dieser Art so verknüpfen, daß eine rationale Übertragungsfunktion entsteht. Damit wird aber plausibel, daß sowohl Zähler-, als auch Nennergrad der Übertragungsfunktion höchstens gleich der Anzahl der verwendeten Bauelemente sein kann, sofern Zähler und Nenner teilerfremd sind. Diese Plausibilitätsannahme kann induktiv bewiesen werden.

Zur Kostenminimierung, aber auch um die Schaltung so einfach wie möglich zu halten, wird daher ein minimaler Filtergrad gefordert.

Zur Minimierung von n werden folgende Abschätzungen genutzt. Es muß

$$Q(j1) = |D(j1)|^2 \le D_R^2 \tag{11.79}$$

gelten und an der Stelle $\omega' = \omega_S'$

$$Q(j\omega_S') = |D(j\omega_S')|^2 \ge D_S^2 \quad . \tag{11.80}$$

Damit folgt

$$\frac{D_S^2 - 1}{\omega_S'^{2n}} \le \varepsilon^2 \le D_R^2 - 1 \quad . \tag{11.81}$$

Will man also n minimieren, dann muß ε so groß wie möglich gewählt werden, also

$$\varepsilon^2 = D_R^2 - 1 \quad . \tag{11.82}$$

Daraus folgt für den kleinst möglichen Exponenten n, mit dem die Abschätzung (11.81) erfüllbar ist

$$n \ge \frac{\lg(D_S^2 - 1) - \lg(D_R^2 - 1)}{2 \lg \omega_S'} = \frac{\lg(D_S^2 - 1) - 2 \lg \varepsilon}{2 \lg \omega_S'} \, . \tag{11.83}$$

Bei Potenztiefpässen wird häufig $\varepsilon = 1$ gewählt. Dann ist

$$D_R^2 = 2 \mathrel{\hat{=}} 3\,\mathrm{dB} \quad . \tag{11.84}$$

In diesem Fall heißt die Bezugsfrequenz $\omega_B / 2\pi$, die dann auch die Durchlaßgrenzfrequenz ist, *3dB-Grenzfrequenz* oder *Eckfrequenz*.

Für $|\omega'|^2 \ll 1$ gilt näherungsweise

$$|D(j\omega')|^2 \approx 1 \quad . \tag{11.85}$$

Das normierte Dämpfungsmaß ist daher für hinreichend niedrige Frequenzen

$$A(\omega') \approx 0\,\mathrm{dB} \, . \tag{11.86}$$

Für $|\omega'| \gg 1$ gilt näherungsweise

$$|D(j\omega')|^2 \approx \varepsilon^2 \omega'^{2n} \quad . \tag{11.87}$$

Das normierte Dämpfungsmaß verläuft daher für große Frequenzen wie

$$A(\omega') \approx 20\, n \lg(\omega') + 20 \lg \varepsilon \quad . \tag{11.88}$$

Trägt man also A über $\lg(\omega')$ auf, dann muß sich A für hinreichend große negative Werte von $\lg(\omega')$ an eine Gerade mit Steigung 0 und für hinreichend große positive Werte von $\lg(\omega')$ an eine Gerade mit Steigung 20 n anschmiegen.

Diese Geraden sind in Abb. 11.15 dargestellt. Im Fall $\varepsilon = 1$ schneiden sie sich bei $\lg \omega' = 0$ oder in entnormierter Darstellung bei der 3dB-Grenzfrequenz. Dies erklärt den Namen Eckfrequenz.

Die ansteigende Gerade steigt um 20 n dB bei einer Vervielfachung der Frequenz um den Faktor 10 und um 6 n dB bei einer Vervielfachung der Frequenz um den Faktor 2.

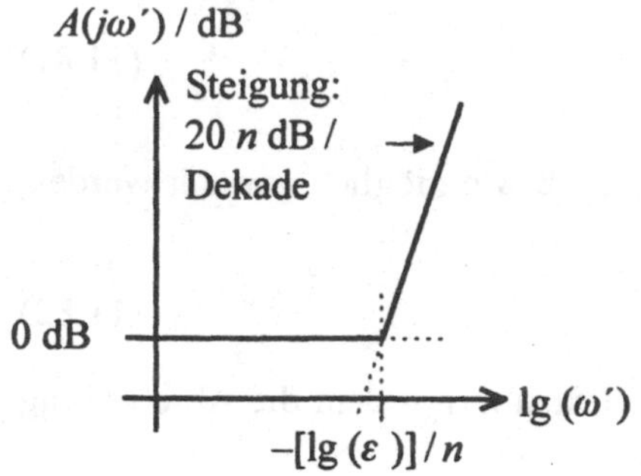

Abb. 11.15 : Stückweise gerade Näherung für den Amplitudengang der Dämpfung eines Potenztiefpasses in doppelt logarithmischer Darstellung

Man sagt auch, die Gerade steige mit 20 n dB *pro Dekade* (decem (lat.) = zehn) oder mit 6 n dB *pro Oktave*[1].

Beispiel 11.3 :

Es wird die Zweitorübertragungsfunktion eines verlustfreien reziproken Potenztiefpasses zweiter Ordnung gesucht, der bei 10 MHz gerade 0,1 dB Dämpfung verursacht und der an beiden Toren mit 50 Ω-Leitungen angeschlossen werden soll. Die Sperrdämpfung soll bei 100 MHz wenigstens 20 dB betragen. Nach Ungleichung (11.83) ist

$$n \geq \left(\lg(99) - \lg(0{,}0233)\right)/2 = 1{,}814 \quad . \tag{11.89}$$

Daher sollte ein Tiefpaß mit Grad 2 gewählt werden. Damit können die Rechnungen aus Beispiel 11.2 benutzt werden. Unter Verwendung der dort bestimmten Übertragungsfunktion bestimmt man bei der Frequenz 10 MHz die Dämpfung 0,1 dB, bei 100 MHz die Dämpfung 23,7 dB und bei 200 MHz die Dämpfung 35,7 dB. Letzteres bestätigt die Erhöhung der Dämpfung um 12 dB pro Oktave. ♦

11.3.2 Tschebyscheff-Tiefpässe

Eine Alternative zur Approximation der idealen Tiefpaßdämpfungskurve durch Potenzfunktionen bieten Funktionen, die wie folgt definiert sind:

$$T_n(x) = \begin{cases} \cos\left(n \cos^{-1}(x)\right) & \text{falls } |x| \leq 1 \quad x \text{ reell} \\ \left(\operatorname{sgn}(x)\right)^n \cosh\left(n \cosh^{-1}\left(|x|\right)\right) & \text{falls } |x| > 1 \quad x \text{ reell} \end{cases} \quad . \tag{11.90}$$

---

[1] Der Ausdruck Oktave entstammt der Musiktheorie. In der abendländischen diatonischen Tonleiter entspricht einer Tonhöhen- oder Frequenzverdopplung der Fortschritt von dem ersten Ton der Tonleiter zum achten Ton (octavus (lat.) = der achte).

Offenbar ist

$$T_0(x) = 1 \quad , \quad T_1(x) = x \quad . \tag{11.91}$$

Wegen der Zusammenhänge

$$\cos((k+1)\,\vartheta) + \cos((k-1)\,\vartheta) = 2\cos(k\,\vartheta)\cos(\vartheta) \quad , \tag{11.92}$$

$$\cosh((k+1)\,\vartheta) + \cosh((k-1)\,\vartheta) = 2\cosh(k\,\vartheta)\cosh(\vartheta) \tag{11.93}$$

folgt dann

$$T_{k+1}(x) = 2\,x\,T_k(x) - T_{k-1}(x) \quad . \tag{11.94}$$

Die letzte Gleichung ist eine Vorschrift, welche mit den Startwerten T_0 und T_1 eine vollständige induktive Definition der Funktionen T_n ermöglicht. Man zeigt induktiv bzw. über die Definitionsgleichung, daß die Funktionen T_n folgende Eigenschaften haben (siehe auch [11.3]):

1. Die T_n sind *Polynome* vom Grad *n*.
2. Bei geradem Index *n* ist T_n eine gerade, bei ungeradem *n* eine gerade Funktion in *x*.
3. Die T_n können im Intervall [–1,+1] nicht größer als 1 und nicht kleiner als –1 werden. Sie oszillieren dort zwischen diesen beiden Werten.
4. Alle Nullstellen der Polynome liegen im Intervall [–1,+1].
5. Für $x > 1$ ist $T_n(x)$ eine mit *x* monoton anwachsende Funktion.
6. $T_n(1) = 1$, $T_{2n}(0) = (-1)^n$, $T_{2n+1}(0) = 0$.
7. Der Koeffizient der höchsten Potenz x^n des Polynoms T_n ist durch $2^{(n-1)}$ gegeben. D.h. das Polynom wächst asymptotisch um den Faktor $2^{(n-1)}$ stärker als $1 \cdot x^n$.
8. Der Koeffizient des linearen Polynomanteils von T_{2n+1} ist $(-1)^n\,(2n+1)$.

Die Polynome erfüllen alle Anforderungen zur Lösung des Approximationsproblems der Filtertheorie: sie sind gerade oder ungerade, sie sind in einem um den

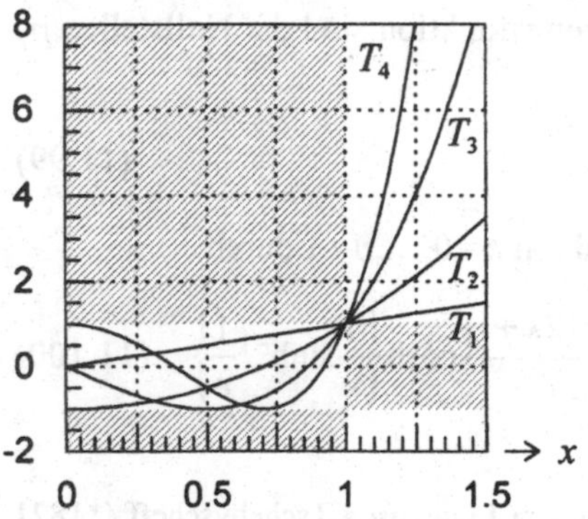

Abb. 11.16 : Graphen der Tschebyscheff-Polynome T_1 bis T_4.

Ursprung gelegenen Intervall beschränkt, sie steigen außerhalb dieses Intervalls monoton an und dies asymptotisch sogar stärker als eine Potenzfunktion gleichen Grades.

Die Polynome T_n werden Tschebyscheff-Polynome[1] n-ter Ordnung genannt. Abb. 11.16 zeigt beispielhaft die Graphen der Tschebyscheff-Polynome T_1 bis T_4.

Definition 11.7 :

Werden Prototypfunktion und charakteristische Funktion eines Tiefpasses durch ein Tschebyscheff-Polynom n-ter Ordnung gegeben,

$$f(\omega') = \varepsilon\, T_n(\omega') \quad , \tag{11.95}$$

$$K(p') = \begin{cases} \varepsilon\, T_n\left(\dfrac{p'}{j}\right) & \text{falls } n \text{ gerade} \\ j\varepsilon\, T_n\left(\dfrac{p'}{j}\right) & \text{falls } n \text{ ungerade} \end{cases} , \tag{11.96}$$

dann heißt der Tiefpaß ein *Tschebyscheff-Tiefpaß*. ◆

Für die normierte Dämpfung eines Tschebyscheff-Tiefpasses folgt daher

$$\left|D(j\omega')\right|^2 = 1 + \varepsilon^2\, T_n^2(\omega') \quad . \tag{11.97}$$

Bei Tschebyscheff-Tiefpässen wählt man als Bezugsfrequenz die betragsmäßig größte Frequenz, bei der eine vorgegebene Durchlaßdämpfung gerade noch nicht überschritten wird. Wegen $|\, T_n\ (1)\, |^2 = 1$ gilt dann für die maximal zulässige Durchlaßdämpfung

$$D_R^2 = \left|D(j\cdot 1)\right|^2 = 1 + \varepsilon^2 \quad . \tag{11.98}$$

Weil das Betragsquadrat der Tschebyscheff-Approximation im Durchlaßband des Toleranzschemas zwischen 1 und $1+\varepsilon^2$ oszilliert, wird ε^2 auch als zulässige *Welligkeit* (engl.: ripple) des Tiefpasses bezeichnet.

Für die Berechnung der normierten Dämpfungsfunktion sind die Nullstellen p_k' der normierten Dämpfung zu suchen:

$$1 + \varepsilon^2\, T_n^2(p_k'/j) = 0 \tag{11.99}$$

Die n Nullstellen p_k' mit positiven Realteil sind mit $k=0,\ldots,n-1$ durch

$$p_k' = \sin\frac{\pi(2k+1)}{2n}\sinh\left\{\frac{1}{n}\sinh^{-1}\frac{1}{\varepsilon}\right\} + j\cos\frac{\pi(2k+1)}{2n}\cosh\left\{\frac{1}{n}\sinh^{-1}\frac{1}{\varepsilon}\right\} \tag{11.100}$$

---

[1] Benannt nach dem russischen Mathematiker Pafnutij Lwowitsch Tschebyscheff (*1821 †1894).

gegeben. (Zur Herleitung siehe Anhang F). Berücksichtigt man nun noch, daß bei Frequenz 0

$$\left|D(j\,0)\right|^2 = 1+\varepsilon^2\ T_n^2(0) = 1+\varepsilon^2 \cos^2(n\pi/2) \tag{11.101}$$

gelten muß und daß die oben gegebenen Nullstellen in komplex konjugierten Paaren oder als reelle Werte auftreten, dann ist die gesuchte normierte Dämpfungsfunktion

$$\begin{aligned} D(p') &= \sqrt{1+\varepsilon^2 \cos^2(n\pi/2)}\ \prod_{k=0}^{n-1}(p'+p'_k)\Big/\prod_{m=0}^{n-1} p'_m \\ &= \sqrt{1+\varepsilon^2 \cos^2(n\pi/2)}\ \prod_{k=0}^{n-1}(p'/p'_k+1) \end{aligned} \quad . \tag{11.102}$$

Zur Abschätzung des erforderlichen Filtergrades werden folgende Überlegungen angestellt. Bei der normierten Frequenz ω'_S gilt:

$$D_S^2 \le 1+\varepsilon^2\ T_n^2(\omega'_S) \quad . \tag{11.103}$$

Infolgedessen ist

$$\left|T_n(\omega'_S)\right| = \cosh\left(n \cosh^{-1}(\omega'_S)\right) \ge \frac{\sqrt{D_S^2-1}}{\varepsilon} \quad . \tag{11.104}$$

Durch Bildung der inversen Funktion und Auflösung nach n folgt

$$n \ge \frac{\cosh^{-1}\left(\sqrt{D_S^2-1}/\varepsilon\right)}{\cosh^{-1}(\omega'_S)} = \frac{\cosh^{-1}\left(\sqrt{D_S^2-1}/\sqrt{D_R^2-1}\right)}{\cosh^{-1}(\omega'_S)} \quad . \tag{11.105}$$

Mit der Beziehung

$$\cosh^{-1}(x) = \ln\left(x+\sqrt{x^2-1}\right) = \lg\left(x+\sqrt{x^2-1}\right)\ln 10 \quad \text{für} \quad x>0 \tag{11.106}$$

läßt sich die Abschätzung auch als

$$n \ge \frac{\lg\left(\sqrt{D_S^2-1}+\sqrt{D_S^2-D_R^2}\right)-\lg\sqrt{D_R^2-1}}{\lg\left(\omega'_S+\sqrt{\omega_S'^2-1}\right)} \tag{11.107}$$

schreiben.

Genau wie für die Potenztiefpässe kann man auch für die Tschebyscheff-Tiefpässe asymptotische Betrachtungen anstellen. Für Frequenzen mit $|\omega'| \gg 1$ ist

$$\left|D(j\omega')\right|^2 \approx \varepsilon^2\ 2^{2(n-1)}\ \omega'^{2n} \quad . \tag{11.108}$$

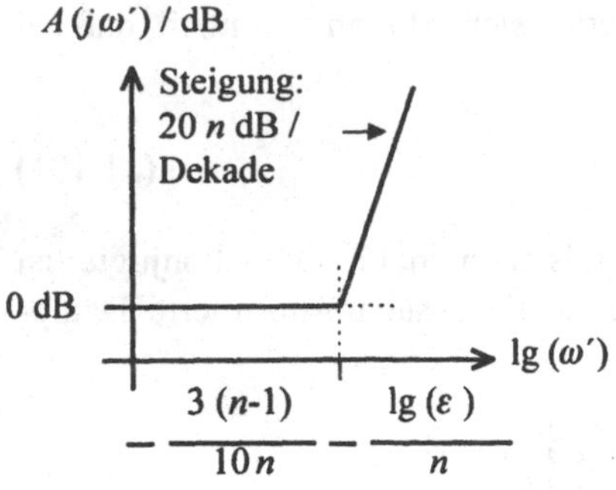

Abb. 11.17 : Amplitudengang des Tiefpaßfilters in doppelt logarithmischer Darstellung

Das normierte Dämpfungsmaß verläuft daher für große Frequenzen wie

$$A(\omega') \approx 20\, n \lg(\omega') + 6\,(n-1) + 20 \lg \varepsilon \quad , \tag{11.109}$$

das ist wie beim Potenztiefpaß mit 20 n dB pro Dekade. Im Vergleich zu einem Potenztiefpaß gleichen Grades mit Anforderungen nach dem gleichen Toleranzschema liegt der Dämpfungswert im Sperrbereich aber bei gleicher Frequenz um $6\,(n\text{-}1)$ dB höher.

Daher bevorzugt man bei Anwendungen, bei denen es im wesentlichen um das Dämpfungsverhalten im Sperrbereich geht, Tschebyscheff-Filter vor Potenzfiltern.

Die Umsetzung der vorausgegangenen Überlegungen soll nun an einem Beispiel demonstriert werden.

Beispiel 11.4 :

Es wird die Zweitorübertragungsfunktion eines verlustfreien reziproken Tschebyscheff-Tiefpasses gesucht, der bei 10 MHz gerade 0,1 dB Dämpfung verursacht. Bei 100 MHz soll die Dämpfung wenigstens 26 dB betragen. Das Filter soll an beiden Toren mit 50 Ω-Leitungen angeschlossen werden.

Da die maximale Durchlaßdämpfung bei 10 MHz vorgegeben ist, wird auf die Bezugskreisfrequenz $\omega_B = 2\pi \cdot 10$ MHz normiert. Die Sperrfrequenz von 100 MHz entspricht daher der normierten Frequenz 10.

Bei der Bezugsfrequenz ist die normierte Dämpfung 0,1 dB, d.h. es ist

$$D_R^2 = 10^{0{,}01} = 1{,}0233 \quad . \tag{11.110}$$

Bei der Sperrfrequenz ist

$$D_S^2 = 10^{2{,}6} = 398{,}1 \quad . \tag{11.111}$$

Damit wird der Tiefpaßgrad durch

$$n \geq \frac{\lg\left(\sqrt{398{,}1-1}+\sqrt{398{,}1-1{,}0233}\right)-\lg\sqrt{1{,}0233-1}}{\lg\left(10+\sqrt{100-1}\right)} = 1{,}86 \qquad (11.112)$$

abgeschätzt. Gewählt wird daher $n=2$. Wegen

$$\left|K(j1)\right|^2 = \varepsilon^2 = 0{,}023293 \qquad (11.113)$$

ist

$$\frac{1}{n}\sinh^{-1}\frac{1}{\varepsilon} = \frac{1}{2}\sinh^{-1}\frac{1}{0{,}15262} = 1{,}2894 \qquad (11.114)$$

und damit

$$p_0' = 1{,}6775\sin\frac{\pi}{4} + j\,1{,}9530\cos\frac{\pi}{4} = 1{,}1862 + j\,1{,}3809 \quad , \qquad (11.115)$$

$$p_1' = 1{,}6775\sin\frac{3\pi}{4} + j\,1{,}9530\cos\frac{3\pi}{4} = 1{,}1862 - j\,1{,}3809 \quad . \qquad (11.116)$$

Es ergibt sich somit:

$$D(p') = 0{,}30525\,p'^2 + 0{,}72417\,p' + 1{,}0116 \quad . \qquad (11.117)$$

Die folgende Abbildung zeigt das normierte Dämpfungsmaß dieses Tschebyscheff-Tiefpasses im Vergleich zu dem des Potenztiefpasses aus dem vorigen Beispiel.

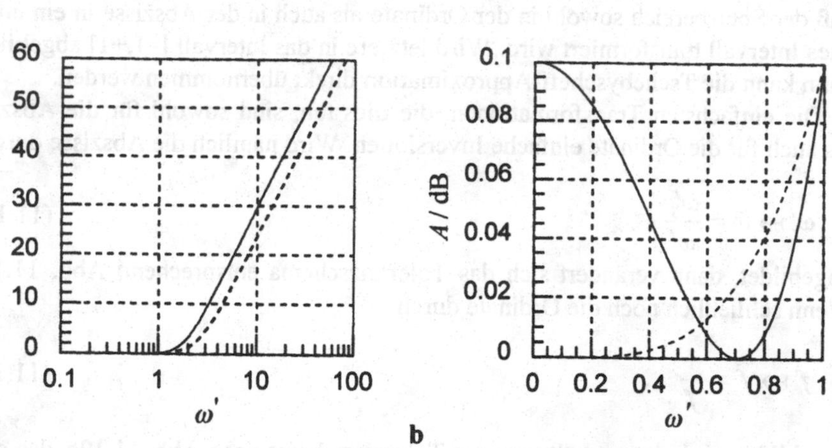

Abb. 11.18 : Vergleich zwischen den Dämpfungsmaßen eines Tschebyscheff-Tiefpasses (durchgezogene Linie) und eines Potenztiefpasses (strichlierte Linie) jeweils 2. Ordnung und gleicher Grenzfrequenz **a** logarithmische Frequenzachse **b** lineare Frequenzachse, nur Durchlaßbereich

In beiden Fällen ist der Dämpfungsanstieg mit 40 dB/Dekade gut zu erkennen. Auch der frühzeitigere Anstieg im Falle des Tschebyscheff-Tiefpasses wird deutlich.

Es wird aber auch klar, daß der Tschebyscheff-Tiefpaß im Gegensatz zum Potenztiefpaß in der Umgebung des Frequenzursprungs keinen maximal flachen Verlauf hat. Dort ist vielmehr – wie für einen Tschebyscheff-Tiefpaß gerader Ordnung zu erwarten – die normierte Dämpfung größer als Eins. ♦

11.3.3 Tiefpässe mit inverser Tschebyscheff-Charakteristik

Vorteil der Tschebyscheff-Tiefpässe gegenüber den Potenztiefpässen ist das schnellere Erreichen des asymptotischen Verhaltens. In der stückweise linearen Näherung des Dämpfungsmaßes ist die normierte Eckfrequenz beim Tschebyscheff-Tiefpaß um $3\,(n{-}1)\,/\,10n$ kleiner als die des Potenztiefpasses gleichen Grades und gleicher vorgegebener Durchlaßdämpfung bei der normierten Frequenz 1.

Nachteil der Tschebyscheff-Filter ist die Welligkeit der Dämpfung im Durchlaßbereich. Diese führt wegen des Zusammenhangs zwischen Real- und Imaginärteil der Fouriertransformierten einer kausalen Funktion unmittelbar zu einer höheren Abweichung der Gruppenlaufzeit von einer Konstanten. Daher verhält sich ein Tschebyscheff-Tiefpaß bezüglich Gruppenlaufzeitverzerrungen ungünstiger als ein Polynomtiefpaß.

Das vorteilhafte Verhalten beider Tiefpaßtypen kann im sogenannten inversen Tschebyscheff-Tiefpaß vereint werden. Hier wird das Toleranzschema nicht für den Durchlaß- sondern für den Sperrbereich im Tschebyscheffschen Sinne genähert. Um dies zu tun, muß das Toleranzschema aber erst so transformiert werden, daß der Sperrbereich sowohl in der Ordinate als auch in der Abszisse in ein endliches Intervall transformiert wird. Wird letztere in das Intervall [–1,+1] abgebildet, dann kann die Tschebyscheff-Approximation direkt übernommen werden.

Die einfachsten Transformationen, die dies tun, sind sowohl für die Abszisse als auch für die Ordinate einfache Inversionen. Wird nämlich die Abszisse durch

$$\omega' \mapsto \tilde{\omega} = \frac{\omega'_S}{\omega'} \quad , \tag{11.118}$$

abgebildet, dann verändert sich das Toleranzschema entsprechend Abb. 11.19b. Wenn schließlich noch die Ordinate durch

$$f \mapsto \tilde{f} = \frac{1}{f} \quad , \tag{11.119}$$

abgebildet wird, dann erhält man das Toleranzschema nach Abb. 11.19c, das dann im Tschebyscheffschen Sinne durch

$$\tilde{f}(\tilde{\omega}) = K \cdot T_n(\tilde{\omega}) \quad , \quad K \in \mathbb{R} \tag{11.120}$$

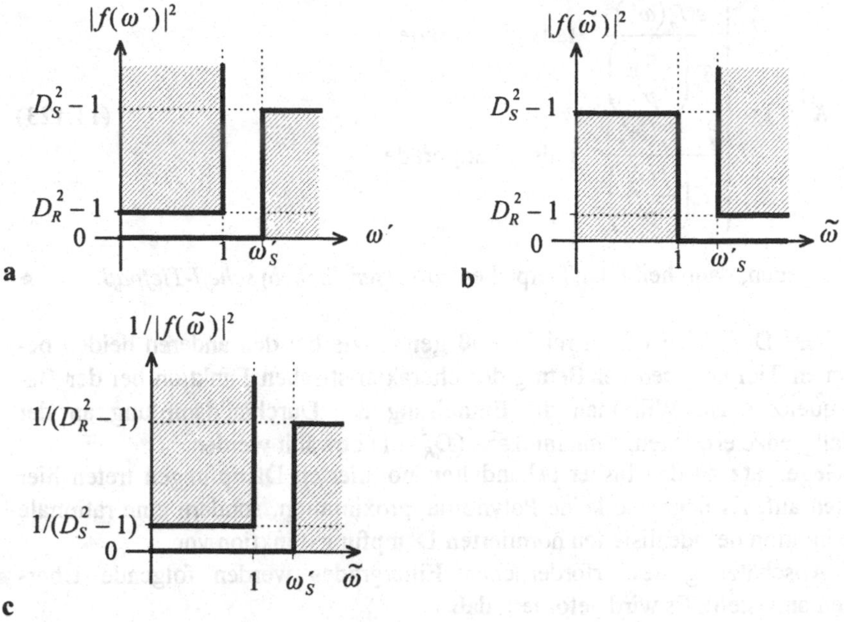

Abb. 11.19 : Transformation des Toleranzschemas eines Tiefpasses **a** Ursprüngliches Toleranzschema **b** Toleranzschema nach Transformation der Abszisse **c** Toleranzschema nach Transformation der Abszisse und der Ordinate

genähert wird. Zur Berechnung der charakteristischen Funktion wird die Rücktransformierte benötigt:

$$f(\omega') := 1/\tilde{f}(\omega'_S/\omega') = 1/\left[K \cdot T_n(\omega'_S/\omega')\right] . \tag{11.121}$$

Diese nähert also das ursprüngliche Toleranzschema so an, daß im Sperrbereich der Betragswert $|1/K|$ nie unterschritten wird. Ihr Betrag oszilliert im Sperrbereich zwischen $|1/K|$ und ∞.

Da die Tschebyscheff-Polynome Nullstellen aufweisen, besitzt die Rücktransformierte Polstellen.

Will man eine mit dem Potenztiefpaß und dem Tschebyscheff-Tiefpaß vergleichbare Darstellung der charakteristischen Funktion, dann wählt man die folgende Definition.

Definition 11.8 :

Sind Prototypfunktion und charakteristische Funktion eines Filters durch

$$f(\omega') = \frac{\varepsilon \, T_n(\omega'_S)}{T_n\left(\dfrac{\omega'_S}{\omega'}\right)} , \tag{11.122}$$

$$K(p') = \begin{cases} \dfrac{\varepsilon\, T_n(\omega'_S)}{T_n\left(\dfrac{j\omega'_S}{p'}\right)} & \text{falls} \quad n \text{ gerade} \\ \dfrac{j\,\varepsilon\, T_n(\omega'_S)}{T_n\left(\dfrac{j\omega'_S}{p'}\right)} & \text{falls} \quad n \text{ ungerade} \end{cases} , \tag{11.123}$$

gegeben, dann heißt der Tiefpaß ein *inverser Tschebyscheff-Tiefpaß*. ◆

Durch diese Definition wird erreicht, daß genau wie bei den anderen beiden besprochenen Tiefpaßtypen der Betrag der charakteristischen Funktion bei der Bezugsfrequenz ε ist. Will man die Einhaltung der Durchlaßdämpfung an der Durchlaßgrenze erreichen, dann muß $\varepsilon^2 = (D_R^2 - 1)$ gewählt werden.

Im Gegensatz zu den bisher behandelten normierten Dämpfungen treten hier Polstellen auf. Es liegt also keine Polynomapproximation, sondern eine rationale Approximation der idealisierten normierten Dämpfungsfunktion vor.

Zur Abschätzung des erforderlichen Filtergrades werden folgende Überlegungen angestellt. Es wird gefordert, daß

$$D_S^2 \le \left|D(j\omega'_S)\right|^2 = 1 + \varepsilon^2\, \frac{T_n^2(\omega'_S)}{T_n^2(1)} = 1 + \varepsilon^2\, T_n^2(\omega'_S) \tag{11.124}$$

gilt. Das ist aber exakt die Forderung, welche für die Abschätzung des Filtergrades eines normalen Tschebyscheff-Tiefpasses erhoben wurde. Es muß daher folgende Abschätzung für den Filtergrad n des inversen Tschebyscheff-Tiefpasses gelten:

$$n \ge \frac{\lg\left(\sqrt{D_S^2 - 1} + \sqrt{D_S^2 - D_R^2}\right) - \lg\sqrt{D_R^2 - 1}}{\lg\left(\omega'_S + \sqrt{{\omega'_S}^2 - 1}\right)} \quad . \tag{11.125}$$

Für Werte ω'/ω'_S, die dem Betrage nach sehr klein gegen 1 sind, verhält sich die normierte Dämpfung wie

$$\left|D(j\omega')\right|^2 \approx 1 + \frac{\varepsilon^2\, T_n^2(\omega'_S)}{2^{2(n-1)}\left(\dfrac{\omega'_S}{\omega'}\right)^{2n}} = 1 + \frac{\varepsilon^2\, T_n^2(\omega'_S)}{2^{2(n-1)}\, {\omega'_S}^{2n}}\, \omega'^{2n} =: 1 + \hat{\varepsilon}^2\, \omega'^{2n} \quad , \tag{11.126}$$

Der inverse Tschebyscheff-Tiefpaß ist daher für Frequenzen im Durchlaßbereich maximal flach.

Die normierte Dämpfungsfunktion hat Nullstellen bei

$$T_n^2\left(\frac{j\omega'_S}{p'_k}\right) = -\varepsilon^2\, T_n^2(\omega'_S) \quad . \tag{11.127}$$

Nennt man nun

$$\widetilde{p}'_k := -\omega'_S / p'_k \quad \text{und} \quad \widetilde{\varepsilon} = 1/\varepsilon\, T_n(\omega'_S) \quad , \tag{11.128}$$

dann folgt

$$T_n^2\left(\frac{\widetilde{p}'_k}{j}\right) = -\frac{1}{\widetilde{\varepsilon}^2} \quad . \tag{11.129}$$

Das ist exakt die Bestimmungsgleichung für die Nullstellen, die im Abschnitt über normale Tschebyscheff-Polynome gesucht waren. Dann sind die Nullstellen p'_k, welche einen positiven Realteil besitzen, wie folgt gegeben:

$$\begin{aligned} \frac{\omega'_S}{p'_k} &= \sin\frac{\pi(2k+1)}{2n}\sinh\left\{\frac{1}{n}\sinh^{-1}\left(\varepsilon\, T_n(\omega'_S)\right)\right\} \\ &+ j\cos\frac{\pi(2k+1)}{2n}\cosh\left\{\frac{1}{n}\sinh^{-1}\left(\varepsilon\, T_n(\omega'_S)\right)\right\} \;;\; k=0,\ldots,n-1 \;. \end{aligned} \tag{11.130}$$

Die Nullstelle p'_k ist übrigens komplex konjugiert zur Nullstelle p'_{n-1-k}.

Die Polstellen der normierten Dämpfungsfunktion liegen bei

$$T_n^2\left(\frac{\omega'_S}{\omega'_{P,k}}\right) = 0 \quad , \tag{11.131}$$

also bei

$$\omega'_{P,k} = \omega'_S \Big/ \cos\left(\frac{(2k+1)\pi}{2n}\right) \quad . \tag{11.132}$$

bzw.

$$p'_{P,k} = j\,\omega'_S \Big/ \cos\left(\frac{(2k+1)\pi}{2n}\right) \quad . \tag{11.133}$$

Die Polstelle p'_k ist komplex konjugiert zur Polstelle p'_{n-1-k}. Offenbar ist die Polstelle $p'_{P,(n-2)/2}$ bei geradem n bzw. $p'_{P,(n-1)/2}$ bei ungeradem n die Polstelle mit dem größten positiven Imaginärteil und dem größten Betrag. Die gesuchte normierte Dämpfungsfunktion ist damit

$$D(p') = \prod_{k=0}^{n-1}\left(\frac{p'}{p'_k}+1\right) \Big/ \prod_{m=0}^{n-1}\left(\frac{p'}{p'_{P,m}}+1\right) \quad . \tag{11.134}$$

Beispiel 11.5 :

Es wird die Zweitorübertragungsfunktion eines verlustfreien reziproken inversen Tschebyscheff-Tiefpasses 2. Ordnung gesucht, der bei 10 MHz gerade 0,1 dB Dämpfung verursacht und für hohe Frequenzen das Dämpfungsmaß 30 dB nicht unterschreitet. Der Tiefpaß soll einen möglichst steilen Dämpfungsanstieg mit größer werdenden Frequenzen besitzen.

Da die Durchgangsdämpfung bei 10 MHz vorgegeben ist, empfiehlt sich die Normierung auf die Bezugskreisfrequenz $\omega_B = 2\pi \cdot 10$ MHz. Bei der Bezugsfrequenz ist die normierte Dämpfung 0,1 dB, d.h. es ist

$$D_R^2 = 10^{0{,}01} = 1{,}023293 \quad , \tag{11.135}$$

und demzufolge

$$\left|K(j1)\right|^2 = \varepsilon^2 = 0{,}023293 \tag{11.136}$$

zu wählen. Die Sperrdämpfung ist

$$D_S^2 = 10^3 = 1000 \quad . \tag{11.137}$$

Wegen

$$\lg\left(\omega'_S + \sqrt{\omega'^2_S - 1}\right) \geq \frac{\lg\left(\sqrt{D_S^2 - 1} + \sqrt{D_S^2 - 1 - \varepsilon^2}\right) - \lg\varepsilon}{n} \tag{11.138}$$

ist dann der maximale Dämpfungsanstieg erreicht, wenn ω'_S so klein wie möglich ist. Daher folgt:

$$\omega'_S = 10{,}20037 \tag{11.139}$$

Weiter ist

$$\frac{1}{n}\sinh^{-1}\left(\varepsilon\, T_n(\omega'_S)\right) = 2{,}073387 \quad . \tag{11.140}$$

Damit bestimmt man

$$p'_{0,1} = \frac{10{,}20037}{2{,}766893 \pm j2{,}855818} = 1{,}785001 \pm j1{,}842369 \quad . \tag{11.141}$$

Die Dämpfungspole liegen bei

$$p'_{P,0,1} = \pm j14{,}42551 \quad . \tag{11.142}$$

Es ergibt sich somit:

$$D(p') = \frac{31{,}62278\,p'^2 + 112{,}8933\,p' + 208{,}0952}{p'^2 + 208{,}0952} \quad . \tag{11.143}$$

Abb. 11.20 zeigt das normierte Dämpfungsmaß des berechneten inversen Tschebyscheff-Tiefpasses im Vergleich zum normalen Tschebyscheff-Tiefpaß des Beispiels 11.2. Das Dämpfungsmaß des inversen Tschebyscheff-Tiefpasses wächst zunächst ähnlich wie das eines maximal flachen Tiefpasses, also flacher als das des normalen Tschebyscheff-Tiefpasses. In

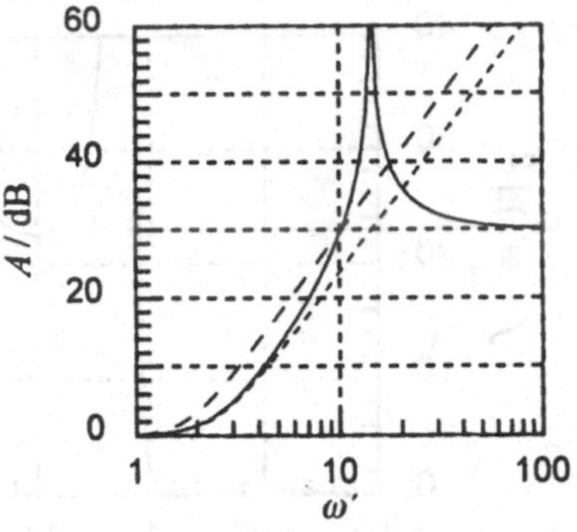

Abb. 11.20 :Vergleich eines Tiefpasses mit inverser Tschebyscheff-Charakteristik (durchgezogene Linie) mit einem normalen Tschebyscheff-Tiefpaß (unterbrochene Linie) bzw. Potenz-Tiefpaß (fein strichlierte Linie) gleicher Ordnung

der Tat unterscheidet sich das Dämpfungsmaß des inversen Tschebyscheff-Tiefpasses im Durchlaßbereich von dem des Potenztiefpasses gleicher Durchlaßgrenzfrequenz im Beispiel nur um weniger als 0,001 dB.

In der Nähe des Pols wächst dann das Dämpfungsmaß immer stärker an und wird schließlich größer als das des normalen Tschebyscheff-Tiefpasses. Man kann dieses Verhalten vorteilhaft dazu ausnutzen, schmale Störfrequenzbänder in der Nachbarschaft der Nutzfrequenzen gezielt zu unterdrücken.

Für große Frequenzen nähert sich in diesem Beispiel das normierte Dämpfungsmaß einem konstanten Wert, hier 30 dB. und ist daher geringer als das des Potenztiefpasses oder Tschebyscheff-Tiefpasses gleicher Ordnung. ♦

11.3.4 Cauer-Tiefpässe

Die Tiefpässe mit inverser Tschebyscheff-Charakteristik waren ein erstes Beispiel für Filter mit rationalen Dämpfungsfunktionen. Von Wilhelm Cauer[1] wurde eine weitere rationale Lösung des Näherungsproblems für idealisierte Tiefpaßdämpfungsfunktionen angegeben, welche viele Eigenschaften von Tiefpässen mit normalem und inversem Tschebyscheff-Verhalten in sich vereinigen.

Insbesondere liegen alle Nullstellen der Prototypfunktion im Durchlaßband und alle Polstellen im Sperrband. Die normierte Dämpfung oszilliert im Durchlaßband zwischen 1 und $1 + \varepsilon^2$, im Sperrband zwischen beliebig hohen Dämpfungswerten und einem minimalen Sperrdämpfungswert $1 + \alpha^2$. Der Dämpfungsanstieg zwischen Durchlaß- und Sperrbereich ist in der Regel größer als bei einem einfachen oder inversen Tschebyscheff-Tiefpaß gleichen Grades. Allerdings sind auch die

[1] Siehe Fußnote auf Seite 138.

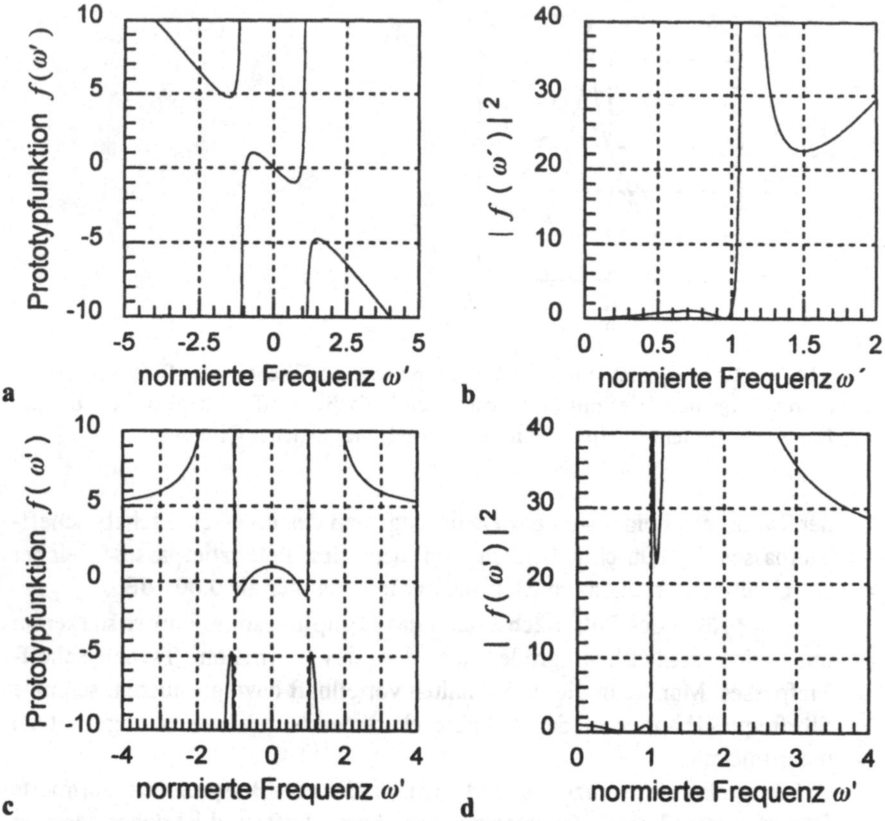

Abb. 11.21 : Prototypfunktionen und ihre Betragsquadrate für Cauer-Tiefpässe **a** Funktion 3. Ordnung **b** Betragsquadrat dazu **c** Funktion vierter Ordnung **d** Betragsquadrat dazu

Gruppenlaufzeitverzerrungen im Durchlaßbereich größer als bei diesen oder gar bei einem Potenztiefpaß gleichen Grades. Abb. 11.21 zeigt die Graphen zweier Prototypfunktionen mit typischen Merkmalen von Cauer-Tiefpässen und ihre Betragsquadrate.

Für die Herleitung der Prototypfunktionen der Cauer-Tiefpässe, wird auf Anhang F verwiesen. An dieser Stelle wird nur das Ergebnis angegeben.

Zu dessen Formulierung werden zwei spezielle Funktionen benötigt, die in Anhang F genauer definiert sind. Es handelt sich dabei zum einen um das *vollständige elliptische Integral erster Gattung* $\mathbf{K}(k)$ und zum anderen um den *sinus amplitudinis* sn (u,k) (siehe auch [11.5]...[11.9]).

Fürs erste reicht die Tatsache aus, daß es sich bei diesen Funktionen um gut dokumentierte Funktionen handelt, die in der Fachliteratur in tabellierter Form vorliegen und von modernen Computer-Algebra-Programmen, so wie beispielsweise auch die trigonometrischen Funktionen, zur Verfügung gestellt werden.

In Abb. 11.22 sind $\mathbf{K}(k)$ und sn (u,k) für einige Parameterwerte k dargestellt.

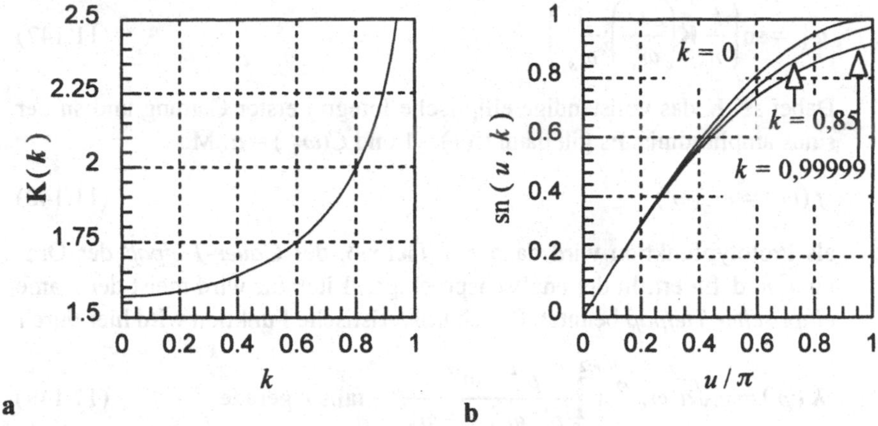

Abb. 11.22 : Graphen **a** des vollständigen elliptischen Integrals erster Gattung und **b** des sinus amplitudinis

Der sinus amplitudinis kann als eine Verallgemeinerung der trigonometrischen sinus-Funktion interpretiert werden. Er stimmt mit diesem für $k = 0$ überein. Für hinreichend kleine positive Werte von k^2 bzw von $1 - k^2$ gelten folgende Näherungen:

$$\operatorname{sn}(u,k) \approx \begin{cases} \sin(u) - \dfrac{k^2}{4}\left(u - \sin(u)\cos(u)\right)\cos(u) & \text{falls} \quad k^2 \ll 1 \\ \tanh(u) - \dfrac{(1-k^2)\left(u - \sinh(u)\cosh(u)\right)}{4\cosh^2(u)} & \text{falls} \quad 1 - k^2 \ll 1 \end{cases} \tag{11.144}$$

$\mathrm{K}(k)$ kann auf besser als 10^{-4} durch folgenden Ausdruck genähert werden:

$$\begin{aligned} \mathrm{K}(k) \approx\ & 1{,}3862944 + 0{,}1119723\,(1-k^2) + 0{,}0725296\,(1-k^2)^2 \\ & - \left[0{,}5 + 0{,}1213478\,(1-k^2) + 0{,}0288729\,(1-k^2)^2\right] \ln(1-k^2) \end{aligned} \ . \tag{11.145}$$

Mit Hilfe dieser Funktionen ist nun die folgende Definition möglich.

Definition 11.9 :

Es sei

$$C(\omega') = \begin{cases} \sqrt{\alpha}\ \omega_s'^{\,n/2} \displaystyle\prod_{k=1}^{n/2} \frac{\omega'^2 - \omega_{2k-1}'^2}{\omega'^2\,\omega_{2k-1}'^2 - \omega_s'^2} & \text{falls } n \text{ gerade} \\ \sqrt{\alpha}\ \omega_s'^{\,(n-2)/2}\,\omega' \displaystyle\prod_{k=1}^{(n-1)/2} \frac{\omega'^2 - \omega_{2k}'^2}{\omega'^2\,\omega_{2k}'^2 - \omega_s'^2} & \text{falls } n \text{ ungerade} \end{cases} \tag{11.146}$$

eine Funktion mit dem Parameter $\alpha > 1$ und

$$\omega'_k = \mathrm{sn}\left(\frac{k}{n}\mathbf{K}\left(\frac{1}{\omega'_S}\right);\frac{1}{\omega'_S}\right) \quad . \tag{11.147}$$

Dabei sei **K** das vollständige elliptische Integral erster Gattung und sn der sinus amplitudinis. Es gilt dann $C(1)=1$ und $C(\omega_S')=\alpha$. Mit

$$f(\omega') = \varepsilon\, C(\omega') \tag{11.148}$$

als Prototypfunktion wird dann ein Tiefpaß, der *Cauer-Tiefpaß* der Ordnung n, definiert. In der englischsprachigen Literatur wird meist der Name *elliptischer Tiefpaß* benutzt. Die charakteristische Funktion wird hier durch

$$K(p') = \varepsilon\sqrt{\alpha}\,\omega_S'^{\,n/2}\prod_{k=1}^{n/2}\frac{p'^2+\omega'^2_{2k-1}}{p'^2\,\omega'^2_{2k-1}+\omega_S'^{\,2}} \quad \text{falls } n \text{ gerade}, \tag{11.149}$$

und

$$K(p') = -j\varepsilon\sqrt{\alpha}\,\omega_S'^{\,(n-2)/2}\,p'\prod_{k=1}^{(n-1)/2}\frac{p'^2+p'^2_{2k}}{p'^2\,\omega'^2_{2k}+\omega_S'^{\,2}} \quad \text{falls } n \text{ ungerade} \tag{11.150}$$

beschrieben.

Für eine exakte Einhaltung der Sperr- und Durchlaßgrenzen ist der folgende Zusammenhang zu erfüllen:

$$\frac{\mathbf{K}(1/\omega'_S)}{\mathbf{K}\left(\sqrt{1-1/\omega'^2_S}\right)} = n\,\frac{\mathbf{K}(1/\alpha)}{\mathbf{K}\left(\sqrt{1-1/\alpha^2}\right)} \tag{11.151}$$

Eine Gradabschätzung des Cauer-Tiefpasses wird daher durch

$$n \geq \frac{\mathbf{K}\left(\sqrt{1-1/\alpha^2}\right)\mathbf{K}(1/\omega'_S)}{\mathbf{K}\left(\sqrt{1-1/\omega'^2_S}\right)\mathbf{K}(1/\alpha)} \tag{11.152}$$

gegeben. ◆

Beispiel 11.6 :

Im Vergleich zu dem in Beispiel 11.5 berechneten Tiefpaß 2. Ordnung mit inverser Tschebyscheff-Charakteristik wird die Zweitorübertragungsfunktion eines verlustfreien reziproken Cauer-Tiefpasses 2. Ordnung gesucht, der bei 10 MHz höchstens 0,1 dB Dämpfung verursacht, und für hohe Frequenzen wenigstens 30 dB Dämpfung aufweist.

Die Dämpfung im Durchlaßbereich darf höchstens 0,1 dB betragen:

$$D_R^2 = 10^{0{,}01} = 1{,}0233 \quad , \tag{11.153}$$

und demzufolge

$$\left|K(j1)\right|^2 = \varepsilon^2 = 0{,}023293 \quad . \tag{11.154}$$

Die Sperrdämpfung muß mindestens 30 dB betragen:

$$D_S^2 = 10^{30} = 1000 \quad . \tag{11.155}$$

Damit ergibt sich ein Wert

$$\alpha = \sqrt{\left(D_S^2 - 1\right) / \left(D_R^2 - 1\right)} = 207{,}10 \quad . \tag{11.156}$$

Mittels

$$\frac{\mathbf{K}(1/\omega_S')}{\mathbf{K}\left(\sqrt{1 - 1/\omega_S'^2}\right)} = n \frac{\mathbf{K}(1/\alpha)}{\mathbf{K}\left(\sqrt{1 - 1/\alpha^2}\right)} \tag{11.157}$$

folgt dann (durch numerische Auswertung) $\omega_S' = 7{,}230$.

Nachdem nun die Parameter festliegen, kann die Nullstelle ω'_0 bestimmt werden. Es ergibt sich

$$\omega_0' = \mathrm{sn}\left(0{,}5\mathbf{K}(1/\omega_S'); 1/\omega_S'\right) = 0{,}7088 \quad . \tag{11.158}$$

Die Polstelle liegt dann bei

$$\omega_P' = \omega_S' / \omega_0' = 10{,}20 \quad . \tag{11.159}$$

Es ergibt sich somit als charakteristische Funktion:

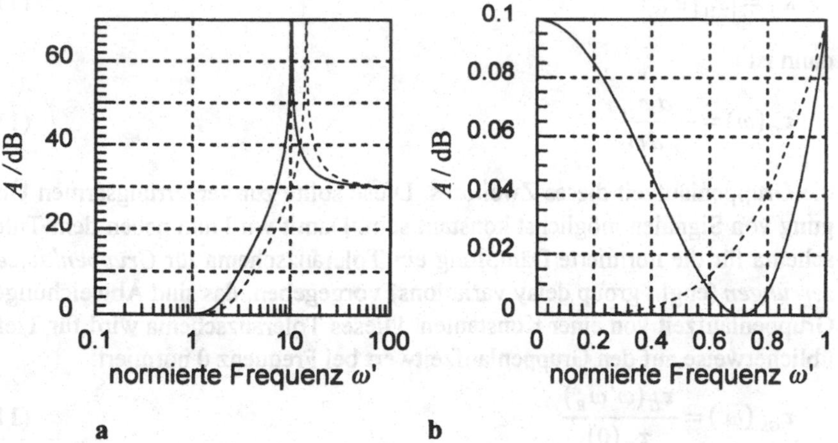

Abb. 11.23 : Vergleich zwischen Cauer-Tiefpaß (durchgezogene Linien) und inversem Tschebyscheff-Tiefpaß (strichlierte Linien) jeweils 2. Ordnung **a** logarithmische Frequenzachse **b** lineare Frequenzachse, Durchlaßband

$$K(p') = \frac{31{,}607\,p'^2 + 15{,}880}{p'^2 + 104{,}05} \quad . \tag{11.160}$$

Daraus wiederum folgt für die normierte Dämpfungsfunktion

$$D(p') = \frac{31{,}523\,p'^2 + 73{,}789\,p' + 105{,}25}{p'^2 + 104{,}05} \quad , \tag{11.161}$$

welche in Abb. 11.23 mit logarithmischem Dämpfungsmaß dargestellt ist. Im Vergleich dazu wird das Dämpfungsmaß des entsprechenden inversen Tschebyscheff-Tiefpasses dargestellt.

Der Cauer-Tiefpaß weist einen steileren Anstieg des Dämpfungsmaßes auf als der inverse Tschebyscheff-Tiefpaß. Nachteilig ist allerdings die Welligkeit des Dämpfungsmaßes im Durchlaßbereich. Hier ist das inverse Tschebyscheff-Filter vorteilhafter. ♦

11.3.5 Bessel-Tiefpässe

Die bisher besprochenen Tiefpaßtypen wurden so konstruiert, daß das Toleranzschema für die normierte Dämpfung möglichst gut approximiert wird. Steht nun statt des Dämpfungsverlaufes eine möglichst konstante Gruppenlaufzeit im Durchlaßbereich eines Tiefpasses im Vordergrund, so ist die bisherige Vorgehensweise nicht mehr anwendbar, da sie ausschließlich das Betragsverhalten ausnutzt.

Zur Erinnerung: Ist s_{21} die Zweitorübertragungsfunktion eines reflexionsfrei abgeschlossenen und durch einen rückwirkungsfreien Generator angesteuerten Zweitores:

$$s_{21} = |s_{21}|\, e^{j\varphi_{21}} \quad , \tag{11.162}$$

dann ist

$$\tau_G(\omega) = -\frac{d\varphi_{21}}{d\omega} \tag{11.163}$$

die Gruppenlaufzeit dieses Zweitores. Diese sollte zur verzerrungsarmen Übertragung von Signalen möglichst konstant sein. Damit wird nun neben dem Toleranzschema für die normierte Dämpfung ein Toleranzschema für *Gruppenlaufzeitverzerrungen* (engl.: group delay variations) vorgegeben, das sind Abweichungen der Gruppenlaufzeit von einer Konstanten. Dieses Toleranzschema wird für Tiefpässe üblicherweise auf den Gruppenlaufzeitwert bei Frequenz 0 normiert:

$$\tau_{GN}(\omega') = \frac{\tau_G(\omega'\omega_B)}{\tau_G(0)} \quad . \tag{11.164}$$

Eine konstante Gruppenlaufzeit kann nur durch

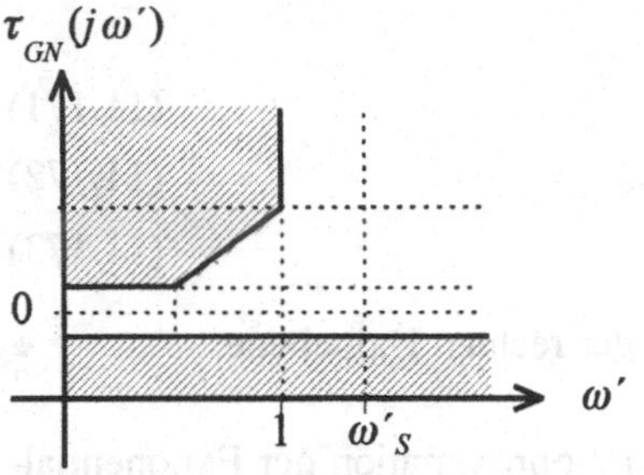

Abb. 11.24: Mögliches Toleranzschema für die normierte Gruppenlaufzeit eines Tiefpasses

$$s_{21}(j\omega) = |s_{21}(j\omega)|\, e^{-j\tau_{G0}\omega} \tag{11.165}$$

erzielt werden. Will man dies zudem noch mit einem verlustlosen reziproken und reflexionssymmetrischen Zweitor erreichen, dann ist wegen

$$|s_{11}|^2 = 1 - |s_{21}|^2 \quad , \tag{11.166}$$

$$\varphi_{11} = \varphi_{21} + \pi/2 + n\pi \tag{11.167}$$

sofort klar, daß die zusätzliche Forderung nach verschwindendem Eigenreflexionsfaktor die Bedingung

$$s_{21}(j\omega) = e^{-j\tau_{G0}\omega} \tag{11.168}$$

oder in analytischer Fortsetzung

$$s_{21}(p) = e^{-\tau_{G0}p} \tag{11.169}$$

erzwingt. Dies ist die Übertragungsfunktion einer verlustlosen idealen Leitung mit Laufzeit τ_{G0}, die zunächst keine Tiefpaßeigenschaften besitzt.

Gelingt es aber, $\exp(\tau_{G0}p)$ durch ein Polynom in p zu nähern, dessen Nullstellen ausschließlich in der linken abgeschlossenen Halbebene liegen, dann ist eine stabile Übertragungsfunktion gefunden, welche Tiefpaßeigenschaften hat. Der Betrag des Polynoms muß nämlich für hohe Frequenzen immer stärker ansteigen und bei Frequenz 0 als Näherung an die Exponentialfunktion von 0 verschieden sein.

Unglücklicherweise kann für Taylorreihenapproximationen n-ter Ordnung der Exponentialfunktion für $n > 4$ nicht immer garantiert werden, daß alle Nullstellen in der linken Halbebene liegen.

Beispiel 11.7 :

Die Talyorreihenentwicklung 5. Ordnung der Funktion e^z ist:

$$e^z = 1 + z + z^2/2! + z^3/3! + z^4/4! + z^5/5! \tag{11.170}$$

Die Nullstellen dieses Polynoms sind:

$$z_0 = -2{,}180607124 \quad , \tag{11.171}$$

$$z_{1,2} = -1{,}649502832 \pm j\,1{,}693933404 \quad , \tag{11.172}$$

$$z_{3,4} = +0{,}2398063938 \pm j\,3{,}128335026 \quad . \tag{11.173}$$

Damit liegen die Nullstellen z_3 und z_4 in der rechten Halbebene. ◆

Daher muß hier eine andere Vorgehensweise zur Approximation der Exponentialfunktion durch ein Polynom gewählt werden, welche im wesentlichen auf eine Veröffentlichung von Leo Storch zurückgeht [11.11].

Eine Herleitung des Verfahrens wird in Anhang F gegeben. Dabei stellt sich heraus, daß die normierte Dämpfung eines Tiefpasses, der nach dem Verfahren von Storch für einen möglichst flachen Verlauf der Gruppenlaufzeit optimiert wird, durch Bessel-Polynome beschrieben wird, welche wie folgt definiert sind [11.12]:

Definition 11.10 :

Das Polynom

$$B_n(z) = \frac{(2n)!}{n!\,2^n} \sum_{k=0}^{n} \frac{n!\,(2n-k)!\,2^k}{k!(n-k)!\,(2n)!} z^k \tag{11.174}$$

heißt *Bessel-Polynom n-ter Ordnung.*[1] ◆

Es gilt $B_1(z) = 1+z$, $B_0(z) = 1$ und $B_n(z) = (2n-1)\,B_{n-1}(z) + z^2\,B_{n-2}(z)$.

Bessel-Polynome sind mit den sphärischen Besselfunktionen erster und zweiter Art nahe verwandt. Mit ihnen läßt sich ein Tiefpaßprototyp wie folgt definieren.

Definition 11.11 :

Wird die normierte Dämpfungsfunktion eines Tiefpasses durch das Polynom

$$D(p') = \sum_{k=0}^{n} \frac{n!\,(2n-k)!\,2^k}{k!(n-k)!\,(2n)!} (\tau_{G0}\,\omega_B\,p')^k = \frac{n!\,2^n}{(2n)!} B_n(\tau_{G0}\,\omega_B\,p') \tag{11.175}$$

gegeben, wobei ω_B die Bezugskreisfrequenz und τ_{G0} eine (noch festzulegende) Konstante ist, so heißt der Tiefpaß ein *Bessel-Tiefpaß n-ter Ordnung.* ◆

Das Betragsquadrat der normierten Dämpfungsfunktion wächst mit wachsender Frequenz monoton an.

---

[1] Nach dem deutschen Astronom und Mathematiker Friedrich W. Bessel, 1784-1846.

Um zu einer Normierung zu gelangen, die der Normierung der bisher behandelten Tiefpässe entspricht, wird die Bezugskreisfrequenz ω_B als diejenige Kreisfrequenz gewählt, bei der die normierte Dämpfung um den Wert D_R^2 gegenüber dem Wert bei $\omega = 0$ gestiegen ist:

$$\left| \frac{n!\,2^n}{(2n)!} B_n(j\tau_{G0}\,\omega_B) \right|^2 = D_R^2 = 1+\varepsilon^2 \quad . \tag{11.176}$$

Daraus kann die noch fehlende Konstante τ_{G0} – wenigstens numerisch – bestimmt werden.

Für $n=1$ oder 2 kann die Gleichung exakt aufgelöst werden. Es gilt dann

$$\tau_{G0}\,\omega_B = \begin{cases} \varepsilon & \text{falls} \quad n=1 \\ \sqrt{1.5\left(\sqrt{1+4\varepsilon^2}-1\right)} & \text{falls} \quad n=2 \end{cases} \tag{11.177}$$

und folglich

$$D(p') = \begin{cases} 1+\varepsilon\, p' & \text{falls} \quad n=1 \\ 1+\sqrt{1.5\left(\sqrt{1+4\varepsilon^2}-1\right)}\; p' + \frac{1}{2}\left(\sqrt{1+4\varepsilon^2}-1\right) p'^2 & \text{falls} \quad n=2 \end{cases} . \tag{11.178}$$

Für $n>2$ kann bei hinreichend kleinem Betrag von $\omega_B\tau_{G0}$ die Konstante τ_{G0} auch näherungsweise bestimmt werden:

$$D(1) = \sum_{k=0}^{n} \frac{n!(2n-k)!2^k}{k!(n-k)!(2n)!} (j\tau_{G0}\omega_B)^k \approx 1+(j\tau_{G0}\omega_B)+\frac{n-1}{2n-1}(j\tau_{G0}\omega_B)^2 . \tag{11.179}$$

Demzufolge ist näherungsweise

$$1+\varepsilon^2 \approx 1+(\tau_{G0}\,\omega_B)^2/(2n-1) \quad , \tag{11.180}$$

also

$$\tau_{G0}\,\omega_B \approx \sqrt{2n-1}\;\varepsilon \quad . \tag{11.181}$$

Daraus ist zu schließen, daß die Näherung auch nur für hinreichend kleine ε gültig ist. Unter dieser Voraussetzung gilt näherungsweise

$$D(p') \approx \sum_{k=0}^{n} \frac{n!\,(2n-k)!\,2^k}{k!(n-k)!\,(2n)!} \left(\sqrt{2n-1}\;\varepsilon\, p'\right)^k \quad ; \quad n \geq 3 \quad . \tag{11.182}$$

Genau wie für die Potenztiefpässe kann man auch für Bessel-Tiefpässe asymptotische Betrachtungen anstellen. Für Frequenzen mit $|\omega'|^2 >> 1$ ist näherungsweise

$$|D(j\omega')|^2 = \left(\frac{n!\,2^n}{(2n)!}\right)^2 (\tau_{G0}\,\omega_B\,\omega')^{2n} \quad . \tag{11.183}$$

Das normierte Dämpfungsmaß verläuft daher für große Frequenzen wie

$$A(\omega') \approx 20\,n\,\lg(\omega') + 20\,n\,\lg(\tau_{G0}\,\omega_B\,) + 20\,\lg\left(\frac{n!\,2^n}{(2n)!}\right) \quad , \tag{11.184}$$

das ist wie beim Potenztiefpaß mit $20\,n$ dB pro Dekade. Setzt man noch die exakten Ergebnisse bzw. die Näherung für $\omega_B \tau_{G0}$ ein, dann folgt:

$$A(\omega') = \begin{cases} 20\,\lg(\omega') + 20\,\lg(\varepsilon) & \text{falls} \quad n = 1 \\ 40\,\lg(\omega') + 20\,\lg\left(\left(\sqrt{1+4\varepsilon^2} - 1\right)\big/ 2\right) & \text{falls} \quad n = 2 \end{cases}$$

$$A(\omega') \approx 20\,n\,\lg(\omega') + 20\,n\,\lg(\varepsilon) + 10\,n\,\lg(2n-1) + 20\,\lg\left(\frac{n!\,2^n}{(2n)!}\right) \quad , \quad \text{falls } n \geq 3 \tag{11.185}$$

Im Vergleich zu einem Potenztiefpaß gleichen Grades mit Anforderungen nach dem gleichen Toleranzschema liegt der Dämpfungswert eines Bessel-Tiefpasses größerer als erster Ordnung im Sperrbereich bei gleicher Frequenz niedriger. Bessel-Filter werden daher ausschließlich bei Anwendungen eingesetzt, bei denen eine möglichst konstante Gruppenlaufzeit wesentlich ist.

Beispiel 11.8:

Es wird die Zweitorübertragungsfunktion eines verlustfreien reziproken Bessel-Tiefpasses zweiter Ordnung gesucht, der bei 10 MHz gerade 0,1 dB Dämpfung verursacht und der an beiden Toren mit 50 Ω-Leitungen angeschlossen werden soll. Da eine Dämpfung bei 10 MHz vorgegeben ist, empfiehlt sich die Normierung auf die Bezugskreisfrequenz $\omega_B = 2\pi \cdot 10$ MHz. Bei der Bezugsfrequenz ist die normierte Dämpfung 0,1 dB, d.h. es ist

$$D_R^2 = 10^{0{,}01} = 1{,}0233 \quad , \tag{11.186}$$

und demzufolge

$$\varepsilon^2 = 0{,}023293 \tag{11.187}$$

zu wählen. Im Fall des Bessel-Filters 2. Ordnung kann die Bezugsgröße direkt aus der Dämpfung berechnet werden. Es ist

$$(\tau_{G0}\,\omega_B)^2 = 3\left(\sqrt{1+4\varepsilon^2} - 1\right)\big/ 2 \tag{11.188}$$

und daher

$$\tau_{G0}\,\omega_B = 0{,}2614 \quad . \tag{11.189}$$

(Die Näherung für $n > 2$ hätte 0,2643 ergeben). Es ergibt sich somit:

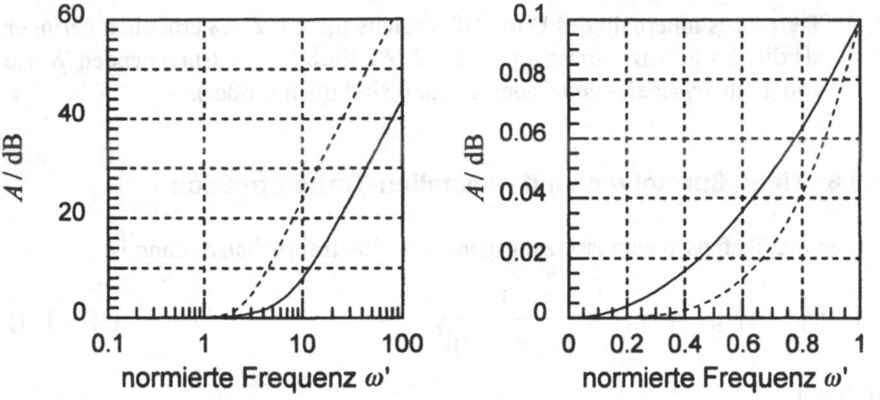

a b

Abb. 11.25: Normiertes Dämpfungsmaß eines Bessel-Tiefpasses 2. Ordnung (durchgezogenen Linie) im Vergleich zu einem Potenztiefpaß 2. Ordnung und gleicher 3 dB-Grenzfrequenz (strichlierte Linie) **a** logarithmische Frequenzachse **b** lineare Frequenzachse, Durchlaßbereich

$$\left|D(j\omega')\right|^2 = 1 + 0{,}02277\,\omega'^2 + 0{,}0005187\,\omega'^4 \quad . \tag{11.190}$$

Abb. 11.25 zeigt das normierte Dämpfungsmaß dieses Bessel-Tiefpasses im Vergleich zu dem des Potenztiefpasses aus Beispiel 11.2.

In beiden Fällen ist der Dämpfungsanstieg mit 40 dB/Dekade gut zu erkennen. Es wird deutlich, daß der Potenztiefpaß im Durchlaßbereich bis etwa 0,7 ω_B einen flacheren Anstieg der Dämpfung aufweist. Es wird aber auch klar, daß der Bessel-Tiefpaß im Sperrbereich eine erheblich schlechtere Dämpfung (hier etwa 20 dB) als der Potenztiefpaß zeigt.

Abb. 11.26 zeigt, daß die Gruppenlaufzeitvariationen des Bessel-

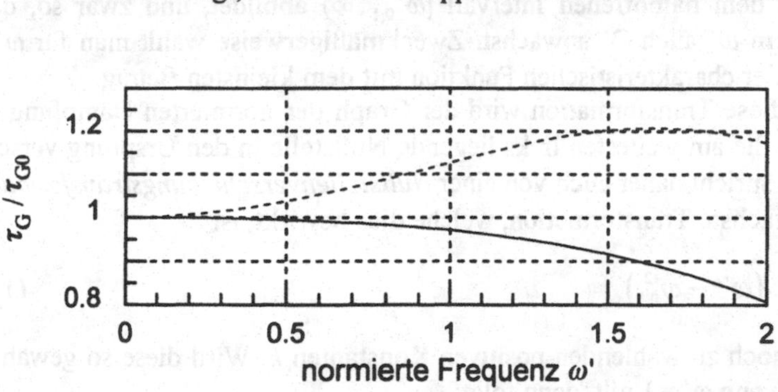

Abb. 11.26 : Normierte Gruppenlaufzeit eines Bessel-Tiefpasses 2. Ordnung (durchgezogene Linie) im Vergleich zu einem Potenztiefpaß 2. Ordnung und gleicher 3 dB-Grenzfrequenz (strichlierte Linie)

Tiefpasses innerhalb des Durchlaßbereichs mit ca. 2,1% erheblich geringer als die des Potenztiefpasses mit ca. 12,6% sind. (Die entsprechenden Werte von Tschebyscheff- und Cauer-Tiefpaß sind noch größer). ♦

11.3.6 Tiefpaßprototypen mit Nullstellen-Transformation

Werden die Tiefpässe voraussetzungsgemäß verlustfrei realisiert, dann ist

$$1=\left|s_{11}\right|^2+\left|s_{21}\right|^2=\left|s_{11}\right|^2+\frac{1}{1+\left|K(j\omega')\right|^2} \tag{11.191}$$

und somit

$$\left|s_{11}\right|^2=\frac{\left|K(j\omega')\right|^2}{1+\left|K(j\omega')\right|^2}=\frac{\left|K(j\omega')\right|^2}{\left|D(j\omega')\right|^2}\ . \tag{11.192}$$

Daher ist der Eigenreflexionsfaktor des Tiefpasses bei $j\omega'=0$ nur dann 0, wenn die charakteristische Funktion eine Nullstelle bei $j\omega'=0$ besitzt. Dies ist beispielsweise bei Tschebyscheff- und Cauer-Tiefpässen geraden Grades nicht gegeben. In vielen Fällen ist aber ein verschwindender Eigenreflexionsfaktor des Tiefpasses bei $j\omega'=0$ wünschenswert.

Dies kann durch eine einfache Maßnahme erreicht werden. Man nutzt dazu aus, daß für realisierbare Filter die Prototypfunktion eine gerade oder ungerade Funktion sein muß. Ist sie ungerade, dann besitzt sie eine Nullstelle bei $j\omega'=0$ und das Problem tritt gar nicht erst auf. Ist sie gerade, dann kann sie beliebig genau durch eine rationale Funktion mit ausschließlich geraden Potenzen in ω', also Potenzen von ω'^2 beschrieben werden. Hat die Prototypfunktion nun im Durchlaßbereich wenigstens eine Nullstelle $\omega'_{0,1}$, dann liegt eine einfache Transformation der Frequenzachse nahe, welche ω'^2-Werte aus dem halboffenen Intervall $[0,\infty)$ in $\tilde{\omega}'^2$-Werte aus dem halboffenen Intervall $[\omega'^2_{0,1},\infty)$ abbildet, und zwar so, daß bei wachsendem ω' auch $\tilde{\omega}'$ anwächst. Zweckmäßigerweise wählt man für $\omega'_{0,1}$ die Nullstelle der charakteristischen Funktion mit dem kleinsten Betrag.

Durch diese Transformation wird der Graph der normierten Dämpfung so gedehnt, daß die am weitesten links liegende Nullstelle in den Ursprung verschoben wird. Man spricht daher auch von einer *Nullstellenverschiebungstransformation.*

Die einfachste Transformation, welche dies bewirkt, ist

$$\tilde{\omega}'^2=k\left(\omega'^2-\omega'^2_{0,1}\right) \tag{11.193}$$

mit einer noch zu wählenden positiven Konstanten k. Wird diese so gewählt, daß $\tilde{\omega}'=1$ ist, wenn $\omega'=1$ gilt, dann folgt:

$$\tilde{\omega}'^2=\frac{\omega'^2-\omega'^2_{0,1}}{1-\omega'^2_{0,1}} \tag{11.194}$$

oder in analytischer Fortsetzung:

$$\tilde{p}'^2 = \left(p'^2 + \omega_{0,1}'^2\right) / \left(1 - \omega_{0,1}'^2\right) \quad . \tag{11.195}$$

Beispiel 11.9 :

Gesucht wird ein Tschebyscheff-Tiefpaß 4. Ordnung, der bei der normierten Frequenz 1 das normierte Dämpfungsmaß 0,1 dB aufweist, und der bei Frequenz 0 die normierte Dämpfung 1 besitzt.

Bei der Bezugsfrequenz ist die normierte Dämpfung 0,1 dB, d.h. es ist

$$\left|K(j1)\right|^2 = \varepsilon^2 = 0{,}023293 \tag{11.196}$$

zu wählen. Dann ist

$$\left|D(j\omega')\right|^2 = 1 + 0{,}023293 \cdot \left(1 - 8\omega'^2 + 8\omega'^4\right)^2 \tag{11.197}$$

oder in analytischer Fortsetzung

$$\left|D(p')\right|^2 = 1 + 0{,}023293 \cdot \left(1 + 8p'^2 + 8p'^4\right)^2 \quad . \tag{11.198}$$

Daraus wird die normierte Dämpfungsfunktion als

$$\begin{aligned} D(p') &= 1{,}012 + 2{,}473\,p' + 3{,}207\,p'^2 + 2{,}202\,p'^3 + 1{,}221\,p'^4 \\ &= 1{,}207\,(p + 0.6377 + j\,0{,}4650)\,(p + 0.6377 - j\,0{,}4650) \\ &\qquad \cdot (p + 0.2642 + j\,1{,}126)\,(p + 0.2642 - j\,1{,}126) \end{aligned} \tag{11.199}$$

bestimmt. Die Nullstellen der charakteristischen Funktion liegen bei

$$\omega_{0,1}' = \sqrt{2 - \sqrt{2}} / 2 \quad , \tag{11.200}$$

$$\omega_{0,2}' = \sqrt{2 + \sqrt{2}} / 2 \quad , \tag{11.201}$$

$$\omega_{0,3}' = -\sqrt{2 - \sqrt{2}} / 2 \quad , \tag{11.202}$$

$$\omega_{0,4}' = -\sqrt{2 + \sqrt{2}} / 2 \, . \tag{11.203}$$

Damit ist $\omega'_{0,1}$ die Nullstelle mit dem kleinsten Betrag. Die Transformationsvorschrift lautet also

$$\tilde{\omega}'^2 = \left(4\omega'^2 - 2 + \sqrt{2}\right) / \left(2 + \sqrt{2}\right) \tag{11.204}$$

Eingesetzt in die Dämpfungsfunktion folgt:

$$\left|D(j\tilde{\omega}')\right|^2 = 1 + 0{,}5430\,\tilde{\omega}'^4 - 1{,}311\,\tilde{\omega}'^6 + 0{,}7913\,\tilde{\omega}'^8 \tag{11.205}$$

Dieser Dämpfungsverlauf ist in Abb. 11.27 dargestellt. ♦

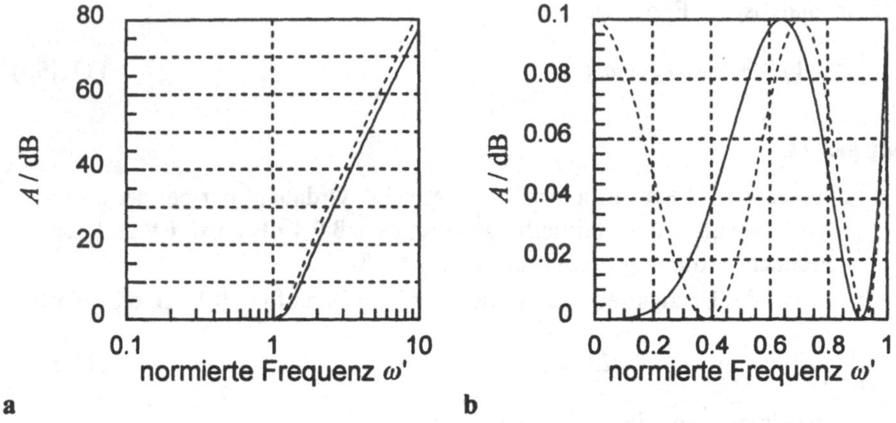

Abb. 11.27 : Vergleich zwischen Tschebyscheff-Tiefpässen 4. Ordnung mit bzw. ohne Nullstellenverschiebung (durchgezogene bzw. strichlierte Linien) **a** logarithmische Frequenzachse **b** lineare Frequenzachse, Durchlaßbereich.

11.3.7 Tiefpaßprototypen mit Polstellen-Transformation

Im Grenzfall unendlich hoher Frequenzen wünscht man sich bei Tiefpässen eine beliebig gute Unterdrückung des Eingangssignals, also

$$\lim_{\omega'\to\infty}\left|s_{21}(j\omega')\right|^2 = \lim_{\omega'\to\infty}\frac{1}{1+\left|K(j\omega')\right|^2} = 0 \quad . \tag{11.206}$$

Das aber ist nur möglich, wenn das Betragsquadrat der charakteristischen Funktion mit steigender Frequenz über alle Grenzen wächst. Dies ist beispielsweise bei inversen Tschebyscheff- und Cauer-Tiefpässen gerader Ordnung nicht der Fall.

Nun haben aber die angesprochenen Filtertypen wenigstens einen Pol bei endlichen normierten Frequenzen zwischen 1 und ∞. Ihre charakteristischen Funktionen sind gerade. Sie sind also durch rationale Funktionen mit ausschließlich geraden Potenzen in ω', also Potenzen von ω'^2 zu beschreiben. Ist $\omega'_{P,n/2-1}$ die Polstelle mit dem größten Betrag, dann legt dies eine einfache Transformation der Frequenzachse nahe, welche die ω'^2-Werte des halboffenen Intervalls $[0,\, \omega'^2_{P,n/2-1})$ in Werte $\tilde{\omega}'^2$ des halboffenen Intervalls $[0\,,\infty)$ abbildet, und zwar so, daß bei wachsendem ω' auch $\tilde{\omega}'$ anwächst.

Durch diese Transformation wird der Graph der normierten Dämpfung so gedehnt, daß der am weitesten rechts liegende Pol ins Unendliche verschoben wird. Man spricht daher auch von einer *Polverschiebungstransformation.*

Die einfachste Transformation, welche dies bewirkt, ist eine rationale Funktion mit genau einer Nullstelle bei $\omega'=0$ und einer Polstelle bei $\omega'^2=\omega'^2_{P,n/2-1}$:

$$\widetilde{\omega}'^2 = k\, \omega'^2 \Big/ \left(\omega'^2 - \omega'^2_{P,n/2-1}\right) \tag{11.207}$$

mit einer noch zu wählenden positiven Konstanten k. Wird diese so gewählt, daß $\widetilde{\omega}' = 1$ ist, wenn $\omega' = 1$ gilt, dann folgt:

$$\widetilde{\omega}'^2 = \frac{\left(1 - \omega'^2_{P,n/2-1}\right) \omega'^2}{\omega'^2 - \omega'^2_{P,n/2-1}} \tag{11.208}$$

oder in analytischer Fortsetzung:

$$\widetilde{p}'^2 = \frac{\left(\omega'^2_{P,n/2-1} - 1\right) p'^2}{p'^2 + \omega'^2_{P,n/2-1}} \quad . \tag{11.209}$$

Beispiel 11.10 :

Es wird die Zweitorübertragungsfunktion eines verlustfreien reziproken inversen Tschebyscheff-Tiefpasses 4. Ordnung gesucht, der bei 10 MHz gerade 0,1 dB Dämpfung verursacht und für hohe Frequenzen das Dämpfungsmaß 30 dB nicht unterschreitet. Der Tiefpaß soll einen möglichst steilen Dämpfungsanstieg mit größer werdenden Frequenzen besitzen. Im Vergleich dazu wird eine Version mit verschobenem Pol gesucht.

Da die Durchgangsdämpfung bei 10 MHz vorgegeben ist, empfiehlt sich die Normierung auf die Bezugskreisfrequenz $\omega_B = 2\pi \cdot 10$ MHz. Bei der Bezugsfrequenz ist die normierte Dämpfung 0,1 dB, d.h. es ist

$$D_R^2 = 10^{0{,}01} = 1{,}0233 \quad , \tag{11.210}$$

und demzufolge

$$\left|K(j1)\right|^2 = \varepsilon^2 = 0{,}0233 \tag{11.211}$$

zu wählen. Die Sperrdämpfung ist

$$D_S^2 = 10^3 = 1000 \quad . \tag{11.212}$$

Mit

$$\lg\left(\omega_S' + \sqrt{\omega_S'^2 - 1}\right) = \frac{\lg\left(\sqrt{D_S^2 - 1} + \sqrt{D_S^2 - 1 - \varepsilon^2}\right) - \lg \varepsilon}{4} \tag{11.213}$$

folgt:

$$\omega_S' = 2{,}3665 \tag{11.214}$$

und

$$\varepsilon^2\; T_4^2(\omega_S') = 999 \quad . \tag{11.215}$$

Das Betragsquadrat der charakteristischen Funktion ist daher

$$\left|K(j\omega')\right|^2 = \frac{999\,\omega'^8}{62949 - 22481\omega'^2 + 2508{,}97\,\omega'^4 - 89{,}603\,\omega'^6 + \omega'^8} \quad (11.216)$$

und die normierte Dämpfung als

$$\left|D(j\omega')\right|^2 = \frac{62949 - 22481\omega'^2 + 2508{,}97\omega'^4 - 89{,}603\omega'^6 + 1000\omega'^8}{62949 - 22481\omega'^2 + 2508{,}97\omega'^4 - 89{,}603\omega'^6 + \omega'^8} \quad (11.217)$$

Die Polstellen der charakteristischen Funktion liegen bei

$$\omega'_{P,0,2} = \pm 2{,}56145 \quad , \quad (11.218)$$

$$\omega'_{P,1,3} = \pm 6{,}18389 \quad . \quad (11.219)$$

Die Polstelle mit dem höchsten Betrag ist damit $\omega'_{P,1} = 6{,}18389$. Somit ergibt sich die Transformationsvorschrift:

$$\tilde{\omega}'^2 = \frac{\left(1 - \omega'^2_{P,1}\right)\omega'^2}{\omega'^2 - \omega'^2_{P,1}} \quad , \quad (11.220)$$

oder aufgelöst nach ω':

$$\omega'^2 = \frac{\tilde{\omega}'^2\,\omega'^2_{P,1}}{\tilde{\omega}'^2 - 1 + \omega'^2_{P,1}} \quad . \quad (11.221)$$

Damit ergibt sich eine normierte Dämpfung

$$\left|D(j\omega')\right|^2 = \frac{1 - 0{,}25931\omega'^2 + 0{,}01681\omega'^4 + 0{,}017644\,\omega'^8}{1 - 0{,}25931\omega'^2 + 0{,}01681\omega'^4} \quad . \quad (11.222)$$

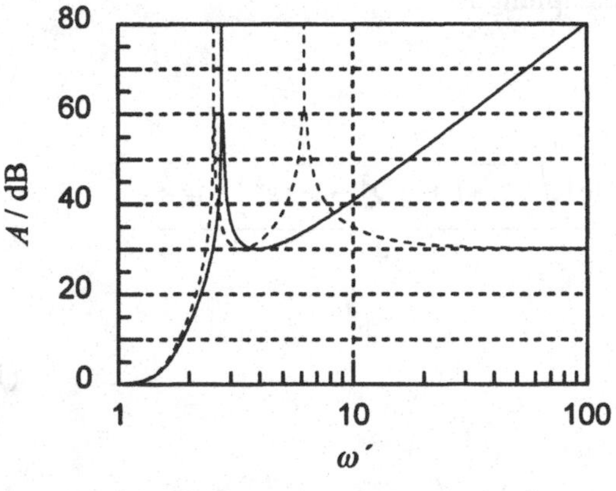

Abb. 11.28 : Vergleich zwischen inversen Tschebyscheff-Tiefpässen 4. Ordnung mit bzw. ohne Polverschiebung (durchgezogene bzw. strichlierte Linien)

In Abb. 11.28 ist die Dämpfungsfunktion des hier berechneten inversen Tschebyscheff-Tiefpasses vierter Ordnung im Vergleich zu dem Tiefpaß gezeigt, der sich nach Polstellenverschiebung ergibt.

Auf den ersten Blick sieht der Tiefpaß mit Polverschiebung wie ein inverser Tschebyscheff-Tiefpaß dritter Ordnung aus. Ein genauerer Vergleich ergibt jedoch Unterschiede.

Zum einen liegt der Pol des polverschobenen Tiefpasses vierter Ordnung näher an der Durchlaßgrenze als der des vergleichbaren inversen Tschebyscheff-Tiefpasses dritter Ordnung (2,78 im Vergleich zu 4,38).

Zum zweiten verhält sich der polverschobene Tiefpaß im Durchlaßbereich näherungsweise wie ein Potenz-Tiefpaß vierter Ordnung. Entwicklung der normierten Dämpfung bis zur achten Potenz in der normierten Frequenz ergibt nämlich

$$\left|D(j\omega')\right|^2 \approx 1 + 0.01764\,\omega'^8 , \qquad (11.223)$$

während der inverse Tschebyscheff-Tiefpaß dritter Ordnung sich dort wie ein Potenz-Tiefpaß dritter Ordnung verhält.

Schließlich wächst die normierte Dämpfung des polverschobenen Tiefpasses 4. Ordnung asymptotisch mit 40 dB/Dekade, während die normierte Dämpfung des Tiefpasses 3. Ordnung asymptotisch nur mit 20 dB/Dekade anwächst. ◆

11.4 Transformation von Filter-Prototypen

Nachdem eine recht ausführliche Theorie der Tiefpässe vorliegt, erscheint es sinnvoll, die dabei gewonnenen Erkenntnisse direkt auf das Verhalten von Hochpässen, Bandpässen und Bandsperren zu übertragen.

Die grundlegende Idee ist dabei die, durch eine Transformation der Frequenzvariablen das Toleranzschema eines Hochpasses, Bandpasses oder einer Bandsperre in das eines Tiefpasses abzubilden. Daraus konstruiert man die Dämpfungsfunktion des entsprechenden Tiefpasses. Durch Rücktransformation erhält man dann die Dämpfungsfunktion des ursprünglich gesuchten Filtertyps.

11.4.1 Hochpaß-Tiefpaß-Transformation

Vergleicht man die Toleranzschemata von Tiefpaß und Hochpaß, dann wird klar, daß die beiden Filtertypen bezüglich des Betrages der normierten Frequenz gerade inverses Verhalten aufzeigen: Der idealisierte Tiefpaß überträgt verlustlos bei niedrigen Frequenzbeträgen und sperrt bei hohen Frequenzbeträgen, der idealisierte Hochpaß sperrt bei niedrigen und überträgt verlustlos bei hohen Frequenzbeträgen. Abb. 11.29 zeigt mögliche Toleranzschemata für den realen Fall.

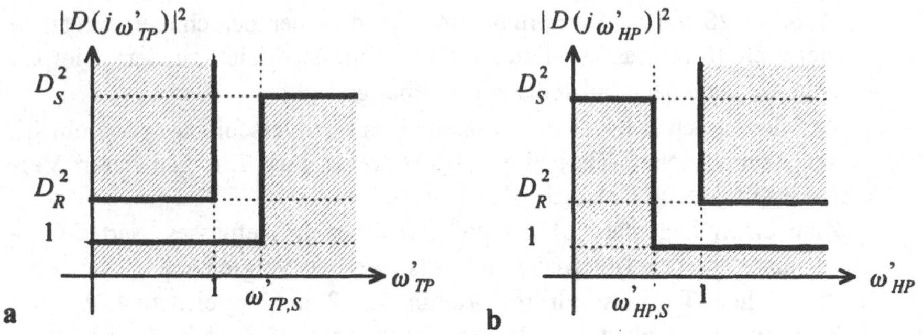

Abb. 11.29 : Mögliche Toleranzschemata für die normierte Dämpfungsfunktion **a** eines Tiefpasses **b** eines Hochpasses

Eine Variablentransformation, welche die beiden Toleranzschemata ineinander abbildet, kann nicht linear sein, da die Schemata nicht durch Translation oder Rotation auseinander hervorgehen. Die einfachste nichtlineare Transformation, welche die beiden Schemata ineinander abbildet, wird daher durch

$$\omega'_{TP} := k/\omega'_{HP} \tag{11.224}$$

mit einer noch festzulegenden Konstanten k gegeben. Durch analytische Fortsetzung wird daraus

$$p'_{TP} = -k/p'_{HP} \quad . \tag{11.225}$$

Da durch die Transformation das Stabilitätsverhalten der Übertragungsfunktionen für keinen Frequenzwert verändert werden darf, muß gelten:

$$\operatorname{sgn}(\Re\{p'_{HP}\}) = \operatorname{sgn}(\Re\{p'_{TP}\}) \quad . \tag{11.226}$$

Die Transformationsvorschrift überführt das durch Abb. 11.29b gegebene Hochpaß-Toleranzschema in das Tiefpaß-Toleranzschema gemäß Abb. 11.30.

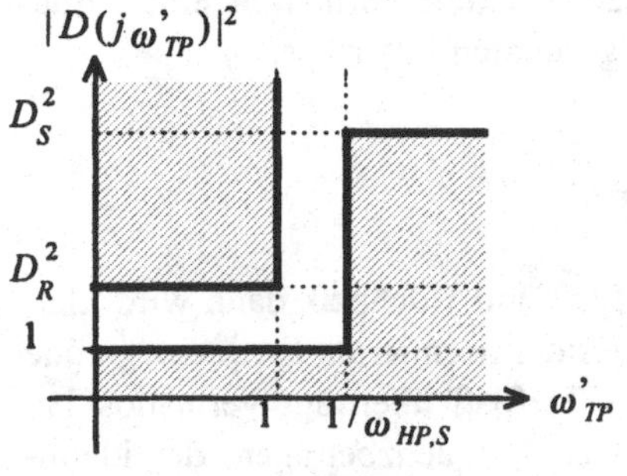

Abb. 11.30 : Toleranzschema der Dämpfungsfunktion eines Tiefpasses, entstanden aus dem Toleranzschema eines Hochpasses durch Transformation der Frequenzvariablen

Damit die Eckfrequenz des Durchlaßbereichs des Tiefpasses wieder bei 1 liegt, ist $k = -1$ zu wählen. Damit folgt

$$p'_{HP} = 1/p'_{TP} \quad . \tag{11.227}$$

Das ist genau die bereits in Abschnitt 11.1 für einen einfachen Fall gefundene Transformation.

Eine Hochpaßübertragungsfunktion $H_{HP}(p'_{HP})$, deren Betrag sich in das Toleranzschema von Abbildung Abb. 11.29 einpaßt, muß daher durch diese Variablentransformation in eine Tiefpaßübertragungsfunktion $H_{TP}(p'_{TP})$ transformiert werden und umgekehrt:

$$H_{TP}(p'_{TP}) = H_{HP}(1/p'_{TP}) \quad , \tag{11.228}$$

$$H_{HP}(p'_{HP}) = H_{TP}(1/p'_{HP}) \quad . \tag{11.229}$$

Dieses Abbildungspaar wird *Hochpaß-Tiefpaß-Transformtion* genannt. Sie wird anhand der normierten Tiefpaß-Dämpfungsfunktionen aus den Beispielen 11.2 und 11.4 demonstriert.

Beispiel 11.11:

Für die normierte Dämpfungsfunktion des Potenz-Tiefpasses 2. Ordnung aus Beispiel 11.2 war bestimmt worden:

$$D_{TP,Potenz}(p'_{TP}) = 0{,}1526\, p'^{2}_{TP} + 0{,}5525\, p'_{TP} + 1 \quad . \tag{11.230}$$

Für den entsprechenden Tschebyscheff-Tiefpaß aus Beispiel 11.4 war

$$D_{TP,Tscheby}(p'_{TP}) = 0{,}30525\, p'^{2}_{TP} + 0{,}72417\, p'_{TP} + 1{,}0116 \quad . \tag{11.231}$$

Daraus folgt dann

$$D_{HP,Potenz}(p'_{HP}) = 0{,}1526/p'^{2}_{HP} + 0{,}5525/p'_{HP} + 1 \tag{11.232}$$

und

$$D_{TP,Tscheby}(p'_{HP}) = 0{,}30525/p'^{2}_{HP} + 0{,}72417/p'_{HP} + 1{,}0116 \quad . \tag{11.233}$$

Abb. 11.31 zeigt die normierten Dämpfungsmaße beider Hochpässe. Offenbar wird nicht nur das Toleranzschema wie erwartet eingehalten, sondern auch das maximal flache Verhalten des Potenz-Tiefpasses bzw. das Welligkeitsverhalten des Tschebyscheff-Tiefpasses in entsprechender Weise transformiert. ♦

Da sich das grundlegende Verhalten der für die Transformation benutzten Tiefpaßtypen in den Hochpässen wiederfindet, nennt man die für die Transformation benutzten Tiefpaßtypen die *Tiefpaß-Prototypen* des transformierten Filters.

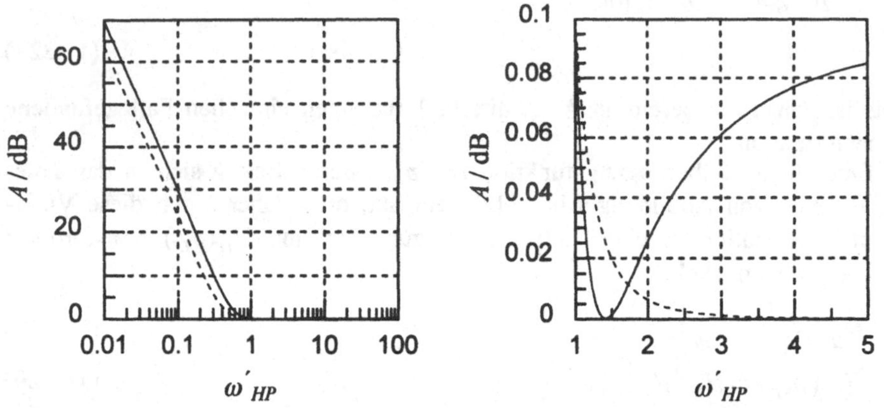

Abb. 11.31 : Tschebyscheff-Hochpaß (durchgezogene Linien) und Potenz-Hochpaß (punktierte Linien) basierend auf den Tiefpaß-Prototypen 2. Ordnung aus den Beispielen 11.2 und 11.4.

11.4.2 Bandpaß-Tiefpaß-Transformation

Die Transformationsmethode, welche die Konstruktion von Hochpässen aus Tiefpaß-Prototypen gestattet, läßt sich so abwandeln, daß die Konstruktion von Bandpässen ermöglicht wird. Abb. 11.32 zeigt mögliche Tiefpaß- und Bandpaß-Toleranzschemata. Offenbar muß eine erfolgreiche Variablentransformation, welche das Bandpaßverhalten in das eines Tiefpasses abbildet, wieder nichtlinear sein.

Da das Betragsquadrat der normierten Dämpfungsfunktion wieder eine gerade Funktion sein muß, kann die Transformation nur eine gerade oder ungerade Funktion sein. Da aber der Bildbereich der Transformation sowohl positive als auch negative Werte enthalten muß, kann die Transformation nur ungerade sein.

Diese muß genau einen Frequenzwert ω'_{BP0}, der zwischen ω'_{R-} und ω'_{R+} liegt, und sein Negatives in den Wert $\omega'_{TP} = 0$ abbilden. Die einfachste rationale Funktion, die dies erfüllt, ist

$$\omega'_{TP} := \left(k_1 + k_2\, \omega'^2_{BP}\right) \big/ \omega'_{BP} \tag{11.234}$$

oder in analytischer Fortsetzung

$$p'_{TP} := \left(-k_1 + k_2\, p'^2_{BP}\right) \big/ p'_{BP} \quad . \tag{11.235}$$

Nutzt man nun die Freiheit der Bezugsgrößenwahl für Normierung der Frequenz ω_{BP} aus:

$$\omega'_{BP} := \omega_{BP} \big/ \omega_{BP,B} \tag{11.236}$$

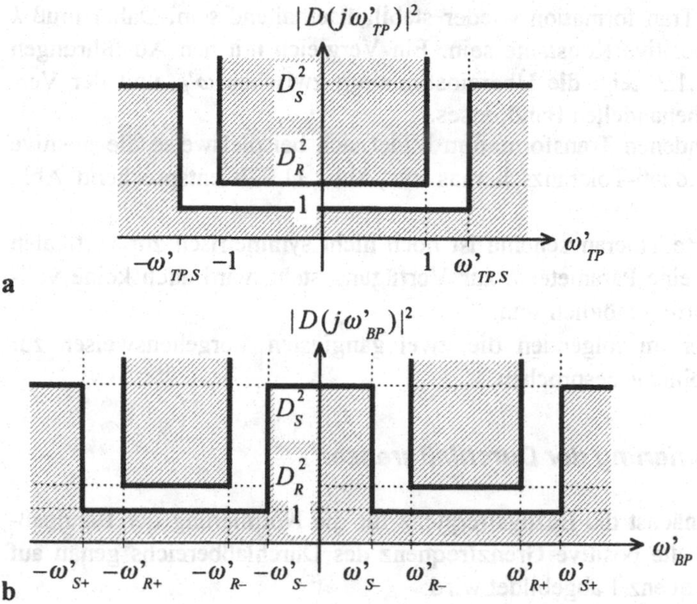

Abb. 11.32 : Mögliche Toleranzschemata für die normierte Dämpfungsfunktion **a** eines Tiefpasses **b** eines Bandpasses

und wählt die Bezugsgröße $\omega_{BP,B}$ so aus, daß die normierte Frequenz ω'_{BP0}, welche nach $\omega'_{TP}=0$ abgebildet wird, gerade 1 wird, dann folgt:

$$k_2 = -k_1 =: k \tag{11.237}$$

und daher

$$p'_{TP} := k\left(\frac{1}{p'_{BP}} + p'_{BP}\right) \quad . \tag{11.238}$$

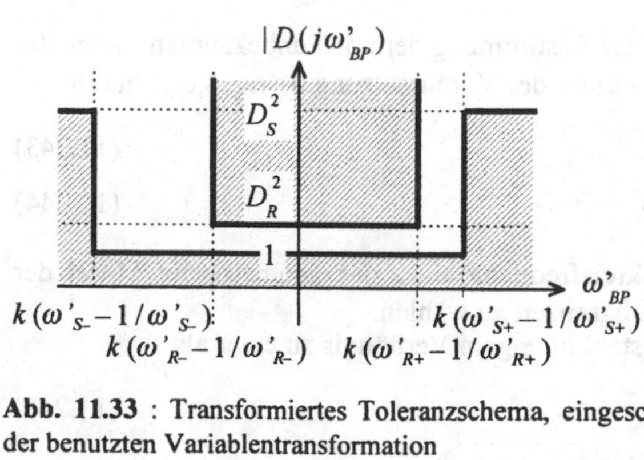

Abb. 11.33 : Transformiertes Toleranzschema, eingeschränkt auf nichtnegative Urbilder der benutzten Variablentransformation

Natürlich muß die Transformation wieder stabilitätserhaltend sein. Daher muß k eine reellwertige, positive Konstante sein. Ein Vergleich mit den Ausführungen des Abschnittes 11.1.3 zeigt die Übereinstimmung zwischen ω'_{TP} und der Verstimmung des dort behandelten Bandpasses.

Mit der so gefundenen Transformation bildet sich beispielsweise die positive Halbebene des Bandpaß-Toleranzschemas aus Abb. 11.32b entsprechend Abb. 11.33 ab.

Das transformierte Toleranzschema ist noch nicht symmetrisch zur vertikalen Achse. Da nur der eine Parameter k zur Verfügung steht, wird auch keine vollständige Symmetrierung möglich sein.

Es werden daher im folgenden die zwei gängigsten Vorgehensweisen zur Behandlung des Problems besprochen.

11.4.2.1 Symmetrierung der Durchlaßgrenzen

Hier wählt man zunächst die Bezugsfrequenz für die Normierung der Bandpaßfrequenzen so, daß die positive Grenzfrequenz des Durchlaßbereichs genau auf die Tiefpaßgrenzfrequenz 1 abgebildet wird:

$$k\,(\omega'_{R+} - 1/\omega'_{R+}) = 1 \quad . \tag{11.239}$$

Konsequenterweise muß dann die negative Grenzfrequenz des Durchlaßbereichs auf die Tiefpaßgrenzfrequenz –1 abgebildet werden. Dies liefert

$$\frac{1}{\omega'_{R-}} - \omega'_{R-} = -\frac{1}{\omega'_{R+}} + \omega'_{R+} \quad . \tag{11.240}$$

Durch Entnormierung der beiden letzten Gleichungen folgt:

$$k\left(\frac{\omega_{R+}}{\omega_{BP,B}} - \frac{\omega_{BP,B}}{\omega_{R+}}\right) = 1 \quad , \tag{11.241}$$

$$\frac{\omega_{BP,B}}{\omega_{R-}} - \frac{\omega_{R-}}{\omega_{BP,B}} = -\frac{\omega_{BP,B}}{\omega_{R+}} + \frac{\omega_{R+}}{\omega_{BP,B}} \quad . \tag{11.242}$$

Damit liegen zwei Gleichungen zur Bestimmung der noch unbekannten Parameter k und $\omega_{BP,B}$ vor. Deren Lösung ist unter der Voraussetzung $0 < \omega_{R-} < \omega_{R+}$ durch

$$\omega_{BP,B} = \sqrt{\omega_{R-}\,\omega_{R+}} \quad , \tag{11.243}$$

$$k = \sqrt{\omega_{R+}\,\omega_{R-}}\Big/(\omega_{R+} - \omega_{R-}) \tag{11.244}$$

gegeben. Damit ist als Bezugskreisfrequenz $\omega_{BP,B}$ das geometrische Mittel der Kreisfrequenzen bei den Durchlaßgrenzen zu wählen.

Der Proportionalitätsfaktor k steht in engem Verhältnis zu einer als

$$B := (\omega_{R+} - \omega_{R-})/2\pi \tag{11.245}$$

definierten Bandbreite[1]:

$$k = \omega_{BP,B} / 2\pi B \quad . \tag{11.246}$$

Damit folgt als Transformationsvorschrift für die Bandpaß-Tiefpaß-Transformation:

$$p'_{TP} := \frac{\omega_{BP,B}}{2\pi B}\left(\frac{1}{p'_{BP}} + p'_{BP}\right) \quad \text{bzw.} \quad \omega'_{TP} := \frac{\omega_{BP,B}}{2\pi B}\left(\omega'_{BP} - \frac{1}{\omega'_{BP}}\right) \tag{11.247}$$

Die so definierte Abbildung überführt die positive und die negative Halbebene des Bandpaß-Toleranzschemas gemäß Abb. 11.32 in ein Toleranzschema für einen Tiefpaß gemäß Abb. 11.34.

Die Abbildung zeigt ein Problem auf: Die einzuhaltenden Sperrgrenzen stimmen für die beiden Teilabbildungen nicht überein !

Damit die Toleranzgrenzen in jedem Fall eingehalten werden, muß daher jeweils die restriktivere der beiden Toleranzgrenzen gewählt werden, um ein Tiefpaßtoleranzschema zu konstruieren, das bei Rücktransformation in ein Bandpaßtoleranzschema die ursprünglich vorgegebenen Toleranzgrenzen nicht verletzt. Damit erhält man dann letztlich das Toleranzschema entsprechend Abb. 11.35 für

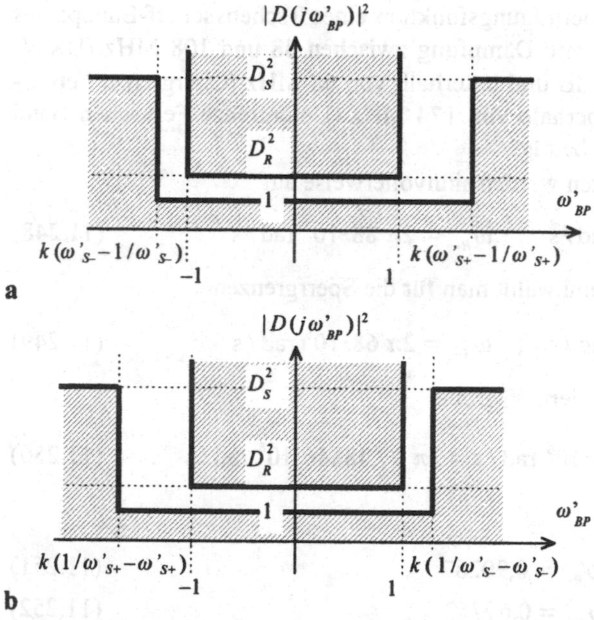

Abb. 11.34 : Transformiertes Toleranzschema, **a** eingeschränkt auf nichtnegative Urbilder, **b** eingeschränkt auf nichtpositive Urbilder der benutzten Variablentransformation

---

[1] Diese Bandbreite ist nur dann mit der 3dB-Bandbreite identisch, wenn $D_R^2 = 2$ ist.

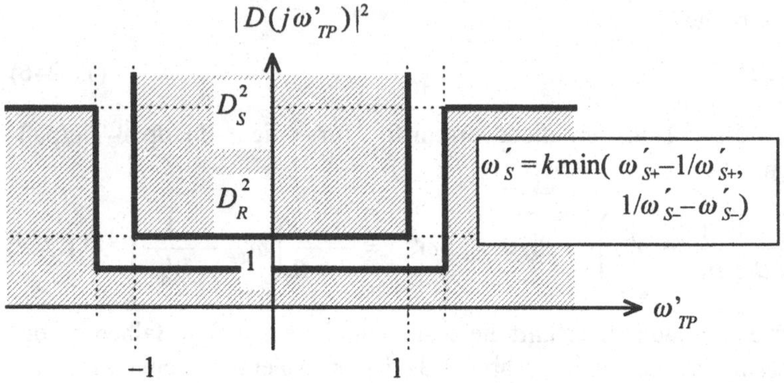

Abb. 11.35 : Toleranzschema eines Tiefpaß-Prototyps, der bei Tiefpaß-Bandpaß-Transformation kompatibel zum Toleranzschema des Bandpasses ist und die Durchlaßgrenzen symmetriert.

den Tiefpaß-Prototyp.

Die Vorgehensweise wird in einem Beispiel demonstriert.

Beispiel 11.12:

Es wird die Zweitorübertragungsfunktion eines Tschebyscheff-Bandpasses gesucht, dessen normierte Dämpfung zwischen 88 und 108 MHz (UKW-Bereich) höchstens 3 dB und unterhalb von 68 MHz (Obergrenze Fernsehen Band I) sowie oberhalb von 174 MHz (Untergrenze Fernsehen Band III) wenigstens 20 dB beträgt.

Die Durchlaßgrenzen werden sinnvollerweise auf

$$\omega_{R+} = 2\pi\, 108\cdot 10^6 \text{ rad/s} \quad , \quad \omega_{R-} = 2\pi\, 88\cdot 10^6 \text{ rad/s} \tag{11.248}$$

festgelegt. Entsprechend wählt man für die Sperrgrenzen

$$\omega_{S+} = 2\pi\, 174\cdot 10^6 \text{ rad/s} \quad , \quad \omega_{S-} = 2\pi\, 68\cdot 10^6 \text{ rad/s} \tag{11.249}$$

Dann gilt für die Normierungsgröße:

$$\omega_{BP,B} = 2\pi\sqrt{88\cdot 108}\cdot 10^6 \text{ rad/s} = 2\pi\, 97{,}48846\cdot 10^6 \text{ rad/s} \quad . \tag{11.250}$$

Damit ist

$$\omega'_{R+} = 1{,}10782 \quad , \quad \omega'_{R-} = 0{,}90267 \quad , \tag{11.251}$$

$$\omega'_{S+} = 1{,}78483 \quad , \quad \omega'_{S-} = 0{,}69752 \quad . \tag{11.252}$$

Somit ergibt sich:

$$k = 4{,}8744 \quad , \tag{11.253}$$

$$k\left(\frac{1}{\omega'_{S-}}-\omega'_{S-}\right)=3{,}5882 \quad , \tag{11.254}$$

$$k\left(\omega'_{S+}-\frac{1}{\omega'_{S+}}\right)=5{,}9690 \quad . \tag{11.255}$$

Damit ist die normierte Sperr-Grenzfrequenz des Prototyp-Tiefpasses zu 3,5882 zu wählen. Mit den vorgegebenen Werten der Sperrdämpfung und der Welligkeit im Durchlaßbereich schätzt man ab, daß der Tiefpaßgrad n wegen

$$n \geq 1{,}533 \tag{11.256}$$

wenigstens zu 2 gewählt werden muß. Mit $n = 2$ erhält man folgende normierte Dämpfungsfunktion für den Tschebyscheff-Tiefpaß-Protoypen:

$$D(p'_{TP}) = 1{,}9953\, p'^2_{TP} + 1{,}2867\, p'_{TP} + 1{,}4125 \quad . \tag{11.257}$$

Demzufolge ist die normierte Dämpfungsfunktion des Bandpasses

$$D(p'_{BP}) = 47{,}4073\left(p'_{BP}+\frac{1}{p'_{BP}}\right)^2 + 6{,}27212\left(p'_{BP}+\frac{1}{p'_{BP}}\right) + 1{,}41254 \quad . \tag{11.258}$$

Die nachfolgende Abb. 11.36 zeigt das normierte Dämpfungsmaß dieses Bandpasses.

Es ist zu erkennen, daß die Durchlaßgrenzen exakt eingehalten werden. Im Sperrbereich ist das Filter besser als gefordert. ♦

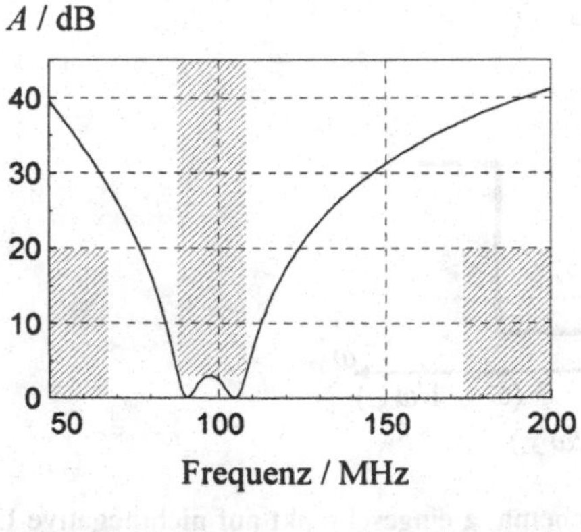

Abb. 11.36 : Normiertes Dämpfungsmaß und Toleranzvorgaben für das Bandpaßfilter des Beispiels

11.4.2.2 Symmetrierung der Sperrgrenzen

Hier wählt man die Transformation so, daß die normierten Sperrfrequenzen ω'_{S+} und ω'_{S-} auf den gleichen Betragswert abgebildet werden:

$$\frac{1}{\omega'_{S-}} - \omega'_{S-} = -\frac{1}{\omega'_{S+}} + \omega'_{S+} \quad . \tag{11.259}$$

Durch Entnormierung der Gleichung folgt

$$\frac{\omega_{BP,B}}{\omega_{S-}} - \frac{\omega_{S-}}{\omega_{BP,B}} = -\frac{\omega_{BP,B}}{\omega_{S+}} + \frac{\omega_{S+}}{\omega_{BP,B}} \quad . \tag{11.260}$$

Auflösung dieser Gleichung nach $\omega_{BP,B}$ liefert:

$$\omega_{BP,B} = \sqrt{\omega_{S-}\,\omega_{S+}} \quad . \tag{11.261}$$

Damit liegt die Abbildungssituation entsprechend Abb. 11.37 vor.

Wählt man jeweils die restriktivere der Durchlaßgrenzen aus, dann entsteht das Toleranzschema entsprechend Abb. 11.38. Hier muß also

$$k = 1/\max\left(\omega'_{R+} - 1/\omega'_{R+}, 1/\omega'_{R-} - \omega'_{R-}\right) \tag{11.262}$$

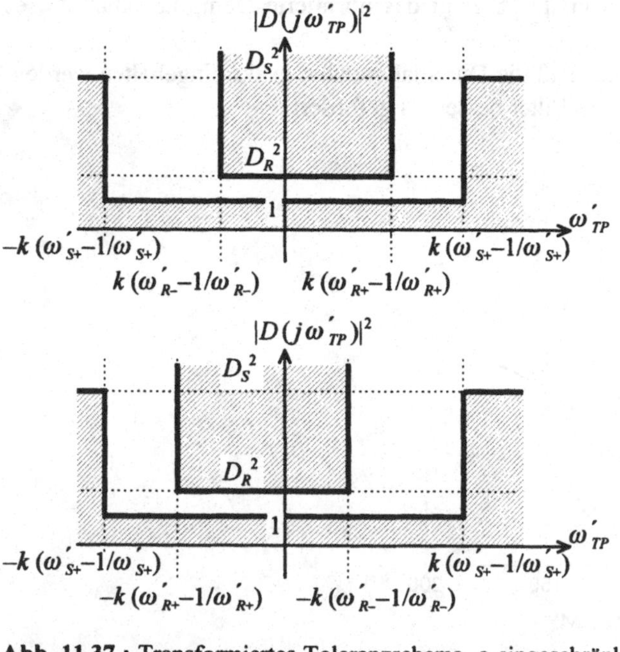

Abb. 11.37 : Transformiertes Toleranzschema **a** eingeschränkt auf nichtnegative Urbilder der benutzten Variablentransformation **b** eingeschränkt auf nichtpositive Urbilder der benutzten Variablentransformation

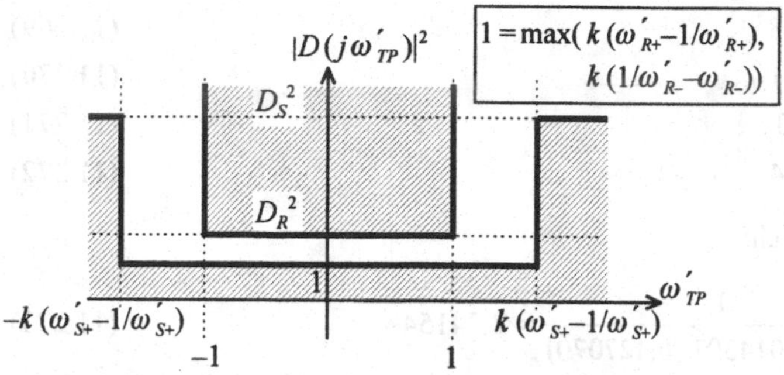

Abb. 11.38 : Toleranzschema eines Tiefpaß-Prototyps, der bei Tiefpaß-Bandpaß-Transformation kompatibel zum Toleranzschema des Bandpasses ist und die Sperrgrenzen symmetriert.

gelten. Zusammen mit der Normierungsgröße wird daraus

$$k = \frac{\sqrt{\omega_{S-}\omega_{S+}}}{\max\left(\omega_{R+} - \frac{\omega_{S-}\omega_{S+}}{\omega_{R+}}, -\omega_{R-} + \frac{\omega_{S-}\omega_{S+}}{\omega_{R-}}\right)} . \qquad (11.263)$$

Beispiel 11.13:

Es wird wie im letzten Beispiel die Zweitorübertragungsfunktion eines Tschebyscheff-Bandpasses gesucht, dessen normierte Dämpfung zwischen 88 und 108 MHz (UKW-Bereich) höchstens 3 dB betragen darf. Unterhalb von 68 MHz (Obergrenze Fernsehen Band I) sowie oberhalb von 174 MHz (Untergrenze Fernsehen Band III) soll nach Möglichkeit eine Dämpfung von 20 dB erreicht werden. Im Gegensatz zum vorigen Beispiel sollen im Toleranzschema die Sperrgrenzen symmetriert werden.

Die Durchlaßgrenzen werden wieder auf

$$\omega_{R+} = 2\pi\, 108 \cdot 10^6 \text{ rad/s} \quad , \qquad (11.264)$$

$$\omega_{R-} = 2\pi\, 88 \cdot 10^6 \text{ rad/s} \qquad (11.265)$$

festgelegt. Entsprechend wählt man für die Sperrgrenzen

$$\omega_{S+} = 2\pi\, 174 \cdot 10^6 \text{ rad/s} \quad , \qquad (11.266)$$

$$\omega_{S-} = 2\pi\, 68 \cdot 10^6 \text{ rad/s} \quad . \qquad (11.267)$$

Damit folgt für die Normierungsgröße:

$$\omega_{BP,B} = 2\pi \sqrt{68 \cdot 174} \cdot 10^6 \text{ rad/s} = 2\pi\, 108{,}775 \cdot 10^6 \text{ rad/s} \quad . \qquad (11.268)$$

Damit ist

$$\omega'_{R+} = 0{,}99288 \quad , \tag{11.269}$$
$$\omega'_{R-} = 0{,}80901 \quad , \tag{11.270}$$
$$\omega'_{S+} = 1{,}59963 \quad , \tag{11.271}$$
$$\omega'_{S-} = 0{,}62514 \quad . \tag{11.272}$$

Somit ergibt sich:

$$k = \frac{1}{\max(-0{,}014301\,,\,0{,}427070)} = 2{,}34154 \quad , \tag{11.273}$$

$$\omega'_S = k\left(\omega'_{S+} - \frac{1}{\omega'_{S+}}\right) = 2{,}28180 \quad . \tag{11.274}$$

Mit den vorgegebenen Werten der Sperrdämpfung und der Welligkeit im Durchlaßbereich schätzt man ab, daß der Tiefpaßgrad n wegen

$$n \geq 2{,}039 \tag{11.275}$$

wenigstens zu 3 gewählt werden müßte. Es wird dennoch mit Filtergrad n = 2 weiter gerechnet, da die Abschätzung sehr nahe bei 2 liegt und die Anforderungen nicht die unbedingte Einhaltung der Sperrdämpfung von 20 dB verlangen. Unter dieser Voraussetzung erhält man den gleichen Tiefpaß-Protoypen wie im letzten Beispiel mit der normierten Dämpfungsfunktion:

$$D(p'_{TP}) = 1{,}9953\,p'^{2}_{TP} + 1{,}2867\,p'_{TP} + 1{,}4125 \quad . \tag{11.276}$$

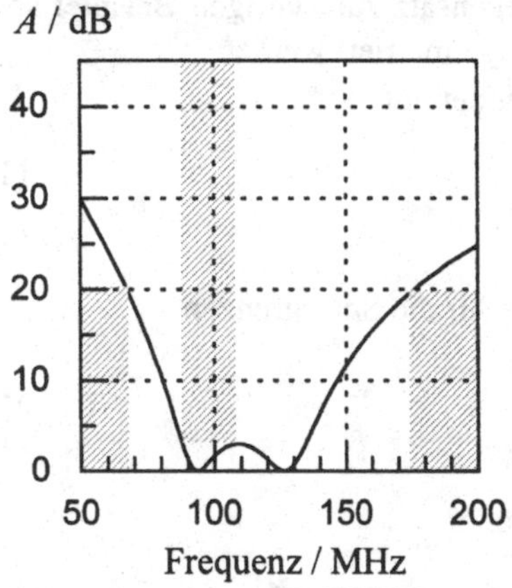

Abb. 11.39 : Normiertes Dämpfungsmaß und Toleranzvorgaben für das Bandpaßfilter des Beispiels. Das Toleranzschema wird an den Sperrgrenzen nicht ganz eingehalten, da der Filtergrad gerade eben nicht mehr ausreicht.

Demzufolge ist die normierte Dämpfungsfunktion des Bandpasses

$$D(p'_{BP}) = 10{,}9396\left(p'_{BP} + \frac{1}{p'_{BP}}\right)^2 + 3{,}0130\left(p'_{BP} + \frac{1}{p'_{BP}}\right) + 1{,}4125 \quad .(11.277)$$

Abb. 11.39 zeigt das so berechnete normierte Dämpfungsmaß. ◆

11.4.3 Bandsperren-Tiefpaß-Transformation

Abb. 11.40 zeigt mögliche Toleranzschemata für einen Tiefpaß und eine Bandsperre (hier nur für nichtnegative Frequenzen).

Eine Variablentransformation, welche das Bandsperrenverhalten in das Verhalten eines Tiefpasses abbildet, muß den gleichen Argumenten wie bei den anderen Transformationen folgend eine nichtlineare ungerade Funktion sein.

Diese muß genau einen Frequenzwert ω'_{BS0}, der zwischen $\omega'_{S,S-}$ und $\omega'_{S,S+}$ liegt, und sein Negatives in den Wert $\omega_{TP} = \infty$ abbilden. Die normierte Bandsperrenfrequenz 0 muß entweder nach 0 oder nach Unendlich abgebildet werden. Die einfachste rationale Funktion, die dies erfüllt, ist

$$\omega'_{TP} := \frac{\omega'_{BS}}{k_1 + k_2\, \omega'^2_{BS}} \qquad (11.278)$$

oder in analytischer Fortsetzung

$$p'_{TP} := \frac{p'_{BS}}{k_1 - k_2\, p'^2_{BS}} \quad . \qquad (11.279)$$

Natürlich muß die Transformation wieder stabilitätserhaltend sein. Daher muß $k_1 > 0$ und $k_2 < 0$ sein. Die Polstellen der Transformation liegen dann bei

$$\omega'^2_{BS} = -k_1/k_2 = k_1/|k_2| \quad . \qquad (11.280)$$

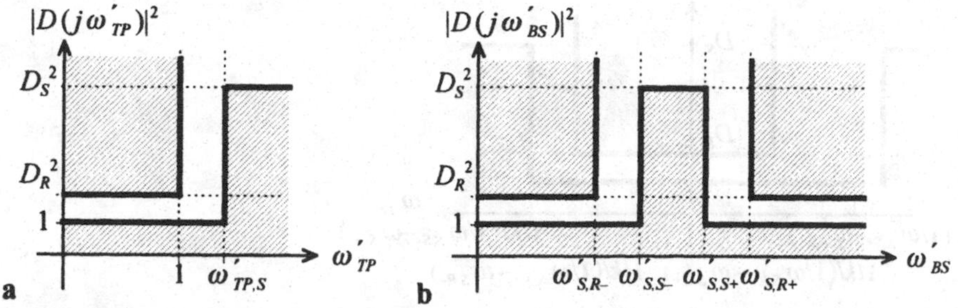

Abb. 11.40 : Toleranzschemata von Tiefpaß und Bandsperre (positive Frequenzen) **a** Tiefpaß **b** Bandsperre

Nutzt man nun die Freiheit der Bezugsgrößenwahl für Normierung der Frequenz ω_{BS} aus:

$$\omega'_{BS} := \frac{\omega_{BS}}{\omega_{BS,B}} \tag{11.281}$$

und wählt die Bezugsgröße $\omega_{BS,B}$ so aus, daß eine der Polstellen der normierten Bandsperrenfrequenzen 1 wird, dann folgt:

$$k_1 = -k_2 =: k > 0 \tag{11.282}$$

und daher

$$p'_{TP} := \frac{p'_{BS}}{k\,(1+p'^2_{BS})} = \frac{1}{k\left(\dfrac{1}{p'_{BS}} + p'_{BS}\right)} \ . \tag{11.283}$$

Mit der so gefundenen Transformation bildet sich beispielsweise die positive Halbebene des Bandsperren-Toleranzschemas entsprechend Abb. 11.41 ab.

Das transformierte Toleranzschema ist noch nicht symmetrisch zur vertikalen Achse. Da nur der eine Parameter k zur Verfügung steht, wird auch keine vollständige Symmetrierung möglich sein.

Bei Bandsperren geht man meist von einer Symmetrierung des transformierten Toleranzschemas bei den Sperrgrenzen aus. Es muß dann gelten:

$$\frac{1}{1/\omega'_{S,S+} - \omega'_{S,S+}} = \frac{-1}{1/\omega'_{S,S-} - \omega'_{S,S-}} \tag{11.284}$$

oder in entnormierter Form:

$$\frac{\omega_{BS,B}}{\omega_{S,S+}} - \frac{\omega_{S,S+}}{\omega_{BS,B}} = \frac{\omega_{S,S-}}{\omega_{BS,B}} - \frac{\omega_{BS,B}}{\omega_{S,S-}} \ . \tag{11.285}$$

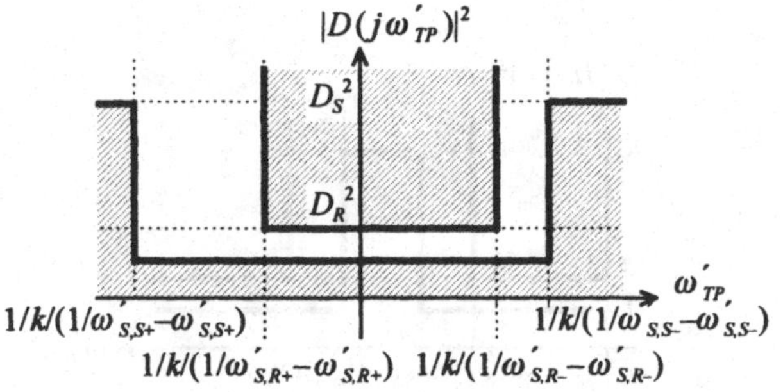

Abb. 11.41 : Transformiertes Toleranzschema, eingeschränkt auf nichtnegative Urbilder der benutzten Variablentransformation

Daraus folgt dann für die Normierungskreisfrequenz:

$$\omega_{BS,B} = \sqrt{\omega_{S,S+}\,\omega_{S,S-}} \quad . \tag{11.286}$$

Wählt man dann in Analogie zur Behandlung des Bandpasses den Faktor k als

$$k := \frac{1}{\min\left(\left|\dfrac{1}{\omega'_{S,R+}} - \omega'_{S,R+}\right|, \left|\dfrac{1}{\omega'_{S,R-}} - \omega'_{S,R-}\right|\right)} \quad , \tag{11.287}$$

aus, dann wird eine der Durchlaßkanten auf 1 oder –1 abgebildet, die andere auf einen Wert, dessen Betrag kleiner als 1 ist. Anschließend ist die normierte Dämpfungsfunktion eines Tiefpaß–Prototypen mit der normierten Sperrfrequenz

$$\omega'_S := \frac{1}{k\left|\dfrac{1}{\omega'_{S,S-}} - \omega'_{S,S-}\right|} \tag{11.288}$$

zu suchen und mit der Transformationsvorschrift entsprechend Gleichung (11.283) zurück zu transformieren.

Die Vorgehensweise wird wieder an einem Beispiel klargemacht.

Beispiel 11.14:

Es wird die Zweitorübertragungsfunktion einer Tschebyscheff–Bandsperre gesucht, deren normierte Dämpfung zwischen 87,275 und 87,500 MHz (Eurorufsignale) wenigstens 60 dB betragen muß. Unterhalb von 75 MHz (Einflugzeichen Instrumentenlandesystem) sowie oberhalb von 108 MHz (Landekurs Instrumentenlandesystem) soll nach Möglichkeit eine Dämpfung von 0,1 dB nicht überschritten werden. Die Sperrgrenzen werden auf

$$\omega_{S,S+} = 2\pi\, 87{,}500\cdot 10^6 \text{ rad/s} \quad , \quad \omega_{S,S-} = 2\pi\, 87{,}275\cdot 10^6 \text{ rad/s} \tag{11.289}$$

festgelegt. Entsprechend wählt man für die Durchlaßgrenzen

$$\omega_{S,R+} = 2\pi\, 108\cdot 10^6 \text{ rad/s} \quad , \quad \omega_{S,R-} = 2\pi\, 75\cdot 10^6 \text{ rad/s} \quad . \tag{11.290}$$

Damit folgt für die Normierungsgröße:

$$\omega_{S,B} = 2\pi\sqrt{87{,}275\cdot 87{,}5}\cdot 10^6 \text{ rad/s} = 2\pi\, 87{,}3874\cdot 10^6 \text{ rad/s} \quad . \tag{11.291}$$

Es ist also

$$\omega'_{R+} = 1{,}23588 \quad , \tag{11.292}$$

$$\omega'_{R-} = 0{,}85825 \quad , \tag{11.293}$$

$$\omega'_{S+} = 1{,}00129 \quad , \tag{11.294}$$

$$\omega'_{S-} = 0{,}99871 \quad . \tag{11.295}$$

Somit ergibt sich:

$$k = \frac{1}{\min(0{,}4267\,,\,0{,}3069)} = 3{,}2582 \quad , \tag{11.296}$$

$$\omega'_S = \frac{1}{k\left|\omega'_{S,R-} - \dfrac{1}{\omega'_{S,R-}}\right|} = 119{,}2 \quad . \tag{11.297}$$

Mit den vorgegebenen Werten der Sperrdämpfung und der Welligkeit im Durchlaßbereich schätzt man ab, daß der Tiefpaßgrad n wegen

$$n \geq 1{,}73 \tag{11.298}$$

wenigstens zu 2 gewählt werden muß. Mit $n = 2$ erhält man einen Tiefpaß–Protoypen mit der normierten Dämpfungsfunktion:

$$D(p'_{TP}) = 0{,}30524\,p'^2_{TP} + 0{,}72414\,p'_{TP} + 1{,}01158 \quad . \tag{11.299}$$

Demzufolge ist die normierte Dämpfungsfunktion der Bandsperre

$$D(p'_{BS}) = \frac{0{,}028753}{(p'_{BS} + 1/p'_{BS})^2} + \frac{0{,}22225}{p'_{BS} + 1/p'_{BS}} + 1{,}01158 \quad . \tag{11.300}$$

Abb. 11.42 zeigt das normierte Dämpfungsmaß dieser Bandsperre. ◆

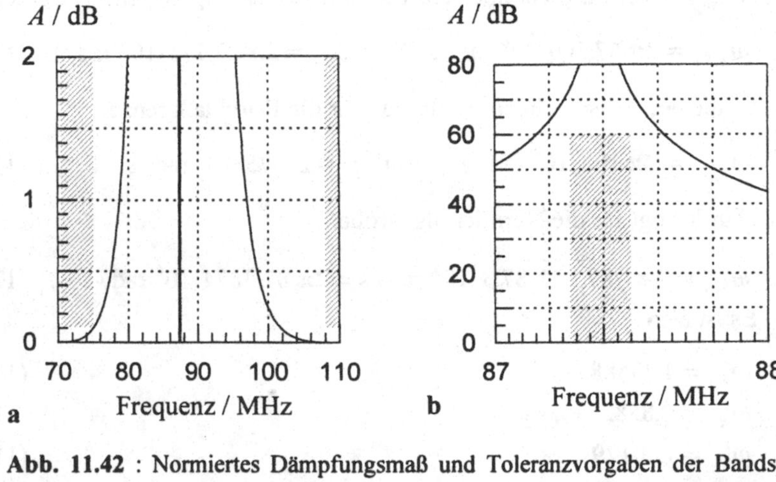

Abb. 11.42 : Normiertes Dämpfungsmaß und Toleranzvorgaben der Bandsperre des Beispiels **a** Einhaltung der Durchlaßgrenzen **b** Einhaltung der Sperrgrenzen

11.5 Allpässe

Die bisher vorgestellten Filter zeichnen sich dadurch aus, daß der Betrag der Dämpfungsfunktion mit der Frequenz variiert. Es gibt aber auch Filter, deren normierte Dämpfung (im Idealfall) unabhängig von der Frequenz ist, und bei denen ausschließlich der Phasengang frequenzabhängig ist. Solche Filter heißen *Allpässe*.

In den vorangegangenen Kapiteln wurde in der verlustfreien Leitung bereits ein Allpaß untersucht. Hier ist nämlich

$$s_{21} = e^{j\omega l/c} \quad . \tag{11.301}$$

Die normierte Dämpfung ist damit 1, der Phasengang ist

$$\varphi_{21} = j\omega l/c \quad . \tag{11.302}$$

Allpässe können dazu verwendet werden, gezielt den Phasengang und damit die Gruppenlaufzeitvariationen eines vorhandenen Zweitores zu verändern. Amplitudengang verändernde Filter beeinflussen nämlich zwangsläufig auch den Phasengang in unerwünschter Weise. Durch Einsatz von Allpässen ist dann oft eine Korrektur möglich.

11.5.1 Rationale Allpaß-Übertragungsfunktionen

Die den Amplitudengang verändernden Filter der letzten Abschnitte wurden durch rationale Übertragungsfunktionen beschrieben. Daher werden nun ganz entsprechend rationale, kausale und stabile Übertragungsfunktionen für Allpässe untersucht. Diese lassen sich durch Ausdrücke der Form

$$H_A(p') = H_0 \prod_{k=1}^{K} (p' + p'_{Z,k}) \Big/ \prod_{m=1}^{M} (p' + p'_{N,m}) \quad . \tag{11.303}$$

beschreiben mit

$$p'_{Z,k} := \sigma'_{Z,k} + j\,\omega'_{Z,k} \quad , \quad p'_{N,m} := \sigma'_{N,m} + j\,\omega'_{N,m} \ . \tag{11.304}$$

Dabei wird vereinbart, gemeinsame Faktoren in Zähler und Nenner stets zu kürzen, um eine möglichst einfache rationale Funktion zu erhalten. $|H_A|$ wird üblicherweise auf 1 normiert.

Auf Grund der geforderten Stabilität der Übertragungsfunktion muß

$$\sigma'_{N,m} > 0 \tag{11.305}$$

gefordert werden. Schließlich müssen Zähler- und Nennergrad übereinstimmen, da sonst der Betrag der Übertragungsfunktion für große Frequenzen gegen 0 oder ∞ streben würde.

Die Forderung nach Kausalität bedingt

$$H_A(-j\omega') = H_A^*(j\omega') \tag{11.306}$$

und erzwingt dadurch, daß Pol- und Nullstellen entweder reell sind oder in komplex konjugierten Paaren auftreten. Durch Ausmultiplizieren der Produkte in Zähler und Nenner der Übertragungsfunktion gelangt man zu der alternativen Darstellung

$$H_A(p') = \sum_{k=0}^{K} a_k\, p'^k \Big/ \sum_{m=0}^{K} b_m\, p'^m \quad . \tag{11.307}$$

Die Faktoren a_k und b_m sind dabei reellwertig. Dies ist eine Folge von Gleichung (11.306). Für $p' = j\omega'$ erhält man daher

$$H_A(j\omega') = \frac{\sum\limits_{k=0}^{\lfloor K/2 \rfloor} (-1)^k a_{2k}\, \omega'^{2k} + j\omega' \sum\limits_{k=0}^{\lfloor (K-1)/2 \rfloor} (-1)^k a_{2k+1}\, \omega'^{2k}}{\sum\limits_{m=0}^{\lfloor K/2 \rfloor} (-1)^m b_{2m}\, \omega'^{2m} + j\omega' \sum\limits_{k=0}^{\lfloor (K-1)/2 \rfloor} (-1)^m b_{2m+1}\, \omega'^{2m}} \quad . \tag{11.308}$$

Dabei ist $\lfloor N/2 \rfloor$ der ganzzahligen Anteil von $N/2$. (Für $K = 0$ wird – wie üblich – vereinbart, daß eine Summe, deren Endindex kleiner ist als der Anfangsindex, zu 0 gesetzt wird).

Da nun der Betrag von H_A auf 1 normiert wurde, müssen die Realteile bzw. Imaginärteile von Zähler und Nenner der Übertragungsfunktion jeweils bis auf ein Vorzeichen übereinstimmen.

Im Falle $H_A(0) = +1$ folgt daher

$$\sum_{k=0}^{\lfloor K/2 \rfloor} (-1)^k a_{2k}\, \omega'^{2k} = \sum_{m=0}^{\lfloor K/2 \rfloor} (-1)^m b_{2m}\, \omega'^{2m} \quad , \tag{11.309}$$

$$\sum_{k=0}^{\lfloor (K-1)/2 \rfloor} (-1)^k a_{2k+1}\, \omega'^{2k} = \pm \sum_{k=0}^{\lfloor (K-1)/2 \rfloor} (-1)^m b_{2m+1}\, \omega'^{2m} \quad . \tag{11.310}$$

Da dies unabhängig von der Frequenz gelten muß, folgt entweder

$$a_k = b_k \quad \text{für} \quad k = 0, \ldots, K \quad , \tag{11.311}$$

oder

$$a_{2k} = b_{2k} \text{ für } k = 0, \ldots, \lfloor K/2 \rfloor \; ; \; a_{2k+1} = -b_{2k+1} \text{ für } k = 0, \ldots, \lfloor (K-1)/2 \rfloor \, . \tag{11.312}$$

Der erste der beiden Fälle muß ausgeschlossen werden, da vereinbart wurde, daß gemeinsame Faktoren in Zähler und Nenner gekürzt werden. Damit bleibt

$$H_A(p') = P(-p')/P(p') \quad \text{mit} \quad P(p') = \sum_{k=0}^{K} b_k\, p'^k \quad . \tag{11.313}$$

Im Falle $H_A(0) = -1$ folgt mit entsprechender Argumentation

$$H_A(p') = -P(-p')/P(p') \quad \text{mit} \quad P(p') = \sum_{k=0}^{K} b_k\, p'^k \quad . \tag{11.314}$$

Da aber $P(p')$ aus Stabilitätsgründen so konstruiert wurde, daß sämtliche Nullstellen in der linken Halbebene liegen, müssen die Nullstellen der Allpaß-Übertragungsfunktion ausschließlich in der rechten Halbebene liegen. Übertragungsfunktionen entsprechend Gleichung (11.314) nennt man Allpaß-Übertragungsfunktionen K-ten Grades.

Die einfachste nichttriviale Allpaß-Übertragungsfunktion ist die ersten Grades

$$H_{A,1}(p') = (b_0 - p')/(b_0 + p') \quad \text{mit} \quad b_0 > 0 \quad . \tag{11.315}$$

Ihr Phasengang ist

$$\varphi_1(\omega') = -2 \arctan(\omega'/b_0) \quad . \tag{11.316}$$

Das ist bei positivem b_0 eine streng monoton fallende Funktion von ω'. Die zugehörige Gruppenlaufzeit ist

$$\tau_{G,1}(\omega') = \frac{2 b_0}{b_0^2 + \omega'^2} = \frac{2/b_0}{1 + \omega'^2/b_0^2} \quad . \tag{11.317}$$

Abb. 11.43 zeigt den Verlauf der Gruppenlaufzeit für $b_0 = 1$.

Eine Allpaß-Übertragungsfunktion zweiten Grades muß die Form

$$H_{A,2}(p') = \frac{(-p' + \sigma_1' + j\omega_1')(-p' + \sigma_1' - j\omega_1')}{(p' + \sigma_1' + j\omega_1')(p' + \sigma_1' - j\omega_1')} \quad \text{mit} \quad 0 < \sigma_1', \omega_1' \in \mathbb{R} \tag{11.318}$$

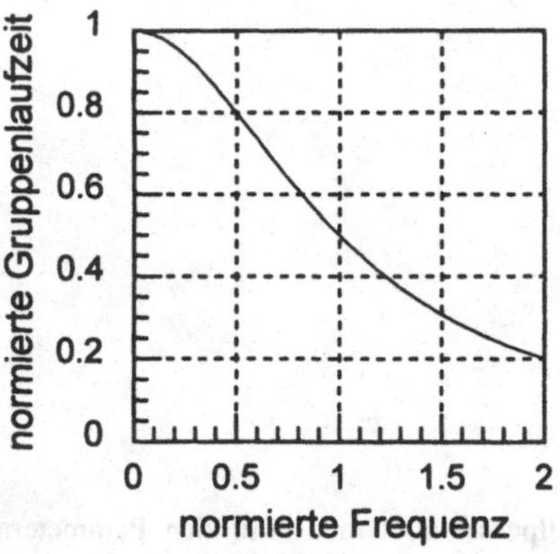

Abb. 11.43: Normierte Gruppenlaufzeit eines Allpasses 1. Grades ($b_0 = 1$)

besitzen. Durch Ausmultiplizieren folgt:

$$H_{A,2}(p') = \frac{p'^2 - 2\sigma_1' p' + \sigma_1'^2 + \omega_1'^2}{p'^2 + 2\sigma_1' p' + \sigma_1'^2 + \omega_1'^2} \quad \text{mit} \quad 0 < \sigma_1', \omega_1' \in \mathbb{R} \quad . \tag{11.319}$$

Koeffizientenvergleich ergibt:

$$b_0 = \sigma_1'^2 + \omega_1'^2 \quad , \quad b_1 = 2\sigma' \quad , \quad b_2 = 1 \quad . \tag{11.320}$$

Offenbar ist

$$0 < b_1/2 < \sqrt{b_0} \quad . \tag{11.321}$$

Der Phasengang von $H_{A,2}$ ist

$$\varphi_2(\omega') = -2 \arctan\frac{\omega' + \omega_1'}{\sigma_1'} - 2 \arctan\frac{\omega' - \omega_1'}{\sigma_1'} \quad . \tag{11.322}$$

Auch dies ist eine streng monoton fallende Funktion von ω'. Die zugeordnete Gruppenlaufzeit ist

$$\tau_{G,2}(\omega') = \frac{2\sigma_1'}{\sigma_1'^2 + (\omega' + \omega_1')^2} + \frac{2\sigma_1'}{\sigma_1'^2 + (\omega' - \omega_1')^2} \quad . \tag{11.323}$$

Abb. 11.44 zeigt Graphen der auf 1 normierten Gruppenlaufzeit für verschiedene Werte von ω_1' und σ_1'.

Bei Interpretation der Übertragungsfunktionen als Zweitorübertragungsfunktionen eines verlustfreien, reziproken und reflexionssymmetrischen Zweitores

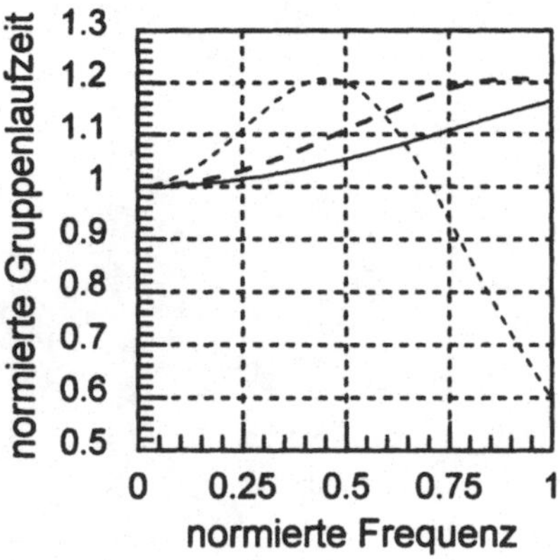

Abb. 11.44: Normierte Gruppenlaufzeit eines Allpasses 2. Grades mit den Parametern $\sigma_1' = 1$, $\omega_1' = 1$ (grob strichlierte Kurve), $\sigma_1' = 0{,}5$, $\omega_1' = 0{,}5$ (fein strichlierte Kurve), $\sigma_1' = 1{,}5$, $\omega_1' = 1{,}5$ (durchgezogene Kurve)

können alle Allpaß-Übertragungsfunktionen höheren Grades auf die beiden Funktionen ersten und zweiten Grades zurückgeführt werden.

Da nämlich das Betragsquadrat der Übertragungsfunktion 1 ist, muß der Eingangsreflexionsfaktor des Zweitores bei reflexionsfreiem Abschluß des Ausganges verschwinden. Daher läßt sich die Zweitorübertragungsfunktion einer Kette aus Allpässen als Produkt der Zweitorübertragungsfunktionen der Kettenglieder schreiben.

Somit ist der Phasengang einer rationalen Allpaß-Übertragungsfunktion in jedem Fall eine streng monoton fallende Funktion der Frequenz.

11.5.2 Abtrennung von Allpässen aus allgemeinen rationalen Übertragungsfunktionen

Betrachtet man nun ein beliebiges kausales, passives Filter mit rationaler Übertragungsfunktion , dann läßt sich letztere stets in der Form

$$H(p') = H_0 \prod_{k=1}^{K}(p' + p'_{Z,k}) \Big/ \prod_{m=1}^{M}(p' + p'_{N,m}) \quad . \tag{11.324}$$

schreiben mit

$$p'_{Z,k} := \sigma'_{Z,k} + j\,\omega'_{Z,k} \quad , \quad p'_{N,m} := \sigma'_{N,m} + j\,\omega'_{N,m} \quad . \tag{11.325}$$

Dabei muß $K \leq M$ sein, da ansonsten der Betrag der Übertragungsfunktion gegen Unendlich wachsen könnte, was der geforderten Passivität widerspricht.

Angenommen, die ersten L Nullstellen des Zählerpolynoms von H seien in der rechten Halbebene gelegen und alle anderen Nullstellen seien 0 oder in der linken Halbebene,

$$\sigma'_{Z,k} < 0 \quad \text{für} \quad k = 1,\ldots,L \quad , \quad \sigma'_{Z,k} \geq 0 \quad \text{für} \quad k = L+1,\ldots,K \quad , \tag{11.326}$$

dann kann man H wie folgt umschreiben:

$$H(p') = H_0 \frac{\prod_{k=1}^{L}(-p' + p'_{Z,k}) \prod_{l=L+1}^{K}(p' + p'_{Z,l}) \prod_{k=1}^{L}(p' + p'_{Z,k})}{\prod_{m=1}^{M}(p' + p'_{N,m}) \qquad \prod_{k=1}^{L}(-p' + p'_{Z,k})} \quad . \tag{11.327}$$

Definiert man nun zwei neue Übertragungsfunktionen als

$$H_M(p') := H_0 \prod_{k=1}^{L}(-p' + p'_{Z,k}) \prod_{l=L+1}^{K}(p' + p'_{Z,l}) \Big/ \prod_{m=1}^{M}(p' + p'_{N,m}) \quad , \tag{11.328}$$

$$H_A(p') := \prod_{k=1}^{L}(p' + p'_{Z,k}) \Big/ \prod_{k=1}^{L}(-p' + p'_{Z,k}) \quad , \tag{11.329}$$

dann ist

$$H(p') = H_M(p')\, H_A(p') \quad . \tag{11.330}$$

H_A ist auf Grund der Konstruktion eine Allpaß-Übertragungsfunktion. H_M ist eine Übertragungsfunktion, die mit Sicherheit keine weitere Allpaß-Übertragungsfunktion als Faktor enthält, da sie keine Nullstelle in der rechten Halbebene enthält.

Betrachtet man nun den Phasengang ψ der zugeordneten Dämpfungsfunktion

$$D(p') := \frac{1}{H(p')} = \frac{1}{H_M(p')\, H_A(p')} \quad , \tag{11.331}$$

dann läßt sich dieser mit den Zusammenhängen

$$H_M(p') = \left|H_M(p')\right| e^{j\varphi_M(\omega')} \,, \quad H_A(p') = \left|H_A(p')\right| e^{j\varphi_A(\omega')} \tag{11.332}$$

als

$$\psi(\omega') = -\varphi_M(\omega') - \varphi_A(\omega') \tag{11.333}$$

darstellen. Nun ist aber $-\varphi_A$ eine streng monoton wachsende Funktion der Frequenz. Daher muß der Phasengang $-\varphi_M$ der Dämpfungsfunktion $1/H_M$ im Vergleich zu allen anderen Phasengängen von Dämpfungsfunktionen gleichen Betrages minimal sein.

Man nennt daher eine rationale Übertragungsfunktion, welche ausschließlich Pol- und Nullstellen in der linken Halbebene besitzt *minimalphasig*.

Gleichung (11.330) zeigt, daß sich jede rationale Übertragungsfunktion eines passiven Filters in ein Produkt aus einer minimalphasigen Übertragungsfunktion und einer Allpaß-Übertragungsfunktion zerlegen läßt.

Der Konstruktionsalgorithmus entsprechend Gleichung (11.61) für die Dämpfungsfunktionen der in den vorangegangenen Abschnitten behandelten Filterprototypen gewährleistet, daß Übertragungsfunktionen minimalphasiger Filter gewonnen werden. Aus diesen können daher keine Allpässe abgetrennt werden.

11.5.3 Gruppenlaufzeitentzerrung

In Beispiel 11.8 wurde gezeigt, daß der Verlauf der Gruppenlaufzeit der den Amplitudengang verändernden minimalphasigen Filter nicht immer optimal ist. Mit Hilfe von Allpässen lassen sich aber Gruppenlaufzeitvariationen verändern oder entzerren, ohne den Amplitudengang zu beeinflussen.

Bei Vorgabe eines Toleranzschemas für die Gruppenlaufzeitvariationen ist dann erneut eine Approximationsaufgabe zu lösen, die aber nun wegen der fehlenden Orthogonalität der Näherungsfunktionen mathematisch sehr anspruchsvoll sein kann. Daher wird an dieser Stelle nur ein Beispiel abgehandelt. Für eine allgemeinere Behandlung wird auf die Literatur verwiesen, beispielsweise [11.1],[11.13].

Beispiel 11.15:

Die Dämpfungsfunktion eines Potenz-Tiefpasses 2. Ordnung, dessen normierte Dämpfung bei Bezugsfrequenz den Wert $1+\varepsilon^2$ annimmt, ist

$$D(j\omega') = 1 - \varepsilon\,\omega'^2 + j\,\omega'\sqrt{2\varepsilon} \quad . \tag{11.334}$$

Damit wird die Gruppenlaufzeit durch

$$\tau_G(\omega') = \sqrt{2\varepsilon}\,\frac{1+\varepsilon\,\omega'^2}{1+\varepsilon^2\,\omega'^4} \, . \tag{11.335}$$

gegeben.

Multipliziert man nun diese Dämpfungsfunktion mit der eines Allpasses ersten Grades, dann wird die Gruppenlaufzeit der Produktfunktion durch

$$\tau_{G,entzerrt}(\omega') = \sqrt{2\varepsilon}\,\frac{1+\varepsilon\,\omega'^2}{1+\varepsilon^2\,\omega'^4} + \frac{2\,b_0}{b_0^2+\omega'^2} \tag{11.336}$$

bestimmt. Ihr Wert an der Stelle $\omega' = 0$ ist

$$\tau_{G,entzerrt}(0) = \sqrt{2\varepsilon} + \frac{2}{b_0} \quad . \tag{11.337}$$

Die Gruppenlaufzeit der Produktfunktion sollte von diesem Wert im Durchlaßbereich des Filters möglichst wenig abweichen. Als Maß für die Abweichungen wird daher die Fehlerfunktion

$$e(b_0) := \int_0^1 \left\{ \sqrt{2\varepsilon}\,\frac{1+\varepsilon\,\omega'^2}{1+\varepsilon^2\,\omega'^4} + \frac{2\,b_0}{b_0^2+\omega'^2} - \sqrt{2\varepsilon} - \frac{2}{b_0} \right\}^2 d\omega' \tag{11.338}$$

definiert. Sie kann als Maß für die Fläche zwischen Soll- und Ist-Laufzeit interpretiert werden. Je kleiner e ist, desto besser schmiegt sich die korrigierte Laufzeit an das gewünschte konstante Maß an. Daher wird e in Abhängigkeit von b_0 minimiert.

Wendet man die gleichen Parameter wie in Beispiel 11.8 an, nämlich $D_R^2 = 10^{0{,}01}$ an, dann ergibt sich durch numerische Auswertung

$$b_0 = 2{,}92 \quad . \tag{11.339}$$

Die Gruppenlaufzeit der Produktfunktion weicht für normierte Frequenzen zwischen 0 und 1 bei dieser Dimensionierung um weniger als 2 ‰ von dem Wert bei Frequenz 0 ab. Dies ist in Abb. 11.45 dargestellt.

Die Gruppenlaufzeit bei Frequenz 0 ist im Fall mit Entzerrung etwas

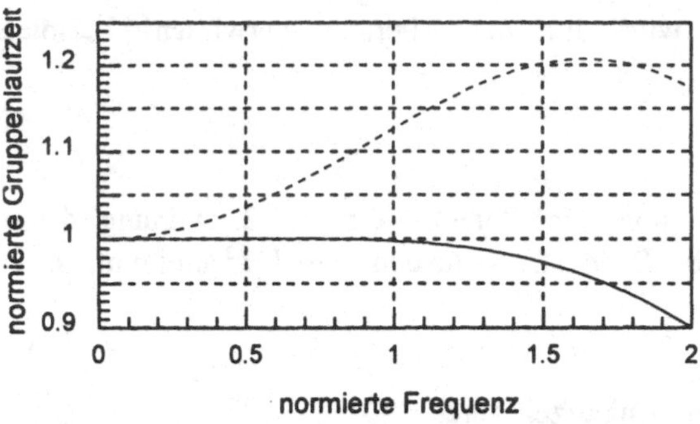

Abb. 11.45: Normierte Gruppenlaufzeit eines Potenz-Tiefpasses 2. Ordnung **a** mit Laufzeitentzerrung durch einen Allpaß ersten Grades (durchgezogene Linie) **b** ohne Laufzeitentzerrung (strichlierte Linie)

mehr als doppelt so groß wie der entsprechende Wert ohne Laufzeitentzerrung. ♦

Es wird sich zeigen, daß der Realisierungsaufwand für ein Filter mit Gruppenlaufzeitentzerrung verhältnismäßig groß ist.

11.6 Zusammenfassung

Die Konstruktion von Filtern ist nach wie vor eine wesentliche Aufgabe des Hochfrequenztechnikers. In diesem Kapitel wurden die theoretischen Grundlagen zur Beschreibung der wichtigsten Filtertypen gelegt.

Es wurde gezeigt, daß die Erstellung einer Übertragungsfunktion für ein Filter, deren Amplitudengang sich in ein vorgegebenes Toleranzschema einfügt, durch einen einfachen Algorithmus möglich ist. Dabei wird zunächst das vorgegebene Toleranzschema in das eines Tiefpasses abgebildet, falls nicht bereits Tiefpaßanforderungen vorliegen. Anschließend wird das entsprechende Toleranzschema für die normierte Dämpfung gefunden. Es wurden mehrere Lösungsvorschläge für die Erfüllung des Toleranzschemas behandelt, welche alle Vor- und Nachteile besitzen.

Für Filter mit erhöhten Anforderungen an die Konstanz der Gruppenlaufzeit wurden Potenz-, Bessel- und inverse Tschebyscheff-Prototypen untersucht. Kommt es auf besondere Konstanz der Gruppenlafuzeit an, dann ist die Gruppenlaufzeit dieser Filter durch Allpässe zu entzerren.

Als Filter, die verhältnismäßig steile Flanken in der normierten Dämpfung besitzen müssen, kommen Tschebyscheff-, inverse Tschebyscheff- und Cauer-Prototypen in Frage. Für diese Typen ist bei geradem Grad oftmals eine Pol- oder Nullstellentransformation nützlich.

Hat man den Tiefpaß-Prototyp gefunden, dann wird gegebenenfalls durch Rücktransformation die Übertragungsfunktion des gesuchten Filters konstruiert.

11.7 Übungsaufgaben und Fragen zum Verständnis

1. Bestimmen Sie die Übertragungsfunktion eines Tiefpasses mit der 1dB-Grenzfrequenz 25 MHz.
   a. Der Tiefpaß soll einen Potenz-Prototyp darstellen.
   b. Der Tiefpaß soll als Tschebyscheff-Prototyp mit einer Welligkeit von höchstens 1 dB realisiert werden.
   c. Der Tiefpaß soll als inverser Tschebyscheff-Prototyp mit möglichst steiler Flanke des Amplitudenganges und einem asymptotischen Dämpfungsverlauf von wenigstens 20 dB pro Dekade realisiert werden.

   Bestimmen Sie für alle diese Filter die Gruppenlaufzeitvariationen im Durchlaßbereich.
2. Für einen Cauer-Tiefpaß gerader Ordnung sollen sowohl eine Pol- als auch eine Nullstellentransformation vorgenommen werden. Wie lautet eine möglichst einfache Transformationsvorschrift? Wievielten Grades muß das Filter wenigstens sein?
3. Bestimmen Sie die die Übertragungsfunktion eines Tschebyscheff-Bandpasses mit einer zulässigen Welligkeit von 1 dB und den 1dB-Grenzfrequenzen 10,6 MHz und 10,8 MHz (UKW-Zwischenfrequenzband). Bei den Sperrfrequenzen 9,5 MHz und 11,9 MHz soll eine Dämpfung von wenigstens 40 dB erreicht werden. Symmetrieren Sie dabei die Durchlaßgrenzen.
4. Bestimmen Sie die die Übertragungsfunktion einer Potenz-Bandsperre mit den 3dB-Grenzfrequenzen 10,0 MHz und 11,0 MHz. Zwischen den Frequenzen 10,4 MHz und 10,6 MHz soll eine Dämpfung von wenigstens 40 dB erreicht werden. Symmetrieren Sie dabei die *Sperrgrenzen.*

12 Synthese verlustarmer Filter

Im vorigen Kapitel wurde das *Ziel* der Filtersynthese mathematisch beschrieben, nämlich die Konstruktion eines Filters mit vorgegebenen Eigenschaften der Übertragungsfunktion. Nun soll ein möglicher *Weg* zur Synthese solcher Filter untersucht werden.

12.1 Bauelemente

In der Hochfrequenztechnik ist es besonders wichtig, Filteraufgaben mit möglichst geringen Leistungsverlusten zu lösen. Dies ist selbstverständlich nur mit verlustarmen Bauelementen durchführbar.

Aus der NF-Technik kennt man als näherungsweise verlustlose Bauelemente Kapazitäten, Induktivitäten und Übertrager. In der HF-Technik kommen Leitungsbauelemente hinzu.

Nachfolgend werden die für hochfrequente Anwendungen wesentlichen Charakteristika dieser Bauelemente zusammengefaßt. Um die Unterschiede im Vergleich zur NF-Technik herauszuarbeiten, werden auch einige grundlegende Eigenschaften wiederholend abgehandelt.

12.1.1 Idealisierte Kapazitäten

Der *Kondensator* oder die *Kapazität* (engl.: capacitor) ist ein ursprünglich aus der Elektrostatik stammendes Eintor-Bauelement mit zwei Anschlußklemmen (siehe Abb. 12.1a), welches zur Ladungsspeicherung benutzt wird.

Bekanntlich gilt bei statischen Feldern für den Zusammenhang zwischen gespeicherter Ladung $\hat{q}$ und Potentialdifferenz $\hat{u}$ über den Anschlußklemmen der

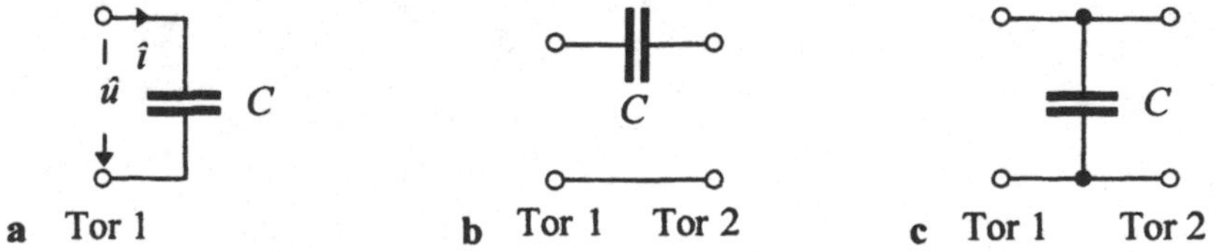

Abb. 12.1 : **a** Eintor-Kapazität **b** Serienkapazität **c** Nebenschlußkapazität

Zusammenhang

$$\hat{q} = C\,\hat{u} \quad . \tag{12.1}$$

Dabei ist C ein konstanter Wert, der *Kapazitätswert* (engl.: capacitance).

Im Fall langsam veränderlicher Felder gilt für den Strom auf einer Leitung

$$\hat{\imath}(t) = d\hat{q}(t)/dt \quad . \tag{12.2}$$

Diesen Zusammenhang nutzt man aus, um den Begriff der Kapazität zu verallgemeinern. Man nennt dann jeden Zweipol, für den in guter Näherung der Zusammenhang zwischen Strom auf der Zuleitung und Spannung über den beiden Klemmen durch

$$\hat{\imath}(t) = C\,d\hat{u}(t)/dt \tag{12.3}$$

gegeben wird, eine *Kapazität*.

Dies setzt voraus, daß sich elektrische und magnetische Felder so langsam verändern, daß Ströme durch die Anschlußklemmen als Leitungsströme und Spannungen als Differenzen zwischen den Potentialwerten an den Anschlußklemmen beschrieben werden können.

Strenggenommen erfüllt kein reales Bauelement die Definitionsgleichung exakt. Daher wird durch Gleichung (12.3) eine idealisierte Kapazität definiert. Durch Fouriertransformation erhält man aus ihr mit

$$I(j\omega) := \mathfrak{F}\{\hat{\imath}(t)\} \quad , \quad U(j\omega) := \mathfrak{F}\{\hat{u}(t)\} \tag{12.4}$$

den folgenden, wohlbekannten Zusammenhang:

$$I = j\omega\,C\,U \quad , \tag{12.5}$$

welcher die Impedanz einer Kapazität als Eintor-Übertragungsfunktion

$$W_C = 1/j\omega\,C \tag{12.6}$$

bestimmt. In analytischer Fortsetzung folgt mit der komplexen Kreisfrequenz p

$$W_C = 1/p\,C \quad . \tag{12.7}$$

Betrachtet man die Kapazität als ein Eintor, das an einer Leitung mit Wellenwiderstand Z_0 angeschlossen ist, dann wird dieses Eintor statt durch die Impedanz äquivalent durch den komplexen Reflexionsfaktor

$$\Gamma_C = \frac{W_C - Z_0}{W_C + Z_0} \quad , \tag{12.8}$$

beschrieben.

Immer noch unter der Voraussetzung hinreichend langsam veränderlicher Felder lassen sich zwei Zweitore, die *Serienkapazität* (engl.: series capacitor) und die *Nebenschlußkapazität* (engl.: shunt capacitor) entsprechend Abb. 12.1b und c konstruieren. Sie entstehen dadurch, daß die beiden Klemmen einer Kapazität jeweils über vernachlässigbar kurze Leitungen mit Wellenwiderstand Z_0 mit den Eingangs- und Ausgangsklemmen eines Zweitors verbunden werden.

Kapitel 8 zufolge gilt dann für die Streumatrizen

$$S_{Serien-C}=\frac{1}{w+2}\begin{pmatrix} w & 2 \\ 2 & w \end{pmatrix} \quad \text{mit} \quad w=\frac{1}{j\omega C Z_0} \quad \text{bzw.} \quad w=\frac{1}{p C Z_0} \quad , \tag{12.9}$$

$$S_{Parallel-C}=\frac{1}{y+2}\begin{pmatrix} -y & 2 \\ 2 & -y \end{pmatrix} \quad \text{mit} \quad y=j\omega C Z_0 \quad \text{bzw.} \quad y=p C Z_0 \, . \tag{12.10}$$

So, wie man den Begriff der Kapazität von der Elektrostatik auf die NF-Technik verallgemeinert, indem man aus der Elektrostatik und Gleichstromlehre stammende Formelzusammenhänge auf den Fall langsam veränderlicher Fälle überträgt, kann man auch vorgehen, um die Begriffe der Eintor-Kapazität, der Serienkapazität und der Nebenschlußkapazität auf den Fall schnell veränderlicher Felder zu übertragen.

Man *definiert* hier, daß ein Eintor mit einem Reflexionsfaktor entsprechend Gleichung (12.8) eine Kapazität, ein Zweitor mit Streumatrix entsprechend Gleichung (12.9) eine Serienkapazität und ein Zweitor mit Streumatrix entsprechend Gleichung (12.10) eine Nebenschlußkapazität ist.

12.1.2 Idealisierte Induktivitäten

Die *Spule* (engl.: coil) oder *Induktivität* (engl.: inductor) ist ein ursprünglich aus der Magnetostatik stammendes Eintor-Bauelement mit zwei Anschlußklemmen (siehe Abb. 12.2a), welches zur Erzeugung magnetischer Felder benutzt wird.

Bekanntlich gilt bei zeitunabhängigen Feldern für den Zusammenhang zwischen dem durch eine (aufgetrennte) Leiterschleife fließenden Gleichstrom $\hat{\imath}$ und dem dadurch erzeugten, durch die von der Leiterschleife eingeschlossenen Fläche fließenden, magnetischen Fluß ϕ

$$\phi = L\,\hat{\imath} \quad . \tag{12.11}$$

Dabei ist L ein konstanter Wert, der *Induktivitätswert* (engl.: inductance). Im Fall langsam veränderlicher Felder gilt für die Schleifenspannung, das ist die durch

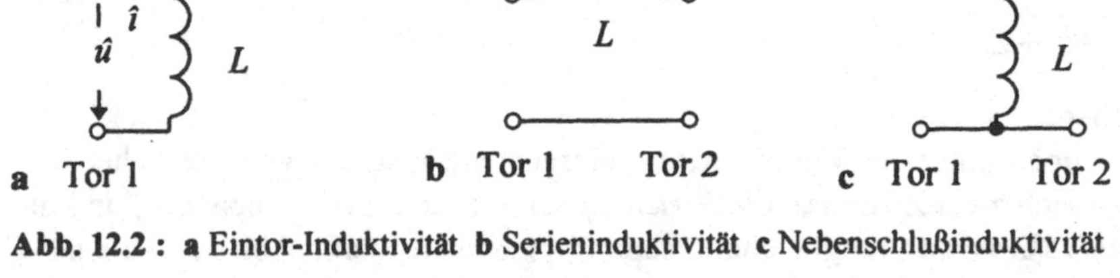

Abb. 12.2 : **a** Eintor-Induktivität **b** Serieninduktivität **c** Nebenschlußinduktivität

Induktion an den beiden Enden der aufgetrennten Schleife entstehende Spannung

$$\hat{u}(t) = d\phi(t)/dt \quad . \tag{12.12}$$

Damit folgt für den Zusammenhang zwischen der Schleifenspannung und dem sie erzeugenden Strom

$$\hat{u}(t) = L\, d\hat{\imath}(t)/dt \quad . \tag{12.13}$$

Diesen Zusammenhang nutzt man aus, um den Begriff der Induktivität zu verallgemeinern. Man nennt dann jeden Zweipol, für den in guter Näherung dieser Zusammenhang zwischen Strom und Spannung über den beiden Anschlußklemmen gegeben wird, eine *Induktivität*.

Dies setzt voraus, daß sich elektrische und magnetische Felder so langsam verändern, daß Ströme durch die Anschlußklemmen als Leitungsströme und Spannungen als Differenzen zwischen den Potentialwerten an den Anschlußklemmen beschrieben werden können. Das von der Induktivität eingenommene Raumvolumen wird dabei für die Berechnung des Potentials aus der Betrachtung ausgenommen.

Strenggenommen erfüllt kein tatsächliches Bauelement die Definitionsgleichung exakt. Daher wird durch Gleichung (12.13) im Grunde eine idealisierte Induktivität definiert. Durch Fouriertransformation erhält man aus ihr den folgenden, wohlbekannten Zusammenhang:

$$U = j\omega L I \quad , \tag{12.14}$$

welcher die Impedanz einer Induktivität als Eintor-Übertragungsfunktion

$$W_L = j\omega L \tag{12.15}$$

bestimmt. In analytischer Fortsetzung folgt mit der komplexen Kreisfrequenz p

$$W_L = p L \quad . \tag{12.16}$$

Betrachtet man die Induktivität als ein Eintor, das an einer Leitung mit Wellenwiderstand Z_L angeschlossen ist, dann wird dieses Eintor statt durch die Impedanz äquivalent durch den komplexen Reflexionsfaktor

$$\Gamma_L = \frac{W_L - Z_L}{W_L + Z_L} \tag{12.17}$$

beschrieben.

Immer noch unter der Voraussetzung hinreichend langsam veränderlicher Felder lassen sich zwei Zweitore, die *Serieninduktivität* (engl.: series inductor) und die *Nebenschlußinduktivität* (engl.: shunt inductor) entsprechend Abb. 12.2b und c konstruieren. Sie entstehen dadurch, daß die beiden Klemmen einer Induktivität jeweils über vernachlässigbar kurze Leitungen mit Wellenwiderstand Z_0 mit den Eingangs- und Ausgangsklemmen eines Zweitors verbunden werden.

Kapitel 8 zufolge gilt dann für die Streumatrizen

$$S_{Serien-L} = \frac{1}{w+2}\begin{pmatrix} w & 2 \\ 2 & w \end{pmatrix} \quad \text{mit} \quad w = \frac{j\omega L}{Z_0} \quad \text{bzw.} \quad w = \frac{pL}{Z_0} \quad , \tag{12.18}$$

$$S_{Parallel-L} = \frac{1}{y+2}\begin{pmatrix} -y & 2 \\ 2 & -y \end{pmatrix} \quad \text{mit} \quad y = j\omega L/Z_0 \quad \text{bzw.} \quad y = pL/Z_0 \quad . \tag{12.19}$$

Diesen Zusammenhang nutzt man aus, um die Begriffe der Eintor-Induktivität, der Serieninduktivität und der Nebenschlußinduktivität auf den Fall schnell veränderlicher Felder zu übertragen.

Man *definiert* hier, daß ein Eintor mit einem Reflexionsfaktor entsprechend Gleichung (12.17) eine Induktivität, ein Zweitor mit Streumatrix entsprechend Gleichung (12.18) eine Serieninduktivität und ein Zweitor mit Streumatrix entsprechend Gleichung (12.19) eine Nebenschlußinduktivität ist.

12.1.3 Reale Kapazitäten und Induktivitäten

Reale, als Kapazitäten und Induktivitäten genutzte Bauelemente zeigen insbesondere bei hohen Frequenzen nicht das Verhalten des jeweiligen idealisierten Prototyps.

Insbesondere wird durch ohmsche Verluste Leistung in Wärme umgesetzt. Hervorgerufen durch den Skineffekt, nehmen diese Verlust zu hohen Frequenzen hin stark zu.

Aber auch durch Leitungsanschlüsse und konstruktiv gegebene Eigenheiten wird das Bauelementeverhalten gegenüber dem idealisierten Verhalten verändert.

Wie man den Ausführungen des Kapitels 4 entnehmen kann, verhält sich die Kettenschaltung einer Leitung mit einer Impedanz W wie eine Impedanz

$$\widetilde{W} = Z_0 \frac{W + jZ_0 \tan(\omega l/c)}{Z_0 + jW \tan(\omega l/c)} \quad . \tag{12.20}$$

Für Frequenzen, bei denen die Leitungslänge wesentlich kleiner als eine Wellenlänge ist, kann diese Impedanz durch ihre Taylorreihenentwicklung erster Ordnung angenähert werden:

$$\widetilde{W} \approx W + j\omega l \left(Z_0^2 - W^2\right)/c Z_0 \quad . \tag{12.21}$$

Mit der folgendermaßen definierten *parasitären Induktivität*

$$L_{paras} = \left(Z_0^2 - W^2\right) l/c Z_0 \tag{12.22}$$

wird daraus

$$\widetilde{W} \approx W + j\omega L_{paras} \quad . \tag{12.23}$$

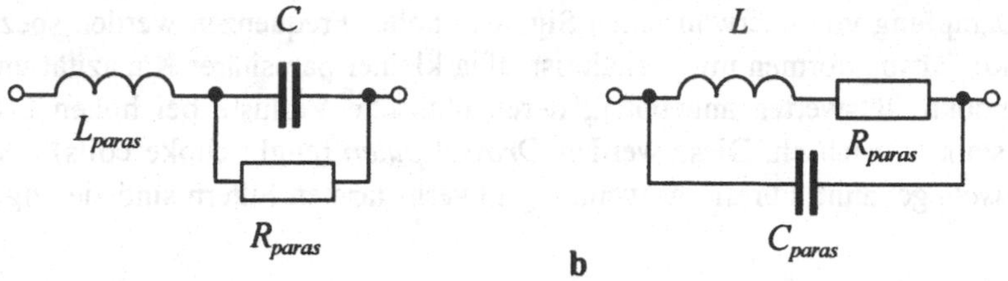

Abb. 12.3 : Mögliche Ersatzschaltbilder einer **a** realen Eintor-Kapazität **b** realen Eintor-Induktivität

Die Gesamtschaltung wirkt also wie eine Kettenschaltung aus einer kleinen Induktivität[1] und dem ursprünglichen Eintor. Daher werden die zwangsläufig vorhandenen, meist kurz gehaltenen Zuleitungsstücke eine kleine Serieninduktivität verursachen.

Die in die drei Dimensionen gehende bauliche Ausführung von Kondensatoren und Spulen wird parasitäre kapazitive Effekte hervorrufen.

Daher lassen sich reale Eintor-Kapazitäten und -Induktivitäten besser durch die Ersatzschaltbilder der Abb. 12.3 beschreiben. Sie bilden Resonatoren, die unter anderem durch ihre Resonanzfrequenz und Güte charakterisiert werden. Daraus lassen sich folgende Schlüsse ziehen.

1. Reale Induktivitäten und Kapazitäten können nur dann als verlustarm angesehen werden, wenn die Güte des Ersatzschaltbild-Resonators groß ist.
2. Reale Induktivitäten bzw. Kapazitäten können nur für Frequenzen als näherungsweise lineare Induktivität bzw. Kapazität angesehen werden, die deutlich unterhalb der Resonanzfrequenz des Ersatzschaltbild-Resonators liegen.

Berechnet man die Resonanzfrequenz der Ersatzschaltungen für reale Kapazitäten und Induktivitäten unter Vernachlässigung der ohmschen Verluste aus den Ersatzschaltungen gemäß Abb. 12.3, dann folgt

$$\omega_{res,C} = 1\Big/\sqrt{L_{paras}\, C} \quad \text{bzw.} \quad \omega_{res,L} = 1\Big/\sqrt{L\, C_{paras}} \quad . \tag{12.24}$$

Dies hat zur Folge, daß das reale Bauelement eine um so niedrigere Resonanzfrequenz besitzt, je größer der erwünschte Kapazitäts- bzw. Induktivitätswert ist.

Eine für den Einsatz in Schaltungen mit Mikrostreifenleitungen optimierte Serienkapazität mit Nennwert 10 pF kann eine Serienresonanzfrequenz von bis zu 20 GHz bei einem parasitären Parallelwiderstand von etwa 100 MΩ aufweisen. Andere Bauformen mit gleichem Nennwert, insbesondere Eintor-Kapazitäten für universellen Einsatz haben erheblich niedrigere Resonanzfrequenzen.

Ähnliches gilt für Induktivitäten. Eine für den Hochfrequenzeinsatz optimierte Serieninduktivität von 10 nH kann eine Parallelresonanz von mehr als 3 GHz mit einem Serienwiderstand von etwa 1 Ω aufweisen.

---

[1] Diese kann auch negative Induktivitätswerte annehmen !

Für die Dämpfung von unerwünschten Signalen hoher Frequenzen werden spezielle Induktivitätsbauformen mit verhältnismäßig kleiner parasitärer Kapazität und großen Induktivitätswerten angeboten, deren ohmsche Verluste bei hohen Frequenzen stark anwachsen. Diese werden *Drosselspulen* (engl.: choke coils) oder kurz *Drosseln* genannt. Für die Anwendung in verlustarmen Filtern sind sie ungeeignet.

12.1.4 Übertrager

Es werden nun zwei oder mehr Induktivitäten untersucht, die so in räumlicher Nachbarschaft angeordnet sind, daß sich ihre magnetische Flüsse durch eine Testfläche überlagern. Werden diese Induktivitäten durch Leiterschleifen (mit N_k Windungen) gebildet, durch die jeweils der Strom $\hat{\imath}_k$ fließt, dann entsteht in jeder einzelnen Schleife ein magnetischer Fluß der Größe $L_{kk}\,\hat{\imath}_k$. Ein Bruchteil dieses Flusses durchdringt dann auch die von der Schleife i umschlossene Fläche. Daher gilt für den gesamten magnetischen Fluß durch die umschlossene Fläche der i-ten Induktivität:

$$\phi_i(t) = L_{i1}\,\hat{\imath}_1(t) + L_{i2}\,\hat{\imath}_2(t) + \ldots \text{ mit } \left|L_{ik}\right| \leq L_{kk} \quad . \qquad (12.25)$$

Die Werte L_{ik} heißen *Induktivitätskoeffizienten*. Sie können für $i \neq k$ nicht nur positive, sondern auch negative Werte annehmen. Dies hat seine Ursache darin, daß das Vorzeichen des magnetische Flusses, der in der Testfläche der Schleife i hervorgerufen wird, von der Orientierung des magnetischen Feldes abhängt. Diese wiederum hängt vom Windungssinn der von dem Strom $\hat{\imath}_k$ durchflossenen Schleife ab.

Wenn der durch den Strom $\hat{\imath}_k$ erzeugte Teilfluß die Schleife i nur mit einem Bruchteil durchdringt, dann kann aus Symmetriegründen auch nur der gleiche Bruchteil des durch $\hat{\imath}_i$ erzeugten Teilflusses die Schleife k durchdringen [12.1]. Es gilt daher

$$L_{ik} = L_{ki} \quad . \qquad (12.26)$$

Es gilt also (siehe auch [12.2])

$$L_{ik}^2 \leq L_{ii}\,L_{kk} \quad . \qquad (12.27)$$

Die Schleifenspannung über der i-ten Schleife berechnet sich damit als

$$\hat{u}_i(t) = L_{i1}\,d\hat{\imath}_1(t)/dt + L_{i2}\,d\hat{\imath}_2(t)/dt + \ldots \quad . \qquad (12.28)$$

Diese Gleichung setzt voraus, daß alle relevanten Ströme durch Klemmenströme und alle Spannungen als konservative Spannungen über Klemmen beschrieben werden können. (Bei hochfrequenten Anwendungen ist dies häufig nur durch Abschirmung des Übertragers gegenüber der Schaltungsumgebung zu erreichen).

Durch Fouriertransformation folgt aus Gleichung (12.28)

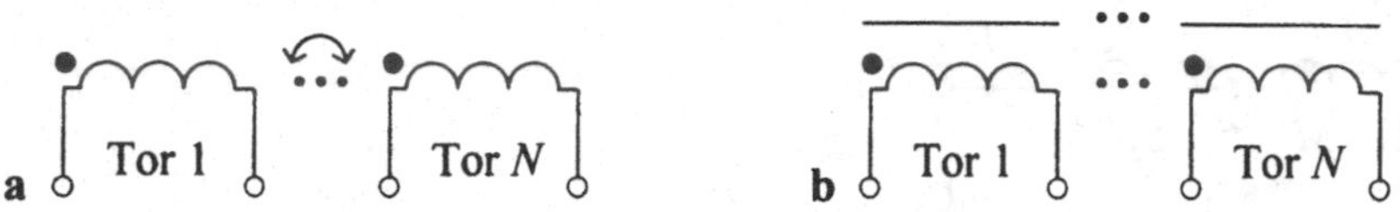

Abb. 12.4 : Übertrager mit allgemeiner Verkopplung der Induktivitäten **a** in der HF-Technik verwendetes Schaltbild **b** in der Systemtheorie verwendetes Schaltbild oder HF-Schaltbild eines Übertragers mit ferromagnetischem Kern

$$U_i(j\omega) = j\omega L_{i1} I_1(j\omega) + j\omega L_{i2} I_2(j\omega) + \ldots \quad . \tag{12.29}$$

Schaltbilder eines solchen N-Tores, das auch *N-Tor-Übertrager* genannt wird, sind in Abb. 12.4 dargestellt. Die gerade Linie in Teil b deutet die Verkopplung der Magnetfelder an. Sie erinnert an eine praktische Ausführung des Übertragers, bei der die Schleifen als Windungen auf einem ferromagnetischen Kernstab aufgewickelt werden. In Schaltbildern der HF-Technik wird daher das Schaltbild mit Gerade als Symbol eines Übertragers mit ferromagnetischem Kernmaterial gedeutet. (Eine unterbrochene Linie wird bei Verwendung nichtleitenden Kernmaterials benutzt). Die fetten Punkte zeigen einen Anfangspunkt zur Bestimmung des Windungssinnes der Schleifen an.

Ungleichung (12.27) gibt Anlaß zur Definition von *Koppelfaktoren* K_{ik}:

$$L_{ik}^2 \le L_{ii}\, L_{kk} =: K_{ik}^2\, L_{ii}\, L_{kk} \quad . \tag{12.30}$$

Offenbar müssen die K_{ik} dem Betrage nach kleiner oder gleich 1 sein. Induktivitäten, für die gilt

$$L_{ik}^2 = L_{ii}\, L_{kk} \quad , \quad K_{ik}^2 = 1 \quad , \tag{12.31}$$

heißen *fest gekoppelt.*

Von besonderer Bedeutung für die Synthese verlustarmer Filter sind *Zweitor-Übertrager*. Abb. 12.5 zeigt die Schaltbilder von Zweitor-Übertragern.

Im ersten Fall besitzen die Anschlußklemmen des Übertragers kein gemeinsames Potential, im zweiten Fall sind je eine Klemme des Aus- und des Einganges miteinander verbunden.

Zweitor-Übertrager werden entsprechend Gleichung (12.29) (für hinreichend

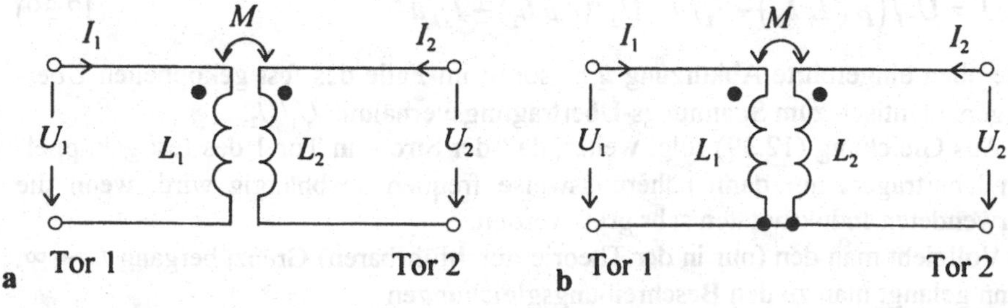

Abb. 12.5 : Zweitor-Übertrager **a** mit **b** ohne Potentialtrennung

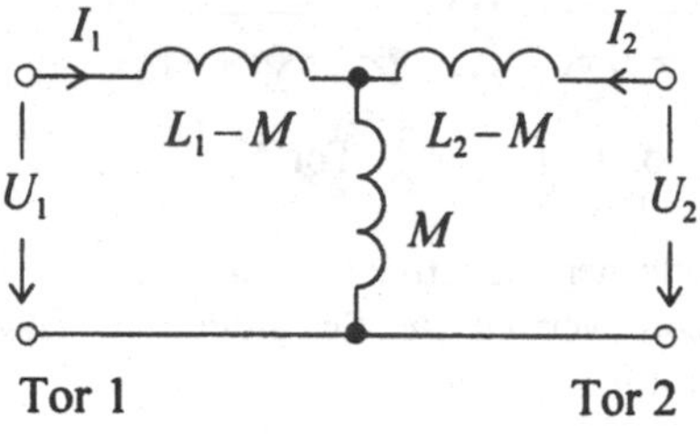

Abb. 12.6 : Ersatzschaltbild eines Übertragers mit zwei Toren

niedrige Frequenzen) durch

$$U_1 = j\omega L_1 I_1 + j\omega M I_2 \quad , \tag{12.32}$$

$$U_2 = j\omega M I_1 + j\omega L_2 I_2 \quad , \tag{12.33}$$

$$M = K\sqrt{L_1 L_2} \quad , \quad K^2 \leq 1 \tag{12.34}$$

beschrieben. Dabei hat K einen positiven Wert, wenn der Windungssinn beider Einzelinduktivitäten gleich ist, und negativen Wert im anderen Fall.

Ein Vergleich mit dem Schaltbild der Abb. 12.6 zeigt, daß der Zweitor-Übertrager ohne Potentialtrennung entsprechend Abb. 12.5b exakt wie eine T-Schaltung aus drei Induktivitäten behandelt werden kann. Dies trifft mit Ausnahme des Gleichstromverhaltens auch auf den Übertrager mit Potentialtrennung zu.

Aus den Gleichungen (12.32) bis (12.34) folgt durch Umformung:

$$U_1 = U_2\, ü/K + I_2\, ü\, p\, L_2 \left(K^2 - 1\right)/K \quad , \tag{12.35}$$

$$I_1 = U_2 \Big/ \left(pK\sqrt{L_1 L_2}\right) - I_2/(K ü) \quad , \tag{12.36}$$

mit der Abkürzung

$$ü := \sqrt{L_1/L_2} \quad . \tag{12.37}$$

Damit ist klar, daß das Spannungs-Übertragungsverhältnis nur dann von der Frequenz unabhängig werden kann, wenn $K^2 = 1$ gilt. Der Übertrager muß also fest gekoppelt sein, um diese Bedingung zu erfüllen. In diesem Fall ist

$$U_1 = ü\, U_2 \quad , \tag{12.38}$$

$$I_1 = U_2 \Big/ \left(p\sqrt{L_1 L_2}\right) - I_2/ü = U_2 \big/ (ü\, p\, L_2) - I_2/ü \quad . \tag{12.39}$$

Die oben eingeführte Abkürzung $ü$ ist somit im Falle des fest gekoppelten Übertragers identisch zum Spannungs-Übertragungsverhältnis U_1/U_2.

Aus Gleichung (12.39) folgt weiter, daß der Strom in Tor 1 des fest gekoppelten Übertragers nur dann näherungsweise frequenzunabhängig wird, wenn die verwendeten Induktivitäten sehr groß werden.

Vollzieht man den (nur in der Theorie durchführbaren) Grenzübergang $L_2 \to \infty$, dann gelangt man zu den Beschreibungsgleichungen

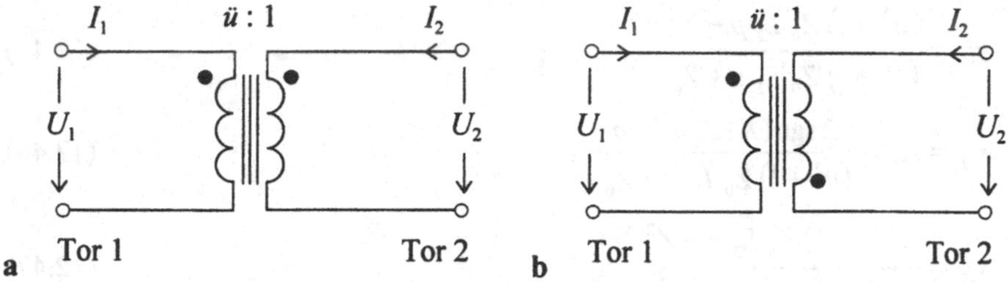

Abb. 12.7 : Schaltbilder für idealisierte Übertrager **a** $K=+1$ **b** $K=-1$

$$U_1 = \ddot{u}U_2 \quad , \quad I_1 = -I_2/\ddot{u} \quad . \tag{12.40}$$

Ein Zweitor, das diesen Gleichungen genügt, wird *idealisierter Übertrager* oder *idealer Übertrager* genannt. Aus obigem Gleichungspaar folgt

$$U_1/I_1 = -\ddot{u}^2\, U_2/I_2 \quad , \tag{12.41}$$

d.h., daß durch den idealisierten Übertrager eine Impedanz an Tor 2 um den Faktor $\ddot{u}^2$ multipliziert nach Tor 1 transformiert wird. Abb. 12.7 zeigt Ersatzschaltbilder idealisierter Übertrager. Die Verkopplung der Einzelinduktivitäten wird hier durch drei parallele Striche gekennzeichnet.

Mit Hilfe eines solchen Ersatzschaltbildes läßt sich das Ersatzschaltbild für einen allgemeinen Zweitor-Übertrager mit Potentialtrennung angeben (Abb. 12.8).

Aus den Gleichungen (12.35) und (12.36) läßt sich die Streumatrix für den Zweitor-Übertrager bestimmen:

$$s_{11} = \frac{(1-K^2)\,\ddot{u}^2 L_2^2\, p^2 + (\ddot{u}^2-1)\, Z_0\, L_2\, p - Z_0^2}{(1-K^2)\,\ddot{u}^2 L_2^2\, p^2 + (\ddot{u}^2+1)\, Z_0\, L_2\, p + Z_0^2} \quad , \tag{12.42}$$

$$s_{12} = s_{21} = \frac{2\, Z_0\, \ddot{u}\, K\, L_2\, p}{(1-K^2)\,\ddot{u}^2 L_2^2\, p^2 + (\ddot{u}^2+1)\, Z_0\, L_2\, p + Z_0^2} \quad , \tag{12.43}$$

$$s_{22} = \frac{(1-K^2)\,\ddot{u}^2 L_2^2\, p^2 - (\ddot{u}^2-1)\, Z_0\, L_2\, p - Z_0^2}{(1-K^2)\,\ddot{u}^2 L_2^2\, p^2 + (\ddot{u}^2+1)\, Z_0\, L_2\, p + Z_0^2} \quad . \tag{12.44}$$

Für den Fall des fest gekoppelten Übertragers ergibt sich daraus

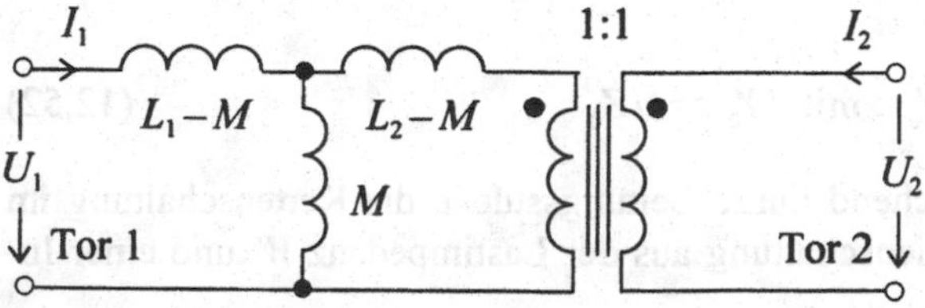

Abb. 12.8 : Ersatzschaltbild eines Übertragers mit zwei Toren und Potentialtrennung

$$s_{11} = \frac{(\ddot{u}^2 - 1)\, Z_0\, L_2\, p - Z_0^2}{(\ddot{u}^2 + 1)\, Z_0\, L_2\, p + Z_0^2} \quad , \tag{12.45}$$

$$s_{12} = s_{21} = \frac{2\,\mathrm{sgn}(K)\, Z_0\, \ddot{u}\, L_2\, p}{(\ddot{u}^2 + 1)\, Z_0\, L_2\, p + Z_0^2} \quad , \tag{12.46}$$

$$s_{22} = \frac{-(\ddot{u}^2 - 1)\, Z_0\, L_2\, p - Z_0^2}{(\ddot{u}^2 + 1)\, Z_0\, L_2\, p + Z_0^2} \quad . \tag{12.47}$$

Der Fall des idealisierten Übertragers ergibt sich daraus durch Grenzübergang L_2 gegen Unendlich:

$$s_{11} = \frac{\ddot{u}^2 - 1}{\ddot{u}^2 + 1} \quad , \quad s_{12} = s_{21} = \frac{2\,\mathrm{sgn}(K)\, \ddot{u}}{\ddot{u}^2 + 1} \quad , \quad s_{22} = -\frac{\ddot{u}^2 - 1}{\ddot{u}^2 + 1} \quad . \tag{12.48}$$

Man kann nun die Streumatrizen dazu benutzen, um generell, also auch für hohe Frequenzen, ein Zweitor, das durch eine dieser Matrizen beschrieben wird, als allgemeinen, fest gekoppelten oder idealisierten Zweitor-Übertrager zu *definieren.* Wählt man

$$\ddot{u}^2 = \frac{Z_{02}}{Z_{01}} \quad \text{und} \quad Z_{01} = Z_0 \tag{12.49}$$

dann zeigt ein Vergleich mit Tabelle 8.1, daß der idealisierte Übertrager die gleiche Streumatrix wie ein idealisierter Wellenwiderstandssprung besitzt.

12.1.5 Idealisierte Leitungsbauelemente

Nach Kapitel 4 verhält sich eine verlustlose Leitung der Länge l mit dem Wellenwiderstand Z_0 und mit der Last W wie eine Impedanz

$$\widetilde{W} = Z_0\, \frac{W + j\, Z_0\, \tan(\omega\, l/c)}{Z_0 + j\, W\, \tan(\omega\, l/c)} \quad . \tag{12.50}$$

Es gilt im Fall $|\omega l/c| \ll 1$, also $l \ll \lambda/2\pi$, die Näherung

$$\widetilde{W} \approx W + j\omega\,(Z_0^2 - W^2)\, l/c Z_0 \tag{12.51}$$

bzw. für den Kehrwert

$$\widetilde{Y} \approx Y + j\omega\,(Y_0^2 - Y^2)\, l/c Y_0 \quad \text{mit} \quad Y_0 := 1/Z_0 \quad . \tag{12.52}$$

Daher verhält sich für hinreichend kurze Leitungsstücke die Kettenschaltung im Fall $|Z_0^2| \gg |W^2|$ wie die Serienschaltung aus der Lastimpedanz W und einer Induktivität mit Wert

$$L = l Z_0 / c \tag{12.53}$$

und im Fall $|Z_0^2| \ll |W^2|$ wie die Parallelschaltung aus der Lastimpedanz W_L und einer Kapazität mit Wert

$$C = l / c Z_0 \tag{12.54}$$

Dies kann in Worten wie folgt ausgerückt werden:

1. Ein kurzes Leitungsstück mit großem Wellenwiderstand verhält sich wie eine Serieninduktivität,
2. Ein kurzes Leitungsstück mit kleinem Wellenwiderstand verhält sich wie eine Nebenschlußkapazität.

Abb. 12.9 zeigt in Teil a und b zwei Beispiele für die Anwendung dieser Ergebnisse in Mikrostreifenleitungstechnik. Eine Serienkapazität kann man durch eine Leitungslücke herstellen. Die gegenüberliegenden Leitungsenden wirken dann ähnlich wie ein Plattenkondensator. Eine Ausführung in Mikrostreifenleitungsstechnik ist in Abb. 12.9c gezeigt.

Aus kurzgeschlossenen oder leerlaufenden Leitungen kann man weitere Blindwiderstände oder Reaktanzen herstellen. Entsprechend Kapitel 4 gilt nämlich für die kurzgeschlossene Leitung

$$W_{kurz} = j\, Z_0 \tan(\omega\, l / c) \quad . \tag{12.55}$$

Die Nullstellen der Impedanz der kurzgeschlossenen Leitung liegen bei

$$\omega_{N,n} = n\, \pi\, c / l \quad , \tag{12.56}$$

so daß die normierte Impedanz der kurzgeschlossenen verlustlosen Leitung

$$w_{kurz} = j \tan\left(\pi\, \omega / \omega_{N,1}\right) \tag{12.57}$$

beträgt. In Abb. 12.10 ist der Verlauf des Blindwiderstandes der kurzgeschlossenen Leitung aufgetragen. Bei $\omega_{N,1}$ ist

$$\omega_{N,1} = \pi\, c / l = \lambda_{N,1}\, \omega_{N,1} / 2l \;, \quad \text{also} \quad l = \lambda_{N,1} / 2 \quad . \tag{12.58}$$

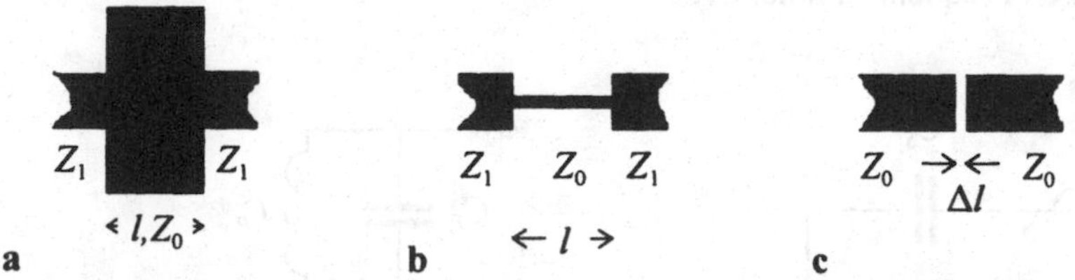

Abb. 12.9 : Draufsicht auf Mikrostreifenleitungsausführungen **a** einer Nebenschlußkapazität **b** einer Serieninduktivität, jeweils mit kurzen Leitungen ($\omega\, l/c \ll 1$ bzw. $l \ll \lambda/2\pi$) **c** einer Serienkapazität als Leitungslücke

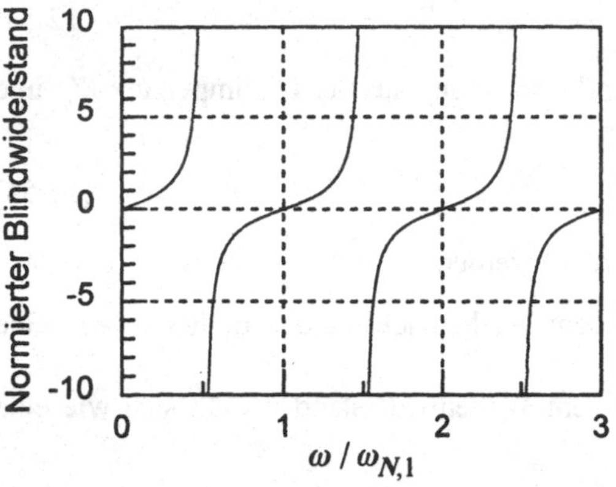

Abb. 12.10 : normierter Blindwiderstand der kurzgeschlossenen Leitung

Die Leitung wird nun für niedrige Frequenzen betrachtet. Für hinreichend kleine Frequenzen kann die normierte Impedanz der Leitung durch folgende Taylorreihenentwicklung angenähert werden:

$$w_{kurz} \approx j\,\pi\,\omega/\omega_{N,1} = j\,l\,\omega/c \quad \text{für} \quad \omega l/c \ll 1 \quad . \tag{12.59}$$

Offenbar kann sie durch eine Induktivität mit Wert

$$L_0 = l\,Z_0/c \tag{12.60}$$

approximiert werden. Die kurzgeschlossene kurze Leitung verhält sich daher näherungsweise wie eine nach Masse geschaltete Induktivität.

Nun wird die Impedanz der kurzgeschlossenen Leitung bei höheren Frequenzen betrachtet.

In der Umgebung der Kreisfrequenzen $\omega_{N,n}$ wechselt die Impedanz der Leitung, ausgehend von Kreisfrequenzen dicht unterhalb von $\omega_{N,n}$, von anfänglich kapazitivem zu induktivem Verhalten.

Genau das gleiche Verhalten findet man bei einem Serienresonanzkreis entsprechend Abb. 12.11a in der Umgebung seiner Resonanzfrequenz: bei niedrigen Frequenzen ist die Impedanz des Serienkreises kapazitiv, an der Resonanzstelle 0 und bei höheren Frequenzen induktiv.

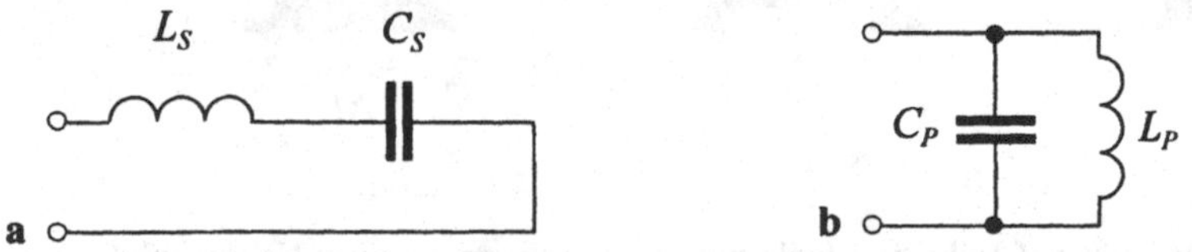

Abb. 12.11 : Ersatzschaltbilder einer kurzgeschlossenen Leitung **a** in der Nähe einer Serienresonanzstelle **b** in der Nähe einer Parallelresonanzstelle

Man nennt daher die Impedanznullstellen $f_{S,n} = \omega_{S,n} / 2\pi$ der kurzgeschlossenen Leitung deren *Serienresonanzfrequenzen.*

Es wird nun der Versuch unternommen, einen Serienkreis so zu konstruieren, daß er sich in der Nähe der Kreisfrequenz $\omega_{S,n}$ möglichst ähnlich wie die Leitung verhält Dann muß seine Resonanzfrequenz ebenfalls bei $\omega_{S,n}$ liegen:

$$\omega_{S,n} = 1/\sqrt{L_S C_S} \quad . \tag{12.61}$$

Zur vollständigen Festlegung des Serienkreises ist eine weitere Bestimmungsgleichung erforderlich. Verlangt man, daß sich die Ableitung der Impedanz des Serienkreises nach der Frequenz wie die entsprechende Ableitung der Impedanz der Leitung verhält,

$$\frac{d}{d\omega}\left(j\omega L_S + \frac{1}{j\omega C_S}\right)\Bigg|_{\omega=\omega_{S,n}=1/\sqrt{L_S C_S}} = j Z_0 \frac{d}{d\omega}\tan\left(\frac{\omega l}{c}\right)\Bigg|_{\omega=\omega_{S,n}=n\pi c/l} , \tag{12.62}$$

so erhält man

$$2j L_S = j Z_0\, l/c \quad \text{oder} \quad L_S = Z_0\, l/2c \quad . \tag{12.63}$$

Aus der Bestimmungsgleichung für die Resonanzfrequenz folgt dann

$$1/L_S C_S = (n\pi c/l)^2 \quad \text{oder} \quad C_S = \frac{2l}{Z_0 c n^2 \pi^2} . \tag{12.64}$$

Zum Vergleich sind die Blindwiderstände eines so dimensionierten verlustlosen Serienresonanzkreises mit Resonanzfrequenz $f_{S,1}$ und einer verlustlosen kurzgeschlossenen Leitung in Abb. 12.12a dargestellt.

Die in Abb. 12.12a gezeigte Impedanzkurve eines Serienkreises schmiegt sich bei der ersten Serienresonanzfrequenz an die Impedanzkurve der kurzgeschlossenen Leitung an.

Statt einer Betrachtung in der Impedanzebene kann auch eine Betrachtung in der Admittanzebene durchgeführt werden. Für die normierte Admittanz der verlustfreien Leitung gilt:

$$y_{kurz} = -j\cot(\pi\,\omega/\omega_{S,1}) \quad . \tag{12.65}$$

Die Nullstellen der Admittanz liegen bei

$$\omega_{P,n} = (2n-1)\,\pi c/2l = (2n-1)\,\omega_{S,1}/2 \quad . \tag{12.66}$$

Für $n = 1$ folgt

$$\omega_{P,1} = \pi c/2l = \omega_{S,1}/2 \quad . \tag{12.67}$$

Daher hat die Leitung bei dieser Frequenz gerade die Abmessung einer viertel Wellenlänge.

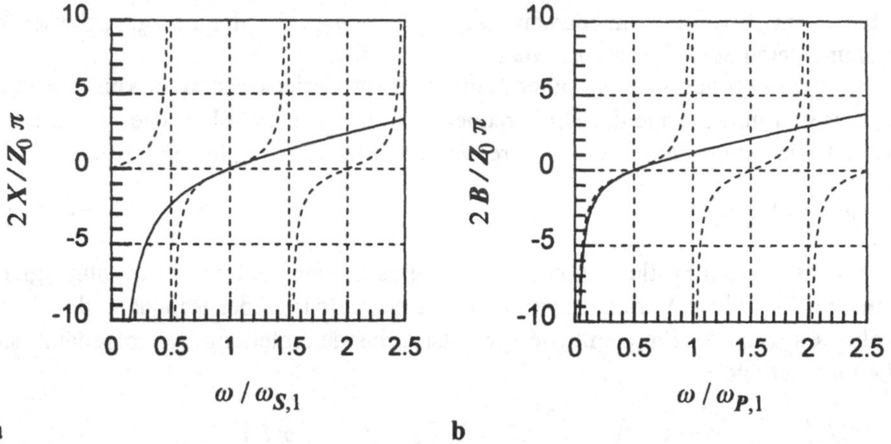

Abb. 12.12 : **a** Blindwiderstand eines Serienresonanzkreises, der eine kurzgeschlossene Leitung in der ersten Serienresonanz nähert. **b** Blindleitwert eines Parallelresonanzkreises, der eine kurzgeschlossene Leitung in der ersten Parallelresonanz nähert. Zum Vergleich sind Blindwiderstand bzw. Blindleitwert der kurzgeschlossenen Leitung strichliert dargestellt.

In kleinen Umgebungen der Kreisfrequenzen $\omega_{P,n}$ wechselt die Admittanz mit anwachsender Frequenz von induktivem zu kapazitivem Verhalten. Dies ist das Verhalten eines Parallelresonanzkreises entsprechend Abb. 12.11b mit der Admittanz

$$Y_P := j\omega C_P + 1/j\omega L_P \quad . \tag{12.68}$$

Man nennt daher die Impedanznullstellen $f_{P,n} = \omega_{P,n} / 2\pi$ der kurzgeschlossenen Leitung deren *Parallelresonanzfrequenzen.*

In völlig analoger Weise wie bei dem Fall der Näherung der Leitung durch Serienkreise in der Umgebung der Serienresonanzen kann man eine Näherung der Admittanz der kurzgeschlossenen Leitung in der Nähe der Parallelresonanzen angeben:

$$C_P = l/2Z_0 c \quad ; \quad L_P = 2\,\omega_{S,1} Z_0 / \pi\,\omega_{P,n}^2 = 8 Z_0 l \Big/ \left[(2n-1)^2 \pi^2 c\right] \quad . \tag{12.69}$$

Abb. 12.12b zeigt den Blindleitwert eines so dimensionierten Parallelresonanzkreises im Vergleich zu dem Blindleitwert der kurzgeschlossenen Leitung.

Die Ergebnisse werden nachfolgend zusammengefaßt. Das Verhalten der kurzgeschlossenen Leitung gleicht

1. für niedrige Frequenzen dem einer Nebenschlußinduktivität mit Wert

$$L = Z_0 l/c \quad , \tag{12.70}$$

2. für Frequenzen nahe den Serienresonanzen

$$f_{S,n} = n c/(2l) \tag{12.71}$$

dem eines Nebenschluß-Serienresonanzkreises mit den Bauelementwerten

$$L_S = Z_0\, l/(2c) \quad , \quad C_S = 2l/\left(Z_0\, c\, n^2 \pi^2\right) \quad , \tag{12.72}$$

3. für Frequenzen nahe den Parallelresonanzen

$$f_{P,n} = (2n-1)\, c/(4\, l) \tag{12.73}$$

dem eines Nebenschluß-Parallelresonanzkreises mit den Bauelementwerten

$$C_P = l/(2\, Z_0\, c) \quad , \quad L_P = 8\, Z_0\, l/\left((2n-1)^2 \pi^2\, c\right) \quad . \tag{12.74}$$

Betrachtet man statt der kurzgeschlossenen leerlaufende Leitungen, dann folgt in einer ganz entsprechenden Argumentation: das Verhalten der leerlaufenden Leitung gleicht

1. für niedrige Frequenzen dem einer Nebenschlußkapazität mit Kapazitätswert

$$C = l/Z_0\, c \quad , \tag{12.75}$$

2. für Frequenzen nahe den Parallelresonanzen

$$f_{P,n} = n\, c/(2l) \tag{12.76}$$

dem eines Nebenschluß-Parallelresonanzkreises mit den Bauelementwerten

$$C_P = l/(2\, Z_0\, c) \quad , \quad L_P = 2\, Z_0\, l/\left(c\, n^2 \pi^2\right) \quad , \tag{12.77}$$

3. für Frequenzen nahe den Serienresonanzen

$$f_{S,n} = (2n-1)\, c/(4\, l) \tag{12.78}$$

dem eines Nebenschluß-Serienresonanzkreises mit den Bauelementwerten

$$L_S = Z_0\, l/(2c) \quad , \quad C_S = 8l/\left((2n-1)^2 \pi^2\, c\, Z_0\right) \quad . \tag{12.79}$$

Als Gesamtresultat ergibt sich, daß sich Induktivitäten, Kapazitäten sowie Serien- und Parallelresonanzkreise im Nebenschluß für einen eingeschränkten Frequenzbereich sehr gut durch eine abzweigende Leitung, eine sogenannte *Stichleitung* (engl.: stub), mit Kurzschluß oder Leerlauf realisieren lassen.

12.1.6 Leitungsbauelemente in realen Schaltungen

Wesentliche Voraussetzung für die Herleitung der für die Leitungsbauelemente gefundenen Näherungen ist die Gültigkeit von Gleichung (12.50). Diese wurde aber unter der Prämisse hergeleitet, daß das Ersatzschaltbild eines differentiell kurzen Leitungsstückes unverändert auch an den Enden der Leitung zutrifft. Letzteres ist nur bedingt und näherungsweise richtig.

Daher verhalten sich reale Leitungsbauelemente auch nur näherungsweise wie im letzten Abschnitt erläutert. Dies wird nachfolgend anhand eines Beispiels illustriert.

Abb. 12.13 : **a** Reale leerlaufende Leitung in Mikrostreifenleitungstechnik mit geometrischer Leitungslänge l **b** Ersatzschaltung mit Streukapazität **c** Darstellung als idealisierte leerlaufende Leitung der effektiven Länge $l+\Delta l$

Das Ersatzschaltbild einer leerlaufenden Leitung beispielsweise sollte wenigstens durch eine Nebenschlußkapazität am leerlaufenden Ende ergänzt werden, welche den Streufeldern Rechnung trägt. Da sich ein kurzes leerlaufendes Leitungsstück aber wiederum wie eine Nebenschlußkapazität verhält, kann diese als effektive Verlängerung der leerlaufenden Leitung interpretiert werden. (Siehe Abb. 12.13).

In entsprechender Weise müssen Streukapazitäten bei Wellenwiderstandssprüngen durch Änderung der Leitungslängen kompensiert werden.

Die Ausarbeitung zuverlässiger Ersatzschaltungen für Leitungsbauelemente ist auch heute noch Gegenstand der Forschung. Hierfür sind anspruchsvolle feldtheoretische Aufgabenstellungen zu lösen. Eine Vielzahl von Ergebnissen aus Einzelveröffentlichungen zu diesem Thema sind in einer Reihe von Sammelwerken zusammengefaßt, beispielsweise in [12.3]...[12.6].

12.2 Betriebsparameter

Für die folgenden Betrachtungen wird vorausgesetzt, daß ein Filter entsprechend Kapitel 11 als näherungsweise verlustloses reziprokes und reflexionssymmetrisches Zweitor realisiert werden soll. Dann muß für deren Streumatrizen den Ausführungen des Kapitels 8 entsprechend gelten:

$$|s_{11}|=|s_{22}| \quad , \quad |s_{12}|=|s_{21}| \quad , \quad |s_{11}|=\sqrt{1-|s_{21}|^2} \quad , \tag{12.80}$$

$$\varphi_{12}=\varphi_{21} \quad , \quad \varphi_{11}=2\varphi_{21}-\varphi_{22}+(2n+1)\pi \quad , \quad \varphi_{11}=\varphi_{22} \quad . \tag{12.81}$$

Es ergibt sich also der Zusammenhang

$$|s_{11}|^2=1-|s_{21}|^2 \quad , \quad \varphi_{11}=\varphi_{21}+(2n+1)\pi/2 \tag{12.82}$$

mit beliebigem ganzzahligen n. Damit ist der Eigenreflexionsfaktor s_{11} bis auf das Vorzeichen festgelegt.

Die Zweitorübertragungsfunktion des Filters ist s_{21}. Betreibt man das Zweitor mit einer wellenwiderstandsangepaßten Quelle an Tor 1 und einem Wellensumpf an Tor 2, dann ist s_{21} gleichzeitig die verallgemeinerte Betriebsübertragungsfunktion.

Deren Betragsquadrat ist auf Grund der vorausgesetzten Verlustlosigkeit identisch zum Kehrwert der normierten Dämpfung $|D|^2$, die wiederum in engem Verhältnis zum Betragsquadrat der charakteristischen Funktion steht:

$$|s_{21}|^2 = 1/|D|^2 = 1/\left(1+|K|^2\right) \quad . \tag{12.83}$$

Mit Gleichung (12.80) folgt

$$|s_{11}|^2 = 1-|s_{21}|^2 = 1-1/|D|^2 = \left(|D|^2-1\right)/|D|^2 = |K|^2/|D|^2 \quad . \tag{12.84}$$

Die Phase von s_{11} liegt nur bis auf ein Vielfaches von π fest, daher sind zwei denkbare Ausdrücke für den Eigenreflexionsfaktor des Filters durch

$$s_{11}^{(+)} = +K/D \quad \text{und} \quad s_{11}^{(-)} = -K/D \tag{12.85}$$

gegeben. Nach Konstruktion ist der Betrag dieser Eigenreflexionsfaktoren kleiner oder gleich 1. Ihre Polstellen liegen ausschließlich in der linken komplexen Halbebene. Nun entspricht aber den Reflexionsfaktoren $s_{11}^{(+)}$ und $s_{11}^{(-)}$ jeweils eine normierte Impedanz, nämlich

$$w^{(+)} = \frac{1+K/D}{1-K/D} = \frac{D+K}{D-K} \quad \text{und} \quad w^{(-)} = \frac{1-K/D}{1+K/D} = \frac{D-K}{D+K} = \frac{1}{w^{(+)}} \quad . \tag{12.86}$$

$Z_0\,w^{(+)}$ und $Z_0\,w^{(-)}$ können als die Eingangsimpedanzen von Zweitoren interpretiert werden, welche jeweils mit einer reellen Impedanz vom Wert des Wellenwiderstandes belastet werden, und deren Zweitorübertragungsfunktion die geforderten Filtereigenschaften besitzt.

Daher nennt man $Z_0\,w^{(+)}$ und $Z_0\,w^{(-)}$ auch die *Betriebseingangsimpedanzen* der jeweiligen Filter. Entsprechend heißen alle Filterparameter, welche unter der Randbedingung bestimmt werden, daß das Filterzweitor mit dem Wellenwiderstand abgeschlossen wird und daß ein reflexionsfreier Meßgenerator benutzt wird, *Betriebsparameter*[1], obwohl dies von der Wortwahl her nicht zu dem Begriff der Betriebsübertragungsfunktion paßt.

12.3 Synthesealgorithmen

Nach Konstruktion erfüllen $w^{(+)}$ und $w^{(-)}$ die mathematischen Eigenschaften sogenannter Zweipolfunktionen. Deren genaue Definition ist in Anhang G zu finden.

Für die Filtersynthese ist wesentlich, daß es für Zweipolfunktionen kanonische,

---

[1] Diese Bezeichnung geht auf Wilhelm Cauer [12.7] zurück, der zunächst die Betriebsübertragungsfunktion eines Zweitors entsprechend Definition 10.2 formulierte. Bei seinen Anwendungen auf die Filtertheorie benutzte er jedoch einschränkende Bedingungen, welche in dem hier benutzten Sprachgebrauch dem reflexionsfreien Abschluß der Tore entsprechen.

das heißt nach einem festen Regelwerk konstruierbare Darstellungen gibt, welche sich unmittelbar als eine Realisierungsform einer Schaltung interpretieren lassen.

Die Darstellungsregeln können im Einzelfall recht komplex sein. Aus diesem Grund werden die hier besprochenen Filter anhand von Beispielen abgehandelt. Für eine vollständigere systematische Darstellung wird auf [12.8] verwiesen.

12.3.1 Tiefpässe

Am Beispiel der Synthese von Tiefpässen wird nun der grundlegende Algorithmus des Polabbaus erläutert. Da nämlich die hier benutzten Übertragungsfunktionen rational sind, werden auch die Betriebseingangsimpedanzen durch rationale Funktionen beschrieben. Durch geschickte Zerlegung dieser Funktionen, welche sich an den Polen orientieren, gelangt man dann zu Synthesevorschriften.

12.3.1.1 Abbau von Polen im Unendlichen

Im folgenden Fall wird anhand eines Beispiels ein Verfahren demonstriert, welches immer dann zum Ziel führt, wenn die normierte Dämpfungsfunktion ein Polynom in p' ist. Dies trifft also auf Potenz-, Tschebyscheff- und Bessel-Tiefpässe zu.

Beispiel 12.1 : (Fortsetzung aus Beispiel 11.9)

Gegeben sei die normierte Dämpfungsfunktion eines Tschebyscheff-Tiefpasses 4. Ordnung, der eine Durchlaßgrenzfrequenz mit 0,1 dB Dämpfung aufweist:

$$D(p')=1{,}01158+2{,}47306p'+3{,}20722p'^2+2{,}20234p'^3+1{,}22096p'^4 \; . \qquad (12.87)$$

Die charakteristische Funktion dieses Tiefpasses ist

$$\begin{aligned} K(p') &= 0{,}1526204\left(1+8p'^2+8p'^4\right) \\ &= 0{,}1526204+1{,}2209633\,p'^2+1{,}2209633\,p'^4 \quad . \end{aligned} \qquad (12.88)$$

Die Koeffizienten der Potenzen von p' sind dabei alle positiv. Infolgedessen ist

$$w^{(+)} = \frac{D(p')+K(p')}{D(p')-K(p')} \qquad (12.89)$$

$$= \frac{2{,}441927p'^4+2{,}202340p'^3+4{,}428187p'^2+2{,}473062p'+1{,}164200}{2{,}202340p'^3+1{,}986260p'^2+2{,}473062p'+0{,}8589590} \; .$$

Man beachte, daß sich Zähler- und Nennergrad (durch Konstruktion) um genau 1 unterscheiden. Daher ist hier eine Abdivision des ganzrationalen

Anteils möglich. Es ist also

$$w^{(+)}=1{,}108787\,p'+\frac{0{,}7655890\,p'^2+0{,}6904742\,p'+0{,}5286195}{p'^3+0{,}9018863\,p'^2+1{,}1229246\,p'+0{,}3900211}\,. \quad (12.90)$$

$w^{(+)}$ ist somit als Summe aus dem ganzrationalen Anteil w_1 und dem Rest w_{R1} darstellbar:

$$w^{(+)}=w_1+w_{R1} \quad (12.91)$$

mit

$$w_1=1{,}108787\,p' \quad , \quad (12.92)$$

$$w_{R1}=\frac{0{,}7655890\,p'^2+0{,}6904742\,p'+0{,}5286195}{p'^3+0{,}9018863\,p'^2+1{,}1229246\,p'+0{,}3900211}\quad . \quad (12.93)$$

Demzufolge ist $w^{(+)}$ die Serienschaltung aus den normierten Impedanzen w_1 und w_{R1}. Erstere entspricht offenbar einer Induktivität L_1:

$$W_1=w_1\,Z_0=p\,(1{,}108787\,Z_0/\omega_B)=:p\,L_1 \quad . \quad (12.94)$$

Für dem Betrage nach hohe Frequenzen dominiert w_1 den Rest. Man kann dies so interpretieren, daß die Funktion $w^{(+)}$ bei $p=\infty$ einen Pol besitzt, der durch den Summanden w_1 verursacht wird. Man sagt daher, die Zerlegung (12.91) baue einen Pol von $w^{(+)}$ bei Unendlich ab.

Der Kehrwert der normierten Restimpedanz w_{R1}, die normierte Admittanz y_{R1}, ist eine rationale Funktion, aus der sich wieder ein Pol bei Unendlich abbauen läßt:

$$\begin{aligned} y_{R1}&=\frac{1}{w_{R1}}=\frac{p'^3+0{,}9018863\,p'^2+1{,}1229246\,p'+0{,}3900211}{0{,}7655890\,p'^2+0{,}6904742\,p'+0{,}5286195}\\ &=y_2+y_{R2} \end{aligned} \quad (12.95)$$

mit

$$y_2=1{,}3061838\,p' \quad (12.96)$$

und

$$y_{R2}=\frac{0{,}5648597\,p'+0{,}5094392}{p'^2+0{,}9018863\,p'+0{,}6904742}\quad . \quad (12.97)$$

Demzufolge ist y_{R1} die Parallelschaltung aus den normierten Admittanzen y_2 und y_{R2}. Erstere entspricht offenbar einer Kapazität C_2:

$$Y_2=\frac{y_2}{Z_0}=1{,}3061838\frac{p}{\omega_B\,Z_0}=\left(\frac{1{,}3061838}{\omega_B\,Z_0}\right)p=:p\,C_2 \quad . \quad (12.98)$$

Der Kehrwert der normierten Restadmittanz y_{R2}, die normierte Impedanz w_{R2}, ist eine rationale Funktion, aus der sich erneut ein Pol abbauen läßt:

$$\begin{aligned} w_{R2} &= \frac{1}{y_{R2}} = \frac{p'^2 + 0{,}9018863\,p' + 0{,}6904742}{0{,}5648597\,p' + 0{,}5094392} \\ &= w_3 + w_{R3} \end{aligned} \tag{12.99}$$

mit

$$w_3 = 1{,}7703511\,p' \quad , \tag{12.100}$$

$$w_{R3} = \frac{1}{0{,}8180750\,p' + 0{,}7378106} \quad . \tag{12.101}$$

Demzufolge ist w_{R2} die Serienschaltung aus den normierten Impedanzen w_3 und w_{R3}. Erstere entspricht offenbar einer Induktivität L_3:

$$W_3 = w_3\,Z_0 = (1{,}7703511\,Z_0/\omega_B)\,p =: p\,L_3 \quad . \tag{12.102}$$

Der Kehrwert der normierten Restimpedanz w_{R3} ist die normierte Admittanz y_{R3},

$$y_{R3} = 1/w_{R3} = 0{,}8180750\,p' + 0{,}7378106 = y_4 + y_{R4} \tag{12.103}$$

mit

$$y_4 = 0{,}8180750\,p' \quad , \tag{12.104}$$

$$y_{R4} = y_5 = 0{,}7378106 \quad . \tag{12.105}$$

Dies ist eine Parallelschaltung aus zwei normierten Admittanzen. Die normierte Admittanz y_4 entspricht einer Kapazität C_4:

$$Y_4 = y_4/Z_0 = 0{,}8180750\,p/\omega_B\,Z_0 =: p\,C_4 \quad . \tag{12.106}$$

Der Kehrwert der Restadmittanz y_{R4} ist eine reelle normierte Impedanz

$$w_{R4} = w_5 = 1{,}3553613 \quad . \tag{12.107}$$

Dies entspricht einem ohmschen Widerstand R_5:

$$R_5 = w_5\,Z_0 = 1{,}3553613\,Z_0 \quad . \tag{12.108}$$

Mit den normierten Impedanzen und Admittanzen läßt sich die normierte Impedanz $w^{(+)}$ durch den folgenden *Kettenbruch* darstellen:

$$w^{(+)} = w_1 + \cfrac{1}{y_2 + \cfrac{1}{w_3 + \cfrac{1}{y_4 + \cfrac{1}{w_5}}}} \quad . \tag{12.109}$$

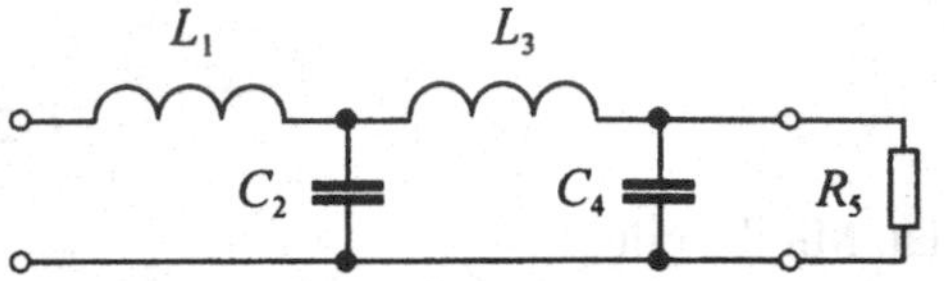

Abb. 12.14 : Kettenbruchentwicklung der Beispielschaltung, basierend auf der Impedanzdarstellung

Ganz offenbar wird damit eine Schaltung entsprechend Abb. 12.14 beschrieben.

Die Impedanz R_5 muß durch den Wellensumpf erzeugt werden, welcher voraussetzungsgemäß zur Messung von s_{11} benötigt wird. Da hier offenbar R_5 ungleich Z_0 ist, muß der Wellenwiderstand der Leitung an Tor 2 des so gefundenen Tiefpasses gleich R_5 sein, da ansonsten kein reflexionsfreier Abschluß vorhanden wäre. ♦

Eine Schaltung, bei der wie in dem obigen Beispiel abwechselnd ein Serien- und ein Nebenschlußglied verschaltet werden, heißt auch *Abzweigschaltung* (engl.: ladder network). Sie entsteht aus dem abwechselnden Polabbau von Impedanzen und Admittanzen.

Es leuchtet unmittelbar ein, daß *alle* Abzweigschaltungen, in denen sich Induktivitäten und Kapazitäten abwechseln und die durch einen ohmschen Widerstand belastet werden, eine normierte Eingangsimpedanz besitzen, welche sich als Kettenbruch darstellen lassen:

$$w = p'g_1 + \cfrac{1}{p'g_2 + \cfrac{1}{p'g_3 + \cfrac{\cdot}{\ddots + \cfrac{1}{p'g_n + 1/g_{n+1}}}}} \quad . \tag{12.110}$$

In dem Kettenbruch repräsentiert ein Ausdruck der Form $p'g_k$ entweder die normierte Impedanz einer Induktivität oder die normierte Admittanz einer Kapazität. Die Entnormierung ist einfach. Ist nämlich die normierte Impedanz der Induktivität L

$$w_L = p'g =: p'l \quad , \tag{12.111}$$

dann folgt wegen

$$w_L = p\,L/Z_0 = \omega_B\, p'\, L/Z_0 \tag{12.112}$$

der Zusammenhang

$$L = l\,Z_0/\omega_B \quad . \tag{12.113}$$

Die Größe

$$L_B := Z_0/\omega_B \tag{12.114}$$

hat die Dimension einer Induktivität. Mit ihr gilt

$$l = L/L_B \quad . \tag{12.115}$$

Daher wird l auch *normierte Induktivität* und L_B *Bezugsinduktivität* oder *Referenzinduktivität* genannt.

Ist $p'g =: p'c$ die normierte Admittanz einer Kapazität, dann folgt in Analogie

$$c = C/C_B \tag{12.116}$$

mit

$$C_B := 1/\omega_B Z_0 \quad . \tag{12.117}$$

c wird *normierte Kapazität* und C_B *Bezugskapazität* oder *Referenzkapazität* genannt. Die Anwendung der Entnormierung zeigt das nachfolgende Beispiel.

Beispiel 12.2 : (Fortsetzung aus Beispiel 12.1)

Gegeben sei die in Beispiel 12.1 gefundene Tiefpaßstruktur mit

$w_1 = 1{,}108787\,p'$,
$y_2 = 1{,}3061838\,p'$,
$w_3 = 1{,}7703511\,p'$,
$y_4 = 0{,}8180750\,p'$,
$w_5 = 1{,}3553613$.

Falls $Z_0 = 50\ \Omega$ gewählt wird und falls die Bezugsfrequenz 1 GHz ist, dann ergibt sich für Bezugsinduktivität und Bezugskapazität

$L_B = 7{,}957747$ nH , $C_B = 3{,}18309886$ pF .

Damit folgt

$L_1 = 8{,}83$ nH,
$C_2 = 4{,}16$ pF ,
$L_3 = 14{,}1$ nH ,
$C_4 = 2{,}60$ pF ,
$R_5 = 67{,}8\ \Omega$.

Da diese Werte sehr klein sind, kann an eine Realisierung durch Leitungsbauelemente gedacht werden. Ersetzt man die Induktivitäten durch Serienleitungen mit Wellenwiderstand 150 Ω, die Kapazitäten durch Serienleitungen mit 25 Ω, dann ergeben sich die Leitungslängen unter der Annahme, daß die Lichtgeschwindigkeit auf den Leitungen gerade 1/3 der Vakuumlichtgeschwindigkeit ist, als

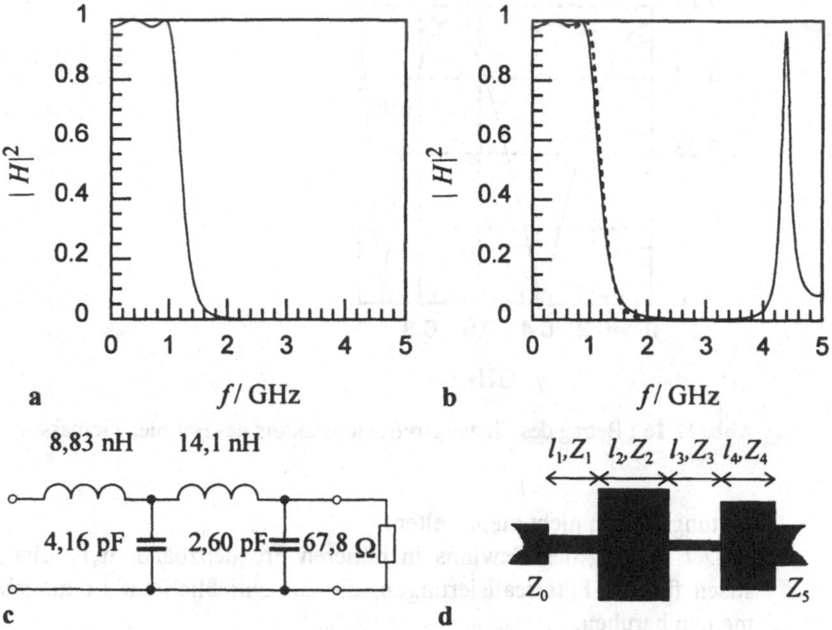

Abb. 12.15 : Tiefpaß aus Beispiel 12.2 **a** Verfügbarer Gewinn bei Realisierung mit idealisierten konzentrierten Bauelementen und **b** bei Realisierung mit idealisierten Leitungsbauelementen, die Kurve aus Teil a ist strichliert unterlegt **c** Schaltbild mit konzentrierten Bauelementen **d** Prinzipschaltung in Mikrostreifenleitungstechnik

$l_{L1} = 5{,}888$ mm,
$l_{C2} = 10{,}39$ mm ,
$l_{L3} = 7{,}04$ mm ,
$l_{C4} = 6{,}51$ mm .

Abb. 12.15 zeigt in Teil a das theoretische Übertragungsverhalten eines Filters mit idealisierten konzentrierten Bauelementen im Vergleich zu dem eines Filters mit idealisierten Leitungen (Teil b der Abbildung). Die Schaltungsdimensionierung mit konzentrierten Bauelementen (Abb. 12.15c) entspricht den Erwartungen. In Teil d der Abbildung ist der prinzipielle Aufbau in Mikrostreifenleitungstechnik (Draufsicht) gezeigt.

Bei der Realisierung mit Leitungsbauelementen fällt auf, daß der Durchlaßbereich und ein Teil des nahen Sperrbereichs sehr gut dem gewünschten Verhalten entspricht, daß aber anschließend das Filter ein überraschendes Verhalten zeigt: in der Nähe von 4,5 GHz steigt der Gewinn wieder stark an. Der Grund dafür liegt darin, daß die Näherungen, die für den Ersatz idealisierter konzentrierter Bauelemente durch Leitungen angenommen wurden, bei im Vergleich zur Wellenlänge nicht mehr kleinen

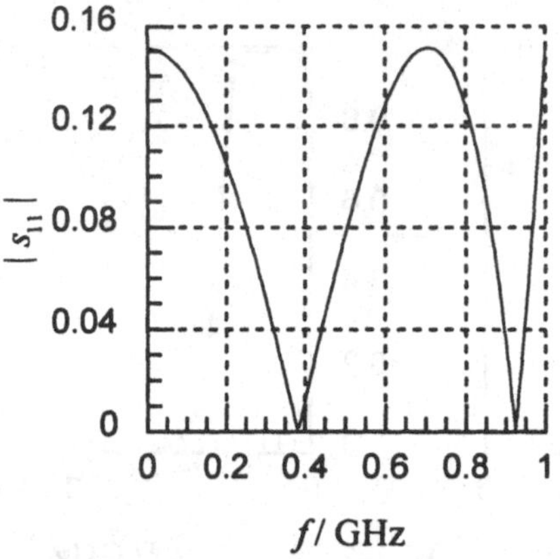

Abb. 12.16 : Betrag des Eingangsreflexionsfaktors des Beispiel-Tiefpasses

Leitungslängen nicht mehr gelten.

Der Anstieg des Gewinns in höheren Frequenzbändern ist charakteristisch für alle Filterrealisierungen, die ausschließlich auf Leitungsbauelementen beruhen.

Bei einer tatsächlichen Realisierung muß sowohl bei Aufbau mit konzentrierten Bauelementen als auch bei Aufbau mittels Leitungen berücksichtigt werden, daß sich die Bauelemente nicht ideal verhalten.

So wird es bei den konzentrierten Bauelementen parasitäre Kapazitäten und Induktivitäten geben. Bei den Leitungsbauelementen ist zu berücksichtigen, daß an den Stellen eines Wellenwiderstandssprungs parasitäre Kapazitäten auftreten. Diese können allerdings durch entsprechende Verkürzung der Leitungen, welche eine Nebenschlußkapazität verwirklichen, kompensiert werden.

Der Tiefpaß des Beispiels transformiert innerhalb der Durchlaßbandbreite die Generatorimpedanz Z_0 in eine andere Impedanz. Dies wird in Abb. 12.16 genauer demonstriert. Dort ist der Betrag des Eingangsreflexionsfaktors in einem 50 Ω-System über der Frequenz aufgetragen.

Offenbar wird für zwei eingeschränkte Frequenzbereiche, von denen einer breiter als 100 MHz ist, ein Betrag des Reflexionsfaktors von weniger als 5% erreicht. ♦

Die Transformationseigenschaft des Filters ist eine unmittelbare Folge der Tatsache, daß die Zweitorübertragungsfunktion des Tiefpasses bei $p=0$ von 1 verschieden ist.

Damit läßt sich festhalten, daß alle *Tschebyscheff- und Cauer-Tiefpässe gerader Ordnung*, die nicht durch eine Nullstellenverschiebungstransformation modifiziert wurden, *impedanztransformierende Wirkung* haben.

Die vorteilhafte Ausnutzung dieser Tatsache zur Erzeugung hinreichend breitbandiger Anpaßschaltungen ist Gegenstand einer Vielzahl von Veröffentlichungen. Während die oben angegebene Abzweigschaltung die Generatorimpedanz in eine größere Impedanz transformiert, ist bei der folgenden Schaltung das Umgekehrte der Fall.

Beispiel 12.3 : (Fortsetzung aus Beispiel 11.9)

Gegeben sei die normierte Dämpfungsfunktion des Tschebyscheff-Tiefpasses 4. Ordnung aus Beispiel 12.1:

$$D(p') = 1{,}01158 + 2{,}47306\,p' + 3{,}20722\,p'^2 + 2{,}20234\,p'^3 + 1{,}22096\,p'^4 \quad . \tag{12.118}$$

Hier wird nun die zweite Realisierungsmöglichkeit durch die normierte Impedanz

$$w^{(-)} = \frac{2{,}20234\,p'^3 + 1{,}98626\,p'^2 + 2{,}47306\,p' + 0{,}85896}{2{,}44193\,p'^4 + 2{,}20234\,p'^3 + 4{,}42819\,p'^2 + 2{,}47306\,p' + 1{,}1642} \tag{12.119}$$

untersucht. Da hier der Zählergrad kleiner als der Nennergrad ist, bildet man zunächst den Kehrwert

$$y^{(-)} = 1/w^{(-)} = w^{(+)} \quad . \tag{12.120}$$

Für $w^{(+)}$ wurde aber in obigem Beispiel gerade eine Kettenbruchentwicklung durch fortgeführten abwechselnden Polabbau bei Unendlich berechnet. Rein numerisch ist die Kettenbruchentwicklung die gleiche. Da aber hier eine Admittanz entwickelt wird, muß hier der erste ganz rationale Anteil der abgespalten wird, einer Admittanz entsprechen, der zweite einer Impedanz usw. Es ist daher

$$y^{(-)} = y_1 + \cfrac{1}{w_2 + \cfrac{1}{y_3 + \cfrac{1}{w_4 + \cfrac{1}{y_5}}}} \tag{12.121}$$

mit

$$y_1 = 1{,}108787\,p' \quad , \tag{12.122}$$

$$w_2 = 1{,}3061838\,p' \quad , \tag{12.123}$$

$$y_3 = 1{,}7703511\,p' \quad , \tag{12.124}$$

$$w_4 = 0{,}8180750\,p' \quad , \tag{12.125}$$

$$y_5 = 1{,}3553613 \quad . \tag{12.126}$$

Der erste Summand des Kettenbruches muß nun eine normierte Admittanz sein:

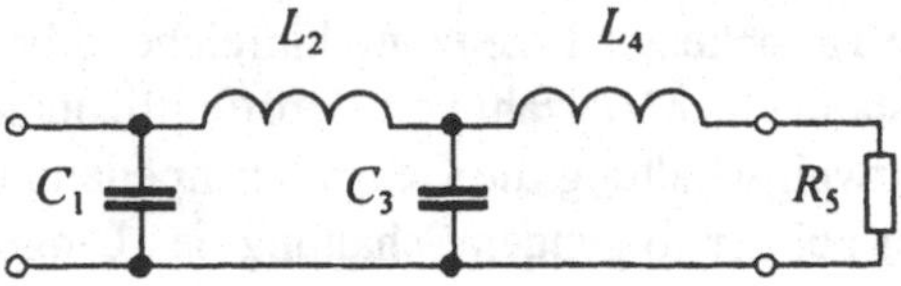

Abb. 12.17 : Kettenbruchentwicklung der Beispielschaltung, basierend auf der Admittanzdarstellung

$$Y_1 = y_1/Z_0 = 1{,}108787\, p/Z_0\,\omega_B =: p\, C_1 \quad . \tag{12.127}$$

Entsprechend gilt:

$$W_2 = w_2 Z_0 = 1{,}3061838 \frac{p}{\omega_B} Z_0 = \left(1{,}3061838 \frac{Z_0}{\omega_B}\right) p =: p\, L_2 \quad , \tag{12.128}$$

$$Y_3 = \frac{y_3}{Z_0} = 1{,}7703511 \frac{p}{Z_0\,\omega_B} = \left(\frac{1{,}7703511}{Z_0\,\omega_B}\right) p =: p\, C_3 \quad , \tag{12.129}$$

$$W_4 = w_4 Z_0 = 0{,}8180750 \frac{p}{\omega_B} Z_0 = \left(0{,}8180750 \frac{Z_0}{\omega_B}\right) p =: p\, L_4 \quad , \tag{12.130}$$

$$Y_5 = \frac{y_5}{Z_0} = \frac{1{,}3553613}{Z_0} = \frac{1}{0{,}7378106\, Z_0} \quad , \tag{12.131}$$

d.h.:

$$R_5 = 0{,}7378106\, Z_0 \quad . \tag{12.132}$$

Es entsteht so die Schaltung nach Abb. 12.17. Die Schaltung hat eine andere Struktur, andere Bauelementwerte und ein anderes Impedanztransformationsverhalten als die vorige Schaltung. ◆

Nicht immer muß der Tiefpaß die Impedanz transformieren. Ist beispielsweise $s_{11}(0) = 1$, dann muß zwangsläufig in einer Abzweigschaltung, die nur aus Kondensatoren und Spulen besteht, Eingangs- und Ausgangsimpedanz gleich sein.

Beispiel 12.4 : (Fortsetzung aus Beispiel 11.1)

Der in Beispiel 11.1 gegebene Tiefpaß erster Ordnung besitzt die normierte Dämpfungsfunktion

$$D(p') = p' + 1 \quad . \tag{12.133}$$

und die charakteristische Funktion

$$K(p') = p' \quad . \tag{12.134}$$

Somit ist

$$w^{(+)} = \frac{D(p') + K(p')}{D(p') - K(p')} = 2\,p' + 1 \tag{12.135}$$

und

$$w^{(-)} = \frac{D(p') - K(p')}{D(p') + K(p')} = \frac{1}{2\,p' + 1} \quad . \tag{12.136}$$

Durch Entnormierung von $w^{(+)}$ erhält man

$$W^{(+)} = p\,(2\,Z_0/\omega_B) + Z_0 \quad . \tag{12.137}$$

Dem entspricht eine Serienschaltung aus einer Induktivität

$$L_1 = 2\,Z_0/\omega_B \tag{12.138}$$

und einer ohmschen Impedanz mit dem Wert des Wellenwiderstandes. Bei der Umsetzung von $w^{(-)}$ ist

$$y^{(-)} = 2\,p' + 1 \tag{12.139}$$

und nach Entnormierung

$$Y^{(-)} = p2/(Z_0\,\omega_B) + 1/Z_0 \quad . \tag{12.140}$$

Dem entspricht eine Parallelschaltung aus einer Kapazität

$$C_1 = 2/(Z_0\,\omega_B) \tag{12.141}$$

und einem ohmschen Widerstand mit dem Wert des Wellenwiderstandes.

Beide Realisierungen transformieren also die Impedanz *nicht*. Im übrigen ist die erste der beiden Realisierungsformen die des einfachen Tiefpasses aus Abschnitt 11.1.1. ♦

12.3.1.2 Abbau von Polen im Endlichen

Daß die Kettenbruchentwicklung nicht immer direkt anwendbar ist, zeigt das folgende Beispiel.

Beispiel 12.5 :

Ein inverser Tschebyscheff–Tiefpaß 3. Ordnung, welcher bei der normierten Frequenz 1 die Dämpfung 0,1 dB besitzt, maximalen Anstieg der Dämpfung oberhalb dieser Frequenz zeigt, und der für hohe Frequenzen das Dämpfungsmaß 30 dB nicht unterschreitet, hat die normierte Dämpfungsfunktion

$$D(p')=\frac{0{,}1446690397p'^3+0{,}5360773935p'^2+0{,}9838478954p'+1}{0{,}05209905277p'^2+1} \quad (12.142)$$

und die charakteristische Funktion

$$K(p')=-\frac{0{,}1446690397\,p'^3}{0{,}05209905277p'^2+1} \quad . \quad (12.143)$$

(Die hohe Stellenanzahl ist wegen der numerischen Empfindlichkeit der nachfolgenden Rechnungen erforderlich). Damit erhält man den Eigenreflexionsfaktor

$$s_{11}^{(+)}(p')=\frac{0{,}144669040p'^3}{0{,}144669040p'^3+0{,}536077394p'^2+0{,}983847895p'+1} \quad (12.144)$$

bzw.

$$s_{11}^{(-)}(p')=\frac{-0{,}1446690397p'^3}{0{,}144669040p'^3+0{,}536077394p'^2+0{,}983847895p'+1} \quad (12.145)$$

und daraus

$$w^{(+)}(p')=\frac{0{,}289338079p'^3+0{,}536077394p'^2+0{,}983847895p'+1}{0{,}536077394p'^2+0{,}983847895p'+1} \; , \quad (12.146)$$

$$w^{(-)}(p')=\frac{0{,}536077394p'^2+0{,}983847895p'+1}{0{,}289338079p'^3+0{,}536077394p'^2+0{,}983847895p'+1} \; . \quad (12.147)$$

Kettenbruchentwicklung von $w^{(+)}$ ergibt:

$$w^{(+)}(p')=0{,}5397319173p'+0{,}009445058845+\frac{0{,}81112071168}{p'-0{,}4427901120+\dfrac{2{,}874105727}{p'+2{,}278062234}} \; , \quad (12.148)$$

Hier treten positive und negative resistive Anteile auf. Diese Kettenbruchentwicklung ist nicht in eine Schaltung umsetzbar. Daher muß hier anders vorgegangen werden. ◆

Der tiefere Grund dafür, daß hier das Verfahren der einfachen Kettenbruchentwicklung mit Abbau von Polen bei $p=\infty$ versagt, liegt darin begründet, daß die normierte Dämpfungsfunktion in diesem Beispiel eine rationale Funktion mit im Endlichen liegenden Polstellen ist. (In den vorigen Beispielen waren keine Polstellen im Endlichen vorhanden).

Da die Eingangsimpedanzen $w^{(+)}$ und $w^{(-)}$ des reflexionsfrei abgeschlossenen

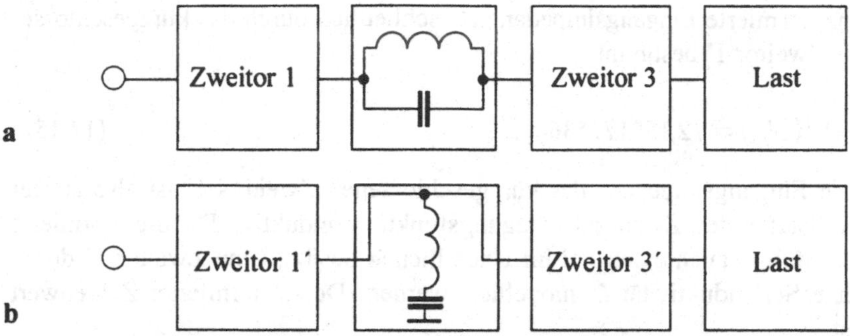

Abb. 12.18 : Ersatzschaltung eines Filters mit endlichem Dämpfungspol **a** mit Serien-Parallelresonanzkreis **b** mit Nebenschluß-Serienresonanzkreis

Zweitors aus einer Zweitorübertragungsfunktion entstanden sind und da Verlustfreiheit des Zweitors für ihre Berechnung vorausgesetzt wurde, können ohmsche Verluste ausschließlich durch den reflexionsfreien Abschluß entstehen. Dieser kann also nur ein Nebenschluß- oder Serienwiderstand eines Reaktanzzweitors sein.

Nun kann eine Polstelle der normierten Dämpfungsfunktion D nur dadurch entstehen, daß ein Schaltungsteil des Reaktanzzweitors bei dieser Frequenz eine dem Betrage nach unendlich große Serienimpedanz (Leerlauf) oder Nebenschlußadmittanz (Kurzschluß) erzeugt. Ersteres wird durch einen in Serie liegenden Parallelresonanzkreis erzeugt, letzeres durch einen im Nebenschluß liegenden Serienresonanzkreis. Daher läßt sich das Filterzweitor durch eine der Kettenschaltungen aus Abb. 12.18 darstellen.

Anhand eines Beispieles soll nun gezeigt werden, wie man aus dieser Zerlegung Nutzen ziehen kann.

Beispiel 12.6 : (Fortsetzung aus Beispiel 12.5)

Für den Tiefpaß aus Beispiel 12.5 ist die normierte Dämpfungsfunktion

$$D(p')=\frac{0{,}144669040p'^3+0{,}536077394p'^2+0{,}983847895p'+1}{0{,}0520990528p'^2+1} \tag{12.149}$$

und eine mögliche Eingangsimpedanz

$$w^{(+)}(p')=\frac{0{,}289338079p'^3+0{,}536077394p'^2+0{,}983847895p'+1}{0{,}536077394p'^2+0{,}983847895p'+1}\ . \tag{12.150}$$

Die Dämpfungsfunktion hat nur ein komplex konjugiertes Polpaar. Nimmt man nun an, daß der Dämpfungspol durch einen Serienresonanzkreis im Nebenschluß entsprechend Abb. 12.18b erzeugt wird, dann wird bei der normierten komplexen Polstellenfrequenz

$$p'_{P0}=j4{,}381111937 \tag{12.151}$$

die normierte Eingangsimpedanz ausschließlich durch das kurzgeschlossene Zweitor 1' bestimmt:

$$w^{(+)}(p'_{P0}) = j2{,}155177536 \quad . \tag{12.152}$$

Die Eingangsimpedanz des kurzgeschlossenen Zweitors 1' ist also an der Nullstelle der Zweitorübertragungsfunktion induktiv. Da die normierte Dämpfung auch einen Pol im Unendlichen besitzt, kann Zweitor 1' durch eine Serienduktivität L_1 modelliert werden. Deren normierter Zahlenwert ist

$$l_1 = w^{(+)}(p'_{P0}) / p'_{P0} = 0{,}4919239477 \quad . \tag{12.153}$$

Spaltet man nun die normierte Eingangsimpedanz $w^{(+)}$ des abgeschlossenen Zweitors in eine Summe aus $p' l_1$ und eine normierte Impedanz w_2 auf,

$$\begin{aligned} w_2 &:= w^{(+)} - p' l_1 = w^{(+)} - p' 0{,}4919239477 \\ &= \frac{0{,}0256287717 p'^3 + 0{,}0520990528 p'^2 + 0{,}491923948 p' + 1}{0{,}5360773935 p'^2 + 0{,}983847895 p' + 1} , \end{aligned} \tag{12.154}$$

dann muß w_2 eine Nullstelle bei p'_{P0} und eine bei $-p'_{P0}$ enthalten. Daher kann man den Term $(p'^2 - p'^2_0)$ aus dem Zähler von w_2 ausklammern:

$$w_2 = 0{,}02562877171 \frac{(p' + 2{,}032834556)(p'^2 + 19{,}19420694)}{0{,}53607739345 p'^2 + 0{,}9838478954 p' + 1} \quad . \tag{12.155}$$

Die zu w_2 gehörende normierte *Admittanz* ist

$$y_2 := \frac{1}{w_2} = 39{,}0184714 \frac{0{,}5360773935 p'^2 + 0{,}983847895 p' + 1}{(p' + 2{,}03283456)(p'^2 + 19{,}1942069)} \quad . \tag{12.156}$$

Diese Admittanz muß die Summe aus der Admittanz eines Serienkreises und einer Restadmittanz sein. In einer kleinen Umgebung von p'_{P0} dominiert darin der Beitrag des Serienkreises, da dessen Admittanz bei Resonanzfrequenz über alle Grenzen wächst. Dies kann man ausnutzen, um die Bauelementwerte des Serienkreises zu bestimmen. Die normierte Admittanz des Serienkreises ist nämlich:

$$y_{Serie} = \frac{Z_0}{pL_2 + 1/pC_2} = \frac{1}{p'\omega_B L_2 / Z_0 + 1/(p'\omega_B C_2 Z_0)} =: \frac{1}{p' l_2 + 1/p' c_2} \quad . \tag{12.157}$$

Die durch die obige Gleichung definierten Größen l_2 bzw. c_2 sind wie bereits im vorangegangen Abschnitt normierte Induktivitäten bzw. Kapazitäten des Serienkreises.

In einer kleinen Umgebung der Resonanzfrequenz muß also gelten:

$$y_{Serie} \approx y_2 \quad , \tag{12.158}$$

also

$$39{,}0184714\frac{0{,}5360773935p'^2+0{,}983847895p'+1}{(p'+2{,}03283456)(p'^2+19{,}1942069)} \approx \frac{p'/l_2}{p'^2+1/l_2c_2} \quad . \tag{12.159}$$

Nach Konstruktion ist

$$1/l_2\,c_2 = -p'^2_{P0} = 19{,}19420694 \quad . \tag{12.160}$$

Daher kann in Gleichung (12.159) der links und rechts im Nenner stehende gemeinsame Term abdividiert werden. Es folgt

$$39{,}01847141\frac{0{,}53607739345\,p'^2+0{,}9838478954\,p'+1}{p'+2{,}032834556} \approx \frac{p'}{l_2} \quad . \tag{12.161}$$

Die Näherung gilt bei Resonanzfrequenz exakt. Durch Grenzübergang $p' \to p'_{P0}$ folgt daher

$$39{,}0184714\frac{0{,}5360773935p'^2_{P0}+0{,}983847895p'_{P0}+1}{p'_{P0}+2{,}03283456} = \frac{p'_{P0}}{l_2} \quad . \tag{12.162}$$

Einsetzen der Resonanzfrequenz ergibt den Wert der normierten Induktivität l_2:

$$l_2 = 0{,}05295437741 \quad . \tag{12.163}$$

Aus der Resonanzfrequenz und l_2 bestimmt man c_2 als

$$c_2 = 0{,}983478954 \quad . \tag{12.164}$$

Nachdem nun der Serienkreis vollständig bekannt ist, kann die Restadmittanz als

$$y_3 := y_2 - y_{Serie} \tag{12.165}$$

bestimmt werden:

$$y_3 := \frac{0{,}1076474883p'^4+4{,}132416333p'^2+39{,}65922712}{0{,}05295437741(p+2{,}0328345562)(p'^2+19{,}19420694)} \quad . \tag{12.166}$$

Nach Kürzen der gemeinsamen Faktoren verbleibt

$$z_2 = 1/y_2 = 0{,}4919239477\,p'+1 \quad . \tag{12.167}$$

Das ist die Serienschaltung aus einer Induktivität und einem ohmschen Widerstand mit dem normierten Wert 1. Damit ergibt sich für das Zweitor eine Schaltung entsprechend Abb. 12.19. ♦

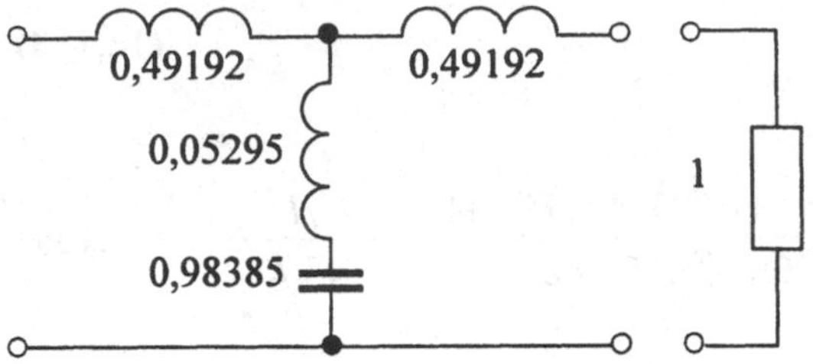

Abb. 12.19 : Schaltung für einen inversen Tschebyscheff–Tiefpaß 3. Ordnung; normierte Bauelementwerte

Das in Beispiel 12.6 vorgestellte und im wesentlichen auf Otto Brune [12.9] zurückgehende Verfahren kann auch auf kompliziertere Übertragungsfunktionen angewendet werden. Der prinzipielle Weg ist der gleiche: Jedes im Endlichen auf der imaginären Achse liegende Polpaar der Übertragungsfunktion wird sukzessive als Parallel– oder Serienkreis aus der Eingangsimpedanz der Schaltung abgebaut. Zur Berechnung der Bauelementwerte wird die Grenzwertbetrachtung in der Umgebung der Resonanzfrequenzen benutzt.

Daß das Brune-Verfahren mit unerwarteten Schwierigkeiten aufwarten kann, wird an folgendem Beispiel demonstriert.

Beispiel 12.7 : (Fortsetzung aus Beispiel 11.5)

In Beispiel 11.5 war ein inverser Tschebyscheff–Tiefpaß mit der charakteristischen Funktion

$$K(p') = \frac{-31{,}60696126\, p'^2}{p'^2 + 208{,}0952332} \quad . \tag{12.168}$$

und der normierten Dämpfungsfunktion

$$D(p') = \frac{31{,}62277660\, p'^2 + 112{,}8933465\, p' + 208{,}0952332}{p'^2 + 208{,}0952332} \tag{12.169}$$

berechnet worden. Die Dämpfungspole liegen bei

$$p'_{P,0,1} = \pm j\, 14{,}42550634 \quad . \tag{12.170}$$

Daraus bestimmt man als mögliche Eingangsimpedanz des reflexionsfrei abgeschlossenen Zweitors:

$$w^{(+)} = \frac{0{,}01581534313\, p'^2 + 112{,}8933465\, p' + 208{,}0952332}{63{,}22973786\, p'^2 + 112{,}8933465\, p' + 208{,}0952332} \quad . \tag{12.171}$$

Der Wert der Eingangsimpedanz ist am Dämpfungspol:

$$w_1 = -j\, 0{,}1257590678 \quad . \tag{12.172}$$

w_1 weist also kapazitives Verhalten auf. Nun ist aber bei $p' = 0$ kein Dämpfungspol vorhanden. Daher kann Zweitor 1' nicht durch eine Serienkapazität modelliert werden.

Rein formal wird daher Zweitor 1' durch eine Induktivität mit *negativem* (!) normierten Wert

$$l_1 = -0{,}008717826937 \tag{12.173}$$

dargestellt. Spaltet man aus der Eingangsimpedanz diese Induktivität ab, dann entsteht die normierte Admittanz

$$y_2 := \frac{1}{w^{(+)} - l_1 p'} = \frac{63{,}22973786 p'^2 + 112{,}8933465 p' + 208{,}0952332}{0{,}5512259119 p'^3 + p'^2 + 114{,}7074847 p' + 208{,}0952332} \; . \tag{12.174}$$

Nach Ausklammern der Dämpfungspolstelle ist dies identisch zu

$$y_2 = \frac{114{,}7074870 p'^2 + 204{,}8041357 p' + 377{,}5135180}{(p' + 1{,}814138230)(p'^2 + 208{,}0952332)} \; . \tag{12.175}$$

y_2 wird in der Umgebung des Dämpfungspols wieder von dem Serienresonanzkreis dominiert, so daß die normierte Induktivität des Kreises als

$$l_2 = \frac{p'_{P0}\,(p'_{P0} + 1{,}814138230)}{114{,}7074870 p'^2_{P0} + 204{,}8041357 p'_{P0} + 377{,}5135180} \tag{12.176}$$

berechnet werden kann:

$$l_2 = 0{,}008857917948 \; . \tag{12.177}$$

Aus der Resonanzbedingung folgt dann

$$c_2 = 0{,}5425080850 \; . \tag{12.178}$$

Als Restimpedanz erhält man nach Abtrennung des Serienkreises

$$z_3 := \frac{1}{y_2 - p' c_2 / (p'^2 l_2 c_2 - 1)} = 0{,}5512259119 p' + 1 \; , \tag{12.179}$$

das ist die Serienschaltung einer normierten Induktivität mit Wert

$$l_3 = 0{,}5512259119 \tag{12.180}$$

und einer ohmschen Last mit normiertem Wert 1. Damit ergibt sich formal die Schaltung entsprechend Abb. 12.20.

In dieser Schaltung sind drei Induktivitäten zu einem Stern zusammengeschaltet. Dies erinnert an die Ersatzschaltung eines Übertragers. Falls sich die Sternschaltung der Induktivitäten wirklich durch einen Übertrager

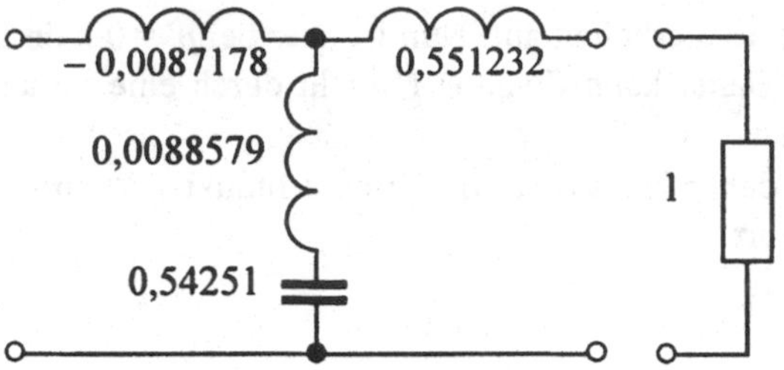

Abb. 12.20 : Theoretisches Schaltbild für einen inversen Tschebyscheff-Tiefpaß 2. Ordnung; normierte Bauelementwerte

ersetzen lassen sollte, dann müßten dessen normierte Primär- und Sekundärinduktivitäten entsprechend Abb. 12.21 die Bedingungen

$$l_p := l_1 + l_2 \quad , \quad l_s := l_2 + l_3 \tag{12.181}$$

sowie

$$l_2^2 \le l_P \, l_S \tag{12.182}$$

erfüllen. Zur Überprüfung der letzten Ungleichung muß zunächst ein Zusammenhang zwischen den drei Induktivitäten hergestellt werden. Es ist

$$\frac{1}{p' l_3 + 1} = y_3 = \frac{1}{z_3} = y_2 - \frac{p'/l_2}{p'^2 - 1/l_2 c_2} = \frac{1}{w^{(+)} - p' l_1} - \frac{p'/l_2}{p'^2 + p_{P0}'^2} , \tag{12.183}$$

also

$$\frac{1}{p' l_3 + 1} = -\frac{1}{p' l_1} \frac{1}{1 - w^{(+)}/p' l_1} - \frac{1}{p' l_2} \frac{1}{1 + p_{P0}'^2/p'^2} \quad . \tag{12.184}$$

Für hohe Beträge von p' gilt dann näherungsweise:

$$-1/p' l_1 - 1/p' l_2 \approx 1/p' l_3 \quad . \tag{12.185}$$

Im Grenzfall $|p'| \to \infty$ folgt schließlich exakt

$$1/l_1 + 1/l_2 = -1/l_3 \quad . \tag{12.186}$$

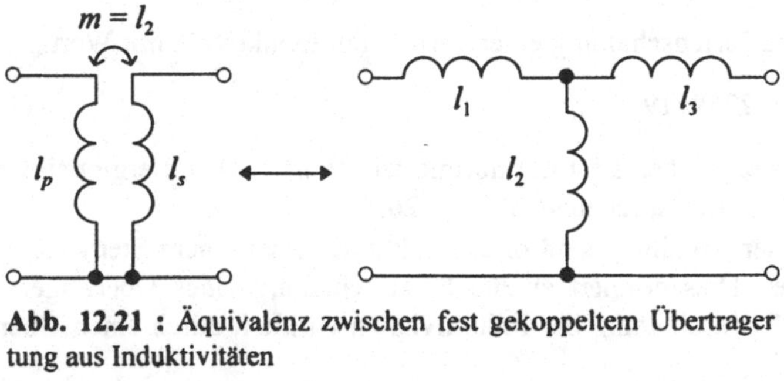

Abb. 12.21 : Äquivalenz zwischen fest gekoppeltem Übertrager und Sternschaltung aus Induktivitäten

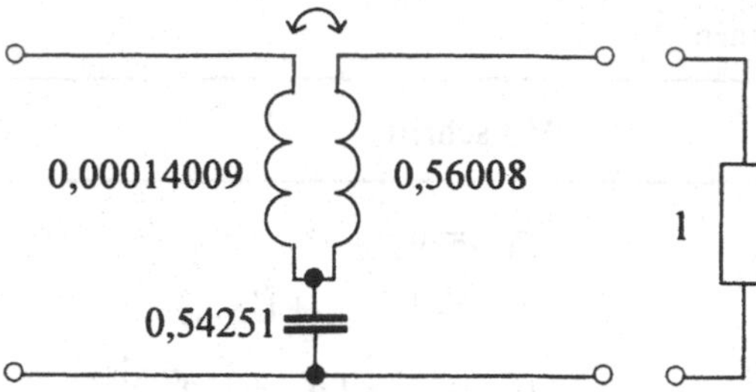

Abb. 12.22 : Schaltbild für einen inversen Tschebyscheff–Tiefpaß 2. Ordnung; normierte Bauelementewerte

Offenbar ist

$$l_P\, l_S = (l_1 + l_2)(l_2 + l_3) = (l_1 + l_2)(l_2 - l_1 l_2/(l_1 + l_2)) = l_2^2 \quad . \tag{12.187}$$

Daher kann die aus den Induktivitäten in Abb. 12.20 gebildete Sternschaltung durch einen fest gekoppelten Übertrager ersetzt werden, der nun aus den positiven normierten Induktivitäten

$$l_p = 0{,}00014009 \quad , \; l_s = 0{,}56008 \tag{12.188}$$

gebildet wird. Damit ergibt sich letztlich die Schaltungsrealisierung des inversen Tschebyscheff-Tiefpasses 2. Ordnung entsprechend Abb. 12.22. Zur Realisierung eines inversen Tschebyscheff–Tiefpasses 2. Ordnung ist daher ein Übertrager erforderlich. ♦

Ganz allgemein kann man sagen, daß wegen der endlichen Sperrdämpfung für die Realisierung inverser Tschebyscheff–Tiefpässe gerader Ordnung und von Cauer–Tiefpässen gerader Ordnung Übertrager notwendig sind. Da diese in der Regel aufwendiger und teurer sind als einfache Induktivitäten, wählt man in der Hochfrequenztechnik häufig lieber Filter ungerader Ordnung oder Filter gerader Ordnung mit Polstellentransformation.

12.3.2 Hochpässe, Bandpässe und Bandsperren

In Abschnitt 11.4 war gezeigt worden, daß Hochpässe, Bandpässe und Bandsperren durch Transformation aus den Tiefpaß-Prototypen hervorgehen können. Die Transformationsvorschriften sind in Tabelle 12.1 aufgeführt.

Die Transformationsvorschriften legen eine Vorgehensweise nahe, um aus den jeweiligen Tiefpaßprototypen die entsprechenden anderen Filtertypen zu konstruieren. Ist nämlich $w = l\, p'_{TP}$ die normierte Impedanz einer Induktivität eines Prototyp-Tiefpasses, dann folgt durch Hochpaß-Tiefpaß-Transformation:

$$w = p'_{TP}\, l = l/\, p'_{HP} = 1/(p'_{HP}/l) \quad . \tag{12.189}$$

Tabelle 12.1. Filtertransformationen

Transformation	Vorschrift
Hochpaß - Tiefpaß	$p'_{TP} := 1/p'_{HP}$
Bandpaß - Tiefpaß	$p'_{TP} := k\,(p'_{BP} + 1/p'_{BP})$
Bandsperre - Tiefpaß	$p'_{TP} := 1/\left[k\,(p'_{BS} + 1/p'_{BS})\right]$

Im Bildbereich des Hochpasses verhält sich daher w wie eine Kapazität mit normiertem Wert $1/l$.

Ist $y = c\,p'_{TP}$ die normierte Admittanz einer Kapazität eines Prototyp-Tiefpasses, dann folgt durch Hochpaß-Tiefpaß-Transformation:

$$y = p'_{TP}\,c = c/p'_{HP} = 1/(p'_{HP}/c) \quad . \tag{12.190}$$

Im Bildbereich des Hochpasses verhält sich daher y wie eine Induktivität mit normiertem Wert $1/c$.

Ist $w = l\,p'_{TP}$ die normierte Impedanz einer Induktivität eines Prototyp-Tiefpasses, dann folgt durch Bandpaß-Tiefpaß-Transformation:

$$w = p'_{TP}l = k\,l\,p'_{BP} + 1/(p'_{BP}/k\,l) \quad . \tag{12.191}$$

Tabelle 12.2. Bauelement-Transformationen

Filterprototyp	Bauelementtyp 1	Bauelementtyp 2
Tiefpaß		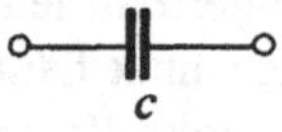
Hochpaß	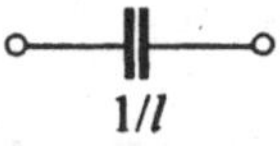	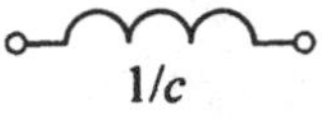
Bandpaß		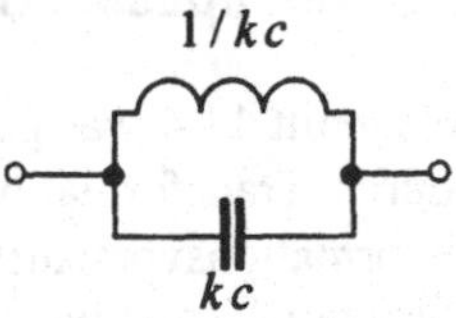
Bandsperre	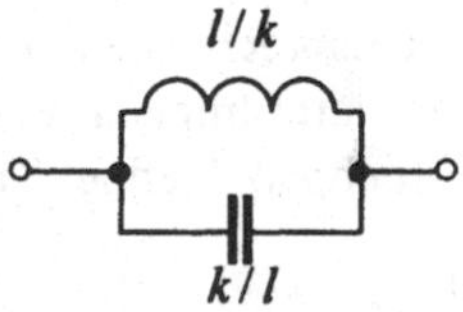	

Im Bildbereich des Bandpasses verhält sich daher w wie die Serienschaltung aus einer Induktivität mit normiertem Wert kl und einer Kapazität mit normiertem Wert $1/kl$.

Entsprechend leitet man ab, daß sich die normierte Kapazität c des Prototyp-Tiefpasses im Bildbereich des Bandpasses wie eine Parallelschaltung aus einer Kapazität mit normiertem Wert kc und einer Induktivität mit normierten Wert $1/kc$ verhält.

In gleicher Weise bestimmt man, daß sich die normierte Induktivität l eines Prototyp-Tiefpasses im Bildbereich der Bandsperre wie eine Parallelschaltung aus einer Kapazität mit normiertem Wert k/l und einer Induktivität mit normiertem Wert l/k verhält. Die normierte Kapazität c des Prototyp-Tiefpasses verhält sich im Bildbereich des Bandpasses wie die Serienschaltung einer Induktivität mit normiertem Wert k/c und einer Kapazität mit normiertem Wert c/k.

Daraus folgt, daß man die Bauelemente des berechneten Prototyp-Tiefpasses nur gemäß Tabelle 12.2 ersetzen muß, um das entsprechende Hochpaß-, Bandpaß- oder Bandsperrenverhalten zu erzielen.

Hat man also den Tiefpaß-Prototypen konstruiert, so müssen nur noch die Bauelemente entsprechend Tabelle 12.2 transformiert werden, um das fertige Filter zu erhalten.

Beispiel 12.8 : (Fortsetzung aus Beispiel 11.12)

In Beispiel 11.12 war die normierte Dämpfungsfunktion eines Tschebyscheff-Bandpasses 2. Ordnung bestimmt worden. Die entsprechende normierte Dämpfungsfunktion des Prototyp-Tiefpasses war

$$D(p'_{TP}) = 1{,}9953\, p'^2_{TP} + 1{,}2867\, p'_{TP} + 1{,}4125 \quad , \tag{12.192}$$

die charakteristische Funktion war

$$K(p'_{TP}) = -1{,}9953\, p'^2_{TP} - 0{,}99763 \; . \tag{12.193}$$

Damit ergibt sich als eine mögliche Eingangsimpedanz des Tiefpaßprototyps:

$$w(p'_{TP}) = \frac{1{,}2867\, p'_{TP} + 0{,}41491}{3{,}9905\, p'^2_{TP} + 1{,}2867\, p'_{TP} + 2{,}4102} \; . \tag{12.194}$$

Durch Kettenbruchentwicklung wird daraus

$$w(p'_{TP}) = \cfrac{1}{3{,}1013\; p'_{TP} + \cfrac{1}{0{,}53388\, p'_{TP} + 0{,}17215}} \; . \tag{12.195}$$

Dem entspricht die Tiefpaßschaltung der Abb. 12.23a. Daraus wird durch Bauelementetransformation mit dem Transformationsparameter

$$k = 4{,}8744 \tag{12.196}$$

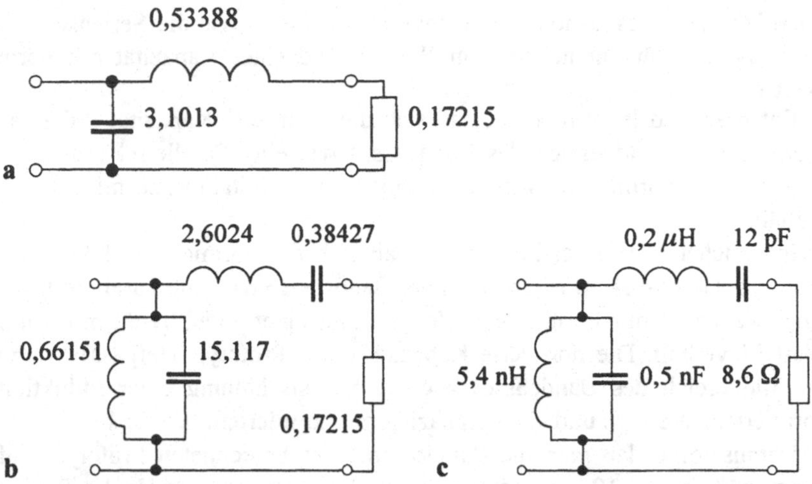

Abb. 12.23: Bandpaßsynthese **a** Protoyp-Tiefpaß mit normierten Bauelementwerten **b** Daraus gewonnener Bandpaß **c** Entnormierung mit $Z_0 = 50\ \Omega$, $f_{BP,B} = 97{,}5$ MHz

die Schaltung entsprechend Abb. 12.23b gewonnen. Schließlich werden die Bauelementwerte durch Entnormierung mit $Z_0 = 50\ \Omega$ und Bezugsfrequenz 97,48846 MHz berechnet (Abb. 12.23c). Es gilt nämlich

$$p' l_k = w_{L_k} = p L_k / Z_0 = \omega_{BP,B}\, p' L_k / Z_0 \quad \Rightarrow \quad L_k = l_k Z_0 / \omega_{BP,B} \tag{12.197}$$

und

$$p' c_k = y_{L_k} = p C_k Z_0 = \omega_{BP,B}\, p' C_k Z_0 \quad \Rightarrow \quad C_k = c_k / \omega_{BP,B} Z_0 \quad . \tag{12.198}$$

Der so konstruierte Tschebyscheff-Bandpaß 2. Ordnung transformiert also gleichzeitig die Eingangsimpedanz von 50 Ω auf ca. 9 Ω. Als Übungsaufgabe wird die Darstellung des Transformationsweges in der Smith-Chart empfohlen und zwar für die Sperr- und Durchlaßgrenzfrequenzen, die Bezugsfrequenz und die beiden Frequenzen, bei denen die Übertragungsfunktion ein Betragsmaximum aufweist. ♦

12.3.3 Dimensionierung von Filtern mit Hilfe von Formelsammlungen

Die Tiefpaßprototypen von Potenzfiltern, Tschebyscheff-Filtern und Bessel-Filtern lassen sich immer als reine Abzweigschaltungen mit Serieninduktivitäten und Parallelkapazitäten darstellen, da ihre Dämpfungsfunktionen keine Pole im Endlichen besitzen.

Für die beiden ersten gibt es Formelsammlungen [12.10], [12.11], mit deren Hilfe man direkt die Koeffizienten der Abzweigschaltungen bestimmen kann, die aus einer Kettenbruchentwicklung entstehen. Die Formeln zur Berechnung dieser Koeffizienten werden im folgenden wiedergegeben. Dabei werden die Bezeichnungsweisen der Abb. 12.24 zugrunde gelegt.

Die Größen g_k sind normierte Impedanzen bzw. Admittanzen. Entsprechend ihrer Herleitung aus einer Kettenbruchentwicklung müssen sie in einem Serienzweig als normierte Impedanz, in einem Parallelzweig als normierte Admittanz interpretiert werden. Folgerichtig muß der Zahlenwert g_{n+1} als normierte *Impedanz* interpretiert werden, wenn g_n eine Parallel*admittanz* ist (hier immer eine Parallelkapazität) und als normierte *Admittanz*, wenn g_n eine Serien*impedanz* ist (hier immer eine Serieninduktivität).

12.3.3.1 Tiefpaß-Normierungen

Um einen schnelleren Überblick zu ermöglichen, werden die weiter vorn herge-

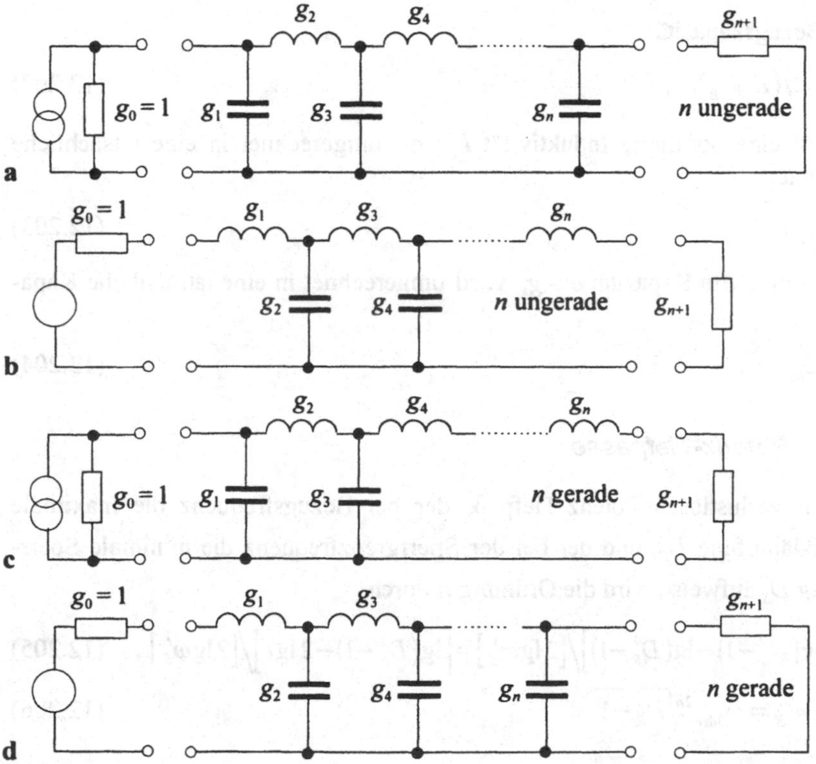

Abb. 12.24 : Zur Definition der Bauelementwerte in Kettenbruchentwicklungen von Tiefpässen **a** ungeraden Grades mit minimaler Anzahl von Induktivitäten **b** ungeraden Grades mit minimaler Anzahl an Kapazitäten **c** geraden Grades mit eingangsseitiger Nebenschlußkapazität **d** geraden Grades mit eingangsseitiger Serieninduktivität

leiteten wichtigsten Normierungen nachfolgend aufgelistet. Es sei

$$f_R = \omega_R / 2\pi \tag{12.199}$$

die *Durchlaßgrenzfrequenz*, oberhalb derer die maximal zulässige *Durchlaßdämpfung* D_R^2 überschritten wird, und es sei

$$f_S = \omega_S / 2\pi \tag{12.200}$$

die *Sperrgrenzfrequenz*, unterhalb derer die minimal erforderliche *Sperrdämpfung* D_S^2 unterschritten wird.

Weiter sei Z_0 die Innenimpedanz des Generators, welcher den Tiefpaß ansteuert. Es wird vorausgesetzt, daß Z_0 reell ist und gleich dem Leitungswellenwiderstand der benutzten Leitung, mit welcher Generator und Tiefpaß verbunden sind.

Wählt man dann als Bezugsfrequenz $f_B = f_R$, und definiert man als *Bezugswiderstand* Z_0, als Bezugsinduktivität

$$L_B := Z_0 / \omega_B \tag{12.201}$$

und als Bezugskapazität

$$C_B := 1/(Z_0 \omega_B) \quad , \tag{12.202}$$

dann wird eine normierte Induktivität $l = g_k$ umgerechnet in eine tatsächliche Induktivität

$$L = L_B \, l \tag{12.203}$$

und eine normierte Kapazität $c = g_k$ wird umgerechnet in eine tatsächliche Kapazität

$$C = C_B \, c \quad . \tag{12.204}$$

12.3.3.2 Potenz-Tiefpässe

Für einen verlustlosen Potenz-Tiefpaß, der bei Bezugsfrequenz die maximale Durchlaßdämpfung D_R^2, und der bei der Sperrgrenzfrequenz die minimale Sperrdämpfung D_S^2 aufweist, wird die Ordnung n durch

$$n \geq \left[\lg(D_S^2 - 1) - \lg(D_R^2 - 1)\right] / \left[2 \lg \omega'_S\right] = \left[\lg(D_S^2 - 1) - 2 \lg \varepsilon\right] / \left[2 \lg \omega'_S\right] , \tag{12.205}$$

$$\omega_B = \omega_R = \omega_{3\text{dB}} \sqrt[2n]{D_R^2 - 1} \tag{12.206}$$

abgeschätzt. Im Falle $D_R^2 = 2$ (entsprechend 3 dB) gilt für die Entwicklungskoeffizienten der Kettenbruchentwicklung allgemein:

$$g_0 = 1 \quad , \quad g_{n+1} = 1 \quad , \quad g_k = 2 \sin((2k-1)\pi/(2n)) \quad \text{für} \quad 1 \leq k \leq n \, . \tag{12.207}$$

Im Fall $D_R^2 \neq 2$ muß die 3dB-Grenzfrequenz erst entsprechend Gleichung (12.206) berechnet werden.

Beispiel 12.9 :

Es ist ein (näherungsweise) verlustloser Potenztiefpaß mit 3dB-Grenzfrequenz 10 MHz zu dimensionieren, der bei 30 MHz eine Sperrdämpfung von wenigstens 25 dB aufweist und beidseitig auf 50 Ω angepaßt ist.

Als Bezugsfrequenz wird daher 10 MHz gewählt. Die normierte Sperrfrequenz ist dann 3. Es folgt mit $D_S^2 = 10^{2,5}$, daß $n \geq 2{,}62$ sein muß. Daher reicht ein Tiefpaß dritter Ordnung aus. Es ist dann

$$g_1 = 1 \quad , \quad g_2 = 2 \quad , \quad g_3 = 1$$

Wird als Realisierungsform die Form mit minimaler Anzahl von Induktivitäten entsprechend Abb. 12.25 gewählt, so folgt:

$$C_1 = C_3 = \frac{g_1}{\omega_B Z_0} = \frac{1}{2\pi 10^7 \,\text{Hz} \cdot 50\Omega} = 318\,\text{pF} \quad ,$$

$$L_2 = \frac{g_2 Z_0}{\omega_B} = \frac{2 \cdot 50\Omega}{2\pi 10^7 \,\text{Hz}} = 1{,}59\,\mu\text{H} \quad .$$

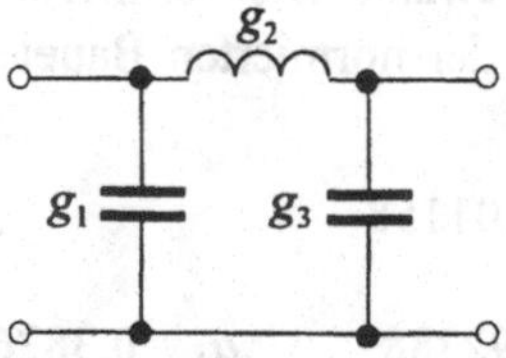

Abb. 12.25 : Potenztiefpaß 3. Ordnung ♦

12.3.3.3 Tschebyscheff-Tiefpässe

Für einen verlustlosen Tschebyscheff-Tiefpaß, der bei Bezugsfrequenz die maximale Durchlaßdämpfung D_R^2, und der bei der Sperrgrenzfrequenz die minimale Sperrdämpfung D_S^2 aufweist, wird die Ordnung n durch

$$n \geq \frac{\cosh^{-1}\left(\sqrt{D_S^2 - 1}/\varepsilon\right)}{\cosh^{-1}(\omega'_S)} = \frac{\cosh^{-1}\left(\sqrt{D_S^2 - 1}/\sqrt{D_R^2 - 1}\right)}{\cosh^{-1}(\omega'_S)} \tag{12.208}$$

abgeschätzt.

Für die Berechnung der Entwicklungskoeffizienten der Kettenbruchentwicklung werden folgende Abkürzungen eingeführt:

$$\beta = \ln\left[(D_R+1)/(D_R-1)\right] \tag{12.209}$$

$$\gamma = \sinh(\beta/2\,n) \tag{12.210}$$

$$a_k = \sin((2k-1)\,\pi/2\,n) \quad \text{für} \quad 1 \le k \le n \tag{12.211}$$

$$b_k = \gamma^2 + \sin^2(k\,\pi/n) \quad \text{für} \quad 1 \le k \le n \quad . \tag{12.212}$$

Damit berechnet man die Entwicklungskoeffizienten wie folgt:

$$g_0 = 1 \tag{12.213}$$

$$g_1 = 2\,a_1/\gamma \tag{12.214}$$

$$g_k = \frac{4\,a_{k-1}\,a_k}{b_{k-1}\,g_{k-1}} \quad \text{für} \quad 2 \le k \le n \tag{12.215}$$

$$g_{n+1} = \begin{cases} 1 & \text{falls } n \text{ ungerade} \\ \coth^2(\beta/4) & \text{falls } n \text{ gerade} \quad . \end{cases} \tag{12.216}$$

Beispiel 12.10 :

Es ist ein Tschebyscheff-Tiefpaß mit Grenzfrequenz 10 MHz zu dimensionieren, der bei 30 MHz eine Sperrdämpfung von wenigstens 25 dB aufweist und am *Ausgang* auf 50 Ω angepaßt ist. Als Welligkeit wird 0,1 dB zugelassen.

Als Bezugsfrequenz wird daher 10 MHz gewählt. Die normierte Sperrfrequenz ist dann 3. Die berechneten Werte der normierten Bauelemente sind nachfolgend angegeben:

$n = 4$	$A_R = 0{,}1$ dB	$D_R = 1{,}01158$	
$\beta = 5{,}15744$	$\gamma^2 = 0{,}476478$		
$a_1 = 0{,}382683$	$a_2 = 0{,}92388$	$a_3 = 0{,}92388$	$a_4 = 0{,}382683$
$b_1 = 0{,}976478$	$b_2 = 1{,}47648$	$b_3 = 0{,}976478$	$b_4 = 0{,}476478$
$g_1 = 1{,}10879$	$g_2 = 1{,}30618$	$g_3 = 1{,}77035$	$g_4 = 0{,}818075$
$g_5 = 1{,}35536$			

Wird zur Realisierung eine Schaltungsstruktur entsprechend Abb. 12.26

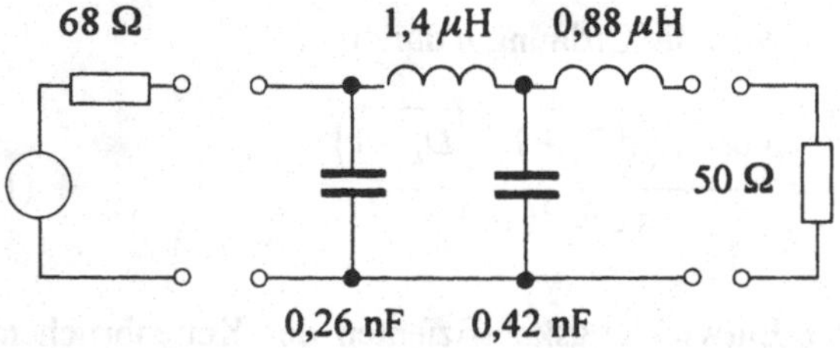

Abb. 12.26 : Tschebyscheff-Tiefpaß 4. Ordnung

zugrunde gelegt, dann ist die Last als Admittanz zu interpretieren, für die gilt

$$g_5 = y_L = Z_0/R_L \quad .$$

Wegen $R_L = 50\,\Omega$ ist $Z_0 = R_L g_5 = 67{,}8\,\Omega$. Daraus berechnet man die Bezugsinduktivität als $L_B = 1{,}08\,\mu\text{H}$ und die Bezugskapazität zu $C_B = 0{,}235$ nF. Damit ergeben sich die in Abb. 12.26 dargestellten Bauelementwerte. ◆

12.4 Filter mit Impedanz- und Admittanzinvertern

Im vorangegangenen Abschnitt wurden Schaltungen für Filter als Kombinationen von Serienimpedanzen und Nebenschlußadmittanzen gefunden.

Häufig sind nun bestimmte Bauelementtypen nicht oder nur schlecht realisierbar. So sind beispielsweise Zweitore, welche Serienimpedanzen realisieren, für bestimmte Frequenzbereiche und Dimensionierungswerte oft sehr viel schwieriger zu erstellen als Nebenschlußzweitore. In anderen Situationen kann das Umgekehrte der Fall sein.

Man würde daher gerne die Serienschaltung von Impedanzen auf eine äquivalente Schaltung zurückführen, in der Nebenschlußadmittanzen parallelgeschaltet werden und umgekehrt.

12.4.1 Invertertheorie

Das oben gestellte Problem ist auf dem Papier leicht zu lösen. Es gilt nämlich mit einer reellen Größe K für die Serienschaltung zweier Impedanzen W_1 und W_2:

$$W_1 + W_2 = \frac{K^2}{K^2/(W_1+W_2)} = \frac{K^2}{1\Big/\left(\dfrac{W_1}{K^2}+\dfrac{W_2}{K^2}\right)} = \frac{K^2}{1\Big/\left(\dfrac{1}{K^2/W_1}+\dfrac{1}{K^2/W_2}\right)} \quad .(12.217)$$

Führt man nun Hilfswerte

$$W_3 = K^2/W_1 \quad , \quad W_4 = K^2/W_2 \qquad (12.218)$$

ein, dann folgt:

$$W_1 + W_2 = \frac{K^2}{1\Big/\left(\dfrac{1}{W_3}+\dfrac{1}{W_4}\right)} \quad . \qquad (12.219)$$

Den Nenner der rechten Seite von Gleichung (12.217) kann man als Parallelschaltung der Impedanzen W_3 und W_4 interpretieren, sofern K die Dimension einer Impedanz besitzt.

Es wird nun formal ein Zweitor eingeführt, welches die in Gleichung (12.218) benutzte Kehrwertbildung ausführt:

Definition 12.1 :

Zweitore, welche bei Beschaltung ihres Ausgangstores mit der Impedanz W_S am Eingangstor die Impedanz $W_P = K^2/W_S$ erzeugen, werden (*Immittanz*[1]*-) Inverter* genannt. K heißt *charakteristische Impedanz* des Inverters.

Die Admittanz $J = 1/K$ heißt *charakteristische Admittanz* des Inverters. Für die Eingangsadmittanz eines mit der Admittanz Y_P beschalteten Immittanzinverters gilt also $Y_S = J^2/Y_P$.

Immittanzinverter, bei denen das Quadrat der charakteristischen Impedanz reellwertig und positiv ist, heißen *idealisierte Immittanzinverter*.

Immittanzinverter, welche vorwiegend in Kombination mit einer realen Nebenschlußadmittanz zur Verwirklichung einer Serienimpedanz eingesetzt werden, heißen *Impedanzinverter* oder *K-Inverter*.

Immittanzinverter, welche vorwiegend in Kombination mit einer realen Serienimpedanz zur Verwirklichung einer Nebenschlußadmittanz eingesetzt werden, heißen *Admittanzinverter* oder *J-Inverter*. ♦

Abb. 12.27 zeigt Schaltsymbole von Invertern.
Mit Hilfe von Immittanzinvertern kann Gleichung (12.217) formal durch ein Blockschaltbild entsprechend Abb. 12.28a,b,c oder d realisiert werden.

Somit ist eine Möglichkeit aufgezeigt, die Serienschaltung aus einer Serienimpedanz W_1 und einer Serien- oder Nebenschlußimpedanz W_2 auf die Parallelschaltung zweier Nebenschlußimpedanzen zurückzuführen[2]. Das Schaltbild aus Abb. 12.28c läßt insbesondere die Deutung zu, daß die beiden in Abb. 12.29 gezeigten Schaltungen äquivalent sind.

Falls auch die invertierte Impedanz K^2/W_S als Laplacetransformierte einer im Zeitbereich stabilen Operation interpretiert werden soll, muß gefordert werden, daß der Zahlenwert von K^2 positiv ist. Man macht sich dies leicht am Beispiel eines einfachen ohmschen Widerstandes klar[3].

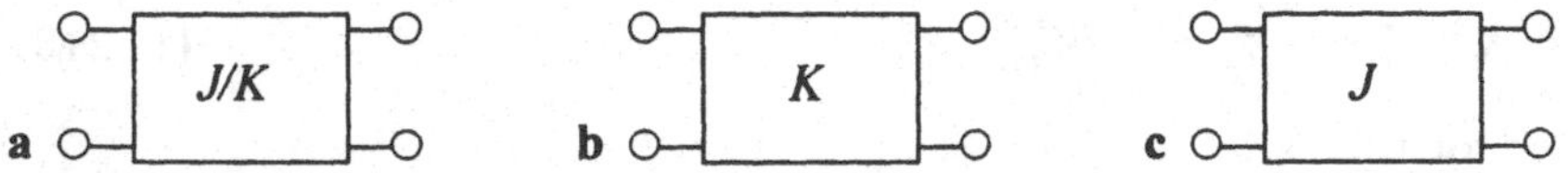

Abb. 12.27 : Immittanzinverter **a** allgemein **b** Impedanzinverter **c** Admittanzinverter

[1] Immittanz : Sammelbezeichnung für *Im*pedanzen und Ad*mittanzen*.
[2] Dieser Gedanke geht auf Ausführungen in [12.6] zurück.
[3] Eine weitergehende Begründung ist, daß aus der Zweipolfunktion W_S wieder eine Zweipolfunktion entstehen muß. Eine Zweipolfunktion ist aber eine rationale Funktion in der komplexen Frequenz p, deren Koeffizienten aus Zähler- und Nennerpolynom nicht negativ sein dürfen.

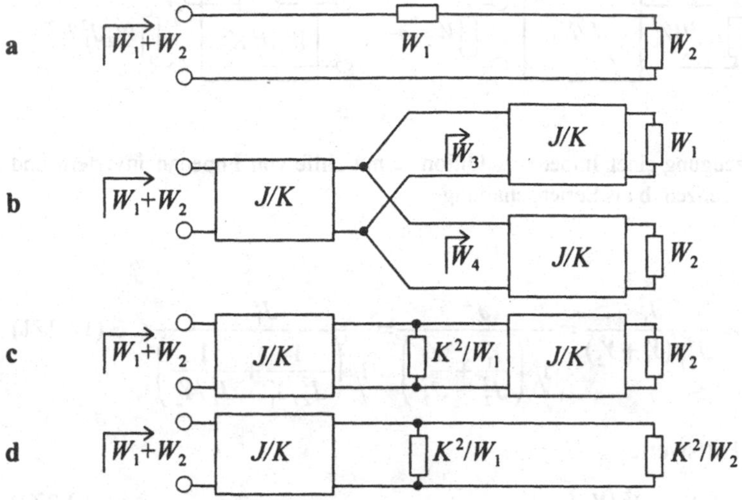

Abb. 12.28 : Äquivalente Schaltungen **a** Serienschaltung **b** Schaltung mit drei Invertern **b** Schaltung mit zwei Invertern **c** Schaltung mit einem Inverter

Man kann sich nun die Frage stellen, welchen Einfluß die Veränderung der charakteristischen Impedanz eines Inverters bewirkt. Werden die charakteristischen Impedanzen der Inverter in der Schaltung nach Abb. 12.28b unterschiedlich gewählt, dann ergibt sich wegen

$$\frac{K_1^2}{K_2^2}(W_1+W_2)=\frac{K_1^2}{K_2^2/(W_1+W_2)}=\frac{K_1^2}{1\Big/\left(\dfrac{W_1}{K_2^2}+\dfrac{W_2}{K_2^2}\right)}=\frac{K_1^2}{1\Big/\left(\dfrac{1}{K_2^2/W_1}+\dfrac{1}{K_2^2/W_2}\right)}. \quad (12.220)$$

als Impedanz der Gesamtanordnung (W_1+W_2) K_1^2/K_2^2. Damit ist die Äquivalenz der beiden Schaltungen in Abb. 12.30 gezeigt.

Gleichung (12.220) zeigt, daß Impedanzinverter ein geeignetes Mittel zur Impedanztransformation sind.

Eine völlig analoge Betrachtung wie für die Umwandlung einer Serienstruktur in eine Parallelstruktur kann man für den umgekehrten Fall anstellen.

Ganz allgemein gilt nämlich für die gewichtete Summe zweier Admittanzen Y_1 und Y_2

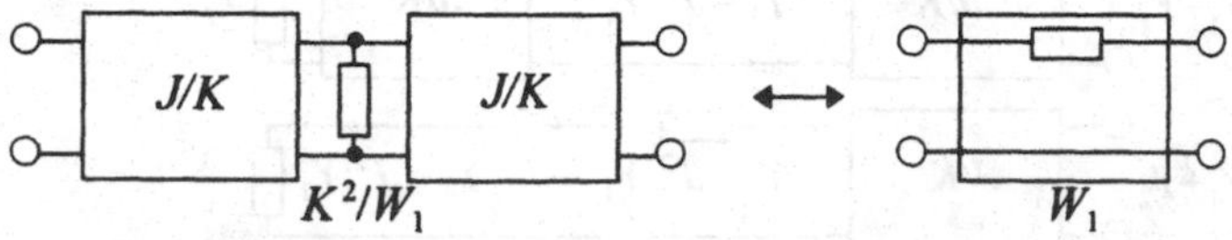

Abb. 12.29 : Äquivalenz einer Serienimpedanz mit der Kettenschaltung eines Inverters, einer Nebenschlußimpedanz und eines weiteren Inverters

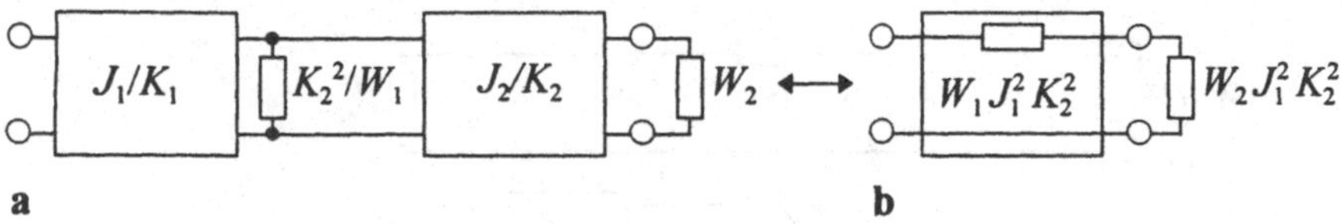

Abb. 12.30 : Erzeugung einer Impedanzaddition **a** mit Hilfe von Impedanzinvertern und Nebenschlußimpedanzen **b** als Serienschaltung

$$\frac{J_1^2}{J_2^2}(Y_1+Y_2)=\frac{J_1^2}{J_2^2/(Y_1+Y_2)}=\frac{J_1^2}{1\Big/\left(\frac{Y_1}{J_2^2}+\frac{Y_2}{J_2^2}\right)}=\frac{J_1^2}{1\Big/\left(\frac{1}{J_2^2/Y_1}+\frac{1}{J_2^2/Y_2}\right)} \quad . \tag{12.221}$$

Führt man nun Hilfswerte

$$Y_3=J_2^2/Y_1 \quad , \quad Y_4=J_2^2/Y_2 \tag{12.222}$$

ein, dann folgt:

$$\frac{J_1^2}{J_2^2}(Y_1+Y_2)=\frac{J_1^2}{1\Big/\left(\frac{1}{Y_3}+\frac{1}{Y_4}\right)} \quad . \tag{12.223}$$

Den Nenner der rechten Seite von Gleichung (12.223) kann man als Admittanz der Serienschaltung aus den Admittanzen Y_3 und Y_4 interpretieren, sofern J_2 die Dimension einer Admittanz besitzt. Abb. 12.31 zeigt einige Umsetzungen der Gleichung in ein Blockschaltbild für den Fall $J_1=J_2=J$.

Ein Vergleich der Schaltbilder aus Abb. 12.31a und b läßt den Schluß zu, daß die beiden in Abb. 12.32 gezeigten Schaltungen äquivalent sind.

Mit der gleichen Argumentation wie für Impedanzinverter muß gefordert werden, daß J^2 positiv sein muß, wenn der Inverter als eigenständiges Zweitor absolut stabil sein soll.

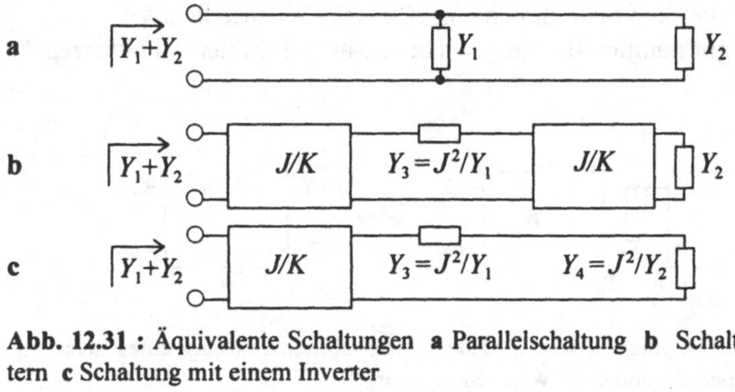

Abb. 12.31 : Äquivalente Schaltungen **a** Parallelschaltung **b** Schaltung mit zwei Invertern **c** Schaltung mit einem Inverter

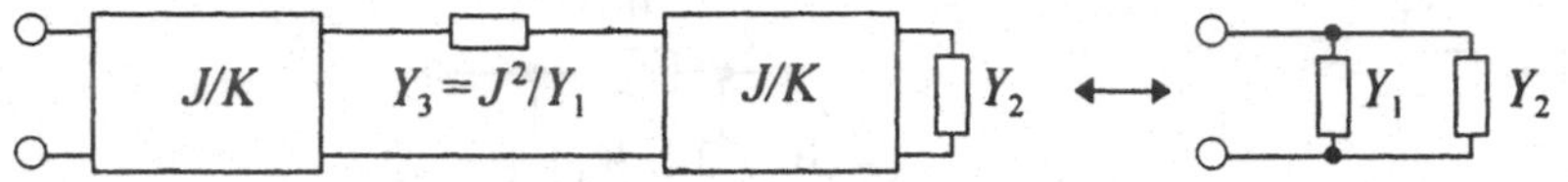

Abb. 12.32 : Äquivalenz einer Paralleladmittanz mit der Kettenschaltung eines Inverters, einer Serienimpedanz und eines weiteren Inverters

12.4.2 Inverterschaltungen mit konzentrierten Bauelementen

Für hinreichend niedrige Frequenzen läßt sich ein universaler Inverter mit Hilfe von Operationsverstärkern realisieren. Die Schaltung heißt dann *Gyrator*. Eine mögliche Gyratorschaltung wird durch das Schaltbild in Abb. 12.33 gegeben [12.12]. In dieser Schaltung müssen die einzelnen Widerstände sehr gut im Wert übereinstimmen.

Für die Hochfrequenztechnik ist diese Schaltung aber nicht anwendbar, da die Operationsverstärker nur in einem sehr beschränkten Frequenzbereich eingesetzt werden können.

Es wird daher nach einer verlustlosen Schaltung aus konzentrierten Bauelementen gesucht, welche die Eigenschaften eines Inverters besitzt. Die Ausführungen des Kapitels 7 zeigen, daß man mit einem oder zwei verlustlosen Bauelementen im besten Fall für genau eine Frequenz eine Impedanzinversion erreichen kann, und daß bereits für relativ kleine Frequenzabweichungen das Verhalten stark von dem eines Impedanzinverters differiert. Daher werden nachfolgend Schaltungen mit drei Bauelementen entsprechend Abb. 12.34 untersucht.

Wird die T-Schaltung nach Abb. 12.34a durch eine Impedanz W_L belastet, dann ergibt sich an ihrem Eingang die Impedanz

$$W_T := \frac{(W_1 + W_2)W_L + W_1 W_2 + W_1 W_3 + W_2 W_3}{W_L + W_2 + W_3} \quad . \tag{12.224}$$

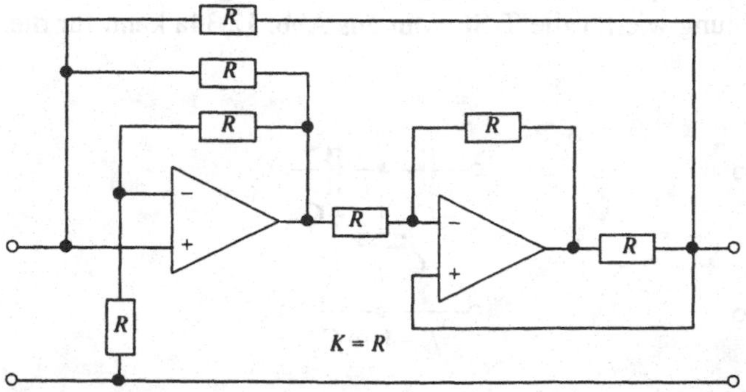

Abb. 12.33 : Gyrator oder Impedanzinverter mit charakteristischer Impedanz *R*.

Abb. 12.34 : Kandidaten für Inverterschaltungen **a** Schaltung in T-Struktur (K-Inverter) **b** Schaltung in Π-Struktur (J-Inverter)

Soll also W_T umgekehrt proportional zu W_L sein, dann muß gelten:

$$W_2 + W_3 = 0 \quad , \tag{12.225}$$
$$W_1 + W_2 = 0 \quad . \tag{12.226}$$

Damit folgt:

$$W_3 = -W_2 \quad , \tag{12.227}$$
$$W_1 = -W_2 \quad , \tag{12.228}$$
$$W_T = -W_2^2 / W_L \quad . \tag{12.229}$$

Im einfachsten Fall ergeben sich somit die Schaltungen nach Abb. 12.35. Die beiden Schaltungen weisen zwei Besonderheiten auf.

Zum einen werden negative Induktivitäten bzw. Kapazitäten benötigt. Daher sind diese Schaltung in Realität nur in Verbindung mit einer externen Beschaltung zu verwenden, welche die negativen Induktivitäten bzw. Kapazitäten kompensiert. Dies ist nur möglich, wenn die Schaltung mit Induktivitäten an beiden Toren mit Serien-Induktivitäten beschaltet wird, welche größer oder gleich L sind. Entsprechendes gilt für den Inverter mit Kapazitäten. Die Tatsache, daß an den Toren Serien-*Impedanzen* verwendet werden müssen, erklärt den Namen „Impedanzinverter" oder „K-Inverter", der für diese Strukturen benutzt wird.

Die zweite Besonderheit ist, daß die charakteristische Impedanzen der Schaltungen frequenzabhängig sind. Dies führt dazu, daß die Inverter der Abb. 12.35 nur in einem beschränkten Frequenzintervall die gewünschten Ergebnisse liefern.

Eine ähnliche Betrachtung wie für die T-Struktur aus Abb. 12.34a kann für die

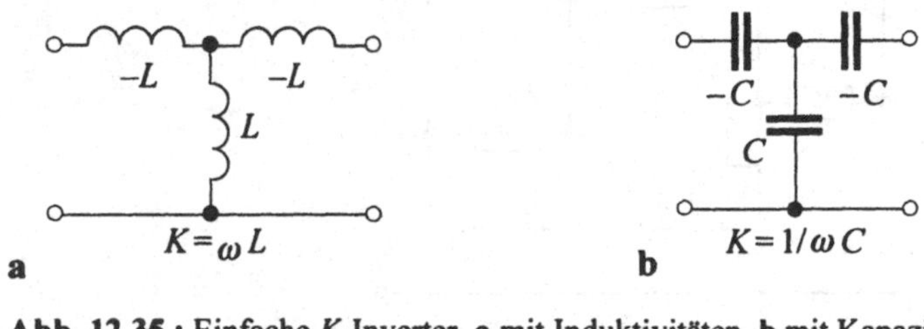

Abb. 12.35 : Einfache K-Inverter **a** mit Induktivitäten **b** mit Kapazitäten

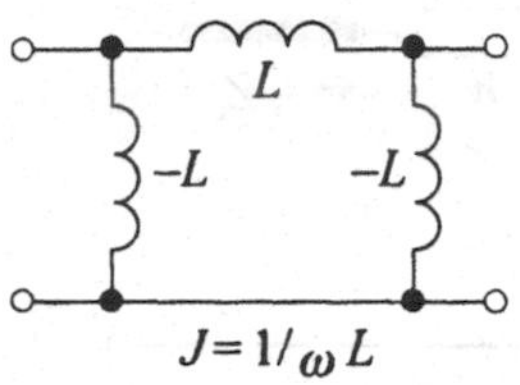

a

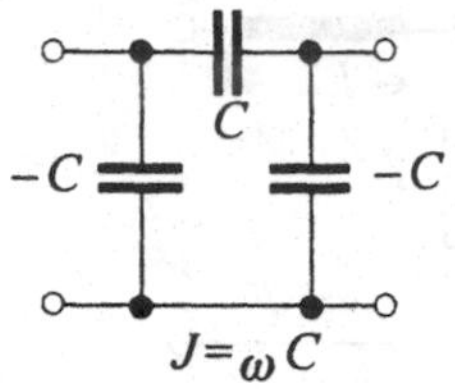

b

Abb. 12.36 : Einfache *J*-Inverter **a** mit Induktivitäten **b** mit Kapazitäten

Π-Struktur aus Abb. 12.34b durchgeführt werden. Es ergibt sich für die Eingangsadmittanz Y_P des mit der Lastadmittanz Y_L beschalteten Zweitores

$$Y_P = -Y_2^2/Y_L \quad . \tag{12.230}$$

falls

$$Y_3 = -Y_2 \quad , \tag{12.231}$$

$$Y_1 = -Y_2 \tag{12.232}$$

Im einfachsten Fall ergeben sich somit die Schaltungen nach Abb. 12.36.

Auch diese beiden Schaltungen weisen die Besonderheit auf, daß negative Induktivitäten bzw. Kapazitäten durch externe Beschaltung kompensiert werden müssen. In diesem Fall kann das aber nur mit Parallelstrukturen geschehen. Weil die Kompensation einer Addition von Admittanzen entspricht, werden die Inverter aus Abb. 12.36 traditionell als „Admittanz-Inverter" oder „*J*-Inverter" bezeichnet.

12.4.3 Inverterschaltungen mit Leitungen

Für hinreichend hohe Frequenzen kann man – wie weiter vorne gezeigt wurde – Serien - bzw. Nebenschlußblindelemente durch Leitungstrukturen ersetzen. Daher werden nachfolgend die Schaltungen aus Abb. 12.37a und b untersucht.

Zunächst wird die Schaltung nach Abb. 12.37a bei Belastung durch die Impedanz W_L betrachtet. Durch das direkt mit der Last verbundene Leitungsstück wird die Last nach

$$W_1 = Z_0 \frac{W_L + j\, Z_0 \tan(\omega\, l/c)}{Z_0 + j\, W_L \tan(\omega\, l/c)} \tag{12.233}$$

transformiert. Zur übersichtlicheren Schreibweise wird die Abkürzung

$$\wp = j \tan(\omega\, l/c) \tag{12.234}$$

eingeführt. ($\wp$ ist ein stilisierter Buchstabe *p*). Es ergibt sich dann

$$W_1 = Z_0 \frac{W_L + \wp\, Z_0}{Z_0 + \wp\, W_L} \quad . \tag{12.235}$$

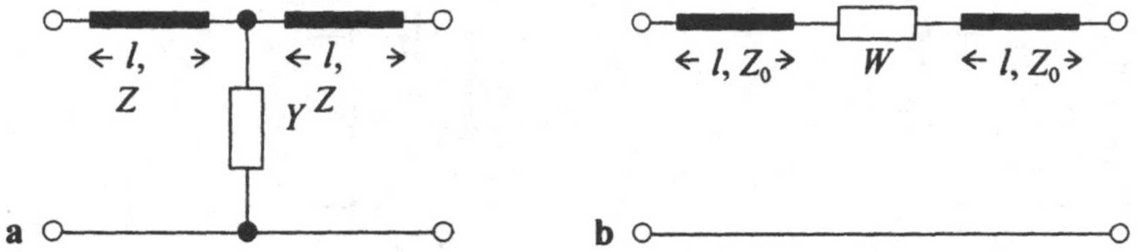

Abb. 12.37 : Inverterstrukturen mit Leitungen **a** mit Nebenschlußadmittanz **b** mit Serienimpedanz

Durch Parallelschaltung der Admittanz Y erhält man die Impedanz

$$W_2 = Z_0 \frac{W_L + \wp Z_0}{W_L (\wp + Y Z_0) + Z_0 (1 + \wp Y Z_0)} \quad . \tag{12.236}$$

Das zweite Leitungsstück schließlich transformiert die Impedanz nach

$$W_{ein} = Z_0 \frac{W_L \left[1 + \wp^2 + \wp Y Z_0\right] + Z_0 \wp \left[2 + \wp Y Z_0\right]}{W_L \left[2 \wp + Y Z_0\right] + Z_0 \left[1 + \wp^2 Z_0 + \wp Y Z_0\right]} \quad . \tag{12.237}$$

Damit die Schaltung als Inverter arbeitet, darf der Zähler nicht mehr von W_L abhängen. Daraus folgt:

$$1 + \wp^2 + \wp Y Z_0 = 0 \quad \text{oder} \quad Y = -(1 + \wp^2)/(\wp Z_0) \quad . \tag{12.238}$$

Setzt man dies in die transformierte Impedanz W_{ein} ein, dann folgt:

$$W_{ein} = -Z_0^2 \wp^2 / W_L \quad , \text{ also } \quad W_{ein} = +(Z_0^2/W_L) \tan^2(\omega l/c) \quad . \tag{12.239}$$

Die charakteristische Impedanz des Inverters ist demzufolge:

$$K = Z_0 \tan(|\omega l|/c) \quad . \tag{12.240}$$

Sie ist somit frequenzabhängig. Wegen

$$\frac{\wp}{1 + \wp^2} = \frac{j \tan(\omega l/c)}{1 - \tan^2(\omega l/c)} = \frac{j}{2} \tan(2 \omega l/c) \tag{12.241}$$

folgt aus Gleichung (12.238) weiter

$$Z := 1/Y = -\frac{\wp Z_0}{1 + \wp^2} = -Z_0 \frac{j}{2} \tan\left(2 \frac{\omega l}{c}\right) \quad . \tag{12.242}$$

Ein Blick in die Ausführungen des Abschnitts 12.1.5 zeigt, daß dies die Impedanz einer kurzgeschlossenen Leitung mit Wellenwiderstand $Z_0/2$ und Länge $-2\,l$ ist. (Zur Erinnerung: l ist die Leitungslänge und Z_0 ist der Wellenwiderstand der direkt an den Toren des untersuchten Zweitors angeschlossenen Leitungen). Da es nun keine Möglichkeiten gibt, eine negative Nebenschlußadmittanz Y zu kompen-

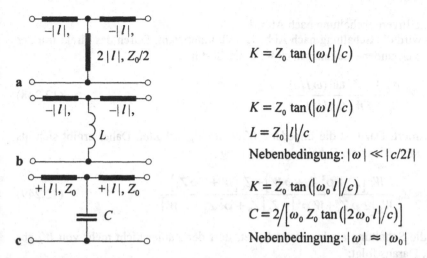

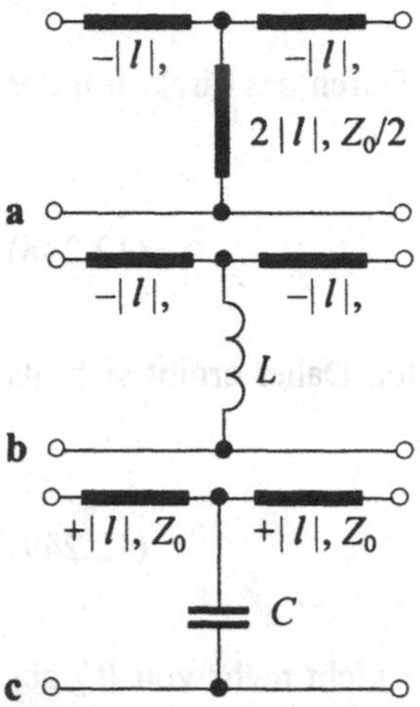

$K = Z_0 \tan(|\omega l|/c)$

$K = Z_0 \tan(|\omega l|/c)$

$L = Z_0 |l|/c$

Nebenbedingung: $|\omega| \ll |c/2l|$

$K = Z_0 \tan(|\omega_0 l|/c)$

$C = 2/[\omega_0 Z_0 \tan(|2\omega_0 l|/c)]$

Nebenbedingung: $|\omega| \approx |\omega_0|$

Abb. 12.38: Impedanzinverter mit Leitungen, Ausführung **a** ohne konzentrierte Bauelemente **b** mit Induktivität **c** mit Kapazität

sieren, muß l negativ gewählt werden. Es ergibt sich dann die Inverterschaltung aus Abb. 12.38a. Die negativen Leitungslängen der Schaltung müssen später in einer realen Schaltung durch in Serie geschaltete positive Leitungsstücke gleichen Wellenwiderstandes kompensiert werden.

Für hinreichend kleine Frequenzen, d.h. wenn $|\omega| \ll |c/2l|$ gilt, kann die Impedanz aus Gleichung (12.242) durch

$$Z \approx -j\omega Z_0 l/c \tag{12.243}$$

angenähert werden. Bei *negativem* l ist das die Impedanz einer Induktivität mit Wert

$$L = Z_0 |l|/c\,. \tag{12.244}$$

Damit ergibt sich dann die Inverterstruktur nach Abb. 12.38b.

Für einen hinreichend kleinen Frequenzbereich um einen Wert ω_0 kann man

$$Y = j/[(Z_0/2)\tan(2\omega l/c)] \tag{12.245}$$

durch die Näherung

$$Y \approx j\omega_0/[(\omega_0 Z_0/2)\tan(2\omega_0 l/c)] \tag{12.246}$$

ersetzen. Das ist näherungsweise das Verhalten einer Kapazität mit Wert

$$C = 2/[\omega_0 Z_0 \tan(2\omega_0 l/c)] \tag{12.247}$$

Diese ist nun bei *positivem* Längenwert l positiv. Somit ergibt sich näherungsweise die Inverterschaltung nach Abb. 12.38c.

Nun wird die Schaltung nach Abb. 12.37b untersucht. Durch das direkt mit der Last W_L verbundene Leitungsstück wird die Last nach

$$W_1 = Z_0 \frac{W_L + j\,Z_0 \tan(\omega\, l/c)}{Z_0 + j\,W_L \tan(\omega\, l/c)} \tag{12.248}$$

transformiert. Dazu ist die Impedanz W in Serie geschaltet. Daher ergibt sich als Eingangsimpedanz der Schaltungsanordnung

$$W_{ein} = Z_0 \frac{W_L\left[Z_0 + \wp^2 Z_0 + \wp\, W\right] + Z_0\left[W + 2\wp\, Z_0\right]}{W_L\left[2\wp\, Z_0 + W\wp^2\right] + Z_0\left[Z_0 + \wp^2 Z_0 + \wp\, W\right]} \quad . \tag{12.249}$$

Damit die Schaltung als Inverter arbeitet, darf der Zähler nicht mehr von W_L abhängen. Daraus folgt:

$$Z_0 + \wp^2 Z_0 + \wp\, W = 0 \quad \text{oder} \quad W = -Z_0\left(1+\wp^2\right)/\wp \quad . \tag{12.250}$$

Setzt man dies in die transformierte Impedanz W_{ein} ein, dann folgt:

$$W_{ein} = -Z_0^2/\left(\wp^2 W_L\right) \quad , \text{ also } \quad Y_{ein} := 1/W_{ein} = \left(W_L/Z_0^2\right)\tan^2(\omega\, l/c) \quad .\tag{12.251}$$

Die charakteristische Admittanz des Inverters ist demzufolge:

$$J = (1/Z_0)\tan\left(|\omega\, l|/c\right) \quad . \tag{12.252}$$

Wegen

$$\wp/\left(1+\wp^2\right) = (j/2)\tan(2\omega\, l/c) \tag{12.253}$$

folgt aus Gleichung (12.250) weiter

$$W = j2Z_0\cot(2\omega\, l/c) \quad \text{oder} \quad Y := 1/W = -j/(2Z_0)\tan(2\omega\, l/c) \; . \tag{12.254}$$

Für hinreichend kleine Frequenzen, d.h. wenn $|\,\omega\,| \ll |\,c/2l\,|$ gilt, kann diese Admittanz durch

$$Y \approx -j\omega\, l/(Z_0\, c) \tag{12.255}$$

angenähert werden. Bei *negativem l* ist das die Admittanz einer Kapazität mit Wert

$$C = |l|/(Z_0\, c) \quad . \tag{12.256}$$

Damit ergibt sich dann die Inverterstruktur nach Abb. 12.39a.

Für einen hinreichend kleinen Frequenzbereich um einen Wert ω_0 kann man

$$W = j2Z_0\cot(2\omega\, l/c) \tag{12.257}$$

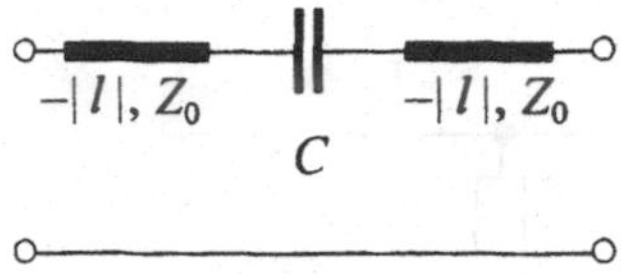

a

$J = (1/Z_0)\tan(|\omega l|/c)$
$C = |l|/(Z_0 c)$
Nebenbedingung: $|\omega| \ll |c/2l|$

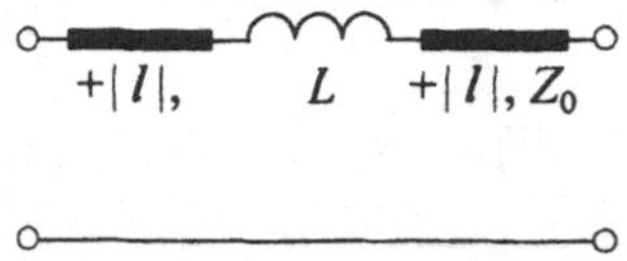

b

$J = (1/Z_0)\tan(|\omega l|/c)$
$L = 2Z_0\cot(2\omega_0 l/c)/\omega_0$
Nebenbedingung: $|\omega| \approx |\omega_0|$

Abb. 12.39: Admittanzinverter mit Leitungen und **a** Kapazität **b** Induktivität

durch die Näherung

$$W \approx j\omega_0 2Z_0\cot(2\omega_0 l/c)/\omega_0 \tag{12.258}$$

ersetzen. Das ist näherungsweise das Verhalten einer Induktivität mit Wert

$$L = 2Z_0\cot(2\omega_0 l/c)/\omega_0 \quad . \tag{12.259}$$

Diese ist nun bei *positivem* Längenwert l positiv. Somit ergibt sich näherungsweise die Inverterschaltung nach Abb. 12.39b.

12.4.4 Idealisierte Inverter in Filterschaltungen

Der Einsatz von Invertern kann die Konstruktion von Filtern erleichtern. Um das prinzipielle Verhalten von Filtern mit Invertern zu verstehen, werden zunächst einige prinzipielle Schaltungen untersucht. Dabei wird in diesem Unterabschnitt vorausgesetzt, daß die benutzten Inverter eine frequenzunabhängige charakteristische Impedanz haben.

Abb. 12.40 und Abb. 12.41 zeigen am Beispiel von Filtern, die als Abzweigschaltung realisiert wurden, äquivalente Versionen mit Invertern. Dabei wurden die Äquivalenzen der Abb. 12.28 und 12.31 ausgenutzt.

Es wird sich an späterer Stelle zeigen, daß bei frequenzabhängiger charakteristischer Impedanz die Positionierung eines Inverters direkt an Tor 1 bzw. an Tor 2 des Filters zu Problemen führen kann. Daher werden in Abb. 12.42 für die Schaltungsumformungen am Lasttor nochmals bereits weiter vorn gezeigte Äquivalenzen zusammengefaßt.

12.4.5 Filterschaltungen mit realen Invertern

Die charakteristischen Impedanzen der im letzten Abschnitt vorgestellten Inverter sind – mit Ausnahme der für die HF-Technik weniger brauchbaren – Gyrator-

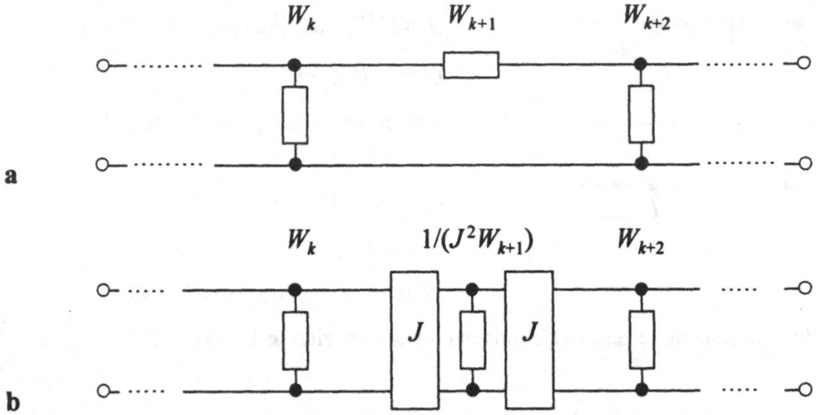

Abb. 12.40 : Filterversionen **a** Abzweigschaltung **b** Schaltung mit J-Invertern

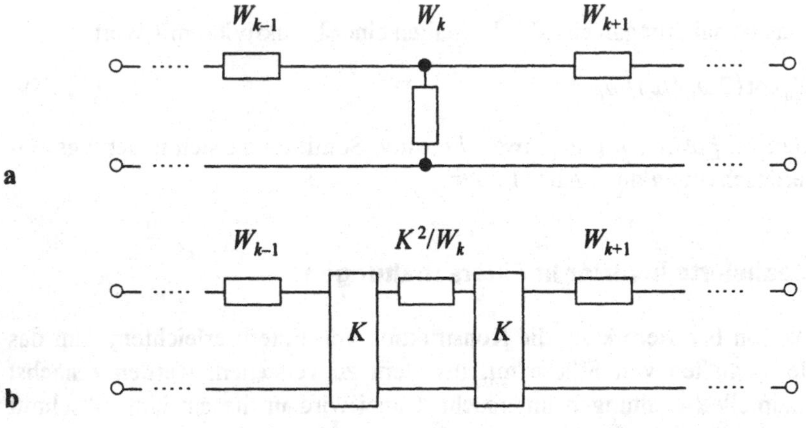

Abb. 12.41 : Filterversionen **a** Abzweigschaltung **b** Schaltung mit K-Invertern

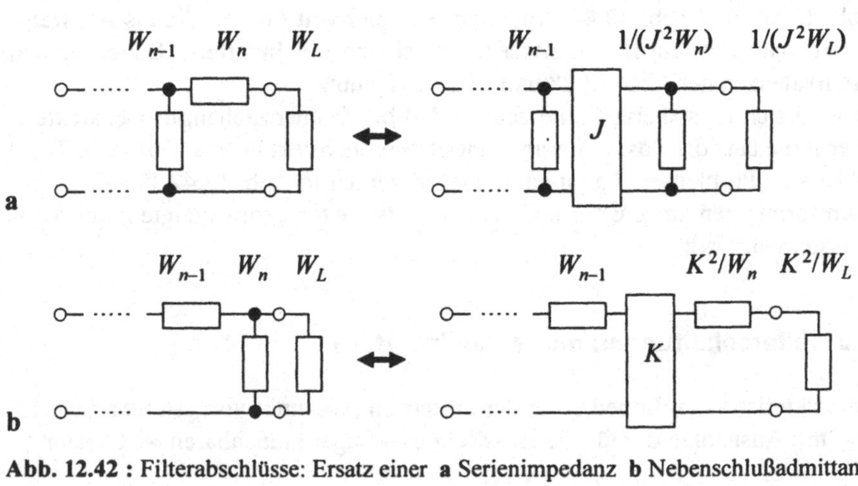

Abb. 12.42 : Filterabschlüsse: Ersatz einer **a** Serienimpedanz **b** Nebenschlußadmittanz

schaltung – alle frequenzabhängig. Dies bereitet Probleme.

Beispiel 12.11 :

Es soll eine Serieninduktivität L durch zweier Inverter und eine Nebenschlußimpedanz W ersetzt werden. Als Inverter soll der J-Inverter mit Induktivitäten aus Abb. 12.36a genutzt werden. Der Inverter mit Induktivitäten hat die charakteristische Admittanz

$$J = j/p\,L_{Inv} \quad , \tag{12.260}$$

wenn L_{Inv} die Nebenschlußinduktivität des Inverters ist. Entsprechend Abb. 12.40 ist dann

$$W = 1/\left(J^2\,p\,L\right) = -p\,L_{Inv}/L \quad . \tag{12.261}$$

Ein Bauelement mit dieser Impedanz steht nicht zur Verfügung. ◆

Da dieses Problem generell beim Einsatz von Invertern mit frequenzabhängiger charakteristischer Impedanz auftritt, muß man sich hier mit Näherungen behelfen. In der Umgebung einer vorzugebenden Kreisfrequenz ω_0 kann man nämlich die charakteristische Impedanz durch ihre Taylorreihenentwicklung 0-ter Ordnung ersetzen.

Beispiel 12.12 : (Fortsetzung von Beispiel 12.11)

Ersetzt man in Beispiel 12.11 die charakteristische Impedanz des Inverters

$$J = j/p\,L_{Inv} \tag{12.262}$$

durch

$$J \approx j/\left(j\,\omega_0\,L_{Inv}\right) = 1/\left(\omega_0\,L_{Inv}\right) \tag{12.263}$$

dann ergibt sich für die gesuchte Nebenschlußadmittanz W

$$W = 1/\left(J^2\,p\,L\right) \approx \omega_0^2 L_{Inv}^2/(p\,L) \quad . \tag{12.264}$$

Die Impedanz W stell also eine Kapazität mit Wert

$$C = L/\left(\omega_0^2 L_{Inv}^2\right) \tag{12.265}$$

dar. ◆

Strenggenommen wird dann natürlich auch nur in einer Umgebung von ω_0 das Verhalten der zu ersetzenden Struktur korrekt nachgebildet. Aus diesem Grund werden Filter mit Invertern bevorzugt in schmalbandigen Bandpässen eingesetzt. Als Entwicklungsfrequenz $\omega_0/2\pi$ wählt man dann die Bezugsfrequenz des Bandpasses.

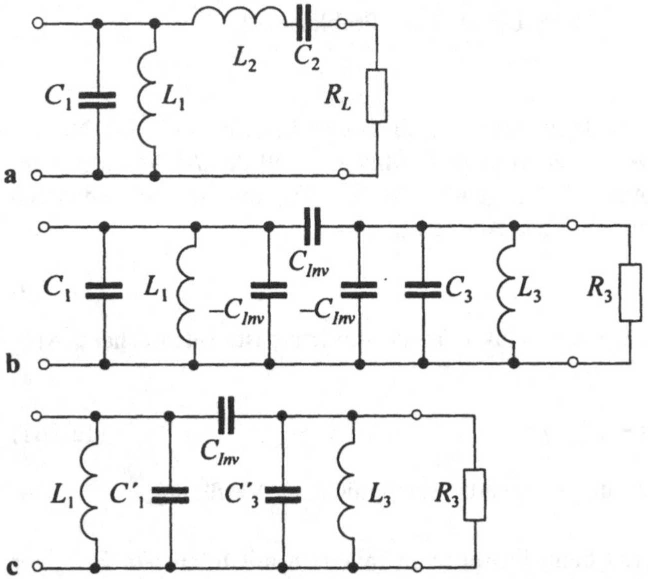

Abb. 12.43 : Bandpaß 2. Ordnung **a** Prototyp **b** Schaltung nach Umformung mit kapazitivem J-Inverter **c** Schaltung nach Zusammenfassung der parallel liegenden Kapazitäten

Ein typisches Anwendungsbeispiel ist der Bandpaß 2. Ordnung mit dem Schaltbild nach Abb. 12.43a. Mit Hilfe eines kapazitiven J-Inverters aus Abb. 12.36b wird der Bandpaß umgeformt. Dabei wird zur Berechnung der einzusetzenden Nebenschlußimpedanz

$$J = pC_{Inv}/j \approx \omega_0 C_{Inv} \tag{12.266}$$

benutzt. Damit ergibt sich die neue Nebenschlußimpedanz als Parallelresonanzkreis mit der Induktivität L_3 und der Kapazität C_3. Als neuer Lastwiderstand ist $R_3 = 1/(J^2 W_L)$ zu verwenden. Man erhält dann die Schaltung entsprechend Abb. 12.43b.

Durch Zusammenfassung der Kapazitäten C_1 mit $-C_{inv}$ bzw. C_3 mit $-C_{inv}$ erhält man schließlich die Schaltung entsprechend Abb. 12.43c, welche in der klassischen Hochfrequenztechnik häufigen Einsatz findet. Dies ist in Realität nur möglich, wenn C_1 und C_3 größer als C_{inv} sind.

In der Literatur findet man für dieses Filter auch die Bezeichnung *kapazitiv (hochpunkt-) gekoppeltes Bandfilter*.

Beispiel 12.13 :

Angenommen, man hat ein maximal flaches kapazitiv gekoppeltes Bandfilter 2. Ordnung bei einer Mittenfrequenz von 10,7 MHz mit einer 3dB-Bandbreite von 210 kHz zu dimensionieren (UKW-ZF-Band). Dann ist zunächst f_{R-} = 10 595 kHz und f_{R+} = 10 805 kHz. Bei Filterdimensionierung mit Symmetrierung der Durchlaßgrenzen ist die Bezugsfrequenz $f_B = 10\,699$ kHz. Der Transformationsfaktor ergibt sich als $k=50{,}95$. Für den maximal flachen Prototyp-Tiefpaß 2. Ordnung erhält man folgende Entwicklungskoeffizienten der Kettenbruchdarstellung entsprechend Abb. 12.24:

$$g_0 = 1 \quad , \quad g_1 = \sqrt{2} \quad , \quad g_2 = \sqrt{2} \quad , \quad g_3 = 1 \quad . \tag{12.267}$$

Damit erhält man in die normierten Größen :

$$w_0 = 1 \quad , \quad g_3 = 1 \quad ,$$
$$c_1 = 72{,}054 \;\; , \;\; l_1 = 0{,}013878 \;\; , \;\; c_2 = 0{,}013878 \;\; , \;\; l_2 = 72{,}054 \quad . \tag{12.268}$$

Mit der Bezugsinduktivität $L_B = 0{,}74375\ \mu$H und der Bezugskapazität $C_B =$ 0,29750 nF, die sich für einen Bezugswellenwiderstand von 50 Ω einstellen, ergibt sich:

$$W_G = 50\,\Omega \quad , \quad W_L = 50\,\Omega \quad ,$$
$$C_1 = 21{,}4\,\text{nF} \;\; , \;\; L_1 = 10{,}3\,\text{nH} \;\; , \;\; C_2 = 4{,}1\,\text{pF} \;\; , \;\; L_2 = 53{,}6\,\mu\text{H} \quad . \tag{12.269}$$

Hat man nun ein Filter zu entwerfen, das mit einer Last von 1000 Ω zu belasten ist, dann bietet sich die Umformung durch einen J-Inverter an. In der Namengebung von Abb. 12.43b ergibt sich dann

$$C_3 = 1{,}07\,\text{nF} \quad , \quad L_3 = 0{,}206\,\mu\text{H} \quad , \quad C_{Inv} = 66{,}5\,\text{pF} \quad . \tag{12.270}$$

Durch Zusammenfassung der positiven und negativen kapazitäten in den Parallelkreisen folgt für die Ersatzkapazitäten

$$C_1' = 21{,}4\,\text{nF} \quad , \quad C_3' = 1{,}01\,\text{nF} \quad , \tag{12.271}$$

die nun positiv sind. Abb. 12.44 zeigt die fertig dimensionierte Schaltung.

Die Übertragungskurve dieses Bandfilters hat in der Tat ihr Maximum bei f_B und bietet dort eine Eingangsimpedanz von exakt 50 Ω. Die folgende

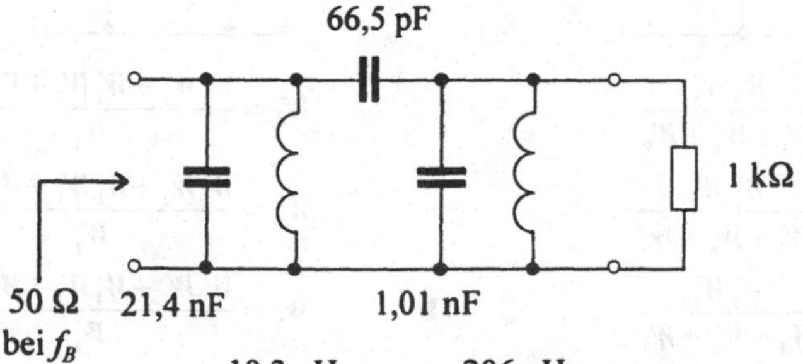

Abb. 12.44 : Kapazitiv (hochpunkt-) gekoppeltes Bandfilter 2. Ordnung

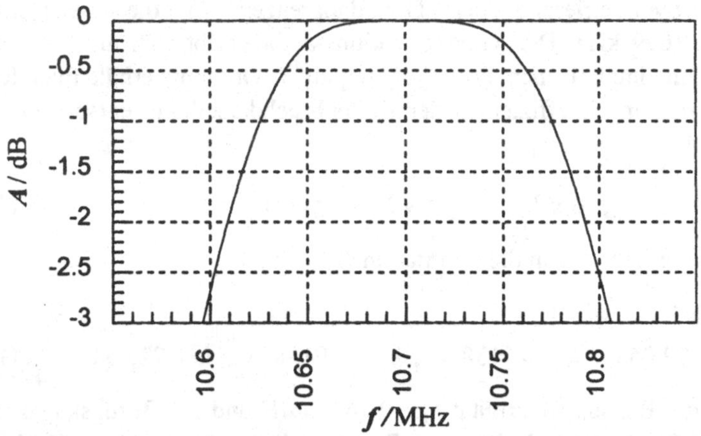

Abb. 12.45 : Dämpfungsmaß des kapazitiv gekoppelten Bandfilters 2. Ordnung

Abbildung zeigt das Übertragungsverhalten des Bandfilters in der Umgebung der Durchlaßfrequenzen.

Bei der Durchführung der Rechnung stellt sich heraus, daß diese sehr empfindlich auf numerische Ungenauigkeiten reagiert. Daher ist auch in der praktischen Umsetzung zu erwarten, daß bereits leichte Ungenauigkeiten in der Bemessung der Bauelemente zu meßbaren Abweichungen vom Idealverhalten führen. ♦

Die in Filtern mit Invertern immer wieder auftauchenden T-Schaltungen (Sternschaltungen) bzw. Π-Schaltungen (Dreieckschaltungen) aus Induktivitäten

a

$$W_1 = \frac{W_4 W_5}{W_3 + W_4 + W_5}$$

$$W_2 = \frac{W_4 W_6}{W_3 + W_4 + W_5}$$

$$W_3 = \frac{W_5 W_6}{W_3 + W_4 + W_5}$$

b

$$W_4 = \frac{W_1 W_2 + W_1 W_3 + W_2 W_3}{W_3}$$

$$W_5 = \frac{W_1 W_2 + W_1 W_3 + W_2 W_3}{W_2}$$

$$W_6 = \frac{W_1 W_2 + W_1 W_3 + W_2 W_3}{W_1}$$

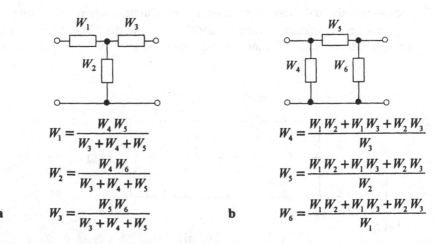

Abb. 12.46 : Zur Stern-Dreieck-Transformation **a** T-Schaltung oder Sternschaltung **b** Π-Schaltung oder Dreieckschaltung

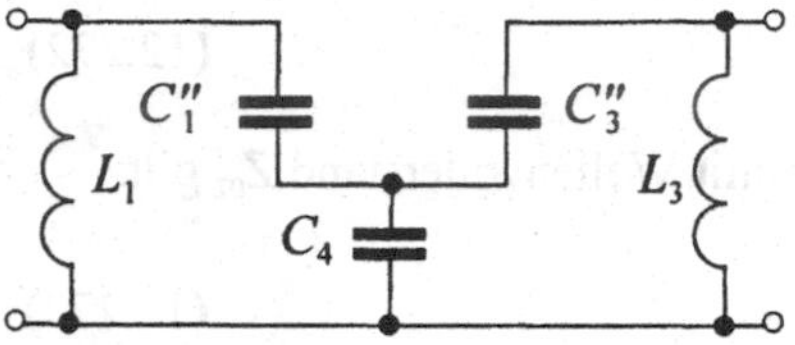

Abb. 12.47 : Kapazitiv (fußpunkt-) gekoppeltes Bandfilter 2. Ordnung

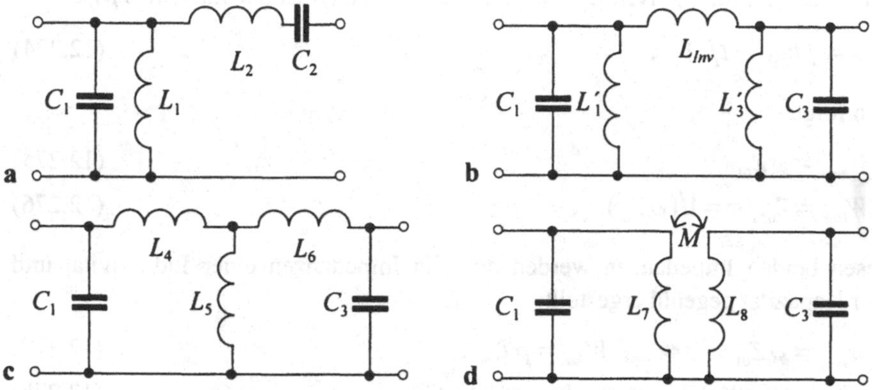

Abb. 12.48 : Bandfilter 2. Ordnung **a** Abzweigschaltung **b** induktiv hochpunktgekoppelte Variante **c** induktiv fußpunktgekoppelte Variante **d** transformatorisch gekoppelte Variante

oder aus Kapazitäten können durch *Stern-Dreieck-Transformation* umgeformt werden. Man gelangt so zu weiteren Filtervarianten. Aus der Schaltung entsprechend Abb. 12.43c wird so beispielsweise die Schaltung entsprechend Abb. 12.47. Diesen Filtertyp nennt man *kapazitiv fußpunktgekoppelt.*

Hätte man den Bandpaß aus Abb. 12.43a bzw. Abb. 12.48a statt mittels kapazitivem Inverter durch einen induktiven Inverter in eine Schaltung mit näherungsweise gleichartigem Verhalten überführt, dann wäre daraus eine Schaltung entsprechend Abb. 12.48b entstanden. Daraus entsteht dann durch Stern-Dreick-Transformation die Schaltungsversion nach Abb. 12.48c, die ihrerseits wieder durch äquivalente Umformung in ein transformatorisch gekoppeltes Bandfilter entsprechend Abb. 12.48d übergeht.

Da transformatorisch gekoppelte Bandfilter einen vergleichsweise hohen Abgleichaufwand erfordern, und da reale Induktivitäten bei hohen Frequenzen relativ große Verluste bewirken, wird man bei Benutzung konzentrierter Bauelemente in Schaltungen für sehr hohe Frequenzen kapazitiv gekoppelte Filter bevorzugen.

12.5 Filter mit kommensurablen Leitungen

Dem Abschnitt 12.2 entnimmt man, daß die Impedanz der kurzgeschlossenen Leitung mit Wellenwiderstand Z_{01}

$$W_{kurz} = j\,Z_{01}\,\tan(\omega\,l/c) \tag{12.272}$$

ist. Für die leerlaufende Leitung gleicher Länge mit Wellenwiderstand Z_{02} gilt:

$$W_{leer} = \frac{Z_{02}}{j\,\tan(\omega\,l/c)} \quad . \tag{12.273}$$

Führt man nun für den Nenner die Abkürzung $\wp$ ein ($\wp$ ist ein stilisiertes p),

$$\wp = j\,\tan(\omega\,l/c) \quad , \tag{12.274}$$

dann folgt:

$$W_{kurz} = \wp\,Z_{01} \quad , \tag{12.275}$$
$$W_{leer} = Z_{02}/\wp = 1/(\wp\,Y_{02}) \quad . \tag{12.276}$$

Diesen beiden Impedanzen werden nun die Impedanzen einer Induktivität und einer Kapazität gegenübergestellt:

$$W_{kurz} = \wp\,Z_{01} \quad \Leftrightarrow \quad W_{Ind} = p\,L \quad , \tag{12.277}$$
$$W_{leer} = 1/(\wp\,Y_{02}) \quad \Leftrightarrow \quad W_{Kap} = 1/(p\,C) \quad . \tag{12.278}$$

Die Ähnlichkeit dieser Ausdrücke veranlaßte Paul I. Richards [12.13] eine komplexe Transformation der Frequenz mit

$$\wp := \tanh(p\,l/c) \tag{12.279}$$

einzuführen, welche im Fall $p = j\omega$ in die Transformationsvorschrift von Gleichung (12.274) übergeht. $\wp$ wird im folgenden *Richardsvariable* genannt. Mit

$$w := \Im\{\wp\} \tag{12.280}$$

folgt dann

$$w = \tan(\omega\,l/c) \quad . \tag{12.281}$$

Man kann daher w als nichtlinear transformierte Kreisfrequenz interpretieren. Diese Transformation leidet aber unter einem Schönheitsfehler: sie ist nur in einem Kreisfrequenzbereich $|\omega| \le \pi c/2l$ eineindeutig.

Nun muß man aber bei der Realisierung von Filtern mit Hilfe von Leitungen ohnehin in Kauf nehmen, daß jede einzelne Leitung periodisches Verhalten über der Frequenz aufweist. Damit wird durch die Einschränkung des Eindeutigkeitsbereiches der Transformation nur den Tatsachen Rechnung getragen.

Ein zweiter Punkt ist wesentlich: Wenn durch Gleichung (12.281) bzw. (12.279) eine von konkreten Leitungsgeometrien unabhängige Transformation entstehen soll, dann muß der Wert von l/c eine Transformationskonstante sein. D.h.: die Leitungslaufzeit $\tau = l/c$ muß auf allen im System verwendeten Leitungen

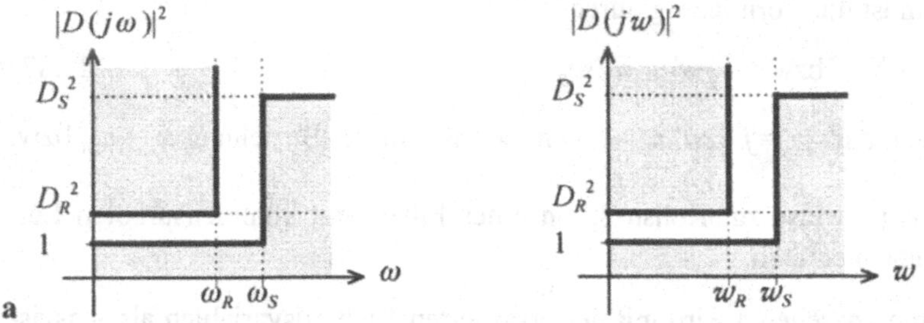

Abb. 12.49 : Toleranzschemata eines Tiefpasses **a** normierte Dämpfungsfunktion in der Kreisfrequenzvariablen **b** normierte Dämpfungsfunktion mit der Richardskreifrequenz als Variable

gleich groß sein oder anders ausgedrückt, die elektrische Länge aller Leitungen muß gleich groß sein. Leitungen diesen Zusammenhangs nennt man *kommensurabel* (engl.: commensurate lines).

Man kann nun auf den Gedanken kommen, die Toleranzschemata, welche zur Konstruktion von Filtern vorgegeben werden, statt in der Kreisfrequenz in der neuen *Richardskreisfrequenz w* zu formulieren.

Für einen Tiefpaß würde also das Toleranzschema wie folgt aussehen:

Damit die beiden Toleranzschemata die gleichen Eckwerte aufweisen, muß gelten:

$$w_R := \tan(\omega_R \, l/c) \quad , \tag{12.282}$$

$$w_S := \tan(\omega_S \, l/c) \quad . \tag{12.283}$$

Um nun die Richardsfrequenzen eindeutig festzulegen, muß die Laufzeit l/c vorgegeben werden. Ein Wunsch ist dabei, einen möglichst großen Frequenzbereich im Eindeutigkeitsbereich der Transformation unterzubringen. In jedem Fall gibt es eine Grenzkreisfrequenz ω_g, die das Ende dieses Eindeutigkeitsbereiches markiert:

$$\omega_g = \pi c/(2l) \quad \text{bzw.} \quad l = \lambda_g/4 \quad . \tag{12.284}$$

Für eine sinnvolle Tiefpaßdimensionierung muß natürlich

$$\omega_S < \omega_g \tag{12.285}$$

gelten. Damit ein möglichst großer Sperrbereich ausgenutzt werden kann, sollte ω_S sogar sehr viel kleiner als ω_g sein. In der Praxis zeigt sich jedoch, daß diese Forderung Schwierigkeiten verursacht, da sie zu oft zu nicht handhabbaren Wellenwiderständen führt.

Die Richardsvariable selbst kann auch wieder normiert werden. Wird nämlich als Bezugsgröße

$$w_B := w_R = \tan(\omega_R \, l/c) \tag{12.286}$$

gewählt, dann ist die Normierung durch

$$\wp' := \wp / w_B \qquad \text{bzw.} \qquad w' := w / w_B \tag{12.287}$$

derart möglich, daß $\wp' = j$ bzw. $w' = 1$ identisch ist mit der Beziehung $\omega = \omega_R$ bzw. $\omega' = 1$.

Die Vorgehensweise zur Konstruktion eines Filters mit kommensurablen Leitungen ist danach einfach:

1. Das Toleranzschema wird mit der normierten Richardsvariablen als Abszisse vorgegeben.
2. Daraus wird nach den in Kapitel 11 dargestellten Verfahren die normierte Dämpfungsfunktion als rationale Funktion in der normierten komplexen Richardsvariablen $\wp'$ bestimmt.
3. Aus der normierten Dämpfungsfunktion gewinnt man die Eingangsimpedanz des reflexionsfrei abgeschlossenen Filters als rationale Funktion von $\wp'$. Diese muß eine Zweipolfunktion in $\wp'$ sein. Als solche muß sie sich in eine kanonische Darstellungsform in $\wp'$ entwickeln lassen.
4. Die zu $\wp'$ proportionalen Impedanzausdrücke werden durch kurzgeschlossene Leitungen, die Admittanzausdrücke durch leerlaufende Leitungen realisiert.

Die Konstruktion von in Serie liegenden Gegenstücken zu Induktivitäten oder Kapazitäten, nämlich von kurzgeschlossenen oder leerlaufenden Leitungsstücken, gestaltet sich als besonders schwierig. Daher versucht man – ähnlich wie bei der Umwandlung von Serienimpedanzen in Nebenschlußimpedanzen durch Inverter – eine Ersatzschaltung zu finden, welche es gestattet, nur mit in Serie liegenden Leitungen und im Nebenschluß liegenden kurzgeschlossenen und leerlaufenden Leitungen auszukommen.

Zu diesem Zweck wird die Kettenschaltung aus einer Leitung mit Wellenwiderstand Z_0 und einem Zweitor untersucht. Um in einem System kommensurabler Leitungen zu bleiben, muß die Leitung die Laufzeit l/c aufweisen.

Bei reflexionsfreiem Abschluß des Zweitors habe dieses die Eingangsimpedanz W_L. Mit der *nicht* normierten Richardsvariablen folgt dann für die Eingangsimpedanz W_{ein} der Kettenschaltung:

$$W_{ein} = Z_0 \frac{W_L + Z_0 \wp}{Z_0 + W_L \wp} \tag{12.288}$$

oder aufgelöst nach W_L:

$$W_L = Z_0 \frac{W_{ein} - Z_0 \wp}{Z_0 - W_{ein} \wp} \quad . \tag{12.289}$$

Aus Gleichung (12.288) folgt nun, daß W_{ein} bei $\wp = 1$ den Wert Z_0 annimmt:

$$W_{ein}\big|_{\wp=1} = Z_0 \quad . \tag{12.290}$$

Daher haben Zähler und Nenner von W_L in Gleichung (12.289) eine gemeinsame Nullstelle, welche dann gekürzt werden kann, wenn W_L eine in $\wp$ rationale Funktion ist. Daher gibt es Grund für die Hoffnung, daß in diesem Fall die Komplexität von W_L geringer als die von W_{ein} ist.

Um dies genauer zu untersuchen, wird angenommen, daß W_{ein} als eine rationale Funktion in der Richardsvariablen vorgegeben ist. Der Zählergrad dieser Funktion sei m, der Nennergrad sei n.

Bringt man daher den Ausdruck aus Gleichung (12.289) auf Hauptnennerform, dann ergibt sich, daß der Zählergrad von W_L gleich dem Maximum von m und $n+1$ ist, während der Nennergrad von W_L gleich dem Maximum von n und $m+1$ ist.

Weiter oben wurde nun festgestellt, daß Zähler und Nenner von W_L eine gemeinsame Nullstelle bei $\wp=1$ besitzen, welche gekürzt werden kann.

Daher folgt, daß der resultierende Zählergrad nach Kürzung gleich dem Maximum von $m-1$ und n ist, während der Nennergrad von W_L gleich dem Maximum von $n-1$und m ist. Sollten in W_L gemeinsame Nullstellen von Zähler und Nenner vorhanden sein, dann reduzieren sich Zähler- und Nennergrade weiter.

Es werden nun drei Fälle unterschieden:

1. In W_{ein} ist der Zählergrad größer als der Nennergrad : $m>n$
   Dann ist in W_L der Zählergrad höchstens gleich $m-1$ und der Nennergrad um 1 größer.
2. In W_{ein} ist der Zählergrad kleiner als der Nennergrad :$m<n$
   Dann ist in W_L der Zählergrad höchstens gleich n und der Nennergrad um 1 kleiner.
3. In W_{ein} ist der Zählergrad gleich dem Nennergrad $m=n$:
   Dann ist in W_L der Zählergrad gleich dem Nennergrad und höchstens gleich n.

War also in W_{ein} der Zählergrad größer als der Nennergrad, dann ist es in W_L genau umgekehrt. War in W_{ein} der Zählergrad kleiner als der Nennergrad, dann ist es in W_L wieder umgekehrt.

Aus obiger Argumentation folgt, daß W_{ein} in jedem Fall durch die Kettenschaltung aus einer Leitung mit dem Wellenwiderstand $W_{ein}(\wp=1)$ und einer Impedanz W_L ersetzt werden kann, die keine komplexere Struktur besitzt als W_{ein}.

Dies hat nun Konsequenzen. Angenommen, der Zählergrad von W_{ein} ist um 1 größer als der Nennergrad, dann könnte man aus W_{ein} einen zu $\wp$ proportionalen Anteil abspalten. Dem entspricht aber die Serienschaltung einer kurzgeschlossenen Leitung, die man gerade vermeiden möchte. Nach den vorangegangen Betrachtungen kann man aber W_{ein} durch die Kettenschaltung aus einer Leitung und einer Impedanz W_L ersetzen, wobei nun der Zählergrad von W_L gerade um 1 kleiner ist als der Nennergrad. Daher kann man nun aus der dazu gehörenden *Admittanz* einen zu $\wp$ proportionalen Anteil abspalten. Dem entspricht die Nebenschlußschaltung einer leerlaufenden Leitung, die meist wesentlich besser realisiert werden kann.

Damit ist die eigentliche Aufgabenstellung gelöst: eine Serienschaltung aus kurzgeschlossener Leitung und Restimpedanz wird durch die Serienschaltung aus einer einfachen Leitung und einer Restimpedanz vergleichbarer Komplexität ersetzt.

Tatsächlich gibt es sogar eine Situation, in der die sich die Komplexität der Restimpedanz verringert. Betrachtet man nämlich Gleichung (12.289) im Grenzübergang $\wp = -1$, dann folgt:

$$W_L(\wp = -1) = Z_0 \lim_{\wp \to -1} \frac{W_{ein}(\wp) - Z_0 \wp}{Z_0 - W_{ein}(\wp)\wp} = -Z_0 \lim_{\wp \to -1} \frac{W'_{ein}(\wp) - Z_0}{W'_{ein}(\wp)\wp + W_{ein}(\wp)} \quad .(12.291)$$

In dieser Gleichung bedeutet $'$ die Differentiation nach $\wp$. Gilt also $W_{ein}(\wp = -1) = -Z_0$, dann gibt es in dem durch Gleichung (12.289) gegebenen Bruch für W_L eine gemeinsame Nullstelle in Zähler und Nenner an der Stelle $\wp = -1$. Diese aber kann gekürzt werden. Damit reduzieren sich Zähler– und Nennergrad um jeweils 1. Das heißt, daß in diesem Fall die Komplexität der rationalen Funktion, welche W_{ein} beschreibt, reduziert wird!

Die obigen Aussagen werden wie folgt zusammengefaßt:

Theorem 12.1 : (Richards–Theorem)

Wird die Eingangsimpedanz W eines reflexionsfrei abgeschlossenen Zweitors in der Richardsvariablen durch eine Zweipolfunktion gegeben, dann kann aus diesem Zweitor immer eine in Kette geschaltete Leitung mit dem Wellenwiderstand $W(\wp=1)$ abgespalten werden. Die Restimpedanz wird dann ebenfalls durch eine Zweipolfunktion vergleichbarer Komplexität gegeben.

Eine Serienleitung mit dieser Eigenschaft wird *Einheitselement* oder *Transmissionsleitungselement* (engl.: unit element, UE; transmission line element, TLE) genannt.

Ein Einheitselement transformiert die Impedanz so, daß ihr Gradmaximum aus dem Zähler in den Nenner oder umgekehrt verschoben wird.

Das Maximum aus Zähler– und Nennergrad der Restimpedanz ist höchstens gleich dem Maximum aus Zähler– und Nennergrad der ursprünglichen Impedanz W. Ist darüber hinaus $W(\wp=1) = -W(\wp = -1)$, dann wird das Maximum aus Zähler- und Nennergrad der Restimpedanz gegenüber dem von W um 1 reduziert. Im letzten Fall heißt das Einheitselement *nicht redundant*, ansonsten *redundant*. ♦

Dies soll an einem Beispiel demonstriert werden.

Beispiel 12.14 :

Gegeben sei die normierte Dämpfungsfunktion eines Potenz–Tiefpasses 2. Ordnung in der normierten Richardsebene, der eine Durchlaßgrenzfrequenz mit 3 dB Dämpfung aufweist:

$$D(\wp') = 0{,}997628\wp'^2 + 1{,}412536\wp' + 1 \quad . \tag{12.292}$$

Damit folgt für die normierte Eingangsimpedanz entweder

$$w^{(-)} = \frac{1{,}412536\,\wp' + 1}{1{,}995257\,\wp'^2 + 1{,}412536\,\wp' + 1} \tag{12.293}$$

oder

$$w^{(+)} = \frac{1{,}995257\,\wp'^2 + 1{,}412536\,\wp' + 1}{1{,}412536\,\wp' + 1} \quad . \tag{12.294}$$

Hier wird $w^{(-)}$ zum Ausgangspunkt der Untersuchungen gemacht.

Die Dämpfungsfunktion besitzt Polstellen bei $\wp' = \infty$. Dem entsprechen die Frequenzen

$$\omega_{P,n} = (2n-1)\pi c/(2l) \quad . \tag{12.295}$$

Verlangt man also den ersten Dämpfungspol bei

$$\omega_{P,1} = 4\omega_R \quad , \tag{12.296}$$

dann muß

$$l/c = \pi/(8\omega_R) \tag{12.297}$$

gelten und damit

$$w_B = 0{,}414214 \quad . \tag{12.298}$$

Durch Entnormierung der Richardsvariablen erhält man daher

$$y^{(-)} = \frac{1}{w^{(-)}} = \frac{11{,}6292\wp^2 + 3{,}41016\wp + 1}{3{,}41016\wp + 1} = 3{,}41016\wp + \frac{1}{3{,}41016\wp + 1} \; . \tag{12.299}$$

Der erste Summand kann durch eine leerlaufende Nebenschlußleitung (engl.: shunt open stub) mit normierter Admittanz

$$y_1 = 3{,}41016\wp \tag{12.300}$$

erzeugt werden. In entnormierter Form entspricht dem

$$Y_1 = (3{,}41016/Z_0)\wp \quad . \tag{12.301}$$

Der Wellenwiderstand der leerlaufenden Stichleitung ist daher

$$Z_1 = Z_0/3{,}41016/Z_0 = 0{,}293241\,Z_0 \quad . \tag{12.302}$$

Der zweite Summand entspricht einer normierten Impedanz

$$w_{R1} = 3{,}41016\,\wp + 1 \quad . \tag{12.303}$$

Zur Realisierung würde hier eine in Serie liegende kurzgeschlossene Leitung (engl.: series shorted stub) benötigt. Diese ist nur unvollkommen zu realisieren. Daher wird aus w_{R1} ein Einheitselement extrahiert. Um dessen Wellenwiderstand Z_2 zu bestimmen wird zunächst w_{R1} entnormiert:

$$W_{R1} = (3{,}41016\,\wp + 1)\,Z_0 \tag{12.304}$$

und anschließend bei $\wp = 1$ ausgewertet:

$$Z_2 = 4{,}41016\,Z_0 \quad . \tag{12.305}$$

Um zu erfahren, ob das Einheitselement redundant ist, wird das gleiche an der Stelle $\wp = -1$ getan:

$$W_{R1}(-1) = -2{,}41016\,Z_0 \neq -Z_2 \quad . \tag{12.306}$$

Das Einheitselement ist also redundant. Nach Abspaltung des redundanten Einheitselementes bleibt die Restimpedanz

$$W_{R2} = Z_2\,\frac{W_{R1} - Z_2\,\wp}{Z_2 - W_{R1}\,\wp} \quad . \tag{12.307}$$

Nach Kürzen der in Zähler und Nenner gemeinsamen Faktoren ergibt sich:

$$W_{R2} = \frac{Z_0}{0{,}773251\,\wp + 1} \quad . \tag{12.308}$$

Vergleich mit Gleichung (12.303) zeigt, daß nun Zählergrad und Nennergrad vertauscht worden sind. Ffür die Admittanz von W_{R2} folgt:

$$Y_{R2} = 0{,}773251\,\wp / Z_0 + 1/Z_0 \quad . \tag{12.309}$$

Hieraus läßt sich nun ohne Schwierigkeiten ein ganzrationaler Anteil abspalten, welcher einer leerlaufenden Leitung im Nebenschluß entspricht:

$$Y_{R3} = 0{,}773251\,\wp / Z_0 \; . \tag{12.310}$$

Der Wellenwiderstand dieser Leitung ist

$$Z_3 = Z_0 / 0{,}773251 = 1{,}29324\,Z_0 \quad . \tag{12.311}$$

Der Rest entspricht dann der ohmschen Last Z_0. Damit ist das Filter vollständig dimensioniert. Die Schaltungsstruktur ist in Abb. 12.50a dargestellt. Die normierte Dämpfung ist in Teil b der Abbildung mit durchgezogener Kurve dargestellt.

Hätte man für die Dimensionierung eine erste Polstelle bei $2\omega_R$ gewählt, dann wäre die gleiche Schaltungsstruktur, jedoch mit den Wellenwiderständen

$$Z_1 = 0{,}707947\,Z_0 \quad , \quad Z_2 = 2{,}41254\,Z_0 \quad , \quad Z_3 = 1{,}70795\,Z_0 \tag{12.312}$$

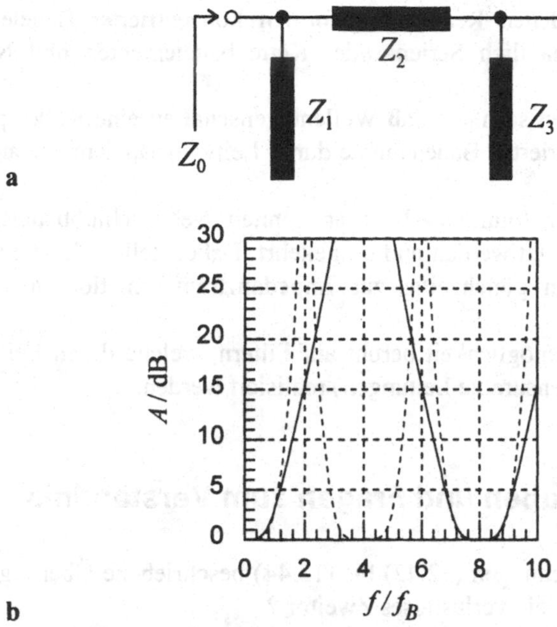

Abb. 12.50 : Potenz–Tiefpaß 2. Ordnung mit kommensurablen Leitungen **a** Struktur **b** Normierte Dämpfung für die Zahlenwerte des Beispiels

entstanden. Die zugehörige normierte Dämpfung ist in Abb. 12.50b als strichlierte Kurve zu sehen. ♦

Das Beispiel zeigt die erwartete Periodizität der normierten Dämpfung. In der Praxis ist daher durch weitere Filtermaßnahmen dafür zu sorgen, daß das gewünschte Verhalten eintritt.

Man kann die Periodizität auch bewußt ausnutzen, um Bandfilterwirkung in einem bestimmten Frequenzbereich zu erzeugen.

12.6 Zusammenfassung

In diesem Kapitel wurden Wege zur Synthese von Filtern aufgezeigt. Sie beruhen auf der Annahme, daß die Filter näherungsweise durch ein verlustloses Zweitor beschrieben werden können. Daher besteht ein enger Zusammenhang zwischen der Zweitorübertragungsfunktion und dem Eigenreflexionsfaktor am Eingangstor. Durch diesen ergeben sich zwei unterschiedliche Lösungsmöglichkeiten für die Eingangsimpedanz des Filters.

Aus der Eingangsimpedanz des Filters können systematisch Realisierungsformen mit konzentrierten Bauelementen gefunden werden. Bei höheren Frequenzen muß zwischen verschiedenen Realisierungsformen konzentrierter Bauelemente unterschieden werden, nämlich Serien- oder Kettenbauelementen und Nebenschlußbauelementen.

Werden die Frequenzen so hoch, daß Welleneigenschaften eine Rolle spielen, dann können die konzentrierten Bauelemente durch Leitungsbauelemente angenähert werden.

Mit Hilfe sogenannter Immittanz-Inverter können Nebenschlußbauelemente durch Serienelemente ersetzt werden und umgekehrt. Dabei stellt sich heraus, daß diese Hilfskonstruktionen gleichzeitig zur Impedanztransformation ausgenutzt werden können.

Eine weitere Synthesemöglichkeit beruht auf Filtern, welche durch Leitungen gleicher Laufzeit (kommensurable Leitungen) realisiert werden.

12.7 Übungsaufgaben und Fragen zum Verständnis

1. Ist der durch die Gleichungen (12.42) bis (12.44) beschriebene Übertrager mit Kopplungsfaktor $K < 1$ ein verlustloses Zweitor ?
2. In Gleichung (12.85) sind zwei alternative Ausdrücke für den Eigenreflexionsfaktor eines verlustfreien, reziproken und reflexionssymmetrischen Filters gegeben. Warum sind die mit der imaginären Einheit j multiplizierten Ausdrücke nicht ebenfalls mögliche Alternativen für die Eigenreflexionsfaktoren eines solchen Filters?
3. Geben Sie für die in Aufgabe 1 aus Kapitel 11 bestimmten Filter Realisierungen mit konzentrierten Bauelementen an.
4. Bestimmen Sie mit Hilfe der in Abschnitt 12.3.3 angegebenen Formelsammlungen das aus konzentrierten Bauelementen bestehende Ersatzschaltbild eines Tschebyscheff-Tiefpasses mit einer maximalen Welligkeit von 1 dB für Frequenzen bis 10 GHz und einer minimalen Sperrdämpfung von 30 dB bei 15 GHz.
5. Dimensionieren Sie das Filter aus Aufgabe 4 mit Hilfe von Leitungsbauelementen. Setzen Sie dabei voraus, daß die Gruppengeschwindigkeit auf den Leitungen ein Drittel der Vakuumlichtgeschwindigkeit beträgt.
6. Eine Quelle mit einer Innenimpedanz von 1 kΩ soll über einen maximal flachen Bandpaß an eine Leitung mit Wellenwiderstand 50 Ω angepaßt werden. Die Mittenfrequenz des Bandpasses sei 1,8 GHz, seine 3dB-Bandbreite sei 5% der Mittenfrequenz. Geben Sie eine Lösung mit Hilfe von Invertern mit konzentrierten Bauelementen an.
7. Konstruieren Sie mit Hilfe kommensurabler Leitungen einen maximal flachen Tiefpaß mit 1dB-Grenzfrequenz 10 GHz, welcher zwischen 12 GHz und 38 GHz wenigstens 20 dB dämpft.

13 Leistungsverteilung

Eine wesentliche Aufgabe bei der Übertragung von Information und Leistung ist die geeignete Verteilung der Informations- und Leistungswellen auf Baugruppen. In einem ersten Ansatz möchte man diese Aufgaben durch einfache Leitungsverzweigungen lösen. Es wird sich aber zeigen, daß dies in der HF-Technik nur mit ungünstigen Resultaten möglich ist. Daher müssen andere Lösungen gefunden werden, welche in diesem Kapitel zu entwickeln sind.

Hochfrequente Leistung wird aber nicht nur geplant über Leitungen übertragen, sondern auch durch Feldverkopplung unabsichtlich von einer Leitung auf eine andere übertragen. Diese Leistungsübertragung ist störend und muß daher untersucht werden, damit Gegenmaßnahmen getroffen werden können.

13.1 Verlustlose Leitungsverzweigungen

Abb. 13.1 zeigt die Zweidrahtausführungen einer Parallel- und einer Serienverzweigung. Für die Parallelverzweigung berechnet man im Fall infinitesimal kleiner Leitungslängen und gleicher Wellenwiderstände der als verlustfrei vorausgesetzten Leitungen (siehe Aufgabe 4 zu Kapitel 8):

$$\tilde{S}_{par} = \frac{1}{3}\begin{pmatrix} -1 & 2 & 2 \\ 2 & -1 & 2 \\ 2 & 2 & -1 \end{pmatrix} \tag{13.1}$$

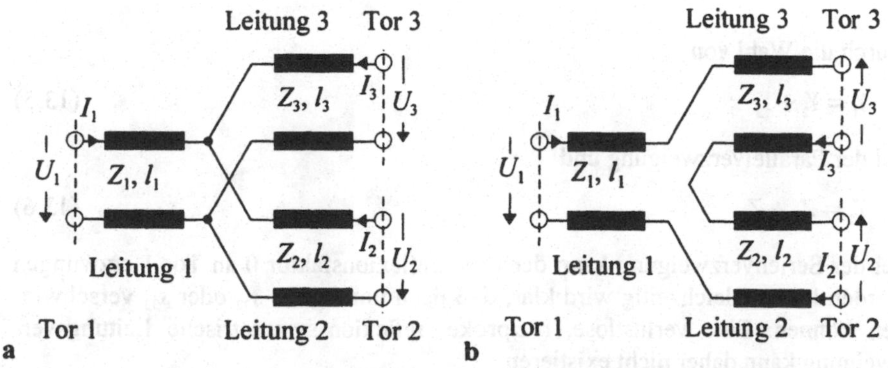

Abb. 13.1 : Leitungsverzweigungen **a** Parallelverzweigung **b** Serienverzweigung

und für die Serienverzweigung

$$\vec{S}_{ser} = -\frac{1}{3}\begin{pmatrix} -1 & 2 & 2 \\ 2 & -1 & 2 \\ 2 & 2 & -1 \end{pmatrix} = -\vec{S}_{par} \quad . \tag{13.2}$$

Es gibt übrigens auch in völlig anderen Leitungstechniken wie etwa der Hohlleitertechnik Leitungsverzweigungen, deren Streumatrizen durch eine der Gleichungen (13.1) bzw. (13.2) gegeben sind.

Die Eigenreflexionsfaktoren der Verzweigungen sind von 0 verschieden. Das bedeutet, daß die Verzweigungen bei reflexionsfreier Belastung von zwei Toren am verbleibenden Tor einen von 0 verschiedenen Reflexionsfaktor aufweisen.

Da durch Reflexionen Signale verzerrt und Leistungen nur unökonomisch ausgenutzt werden, ist die Klärung der Frage erforderlich, ob man nicht durch geschickte Wahl unterschiedlicher Wellenwiderstände zu günstigeren Resultaten gelangen kann.

Für die Parallelverzweigung nach Abb. 13.1a ergibt sich mit $Y_1 = 1/Z_1$, $Y_2 = 1/Z_2$ und $Y_3 = 1/Z_3$ folgende Streumatrix

$$\vec{S}_{par} =$$

$$\frac{1}{Y_1+Y_2+Y_3}\begin{pmatrix} (Y_1-Y_2-Y_3)e^{-j\beta 2l_1} & 2\sqrt{Y_1Y_2}\,e^{-j\beta(l_1+l_2)} & 2\sqrt{Y_1Y_3}\,e^{-j\beta(l_1+l_3)} \\ 2\sqrt{Y_1Y_2}\,e^{-j\beta(l_2+l_1)} & (Y_2-Y_1-Y_3)e^{-j\beta 2l_2} & 2\sqrt{Y_2Y_3}\,e^{-j\beta(l_2+l_3)} \\ 2\sqrt{Y_1Y_3}\,e^{-j\beta(l_3+l_1)} & 2\sqrt{Y_2Y_3}\,e^{-j\beta(l_2+l_3)} & (Y_3-Y_1-Y_2)e^{-j\beta 2l_3} \end{pmatrix} . \tag{13.3}$$

Für die Serienverzweigung nach Abb. 13.1b erhält man

$$\vec{S}_{ser} =$$

$$\frac{-1}{Z_1+Z_2+Z_3}\begin{pmatrix} (Z_1-Z_2-Z_3)e^{-j\beta 2l_1} & 2\sqrt{Z_1Z_2}\,e^{-j\beta(l_1+l_2)} & 2\sqrt{Z_1Z_3}\,e^{-j\beta(l_1+l_3)} \\ 2\sqrt{Z_1Z_2}\,e^{-j\beta(l_2+l_1)} & (Z_2-Z_1-Z_3)e^{-j\beta 2l_2} & 2\sqrt{Z_2Z_3}\,e^{-j\beta(l_2+l_3)} \\ 2\sqrt{Z_1Z_3}\,e^{-j\beta(l_3+l_1)} & 2\sqrt{Z_2Z_3}\,e^{-j\beta(l_2+l_3)} & (Z_3-Z_1-Z_2)e^{-j\beta 2l_3} \end{pmatrix} . \tag{13.4}$$

Durch die Wahl von

$$Y_1 = Y_2 + Y_3 \tag{13.5}$$

bei der Parallelverzweigung und

$$Z_1 = Z_2 + Z_3 \tag{13.6}$$

bei der Serienverzweigung kann der Eigenreflexionsfaktor 0 an Tor 1 erzwungen werden kann. Gleichzeitig wird klar, daß dann unmöglich s_{22} oder s_{33} verschwinden können. Eine verlustlose, reziproke, reflexionssymmetrische Leitungsverzweigung kann daher nicht existieren.

13.2 Zirkulatoren

Es stellt sich nun die Frage, ob es andere Dreitore gibt, deren Tore eigenreflexionsfrei sind, und die verlustfrei Leistung von einem Tor auf die anderen beiden Tore verteilen können. Ein solches Dreitor müßte die Streumatrix

$$\vec{S} = \begin{pmatrix} 0 & s_{12} & s_{13} \\ s_{21} & 0 & s_{23} \\ s_{31} & s_{32} & 0 \end{pmatrix} \tag{13.7}$$

aufweisen und wegen der geforderten Verlustfreiheit unitär sein. Die Unitaritätsbedingung lautet hier

$$\begin{pmatrix} 1 & 0 & 0 \\ 0 & 1 & 0 \\ 0 & 0 & 1 \end{pmatrix} = \begin{pmatrix} |s_{21}|^2 + |s_{31}|^2 & s_{31}^* s_{32} & s_{21}^* s_{23} \\ s_{32}^* s_{31} & |s_{12}|^2 + |s_{32}|^2 & s_{12}^* s_{13} \\ s_{23}^* s_{21} & s_{13}^* s_{12} & |s_{13}|^2 + |s_{23}|^2 \end{pmatrix} . \tag{13.8}$$

Aus dem Vergleich der Matrixelemente an den Stellen (Zeilennummer, Spaltennummer) = (2,3) bzw. (3,2) in obiger Gleichung entnimmt man, daß entweder s_{12} oder s_{13} gleich 0 sein muß.

Nimmt man ersteres an, dann folgt durch Vergleich der Matrixstellen (2,2), daß $|s_{32}| = 1$ sein muß. Daraus folgt wieder aus der Matrixstelle (1,2), daß s_{31} verschwinden muß. Matrixstelle (1,1) liefert dann die Aussage $|s_{21}| = 1$, woraus wieder mit Matrixstelle (1,3) $s_{23} = 0$ folgert. Damit und aus dem Vergleich der Matrixstelle (3,3) folgt dann $|s_{13}| = 1$. Das Ergebnis ist dann

$$s_{12} = 0 \;\; ; \;\; |s_{21}| = 1 \;\; ; \;\; s_{23} = 0 \;\; ; \;\; |s_{32}| = 1 \;\; ; \;\; s_{31} = 0 \;\; ; \;\; |s_{13}| = 1 \;\; . \tag{13.9}$$

Verschwindet hingegen s_{13}, dann folgt

$$s_{13} = 0 \;\; ; \;\; |s_{31}| = 1 \;\; ; \;\; s_{32} = 0 \;\; ; \;\; |s_{23}| = 1 \;\; ; \;\; s_{21} = 0 \;\; ; \;\; |s_{12}| = 1 \;\; . \tag{13.10}$$

Ein verlustfreies, eigenreflexionsfreies Dreitor ist also in keinem Torpaar transmissionssymmetrisch, es ist nicht reziprok.

Im einfachsten denkbaren Fall entsprechend Gleichungssatz (13.9) entsteht die Streumatrix

$$\vec{S}_{Zirkulator,\, zyklisch} = \begin{pmatrix} 0 & 0 & 1 \\ 1 & 0 & 0 \\ 0 & 1 & 0 \end{pmatrix} . \tag{13.11}$$

Eine in Tor 1 hineinfließende Welle wird also zum Tor 2 weitergereicht und fließt dort mit gleicher Leistung wieder hinaus. Eine in Tor 2 hineinfließende Welle wird nach Tor 3 befördert und eine in Tor 3 hineinfließende Welle wird nach

Tor 1 geleitet. Umgekehrt findet kein direkter Leistungstransport von Tor 1 nach Tor 3, von Tor 2 nach Tor 1 und von Tor 3 nach Tor 2 statt.

Numeriert man Tor 2 um in Tor 3 und umgekehrt, dann entsteht die Streumatrix

$$\ddot{S}_{Zirkulator,\,antizyklisch} = \begin{pmatrix} 0 & 1 & 0 \\ 0 & 0 & 1 \\ 1 & 0 & 0 \end{pmatrix} \quad . \tag{13.12}$$

Diese entspricht Gleichungssatz (13.10).

Da es in beiden Fällen so aussieht, als ob eine auf ein Tor zulaufende Welle zyklisch bzw. antizyklisch zum nächsten Tor „gedreht" wird, heißt das Dreitor ein *Zirkulator*. Zirkulatoren können im Mikrowellenbereich mit Hilfe von Ferritbauelementen aufgebaut werden [13.1], [13.2].

Aus den obigen Ausführungen muß nun gefolgert werden, daß es *kein* wie auch immer geformtes *reziprokes Dreitor* geben kann, das an allen Toren *eigenreflexionsfrei und verlustfrei* ist.

13.3 Leistungsverteilung mit Übertragern

In Abschnitt 13.1 war eine Voraussetzung gefunden worden, unter der eine Leitungsverzweigung wenigstens an Tor 1 reflexionsfrei ist. Es muß dann für die Wellenwiderstände der Leitungen bzw. für deren Kehrwerte gelten:

$$\begin{aligned} Y_1 &= Y_2 + Y_3 \quad \text{für die Parallelverzweigung,} \\ Z_1 &= Z_2 + Z_3 \quad \text{für die Serienverzweigung.} \end{aligned} \tag{13.13}$$

Da man in vielen Fällen aber an allen Toren eines N-Tores den gleichen Wellenwiderstand wünscht, muß eine Impedanztransformation vorgenommen werden.

Ein im Grunde aus der NF-Technik stammendes Verfahren zur Lösung dieser Aufgabe ist die Verwendung von Übertragern. Sie spielen für Frequenzen bis in den Dezimeterwellenbereich eine bedeutende Rolle.

Bereits in Kapitel 12 war festgestellt worden, daß Übertrager eine Impedanztransformation bewirken. Die Idee ist daher, Lastadmittanzen vom Werte Y_1 an den Toren 2 und 3 eines Dreitors zunächst so durch Übertrager in die Werte Y_2 bzw. Y_3 zu transformieren, daß die Summe aus Y_2 und Y_3 wieder Y_1 ergibt. Diese transformierten Admittanzen werden dann als Lasten in einer Parallelverzweigung verwendet. Eine Schaltung dieser Art ist in Abb. 13.2a unter Verwendung idealisierter Übertrager dargestellt. Bei Verwendung fest gekoppelter realer Übertrager wird das Verhalten dieser Schaltung hinreichend gut genähert. Mit den Übertragungsverhältnissen

$$\ddot{u}_1 := \sqrt{L_1/L_2} = \sqrt{Y_1/Y_2} \;,\; \ddot{u}_2 := \sqrt{L_1/L_3} = \sqrt{Y_1/Y_3} \;,\; 1/\ddot{u}_1^2 + 1/\ddot{u}_2^2 = 1 \tag{13.14}$$

wird das gewünschte Verhalten erreicht. Es folgt dann

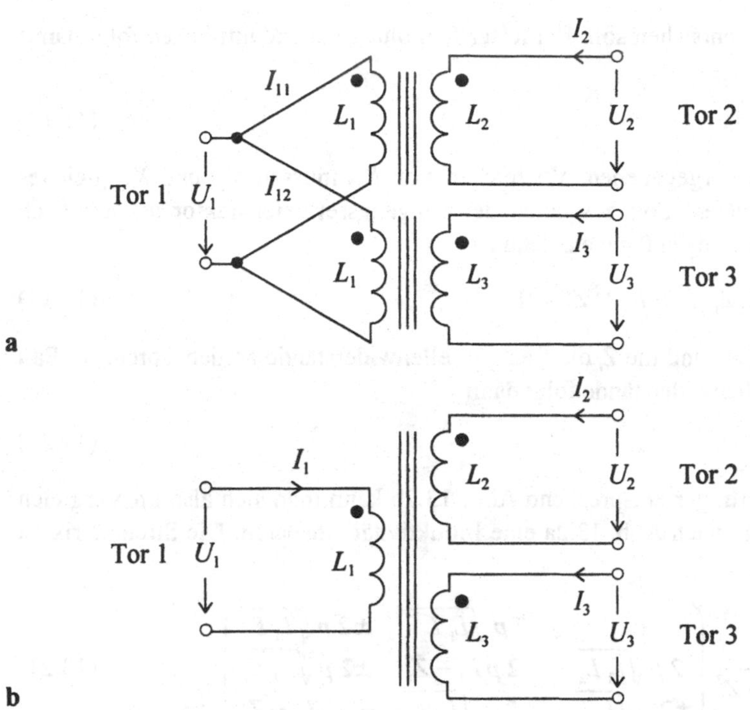

Abb. 13.2 : Verzweigungen mit idealisierten Übertragern **a** Serienverzweigung mit zwei Übertragern als Lasten **b** Sparausführung der Schaltung aus Teilbild a

$$L_1 = L_2 + L_3 \ . \tag{13.15}$$

Statt nun den magnetischen Fluß der beiden Übertrager in der Schaltung aus Abb. 13.2a mit zwei verschiedenen Primärinduktivitäten zu erzeugen, soll dies nun durch eine gemeinsame Primärinduktivität L_1 wie in Abb. 13.2b erfolgen. Hierfür muß noch L_1 bestimmt werden.

Den Ausführungen des Abschnitts 12.1.4 entsprechend gilt mit reellen Koppelfaktoren K_{ik}, die dem Betrage nach höchstens gleich 1 sind,

$$U_1 = p\left\{L_1\, I_1 + K_{12}\sqrt{L_1\, L_2}\; I_2 + K_{13}\sqrt{L_1\, L_3}\; I_3\right\}$$

$$U_2 = p\left\{K_{12}\sqrt{L_1\, L_2}\; I_1 + L_2\, I_2 + K_{23}\sqrt{L_2\, L_3}\; I_3\right\}$$

$$U_3 = p\left\{K_{13}\sqrt{L_1\, L_3}\; I_1 + K_{23}\sqrt{L_2\, L_3}\; I_2 + L_3\, I_3\right\} \quad . \tag{13.16}$$

Rechnet man diesen Gleichungssatz in Streuparameter um, dann folgt aus der Betrachtung von s_{11}, daß

$$K_{12}^2 + K_{13}^2 + K_{23}^2 - 2\,K_{12}\,K_{13}\,K_{23} - 1 = 0 \tag{13.17}$$

gelten muß, wenn wenigstens für große Frequenzen ein konstanter Eingangsreflexionsfaktor entstehen soll. Bei fester Kopplung der Induktivitäten folgt damit die Einschränkung

$$K_{12}\,K_{13}\,K_{23}=1 \quad , \tag{13.18}$$

d.h. bei positiv vorgegebenem Vorzeichen von K_{12} müssen K_{13} und K_{23} gleiches Vorzeichen besitzen. Soll zusätzlich der Eingangsreflexionsfaktor asymptotisch mit der Frequenz gegen 0 gehen, dann ist

$$L_1\,Z_2^2\,Z_3^2-L_2\,Z_1^2\,Z_3^2-L_3\,Z_1^2\,Z_2^2=0 \tag{13.19}$$

zu erfüllen. Dabei sind die Z_i die Bezugswellenwiderstände an den Toren. Im Fall identischer Wellenwiderstände folgt dann

$$L_1=L_2+L_3 \quad . \tag{13.20}$$

Durch den Übertrager entsprechend Abb. 13.2b kann man sich also im Vergleich zu der Schaltung nach Abb. 13.2a eine Induktivität einsparen. Die Streumatrix ist in diesem Fall

$$\vec{\vec{S}}=\frac{1}{2\,p\,L_1+Z_1^2}\begin{pmatrix} -Z_1^2 & 2\,p\sqrt{L_1\,L_2} & \pm 2\,p\sqrt{L_1\,L_3} \\ 2\,p\sqrt{L_1\,L_2} & -2\,p\,L_3-Z_1^2 & \pm 2\,p\sqrt{L_2\,L_3} \\ \pm 2\,p\sqrt{L_1\,L_3} & \pm 2\,p\sqrt{L_2\,L_3} & -2\,p\,L_2-Z_1^2 \end{pmatrix} \tag{13.21}$$

mit

$$K_{12}=1 \quad , \quad K_{13}=\pm 1 \quad , \quad K_{23}=K_{13} \quad . \tag{13.22}$$

Den Fall des idealisierten Übertragers erhält man durch Grenzübergang $p\to\infty$:

$$\vec{\vec{S}}_{ideal}=\begin{pmatrix} 0 & \sqrt{L_2/L_1} & \pm\sqrt{L_3/L_1} \\ \sqrt{L_2/L_1} & -L_3/L_1 & \pm\sqrt{L_2\,L_3/L_1^2} \\ \pm\sqrt{L_3/L_1} & \pm\sqrt{L_2\,L_3/L_1^2} & -L_2/L_1 \end{pmatrix} \quad . \tag{13.23}$$

Eine häufig in HF-Schaltungen eingesetzte Variante dieses Übertragers ist in Abb. 13.3 dargestellt. Hier sind die Induktivitäten L_2 und L_3 identisch und die Koppelfaktoren K_{12} und K_{13} von unterschiedlichem Vorzeichen. Die Streumatrix des idealisierten Kopplers reduziert sich dann auf

$$\vec{\vec{S}}_{ideal}=\frac{1}{2}\begin{pmatrix} 0 & \sqrt{2} & -\sqrt{2} \\ \sqrt{2} & -1 & -1 \\ -\sqrt{2} & -1 & -1 \end{pmatrix} \quad . \tag{13.24}$$

Speist man also zwei gleiche Signale aus rückwirkungsfreien Quellen in die Tore 2 und 3 ein, dann fließt keine Welle aus Tor 1. Der Grund dafür liegt darin, daß sich dann die magnetischen Flüsse in den Induktivitäten 2 und 3 gegenseitig aus-

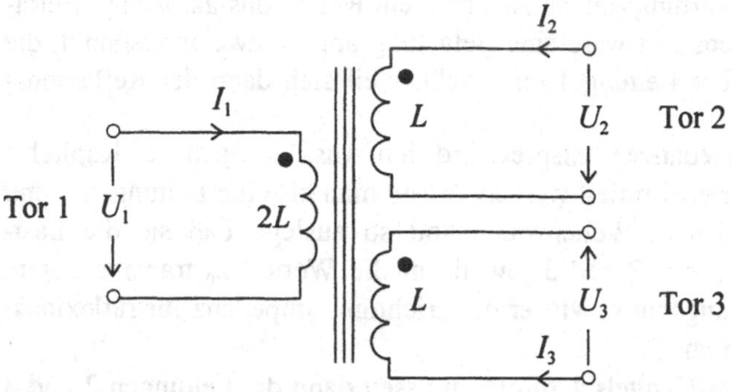

Abb. 13.3 : Differentialübertrager

löschen. Es werden somit nur Differenzen zwischen den Einspeisungen in Tor 2 und Tor 3 nach Tor 1 übertragen.

Aus diesem Grund nennt man den Übertragertyp aus Abb. 13.3 auch *Differentialübertrager*.

13.4 Leistungsteiler vom Wilkinson-Typ

Auf Ernest J. Wilkinson [13.3] gehen reziproke Dreitore zurück, die an allen Toren eigenreflexionsfrei sind, und welche aus einer Kombination aus Leitungsbauelementen und Widerständen bestehen, also verlustbehaftet sind.

Diese Dreitore sind so gebaut, daß eine Leistungswelle, welche in Tor 1 hineinläuft, wenigstens für eine Frequenz verlustfrei auf die Tore 2 und 3 aufgeteilt wird. Zwei Leistungswellen, die in Tor 2 und Tor 3 hineinlaufen, werden aber nicht unbedingt verlustlos zu einer aus Tor 1 hinauslaufenden Welle zusammengefaßt. Die Schaltungen dienen daher überwiegend zur Aufteilung von Leistung und werden *Leistungsteiler* genannt. Darüber hinaus läuft bei Anpassung der Tore kein Leistungsanteil einer Welle, welche in Tor 3 eingespeist wird zum Tor 2 und umgekehrt.

13.4.1 Der Original-Wilkinson-Teiler

Es wird nochmals die Leitungsverzweigung entsprechend Abb. 13.1a untersucht. Die Schaltung besteht aus drei Leitungen der Längen l_1, l_2 und l_3. Die Verzweigung wird zunächst an den Toren 2 und 3 durch je eine Impedanz mit dem reellen Wert Z_0 belastet. Haben die Leitungen 2 und 3 den Leitungswellenwiderstand Z_0, dann wirkt dies so, als ob die beiden Lastimpedanzen statt an Tor 2 und 3 parallel am Verzweigungspunkt anliegen. Der Verzweigungspunkt wird also mit einer Impedanz vom Wert $Z_0/2$ belastet. Wenn dann auch Leitung 1 den Wellenwiderstand Z_0 besitzt, wird erwartungsgemäß an Tor 1 ein Reflexionsfaktor vom Betrage 1/3 erzeugt. Wünschenswert wäre eine Belastung am Verzweigungspunkt, die dem Wellenwiderstand der Leitung 1 entspricht, weil sich dann der Reflexionsfaktor 0 ergibt.

Nun können aber Impedanzen entsprechend den Ausführungen der Kapitel 4 und 7 durch Leitungen transformiert werden. Wenn man also die Leitungen 2 und 3 mit von Z_0 verschiedenem Wellenwiderstand so auslegt, daß sie die Lastimpedanzen Z_0 an den Toren 2 und 3 jeweils in die Werte $2Z_0$ transformieren, dann liegt am Verzweigungspunkt wieder die „richtige" Impedanz für reflexionsfreien Leistungstransport an.

Den Ausführungen des Kapitels 4 zufolge müssen dann die Leitungen 2 und 3 als $\lambda/4$-Transformatoren mit Wellenwiderstand

$$Z_2 = Z_3 = \sqrt{Z_0 \cdot 2Z_0} = Z_0 \sqrt{2} \tag{13.25}$$

ausgelegt werden. Mit dieser Dimensionierung der Leitungen stellt sich also an Tor 1 der Eigenreflexionsfaktor 0 ein.

Die sich dann an Tor 2 bzw. Tor 3 einstellenden (verallgemeinerten) Spannungen U_2 bzw. U_3 sind aus Symmetriegründen in Betrag und Phase gleich. Fügt man daher zwischen Tor 2 und Tor 3 einen ohmschen Widerstand R ein, dann wird durch diesen keine Leistung transportiert. Daher bleibt auch nach Einfügung diesen Widerstandes der Eigenreflexionsfaktor an Tor 1 gleich 0, die in Tor 1 hineinlaufende Leistung wird verlustlos und gleichmäßig auf die zu Z_0 gewählten Impedanzen an Tor 2 und 3 aufgeteilt.

Da aber durch Einfügung des Widerstandes ein verlustbehaftetes Element in die Schaltung eingebracht wurde, besteht die Hoffnung, daß nun bei Einspeisung einer Welle in Tor 2 oder 3 und bei geeigneter Dimensionierung von R die Eigenreflexionsfaktoren an den Toren 2 und 3 verschwinden.

Es ist also die Schaltung entsprechend Abb. 13.4 zu untersuchen. Diese enthält drei Parallelverzweigungen und ein Zweitor mit Serienimpedanz. Von diesen Zwei- und Dreitoren sind die Streumatrizen bekannt. Daher kann ein lineares Gleichungssystem für die beteiligten Wellen aufgestellt werden, dessen Lösung für die aus dem Dreitor laufenden Wellen in Abhängigkeit von den darauf zulau-

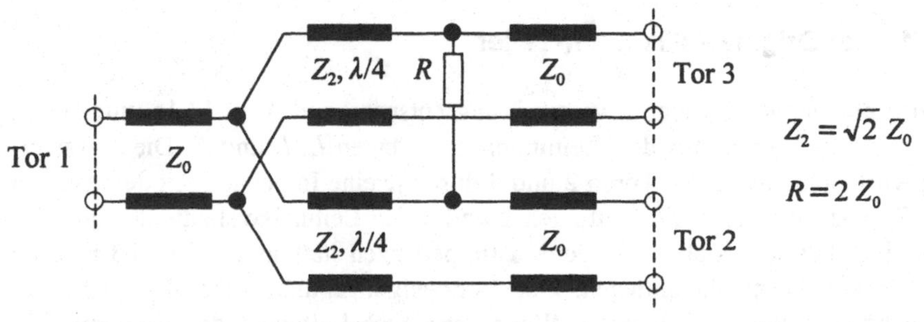

Abb. 13.4 : Original-Wilkinson-Leistungsteiler

fenden Wellen durch

$$b_1 = -j\frac{\sqrt{2}}{2}(a_2 + a_3) \quad , \tag{13.26}$$

$$b_2 = \frac{1}{4Z_0 + 2R}\left(-j\sqrt{2}\,(2Z_0 + R)\,a_1 + (R - 2Z_0)\,a_2 + (2Z_0 - R)\,a_3\right) \quad , \tag{13.27}$$

$$b_3 = \frac{1}{4Z_0 + 2R}\left(-j\sqrt{2}\,(2Z_0 + R)\,a_1 + (2Z_0 - R)\,a_2 - (2Z_0 - R)\,a_3\right) \tag{13.28}$$

gegeben ist. Man erkennt sogleich, daß der Eigenreflexionsfaktor an Tor 2, der durch das Verhältnis von b_2 zu a_2 unter der Randbedingung $a_1 = a_3 = 0$ gegeben ist, verschwindet, wenn

$$R = 2\,Z_0 \tag{13.29}$$

gilt. Gleichzeitig werden b_2 bzw. b_3 von a_3 und a_2 unabhängig. Wählt man diese Dimensionierung, dann liegt die vollständige Streumatrix des Leistungsteilers fest. Für die Nominalfrequenz, bei der die Zweigleitungen $\lambda/4$ lang sind, gilt

$$\ddot{S} = \frac{1}{j\sqrt{2}}\begin{pmatrix} 0 & 1 & 1 \\ 1 & 0 & 0 \\ 1 & 0 & 0 \end{pmatrix} \quad . \tag{13.30}$$

Tatsächlich sind hier alle Eigenreflexionsfaktoren 0. Der Leistungsteiler teilt eine in Tor 1 hineinfließende Welle reflexionsfrei, verlustlos und zu gleichen Teilen auf die Tore 2 und 3 auf. Eine in Tor 2 hineinfließende Welle wird reflexionsfrei, aber nur mit halber Leistung zu Tor 1 geführt. An Tor 3 erscheint kein Leistungsanteil dieser Welle. Die verbliebene halbe Leistung muß also im ohmschen Widerstand umgesetzt werden. Entsprechendes gilt bei Einspeisung in Tor 3. Man sagt daher, die Tore 2 und 3 seien *entkoppelt*.

13.4.2 Modifizierte Wilkinson-Teiler

Ein Nachteil des Original-Wilkinson-Teilers ist, daß er Leistungen von Tor 1 zu den Toren 2 und 3 nur in gleichen Teilen aufteilen kann. Oftmals ist aber eine ungleiche Leistungsteilung erwünscht.

Von L.I. Parad und R.L. Moynihan [13.4] wurden daher Modifikationen des oben gefundenen Leistungsteilers vorgeschlagen. Hier wird zunächst eine Abwandlung dieses Vorschlages abgehandelt.

Es wird eine Parallelverzweigung entsprechend Abb. 13.5 untersucht. Die Leitungen 2 und 3 werden wieder als $\lambda/4$-Transformatoren, diesmal aber mit verschiedenen Wellenwiderständen Z_2 bzw. Z_3 ausgeführt. Sie werden durch die reellen Impedanzen W_2 und W_3 belastet.

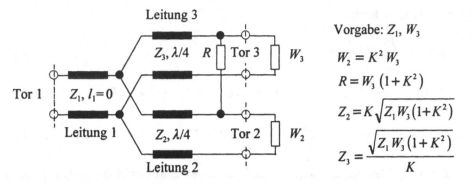

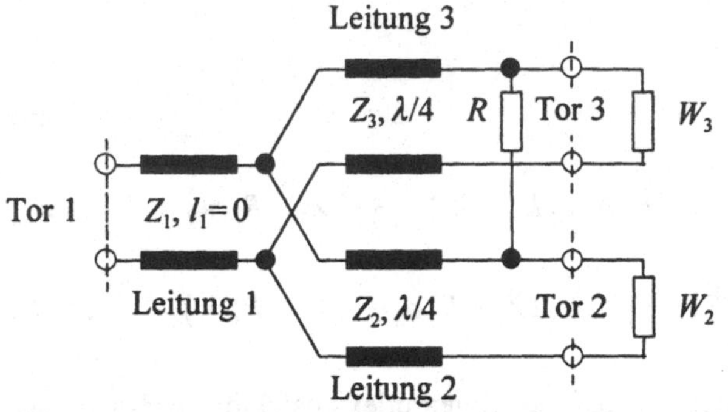

Vorgabe: Z_1, W_3

$$W_2 = K^2\, W_3$$

$$R = W_3\,(1+K^2)$$

$$Z_2 = K\sqrt{Z_1 W_3 (1+K^2)}$$

$$Z_3 = \frac{\sqrt{Z_1\, W_3\,(1+K^2)}}{K}$$

Abb. 13.5 : Modifizierter Wilkinson-Leistungsteiler

Es soll nun berechnet werden, in welchem Zusammenhang Wellenwiderstände und Lastimpedanzen stehen müssen, damit

1. Tor 1 reflexionsfrei angepaßt ist, und
2. die zum Tor 3 transportierte mittlere Wirkleistung P_3 um den Faktor K^2 grösser ist, als die zum Tor 2 transportierte mittlere Wirkleistung P_2:

$$P_3 = K^2\; P_2 \quad . \tag{13.31}$$

Der zum Verzweigungspunkt der Parallelverzweigung transformierte Impedanzwert von W_2 ist

$$W_{2,trans} = Z_2^2 / W_2 \quad , \tag{13.32}$$

und der transformierte Wert von W_3 ergibt sich entsprechend als

$$W_{3,trans} = Z_3^2 / W_3 \quad . \tag{13.33}$$

Damit liegt effektiv am Verzweigungspunkt die Parallelschaltung aus $W_{2,trans}$ und $W_{3,trans}$ vor. Zur Erfüllung von Forderung 1 muß also gelten:

$$Z_1 = W_{2,trans} \| W_{3,trans} = 1 \big/ \left(W_2 / Z_2^2 + W_3 / Z_3^2 \right) \quad . \tag{13.34}$$

Weiter ist

$$P_2 = \left|U^2\right| \big/ W_{2,trans} \quad , \quad P_3 = \left|U^2\right| \big/ W_{3,trans} \quad , \tag{13.35}$$

wobei $|U|$ der Effektivwert der (verallgemeinerten) Spannung am Verzweigungspunkt ist. Dann folgt mit den Gleichungen (13.31), (13.32), (13.33) und (13.35)

$$W_3 / Z_3^2 = K^2\, W_2 / Z_2^2 \quad . \tag{13.36}$$

Eingesetzt in Gleichung (13.34) ergibt sich ein erster Zusammenhang zwischen den Wellenwiderständen und den Lastimpedanzen:

$$Z_1 = \frac{Z_2^2}{W_2\,(1+K^2)} = \frac{K^2\,Z_3^2}{W_3\,(1+K^2)} \quad . \tag{13.37}$$

Man möchte nun weiter wie beim Original-Wilkinson-Teiler vorgehen. Das bedeutet, daß bei reflexionsfreier Einspeisung an Tor 1 die (verallgemeinerten) Spannungen an den Toren 2 und 3 gleich groß sein sollen. Nennt man den Effektivwert dieser Spannung $|V|$, dann gilt unter den genannten Randbedingungen auch

$$P_2 = \left|V^2\right|/W_2 \quad , \quad K^2\,P_2 = P_3 = \left|V^2\right|/W_3 \quad , \tag{13.38}$$

da die Leitungen als verlustlos vorausgesetzt wurden. Damit und mit Gleichung (13.36) folgt

$$K^2 = W_2/W_3 = Z_2/Z_3 \quad . \tag{13.39}$$

Gibt man K und W_3 vor, dann folgt aus den obigen Gleichungen, daß folgende Dimensionierungsvorschriften zu erfüllen sind:

$$W_2 = K^2\,W_3 \;,\; Z_2 = K\sqrt{Z_1\,W_3\,(1+K^2)} \;,\; Z_3 = \sqrt{Z_1\,W_3\,(1+K^2)}\Big/K \quad . \tag{13.40}$$

Da an Tor 2 und Tor 3 bei Einspeisung an Tor 1 die gleiche Spannung anliegt, kann ohne Beeinflussung des Schaltungsverhaltens für diesen Anwendungsfall ein ohmscher Widerstand R zwischen die Tore 2 und 3 geschaltet werden.

Man kann nun mit der gleichen Vorgehensweise wie beim Original-Wilkinson-Teiler die Streumatrix des Teilers nach Abb. 13.5 und mit der Dimensionierungsvorschrift (13.40) berechnen. Es ergibt sich bei derjenigen Frequenz, bei der die Leitungen 2 und 3 gerade $\lambda/4$ lang sind, mit den Bezugswellenwiderständen Z_1 an Tor 1, W_2 an Tor 2 und W_3 an Tor 3 für den Eigenreflexionsfaktor an Tor 2:

$$s_{22} = -\frac{K^2\,(W_3\,K^2 + W_3 - R)}{(1+K^2)\,(W_3\,K^2 + W_3 + R)} \quad . \tag{13.41}$$

Dieser Wert verschwindet, wenn

$$R = W_3\,(1+K^2) \tag{13.42}$$

gilt. Mit diesem Wert für R errechnet man die Streumatrix bei Nominalfrequenz

$$\tilde{S} = \frac{1}{j\,\sqrt{1+K^2}} \begin{pmatrix} 0 & 1 & K \\ 1 & 0 & 0 \\ K & 0 & 0 \end{pmatrix} \quad . \tag{13.43}$$

Es ist bemerkenswert, daß die Tore 2 und 3 wieder entkoppelt sind, und daß die in Tor 1 eingespeiste Leistung phasengleich auf die Tore 2 und 3 verteilt wird. Die Anwendung dieser Ergebnisse demonstrieren die folgenden Beispiele.

Beispiel 13.1 :

Es soll ein Leistungsteiler mit gleicher Leistungsaufteilung und Wellenwiderstand Z_0 an Tor 1 und Tor 3 konstruiert werden. Dann muß gelten:

$$W_2 = Z_0 \;,\; Z_2 = Z_0\sqrt{2} \;,\; Z_3 = Z_0\sqrt{2} \text{ , sowie}$$

$$\ddot{S} = \frac{1}{j\sqrt{2}} \begin{pmatrix} 0 & 1 & 1 \\ 1 & 0 & 0 \\ 1 & 0 & 0 \end{pmatrix} .$$

Das ist die Dimensionierung des Original-Wilkinson-Teilers. ♦

Beispiel 13.2 :

Es soll ein Leistungsteiler konstruiert werden, der an Tor 3 im Vergleich zu Tor 2 die neunfache Leistung abgeben kann. Der Wellenwiderstand sei an Tor 1 und Tor 3 zu Z_0 vorgegeben. Dann ist $K=3$. Damit ergibt sich

$$W_2 = 9Z_0 \;,\; Z_2 = 3Z_0\sqrt{10} \;,\; Z_3 = Z_0\sqrt{10}/3 \text{ , sowie}$$

$$\ddot{S} = \frac{1}{j\sqrt{10}} \begin{pmatrix} 0 & 1 & 3 \\ 1 & 0 & 0 \\ 3 & 0 & 0 \end{pmatrix} .$$ ♦

Ein Nachteil des Teilers nach Abb. 13.5 ist, daß außer im Fall $K=1$ die Lastimpedanzen an den Toren 2 und 3 ungleich sein müssen. Vielfach wünscht man aber gerade die Anwendung gleicher Leitungswellenwiderstände, beispielsweise, weil dann meßtechnische Aufgaben leichter durchzuführen sind.

Daher wird die Idee untersucht, Z_1 und W_3 auf den Wert Z_0 festzulegen und W_2 über einen $\lambda/4$-Transformator in den Wert Z_0 zu transformieren. Der Wellenwiderstand der transformierenden Leitung muß dann den Wert $(Z_0 W_2)^{1/2}$ haben. Da die Leitung von einer Quelle mit Impedanz W_2 gespeist wird, liegt eine Situation entsprechend Abb. 13.6 vor.

Im Bezugssystem der Transformationsleitung weist die Quelle einen Reflexionsfaktor

$$\Gamma_{G2} = \frac{W_2 - Z_4}{W_2 + Z_4} = \frac{KW_3 - \sqrt{Z_0 W_3}}{KW_3 + \sqrt{Z_0 W_3}} \tag{13.44}$$

auf. Entsprechend ist der Reflexionsfaktor der Last

$$\Gamma_{L2} = \frac{Z_0 - Z_4}{Z_0 + Z_4} = \frac{Z_0 - K\sqrt{Z_0 W_3}}{Z_0 + K\sqrt{Z_0 W_3}} \quad . \tag{13.45}$$

Die Transducer-Übertragungsfunktion der Anordnung aus Abb. 13.6 kann leicht mit Hilfe des Signalflußgraphen, der ebenfalls in der Abbildung dargestellt ist, zu

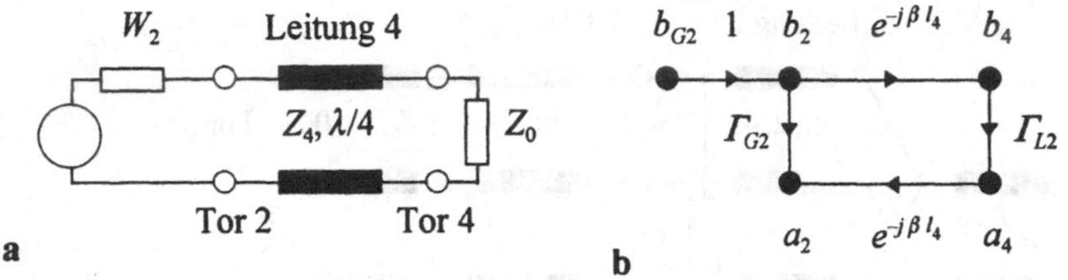

Abb. 13.6 : Übertragungsverhalten des Ausgangstransformators **a** Schaltbild **b** Signalflußgraph

$$H_{T4} = \frac{e^{-j\omega l_4/c}}{1-\Gamma_{G2}\,\Gamma_{L2}\,e^{-j2\omega l_4/c}} \tag{13.46}$$

bestimmt werden.

Sie weist daher einen deutlich von einer Konstanten verschiedenen Amplituden- und Phasengang auf. Dadurch wird im Übertragungsverhalten des Teilers von Tor 1 nach Tor 2 bzw. 3 eine Unsymmetrie hervorgerufen.

Aus diesem Grund entscheidet man sich dafür, auch W_3 nicht zu Z_0 zu dimensionieren, sondern ebenfalls über einen $\lambda/4$-Transformator in den Wert Z_0 zu transformieren. Dessen Transformationsleitung muß den Wellenwiderstand $(Z_0\,W_3\,)^{1/2}$ haben. Seine Transducer-Übertragungsfunktion ist

$$H_{T5} = \frac{e^{-j\omega l_5/c}}{1-\Gamma_{G3}\,\Gamma_{L3}\,e^{-j2\omega l_5/c}} \quad . \tag{13.47}$$

mit

$$\Gamma_{G3} = \frac{W_3 - Z_5}{W_3 + Z_5} = \frac{W_3 - \sqrt{Z_0\,W_3}}{W_3 + \sqrt{Z_0\,W_3}} \tag{13.48}$$

und

$$\Gamma_{L3} = \frac{Z_0 - Z_5}{Z_0 + Z_5} = \frac{Z_0 - \sqrt{Z_0\,W_3}}{Z_0 + \sqrt{Z_0\,W_3}} \quad . \tag{13.49}$$

Damit Amplituden- und Phasengang beider Übertragungsfunktionen gleich sind, muß gelten

$$\Gamma_{G2}\,\Gamma_{L2} = \Gamma_{G3}\,\Gamma_{L3} \tag{13.50}$$

oder

$$\frac{K W_3 - \sqrt{Z_0\,W_3}}{K W_3 + \sqrt{Z_0\,W_3}}\,\frac{Z_0 - K\sqrt{Z_0\,W_3}}{Z_0 + K\sqrt{Z_0\,W_3}} = \frac{W_3 - \sqrt{Z_0\,W_3}}{W_3 + \sqrt{Z_0\,W_3}}\,\frac{Z_0 - \sqrt{Z_0\,W_3}}{Z_0 + \sqrt{Z_0\,W_3}} \quad . \tag{13.51}$$

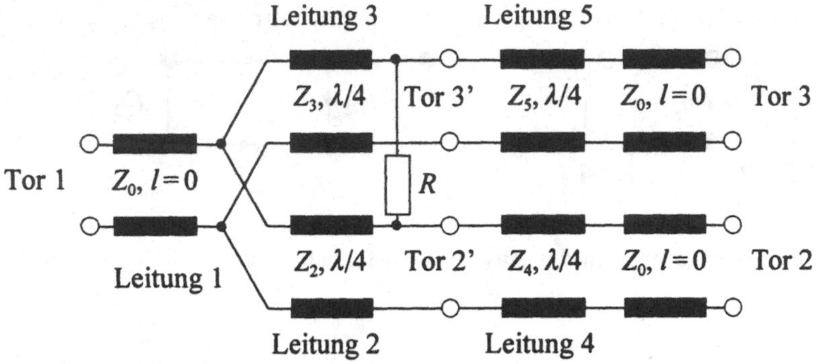

$$Z_2 = Z_0 \sqrt{K(1+K^2)} \ , \ Z_3 = Z_0 \sqrt{1+K^2}/\sqrt{K^3} \ , \ Z_4 = Z_0 \sqrt{K} \ , \ Z_5 = Z_0 /\sqrt{K}$$
$$R = Z_0 (1+K^2)/K$$

Abb. 13.7 : Leistungsteiler nach Parad und Moynihan

Auflösung dieser Gleichung nach W_3 ergibt:

$$W_3 = Z_0/K \quad . \tag{13.52}$$

Mit der Vorschrift (13.40) folgt dann

$$W_2 = K Z_0 \ , \ Z_2 = \sqrt{Z_1 K Z_0 (1+K^2)} \ , \ Z_3 = \sqrt{Z_1 Z_0 (1+K^2)}/\sqrt{K^3}$$
$$R = Z_0 (1+K^2)/K \quad , \tag{13.53}$$

und für die Wellenwiderstände der Transformationsleitungen folgt

$$Z_4 = Z_0 \sqrt{K} \quad , \quad Z_5 = Z_0 /\sqrt{K} \quad . \tag{13.54}$$

Dies ist die von L.I. Parad und R.L. Moynihan [13.4] angegebene Dimensionierungsvorschrift. Die fertig dimensionierte Schaltung ist in Abb. 13.7 dargestellt.

Da die Leitungen der Schaltung nach Abb. 13.7 alle gleich lang sind, – die Leitungen verschwindender Länge zählen dabei natürlich nicht – kann man diesen Leistungsteiler auch als Schaltung mit kommensurablen Leitungen auffassen.

Der Eigenreflexionsfaktor s_{11} an Tor 1 ist dann als rationale Funktion der Richardsvariablen darzustellen.

Wählt man nun die Richardsvariable zur Beschreibung der Leitungen so, daß diese bei der halben Nominalfrequenz die erste Polstelle aufweist, dann lassen sich die Streuparameter der Koppler als rationale Funktionen der Richardsvariablen angeben. Das Besondere bei dieser Wahl der Richardsvariablen ist nun, daß diese ihre zweite Nullstelle gerade bei Nominalfrequenz besitzt.

Nun wählt man die Wellenwiderstände so, daß die Übertragungsfunktionen denen eines Prototyp-Tiefpasses in der Richardsvariablen entsprechen.

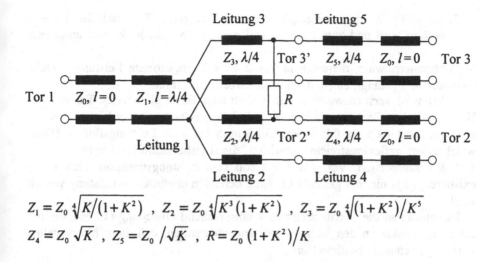

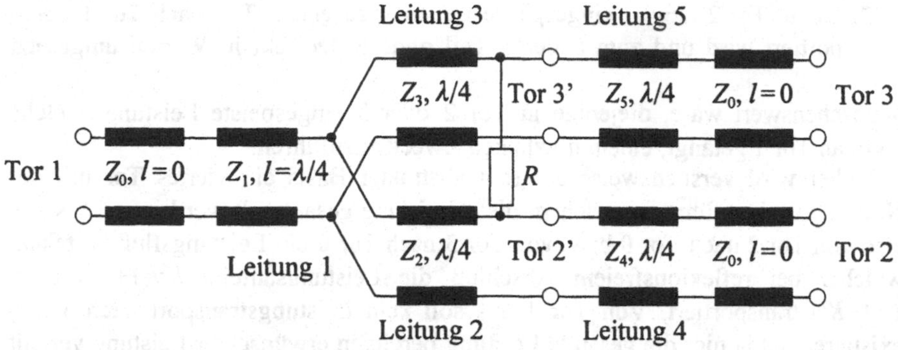

$$Z_1 = Z_0 \sqrt[4]{K/(1+K^2)}\ ,\ Z_2 = Z_0 \sqrt[4]{K^3(1+K^2)}\ ,\ Z_3 = Z_0 \sqrt[4]{(1+K^2)/K^5}$$

$$Z_4 = Z_0 \sqrt{K}\ ,\ Z_5 = Z_0 / \sqrt{K}\ ,\ R = Z_0 (1+K^2)/K$$

Abb. 13.8 : Breitband-Leistungsteiler nach Parad und Moynihan

Unter der Randbedingung, daß das Leistungsteilungsverhältnis P_3/P_2 den Wert K^2 beibehält, kann dann durch Variation der Wellenwiderstände das Übertragungsverhalten des virtuellen Filters verändert werden. Insbesondere kann man maximal flaches Filterverhalten oder Tschebyscheff-Verhalten einstellen. Es gelingt dadurch, die modifizierten Wilkinson-Teiler breitbandiger zu gestalten.

Ein von Parad und Moynihan angegebenes Dimensionierungsbeispiel ist in Abb. 13.8 dargestellt.

13.5 Koppler

13.5.1 Vorüberlegungen

Der Wilkinson-Leistungsteiler entstand aus systematischen Überlegungen. Nachdem es unmöglich war, ein verlustloses, reziprokes, allseits angepaßtes Dreitor zu konstruieren, wurde eine möglichst einfache Struktur mit Verlusten gesucht und gefunden, die das Gewünschte leistet. Betrachtet man nun die Streumatrix dieses Leistungsteilers,

$$\tilde{S} = \frac{1}{j\sqrt{1+K^2}} \begin{pmatrix} 0 & 1 & K \\ 1 & 0 & 0 \\ K & 0 & 0 \end{pmatrix}\ , \tag{13.55}$$

dann wird klar, daß bei reflexionsfreien Abschlüssen von zwei Toren

1. die an Tor 1 eingespeiste Leistung verlustlos auf die Tore 2 und 3 aufgeteilt wird, und

2. die an Tor 2 bzw. 3 eingespeiste Leistung zu einem Teil nach Tor 1 transportiert wird und zum anderen Teil ohne Nutzeffekt in Wärme umgesetzt wird.

Wünschenswert wäre, diejenige in Tor 2 oder 3 eingespeiste Leistung, welche nicht an Tor 1 gelangt, einem nützlichen Zweck zuzuführen.

Daher wird versuchsweise auf rein abstrakter Basis ein viertes Tor mit der Nummer 0 eingeführt, in welchem diese Leistung gesammelt werden soll. Es soll also von Tor 2 nach Tor 0 bzw. von Tor 3 nach Tor 0 ein Leistungsfluß bestehen, welcher bei reflexionsfreiem Abschluß die Leistungsanteile $K^2/(1+K^2)$ bzw. $1/(1+K^2)$ transportiert. Von Tor 1 aus soll kein Leistungstransport nach Tor 0 existieren, da ja hier die gesamte Leistung bereits in erwünschter Leistung verteilt wird.

Es entsteht so die Viertorstreumatrix entsprechend Gleichung (13.56), bei der die fetten Punkte an den Stellen $(m,0)$ andeuten sollen, daß diese Matrixstellen vorläufig noch nicht bestimmt sind:

$$\ddot{S} = \frac{1}{j\sqrt{1+K^2}} \begin{pmatrix} \bullet & 0 & K & 1 \\ \bullet & 0 & 1 & K \\ \bullet & 1 & 0 & 0 \\ \bullet & K & 0 & 0 \end{pmatrix} . \tag{13.56}$$

Wenn das Viertor aber mit reziproken Bauelementen wie etwa Leitungen aufgebaut werden soll, dann muß die Matrix reziprok sein. Fordert man darüber hinaus, daß auch Tor 0 eigenreflexionsfrei sein soll, dann folgt

$$\ddot{S} = \frac{1}{j\sqrt{1+K^2}} \begin{pmatrix} 0 & 0 & K & 1 \\ 0 & 0 & 1 & K \\ K & 1 & 0 & 0 \\ 1 & K & 0 & 0 \end{pmatrix} . \tag{13.57}$$

Offenbar findet bei reflexionsfreiem Abschluß der Tore immer nur Leistungstransport von einem ersten Tor zu zwei anderen Toren statt, während das letzte Tor leistungslos bleibt. Man sagt, das erste Tor sei vom letzten Tor *entkoppelt*.

Zur Überprüfung der Verlustlosigkeit werden nun ganz allgemein Schaltungen mit der Streumatrix

$$\ddot{S} = \begin{pmatrix} 0 & 0 & u & v \\ 0 & 0 & w & q \\ u & w & 0 & 0 \\ v & q & 0 & 0 \end{pmatrix} \tag{13.58}$$

betrachtet. Die Streumatrix ist offenbar reziprok und reflexionssymmetrisch. Sie repräsentiert aber nur dann ein verlustloses Netzwerk, wenn sie unitär ist. Das ist dann der Fall, wenn

$$|v|^2 = |w|^2 = 1-|u|^2 = 1-|q|^2 \quad , \tag{13.59}$$

$$\angle(u) - \angle(w) - \angle(v) + \angle(q) = (2n+1)\,\pi \tag{13.60}$$

gilt. Von den Beträgen der Streuparameter darf also nur einer, von den Winkeln dürfen nur drei vorgegeben werden. Nennt man

$$|u| =: k \quad , \quad \angle(u) =: \varphi \quad , \quad \angle(v) =: \psi \quad , \quad \angle(q) =: \xi \quad , \tag{13.61}$$

dann kann man die Streumatrix auch wie folgt schreiben:

$$\tilde{S} = \begin{pmatrix} 0 & 0 & k\,e^{j\varphi} & \sqrt{1-k^2}\;e^{j\psi} \\ 0 & 0 & -\sqrt{1-k^2}\;e^{j(\varphi+\xi-\psi)} & k\,e^{j\xi} \\ k\,e^{j\varphi} & -\sqrt{1-k^2}\;e^{j(\varphi+\xi-\psi)} & 0 & 0 \\ \sqrt{1-k^2}\;e^{j\psi} & k\,e^{j\xi} & 0 & 0 \end{pmatrix} . \tag{13.62}$$

Definition 13.1 :

Viertore, welche (gegebenenfalls nach Umnumerierung der Tore) durch die Streumatrix nach Gleichung (13.62) charakterisiert sind, werden *(Richt-) Koppler* (engl.: (directional) couplers) genannt. Die reelle Größe k heißt *Koppelfaktor*. Der Koppelfaktor muß dem Betrage nach zwischen 0 und 1 liegen.

Dreitore, welche dadurch aus einem Viertor-Richtkoppler hervorgehen, daß eines der Tore reflexionsfrei abgeschlossen wird, heißen *Dreitor-Richtkoppler* oder einfacher *Richtkoppler*.

Viertor-Richtkoppler, welche bei Nominalfrequenz die an einem Tor eingespeiste Leitung zu gleichen Teilen auf zwei andere Tore verteilen, heißen *Hybridkoppler* oder *Hybride*[1] (engl.: hybrid junction) oder 3dB-Koppler.

Koppler, die zwischen zwei nicht entkoppelten Ausgängen eine 180°- bzw. eine 90°-Phasenrelation herbeiführen, heißen *180°-Koppler* bzw. *90°-Koppler*. ◆

Mit $k := K/\sqrt{1+K^2}$ und $\varphi = \psi = \xi = 0$ entsteht aus der Streumatrix des Richtkopplers die Matrix aus Gleichung (13.57).

Ein Richtkoppler kann also im weitesten Sinne als eine Verallgemeinerung eines Leistungsteilers mit vier Toren aufgefaßt werden. Ein Leistungsteiler vom Wilkonson-Typ hat übrigens die gleiche Streumatrix wie ein Dreitor-Richtkoppler.

---

[1] (lat.) hybrida: Mischling, von unterschiedlicher Herkunft. Die Bezeichnung „Hybrid" wurde aus der Mikrowellentechnik übernommen, in der ein bestimmter Hohlleiterkoppler, das sogenannte magische T, die Kopplung über das Zusammenwirken unterschiedlicher Wellenmoden herbeiführt.

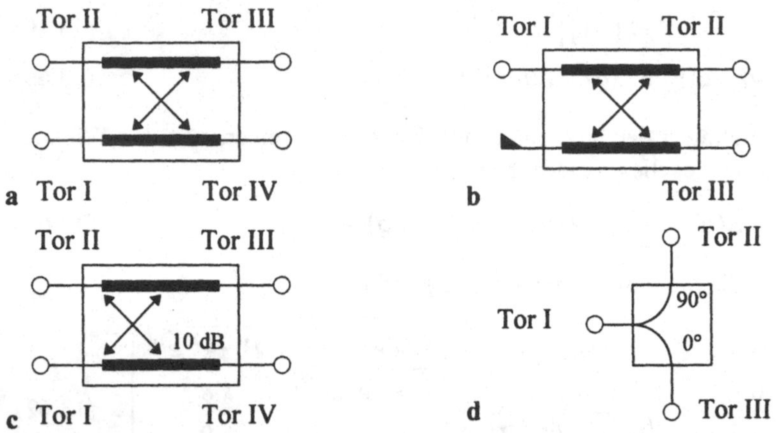

Abb. 13.9 : Richtkoppler **a** Viertor-Koppler allgemein, Entkopplung der Tore I und II bzw. III und IV **b** Dreitor-Koppler allgemein, Entkopplung der Tore II und III **c** 10dB-Koppler **d** 3dB-90°-Koppler (90°-Hybrid)

Angenommen, es wird eine Welle in Tor 1 eines Viertor-Richtkopplers mit der Streumatrix entsprechend Gleichung (13.62) eingespeist, und alle anderen Tore seien reflexionsfrei abgeschlossen. Weiter werde angenommen, daß dann die aus den Toren 3 und 4 laufenden Wellen gleichphasig seien. In Gleichung (13.62) wäre dann $\varphi = \psi$.

Dann folgt aus den Eigenschaften der Streumatrix in Gleichung (13.62), daß bei Einspeisung in Tor 2 die beiden an den Toren 3 und 4 erscheinenden Wellen gegenphasig, also um 180° gegeneinander phasenverschoben, erscheinen müssen. Der Koppler ist dann ein 180°-Koppler.

Da aber bei Einspeisung in Tor 1 die Wellen an Tor 3 und 4 gleichphasig sind, wird dieser Kopplertyp auch *0°/180°-Koppler* genannt.

Abb. 13.9 zeigt Schaltsymbole für Richtkoppler. Einige Kopplerrealisierungen werden in nachfolgenden Abschnitten angegeben.

In der Praxis werden die Eigenreflexionsfaktoren eines Koppler nur selten ganz verschwinden. Ebensowenig werden zwei Torpaare vollständig entkoppelt sein. Gute Koppler kommen aber wenigstens für einen mehr oder weniger schmalen Frequenzbereich in guter Näherung an dieses Ideal heran.

Um die Qualität eines Richtkopplers zu erfassen, mißt man daher die Streuparameter des Viertors und vergleicht sie mit der Idealvorstellung entsprechend Gleichung (13.62). In der Numerierung dieser Gleichung nennt man

1. s_{kk} die Eigenreflexionsfaktoren und das logarithmische Maß $-20\lg(|s_{kk}|)$ die *Echodämpfung* (engl.: return loss);
2. s_{14}, s_{23}, s_{32} und s_{41} die Durchgangsübertragungsfunktionen und die entsprechenden logarithmischen Maße $-20\lg(|s_{ik}|)$ die *Durchgangsdämpfungen* (engl.: transmission loss);

3. s_{13}, s_{24}, s_{31} und s_{42} die Koppelübertragungsfunktionen, ihre Beträge die Koppelfaktoren und die entsprechenden logarithmischen Maße $-20 \lg(|s_{ik}|)$ die *Koppeldämpfungen* (engl.: coupling);
4. s_{12}, s_{21}, s_{34} und s_{43} die Überkoppelfunktionen und die entsprechenden logarithmischen Maße $-20 \lg(|s_{ik}|)$ die *Isolationsdämpfungen* (engl.: isolation);
5. die logarthmischen Maße $20 \lg(|s_{13}/s_{12}|)$, $20 \lg(|s_{24}/s_{21}|)$, $20 \lg(|s_{31}/s_{34})$ und $20 \lg(|s_{42}/s_{43}|)$ die *Richtschärfen* oder *Richtdämpfungen* (engl.: directivity).

Ein guter Richtkoppler besitzt Isolationsdämpfungen, die deutlich über den Koppel- und Durchgangsdämpfungen liegen.

13.5.2 Koppler aus Leitungsverzweigungen

Wie eine mögliche Realisierung eines Richtkopplers mit Hilfe von miteinander verbundenen Leitungsstrukturen, ein sogenannter *Zweigleitungskoppler* (engl.: branch line coupler) aussehen könnte, kann man sich wie folgt überlegen.

13.5.2.1 Viertorkoppler aus Zweigleitungen

Soll ein verlustloser Viertorkoppler konstruiert werden, dann kann die Entkopplung der Tore nicht dadurch erreicht werden, daß Leistung teilweise oder vollständig in Wärme umgesetzt wird.

Weil es einen Signalweg von dem Eingangstor zu den nicht entkoppelten Ausgangstoren und von diesen zu dem verbleibenden Tor geben muß, liegt auch nicht die triviale Situation vor, daß kein Signalweg zwischen den zu entkoppelnden Toren vorhanden ist.

Da Leitungen und damit reziproke Bauelemente verwendet werden sollen, bleibt auch die Möglichkeit eines nicht reziproken Signalweges versperrt.

Die einzige verbleibende Möglichkeit der Entkopplung ist die Auslöschung von Wellen durch Interferenz. Dazu muß es *wenigsten zwei* Signalwege zwischen den zu entkoppelnden Toren geben.

Abb. 13.10 zeigt die einfachste Leitungsstruktur, welche die entsprechenden Signalwege aufweist.

Dabei müssen zwei Fälle unterschieden werden.

1. Zwei direkt benachbarte Tore, beispielsweise Tor I und II bzw. Tor III und IV, sollen entkoppelt werden.
2. Zwei nicht benachbarte Tore, beispielsweise Tor I und III bzw. Tor II und IV, sollen entkoppelt werden.

Zunächst wird der *erste Fall* untersucht.

Hier gibt es einen direkten Signalweg von Tor I nach Tor II, nämlich über die Leitung der Länge l_1, und einen indirekten Signalweg, nämlich über die Leitungen der Länge l_4, l_3 und l_2. Damit die Tore entkoppelt werden können, muß bei Nomi-

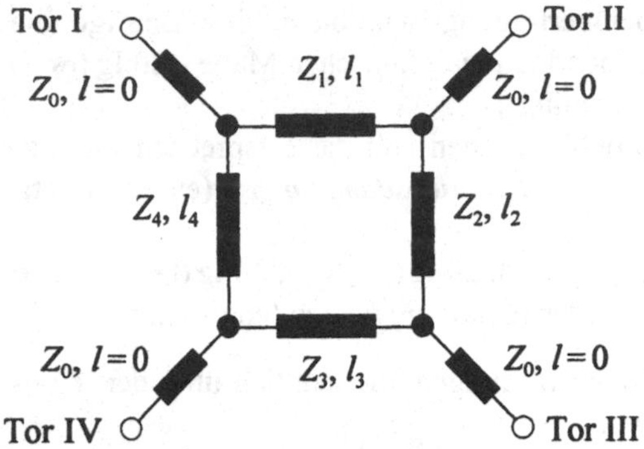

Abb. 13.10 : Viertor aus Leitungsverzweigungen (engl.: branch line coupler)

nalfrequenz gelten:

$$l_2+l_3+l_4-l_1=(2n+1)\,\lambda/2 \quad , \quad n\in\mathrm{Z} \quad , \tag{13.63}$$

weil nur dann vollständige destruktive Interferenz auftreten kann. Ganz entsprechend muß

$$l_1+l_2+l_4-l_3=(2m+1)\,\lambda/2 \quad , \quad m\in\mathrm{Z} \tag{13.64}$$

sein. Aus diesen beiden Gleichungen folgt:

$$l_2+l_4=(m+n+1)\,\lambda/2 \quad , \quad m,n\in\mathrm{Z} \quad , \tag{13.65}$$

$$l_1-l_3=(m-n)\,\lambda/2 \quad , \quad m,n\in\mathrm{Z} \quad . \tag{13.66}$$

Im *zweiten Fall* werden nicht benachbarte Tore entkoppelt. Hier findet man auf Grund der geforderten Entkopplung der Tore I und III bzw. II und IV:

$$l_1+l_2-l_3-l_4=(2N-1)\,\lambda/2 \quad , \quad N\in\mathrm{Z} \quad , \tag{13.67}$$

$$l_2+l_3-l_4-l_1=(2M-1)\,\lambda/2 \quad , \quad M\in\mathrm{Z} \quad . \tag{13.68}$$

Aus diesen beiden Gleichungen leitet man ab:

$$l_2-l_4=(N+M-1)\,\lambda/2 \quad , \quad N\in\mathrm{Z} \quad , \tag{13.69}$$

$$l_1-l_3=(N-M)\,\lambda/2 \quad , \quad M\in\mathrm{Z} \quad . \tag{13.70}$$

Die Einhaltung dieser Weglängendifferenzen reicht für eine Auslöschung der Wellen noch nicht aus. Zusätzlich muß die Gleichheit der Amplituden gefordert werden.

An den nicht entkoppelten Toren müssen sich die Wellen konstruktiv überlagern. Das heißt: die Weglängendifferenzen für die unterschiedlichen Wege von einem Eingangstor zu einem nicht entkoppelten Ausgangstor müssen sich bei Nominalfrequenz um Vielfache von λ unterscheiden.

13.5.2.2 Ein 90°-Hybrid

Als Anwendungsbeispiel für einen solchen Zweigleitungskoppler wird zunächst ein 90°-Hybrid mit Entkopplung benachbarter Tore betrachtet. Dabei wird Tor I aus Abb. 13.10 in Tor 1 umbenannt, Tor II in Tor 2 usw.

Es wird nun gefordert, daß bei Einspeisung in Tor 1 und reflexionsfreiem Abschluß der übrigen Tore die aus Tor 3 austretende Welle gleich- oder gegenphasig zu der Speisewelle ist. Daher muß die Weglänge von Tor 1 nach Tor 3 bei Nominalfrequenz in jedem Fall ein ganzzahliges Vielfaches der halben Wellenlänge sein:

$$l_1 + l_2 = N\,\lambda/2 \quad , \quad N \in Z \quad , \tag{13.71}$$

$$l_3 + l_4 = M\,\lambda/2 \quad , \quad M \in Z \quad . \tag{13.72}$$

Da ein 90°-Koppler konstruiert werden soll, müssen sich die Wellen an den Toren 3 und 4 um 90° unterscheiden. Daher muß sich die aus Tor 4 austretende Welle von der Speisewelle an Tor 1 um ein ungeradzahliges Vielfaches von 90° unterscheiden. Für die Weglängen bedeutet dies, daß beispielsweise die Länge l_4 ein ungeradzahliges Vielfaches von $\lambda/4$ sein muß:

$$l_4 = (2L+1)\,\lambda/4 \quad , \quad L \in Z \quad . \tag{13.73}$$

Bei Wahl möglichst kleiner Leitungslängen ist $l_3 = l_4 = \lambda/4$.

Da die gleiche Argumentation für die Einspeisung an Tor 3 geführt werden kann, folgt auch hier wieder unter der Annahme, daß möglichst kleine Leitungslängen benutzt werden sollen, $l_1 = l_2 = \lambda/4$.

Man überzeugt sich durch Einsetzen in die Gleichungen (13.65) und (13.66) davon, daß die Interferenzbedingungen durch diese Wahl der Leitungslängen nicht verletzt werden.

Da die Streumatrix des zu konstruierenden Kopplers sich nicht ändert, wenn Tor 1 mit Tor 3 und Tor 2 mit Tor 4 vertauscht wird, und da alle Leitungslängen gleich groß gewählt wurden, müssen entsprechende Symmetriebedingungen auch für die Wellenwiderstände gelten:

$$Z_1 = Z_3 \quad , \quad Z_2 = Z_4 \quad . \tag{13.74}$$

Da der Koppler aus vier Leitungsverzweigungen besteht, deren Streumatrizen bekannt sind, kann ein Gleichungssystem zu seiner vollständigen Berechnung aufgestellt werden. Die Auflösung dieses Gleichungssystems[1] nach den Wellen b_m in Abhängigkeit von den Wellen a_n liefert die Streumatrix. Dabei stellt sich heraus, daß s_{21} proportional zu $Z_1^3 Z_2^4 + Z_0^2 Z_1 Z_2^4 - Z_0^2 Z_1^3 Z_2^2$ ist.

Da $s_{21} = 0$ gefordert wird, und da Z_1 nicht 0 sein darf, ergibt sich als einzige reelle Lösung für Z_1:

---

[1] Die Auflösung des Gleichungssystem ist zwar nicht prinzipiell schwierig, erweist sich aber als recht mühsam. Im allgemeinen ist hier der Einsatz eines Computer-Algebra-Programmes sehr nützlich.

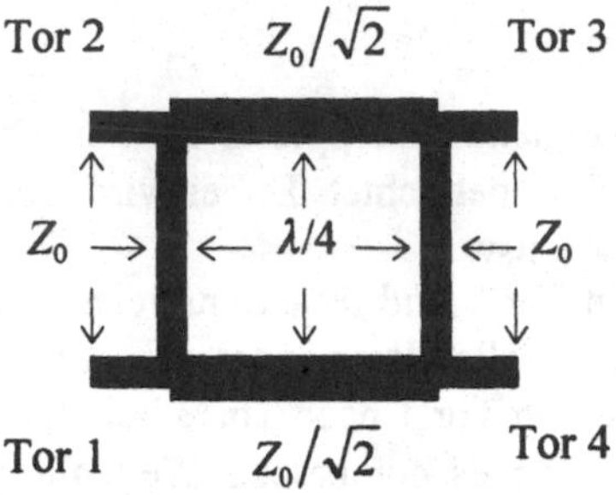

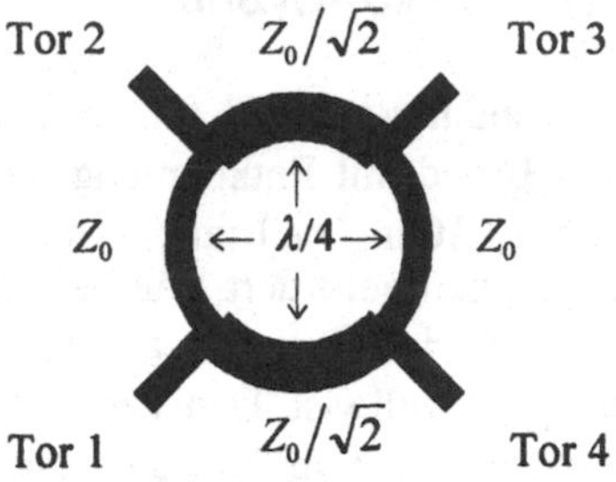

Abb. 13.11 : Zweiarmiges 90°-Hybrid aus Leitungsverzweigungen in Mikrostreifenleitungstechnik (engl.: 90°-branch-line-hybrid with two arms) **a** gerade Ausführung **b** runde Ausführung

$$Z_1 = Z_2 \Big/ \sqrt{1 - Z_2^2/Z_0^2} \quad . \tag{13.75}$$

Die Bedingung „$s_{21} = 0$" wird auch „Entkopplungsbedingung" genannt. Es zeigt sich, daß in diesem Beispiel dann gleichzeitig $s_{11} = 0$ ist. Fordert man diesen letzten Zusammenhang, so nennt man ihn auch „Anpaßbedingung". In diesem Fall führen also Entkopplungsbedingung und Anpaßbedingung zum gleichen Resultat. Setzt man ihre Gültigkeit auch für den Rest der Streuparameter ein, dann folgt

$$s_{31} = -\sqrt{1 - Z_2^2/Z_0^2} \quad , \quad s_{41} = -j\, Z_2/Z_0 \quad . \tag{13.76}$$

Damit ist der Koppelfaktor

$$k := Z_2/Z_0 \quad . \tag{13.77}$$

Will man also einen Hybridkoppler erzeugen, für den definitionsgemäß $k^2 = ½$ gilt, dann ist

$$Z_2 = Z_0/\sqrt{2} \quad , \quad Z_1 = Z_0 \tag{13.78}$$

zu wählen. Abb. 13.11 zeigt zwei Ausführungen dieses Hybrides in Mikrostreifenleitungstechnik. Die Abbildung a macht deutlich, warum diese Art der Zweigleitungskoppler auch Zweiarm-Koppler genannt wird: hier verbinden zwei „Arme" die „Durchgangsleitungen". Letztere werden so genannt, weil ihre jeweiligen Anschlußtore in jedem Fall verkoppelt sind.

13.5.2.3 Der Rat-Race-Koppler

Als zweites Anwendungsbeispiel soll ein 180°-Koppler entworfen werden. Dabei soll eine Zweigleitungsausführung gewählt werden, in der die entkoppelten Tore nicht benachbart sind.

Damit die Tornumerierung der Matrix aus Gleichung (13.62) benutzt werden kann, wird in Abb. 13.10 Tor II mit Tor 3 der Matrix identifiziert, Tor III mit Tor 2, Tor I mit Tor 1 und Tor IV mit Tor 4. Da sich die Wellen auf dem Weg von Tor I nach Tor III bzw. von Tor II nach Tor IV destruktiv überlagern müssen, folgt entsprechend den Gleichungen (13.69) und (13.70)

$$l_2 - l_4 = (N + M - 1)\,\lambda/2 \quad , \quad N \in \mathrm{Z} \quad , \tag{13.79}$$

$$l_1 - l_3 = (N - M)\,\lambda/2 \quad , \quad M \in \mathrm{Z} \quad . \tag{13.80}$$

Daher kann sich l_2 von l_4 bzw. l_1 von l_3 nur um ein ganzzahliges Vielfaches von $\lambda/2$ unterscheiden. Geht man nun davon aus, daß bei Einspeisung in Tor 1 und reflexionsfreiem Abschluß der übrigen Tore die Wellen, welche aus den Toren 3 und 4 (das sind die Tore II und IV) fließen, gleichphasig sind, dann dürfen sich l_1 und l_4 nur um ein ganzzahliges Vielfaches von λ unterscheiden. Um mit möglichst kurzen Leitungen auszukommen, wird daher

$$l_4 = l_1 \tag{13.81}$$

gesetzt. Aus den letzten drei Gleichungen folgt dann:

$$l_2 - l_3 = (2N - 1)\,\lambda/2 \quad , \quad N \in \mathrm{Z} \quad , \tag{13.82}$$

das heißt, die Längen l_2 und l_3 müssen sich um ein ungeradzahliges Vielfaches von $\lambda/2$ unterscheiden. Um möglichst kurze Leitungen zu erhalten, wird $N = 0$ gewählt. Dann ist

$$l_3 = l_2 + \lambda/2 \quad . \tag{13.83}$$

Aus Gleichung (13.80) erhält man dann

$$l_2 = l_1 + (M - 1)\,\lambda/2 \quad . \tag{13.84}$$

Wiederum unter dem Gesichtspunkt möglichst kurzer Leitungen wird $M = 1$ gewählt und es folgt als bisheriges Gesamtresultat:

$$l_1 = l_2 = l_4 = l_3 - \lambda/2 \quad . \tag{13.85}$$

Speist man nun an Tor 2 (Tor III) ein und schließt die anderen Tore reflexionsfrei ab, dann müssen die aus den Toren 3 und 4 (das sind die Tore II und IV) fließenden Wellen gegenphasig sein. Das aber bedeutet, daß die möglichen Weglängen von Tor II nach Tor IV ein ungeradzahliges Vielfaches von $\lambda/2$ sein müssen. Es muß also gelten:

$$l_1 + l_4 = (2L - 1)\,\lambda/2 \quad , \quad L \in \mathrm{Z} \quad . \tag{13.86}$$

Die kleinsten Leitungslängen erzielt man mit $L = 1$. Damit folgt dann

$$l_1 = l_2 = l_4 = \lambda/4 \quad , \quad l_3 = 3\lambda/4 \quad . \tag{13.87}$$

Die Berechnung der Wellenwiderstände erfolgt in gleicher Weise wie bei dem

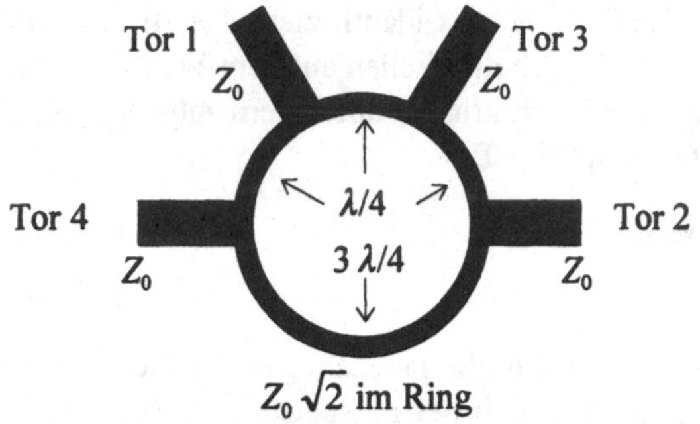

Abb. 13.12 : Ringhybrid, zweiarmiges 180°-Hybrid aus Leitungsverzweigungen, Ausführung in Mikrostreifenleitungstechnik (engl.: rat race, 180° ring hybrid)

vorher berechneten 90°-Koppler. Aus der Entkopplungsbedingung ergibt sich

$$Z_1 = Z_3 \quad , \quad Z_2 = Z_4 \quad . \tag{13.88}$$

Die Anpassungsbedingung liefert in diesem Fall ein anderes Resultat als die Entkopplungsbedingung, nämlich

$$Z_2 = Z_0 \Big/ \sqrt{1 - Z_0^2 / Z_1^2} \quad . \tag{13.89}$$

Damit ergibt sich die Streumatrix

$$\vec{S} = \begin{pmatrix} 0 & 0 & -j\sqrt{1-k^2} & -jk \\ 0 & 0 & -jk & j\sqrt{1-k^2} \\ -j\sqrt{1-k^2} & -jk & 0 & 0 \\ -jk & j\sqrt{1-k^2} & 0 & 0 \end{pmatrix} \tag{13.90}$$

mit

$$k = \sqrt{1 - Z_0^2 / Z_1^2} \quad . \tag{13.91}$$

Man erhält daher ein 180°-Hybrid, wenn man

$$Z_1 = Z_2 = Z_3 = Z_4 = Z_0\sqrt{2} \tag{13.92}$$

wählt. Abb. 13.12 zeigt eine mögliche Ausführungsform dieses Hybrids in Mikrostreifenleitungstechnik. Es hat wegen seiner Form den Namen *Ringhybrid* und den englischen Namen „rat race" (deutsch: Rattenrennbahn) erhalten.

13.5.2.4 Zweigleitungskoppler mit optimiertem Frequenzverhalten

Selbstverständlich kann man auch aus komplizierteren Strukturen mit Leitungsverzweigungen Koppler konstruieren. Abb. 13.13 zeigt eine mögliche Ausführ-

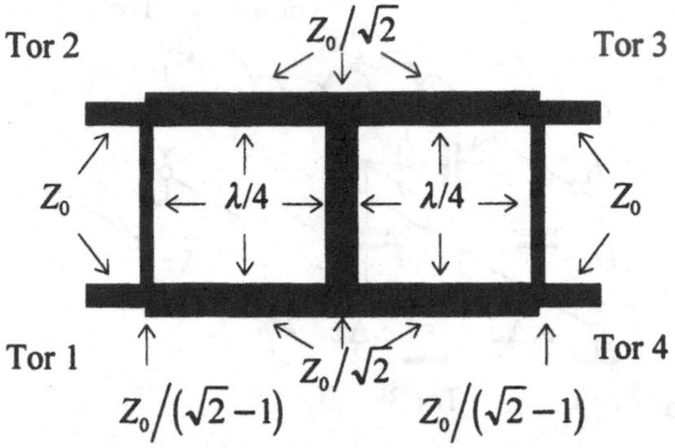

Abb. 13.13 : Dreiarmiges 90°-Hybrid aus Leitungsverzweigungen in Mikrostreifenleitungstechnik (engl.: 90°-branch-line-hybrid with three arms)

rungsform. Da hier auf Grund der höheren Leitungsanzahl auch ein höherer Freiheitsgrad in der Wahl der Wellenwiderstände vorhanden ist, kann dieser dazu ausgenutzt werden, das Verhalten der Schaltung über der Frequenz zu optimieren.

Genau wie bei dem optimierten Wilkinson-Teiler besteht der Koppler aus kommensurablen Leitungen. Wählt man nun die Richardsvariable zur Beschreibung der Leitungen so, daß diese bei der halben Nominalfrequenz die erste Polstelle aufweist, dann lassen sich die Streuparameter der Koppler als rationale Funktionen der Richardsvariablen angeben. Das Besondere bei dieser Wahl der Richardsvariablen ist nun, daß diese ihre zweite Nullstelle gerade bei Nominalfrequenz besitzt.

Nun wählt man die Wellenwiderstände so, daß die Übertragungsfunktionen denen eines Prototyp-Tiefpasses in der Richardsvariablen entsprechen.

Bei Wahl eines Tschebyscheff-Verhaltens mit 3 dB Welligkeit führt dies zu der in der Abbildung gezeigten Dimensionierung [13.5].

Auch das Ringhybrid kann weiter optimiert werden, indem man beispielsweise die $3\lambda/4$ lange Leitung in drei $\lambda/4$ lange Stücke mit unterschiedlichen Wellenwiderständen aufteilt (siehe beispielsweise [13.6]).

Ganz allgemein kann man feststellen, daß durch Erhöhung der Anzahl der Koppelarme eine Verbesserung des Verhaltens über der Frequenz erreicht werden kann. Allerdings wird der Koppler in der Regel dadurch auch sehr lang.

13.5.3 Koppler mit Feldverkopplung

Das Verhalten der Zweigleitungskoppler mit vielen Armen legt den Gedanken nahe, daß eine Verkopplung zweier Leitungen über elektromagnetische Felder ebenfalls vorteilhaft sein könnte, da durch die kontinuierliche Feldverkopplung praktisch das Verhalten unendlich vieler Arme simuliert würde. Abb. 13.14 zeigt beispielhaft für eine bestimmte Ausführungsform ein Ersatzschaltbild für ein

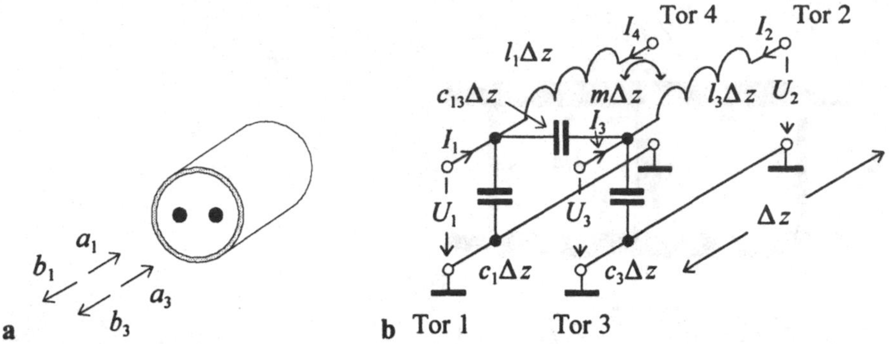

Abb. 13.14 : Geschirmte Zweidrahtleitung **a** Transversaler Abschnitt **b** Ersatzschaltbild für ein differentiell kurzes Leitungsstück

differentiell kurzes, als verlustlos vorausgesetztes Leitungsstück.

In genau der gleichen Weise wie für die einfache differentiell kurze Zweidrahtleitung aus Kapitel 3 folgt hier

$$\partial U_1/\partial z = j\omega\,(-l_1\,I_1 - m\,I_3) \quad , \tag{13.93}$$

$$\partial U_3/\partial z = j\omega\,(-m\,I_1 - l_3\,I_3) \quad , \tag{13.94}$$

$$\partial I_1/\partial z = j\omega\,(-(c_1 + c_{13})U_1 + c_{13}\,U_3) \quad , \tag{13.95}$$

$$\partial I_3/\partial z = j\omega\,(c_{13}\,U_1 - (c_{13} + c_3)U_3) \quad . \tag{13.96}$$

Dies sind vier verkoppelte Differentialgleichungen. Durch Differentiation der ersten beiden Gleichungen nach z und Einsetzen der letzten beiden Gleichungen folgt

$$\partial^2 U_1/\partial z^2 = -\omega^2\,(l_1[c_1 + c_{13}] - m c_{13})U_1 - \omega^2\,(m[c_3 + c_{13}] - l_1\,c_{13})U_3 \quad , \tag{13.97}$$

$$\partial^2 U_3/\partial z^2 = -\omega^2\,(m[c_1 + c_{13}] - l_3\,c_{13})U_1 - \omega^2\,(l_3[c_3 + c_{13}] - m c_{13})U_3 \quad . \tag{13.98}$$

Die Entkopplung dieser beiden Gleichungen wird allgemein durch eine Hauptachsentransformation möglich. Der Einfachheit wegen wird hier aber nur der spezielle Fall behandelt, daß $c_1 = c_3$ und $l_1 = l_3$ ist. Setzt man

$$V_e = U_1 + U_3\,,\; V_o = U_1 - U_3 \Leftrightarrow U_1 = (V_e + V_o)/2\,,\; U_3 = (V_e - V_o)/2 \quad , \tag{13.99}$$

dann folgt durch Addition der beiden Differentialgleichungen

$$\partial^2 V_e/\partial z^2 = -\omega^2\,(l_1 + m)\,c_1\,V_e \tag{13.100}$$

und durch Subtraktion der Differentialgleichungen

$$\partial^2 V_o/\partial z^2 = -\omega^2\,(l_1 - m)(c_1 + 2c_{13})V_o \quad . \tag{13.101}$$

Ein Vergleich mit den Ausführungen des Kapitels 3 zeigt dann, daß sowohl V_e als auch V_o Überlagerungen je einer in positiver und einer in negativer z-Richtung laufenden Welle sind. Die Geschwindigkeitsquadrate der Wellen sind

$$v_e^2 = 1/\left[(l_1 + m)c_1\right] \tag{13.102}$$

für die V_e-Wellen und

$$v_o^2 = 1/\left[(l_1 - m)(c_1 + 2c_{13})\right] \tag{13.103}$$

für die V_o-Wellen.

Setzt man voraus, daß die Ausbreitung der Leitungswellen in einem homogenen Medium mit der Permittivität ε und der Permeabilität μ erfolgt und daß keine Feldkomponenten in Ausbreitungsrichtung vorkommen (TEM-Welle), dann kann mit Hilfe feldtheoretischer Methoden gezeigt werden [13.7], daß die Geschwindigkeiten v_e und v_o dieser Wellen gleich der Lichtgeschwindigkeit c einer ebenen Welle in einem unendlich ausgedehnten Medium gleicher Materialeigenschaften sind. Für die in Abb. 13.14a gezeigte geschirmte Zweidrahtleitung trifft dies tatsächlich auch für alle Wellen unterhalb einer vergleichsweise hohen Grenzfrequenz zu.[1]

Unter dieser Voraussetzung ist

$$v_e = v_o =: c \quad , \tag{13.104}$$

$$c_{13} = m c_1/(l_1 - m) \quad \text{oder} \quad m = l_1 c_{13}/(c_1 + c_{13}) \quad . \tag{13.105}$$

Die unterschiedlichen Wellenformen V_e bzw. V_o nennt man *Wellenmoden*. Angenommen es existiert nur die Wellenmode V_e auf der Leitung, dann ist

$$U_1 = U_3 = V_e/2 \quad . \tag{13.106}$$

Man nennt daher V_e auch die *Gleichtaktmode* (engl.: even mode) der Wellenausbreitung. Ist hingegen nur die Wellenmode V_o existent, dann ist

$$U_1 = -U_3 = V_o/2 \quad . \tag{13.107}$$

Man nennt daher V_o auch die *Gegentaktmode* (engl.: odd mode) der Wellenausbreitung.

Ist nur eine in positiver z-Richtung laufende Gleichtaktmode auf der Leitung vorhanden, dann ist

$$\partial I_1/\partial z = \partial I_3/\partial z = -j\omega c_1 U_1 \quad . \tag{13.108}$$

Ein zu den Ausführungen des Kapitels 3 völlig analoger Gedankengang führt dann zu der Definition des Wellenwiderstandes Z_e der Gleichtaktwelle:

---

[1] Oberhalb einer bestimmten Grenzfrequenz läßt sich das Ersatzschaltbild aus konzentrierten Bauelementen nicht mehr anwenden. Es treten dann zusätzliche Wellentypen oder -moden auf, die nur mit Hilfe feldtheoretischer Methoden erklärt werden können.

$$Z_e := 1/(c_1 c) = \sqrt{(l_1+m)/c_1} \quad . \tag{13.109}$$

Ist nur eine in positiver z-Richtung laufende Gegentaktmode vorhanden, dann ist

$$\partial I_1/\partial z = -\partial I_3/\partial z = j\omega\left(-(c_1+2c_{13})U_1\right) \quad . \tag{13.110}$$

Dies führt zu dem Wellenwiderstand Z_o der Gegentaktmode:

$$Z_o := 1/((c_1+2c_{13})c) = \sqrt{(l_1-m)/(c_1+2c_{13})} \quad . \tag{13.111}$$

Offenbar ist

$$1/Z_o = (c_1+2c_{13})c \neq c_1 c = 1/Z_e \quad \text{falls} \quad c_{13} \neq 0 \quad . \tag{13.112}$$

D.h. die Wellenwiderstände der Moden sind ungleich, wenn eine kapazitive Verbindung oder *Verkopplung* der Einzelleiter besteht.

Durch Gleichung (13.105) wird klar, daß im Falle einer kapazitiven Kopplung auch immer eine induktive Verkopplung vorhanden ist. Dieser Umstand wird an späterer Stelle noch von Bedeutung sein.

Im Falle einer ausschließlichen Gleichtaktwellenanregung kann es nur eine einzige Welle in positiver und eine einzige Welle in negativer z-Richtung geben. Für diese Wellen kann in völliger Analogie zu den Ausführungen des Kapitels 3 die folgende Schreibweise eingeführt werden

$$V_e(z) = 2\sqrt{Z_e}\,(a_e\, e^{-j\beta z} + b_e\, e^{j\beta z}) \quad , \tag{13.113}$$

$$I_e(z) = 2(a_e\, e^{-j\beta z} - b_e\, e^{j\beta z})/\sqrt{Z_e} \quad . \tag{13.114}$$

Dabei ist β der bereits aus Kapitel 3 bekannte Phasenkoeffizient

$$\beta = \omega/c \tag{13.115}$$

und $2a_e$ und $2b_e$ sind normierte Amplituden der Wellen. Bei ausschließlicher Gegentaktanregung gilt:

$$V_o(z) = 2\sqrt{Z_o}\,(a_o\, e^{-j\beta z} + b_o\, e^{j\beta z}) \quad , \tag{13.116}$$

$$I_o(z) = 2(a_o\, e^{-j\beta z} - b_o\, e^{j\beta z})/\sqrt{Z_o} \quad . \tag{13.117}$$

Die Gesamtspannungen und -ströme ergeben sich dann als Überlagerungen der Gleich- und Gegentaktfälle. Numeriert man die Tore einer Dreidrahtleitung der Länge l entsprechend zu Abb. 13.14, dann ergibt sich bei $z=0$

$$U_1 = (V_e(0)+V_o(0))/2 = \sqrt{Z_e}\,(a_e+b_e) + \sqrt{Z_o}\,(a_o+b_o) \quad , \tag{13.118}$$

$$I_1 = (I_e(0)+I_o(0))/2 = (a_e-b_e)/\sqrt{Z_e} + (a_o-b_o)/\sqrt{Z_o} \quad , \tag{13.119}$$

$$U_3 = (V_e(0)-V_o(0))/2 = \sqrt{Z_e}\,(a_e+b_e) - \sqrt{Z_o}\,(a_o+b_o) \quad , \tag{13.120}$$

$$I_3=\left(I_e(0)-I_o(0)\right)/2=(a_e-b_e)/\sqrt{Z_e}-(a_o-b_o)/\sqrt{Z_o} \quad . \tag{13.121}$$

Ganz analog ist am Ort $z=l$:

$$U_2=\sqrt{Z_e}\left(a_e\,e^{-j\beta l}+b_e\,e^{j\beta l}\right)-\sqrt{Z_o}\left(a_o\,e^{-j\beta l}+b_o\,e^{j\beta l}\right) \quad , \tag{13.122}$$

$$-I_2=\left(a_e\,e^{-j\beta l}-b_e\,e^{j\beta l}\right)/\sqrt{Z_e}-\left(a_o\,e^{-j\beta l}-b_o\,e^{j\beta l}\right)/\sqrt{Z_o} \quad , \tag{13.123}$$

$$U_4=\sqrt{Z_e}\left(a_e\,e^{-j\beta l}+b_e\,e^{j\beta l}\right)+\sqrt{Z_o}\left(a_o\,e^{-j\beta l}+b_o\,e^{j\beta l}\right) \quad , \tag{13.124}$$

$$-I_4=\left(a_e\,e^{-j\beta l}-b_e\,e^{j\beta l}\right)/\sqrt{Z_e}+\left(a_o\,e^{-j\beta l}-b_o\,e^{j\beta l}\right)/\sqrt{Z_o} \quad . \tag{13.125}$$

Die ersten vier dieser Gleichungen können benutzt werden, um die unbekannten Amplituden a_e, a_o, b_e und b_o aus den letzten vier Gleichungen zu eliminieren. Nennt man dabei noch

$$k:=\frac{Z_e-Z_o}{Z_e+Z_o} \quad , \quad Z_L:=\sqrt{Z_e\,Z_o} \quad , \tag{13.126}$$

dann ergibt sich

$$U_2=U_3\cos(\beta\,l)-j\sin(\beta\,l)\,Z_L\left[k\,I_1+I_3\right]/\sqrt{1-k^2} \quad , \tag{13.127}$$

$$U_4=U_1\cos(\beta\,l)-j\sin(\beta\,l)\,Z_L\left[I_1+k\,I_3\right]/\sqrt{1-k^2} \quad , \tag{13.128}$$

$$I_2=-I_3\cos(\beta\,l)+j\sin(\beta\,l)\left[-k\,U_1+U_3\right]/\left(Z_L\sqrt{1-k^2}\right) \quad , \tag{13.129}$$

$$I_4=-I_1\cos(\beta\,l)+j\sin(\beta\,l)\left[U_1-k\,U_3\right]/\left(Z_L\sqrt{1-k^2}\right) . \tag{13.130}$$

Offenbar sind also die Spannungen an den Toren 2 und 4 sowohl von dem Strom an Tor 1 als auch von dem an Tor 3 abhängig: Tor 4 ist mit Tor 3 und Tor 2 ist mit Tor 1 *verkoppelt, obwohl keine galvanische Verbindung besteht.*

Will man nun diesen Effekt ausnutzen, um einen Richtkoppler zu konstruieren, so muß versucht werden, die Eigenreflexionsfaktoren des Viertors bei Anschluß durch Leitungen mit (noch unbekanntem) Wellenwiderstand Z_x zum Verschwinden zu bringen. Man setzt daher beispielsweise

$$U_2=-Z_x\,I_2 \quad , \quad U_3=-Z_x\,I_3 \quad , \quad U_4=-Z_x\,I_4 \tag{13.131}$$

und erwartet

$$U_1=Z_x\,I_1 \quad . \tag{13.132}$$

Diese vier Gleichungen sind in der Tat simultan zu erfüllen, wenn

$$Z_x=Z_L=\sqrt{Z_e\,Z_o} \tag{13.133}$$

gewählt wird. Diese Bedingungsgleichung heißt ganz entsprechend zu den Herleitungen für die Zweigleitungskoppler *Anpaßbedingung*. Ihre Gültigkeit wird im folgenden vorausgesetzt. Es ergibt sich dann für die Streumatrix des aus den verkoppelten Leitungen gebildeten Viertores:

$$\tilde{S}=\frac{1}{\sqrt{1-k^2}\cos(\beta l)+j\sin(\beta l)}\begin{pmatrix} 0 & 0 & jk\sin(\beta l) & \sqrt{1-k^2} \\ 0 & 0 & \sqrt{1-k^2} & jk\sin(\beta l) \\ jk\sin(\beta l) & \sqrt{1-k^2} & 0 & 0 \\ \sqrt{1-k^2} & jk\sin(\beta l) & 0 & 0 \end{pmatrix} \tag{13.134}$$

Die Streumatrix der Dreidrahtleitung nimmt unter der Anpaßbedingung eine sehr einfache Form an, wenn $l=\lambda/4$ ist. Dann gilt:

$$\tilde{S}=\begin{pmatrix} 0 & 0 & k & -j\sqrt{1-k^2} \\ 0 & 0 & -j\sqrt{1-k^2} & k \\ k & -j\sqrt{1-k^2} & 0 & 0 \\ -j\sqrt{1-k^2} & k & 0 & 0 \end{pmatrix} . \tag{13.135}$$

Diese besondere Form der Dreidrahtleitung ist also ein 90°-Richtkoppler mit Koppelfaktor k, welcher für $k^2=½$ zum 90°-Hybrid wird.

Mit feldtheoretischen Methoden kann gezeigt werden, daß alle Dreidrahtleitungen zwei unterschiedliche (TEM-) Wellenmoden führen können. Diese müssen aber nur dann gleiche Ausbreitungsgeschwindigkeit haben, wenn sie ausschließlich in einem – abgesehen von den als ideal leitend angesehenen Leitern – homogenen Dielektrikum geführt werden. Auf parallel geführte Mikrostreifenleitungen oder andere planare Leitungskonstruktionen trifft dies nun leider nicht zu. Daher gelten dort die Gleichungen (13.104) und (13.105) nicht exakt.

Dennoch können die weiter vorn für die geschirmte Zweidrahtleitung hergeleiteten Beziehungen als gute Näherungen für diese Leitungssysteme benutzt werden.

Genauere Dimensionierungsvorschriften für Koppler aus planaren Leitungen findet man in der Spezialliteratur, beispielsweise in [13.8] und [13.9].

Abb. 13.15 zeigt zwei Ausführungsformen von Richtkopplern in Mikrostreifenleitungstechnik. Der einfache Koppler in Teil a der Abbildung ist nur für

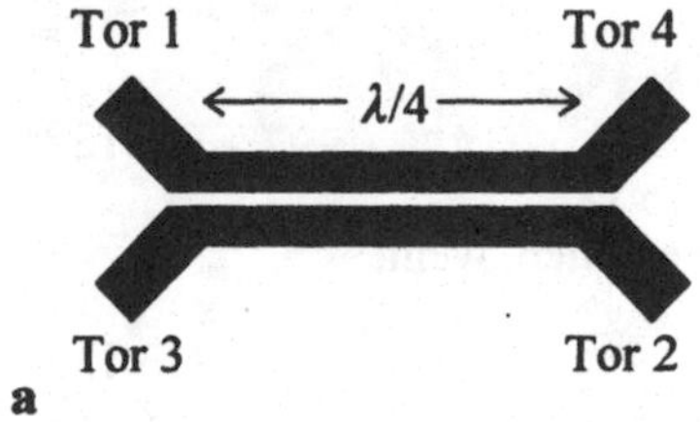

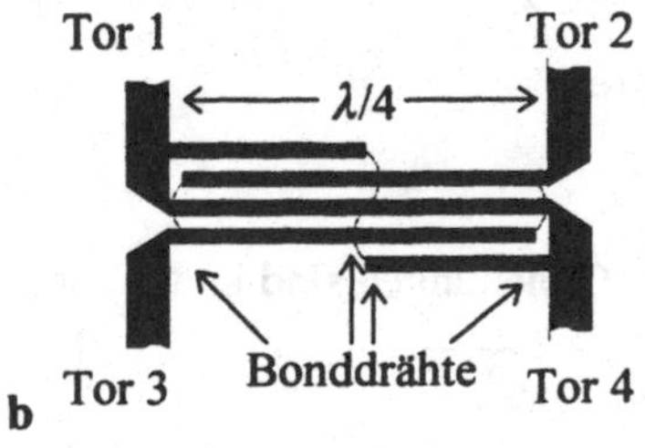

Abb. 13.15 : Koppler in Mikrostreifenleitungstechnik **a** Einfachste Ausführung **b** Interdigitalkoppler (mit vier Segmenten) nach J.Lange

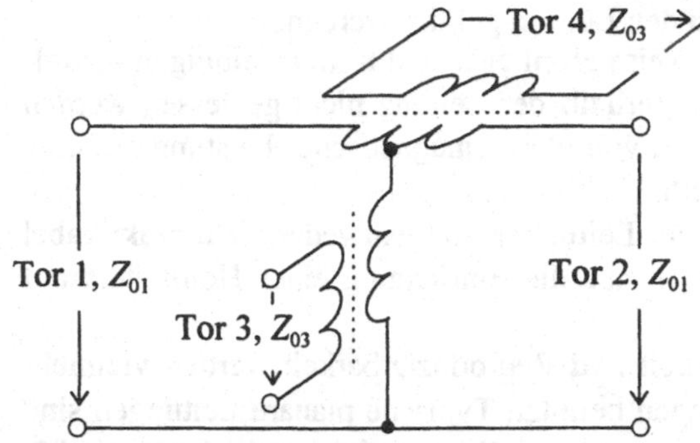

Abb. 13.16 : Gabelschaltung

kleine Koppelfaktoren geeignet. Mit der von J.Lange [13.10] gegebenen Version nach Teil b der Abbildung lassen sich auch 90°-Hybride herstellen. Den Lange-Koppler nennt man auch Interdigitalkoppler, da die verkoppelten Leiter wie Finger ineinander greifen.[1]

13.5.4 Die Gabelschaltung

Auch aus Übertragern lassen sich Richtkoppler bauen. Eine aus der NF-Technik stammende Version ist in Abb. 13.16 dargestellt. Sie besteht aus einem Differentialübertrager, welcher primär- und sekundärseitig von Leitungen unterschiedlichen Wellenwiderstandes angeschlossen wird, und einem einfachen widerstandstransformierenden Übertrager. Die Herleitung der Funktionsweise wird dem Leser als Übungsaufgabe überlassen.

In der Fernsprechtechnik verwendet man diesen Richtkoppler, um ein Leitungssystem aus zwei Zweidrahtleitungen für abgehende Signale (Mikrofonkreis) und ankommende Signale (Hörerkreis) auf ein einziges Zweidrahtsystem (Fernleitung) anzupassen, auf dem dann ankommende und abgehende Signale gleichermaßen geführt werden.

Da man in diesem Fall den Richtkoppler zusammen mit dem Wellensumpf als Verzweigungsschaltung interpretieren kann, welche eine Zweidrahtleitung in ein Leitungssystem aus vier Leitern aufgabelt, heißt die Schaltung nach Abb. 13.16 auch Gabelschaltung.

13.6 Übersprechen

Im vorigen Abschnitt wurde der Mechanismus geklärt, der ein Überkoppeln einer Welle auf einem Leiter auf einen anderen bewirkt. Ursache sind im Grunde die

[1] inter (lat.): zwischen, digitus (lat.): Finger

elektromagnetischen Felder, die von den Leitern geführt werden.

Es gibt Leitungen – wie beispielsweise Hohlleiter und Koaxialleitungen –, welche die Felder so führen, daß sie außerhalb der Leitung nicht gemessen werden können. Ein ungewolltes Überkoppeln von elektromagnetischer Leistung auf eine andere Leitung findet dann nicht statt.

Vielfach ist die Anwendung solcher Leitungen aber entweder nicht praktikabel oder unwirtschaftlich. Man stelle sich nur die Einrichtung eines Hohlleiters auf einem Halbleiterchip vor.

Aus Gründen der Wirtschaftlichkeit und Reproduzierbarkeit werden vielmehr häufig planare[1] Schaltungsanordnungen benutzt. Typische planare Leitungen sind beispielsweise die Mikrostreifenleitung oder die Koplanarleitung (siehe Kapitel 3, Abb. 3.2). Man findet aber auch verschiedenartige Versionen von Zweidrahtleitungen, die durch (mehr oder weniger überlegte) Führung zweier Leiterbahnen entstehen. Eine übliche Verfahrensweise ist beispielsweise, die Lage von Bauelementen auf einer Platine vorzugeben und dann die Vielzahl der Verbindungen durch ein Router-Programm automatisch zu plazieren. Durch die meist hohe Pakkungsdichte liefern diese Programme oft Lösungsvorschläge, in denen Leiterbahnen, welche unterschiedliche Signal führen sollen, über längere Strecken sehr eng benachbart verlaufen. Die Folge sind ungewollte Verkopplungen der Wellen auf den Leitungen.

Man nennt diesen ungewollten Effekt *Übersprechen* oder *Nebensprechen* (engl.: crosstalk), da er erstmalig in der Fernsprechtechnik bekannt wurde.

Übersprechen ist die Ursache vieler zunächst scheinbar unerklärlicher Phänomene, welche den HF-Schaltungsaufbau eine Zeitlang in die Nähe des Unverständlichen gerückt haben. Es ist daher wichtig, sich über die Ursachen dieser Phänomene im Klaren zu sein, um die Wirkungen bekämpfen zu können.

Legt man das durch Abb. 13.14b gegebene Modell, das durch die Gleichungen

$$\partial U_1/\partial z = j\omega\left(-l_1 I_1 - m I_3\right) \quad , \tag{13.136}$$

$$\partial U_3/\partial z = j\omega\left(-m I_1 - l_3 I_3\right) \quad , \tag{13.137}$$

$$\partial I_1/\partial z = j\omega\left(-(c_1 + c_{13})U_1 + c_{13} U_3\right) \quad , \tag{13.138}$$

$$\partial I_3/\partial z = j\omega\left(c_{13} U_1 - (c_{13} + c_3) U_3\right) \quad . \tag{13.139}$$

beschrieben wird, für das Übersprechen zwischen zwei Leiterbahnen zugrunde, dann wird unmittelbar klar, daß die Effekte bei kurzer effektiver Länge (Wechselwirkungslänge) der beteiligten Leiterbahnen um so deutlicher werden, je größer die Frequenz ist. Solange die Wellenlänge der Signale deutlich größer ist als die Wechselwirkungslänge, werden übergekoppelte (verallgemeinerte) Ströme und Spannungen auch proportional zu der Wechselwirkungslänge anwachsen. Der jeweilige Proportionalitätsfaktor wird dabei wesentlich durch den Gegeninduktivitätsbelag m und den Koppelkapazitätsbelag c_{13} mitbestimmt. m und c_{13} sind

---

[1] planus (lat.: eben, flach)

durch die Ausbreitungsgeschwindigkeiten der Wellenmoden miteinander verknüpft. Verringerung des Koppelkapazitätsbelages führt im allgemeinen zur Verkleinerung des Gegeninduktivitätsbelages. Der Übersprecheffekt verschwindet ganz, wenn m und c_{13} verschwinden.

Will man also unerwünschtes Nebensprechen vollständig vermeiden, dann müssen alle Signale auf unverkoppelten Leitungen geführt werden. Dies ist der Grund, weshalb man in der Meßtechnik überwiegend Koaxial- und Hohlleiter benutzt. Aus gleichem Grund empfiehlt sich die Abschirmung von Teilsystemen in HF-dichten Gehäusen. Das sind Gehäuse aus sehr gut leitendem Material, welche auf Massepotential[1] gelegt werden.

Wenn sich eine vollständige Entkopplung der Leiterbahnen nicht vermeiden läßt, muß für die Verringerung des Koppeleffektes gesorgt werden. Dies kann dadurch geschehen, daß der Koppelkapazitätsbelag klein gehalten wird. Als Faustregel gilt, daß Leiterbahnen möglichst weit voneinander entfernt zu plazieren sind. Enge Parallelführungen mögen zwar den Ordnungssinn ansprechen und ästhetische Gefühle befriedigen, sind aber zur Minimierung des Übersprechens zu vermeiden.

Läßt sich eine längere Parallelführung nicht umgehen, dann kann der Koppelkapazitätsbelag dadurch verringert werden, daß zwischen den beiden signalführenden Leiterbahnen eine auf Massepotential liegende Leiterbahn plaziert wird. Man nennt diese *Schutzbahn* oder *Schutzdraht* (engl.: guard), oder, falls sie um Bauelemente herum geführt wird, *Schutzring* (engl.: guard ring). Die Schutzbahnen können auch als Schutzwälle oder Schutzbleche ausgeführt werden.

Schlecht entkoppelte Leitungen erkennt man bei Messung dadurch, daß sich die Meßwerte der Schaltung verändern, wenn sich die Hand des Messenden in der Nähe signalführender Leitungen bewegt: die durch die Hand eingebrachte Veränderung des Dielektrikums verändert dann signifikant den Koppelkapazitätsbelag.

Da sich ein Übersprechen auf planaren Schaltungen oft nicht vollständig vermeiden läßt, müssen seine Auswirkungen klein gehalten werden. Hier ist es nützlich, sich das Nebensprechen als Wellenausbreitungsphänomen vorzustellen. Damit läßt sich nämlich erklären, weshalb die Gegenmaßnahmen unmittelbar an den Systembaugruppen erfolgen müssen, welche von Übersprechen betroffen sind. Eine über einen Wechselwirkungsraum eingestreute unerwünschte Welle breitet sich nämlich auf einer Leitung bis zur der betroffenen Gruppe aus und muß dort nach Möglichkeit vollständig reflektiert und/oder dissipiert werden.

Solche Maßnahmen sind insbesondere zum Schutz von Spannungsversorgungsleitungen sinnvoll. Die Spannungsversorgung aktiver Baugruppen sollte daher über einen unmittelbar an der Baugruppe angebrachten Tiefpaß erfolgen. Dies trifft natürlich auch für die Versorgungsleitungen von geschirmten Schaltungen zu. Diese werden daher oft über einen Nebenschlußkondensator in das Schirmgehäuse geführt, der dann *Durchführungskondensator* (Duko, engl.:

---

[1] Von einem gemeinsamen Potential zu reden macht natürlich nur Sinn, wenn eindeutige Potentiale existieren.

feedthrough capacitor) genannt wird. Bei Ausführung der Durchführung als Tiefpaß mit Nebenschlußkondensatoren nach Gehäusemasse spricht man von *Durchführungsfiltern* (Dufi).

Man kann die Versorgungsleitung auch als Schutzring um die Baugruppe ausführen und dann kapazitiv auf Massepotential legen. Der Schutzring heißt dann (englisch) *clutch.*

Um in den Tiefpässen zum Schutz der Versorgungsleitungen im wesentlichen nur unerwünschte HF-Signale, nicht aber benötigte Versorgungsleistung zu dissipieren, verwendet man in einigen Frequenzbereichen sogenannte *Ferritperlen.* Das sind Lochkerne aus Ferritmaterial, welche über die Versorgungsleitung geschoben oder in ihrer unmittelbaren Nähe angebracht werden. Diese erhöhen den Induktivitätsbelag der Versorgungleitung und sorgen durch Wirbelstromverluste bei höheren Frequenzen für die nötige Dissipation. In einem Ersatzschaltbild könnte man eine Ferritperle als Parallelschaltung aus einer Serieninduktivität und der Serienschaltung aus einer Serienkapazität und einem Serienwiderstand auffassen, welche in Kette mit der Versorgungsleitung geschaltet ist.

Die in den Tiefpässen zum Schutz der Versorgungsleitungen eingesetzten realen Kondensatoren sollten natürlich bei den in Frage kommenden übergekoppelten Frequenzen auch noch kapazitiv wirken. Daher kommt hier nicht jede Bauform in Frage.

Die hier angeführten Regeln zum optimierten Schaltungsaufbau gehören zum Erfahrungsschatz des HF-Technikers. Ihre Anwendung zahlt sich durch erhöhte Funktionssicherheit der Schaltung aus.

13.7 Zusammenfassung

In diesem Kapitel wurde die gewollte und ungewollte Leistungsverteilung bzw. Leistungskombination durch Drei- und Viertore abgehandelt. Mit Ausnahme der Zirkulatoren waren die hier untersuchten N-Tore reziprok.

Es stellte sich heraus, daß es kein verlustloses, reziprokes und eigenreflexionsfreies Dreitor geben kann. Daher muß jeder eigenreflexionsfreie reziproke Leistungsteiler, welcher eine ankommende Leistungswelle in zwei abgehende Leistungswellen teilt, verlustbehaftete Bauelemente beinhalten. Ein typisches Beispiel ist der Wilkinson-Teiler. Im Gegensatz dazu kann es verlustlose, reziproke Viertore geben, welche an allen Toren eigenreflexionsfrei sind. Ein Sonderfall sind die Koppel-Viertore, welche eine in ein Tor hineinfließende Welle auf zwei der drei restlichen Tore aufteilen, während das dritte ohne abgehende Leistung bleibt.

Während in Kopplern die Leistungsverteilung bzw. Leistungskombination zwischen mehreren Leitungssystemen gerade erwünscht ist, muß die Leistungsübertragung zwischen Leiterbahnen unterschiedlicher Leitungen, das sogenannte Übersprechen vermieden werden.

13.8 Übungsaufgaben und Fragen zum Verständnis

1. Abb. 13.17 zeigt ein Fünftor mit drei Bandpässen und drei Zirkulatoren. Die Bandpässe sollen verlustlos, reziprok und reflexionssymmetrisch sein. Ihre Vorwärtstransmissionfaktoren seien:

$$s_{21}^{(k)} = \begin{cases} 1 & \text{falls} \quad 0 < (k-1/3)\omega_0 < |\omega| < (k+1/3)\omega_0 \\ 0 & \text{sonst} \end{cases}.$$

   Stellen Sie die Streumatrix dieses Fünftores auf.
2. In welchem Verhältnis müssen die Induktivitäten eines idealisierten Differentialübertragers stehen, wenn der Wellenwiderstand an Tor 1 Z_1 und der an den Toren 2 und 3 Z_2 beträgt?
3. Stellen Sie ein Gleichungssystem zur Berechnung der Streumatrix des Original-Wilkinson-Teilers bei Nominalfrequenz auf und überprüfen Sie die Gültigkeit der Beziehung (13.29).
4. Dimensionieren Sie einen Breitband-Leistungsteiler nach Parad und Moynihan für eine Leistungsaufteilung $P_3/P_2=25$.
5. Benutzen Sie die Angaben in Anhang B, um für den Leistungsteiler aus Aufgabe 2 eine Näherungslösung in Mikrostreifenleitungstechnik für die Frequenz 10 GHz zu finden. Das Substrat habe die relative Permittivität 2 und die Höhe 1mm. Die Metallisierungsdicke sei vernachlässigbar klein.
6. In einem 90°-Koppler seien bei Einspeisung in Tor 1 und reflexionsfreiem Abschluß aller anderen Tore die Wellen, welche aus den Toren 3 und 4 fließen um +90° gegeneinander in der Phase verschoben. Um wieviel Grad weichen die Phasen dieser Wellen voneinander ab, wenn die Einspeisung in Tor 2 statt in Tor 1 stattfindet?
7. In das Tor 1 eines Hybrid-Kopplers wird eine Welle der Form $\hat{a}_1 \cos(\omega_1 t+\varphi_1)$ eingespeist, in Tor 2 die Welle $\hat{a}_2 \cos(\omega_2 t+\varphi_2)$. Welche Welle fließt aus Tor 3 und welche aus Tor 4, wenn diese Tore reflexionsfrei abgeschlossen werden und wenn

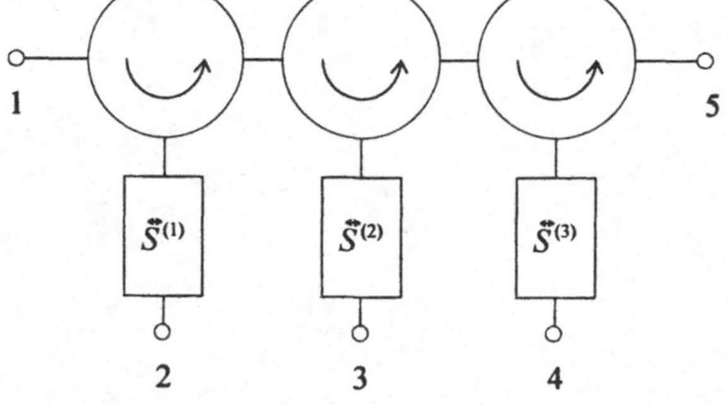

Abb. 13.17 : Multiplexer

a. ein Rat-Race-Koppler verwendet wird,
b. ein zweiarmiges 90°-Hybrid aus Leitungsverzweigungen verwendet wird?

7. Weisen Sie nach, daß die Gabelschaltung aus Abb. 13.16 bei einer bestimmten Dimensionierung als Richtkoppler eingesetzt werden kann.
8. Warum genügt es nicht, zur Elimination von Übersprechen über die Versorgungsspannungsleitungen einer gedruckten Schaltung die Versorgungsleitungen an der Platinenperipherie mit einem Tiefpaß gegen Masse zu filtern?

14 Lineare Verstärker

Oft ist die verfügbare Leistung einer Informationsquelle zu klein. Sie muß daher so vergrößert werden, daß die eigentliche Information möglichst wenige lineare Verzerrungen erfährt. In dem nachfolgenden Kapitel werden daher grundlegende und von der aktuellen Schaltungskonfiguration unabhängige Eigenschaften linearer Zweitore untersucht, welche diese Aufgaben erfüllen.

14.1 Grundlegendes und Definitionen

Definition 14.1 :

Ein linearer Verstärker ist ein Wellenzweitor, bei dem der Vektor der aus dem Zweitor herauslaufenden normierten Wellen $\vec{b} = (b_1, b_2)^T$ durch eine lineare Abbildung aus dem Vektor der in das Zweitor hineinlaufenden normierten Wellen $\vec{a} = (a_1, a_2)^T$ hervorgeht und bei dem der Betrag des Streuparameters s_{21} wenigstens für ein bestimmtes Frequenzband

$$F_V = (f_u, f_o) \tag{14.1}$$

größer als 1 ist. ♦

Wird ein Verstärker durch eine Quelle mit Reflexionsfaktor 0 angesteuert und durch einen Wellensumpf abgeschlossen, dann gilt:

$$b_2 = s_{21}\, a_1 \tag{14.2}$$

und daher im Frequenzband (f_u, f_o)

$$|b_2|^2 = |s_{21}|^2\, |a_1|^2 > |a_1|^2 \quad . \tag{14.3}$$

Die in der aus dem Zweitor herauslaufenden Welle transportierte Leistung ist also größer als die Leistung, die in der auf das Zweitor zulaufenden Welle transportiert wird: Die aus dem Zweitor herauslaufende Welle ist eine verstärkte Version der in das Zweitor hineinlaufenden Welle. Damit ist das Zweitor wenigstens bedingt aktiv.

Es stellt sich nun die Frage, ob auch jedes aktive Wellenzweitor ein Verstärker ist. Tatsächlich muß dies nicht so sein. Dazu betrachte man die Aktivitätsbedingung für Wellenzweitore, die in Kapitel 8 hergeleitet wurde:

$$1-|s_{11}|^2-|s_{21}|^2<0 \quad , \tag{14.4}$$

$$\left(1-|s_{11}|^2-|s_{21}|^2\right)\left(1-|s_{12}|^2-|s_{22}|^2\right)-\left|s_{12}^{\bullet}s_{11}+s_{22}^{\bullet}s_{21}\right|^2<0 \quad . \tag{14.5}$$

Daß damit nicht $|s_{21}|^2$ größer als 1 sein muß, zeigt das folgende Beispiel:

Beispiel 14.1 :

Sei

$$s_{11}=0{,}75 \quad ; \quad s_{12}=0 \quad ; \quad s_{21}=0{,}75 \quad ; \quad s_{22}=0 \quad . \tag{14.6}$$

Dann sind die Bedingungen (14.4) und (14.5) erfüllt, ohne daß $|s_{21}|^2$ grösser als 1 ist. ◆

Ähnliches gilt für das folgende Beispiel:

Beispiel 14.2 :

Sei

$$s_{11}=2 \quad ; \quad s_{12}=0 \quad ; \quad s_{21}=0{,}75 \quad ; \quad s_{22}=0 \tag{14.7}$$

Auch hier sind die Bedingungen (14.4) und (14.5) erfüllt, ohne daß $|s_{21}|^2>1$ ist. ◆

Die Besonderheit an dem Zweitor aus Beispiel 14.2 ist, daß sich aus ihm in einfacher Weise ein Verstärker bilden läßt.

Beispiel 14.3 :

Sei wie in Beispiel 14.2 ein Wellenzweitor mit

$$s_{11}=2 \quad ; \quad s_{12}=0 \quad ; \quad s_{21}=0{,}75 \quad ; \quad s_{22}=0 \tag{14.8}$$

gegeben. Dieses wird entsprechend Abb. 14.1 über einen Y-Zirkulator beschaltet. Die Streumatrix des idealen Y-Zirkulators ist gemäß Kapitel 13

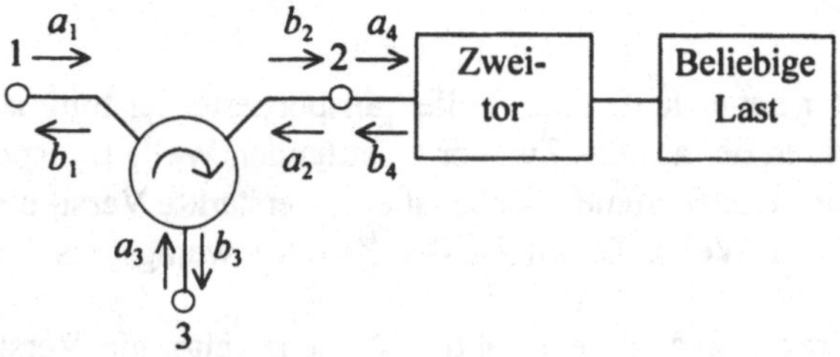

Abb. 14.1 : Bildung eines Verstärkers aus einem linearen Zweitor mit Eingangsreflexionsfaktorbetrag größer 1

$$\vec{S}_{Zirk} = \begin{pmatrix} 0 & 0 & 1 \\ 1 & 0 & 0 \\ 0 & 1 & 0 \end{pmatrix} \quad . \tag{14.9}$$

Daher ist die aus Tor 3 des Zirkulators herauslaufende Welle

$$b_3 = 2\,a_1 \quad . \tag{14.10}$$

Damit ist der Transmissionsfaktor von Tor 1 nach Tor 3 größer als 1. ◆

Offenbar bilden das Zweitor und die Last in der Beispielschaltung ein Ersatz-Eintor mit einem Reflexionsfaktor, der dem Betrage nach größer als 1 ist. Zusammen mit dem Zirkulator, der die Aufgabe hat, hin- und rücklaufende Welle des Ersatz-Eintores voneinander zu trennen, entsteht ein Verstärker.

Man unterscheidet grundsätzlich zwei Verstärkerprinzipien:

1. Reflexionsverstärker und
2. Transmissionsverstärker.

Definition 14.2 :

Als *Reflexionsverstärker* bezeichnet man einen Verstärker, der als aktives Subsystem ein Eintor enthält, dessen Reflexionsfaktorbetrag größer als 1 ist. Als *Transmissionsverstärker* bezeichnet man einen Verstärker, der als Subsystem ein nicht auf ein Eintor zurückführbares Zweitor enthält, bei dem der Betrag des Transmissionsfaktors von Tor 1 nach Tor 2 größer als 1 ist. ◆

Abb. 14.2 zeigt den Aufbau der beiden Verstärkertypen.

Reflexionsverstärker haben in neuerer Zeit an Bedeutung verloren. Daher soll an dieser Stelle nur kurz auf ihre Eigenschaften eingegangen werden. Herzstück der Reflexionsverstärker ist das aktive Eintor-Subsystem mit Reflexionsfaktorbe-

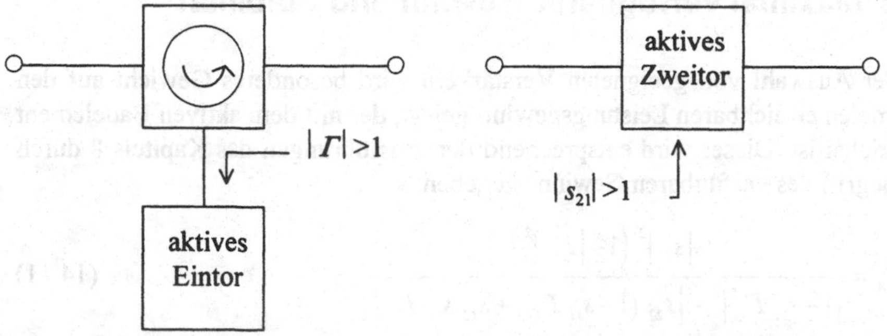

Abb. 14.2 : Verstärkertypen **a** Reflexionsverstärker **b** Transmissionsverstärker

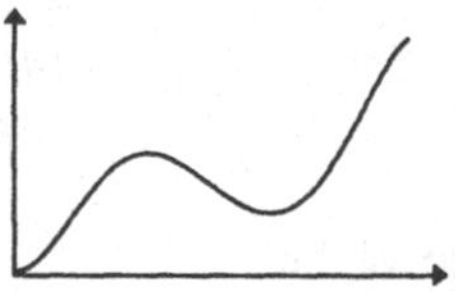

Abb. 14.3 : Strom-Spannungs-Charakteristik mit lokal negativer Steigung

trag größer als 1. Es gibt grundsätzlich zwei verschiedenartige Möglichkeiten, ein solches Eintor zu konstruieren.

Die erste Möglichkeit besteht darin, ein Bauelement zu verwenden, das von sich aus eine Strom-Spannungs-Charakteristik mit lokal negativer Steigung aufweist (siehe Abb. 14.3). Typische Vertreter sind Tunneldioden oder Gunn-Elemente.

Legt man den Arbeitspunkt eines Bauelements mit einer solchen Kennlinie in den Bereich mit negativer Steigung, dann wird der Reflexionsfaktor bei Aussteuerung mit hinreichend kleiner Amplitude dem Betrage nach größer als 1. (Übungsaufgabe!). Die benötigte Leistung wird in diesen Fällen einer Gleichleistungsquelle entnommen.

Die zweite Möglichkeit besteht darin, den erforderlichen Reflexionsfaktor mit Hilfe eines Bauelements mit nichtlinearer Charakteristik durch sogenannte Mischprozesse (siehe Kapitel über Mischer) zu erzeugen. Man spricht dann von *parametrischen Reflexionsverstärkern*. Die benötigte Leistung wird dabei einer Wechselquelle entnommen.

Transmissionsverstärker werden heute bis zu mehr als 50 GHz bei Leistungsabgaben von einigen mW, bei niedrigeren Frequenzen sogar bis zu einigen Watt mit Hilfe von Halbleiterbauelementen wie *Feldeffekttransistoren* oder *Bipolartransistoren* gebaut. Höhere Leistungen in einem Frequenzbereich bis zu 30 GHz und mehr können beispielsweise durch *Wanderfeldröhren* erzeugt werden.

14.2 Maximal verfügbarer Gewinn und Stabilität

Bei der Auswahl von geeigneten Verstärkern wird besonderes Gewicht auf den maximalen erreichbaren Leistungsgewinn gelegt, der mit dem aktiven Bauelement zu erzielen ist. Dieser wird entsprechend den Ausführungen des Kapitels 8 durch den Begriff des verfügbaren Gewinns gegeben:

$$G_A = \frac{|s_{21}|^2 \left(1 - |\Gamma_G|^2\right)}{|1 - s_{11}\,\Gamma_G|^2 - \left|s_{22}\left(1 - s_{11}\,\Gamma_G\right) + s_{12}\,s_{21}\,\Gamma_G\right|^2} \quad . \tag{14.11}$$

Offenbar hängt der verfügbare Gewinn noch von dem Reflexionsfaktor der Quelle ab. Daher ist es möglich, den verfügbaren Gewinn durch geeignete Auswahl eines Generatorreflexionsfaktors zu maximieren.

Definition 14.3 :

Als *maximal verfügbaren Gewinn* eines Verstärkers (engl.: maximum available power gain, *MAG*) bezeichnet man den bezüglich des Generatorreflexionsfaktors maximierten verfügbaren Gewinn. ♦

Rein theoretisch ist es möglich, den maximal verfügbaren Gewinn über alle Schranken wachsen zu lassen, dann nämlich, wenn in Gleichung (14.11) der Nenner 0 wird.

Es ist nun die Frage zu stellen, was es physikalisch bedeutet, daß der verfügbare Gewinn beliebig groß wird. Da keine unendlich große Leistung zur Verfügung steht, kann dies nur heißen, daß Leistung aus dem Ausgang des Verstärkers fließt, obwohl keine Leistung in den Eingang eingespeist wird. Dies ist nur dann möglich, wenn der Verstärker als Generator wirkt. Man sagt dann auch, der Verstärker sei *instabil*, bei von 0 verschiedenen Frequenzen sagt man, der Verstärker *schwingt* oder *oszilliert*.

Definition 14.4 :

Ein linearer Verstärker ist *an seinem Ausgang unbedingt stabil*, wenn sein Leistungsgewinn (gemessen vom Eingang zum Ausgang) für *beliebige passive Generator- und Lastreflexionsfaktoren* endlich bleibt. Er ist an seinem Ausgang bedingt stabil, wenn sein Leistungsgewinn nur für bestimmte passive Generator- und Lastreflexionsfaktoren endlich bleibt. Ansonsten ist er an seinem Ausgang instabil. ♦

Instabilität tritt an den Polstellen des verfügbaren Gewinns auf, also bei

$$\left|1-s_{11}\,\Gamma_G\right|^2 = \left|s_{22}\,(1-s_{11}\,\Gamma_G)+s_{12}\,s_{21}\,\Gamma_G\right|^2 \quad , \tag{14.12}$$

oder

$$\left|s_{22}+\frac{s_{12}\,s_{21}\,\Gamma_G}{1-s_{11}\,\Gamma_G}\right| = 1 \quad . \tag{14.13}$$

Die linke Seite der letzten Gleichung ist aber gerade gleich dem Betrag des Ausgangsreflexionsfaktors $\Gamma_G^{(1)}$ der Kettenschaltung aus Quelle und Verstärker (siehe Abb. 14.4).

$\Gamma_G^{(1)}$ muß im Falle des verfügbaren Gewinns komplex konjugiert zu dem Lastreflexionsfaktor Γ_L sein (siehe Kapitel 10). Der verfügbare Gewinn wird daher nur dann beliebig groß, wenn $|\Gamma_L|$ gleich 1 ist. Es werden ausschließlich verlustbehaf-

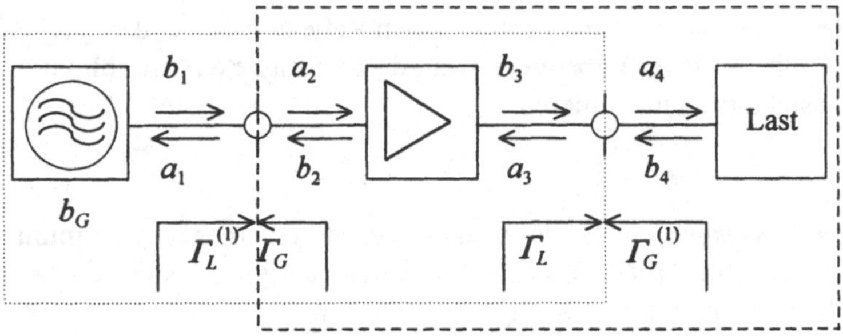

Abb. 14.4 : Generator, Verstärker, Last

tete Lasten in Betracht gezogen werden. Daher genügt zur Gewährleistung der Stabilität am Ausgang die Forderung:

$$\left| s_{22} + \frac{s_{12}\, s_{21}\, \Gamma_G}{1 - s_{11}\, \Gamma_G} \right| < 1 \quad \text{für alle } \Gamma_G \text{ mit } \left|\Gamma_G\right| < 1 \quad . \tag{14.14}$$

Daraus folgt unmittelbar als notwendige, wenn auch nicht hinreichende Bedingung für die unbedingte Stabilität des Ausgangssignales, daß

$$\left|s_{22}\right| < 1 \tag{14.15}$$

gelten muß, damit obige Bedingung auch für $\Gamma_G = 0$ erfüllt ist.

Genau die gleiche Argumentationskette kann nun herangezogen werden, wenn man an Tor 2 des Verstärkers eine Quelle mit Reflexionsfaktor Γ_L einsetzt. Es gilt dann für den verfügbaren Gewinn in Rückwärtsrichtung:

$$G_{A,inv} = \frac{\left|s_{12}\right|^2 \left(1 - \left|\Gamma_L\right|^2\right)}{\left|1 - s_{22}\,\Gamma_L\right|^2 - \left|s_{11}\left(1 - s_{22}\,\Gamma_L\right) + s_{12}\, s_{21}\, \Gamma_L\right|^2} \quad . \tag{14.16}$$

Dieser hat seine Polstelle bei

$$\left| s_{11} + \frac{s_{12}\, s_{21}\, \Gamma_L}{1 - s_{22}\, \Gamma_L} \right| = \left|\Gamma_L^{(1)}\right| = 1 \quad . \tag{14.17}$$

In Analogie zum Fall der Ausgangsstabilität wird nun der Begriff der Stabilität am Eingang definiert:

Definition 14.5 :

Ein linearer Verstärker ist *an seinem Eingang unbedingt stabil*, wenn sein Leistungsgewinn in Rückwärtsrichtung (gemessen vom Ausgang zum Eingang) für *beliebige passive Generator- und Lastreflexionsfaktoren* endlich bleibt. Er ist an seinem Eingang bedingt stabil, wenn sein Leistungsgewinn nur für bestimmte passive Generator- und Lastreflexionsfaktoren endlich bleibt. Ansonsten ist er an seinem Eingang instabil. ♦

Zur Gewährleistung der Stabilität am Eingang muß demzufolge gefordert werden:

$$\left| s_{11} + \frac{s_{12}\, s_{21}\, \Gamma_L}{1 - s_{22}\, \Gamma_L} \right| < 1 \qquad \text{für alle } \Gamma_L \text{ mit } |\Gamma_L| < 1 \quad . \tag{14.18}$$

Hieraus folgt wieder als notwendige, aber nicht unbedingt hinreichende Bedingung für die unbedingte Stabilität am Eingangstor, daß

$$|s_{11}| < 1 \tag{14.19}$$

gelten muß, damit obige Bedingung auch für $\Gamma_L = 0$ erfüllt ist.

Definition 14.6 :

Ein Verstärker ist *unbedingt stabil*, wenn er sowohl an seinem Eingang als auch an seinem Ausgang unbedingt stabil ist. ♦

14.3 Stabilitätskreise

14.3.1 Kreise als geometrische Grenzorte für Stabilität

Die Grenze der Stabilität am Ausgang wird erreicht, wenn

$$\left| s_{22} + \frac{s_{12}\, s_{21}\, \Gamma_G}{1 - s_{11}\, \Gamma_G} \right| = \left| \Gamma_G^{(1)} \right| = 1 \tag{14.20}$$

ist. Nun kann aber $\Gamma_G^{(1)}$ als Abbildung der komplexen Variablen Γ_G aufgefaßt werden. Umformulierung der obigen Gleichung zeigt, daß es sich um den Betrag der Bilineartransformation

$$\Gamma_G^{(1)} = \frac{s_{22} - \det(\vec{S})\, \Gamma_G}{1 - s_{11}\, \Gamma_G} \tag{14.21}$$

handelt, deren Umkehrabbildung ebenfalls eine Bilineartransformation ist, und durch

$$\Gamma_G = \frac{\Gamma_G^{(1)} - s_{22}}{s_{11}\, \Gamma_G^{(1)} - \det(\vec{S})} \tag{14.22}$$

beschrieben wird.

Der geometrische Ort für die Grenze der Stabilität am Ausgang wird durch $|\Gamma_G^{(1)}|=1$ gegeben. Er ist daher in der komplexen $\Gamma_G^{(1)}$-Ebene ein Kreis mit Radius 1 und Mittelpunkt 0.

Den Ausführungen des Kapitels 6 folgend wird ein Kreis in der w-Ebene mit Mittelpunkt w_0 und Radius ρ als

$$\delta w w^* + s w + s^* w^* + k = 0 \text{ mit } \delta \neq 0 \in \mathbb{R}, k \in \mathbb{R} \text{ und } s s^* - \delta k > 0 \quad (14.23)$$

beschrieben. Dabei ist

$$s := -w_0^* \delta \ ; \ k := \delta\left(w_0 w_0^* - \rho^2\right) \ ; \ \delta \in \mathbb{R} \ ; \ \delta \neq 0 \quad . \quad (14.24)$$

Damit ist der obige Kreis vollständig durch

$$\delta = 1 \quad ; \quad s = 0 \quad ; \quad k = -1 \quad . \quad (14.25)$$

gegeben. Ebenfalls den Ausführungen des Kapitels 6 entsprechend, überführt nun eine Bilineartransformation

$$\tilde{w} = (a w + b)/(c w + d) \quad (14.26)$$

einen Kreis aus der w-Ebene in einen Kreis in der $\tilde{w}$-Ebene mit der Darstellung

$$\tilde{\delta}\, \tilde{w} \tilde{w}^* + \tilde{s}\, \tilde{w} + \tilde{s}^*\, \tilde{w}^* + \tilde{k} = 0 \quad , \quad (14.27)$$

$$\tilde{\delta} := \delta d d^* - s d c^* - s^* d^* c + k c c^* \quad , \quad (14.28)$$

$$\tilde{s} := -\delta d b^* + s a^* d + s^* b^* c - k a^* c \quad , \quad (14.29)$$

$$\tilde{k} := \delta b b^* - s a^* b - s^* a b^* + k a a^* \quad . \quad (14.30)$$

Die Bilineartransformation nach Gleichung (14.22) besitzt die Parameter

$$a = 1 \quad ; \quad b = -s_{22} \quad ; \quad c = s_{11} \quad ; \quad d = -\det(\vec{S}) \quad . \quad (14.31)$$

Daher wird die Grenze für die Stabilität am Ausgang in der Γ_G-Ebene durch einen Kreis mit den Parametern

$$\tilde{\delta} := \left|\det(\vec{S})\right|^2 - |s_{11}|^2 \quad , \quad (14.32)$$

$$\tilde{s} := -\det(\vec{S})\, s_{22}^* + s_{11} \quad , \quad (14.33)$$

$$\tilde{k} := |s_{22}|^2 - 1 \quad (14.34)$$

bestimmt. Dieser Kreis wird *Stabilitätskreis in der Reflexionsfaktorebene des Generators* genannt. Sein Mittelpunkt liegt an der Stelle

$$\Gamma_{G,0} = -\tilde{s}^*/\tilde{\delta} = \left(\det(\vec{S})^* s_{22} - s_{11}^*\right) \Big/ \left(\left|\det(\vec{S})\right|^2 - |s_{11}|^2\right) \quad , \quad (14.35)$$

und sein Radius ist

$$\rho_{G,0}=\sqrt{\frac{\tilde{s}\,\tilde{s}^{*}-\tilde{\delta}\,\tilde{k}}{\tilde{\delta}^{2}}}=\frac{\sqrt{\left|s_{11}-\det(\vec{S})s_{22}^{*}\right|^{2}-\left(\left|\det(\vec{S})\right|^{2}-\left|s_{11}\right|^{2}\right)\left(\left|s_{22}\right|^{2}-1\right)}}{\left|\left|\det(\vec{S})\right|^{2}-\left|s_{11}\right|^{2}\right|}. \qquad (14.36)$$

Durch Ausmultiplizieren des Radikanden in obigem Ausdruck folgt

$$\rho_{G,0}=\frac{\left|\det(\vec{S})-s_{11}\,s_{22}\right|}{\left|\left|\det(\vec{S})\right|^{2}-\left|s_{11}\right|^{2}\right|}=\frac{\left|s_{12}\,s_{21}\right|}{\left|\left|\det(\vec{S})\right|^{2}-\left|s_{11}\right|^{2}\right|}\ . \qquad (14.37)$$

Die gleiche Argumentationskette, die zu den Stabilitätskreisen in der Reflexionsfaktorebene des Generators führt, kann auf das Problem der Stabilität am Eingang angewendet werden. Bei Vertauschung von Eingang und Ausgang müssen nur die Indexnummern 1 und 2 gegenseitig vertauscht werden. Folgende Übergänge sind dann zu vollziehen:

$$s_{11}\to s_{22}\ ;\ s_{12}\to s_{21}\ ;\ s_{21}\to s_{12}\ ;\ s_{22}\to s_{11}\ ;\ \Gamma_{G}\to\Gamma_{L}\ ;\ \Gamma_{L}\to\Gamma_{G}\,.$$

Dem Stabilitätskreis in der Γ_G-Ebene entspricht dann ein *Stabilitätskreis in der Reflexionsfaktorebene der Last*. Sein Mittelpunkt liegt an der Stelle

$$\Gamma_{L,0}=\frac{\det(\vec{S})^{*}\,s_{11}-s_{22}^{*}}{\left|\det(\vec{S})\right|^{2}-\left|s_{22}\right|^{2}}\ , \qquad (14.38)$$

und sein Radius ist

$$\rho_{L,0}=\left|s_{12}\,s_{21}\right|\Big/\left|\left|\det(\vec{S})\right|^{2}-\left|s_{22}\right|^{2}\right|\ . \qquad (14.39)$$

14.3.2 Stabilitätsabschätzungen

Es wird nun vorausgesetzt, daß der Generatorreflexionsfaktor Γ_G dem Betrage nach kleiner als 1 ist. (Regulärer Fall, siehe Kapitel 5.1). Wenn also der oben berechnete Stabilitätskreis in der Γ_G-Ebene den Einheitskreis schneidet, dann ist der Verstärker am Ausgang nicht unbedingt stabil. Um festzustellen, wann dies der Fall ist, wird der Schnitt zweier Kreise ganz allgemein untersucht. Offenbar gilt mit den Bezeichnungen der Abb. 14.5

$$\vec{a}+\vec{b}=\vec{c} \qquad (14.40)$$

und daher

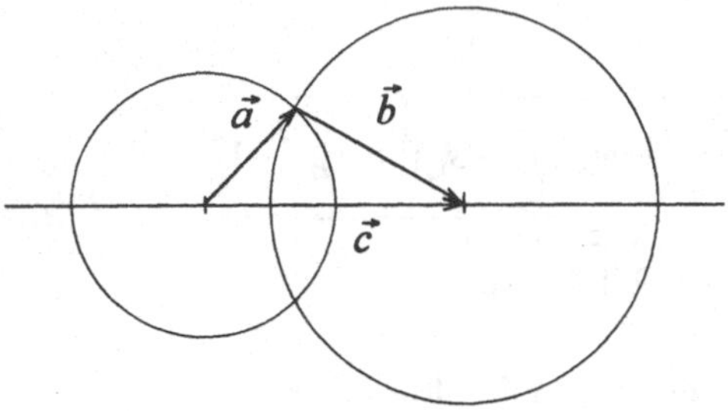

Abb. 14.5 : Schnitt zweier Kreise

$$\left|\vec{c}\right|^2=\left|\vec{a}\right|^2+2\vec{a}\cdot\vec{b}+\left|\vec{b}\right|^2=\left|\vec{a}\right|^2+2\left|\vec{a}\right|\left|\vec{b}\right|\cos\angle\left(\vec{a},\vec{b}\right)+\left|\vec{b}\right|^2 \quad . \tag{14.41}$$

Da der Kosinus des Winkels zwischen den Vektoren $\vec{a}$ und $\vec{b}$ nur Werte zwischen -1 und $+1$ annehmen kann, folgt als Bedingung für den Schnitt der beiden Kreise:

$$\left|\vec{a}\right|^2-2\left|\vec{a}\right|\left|\vec{b}\right|+\left|\vec{b}\right|^2\le\left|\vec{c}\right|^2\le\left|\vec{a}\right|^2+2\left|\vec{a}\right|\left|\vec{b}\right|+\left|\vec{b}\right|^2 \quad . \tag{14.42}$$

Offenbar sind $|\vec{a}|$ und $|\vec{b}|$ die Radien der beiden Kreise und $|\vec{c}|$ ist die Distanz zwischen den beiden Kreismittelpunkten. Übertragen auf den Stabilitätskreis und den Einheitskreis bedeutet dies, daß ein Schnitt oder eine Berührung der Kreise genau dann erfolgt, wenn

$$\rho_{G,0}^2-2\rho_{G,0}+1\le\left|\Gamma_{G,0}\right|^2\le\rho_{G,0}^2+2\rho_{G,0}+1 \tag{14.43}$$

gilt. Damit ist für unbedingte Stabilität

$$\left|\Gamma_{G,0}\right|^2<\left(\rho_{G,0}-1\right)^2 \qquad \text{oder} \qquad \left|\Gamma_{G,0}\right|^2>\left(\rho_{G,0}+1\right)^2 \tag{14.44}$$

zu erfüllen. Es werden daher nach einer Idee von Ralph Carson [14.1] folgende Fälle unterschieden[1]:

1. $\left|\Gamma_{G,0}\right|^2>\left(\rho_{G,0}+1\right)^2$

Hier ist der Abstand der Kreismittelpunkte größer als die Summe der Radien. Die Situation wird offenbar durch die in Abb. 14.6 gegebene Smith-Chart für den Reflexionsfaktor des Generators beschrieben.

Die Bedingung für unbedingte Stabilität am Ausgang war

$$\left|s_{22}+s_{12}\,s_{21}\,\Gamma_G/\left(1-s_{11}\,\Gamma_G\right)\right|<1 \quad . \tag{14.45}$$

Der Stabilitätskreis ist also der geometrische Ort, an dem diese Bedingung gerade nicht mehr erfüllt ist. Es müssen daher entweder alle zur Stabilität führenden Ge-

[1] Die folgenden, etwas langwierigen Ausführungen können vom eiligen Leser bis zum Ende des Abschnitts 14.3.2 übergangen werden.

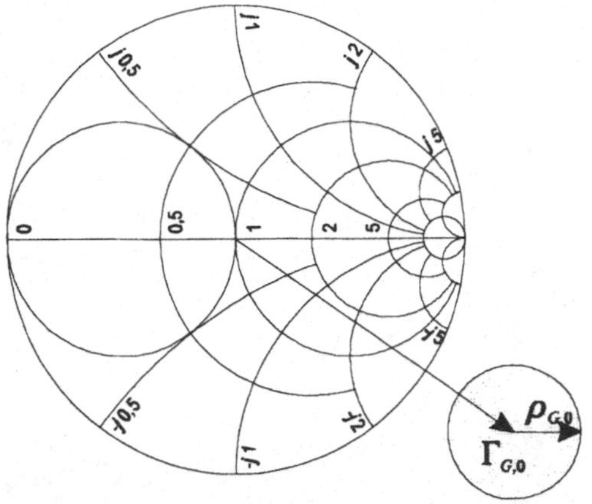

Abb. 14.6 : Reflexionsfaktordiagramm des Generatorreflexionsfaktors mit Stabilitätskreis

neratorreflexionsfaktoren innerhalb oder aber außerhalb des Stabilitätskreises liegen. Da aber die Generatorreflexionsfaktoren dem Betrage nach kleiner als 1 sind, können höchstens die im Einheitskreis liegenden Reflexionsfaktoren zur Stabilität führen.

Zweitore, die für keinen Generatorreflexionsfaktor im Einheitskreis zur Stabilität führen, sind unbedingt instabil und daher unbrauchbar. Sie werden aus allen weiteren Betrachtungen ausgeschlossen.

Der Bedingung $\left|\Gamma_{G,0}\right|^2 > (\rho_{G,0}+1)^2$ entspricht

$$\left|\frac{\det(\vec{S})^* s_{22} - s_{11}^*}{\left|\det(\vec{S})\right|^2 - |s_{11}|^2}\right|^2 > \left(\frac{|s_{12}\, s_{21}|}{\left|\left|\det(\vec{S})\right|^2 - |s_{11}|^2\right|} + 1\right)^2 \tag{14.46}$$

oder

$$\left|\det(\vec{S})^* s_{22} - s_{11}^*\right|^2 > \left(|s_{12}\, s_{21}| + \left|\left|\det(\vec{S})\right|^2 - |s_{11}|^2\right|\right)^2 \quad . \tag{14.47}$$

Es wird nun ausgenutzt, daß für eine beliebig komplexe Zahl z der Zusammenhang $|z|^2 = z\, z^*$ gilt. Damit und mit

$$\left|\det(\vec{S})\right|^2 = |s_{11}|^2 |s_{22}|^2 - s_{12}\, s_{21}\, s_{11}^*\, s_{22}^* - s_{11}\, s_{22}\, s_{12}^*\, s_{21}^* + |s_{12}|^2 |s_{21}|^2 \tag{14.48}$$

leitet man ab, daß

$$\begin{aligned}\left|\det(\vec{S})^* s_{22} - s_{11}^*\right|^2 &= \left|\det(\vec{S})\right|^2 |s_{22}|^2 - \left|\det(\vec{S})\right|^2 + |s_{12}\, s_{21}|^2 - |s_{11}\, s_{22}|^2 + |s_{11}|^2 \\ &= |s_{12}|^2 |s_{21}|^2 + \left(|s_{11}|^2 - \left|\det(\vec{S})\right|^2\right)\left(1 - |s_{22}|^2\right)\end{aligned} \tag{14.49}$$

gilt. Infolgedessen ist

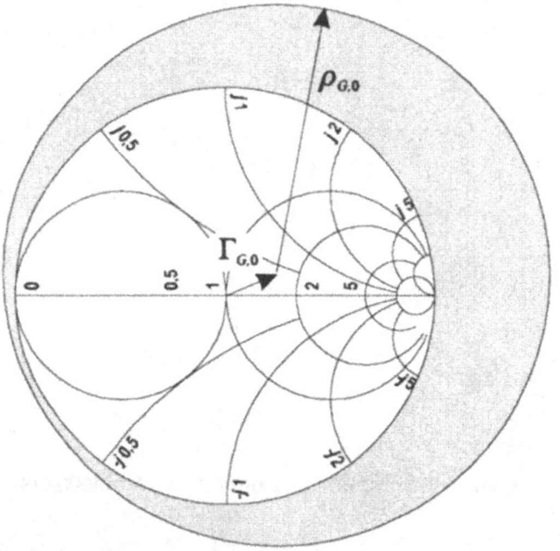

Abb. 14.7 : Reflexionsfaktordiagramm des Generatorreflexionsfaktors mit Stabilitätskreis

$$\left(|s_{11}|^2-\left|\det(\ddot{S})\right|^2\right)\left(1-|s_{22}|^2\right)>2|s_{12}||s_{21}|\left|\left|\det(\ddot{S})\right|^2-|s_{11}|^2\right|+\left|\left|\det(\ddot{S})\right|^2-|s_{11}|^2\right|^2>0\,. \tag{14.50}$$

Da aber weiter oben schon für die Stabilität am Ausgang gefordert worden war, daß $|s_{22}|<1$ gilt, kann diese Ungleichung nur erfüllt werden, wenn

$$|s_{11}|^2-\left|\det(\ddot{S})\right|^2>0 \tag{14.51}$$

ist. Damit folgt durch Kürzen des gemeinsamen positiven Faktors aus der Ungleichung

$$1-|s_{22}|^2>2|s_{12}||s_{21}|+|s_{11}|^2-\left|\det(\ddot{S})\right|^2>0 \tag{14.52}$$

oder

$$\left(1-|s_{11}|^2-|s_{22}|^2+\left|\det(\ddot{S})\right|^2\right)\Big/\left(2|s_{12}||s_{21}|\right)>1\quad . \tag{14.53}$$

2. Im Fall $\left|\Gamma_{G,0}\right|^2<\left(\rho_{G,0}-1\right)^2$ sind zwei Fälle zu unterscheiden.

a.) $0\le\left|\Gamma_{G,0}\right|<\rho_{G,0}-1$ (14.54)

Diese Situation wird durch Abb. 14.7 erfaßt. Hier umfaßt der Stabilitätskreis den Einheitskreis. Folglich wird unbedingte Stabilität am Ausgang durch alle Generatorreflexionsfaktoren ermöglicht, die dem Betrage nach kleiner als 1 sind. Ungleichung (14.54) erfordert die gleichzeitige Erfüllung von

$$\left|\Gamma_{G,0}\right|<\rho_{G,0}-1\quad , \tag{14.55}$$

$$\rho_{G,0} > 1 \quad . \tag{14.56}$$

Ungleichung (14.55) führt zu

$$\left| \frac{\det(\vec{S})^* s_{22} - s_{11}^*}{\left|\det(\vec{S})\right|^2 - |s_{11}|^2} \right|^2 < \left(|s_{12}\, s_{21}| \Big/ \left| \left|\det(\vec{S})\right|^2 - |s_{11}|^2 \right| - 1 \right)^2 \tag{14.57}$$

oder

$$\left| \det(\vec{S})^* s_{22} - s_{11}^* \right|^2 < \left(|s_{12}\, s_{21}| - \left| \left|\det(\vec{S})\right|^2 - |s_{11}|^2 \right| \right)^2 \tag{14.58}$$

Es wird wieder ausgenutzt, daß

$$\left| \det(\vec{S})^* s_{22} - s_{11}^* \right|^2 = |s_{12}|^2 |s_{21}|^2 + \left(|s_{11}|^2 - \left|\det(\vec{S})\right|^2 \right) \left(1 - |s_{22}|^2 \right) \tag{14.59}$$

gilt. Infolgedessen ist

$$\left(|s_{11}|^2 - \left|\det(\vec{S})\right|^2 \right) \left(1 - |s_{22}|^2 \right) < -2 |s_{12}| |s_{21}| \left| \left|\det(\vec{S})\right|^2 - |s_{11}|^2 \right| + \left| \left|\det(\vec{S})\right|^2 - |s_{11}|^2 \right|^2 < 0 \; . \tag{14.60}$$

Da bereits $|s_{22}| < 1$ gefordert war, ist diese Ungleichungskette nur zu erfüllen, wenn

$$|s_{11}|^2 - \left|\det(\vec{S})\right|^2 < 0 \tag{14.61}$$

gilt. Dann folgt durch Kürzen des gemeinsamen positiven Faktors

$$-\left(1 - |s_{22}|^2 \right) < -2 |s_{12}| |s_{21}| + \left|\det(\vec{S})\right|^2 - |s_{11}|^2 \tag{14.62}$$

oder wie in Fall 1

$$\left(1 - |s_{11}|^2 - |s_{22}|^2 + \left|\det(\vec{S})\right|^2 \right) \Big/ \left(2 |s_{12}| |s_{21}| \right) > 1 \quad . \tag{14.63}$$

Als weitere Bedingung für absolute Stabilität war Ungleichung (14.56) zu erfüllen. Dies führt zu

$$|s_{12}| |s_{21}| > \left| \left|\det(\vec{S})\right|^2 - |s_{11}|^2 \right| = \left|\det(\vec{S})\right|^2 - |s_{11}|^2 \quad . \tag{14.64}$$

Da aber wegen Ungleichung (14.62) auch gilt:

$$\left|\det(\vec{S})\right|^2 > -\left(1 - |s_{22}|^2 \right) + 2 |s_{12}| |s_{21}| + |s_{11}|^2 \quad , \tag{14.65}$$

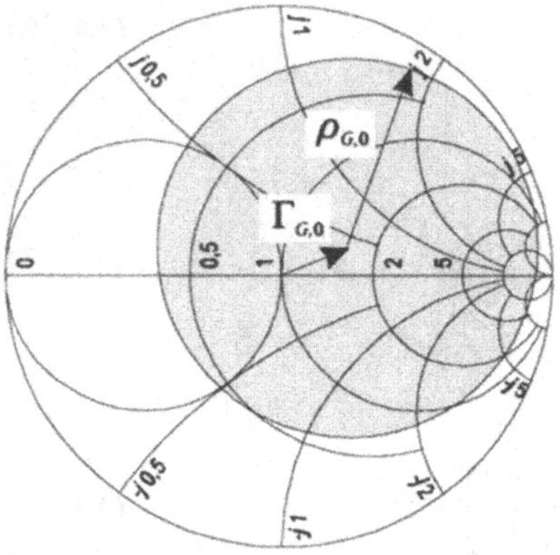

Abb. 14.8 : Reflexionsfaktordiagramm des Generatorreflexionsfaktors mit Stabilitätskreis

kann Ungleichung (14.64) abgeschätzt werden zu

$$|s_{12}||s_{21}| > \left|\det(\vec{S})\right|^2 - |s_{11}|^2 > -\left(1-|s_{22}|^2\right) + 2|s_{12}||s_{21}| \quad , \tag{14.66}$$

oder

$$|s_{12}||s_{21}| < 1 - |s_{22}|^2 \quad . \tag{14.67}$$

Diese letzte Ungleichung ist über die Forderung des Falles 1 hinaus zu gewährleisten.

b.) $0 \le \left|\Gamma_{G,0}\right| < 1 - \rho_{G,0}$ (14.68)

Diese Situation erfordert $\left|\Gamma_{G,0}\right| + \rho_{G,0} < 1$ und wird durch Abb. 14.8 erfaßt.

Hier führen alle Generatorreflexionsfaktoren auf dem Stabilitätskreis zur Instabilität. Daher muß dieser Fall ausgeschieden werden.

Eine notwendige, aber alleine nicht hinreichende Bedingung für unbedingte Stabilität ist daher durch

$$\left|\Gamma_{G,0}\right| + \rho_{G,0} > 1 \tag{14.69}$$

gegeben. Die in Fall 1 und 2a abgehandelten Forderungen gehen über diese hinaus, so daß bei Erfüllung der beiden Forderungen nach Fall 2a auch die notwendige Forderung nach Fall 2b erfüllt ist.

14.3.3 Der Stabilitätsfaktor

In obigen Fällen tritt wiederholt die Forderung auf:

$$\left\{1 - |s_{11}|^2 - |s_{22}|^2 + \left|\det(\vec{S})\right|^2\right\} \Big/ \left\{2|s_{12}||s_{21}|\right\} > 1 \quad . \tag{14.70}$$

Zur vereinfachten Argumentation benutzt man daher folgende Definition.

Definition 14.7 :

Die Größe

$$K := \frac{1 - |s_{11}|^2 - |s_{22}|^2 + \left|\det(\vec{S})\right|^2}{2|s_{12}||s_{21}|} \tag{14.71}$$

heißt Stabilitätsfaktor nach Rollet [14.2] oder schlicht *K*-Faktor. ♦

Damit lassen sich die Bedingungen für unbedingte Stabilität am Ausgang wie folgt zusammenfassen:

Theorem 14.1 :

Ein Verstärker ist an seinem Ausgang unbedingt stabil, wenn folgende drei Bedingungen erfüllt sind:

$$K > 1 \quad , \tag{14.72}$$

$$|s_{22}| < 1 \quad , \tag{14.73}$$

$$|s_{12}||s_{21}| < 1 - |s_{22}|^2 \quad . \tag{14.74}$$

♦

In völliger Analogie gewinnt man Aussagen zur Stabilität am Eingang, wenn man die Indexnummern 1 und 2 für Ein- und Ausgang vertauscht. Der *Stabilitätsfaktor bleibt* unter der Indexvertauschung *invariant*. Infolgedessen gilt das folgende

Theorem 14.2 :

Ein Verstärker ist an seinem Eingang unbedingt stabil, wenn folgende drei Bedingungen erfüllt sind:

$$K > 1 \quad , \tag{14.75}$$

$$|s_{11}| < 1 \quad , \tag{14.76}$$

$$|s_{12}||s_{21}| < 1 - |s_{11}|^2 \quad . \tag{14.77}$$

♦

Um zu einer einfachen Aussage über die unbedingte gesamte Stabilität des Verstärkers zu gelangen, werden die Ungleichungen (14.74) und (14.77) addiert. Es folgt dann

$$2|s_{12}||s_{21}| < 2 - |s_{11}|^2 - |s_{22}|^2 = 1 + 2|s_{12}||s_{21}|K - \left|\det(\vec{S})\right|^2 \quad . \tag{14.78}$$

Durch Umformung dieser Ungleichung entsteht die Bedingung

$$K > 1 - \left(1 - \left|\det\left(\vec{S}\right)\right|^2\right) \Big/ \left(2\left|s_{12}\right|\left|s_{21}\right|\right) \quad . \tag{14.79}$$

Theorem 14.3 :

Hinreichende Bedingung für die unbedingte Stabilität eines Verstärkers ist die Erfüllung folgender drei Ungleichungen:

$$K > 1 + \max\left(0, \left(\left|\det\left(\vec{S}\right)\right|^2 - 1\right) \Big/ \left(2\left|s_{12}\right|\left|s_{21}\right|\right)\right) \quad , \tag{14.80}$$

$$\left|s_{11}\right| < 1 \quad , \tag{14.81}$$

$$\left|s_{22}\right| < 1 \quad . \qquad \blacklozenge \tag{14.82}$$

Beispiel 14.4 :

In Anhang C werden in den Tabellen C.1 und C.2 die Streuparameter des integrierten GaAs-MESFET F135 aus der E05–Serie des Daimler Benz Forschungszentrums [14.3] für einen bestimmten Arbeitspunkt und für die Frequenzen 2 bis 18 GHz angeführt. Der Transistor ist auf einem GaAs–Chip integriert und über 50Ω–Koplanarleitungen mit seiner Umgebung verbunden.

In Tabelle C.3 wird der *K*-Faktor für die gleichen Frequenzen zusammen mit den Parametern für die Stabilitätskreise in der Reflexionsfaktorebene der Last angegeben.

Abb. 14.9 zeigt den Stabilitätsfaktor über der Frequenz.

Abb. 14.10 zeigt Stabilitätskreise in den Reflexionsfaktorebenen der Quelle und der Last. Das Beispiel zeigt, daß ein und das selbe Bauelement bei einigen Frequenzen unbedingt stabil sein kann und bei anderen Frequenzen nur noch bedingt stabil ist. Wird beispielsweise ein Lastreflexionsfaktor $\Gamma_L = j\,0{,}5$ verwendet, dann ist der Transistor bei 18 GHz stabil, bei einer Frequenz von ca. 4 GHz aber instabil.

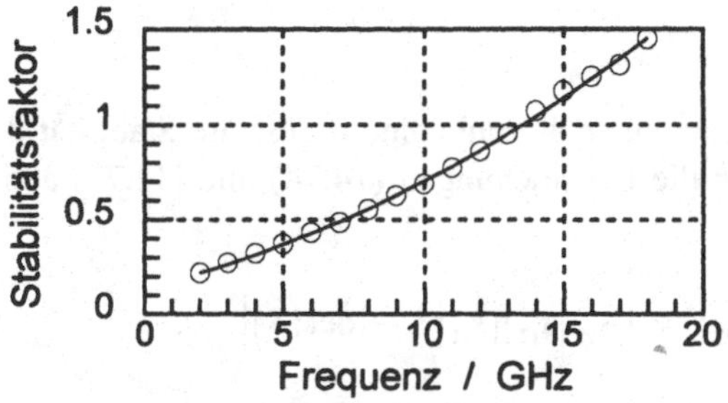

Abb. 14.9 : Stabilitätsfaktor für Frequenzen von 2 bis 18 GHz

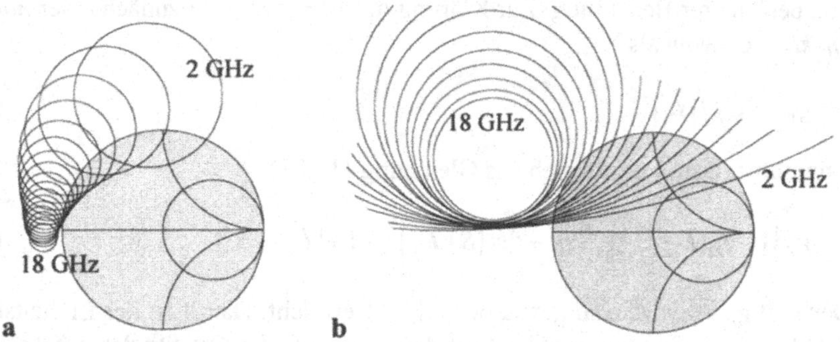

Abb. 14.10 : Stabilitätskreise in der Reflexionsfaktorebene **a** des Generators **b** der Last, jeweils für Frequenzen von 2 bis 18 GHz in Schritten von 1 GHz ♦

Merkregel: Die Schaltung muß für alle Frequenzen stabil sein !

14.4 Kreise konstanten effektiven Leistungsgewinns

14.4.1 Gewinnkreise in der Reflexionsfaktorebene der Last

Das Beispiel des MESFET zeigt, daß der Stabilitätsfaktor gängiger Transistoren durchaus auch kleiner als 1 sein kann. Dennoch können auch diese Bauelemente eingesetzt werden, wenn es Generator- und Lastreflexionsfaktorwerte gibt, die dem Betrage nach kleiner als 1 sind, und bei denen sich ein endlicher, positiver effektiver Leistungsgewinn ergibt. Zur Dimensionierung solcher Verstärker benutz man gerne das Hilfsmittel der „Kreise konstanten Leistungsgewinns".

Der effektive Leistungsgewinn war in Kapitel 10 wie folgt definiert worden:

$$G_P = \frac{|s_{21}|^2\left(1-|\Gamma_L|^2\right)}{|1-s_{22}\Gamma_L|^2-\left|s_{11}-\det(\vec{S})\,\Gamma_L\right|^2} \ . \tag{14.83}$$

Der Gewinn G_P kann auch negativ werden, nämlich dann, wenn von außen Leistung in das Ausgangstor eingespeist wird: in diesem Fall ist die Leistungsbilanz von aus dem Tor herausfließender und in das Tor hineinfließender Leistung negativ. Nimmt man beispielsweise als Zweitor eine idealisierte Richtungsleitung an, dann ist $G_P = 1-|\Gamma_L|^2$ und dieser Wert kann bei Lasten mit Reflexionsfaktorbetrag größer 1 negativ werden. Diese Tatsache wird bei den weiteren Betrachtungen noch eine Rolle spielen.

Der effektive Leistungsgewinn hängt außer von den Streuparametern des Zweitors nur noch vom Lastreflexionsfaktor ab. Für jeden beliebigen komplexen Lastreflexionsfaktor erhält man also einen ganz bestimmten effektiven Gewinn.

Umgekehrt kann man sich die Frage stellen, welche Lastreflexionsfaktoren zu einem vorgegebenen Gewinn führen. Dies ist für die Verstärkerdimensionierung von besonderer Bedeutung. Zur Klärung dieser Frage wird zunächst der *normierte effektive Gewinn* als

$$g_P := G_P / |s_{21}|^2 \tag{14.84}$$

eingeführt. Damit ergibt sich aus Gleichung (14.83)

$$g_P \left|1 - s_{22}\,\Gamma_L\right|^2 - g_P \left|s_{11} - \det(\vec{S})\,\Gamma_L\right|^2 - 1 + |\Gamma_L|^2 = 0 \quad . \tag{14.85}$$

Der Fall $g_P = 0$ wird also genau bei $|\Gamma_L| = 1$ erreicht. Damit ist der Einheitskreis in der Reflexionsfaktorebene der Last der geometrische Ort für den effektiven Gewinn 0.

Durch Ausnutzung der Relation $|z|^2 = z z^*$ und Umstellung ergibt sich aus Gleichung (14.85)

$$\Gamma_L \Gamma_L^* \left\{ g_P \left(|s_{22}|^2 - \left|\det(\vec{S})\right|^2 \right) + 1 \right\}$$
$$+ \Gamma_L\, g_P \left\{ s_{11}^* \det(\vec{S}) - s_{22} \right\} + \Gamma_L^*\, g_P \left\{ s_{11} \det(\vec{S}^*) - s_{22}^* \right\} + g_P \left(1 - |s_{11}|^2\right) - 1 = 0 \quad , \tag{14.86}$$

oder

$$\delta\, \Gamma_L \Gamma_L^* + s\, \Gamma_L + s^* \Gamma_L^* + k = 0 \tag{14.87}$$

mit

$$\delta := g_P \left(|s_{22}|^2 - \left|\det(\vec{S})\right|^2 \right) + 1 \quad , \tag{14.88}$$

$$s := g_P \left\{ s_{11}^* \det(\vec{S}) - s_{22} \right\} \quad , \tag{14.89}$$

$$k := g_P \left(1 - |s_{11}|^2 \right) - 1 \quad . \tag{14.90}$$

Ein Vergleich mit den Ausführungen des Kapitels 6 zeigt, daß durch diese Gleichung ein Kreis[1] in der Γ_L - Ebene mit Radius

$$\rho_P = \sqrt{s s^* - \delta k} \,/\, |\delta| \tag{14.91}$$

gegeben wird, wenn $s s^* - \delta k \geq 0$ gilt. Letzteres ist aber mit reellwertigem δ und k immer erfüllt (Übungsaufgabe!). Daher liegen alle Orte konstanten effektiven Gewinns auf einem Kreis in der Ebene des Lastreflexionsfaktors. Kreise dieser Art heißen *Kreise konstanten Leistungsgewinns in der Reflexionsfaktorebene der Last* oder kurz *Leistungskreise*. Der Leistungskreis mit Parameter $g_P = 0$ ist der Einheitskreis.

---

[1] Der Kreis kann gegebenenfalls zu einer Geraden entarten, wenn der Radius über alle Grenzen wächst.

Da stets $s\,s^* - \delta\,k \geq 0$ gilt, folgt

$$\begin{aligned} g_P^2 \left\{ \left| s_{11}^* \det\left(\overset{\leftrightarrow}{S}\right) - s_{22} \right|^2 - \left(1 - |s_{11}|^2\right)\left(|s_{22}|^2 - \left|\det\left(\overset{\leftrightarrow}{S}\right)\right|^2\right) \right\} \\ - g_P \left(1 - |s_{11}|^2 - |s_{22}|^2 + \left|\det\left(\overset{\leftrightarrow}{S}\right)\right|^2\right) + 1 \geq 0 \end{aligned} \quad . \qquad (14.92)$$

Durch Ausnutzung des Zusammenhangs

$$\left| \det\left(\overset{\leftrightarrow}{S}\right)^* s_{11} - s_{22}^* \right|^2 = |s_{12}|^2 |s_{21}|^2 + \left(|s_{22}|^2 - \left|\det\left(\overset{\leftrightarrow}{S}\right)\right|^2\right)\left(1 - |s_{11}|^2\right) \qquad (14.93)$$

und der Definition des Stabilitätsfaktors K folgt aus Ungleichung (14.92) die Bedingung

$$g_P^2 |s_{12}|^2 |s_{21}|^2 - 2K |s_{12}||s_{21}| g_P + 1 \geq 0 \quad . \qquad (14.94)$$

Man kann sich diese Abschätzung graphisch veranschaulichen, da die linke Seite der Ungleichung eine nach oben geöffnete Parabel in g_P ist. Falls diese Nullstellen besitzt, liegen sie bei

$$g_{P,1} = \frac{K - \sqrt{K^2 - 1}}{|s_{12}||s_{21}|} \quad \text{und} \quad g_{P,2} = \frac{K + \sqrt{K^2 - 1}}{|s_{12}||s_{21}|} \quad . \qquad (14.95)$$

Damit wird klar, daß Nullstellen nur für den Fall eines unbedingt stabilen Zweitors zu erwarten sind. Offenbar gibt es dann einen zwischen $g_{P,1}$ und $g_{P,2}$ liegenden Zahlenbereich des normierten Gewinns, der sich nicht einstellen läßt. Dagegen gibt es für bedingt stabile Zweitore keine solche Einschränkung.

Es ist daher zu erwarten, daß die Gewinnkreise für unbedingt stabile und bedingt stabile Zweitore unterschiedliche Qualitäten aufweisen. Dies wird durch Anwendung auf ein konkretes Beispiel auch bestätigt.

Abb. 14.12 zeigt in Fortsetzung des im vorigen Abschnitts benutzten Beispiels Stabilitätskreise für den Transistor F135, dessen Daten in Anhang C gegeben sind.

Die Grenze der Stabilität wird erreicht, wenn der Betrag des Gewinnes über

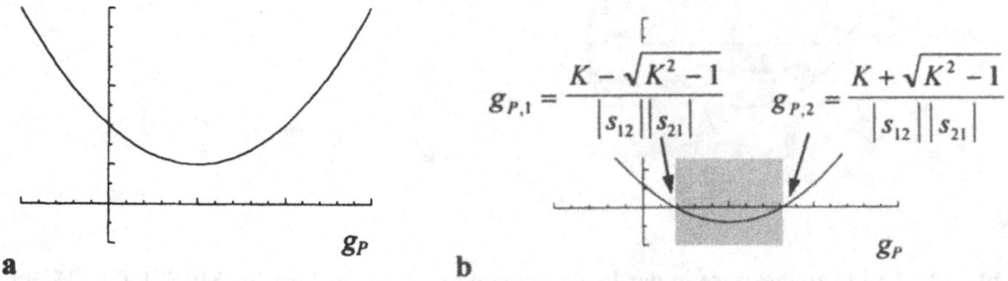

Abb. 14.11 : Zu den geometrischen Orten konstanten effektiven Leistungsgewinns **a** Randbedingung immer erfüllt **b** Randbedingung nur eingeschränkt erfüllt

alle Grenzen wächst. Dann gilt

$$\lim_{g_P \to +\infty} \rho_P = \lim_{g_P \to -\infty} \rho_P = \frac{|s_{12}||s_{21}|}{\left| |s_{22}|^2 - \left|\det(\vec{S})\right|^2 \right|} = \rho_{L,0} \quad , \tag{14.96}$$

$$\lim_{g_P \to +\infty} \Gamma_{L,P} = \lim_{g_P \to -\infty} \Gamma_{L,P} = \frac{s_{22}^* - s_{11} \det(\vec{S}^*)}{|s_{22}|^2 - \left|\det(\vec{S})\right|^2} = \Gamma_{L,0} \quad . \tag{14.97}$$

Radius und Mittelpunkt der Leistungskreise streben also gegen die entsprechenden Größen des Stabilitätskreises in der Reflexionsfaktorebene der Last.

Die Stabilitätskreise sind ebenfalls in beiden Diagrammen der Abb. 14.12 eingetragen.

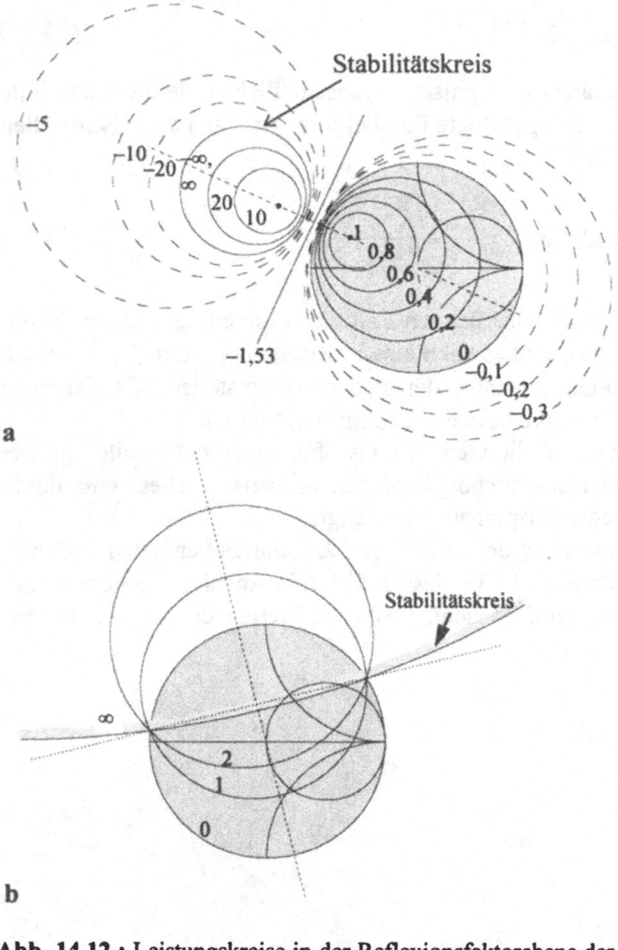

Abb. 14.12 : Leistungskreise in der Reflexionsfaktorebene der Last für MESFET F135 am Arbeitspunkt aus Beispiel 14.4 **a** 18 GHz, unbedingt stabiler Fall ($K > 1$); Parameter: $MAG/|s_{21}|^2$ **b** 2 GHz, bedingt stabiler Fall ($K < 1$); Parameter: $G_P/|s_{21}|^2$

Für die Mittelpunkte der Leistungskreise gilt

$$\Im\{\Gamma_{L,P}\} = \frac{\Im\left\{s_{22}^{*} - s_{11}\det\left(\vec{S}^{*}\right)\right\}}{\Re\left\{s_{22}^{*} - s_{11}\det\left(\vec{S}^{*}\right)\right\}}\Re\{\Gamma_{L,P}\} \quad . \tag{14.98}$$

Dies ist eine Gerade durch den Ursprung der Reflexionsfaktorebene der Last.

Mit Ausnahme der Punkte auf dem Stabilitätskreis entspricht jedem Lastreflexionsfaktor genau ein endlicher Gewinn. Daher können sich die Leistungskreise – wenn überhaupt – nur in Punkten des Stabilitätskreises schneiden. Letzteres ist aber nur an Stellen möglich, an denen ein Lastreflexionsfaktor unabhängig vom Gewinn die Bedingungsgleichung (14.85) erfüllt. Dies ist – wie weiter vorn erläutert wurde – nur im Fall $K < 1$ möglich.

Im Fall eines unbedingt stabilen linearen Zweitors können sich also die Kreise nirgends schneiden. Die Kreise liegen in den beiden durch die Entartungsgeraden getrennten Halbebenen dicht.

Im Fall $K < 1$ können sich die Leistungskreise genau an den zwei Punkten schneiden, welche einerseits auf dem Einheitskreis liegen, und andererseits die Bedingung (14.85) unabhängig von g_P erfüllen, also

$$\left|1 - s_{22}\,\Gamma_L\right|^2 - \left|s_{11} - \det\left(\vec{S}\right)\Gamma_L\right|^2 = 0 \tag{14.99}$$

gehorchen.

Generell kann man sagen, daß unter dem Gesichtspunkt der Gewinnoptimierung der Lastreflexionsfaktor an eine Stelle gelegt werden sollte, die

1. im Inneren des Einheitskreises liegt,
2. sich auf einem Ort positiven Leistungsgewinns befindet,
3. bei durch Bauteiletoleranzen bedingten Variationen des Reflexionsfaktors den Gewinn nur möglichst wenig verändert.

Abb. 14.12 zeigt, daß zur optimalen Erfüllung der Bedingungen 2 und 3 der Lastreflexionsfaktor auf der Geraden liegen sollte, welche die Kreismittelpunkte verbindet, und daß diese Position eher weiter von dem zur Geraden entarteten Kreis liegen sollte. Hier muß ein vernünftiger Kompromiß mit dem erzielbaren Gewinn getroffen werden.

14.4.2 Kreise konstanten Gewinns in der Ebene des Eingangsreflexionsfaktors

Aus dem Lastreflexionsfaktor läßt sich der Eingangsreflexionsfaktor des linearen Zweitors bestimmen:

$$\Gamma_L^{(1)} = s_{11} + s_{12}\,s_{21}\,\Gamma_L/(1 - s_{22}\,\Gamma_L) = \left(\det\left(\vec{S}\right)\Gamma_L - s_{11}\right)\Big/\left(s_{22}\,\Gamma_L - 1\right) \quad . \tag{14.100}$$

Mit den Abkürzungen

$$a := \det\left(\tilde{S}\right) \quad ; \quad b := -s_{11} \quad ; \quad c := s_{22} \quad ; \quad d := -1 \tag{14.101}$$

und den in den Gleichungen (14.88) bis (14.90) definierten Ausdrücken für δ, s und k ergibt sich dann entsprechend den Ausführungen des Kapitels 6 mit den neuen Konstanten

$$\widetilde{\delta} := \delta d d^* - s d c^* - s^* d^* c + k c c^* \quad , \tag{14.102}$$

$$\widetilde{s} := -\delta d b^* + s a^* d + s^* b^* c - k a^* c \quad , \tag{14.103}$$

$$\widetilde{k} := \delta b b^* - s a^* b - s^* a b^* + k a a^* \tag{14.104}$$

für den Eingangsreflexionsfaktor $\Gamma_L^{(1)}$ des mit der Last Γ_L belasteten Zweitors:

$$\widetilde{\delta}\, \Gamma_L^{(1)} \left(\Gamma_L^{(1)}\right)^* + \widetilde{s}\, \Gamma_L^{(1)} + \widetilde{s}^* \left(\Gamma_L^{(1)}\right)^* + \widetilde{k} = 0 \quad . \tag{14.105}$$

Das aber bedeutet, daß die Orte konstanten Leistungsgewinns in der Ebene des Eingangsreflexionsfaktors wieder Kreise sind. Die nachfolgende Abb. 14.13 zeigt die komplex konjugierten Orte von einigen dieser *Kreise konstanten Gewinns in der Ebene des Eingangsreflexionsfaktors*.

Im unbedingt stabilen Fall liegen die Kreise konstanten Gewinns sehr nahe bei s_{11}. Offenbar hat die Wahl des Lastreflexionsfaktors hier nur untergeordneten Einfluß: Es gibt nur eine schwache Rückwirkung vom Ausgang auf den Eingang.

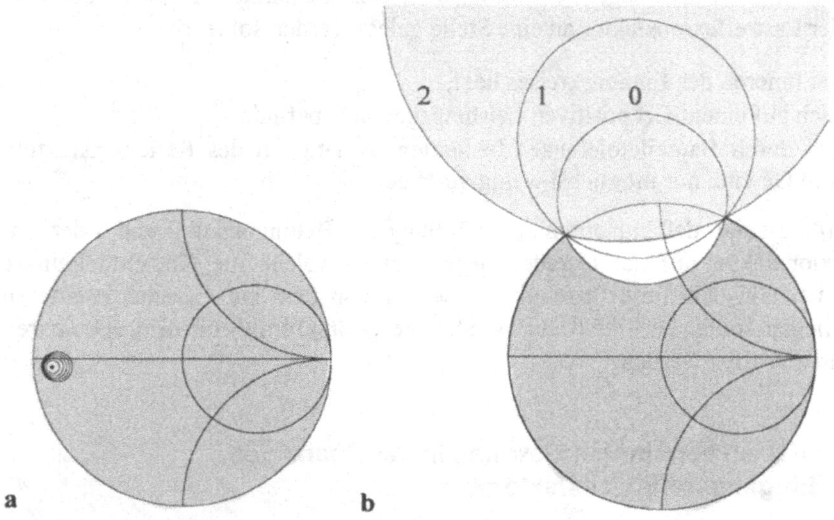

Abb. 14.13 : Leistungskreise in der Ebene des *Ein*gangsreflexionsfaktors für MESFET F135 am Arbeitspunkt aus Beispiel 14.4 (Reflexionsfaktordiagramm dunkelgrau unterlegt) **a** unbedingt stabiler Fall (18 GHz) Kreise für 100%, 80%, 60%, 40%, 20% und 0% des maximal verfügbaren Gewinns **b** bedingt stabiler Fall (2 GHz) Kreise für die Gewinne $0 \cdot |s_{21}|^2, 1 \cdot |s_{21}|^2$ und $2 \cdot |s_{21}|^2$

Im Fall des bedingt stabilen Verstärkers liegen die zulässigen Werte des Eingangsreflexionsfaktors in der Schnittfläche zwischen dem Einheitskreis und dem Kreis mit Gewinn 0. Orte mit Gewinnen zwischen 0 und $2 \cdot |s_{21}|^2$ können im Fall der Abb. 14.13b nur in dem weißen sichelförmigen Gebiet der Schnittfläche liegen. Die dazu gehörenden Werte des Eingangsreflexionsfaktors liegen nicht so nahe bei s_{11} wie im Fall des unbedingt stabilen Zweitors. Offenbar haben Variationen des Lastreflexionsfaktors einen größeren Einfluß als im Fall des unbedingt stabilen Zweitors: Die Rückwirkung ist größer.

14.5 Obere Gewinnschranken

Der verfügbare Gewinn eines Zweitors wird erzielt, wenn der Reflexionsfaktor Γ_L der Last komplex konjugiert auf den Ausgangsreflexionsfaktor $\Gamma_G^{(1)}$ der Kettenschaltung aus Originalquelle und Verstärker angepaßt wird. Für letzteren gilt:

$$\Gamma_G^{(1)} = \frac{s_{22} - \det(\vec{S})\,\Gamma_G}{1 - s_{11}\,\Gamma_G} \quad . \tag{14.106}$$

Der maximale verfügbare Gewinn wird also erreicht, wenn darüber hinaus auch noch der Reflexionsfaktor Γ_G der Quelle komplex konjugiert auf den Eingangsreflexionsfaktor $\Gamma_L^{(1)}$ der Kettenschaltung aus Zweitor und Last angepaßt wird. Für letzteren gilt:

$$\Gamma_L^{(1)} = \frac{s_{11} - \det(\vec{S})\,\Gamma_L}{1 - s_{22}\,\Gamma_L} \quad . \tag{14.107}$$

Die beiden Anpaßbedingungen liefern also

$$\Gamma_G = \frac{s_{11}^* - \det(\vec{S})^*\,\Gamma_L^*}{1 - s_{22}^*\,\Gamma_L^*} \quad , \tag{14.108}$$

$$\Gamma_L^* = \frac{s_{22} - \det(\vec{S})\,\Gamma_G}{1 - s_{11}\,\Gamma_G} \quad . \tag{14.109}$$

Im Fall $|s_{12}| = 0$ reduzieren sich die Gleichungen (14.108) und (14.109) zu

$$\Gamma_G = s_{11}^* \quad , \tag{14.110}$$

$$\Gamma_L^* = s_{22} \quad . \tag{14.111}$$

In diesem Fall können die beiden Reflexionsfaktoren unabhängig voneinander optimiert werden.

Definition 14.8 :

Ein linearer Verstärker, dessen Rückwärtstransferkoeffizient s_{12} gleich 0 ist, heißt *unilateraler Verstärker*. Sein maximal verfügbarer Gewinn heißt *maximaler unilateraler Übertragungs-Gewinn*[1] G_U. Er darf nicht mit dem an späterer Stelle zu definierenden unilateralen Leistungsgewinn verwechselt werden. ♦

Der maximale unilaterale Übertragungsgewinn ist daher

$$G_U = \frac{|s_{21}|^2}{\left(1-|s_{11}|^2\right)\left(1-|s_{22}|^2\right)} \qquad \text{(nur im Fall } s_{12}=0 \text{ definiert).} \qquad (14.112)$$

Der in Gleichung (14.112) gegebene Bruch ist auch im Fall kleiner Beträge von s_{12} noch eine vernünftige Näherung für den maximal verfügbaren Gewinn.

Im folgenden wird nun $|s_{12}| \neq 0$ vorausgesetzt. Hier soll für den unbedingt stabilen Verstärker eine Abschätzung des maximal verfügbaren Gewinns durchgeführt werden.[2]

Durch Auflösung von Gleichung (14.108) nach Γ_L^* erhält man

$$\Gamma_L^* = \left(\Gamma_G - s_{11}^*\right) \Big/ \left(\Gamma_G s_{22}^* - \det\left(\vec{S}\right)^*\right) \quad . \qquad (14.113)$$

Damit ergibt sich durch Gleichsetzung der rechten Seiten der Gleichungen (14.109) und (14.113):

$$\left(s_{22}^* \det\left(\vec{S}\right) - s_{11}\right)\Gamma_G^2 + \left(1+|s_{11}|^2 - |s_{22}|^2 - \left|\det\left(\vec{S}\right)\right|^2\right)\Gamma_G + \det\left(\vec{S}\right)^* s_{22} - s_{11}^* = 0 \ . \quad (14.114)$$

Diese quadratische Gleichung für den Reflexionsfaktor des Generators schreibt sich übersichtlicher mit den Abkürzungen

$$A := s_{22}^* \det\left(\vec{S}\right) - s_{11} \qquad \text{und} \qquad B := 1+|s_{11}|^2 - |s_{22}|^2 - \left|\det\left(\vec{S}\right)\right|^2 \quad . \quad (14.115)$$

Damit gilt

$$A\Gamma_G^2 + B\Gamma_G + A^* = 0 \quad . \qquad (14.116)$$

Diese Gleichung besitzt im Fall $A = B = 0$, also bei

$$s_{22}^* \det\left(\vec{S}\right) - s_{11} = 0 = 1+|s_{11}|^2 - |s_{22}|^2 - \left|\det\left(\vec{S}\right)\right|^2 \qquad (14.117)$$

---

[1] Die Namengebung ist hier leider inkonsequent (aber durch die Literatur vorgegeben), da es sich nicht um einen Übertragungsgewinn im Sinne des Kapitels 10 handelt, sondern um einen verfügbaren Gewinn.

[2] Diese Abschätzung kann vom eiligen Leser bis zur Definition 14.9 übergangen werden.

beliebige Lösungen für Γ_G. Die Bedingung $A=B=0$ liefert

$$0=\left(1-\left|\det(\vec{S})\right|^2\right)\left(1-|s_{22}|^2\right) \quad . \tag{14.118}$$

Dies erfordert entweder

$$|s_{22}|=1 \qquad \text{oder} \qquad |s_{11}|=|s_{22}|\neq 1 \quad . \tag{14.119}$$

Die Lösung wird dann unabhängig von dem Generatorreflexionsfaktor. Das bedeutet, daß der verfügbare Gewinn in diesem Fall auch immer der maximal verfügbare Gewinn ist.

Der Fall $A\neq 0$, $B=0$ führt zu einer Lösung, bei welcher der Betrag des Generatorreflexionsfaktors 1 sein muß. In diesem Fall wäre die verfügbare Leistung des Generators gleich 0 und ein von 0 verschiedener verfügbarer Gewinn wäre gleichbedeutend mit Instabilität des Zweitors. Also muß dieser Fall ausgeschlossen werden.

Im Fall $A=0$, $B\neq 0$ wird der maximale verfügbare Gewinn nur für $\Gamma_G=0$ erreicht. Das ist beispielsweise dann der Fall, wenn die Eigenreflexionsfaktoren des Zweitors verschwinden und $|s_{12}s_{21}|\neq 1$ ist. Beispiel für diesen Fall ist ein Verstärker mit in Kette geschalteter idealisierter Richtungsleitung. Der maximale verfügbare Gewinn ist dann durch folgenden Ausdruck gegeben:

$$MAG=|s_{21}|^2\Big/\left(1-|s_{22}|^2\right) \tag{14.120}$$

Im Fall $A\neq 0$, $B\neq 0$ gibt es die folgenden Lösungen:

$$\Gamma_{G;1,2}=\left(-B\pm\sqrt{B^2-4|A|^2}\right)\Big/(2A) \quad . \tag{14.121}$$

Der in der Lösung für Γ_G auftretende Radikand kann durch Einsetzen der Ausdrücke für A und B als

$$B^2-4|A|^2=\left\{1+|s_{11}|^2-|s_{22}|^2-\left|\det(\vec{S})\right|^2\right\}^2-4\left|s_{22}^*\det(\vec{S})-s_{11}\right|^2 \tag{14.122}$$

geschrieben werden. Nun ist (siehe Gleichung 14.49):

$$\left|s_{22}^*\det(\vec{S})-s_{11}\right|^2=|s_{12}|^2|s_{21}|^2+\left\{|s_{11}|^2-\left|\det(\vec{S})\right|^2\right\}\left\{1-|s_{22}|^2\right\} \quad . \tag{14.123}$$

Daher folgt

$$\begin{aligned}B^2-4|A|^2=&\left\{1-|s_{22}|^2\right\}^2+\left\{|s_{11}|^2-\left|\det(\vec{S})\right|^2\right\}^2\\&+2\left\{1-|s_{22}|^2\right\}\left\{|s_{11}|^2-\left|\det(\vec{S})\right|^2\right\}\\&-4|s_{12}|^2|s_{21}|^2-4\left\{|s_{11}|^2-\left|\det(\vec{S})\right|^2\right\}\left\{1-|s_{22}|^2\right\}\end{aligned} \tag{14.124}$$

oder

$$\begin{aligned} B^2 - 4\,|A|^2 &= \left\{1 - |s_{11}|^2 - |s_{22}|^2 + \left|\det(\vec{S})\right|^2\right\}^2 - 4\,|s_{12}|^2\,|s_{21}|^2 \\ &= 4\,|s_{12}|^2\,|s_{21}|^2\left(K^2 - 1\right) \end{aligned} \quad . \tag{14.125}$$

Damit ist der Reflexionsfaktor, welcher den verfügbaren Gewinn maximiert:

$$\Gamma_{G;1,2} = \left(-B \pm \sqrt{4|s_{12}|^2|s_{21}|^2\,(K^2 - 1)}\right)\Big/(2\,A) \quad . \tag{14.126}$$

Der verfügbare Gewinn war

$$G_A = |s_{21}|^2\left(1 - |\Gamma_G|^2\right)\Big/\left\{|1 - s_{11}\,\Gamma_G|^2 - \left|s_{22} - \det(\vec{S})\,\Gamma_G\right|^2\right\} \quad . \tag{14.127}$$

Hier muß nur noch der oben berechnete Wert für Γ_G eingesetzt werden, um den maximal verfügbaren Gewinn zu erhalten. Dazu wird zunächst der Nenner des Ausdrucks für den verfügbaren Gewinn umgeformt:

$$\begin{aligned} &|1 - s_{11}\,\Gamma_G|^2 - \left|s_{22} - \det(\vec{S})\,\Gamma_G\right|^2 \\ &\quad = 1 - |s_{22}|^2 + A\,\Gamma_G + A^*\Gamma_G^* + |\Gamma_G|^2\left(|s_{11}|^2 - \left|\det(\vec{S})\right|^2\right) \\ &\quad = 1 - |s_{22}|^2 + 2\Re\{A\,\Gamma_G\} + |\Gamma_G|^2\left(|s_{11}|^2 - \left|\det(\vec{S})\right|^2\right) \end{aligned} \quad . \tag{14.128}$$

Nun ist aber

$$\Re\{2\,A\,\Gamma_{G;1,2}\} = -B \pm \Re\left\{\sqrt{B^2 - 4\,|A|^2}\right\} \quad . \tag{14.129}$$

Daher folgt für den Nenner des verfügbaren Gewinns und Einsetzen des maximierenden Generatorreflexionsfaktors:

$$\begin{aligned} &|1 - s_{11}\Gamma_{G;1,2}|^2 - \left|s_{22} - \det(\vec{S})\Gamma_{G;1,2}\right|^2 \\ &\quad = 1 - |s_{22}|^2 - B \pm \Re\left\{\sqrt{B^2 - 4|A|^2}\right\} + |\Gamma_{G;1,2}|^2\left(|s_{11}|^2 - \left|\det(\vec{S})\right|^2\right) \\ &\quad = \left(\left|\det(\vec{S})\right|^2 - |s_{11}|^2\right)\left(1 - |\Gamma_{G;1,2}|^2\right) \pm \Re\left\{\sqrt{B^2 - 4|A|^2}\right\} \end{aligned} \tag{14.130}$$

und damit

$$MAG = \frac{|s_{21}|^2\left(1 - |\Gamma_{G;1,2}|^2\right)}{\left(\left|\det(\vec{S})\right|^2 - |s_{11}|^2\right)\left(1 - |\Gamma_{G;1,2}|^2\right) \pm \Re\left\{\sqrt{B^2 - 4\,|A|^2}\right\}} \quad . \tag{14.131}$$

Die Wurzel ist imaginär, wenn $K^2 < 1$ ist. Dieser Fall wird aber voraussetzungsgemäß aus den folgenden Betrachtungen ausgeschlossen werden, da sonst der Verstärker höchstens noch bedingt stabil ist.

Ist die Wurzel rein reell und ungleich 0 (also $K>1$), dann läßt sich der Ausdruck $1-|\Gamma_{G;1,2}|^2$ mit der Abkürzung

$$w:=\sqrt{B^2-4|A|^2} \tag{14.132}$$

wie folgt darstellen:

$$1-\left|\Gamma_{G;1,2}\right|^2=\frac{B^2-w^2-B^2\pm 2Bw-w^2}{B^2-w^2}=\pm 2w\frac{B\mp w}{B^2-w^2}=\frac{2w}{w\pm B} \quad . \tag{14.133}$$

Daher ist dann

$$MAG=\frac{|s_{21}|^2\dfrac{2w}{w\pm B}}{\left(\left|\det(\vec{S})\right|^2-|s_{11}|^2\right)\dfrac{2w}{w\pm B}\pm w}=\frac{2|s_{21}|^2}{2\left(\left|\det(\vec{S})\right|^2-|s_{11}|^2\right)\pm w+B} . \tag{14.134}$$

Da aber

$$2\left(\left|\det(\vec{S})\right|^2-|s_{11}|^2\right)=2K|s_{12}||s_{21}|-B \tag{14.135}$$

ist, folgt

$$MAG=\frac{2|s_{21}|^2}{2K|s_{12}||s_{21}|\pm w}=\frac{2|s_{21}|^2}{2K|s_{12}||s_{21}|\pm 2|s_{12}||s_{21}|\sqrt{K^2-1}}=\frac{|s_{21}|}{K|s_{12}|\pm|s_{12}|\sqrt{K^2-1}} . \tag{14.136}$$

Setzt man in diesem Ausdruck K explizit ein und vollzieht den Grenzübergang $|s_{12}|\to 0$, dann ergibt sich unter der Voraussetzung positiven verfügbaren Gewinns bei Wahl des negativen Vorzeichens ein über alle Grenzen wachsender Ausdruck, während sich bei Wahl des positiven Vorzeichens genau der in Gleichung (14.112) definierte maximale unilaterale Gewinn G_U ergibt. Daher ist das positive Vorzeichen zu wählen:

$$MAG=\frac{|s_{21}|}{|s_{12}|}\frac{1}{K+\sqrt{K^2-1}}=\frac{|s_{21}|}{|s_{12}|}\left(K-\sqrt{K^2-1}\right) \qquad \text{falls} \qquad K^2>1 . \tag{14.137}$$

Der Nennerausdruck im mittleren Teil der obigen Gleichung ist eine monoton wachsende Funktion von K. Da K größer als 1 sein muß, gibt es daher eine obere Schranke für den maximal verfügbaren Gewinn.

Definition 14.9 :

> Die obere Schranke für den maximal verfügbare Gewinn eines linearen, unbedingt stabilen Verstärkers, die sich im Grenzfall $K \to 1$ ergibt, heißt *maximaler stabiler Gewinn (in Vorwärtsrichtung)* oder *MSG*. ◆

Der maximal stabile Gewinn *MSG* und der maximal verfügbare Gewinn *MAG* sind natürlich nur im Fall $K = 1$ oder im Fall $s_{12} = 0$ identisch. Im letzten Fall sind beide Gewinne identisch zu dem maximalen unilateralen Übertragungsgewinn G_U, während sich im ersten Fall das Verhältnis der Beträge von s_{21} und s_{12} ergibt.

Für spätere Zwecke soll dieses Verhältnis noch durch die entsprechenden Admittanz- und Impedanzparameter ausgedrückt werden. Dazu wird daran erinnert, daß ein *N*-Tor nicht nur durch normierte Wellen, sondern auch durch (verallgemeinerte) Spannungen und Ströme (im Spektralbereich) beschrieben werden kann. Eine Beschreibung der Torströme in Abhängigkeit von den Torspannungen geschieht mit Hilfe der Admittanz- oder *Y*-Parameter, eine Beschreibung der Torspannungen in Abhängigkeit von den Torströmen geschieht mit den Impedanz- oder *Z*-Parametern. Die Umrechnungen sind in Anhang E gegeben. Den dort zu findenden Tabellen entnimmt man, daß der maximal stabile Gewinn im Fall $s_{12} \neq 0$ durch

$$MSG = |s_{21}|/|s_{12}| = |y_{21}|/|y_{12}| = |z_{21}|/|z_{12}| \tag{14.138}$$

gegeben ist.

Auch für bedingt stabile Zweitore würde man gerne Gewinnschranken angeben. Bei diesen ist zwar theoretisch der maximal verfügbare Gewinn beliebig groß, die Leistungskreise aus Abb. 14.12 zeigen jedoch, daß unter Umständen bereits kleine Variationen der Parameter das Zweitor instabil werden lassen. Gesucht ist also eine Schranke für den *handhabbaren* Gewinn des Zweitors.

Dazu betrachtet man den in der Abb. 14.14 gezeigten Stabilitätskreis in der Reflexionsfaktorebene des Generators. Zusätzlich sind dort zwei „Grenzkreise" eingetragen, welche den Stabilitätskreis berühren. Im Innern des linken Grenzkreises liegen alle die Generatorreflexionsfaktoren, für welche der Realteil der zugeordnete Generatorinnenadmittanz größer als ein bestimmter Wert G_{min} ist. Im Innern

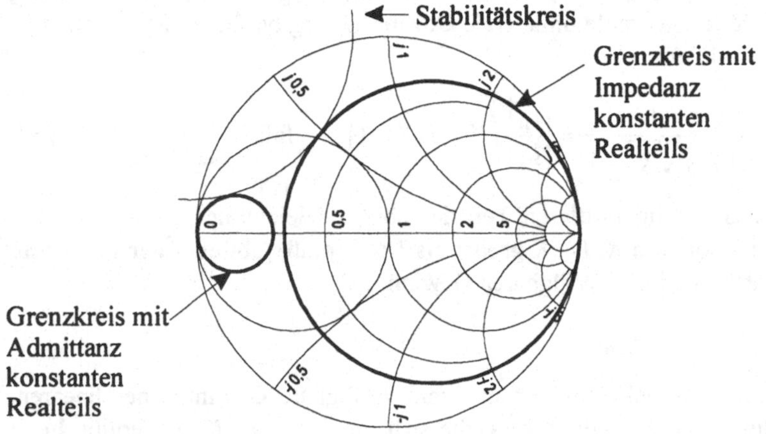

Abb. 14.14 : Stabilitätskreis in der Reflexionsfaktorebene des Generators mit Grenzkreisen

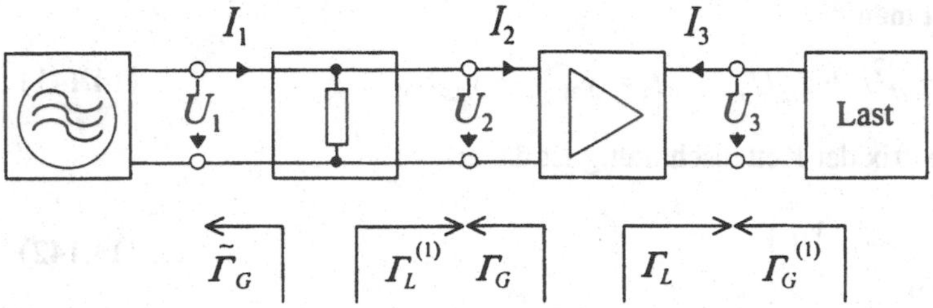

Abb. 14.15 : Durch Parallelleitwert am Eingang stabilisierter Verstärker

des rechten Grenzkreises liegen alle die Generatorreflexionsfaktoren, für welche der Realteil der zugeordnete Generatorinnenimpedanz größer als ein bestimmter Wert $R_{\min}$ ist. Die Werte $G_{\min}$ bzw. $R_{\min}$ werden durch die Forderung festgelegt, daß die Grenzkreise den Stabilitätskreis berühren. Es existiert wenigstens einer dieser Kreise , wenn es überhaupt reellwertige Generator- bzw. Lastimpedanzen gibt, mit denen das Zweitor stabil ist.

Es wird nun zunächst der Fall betrachtet, daß der Grenzkreis mit konstantem Realteil der Generatorinnenadmittanz existiert. Gelingt es durch eine Zwangsmaßnahme, den Realteil dieser Admittanz größer als $G_{\min}$ zu halten, dann ist der Verstärker am Ausgang stabil, sofern auch s_{11} und s_{22} dem Betrage nach kleiner als 1 sind.

Diese Zwangsmaßnahme ist aber einfach durch Parallelschaltung eines ohmschen Widerstandes mit Admittanzwert $G_{\min}$ am Eingangstor zu erreichen. (Siehe Abb. 14.15). In diesem Falle wirkt die Kettenschaltung aus Generator und parallelgeschaltetem Leitwert wie ein Ersatzgenerator mit dem Reflexionsfaktor Γ_G, der sich durch eine Bilineartransformation aus dem eigentlichen Generatorreflexionsfaktor $\tilde{\Gamma}_G$ und $G_{\min}$ berechnet. (Übungsaufgabe).

Daher kann der Stabilitätskreis umgerechnet werden auf einen Stabilitätskreis in der $\tilde{\Gamma}_G$ -Ebene. (Kreise werden durch Bilineartransformation wieder in Kreise abgebildet). Der Einheitskreis dieser Ebene ist dann das Abbild des Grenzkreises in der Γ_G-Ebene. Weil der Stabilitätskreis in der Γ_G-Ebene den Grenzkreis berührt, muß der abgebildete Stabilitätskreis in der $\tilde{\Gamma}_G$ -Ebene den Einheitskreis berühren und ansonsten völlig außerhalb des Einheitskreises liegen. Daher muß der Stabilitätsfaktor der Kettenschaltung aus Parallelleitwert und Verstärker gerade 1 sein.

Deswegen ist für die Kettenschaltung der maximal stabile Gewinn definiert und gleich dem maximal verfügbaren Gewinn. Um diesen zu berechnen, werden zunächst die Admittanzparameter der Kettenschaltung aus Parallel-Leitwert und Verstärker berechnet.

Offenbar gilt

$$I_1 = G_{\min} U_1 + I_2 \quad , \quad U_1 = U_2 \,, \tag{14.139}$$

$$I_2 = y_{11} U_2 + y_{12} U_3 \quad , \quad I_3 = y_{21} U_2 + y_{22} U_3 \quad . \tag{14.140}$$

Daraus bestimmt man

$$I_1 = (y_{11} + G_{min})U_1 + y_{12}U_3 \quad , \quad I_3 = y_{21}U_1 + y_{22}U_3 \quad . \tag{14.141}$$

Die Admittanzmatrix der Kettenschaltung ist daher

$$\vec{Y}_{Kette} = \begin{pmatrix} y_{11} + G_{min} & y_{12} \\ y_{21} & y_{22} \end{pmatrix} \quad . \tag{14.142}$$

Somit ist der maximal stabile Gewinn der Kettenschaltung $|y_{21}/y_{12}| = |s_{21}/s_{12}|$.

Hätte man statt der Stabilisierung des Verstärkers durch einen Parallel-Leitwert Stabilisierung durch einen Serienwiderstand gewählt, wäre das Ergebnis das gleiche gewesen. Eine ähnliche Gedankenkette kann auch für den Stabilitätskreis in der Ebene des Ausgangsreflexionsfaktors aufgebaut werden. Daher ist die folgende Definition sinnvoll.

Definition 14.10 :

Die obere Schranke für den durch ohmsche Widerstände an Ein- oder Ausgang stabilisierten linearen, bedingt stabilen Verstärkers, wird *maximaler stabiler Gewinn (in Vorwärtsrichtung)* oder *MSG* genannt. ◆

In Zusammenfassung der obigen Überlegungen für bedingt und unbedingt stabile Verstärker folgt:

$$MSG = \begin{cases} \dfrac{|s_{21}|}{|s_{12}|} & \text{falls} \quad s_{12} \neq 0 \\[2ex] \dfrac{|s_{21}|^2}{\left(1-|s_{11}|^2\right)\left(1-|s_{22}|^2\right)} & \text{falls} \quad s_{12} = 0 \end{cases} \quad . \tag{14.143}$$

14.6 Rückkopplung

14.6.1 Rückwirkung

Um die Schwingneigung eines bedingt stabilen linearen Zweitors auch für beliebige Generatorimpedanzen reduzieren zu können, muß zunächst geklärt werden, woher diese rührt. Dazu betrachtet man den Signalflußgraphen zur Berechnung der aus dem Zweitor in die Last fließenden Welle entsprechend Abb. 14.16b.

Entstehung von Schwingungen bedeutet, daß aus dem Ausgangstor des Zweitors eine von 0 verschiedene Leistungswelle fließt, obwohl keine Leistung in das Zweitor eingespeist wird. Setzt man also die Generatorwelle zu 0, dann vereinfacht sich der Graph entsprechend Abb. 14.16c.

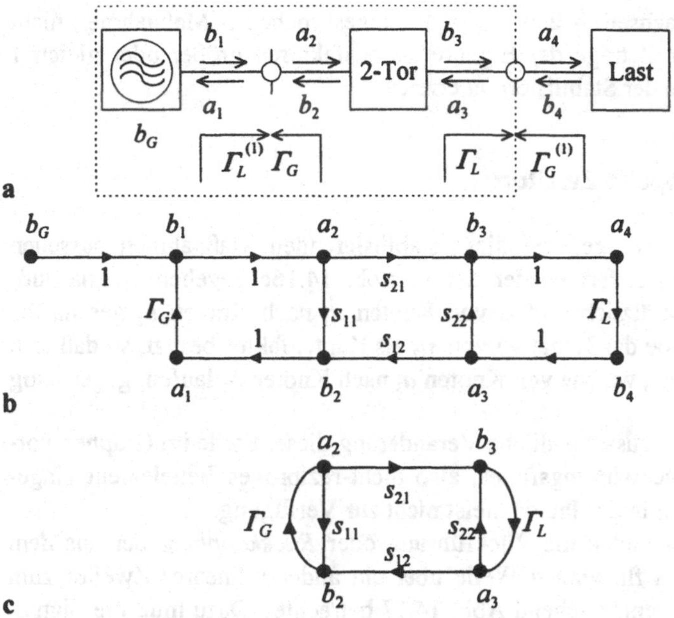

Abb. 14.16 : Quelle, Zweitor, Last **a** Blockschaltbild **b** Signalflußgraph **c** reduzierter Graph

Die kleinste durch mögliche Störungen verursachte Welle a_3, welche in das Ausgangstor des Zweitors eingespeist wird, kann - gewichtet durch den Rückwärtstransmissionsfaktor s_{12} - zum Generator gelangen und dort reflektiert werden. Die dabei entstehende Welle a_2 wird – gewichtet durch den Vorwärtstransmissionsfaktor s_{21} – zur Last transportiert. Dort wird sie reflektiert usw.

Erfährt die Störung beim Durchlauf durch eine komplette Schleife Leistungsverstärkung, dann entsteht eine Welle b_3, deren Betragsquadrat, also deren Leistung, mehr und mehr ansteigt, und zwar auch dann noch, wenn die ursächliche Störung längst abgeklungen ist. Dieser Prozeß geht erst dann in einen stationären Zustand über, wenn die Leistungsquellen des Verstärkers in ihre natürliche Begrenzung gehen und das Zweitor seine linearen Eigenschaften verliert. Der sich einstellende stationäre Prozeß gibt ständig Leistung aus Tor 3 ab: eine Schwingung ist entstanden.

Ein wesentlicher Grund für die Entstehung von Schwingungen liegt also darin, daß eine geschlossene Schleife vom Ausgang des Zweitors über den Eingang zurück zum Ausgang vorhanden ist.

Eine Möglichkeit zur Unterbindung der Schwingungen liegt somit darin, diese Schleife zu öffnen, indem durch geeignete Maßnahmen s_{12} zu 0 gesetzt wird. In der Tat wird dadurch der Stabilitätsfaktor

$$K=\left(1-|s_{11}|^2-|s_{22}|^2+\left|\det(\vec{S})\right|^2\right)\Big/\left(2|s_{12}||s_{21}|\right) \tag{14.144}$$

über alle Grenzen wachsen. Wenn durch die angesprochenen Maßnahmen nicht gleichzeitig einer der Beträge der Eigenreflexionsfaktoren größer oder gleich 1 wird, dann ist das Ziel der Stabilisierung erreicht.

14.6.2 Rückgekoppelte Zweitore

Es stellt sich nun die Frage, wie diese stabilisierenden Maßnahmen aussehen könnten. Die Antwort liefert wieder der in Abb. 14.16c gegebene Signalflußgraph: es muß ein zusätzlicher Pfad von Knoten a_3 nach Knoten b_2 geschaffen werden, welcher gerade das Negative von s_{12} als Kantenfaktor besitzt, so daß sich die beiden Summanden, welche von Knoten a_3 nach Knoten b_2 laufen, gegenseitig aufheben.

Nun würde aber die ausschließliche Veränderung dieser Stelle im Graphen voraussetzen, daß ein rückwirkungsfreies, also nicht-reziprokes Bauelement eingesetzt wird. Dieses steht in der Praxis meist nicht zur Verfügung.

Daher wird im folgenden die Rückführung oder *Rückkopplung* der aus dem Ausgang des Zweitors fließenden Welle über ein anderes lineares Zweitor zum Eingang des Zweitors entsprechend Abb. 14.17 betrachtet. Dazu muß die Signalführung sowohl am Eingang als auch am Ausgang des zu stabilisierenden Zweitors verzweigt werden.

Nach Kapitel 13 kommen als Verzweigungsstrukturen Parallel- und Serienverzweigungen sowie Koppler in Frage. Beschränkt man sich auf die Leitungsverzweigungen, dann gibt es augenscheinlich vier verschiedene Rückkoppelstrukturen:

1. Parallelverzweigung am Eingang, Parallelverzweigung am Ausgang (Parallel-Parallel-Rückkopplung oder Nebenschlußrückkopplung)
2. Parallelverzweigung am Eingang, Serienverzweigung am Ausgang (Parallel-Serien-Rückkopplung)
3. Serienverzweigung am Eingang, Parallelverzweigung am Ausgang (Serien-Parallel-Rückkopplung)
4. Serienverzweigung am Eingang, Serienverzweigung am Ausgang (Serien-Serien-Rückkopplung oder Reihenrückkopplung

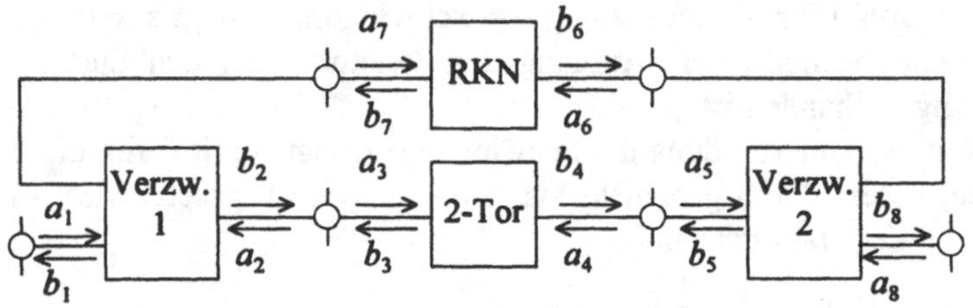

Abb. 14.17 : Zweitor mit Ein- und Ausgangsverzweigung und Rückkoppelnetzwerk

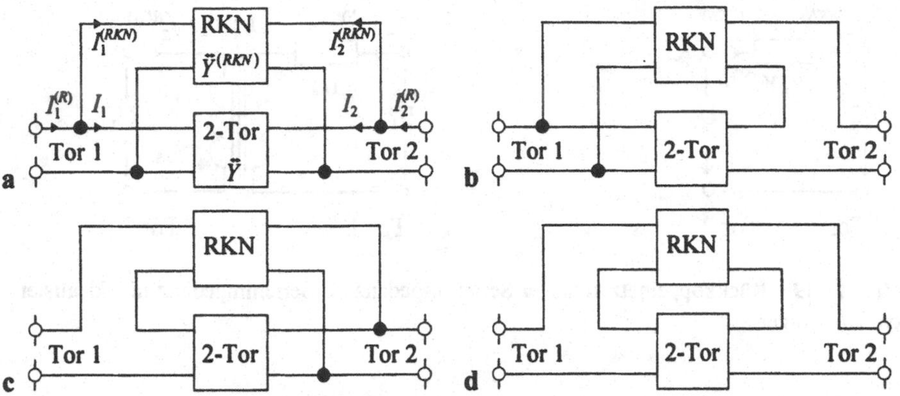

Abb. 14.18 : Rückkoppelstrukturen **a** Parallel-Parallel-Rückkopplung **b** Parallel-Serien-Rückkopplung **c** Serien-Parallel-Rückkopplung **d** Serien-Serien-Rückkopplung

In ganz entsprechender Weise können Rückkoppelstrukturen mit Kopplern konstruiert werden.

Stellvertretend für diese Strukturen wird hier die Parallel-Parallel-Rückkopplung näher untersucht.

Die Beschreibung dieses speziellen rückgekoppelten Netzwerkes in Wellenparametern gestaltet sich unübersichtlich. Daher wird hier auf eine Rechnung in (verallgemeinerten) Strömen und Spannungen zurückgegriffen.

Da bei der Parallel-Parallel-Struktur die Spannungen an den beiden Eingangstoren und an den beiden Ausgangstoren jeweils übereinstimmen, ist es zweckmässig, diese Spannungen als unabhängige Beschreibungsgrößen und die Ströme als abhängige Größen zu verwenden. Statt der Beschreibung der Zweitore durch Streumatrizen ist daher eine Beschreibung durch Admittanzmatrizen angebracht:

$$\begin{pmatrix} I_1^{(R)} \\ I_2^{(R)} \end{pmatrix} = \vec{Y}^{(R)} \begin{pmatrix} U_1 \\ U_2 \end{pmatrix} \quad , \quad \begin{pmatrix} I_1 \\ I_2 \end{pmatrix} = \vec{Y} \begin{pmatrix} U_1 \\ U_2 \end{pmatrix} \quad , \quad \begin{pmatrix} I_1^{(RKN)} \\ I_2^{(RKN)} \end{pmatrix} = \vec{Y}^{(RKN)} \begin{pmatrix} U_1 \\ U_2 \end{pmatrix} \quad .(14.145)$$

Die Umrechnung zwischen Streumatrizen und Admittanzmatrizen ist in Anhang E gegeben. Da nun gilt

$$I_1^{(R)} = I_1 + I_1^{(RKN)} \quad , \quad I_2^{(R)} = I_2 + I_2^{(RKN)} \quad , \tag{14.146}$$

folgt unmittelbar

$$\vec{Y}^{(R)} = \vec{Y} + \vec{Y}^{(RKN)} \quad . \tag{14.147}$$

Als Beispiel für die Anwendung dieser Zusammenhänge wird nun die Rückkopplung eines Verstärkers über eine Serienimpedanz bzw. über die Kettenschaltung aus Serienimpedanz und idealisiertem Übertrager als Rückkoppelnetzwerke untersucht. Abb. 14.19 zeigt die beiden Netzwerke. Ihre Admittanzmatrizen sind

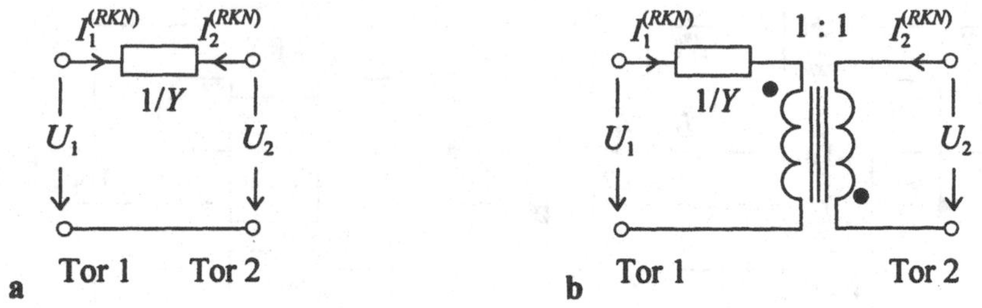

Abb. 14.19 : Rückkoppelnetzwerke **a** Serienimpedanz **b** Serienimpedanz mit idealisiertem Übertrager

$$\vec{\vec{Y}}^{(RKN)} = \begin{pmatrix} +Y & -Y \\ -Y & +Y \end{pmatrix} \quad \text{bzw.} \quad \vec{\vec{Y}}^{(RKN)} = \begin{pmatrix} +Y & +Y \\ +Y & +Y \end{pmatrix} . \tag{14.148}$$

Die Admittanzmatrix des Verstärkers sei

$$\vec{\vec{Y}} = \begin{pmatrix} y_{11} & y_{12} \\ y_{21} & y_{22} \end{pmatrix} . \tag{14.149}$$

Dann ist die Admittanzmatrix des parallel-parallel-rückgekoppelten Verstärkers

$$\vec{\vec{Y}}^{(R)} = \begin{pmatrix} y_{11} + Y & y_{12} \mp Y \\ y_{21} \mp Y & y_{22} + Y \end{pmatrix} \tag{14.150}$$

wobei das obere Vorzeichen für das Rückkoppelnetzwerk nach Abb. 14.19a und das untere für das Rückkoppelnetzwerk nach Abb. 14.19b gilt. Umrechnung auf Streuparameter ergibt:

$$s_{11}^{(R)} = \frac{2\,s_{11} + Z_0\,Y\left(\det\left(\vec{\vec{S}}\right) \pm s_{12} \pm s_{21} - 1\right)}{2 + Z_0\,Y\left(2 + s_{11} + s_{22} \mp s_{12} \mp s_{21}\right)} , \tag{14.151}$$

$$s_{12}^{(R)} = \frac{2\,s_{12} \pm Z_0\,Y\left(\det\left(\vec{\vec{S}}\right) + s_{11} + s_{22} + 1\right)}{2 + Z_0\,Y\left(2 + s_{11} + s_{22} \mp s_{12} \mp s_{21}\right)} , \tag{14.152}$$

$$s_{21}^{(R)} = \frac{2\,s_{21} \pm Z_0\,Y\left(\det\left(\vec{\vec{S}}\right) + s_{12} + s_{21} + 1\right)}{2 + Z_0\,Y\left(2 + s_{11} + s_{22} \mp s_{12} \mp s_{21}\right)} , \tag{14.153}$$

$$s_{22}^{(R)} = \frac{2\,s_{22} + Z_0\,Y\left(\det\left(\vec{\vec{S}}\right) \pm s_{12} \pm s_{21} - 1\right)}{2 + Z_0\,Y\left(2 + s_{11} + s_{22} \mp s_{12} \mp s_{21}\right)} . \tag{14.154}$$

Dabei ist Z_0 der Wellenwiderstand der Anschlußleitungen an den Toren 1 und 2.

Offenbar kann eine Rückkoppelimpedanz die Streuparameter in erheblichem Umfang verändern. Entsprechend wird sich auch der verfügbare Gewinn des

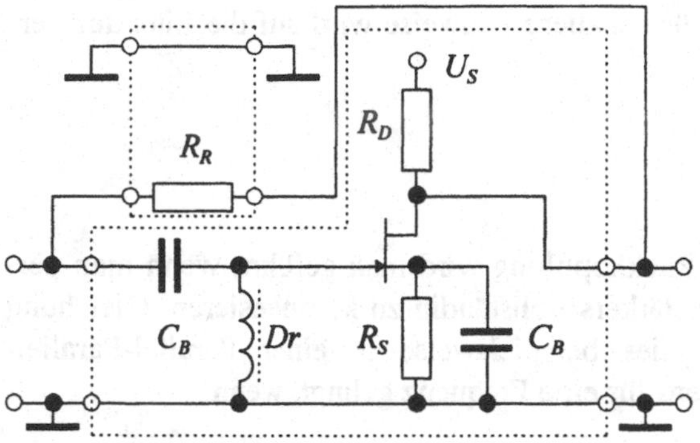

Abb. 14.20 : Rückgekoppelter MESFET-Verstärker

rückgekoppelten Verstärkers von dem des nicht rückgekoppelten Verstärkers unterscheiden.

Definition 14.11 :

Ein rückgekoppelter Verstärker, bei dem der verfügbare Gewinn größer ist als der des Verstärkers im nicht rückgekoppelten Fall, heißt *mitgekoppelt.* Ist der Gewinn kleiner als im nicht rückgekoppelten Fall, dann heißt der rückgekoppelte Verstärker *gegengekoppelt.* ◆

Die Möglichkeit der Gegenkopplung kann man nun in vielen Fällen dazu ausnutzen, einen nur bedingt stabilen Verstärker unbedingt stabil zu machen. Hierzu ist die Rückkoppelimpedanz so auszuwählen, daß für alle Frequenzen unbedingte Stabilität der rückgekoppelten Struktur erreicht wird.

Beispiel 14.5 :

Es sei der Transistor F135 aus Beispiel 14.4 gegeben. Durch Rückkopplung mit einem ohmschen Widerstand von 200 Ω wird ein unbedingt stabiler Verstärker konstruiert. Die Prinzipschaltung ist in Abb. 14.20 dargestellt. Der maximal verfügbare Gewinn variiert dann zwischen etwa 16,8 dB bei 2 GHz und etwa 6,8 dB bei 18 GHz. ◆

Das obige Beispiel dient nur zur Demonstration des Prinzips der Gegenkopplung. In der Praxis wird man versuchen, Gegenkopplungsimpedanzen zu finden, welche den *effektiven* Gewinn des Verstärkers weniger frequenzabhängig gestalten und trotzdem unbedingte Stabilität des Verstärkers garantieren.

Dazu wird man in der Regel versuchen, die Rückwirkungsadmittanz y_{12} (oder entsprechende Größen für andere Rückkopplungsarten) durch konzentrierte Bauelemente und Leitungen zu modellieren. In einem nächsten Schritt sucht man dann ein Rückkoppelnetzwerk, welches die Rückwirkung über einen größeren

Frequenzbereich kompensiert. Für genauere Hinweise wird auf die Literatur verwiesen, beispielsweise [14.1].

14.6.3 Neutralisation

Zu einer besonderen Form der Rückkopplung wird man geführt, wenn man versucht, die Rückwirkung des Verstärkers vollständig zu kompensieren. Gleichung (14.152) entnimmt man, daß dies beispielsweise in einer Parallel-Parallel-Rückkopplungsstruktur wenigstens für eine Frequenz gelingt, wenn

$$s_{12}^{(R)} = 0 \quad , \tag{14.155}$$

also

$$Y = \pm y_{12} = \frac{\mp 2 s_{12}}{Z_0 \left(\det\left(\vec{S}\right) + s_{11} + s_{22} + 1\right)} \tag{14.156}$$

gewählt wird. Dabei ist das obere Vorzeichen zu wählen, wenn als Rückkoppelnetzwerk eine einfache Admittanz Y gewählt wird, und das untere Vorzeichen, wenn die Admittanz mit Übertrager benutzt wird.

Auf Grund der Möglichkeit zur Vorzeichenwahl kann Y in jedem Fall so gewählt werden, daß der Realteil von Y nicht negativ ist. Damit ist sichergestellt, daß – wenigstens prinzipiell – eine physikalisch realisierbare Rückkoppelschaltung existiert, welche das Gewünschte leistet.

Definition 14.12 :

Ein rückgekoppeltes Zweitor, dessen Rückwärtsübertragungskoeffizient $s_{12}^{(R)}$ bei einer vorgegebenen Frequenz verschwindet, heißt bei dieser Frequenz *neutralisiert* (engl.: unilateralized twoport). ◆

Der Stabilitätsfaktor von Zweitoren, die bei einer bestimmten Frequenz neutralisiert sind, wächst dem Betrage nach über alle Schranken. Wenn dann die Beträge von s_{11} und s_{22} kleiner als 1 bleiben *und* wenn der Stabilitätsfaktor positiv bleibt, dann ist unbedingte Stabilität gewährleistet.

Da die Rückwirkung in einem neutralisierten Zweitor verschwindet, ist auch der maximale unilaterale Übertragungsgewinn dieses Zweitors definiert:

$$G_U = \frac{\left|s_{21}^{(R)}\right|^2}{\left(1-\left|s_{11}^{(R)}\right|\right)\left(1-\left|s_{22}^{(R)}\right|\right)} \quad . \tag{14.157}$$

Er ist gleichzeitig der maximal verfügbare Gewinn des so rückgekoppelten Zweitores. Für die folgenden Betrachtungen wird es sich als nützlich erweisen, diesen Gewinn in y-Parametern darzustellen. Mit Hilfe der in Anhang E gegebenen Umrechnungsformeln beweist man den folgenden Zusammenhang:

$$G_U = \frac{\left|y_{21}^{(R)}\right|^2}{4\Re\left\{y_{11}^{(R)}\right\}\Re\left\{y_{22}^{(R)}\right\}} \quad . \tag{14.158}$$

Wenn nun ein Zweitor in der vorgeschlagenen Art neutralisiert wird, für das

$$y_{12} = j b_{12} \quad , \quad b_{12} \in \mathbb{R} \quad . \tag{14.159}$$

gilt, dann kann stets eine einfache Admittanz ohne Übertrager zur Rückkopplung ausgewählt werden, und es folgt

$$\vec{Y}^{(R)} = \begin{pmatrix} y_{11} + j b_{12} & 0 \\ y_{21} - j b_{12} & y_{22} + j b_{12} \end{pmatrix} \quad . \tag{14.160}$$

Infolgedessen gilt für den maximalen unilateralen Übertragungsgewinn dieses neutralisierten Zweitores

$$G_U = \frac{\left|y_{21} - j b_{12}\right|^2}{4\Re\{y_{11}\}\Re\{y_{22}\}} = \frac{\left|y_{21} - y_{12}\right|^2}{4\Re\{y_{11}\}\Re\{y_{22}\} - 4\Re\{y_{12}\}\Re\{y_{21}\}} \quad . \tag{14.161}$$

Ein Schönheitsfehler in der oben vorgeschlagenen Neutralisationsform ist, daß im Falle nicht verschwindenden Realteils von y_{12} im Realteil der Rückkopplungsadmittanz Wirkleistung verloren geht. Es ist daher die Frage zu stellen, ob es nicht Strukturen gibt, welche diesen Nachteil vermeiden.

Zur Klärung dieser Frage ist es nützlich, die Wirkungsweise der Neutralisation zu veranschaulichen. Wieder wird die Parallel-Parallel-Rückkopplung als Beispiel herangezogen. Offenbar lassen sich die Modellgleichungen mit Admittanzmatrizen durch die Schaltung nach Abb. 14.21 darstellen.

Den Strom durch die zu y_{11} parallel liegende gesteuerte Stromquelle kann man als

$$I = y_{12} U_2 = |y_{12}| e^{j\phi} \, |U_2| e^{j\chi} = j|y_{12}|\,|U_2| e^{j(\phi+\chi-\pi/2)} \tag{14.162}$$

schreiben. Dies ist ein Strom durch die Admittanz y_{12}, der von der Spannung $U_2 = |U_2|\, e^{j\chi}$ bewirkt wird. Man kann diesen Strom aber auch als einen Strom durch die rein imaginäre Admittanz $j\,|y_{12}|$ interpretieren, welcher von der Spannung $|U_2|\, e^{j(\phi+\chi-\pi/2)}$ bewirkt wird.

Gelingt es also, die Spannung U_2 durch ein rein reaktives Netzwerk in der Phase zu drehen, dann darf erwartet werden, daß die Rückwirkungsadmittanz immer

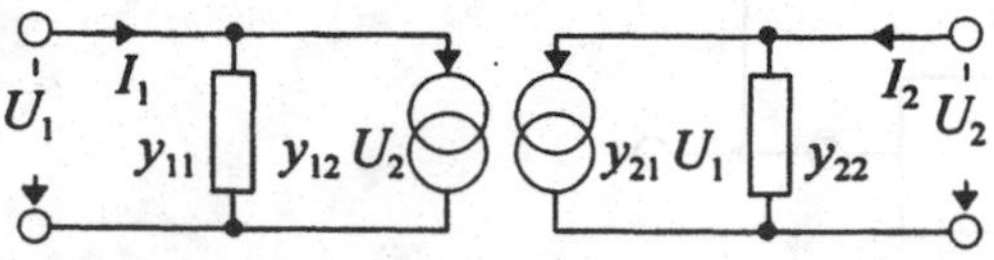

Abb. 14.21 : Zweitordarstellung in *y*-Parametern

als eine rein imaginäre Größe dargestellt werden kann.

Daher wird nun die Schaltung entsprechend Abb. 14.22 betrachtet, welche in Kette zu dem zu neutralisierenden Zweitor ein phasendrehendes reaktives Zweitor enthält. Die Kettenschaltung (und nicht das eigentlich zu neutralisierende Zweitor) wird wieder durch ein Rückkoppelnetzwerk neutralisiert. Dabei ist $\vec{\vec{S}}$ die Streumatrix des zu neutralisierenden Zweitors und $\vec{\vec{S}}'$ die des phasendrehenden Netzwerkes.

Daß die gewünschte Phasendrehung sogar mit reziproken Netzwerken möglich ist, soll die folgende Rechnung beweisen. In ihr wird eine Parallel-Parallel-Rückkopplung zugrundegelegt, welche wieder mittels Admittanzmatrizen beschrieben wird. Wählt man als phasendrehendes Netzwerk eine rein imaginäre Serienadmittanz jB, dann ist deren Admittanzmatrix

$$\vec{\vec{Y}}' = jB \begin{pmatrix} 1 & -1 \\ -1 & 1 \end{pmatrix} \quad . \tag{14.163}$$

Die Kettenschaltung aus zu neutralisierendem Zweitor mit der Admittanzmatrix $\vec{\vec{Y}}$ und phasendrehendem Netzwerk besitzt dann die Admittanzmatrix

$$\vec{\vec{Y}}'' = \frac{1}{y_{22} + jB} \begin{pmatrix} \det(y) + jB\,y_{11} & jB\,y_{12} \\ jB\,y_{21} & jB\,y_{22} \end{pmatrix} \quad . \tag{14.164}$$

Angenommen, $y_{ik} = g_{ik} + j\,b_{ik}$, dann ist

$$y_{12}'' = \frac{jB\,(g_{12} + j b_{12})}{g_{22} + j b_{22} + jB} \tag{14.165}$$

oder

$$y_{12}'' = \frac{B\left[g_{12}\,(B + b_{22}) - b_{12}\,g_{22}\right] + jB\left[g_{12}\,g_{22} + b_{12}\,(B + b_{22})\right]}{g_{22}^2 + (b_{22} + B)^2} \quad . \tag{14.166}$$

Rein imaginäres y_{12}'' erhält man daher, wenn man

$$B = -b_{22} + b_{12}\,g_{22}/g_{12} \tag{14.167}$$

wählt. In diesem Fall ist

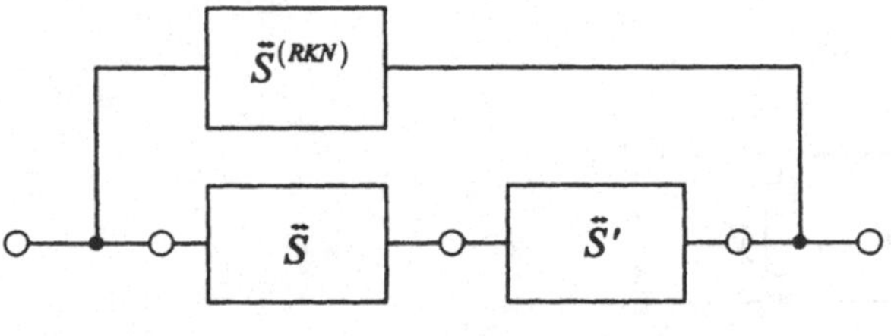

Abb. 14.22 : Zur verlustfreien Neutralisation

$$\tilde{Y}''=\frac{1}{g_{22}}\begin{pmatrix} g_{11}g_{22}-g_{12}g_{21}+j(b_{11}g_{22}-g_{12}b_{21}) & j(b_{12}g_{22}-g_{12}b_{22}) \\ \dfrac{j(b_{12}g_{22}-g_{12}b_{22})(g_{21}+jb_{21})}{g_{12}+jb_{12}} & \dfrac{j(b_{12}g_{22}-g_{12}b_{22})(g_{22}+jb_{22})}{g_{12}+jb_{12}} \end{pmatrix}. \quad (14.168)$$

Damit ist klar, daß stets eine rein reaktive Neutralisation des Zweitores möglich ist. Bei Durchführung mittels Parallel-Parallel-Rückkopplung mit einfacher Serienimpedanz ist dann die Admittanzmatrix des Rückkoppelnetzwerkes

$$\tilde{Y}^{(RKN)}=\frac{j(b_{12}g_{22}-g_{12}b_{22})}{g_{22}}\begin{pmatrix} 1 & -1 \\ -1 & 1 \end{pmatrix}. \quad (14.169)$$

Die Admittanzmatrix des neutralisierten Zweitores ergibt sich zu

$$\tilde{Y}^{(R)}=\tilde{Y}^{(RKN)}+\tilde{Y}''. \quad (14.170)$$

Daraus berechnet man für maximalen unilateralen Übertragungsgewinn des in dieser Form neutralisierten Zweitores:

$$G_U=\frac{(g_{21}-g_{12})^2+(b_{21}-b_{12})^2}{4(g_{11}g_{22}-g_{12}g_{21})}=\frac{|y_{21}-y_{12}|^2}{4\Re\{y_{11}\}\Re\{y_{22}\}-4\Re\{y_{12}\}\Re\{y_{21}\}}. \quad (14.171)$$

Ein neutralisiertes Zweitor kann in einfacher Weise durch rein reaktive Netzwerke für die Neutralisationsfrequenz an Eingang und Ausgang auf das komplex Konjugierte von Generator- und Lastreflexionsfaktor angepaßt werden. Damit ist es prinzipiell möglich, den maximal verfügbaren Gewinn des neutralisierten Zweitores auszunutzen.

Von allen durch irgendeine Form der Parallel-Parallel-Rückkopplung neutralisierten Zweitore muß daher die durch rein reaktive Netzwerke neutralisierte Form den größten Wert für G_U liefern.

Die durch Parallel-Parallel-Rückkopplung eingeführte reaktive Neutralisation ist nicht die einzig mögliche. So ist beispielsweise auch eine reaktive Neutralisation mittels Serien-Serien-Rückkopplung möglich. In jedem Fall ist der maximal verfügbare Gewinn dieses so beschalteten Zweitores der gleiche: er ist eine Invariante des Zweitores gegenüber rein reaktiven Transformationsschaltungen.

Dieses Ergebnis wurde von Sam J. Mason [14.4] bereits 1954 in sehr allgemeiner Form hergeleitet. Eine Beweisskizze von Masons auch heute noch höchst lesenswertem Artikel wird nachfolgend dargestellt.

Dazu wird die in Abb. 14.23 gezeigte Schaltung aus einem (Verstärker-) Zweitor, einer Quelle, einer Last und einem reaktiven, linearen, reziproken Viertor betrachtet.[1]

Zunächst zeigt man auf, daß die Menge aller nicht-singulären reaktiven, linearen reziproken Transformationen eine (algebraische) Gruppe bildet. Jede dieser

[1] In Masons Veröffentlichung wird ein Sechspol statt des hier dargestellten Viertores betrachtet.

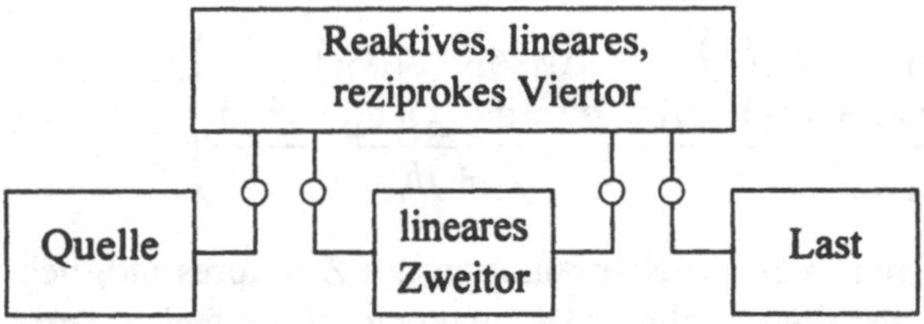

Abb. 14.23 : Verlustfreie Anpassung und Neutralisation eines Zweitors mit Hilfe eines reaktiven Viertores

Transformationen kann durch die Verkettung von drei Elementartransformationen dargestellt werden. Es handelt sich dabei um Basistransformationen (beispielsweise Übergang von der Impedanzmatrixdarstellung zur Admittanzmatrixdarstellung), Hinzufügen oder Wegnahme von rein reaktiven Serien- oder Nebenschlußelementen und einer reaktiven Transformation, welche die Inverse der Admittanz- bzw. Impedanzmatrix des Viertors bildet.

Als allgemeinste Funktion, welche unter den Elementaroperationen invariant bleibt und erhält man dann den schon in Gleichung (14.171) gefundenen Ausdruck.

Definition 14.13 :

Der maximale unilaterale Übertragungsgewinn

$$U := \frac{|y_{21} - y_{12}|^2}{4\Re\{y_{11}\}\Re\{y_{22}\} - 4\Re\{y_{12}\}\Re\{y_{21}\}} \tag{14.172}$$

eines durch ein rein reaktives, lineares reziprokes Netzwerk neutralisierten linearen Zweitores heißt *Mason-Gewinn* oder *maximaler unilateraler Leistungsgewinn* des Zweitores. ♦

Da U invariant gegenüber reaktiven, linearen, reziproken Transformationen ist, ist der Mason-Gewinn gleichzeitig auch ein Gewinnmaß für das nicht neutralisierte Zweitor.

Durch Umrechnung mit Hilfe der in Anhang E gegebenen Formeln läßt sich U in den Streuparametern des nicht neutralisierten Zweitores ausdrücken:

$$U = \frac{|s_{21} - s_{12}|^2}{1 - |s_{11}|^2 - |s_{22}|^2 + \left|\det(\vec{S})\right|^2 - s_{12}\, s_{21}^* - s_{21}\, s_{12}^*} \quad . \tag{14.173}$$

In dieser Form läßt sich der Mason-Gewinn stets auf meßbare Größen zurückführen. Der ganz besondere Vorteil des Masons-Gewinns besteht darin, daß durch Meßbedingungen eingeführte reaktive Veränderung – beispielsweise zusätzliche Transformationen durch verlustlose Leitungen und parasitäre Kapazitäten – auf

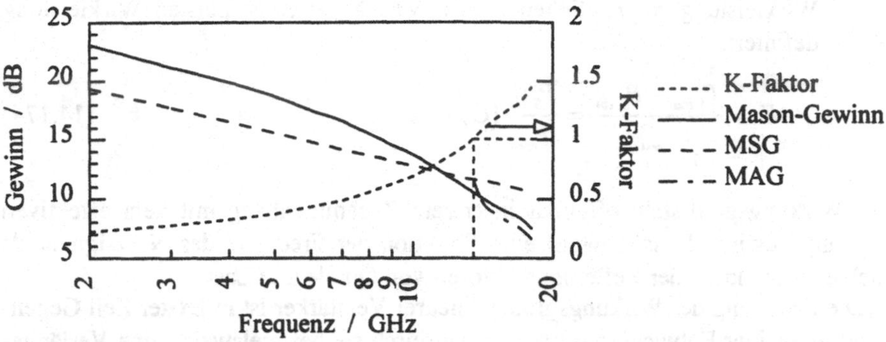

Abb. 14.24 : Vergleich des Mason-Gewinns mit dem maximal verfügbaren Gewinn und dem maximal stabilen Gewinn des Transistors F135 mit dem in Anhang C gegebenen Arbeitspunkt.

das Ergebnis keinen Einfluß haben, da U ja invariant gegenüber solchen Veränderungen ist.

Abb. 14.24 zeigt den Mason-Gewinn, den maximal stabilen Gewinn und den maximal verfügbaren Gewinn für den Transistor F135. Letzterer wird an der Stelle $K = 1$ identisch zum maximal stabilen Gewinn.

Der Mason-Gewinn und der maximal stabile Gewinn fallen in diesem Beispiel bereits bei 2 GHz mit etwa 11 dB pro Dekade ab. Der Abstieg des Mason-Gewinns wird zu hohen Frequenzen hin steiler. Der maximal verfügbare Gewinn fällt in der Nähe von $K = 1$ zunächst steil ab. Seine Steigung nähert sich dann für höhere Frequenzen der des Mason-Gewinns. Diese Zahlenwerte werden deshalb hervorgehoben, weil in der Literatur stellenweise behauptet wird, der Mason-Gewinn falle grundsätzlich mit 20 dB, der maximal stabile Gewinn mit 10 dB pro Dekade ab. Aussagen dieser Art sind mit Vorsicht zu interpretieren. Sie unterstellen ein ganz bestimmtes Verstärkermodell, das – wie in dem hier gegebenen Beispiel – höchstens innerhalb kleiner Frequenzintervalle zutrifft.

14.7 Gütemaße

Für die Beurteilung von Verstärkern benötigt man Gütemaße. An dieser Stelle sollen nur einige wenige dieser Maße abgehandelt werden.

Ein mögliches Kriterium betrifft die Ausnutzung von Leistungsreserven bei einer bestimmten Frequenz. Diese mißt man üblicherweise durch die Angabe des *Wirkungsgrades* (engl.: power added efficiency).

Definition 14.14 :

Der Wirkungsgrad eines linearen Verstärkers ist als Verhältnis aus der netto bei Nutzfrequenz tatsächlich aus dem Verstärker entnommenen

Wirkleistung zur restlichen in den Verstärker eingespeisten Wirkleistung definiert:

$$PAE := \frac{P_{S,aus} - P_{S,ein}}{P_{rest}} = \frac{P_{S,ein}}{P_{rest}}(G_P - 1) \quad . \qquad \blacklozenge \qquad (14.174)$$

Der Wirkungsgrad steht offenbar in engem Zusammenhang mit dem effektiven Leistungsgewinn. Er ist sowohl eine Funktion der Frequenz des Nutzsignals als auch eine Funktion der Reflexionsfaktoren von Quelle und Last.

Die Erhöhung des Wirkungsgrades linearer Verstärker ist in letzter Zeit Gegenstand intensiver Entwicklungsarbeiten, da durch sie beispielsweise eine Verlängerung der Nutzungszeit eines batteriegetriebenen Systems mit Verstärkern erreicht werden kann. Dies ist insbesondere für Mobilfunksysteme von Bedeutung.

Die Tatsache, daß Leistungsgewinne frequenzabhängig sind, führt zu der Frage, wie die Frequenzabhängigkeit eines Verstärkers charakterisiert werden soll.

Hier können natürlich Toleranzschemata in völlig analoger Weise wie zur Charakterisierung von Filtern eingesetzt werden. Die Kunst des Schaltungsentwicklers besteht darin, den gewünschten Amplituden- und Phasenfrequenzgang zu erreichen.

Dazu sind bei schmalbandigen Verstärkern Anpaßschaltungen wie in Kapitel 7 anzuwenden. Bei etwas breitbandigeren Verstärkern muß erst ein Ersatzschaltbild des Verstärkers gefunden werden, das dann in ein Filterdesign entsprechend Kapitel 12 einbezogen wird. Für den Entwurf ausgesprochener Breitbandverstärker werden frequenzabhängige Gegenkopplungsschaltungen verwendet. Hier ist die Modellierung der Rückwirkung durch konzentrierte Bauelemente hilfreich.

Für einen tieferen Einblick in die Entwurfstechniken moderner linearer Verstärker wird auf die Spezialliteratur verwiesen, beispielsweise [14.1].

Allen Verstärkern ist gemeinsam, daß jeglicher Leistungsgewinn für hohe Frequenzen unter 1 fällt. Daher benötigt man auch hierfür Gütemaße. Ein auf der Hand liegendes Gütemaß bezieht sich auf den Mason-Gewinn, da dieser eine Invariante des Verstärkers ist.

Definition 14.15 :

Diejenige maximale Frequenz, bei welcher der Mason-Gewinn eines linearen Verstärkers gerade 1 ist, heißt *maximale Schwingfrequenz* f_{max}. ♦

Der Name dieser Frequenz erklärt sich daraus, daß der Mason-Gewinn der größte aller möglichen Gewinne eines neutralisierten Verstärkers ist. Auch durch willkürliche Einfügung eines passiven Rückkoppelnetzwerkes kann daher oberhalb von f_{max} keine Leistungsverstärkung eines Signals erzielt werden. Der Einsatz einer selbsterregten Schwingung oberhalb dieser Frequenz ist unmöglich.

Der Mason-Gewinn ist aufgrund seiner Invarianz gegenüber reaktiven reziproken Transformationen tolerant gegen Verfälschung der Messung durch parasitäre

Bauelemente. Daher ist die maximale Schwingfrequenz ein zuverlässiges Gütemaß.

Traditionell verwenden insbesondere die Entwickler von elektronischen Bauelementen eine andere Frequenz als Gütemaß. Dies ist so zu erklären, daß der physikalische Wirkmechanismus, der Leistungsverstärkung durch Bipolartransistoren bewirkt, als Steuerung einer Stromquelle (Kollektor- oder Emitterstrom) durch einen Steuerstrom (Basisstrom) interpretiert werden kann. Daher liegt es nahe, den Kurzschlußstrom der gesteuerten Quelle ins Verhältnis zu dem erzeugenden Strom zu setzen. Dieses Verhältnis ist aber gerade der Parameter h_{21} des Transistors in Hybriddarstellung (siehe dazu Anhang E).

Definition 14.16 :

Diejenige maximale Frequenz, bei welcher die Kurzschlußstromverstärkung h_{21} eines linearen Verstärkers gerade 1 ist, heißt *Transitfrequenz* f_T. ♦

Setzt man voraus, daß auch bei hohen Frequenzen noch das Bild des Transistors als gesteuerte Stromquelle gültig ist, dann steht $|h_{21}|^2$ in engem Verhältnis zum effektiven Leistungsgewinn G_P des Transistorverstärkers in Kollektorschaltung. Insofern kann die Transitfrequenz ein wichtiges Maß zur Beurteilung des Bipolartransistors in Kollektorschaltung sein.

Bei hohen Frequenzen sind jedoch Kurzschlußströme nur noch sehr schwierig zu messen. Man wird daher meist eine Messung der Streuparameter vorziehen und diese in Hybridparameter umrechnen. Dabei ist allerdings zu beachten, daß diese Messung keineswegs tolerant gegenüber parasitären reaktiven Transformationen ist. Daher ist die Bestimmung der Transitfrequenz bei hohen Frequenzen meist ungenau.

Vielfach findet man Angaben von Transitfrequenzen und maximalen Schwingfrequenzen vor, welche durch Extrapolation von Meßdaten gewonnen werden. Dabei wird meist unterstellt, daß sich der Betrag von h_{21} und der Masongewinn im logarithmischem Maßstab linear mit dem Logarithmus der Frequenz verändern. Dies ist aber nicht immer der Fall. Daher ist eine Messung bis zu f_T bzw. $f_{\max}$ nach Möglichkeit vorzuziehen.

14.8 Zusammenfassung

In diesem Kapitel wurden lineare Zweitore untersucht, welche der Leistungsverstärkung dienen. Dabei stellte sich heraus, daß solche Zweitore unter bestimmten Umständen an ihrem Aus- oder Eingang Leistung abgeben können, ohne daß ein Nutzsignal in das Zweitor eingespeist wird: diese Zweitore sind instabil.

Es wurden daher Kriterien erarbeitet, welche eine Aussage über Stabilität oder Instabilität des Verstärkers zulassen. Für nur bedingt stabile Verstärker wurde in dem maximal stabilen Gewinn *MSG* eine Abschätzung für einen handhabbaren

Leistungsgewinn gegeben, der zudem durch einfache Stabilisierungsmaßnahmen erreichbar ist.

In Smith-Diagrammen der Generator- und der Lastreflexionsfaktorebene können Kreise als geometrische Orte für die Erzielung eines fest vorgegebenen effektiven Leistungsgewinns angegeben werden. Für unbedingt stabile Verstärker gibt es dabei eine obere Schranke des erzielbaren Gewinns, nämlich den maximal verfügbaren Gewinn *MAG*.

Durch Rückkopplung lassen sich bedingt stabile Verstärker bei geeigneter Dimensionierung wenigstens in einem eingeschränkten Frequenzbereich in unbedingt stabile Verstärker überführen. Diejenige Art der Rückkopplung, welche dabei den Rückwirkungskoeffizienten des Verstärkers zum Verschwinden bringt, heißt Neutralisation.

Durch Neutralisation ohne Wirkleistungsverlust erhält man schließlich den maximalen überhaupt rückwirkungsfrei erzielbaren Leistungsgewinn, den Mason-Gewinn *U*.

Die Effizienz des Verstärkers kann durch einen Wirkungsgrad gemessen werden. Seine Fähigkeit, überhaupt Ströme bzw. Leistungen zu verstärken, wird durch die Transitfrequenz bzw. die maximale Schwingfrequenz nach oben beschränkt.

14.9 Übungsaufgaben und Fragen zum Verständnis

1. Zeigen Sie, daß ein Bauelement mit differentiell negativer Steigung der Strom-Spannungs-Charakteristik einen Reflexionsfaktor erzeugen kann, der dem Betrage nach größer als 1 ist.
2. Beweisen Sie, daß der Reflexionsfaktor $\tilde{\Gamma}_L$ einer Last, die durch Kettenschaltung eines Nebenschluß- oder Serienwiderstandes und einer Impedanz mit Reflexionsfaktor Γ_L entsteht, mit Hilfe einer Bilineartransformation aus Γ_L bestimmt werden kann. Zeigen Sie damit, daß durch Serienschaltung oder Parallelschaltung eines ohmschen Widerstandes an den Ausgang eines bedingt stabilen Verstärkers dieser stabilisiert werden kann. Welcher maximal verfügbare Gewinn ist für den stabilisierten Verstärker erreichbar?

Die folgenden Aufgaben beziehen sich auf den in Anhang C durch seine Daten an einem bestimmten Arbeitspunkt in Sourceschaltung vorgegebenen Transistor F135.

3. Bestimmen Sie die Kreise konstanten Leistungsgewinns
   a. für 10 GHz und 4 Gewinne zwischen 0,5 und 2,0 *MSG*
   b. für 16 GHz und 4 Gewinne zwischen 0,25 und 1,0 *MAG* sowie 10 *MAG*.
   Machen Sie Angaben zur Lage des optimalen Quellen- bzw. Lastreflexionsfaktors.

4. Der Transistor soll durch rein resistive Bauelemente für Frequenzen zwischen 2 und 18 GHz stabilisiert werden.
   a. Geben Sie eine mögliche Schaltungsstruktur mit Dimensionierung des verwendeten ohmschen Widerstandes an.
   b. Bestimmen Sie den maximal verfügbaren Gewinn für die Frequenzen 2, 10 und 18 GHz.
5. Der Transistor soll durch rein reaktive Bauelemente für Frequenzen zwischen 9 und 11 GHz neutralisiert werden.
   a. Berechnen Sie für die Frequenzen 9, 10 und 11 GHz die entsprechenden Impedanz- bzw. Admittanzwerte für ein phasendrehendes Zweitor am Ausgang und das Rückkoppelnetzwerk.
   b. Bestimmen Sie für die beiden Zweitore Realisierungsformen mit höchstens zwei Reaktanzen, welch in dem vorgegebenen Frequenzbereich die berechneten Werte möglichst gut annehmen.
6. Bei 12 GHz ist entsprechend Abb. 14.24 der Mason-Gewinn größer als der maximal stabile Gewinn. Wieso birgt dies keinen Widerspruch in sich? Bei ca. 13,5 GHz ist der Mason-Gewinn kleiner als der maximal verfügbare Gewinn. Wie ist dies zu erklären?
7. Zeichnen Sie für Frequenzen zwischen 2 und 18 GHz den Betrag von h_{21} und den Mason-Gewinn in dB über dem Logarithmus der Frequenz ein. (Vorsicht bei der Umrechnung in dB-Werte!) Bestimmen Sie die Steigungen der Kurven bei 2 und bei 18 GHz in dB/Dekade.
8. Bestimmen Sie die maximale Schwingfrequenz und die Transitfrequenz des Transistors durch Extrapolation. Geben Sie dabei gleichzeitig plausible Fehlergrenzen an.

15 Gleichrichter, Mischer und Frequenzumsetzer

In den letzten Kapiteln wurde ganz wesentlich Gebrauch von der Darstellung linearer N-Tore mit Hilfe von Streuparametern gemacht. Es wurde aber noch nicht angedeutet, mit welchen Hilfsmitteln Streuparameter gemessen werden können.

Jeder Streuparameter kann durch Betrag und Phase charakterisiert werden. Für die Betragsmessung benötigt man *Gleichrichter*, für die Phasenmessung *Phasendetektoren.* Geht man beispielsweise davon aus, daß eine Welle mit konstanter Amplitude und bei fester Frequenz $\omega/2\pi$ zu charakterisieren ist, dann müssen selbstverständlich auch Betrag und Phase der Streuparameter (bei fester Frequenz) Konstanten sein. Die Messung verknüpft also unterschiedliche Frequenzebenen, nämlich $\omega/2\pi$ und 0.

Baugruppen, welche unterschiedliche Frequenzebenen miteinander verknüpfen, nennt man (im weitesten Sinne) *Mischer*. Spezielle Baugruppen mit Mischern dienen der *Frequenzumsetzung*.

All diesen Baugruppen ist gemeinsam, daß sie sich nur mit Hilfe nichtlinearer Zusammenhänge erklären lassen. Sie werden daher gemeinsam in diesem Kapitel abgehandelt.

Da zu ihrer Beschreibung ganz wesentlich nichtlineare Funktionen benutzt werden, müssen entscheidende Beschreibungsteile der Grundlagen im Zeitbereich erfolgen.

15.1 Gleichrichter

15.1.1 Das Grundprinzip

Gleichrichter dienen der Messung der Leistung einer Welle oder einer daraus abgeleiteten Größe. Wird beispielsweise eine harmonische Welle konstanter Amplitude an einem festen Ort untersucht,

$$u = \hat{u}\cos(\omega t + \varphi) \quad , \tag{15.1}$$

dann sind sowohl $\hat{u}$ als auch $\hat{u}^2$ Größen, mit deren Hilfe man diese Welle (zum Teil) charakterisieren kann.

Die beiden bekanntesten und gleichzeitig (theoretisch) einfachsten Methoden zur Messung von $\hat{u}$ und $\hat{u}^2$ nutzen ein einfaches trigonometrisches Theorem aus. Es ist nämlich

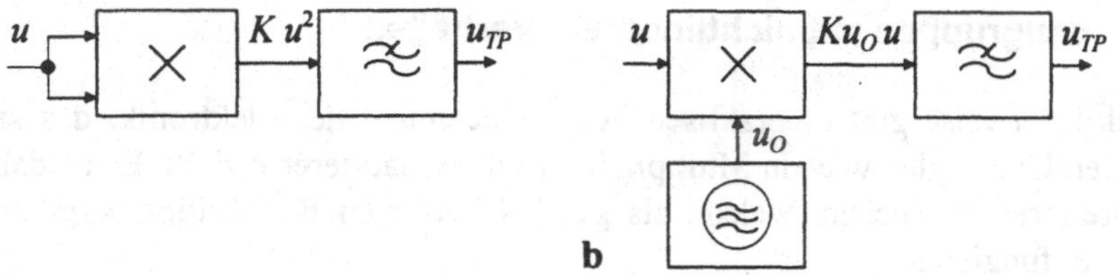

Abb. 15.1: Blockschaltbilder **a** eines Leistungsdetektors **b** eines Hüllkurvendetektors

$$\cos^2(\vartheta) = \left(1+\cos(2\vartheta)\right)/2 \tag{15.2}$$

für jeden beliebigen Winkel ϑ.

Hat man daher eine Baugruppe zur Verfügung, welche ein Ausgangssignal produziert, das zu dem Quadrat des Eingangssignals proportional ist, dann liefert diese bei Einspeisung des Signals u das Ausgangssignal

$$u_{aus} = K\hat{u}^2 \cos^2(\omega t+\varphi) = \left(1+\cos(2\omega t+2\varphi)\right) K\left(\hat{u}^2/2\right) \quad . \tag{15.3}$$

Dabei ist K ein Proportionalitätsfaktor.

Der zweite Summand in dieser Gleichung schwingt mit der doppelten Frequenz von u, der erste ist konstant. Daher kann man den ersten Summanden durch Tiefpaßfilterung von dem zweiten trennen und es bleibt das Signal

$$u_{TP} = K\hat{u}^2/2 \quad . \tag{15.4}$$

Dieses Signal ist proportional zu $\hat{u}^2$. Falls $\hat{u}$ die Dimension einer Spannung oder eines elektrischen Feldes hat, dann ist u_{TP} ein zur Leistung von u proportionales Signal. Ein Blockschaltbild, das diese Überlegungen umsetzt, ist in Abb. 15.1a dargestellt. Man nennt diese Schaltung auch einen *Leistungsdetektor*.

Eine Alternative, welche statt dessen ein zu der Amplitude $\hat{u}$ proportionales Signal liefert, ist in Abb. 15.1b gezeigt. Gelingt es nämlich, am Meßort, also lokal, ein *Lokaloszillatorsignal*

$$u_O = \hat{u}_O \cos(\omega t+\varphi) \tag{15.5}$$

zu erzeugen, das die gleiche Momentanphase besitzt wie das zu vermessende Signal, dann gilt für das Produkt aus zu vermessendem Signal u und Lokaloszillatorsignal u_O:

$$u_O\, u = \hat{u}_O\, \hat{u} \cos^2(\omega t+\varphi) = \left(1+\cos(2\omega t+2\varphi)\right) \hat{u}\,\hat{u}_O/2 \quad . \tag{15.6}$$

Steht also ein System zur Verfügung, das die Multiplikation der beiden Signale ermöglicht, dann bleibt nach Tiefpaßfilterung nur noch der erste Summand übrig, der proportional zu $\hat{u}$ ist. Damit ist ein sogenannter *Hüllkurvendetektor* realisiert.

Als Sammelbezeichnung für die beiden Schaltungstypen dient der Ausdruck *Gleichrichter*.

15.1.2 Baugruppen mit nichtlinearem Verhalten

Unglücklicherweise gibt es praktisch kein Bauelement der Elektronik, das sich unter allen Umständen wie ein Multiplizierer oder Quadrierer verhält. Es ist daher nach Dreitoren zu suchen, welche als gute Näherungen für Multiplizierer oder Quadrierer fungieren.

Die Suche nach einem multiplizierenden Dreitor scheint zunächst die einfachere zu sein, da auf einen ersten Blick der Multiplizierer als ein lineares Dreitor angesehen werden könnte. Dies ist jedoch ein *Trugschluß*.

In Anhang D wird gezeigt, daß ein Multiplizierer durch eine sogenannte symmetrische Bilinearform über dem Vektorraum der reellwertigen leistungsbeschränkten Funktionen beschrieben wird. Bilinearformen sind Funktionen zweier Argumente (Signale). Sie sind sowohl *bei festgehaltenem zweiten Argument* im ersten Argument als auch *bei festgehaltenem ersten Argument* im zweiten Argument linear. Dennoch ist die Abbildung *keine lineare Abbildung* wie ein Vergleich mit der ebenfalls in Anhang D gegebenen strengen Definition einer linearen Abbildung zeigt.

Daher muß ein Multiplizierer in jedem Fall ein Bauelement mit nichtlinearer Charakteristik beinhalten. Für den Quadrierer sieht man das gleiche unmittelbar ein.

Bauelemente mit nichtlinearem Übertragungsverhalten weisen nun einige Besonderheiten auf, die wesentliche Konsequenzen für die Systemerstellung haben. Man macht sich dies am besten anhand eines Beispiels klar.

Beispiel 15.1 :

Es sei ein (hypothetisches) Eintor gegeben, dessen Strom-Spannungs-Kennlinie durch

$$i = K u^2 \quad , \quad K > 0 \tag{15.7}$$

gegeben wird.

Zunächst fällt auf, daß durch dieses Eintor nur nichtnegative Ströme fließen können. Daher ist nicht definiert, wie sich das Eintor bei Ansteuerung durch eine Stromquelle mit negativen Strömen verhält.

Selbst wenn negative Ströme vermieden werden, dann stellt sich bei Verwendung einer Stromquelle die grundsätzliche Frage, ob das Bauelement mit einem positiven oder einem negativen Spannungsabfall antwortet.

Man kann diese Schwierigkeiten umgehen, indem man nicht die Strom-Spannungs-Kennlinie sondern die Spannungs-Strom-Kennlinie festlegt:

$$u = K^{-1/2} \sqrt{i} \quad , \quad K > 0 \quad , \quad i \geq 0 \quad . \tag{15.8}$$

Offenbar ergibt sich dann wenigstens für nichtnegative Ströme als Umkehrfunktion die zuerst definierte Strom-Spannungs-Kennlinie.

Nimmt man nun an, daß das so definierte Eintor durch eine *Spannungs-*

quelle mit der Spannung

$$u = U_0 + \hat{U}\cos(\omega t) \quad , \quad U_0 \geq \hat{U} \tag{15.9}$$

angesteuert wird, welche offenbar aus der Überlagerung eines Gleichanteils und eines harmonischen Terms mit Kreisfrequenz ω besteht, dann folgt für den Strom:

$$i = K\left(U_0^2 + \hat{U}^2/2 + 2U_0\hat{U}\cos(\omega t) + \left(\hat{U}^2/2\right)\cos(2\omega t)\right) \quad . \tag{15.10}$$

Dieser Strom enthält offenbar einen Gleichanteil, einen Anteil bei Kreisfrequenz ω und einen Anteil bei Kreisfrequenz 2ω.

Steuert man dagegen das Eintor durch eine *Stromquelle* mit dem Strom

$$i = I_0 + \hat{I}\cos(\omega t) \quad , \quad I_0 \geq \hat{I} \tag{15.11}$$

an, der ebenfalls aus der Überlagerung eines Gleichanteils und eines harmonischen Terms mit Kreisfrequenz ω besteht, dann gilt für die Spannung

$$u = K^{-1/2}\sqrt{I_0 + \hat{I}\cos(\omega t)} \quad . \tag{15.12}$$

Durch Fourierreihenentwicklung dieser Spannung folgt nun, daß in dem Spektrum von u neben einem Gleichanteil, einem Anteil mit Kreisfrequenz ω und einem mit 2ω auch viele nicht zu vernachlässigende Anteile mit ganzzahligen Vielfachen der Kreisfrequenz ω auftreten.

Dies ist ein wesentlicher Unterschied zu dem Fall mit Spannungssteuerung. ◆

Als wichtiger Unterschied zwischen N-Toren mit linearem und nichtlinearem Übertragungsverhalten ist daher festzuhalten, daß es hier nicht gleichgültig ist, ob eine Ansteuerung durch Ströme oder durch Spannungen stattfindet.

Diese Überlegung läßt sich in völliger Analogie auch auf den Fall einer Ansteuerung durch Wellen des elektrischen und des magnetischen Feldes übertragen.

Der hier hergeleitete Sachverhalt wird Konsequenzen für die Struktur von Gleichrichtern (und später auch für Mischer und Frequenzumsetzer) haben.

15.1.3 Die Halbleiterdiode als Gleichrichter

Das in der Hochfrequenztechnik am häufigsten benutzte Bauelement mit nichtlinearer Charakteristik, das auch bis zu extrem hohen Frequenzen eingesetzt werden kann, ist die Halbleiterdiode.

Ihre Strom-Spannungs-Kennlinie ist bei Anwendung der Zählpfeilkonvention nach Abb. 15.2 und einem idealisierten Modell

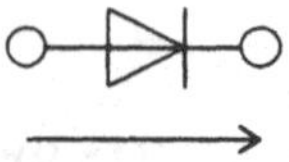

Abb. 15.2: Festlegung der Zählpfeile einer Diode

$$i_D = I_S\left(e^{u_D/U_T} - 1\right) \qquad (15.13)$$

oder allgemeiner

$$i_D = g(u_D) \quad . \qquad (15.14)$$

Es soll nun untersucht werden, unter welchen Umständen dieser nichtlineare Zusammenhang für Zwecke der Gleichrichtung brauchbar ist. Wenn u_D eine harmonische Spannung über der Diode ist,

$$u_D = U_0 + \hat{U}\cos(\omega t + \varphi) \qquad (15.15)$$

dann folgt für den Diodenstrom

$$i_D = g\left(U_0 + \hat{U}\cos(\omega t + \varphi)\right) \quad . \qquad (15.16)$$

Dies ist eine periodische Funktion, die in eine Fourierreihe entwickelt werden kann. Um diese Entwicklung später verallgemeinern zu können, wird i_D als eine in der Anfangsphase φ (und nicht in t) periodische Funktion aufgefaßt:

$$i_D = f(\varphi) \quad . \qquad (15.17)$$

Für diese gilt (siehe Kapitel 2):

$$i_D = f(\varphi) = \sum_{k=-\infty}^{\infty} C_k \, e^{jk\varphi} \qquad (15.18)$$

mit

$$C_k = \frac{1}{2\pi}\int_{\varphi_0-\pi}^{\varphi_0+\pi} f(\varphi)e^{-jk\varphi}\, d\varphi = \frac{1}{2\pi}\int_{\varphi_0-\pi}^{\varphi_0+\pi} g\left(U_0 + \hat{U}\cos(\omega t + \varphi)\right)e^{-jk\varphi}\, d\varphi \, . \qquad (15.19)$$

Dabei ist φ_0 eine beliebige endliche Phase. Durch Variablentransformation

$$\psi := \omega t + \varphi \qquad (15.20)$$

folgt dann

$$C_k = \frac{e^{jk\omega t}}{2\pi}\int_{\psi_0-\pi}^{\psi_0+\pi} g\left(U_0 + \hat{U}\cos(\psi)\right)e^{-jk\psi}\, d\psi \quad . \qquad (15.21)$$

Die Entwicklungskoeffizienten C_k sind noch Funktionen von U_0 und $\hat{U}$. Führt man nun die neuen komplexen Größen

$$I_k := C_k\, e^{jk(\varphi-\omega t)} = \frac{e^{jk\varphi}}{2\pi} \int\limits_{\psi_0-\pi}^{\psi_0+\pi} g\big(U_0 + \hat{U}\cos(\psi)\big)\, e^{-jk\psi}\, d\psi \tag{15.22}$$

ein, dann folgt

$$i_D = \sum_{k=-\infty}^{\infty} I_k\, e^{jk\omega t} \quad . \tag{15.23}$$

Durch Einsetzen von $k=-K$ und $\psi=-\Psi$ in die Definitionsgleichung von I_k weist man nach, daß

$$I_{-k} = I_k^* \tag{15.24}$$

ist. Der Diodenstrom kann also als eine Überlagerung von Termen mit Kreisfrequenzen bei Vielfachen von ω angesehen werden. Für den Gleichstromterm, der durch $k=0$ gegeben ist, ergibt sich

$$I_0 = \frac{1}{2\pi} \int\limits_{\psi_0-\pi}^{\psi_0+\pi} g\big(U_0 + \hat{U}\cos(\psi)\big)\, d\psi \quad . \tag{15.25}$$

Solange dieses Integral wenigstens in einem vorgegebenen Wertebereich eine streng monoton mit U_0 und $\hat{U}$ steigende Funktion ist, kann die durch g beschriebene Nichtlinearität als Gleichrichter benutzt werden.

Beispiel 15.2 :

Für die idealisierte Diode mit der Kennlinie nach Gleichung (15.13) ist bei Ansteuerung mit einer Spannung entsprechend Gleichung (15.15)

$$\begin{aligned} I_0 &= \frac{1}{2\pi} \int\limits_{\psi_0-\pi}^{\psi_0+\pi} I_S \left(e^{\left(U_0+\hat{U}\cos(\psi)\right)/U_T} - 1 \right) d\psi \\ &= I_S \left(\frac{e^{U_0/U_T}}{2\pi} \int\limits_{\psi_0-\pi}^{\psi_0+\pi} e^{\hat{U}\cos(\psi)/U_T}\, d\psi - 1 \right) \quad . \end{aligned} \tag{15.26}$$

Das in dieser Gleichung auftretende Integral

$$\mathrm{I}_0(x) := \frac{1}{2\pi} \int\limits_{\psi_0-\pi}^{\psi_0+\pi} e^{x\cos(\psi)}\, d\psi \quad , \tag{15.27}$$

das nicht mit dem Strom I_0 verwechselt werden darf, ist eine von dem Argument x abhängende Funktion. Diese ist mathematisch gut untersucht und liegt in tabellierter Form vor. Sie wird modifizierte Besselfunktion erster

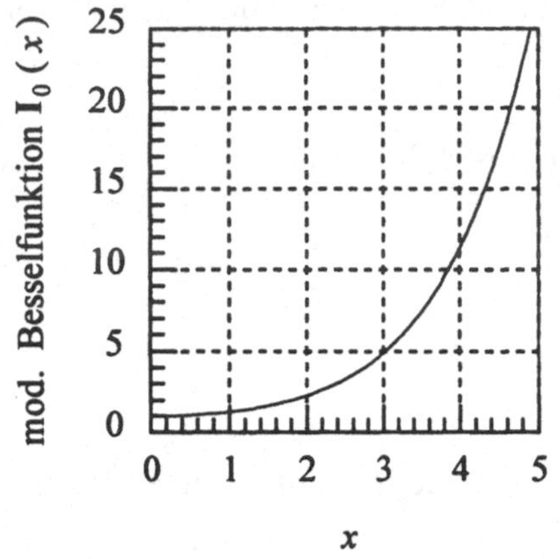

Abb. 15.3: Modifizierte Besselfunktion erster Art nullter Ordnung

Art nullter Ordnung genannt und ist in Abb. 15.3 dargestellt. Diese Besselfunktion kann auch durch eine absolut gleichmäßig konvergente Reihe dargestellt werden:

$$\mathbf{I}_0(x) = \sum_{n=0}^{\infty} \frac{(x/2)^{2n}}{(n!)^2} \quad . \tag{15.28}$$

Mit der Besselfunktion folgt für den Gleichstromanteil des Diodenstroms:

$$I_0 = I_S \left(e^{U_0/U_T} \, \mathbf{I}_0(\hat{U}/U_T) - 1 \right) \quad . \tag{15.29}$$

Die idealisierte Halbleiterdiode ist daher als Gleichrichter verwendbar. ♦

15.1.4 Eine einfache Gleichrichterschaltung mit Diode

Um die Diode als Gleichrichter mit Spannungssteuerung einsetzen zu können, muß die Steuerspannung an die Klemmen der Diode geführt werden. Es entsteht dann ein Diodenstrom, der entsprechend Gleichung (15.23) neben dem gewünschten Gleichstromterm auch Terme mit den Vielfachen der Anregungsfrequenz enthält.

Möchte man den Gleichstrom messen, dann muß dieser beispielsweise an einem ohmschen Widerstand R für einen Spannungsabfall sorgen. Die Terme mit der Anregungsfrequenz und ihren Vielfachen sollen aber nach Möglichkeit keine Spannung verursachen. Man benötigt zur Messung des Gleichstroms also ein *stromgesteuertes* Tiefpaßfilter, dessen Grenzfrequenz hinreichend weit unterhalb der Anregungsfrequenz liegen muß. Die einfachste Ausführung eines solchen Filters besteht aus der Parallelschaltung (!) eines ohmschen Widerstandes und

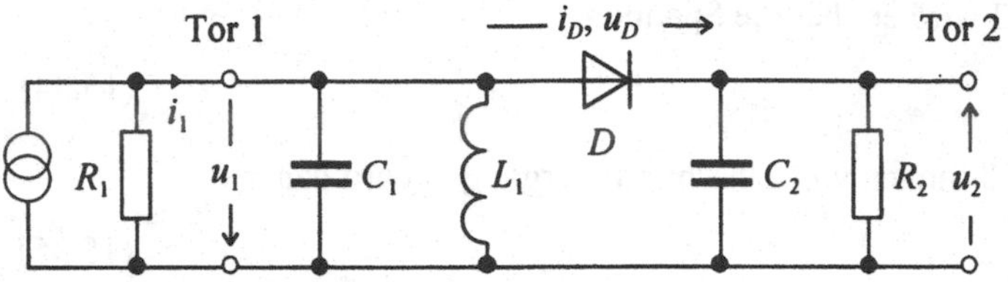

Abb. 15.4: Einfacher Diodengleichrichter

einer Kapazität.[1]

Da der Diodenstrom auch durch die anregende Quelle fließen muß, kann er an deren Innenimpedanz auch einen Spannungsabfall verursachen. Während aber der Spannungsabfall bei Anregungsfrequenz gerade die erwünschte Ursache des Diodenstromes ist, sollen andere Frequenzen einschließlich Frequenz 0 dort möglichst wenig Spannungsabfall verursachen. Die Innenimpedanz der Quelle sollte daher ein Filter mit Bandpaßeigenschaften sein. Um als Spannungsquelle für die Diode zu wirken, sollte das Filter an seinem der Diode zugewendeten Tor eine Nebenschlußadmittanz besitzen. Die einfachste Ausführung eines solchen Filters ist ein Parallelresonanzkreis, der von einer Stromquelle gesteuert werden muß, um nach außen als Spannungsquelle zu wirken.

Damit ergibt sich die einfache Gleichrichterschaltung nach Abb. 15.4.

Wird der auf die Kreisfrequenz ω abgestimmte Resonanzkreis an Tor 1 durch eine Stromquelle mit Kurzschlußstrom

$$i_0 = \hat{I}\cos(\omega t + \varphi) \tag{15.30}$$

gespeist, dann antwortet dieser mit der Spannung

$$u_1 = \hat{U}\cos(\omega t + \varphi) \quad . \tag{15.31}$$

Angenommen, der Kondensator C_2 im Tiefpaßfilter an Tor 2 wäre auf eine Gleichspannung aufgeladen, und weiter angenommen, die Impedanz des Tiefpasses sei bei Kreisfrequenz ω vernachlässigbar klein, dann wäre die Diodenspannung

$$u_D = U_0 + \hat{U}\cos(\omega t + \varphi) \quad . \tag{15.32}$$

Diese verursacht, wie im letzten Abschnitt gezeigt, einen Strom

$$i_D = \sum_{k=-\infty}^{\infty} I_k \, e^{jk\omega t} \quad . \tag{15.33}$$

Der darin enthaltene Gleichstromanteil I_0 soll voraussetzungsgemäß am Resonanzkreis an Tor 1 nur einen vernachlässigbaren Spannungsabfall verursachen.

[1] Siehe hierzu auch die Ausführungen zur idealisierten Übertragungsfunktion in Abschnitt 10.1.3.

Am Tiefpaß an Tor 2 wird er aber die Spannung

$$-u_{2,0} = R_2\, I_0 \tag{15.34}$$

hervorrufen. Nach Abklingen von Einschwingvorgängen wird daher

$$u_{2,0} = -U_0 \tag{15.35}$$

sein müssen. Damit folgt:

$$-\frac{U_0}{R_2} = I_0 = \frac{1}{2\pi} \int\limits_{\psi_0-\pi}^{\psi_0+\pi} g\big(U_0 + \hat{U}\cos(\psi)\big)\, d\psi \quad . \tag{15.36}$$

Dies ist eine implizite Bestimmungsgleichung für die Ausgangsspannung des Gleichrichters. Sie ist im allgemeinen nur numerisch oder graphisch zu lösen. Es gibt aber auch Fälle, in denen die Bestimmungsgleichung wenigstens näherungsweise analytisch lösbar ist.

Das Wertepaar (U_0, I_0) wird *Arbeitspunkt* der Diode genannt.

Beispiel 15.3 :

In vielen Fällen, in denen eine Halbleiterdiode mit hinreichend großen Spannungen angesteuert wird, genügt eine stückweise lineare Approximation der Diodenkennlinie, um sie in erster Näherung zu charakterisieren:

$$i_D = g_D\,(u_D - U_K)\,\mathbb{1}^{(+)}(u_D - U_K) \quad . \tag{15.37}$$

Der Diodenstrom sei also 0, wenn die Diodenspannung unterhalb der *Knickspannung* U_K liegt. Sie wachse linear mit der konstanten Steigung g_D, wenn u_D oberhalb der Knickspannung liegt. Dann ist

$$I_0 = \frac{1}{2\pi} \int\limits_{-\pi}^{+\pi} g_D\,\big(U_0 - U_K + \hat{U}\cos(\psi)\big)\,\mathbb{1}^{(+)}\big(U_0 - U_K + \hat{U}\cos(\psi)\big)\, d\psi \,. \tag{15.38}$$

Solange $U_0 - U_K + \hat{U}$ kleiner als 0 ist, ist der Integrand und damit auch I_0 gleich 0. Wenn $U_0 - U_K - \hat{U}$ größer als 0 ist, dann ist die Einheitssprungfunktion im Integranden für alle Integrationswinkel gleich 1. Gilt

$$-\hat{U} \le U_0 - U_K \le \hat{U} \quad , \tag{15.39}$$

dann ist für alle Integrationswinkel mit

$$-\arccos\big((U_K - U_0)/\hat{U}\big) \le \psi \le \arccos\big((U_K - U_0)/\hat{U}\big) \tag{15.40}$$

die Einheitssprungfunktion im Integranden gleich 1, d.h. es fließt Strom durch die Diode. Daher nennt man

$$\theta := \arccos\big((U_K - U_0)/\hat{U}\big) \tag{15.41}$$

den *Stromflußwinkel*. Um die Schreibweise zu vereinfachen, definiert man allgemeiner

$$\theta := \begin{cases} 0 & \text{falls } \hat{U} < U_K - U_0 \\ \arccos\left((U_K - U_0)/\hat{U}\right) & \text{falls } -\hat{U} \le U_0 - U_K \le \hat{U} \\ \pi & \text{falls } \hat{U} < U_0 - U_K \end{cases} \tag{15.42}$$

oder

$$\theta := \arccos\left((U_K - U_0)/\hat{U}\right)\left[\mathbb{1}^{(+)}\left(\hat{U} + U_0 - U_K\right) - \mathbb{1}^{(+)}\left(\hat{U} - U_0 + U_K\right)\right] + \pi \mathbb{1}^{(+)}\left(\hat{U} - U_0 + U_K\right) \tag{15.43}$$

Damit wird

$$I_0 = \frac{1}{2\pi}\int_{-\theta}^{+\theta} g_D\left(U_0 - U_K + \hat{U}\cos(\psi)\right)d\psi = \frac{g_D}{\pi}\left((U_0 - U_K)\theta + \hat{U}\sin\theta\right) \tag{15.44}$$

Abb. 15.5 zeigt den so berechneten Gleichstrom mit U_K = 0,6V und g_D = 10 mS als Funktion von U_0 mit einigen Werten von $\hat{U}$ als Parameter. Diese Kurvenschar wird auch das *Richtkennlinienfeld* der Diode genannt. Zusätzlich ist für R_2 = 200 Ω die durch Gleichung (15.36) gegebene *Arbeitsgerade* eingetragen.
Deutlich ist zu erkennen, daß die Diodenströme I_0 für niedrige Spannungen den Wert 0 mA annehmen und dann ab dem Spannungswert $U_K - \hat{U}$ zu positiven Werten steigen. Dabei ist bemerkenswert, daß die Kurven trotz stückweise linearer Diodenkennlinie selbst *nicht* stückweise linear sind.

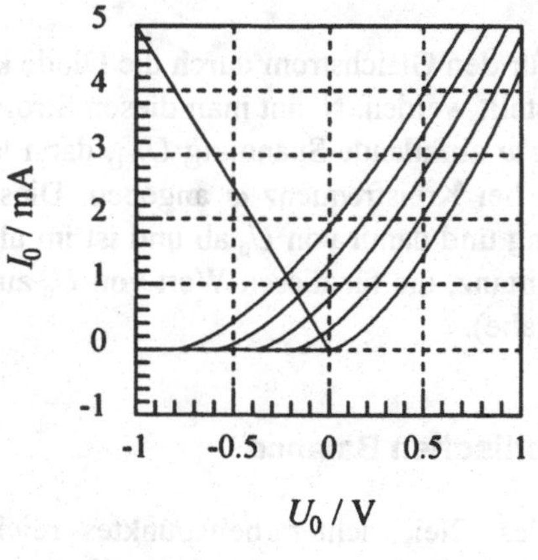

Abb. 15.5: Richtkennlinienfeld für Signalamplituden $\hat{U}$ zwischen 1,4 V und 0,6 V in Schritten von – 0,2 V (von links nach rechts). U_K = 0,6 V, g_D = 10 mS. Zusätzlich eingetragen: Arbeitsgerade $I_0 = -U_0/R_2$.

Nach Gleichung (15.36) wird der Diodenstrom sehr klein, wenn der Widerstand R_2 sehr groß wird. In diesem Fall muß also näherungsweise

$$U_0 = U_K - \hat{U} \tag{15.45}$$

gelten. Weil der Spannungsabfall über dem Widerstand dann in guter Näherung dem um die Knickspannung U_K verminderten Spitzenwert der gleichzurichtenden Spannung entspricht, sagt man, die Schaltung arbeite in diesem Fall als *Spitzenwertgleichrichter*. Damit wird eine Messung der Amplitude ermöglicht. ♦

Beispiel 15.4 :

Steuert man eine Halbleiterdiode nur mit kleinen Spannungen an, dann wird die Kennlinie sehr gut durch eine Taylorreihenentwicklung 2. Ordnung der idealisierten Diode um die Spannung 0 charakterisiert:

$$i_D = I_S\,\left(u_D + u_D^2/(2U_T)\right)/U_T \quad . \tag{15.46}$$

Infolgedessen ist

$$I_0 = I_S\left(4U_T U_0 + 2U_0^2 + \hat{U}^2\right)/\left(4U_T^2\right) = -U_0/R_2 \quad . \tag{15.47}$$

Auflösung nach U_0 ergibt:

$$U_0 = -U_T - U_T^2/(R_2 I_S) + \sqrt{\left(U_T + U_T^2/(R_2 I_S)\right)^2 - \hat{U}^2/2} \quad . \tag{15.48}$$

Für hinreichend kleine Amplituden $\hat{U}$ ist daher näherungsweise

$$U_0 = -\hat{U}^2\, R_2 I_S / \left[4\,U_T\,(R_2 I_S + U_T)\right] \quad . \tag{15.49}$$

In diesem Fall kann die Diode zur direkten Messung der Leistung des hochfrequenten Signals benutzt werden. ♦

Eine ganz ähnliche Betrachtung wie für den Gleichstrom durch die Diode kann für den Strom bei Kreisfrequenz ω angestellt werden. Nennt man diesen Strom I_1 und die über der Diode bei Kreisfrequenz ω abfallende Spannung $U_{D,1}$, dann läßt sich eine (Pseudo-) Admittanz der Diode bei Kreisfrequenz ω angeben. Diese hängt von der Amplitude der Steuerspannung und damit von U_0 ab und ist im allgemeinen ungleich der differentiellen Admittanz, die für diesen Wert von U_0 aus $g\,(u_D)$ abgelesen werden kann. (Übungsaufgabe).

15.1.5 Das Verfahren der harmonischen Balance

[1]Für überschlägige Berechnungen des Gleichrichterarbeitspunktes reichen die obigen Überlegungen in der Regel völlig aus. Für kritische Anwendungen ist eine

[1] Dieser Abschnitt kann bei einer ersten Erarbeitung des Stoffes übergangen werden.

genauere Betrachtung erforderlich. Man kann dann nicht mehr von der Annahme ausgehen, daß der Diodenstrom nur bei Resonanzfrequenz des Parallelkreises an Tor 1 einen Spannungsabfall verursacht. Genauso muß man dann berücksichtigen, daß auch Signale bei höheren Frequenzen am Ausgangstiefpaß noch Spannungsabfälle bewirken.

Daher wird bei genauerer Betrachtung die Spannung über der Diode eine immer noch in φ periodische, aber nicht mehr harmonische Funktion sein:

$$u_D = h(\omega t + \varphi) = \sum_{k=-\infty}^{\infty} U_{D,k}\, e^{jk(\omega t + \varphi)} \quad . \tag{15.50}$$

Damit ergibt sich der Diodenstrom als

$$i_D = g(h(\omega t + \varphi)) \quad . \tag{15.51}$$

Dies ist (immer noch) eine in φ periodische Funktion, die in eine Fourierreihe entwickelt werden kann:

$$i_D = f(\varphi) = \sum_{k=-\infty}^{\infty} C_k\, e^{jk\varphi} \quad . \tag{15.52}$$

Dabei ist

$$C_k = \frac{1}{2\pi} \int_{\varphi_0-\pi}^{\varphi_0+\pi} f(\varphi) e^{-jk\varphi}\, d\varphi = \frac{1}{2\pi} \int_{\varphi_0-\pi}^{\varphi_0+\pi} g\left(\sum_{l=-\infty}^{\infty} U_{D,l}\, e^{jl(\omega t + \varphi)} \right) e^{-jk\varphi}\, d\varphi \quad . \tag{15.53}$$

Durch Variablentransformation

$$\psi := \omega t + \varphi \tag{15.54}$$

folgt dann

$$C_k = \frac{e^{jk\omega t}}{2\pi} \int_{\psi_0-\pi}^{\psi_0+\pi} g\left(\sum_{l=-\infty}^{\infty} U_{D,l}\, e^{jl\psi} \right) e^{-jk\psi}\, d\psi \quad . \tag{15.55}$$

Mit der Definition

$$I_k := C_k\, e^{jk(\varphi - \omega t)} \tag{15.56}$$

folgt

$$i_D = \sum_{k=-\infty}^{\infty} I_k\, e^{jk\omega t} \quad , \tag{15.57}$$

$$I_{-k} = I_k^* \quad . \tag{15.58}$$

Der Diodenstrom kann also erneut als eine Überlagerung von Termen mit Kreisfrequenzen bei Vielfachen von ω angesehen werden. Der Diodenstrom fließt durch den Resonanzkreis an Tor 1 und durch den Tiefpaß an Tor 2. Ist $Y_{PR}(k\omega)$ die Admittanz des Parallelkreises und $Y_{TP}(k\omega)$ die des Tiefpasses jeweils bei Kreisfrequenz $k\omega$, dann ist die Summe der Spannungsabfälle über diesen Admittanzen:

$$u_{Gesamt} = -u_1 - u_2 = \sum_{k=-\infty}^{\infty} I_k \, e^{jk\omega t} / Y(k\omega) \tag{15.59}$$

mit

$$Y(k\omega) := Y_{PR}(k\omega) + Y_{TP}(k\omega) \quad . \tag{15.60}$$

In der Regel wird man die Summe in dieser Gleichung für Laufindizes, die dem Betrage nach größer als ein bestimmter Betrag K sind, abbrechen können, da die Spannungsabfälle für höhere Frequenzen auf Grund der Filter an den Toren 1 und 2 vernachlässigbar sind. Da nun

$$u_{Gesamt} = -u_D \tag{15.61}$$

gilt, sind auch in der Diodenspannung nach Gleichung (15.50) nur Terme mit Laufindizes zu berücksichtigen, die dem Betrage nach K nicht übersteigen.

Schematisch kann man daher den Gleichrichter durch die Rechenblöcke der Abb. 15.6 charakterisieren. Formal liegen $2K+1$ Eingangsspannungszeiger mit den Kreisfrequenzen $k\omega$ an der Diode an. Diese liefert einen aus $2K+1$ Stromzeigern gebildeten Gesamtstrom bei den gleichen Kreisfrequenzen, welche in dem linearen Netzwerk eine Spannung produziert, die aus der Überlagerung von $2K+1$ Spannungszeigern mit eben denselben Kreisfrequenzen besteht.

Die Analyse des Gleichrichters wird dann wie folgt beschrieben.
In einem mit der Nummer (i) numerierten Iterationsschritt liege eine Spannung $u_D^{(i)}$ mit Periodendauer $T = 2\pi/\omega$ an die Diode an. Diese wird am Ausgang des linearen Netzwerkes eine Spannung $u_D^{(i+1)}$ produzieren, die sich als

$$u_D^{(i+1)} = -\sum_{k=-\infty}^{\infty} I_k^{(i+1)} \, e^{jk\omega t} / Y(k\omega) \tag{15.62}$$

mit

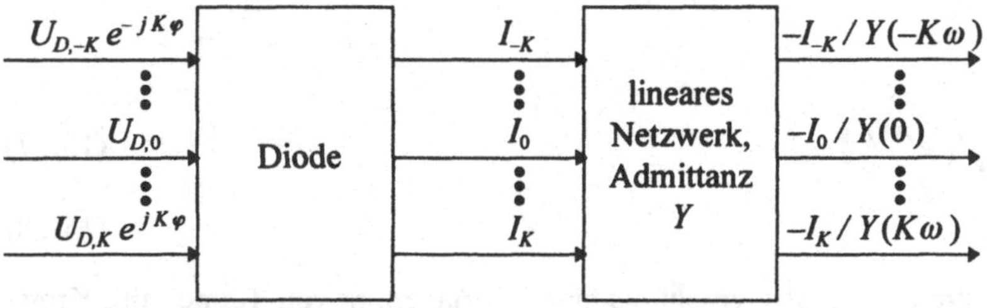

Abb. 15.6: Zur Berechnung von Diodenspannungen und -strömen

$$I_k^{(i+1)} = \frac{e^{jk\varphi}}{2\pi} \int_{\psi_0-\pi}^{\psi_0+\pi} g\left(u_D^{(i)}\right) e^{-jk\psi}\, d\psi \tag{15.63}$$

errechnen läßt. Die Spannung $u_D^{(i+1)}$ ist die neue Eingangsspannung der Diode, welche für einen nächsten Iterationsschritt verwendet werden kann. Der Vorgang wiederholt sich dann. Nach einer Anzahl von Iterationen stellt sich ein eingeschwungener Zustand ein[1], der durch

$$u_D^{(L+1)} \approx u_D^{(L)} \tag{15.64}$$

gekennzeichnet ist. Dies kann nur dann geschehen, wenn jeder einzelne bei Kreisfrequenz $k\omega$ liegende Anteil der Spannung im Iterationsschritt (L+1) (näherungsweise) identisch ist mit dem entsprechenden Anteil im Iterationsschritt (L). Man sagt, die einzelnen Harmonischen der Spannung seien ausbalanciert. Daher heißt der so gewonnene Algorithmus *Verfahren der harmonischen Balance* [15.1].

15.1.6 Gleichrichterverhalten bei zeitvarianter Amplitude des HF-Signals

Das Verfahren der harmonischen Balance liefert in der oben dargestellten Form für einfach-periodische Signale gute Resultate. Sobald jedoch die Amplitude des gleichzurichtenden Signals zeitvariant wird, ergeben sich Probleme. Diese liegen nicht zuletzt daran, daß das lineare Netzwerk durch seine Übertragungsfunktion im Fourierbildbereich beschrieben wird. Damit ist die Berechnung von Einschwingvorgängen ausgeschlossen.

Erweiterungen des Verfahrens der harmonischen Balance auf mehrfach periodische Signale würden den Rahmen dieses Buches sprengen. Daher wird hier auf eine generelle Theorie verzichtet.

Für den Fall des Spitzenwertgleichrichters kann jedoch eine einfache Plausibilitätsbetrachtung angestellt werden.

Dazu wird angenommen, daß sich das gleichzurichtende Signal als Schwingung mit zeitvarianter Amplitude darstellen läßt:

$$i_D = \tilde{I}(t)\cos(\omega_P t + \varphi_P) \quad . \tag{15.65}$$

Damit $\tilde{I}$ als Amplitude interpretiert werden kann, darf sich $\tilde{I}$ nur vergleichsweise langsam verändern. Man drückt dies durch die Bedingung

$$\left|\mathfrak{F}_{t\to\omega}\{\tilde{I}(t)\}\right| = 0 \quad \text{für} \quad |\omega| > \omega_{NF,\max} \quad , \quad \omega_{NF,\max} < \omega_P \tag{15.66}$$

aus. Das bedeutet, daß das Spektrum von $\tilde{I}$ nur Komponenten enthält, deren

[1] Dies setzt natürlich Konvergenz des Verfahrens voraus. In [15.1] werden konvergenzverbessernde Maßnahmen beschrieben.

Kreisfrequenzen dem Betrage nach kleiner als $|\omega_P|$ sind. Um schließlich sicherzustellen, daß $\tilde{I}$ nicht negativ werden kann, führt man noch die Schreibweise

$$\tilde{I}(t) = \hat{I}\left[1 + m\,s(t)\right] \quad \text{mit} \quad \left|s(t)\right|_{\max} = 1 \quad , \quad 0 \le m < 1 \tag{15.67}$$

ein. i_D heißt dann ein *amplitudenmoduliertes Signal* oder ein *AM-Signal*, m heißt *Modulationsgrad*.

Würde man dieses Signal nun auf einen Spitzenwertgleichrichter geben, dann würde man im Idealfall als gleichgerichtete Spannung das Ergebnis

$$U_{ideal}(t) = U_K - \hat{U}\left[1 + m\,s(t)\right] \tag{15.68}$$

erwarten. Dabei ist $\hat{U}$ der Spitzenwert der Spannungsschwingung, der sich im Fall $m = 0$ über dem Resonanzkreis an Tor 1 einstellen würde.

Im Fall $m \neq 0$ ändert sich aber ständig der Strom durch den Tiefpaß an Tor 2 und es kommt zu anhaltenden Einschwingerscheinungen, welche Veränderungen des gleichgerichteten Signals verursachen. Ziel der Tiefpaßdimensionierung muß daher sein, diese Veränderungen klein zu halten. Dies führt zu der Forderung, die Zeitkonstante R_2C_2 des Tiefpasses möglichst klein zu halten.

Andererseits wurde gefordert, daß die Impedanz des Tiefpasses für die Kreisfrequenz ω_P praktisch vernachlässigbar ist:

$$\frac{1}{R_2\,C_2} \ll \omega_P \quad . \tag{15.69}$$

Die beiden Forderungen sind widersprüchlich. Man muß daher einen Kompromiß finden. Dazu ist zu untersuchen, welche Größe der Zeitkonstante für das Einschwingverhalten des Tiefpasses noch akzeptabel ist.

Aus dem Schaltbild nach Abb. 15.4 leitet man für den Tiefpaß ab, daß

$$\frac{du_2}{dt} + \frac{u_2}{R_2\,C_2} = -\frac{i_D}{C_2} \tag{15.70}$$

gilt. Bezeichnet man den in u_2 vorkommenden langsam variierenden Anteil wie im letzten Abschnitt als U_0 und den im Diodenstrom langsam variierenden Anteil als I_0, dann gilt näherungsweise

$$\frac{dU_0}{dt} + \frac{U_0}{R_2\,C_2} = -\frac{I_0}{C_2} \quad . \tag{15.71}$$

Daraus wiederum folgt:

$$\left|\frac{dU_0}{dt}\right| = \left|\frac{I_0}{C_2} + \frac{U_0}{R_2\,C_2}\right| \le \left|\frac{I_0}{C_2}\right| + \left|\frac{U_0}{R_2\,C_2}\right| \quad . \tag{15.72}$$

Beim Spitzenwertgleichrichter ist aber die Stromeinspeisung I_0 sehr klein. Daher gilt hier in brauchbarer Näherung

$$\left|\frac{dU_0}{dt}\right| \lesssim \left|\frac{U_0}{R_2\,C_2}\right| \quad . \tag{15.73}$$

Soll nun der Tiefpaß an Tor 2 den durch die Zeitvarianz gegebenen Veränderungen der Amplitude möglichst ohne Verzerrungen folgen können, dann muß gelten

$$U_0 \approx -U_{ideal} = -U_K + \hat{U}\left[1 + m\,s(t)\right] \quad . \tag{15.74}$$

Daraus folgt wiederum

$$\hat{U}\,m\left|\frac{d\,s(t)}{dt}\right| \leq \left|\frac{-U_K + \hat{U}\left[1 + m\,s(t)\right]}{R_2\,C_2}\right| < \frac{\left|\hat{U}\right|}{R_2\,C_2}\left|1 + m\,s(t)\right| \quad . \tag{15.75}$$

Im ungünstigsten Fall verändert sich $s(t)$ mit der maximal erlaubten Frequenz. Dann ist

$$s(t) = \cos\left(\omega_{NF,\max}\,t\right) \quad . \tag{15.76}$$

Setzt man dies in der obigen Abschätzung ein, dann folgt

$$m\left|\omega_{NF,\max}\sin\left(\omega_{NF,\max}\,t\right)\right| < \frac{1}{R_2\,C_2}\left|1 + m\cos\left(\omega_{NF,\max}\,t\right)\right| \tag{15.77}$$

oder

$$R_2\,C_2 < \frac{1 + m\cos\left(\omega_{NF,\max}\,t\right)}{m\left|\omega_{NF,\max}\sin\left(\omega_{NF,\max}\,t\right)\right|} \quad . \tag{15.78}$$

R_2C_2 muß kleiner als das Minimum der rechten Seite dieser Abschätzung sein:

$$R_2\,C_2 < \frac{\sqrt{1-m^2}}{m\,\omega_{NF,\max}} \quad . \tag{15.79}$$

Zusammen mit der Abschätzung (15.69) ergibt sich dann endgültig

$$\frac{1}{\omega_P} \ll R_2\,C_2 < \frac{\sqrt{1-m^2}}{m\,\omega_{NF,\max}} \quad . \tag{15.80}$$

Offenbar erhält man nur dann halbwegs unverzerrte Abbilder der zeitvarianten Amplitude des gleichzurichtenden Signals, wenn der Modulationsgrad des AM-Signals nicht zu nahe bei 1 liegt und wenn die Kreisfrequenzen ω_P und $\omega_{NF,\max}$ hinreichend weit auseinander liegen.

15.1.7 Vollweg-Gleichrichter

Die Bedingung, daß die Kreisfrequenzen ω_P und $\omega_{NF,\max}$ hinreichend weit auseinander liegen müssen, kann dadurch entschärft werden, daß man geschickte Kombinationen zweier Gleichrichter benutzt. Dazu erinnert man sich daran, daß im Falle

$$u_D = U_0 + \hat{U}\cos(\omega t + \varphi) \tag{15.81}$$

gilt

$$i_D = \sum_{k=-\infty}^{\infty} I_k\, e^{jk\omega t} \tag{15.82}$$

mit

$$I_k = \frac{e^{jk\varphi}}{2\pi} \int_{\psi_0-\pi}^{\psi_0+\pi} g\big(U_0 + \hat{U}\cos(\psi)\big)\, e^{-jk\psi}\, d\psi \quad . \tag{15.83}$$

Würde man im Gegensatz dazu die Diode durch die Spannung

$$\bar{u}_D = U_0 + \hat{U}\cos(\omega t + \varphi + \pi) \tag{15.84}$$

ansteuern, dann wäre

$$\bar{i}_D = \sum_{k=-\infty}^{\infty} \bar{I}_k\, e^{jk\omega t} \tag{15.85}$$

mit

$$\bar{I}_k = \frac{(-1)^k\, e^{jk\varphi}}{2\pi} \int_{\psi_0-\pi}^{\psi_0+\pi} g\big(U_0 + \hat{U}\cos(\psi)\big)\, e^{-jk\psi}\, d\psi \quad . \tag{15.86}$$

Die Summe der Ströme i_D und $\bar{i}_D$ ergibt demzufolge

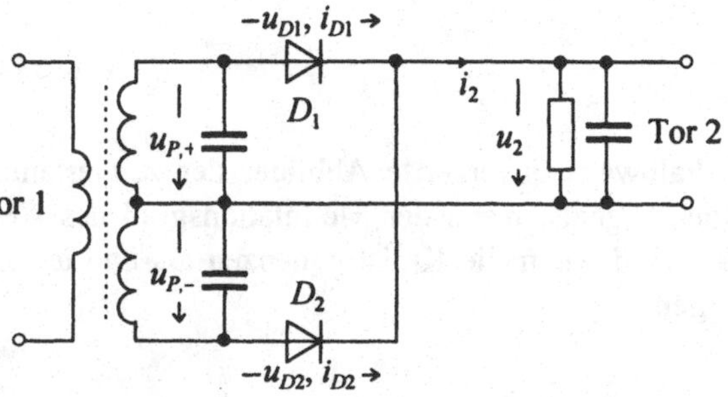

Abb. 15.7: Vollweg-Diodengleichrichter

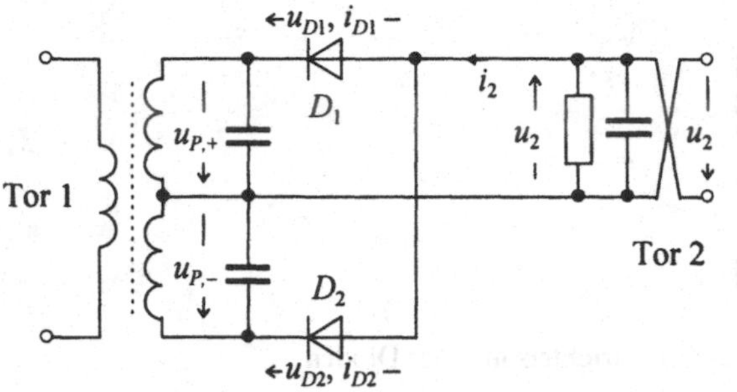

Abb. 15.8: Alternativer Vollweg-Diodengleichrichter mit anderer Polung der Dioden

$$i_D + \bar{i}_D = 2 \sum_{l=-\infty}^{\infty} I_{2l}\, e^{j2k\omega t} \tag{15.87}$$

und enthält folglich nur noch Kreisfrequenzen, die geradzahlige Vielfache von ω_P sind. Ein Filter zur Unterdrückung hochfrequenter Anteile dürfte also bei gleichen Anforderungen wie im Fall des einfachen Gleichrichters eine doppelt so hohe Grenzfrequenz besitzen. Abb. 15.7 zeigt eine mögliche Schaltungsausführung eines Gleichrichters, der diese Eigenschaft ausnutzt.

Die beiden Dioden werden von gegenphasigen Spannungen angesteuert, ihre Ströme werden in einem Knotenpunkt zusammengefaßt und dann tiefpaßgefiltert.

Weil die eine Diode leitet, wenn die andere den Strom sperrt und umgekehrt, heißt dieser Gleichrichtertyp *Vollweg-Gleichrichter*.
Im Unterschied dazu heißt der einfache Gleichrichter mit nur einer Diode *Einweg-Gleichrichter*.

Nachteil des Vollweg-Gleichrichters aus Abb. 15.7 ist die Erfordernis hoher Symmetrie der beiden direkt an die Dioden angeschlossenen Resonanzkreise, da sonst doch noch ein Spektralanteil mit Kreisfrequenz ω_P im Strom durch den Tiefpaß übrig bleibt.

Zu einer alternativen Schaltung gelangt man, wenn man zwei Vollweg-Gleichrichter miteinander verknüpft. Dazu betrachtet man zunächst den Gleichrichter nach Abb. 15.8. Er unterscheidet sich von dem Gleichrichter nach

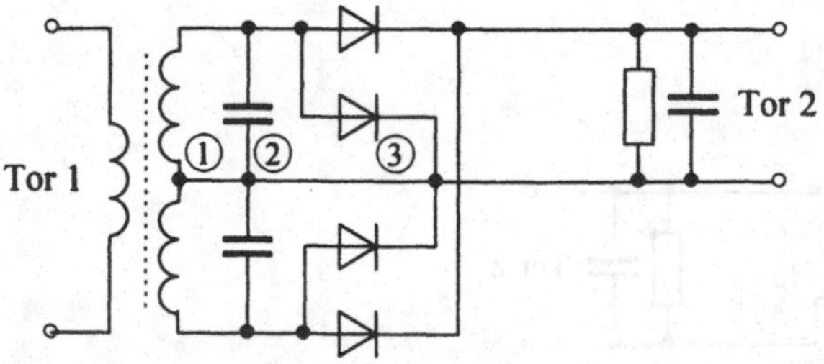

Abb. 15.9: Vollweg-Diodengleichrichter

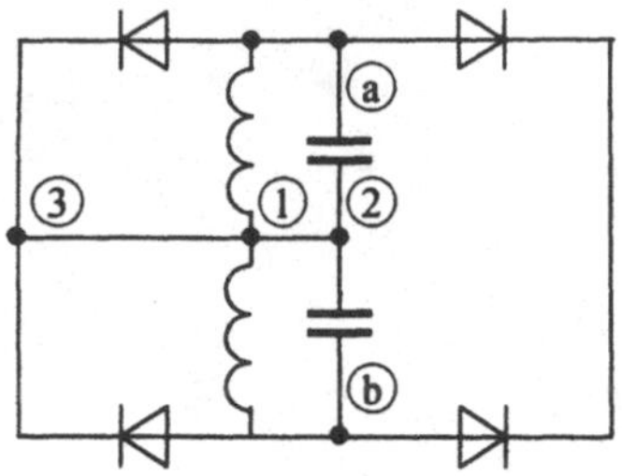

Abb. 15.10: Zur Brückenstruktur des Gleichrichters mit vier Dioden

Abb. 15.7 durch die Vertauschung der Diodenrichtungen und der Ausgangsklemmen. Man überprüft leicht, daß – gleiche Bauteile vorausgesetzt – beide Gleichrichter gleiche Ausgangssignale bei Frequenz 0 liefern (Übungsaufgabe).

Kombiniert man nun diese Gleichrichter, dann ergibt sich die Schaltung nach Abb. 15.9. Setzt man völlige Gleichheit der Dioden voraus, dann wird nun jeder der beiden Parallelkreise von zwei absolut identischen Impedanzen belastet. Der wesentliche Auszug aus der Schaltung ist zur Verdeutlichung in Abb. 15.10 getrennt herausgezeichnet. Offenbar müssen bei Einspeisung der Schaltung an den Punkten a und b die Verbindungspunkte 1,2 und 3 auch dann auf gleichem Potential liegen, wenn die Verbindungsleitungen zwischen ihnen weggelassen werden: Die Resonanzkreise formen eine abgestimmte Brücke.

Läßt man in dem Gleichrichter nach Abb. 15.8 die Verbindung zwischen den Punkten 1,2 und 3 weg und faßt man die beiden Induktivitäten und die beiden Kapazitäten der Resonanzkreise zusammen, dann entsteht der *Brückengleichrichter* nach Abb. 15.11. Hier müssen nur noch die Dioden möglichst gleiche Kennlinieneigenschaften haben.

Ersetzt man in den Gleichrichterschaltungen dieses Abschnitts die Resonanzkreise durch einfache Induktivitäten, dann wirken die Schaltungen auch dann noch als Gleichrichter. Für ihre Berechnung kann man erneut das Verfahren der harmonischen Balance einsetzen.

Während sich der Brückengleichrichter insbesondere für niedrige Frequenzen durchgesetzt hat, bevorzugt man für hohe Frequenzen den einfachen Gleichrichter mit einer Diode.

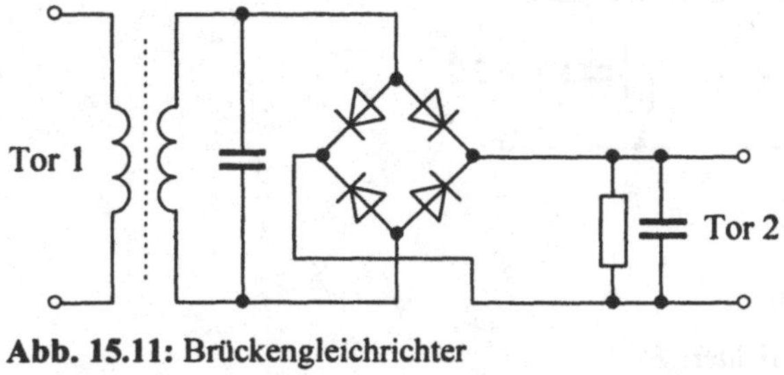

Abb. 15.11: Brückengleichrichter

15.2 Mischer und Frequenzumsetzer

15.2.1 Wozu benötigt man Frequenzumsetzer?

Ein Problem, das sich bei Anwendung der im letzten Abschnitt untersuchten Gleichrichter ergibt, ist die Trennung von erwünschten und unerwünschten Anteilen unterschiedlicher Frequenzen im gleichzurichtenden Signal. Die Lösung dieser Aufgabe kann sich je nach Frequenzlage mehr oder weniger schwierig gestalten.

Beispiel 15.5 :

Es soll die Leistung eines UKW-Signal im Frequenzbereich zwischen 99,8 und 100 MHz gemessen werden. In der gegebenen Empfangssituation liegt aber möglicherweise ein unerwünschtes und daher störendes Sendesignal in einem Frequenzbereich von 100,2 MHz und höher. Das Störsignal soll nun durch einen Tschebyscheff-Bandpaß so unterdrückt werden, daß 200 kHz oberhalb der oberen Nutzbandgrenze von 100 MHz eine Sperrdämpfung von 20 dB oder mehr erreicht wird und daß das Nutzsignal nicht stärker als 0,1 dB gedämpft wird.

Der berechnete Grad des äquivalenten Tiefpasses ist in diesem Fall 4. Könnte man das gleiche Signalgemisch um 90 MHz in der Frequenz nach unten verschieben, dann würde man nur noch einen äquivalenten Tiefpaßfiltergrad von 1 benutzen müssen.

Der Filteraufbau ist daher im niedrigeren Frequenzbereich einfacher. ♦

Es ist aus diesem Grund wünschenswert, *N*-Tore zu konstruieren, welche ein Eingangssignal in ein Signal umwandeln, dessen (meßbares) Spektrum um eine bestimmte Differenzfrequenz nach oben oder unten verschoben ist.

15.2.2 Klassifikationen

Mit dem Begriff der Frequenzverschiebung ist vorsichtig umzugehen. Um dies einzusehen, wird ein sinusförmiges Signal

$$a(t) = \hat{A}\cos(\omega_T t) \tag{15.88}$$

betrachtet, das in das Signal

$$b(t) = \hat{A}\cos((\omega_T + \omega_P)t) \tag{15.89}$$

transformiert werden soll. Dabei soll ω_T positiv sein. Die Fouriertransformierten dieser Signale sind

$$A(j\omega) = \hat{A}\,\pi\left[\delta(\omega-\omega_T)+\delta(\omega+\omega_T)\right] \quad , \tag{15.90}$$

$$B(j\omega) = \hat{A}\,\pi\left[\delta(\omega-\omega_T-\omega_P)+\delta(\omega+\omega_T+\omega_P)\right] \quad . \tag{15.91}$$

Offenbar ist im Spektrum von b die bei der positiven Frequenz liegende Spektralkomponente gegenüber der vergleichbaren Spektralkomponente von a um $+\,\omega_P$ verschoben, während die bei der negativen Frequenz liegende Spektralkomponente um $-\,\omega_P$ verschoben wurde. Dies ist eine unmittelbare Folge der Tatsache, daß für meßbare, also reellwertige Signale mit Fouriertransformierter $A(j\omega)$ gilt:

$$A(-j\omega) = A^{*}(j\omega) \quad . \tag{15.92}$$

Daher versteht man unter Frequenzumsetzung auch nicht die Translation[1] der Fouriertransformierten im Frequenzbereich, welche im allgemeinen ein komplexwertiges Zeitsignal zur Folge hätte.

Definition 15.1 :

Unter einem Frequenzumsetzer (engl.: frequency converter) versteht man ein (physikalisches) Zweitor, welches das an Tor 1 eingespeiste reellwertige bandbegrenzte Signal $a(t)$ mit der Fouriertransformierten

$$\begin{aligned} A(j\omega) &= \begin{cases} f(\omega) & \text{falls} \quad 0<\omega_u \le \omega \le \omega_o \\ f^{*}(-\omega) & \text{falls} \quad 0>-\omega_u \ge \omega \ge -\omega_o \\ 0 & \text{sonst} \end{cases} \\ &= f(\omega)\left\{\mathbb{1}^{(+)}(\omega_o-\omega)-\mathbb{1}^{(+)}(\omega_u-\omega)\right\} \\ &\quad +f^{*}(-\omega)\left\{\mathbb{1}^{(+)}(\omega_o+\omega)-\mathbb{1}^{(+)}(\omega_u+\omega)\right\} \end{aligned} \tag{15.93}$$

in das an Tor 2 erscheinende Signal $b(t)$ mit der Fouriertransformierten

$$\begin{aligned} B(j\omega) =& K e^{-j\omega t_0} f(\omega-\omega_P)\left[\mathbb{1}^{(+)}(\omega_o+\omega_P-\omega)-\mathbb{1}^{(+)}(\omega_u+\omega_P-\omega)\right] \\ &+K e^{-j\omega t_0} f^{*}(-\omega+\omega_P)\left[\mathbb{1}^{(+)}(\omega_o+\omega_P+\omega)-\mathbb{1}^{(+)}(\omega_u+\omega_P+\omega)\right] \end{aligned} \tag{15.94}$$

umsetzt. Dabei sind K und t_0 reellwertige Größen, welche einer möglichen Verstärkung bzw. Laufzeit Rechnung tragen. ♦

Um Hinweise für die technische Realisierung eines Frequenzumsetzers zu erhalten, wird das anfangs benutzte Beispiel näher betrachtet:

$$a(t) = \hat{A}\cos(\omega_T t) \quad \rightarrow \quad b(t) = \hat{A}\cos((\omega_T+\omega_P)t) \quad . \tag{15.95}$$

Nun ist

---

[1] Die Literatur ist hier uneinheitlich und oft widersprüchlich.

$$b(t) = \hat{A}\cos(\omega_T t)\cos(\omega_P t) - \hat{A}\sin(\omega_T t)\sin(\omega_P t) \quad . \tag{15.96}$$

b wird also im Zeitbereich aus dem ursprünglichen Signal a und dem dazu um 90° phasenverschobenen Signal durch Multiplikation mit den Hilfssignalen $\cos(\omega_P t)$ bzw. $\sin(\omega_P t)$ gewonnen. Das Ausgangssignal des Frequenzumsetzers wird also durch eine *nichtlineare* Funktion des Eingangssignals beschrieben!

Daher kann ein Frequenzumsetzer auch *ausschließlich* unter Zuhilfenahme von *Bauelementen mit nichtlinearer Charakteristik* realisiert werden. Weiter ist ganz offenbar am Ort des Umsetzers, also lokal, die Anwendung eines zweiten Signals mit Kreisfrequenz ω_P, des sogenannten *Lokaloszillator-Signals* (LO-Signals) oder *Pumpsignals* erforderlich. Die Frequenzlage des umgesetzten Signals wird *Zwischenfrequenz*[1] (ZF, engl.: intermediate frequency, IF) genannt.

Dasjenige Mehrtor, welches das Bauelement mit nichtlinearer Charakteristik enthält, und auf welches das Lokaloszillatorsignal und das umzusetzende Signal gegeben werden, heißt Mischer.

Definition 15.2 :

Ein *Mischer* (engl.: mixer) ist ein (physikalisches) N-Tor ($N \geq 3$) mit zwei (oder mehr) Eingangstoren und einem Ausgangstor. Er enthält Bauelemente mit nichtlinearer Charakteristik, an welche die Signale der Eingangstore geführt werden, so daß die spektralen Eigenschaften der Eingangssignale miteinander verknüpft (gemischt) werden.

N-Tore ($N \geq 3$), welche bezüglich der Signale an den Eingangstoren das Verhalten eines Multiplizierers nachbilden, nennt man *multiplikative Mischer*. ♦

Anmerkung:

Häufig werden die Begriffe Frequenzumsetzer und Mischer fälschlicherweise synonym benutzt. Ein Frequenzumsetzer ist eine Zweitor, das als Subsystem ein Mischer-Dreitor zusammen mit weiteren Subsystemen enthält.

Die nicht multiplikativen Mischer wurden früher häufig als additive Mischer bezeichnet. Man sollte diesen Begriff jedoch vermeiden, da er irreführend suggeriert, der Mischvorgang sei eine bloße Überlagerung von Signalen.

---

[1] Dieser Ausdruck stammt ursprünglich aus der Empfängertechnik. In bestimmten Empfängertypen wird nämlich das empfangene und verstärkte Signal zunächst in eine zwischen der Empfangsfrequenzlage und der Frequenzlage der Information (Basisband) liegende Frequenz umgesetzt.

15.2.3 Multiplikative Frequenzumsetzer und Modulatoren

Die einfachste denkbare Nichtlinearität[1], welche zwei (reellwertige) Funktionen f_1 und f_2 entsprechend den beiden Eingangssignalen des Mischers miteinander verknüpft, ist die Multiplikation

$$g(x,y) := k_M\, x\, y \quad ; \quad k_M \text{ reell} \quad . \tag{15.97}$$

Im folgenden soll gezeigt werden, daß sich Dreitore mit multiplizierendem Verhalten zur Konstruktion von Frequenzumsetzern und Modulatoren eignen.

Betrachtet man die Multiplikation zweier harmonischer Signale mit *positiven* Kreisfrequenzen ω_T und ω_L,

$$x(t) := \hat{x} \cos(\omega_T\, t + \varphi_T) \quad , \tag{15.98}$$

$$y(t) := \hat{y} \cos(\omega_L\, t + \varphi_L) \quad , \tag{15.99}$$

dann folgt

$$g(x,y) = \frac{1}{2} k_M \cos\big((\omega_T - \omega_L)t + \varphi_T - \varphi_L\big) + \frac{1}{2} k_M \cos\big((\omega_T + \omega_L)t + \varphi_T + \varphi_L\big) \ . \tag{15.100}$$

Die beiden Signalkomponenten von g lassen sich durch Filter voneinander trennen. Damit ist im Prinzip ein Frequenzumsetzer als Kettenschaltung aus Multiplizierer und Filter realisierbar. Daß dies auch im Fall nichtharmonischer Signale x geht, wird im folgenden dargestellt.

Nach Kapitel 2 kann jedes meßbare bandbegrenzte und leistungsbeschränkte Signal beliebig genau durch eine trigonometrische Approximation der Art

$$x(t) := \sum_{k=-m}^{m} \hat{x}_k \cos\big((\omega_T + k\,\Delta\omega)t + \varphi_T + \varphi_k\big) \tag{15.101}$$

angenähert werden. Wenn also statt des harmonischen Signals $x(t)$ diese Überlagerung von harmonischen Signalen verwendet wird, dann ist

$$\begin{aligned} g(x,y) = {} & \frac{1}{2} k_M\, \hat{y} \sum_{k=-m}^{m} \hat{x}_k \cos\big((\omega_T + k\,\Delta\omega - \omega_L)\,t + \varphi_T + \varphi_k - \varphi_L\big) + \\ & + \frac{1}{2} k_M\, \hat{y} \sum_{k=-m}^{m} \hat{x}_k \cos\big((\omega_T + k\,\Delta\omega + \omega_L)\,t + \varphi_T + \varphi_k + \varphi_L\big) \quad . \end{aligned} \tag{15.102}$$

Gilt nun

$$\big|\omega_T + k\,\Delta\omega - \omega_L\big|_{\max} < (\omega_T + k\,\Delta\omega + \omega_L)\big|_{\min} \quad , \tag{15.103}$$

dann lassen sich die beiden Summen durch Filter voneinander trennen!

---

[1] Siehe auch die Anmerkung in Abschnitt 15.1.2 sowie die Ausführungen in Anhang D.

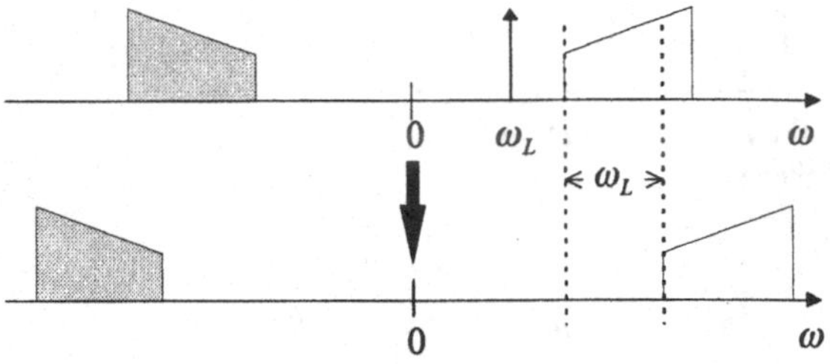

Abb. 15.12 : Gleichlage-Aufwärts-Umsetzer (engl.: upconverter, non-inverting case)

Wird ein Hochpaß- oder Bandpaßfilter verwendet, das den Anteil mit der Summenfrequenz praktisch ungedämpft durchläßt und den Anteil mit der Differenzfrequenz im wesentlichen unterdrückt, dann entsteht folgendes Filterausgangssignal:

$$g_F(t) = \frac{1}{2} k_M \hat{y} \sum_{k=-m}^{m} \hat{x}_k \cos((\omega_T + k\,\Delta\omega + \omega_L)\,t + \varphi_T + \varphi_k + \varphi_L) \quad . \qquad (15.104)$$

Damit ist ein Umsetzer realisiert, der das positive Spektrum nach oben verschiebt. Die relative Lage der Spektrallinien des Eingangssignals x untereinander bleibt auch nach Frequenzumsetzung erhalten: Liegt die k-te Spektrallinie im Eingangssignal bei einer größeren Frequenz als die l-te Spektrallinie, dann trifft dies auch nach Frequenzumsetzung zu. Man sagt, der Frequenzumsetzer arbeitet als *Aufwärts-Umsetzer in Gleichlage.*

Die Wirkungsweise dieses Umsetzers wird in Abb. 15.12 veranschaulicht. Dabei stellt die obere Grafik die Fouriertransformierte des umzusetzenden Signals dar, die untere das Spektrum nach Umsetzung.

Wird im Unterschied zu der eben behandelten Situation im Anschluß an den multiplikativen Mischer ein Tiefpaß- oder Bandpaßfilter verwendet, das den Anteil mit der Differenzfrequenz praktisch ungedämpft durchläßt und den Anteil mit der Summenfrequenz im wesentlichen unterdrückt, dann entsteht folgendes Filterausgangssignal:

$$g_F(t) = \frac{1}{2} k_M \hat{y} \sum_{k=-m}^{m} \hat{x}_k \cos((\omega_T + k\,\Delta\omega - \omega_L)\,t + \varphi_T + \varphi_k - \varphi_L) \quad . \qquad (15.105)$$

Hier sind nun einige Fälle zu unterscheiden:

1. $\omega_L < \omega_T + k\,\Delta\omega$ für alle Frequenzen des umzusetzenden Bandes.

   Ungleichung (15.103) läßt sich dann wie folgt schreiben:

$$\left|\omega_T + k\Delta\omega - \omega_L\right|_{max} = \omega_o - \omega_L < (\omega_T + k\Delta\omega + \omega_L)\Big|_{min} = \omega_u + \omega_L \qquad (15.106)$$

   oder zusammen mit obiger Fallbedingung

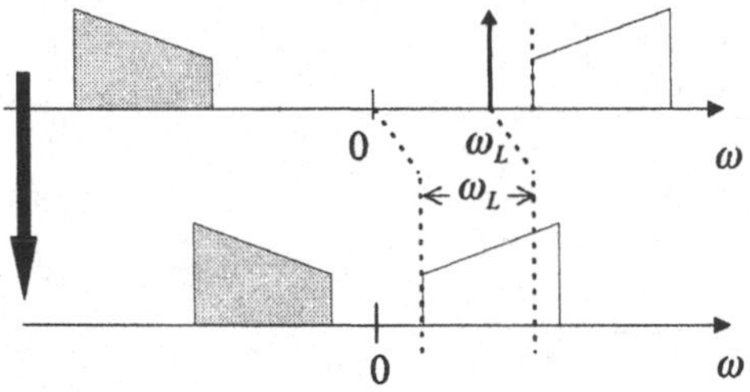

Abb. 15.13 : Gleichlage-Abwärts-Umsetzer (engl.: downconverter, non-inverting case)

$$(\omega_o - \omega_u)/2 < \omega_L < \omega_u \quad . \tag{15.107}$$

Insgesamt ist ein Abwärts-Umsetzer realisiert. Die (positive) Ausgangskreisfrequenz der k-ten Spektrallinie ist nach Umsetzung

$$0 < \omega_{Z,k} = \omega_T + k\,\Delta\omega - \omega_L \quad . \tag{15.108}$$

Die relative Lage der Spektrallinien des Eingangssignals x untereinander bleibt auch nach Frequenzumsetzung erhalten: Liegt die k-te Spektrallinie im Eingangssignal bei einer größeren Frequenz als die l-te Spektrallinie, dann trifft dies auch nach Frequenzumsetzung zu. Man sagt, der Frequenzumsetzer arbeitet als *Abwärts-Umsetzer in Gleichlage*. Abb. 15.13 veranschaulicht die spektralen Verhältnisse in diesem Frequenzumsetzer.

2. $\omega_L > \omega_T + k\,\Delta\omega$ für alle Frequenzen des umzusetzenden Bandes.

   Ungleichung (15.103) ist dann immer erfüllt. Hier werden nun zwei Unterfälle unterschieden.

   a.) $(\omega_L - \omega_T - k\,\Delta\omega)_{\min} = \omega_L - \omega_o < (\omega_T + k\,\Delta\omega)_{\min} = \omega_u$

   Abb. 15.14 veranschaulicht die spektralen Verhältnisse in diesem Frequenzumsetzer. Hier ist ein Abwärts-Umsetzer realisiert. Zusammen mit der Fallbedingung ergibt sich als Einschränkung:

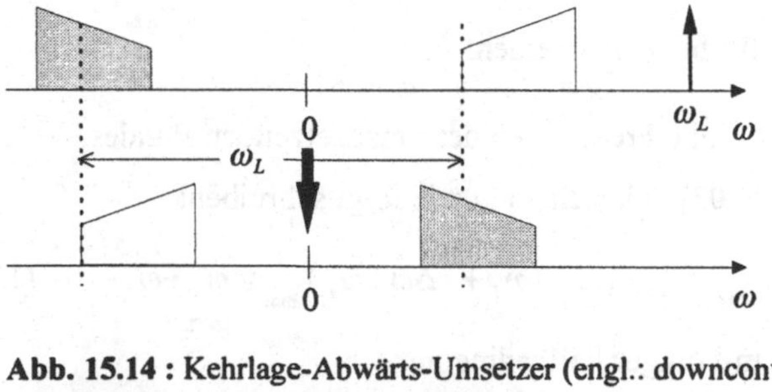

Abb. 15.14 : Kehrlage-Abwärts-Umsetzer (engl.: downconverter, inverting case)

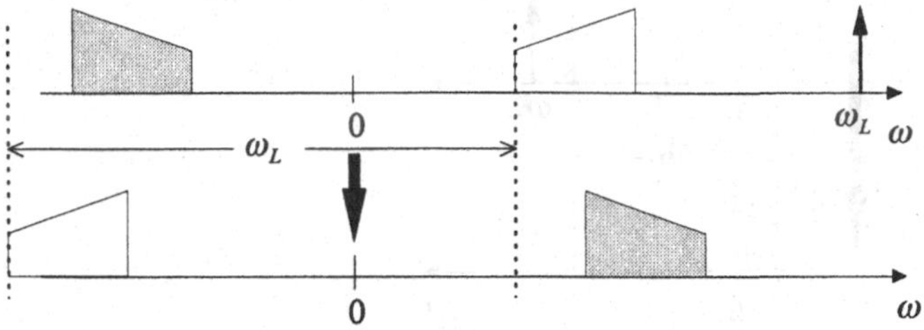

Abb. 15.15 : Kehrlage-Aufwärts-Umsetzer (engl.: upconverter, inverting case)

$$\omega_o < \omega_L < \omega_u + \omega_o \quad . \tag{15.109}$$

Die (positive) Ausgangskreisfrequenz der *k*-ten Spektrallinie ist nach Umsetzung

$$0 < \omega_{Z,k} = \omega_L - \omega_T - k\,\Delta\omega \quad . \tag{15.110}$$

Die relative Lage der Spektrallinien des Eingangssignals *x* untereinander ist nach Frequenzumsetzung verändert: Liegt die *k*-te Spektrallinie im Eingangssignal bei einer größeren Frequenz als die *l*-te Spektrallinie, dann ist dies nach Frequenzumsetzung umgekehrt. Man sagt, der Frequenzumsetzer arbeitet als *Abwärts-Umsetzer in Kehrlage.*

b) $(\omega_L - \omega_T - k\,\Delta\omega)_{\min} = \omega_L - \omega_o > (\omega_T + k\,\Delta\omega)_{\min} = \omega_u$

Diese Situation wird in Abb. 15.15 dargestellt. Offenbar wird hier ein Aufwärts-Umsetzer realisiert. Zusammen mit der Fallbedingung ergibt sich als Einschränkung:

$$\omega_L > \omega_u + \omega_o \quad . \tag{15.111}$$

Die (positive) Ausgangskreisfrequenz der *k*-ten Spektrallinie ist nach Umsetzung

$$0 < \omega_{Z,k} = \omega_L - \omega_T - k\,\Delta\omega \quad . \tag{15.112}$$

Die relative Lage der Spektrallinien des Eingangssignals *x* untereinander ist nach Frequenzumsetzung verändert: Liegt die *k*-te Spektrallinie im Eingangssignal bei einer größeren Frequenz als die *l*-te Spektrallinie, dann ist dies nach Frequenzumsetzung umgekehrt. Man sagt, der Frequenzumsetzer arbeitet als *Aufwärts-Umsetzer in Kehrlage.*

3. $\omega_u < \omega_L < \omega_o$

Die Bedingung nach Ungleichung (15.103) wird dann zu

$$(\omega_o - \omega_u)/2 < \omega_L \quad . \tag{15.113}$$

Insgesamt folgt

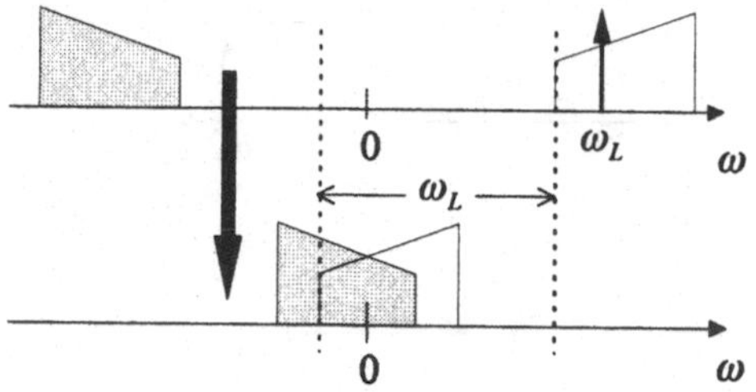

Abb. 15.16 : Abwärts-Umsetzer mit Überfaltung ♦

$$\max\left((\omega_o - \omega_u)/2, \omega_u\right) < \omega_L < \omega_o \quad . \tag{15.114}$$

Abb. 15.16 läßt erkennen, daß die in der Fourierebene ursprünglich positiven und negativen Frequenzen überlappen. Man sagt dann, der Frequenzumsetzer arbeite als *Abwärts-Umsetzer mit Überfaltung*.

Damit lassen sich je nach Umsetzertyp die Blockschaltbilder nach Abb. 15.17 angeben.

Auch für andere Mischer können ganz ähnliche Blockschaltbilder angegeben werden. In den nachfolgenden Abschnitten werden einige Vertreter alternativer Mischer behandelt. Das Blockschaltbild eines allgemeinen Frequenzumsetzers mit Mischer ist in Abb. 15.18 gezeigt.

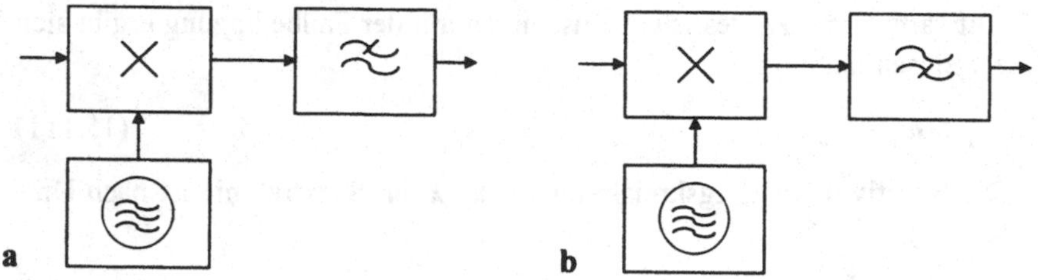

Abb. 15.17: Multiplikativer Umsetzer **a** Abwärts-Umsetzer oder Aufwärts-Umsetzer in Kehrlage **b** Aufwärts-Umsetzer in Gleichlage

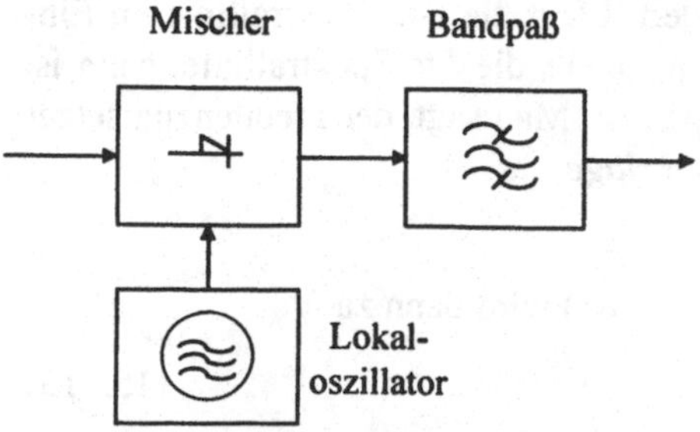

Abb. 15.18: Allgemeiner Frequenzumsetzer

In dieser Abbildung steht der Block mit dem Symbol, das ähnlich wie eine angeschnittene Diode aussieht, für einen Mischer. Statt der Hochpässe oder Tiefpässe verwendet man insbesondere bei Mischern, welche sich nicht näherungsweise multiplikativ verhalten, Bandpässe.

15.2.4 Das Spiegelfrequenzproblem

Die Tatsache, daß sich Frequenzumsetzer eben nicht wie Frequenztranslatoren verhalten, führt nun zu einem Problem, das man sich am besten anhand eines Beispiels klar macht.

Beispiel 15.6 :

Es soll ein UKW-Signal im Frequenzbereich zwischen 99,8 und 100 MHz in die Frequenzlage zwischen 10,6 bis 10,8 MHz umgesetzt werden. Dabei kommt ein multiplikativer Abwärts-Umsetzer in Kehrlage mit einem Lokaloszillatorsignal von 110,6 MHz zur Anwendung.

Angenommen, es liegt nun ein störendes Sendesignal in einem Frequenzbereich von 121,2 bis 121,4 MHz ebenfalls am Umsetzereingang vor. Dann wird dieses Signal ebenfalls mit dem Lokaloszillatorsignal multipliziert. Die dabei entstehende Differenzfrequenz liegt zwischen (121,2 – 110,6) MHz und (121,4 - 110,6) MHz, also zwischen 10,6 MHz und 10,8 MHz. Das ist exakt in der gleichen Frequenzlage wie das erwünschte Signal. Das störende Signal läßt sich danach nicht mehr durch Filtermaßnahmen von dem erwünschten Signal trennen! ♦

Der Grund für das Auftreten dieses Problems ist, daß bei Frequenzmessung nicht zwischen positiven und negativen Frequenzen unterschieden werden kann. Zu jeder positiven Kreisfrequenz $\omega_T - \omega_L$ gibt es daher eine betragsmäßig gleichgroße negative Kreisfrequenz $\omega_{Sp} - \omega_L$:

$$\omega_T - \omega_L = \omega_L - \omega_{Sp} \quad \Rightarrow \quad \omega_{Sp} = 2\omega_L - \omega_T \quad . \qquad (15.115)$$

Abb. 15.19 zeigt die relative Lage dieser Kreisfrequenzen für den Fall, daß $\omega_L < \omega_T$ ist. Die Frequenzen ω_T und ω_{Sp} liegen spiegelsymmetrisch zur Kreisfre-

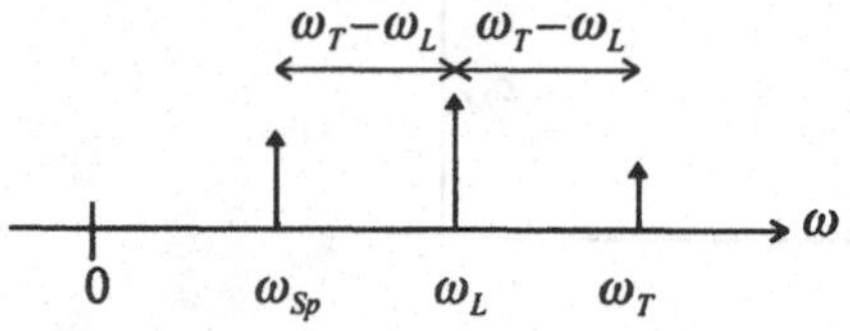

Abb. 15.19: Relative Lage derjenigen Kreisfrequenzen zur Kreisfrequenz des Lokaloszillators, die zur gleichen Mischfrequenz führen

quenz des Lokaloszillatorsignals. Für den Fall, daß $\omega_L > \omega_T$ ist, vertauschen nur ω_{Sp} und ω_T ihre Lagen. Auch hier liegen die Kreisfrequenzen spiegelsymmetrisch zur Kreisfrequenz des Lokaloszillatorsignals.

Die unerwünschte der beiden Frequenzen, welche in die Lage des umgesetzten Signals führt, wird daher *Spiegelfrequenz* genannt. Störungen durch Signale in der Spiegelfrequenzlage können durch Filterung *vor* dem Mischprozeß vermieden werden. Dazu ist ein Filter erforderlich, welches das unerwünschte spiegelfrequente Signal wirksam unterdrückt.

Eine weitere mögliche Maßnahme besteht darin, die Schaltanordnung nach Abb. 15.20 zu benutzen:

Die Schaltung kombiniert eine Quelle, zwei Multiplizierer, zwei 90°–Richtkoppler und einen 0°-Richtkoppler. Zur Erklärung der Anordnung wird in Erinnerung gerufen, daß

1. Richtkoppler R_1 die Welle a_E in zwei leistungsgleiche Wellen aufteilt, welche sich in der Phase um 90° unterscheiden,
2. Richtkoppler R_2 die Welle a_O in zwei leistungs- und phasengleiche Wellen aufteilt, und daß
3. Richtkoppler R_3 die Welle a_{M1} und die in der Phase um 90° gedrehte Welle a_{M2} addiert.

Dabei wird durchweg vorausgesetzt, daß alle Tore wellenwiderstandsangepaßt betrieben werden. Infolgedessen sind auch die (verallgemeinerten) Spannungen bzw. Ströme proportional zu den Wellen.

Ist $u_E(t)$ die Spannung am Eingangstor des Richtkopplers R_1, die sich wie folgt aus einer Überlagerung eines Nutzsignals und eines Signals in Spiegelfrequenz-

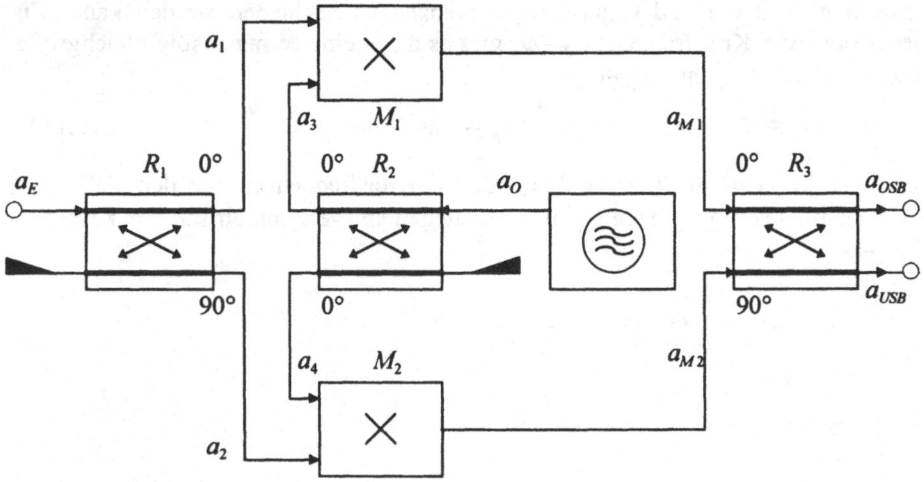

Abb. 15.20: Einseitenband–Mischer (engl.: image rejection mixer)

lage zusammensetzt:

$$u_E(t)=\sqrt{2}\,\hat{u}_S\cos\left((\omega_L+\Delta\Omega)t+\varphi_S\right)+\sqrt{2}\,\hat{u}_{Sp}\cos\left((\omega_L-\Delta\Omega)t+\varphi_{Sp}\right) \quad ,(15.116)$$

dann ergibt sich als Spannung an den Ausgangstoren des Richtkopplers:

$$u_1(t)=\hat{u}_S\cos\left((\omega_L+\Delta\Omega)t+\varphi_S\right)+\hat{u}_{Sp}\cos\left((\omega_L-\Delta\Omega)t+\varphi_{Sp}\right) \quad , \qquad (15.117)$$

$$u_2(t)=\hat{u}_S\sin\left((\omega_L+\Delta\Omega)t+\varphi_S\right)+\hat{u}_{Sp}\sin\left((\omega_L-\Delta\Omega)t+\varphi_{Sp}\right) \quad . \qquad (15.118)$$

Dabei soll

$$0<\omega_L\pm\Delta\Omega \qquad (15.119)$$

gelten. Erzeugt die Quelle in obiger Schaltung das Signal

$$u_O(t)=\sqrt{2}\,\hat{u}_L\cos(\omega_L t+\varphi_L) \quad , \qquad (15.120)$$

dann entsteht an den Ausgängen des Richtkopplers R_2:

$$u_3(t)=\hat{u}_L\cos(\omega_L t+\varphi_L)\,, \qquad (15.121)$$

$$u_4(t)=\hat{u}_L\cos(\omega_L t+\varphi_L) \quad . \qquad (15.122)$$

Der Multiplizierer M_1 produziert als Ausgangssignal

$$\begin{aligned}u_{M1}(t)&=k_M\,u_1(t)u_3(t)\\&=\frac{k_M\,\hat{u}_L}{2}\left[\hat{u}_S\cos(\Delta\Omega t+\varphi_S-\varphi_L)+\hat{u}_{Sp}\cos\left(\Delta\Omega t+\varphi_L-\varphi_{Sp}\right)\right]\\&+\frac{k_M\,\hat{u}_L}{2}\left[\hat{u}_S\cos((2\omega_L+\Delta\Omega)t+\varphi_S+\varphi_L)\right.\\&\qquad\left.+\hat{u}_{Sp}\cos\left((2\omega_L-\Delta\Omega)t+\varphi_L+\varphi_{Sp}\right)\right] . \qquad (15.123)\end{aligned}$$

Multiplizierer M_2 generiert

$$\begin{aligned}u_{M2}(t)&=k_M\,u_2(t)u_4(t)\\&=\frac{k_M\,\hat{u}_L}{2}\left[\hat{u}_S\sin(\Delta\Omega t+\varphi_S-\varphi_L)-\hat{u}_{Sp}\sin\left(\Delta\Omega t+\varphi_L-\varphi_{Sp}\right)\right]\\&+\frac{k_M\,\hat{u}_L}{2}\left[\hat{u}_S\sin((2\omega_L+\Delta\Omega)t+\varphi_S+\varphi_L)\right.\\&\qquad\left.+\hat{u}_{Sp}\sin\left((2\omega_L-\Delta\Omega)t+\varphi_L+\varphi_{Sp}\right)\right] . \qquad (15.124)\end{aligned}$$

Signal u_{M2} wird nun durch R_3 in der Phase um 90° verschoben und anschließend zu Signal u_{M1} addiert oder davon subtrahiert. Die Phasenverschiebung resultiert in

$$\begin{aligned}\widetilde{u}_{M2}(t)=&\frac{k_M\,\hat{u}_L}{2}\left[\hat{u}_S\cos(\Delta\Omega t+\varphi_S-\varphi_L)-\hat{u}_{Sp}\cos\left(\Delta\Omega t+\varphi_L-\varphi_{Sp}\right)\right]\\&+\frac{k_M\,\hat{u}_L}{2}\left[\hat{u}_S\cos((2\omega_L+\Delta\Omega)t+\varphi_S+\varphi_L)\right.\\&\qquad\left.+\hat{u}_{Sp}\cos\left((2\omega_L-\Delta\Omega)t+\varphi_L+\varphi_{Sp}\right)\right].\end{aligned}\qquad(15.125)$$

Nach Addition erhält man

$$\begin{aligned}u_{OSB}(t)=&k_M\,\hat{u}_L\,\hat{u}_S\cos(\Delta\Omega t+\varphi_S-\varphi_L)\\&+k_M\,\hat{u}_L\left[\hat{u}_S\cos((2\omega_L+\Delta\Omega)t+\varphi_S+\varphi_L)\right.\\&\left.+\hat{u}_{Sp}\cos\left((2\omega_L-\Delta\Omega)t+\varphi_L+\varphi_{Sp}\right)\right]\quad.\end{aligned}\qquad(15.126)$$

Nach Subtraktion folgt

$$u_{USB}(t)=k_M\,\hat{u}_L\,\hat{u}_{Sp}\cos\left(\Delta\Omega t+\varphi_L-\varphi_{Sp}\right)\quad.\qquad(15.127)$$

Nach Tiefpaßfilterung ist also entweder nur noch das abwärtsgemischte Nutzsignal oder nur noch das abwärtsgemischte Spiegelsignal vorhanden.

Ganz wesentlich für das Funktionieren dieses Prinzips ist, daß die Amplituden– und Phasenrelationen korrekt eingehalten werden. Ohne weitere Hilfsmaßnahmen erreicht man daher in der Praxis selbst mit ausgewählten Bauteilen nur Unterdrükkungen des unerwünschten Signalanteils von etwa 30 dB.

15.2.5 Multiplikative Modulatoren

Angenommen, $x(t)$ sei ein Signal, dessen Fouriertransformierte für Kreisfrequenzen mit Beträgen oberhalb eines Wertes $\omega_{B,o}$ verschwindet und angenommen, dieser Wert $\omega_{B,o}$ sei kleiner als ω_T. Dann läßt sich $x(t)$ in beliebiger Genauigkeit als

$$x(t)=\sum_{k=0}^{m}\hat{x}_k\cos(k\,\Delta\omega t+\varphi_k)\qquad(15.128)$$

mit

$$m\,\Delta\omega=\omega_{B,o}\qquad(15.129)$$

darstellen. Ein Multiplizierer bildet daraus zusammen mit dem harmonischen „*Trägersignal*“

$$y(t)=\hat{y}\cos(\omega_T t+\varphi_T)\qquad(15.130)$$

das Ausgangssignal

$$g(x,y)=k_M\,\hat{y}\,x(t)\cos(\omega_T t+\varphi_T)\quad.\qquad(15.131)$$

Die Funktion

$$R(t) := k_M \, \hat{y} \, x(t) \tag{15.132}$$

ist eine geometrische Einhüllende[1] des Signals *g*.

Der Betrag von *R*(*t*) kann als Amplitude von *g* interpretiert werden, da er sich langsamer als die Trägerfunktion verändert. Damit trägt *g* die Information *x*. *g* ist also ein amplitudenmoduliertes Signal[2] (im weiteren Sinne). Der Multiplizierer wird demzufolge auch als Modulator bezeichnet.

15.2.6 Phasendetektion

Zur vollständigen Messung eines Streuparameters ist nicht nur eine Amplitudenmessung erforderlich. Diese wurde weiter vorn behandelt. Es ist auch noch die Messung einer Phasenverschiebung notwendig. Diese läßt sich mit Hilfe zweier multiplikativer Abwärtsmischer durchführen. Ist nämlich

$$u_P(t) = \hat{u}_P \cos(\omega_P t + \varphi_P) \tag{15.133}$$

ein Signal, das als *Phasenreferenz* benutzt wird, und ist

$$u_S(t) = \hat{u}_S \cos(\omega_P t + \varphi_P - \Delta\varphi) \tag{15.134}$$

ein Signal, dessen Phasenverschiebung $\Delta\varphi$ gegenüber der Referenz bestimmt werden soll, dann bildet ein multiplikativer Abwärtsmischer mit Multilizziererkonstante K_M daraus das Signal

$$u_{TP,Q}(t) = (K_M/2) \, \hat{u}_S \, \hat{u}_P \cos(\Delta\varphi) \quad . \tag{15.135}$$

Verwendet man statt des Referenzsignals u_P das um 90° phasenverschobene Referenzsignal

$$u_O(t) = \hat{u}_P \sin(\omega_P t + \varphi_P) \quad , \tag{15.136}$$

dann liefert ein Abwärtsmischer mit Multipliziererkonstante K_M das Signal

$$u_{TP,I}(t) = (K_M/2) \, \hat{u}_P \, \hat{u}_S \sin(\Delta\varphi) \quad . \tag{15.137}$$

Aus den beiden Tiefpaßsignalen $u_{TP,I}$ und $u_{TP,Q}$ läßt sich dann bei bekanntem Vorzeichen von K_M die Differenzphase $\Delta\varphi$ berechnen. Durch Quotientenbildung folgt nämlich

$$u_{TP,I} / u_{TP,Q} = \tan(\Delta\varphi) \tag{15.138}$$

Infolgedessen ist

---

[1] Der Begriff „Einhüllende" ist hier im Leibnizschen Sinne zu verstehen [15.2].

[2] Siehe auch Abschnitt 15.1.6.

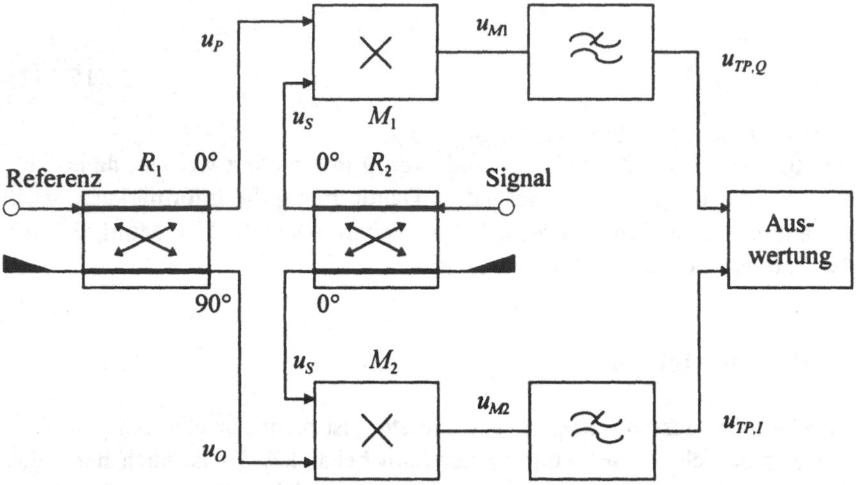

Abb. 15.21 : Schaltbild zur Messung der Phasenverschiebung zwischen zwei Signalen

$$\Delta\varphi = \arctan\left(u_{TP,I} / u_{TP,Q}\right) + \begin{cases} 0 & \text{falls} \quad \operatorname{sgn}(K_M)\, u_{TP,Q} \geq 0 \\ \pi & \text{sonst} \end{cases} \quad . \tag{15.139}$$

Die Nachbildung der vorangegangenen Rechenschritte in einem Blockdiagramm wird in Abb. 15.21 gezeigt.

Die Auswertung der Signale $u_{TP,I}$ und $u_{TP,Q}$ muß übrigens nicht durch einen Rechenschritt erfolgen. Vielmehr können diese Signale auf die horizontalen und vertikalen Ablenkplatten eines Oszilloskops geleitet werden. Dann kann der Bildschirm des Oszilloskops als komplexe Ebene interpretiert werden, in welcher der komplexe Zeiger

$$u = K_M \frac{\hat{u}_S\, \hat{u}_P}{2}\, e^{j\Delta\varphi} \tag{15.140}$$

sichtbar gemacht wird.

15.2.7 Die Halbleiterdiode als Mischer

Zur Realisierung von Mischern würde man gerne Multiplizierer einsetzen. Unglücklicherweise gibt es aber praktisch kein Bauelement der Elektronik, das sich unter allen Umständen wie ein Multiplizierer verhält. Es ist daher nach Dreitoren zu suchen, welche als gute Näherungen für Multiplizierer fungieren. Diese müssen in jedem Fall ein Bauelement mit nichtlinearer Charakteristik beinhalten.

In Anhang D wird gezeigt, daß zwischen einem Multiplizierer, der durch eine symmetrische Bilinearform beschreiben wird, und einem Quadrierer, der durch eine quadratische Form beschreiben wird, eine enge Verwandtschaft besteht. Dies kann man sich auch wie folgt klar machen.

Angenommen, man hätte ein quadrierendes Bauelement zur Verfügung, das durch folgende Charakteristik beschrieben wird:

$$i = K\,u^2 \quad , \tag{15.141}$$

dann ist mit dem Eingangssignal

$$u = u_1 \pm u_2 \tag{15.142}$$

folgender Zusammenhang für das Ausgangssignal gegeben:

$$i = K\left(u_1^2 \pm 2\,u_1\,u_2 + u_2^2\right) \quad . \tag{15.143}$$

Das Ausgangssignal der Nichtlinearität würde also das gewünschte Produkt enthalten. Für die Entfernung der unerwünschten Signalanteile gibt es mehrere Möglichkeiten. Eine dieser Möglichkeiten ist, zwei dieser Nichtlinearitäten zu kombinieren. Es ist nämlich:

$$K\,(u_1 + u_2)^2 - K\,(u_1 - u_2)^2 = 4\,K\,u_1\,u_2 \quad . \tag{15.144}$$

Durch Ansteuerung einer der Nichtlinearitäten mit dem Signal $u_1 + u_2$ und der anderen mit $u_1 - u_2$ und anschließende Subtraktion der Ausgangssignale wird also das gewünschte Ziel erreicht.

Bedenkt man nun, daß die Strom-Spannungs-Charakteristik der Halbleiterdiode durch eine Potenzreihe beschrieben werden kann, welche auch einen quadratischen Term enthält, dann besteht Hoffnung, daß auch der Diodenstrom bei Ansteuerung der Diode durch eine Überlagerung der zu multiplizierenden Signale das erwünschte Produkt enthält.

Daher wird der Diodenstrom für den Fall

$$u_D = U_0 + \hat{U}_P \cos(\omega_P t + \varphi_P) + \hat{U}_S \cos(\omega_S t + \varphi_S) \tag{15.145}$$

berechnet. Dabei wird vorausgesetzt, daß φ_P und φ_S frei vorgebbare und unabhängige Anfangsphasen sind. Um möglichst allgemein zu bleiben, wird die Strom-Spannungs-Charakteristik der Diode durch

$$i_D = f(u_D) \tag{15.146}$$

beschrieben. Dann ist

$$i_D = f\left(U_0 + \hat{U}_P \cos(\omega_P t + \varphi_P) + \hat{U}_S \cos(\omega_S t + \varphi_S)\right) =: F(\varphi_P, \varphi_S) \; . \tag{15.147}$$

Der Diodenstrom ist also eine sowohl in φ_P als auch in φ_S periodische Funktion. Diese wird in völliger Analogie zu der Vorgehensweise in Abschnitt 15.1.3 zuerst in eine Fourierreihe nach φ_P entwickelt. Die Entwicklungskoeffizienten sind dann noch periodisch in φ_S. Erneute Fourierreihenentwicklung, diesmal nach φ_S, liefert dann das Resultat

$$i_D = \sum_{k=-\infty}^{\infty} \sum_{l=-\infty}^{\infty} I_{k,l}\, e^{j((k\omega_P + l\omega_S)t + k\varphi_P + l\varphi_S)} \quad , \tag{15.148}$$

$$I_{k,l} := \frac{1}{4\pi^2} \int_{\psi_{P0}-\pi}^{\psi_{P0}+\pi} \int_{\psi_{S0}-\pi}^{\psi_{S0}+\pi} f\left(U_0 + \hat{U}_P \cos(\psi_P) + \hat{U}_S \cos(\psi_S)\right) e^{-j(k\psi_P + l\psi_S)}\, d\psi_S\, d\psi_P \; . \tag{15.149}$$

Im Diodenstrom tauchen möglicherweise daher Schwingungen mit allen möglichen Kombinationsfrequenzen $| k\omega_S \pm l\omega_P |$, die sogenannten *Mischprodukte*, auf. Die Halbleiterdiode ist damit ein Mischer. Sie ist aber augenscheinlich kein Multiplizierer, da ihr Ausgangssignal im Gegensatz zu dem Ausgangssignal des Multiplizierers auch Mischprodukte mit anderen Kreisfrequenzen als $| \omega_S \pm \omega_P |$ enthält.

Will man den Diodenmischer zum Bau eines Frequenzumsetzers verwenden, dann besteht eine Möglichkeit darin, durch ein Bandfilter die erwünschte Spektralkomponente, $\omega_S + \omega_P$ oder $|\omega_S - \omega_P|$, aus diesem Frequenzengemisch abzutrennen. Unter Umständen wird man aber dabei Schwierigkeiten haben, da es möglicherweise eine Kombination von Werten k und l ($k \neq 1$, $l \neq 1$) derart gibt, daß $| k\omega_S \pm l\omega_P |$ in den Durchlaßbereich der Filter fällt.

Daher fordert man beim Einsatz des Diodenmischers in einem Frequenzumsetzer in der Regel, daß das eine der beiden Signale im Mittel sehr viel kleiner als das andere ist. In diesem Fall läßt sich nämlich die Rechnung erheblich vereinfachen.

Dazu wird der Fall untersucht, daß

$$u_D = U_0 + h(\omega_P t + \varphi_P) + \Delta u \quad , \quad \|\Delta u\| \ll \|h\| \tag{15.150}$$

ist.[1] Dabei soll $h(\omega_P t + \varphi_P)$ eine reellwertige, in φ_P periodische Funktion mit Periode 2π sein. Fourierreihenentwicklung ergibt dann in völliger Analogie zu den Ausführungen des Diodengleichrichters in Abschnitt 15.1.3

$$i_D = \sum_{k=-\infty}^{\infty} i_k\, e^{jk\omega_P t} \quad , \tag{15.151}$$

$$i_k = \frac{e^{jk\varphi_P}}{2\pi} \int_{\psi_0-\pi}^{\psi_0+\pi} f\left(U_0 + h(\psi) + \Delta u\right) e^{-jk\psi}\, d\psi \quad . \tag{15.152}$$

Die von Δu abhängigen Terme sind nach Voraussetzung im Mittel klein. Daher ist eine Taylorreihenentwicklung möglich.[2] Es gilt dann in erster Näherung

---

[1] In Gleichung (15.150) ist $\| \Delta u \|$ eine geeignet zu wählende Norm.

[2] Für den in der Reihenentwicklung erforderlichen Größenvergleich ist nicht die Betragsnorm, sonder die durch Gleichung (15.150) vorgegebene Norm zu wählen.

$$i_k \approx \frac{e^{jk\varphi_P}}{2\pi} \int_{\psi_0-\pi}^{\psi_0+\pi} f(U_0+h(\psi))\, e^{-jk\psi}\, d\psi$$
$$+\Delta u \frac{e^{jk\varphi_P}}{2\pi} \int_{\psi_0-\pi}^{\psi_0+\pi} \left.\frac{\partial f(u_D)}{\partial u_D}\right|_{u_D=U_0+\hat{U}_P h(\psi)} e^{-jk\psi}\, d\psi \quad . \tag{15.153}$$

Der Diodenstrom ist in dieser Näherung

$$i_D = \sum_{k=-\infty}^{\infty} (I_k + Y_k \Delta u)\, e^{jk\omega_P t} = \sum_{k=-\infty}^{\infty} I_k\, e^{jk\omega_P t} + \Delta u \sum_{k=-\infty}^{\infty} Y_k\, e^{jk\omega_P t} \quad , \tag{15.154}$$

$$I_k := \frac{e^{jk\varphi_P}}{2\pi} \int_{\psi_0-\pi}^{\psi_0+\pi} f(U_0+h(\psi))\, e^{-jk\psi}\, d\psi \quad , \tag{15.155}$$

$$Y_k := \frac{e^{jk\varphi_P}}{2\pi} \int_{\psi_0-\pi}^{\psi_0+\pi} \left.\frac{\partial f(u_D)}{\partial u_D}\right|_{u_D=U_0+h(\psi)} e^{-jk\psi}\, d\psi \quad . \tag{15.156}$$

Diese Näherung wird auch *Kleinsignal–Großsignal–Näherung* genannt, weil eines der Signale als relativ klein angesehen wird gegenüber dem anderen. In nullter Näherung wird das Verhalten der Nichtlinearität ausschließlich durch das „große“ Signal $h(\omega_P t+\varphi_P)$ bestimmt. Der Diodenstrom wird von diesem Signal „gepumpt“. Dies erklärt den Namen Pumpsignal, der in der Theorie der Frequenzumsetzer benutzt wird.

Die Näherungsgleichungen zeigen, daß die I_k die Dimension von Strömen und die Y_k die Dimension von Admittanzen haben müssen. Letztere werden *komplexe Konversionsleitwerte* genannt.

Durch Einsetzen in die Definitionsgleichungen weist man nach, daß gilt:

$$I_k = I_{-k}^* \quad , \quad Y_k = Y_{-k}^* \quad . \tag{15.157}$$

Es sei nun

$$\Delta u = \hat{U}_S \cos(\omega_S t + \varphi_S) \quad . \tag{15.158}$$

Mit Einführung der komplexen Amplituden

$$\underline{U}_S := \hat{U}_S\, e^{j\varphi_S} \tag{15.159}$$

folgt dann

$$\Delta u = \underline{U}_S\, e^{j\omega_S t}/2 + \underline{U}_S^*\, e^{-j\omega_S t}/2 \tag{15.160}$$

und damit

$$i_D = \sum_{k=-\infty}^{\infty} \left(I_k + \frac{Y_k}{2} \underline{U}_S\, e^{j\omega_S t} + \frac{Y_k}{2} \underline{U}_S^*\, e^{-j\omega_S t} \right) e^{jk\omega_P t} \quad , \tag{15.161}$$

$$i_D = \Re\left\{ \sum_{k=-\infty}^{\infty} (I_k + Y_k \underline{U}_S \, e^{j\omega_S t}) \, e^{jk\omega_P t} \right\} \quad . \tag{15.162}$$

Das Spektrum des Diodenstroms enthält hier offenbar nur noch Komponenten bei den Kreisfrequenzen $|k\omega_P|$ und $|k\omega_P \pm \omega_S|$, also bei Vielfachen der Pumpkreisfrequenz ω_P sowie Überlagerung von Vielfachen der Pumpkreisfrequenz ω_P und der *einfachen* Signalkreisfrequenz ω_S.

Im Prinzip lassen sich die Spektralanteile durch Filterung trennen, wenn durch Vorfilterung Sorge getragen ist, daß das Spiegelfrequenzproblem nicht auftritt.

Da der Diodenstrom auch einen Anteil bei Frequenz 0 enthalten muß, ist dafür Sorge zu tragen, daß in einer realen Schaltung auch ein Gleichstrompfad für den Diodenstrom vorhanden ist. Grundsätzlich kann folgendes festgehalten werden:

1. Bei Großsignal-Kleinsignal-Betrieb der Diode tritt ein zeitinvarianter Term (Gleichstrom) auf, der nicht nur von der angelegten Gleichspannung sondern auch von der Amplitude des Pumpsignals abhängt.
2. Bei Auswahl von $|\omega_P + \omega_S|$ oder $|\omega_P - \omega_S|$ aus dem Frequenzengemisch entspricht die Mischung durch die Diode bei Kleinsignalansteuerung der Mischung mit Hilfe eines Multiplizierers mit Bandpaß.
3. Bei Auswahl von $|k\omega_P \pm \omega_S|$ mit $k > 1$ wirkt die Mischung mit Diode in Kleinsignalansteuerung so, als ob ein Multiplizierer mit Bandpaß mit einem Lokaloszillatorsignal bei Kreisfrequenz $k\omega_P$ benutzt worden wäre. Man sagt dann, die Nichtlinearität werde als *Oberwellenmischer* eingesetzt.

Hätte man übrigens für u_D kein harmonisches Signal gewählt, sondern

$$\Delta u = \sum_{l=1}^{L} \hat{U}_l \cos(\omega_l t + \varphi_l) \quad , \tag{15.163}$$

dann wäre der Diodenstrom in völliger Analogie als

$$i_D = \Re\left\{ \sum_{k=-\infty}^{\infty} \left(I_k + Y_k \sum_{l=1}^{L} \underline{U}_l \, e^{j\omega_l t} \right) e^{jk\omega_P t} \right\} \tag{15.164}$$

berechnet worden mit

$$\underline{U}_l := \hat{U}_l \, e^{j\varphi_l} \quad , \quad l = 1, \ldots, L \quad . \tag{15.165}$$

Dieser Zusammenhang wird an späterer Stelle noch benötigt werden.

15.2.8 Frequenzumsetzer mit Mischerdioden

15.2.8.1 Frequenzumsetzer mit Eintaktmischer

Um einen einfachen Mischer mit Diode zu konstruieren, muß eine Überlagerung von Signal- und Pumpspannung an die Diode geführt werden. Diese Überlagerung

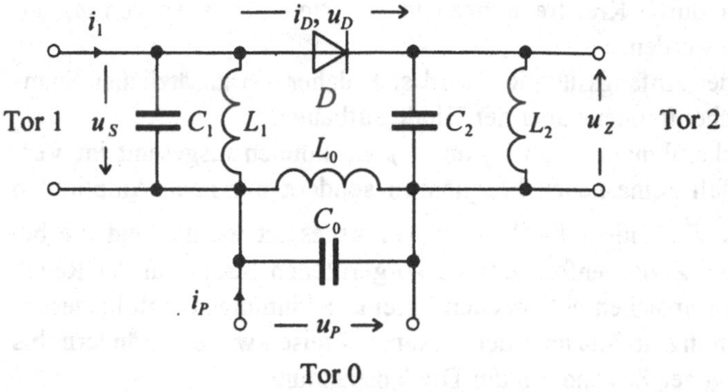

Abb. 15.22: Frequenzumsetzer mit einer Diode

kann durch Serienschaltung zweier mit Stromquellen angesteuerter Parallelkreise erfolgen. Dabei muß einer der Resonanzkreise auf die Kreisfrequenz ω_P des Pumpsignals (an Tor 0), der andere auf die Kreisfrequenz ω_S des Nutzsignals (an Tor 1) abgestimmt sein.

Da der Diodenstrom nun gerade bei Zwischenkreisfrequenz $\omega_Z = |\omega_S - \omega_P|$ oder $\omega_Z = \omega_S + \omega_P$ an einer Impedanz einen Spannungsabfall verursachen soll, bietet es sich an, diese Impedanz wieder als Parallelresonanzkreis auszuführen, durch den der Diodenstrom fließt. Dann erfüllt der Parallelkreis gleichzeitig Filteraufgaben. Die Anschlußklemmen des Parallelkreises bilden Tor 2.

Insgesamt ergibt sich damit eine Schaltung entsprechend Abb. 15.22. Zur Erklärung der Funktionsweise werden die Resonanzkreise der Schaltung als verlustarm angenommen.

Die Tore 0 und 1 werden durch Stromquellen angesteuert. Bei hinreichend kleinen Verlusten in den Kreisen kann der Spannungsabfall des Signals mit Kreisfrequenz ω_P über den Resonanzkreisen an den Toren 1 und 2 vernachlässigt werden. Entsprechendes gilt für den Spannungsabfall des Signals mit Kreisfrequenz ω_S über den Resonanzkreisen an den Toren 0 und 2. *Solange* also *noch kein Strom* mit Kreisfrequenz ω_Z durch den Resonanzkreis an Tor 2 fließt, entsteht über der Diode die Spannung

$$u_D = \hat{V}_P \cos(\omega_P t + \varphi_P) + \hat{V}_S \cos(\omega_S t + \varphi_S) \quad . \tag{15.166}$$

Bei hinreichend kleinem $\hat{V}_S$ ergibt sich dann nach Gleichung (15.164) ein Diodenstrom, der neben einem Gleichstromanteil und Spektralkomponenten bei den Vielfachen der Pumpkreisfrequenz auch Spektralkomponenten bei den Kreisfrequenzen $k\,\omega_P + \omega_S$ enthält. Dabei ist k eine positive oder negative ganze Zahl. Insbesondere ist also auch ein Spektralterm mit der Kreisfrequenz ω_Z im Diodenstrom vorhanden.

Der Diodenstrom kann aber nur Spannungsabfälle über den Parallelresonanzkreisen erzeugen. Da diese als verlustarm vorausgesetzt wurden, können die

Spannungsabfälle nur durch Kreisfrequenzen in unmittelbarer Nähe von ω_P, ω_S und ω_Z hervorgerufen werden.

Im Vergleich zu der Anfangssituation wird sich daher ein zusätzlicher Spannungsanteil bei Zwischenfrequenz über der Diode aufbauen.

Da ω_Z eine Linearkombination von ω_S und ω_P ist, können insgesamt im Vergleich zum Anfangsfall keine neuen Frequenzen sondern nur neue Amplituden und Phasen auftreten. Da zudem $\hat{V}_S$ als klein vorausgesetzt wurde, sind die bei Signalfrequenz und bei Zwischenfrequenz hervorgerufenen Ströme in der Regel[1] auch nur klein und verursachen entsprechend kleine Spannungen. Infolgedessen werden sich die Spannungsabfälle über den Resonanzkreisen weiter verändern, bis sich ein eingeschwungener Zustand mit der Diodenspannung

$$\begin{aligned} u_D &= \hat{U}_P \cos(\omega_P t + \varphi_P) + \hat{U}_S \cos(\omega_S t + \varphi_S) + \hat{U}_Z \cos(\omega_Z t + \varphi_Z) \\ &=: \hat{U}_P \cos(\omega_P t + \varphi_P) + \Delta u_D \end{aligned} \tag{15.167}$$

einstellt. $\hat{U}_P$, $\hat{U}_S$ und $\hat{U}_Z$ sind dabei die Spannungsamplituden im eingeschwungenen Zustand. Nach Gleichung (15.154) ist daher der Diodenstrom

$$i_D = \Re\left\{ \sum_{k=-\infty}^{\infty} (\underline{I}_k + Y_k \underline{U}_S e^{j\omega_S t} + Y_k \underline{U}_Z e^{j\omega_Z t}) e^{jk\omega_P t} \right\} = \Re\left\{ \sum_{k=-\infty}^{\infty} \underline{I}_k e^{jk\omega_P t} \right\} + \Delta i_D \ . \tag{15.168}$$

Der nur durch das umzusetzende Signal verursachte Anteil des Diodenstroms wird mit Δi_D bezeichnet. Er ist

$$\Delta i_D = \Re\left\{ \sum_{k=-\infty}^{\infty} (Y_k \underline{U}_S e^{j\omega_S t} + Y_k \underline{U}_Z e^{j\omega_Z t}) e^{jk\omega_P t} \right\} \quad . \tag{15.169}$$

Es werden nun folgende Fälle unterschieden:

1. $\omega_Z = \omega_S - \omega_P > 0$ (Gleichlage-Abwärtsumsetzung)

Hier ist $\omega_P + \omega_Z = \omega_S =: \omega_{P+Z}$. Folglich gilt

$$\Delta i_D = \Re\left\{ \sum_{k=-\infty}^{\infty} \left(Y_k \underline{U}_{P+Z} e^{j(\omega_P+\omega_Z)t} + Y_k \underline{U}_Z e^{j\omega_Z t} \right) e^{jk\omega_P t} \right\} \quad . \tag{15.170}$$

Damit ist die Spektralkomponente des Diodenstroms bei Kreisfrequenz ω_{P+Z}:

$$\Delta i_D(\omega_{P+Z}) = \Re\left\{ Y_0 \underline{U}_{P+Z} e^{j(\omega_P+\omega_Z)t} + Y_1 \underline{U}_Z e^{j(\omega_P+\omega_Z)t} \right\} \quad . \tag{15.171}$$

Mit dem komplexen Zeiger

---

[1] Bei Nichtlinearitäten mit resistivem, gedächtnislosem Verhalten und einem überall positiven differentiellen Leitwert ist der verfügbare Gewinn der Leistungsübertragung von dem umzusetzenden Signal in das umgesetzte Signal stets kleiner als 1. Für den Beweis wird auf die Leistungserhaltungssätze von R.M.Pantell [15.3] verwiesen.

$$\underline{I}_{P+Z} := Y_0\,\underline{U}_{P+Z} + Y_1\,\underline{U}_Z \tag{15.172}$$

wird daraus

$$\Delta i_D(\omega_{P+Z}) = \Re\left\{\underline{I}_{P+Z}\; e^{j(\omega_P+\omega_Z)t}\right\} \quad . \tag{15.173}$$

Ganz entsprechend ergibt sich für die Spektralkomponente des Diodenstroms bei Kreisfrequenz ω_Z:

$$\Delta i_D(\omega_Z) = \Re\left\{Y_0\,\underline{U}_Z\; e^{j\omega_Z t} + Y_{-1}\,\underline{U}_{P+Z}\; e^{j\omega_Z t}\right\} =: \Re\left\{\underline{I}_Z\; e^{j\omega_Z t}\right\} \quad . \tag{15.174}$$

Nutzt man noch aus, daß $Y_{-1} = Y_1^*$ gilt, dann folgt:

$$\Delta i_D(\omega_Z) = \Re\left\{Y_0\,\underline{U}_Z\; e^{j\omega_Z t} + Y_1^*\,\underline{U}_S\; e^{j\omega_Z t}\right\} = \Re\left\{\underline{I}_Z\; e^{j\omega_Z t}\right\} \quad . \tag{15.175}$$

Zwischen den komplexen Zeigern $\underline{I}_{P+Z}$ und $\underline{I}_Z$ einerseits und $\underline{U}_{P+Z}$ und $\underline{U}_Z$ andererseits besteht daher die Beziehung

$$\begin{pmatrix}\underline{I}_{P+Z}\\ \underline{I}_Z\end{pmatrix} = \begin{pmatrix} Y_0 & Y_1\\ Y_1^* & Y_0\end{pmatrix}\begin{pmatrix}\underline{U}_{P+Z}\\ \underline{U}_Z\end{pmatrix} \quad . \tag{15.176}$$

Die Matrix

$$\tilde{Y} := \begin{pmatrix} Y_0 & Y_1\\ Y_1^* & Y_0\end{pmatrix} \tag{15.177}$$

heißt *Konversionsmatrix des Gleichlage-Abwärts-Umsetzers.*

2. $\omega_Z = \omega_P - \omega_S > 0$ (Kehrlageumsetzung)

Hier ist $\omega_S = \omega_P - \omega_Z =: \omega_{P-Z}$. Folglich gilt:

$$\Delta i_D = \Re\left\{\sum_{k=-\infty}^{\infty}\left(Y_k\,\underline{U}_{P-Z}\; e^{j(\omega_P-\omega_Z)t} + Y_k\,\underline{U}_Z\; e^{j\omega_Z t}\right) e^{jk\omega_P t}\right\} \quad . \tag{15.178}$$

Damit ist die Spektralkomponente des Diodenstroms bei Kreisfrequenz ω_{P-Z}:

$$\begin{aligned}\Delta i_D(\omega_{P-Z}) &= \Re\left\{Y_0\,\underline{U}_{P-Z}\; e^{j(\omega_P-\omega_Z)t} + Y_1^*\,\underline{U}_Z\; e^{-j(\omega_P-\omega_Z)t}\right\}\\ &=: \Re\left\{Y_0\,\underline{U}_{P-Z}\; e^{j(\omega_P-\omega_Z)t} + Y_1\,\underline{U}_Z^*\; e^{j(\omega_P-\omega_Z)t}\right\} =: \Re\left\{\underline{I}_{P-Z}\right\} \quad .\end{aligned} \tag{15.179}$$

Ganz entsprechend ergibt sich für die Spektralkomponente des Diodenstroms bei Kreisfrequenz ω_Z:

$$\begin{aligned}\Delta i_D(\omega_Z) &= \Re\left\{Y_0\,\underline{U}_Z\; e^{j\omega_Z t} + Y_{-1}\,\underline{U}_{P-Z}\; e^{-j\omega_Z t}\right\}\\ &= \Re\left\{Y_0\,\underline{U}_Z^*\; e^{-j\omega_Z t} + Y_1^*\,\underline{U}_{P-Z}\; e^{-j\omega_Z t}\right\} =: \Re\left\{\underline{I}_Z^*\right\} \quad .\end{aligned} \tag{15.180}$$

Zwischen den komplexen Zeigern $\underline{I}_{P-Z}$ und $\underline{I}_Z$ einerseits und $\underline{U}_{P-Z}$ und $\underline{U}_Z$ andererseits besteht daher die Beziehung

$$\begin{pmatrix} \underline{I}_Z^* \\ \underline{I}_{P-Z} \end{pmatrix} = \begin{pmatrix} Y_0 & Y_1^* \\ Y_1 & Y_0 \end{pmatrix} \begin{pmatrix} \underline{U}_Z^* \\ \underline{U}_{P-Z} \end{pmatrix} \quad . \tag{15.181}$$

Die Matrix

$$\tilde{Y} := \begin{pmatrix} Y_0 & Y_1^* \\ Y_1 & Y_0 \end{pmatrix} \tag{15.182}$$

heißt *Konversionsmatrix des Kehrlage-Umsetzers.*

3. $\omega_Z = \omega_P + \omega_S > 0$ (Gleichlage-Aufwärtsumsetzung)

Hier ist $\omega_S = \omega_Z - \omega_P$ und

$$\Delta i_D = \Re\left\{ \sum_{k=-\infty}^{\infty} \left(Y_k \underline{U}_S \, e^{j\omega_S t} + Y_k \underline{U}_Z \, e^{j\omega_Z t} \right) e^{jk\omega_P t} \right\} \quad . \tag{15.183}$$

Damit ist die Spektralkomponente des Diodenstroms bei Kreisfrequenz ω_S:

$$\Delta i_D(\omega_S) = \Re\left\{ Y_0 \underline{U}_S \, e^{j\omega_S t} + Y_1^* \underline{U}_Z \, e^{j\omega_S t} \right\} =: \Re\left\{ \underline{I}_S \, e^{j\omega_S t} \right\} \quad . \tag{15.184}$$

Ganz entsprechend ergibt sich für die Spektralkomponente des Diodenstroms bei Kreisfrequenz ω_Z:

$$\Delta i_D(\omega_Z) = \Re\left\{ Y_2 \underline{U}_Z \, e^{j\omega_Z t} + Y_1 \underline{U}_S \, e^{j\omega_Z t} \right\} =: \Re\left\{ \underline{I}_Z \, e^{j\omega_Z t} \right\} \quad . \tag{15.185}$$

Damit folgt

$$\begin{pmatrix} \underline{I}_S \\ \underline{I}_Z \end{pmatrix} = \begin{pmatrix} Y_0 & Y_1^* \\ Y_1 & Y_2 \end{pmatrix} \begin{pmatrix} \underline{U}_S \\ \underline{U}_Z \end{pmatrix} \quad . \tag{15.186}$$

In obiger Gleichung heißt die Matrix die *Konversionsmatrix des Gleichlage-Aufwärts-Umsetzers.*

Das Besondere an der Darstellung mittels Konversionsmatrizen ist, daß komplexe Amplituden von Signalen *unterschiedlicher Frequenz* in eine lineare Beziehung gesetzt werden. Damit kann der Frequenzumsetzer mit Diode wie ein lineares Zweitor behandelt werden, wenn

1. die Randbedingungen der obigen Herleitung eingehalten werden und wenn
2. das Spiegelfrequenzproblem durch Vorfilterung eliminiert wurde. (Dies geschieht in obigen Beispielen durch die als extrem schmalbandig vorausgesetzten Parallel-Resonanzkreise).

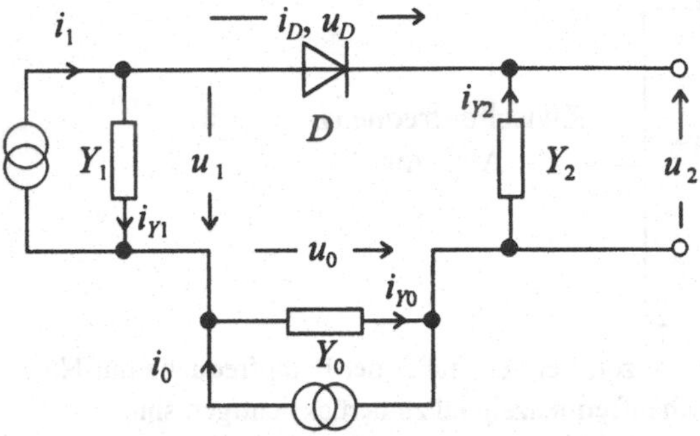

Abb. 15.23: Frequenzumsetzer mit einer Diode

In dem oben betrachteten Frequenzumsetzer waren auf Grund der Verwendung schmalbandiger Resonanzkreise nur wenige Frequenzen zu betrachten. Dies ändert sich bei einer breitbandigeren Ausführung des Umsetzers entsprechend Abb. 15.23.

Im Grunde lassen sich in diesem Fall alle obigen Herleitungen auf die neue Situation verallgemeinern.

Betrachtet man beispielsweise den Fall eines Umsetzers, bei dem die Zwischenfrequenz sehr viel kleiner als die umzusetzende Signalfrequenz ist, dann liegen Spiegelfrequenz und Signalfrequenz zu nahe beieinander, um wirksam durch einen auf ω_S abgestimmten Parallelkreis voneinander getrennt zu werden. Unter der Voraussetzung, daß auch Signale bei Spiegelfrequenz nur in Kleinsignalnäherung berücksichtigt werden müssen, gilt dann für die Spannung über der Diode, wenn außer Nutz-, Spiegel-, Pump- und Zwischenfrequenz und Frequenz 0 keine weiteren Frequenzen zu berücksichtigen sind,

$$\begin{aligned} u_D &= U_0 + \hat{U}_P \cos(\omega_P t + \varphi_P) + \hat{U}_Z \cos(\omega_Z t + \varphi_Z) \\ &\quad + \hat{U}_S \cos(\omega_S t + \varphi_S) + \hat{U}_{Sp} \cos\left(\omega_{Sp} t + \varphi_{Sp}\right) \\ &=: U_0 + \hat{U}_P \cos(\omega_P t + \varphi_P) + \Delta u_D \end{aligned} \tag{15.187}$$

Die nur auf Signal- und Spiegelfrequenzsignal zurückzuführenden Variationen des Diodenstroms sind demzufolge

$$\Delta i_D = \Re\left\{ \sum_{k=-\infty}^{\infty} \left(Y_k \underline{U}_S \, e^{j\omega_S t} + Y_k \underline{U}_{Sp} \, e^{j\omega_{Sp} t} + Y_k \underline{U}_Z \, e^{j\omega_Z t} \right) e^{jk\omega_P t} \right\} \quad . \tag{15.188}$$

Im Fall des Gleichlage-Abwärtsmischers ist $\omega_S = \omega_P + \omega_Z$ und $\omega_{Sp} = \omega_P - \omega_Z$ und im Fall des Kehrlage-Abwärtsmischers ist $\omega_S = \omega_P - \omega_Z$ und $\omega_{Sp} = \omega_P + \omega_Z$. Beide Fälle können gleichzeitig abgehandelt werden. Es ist nämlich

$$\Delta i_D(\omega_P + \omega_Z) = \Re\left\{ \left(Y_0 \underline{U}_{P+Z} + Y_1 \underline{U}_Z \right) e^{j(\omega_P + \omega_Z)t} + Y_{-2} \underline{U}_{P-Z} \, e^{-j(\omega_P + \omega_Z)t} \right\} \quad , \tag{15.189}$$

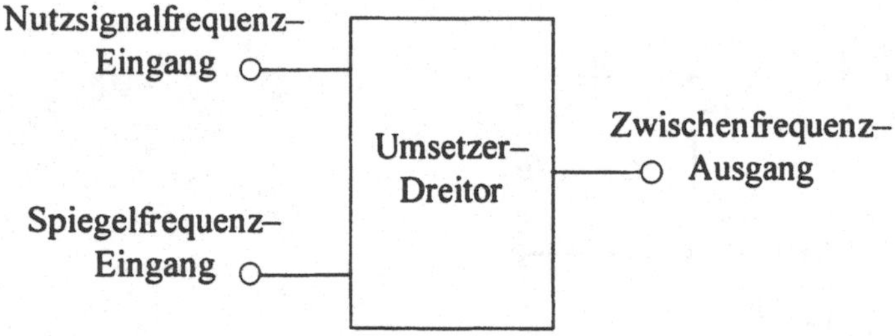

Abb. 15.24: Ersatz-Dreitor für einen Umsetzer, bei dem außer der Pumpfrequenz nur Nutzsignal, Spiegelfrequenzsignal und Zwischenfrequenzsignal zu berücksichtigen sind.

$$\Delta i_D(\omega_P+\omega_Z)=\Re\left\{\left(Y_0\,\underline{U}_{P+Z}+Y_1\,\underline{U}_Z+Y_2\,\underline{U}^*_{P-Z}\right)e^{j(\omega_P+\omega_Z)t}\right\}\quad, \qquad (15.190)$$

$$\begin{aligned}\Delta i_D(\omega_Z)&=\Re\left\{Y_{-1}\,\underline{U}_{P+Z}\,e^{j\omega_Z t}+Y_{-1}\,\underline{U}_{P-Z}\,e^{-j\omega_Z t}+Y_0\,\underline{U}_Z\,e^{j\omega_Z t}\right\}\\&=\Re\left\{\left(Y_1^*\,\underline{U}_{P+Z}+Y_0\,\underline{U}_Z+Y_1\,\underline{U}^*_{P-Z}\right)e^{j\omega_Z t}\right\}\quad, \qquad (15.191)\end{aligned}$$

$$\begin{aligned}\Delta i_D(\omega_P-\omega_Z)&=\Re\left\{\left(Y_{-2}\underline{U}_{P+Z}+Y_{-1}\underline{U}_Z\right)e^{-j(\omega_P-\omega_Z)t}+Y_0\underline{U}_{P-Z}\,e^{j(\omega_P-\omega_Z)t}\right\}\\&=\Re\left\{\left(Y_2\underline{U}^*_{P+Z}+Y_1\underline{U}^*_Z+Y_0\underline{U}_{P-Z}\right)e^{j(\omega_P-\omega_Z)t}\right\}\qquad .(15.192)\end{aligned}$$

Daraus bestimmt man

$$\begin{pmatrix}\underline{I}_{P+Z}\\ \underline{I}_Z\\ \underline{I}^*_{P-Z}\end{pmatrix}=\begin{pmatrix}Y_0 & Y_1 & Y_2\\ Y_1^* & Y_0 & Y_1\\ Y_2^* & Y_1^* & Y_0\end{pmatrix}\begin{pmatrix}\underline{U}_{P+Z}\\ \underline{U}_Z\\ \underline{U}^*_{P-Z}\end{pmatrix}\quad . \qquad (15.193)$$

Die Konversionsmatrizen sind in diesem Fall 3×3-Matrizen. Damit kann diese Art von Frequenzumsetzern mit Diode bezüglich Nutz-, Spiegel- und Zwischenfrequenzsignal wie ein lineares Ersatzdreitor entsprechend Abb. 15.24 behandelt werden.

Es ist zu beachten, daß die Eingangstore dieser Ersatzschaltung nicht unbedingt physikalisch voneinander getrennte Tore sein müssen.

15.2.8.2 Frequenzumsetzer mit einfachem Gegentaktmischer

Ein Nachteil der in Abb. 15.22 gezeigten Struktur besteht darin, daß die Entkopplung der drei Tore ausschließlich über die als Filter wirkenden Quellenadmittanzen erfolgt. Dies ist insbesondere deswegen unangenehm, weil die Amplitude des Lokaloszillatorsignals an Tor 0 voraussetzungsgmäß viel größer ist als die des Nutzsignals an Tor 1.

Selbst bei Auslegung der Quellenadmittanzen als Resonanzkreise wird in der Praxis nur eine endliche Unterdrückung des Lokaloszillatorsignals am Zwischenfrequenztor 2 erreicht. Daher kann das Lokaloszillatorsignal mit vergleichsweise hoher Leistung aus dem Zwischenfrequenztor austreten. Das gleiche gilt im Grunde auch für Tor 1.

Einen Ausweg aus dieser Situation findet man durch die Schaltung nach Abb. 15.25. Die Schaltung zeigt die Kombination zweier Eintaktumsetzer entsprechend Abbildung Abb. 15.22. Bei hinreichend geringen Verlusten der Resonanzkreise kann wiederum von einer Ansteuerung der Dioden durch eine Überlagerung harmonischer Spannungen bei Pump-, Signal- und Zwischenfrequenz ausgegangen werden. (Ein Gleichterm tritt wegen der Induktivitäten nicht auf). Über der oberen Diode D_1 liegt dann die Spannung

$$u_{D1} = u_P + u_{S,+} + u_{Z,+} \quad . \tag{15.194}$$

Die Spannungen können höchstens Spektralanteile bei den Kreisfrequenzen $m\omega_P$ $k\omega_P + \omega_S$ bzw. $l\omega_P + \omega_Z$ enthalten. Infolgedessen ergibt sich der Diodenstrom i_{D1} bei Kleinsignalansteuerung durch das Nutzsignal und bei Großsignalansteuerung durch das Pumpsignal als

$$i_{D1} = \Re\left\{ \sum_{k=-\infty}^{\infty} \left(\underline{I}_k \, e^{jk\omega_P t} + Y_k \, \underline{U}_S \, e^{j(k\omega_P + \omega_S)t} + Y_k \, \underline{U}_Z \, e^{j(k\omega_P + \omega_Z)t} \right) \right\} \tag{15.195}$$

mit

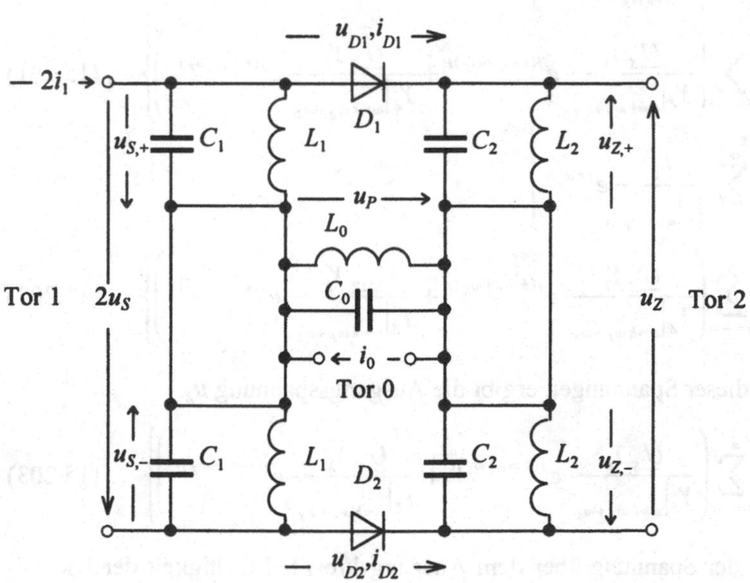

Abb. 15.25 : Kombination zweier Mischer

$$\underline{I}_k := \frac{e^{jk\varphi_P}}{2\pi} \int\limits_{\psi_0-\pi}^{\psi_0+\pi} f\left(\hat{U}_P\, h(\cos(\psi))\right) \cos(k\psi)\, d\psi \quad , \tag{15.196}$$

$$Y_k := \frac{e^{jk\varphi_P}}{2\pi} \int\limits_{\psi_0-\pi}^{\psi_0+\pi} \left.\frac{\partial f(u_D)}{\partial u_D}\right|_{u_D=\hat{U}_P h(\cos(\psi))} \cos(k\psi)\, d\psi \quad . \tag{15.197}$$

Der untere Eintaktmischer ist identisch zu dem oberen Mischer aufgebaut und erhält das gleiche Pumpsignal. Daher sind die Entwicklungskoeffizienten $\underline{I}_k$ und Y_k für beide Diodenströme gleich. Die Signalspannung ist hier aber gegenphasig zur Signalspannung des oberen Mischers. Daher muß auch das daraus entstehende ZF-Signal gegenphasig zu dem Fall des oberen Mischers sein. Daher ist

$$u_{D,2} = u_P + u_{S,-} + u_{Z,-} \quad , \tag{15.198}$$

$$u_{S,+} = -u_{S,-} \quad , \quad u_{Z,+} = -u_{Z,-} \quad . \tag{15.199}$$

Im unteren Mischer fließt somit der Diodenstrom:

$$i_{D,2} = \Re\left\{ \sum_{k=-\infty}^{\infty} \left(\underline{I}_k\, e^{jk\omega_P t} - Y_k\, \underline{U}_S\, e^{j(k\omega_P+\omega_S)t} - Y_k\, \underline{U}_Z\, e^{j(k\omega_P+\omega_Z)t} \right) \right\} \quad . \tag{15.200}$$

Die beiden Diodenströme verursachen an den Resonanzkreisen, welche die gleiche Admittanz Y_Z aufweisen, die Spannungsabfälle $u_{Z,+}$ und $u_{Z,-}$:

$$\begin{aligned} u_{Z,+} = {} & \Re\left\{ \sum_{k=-\infty}^{\infty} \frac{\underline{I}_k}{Y_Z\big|_{\omega=k\omega_P}}\, e^{jk\omega_P t} \right\} \\ & + \Re\left\{ \sum_{k=-\infty}^{\infty} \left(\frac{\underline{U}_S\, Y_k}{Y_Z\big|_{\omega=k\omega_P+\omega_S}}\, e^{j(k\omega_P+\omega_S)t} + \frac{\underline{U}_Z\, Y_k}{Y_Z\big|_{\omega=k\omega_P+\omega_Z}}\, e^{j(k\omega_P+\omega_Z)t} \right) \right\} \end{aligned} \quad , \tag{15.201}$$

$$\begin{aligned} u_{Z,-} = {} & \Re\left\{ \sum_{k=-\infty}^{\infty} \frac{\underline{I}_k}{Y_Z\big|_{\omega=k\omega_P}}\, e^{jk\omega_P t} \right\} \\ & - \Re\left\{ \sum_{k=-\infty}^{\infty} \left(\frac{\underline{U}_S\, Y_k}{Y_Z\big|_{\omega=k\omega_P+\omega_S}}\, e^{j(k\omega_P+\omega_S)t} + \frac{\underline{U}_Z\, Y_k}{Y_Z\big|_{\omega=k\omega_P+\omega_Z}}\, e^{j(k\omega_P+\omega_Z)t} \right) \right\} \end{aligned} \quad . \tag{15.202}$$

Die Differenz dieser Spannungen ergibt die Ausgangsspannung u_Z:

$$u_Z = 2\Re\left\{ \sum_{k=-\infty}^{\infty} \left(\frac{\underline{U}_S\, Y_k}{Y_Z\big|_{\omega=k\omega_P+\omega_S}}\, e^{j(k\omega_P+\omega_S)t} + \frac{\underline{U}_Z\, Y_k}{Y_Z\big|_{\omega=k\omega_P+\omega_Z}}\, e^{j(k\omega_P+\omega_Z)t} \right) \right\} \quad . \tag{15.203}$$

Daher kann in der Spannung über dem Ausgangskreis bei Gültigkeit der Kleinsignal-Großsignal-Näherung kein Signalanteil bei Pumpfrequenz erscheinen. Die

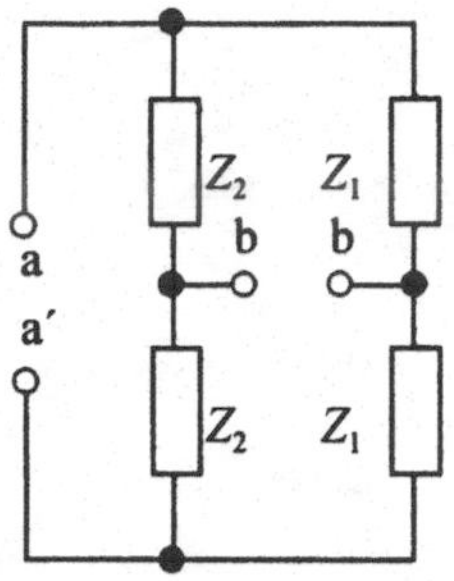

Abb. 15.26 : Brückenanordnung

gleiche Argumentation führt zu dem Ergebnis, daß die Pumpfrequenz auch nicht mehr an Tor 1 erscheint.

Betrachtet man nun die Schaltung nach Abb. 15.25 genauer, dann stellt man fest, daß durch die Symmetrie der Resonanzkreise an Tor 1 eine Brückenstruktur entsprechend Abb. 15.26 vorliegt. In dieser Abbildung entspricht Z_1 der Induktivität L_1 und Z_2 der Kapazität C_1. Daher dürfen ohne Veränderung des Verhaltens die Verbindungen b-b′ weggelassen und die jeweils gleichen Impedanzen zu einer neuen Impedanz doppelten Wertes zusammengefaßt werden. In entsprechender Weise können auch die Ausgangskreise als abgestimmte Brücke aufgefaßt und vereinfacht werden. Es entsteht so die Schaltung entsprechend Abb. 15.27.

Weil die beiden Dioden der Schaltung nach Abb. 15.27 bezüglich der Signalspannung mit verschiedenem Vorzeichen angesteuert werden, spricht man von einer *Gegentaktanordnung*.

Abb. 15.28 zeigt einen alternativen Gegentaktmischer. Hier wird das Pumpsignal an Tor 0 und das umzusetzende Signal an Tor 1 eingespeist. Über Tor 2 soll das ZF-Signal abgegriffen werden.

Solange das Nutzsignal verschwindend klein ist, kann auch kein ZF-Signal ent-

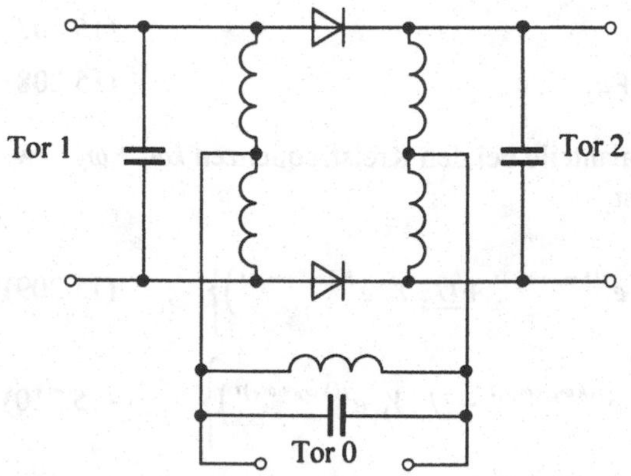

Abb. 15.27 : Mischer mit Dioden im Gegentakt

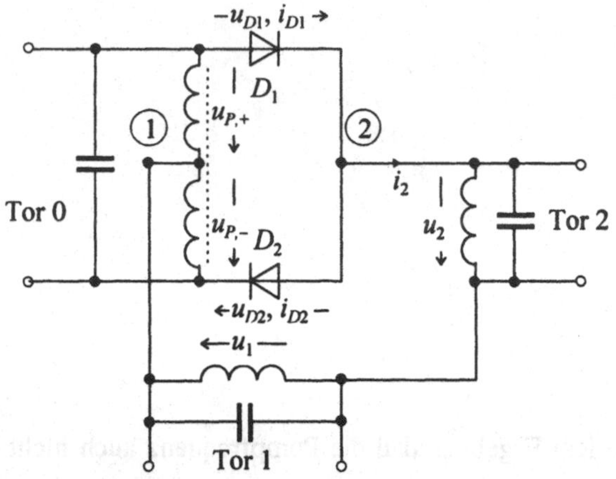

Abb. 15.28 : Alternativer Mischer mit Dioden im Gegentakt

stehen. Infolgedessen verschwindet dann auch der Spannungsabfall zwischen den Punkten 1 und 2. Über Diode D_1 liegt dann die Spannung

$$u_{D1} = u_{P,+} \quad , \tag{15.204}$$

und über Diode D_2 liegt die Spannung

$$u_{D2} = u_{P,-} = u_{P,+} \quad . \tag{15.205}$$

Somit fließt durch beide Dioden der Strom

$$i_{D1} = i_{D2} = \Re\left\{ \sum_{k=-\infty}^{\infty} \underline{I}_k \; e^{jk\omega_P t} \right\} \quad . \tag{15.206}$$

Bei nicht verschwindendem, aber hinreichend kleinem Signalpegel an Tor 1 gilt dann innerhalb der linearen Näherung

$$u_{D1} = u_{P,+} - u_1 - u_2 \quad , \tag{15.207}$$

$$u_{D2} = u_{P,-} + u_1 + u_2 = u_{P,+} + u_1 + u_2 \quad . \tag{15.208}$$

u_1 und u_2 können höchstens Spektralanteile bei den Kreisfrequenzen $k\omega_P + \omega_S$ bzw. $k\omega_P + \omega_Z$ enthalten. Infolgedessen ist

$$i_{D1} = \Re\left\{ \sum_{k=-\infty}^{\infty} \left(\underline{I}_k \; e^{jk\omega_P t} + \underline{U}_Z \, Y_k \; e^{j(k\omega_P + \omega_Z)t} + \underline{U}_S \, Y_k \; e^{j(k\omega_P + \omega_S)t} \right) \right\} \quad , \tag{15.209}$$

$$i_{D2} = \Re\left\{ \sum_{k=-\infty}^{\infty} \left(\underline{I}_k \; e^{jk\omega_P t} - \underline{U}_Z \, Y_k \; e^{j(k\omega_P + \omega_Z)t} - \underline{U}_S \, Y_k \; e^{j(k\omega_P + \omega_S)t} \right) \right\} \quad . \tag{15.210}$$

Der aus Knoten 2 herausfließende Strom i_2 ist dann

$$i_2 = i_{D1} - i_{D2} = 2\Re\left\{\sum_{k=-\infty}^{\infty}\left(\underline{U}_Z Y_k\, e^{j(k\omega_P+\omega_Z)t} + \underline{U}_S Y_k\, e^{j(k\omega_P+\omega_S)t}\right)\right\} . \qquad (15.211)$$

Er enthält keine Komponenten bei Vielfachen der Pumpfrequenz und kann daher auch in den Resonanzkreisen an Tor 1 und Tor 1 keine Spannungsabfälle bei diesen Frequenzen hervorrufen.

15.2.8.3 Frequenzumsetzer mit Ringmischer

Der Strom durch den Resonanzkreis am zwischenfrequenten Tor der beiden im letzten Abschnitt vorgestellten Gegentaktmischer enthält zwar keine Komponenten bei der Lokaloszillatorfrequenz und ihren Vielfachen mehr, wohl aber noch bei der Signalfrequenz. Wünschenswert wäre es, auch diesen Anteil noch zu eliminieren.

Dazu betrachtet man den Gegentaktmischer nach Abb. 15.29, der sich von dem nach Abb. 15.27 nur durch die Umpolung der Dioden und die Klemmenvertauschung an Tor 2 unterscheidet. Die Zählpfeilanordnung des neuen Mischers unterscheidet sich von der aus Abb. 15.25. Hier gilt:

$$u_{D3} = -u_P - u_{S,+} + u_{Z,+} \qquad (15.212)$$

und

$$u_{D,4} = -u_P + u_{S,-} - u_{Z,-} . \qquad (15.213)$$

Infolgedessen ergibt sich

$$i_{D3} = \Re\left\{\sum_{k=-\infty}^{\infty}\left(\underline{\widetilde{I}}_k\, e^{jk\omega_P t} - \widetilde{Y}_k \underline{U}_S\, e^{j(k\omega_P+\omega_S)t} + \widetilde{Y}_k \underline{U}_Z\, e^{j(k\omega_P+\omega_Z)t}\right)\right\} , \qquad (15.214)$$

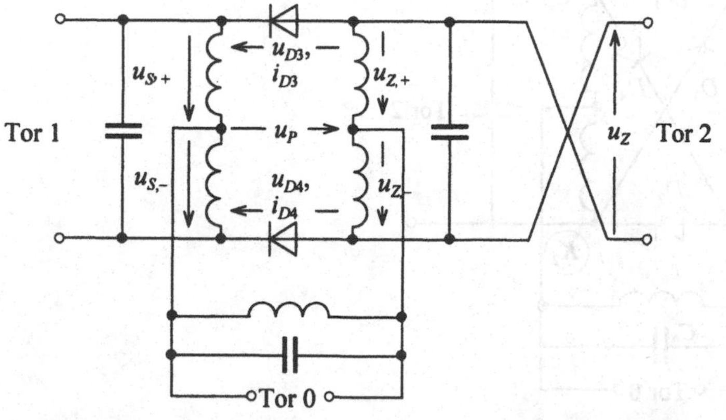

Abb. 15.29 : Gegentaktmischer; umgepolte Dioden und vertauschte Klemmen an Tor 2

$$i_{D,4} = \Re\left\{ \sum_{k=-\infty}^{\infty} \left(\widetilde{\underline{I}}_k \, e^{jk\omega_P t} + \widetilde{Y}_k \, \underline{U}_S \, e^{j(k\omega_P+\omega_S)t} - \widetilde{Y}_k \, \underline{U}_Z \, e^{j(k\omega_P+\omega_Z)t} \right) \right\} \quad , \tag{15.215}$$

$$\widetilde{\underline{I}}_k := \frac{e^{jk\varphi_P}}{2\pi} \int_{\psi_0-\pi}^{\psi_0+\pi} f\left(\hat{U}_P \, h(-\cos(\psi))\right) \cos(k\psi) \, d\psi = (-1)^k \, \underline{I}_k \quad , \tag{15.216}$$

$$\widetilde{Y}_k := \frac{e^{jk\varphi_P}}{2\pi} \int_{\psi_0-\pi}^{\psi_0+\pi} \left. \frac{\partial f(u_D)}{\partial u_D} \right|_{u_D = \hat{U}_P h(-\cos(\psi))} \cos(k\psi) \, d\psi = (-1)^k \, Y_k \quad . \tag{15.217}$$

Ein Vergleich der Diodenströme i_{D3} bzw. i_{D4} mit denen der Diodenströme i_{D1} bzw. i_{D2} des weiter oben abgehandelten Gegentaktmischers zeigt, daß nun die Komponenten bei Signal- und Zwischenfrequenz unterschiedliches Vorzeichen haben. Dies nutzt man in einer Parallelschaltung der beiden Gegentaktmischer gemäß Abb. 15.30 aus. Der hier über Knotenpunkt K_1 in den ZF-Resonanzkreis fließende Strom ist

$$\begin{aligned} i_{D1} - i_{D4} = \Re\Bigg\{ \sum_{k=-\infty}^{\infty} \Big(& \left[1-(-1)^k\right] \left\{ \underline{I}_k \, e^{jk\omega_P t} + Y_k \, \underline{U}_S \, e^{j(k\omega_P+\omega_S)t} \right\} \\ & + \left[1+(-1)^k\right] Y_k \, \underline{U}_Z \, e^{j(k\omega_P+\omega_Z)t} \Big) \Bigg\} \quad , \end{aligned} \tag{15.218}$$

der über Knotenpunkt K_2 in den Resonanzkreis fließende Strom ist

$$\begin{aligned} i_{D2} - i_{D3} = \Re\Bigg\{ \sum_{k=-\infty}^{\infty} \Big(& \left[1-(-1)^k\right] \left\{ \underline{I}_k \, e^{jk\omega_P t} - Y_k \, \underline{U}_S \, e^{j(k\omega_P+\omega_S)t} \right\} \\ & - \left[1+(-1)^k\right] Y_k \, \underline{U}_Z \, e^{j(k\omega_P+\omega_Z)t} \Big) \Bigg\} \quad . \end{aligned} \tag{15.219}$$

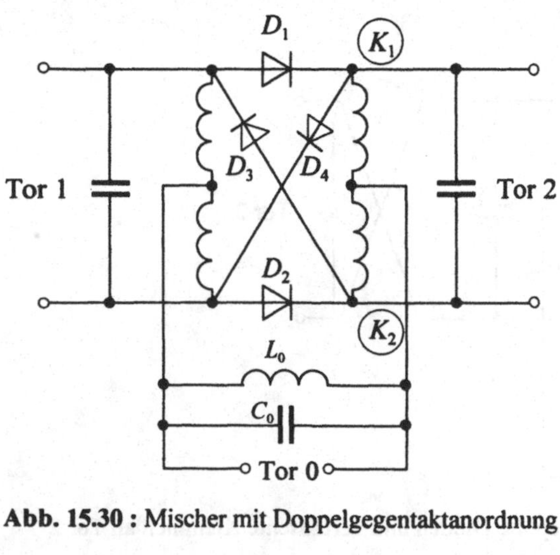

Abb. 15.30 : Mischer mit Doppelgegentaktanordnung

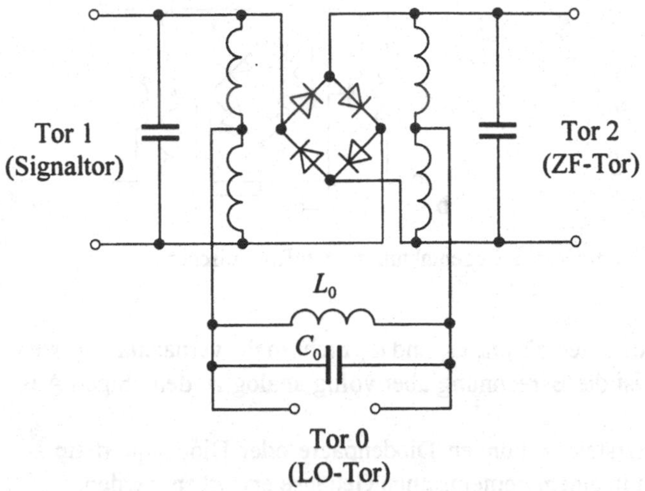

Abb. 15.31 : Ringmischer

Die Differenz der beiden Ströme erzeugt die über dem Resonanzkreis abfallende Spannung

$$u_Z = 2\Re\left\{\sum_{k=-\infty}^{\infty}\left(\left[1-(-1)^k\right]\frac{\underline{U}_S\,Y_k}{Y_Z\big|_{\omega=k\omega_P+\omega_S}}e^{j(k\omega_P+\omega_S)t}\right.\right.$$

$$\left.\left.+\left[1+(-1)^k\right]\frac{\underline{U}_Z\,Y_k}{Y_Z\big|_{\omega=k\omega_P+\omega_Z}}e^{j(k\omega_P+\omega_Z)t}\right)\right\} \quad . \qquad (15.220)$$

Infolgedessen verschwindet in der Ausgangsspannung des Mischers nach Abb. 15.30 die Komponente bei Nutzsignalfrequenz ($k = 0$). Man sagt auch, der Zwischenfrequenz-Ausgang dieses Mischers sei von Nutzsignal und Pumpsignal entkoppelt. In gleicher Weise zeigt man, daß das Tor 1 dieser Anordnung von ZF- und Pumpsignal entkoppelt ist.

Zeichnet man die Schaltung wie in Abb. 15.31 um, dann wird deutlich, daß die vier Dioden in einer ringförmigen Anordnung verschaltet sind. Daher heißt diese Mischeranordnung *Ringmischer*. Auch der Ausdruck *Brückenmischer* ist gebräuchlich.

Wie schon beim Eintaktmischer können übrigens auch Gegentakt- und Ringmischer mit anderen Impedanzen als Parallelresonanzkreisen beschaltet werden. In den meisten Fällen verwendet man Impedanzen, welche keinen Spannungsabfall bei Gleichstromeinspeisung verursachen, da dann Leistungsverluste vermieden werden. Abb. 15.32 zeigt eine mögliche Ausführung eines Gegentaktmischers und eines Ringmischers mit Übertragern.

Die Berechnung von Mischern mit breitbandigeren Quellenimpedanzen wird komplizierter, weil dann die über den Dioden anliegenden Spannungskomponen-

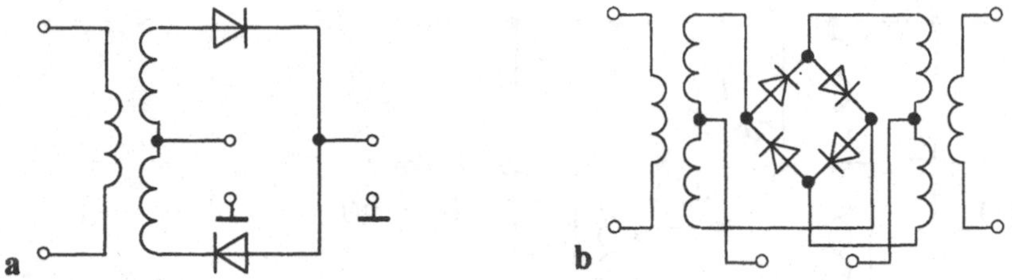

Abb. 15.32 : Mischer mit Übertragern **a** Gegentaktmischer **b** Ringmischer

ten bei anderen Kreisfrequenzen als ω_P, ω_S und ω_Z nicht mehr vernachlässigt werden können. Im Grunde ist die Berechnung aber völlig analog zu den obigen Ausführungen.

Von spezialisierten Herstellern können Diodenpaare oder Diodenquartette zusammen mit Übertragern in einem gemeinsamen Gehäuse erworben werden.

15.2.8.4 Frequenzumsetzer bei Mikrowellenfrequenzen

Bei der Behandlung höherer Frequenzen verwendet man zur Beschreibung der Mischer statt der konventionellen Ströme und Spannungen verallgemeinerte Ströme und Spannungen auf Leitungsquerschnitten. Diese lassen sich ebenfalls in komplexe Leistungswellen umrechnen. Zur Realisierung der Signalsumme und der Resonanzen verwendet man im Mikrowellenbereich Richtkoppler und Resonatoren.

Abb. 15.33 zeigt eine mögliche Ausführungsform eines Gegentaktmischers mit einem 0°/180°-3dB-Koppler. Sie entsteht aus der Mischerschaltung gemäß Abb. 15.28 durch Weglassen der Kapazitäten aus dem Pump- und dem Signalkreis und Ersatz der Übertrager durch den Koppler.

Bei der Auswahl des Kopplers muß darauf geachtet werden, daß die Mischerdioden einen Signalpfad finden, der den bei Frequenz 0 fließenden Richtstrom führen kann.

Auch für Brückenmischer lassen sich Strukturen mit Kopplern finden. Die hohen Symmetrieanforderungen an Dioden und Leitungsausführungen erschweren hier aber den konstruktiven Aufbau erheblich. Daher findet man in der Mikrowellentechnik überwiegend Mischeranordnungen mit ein oder zwei Dioden.

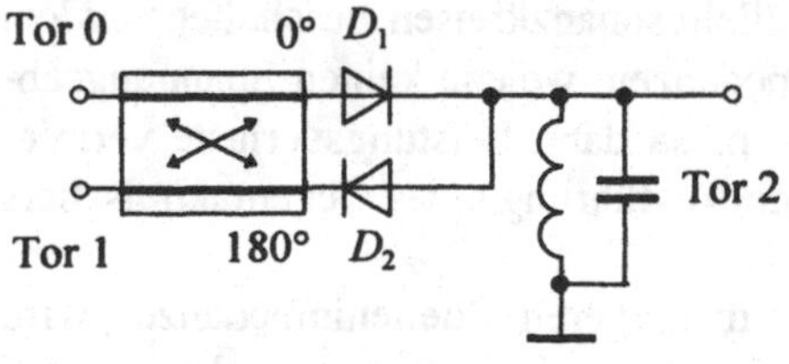

Abb. 15.33 : Mikrowellenausführung eines Gegentaktmischers

15.3 Zusammenfassung

In diesem Kapitel wurden wichtige Baugruppen abgehandelt, für deren Verständnis die Anwendung nichtlinearer Beschreibungsweisen erforderlich ist.

Gleichrichter sind Baugruppen, die zur Messung eines aus der mittleren Leistung des Eingangssignals abgeleiteten Maßes dienen. Zu ihrer Beschreibung wurden mathematische Verfahren herangezogen, die immer dann anwendbar sind, wenn das Eingangssignal näherungweise periodisch ist.

Mischer sind Baugruppen mit nichtlinearem Übertragungsverhalten, welche Eingangssignale unterschiedlicher Frequenzen so miteinander verknüpfen, daß neue Signale mit Frequenzen entstehen, welche sich als Linearkombinationen der Frequenzen der Eingangssignale darstellen lassen.

Werden Mischer in Filterschaltungen eingebettet, dann kann man aus ihnen Frequenzumsetzer entwickeln. Die unterschiedlichen Frequenzumsetzerklassen wurden ausführlich abgehandelt.

Frequenzumsetzer lassen ein neues Problem entstehen, das durch die Nichtlinearität der verwendeten Mischerbaugruppe verursacht wird. Es handelt sich dabei um die Existenz der Spiegelfrequenzen, die als unerwünschte Mischprodukte in die Frequenzebene des umgesetzten Signals fallen.

Unter bestimmten Umständen können Frequenzumsetzer in Näherung durch ein lineares Gleichungssystem beschrieben werden, welches das umzusetzende Nutzsignal, ein möglicherweise zu berücksichtigendes spiegelfrequentes Störsignal und die umgesetzten Signale in Beziehung setzt.

15.4 Übungsaufgaben und Fragen zum Verständnis

1. Es sei ein hypothetisches Eintor gegeben, dessen Strom-Spannungs-Kennlinie durch den Zusammenhang $i = K u^3$ gegeben ist.
   a. Bestimmen Sie das Spektrum des Stromes, wenn das Eintor durch eine idealisierte harmonische Spannungsquelle angesteuert wird.
   b. Bestimmen Sie das Spektrum der Spannung, wenn das Eintor durch eine idealisierte harmonische Stromquelle angesteuert wird.

   Beschreiben Sie den wesentlichen Unterschied der beiden Ansteuerungsarten.
2. Ein amplitudenmoduliertes Signal mit der Mittenfrequenz 560 kHz, einem maximalen Modulationsgrad von 50% und einer maximalen Frequenz des modulierenden Signals von 5 kHz soll mit Hilfe eines einfachen Spitzenwertgleichrichters entsprechend Abb. 15.4 demoduliert (gleichgerichtet) werden. Geben Sie Abschätzungen für die Grenzfrequenz des Gleichrichtertiefpasses an.

3. Die Nichtlinearität eines einfachen Diodengleichrichters nach Abb. 15.4 wird durch die Kennlinie

$$i_D = g_D\,(u_D - U_K)\,\mathbb{1}^{(+)}(u_D - U_K)$$

beschrieben. Der Tiefpaß im Diodengleichrichter sei so beschaffen, daß nur die Überlagerung aus einer Gleichspannung U_0 und einer harmonischen Spannung mit Kreisfrequenz ω über der Diode anliegt. Berechnen Sie den Strom mit der Kreisfrequenz ω durch die Diode.
4. Ein (multiplikativer) Frequenzumsetzer soll das UKW-Frequenzband (88 MHz bis 108 MHz) so in eine zwischenfrequente Ebene umsetzen, daß die Eingangsfrequenz 98 MHz auf die Frequenz 10,7 MHz abgebildet wird.
   a. Geben Sie zwei mögliche Frequenzlagen des Lokaloszillatorsignals an. Arbeitet der Umsetzer als Gleichlage- oder als Kehrlageumsetzer?
   b. Bestimmen Sie die Spiegelfrequenzen zu der Eingangsfrequenz 98 MHz für die Lösungen des Aufgabenteils a.
5. Leiten Sie die Konversionsmatrix eines Frequenzumsetzers mit Ringmischer unter der Voraussetzung her, daß außer der Signalfrequenz, der Spiegelfrequenz, der Pumpfrequenz und der Zwischenfrequenz im Mischer keine weiteren Frequenzen mehr berücksichtigt werden müssen.
6. Die Diodenringe in einem Brückengleichrichter und einem Brückenmischer unterscheiden sich in der Anordnung der Dioden. Angenommen, man würde in einer Frequenzumsetzerschaltung mit Ringmischer die Dioden genauso ausrichten wie in einem Gleichrichter, würde dann die Schaltung immer noch als Frequenzumsetzer arbeiten? Wenn ja, gibt es grundlegende Unterschiede im Verhalten?

16 Mathematische Hilfsmittel der HF-Technik (IV): Wahrscheinlichkeitstheorie

In diesem Kapitel sollen die mathematischen Grundlagen für den Umgang mit Signalen zur Verfügung gestellt werden, welche durch statistische Störungen überlagert sind.

Für diese Aufgabenstellung gibt es seit etwa den dreißiger Jahren dieses Jahrhunderts eine gut ausgearbeitete Theorie, nämlich die mathematische Wahrscheinlichkeitstheorie und Statistik.

16.1 Statistische Wahrscheinlichkeitstheorie

16.1.1 Einleitende Gedanken

Auf Grund des großen Stoffumfanges der Mathematik für Ingenieure wird die Wahrscheinlichkeitstheorie meist nur in äußerst knapper axiomatischer Form vermittelt. Dies birgt die Gefahr, daß der mathematisch sehr ausgefeilte Apparat der Wahrscheinlichkeitstheorie nicht optimal und mit dem gebotenen Verständnis eingesetzt wird.

Daher werden nachfolgend zunächst die Grundzüge der statistischen Wahrscheinlichkeitstheorie nach Richard von Mises[1] [16.1], [16.2] eingeführt. Diese hat den großen Vorteil der Praxisnähe. Sie leidet aber gleichzeitig unter dem Nachteil, von einer Vielzahl plausibler, aber kaum zu verifizierender Voraussetzungen abzuhängen. Durch Abstraktion wird daher in Abschnitt 16.2 daraus die axiomatische Theorie nach Kolmogorow[2] [16.3] hergeleitet.

16.1.2 Zufällige Ereignisse und Ergebnisse

Es sei eine Vorschrift zur Beobachtung (Messung) eines *Ereignisses* gegeben. Das *Ergebnis* der Beobachtung (Messung) wird protokolliert. Falls möglich, wird dem Ergebnis eine Zahl oder ein in einem Vektor gespeicherter Zahlensatz ξ zugeordnet.

---

[1] Richard Edler von Mises (1883-1953) , österreichischer Mathematiker, Begründer einer auf statistischen Beobachtungen aufgebauten Wahrscheinlichkeitstheorie.

[2] Andrej Nikolajewitsch Kolmogorow (1903-1987), russischer Mathematiker, gilt als einer der Begründer der modernen Wahrscheinlichkeits- und Maßtheorie.

Beispiel 16.1:

Es wird eine Münze geworfen, die auf einer Seite einen Kopf, auf der anderen eine Zahl abbildet. Das Ereignis ist also der Münzwurf. Die möglichen konkreten Ergebnisse sind dann[1]

1. „Münze zeigt Kopf",
2. „Münze zeigt Zahl".

Bei Kopf wird die Zahl $\xi = 1$, bei Zahl die Zahl $\xi = 2$ notiert. Damit ist das konkrete Ergebnis der Messung in Kurzfassung durch die Zahl $\xi \in \{1,2\}$ charakterisierbar. ♦

Beispiel 16.2:

Das zu beobachtende Experiment sei der Wurf eines Würfels. Das Ereignis ist dann der aktuelle Wurf. Die möglichen konkreten Ergebnisse sind[2]

1. „Würfel zeigt 1 Auge",
2. „Würfel zeigt 2 Augen",
3. „Würfel zeigt 3 Augen",
4. „Würfel zeigt 4 Augen",
5. „Würfel zeigt 5 Augen",
6. „Würfel zeigt 6 Augen".

Das konkrete Ergebnis kann in Kurzfassung durch die Zahl ξ der Augen charakterisiert werden, d.h.: $\xi \in \{1,2,3,4,5,6\}$. ♦

Beispiel 16.3:

Die Momentanphase eines Oszillatorsignals wird modulo 2π mit Hilfe eines analogen Meßgerätes zu einem Zeitpunkt $t = t_0$ im Vergleich zu einem Referenzsignal gemessen. Das zu beobachtende Ereignis ist die Messung, welche mit einem konkreten Ergebnis endet. Die Gesamtheit aller möglichen Ergebnisse ist dann als „Meßgerät zeigt einen Wert zwischen 0 einschließlich und 2π ausschließlich" zu umschreiben. Als Ergebnis der Messung wird der konkrete Meßwert notiert, d.h.: $\xi \in [0,2\pi)$. ♦

Beispiel 16.4:

Die Spannung an den Klemmen eines unbeschalteten ohmschen Widerstandes wird zu einem Zeitpunkt $t = t_0$ gemessen. Man macht die überraschende Beobachtung, daß das Meßergebnis (als Vielfaches von 1V) nicht

---

[1] Das Ergebnis „Münze steht auf dem Rand" soll durch das Experiment ausgeschlossen sein.

[2] Das Ergebnis „Würfel bleibt auf einer Kante oder einer Ecke stehen" soll durch das Experiment ausgeschlossen sein.

etwa immer 0 ist, sondern positiv oder negativ sein kann und praktisch beliebig hohen Absolutwert haben kann. Die meisten Messungen enden allerdings mit einem sehr kleinen Zahlenwert. Hier ist das Ereignis die Messung, welche als konkretes Ergebnis einen Spannungswert ξ (gemessen in V) hat, für den $\xi \in (-\infty,\infty)$ gilt. ◆

Beispiel 16.5:

Es werden gleichzeitig zwei unterscheidbare Münzen geworfen. Das Ereignis ist also der aktuelle Wurf der beiden Münzen. Die möglichen konkreten Ergebnisse und ihre Notation werden wie folgt beschrieben:

1. „Beide Münzen zeigen Kopf". Als Ergebnis wird (0,0) notiert.
2. „Die erste der beiden Münzen zeigt Kopf und die zweite Zahl". Als Ergebnis wird (0,1) notiert.
3. „Die erste der beiden Münzen zeigt Zahl und die zweite Kopf". Als Ergebnis wird (1,0) notiert.
4. „Beide Münzen zeigen Zahl". Als Ergebnis wird (1,1) notiert.

In diesem Fall ist das Ergebnis durch ein Zahlenpaar ξ charakterisierbar und es gilt

$$\xi \in \{(0,0)\,,(0,1)\,,(1,0),(1,1)\}.$$ ◆

Allen fünf gegebenen Beispielen ist gemeinsam, daß das exakte Ergebnis vor Durchführung des Experiments nicht vorhergesagt werden kann: Die Ergebnisse sind dem Zufall unterworfen. Man sagt daher, das der Messung zugrunde liegende Ereignis sei ein *zufälliges Ereignis* im Gegensatz zu einem determinierten Ereignis, das sich exakt vorhersagen läßt.

Es ist einleuchtend, daß die Art des Meßergebnisses von den genauen Umständen des Experimentes abhängt. Werden beispielsweise gleichzeitig zwei Münzen geworfen, aber immer nur das Ergebnis der ersten der beiden Münzen notiert, dann wird man im Endergebnis nur gleich viel Kenntnis erlangen wie in dem Experiment, in dem nur eine Münze geworfen wurde.

Daher muß bei der Behandlung von zufälligen Ereignissen genauestens definiert werden, welche möglichen Ergebnisse eines Experimentes protokolliert werden. Man schlüsselt danach alle möglichen Ergebnisse auf und faßt diese in einer *Ergebnismenge* $\mathcal{S}$ (engl.: sample space) zusammen, d.h. jedes denkbare Ergebnis, das als Resultat des zufälligen Ereignisses beobachtet werden könnte, wird als Element der Ergebnismenge betrachtet.

Beispiel 16.1: (Fortsetzung)

Die Ergebnismenge ist im Fall einer geworfenen Münze

$$\mathcal{S} := \{\text{„Münze zeigt Kopf"}, \text{„Münze zeigt Zahl"}\} = \{1,2\} \quad . \qquad (16.1)$$ ◆

Elemente einer Ergebnismenge können nach Bedarf zu Teilmengen zusammengefaßt werden.

Beispiel 16.2: (Fortsetzung)

Beim Würfelexperiment ist die Ergebnismenge in Kurzform als

$$\mathcal{S} := \{1,2,3,4,5,6\} \tag{16.2}$$

zu beschreiben. Mit

$$\mathcal{S}_{\text{gerade}} := \{2,4,6\} \tag{16.3}$$

wird daher eine Untermenge der Ergebnismenge gegeben, welche das Ergebnis „gerade Augenzahl" beschreibt. ♦

Ergebnismengen und ihre Teilmengen können Mengen mit endlich vielen Elementen (Beispiel 16.1, Beispiel 16.2, Beispiel 16.5) oder unendlich vielen Elementen (Beispiel 16.3, Beispiel 16.4) sein.

16.1.3 Zufallsvariable und die Arbeitshypothese der Statistik

In den genannten Beispielen wurden die einzelnen Elemente der Ergebnismenge bzw. ihrer Teilmengen verabredungsgemäß durch eine Zahl oder einen Vektor ξ gekennzeichnet.

Betrachtet man ξ als Platzhalter für eine Zahl oder einen Vektor, der erst noch durch Messung zu bestimmen ist, dann ist ξ eine Variable. Dagegen ist ξ als Ergebnis einer konkreten Messung eine Zahl oder ein Vektor, der möglicherweise noch mit Maßeinheiten zu multiplizieren ist; siehe Beispiel 16.4.

Da ξ Ergebnis eines zufälligen Ereignisses ist, sagt man, die Meßergebnisse seien *Zufallszahlen* oder *Zufallswerte* aus dem Ergebnisraum, die entsprechenden Variablen seien *Zufallsvariablen* oder *stochastische*[1] *Variablen*.

Angenommen, die Messung wird an N identischen Meßapparaturen ausgeführt, dann ergeben sich N Meßergebnisse $\xi_1, \ldots, \xi_N$. Diese müssen nicht unbedingt gleich sein.

Beispiel 16.1: (Fortsetzung)

Bei N geworfenen Münzen müssen nicht alle Ergebnisse „Kopf" bzw. „Zahl" sein. ♦

Statt je eine Messung an N identischen Meßapparaturen durchzuführen, kann man auch N Messungen nacheinander an der gleichen Meßapparatur durchführen,

[1] Aus dem Altgriechischen: *στοχαστική τέξνη* = die Fähigkeit des geschickten Vermutens

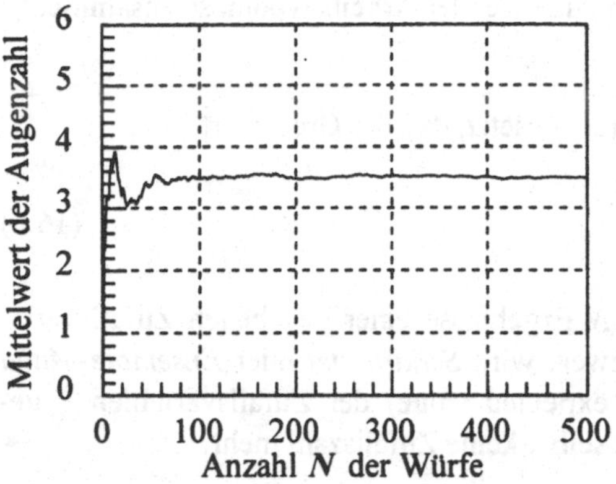

Abb. 16.1: Arithmetisches Mittel von N Würfelexperimenten

wenn sichergestellt ist, daß die Meßapparatur nicht zeitvariant ist. Die Gesamtheit der Meßwerte wird auch *Meßensemble* genannt.

Aus der Zufallsvariablen ξ können neue Zufallsvariablen η als Funktionen von ξ gebildet werden:

$$\eta = g(\xi) \quad . \tag{16.4}$$

Zur Demonstration wird angenommen, daß die Ergebnisse ξ_i von N Ereignisauswertungen in einer Tabelle dokumentiert werden. Daraus wird dann das arithmetische Mittel gebildet:

$$\xi_{Mittel}(N) := (\xi_1 + \ldots + \xi_N)/N = \sum_{i=1}^{N} \xi_i / N \quad . \tag{16.5}$$

$\xi_{Mittel}(N)$ ist eine Abbildung von N Ergebnissen einer gegebenen Zufallsvariablen auf einen neuen Wert. Dieser Wert ist offenbar ebenfalls zufälliger Natur.

In Abb. 16.1 ist $\xi_{Mittel}(N)$ für wachsendes N eines konkreten Würfelexperimentes aufgetragen.

Im gegebenen Experiment scheint es so, als ob sich der Mittelwert einem konstanten Wert nähert, der dann per definitionem kein Zufallswert mehr sein kann.

Tatsächlich führen alle Würfelexperimente mit einem vorgegebenen Würfel bei hinreichend großer Anzahl der Würfe immer wieder zu dem Ergebnis, daß sich der Mittelwert mit steigender Wurfzahl einem konstanten Wert nähert. Man kann also sagen, daß man bei großer Anzahl von Würfelexperimenten diesen Wert erwarten kann. Bei ausgewogenen Würfeln ist übrigens dieser Erwartungswert in der Gegend von 3,5.

Dieses Verhalten, nämlich daß sich der Mittelwert einer Zufallsvariablen über N Ergebnisse bei hinreichend großem N einem konstanten Wert zu nähern scheint, trifft erfahrungsgemäß auf alle Zufallsexperimente zu.

Diese Beobachtungstatsache faßt man zu folgender Arbeitshypothese zusammen:

Arbeitshypothese der Statistik:

Als Arbeitshypothese wird vorausgesetzt, daß der Grenzwert

$$\langle\xi\rangle := \lim_{N\to\infty} \sum_{i=1}^{N} \xi_i / N \tag{16.6}$$

einer Mittelwertbildung über N Ergebnisse einer gegebenen Zufallsvariablen ξ existiert. Dieser Grenzwert wird *Scharmittel* oder *Ensemble-Mittel* oder *Erwartungswert* (engl.: expected value) der Zufallsvariablen ξ genannt. Der Erwartungswert ist selbst keine Zufallszahl mehr. ♦

Anmerkung:

Selbstverständlich kann diese Arbeitshypothese niemals streng verifiziert werden. Dazu wäre nämlich die unendlich häufige Wiederholung des Experimentes nötig. Tatsächlich ist diese Arbeitshypothese aber nach den vorliegenden Erkenntnissen außerordentlich gut erfüllt. Sie wird bei jeder *Anwendung* der mathematischen Wahrscheinlichkeitstheorie als gegeben vorausgesetzt.

16.1.4 Mittelwerte und relative Häufigkeiten

Im Fall des Würfelexperimentes ist die Bildung einer „Indikatorfunktion" interessant, welche genau dann das Ergebnis 1 liefert, wenn als Ergebnis des Experimentes ein bestimmter Wert k erscheint. Ähnliche Indikatorfunktionen werden immer dann benötigt, wenn Zufallsexperimente mit diskreten Ergebnissen erwartet werden.

Man konstruiert diese Indikatorfunktionen mit Hilfe der unsymmetrischen Einheitssprungfunktion

$$\mathbb{1}^{(+)}(x) := \begin{cases} 0 & \text{für } x < 0 \\ 1 & \text{für } x \geq 0 \end{cases} . \tag{16.7}$$

Dann ist mit $a < b$:

$$\mathbb{1}^{(+)}(b-\xi) - \mathbb{1}^{(+)}(a-\xi) = \begin{cases} 0 & \text{für} \quad \xi \leq a \\ 1 & \text{für} \quad a < \xi \leq b \\ 0 & \text{für} \quad \xi > b \end{cases} \tag{16.8}$$

bzw.

$$\mathbb{1}^{(+)}(\xi-a) - \mathbb{1}^{(+)}(\xi-b) = \begin{cases} 0 & \text{für} \quad \xi < a \\ 1 & \text{für} \quad a \leq \xi < b \\ 0 & \text{für} \quad \xi \geq b \end{cases} . \tag{16.9}$$

Mit Hilfe eines Wertes ε, für den $0<\varepsilon<2$ gelten soll, läßt sich dann die Indikatorfunktion für das Würfelergebnis k wie folgt definieren:

$$\eta(\xi;k,\varepsilon):=\mathbb{1}^{(+)}(k+\varepsilon/2-\xi)-\mathbb{1}^{(+)}(k-\varepsilon/2-\xi) \quad . \tag{16.10}$$

Es ist also:

$$\eta(\xi,k,\varepsilon)=\begin{cases}0 & \text{für} \quad \xi\le k-\varepsilon/2\\ 1 & \text{für} \quad k-\varepsilon/2<\xi\le k+\varepsilon/2\\ 0 & \text{für} \quad \xi>k+\varepsilon/2\end{cases} \quad . \tag{16.11}$$

Da aber ξ nur der diskreten Wertemenge $\{1,2,3,4,5,6\}$ entstammen kann, ist

$$\eta(\xi;k,\varepsilon)=\begin{cases}0 & \text{für} \quad \xi<k\\ 1 & \text{für} \quad \xi=k\\ 0 & \text{für} \quad \xi>k\end{cases} \quad . \tag{16.12}$$

Die Funktion $\eta(\xi,k,\varepsilon)$ ist also immer dann 1, wenn als Würfelergebnis die Zahl k erscheint. Sie ist damit als Werkzeug zur Abzählung der Häufigkeit der einzelnen Würfelergebnisse geeignet: Man muß nur die Summe aller konkreten Ergebnisse für η bilden. Abb. 16.2 zeigt dies für das der Abb. 16.1 zugrunde liegende Experiment.

Man erkennt, daß die Häufigkeiten relativ nahe beieinander liegen, aber (noch?) nicht gleich groß sind. Bei sehr großer Zahl der Würfe würde man – absolute Symmetrie des Würfels vorausgesetzt – gleiche Häufigkeiten der Ergebnisse erwarten.

Selbstverständlich kann auch über die Indikatorfunktion, welche offensichtlich eine Zufallsvariable darstellt, das arithmetische Mittel gebildet werden:

$$\eta_{Mittel}(\xi;k,\varepsilon;N):=\sum_{i=1}^{N}\eta(\xi_i;k,\varepsilon)/N=M^{(k)}/N \quad . \tag{16.13}$$

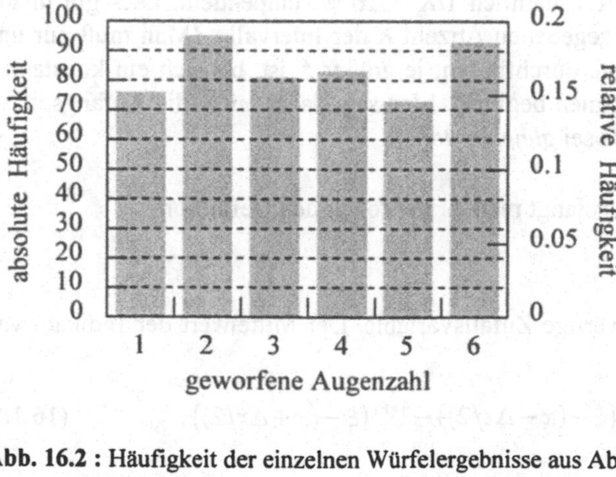

Abb. 16.2 : Häufigkeit der einzelnen Würfelergebnisse aus Abb. 16.1.

Dabei ist $M^{(k)}$ die Anzahl der Würfe, die mit dem Ergebnis k geendet haben. $\eta_{Mittel}(\xi\,;k,\varepsilon\,;N)$ ist daher die relative Häufigkeit des Würfelergebnisses k bei N Würfen.

Die Übertragung des Begriffes „relative Häufigkeit" auf die Messung aus Beispiel 16.3 muß mit Sorgfalt erfolgen. Hier gibt es nämlich keine diskreten Meßergebnisse mehr: Es können alle reellen Phasenwerte zwischen 0 einschließlich und 2π ausschließlich als Meßergebnisse erscheinen.

Man behilft sich hier mit einer einfachen Vorgehensweise. Unterteilt man nämlich das halboffene Intervall $[0,2\pi)$ in K Intervalle gleicher Breite Δx,

$$\Delta x := 2\pi/K \quad , \tag{16.14}$$

und mit den Mittelpunkten

$$x_k := (2k-1)\,\Delta x/2 = (2k-1)\,\pi/K \quad , \quad k=1,2,\ldots,K \quad , \tag{16.15}$$

dann kann man auch hier eine Indikatorfunktion

$$\eta(\xi;x_k,\Delta x) := \mathbb{1}^{(+)}((x_k+\Delta x/2)-\xi) - \mathbb{1}^{(+)}((x_k-\Delta x/2)-\xi) \tag{16.16}$$

bilden. Diese liefert den Wert 1, wenn das Ergebnis „ξ liegt im Intervall um x_k" auftritt. Daraus kann dann auch wieder eine relative Häufigkeit bei N Experimenten bestimmt werden:

$$\eta_{Mittel}(\xi;x_k,\Delta x;N) := \sum_{i=1}^{N} \eta(\xi_i;x_k,\Delta x) \Big/ N \quad . \tag{16.17}$$

Beispiel 16.3: (Fortsetzung)

Bei hinreichend häufiger Durchführung der Messung der Anfangsphase eines Oszillators stellt man fest, daß sich bei Unterteilung des halboffenen Intervalls $[0,2\pi)$ in K Intervalle gleicher Breite die relativen Häufigkeiten für das Auffinden einer Anfangsphase in je einem dieser Intervalle in etwa auf den gleichen Wert, nämlich $1/K = \Delta x/2\pi$, einpendeln. Dies gilt unabhängig von der vorgegebenen Anzahl K der Intervalle. (Man muß nur um so mehr Experimente durchführen, je größer K ist, bis sich ein konstanter Mittelwert abzuzeichnen beginnt). Man sagt daher auch, die Anfangsphase des Oszillatorsignals sei *gleichverteilt*. ♦

Durch Verallgemeinerung gelangt man zu der folgenden Definition:

Definition 16.1:

Es sei ξ eine reellwertige Zufallsvariable. Der Mittelwert der Indikatorvariablen

$$\eta(\xi;x,\Delta x) := \mathbb{1}^{(+)}(\xi-(x-\Delta x/2)) - \mathbb{1}^{(+)}(\xi-(x+\Delta x/2)) \tag{16.18}$$

über N Experimente,

$$\eta_{Mittel} := \frac{1}{N}\sum_{n=1}^{N}\left\{\mathbb{1}^{(+)}(\xi_n-(x-\Delta x/2))-\mathbb{1}^{(+)}(\xi_n-(x+\Delta x/2))\right\}, \qquad (16.19)$$

ist die *relative Häufigkeit* des Ergebnisses „$\xi \in (x-\Delta x/2\,, x+\Delta x/2]$" bei N Experimenten.

Ist ξ ein Vektor mit den L Komponenten $\xi^{(1)},\ldots,\xi^{(L)}$, dann ist

$$\eta_{Mittel}(\xi;x,\Delta x;N):=$$

$$\frac{1}{N}\sum_{n=1}^{N}\prod_{l=1}^{L}\left\{\mathbb{1}^{(+)}\left(\xi_n^{(l)}-\left(x^{(l)}-\Delta x^{(l)}/2\right)\right)-\mathbb{1}^{(+)}\left(\xi_n^{(l)}-\left(x^{(l)}+\Delta x^{(l)}/2\right)\right)\right\}\quad, \qquad (16.20)$$

der entsprechende Ausdruck für die relative Häufigkeit. ◆

Beispiel 16.5: (Fortsetzung)

Die relative Häufigkeit eines Einserpaschs mit zwei Würfeln wird durch

$$\eta_{Mittel}(\xi;1,2\varepsilon;N)=$$

$$\frac{1}{N}\sum_{n=1}^{N}\left\{\mathbb{1}^{(+)}\left(\xi_n^{(1)}-1+\varepsilon\right)-\mathbb{1}^{(+)}\left(\xi_n^{(1)}-1-\varepsilon\right)\right\}\left\{\mathbb{1}^{(+)}\left(\xi_n^{(2)}-1+\varepsilon\right)-\mathbb{1}^{(+)}\left(\xi_n^{(2)}-1-\varepsilon\right)\right\} \qquad (16.21)$$

mit $0<\varepsilon<1$ gegeben. Bei fairen Würfeln erwartet man – hinreichend grosses N vorausgesetzt – den Wert 1/36. ◆

16.1.5 Wahrscheinlichkeiten als relative Häufigkeiten

Unter der Voraussetzung, daß die Arbeitshypothese der Statistik gilt, existiert der Grenzwert der relativen Häufigkeit und ist für die jeweilige Zufallsvariable ein Maß dafür, wie *wahrscheinlich* ihr Ergebnis in der Umgebung von x ist.

Definition 16.2 :

Unter der Voraussetzung, daß die Arbeitshypothese der Statistik gilt, wird die *Wahrscheinlichkeit* $\mathcal{P}(\xi \in [x-\Delta x/2\,, x+\Delta x/2))$ für das Auftreten eines bestimmten Ergebnisses ξ in einer Umgebung von x definiert als Grenzwert der relativen Häufigkeit dieses Ereignisses:

$$\mathcal{P}(\xi\in(x-\Delta x/2,x+\Delta x/2]) := \lim_{N\to\infty}\{\eta_{Mittel}(\xi;x,\Delta x;N)\}$$

$$=\lim_{N\to\infty}\left\{\frac{1}{N}\sum_{n=1}^{N}\left\{\mathbb{1}^{(+)}(\xi_n-x+\Delta x/2)-\mathbb{1}^{(+)}(\xi_n-x-\Delta x/2)\right\}\right\} \quad . \qquad (16.22)$$

Entsprechendes wird für vektorwertige ξ definiert. ◆

Auf Grund der Definition als Grenzwert relativer Häufigkeiten ist es sofort klar, daß

1. die Wahrscheinlichkeit für ein mit Sicherheit nie auftretendes Ereignis gleich 0 ist,
2. die Wahrscheinlichkeit für das Auftreten irgendeines aus der Gesamtheit aller möglichen auftretenden Ereignisse, also die Wahrscheinlichkeit des sicheren Ereignisses gleich 1 ist,
3. die Wahrscheinlichkeit irgendeines konkreten Ereignisses zwischen 0 und 1 einschließlich liegen muß.

Weiter ist einleuchtend, daß die Wahrscheinlichkeit dafür, daß sich ξ entweder in einer Umgebung von x oder in einer Umgebung von y befindet, durch

$$\begin{aligned}&\mathcal{P}\big(\xi\in(x-\Delta x/2;x+\Delta x/2]\vee\xi\in(y-\Delta y/2;y+\Delta y/2]\big)\\&=\mathcal{P}\big(\xi\in(x-\Delta x/2;x+\Delta x/2]\big)+\mathcal{P}\big(\xi\in(y-\Delta y/2;y+\Delta y/2]\big)\end{aligned}\tag{16.23}$$

gegeben wird, sofern sich die Umgebungen nicht überschneiden.

16.1.6 Mengenformulierung der Wahrscheinlichkeit

Etwas kürzer läßt sich der obige Sachverhalt formulieren, wenn man zwei Mengen

$$\mathcal{A}:=(x-\Delta x/2,x+\Delta x/2]\quad,\quad\mathcal{B}:=(y-\Delta y/2,y+\Delta y/2]\tag{16.24}$$

einführt. Dann ist nämlich

$$\mathcal{P}(\xi\in\mathcal{A}\vee\xi\in\mathcal{B})=\mathcal{P}(\xi\in\mathcal{A})+\mathcal{P}(\xi\in\mathcal{B})\quad\text{falls}\quad\mathcal{A}\cap\mathcal{B}=\varnothing\tag{16.25}$$

oder noch kürzer:

$$\mathcal{P}(\mathcal{A}\cup\mathcal{B})=\mathcal{P}(\mathcal{A})+\mathcal{P}(\mathcal{B})\quad\text{falls}\quad\mathcal{A}\cap\mathcal{B}=\varnothing\quad.\tag{16.26}$$

Im Fall sich überschneidender Umgebungen geht man wie folgt vor. Man bildet zunächst die Schnittmenge $\mathcal{A}\cap\mathcal{B}$ zwischen $\mathcal{A}$ und $\mathcal{B}$. Die Menge $\mathcal{A}\cup\mathcal{B}$ läßt sich dann als Vereinigung der Menge $\mathcal{A}$ mit der dazu disjunkten Menge

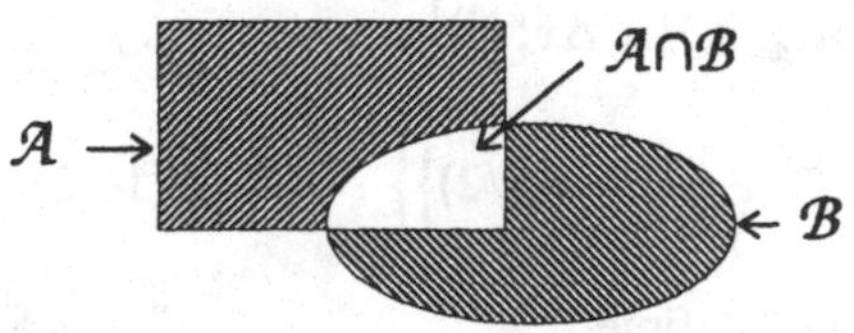

Abb. 16.3: Zerlegung der Mengen $\mathcal{A}$ und $\mathcal{B}$ in disjunkte Mengen

$$C=\mathcal{B}\setminus(\mathcal{A}\cap\mathcal{B}) \tag{16.27}$$

schreiben (siehe auch Abb. 16.3). C ist also die Differenzmenge zwischen $\mathcal{B}$ und $\mathcal{A}\cap\mathcal{B}$. Damit gilt:

$$\mathcal{B}=C\cup(\mathcal{A}\cap\mathcal{B}) \quad ; \quad C\cap(\mathcal{A}\cap\mathcal{B})=\varnothing \quad . \tag{16.28}$$

Es ist also

$$\mathcal{A}\cup\mathcal{B}=\mathcal{A}\cup C\cup(\mathcal{A}\cap\mathcal{B})=\mathcal{A}\cup C \quad . \tag{16.29}$$

Wegen Gleichung (16.28) ist

$$\mathcal{P}(\mathcal{B})=\mathcal{P}(C)+\mathcal{P}(\mathcal{A}\cap\mathcal{B}) \quad , \tag{16.30}$$

also

$$\mathcal{P}(C)=\mathcal{P}(\mathcal{B})-\mathcal{P}(\mathcal{A}\cap\mathcal{B}) \quad . \tag{16.31}$$

Wegen Gleichung (16.29) ist weiter

$$\mathcal{P}(\mathcal{A}\cup\mathcal{B})=\mathcal{P}(\mathcal{A}\cup C)=\mathcal{P}(\mathcal{A})+\mathcal{P}(C) \quad , \tag{16.32}$$

also

$$\mathcal{P}(\mathcal{A}\cup\mathcal{B})=\mathcal{P}(\mathcal{A})+\mathcal{P}(\mathcal{B})-\mathcal{P}(\mathcal{A}\cap\mathcal{B}) \quad . \tag{16.33}$$

Die Wahrscheinlichkeit für das Auftreten eines Ereignisses läßt sich daher als eine Abbildung von Mengen auffassen. Da die Urbilder dieser Abbildung Mengen sind, muß die Urbildmenge eine Menge von Mengen sein.

Um dies genauer zu formulieren, wird die sogenannte *Ereignismenge* $\mathcal{E}$ konstruiert. Diese enthält als Elemente alle möglichen Teilmengen der Ergebnismenge $\mathcal{S}$, also auch die leere Menge $\varnothing$ und die Ergebnismenge $\mathcal{S}$ selbst.

Offenbar steht das Element $\varnothing$ der Ereignismenge für das *unmögliche Ereignis* und das Element $\mathcal{S}$ der Ereignismenge für das *sichere Ereignis*. Jedes andere Element steht für das konkrete Auftreten eines anderen möglichen Ereignisses, das durch die Beobachtung des Experimentes erfaßt wird, und wird daher im folgenden kurz *Ereignis* genannt.

Für die bisher behandelten Ergebnis- und Ereignismengen gilt, daß für eine unendliche Folge $\mathcal{A}_i$ von Ereignissen auch ihre Vereinigung Element der Ereignismenge ist und daß zu einem Ereignis $\mathcal{A}$ der Ereignismenge auch das Komplement $\mathcal{A}=\mathcal{S}\setminus\mathcal{A}$ Element der Ereignismenge ist.

Schränkt man sich auf Ereignismengen mit dieser (nicht bei jeder Menge gegebenen) Struktur ein, dann heißen diese *Borelsche Mengenkörper*.

Definition 16.3 :

Es sei $\mathcal{S}$ eine nichtleere Menge. Es sei $\mathcal{E}$ eine Menge mit den folgenden Eigenschaften:

1. $\mathcal{A} \subset \mathcal{S} \Leftrightarrow \mathcal{A} \in \mathcal{E}$. (16.34)
2. Falls $\mathcal{A} \in \mathcal{E}$, dann folgt $\overline{\mathcal{A}} = \mathcal{S} \setminus \mathcal{A} \in \mathcal{E}$. (16.35)
3. Falls $\mathcal{A}, \mathcal{B} \in \mathcal{E}$, dann folgt $\mathcal{A} \cup \mathcal{B} \in \mathcal{E}$. (16.36)
4. Falls $\mathcal{A}_1, \mathcal{A}_2, \ldots, \mathcal{A}_i, \ldots \in \mathcal{E}$, dann folgt $\bigcup_{i=1}^{\infty} \mathcal{A}_i \in \mathcal{E}$. (16.37)

$\mathcal{E}$ ist dann ein sogenannter *Borelscher Mengenkörper* oder eine *σ-Algebra.*

◆

Es sollen hier ausschließlich Ereignismengen vorausgesetzt werden, welche Borelsche[1] Mengenkörper sind. Damit ist die Wahrscheinlichkeit eine Abbildung

$$\begin{aligned} \mathcal{P} : \mathcal{E} &\to \mathrm{R} \\ \mathcal{A} &\mapsto \mathcal{P}(\mathcal{A}) \end{aligned} \tag{16.38}$$

mit den Eigenschaften:

1. $\mathcal{P}(\emptyset) = 0$, (16.39)
2. $\mathcal{P}(\mathcal{S}) = 1$, (16.40)
3. $\mathcal{P}(\mathcal{A}) \geq 0 \quad \forall \mathcal{A} \in \mathcal{E}$, (16.41)
4. $\mathcal{P}(\mathcal{A} \cup \mathcal{B}) = \mathcal{P}(\mathcal{A}) + \mathcal{P}(\mathcal{B}) \quad$ falls $\quad \mathcal{A} \cap \mathcal{B} = \emptyset$. (16.42)

Die Wahrscheinlichkeitsfunktion ist ein Beispiel für eine *Maßfunktion*, das ist eine Abbildung mit den in der folgenden Definition gegebenen Eigenschaften.

Definition 16.4 :

Es sei $\mathcal{E}$ eine Borelscher Mengenkörper und f eine Abbildung

$$\begin{aligned} f : \mathcal{E} &\to \mathrm{R} \\ \mathcal{A} &\mapsto f(\mathcal{A}) \end{aligned} \tag{16.43}$$

mit den Eigenschaften:

1. $f(\emptyset) = 0$, (16.44)
2. $f(\mathcal{A}) \geq 0 \quad \forall \mathcal{A} \in \mathcal{E}$, (16.45)
3. $f(\mathcal{A} \cup \mathcal{B}) = f(\mathcal{A}) + f(\mathcal{B}) \quad$ falls $\quad \mathcal{A} \cap \mathcal{B} = \emptyset \quad \mathcal{A}, \mathcal{B} \in \mathcal{E}$,(16.46)

---

[1] Émile Borel (1871 – 1956), französischer Mathematiker, einer der Begründer der Maßtheorie.

4. $f\left(\bigcup_{i=1}^{\infty} \mathcal{A}_i\right) = \sum_{i=1}^{\infty} f(\mathcal{A}_i)$ falls $\mathcal{A}_i \in \mathcal{E}$ und $\mathcal{A}_i \cap \mathcal{A}_k = \varnothing \ \forall i \neq k$.(16.47)

Dann ist f eine *Maßfunktion* oder ein *Maß*. ♦

Theorem 16.1 :

Die Wahrscheinlichkeit ist eine beschränkte, auf 1 normierte Maßfunktion.♦

Ein Beispiel für eine andere Maßfunktion ist die Länge eines zusammenhängenden Intervalls der reellen Zahlen, welche als Differenz der oberen und der unteren Intervallgrenze gefunden wird. Ein weiteres Beispiel für eine Maßfunktion ist der Inhalt einer Fläche.

16.1.7 Bedingte Wahrscheinlichkeit

Es wird nun die Auswertung eines Zufallsexperimentes untersucht, welches gewissen Bedingungen unterliegt. Dies soll zunächst an einem Beispiel erläutert werden.

Beispiel 16.6:

Es werden gleichzeitig ein weißer und ein schwarzer Würfel geworfen. Es wird nun die relative Häufigkeit folgender drei Ergebnisse registriert:

1. $\mathcal{A}$={weißer Würfel zeigt 2},
2. $\mathcal{B}$={schwarzer Würfel zeigt 5},
3. C={weißer Würfel zeigt 2, schwarzer Würfel zeigt 5}.

Ereignis C kann natürlich nur dann auftreten, wenn auch Ereignis $\mathcal{A}$ auftritt. Ebenso kann Ereignis C nur dann auftreten, wenn auch Ereignis $\mathcal{B}$ auftritt.

Gesucht ist nun die relative Häufigkeit von Ereignis C bezogen auf die relative Häufigkeit des Ereignisses $\mathcal{B}$, also

$$\frac{\eta_{Mittel}(\xi;(2{,}5),\Delta x;N)}{\eta_{Mittel}(\xi;(*{,}5),\Delta x;N)} \quad , \tag{16.48}$$

wobei * für ein beliebiges Ergebnis des weißen Würfels steht. Dieses Verhältnis mißt die relative Häufigkeit des Ereignisses $\mathcal{A}$ unter der Nebenbedingung, daß das Ereignis $\mathcal{B}$ eingetreten ist.

Unter der Annahme der Gültigkeit der Arbeitshypothese der Statistik ist daher dieses Verhältnis im Grenzübergang identisch zu dem Quotienten

$\mathcal{P}(\mathcal{A} \cap \mathcal{B})/\mathcal{P}(\mathcal{B})$. ♦ (16.49)

Dieses Beispiel wird nun verallgemeinert:

Definition 16.5 :

Es sei $\mathcal{P}$ eine Wahrscheinlichkeitsfunktion, welche die Ereignismenge $\mathcal{E}$ auf die reellen Zahlen abbildet. Das Verhältnis

$$\mathcal{P}(\mathcal{A}|\mathcal{B}) := \mathcal{P}(\mathcal{A} \cap \mathcal{B}) / \mathcal{P}(\mathcal{B}) \tag{16.50}$$

wird *bedingte Wahrscheinlichkeit* für das Auftreten des Ereignisses $\mathcal{A}$ unter der Nebenbedingung, daß das Ereignis $\mathcal{B}$ eingetreten ist, genannt. ♦

Die bedingte Wahrscheinlichkeit ist wieder eine auf 1 normierte Maßfunktion, hat also wieder die Eigenschaften einer Wahrscheinlichkeitsfunktion. Der Beweis ist einfach und wird dem Leser überlassen.

Man findet für die bedingte Wahrscheinlichkeit $\mathcal{P}(\mathcal{A}|\mathcal{B})$ auch den Ausdruck *a-posteriori-Wahrscheinlichkeit* für das Ereignis $\mathcal{A}$. Sie ist nämlich die Wahrscheinlichkeit für dieses Ereignis *nachdem*[1] das Ereignis $\mathcal{B}$ eingetreten ist. Folgerichtig nennt man $\mathcal{P}(\mathcal{A})$ auch *a-priori-Wahrscheinlichkeit* für das Ereignis $\mathcal{A}$, weil sie die Wahrscheinlichkeit für das Ereignis $\mathcal{A}$ ist, *bevor*[2] irgendwelche Zusatzbedingungen erfüllt wurden.

Man kann übrigens auch die bedingte Wahrscheinlichkeit $\mathcal{P}(\mathcal{B}|\mathcal{A})$ bestimmen. Für sie gilt in Analogie

$$\mathcal{P}(\mathcal{B}|\mathcal{A}) := \frac{\mathcal{P}(\mathcal{A} \cap \mathcal{B})}{\mathcal{P}(\mathcal{A})} \tag{16.51}$$

und damit

$$\mathcal{P}(\mathcal{B}|\mathcal{A}) = \frac{\mathcal{P}(\mathcal{A} \cap \mathcal{B})}{\mathcal{P}(\mathcal{A})} = \frac{\mathcal{P}(\mathcal{B})\,\mathcal{P}(\mathcal{A}|\mathcal{B})}{\mathcal{P}(\mathcal{A})} \quad . \tag{16.52}$$

Diesen Zusammenhang nennt man auch *Bayessches Theorem*.

Mit Hilfe der bedingten Wahrscheinlichkeiten läßt sich nun auch der Begriff der statistisch unabhängigen Ereignisse einführen:

Definition 16.6 :

Zwei Ereignisse heißen *statistisch unabhängig*, wenn

$$\mathcal{P}(\mathcal{A} \cap \mathcal{B}) = \mathcal{P}(\mathcal{A})\,\mathcal{P}(\mathcal{B}) \tag{16.53}$$

---

[1] a posteriori (lat.) = vom Späteren her

[2] a priori (lat.) = vom Früheren her

gilt. Es ist dann nämlich

$$\mathcal{P}(\mathcal{A}|\mathcal{B}) = \mathcal{P}(\mathcal{A}) \tag{16.54}$$

$$\mathcal{P}(\mathcal{B}|\mathcal{A}) = \mathcal{P}(\mathcal{B}) \quad . \quad \blacklozenge \tag{16.55}$$

16.1.8 Wahrscheinlichkeitsverteilung und -dichte

Es sei nun eine Ergebnismenge gegeben, welche als Elemente reelle Zahlen beinhaltet.

Definition 16.7:

Die Wahrscheinlichkeit $P_\xi(x)$ dafür, daß eine reellwertige Zufallsvariable ξ eine reelle Schranke x nicht überschreitet, wird *Wahrscheinlichkeitsverteilung* genannt. ◆

Offenbar ist $P_\xi(x)$ eine Abbildung, welche die reelle Zahl x auf eine andere reelle Zahl abbildet, die zwischen 0 und 1 liegt.

Beispiel 16.7:

Die Wahrscheinlichkeit für das Ergebnis n beim Wurf eines fairen Würfels scheint 1/6 zu sein. Daher wird von nun an das idealisierte Würfelexperiment als dasjenige Gedankenexperiment definiert, bei dem die Grenzwerte der relativen Häufigkeiten existieren und gleich 1/6 sind. Dann ist $P_\xi(x)$ eine Treppenfunktion:

$$P_\xi(x) = \frac{1}{6}\sum_{n=1}^{6} \mathbb{1}^{(+)}(x-n) \quad . \quad \blacklozenge \tag{16.56}$$

Beispiel 16.8:

Bei der Messung der Anfangsphase eines Oszillators scheinen die relativen Häufigkeiten für das Auffinden einer Anfangsphase in einem halboffenen Intervall $[x, x+\Delta x)$ mit $x \geq 0$ und $x+\Delta x < 2\pi$ gleich $\Delta x/2\pi$ zu sein (siehe Beispiel 16.3). Die Wahrscheinlichkeit dafür, daß das Ergebnis $e \in [x, x+\Delta x)$ der idealiserten Messung der Anfangsphase eines Oszillatorsignals auftritt, wird daher von nun als $\Delta x/2\pi$ definiert. Dann ist

$$P_\xi(x) = \begin{cases} 0 & \text{falls} \quad x < 0 \\ \dfrac{x}{2\pi} & \text{falls} \quad 0 \leq x < 2\pi \\ 1 & \text{sonst} \end{cases} \quad . \tag{16.57}$$

Diese Wahrscheinlichkeitsverteilung nennt man auch *Gleichverteilung* im halboffenen Intervall $[x, x+\Delta x)$. ♦

Die Wahrscheinlichkeitsverteilung kann also sowohl eine stetige als auch eine unstetige Funktion sein.

Die reelle Achse soll nun in eine Vereinigung benachbarter, dicht liegender Intervalle gleicher Breite unterteilt werden. Die Intervallbreite wird zu Δx gewählt. Wird beispielsweise ein Intervall der Breite 1 in M Teile geteilt, dann gilt

$$\Delta x = 1/M \tag{16.58}$$

und es folgt

$$(-\infty, x] = \bigcup_{i=1}^{\infty} \big(x - i\,\Delta x, x - (i-1)\,\Delta x\big] \quad . \tag{16.59}$$

Mit der Abkürzung

$$I_i := \big(x - i\,\Delta x, x - (i-1)\,\Delta x\big] \tag{16.60}$$

folgt

$$P_\xi(x) = \sum_{i=1}^{\infty} \mathcal{P}(I_i) \quad . \tag{16.61}$$

Läßt man nun die Intervallbreite immer kleiner werden, dann folgt auf Grund von Gleichung (16.61) und links- und rechtsseitigen Grenzwertbetrachtungen, daß die Wahrscheinlichkeitsverteilung als Grenzwert einer Summe nichtnegativer Größen eine monoton wachsende Funktion ist.

Definiert man nun

$$p_\xi(x - i\,\Delta x) := \frac{\mathcal{P}(I_i)}{\Delta x} = \frac{P_\xi\big(x-(i-1)\Delta x\big) - P_\xi(x - i\,\Delta x)}{\Delta x} \quad , \tag{16.62}$$

dann gilt

$$P_\xi(x) = \sum_{i=1}^{\infty} p_\xi(x - i\,\Delta x)\,\Delta x \quad . \tag{16.63}$$

Definiert man weiter

$$\widetilde{x} := x - i\,\Delta x \quad , \tag{16.64}$$

dann wird durch Grenzübergang $\Delta x \to 0$ aus Gleichung (16.62) – sofern der Limes existiert –

$$p_\xi(\widetilde{x}) := \frac{d P_\xi(\widetilde{x})}{d\widetilde{x}} \tag{16.65}$$

und aus Gleichung (16.61)

$$P_\xi(x) = \int_{-\infty}^{x} p_\xi(\tilde{x})\, d\tilde{x} \quad . \tag{16.66}$$

Im Falle des idealisierten Würfelexperimentes existiert dieser Grenzwert nicht. Es muß dort aber beispielsweise gelten:

$$\lim_{\Delta x \to +0} \left[P_\xi(n+\Delta x/2) - P_\xi(n-\Delta x/2) \right]$$
$$= \lim_{\Delta x \to +0} \left[p_\xi(n-\Delta x/2)\Delta x \right] = \frac{1}{6} \quad \text{für} \quad n = 1,2,\ldots,6 . \tag{16.67}$$

Das Maß $p_\xi(n-\Delta x/2)\, \Delta x$ für das Intervall $(n - \Delta x/2,\ n + \Delta x/2)$ ist daher selbst im Grenzübergang gegen 0 fallenden Δx stets 1/6.

Aufbauend auf einer (Maß-) Summe des Typs von Gleichung (16.63) wurde von Henri Lebesgue[1] ein neuer Integralbegriff eingeführt, der nach ihm Lebesguesches Integral oder *L*-Integral benannt wurde. Das Lebesgue-Integral stimmt in den Fällen, in denen das Riemann-Integral existiert, mit diesem überein. Im Gegensatz zu letzterem macht es aber beim *L*-Integral durchaus Sinn, einem Integral über ein differentiell kleines Intervall einen konstanten Wert zuzuweisen, wie durch das Würfelbeispiel demonstriert wird. In diesem Sinne ist beispielsweise erst die nachfolgende Definition sinnvoll.

Definition 16.8 :

Der durch die Gleichung

$$f(x) = \int_{-\infty}^{\infty} f(\tilde{x})\, \delta(x-\tilde{x})\, d\tilde{x} \tag{16.68}$$

definierte Operator δ heißt *Diracscher Delta-Operator*. ◆

Die Definitionsgleichung ist so zu interpretieren, daß $\delta(x-\tilde{x})\, d\tilde{x}$ ein Maß ist, das in dem differentiell kleinen Intervall $(\tilde{x} - d\tilde{x}/2\, ,\tilde{x} + d\tilde{x}/2)$ den Wert 1 besitzt und 0 sonst. Durch Variablentransformation $y = x - \tilde{x}$ folgt dann formal

$$f(x) = \int_{-\infty}^{\infty} f(x-y)\, \delta(y)\, dy \quad . \tag{16.69}$$

Ersetzt man nun f durch die Einheitssprungfunktion, dann ergibt sich

$$\mathbb{1}^{(+)}(x) = \int_{-\infty}^{\infty} \mathbb{1}^{(+)}(x-y)\, \delta(y)\, dy = \lim_{\varepsilon \downarrow 0} \int_{-\infty}^{x+\varepsilon} \delta(y)\, dy \quad , \tag{16.70}$$

---

[1] Henri Léon Lebesgue, 1875-1941, französischer Mathematiker, Begründer der modernen Integrationstheorie.

woraus wieder rein formal durch Ableitung folgt:

$$\frac{d\,\mathbb{1}^{(+)}(x)}{dx} = \delta(x) \quad . \tag{16.71}$$

Diese formale Ableitung der Einheitssprungfunktion nennt man die *Derivierte* von $\mathbb{1}^{(+)}$. Aufgrund der obigen Zusammenhänge kann man formal die Wahrscheinlichkeitsverteilung auch im Fall des idealisierten Würfelexperimentes als

$$P_\xi(x) = \int_{-\infty}^{x} p_\xi(\tilde{x})\, d\tilde{x} \quad \text{mit} \tag{16.72}$$

$$p_\xi(\tilde{x}) = \frac{1}{6}\sum_{n=1}^{6} \delta(\tilde{x} - n) \tag{16.73}$$

schreiben. Daher gilt auch im Fall von Treppenfunktionen als Wahrscheinlichkeitsverteilungen der Zusammenhang:

$$p_\xi(\tilde{x}) := dP_\xi(\tilde{x})/d\tilde{x} \quad . \tag{16.74}$$

Definition 16.9:

> Die Ableitung bzw. Derivierte p_ξ der Wahrscheinlichkeitsverteilung $P_\xi(x)$ der Zufallsvariablen ξ wird *Wahrscheinlichkeitsdichte* genannt. ♦

Nachfolgend soll nun versucht werden, Erwartungswerte mit Hilfe von Wahrscheinlichkeitsdichten auszudrücken. Der dabei vorgestellte Gedankengang geht auf eine Idee von Hannes Risken zurück [16.3]. Er setzt eine Vielzahl von Konvergenz- und Vertauschbarkeitsbedingungen voraus, die hier alle als gegeben angesehen werden. Daher sollten die für den Rest dieses Abschnitts folgenden Ausführungen als (spekulative) Plausibilitätsbetrachtungen interpretiert werden, die als Motivation für spätere Definitionen dienen sollen.

Es wird daran erinnert, daß in Gleichung (16.22) die Wahrscheinlichkeit dafür, die Zufallsvariable im Intervall $[y-\Delta x/2\,, y+\Delta x/2)$ aufzufinden, als

$$\begin{aligned}&\mathcal{P}(\xi \in (y-\Delta x/2, y+\Delta x/2])\\ &\quad = \lim_{N\to\infty}\left\{\frac{1}{N}\sum_{n=1}^{N}\left\{\mathbb{1}^{(+)}(\xi_n-(y-\Delta x/2))-\mathbb{1}^{(+)}(\xi_n-(y+\Delta x/2))\right\}\right\}\end{aligned} \tag{16.75}$$

definiert wurde. Dabei war ξ_n das Ergebnis des n-ten Experimentes zur Messung der Zufallsvariablen ξ. Wegen

$$P_\xi(x) = \sum_{i=1}^{\infty} \mathcal{P}(\xi \in (x - i\Delta x, x-(i-1)\Delta x]) \tag{16.76}$$

folgt dann der Zusammenhang

$$P_\xi(x)=\sum_{i=1}^{\infty}\lim_{N\to\infty}\left\{\frac{1}{N}\sum_{n=1}^{N}\left\{\mathbb{1}^{(+)}(\xi_n-(x-i\Delta x))-\mathbb{1}^{(+)}(\xi_n-(x-(i-1)\Delta x))\right\}\right\} \quad . \quad (16.77)$$

Nimmt man an, daß die Summen und der Grenzübergang vertauschbar sind, dann ist

$$P_\xi(x)=\lim_{N\to\infty}\frac{1}{N}\sum_{n=1}^{N}\left\{\lim_{I\to\infty}\sum_{i=1}^{I}\left\{\mathbb{1}^{(+)}(\xi_n-(x-i\Delta x))-\mathbb{1}^{(+)}(\xi_n-(x-(i-1)\Delta x))\right\}\right\} \quad . \quad (16.78)$$

Die endliche Summe über den Laufindex i ist nun lösbar:

$$P_\xi(x)=\lim_{N\to\infty}\frac{1}{N}\sum_{n=1}^{N}\left\{\lim_{I\to\infty}\left\{\mathbb{1}^{(+)}(\xi_n-(x-I\Delta x))-\mathbb{1}^{(+)}(\xi_n-x)\right\}\right\} \quad . \quad (16.79)$$

Damit folgt

$$P_\xi(x)=-\lim_{N\to\infty}\frac{1}{N}\sum_{n=1}^{N}\left\{\mathbb{1}^{(+)}(\xi_n-x)\right\}=\left\langle-\mathbb{1}^{(+)}(\xi-x)\right\rangle \quad . \quad (16.80)$$

Nimmt man weiter an, daß der Mittelwertoperator ein linearer Operator ist, der mit der Bildung der Derivierten vertauschbar ist, dann gilt

$$p_\xi(x)=\frac{d}{dx}P_\xi(x)=-\frac{d}{dx}\left\langle\mathbb{1}^{(+)}(\xi-x)\right\rangle=\left\langle\delta(\xi-x)\right\rangle=\left\langle\delta(x-\xi)\right\rangle \quad . \quad (16.81)$$

Über die Definitionsgleichung des Dirac-Operators folgt dann

$$\left\langle f(\xi)\right\rangle=\left\langle\int_{-\infty}^{\infty}f(x)\,\delta(x-\xi)\,dx\right\rangle=\int_{-\infty}^{\infty}f(x)\left\langle\delta(x-\xi)\right\rangle dx \quad . \quad (16.82)$$

Unter der Annahme der Vertauschbarkeit der Operatoren bzw. der Summen und Grenzübergänge folgt also mit Gleichung (16.81) für den Erwartungswert der Funktion f:

$$\left\langle f(\xi)\right\rangle=\int_{-\infty}^{\infty}f(x)\,p_\xi(x)\,dx \quad . \quad (16.83)$$

16.2 Axiomatische Wahrscheinlichkeitstheorie

16.2.1 Die Schwächen der statistischen Wahrscheinlichkeitstheorie

Vom Standpunkt des Mathematikers aus ist es absolut unbefriedigend, daß eine komplette Theorie auf einer Arbeitshypothese aufgebaut werden, und daß die Berechnung des Erwartungswertes mit Hilfe der Wahrscheinlichkeitsdichte von nur schwer überprüfbaren Annahmen ausgehen soll.

Man geht daher, den Ideen von Andrej Kolmogorow [16.3] folgend, den umgekehrten Weg und bildet ein in sich schlüssiges Axiomensystem, das jegliche Arbeitshypothese ersetzt. Dabei wird die Wahrscheinlichkeit als eine Funktion mit den bisher gefundenen Eigenschaften definiert.

Für die *praktische Anwendung* der axiomatischen Wahrscheinlichkeitstheorie bleibt dabei aber das wesentliche Problem bestehen. Ob sie ein brauchbares Modell für die Wirklichkeit ist, kann im strengen Sinne nie geklärt werden. Wie so oft obliegt hier dem Ingenieur die Aufgabe, die Anwendbarkeit des Modells zu überprüfen.

Der große Vorteil der axiomatischen Wahrscheinlichkeitstheorie, der ihr auch letztlich den Vorzug vor der statistischen Wahrscheinlichkeitstheorie gibt, ist beweistheoretischer Natur. Sie ist eine in sich schlüssige und widerspruchsfreie Theorie.

16.2.2 Axiome und Definitionen der Kolmogorowschen Theorie

Definition 16.10 :

Es sei $\mathcal{E}$ ein Borelscher Mengenkörper über der Ergebnismenge $\mathcal{S}$. Ist über $\mathcal{E}$ eine Abbildung

$$\begin{aligned} \mathcal{P} : \mathcal{E} &\to \mathrm{R} \\ \mathcal{A} &\mapsto \mathcal{P}(\mathcal{A}) \quad , \end{aligned} \tag{16.84}$$

definiert, welche den drei *Axiomen*

1. $\mathcal{P}(\mathcal{A}) \geq 0 \quad ,$ (16.85)

2. $\mathcal{P}(\mathcal{A} \cup \mathcal{B}) = \mathcal{P}(\mathcal{A}) + \mathcal{P}(\mathcal{B}) \qquad \text{falls} \qquad \mathcal{A} \cap \mathcal{B} = \emptyset \quad ,$ (16.86)

3. $\mathcal{P}(\mathcal{S}) = 1$ (16.87)

gehorcht, dann wird diese *Wahrscheinlichkeit* genannt. $\mathcal{S}$ heißt auch *Stichprobenraum* oder Ergebnisraum und $\mathcal{E}$ *Ereignisraum über* $\mathcal{S}$. Die Zusammenfassung $(\mathcal{S},\mathcal{E},\mathcal{P})$ aus Stichprobenraum, Ereignisraum und Wahrscheinlichkeit wird auch Wahrscheinlichkeitsraum genannt. ◆

Wegen

$$\mathcal{A} \cup \overline{\mathcal{A}} = \mathcal{S} \tag{16.88}$$

folgt sofort, daß

$$\mathcal{P}(\mathcal{A}) + \mathcal{P}(\overline{\mathcal{A}}) = \mathcal{P}(\mathcal{A} \cup \overline{\mathcal{A}}) = 1 \tag{16.89}$$

ist. Mit $\mathcal{A}=\mathcal{S}$ ist $\overline{\mathcal{A}} = \emptyset$ und daher

$$\mathcal{P}(\emptyset) = 0 \quad . \tag{16.90}$$

Zufallsvariable, Wahrscheinlichkeitsverteilung und Wahrscheinlichkeitsdichte lassen sich in völliger Analogie zu Abschnitt 16.1 definieren.

Definition 16.11:

Es sei $s \in \mathcal{S}$ das Ergebnis eines Zufallsexperimentes. $\mathcal{E}$ sei der Ereignisraum über $\mathcal{S}$ und $\mathcal{P}$ sei eine über $\mathcal{E}$ definierte Wahrscheinlichkeitsfunktion. Eine reelle Zufallsvariable ξ entsteht durch die eindeutige Zuordnung

$$\begin{array}{cccc} \xi & : & \mathcal{S} & \rightarrow & \mathbb{R} \\ & & s & \mapsto & \xi(s) \end{array} \tag{16.91}$$

derart, daß

1. jede Menge $\mathcal{M}$, für die gilt

$$\mathcal{M} = \{s \mid \xi(s) \le x\} \quad ; \quad x \in \mathbb{R} \text{ beliebig} \quad , \tag{16.92}$$

ein Ereignis (Teilmenge von Ergebnissen des Experimentes) ist, und

2. die Wahrscheinlichkeit dafür, daß $\xi(s)$ dem Betrage nach unendlich ist, verschwindet. ♦

Forderung 2 der obigen Definition sorgt dafür, daß nur solche Experimente erfaßt werden, deren Ergebnisse beobachtbar sind.

Definition 16.12:

Es seien $\xi_1, \ldots, \xi_n$ reellwertige Zufallsvariable über dem gleichen Wahrscheinlichkeitsraum. Der durch

$$\vec{\xi} := (\xi_1, \ldots, \xi_n)^T \tag{16.93}$$

gebildete Vektor kann dann als mehrdimensionale Zufallsvariable aufgefaßt werden. ♦

Definition 16.13:

Es seien ξ_1 und ξ_2 reellwertige Zufallsvariable über dem gleichen Wahrscheinlichkeitsraum. Dann ist

$$\xi := \xi_1 + j\,\xi_2 \tag{16.94}$$

eine komplexe Zufallsvariable. ◆

Definition 16.14:

Die Wahrscheinlichkeit $P_\xi(x)$ dafür, daß eine reellwertige Zufallsvariable ξ eine reelle Schranke x nicht überschreitet, wird *Wahrscheinlichkeitsverteilung* der Zufallsvariablen ξ genannt.

Die Wahrscheinlichkeit $P_{\vec{\xi}}(\vec{x})$ dafür, daß keine Komponenten ξ_i einer mehrdimensionalen Zufallsvariable $\vec{\xi}$ die jeweilige, aus den Komponenten x_i des Vektors $\vec{x}$ gebildete reelle Schranke überschreitet, wird *gemeinsame Wahrscheinlichkeitsverteilung* oder *Verbundwahrscheinlichkeitsverteilung* der Zufallsvariablen $\xi_1, \ldots, \xi_n$ genannt. ◆

Auf Grund der Definitionseigenschaften der Zufallsvariablen und der Wahrscheinlichkeit gilt

$$P_\xi(-\infty) = 0 \quad , \tag{16.95}$$

$$P_\xi(\infty) = 1 \quad , \tag{16.96}$$

$$P_{\vec{\xi}}(-\infty, \ldots, -\infty) = 0 \quad . \tag{16.97}$$

$$P_{\vec{\xi}}(\infty, \ldots, \infty) = 1 \quad . \tag{16.98}$$

Dabei muß $P_\xi(x)$ eine in x und $P_{\vec{\xi}}(\vec{x})$ eine in jeder Komponente von $\vec{x}$ monoton wachsende Funktion sein.

Ist bei gegebener Wahrscheinlichkeitsverteilung $P_{\vec{\xi}}(\vec{x})$ eine Komponente ξ_i nicht weiter von Interesse, dann darf ξ_i beliebig Werte annehmen, ohne daß dies in der weiteren Rechnung von Einfluß wäre. Daher bildet man in diesen Fällen die Randverteilung:

Definition 16.15:

Der Grenzwert

$$P_{\vec{\eta}}(y_1, \ldots, y_{n-1}) := \lim_{x_i \to \infty} P_{\vec{\xi}}(\vec{x}) \quad \text{mit} \tag{16.99}$$

$$\vec{\eta} := (\xi_1, \ldots, \xi_{i-1}, \xi_{i+1}, \ldots, \xi_n)^T \quad , \quad \vec{y} := (x_1, \ldots, x_{i-1}, x_{i+1}, \ldots, x_n)^T \quad . \tag{16.100}$$

heißt *Randverteilung* oder *Grenzverteilung* der Variablen $\vec{\xi}$ bezüglich der Komponente ξ_i. ◆

Die Randverteilung ist eine Wahrscheinlichkeitsverteilung für die neue Zufallsvariable $\vec{\eta}$.

Definition 16.16:

Die Ableitung bzw. Derivierte der eindimensionalen Wahrscheinlichkeitsverteilung $P_\xi(x)$,

$$p_\xi(x) := \frac{dP_\xi(x)}{dx} \quad , \tag{16.101}$$

wird *Wahrscheinlichkeitsdichte* der Zufallsvariablen ξ genannt. Die n-te partielle Ableitung bzw. Derivierte der Wahrscheinlichkeit $P_{\vec{\xi}}(\vec{x})$,

$$p_{\vec{\xi}}(\vec{x}) := \frac{\partial^n P_{\vec{\xi}}(\vec{x})}{\partial x_1\, \partial x_2 \ldots \partial x_n} \quad , \tag{16.102}$$

wird gemeinsame Wahrscheinlichkeitsdichte oder Verbundwahrscheinlichkeitsdichte der Zufallsvariablen $\xi_1, \ldots, \xi_n$ genannt. ◆

Nachfolgend werden einige Beispiele für in der Elektrotechnik wichtige Wahrscheinlichkeitsdichten angegeben.

Beispiel 16.9 :

Die Dichte

$$p_\xi(x) := \begin{Bmatrix} 0 & \text{für} & x < x_0 \\ 1/c & \text{für} & x_0 \le x < x_0 + c \\ 0 & \text{für} & x_0 + c \le x \end{Bmatrix} = \mathbb{1}^{(+)}(x - x_0) - \mathbb{1}^{(+)}(x - x_0 - c) \tag{16.103}$$

heißt *Gleichverteilungsdichte* im Intervall $[x_0, x_0 + c)$. Die *Gleichverteilung* ist dann

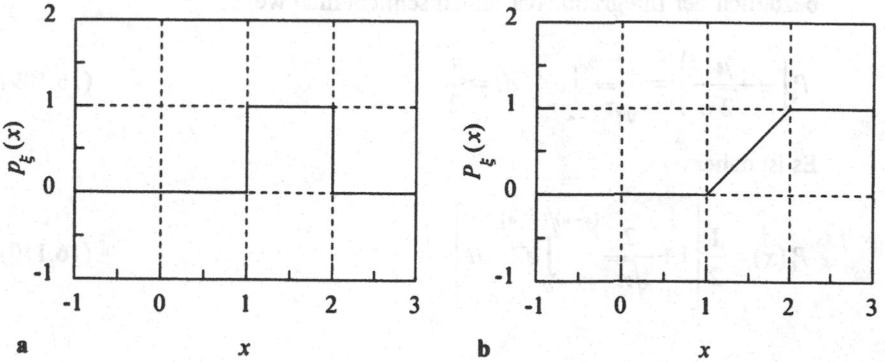

Abb. 16.4 : Gleichverteilung **a** Dichtefunktion **b** Verteilungsfunktion für $c = 1$, $x_0 = 1$

$$P_\xi(x) := \begin{Bmatrix} 0 & \text{für} & x < x_0 \\ 1/c\,(x - x_0) & \text{für} & x_0 \le x < x_0 + c \\ 1 & \text{für} & x_0 + c \le x \end{Bmatrix} \quad . \tag{16.104}$$

Die Gleichverteilung spielt bei der Beschreibung von Winkelvariablen eine bedeutende Rolle. ♦

Beispiel 16.10 :

Die Dichte

$$p_\xi(x) := \frac{1}{\sqrt{2\pi}\,\sigma}\, e^{-(x-\mu)^2/(2\sigma^2)} \tag{16.105}$$

heißt Normalverteilungsdichte. Die Normalverteilung oder Gaußverteilung[1] ist dann

$$P_\xi(x) := \frac{1}{\sqrt{2\pi}\,\sigma} \int_{-\infty}^{x} e^{-(w-\mu)^2/(2\sigma^2)}\, dw \quad . \tag{16.106}$$

Durch die Transformation

$$t = \frac{w - \mu}{\sqrt{2}\,\sigma} \tag{16.107}$$

der Integrationsvariablen erhält man daraus:

$$P_\xi(x) := \frac{1}{\sqrt{\pi}} \int_{-\infty}^{(x-\mu)/(\sqrt{2}\,\sigma)} e^{-t^2}\, dt \quad . \tag{16.108}$$

Daraus folgt sofort, daß $P(\infty) = 1$ ist. Durch die Symmetrie des Integranden bezüglich der Integrationsvariablen schließt man weiter:

$$P_\xi\left(-\frac{\mu}{\sqrt{2}\,\sigma}\right) := \frac{1}{\sqrt{\pi}} \int_{-\infty}^{0} e^{-t^2}\, dt = \frac{1}{2} \quad . \tag{16.109}$$

Es ist daher:

$$P_\xi(x) = \frac{1}{2}\left[1 + \frac{2}{\sqrt{\pi}} \int_{0}^{(x-\mu)/(\sqrt{2}\,\sigma)} e^{-t^2}\, dt\right] \quad . \tag{16.110}$$

---

[1] Nach dem deutschen Mathematiker, Astronom und Physiker Carl Friedrich Gauß (1777 - 1855).

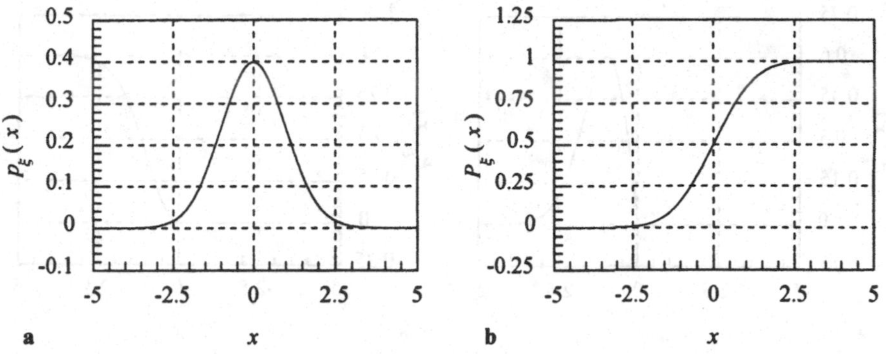

Abb. 16.5 : Normalverteilung **a** Dichtefunktion **b** Verteilungsfunktion für $\sigma = 1, \mu = 0$

Das Integral

$$\frac{2}{\sqrt{\pi}} \int_0^z e^{-t^2}\, dt =: \operatorname{erf}(z) \tag{16.111}$$

nennt man Fehlerfunktion oder dem englischen Sprachgebrauch folgend *error function.* Es gilt also

$$P_\xi(x) = \frac{1}{2}\left[1 + \operatorname{erf}\left((x-\mu)/(\sqrt{2}\,\sigma)\right)\right] \quad . \tag{16.112}$$

Die Fehlerfunktion kann nicht in mathematisch geschlossener Form auf elementare Funktionen zurückgeführt werden. Man kann sie aber in Reihen entwickeln:

$$\operatorname{erf}(x) = \frac{2}{\sqrt{\pi}} \sum_{n=0}^{\infty} \frac{(-1)^{2n}\, x^{2n+1}}{n!(2n+1)} = \frac{2}{\sqrt{\pi}}\, e^{-x^2} \sum_{n=0}^{\infty} \frac{2^n\, x^{2n+1}}{1\cdot 3 \cdot \cdots \cdot (2n+1)} \quad . \tag{16.113}$$

Abb. 16.5 zeigt die Normalverteilung und ihre Dichte für den Fall $\sigma = 1$ und $\mu = 0$.

Die Abbildung macht deutlich, warum die Dichtefunktion der Gaußverteilung auch gaußsche Glockenkurve genannt wird. Die Normalverteilung ist von größter Bedeutung bei der Beschreibung vieler physikalischer Probleme. ◆

Beispiel 16.11 :

Die Dichte

$$p_\xi(x) := \frac{x}{\mu^2}\, e^{-\frac{x^2}{2\mu^2}}\, \mathbb{1}^{(+)}(x) \quad ; \quad \mu \in \mathbb{R} \tag{16.114}$$

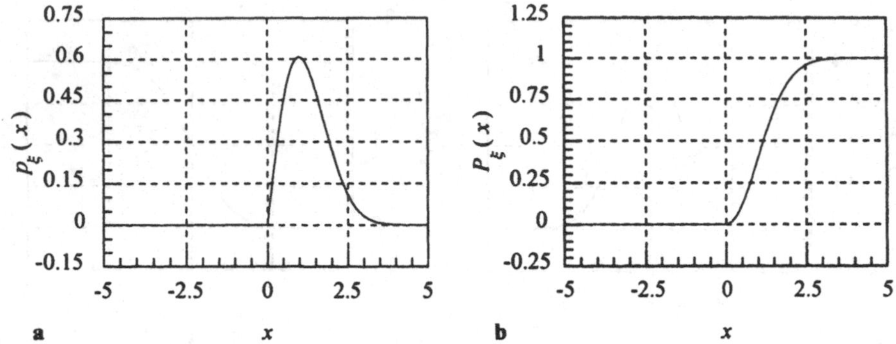

Abb. 16.6 : Rayleighverteilung **a** Dichtefunktion **b** Verteilungsfunktion für $\mu = 1$

heißt Dichtefunktion der *Rayleigh-Verteilung*[1]. Ihre Verteilungsfunktion ist

$$P_\xi(x) := \begin{cases} 0 & \text{für} \quad x < 0 \\ 1 - e^{-\frac{x^2}{2\mu^2}} & \text{für} \quad 0 \le x \end{cases} = \left(1 - e^{-\frac{x^2}{2\mu^2}}\right) \mathbb{1}^{(+)}(x) \quad . \tag{16.115}$$

Die Rayleigh-Verteilung spielt bei der Betrachtung von Amplituden zufälliger Schwingungen eine wichtige Rolle. ♦

16.2.3 Erwartungswerte und Korrelation

In der axiomatischen Wahrscheinlichkeitstheorie wird nun ein Erwartungswert *definiert*:

Definition 16.17:

Es sei f eine reellwertige Funktion der reellen Zufallsvariablen ξ mit der Wahrscheinlichkeitsdichte $p_\xi(x)$. Dann wird

$$\langle f(\xi) \rangle = \int_{-\infty}^{\infty} f(x)\, p_\xi(x)\, dx \quad , \tag{16.116}$$

Erwartungswert von $f(\xi)$ genannt. Ist f eine reellwertige Funktion des Zufallsvektors $\vec{\xi}$ mit reellwertigen Komponenten, dann ist der Erwartungswert:

$$\left\langle f(\vec{\xi}) \right\rangle = \int_{-\infty}^{\infty} \cdots \int_{-\infty}^{\infty} f(\vec{x})\, p_{\vec{\xi}}(\vec{x})\, dx_1 \cdots dx_n \quad . \tag{16.117}$$ ♦

[1] Nach dem britischen Physiker John William Strutt, Baron Rayleigh (1842 - 1919).

Ihren Sinn erhält diese Definition durch die Plausibilitätsbetrachtungen des letzten Abschnitts.

Es seien nun ξ und η Zufallsvariable mit der gemeinsamen Wahrscheinlichkeitsverteilung $P(x,y)$ und der gemeinsamen Wahrscheinlichkeitsdichte $p(x,y)$. Aus $P(x,y)$ können die beiden Randverteilungen

$$P_\xi(x) = P(x,\infty) = \int_{-\infty}^{\infty}\left\{\int_{-\infty}^{x} p(\tilde{x},y)\,d\tilde{x}\right\}dy \quad , \tag{16.118}$$

$$P_\eta(y) = P(\infty,y) = \int_{-\infty}^{\infty}\left\{\int_{-\infty}^{y} p(x,\tilde{y})\,d\tilde{y}\right\}dx \tag{16.119}$$

gebildet werden. Durch Bildung der Derivierten erhält man daher die *Randdichten*

$$p_\xi(x) = \int_{-\infty}^{\infty} p(x,y)\,dy \quad , \tag{16.120}$$

$$p_\eta(y) = \int_{-\infty}^{\infty} p(x,y)\,dx \quad . \tag{16.121}$$

Angenommen, es gilt

$$p(x,y) = p_\xi(x)\,p_\eta(y) \quad , \tag{16.122}$$

dann bestimmt man für den Erwartungswert einer Funktion $f(\xi)$, die nur von der einen der Variablen abhängt,

$$\begin{aligned}\langle f(\xi)\rangle &= \int_{-\infty}^{\infty}\int_{-\infty}^{\infty} f(x)\,p_\xi(x)\,p_\eta(y)\,dy\,dx \\ &= \int_{-\infty}^{\infty} f(x)\,p_\xi(x)\,dx \int_{-\infty}^{\infty} p_\eta(y)\,dy = \int_{-\infty}^{\infty} f(x)\,p_\xi(x)\,dx \quad .\end{aligned} \tag{16.123}$$

Man kann in diesem Fall also die Erwartungswertbildung völlig unabhängig von der Zufallsvariablen η durchführen. Dies führt zu der folgenden

Definition 16.18:

Zwei Zufallsvariable ξ und η heißen (statistisch) *unabhängig*, wenn gilt:

$$p(x,y) = p_\xi(x)\,p_\eta(y) \quad . \quad \blacklozenge \tag{16.124}$$

Aus dieser Definition geht durch Integration hervor, daß dann auch für die Verteilungen gilt:

$$P(x,y) = P_\xi(x)\,P_\eta(y) \quad . \tag{16.125}$$

Definition 16.18 ersetzt die im vorigen Abschnitt gegebene Definition der statistischen Unabhängigkeit.

Um die nachfolgenden Eigenschaften von Wahrscheinlichkeitsvariablen besser formulieren zu können, werden alle reellen Zufallsvariablen ξ über demselben Wahrscheinlichkeitsraum $(\mathcal{S},\mathcal{E},\mathcal{P})$ und mit Erwartungswert 0 in einer Menge $\mathcal{R}_0$ gesammelt.

Es wird daran erinnert, daß eine Zufallsvariable eine Abbildung mit bestimmten Eigenschaften aus der Ergebnismenge in die reellen Zahlen ist. Infolgedessen ist mit beliebigem endlichen und von 0 verschiedenem reellen a auch $a\xi$ eine Zufallsvariable, die den Erwartungswert 0 hat, wenn man das gleiche auch für ξ voraussetzt.

Die Summe zweier Zufallsvariabler mit Erwartungswert 0 ist ebenfalls wieder eine Zufallsvariable mit Erwartungswert 0 (Übungsaufgabe).

Rein formal kann auch

$$\begin{aligned} o \; : \; \mathcal{S} &\to \mathbb{R} \\ s &\mapsto 0 \end{aligned} \tag{16.126}$$

als Zufallsvariable mit Erwartungswert 0 interpretiert werden. Damit ist auch die durch die Abbildung o definierte „Zufallsvariable" Element der Menge $\mathcal{R}_0$.

Ganz offenbar kann die Menge $\mathcal{R}_0$ als linearer Vektorraum mit den reellen Zahlen als Koeffizientenkörper und mit o als Nullvektor interpretiert werden.

Für die Elemente dieses Vektorraums kann nun mit Hilfe der Erwartungswertbildung ein Skalarprodukt[1] definiert werden:

$$\begin{aligned} \langle\cdot,\cdot\rangle \; : \; \mathcal{R}_0\times\mathcal{R}_0 &\to \mathbb{R} \\ (\xi,\eta) &\mapsto \langle\xi,\eta\rangle=\langle\xi\,\eta\rangle \end{aligned} \tag{16.127}$$

Der Beweis, daß diese Abbildung die Eigenschaften eines Skalarproduktes hat, wird dem Leser überlassen (Übungsaufgabe).

Zwei Vektoren, deren Skalarprodukt 0 ist, heißen bekanntlich orthogonal. Also sind zwei Zufallsvariable mit Erwartungswert 0 orthogonal, wenn der Erwartungswert ihres Produktes verschwindet.

Es soll nun überprüft werden, ob es für Zufallsvariable, die *nicht* den Erwartungswert 0 besitzen, eine Entsprechung der Orthogonalität gibt.

Dazu wird zunächst versucht, alle Zufallsvariable in einem Vektorraum $\mathcal{R}$ zusammenzufassen. Dieser muß dann aber auch das Element $a\xi+b$ enthalten, wenn ξ eine beliebige Zufallsvariable ist und a,b beliebige reelle Zahlen sind. Damit enthält $\mathcal{R}$ auch determinierte Größen, deren Wahrscheinlichkeitsdichte eine Deltadistribution ist. Letzteres verhindert, daß mit dem Erwartungswert eines Produktes von Elementen aus $\mathcal{R}$ auch ein Skalarprodukt definiert werden kann.

---

[1] Die Eigenschaften eines Skalarproduktes sind in Anhang D.2 definiert.

Orthogonalität mit Bezug auf den Erwartungswert eines Produktes von Zufallszahlen *als Skalarprodukt* kann daher nicht allgemein definiert werden. Man *definiert* daher

Definition 16.19:

Zwei Zufallsvariable $\alpha, \beta \in \mathcal{R}$ heißen *orthogonal*, wenn gilt:

$$\langle \alpha \beta \rangle = 0 \quad . \qquad \blacklozenge \quad (16.128)$$

Sind α und β Zufallsvariable aus $\mathcal{R}$, dann erhält man daraus durch Subtraktion der jeweiligen Mittelwerte die Vektoren

$$\xi = \alpha - \langle \alpha \rangle \qquad \text{bzw.} \qquad \eta = \beta - \langle \beta \rangle \qquad (16.129)$$

des Vektorraums $\mathcal{R}_0$. Diese sind genau dann orthogonal, wenn

$$\begin{aligned} 0 &= \langle \xi \eta \rangle = \langle (\alpha - \langle \alpha \rangle)(\beta - \langle \beta \rangle) \rangle \\ &= \langle \alpha \beta - \alpha \langle \beta \rangle - \beta \langle \alpha \rangle + \langle \alpha \rangle \langle \beta \rangle \rangle = \langle \alpha \beta \rangle - \langle \alpha \rangle \langle \beta \rangle \end{aligned} \qquad (16.130)$$

oder wenn

$$\langle \alpha \beta \rangle = \langle \alpha \rangle \langle \beta \rangle \qquad (16.131)$$

gilt. Dies ist die gesuchte Entsprechung zur mittels Skalarprodukt definierten Orthogonalität, welche so interpretiert werden kann, daß dann bezüglich der Erwartungswertbildung kein Wechselbezug (lat.: correlatio) zwischen den Zufallsvariablen besteht.

Definition 16.20:

Zwei Zufallsvariable α, β heißen *unkorreliert*, wenn gilt:

$$\langle \alpha \beta \rangle = \langle \alpha \rangle \langle \beta \rangle \quad . \qquad \blacklozenge \quad (16.132)$$

Es soll nun ein Maß für die „Verwandtschaft" oder „Ähnlichkeit" zweier Zufallsvariabler α und β aus $\mathcal{R}$ gefunden werden. Zur Veranschaulichung der nachfolgenden Vorgehensweise benutzt man das in Ab. 16.7 dargestellte Bild mit Punkten in dem aus R^2 durch Vorgabe eines Koordinatensystems gebildeten affinen Raum und den Verbindungsvektoren der Punkte.

Aus den Punkten α und $\beta \in \mathcal{R}$ konstruiert man zunächst die Vektoren

$$\xi = \alpha - \langle \alpha \rangle \qquad \text{und} \qquad \eta = \beta - \langle \beta \rangle \quad . \qquad (16.133)$$

Im Fall $<\alpha> = 0$ und $<\beta> = 0$ entsprechen ξ und η den Ortsvektoren. Der Vektor η kann in einen zu ξ parallelen und einen dazu orthogonalen Anteil zerlegt werden:

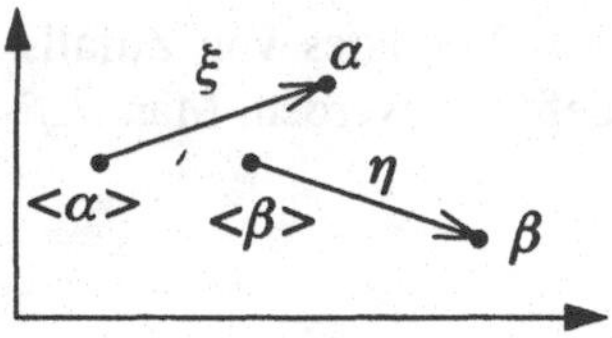

Ab. 16.7 : Punkte und Vektoren des affinen Raums

$$\eta = a\xi + \zeta \qquad \text{mit} \qquad \langle \xi\zeta \rangle = 0 \quad . \tag{16.134}$$

In der letzten Gleichung werden nun die Einheitsvektoren in ξ- und η-Richtung eingeführt:

$$\frac{\eta}{\sqrt{\langle \eta^2 \rangle}} = C \frac{\xi}{\sqrt{\langle \xi^2 \rangle}} + \frac{\zeta}{\sqrt{\langle \eta^2 \rangle}} \tag{16.135}$$

mit

$$C := a\sqrt{\langle \xi^2 \rangle} \Big/ \sqrt{\langle \eta^2 \rangle} \quad . \tag{16.136}$$

Durch Bildung des Skalarproduktes von η mit dem Einheitsvektor in ξ-Richtung findet man dann

$$C := \frac{\langle \xi\, \eta \rangle}{\sqrt{\langle \xi^2 \rangle}\,\sqrt{\langle \eta^2 \rangle}} \quad . \tag{16.137}$$

Offenbar ist C ein Maß für die „Kollinearität" der Vektoren ξ und η. Anders ausgedrückt: C ist ein Maß für den Wechselbezug, also die Korrelation zwischen den Vektoren ξ und η. Daher wird C auch *Korrelationskoeffizient* dieser beiden Vektoren genannt. Man verallgemeinert diese Bezeichnung auf die Elemente α und β aus $\mathcal{R}$, die auf ξ und η geführt haben:

Definition 16.21:

Der Korrelationskoeffizient zweier Zufallsvariabler $\alpha, \beta \in \mathcal{R}$ wird durch

$$C := \frac{\langle (\alpha - \langle \alpha \rangle)(\beta - \langle \beta \rangle) \rangle}{\sqrt{\langle (\alpha - \langle \alpha \rangle)^2 \rangle}\,\sqrt{\langle (\beta - \langle \beta \rangle)^2 \rangle}} \tag{16.138}$$

gegeben. ◆

Offenbar ist der Korrelationskoeffizient zweier unkorrelierter Variabler gleich 0. Schreibt man nun den Korrelationskoeffizienten ein wenig um zu

$$C=\left\langle \frac{\alpha-\langle\alpha\rangle}{\sqrt{\left\langle(\alpha-\langle\alpha\rangle)^2\right\rangle}}\,\frac{\beta-\langle\beta\rangle}{\sqrt{\left\langle(\beta-\langle\beta\rangle)^2\right\rangle}}\right\rangle, \tag{16.139}$$

dann wird klar, daß C gleich dem Skalarprodukt zweier Einheitsvektoren ist. Das Betragsmaximum von C ist also 1 und wird genau dann angenommen, wenn diese Einheitsvektoren parallel ($C=1$) oder antiparallel ($C=-1$) sind. Man sagt, daß in diesem Fall die Zufallsvariablen α und $\beta\in\mathcal{R}$ *voll korreliert* sind. Das Betragsminimum von C ist gleich 0 und wird genau dann angenommen, wenn die beiden Zufallsvariablen unkorreliert sind.

Zur weiteren Veranschaulichung werden einige Versuchsergebnisse eines Zufallsexperimentes betrachtet, das durch die Ergebnisse zweier reeller Zufallsvariablen α und β beschrieben wird. Die Ergebnisse werden in Abb. 16.8 in einem kartesischen Koordinatensystem aufgetragen. Der so entstehende Graph wird auch *Streugraph* oder *Scattergraph* genannt.

Die Zufallsvariablen α und β sind in diesem Beispiel lineare Überlagerungen zweier unkorrelierter Zufallsvariabler. Die Überlagerungen wurden so gewählt,

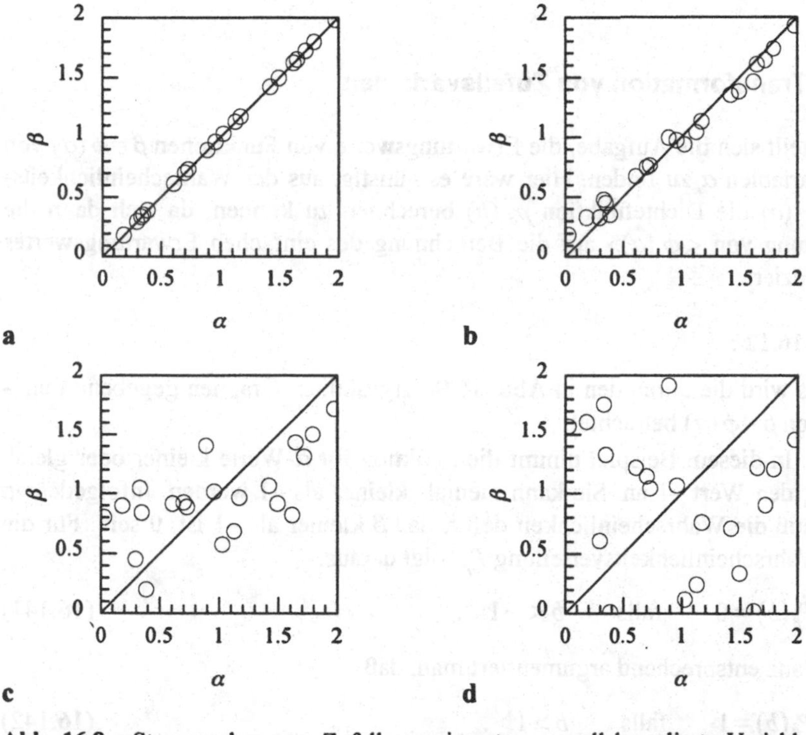

Abb. 16.8 : Streugraphen von Zufallsexperimenten a voll korrelierte Variable b stark korrelierte Variable c schwach korrelierte Variable d unkorrelierte Variable

daß im Fall a der Korrelationskoeffizient 1 ist, im Fall b ist er etwa 0,9, im Fall c ungefähr 0,7 und im Fall d schließlich 0.

Bei der Berechnung des Korrelationskoeffizienten treten Ausdrücke der Form $<(\alpha - <\alpha>)^2>$ auf. Diese spielen offenbar eine wichtige Rolle. Es ist weiter

$$\left\langle (\alpha - \langle \alpha \rangle)^2 \right\rangle = \langle \alpha^2 \rangle - \langle \alpha \rangle^2 \quad . \tag{16.140}$$

Daher müssen auch Ausdrücke der Form $<\alpha>^2$ wesentlich sein. Ihrer Bedeutung entsprechend, erhalten diese Ausdrücke eigene Namen.

Definition 16.22:

Es sei $\alpha \in \mathcal{R}$ eine Zufallsvariable. Dann nennt man

$\langle \alpha^2 \rangle$: Quadratisches Mittel oder Moment 2. Ordnung,

$\left\langle (\alpha - \langle \alpha \rangle)^2 \right\rangle$: Varianz oder zentrales Moment 2. Ordnung,

$\sqrt{\left\langle (\alpha - \langle \alpha \rangle)^2 \right\rangle}$: Standardabweichung oder Streuung,

der Zufallsvariablen α. ♦

16.2.4 Transformation von Zufallsvariablen

Häufig stellt sich die Aufgabe, die Erwartungswerte von Funktionen $\beta = \phi(\alpha)$ von Zufallsvariablen α zu finden. Hier wäre es günstig, aus der Wahrscheinlichkeitsdichte $p_\alpha(a)$ die Dichtefunktion $p_\beta(b)$ berechnen zu können, da sich dann die Bestimmung von $<\phi(\alpha)>$ auf die Berechnung des einfachen Erwartungswertes $<\beta>$ reduziert.

Beispiel 16.12 :

Es wird die durch den in Abb. 16.9 dargestellten Graphen gegebene Funktion $\beta = \phi(\alpha)$ betrachtet.

In diesem Beispiel nimmt die Funktion für α-Werte kleiner oder gleich a_1 den Wert -1 an. Sie kann niemals kleiner als -1 werden. Infolgedessen muß die Wahrscheinlichkeit dafür, daß β kleiner als -1 ist, 0 sein. Für die Wahrscheinlichkeitsverteilung P_β folgt daraus:

$$P_\beta(b) = 0 \qquad \text{falls} \qquad b < -1 \quad . \tag{16.141}$$

Ganz entsprechend argumentiert man, daß

$$P_\beta(b) = 1 \qquad \text{falls} \qquad b > 1 \quad . \tag{16.142}$$

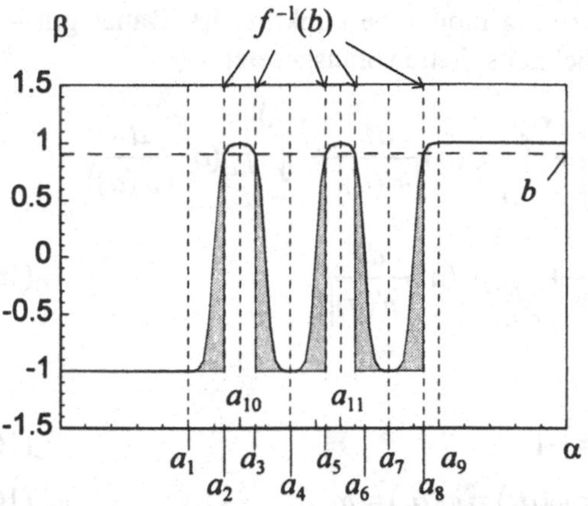

Abb. 16.9 : Zur Transformation von Zufallsvariablen

Die Wahrscheinlichkeit dafür, daß $\beta=-1$ ist, berechnet sich als:

$$\mathcal{P}(\beta=-1)=\mathcal{P}(\alpha\le a_1)+\mathcal{P}(\alpha=a_4)+\mathcal{P}(\alpha=a_7)\quad . \tag{16.143}$$

Ausgedrückt mit Hilfe der Wahrscheinlichkeitsverteilungen ergibt sich:

$$P_\beta(-1)-P_\beta(-1-0)=P_\alpha(a_1)+P_\alpha(a_4)-P_\alpha(a_4-0)+P_\alpha(a_7)-P_\alpha(a_7-0)\ . \tag{16.144}$$

Damit folgt für die Dichte:

$$p_\beta(b)=\{P_\alpha(a_1)+P_\alpha(a_4)-P_\alpha(a_4-0)+P_\alpha(a_7)-P_\alpha(a_7-0)\}\delta(b+1)$$
$$\text{falls } b=-1\quad . \tag{16.145}$$

Weiter ist die Wahrscheinlichkeit dafür, daß $-1<\beta\le b<1$ ist, identisch zu der Wahrscheinlichkeit, daß sich a in einem Intervall befindet, in dem sich β zwischen -1 und b befindet. Die Intervalle, auf die dies zutrifft, sind in der Abbildung grau unterlegt.

Es ist also in diesem Beispiel

$$P_\beta(b)=\mathcal{P}(a_1<\alpha\le a_2)+\mathcal{P}(a_3\le\alpha<a_4)+\mathcal{P}(a_4<\alpha\le a_5)$$
$$+\mathcal{P}(a_6\le\alpha<a_7)+\mathcal{P}(a_7<\alpha\le a_8) \tag{16.146}$$

oder

$$P_\beta(b)=\int_{a_1}^{a_2}p_\alpha(a)\,da+\int_{a_3}^{a_4}p_\alpha(a)\,da+\int_{a_4}^{a_5}p_\alpha(a)\,da$$
$$+\int_{a_6}^{a_7}p_\alpha(a)\,da+\int_{a_7}^{a_8}p_\alpha(a)\,da \tag{16.147}$$

Die Intervallgrenzen wurden so gewählt, daß die Dichte $p_\alpha(a)$ im Inneren der Intervalle stets eine streng monotone Funktion ist. Daher gilt – differenzierbare Wahrscheinlichkeitsdichte vorausgesetzt –

$$P_\beta(b)=\int_{\varphi(a_1)}^{\varphi(a_2)} p_\alpha(a)\frac{db}{|\varphi'(a)|}+\int_{\varphi(a_4)}^{\varphi(a_3)} p_\alpha(a)\frac{db}{|\varphi'(a)|}+\int_{\varphi(a_4)}^{\varphi(a_5)} p_\alpha(a)\frac{db}{|\varphi'(a)|}$$
$$+\int_{\varphi(a_7)}^{\varphi(a_6)} p_\alpha(a)\frac{db}{|\varphi'(a)|}+\int_{\varphi(a_7)}^{\varphi(a_8)} p_\alpha(a)\frac{db}{|\varphi'(a)|} \quad . \quad (16.148)$$

Nun ist aber

$$\varphi(a_1)=\varphi(a_4)=\varphi(a_7)=-1 \quad , \quad (16.149)$$

$$\varphi(a_2)=\varphi(a_3)=\varphi(a_5)=\varphi(a_6)=\varphi(a_8)=b \quad . \quad (16.150)$$

Damit aber folgt:

$$P_\beta(b)=\int_{-1}^{b}\left.\frac{p_\alpha(a)}{|\varphi'(a)|}\right|_{I1} db+\int_{-1}^{b}\left.\frac{p_\alpha(a)}{|\varphi'(a)|}\right|_{I2} db+\int_{-1}^{b}\left.\frac{p_\alpha(a)}{|\varphi'(a)|}\right|_{I3} db$$
$$+\int_{-1}^{b}\left.\frac{p_\alpha(a)}{|\varphi'(a)|}\right|_{I4} db+\int_{-1}^{b}\left.\frac{p_\alpha(a)}{|\varphi'(a)|}\right|_{I5} db \quad , \quad (16.151)$$

wobei der Index in den Integralen andeutet, daß hier die Integranden innerhalb des Monotonitätsintervalls zu wählen sind. Durch Differentiation nach der oberen Integralgrenze errechnet man für die Wahrscheinlichkeitsdichte:

$$p_\beta(b)=\sum_k \frac{p_\alpha(a_k)}{|\varphi'(a_k)|}, \text{falls } b=\varphi(a) \text{ reelle isolierte Lösungen } a_k \text{ hat} \ . (16.152)$$

Die Berechnung der Wahrscheinlichkeit dafür, daß $\beta = 1$ ist, geht völlig analog zu der Betrachtung der Wahrscheinlichkeit dafür, daß $\beta = -1$ ist. Es ist also

$$p_\beta(b)$$
$$=\{1-P_\alpha(a_9-0)+P_\alpha(a_{10})-P_\alpha(a_{10}-0)+P_\alpha(a_{11})-P_\alpha(a_{11}-0)\}\delta(b-1)$$
$$\text{falls } b=1 \quad . \quad ♦ \ (16.153)$$

Das Beispiel gibt die Beweisidee wieder, mittels derer man ganz allgemein den folgenden Lehrsatz beweist.

Theorem 16.2 :

Es seien α und β reellwertige Zufallsvariable aus $\mathcal{R}$ mit den Wahrscheinlichkeitsdichten $p_\alpha(a)$ und $p_\beta(b)$. Es sei weiter $\beta = \varphi(\alpha)$ eine differenzierbare Funktion. Hat dann die Gleichung $b = \varphi(a)$ n isolierte Lösungen a_k, bei denen die Ableitung von φ ungleich 0 ist, dann gilt:

$$p_\beta(b)=\begin{cases} 0, & \text{falls } b=\varphi(a) \text{ keine reelle Lösung besitzt,} \\ \sum\limits_{k=1}^{n} \dfrac{p_\alpha(a_k)}{|\varphi'(a_k)|}, & \text{falls } b=\varphi(a_k), a_k \in \mathbb{R}, \ \varphi'(a_k)\neq 0, k=1,\dots,n \\ \delta(b-\varphi(a)) \sum\limits_{k=1}^{m} \left(P_\alpha(a_{k,o})-P_\alpha(a_{k,u})\right), & \text{falls } b=\varphi(a) \text{ für } a\in\left(a_{k,u},a_{k,o}\right], k=1,\dots,m \text{ ist.} \end{cases} \quad \blacklozenge \quad (16.154)$$

Ein Beispiel soll dies näher erläutern.

Beispiel 16.13 :

Eine Diode stelle näherungsweise den folgenden Zusammenhang zwischen Spannung α und Strom β her:

$$\beta = g\alpha\, \mathbb{1}^{(+)}(\alpha) \quad . \tag{16.155}$$

Die Gleichung

$$b = g a\, \mathbb{1}^{(+)}(a) \tag{16.156}$$

besitzt für $b<0$ keine Lösung. Daher ist

$$p_\beta(b)=0 \qquad \text{für} \qquad b<0 \quad . \tag{16.157}$$

Für $b = 0$ erfüllen alle a-Werte kleiner oder gleich 0 Gleichung (16.156). Daher ist

$$P_\beta(0)=P_\alpha(0) \tag{16.158}$$

und somit

$$p_\beta(b)=P_\alpha(0)\,\delta(b) \qquad \text{für} \qquad b=0 \quad . \tag{16.159}$$

Für jedes $b>0$ gibt es genau eine Lösung von Gleichung (16.156):

$$a=b/g \qquad \text{für} \qquad b>1 \quad . \tag{16.160}$$

Damit ergibt sich

$$p_\beta(b)=p_\alpha(b/g)/g \qquad \text{für} \qquad b>0 \quad . \tag{16.161}$$

Insgesamt ist also

$$p_\beta(b) = \mathbb{1}^{(+)}(b)\, p_\alpha(b/g)/g + P_\alpha(0)\,\delta(b) \quad . \qquad \blacklozenge \quad (16.162)$$

Genau wie man für skalare Zufallsvariable Transformationen vornehmen kann, ist dies für vektorielle Zufallsvariable $\vec{\beta} = \varphi(\vec{\alpha})$ möglich. Da hier aber die Fallunterscheidungen aufwendiger werden, wird das Ergebnis nur für zwei Fälle zitiert:

1. Zu einem vorgegebenen Vektor $\vec{a}$ gibt es keine Lösung der Gleichung

$$\vec{b} = \varphi(\vec{a}) = \left(\varphi_1(a_1,\ldots,a_n),\ldots,\varphi_n(a_1,\ldots,a_n)\right)^T \quad . \qquad (16.163)$$

In diesem Fall ist

$$p_{\vec{\beta}}(\vec{b}) = 0 \quad . \qquad (16.164)$$

2. Zu einem vorgegebenen Vektor $\vec{a}$ gibt es genau eine Lösung der Gleichung (16.163) mit nicht verschwindender Jacobi-Determinante. Ist dann

$$J(\vec{a}) = \begin{vmatrix} \dfrac{\partial\varphi_1}{\partial a_1} & \cdots & \dfrac{\partial\varphi_1}{\partial a_n} \\ \vdots & \ddots & \vdots \\ \dfrac{\partial\varphi_n}{\partial a_1} & \cdots & \dfrac{\partial\varphi_n}{\partial a_n} \end{vmatrix} \qquad (16.165)$$

die Jacobi-Determinante, dann folgt:

$$p_{\vec{\beta}}(\vec{b}) = \frac{p_{\vec{\alpha}}(\vec{a})}{\left|J(\vec{a})\right|} \qquad (16.166)$$

Dies wird am besten anhand eines Beispieles überprüft.

Beispiel 16.14 :

Es seien zwei reelle Zufallsvariable ρ und θ gegeben, die zusammen den Vektor $\vec{\alpha} = (\rho,\theta)^T$ bilden. Es werde vereinbart, daß ρ nur nicht-negative Werte annehmen darf, und daß θ aus dem halboffenen Intervall $[0,2\pi)$ stammen muß. Durch die Abbildungsvorschrift

$$\begin{aligned} \varphi \;:\; \left(\mathbb{R}^{(+)}\cup\{0\}\right)\times[0,2\pi) &\to \mathbb{R}\times\mathbb{R} \\ (\rho,\theta) &\mapsto (\xi,\eta) = (\rho\cos\theta, \rho\sin\theta) \quad , \end{aligned} \qquad (16.167)$$

wird ein neuer Zufallsvektor erzeugt. Die Abbildung ist bis auf den Punkt $(\xi,\eta) = (0,0)$ umkehrbar eindeutig. In diesem Ausnahmepunkt ist wohl die

Abbildung eindeutig, nicht aber ihre Umkehrabbildung, welche ansonsten durch

$$\varphi^{-1} \quad : \quad \mathbb{R}\times\mathbb{R} \quad \rightarrow \qquad \left(\mathbb{R}^{(+)}\cup\{0\}\right)\times[0,2\pi)$$

$$(\xi,\eta) \quad \mapsto \quad (\rho,\theta)=\left(\sqrt{\xi^2+\eta^2},\operatorname{arcctg}\left(\frac{\xi}{\eta}\right)+\pi\mathbb{1}^{(+)}(-\eta)\right) \tag{16.168}$$

gegeben ist. Die Jacobi-Determinante der Abbildung φ ist

$$J(\rho,\theta)=\begin{vmatrix}\cos\theta & \sin\theta \\ -\rho\sin\theta & \rho\cos\theta\end{vmatrix}=\rho \quad . \tag{16.169}$$

Damit ergibt sich

$$p_{(\xi,\eta)}(x,y)=\frac{1}{\sqrt{x^2+y^2}}\,p_{(\rho,\theta)}\left(\sqrt{x^2+y^2},\operatorname{arcctg}\left(\frac{x}{y}\right)+\pi\mathbb{1}^{(+)}(-y)\right) \quad , \tag{16.170}$$

bzw.

$$p_{(\rho,\theta)}(R,\vartheta)=R\,p_{(\xi,\eta)}(R\cos\vartheta,R\sin\vartheta) \quad . \tag{16.171}$$

Angenommen $p_{(\xi,\eta)}(x,y)$ ist die Wahrscheinlichkeitsdichte zweier statistisch unabhängiger normalverteilter Variabler mit Erwartungswert 0 und gleicher Varianz σ^2, also

$$p_{(\xi,\eta)}(x,y)=\frac{1}{\sqrt{2\pi}\,\sigma}\,e^{-x^2/2\sigma^2}\,\frac{1}{\sqrt{2\pi}\,\sigma}\,e^{-y^2/2\sigma^2} \quad , \tag{16.172}$$

dann folgt:

$$p_{(\rho,\theta)}(R,\vartheta)=\frac{R}{2\pi\sigma^2}\,e^{-R^2/2\sigma^2}\,\mathbb{1}^{(+)}(R)\left[\mathbb{1}^{(+)}(2\pi-\vartheta)-\mathbb{1}^{(+)}(-\vartheta)\right] \quad . \tag{16.173}$$

(Die Produkte mit den Einheitssprungfunktionen sind nötig, damit die Dichte $p_{(\rho,\vartheta)}$ außerhalb des Definitionsbereiches der Variablen wie gefordert verschwindet.) Die letzte Gleichung kann man auch in Form eines Produktes

$$p_{(\rho,\theta)}(R,\vartheta)=p_\rho(R)\,p_\theta(\vartheta) \tag{16.174}$$

mit

$$p_\rho(R)=\frac{R}{\sigma^2}\,e^{-R^2/2\sigma^2}\,\mathbb{1}^{(+)}(R) \quad , \tag{16.175}$$

$$p_\theta(\vartheta)=\frac{1}{2\pi}\left[\mathbb{1}^{(+)}(2\pi-\vartheta)-\mathbb{1}^{(+)}(-\vartheta)\right] \tag{16.176}$$

schreiben. Dabei erkennt man in p_ρ die Wahrscheinlichkeitsdichte einer Zufallsvariablen mit Rayleigh-Verteilung wieder und in p_θ die Dichte einer gleichverteilten Variablen. Die neuen Zufallsvariablen ρ und θ sind daher in diesem speziellen Fall statistisch unabhängige Variable. ◆

Beispiel 16.15 :

Es seien ξ und η zwei Zufallsvariable mit der gemeinsamen Verteilungsdichte $p_{(\xi,\eta)}(x,y)$. Beide Variable sollen alle möglichen reellen Werte annehmen können. Durch die Vorschrift

$$\begin{aligned} \varphi \;:\; \mathbb{R}\times\mathbb{R} &\to \mathbb{R}\times\mathbb{R} \\ (\xi,\eta) &\mapsto (\sigma,\zeta)=(\xi+\eta,\eta) \end{aligned} \tag{16.177}$$

wird eine umkehrbar eindeutige Abbildung definiert, deren Umkehrung durch

$$\begin{aligned} \varphi^{-1} \;:\; \mathbb{R}\times\mathbb{R} &\to \mathbb{R}\times\mathbb{R} \\ (\sigma,\zeta) &\mapsto (\xi,\eta)=(\sigma-\zeta,\zeta) \end{aligned} \tag{16.178}$$

gegeben ist. Die Jacobi-Determinante der Abbildung φ ist 1. Infolgedessen erhält man:

$$p_{(\sigma,\zeta)}(s,z)=p_{(\xi,\eta)}(s-z,z) \quad . \tag{16.179}$$

Daraus erhält man durch Bildung der Randdichte die Verteilungsdichte der Summenvariable:

$$p_\sigma(s)=\int_{-\infty}^{\infty} p_{(\xi,\eta)}(s-z,z)\,dz \quad . \qquad ◆ \tag{16.180}$$

Das Beispiel läßt erkennen, wie die Wahrscheinlichkeitsdichte einer Summe von Zufallsvariablen bestimmt werden kann.

Ohne Beweis[1] wird nun ein wesentlicher Satz der Wahrscheinlichkeitstheorie formuliert.

Theorem 16.2 : (Zentraler Grenzwertsatz)

Es sei ξ_i eine Folge statistisch unabhängiger reeller Zufallsvariabler mit Erwartungswert 0 und mit den Dichtefunktionen $p_{\xi_i}(x_i)$. Wenn dann alle Standardabweichungen σ_{ξ_i} positiv und kleiner als eine gemeinsame endliche Schranke sind, und wenn außerdem alle $\langle|\xi_i|^3\rangle$ kleiner als eine andere gemeinsame endliche Schranke sind, dann strebt die Zufallsvariable

$$\zeta:=\sum_{i=1}^{n}\xi_i \tag{16.181}$$

[1] Zum Beweis siehe beispielsweise: [16.5]

mit wachsender Anzahl n gegen eine normalverteilte Zufallsvariable mit Erwartungswert 0 und Varianz

$$\langle \zeta^2 \rangle = \sum_{k=1}^{n} \langle \xi_k^2 \rangle \; . \qquad \blacklozenge \qquad (16.182)$$

Der zentrale Grenzwertsatz begründet, warum in der Natur viele Zufallsphänomene, welche sich additiv aus einer Vielzahl ähnlicher Phänomene zusammensetzen, so gut durch normalverteilte Zufallsvariablen beschrieben werden.

Beispiel 16.16 :

Es sei ξ_i eine Folge statistisch unabhängiger, im Intervall $[0, 2\pi)$ gleichverteilter Zufallsvariabler. Weiter seien Folgen $\hat{u}_i$ und ψ_i determinierter, also nicht zufälliger Größen gegeben. Durch

$$\chi_i := \hat{u}_i \cos(\psi_i + \xi_i) \qquad (16.183)$$

werden dann neue statistisch unabhängige Zufallsvariable mit den Einzeldichten

$$p_{\chi_i} = \frac{1}{\pi \sqrt{\hat{u}_i^2 - \chi_i^2}} \left[1 - \mathbb{1}^{(+)}(-\chi_i - \hat{u}_i) - \mathbb{1}^{(+)}(\chi_i - \hat{u}_i) \right] \qquad (16.184)$$

definiert. Dann gilt (Übungsaufgabe!)

$$\langle \chi_i \rangle = 0 \quad , \qquad (16.185)$$

$$\langle \chi_i \, \chi_j \rangle = \frac{\hat{u}_i^2}{2} \delta_{i,j} \; , \qquad (16.186)$$

$$\langle \chi_i^3 \rangle = 0 \qquad (16.187)$$

Damit sind die Voraussetzungen des zentralen Grenzwertsatzes erfüllt, wenn die $\hat{u}_i$ alle kleiner als eine endliche Schranke sind. Infolgedessen wird bei hinreichend großem n die Zufallsvariable

$$\chi := \sum_{i=1}^{n} \hat{u}_i \cos(\psi_i + \xi_i) \qquad (16.188)$$

gut durch eine neue Zufallsvariable $\tilde{\chi}$ genähert, deren Wahrscheinlichkeitsdichte durch

$$p_{\tilde{\chi}}(x) = \frac{1}{\sqrt{2\pi}\,\sigma} e^{-x^2/(2\sigma^2)} \qquad \text{mit} \qquad \sigma^2 = \sum_{i=1}^{n} \frac{\hat{u}_i^2}{2} \qquad (16.189)$$

gegeben ist. ◆

Zum Vergleich wird folgendes Beispiel betrachtet.

Beispiel 16.17 :

Es seien ξ_i, $\hat{v}_i$ Folgen gemeinsam statistisch unabhängiger Zufallsvariabler. Die ξ_i seien im Intervall $[0, 2\pi)$ gleichverteilt, die $\hat{v}_i$ seien Rayleigh-verteilt mit den quadratischen Mittelwerten

$$\langle \hat{v}_i^2 \rangle =: 2\,\mu_i^2 \quad . \tag{16.190}$$

Weiter sei eine Folge ψ_i determinierter, also nicht zufälliger Größen gegeben. Durch

$$\kappa_i := \hat{v}_i \cos(\xi_i) \qquad ; \qquad \zeta_i := \hat{v}_i \sin(\xi_i) \tag{16.191}$$

werden dann neue statistisch unabhängige Zufallsvariable mit gemeinsam normalverteilten Einzeldichten und Erwartungswert 0 gegeben (siehe Beispiel 16.14) . Deren Varianzen sind

$$\langle \kappa_i^2 \rangle = \langle \zeta_i^2 \rangle = \mu_i^2 = \langle \hat{v}_i^2 \rangle / 2 \quad . \tag{16.192}$$

Aus den Zufallsvariablen κ_i und ζ_i wiederum können mit Hilfe der determinierten Größen ψ_i neue Zufallsvariable

$$\chi_i := \kappa_i \cos(\psi_i) - \zeta_i \sin(\psi_i) \tag{16.193}$$

konstruiert werden. Setzt man in dieser Definitionsgleichung den Bezug der κ_i und ζ_i zu den ursprünglichen Variablen ξ_i und $\hat{v}_i$ ein, dann folgt:

$$\chi_i := \hat{v}_i \cos(\psi_i + \xi_i) \quad . \tag{16.194}$$

Das ist formal der gleiche Zusammenhang wie im vorigen Beispiel. Der Unterschied besteht darin, daß im letzten Beispiel die „Amplituden" $\hat{u}_i$ determinierte Größen waren, während die $\hat{v}_i$ nun zufällige Größen sind.

Der Leser möge in einer Übungsaufgabe selbst nachvollziehen, daß die neuen Zufallsvariablen χ_i gemeinsam normalverteilte Zufallsvariablen mit den Einzelvarianzen

$$\langle \chi_i^2 \rangle = \langle \hat{v}_i^2 \rangle / 2 \tag{16.195}$$

sind. Daher ist die Summe

$$\chi := \sum_{i=1}^{n} \hat{v}_i \cos(\psi_i + \xi_i) \tag{16.196}$$

wieder eine normalverteilte Zufallsvariable mit der Dichte

$$p_\chi(x)=\frac{1}{\sqrt{2\pi}\,\sigma}e^{-x^2/(2\sigma^2)} \quad ; \quad \sigma^2=\sum_{i=1}^{n}\hat{v}_i^2/2 \quad . \quad \blacklozenge \tag{16.197}$$

Vergleich der beiden vorangegangenen Beispiele zeigt, daß sich die Zufallsvariablen

$$\chi:=\sum_{i=1}^{n}\hat{u}_i\cos(\psi_i+\xi_i) \qquad \xi_i \text{ gleichverteilt, } \hat{u}_i,\psi_i \text{ determiniert} \tag{16.198}$$

und

$$\chi:=\sum_{i=1}^{n}\hat{v}_i\cos(\psi_i+\xi_i) \quad \xi_i \text{ gleichverteilt, } \hat{v}_i \text{ Rayleigh-verteilt,} \psi_i \text{ determiniert} \tag{16.199}$$

bei hinreichend großem n dann nicht mehr wesentlich in ihrem statistischen Verhalten unterscheiden, wenn nur

$$\left\langle\hat{v}_i^2\right\rangle=\hat{u}_i^2 \tag{16.200}$$

gewählt wird.

16.2.5 Stochastische Prozesse

Modifiziert man die beiden letzten Beispiele dadurch, daß

$$\psi_i=(\omega_T+i\,\Delta\omega)\,t \tag{16.201}$$

gewählt wird, dann erhalten die Zufallsvariablen eine neue Qualität.

Beispiel 16.18 :

Es sei entsprechend einem der vorigen Beispiele

$$\chi:=\sum_{i=1}^{n}\hat{u}_i\cos((\omega_T+i\,\Delta\omega)\,t+\xi_i) \quad , \tag{16.202}$$

wobei die ξ_i gleichverteilte Anfangsphasen und die Amplituden $\hat{u}_i$ entweder determiniert oder Rayleigh-verteilte Größen sind.

Dann ist χ bei festgehaltenem t und hinreichend großem n eine (wenigstens näherungsweise) normalverteilte Zufallsvariable.

Werden die einzelnen Zufallsvariablen ξ_i und gegebenenfalls die $\hat{u}_i$ durch die konkreten Ergebnisse eines Zufallsexperimentes ersetzt, sind sie also Zufalls*zahlen*, und läßt man t variieren, dann ist χ eine nach Festlegung der Zahlenwerte durch das Zufallsexperiment nicht mehr zufällige Funktion der Zeit. ◆

Man sagt, χ sei ein Zufallsprozeß. Zur genaueren Formulierung benutzt man die folgende Definition.

Definition 16.23 :

Es sei $(\mathcal{S}, \mathcal{E}, \mathcal{P})$ ein Wahrscheinlichkeitsraum. Es sei weiter $\mathcal{T}$ eine Untermenge der reellen Zahlen. Eine eindeutige Zuordnung

$$\begin{array}{cccc} \xi & : & \mathcal{S}\times\mathcal{T} & \to & \mathrm{R} \\ & & (s,t) & \mapsto & \xi(s,t) \end{array} , \tag{16.203}$$

welche für jedes feste t des Definitionsbereiches $\mathcal{T}$ eine Zufallsvariable definiert, wird dann *reeller stochastischer Prozeß* oder *reeller Zufallsprozeß* genannt.

Werden in $\xi(s,t)$ die Zahlenwerte eines konkreten Ergebnisses s eingesetzt, dann heißt ξ eine *Realisierung* oder eine *Musterfunktion* des Zufallsprozesses. ◆

Für zwei verschiedene Zeitpunkte t_1 und t_2 sind also durch den reellen Prozeß zwei verschiedene Zufallsvariable $\xi(t_1)$ und $\xi(t_2)$ definiert. Für diese läßt sich eine gemeinsame Wahrscheinlichkeitsverteilung P definieren:

$$P_{\xi\xi}(x_1,x_2;t_1,t_2) := \mathcal{P}(\xi(t_1)\le x_1, \xi(t_2)\le x_2) \quad . \tag{16.204}$$

Durch Bildung der Derivierten erhält man daraus die Verbundwahrscheinlichkeitsdichte

$$p_{\xi\xi}(x_1,x_2;t_1,t_2) = \frac{\partial^2 P_{\xi\xi}(x_1,x_2;t_1,t_2)}{\partial x_1\,\partial x_2} \quad . \tag{16.205}$$

Die Wahrscheinlichkeitsdichtefunktionen für x_1 bzw. x_2 gehen daraus durch Bildung der Randdichten hervor:

$$p_{\xi}(x_1;t_1) = \int_{-\infty}^{\infty} p_{\xi\xi}(x_1,x_2;t_1,t_2)\,dx_2 \quad , \tag{16.206}$$

$$p_{\xi}(x_2;t_2) = \int_{-\infty}^{\infty} p_{\xi\xi}(x_1,x_2;t_1,t_2)\,dx_1 \quad . \tag{16.207}$$

Die Ähnlichkeit der Variablen $\xi(t_1)$ und $\xi(t_2)$ kann wieder mit Hilfe der Skalarproduktbildung untersucht werden.

Definition 16.24 :

Die Funktion

$$C_{\xi\xi}(t_1,t_2) := \Big\langle \big[\xi(t_1) - \langle\xi(t_1)\rangle\big]\big[\xi(t_2) - \langle\xi(t_2)\rangle\big]\Big\rangle \tag{16.208}$$

heißt *Autokovarianzfunktion*, die Funktion

$$R_{\xi\xi}(t_1,t_2) := \langle \xi(t_1)\, \xi(t_2)\rangle \tag{16.209}$$

heißt *Autokorrelationsfunktion* des Prozesses ξ. ◆

Die Autokovarianzfunktion ist also das (nicht auf 1 normierte) Skalarprodukt der um ihren Erwartungswert verringerten Variablen $\xi\,(t_1)$ und $\xi\,(t_2)$. Durch Ausmultiplizieren der Definitionsgleichung folgt als Zusammenhang zwischen Autokovarianzfunktion und Autokorrelationsfunktion

$$C_{\xi\xi}(t_1,t_2) = \big\langle \xi(t_1)\xi(t_2)\big\rangle - \langle\xi(t_1)\rangle\langle\xi(t_2)\rangle = R_{\xi\xi}(t_1,t_2) - \langle\xi(t_1)\rangle\langle\xi(t_2)\rangle\ . \tag{16.210}$$

In völlig analoger Weise kann man auch die Ähnlichkeit von zwei verschiedenen Prozessen über einem gemeinsamen Wahrscheinlichkeitsraum untersuchen. Dazu benutzt man die folgenden Definitionen:

Definition 16.25 :

Es seien ξ und η zwei über dem selben Wahrscheinlichkeitraum definierte Prozesse. Die Funktion

$$C_{\xi\eta}(t_1,t_2) := \Big\langle \big[\xi(t_1) - \langle\xi(t_1)\rangle\big]\big[\eta(t_2) - \langle\eta(t_2)\rangle\big]\Big\rangle \tag{16.211}$$

heißt dann *Kreuzkovarianzfunktion*, die Funktion

$$R_{\xi\eta}(t_1,t_2) := \langle \xi(t_1)\, \eta(t_2)\rangle \tag{16.212}$$

heißt *Kreuzkorrelationsfunktion* der Prozesse ξ und η. ◆

Die Autokorrelationsfunktion kann dazu benutzt werden, Prozesse zu klassifizieren.

Definition 16.26 :

Es sei ξ ein stochastischer Prozeß. Ist dann die Autokorrelationsfunktion $R_{\xi\xi}(t_1, t_2)$ ausschließlich eine Funktion der Zeitdifferenz und ist weiter der Erwartungswert konstant, dann heißt der Prozeß *im weiten Sinne stationär*. Mit $t_1 = \tau$, $t_2 = t + \tau$ schreibt man auch

$$\langle\xi(\tau)\rangle =: \langle\xi\rangle \quad ; \quad \langle\xi(\tau)\,\xi(t+\tau)\rangle =: R_{\xi\xi}(t)\quad . \qquad ◆ \tag{16.213}$$

Die Autokorrelationsfunktion eines im weiteren Sinne stationären Prozesses hat im Fall $\tau = 0$ eine besondere Bedeutung. Es ist nämlich

$$R_{\xi\xi}(0) = \left\langle \xi^2(\tau) \right\rangle \quad . \tag{16.214}$$

Damit ist $R_{\xi\xi}(0)$ das quadratische Mittel des Prozesses. Da der Prozeß als im weiteren Sinne stationär vorausgesetzt wurde, muß dieser Wert aber zeitlich konstant sein. Daher stellt sich die Frage, ob dieser Wert auch identisch zu dem *Zeitmittel* von ξ^2 ist.
Dies ist nicht immer so. Tatsächlich lassen sich Beispiele für Prozesse angeben, bei denen das quadratische Zeitmittel und das quadratische Scharmittel nicht zum selben Wert führen.

Viele für die Technik wesentliche, im weiteren Sinne stationäre Prozesse haben aber genau die Eigenschaft, daß Zeitmittelwerte und Scharmittelwerte übereinstimmen. Solche Prozesse werden *ergodisch* genannt

Definition 16.27 :

Es seien ξ ein stochastischer Prozeß und f eine beliebige L-integrable Funktion der Variablen ξ. Sind dann Zeit- und Scharmittelwert vertauschbar, ist also

$$\int_{-\infty}^{\infty} f(x)\, p_\xi(x,t)\, dx = \lim_{T\to\infty} \frac{1}{2T} \int_{t_0-T}^{t_0+T} f(x(t))\, dt \tag{16.215}$$

für *alle* Musterfunktionen $x(t)$, dann heißt der Prozeß *ergodisch*[1] [16.6]. ♦

Ein ergodischer Prozeß ist also ein besonderer im weiteren Sinne stationärer Prozeß.

Für eine wichtige Klasse von ergodischen Prozessen kann ein besonderer Zusammenhang zwischen der Autokorrelationsfunktion und der mittleren spektralen Leistungsdichte der Musterfunktionen des Prozesses angegeben werden.

Es sei nämlich $x(t)$ eine Musterfunktion des Prozesses. Wenn dann der Grenzwert

$$\overline{x^2} := \lim_{T\to\infty} \frac{1}{2T} \int_{t_0-T}^{t_0+T} x^2(t)\, dt \quad , \tag{16.216}$$

existiert, dann muß dieser auf Grund der vorausgesetzten Ergodizität für alle Musterfunktionen gleich sein.

---

[1] Diese Klassifikation wurde bei der Untersuchung der Brownschen Molekularbewegung vorgenommen, bei der die Frage nach der Wegabhängigkeit der mittleren Energie zu klären war, die für die Bewegung eines Teilchens von einem Ort zu einem anderen aufzubringen ist. Das Wort „ergodisch" ist ein Kunstwort aus dem griechischen *εργον* (Arbeit) und *οδοσ* (Weg).

Definition 16.28 :

Es sei ξ ein ergodischer Prozeß mit endlichem Wert von $\overline{x^2}$. Ein solcher Prozeß wird *leistungsbeschränkt*[1] genannt, die Größe $\overline{x^2}$ seine *Leistung*.

Für einen solchen Prozeß wird nun die Autokorrelationsfunktion

$$R_{\xi\xi}(\tau) = \int_{-\infty}^{\infty} x(t)x(t+\tau)\,p_{\xi\xi}(x,x;t,t+\tau)dx \tag{16.217}$$

untersucht. Die Fouriertransformierte der Autokorrelationsfunktion ist dann

$$S_\xi(j\omega) := \int_{-\infty}^{\infty} R_{\xi\xi}(\tau)e^{-j\omega\tau}\,d\tau \quad . \tag{16.218}$$

Durch inverse Fouriertransformation erhält man sofort:

$$R_{\xi\xi}(\tau) = \frac{1}{2\pi}\int_{-\infty}^{\infty} S_\xi(j\omega)e^{j\omega\tau}\,d\omega \quad . \tag{16.219}$$

Insbesondere ist wegen der vorausgesetzten Ergodizität des Prozesses

$$R_{\xi\xi}(0) = \frac{1}{2\pi}\int_{-\infty}^{\infty} S_\xi(j\omega)\,d\omega = \overline{x^2} \quad . \tag{16.220}$$

Mit

$$\widetilde{S}_\xi(f) := S_\xi(j2\pi f) \tag{16.221}$$

ergibt sich daher

$$\overline{x^2} = \frac{1}{2\pi}\int_{-\infty}^{\infty} S_\xi(j\omega)\,d\omega = \int_{-\infty}^{\infty} \widetilde{S}_\xi(f)\,df \quad . \tag{16.222}$$

Daher muß $\widetilde{S}$ die Dimension einer „Leistung" pro Frequenzeinheit haben. Offenbar setzt sich die mittlere „Leistung" des Prozesses additiv aus Leistungsanteilen der Form $\widetilde{S}_\xi(f)\,df$ zusammen.

Die Autokorrelationsfunktion eines stationären Prozesses ist eine gerade Funktion. (Übungsaufgabe). Daher ist (siehe Anhang A)

$$\widetilde{S}_\xi(f) = \widetilde{S}_\xi(-f) \tag{16.223}$$

---

[1] Der Name wird verständlich, wenn man sich unter x eine Spannung über einem ohmschen Widerstand R vorstellt. Dann ist die mittlere, im Widerstand in Wärme umgesetzte physikalische Leistung durch $\overline{x^2}/R$ gegeben. Man beachte, daß die „Leistung" $\overline{x^2}$ keine physikalische Leistung sein muß.

und deswegen

$$R_{\xi\xi}(\tau) = 2\int_0^\infty \widetilde{S}_\xi(f) e^{j2\pi f \tau} \, df =: \int_0^\infty N(f) e^{j2\pi f \tau} \, df \quad . \tag{16.224}$$

Definition 16.29 :

Es sei ξ ein ergodischer leistungsbeschränkter stochastischer Prozeß mit der Autokorrelationsfunktion $R_{\xi\xi}(\tau)$. Dann wird

$$\widetilde{S}_\xi(f) := \int_{-\infty}^{\infty} R_{\xi\xi}(\tau) e^{-j2\pi f \tau} \, d\tau \tag{16.225}$$

seine *zweiseitige spektrale Leistungsdichte* (engl.: double-sided power spectral density) und

$$N(f) := 2\widetilde{S}_\xi(f) \tag{16.226}$$

seine *einseitige spektrale Leistungsdichte* (engl.: single-sided power spectral density) genannt. ♦

Es ist üblich, diese Definitionen auch auf nicht-ergodische Prozesse zu verallgemeinern.

Die Behandlung stochastischer Prozesse ist Gegenstand einer Vielfalt interessanter mathematischer Untersuchungen, deren Darlegung den Rahmen dieses Buches sprengen würde. Der Leser, der sich intensiver mit dieser Thematik auseinandersetzen möchte, wird daher auf die Literatur, beispielsweise [16.7], verwiesen.

16.3 Zusammenfassung

In diesem Kapitel wurde eine sehr kurze und daher zwangsläufig rudimentäre Einführung in die Wahrscheinlichkeitstheorie gegeben.

Um einen Bezug zu praktischen Anwendungen zu finden, wurde zunächst die statistische Definition der Wahrscheinlichkeit als relative Häufigkeit des Auftretens eines bestimmten Ergebnisses bei einem Experiment mit Zufallseigenschaften definiert. Statistische Betrachtungen führten zu dem Begriff des Erwartungswertes. Zur vereinfachten Schreibweise wurde eine Mengenschreibweise eingeführt. Wahrscheinlichkeitsverteilung und Wahrscheinlichkeitsdichte wurden als Anwendungen dieses Wahrscheinlichkeitsbegriffes formuliert. Danach wurde eine Plausibilitätsbetrachtung durchgeführt, welche den Bezug zwischen dem Erwartungswert eines Experimentes und der Wahrscheinlichkeitsdichte herstellt, welche die zu vermessende Zufallsvariable charakterisiert.

Die bis dahin behandelten Definitionen und Regeln basieren auf einer Reihe von Annahmen, die nicht oder nur unzulänglich zu überprüfen sind. Daher wurden einige wenige Annahmen und Vermutungen der statistischen Theorie zu Axiomen erklärt, auf denen die weiteren Schlüsse basieren. Dadurch wird die Theorie auf ein mathematisch sauberes Fundament gestellt.

Als weitere Anwendungen wurden Systeme von Zufallsvariablen über einem gemeinsamen Wahrscheinlichkeitsraum untersucht. Dabei wurde die Transformation der Wahrscheinlichkeitsdichten bei Abbildung der Variablen untersucht. In dem Korrelationskoeffizienten wurde ein Maß für die Ähnlichkeit zweier Zufallsvariabler gefunden.

Die zeitvariante Abbildung von Zufallsvariablen führte schließlich auf die Begriffe des Zufallsprozesses und der Musterfunktion. Die Ähnlichkeit zweier Prozesse wurde mit Hilfe von Korrelationsfunktionen beschrieben. Eine besondere Klasse der Zufallsprozesse bildeten die ergodischen Prozesse, bei denen unter anderem eine wichtige Beziehung zwischen der spektralen Leistungsdichte und der Autokorrelationsfunktion hergestellt werden konnte.

16.4 Übungsaufgaben und Fragen zum Verständnis

1. Ein Tetraeder soll zum Würfeln benutzt werden. Auf seinen vier Flächen sollen die Zahlen 1 bis 4 markiert sein.
   a. Beschreiben Sie den Wahrscheinlichkeitsraum, über dem das Experiment untersucht werden kann. Gehen Sie dabei von der Annahme eines „fairen" Würfels aus.
   b. Geben Sie die Wahrscheinlichkeitsverteilung für das Würfelergebnis an und leiten Sie daraus die Wahrscheinlichkeitsdichte ab.
2. Es sei folgende Wahrscheinlichkeitsdichte gegeben:
   $$p_\xi(x) = a\,x\left\{\mathbb{1}^{(+)}(x) - \mathbb{1}^{(+)}(x-1)\right\} \quad .$$
   a. Wie groß muß a sein? (Hinweis: die Wahrscheinlichkeit des sicheren Ereignisses ist 1.).
   b. Wie groß ist der Erwartungswert von x?
   c. Bestimmen Sie das quadratische Mittel, die Standardabweichung und die Varianz von x.
3. Zeigen Sie, daß die Summe zweier Zufallsvariabler mit Erwartungswert 0 wieder eine Zufallsvariable mit Erwartungswert 0 ist.
4. Gegeben seien vier im Intervall $[-0{,}5\ ,\ +0{,}5\ )$ gemeinsam gleichverteilte unkorrelierte Variable.
   a. Bestimmen Sie die Wahrscheinlichkeitsdichte der Summe dieser Variablen.
   b. Bestimmen Sie Mittelwert und Varianz dieser Summenvariablen.
   c. Zeichnen Sie die Graphen der Wahrscheinlichkeitsdichten der Summenvariablen und der Dichte einer normalverteilten Variablen gleichen Mittelwer-

tes und gleicher Varianz. Wie groß ist die maximale Abweichung zwischen den beiden Graphen?

5. Gegeben sei folgende Überlagerung:

$$u(t) = \hat{u}\cos(\omega t) + R\cos(\omega t + \varphi) \quad .$$

Dabei seien ausschließlich R und φ Zufallsvariable. φ sei gleichverteilt im Intervall $[0,2\pi)$, R sei rayleighverteilt mit einem Erwartungswert von $\hat{u}/10$. $u(t)$ kann in die Form $u(t) = A\cos(\omega t + \psi)$ umgeschrieben werden. Bestimmen Sie die Wahrscheinlichkeitsdichte der neuen Amplitude A. (Hinweis: Für die Lösung dieser Aufgabe benötigen Sie eine gute Integraltafel).

6. Beweisen Sie, daß der Erwartungswert des Produktes zweier mittelwertfreier Zufallsvariabler die Eigenschaften eines Skalarproduktes hat.
7. Vollziehen Sie die Rechnungen der Beispiele 16.16 und 16.17 nach.
8. Zeigen Sie, daß die Autokorrelationsfunktion eines stationären Prozesses eine gerade Funktion ist.

17 Elektronisches Rauschen

Mißt man die Spannung $u(t)$ über den Klemmen eines ansonsten unbeschalteten ohmschen Widerstandes R, so stellt man fest, daß diese nicht etwa konstant 0V ist. Sie variiert vielmehr mit kleiner Amplitude in zufälliger Weise um den Mittelwert 0V. $u(t)$ wird offenbar durch einen stochastischen Prozeß beschrieben.

Verstärkt man diese zeitvariante Spannung und macht sie über einen Lautsprecher hörbar, so ertönt ein gleichmäßiges Rauschen. Man nennt daher diesen Zufallsprozeß „Widerstandsrauschen".

Neben dem Widerstandsrauschen gibt es eine Reihe weiterer Zufallsprozesse mit ähnlichen Eigenschaften. Man faßt alle diese Prozesse unter dem Namen „elektronisches Rauschen" zusammen.

Elektronisches Rauschen überlagert sich in praktisch allen hochfrequenztechnischen Systemen den erwünschten Signalen. Diese *Nutzsignale* werden daher mehr oder weniger stark durch die *Rauschsignale* gestört.

Die Minimierung von Rauscheffekten ist somit ein wünschenswertes Ziel, das nur dann erreicht werden kann, wenn die Ursachen und Wirkungen der Effekte hinreichend genau untersucht werden.

17.1 Physikalische Grundlagen und mathematische Modellierung

17.1.1 Mathematische Modellierung elektronischen Rauschens

Mißt man ein mittelwertfreies Rauschsignal über ein Beobachtungszeitintervall der *Beobachtungsdauer* oder Observationsdauer T_{obs}, dann erhält man als Ergebnis eine *Musterfunktion* $u(t)$ des Rauschprozesses. Diese läßt sich im Inneren des Beobachtungszeitintervalls beliebig genau durch eine trigonometrische Reihe approximieren[1]. Es ist also:

$$u(t) = \sum_{i=1}^{\infty} \hat{u}_i \cos(i \Delta\omega \, t + \xi_i) \quad . \tag{17.1}$$

Dabei ist

$$\Delta\omega = 2\pi / T_{obs} \quad . \tag{17.2}$$

[1] Siehe auch Kapitel 2.

Die Musterfunktion ist in ihrer Bandbreite durch parasitäre oder absichtliche Tiefpässe bandbegrenzt. Ist die obere Grenzfrequenz, ab der keine Leistung mehr gemessen werden kann, kleiner als $N\,\Delta\omega\,/2\,\pi$, dann können die höher liegenden Spektralanteile in der obigen Näherung ausschließlich durch den Näherungsalgorithmus (Fensterung und periodische Fortsetzung) verursacht werden. Eine realistischere Näherung wird daher durch die endliche *Rauschsumme*

$$u(t) = \sum_{i=1}^{N} \hat{u}_i \cos(i\,\Delta\omega\, t + \xi_i) \tag{17.3}$$

gegeben.

Die Gesetzmäßigkeiten von Rauschprozessen sind inzwischen durch vielfältige Messungen erfaßt worden. So stellt man fest, daß bei den meisten fundamentalen Prozessen, welche die natürliche Erzeugung von Rauschen modellieren, innerhalb einer sehr kleinen Meßbandbreite Δf_M bei häufiger Wiederholung der Messung die gemessene mittlere Leistung konstant und gleich dem Langzeitmittelwert ist. Erwartungswerte und Zeitmittelwerte sind im Rahmen der Meßmöglichkeiten und der Meßgenauigkeiten gleich: Die Prozesse sind ergodisch.

Bei der Messung ergibt sich ein grundsätzliches Problem. Um nämlich zu vernünftigen Meßresultaten zu gelangen, muß als Meßzeit wenigstens die Einschwingzeit des Meßfilters abgewartet werden. Diese ist bei steilflankigen Filtern aber größer als der Kehrwert der Filterbandbreite. Somit mißt man in der obigen Rauschsumme in der Regel den Effekt mehrerer Einzelschwingungen.

Bei vielen ergodischen Rauschprozessen wird die Auswertung der Meßergebnisse im Rahmen der Meßgenauigkeit gut durch eine Rayleigh-Verteilung der Amplitudenwerte $\hat{u}_i$ und eine Gleichverteilung der Phasenwerte ξ_i erklärt. Den Ausführungen des Kapitels 16 entnimmt man dann, daß daher in diesem Fall jeder einzelne Summand der Rauschsumme durch eine Überlagerung zweier normalverteilter Prozesse mit Mittelwert 0 und mit gleichen Varianzen ersetzt werden kann.

Nun liegen aber innerhalb der Meßbandbreite mehrere, auf Grund hoher Beobachtungszeiten sogar sehr viele Summanden der Rauschsumme. Daher kann zur Erklärung der Meßergebnisse wegen des zentralen Grenzwertsatzes auch genauso gut ein Modell herangezogen werden, bei dem die Amplituden determiniert und die Phasen gleichverteilt sind. Letztendlich kann man also auf Basis der Meßergebnisse nicht entscheiden, ob bei hinreichend hoher Beobachtungsdauer die Amplitudenwerte $\hat{u}_i$ determiniert oder Zufallswerte sind[1].

Daher wird im folgenden von einem Modell ausgegangen, in der Rauschspannungen durch eine Rauschsumme entsprechend Gleichung (17.3) modelliert werden mit einer in einem 2π breiten Intervall gleichverteilten Anfangsphase und determinierten Amplituden $\hat{u}_i$ der Einzelschwingungen. Dieses Modell wurde bereits in frühen Veröffentlichungen von Stephen O. Rice [17.1], [17.2] vorgeschlagen, geriet aber im Lauf der Zeit (zu Unrecht) in Vergessenheit.

---

[1] Zur Erläuterung dieser Problematik siehe auch die Beispiele 16.16 und 16.17.

Aus der Rauschsumme kann man in einfacher Weise die einseitige Rauschleistungsdichte herleiten. Die im Rahmen des Modells kleinste Meßbandbreite ist nämlich $\Delta\omega/2\pi$. Daher ist die (einseitige, im Sinne des Kapitels 16 definierte) spektrale Rauschleistungsdichte

$$N(i\Delta f) = \hat{u}_i^2/2 \quad . \tag{17.4}$$

Der Beweis wird dem Leser als Übungsaufgabe überlassen.

Ist $u(t)$ die Spannung einer realen Quelle mit Innenwiderstand R, dann wird die verfügbare physikalische Leistung des Prozesses durch $u^2(t)/4R$ bestimmt. In diesem Fall ist die physikalische spektrale Rauschleistungsdichte

$$N(i\Delta f) = \hat{u}_i^2/(8R) \quad . \tag{17.5}$$

Nachfolgend wird praktisch nur noch von physikalischen einseitigen Rauschleistungsdichten die Rede sein.

Ist die einseitige physikalische spektrale Leistungsdichte $N(f)$ eines Rauschprozesses konstant,

$$N(f) = const. =: N_0 \quad , \tag{17.6}$$

dann nennt man den Rauschprozeß *weißes Rauschen*. Überlagert sich dieses den Nutzsignalen, und ist die Verteilung der Rauschsumme als neuer Zufallsvariable gaußsch, dann spricht man von *additivem weißen gaußschen Rauschen* (engl.: Additive White Gaussian Noise, AWGN).

17.1.2 Physikalische Ursachen von Rauschprozessen

17.1.2.1 Thermisches Rauschen

Die physikalischen Ursachen des Widerstandsrauschens liegen in den zufälligen, thermischen Bewegungen der im Widerstandsbauelement befindlichen frei verschiebbaren Ladungsträger. Man nennt diesen Effekt daher auch *thermisches Rauschen*.

Die Rauschleistungsdichte des Widerstandsrauschens wurde erstmalig Ende der zwanziger Jahre von J.B. Johnson [17.3] gemessen. In der angelsächsischen Literatur findet man daher auch den Namen *Johnson-Rauschen*.

Johnson stellte für den Frequenzbereich einiger hundert Hertz bis ca. 2 kHz (!) fest, daß die Rauschleistungsdichte gut durch

$$N(f) = k_B T \tag{17.7}$$

beschrieben wird. Dabei ist T die in Kelvin gemessene Temperatur des Widerstandes und k_B die Boltzmannkonstante ($k_B = 1{,}380662 \cdot 10^{-23}$ Ws/K). Die Rauschleistungsdichte ist also in dem gemessenen Frequenzbereich unabhängig vom Widerstandswert, aber abhängig von der Temperatur.

Von H. Nyquist[1] [17.4] wurde ein erster Deutungsversuch unternommen. Sein Verdienst ist die Herstellung eines Zusammenhanges zwischen der Rauschleistungsdichte des Widerstandes und thermodynamischen Überlegungen. Er gibt als einseitige spektrale Leistungsdichte des Prozesses

$$N(f) = k_B T \frac{hf/k_B T}{e^{hf/k_B T} - 1} \tag{17.8}$$

an. Dabei ist h das Plancksche Wirkungsquantum ($h = 6{,}626176 \cdot 10^{-34}$ Ws^2). Für kleine Verhältnisse $hf/k_B T$ erhält man durch Taylorreihenentwicklung erster Ordnung den von Johnson experimentell gefundenen Wert. Aus heutiger Sicht können jedoch gegen das von Nyquist verwendete Modell Einwände erhoben werden (siehe auch die Ausführungen von Alfons Blum [17.5]).

Der interessante Punkt an Nyquists Modell ist, daß die spektrale Rauschleistungsdichte nach Nyquist bis auf einen Faktor der Planckschen[2] Formel der Strahlungsleistung des schwarzen Körpers entspricht. Damit entspricht der Johnson-Wert dem Strahlungsgesetz nach Rayleigh[3] und Jeans[4].

Nyquists Modell wird gegenüber dem Johnson-Modell bevorzugt, weil es für hohe Frequenzen den gleichen Vorzug hat wie Plancks Gesetz gegenüber dem Gesetz von Rayleigh und Jeans: Die spektrale Leistungsdichte geht für hohe Frequenzen gegen 0 und verhindert die „Ultraviolettkatastrophe“, das ist die Forderung nach unendlich hoher Gesamtenergie.

Bereits 1951 wurde das Nyquist-Modell von Callen und Welton [17.6] korrigiert. Sie schlagen

$$N(f) = k_B T \left(\frac{hf/k_B T}{e^{hf/k_B T} - 1} + \frac{1}{2} hf/k_B T \right) \tag{17.9}$$

vor. Dieses Modell wurde kontrovers diskutiert, weil es wiederum zur Ultraviolettkatastrophe führt. Ausführungen von Kerr, Feldman und Pan [17.7] aus dem Jahre 1996 lassen aber vermuten, daß dieses Modell bei Frequenzen bis zu einigen THz eher der Realität entspricht als das Nyquistmodell.

Zur Beurteilung der drei verschiedenen Modelle werden in Abb. 17.1 die spektralen Leistungsdichten für die Ausdrücke aus den Gleichungen (17.7), (17.8) und (17.9) für die Parameter $T = 4$ K und $T = 300$ K über der Frequenz aufgetragen. Die Kurve des Johson-Modells ist mit J, die des Nyquist-Modells mit N und die des Callen-Welton-Modells durch „C-W“ gekennzeichnet.

Bei der tiefen Temperatur erkennt man deutliche Abweichungen zwischen den drei Kurven bereits für Frequenzen um 20 GHz. Dagegen machen sich bei der

---

[1] Nyquist, Harry (1889-1976), in Amerika lebender schwedischer Ingenieur, lieferte bedeutende Beiträge zur Signaltheorie.

[2] Planck, Max (1858-1947), deutscher Physiker, Begründer der Quantentheorie, lieferte hervorragende Beiträge zur Thermodynamik, Relativitätstheorie und Elektrolyttheorie.

[3] Siehe Fußnote S. 474

[4] Jeans, Sir James (1877-1946), britischer Mathematiker, Physiker und Astronom

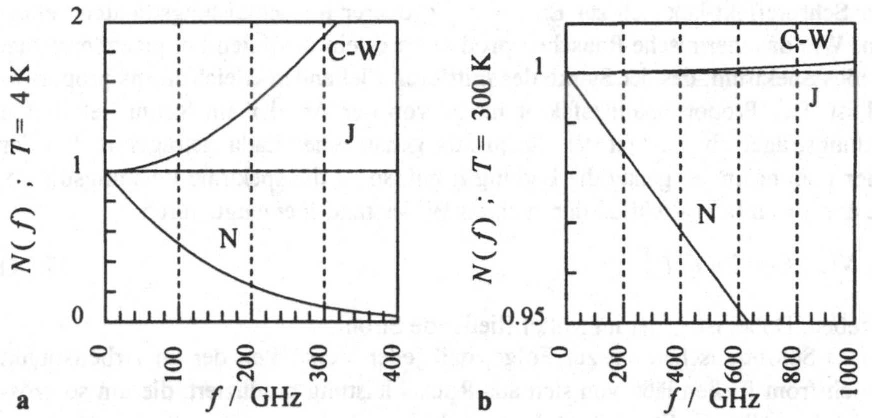

Abb. 17.1: Energieerwartungswerte **a** bei einer Temperatur von 4 K **b** bei einer Temperatur von 300 K.

höheren Temperatur Abweichungen erst wesentlich später bemerkbar.

Setzt man die Gültigkeit des Callen-Welton-Modelles voraus, dann muß bei „normalen" Temperaturen erst im THz-Bereich mit signifikanten Abweichungen der spektralenRauschleistungsdichte von der Johsnon-Näherung gerechnet werden. Dagegen ist für Radioastronomen, welche tiefgekühlte Widerstände zu Referenzmessungen benutzen, der Modellunterschied auch schon im Bereich von 100 GHz bedeutsam.

Die Frage, welches Modell nun tatsächlich zu den realistischeren Resultaten führt, ist bis heute ungeklärt. Für die Normalanwendungen der Hochfrequenztechnik kann aber

$$N(f) = k_B T = N_0 \tag{17.10}$$

angenommen werden. Das Spektrum der Rauschleistung eines ohmschen Widerstandes ist damit in dem hier interessierenden Frequenzbereich weiß.

17.1.2.2 Schrotrauschen

In einem stromdurchflossenen Widerstand kommt es neben dem Widerstandsrauschen zu einem weiteren Rauschanteil. Die bewegten Ladungsmengen treffen nicht als Kontinuum, sondern als einzelne Ladungsträger mit jeweils einem ganzzahligen Vielfachen der Elementarladung an der Meßfläche ein. Der Zeitpunkt des Durchtritts durch die Meßfläche ist zufälliger Natur: Es entsteht so ein zeitvarianter Strom mit einem Mittelwert, dem Gleichanteil, und einem überlagerten zufälligen Rauschstrom. Man nennt diese Art von Rauschen *Schrotrauschen*, weil der Prozeß der Schallintensität beim zufälligen Auftreffen eines Stroms fallender Schrotkugeln auf eine Fläche ähnelt.

Der Schroteffekt läßt sich zur Erzeugung größerer Rauschleistungsdichten benutzen. Wie das thermische Rauschen produziert er ein in weiten Frequenzbereichen weißes Spektrum, das der Stärke des mittleren fließenden Gleichstroms proportional ist. Der Proportionalitätsfaktor hängt von der Art der am Strom beteiligten Ladungsträger ab. Besteht der Strom aus genau einer Ladungsträgerart, bei der jeder Ladungsträger genau die Ladung q hat, so ist die spektrale Leistungsdichte, die der Strom bei Durchfluß durch einen Widerstand R erzeugt, durch

$$N(i\,\Delta f) = 2\,R\,q\left|I_{=}\right| \qquad (17.11)$$

gegeben. Dabei ist $I_{=}$ der im Mittel fließende Strom.

Das Schrotrauschen hat zur Folge, daß jeder Verstärker, der im Arbeitspunkt Gleichstrom fließen läßt, von sich aus Rauschleistung produziert, die um so grösser ist, je größer der Strom im Arbeitspunkt ist.

17.1.2.3 Generations-Rekombinations-Rauschen

In Halbleitern trägt die Generation und Rekombination von Ladungsträgerpaaren zum Rauschen bei, das konsequenterweise *Generations-Rekombinations-Rauschen* genannt wird. Es ist ähnlich zu beschreiben wie das Schrotrauschen, bringt aber durch die Beteiligung zweier verschiedener Ladungsträgerarten eine doppelt so hohe Ausbeute in der Leistungsdichte. Dies ist insbesondere zur absichtlichen Erzeugung von Rauschen für Meßzwecke nützlich.

Für diese Zwecke kann man Halbleiterdioden benutzen, bei denen durch geringfügige Variationen des Arbeitspunktes relativ große Variationen des Gleichstroms erreichbar sind. Man nennt die speziell für diese Zwecke benutzten Bauelemente *Rauschdioden*.

17.1.2.4 1/f-Rauschen

Durch Fluktuationen von Ladungsträgern an der Oberfläche von Halbleitern und den Kathoden von Elektronenröhren kommt es zu einem Rauscheffekt, dessen Leistung pro Hz Meßbandbreite bei einer Mittenfrequenz f von einigen Hz bis zu einigen MHz näherungsweise umgekehrt proportional zu f oder einer Potenz davon ist. Man nennt diesen Prozeß daher *1/f-Rauschen*.

Dieses ist insbesondere in niederfrequenten Anwendungen ein nicht zu vernachlässigender Faktor. Für ein konkretes Halbleiterbauelement kann man die gemessene Rauschleistungsdichte in einer doppelt logarithmischen Darstellung für kleine Frequenzen durch eine fallende Gerade annähern. Bei höheren Frequenzen dominiert das thermische Rauschen. Der Schnittpunkt der Geraden des $1/f$-Rauschens mit der durch das thermische Rauschen gegebenen Horizontalen wird dann Eckfrequenz des $1/f$-Rauschens genannt. Sie liegt je nach Bauelement zwischen einigen 100 Hz (JFET-Verstärker) und einigen MHz (für einige GaAs-Bauelemente).

17.1.2.5 Empfangsrauschen

Eine in der Hochfrequenztechnik wichtige Rauschquelle ist das sogenannte *Empfangsrauschen*, das von Empfangsantennen aus dem elektromagnetischen Feld am Empfangsort aufgenommen wird, und das seine Ursachen in statistischen Vorgängen im Kosmos und in der Atmosphäre hat.

17.2 Rauschen in linearen *N*-Toren

17.2.1 Rauschwellen

Wie in Kapitel 5 festgestellt wurde, ist jede Spannungsquelle auch eine Wellenquelle. Daher breiten sich auch im Fall von Rauschsignalen Wellen auf Leitungen aus. Angenommen, der Leitungswellenwiderstand sei Z_0 und die Spannungen der hin- und rücklaufenden Rauschwellen auf der Leitung seien durch die Musterfunktionen

$$u^{(+)}(z,t) = \sum_{i=1}^{N} \hat{v}_i \cos\left(i\,\Delta\omega\,(t - z/c) + \xi_i\right) \quad , \tag{17.12}$$

$$u^{(-)}(z,t) = \sum_{i=1}^{N} \hat{v}_{i+N} \cos\left(i\,\Delta\omega\,(t + z/c) + \xi_{i+N}\right) \tag{17.13}$$

gegeben, dann erhält man daraus durch Bezug auf $\sqrt{Z_0}$ die normierten Wellen

$$\tilde{a}(z,t) = \frac{1}{\sqrt{Z_0}} \sum_{i=1}^{N} \hat{v}_i \cos\left(i\,\Delta\omega\,(t - z/c) + \xi_i\right) \quad , \tag{17.14}$$

$$\tilde{b}(z,t) = \frac{1}{\sqrt{Z_0}} \sum_{i=1}^{N} \hat{v}_{i+N} \cos\left(i\,\Delta\omega\,(t + z/c) + \xi_{i+N}\right) \quad . \tag{17.15}$$

Durch Einführung der *effektiven* komplexen Wellenamplituden

$$a(z,i\,\Delta\omega) = \frac{\hat{v}_i}{\sqrt{2\,Z_0}}\, e^{j(\xi_i - i\Delta\omega z/c)} \quad \text{für} \quad i = 1,\ldots,N \quad , \tag{17.16}$$

$$b(z,i\,\Delta\omega) = \frac{\hat{v}_{i+N}}{\sqrt{2\,Z_0}}\, e^{j\left(\xi_{i+N} + i\,\Delta\omega\,\frac{z}{c}\right)} \quad \text{für} \quad i = 1,\ldots,N \tag{17.17}$$

ergibt sich dann

$$\tilde{a}(z,t) = \Re\left\{ \sum_{i=1}^{N} \sqrt{2}\; a(z,i\,\Delta\omega)\, e^{j\,i\,\Delta\omega\,t} \right\} \quad , \tag{17.18}$$

$$\tilde{b}(z,t) = \Re\left\{ \sum_{i=1}^{N} \sqrt{2}\; b(z,i\,\Delta\omega)\, e^{j\,i\,\Delta\omega\,t} \right\} \quad . \tag{17.19}$$

Abb. 17.2 : Zur Korrelation von Rauschwellen **a** Kurzgeschlossener rauschender ohmscher Widerstand **b** Parallelgeschaltete rauschende Widerstände

Daher kann man im Zeigerbild das Rauschen durch Summen komplexer Wellen erfassen. Dabei ist zu beachten, daß hier mit Effektivwerten gearbeitet wird.

Die komplexen Amplituden der Rauschwellen sind als Zufallsvariable zu interpretieren. Daher können für diese Wellen und daraus abgeleitete Größen in naheliegender Weise Erwartungswerte gebildet werden. Insbesondere ergibt sich für die in der i-ten hin- bzw. rücklaufenden komplexen Welle transportierte Leistung:

$$P_i^{(+)} = \left|a(z, i\,\Delta\omega)\right|^2 = \hat{v}_i^2/(2Z_0) \quad \text{für} \quad i = 1,\ldots,N \quad , \tag{17.20}$$

$$P_i^{(-)} = \left|b(z, i\,\Delta\omega)\right|^2 = \hat{v}_{i+N}^2/(2Z_0) \quad \text{für} \quad i = 1,\ldots,N \quad . \tag{17.21}$$

Die Komponenten hin- und rücklaufender Wellen können, müssen aber nicht korreliert sein, wie die folgenden Fälle zeigen.

In Abb. 17.2a ist ein kurzgeschlossener ohmscher Widerstand zu sehen. Die Tatsache, daß der Widerstand gleichzeitig als Rauschquelle wirkt, ist durch die Schraffur angedeutet.

Auf der Kurzschlußleitung breitet sich eine hin- und eine rücklaufende Welle aus. Ihre komplexen Amplituden unterscheiden sich in der Kurzschlußebene nur um den Faktor -1. Daher sind die Wellenanteile gleicher Frequenz in der Kurzschlußebene voll korreliert.

In Teil b der Abbildung sind zwei ohmsche Widerstände parallelgeschaltet. Beide erzeugen jeweils unkorrelierte Rauschleistungen, da die Elementaroszillatoren in den Widerständen voneinander unabhängig sind. Ist beispielsweise $R_1 = Z_0$ und $R_2 = Z_0$, dann wird die aus R_1 laufende Welle ganz in R_2 absorbiert und umgekehrt. Da aber die Wellen aus zwei unkorrelierten Quellen stammen, müssen auch alle Komponenten der Wellen unkorreliert sein.

17.2.2 Eintore

Ein ohmscher Widerstand ist eine Quelle für Rauschwellen. Damit ist die Ersatzschaltung nach Abb. 17.3b denkbar.

Die Urwelle $b_{G,R}$ der Rauschquelle steht, den Ausführungen des Kapitels 5 entsprechend, mit der verfügbaren Rauschleistung in folgendem Zusammenhang:

$$N(i\,\Delta f)\,\Delta f = \left|b_{G,R}\right|^2 \Big/ \left(1 - \left|\Gamma_R\right|^2\right) \tag{17.22}$$

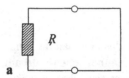

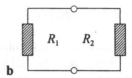

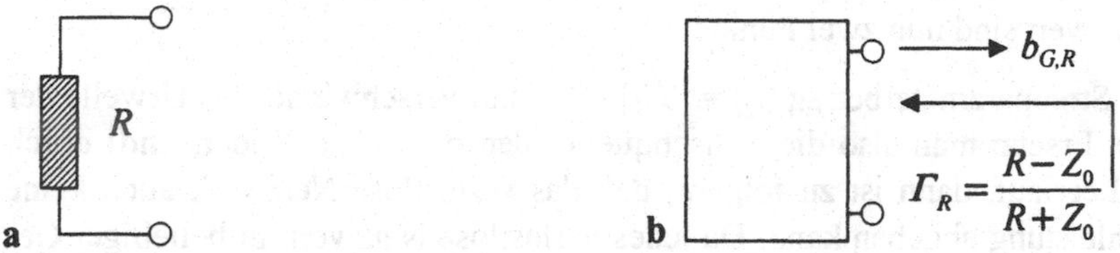

Abb. 17.3 : **a** Rauschender ohmscher Widerstand **b** Modellierung als Ersatzquelle

oder bei Wahl von $Z_0 = R$:

$$\left|b_{G,R}\right|^2 = N(i\,\Delta f)\,\Delta f\,. \tag{17.23}$$

Man kann nun, den Ausführungen des Kapitel 8 entsprechend, mit Hilfe eines verlustlosen linearen Zweitores, das an diesen nun rückwirkungsfreien Rauschgenerator angeschlossen wird, eine Ersatzwellenquelle erzeugen, welche einen beliebigen Wert des Reflexionsfaktors mit Betrag kleiner als 1 besitzt.

Da vereinbart wurde, daß Widerstand und Leitung aufeinander angepaßt sind, gilt für den Ausgangsreflexionsfaktor der Ersatzquelle

$$\Gamma_G = s_{22} \tag{17.24}$$

und für die Urwelle der Ersatzquelle

$$b_{G,N} = s_{21}\, b_{G,R} \quad . \tag{17.25}$$

Die verfügbare Leistung der Ersatzquelle ist

$$P_N = \frac{\left|s_{21}\right|^2}{1-\left|s_{22}\right|^2}\left|b_{G,R}\right|^2 = \frac{\left|b_{G,N}\right|^2}{1-\left|\Gamma_G\right|^2} \quad . \tag{17.26}$$

Auf Grund der Verlustlosigkeit des Transformationsnetzwerkes ist aber diese verfügbare Leistung gleich der des Widerstandes alleine, also

$$\left|b_{G,N}\right|^2 = \left(1-\left|\Gamma_G\right|^2\right)\left|b_{G,R}\right|^2 \quad . \tag{17.27}$$

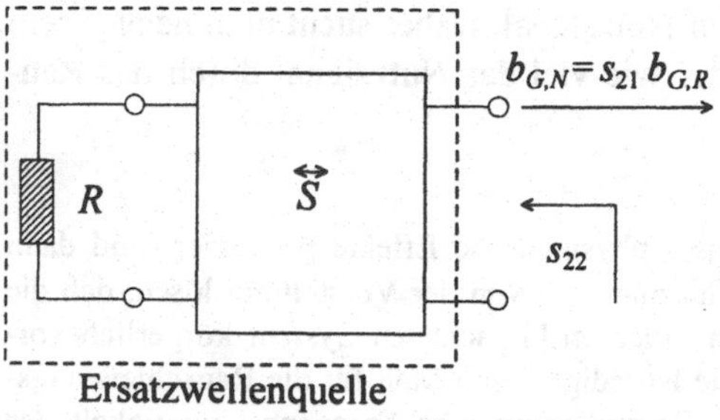

Abb.17.4 : Transformation einer ohmschen Rauschquelle durch ein verlustloses Netzwerk

Bemerkenswert sind nun zwei Punkte:

1. Ist der Streuparameterbetrag $|s_{22}| = |\Gamma_G| = 1$, dann verschwindet die Urwelle der Quelle. Ersetzt man also die Rauschquelle (den ohmschen Widerstand) durch einen Leerlauf, dann ist zu folgern, daß das verlustlose Netzwerk auch keine Rauschleistung abgeben kann. Da jedes verlustlose Netzwerk in beliebiger Genauigkeit durch rein reaktive Bauelemente wie idealisierte Kapazitäten, Induktivitäten, idealisierte Übertrager und Leitungen nachgebildet werden kann, folgt die wichtige Aussage: *Rein reaktive Bauelemente rauschen nicht.*
2. Die verfügbare Leistung der Ersatzquelle aus Widerstand und verlustlosen Bauelementen ist gleich der verfügbaren Leistung des Widerstandes alleine. Ein rein reaktives Transformationsnetzwerk kann also die *verfügbare* Rauschleistung nicht beeinflussen. Man kann dies einprägsamer wie folgt formulieren: *Ein lineares Eintor rauscht mit der verfügbaren Leistung des Realteils seiner Impedanz.*

Für Zwecke der Rauschanalyse von Hochfrequenzschaltungen ist es gleichgültig, wie die Rauschleistung produziert wurde, solange nur die statistischen Eigenschaften vergleichbar bleiben. Um zu einer gemeinsamen Beschreibung der Rauschquellen zu gelangen, benutzt man folgende Definition:

Definition 17.1 :

Ist $N(f)$ die von einer Rauschquelle erzeugte Rauschleistungsdichte, dann wird

$$T_G(f) := N(f)/k_B \tag{17.28}$$

als die *(spektrale) Rauschtemperatur* der Quelle bezeichnet. ♦

Die Rauschtemperatur der Quelle entspricht also gerade derjenigen körperlichen Temperatur, die ein ohmscher Widerstand im thermodynamischen Gleichgewicht haben müßte, der bei der Frequenz f die Rauschleistungsdichte $N(f)$ erzeugt.[1]

Reale Generatoren für Nutzsignale enthalten Innenimpedanzen mit ohmschem Anteil. Daher können sie durch die Serienschaltung einer nicht rauschenden idealisierten Signalspannungsquelle, einer idealisierten Rauschspannungsquelle und einer nicht rauschenden Innenimpedanz beschrieben werden. Das Rauschen der Innenimpedanz überlagert sich also dem Nutzsignal. Daher sucht man nach einem Qualitätsmerkmal dafür, wie wenig oder wie viel das Nutzsignal durch das Rauschen gestört wird.

---

[1] Da Rauschleistungen durch verschiedenste physikalische Effekte produziert und dann auch noch verstärkt werden können, sollte man sich von der Vorstellung lösen, daß die äquivalente Rauschtemperatur mit irgendeiner im betrachteten System körperlich vorkommenden Temperatur identisch ist. Sie ist lediglich ein Maß für die Rauschleistungsdichte. Man beachte auch, daß in der Formulierung eine Frequenzabhängigkeit des Rauschspektrums zugelassen wird.

Definition 17.2 :

Es sei P_S die von einer Quelle an eine Last abgegebene Nutzleistung und P_N die von ihr an die Last abgegebene Rauschleistung *in einem vorgegebenen Frequenzband.* Dann heißt das Verhältnis

$$SNR := P_S / P_N \tag{17.29}$$

Signal-Rausch-Verhältnis oder *Rauschabstand* oder *Störabstand* (engl.: Signal-to-Noise Ratio, SNR) der Quelle innerhalb dieses Frequenzbandes.

Der Störabstand ist ein Maß, das auf der *Gesamtleistung* der Quelle *in einem bestimmten Frequenzband* beruht. Daher ist zu seiner genauen Bestimmung stets anzugeben, innerhalb welchen Bandes er zu messen ist. ♦

Stammen Nutzleistung und Störleistung aus einer gemeinsamen Quelle, dann ist das Verhältnis identisch zum Verhältnis der *verfügbaren* Nutzleistung zur *verfügbaren* Störleistung.

17.2.3 Zweitore

17.2.3.1 Übertragung von Rauschen durch Zweitore

Es wird zunächst ein verlustloses lineares Zweitor betrachtet. Es stellt sich die Frage, wie ein Rauschsignal durch das Zweitor übertragen wird. Das Rauschsignal ist – in der Sprechweise der Statistik – Musterfunktion eines Zufallsprozesses und damit eine vorgegebene Funktion der Zeit.

Diese Musterfunktion wird genauso wie ein Nutzsignal durch das Zweitor übertragen, da dieses nicht zwischen Nutzsignalen und Störsignalen unterscheiden kann.

Führt man ein Übertragungsexperiment dieser Art nun sehr oft durch, dann kann der statistische Mittelwert oder Erwartungswert über die Experimente bestimmt werden. Daher sind für eine *Vorhersage* des Verhaltens des Zweitors die *Erwartungswerte* der an der Übertragung beteiligten komplexen Wellen und der daraus abgeleiteten Größen zu bestimmen.

17.2.3.2 Rauschquellen in Zweitoren

Betrachtet man nun ein reales Zweitor, dann kann dieses selbst Rauschquellen enthalten, beispielsweise dadurch, daß in ihm verlustbehaftete Bauelemente zur Anwendung kommen. Infolgedessen werden in ihm Rauschwellen produziert, die aus den Toren herauslaufen. Die Streuparameterdarstellung des rauschenden Zweitors ist daher wie folgt zu ergänzen:

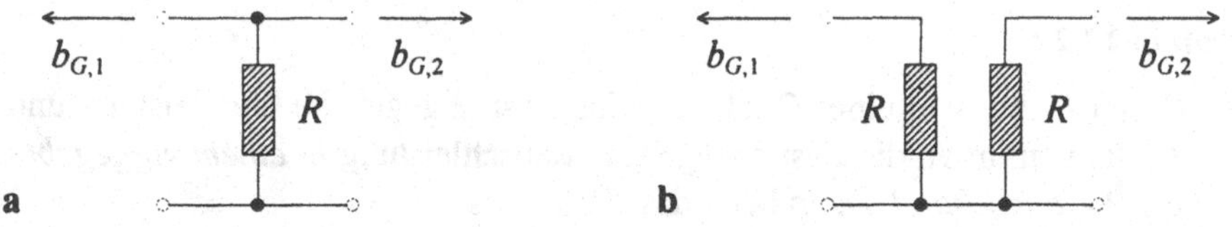

Abb. 17.5 : Beispiele rauschender Zweitore **a** mit voller Korrelation der internen Rauschquellen **b** mit unkorrelierten internen Rauschquellen

$$\begin{pmatrix} b_1 \\ b_2 \end{pmatrix} = \begin{pmatrix} s_{11} & s_{12} \\ s_{21} & s_{22} \end{pmatrix} \begin{pmatrix} a_1 \\ a_2 \end{pmatrix} + \begin{pmatrix} b_{G,1} \\ b_{G,2} \end{pmatrix} \quad . \tag{17.30}$$

Dabei sind $b_{G,1}$ und $b_{G,2}$ die zwei Rausch-Urwellen, die bei reflexionsfreiem und gedachtem rauschfreien Abschluß der Tore gemessen werden könnten. Die Rausch-Urwellen können – müssen aber nicht – korreliert sein, wie die Beispielschaltungen der Abb. 17.5 demonstrieren.

Im ersten Fall stammen die aus dem Zweitor herauslaufenden Wellen aus ein und derselben Quelle, sind also voll korreliert. Im zweiten Fall stammen die Wellen aus zwei unabhängigen Quellen, sind also unkorreliert.

17.2.3.3 Die spektrale Rauschtemperatur eines Zweitors

Es soll nun untersucht werden, wie sich die Rauschquellen des Zweitores auf die Eigenschaften der Kettenschaltung aus einem Generator mit dem Zweitor auswirken. Der Generator soll einen Generatorreflexionsfaktor Γ_G und eine Urwelle b_G besitzen. Die Urwelle darf dabei auch Rauschanteile beinhalten. Die Schaltung und ihr Signalflußgraph sind in der folgenden Abb. 17.6 dargestellt. Dabei zeigt die Schraffur der Schaltblöcke an, daß diese als Rauschgeneratoren wirken.

Die Kettenschaltung wird wieder als ein Ersatzgenerator betrachtet mit dem Reflexionsfaktor

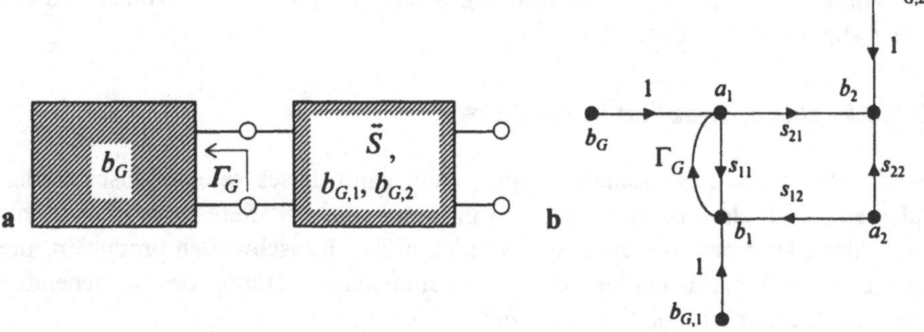

Abb. 17.6 : Kettenschaltung aus Signalquelle mit überlagertem Rauschen und rauschendem Zweitor **a** Schaltbild **b** Signalflußgraph

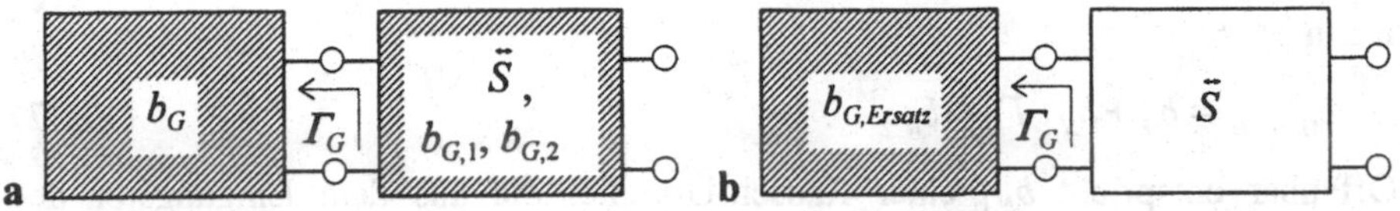

Abb. 17.7 : a Kettenschaltung aus Quelle und rauschendem Zweitor **b** Ersatzschaltbild

$$\Gamma_G^{(1)} := s_{22} + \frac{s_{12}\, s_{21}\, \Gamma_G}{1 - s_{11}\, \Gamma_G} \quad . \tag{17.31}$$

Aus dem Signalflußgraphen liest man folgenden Zusammenhang für die aus dem Zweitor fließende Welle b_2 ab:

$$b_2 = b_G \frac{s_{21}}{1 - \Gamma_G\, s_{11}} + b_{G,1} \frac{\Gamma_G\, s_{21}}{1 - \Gamma_G\, s_{11}} + a_2 \left(s_{22} + \frac{s_{12}\, \Gamma_G\, s_{21}}{1 - \Gamma_G\, s_{11}} \right) + b_{G,2} \quad . \tag{17.32}$$

Speist man keine Leistung in das Ausgangstor ein und erzeugt das Eintor mit der Urwelle b_G nur eine Rauschwelle (und keine Nutzsignalwelle), dann können ausschließlich Rauschwellen an das Ausgangstor der Kettenschaltung gelangen. Es ist dann

$$\begin{aligned} b_2\big|_{a_2=0} &= \frac{s_{21}}{1 - \Gamma_G\, s_{11}} \left(b_G + b_{G,1}\, \Gamma_G + b_{G,2}\, (1 - \Gamma_G\, s_{11}) / s_{21} \right) \\ &= H_Q \left(b_G + b_{G,1}\, \Gamma_G + b_{G,2}\, (1 - \Gamma_G\, s_{11}) / s_{21} \right) \quad . \end{aligned} \tag{17.33}$$

H_Q ist die in Kapitel 10 definierte Quellenübertragungsfunktion, deren besonderer Nutzen für die Beschreibung verrauschter N-Tore damit klar wird.

Ein Beobachter, dem nur eine Messung am Ausgangstor möglich ist, könnte also genauso gut schließen, daß das Zweitor der Anordnung rauschfrei sei und daß der Generator, mit dem das Zweitor verschaltet ist, eine (Ersatz)-Urwelle

$$b_{G,Ersatz} := b_G + b_{G,1}\, \Gamma_G + b_{G,2}\, (1 - \Gamma_G\, s_{11}) / s_{21} \tag{17.34}$$

produziert. Damit ergibt sich die Äquivalenz der Schaltbilder aus Abb. 17.7.

Da nun die Rauscheigenschaften des Zweitors auf einen Ersatzgenerator zurückgerechnet wurden, kann für diesen auch eine Rauschtemperatur bestimmt werden. Zu deren Berechnung ist die verfügbare Rauschleistung des Ersatzgenerators zu bestimmen. Zur Vereinfachung dieser Rechnung faßt man noch diejenigen Terme in der Ersatz-Urwelle zusammen, die von Γ_G abhängen:

$$b_{G,Ersatz} := b_G + \left(b_{G,1} - b_{G,2}\, s_{11} / s_{21} \right) \Gamma_G + b_{G,2} / s_{21} \tag{17.35}$$

und nennt

$$b_{N,1} := b_{G,1} - b_{G,2}\, s_{11} / s_{21} \qquad \text{und} \qquad b_{N,2} := b_{G,2} / s_{21} \quad . \tag{17.36}$$

Dann ist

$$b_{G,Ersatz} = b_G + b_{N,1}\,\Gamma_G + b_{N,2} \quad . \tag{17.37}$$

Offenbar entspricht $b_{N,1}$ einer Rausch-Urwelle, die aus dem Eingangstor des Zweitors in Richtung Generator ausgesandt und dort mit dem Quellenreflexionsfaktor reflektiert wird, und $b_{N,2}$ einer Rausch-Urwelle, die an gleicher Stelle erzeugt wird, aber in die entgegengesetzte Richtung läuft.

Der Erwartungswert der verfügbaren Leistung der Ersatz-Rauschquelle ist durch

$$P_{N,Eingang} = \left\langle \frac{\left|b_{G,Ersatz}\right|^2}{1-\left|\Gamma_G\right|^2} \right\rangle = \frac{\left\langle \left(b_G + b_{N,1}\,\Gamma_G + b_{N,2}\right)\left(b_G + b_{N,1}\,\Gamma_G + b_{N,2}\right)^* \right\rangle}{1-\left|\Gamma_G\right|^2} \tag{17.38}$$

gegeben. Es ist also

$$P_{N,Eingang} = \frac{\left\langle \left|b_G\right|^2 \right\rangle + \left\langle b_G\left(b_{N,1}\,\Gamma_G + b_{N,2}\right)^* \right\rangle + \left\langle b_G^*\left(b_{N,1}\,\Gamma_G + b_{N,2}\right) \right\rangle + \left\langle \left|b_{N,1}\,\Gamma_G + b_{N,2}\right|^2 \right\rangle}{1-\left|\Gamma_G\right|^2} \ . \tag{17.39}$$

Da aber b_G aus einer anderen Rauschquelle stammt als die übrigen Rauschwellen, sind diese Wellen unkorreliert:

$$\left\langle b_G\, b_{N,i}^* \right\rangle = \left\langle b_G \right\rangle \left\langle b_{N,i}^* \right\rangle = 0 \qquad \text{und} \qquad \left\langle b_G^*\, b_{N,i} \right\rangle = \left\langle b_G^* \right\rangle \left\langle b_{N,i} \right\rangle = 0 \quad , \tag{17.40}$$

und es folgt

$$P_{N,Eingang} = \left(\left\langle \left|b_G\right|^2 \right\rangle + \left\langle \left|b_{N,1}\,\Gamma_G + b_{N,2}\right|^2 \right\rangle \right) \Big/ \left(1-\left|\Gamma_G\right|^2\right) \quad . \tag{17.41}$$

Der erste Summand ist aber gerade die verfügbare Rauschleistung der ursprünglichen Quelle:

$$\left\langle \left|b_G\right|^2 \right\rangle \Big/ \left(1-\left|\Gamma_G\right|^2\right) = k_B\, T_G\, \Delta f \quad . \tag{17.42}$$

Durch die Definitionsgleichung

$$T_Z := \left\langle \left|b_{N,1}\,\Gamma_G + b_{N,2}\right|^2 \right\rangle \Big/ \left[k_B\, \Delta f \left(1-\left|\Gamma_G\right|^2\right) \right] \tag{17.43}$$

kann man auch dem zweiten Summanden eine Rauschtemperatur zuordnen, die nun ausschließlich auf die Leistung der im Zweitor erzeugten Rauschwellen zurück geht. Es ergibt sich also

$$P_{N,Eingang} = k_B\,(T_G + T_Z)\,\Delta f \quad . \tag{17.44}$$

Die Temperatur

$$T_{G,Ersatz} = T_G + T_Z \tag{17.45}$$

ist die Rauschtemperatur des Ersatzgenerators, der in der Ersatzschaltung nach Abb. 17.7 wirksam ist.

Definition 17.3 :

Gegeben sei eine Kettenschaltung aus einem Rauschgenerator mit der Rauschtemperatur T_G und dem Reflexionsfaktor Γ_G sowie einem Zweitor mit der Streumatrix $\vec{\vec{S}}$ und mit internen Rauschquellen. Diese Kettenschaltung werde ersetzt durch die äquivalente Kettenschaltung eines Ersatzrauschgenerators mit der Rauschtemperatur $T_{G,Ersatz}$ und dem Reflexionsfaktor Γ_G sowie einem rauschfreien Zweitor mit der Streumatrix $\vec{\vec{S}}$. Dann heißt

$$T_Z := T_{G,Ersatz} - T_G \tag{17.46}$$

die *Rauschtemperatur* des Zweitors. ♦

Die Rauschtemperatur des Zweitors ist eine auf den *Eingang* des Zweitors bezogene Größe. Statt dessen kann man sich auch für die Rauschtemperatur derjenigen Quelle interessieren, welche durch die Kettenschaltung entsteht, also für eine Rauschtemperatur am *Ausgang* des Zweitors.

Auch hierzu ist eine verfügbare Rauschleistung $P_{N,Ausgang}$ der Kettenschaltungsquelle zu finden. Nun ist aber das Verhältnis aus der verfügbaren Leistung am Ausgang der Kettenschaltung zur verfügbaren Leistung der einspeisenden Quelle gerade der verfügbare Gewinn G_A. Es gilt daher

$$P_{N,Ausgang} = G_A \; P_{N,Eingang} = G_A \; k_B \, (T_G + T_Z) \, \Delta f \quad . \tag{17.47}$$

Dem Ausgang der Kettenschaltung ist daher die Rauschtemperatur $G_A\,(T_G + T_Z)$ zuzuordnen. Damit läßt sich ein einfaches Schema zur Berechnung von Rauschtemperaturen angeben, das in Abb. 17.8 dargestellt ist.

Hinweis:

Die Rauschtemperatur des Zweitors hängt – wie Gleichung (17.43) zeigt – im allgemeinen von dem Generatorreflexionsfaktor der Quelle ab, mit welcher das Zweitor gespeist wird. Die Mißachtung dieser Abhängigkeit ist eine häufige Ursache von Fehlern.

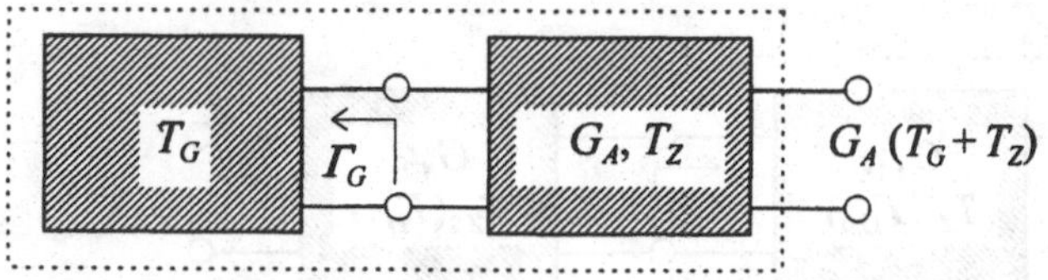

Abb. 17.8 : Zur Berechnung der Rauschtemperatur der aus einer Kettenschaltung mit Rauschquelle und Zweitor gebildeten Ersatzrauschquelle

17.2.3.4 Die Rauschtemperatur einer Kettenschaltung aus linearen Zweitoren

Es wird nun die Kettenschaltung aus einer Quelle und zwei Zweitoren entsprechend Abb. 17.9 betrachtet.

Nach den weiter vorn erfolgten Ausführungen ist der Ausgang von Zweitor 1 wie ein Ersatzgenerator aufzufassen, der die Rauschtemperatur

$$T_{G,1} = G_{A,1}\left(T_{G,0} + T_{Z,1}\right) \tag{17.48}$$

aufweist. Demzufolge wirkt die gesamte Kettenschaltung wie ein Generator mit der Rauschtemperatur

$$T_{G,2} = G_{A,2}\left(T_{G,1} + T_{Z,2}\right) = G_{A,2}\left(G_{A,1}\left(T_{G,0} + T_{Z,1}\right) + T_{Z,2}\right) \quad . \tag{17.49}$$

In dieser Darstellung wurden der Übersichtlichkeit wegen die Abhängigkeiten von den Reflexionsfaktoren, der Frequenz und der Temperatur weggelassen. Ausführlicher geschrieben muß das Resultat lauten:

$$T_{G,2} = G_{A,2}(\Gamma_{G,1})G_{A,1}(\Gamma_{G,0})\left(T_{G,0} + T_{Z,1}(\Gamma_{G,0}) + T_{Z,2}(\Gamma_{G,1})/G_{A,1}(\Gamma_{G,0})\right) \quad . \tag{17.50}$$

Damit ist die Rauschtemperatur der Kette aus den zwei Zweitoren

$$T_{1,2} = T_{Z,1}(\Gamma_{G,0}) + T_{Z,2}(\Gamma_{G,1})/G_{A,1}(\Gamma_{G,0}) \quad . \tag{17.51}$$

Iterativ folgt für eine Kette von N Zweitoren:

$$T_{1,\dots,N} = T_{Z,1}(\Gamma_{G,0}) + \sum_{i=2}^{N} \frac{T_{Z,i}(\Gamma_{G,i-1})}{\prod_{k=1}^{i-1} G_{A,k}(\Gamma_{G,k-1})} \quad . \tag{17.52}$$

Man nennt die so gefundene Rauschtemperatur auch die *Kettenrauschtemperatur* der Zweitorkette.

Warnung:

Häufig wird vergessen, die Abhängigkeit der Gewinne und Rauschtemperaturen von den Generatorreflexionsfaktoren in der Kettenrauschtemperatur zu berücksichtigen. Dies kann zu erheblichen Fehlern führen ! ♦

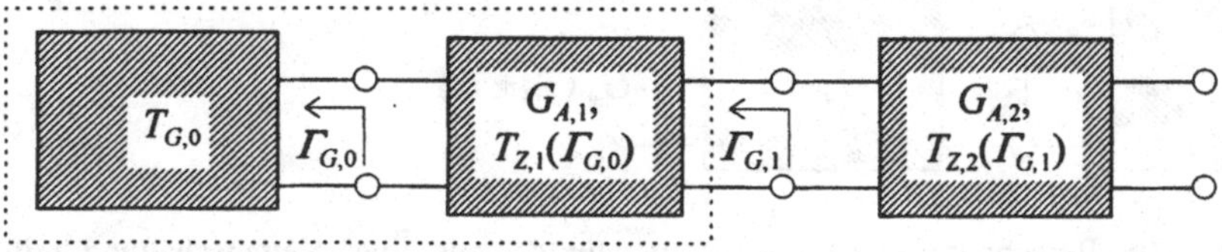

Abb. 17.9 : Zur Berechnung der Rauschtemperatur einer Kette von zwei Zweitoren

Damit offenbart sich nun ein meßtechnisches Problem: Theoretisch müßte jedes Zweitor immer mit Hilfe eines Generators vermessen werden, der exakt den komplexen Reflexionsfaktor aufweist, der später in der realen Schaltung wirksam wird.

Üblicherweise stehen aber als Meßgeneratoren nur solche Geräte zur Verfügung, die in einem ganz bestimmten Leitungssystem und über einen spezifizierten Frequenzbereich den Reflexionsfaktorbetrag 0 oder näherungsweise 0 besitzen.

Man mißt daher auch üblicherweise nur $T_{Z,i}(0)$ und $G_{A,k}(0)$.

Unter der Randbedingung, daß $\Gamma_G = 0$ und daß der Eigenreflexionsfaktor am Ausgang von Zweitor 1 verschwindet, also $s_{22}^{(1)} = 0$ ist, folgt dann auch für die Kette von zwei Zweitoren

$$T_{1,2}(0) = T_{Z,1}(0) + \frac{T_{Z,2}(0)}{G_{A,1}(0)} \qquad \text{falls} \qquad \Gamma_G = 0 \qquad \text{und} \qquad s_{22}^{(1)} = 0\,, \tag{17.53}$$

bzw. für eine Kette aus N Zweitoren:

$$T_{1,\dots,N}(0) = T_{Z,1}(0) + \sum_{i=2}^{N} \frac{T_{Z,i}(0)}{\prod_{k=1}^{i-1} G_{A,k}(0)} \quad \text{falls } \Gamma_G = 0\,;\, s_{22}^{(k)} = 0 \text{ für } k = 1 \dots N-1\,. \tag{17.54}$$

17.2.3.5 Die Rauschzahl eines Zweitores

Die Rauschtemperatur ist – bei richtiger Anwendung – ein sehr nützliches Maß zur Beurteilung der Rauscheigenschaften eines Zweitors. Ein anderes in der Literatur sehr geläufiges Maß ist die Rauschzahl.

Definition 17.4 :

Gegeben sei ein Generator mit Reflexionsfaktor Γ_G, der innerhalb eines vorgegebenen Frequenzbandes mit Mittenfrequenz f_0 und Bandbreite B ein Nutzsignal mit verfügbarer Leistung $P_{S,ein}$ und ein Rauschsignal mit verfügbarer Leistung $P_{N,ein}$ liefert. In Kette zu diesem Generator sei ein lineares Zweitor mit Streumatrix $\vec{\vec{S}}$ und mit Rauschtemperatur T_Z geschaltet. Die Kettenschaltung kann als Ersatzgenerator mit verfügbarer Signalleistung $P_{S,aus}$ und verfügbarer Störleistung $P_{N,aus}$ interpretiert werden. Dann heißt das Verhältnis der ein- und ausgangsseitigen Störabstände

$$F := \left(\frac{P_{S,ein}}{P_{N,ein}}\right) \Big/ \left(\frac{P_{S,aus}}{P_{N,aus}}\right) \tag{17.55}$$

die *Rauschzahl* (engl.: noise figure) des Zweitors nach Friis [17.7],[17.8]. Ist die Bandbreite B differentiell klein, dann spricht man von der *spektralen Rauschzahl*, sonst von der *integralen Rauschzahl* des Zweitors.

Aus meßtechnischen Gründen wird die Rauschzahl in der Regel auf die Normleistung

$$P_{N,ein} = k_B\, T_0\, B \qquad \text{mit} \qquad T_0 = 290\text{K} \tag{17.56}$$

bezogen. Man spricht dann von der *Standard-Rauschzahl*. Wird keine weitere Angabe zu der Generatorrauschleistung gemacht, dann ist stillschweigend von der Normleistung auszugehen. Der Ausdruck „Rauschzahl" ist dann synonym für „Standard-Rauschzahl" zu benutzen. ♦

Hinweis:

Einige Autoren verwenden für F den Namen *Rauschfaktor* und für das logarithmische Maß 10 lg F den Namen Rauschzahl.

Im Fall *linearer* Zweitore gibt es einen einfachen Zusammenhang zwischen der (spektralen) Rauschtemperatur und der spektralen Standard-Rauschzahl eines Zweitores. Es ist nämlich

$$F := \frac{P_{S,ein}\; P_{N,aus}}{P_{N,ein}\; P_{S,aus}} = \frac{P_{S,ein}\left[G_A\, k_B\, (T_0 + T_Z)\, \Delta f\right]}{\left[k_B\, T_0\, \Delta f\right]\left[G_A\, P_{S,ein}\right]} \quad , \tag{17.57}$$

also

$$F = 1 + T_Z / T_0 \quad . \tag{17.58}$$

Definition 17.5 :

Ist F die Rauschzahl eines linearen Zweitors, dann heißt

$$F_z = F - 1 \tag{17.59}$$

die zusätzliche Rauschzahl des Zweitors. ♦

Im Falle der spektralen Standard-Rauschzahl ist die zusätzliche Rauschzahl

$$F_z = T_Z / T_0 \quad . \tag{17.60}$$

Damit kann man sofort die spektrale *Kettenrauschzahl* einer Kettenschaltung aus N linearen Zweitoren herleiten:

$$F_{1,\dots,N} = 1 + \frac{T_{Z,1}(\Gamma_{G,0})}{T_0} + \frac{1}{T_0}\sum_{i=2}^{N} T_{Z,i}(\Gamma_{G,i-1}) \Big/ \prod_{k=1}^{i-1} G_{A,k}(\Gamma_{G,k-1}) \tag{17.61}$$

oder

$$F_{1,\dots,N} = 1 + F_{z,1}(\Gamma_{G,0}) + \sum_{i=2}^{N} F_{Z,i}(\Gamma_{G,i-1}) \Big/ \prod_{k=1}^{i-1} G_{A,k}(\Gamma_{G,k-1}) \quad . \tag{17.62}$$

Unter der Randbedingung, daß der Meßgenerator den Reflexionsfaktor 0 besitzt, und daß der Eigenreflexionsfaktor am Ausgangstor der Zweitore 1 und 2 gleich 0 ist, folgt beispielsweise für die spektrale Standard-Kettenrauschzahl von drei Zweitoren:

$$F_{1,2,3} = 1 + F_{z,1} + \frac{F_{z,2}}{G_{A,1}} + \frac{F_{z,3}}{G_{A,1} G_{A,2}} \quad \text{falls} \quad \Gamma_G = 0 \quad \text{und} \quad s_{22}^{(1)} = s_{22}^{(2)} = 0 \quad . \tag{17.63}$$

17.2.3.6 Die Standard-Rauschzahl eines Dämpfungsgliedes mit ohmschen Verlusten

Die Rauscheigenschaften eines Zweitors spielen immer dann eine besondere Rolle, wenn geringe Signalleistungen zu verarbeiten sind. Dies ist beispielsweise beim Empfang von Funksignalen der Fall. So sind die Signale, welche eine Antenne von einem Satelliten empfängt, in der Regel extrem schwach.

Damit nun die Signalleistung von der Antenne zum Empfänger weitergeleitet werden kann, müssen Leitungen verwendet werden. Diese können näherungsweise als Kettenschaltung aus idealen verlustlosen Leitungen mit einem ohmschen Dämpfungsglied modelliert werden. Es stellt sich daher die Frage, wie stark letzteres das Signal-Rausch-Verhältnis verschlechtert.

Daher wird nun die Rauschzahl eines Dämpfungsgliedes mit ohmschen Verlusten bestimmt. In der nachfolgenden Abbildung ist das Dämpfungsglied zusammen mit einer Rauschquelle dargestellt. Letzteres sei ein ohmscher Widerstand, der ebenso wie das Dämpfungsglied die Temperatur T_0 angenommen haben soll.

Die Rauschtemperatur der Quelle ist T_0. Aber auch die Rauschtemperatur der Ersatzquelle aus Rauschgenerator und Dämpfungsglied ist T_0, da es sich insgesamt um eine Impedanz mit ohmschen Verlusten handelt. Da andererseits für die Rauschtemperatur der Ersatzquelle

$$T_{G,Ersatz} = G_A (T_0 + T_Z) \tag{17.64}$$

gilt, muß

$$T_0 = G_A (T_0 + T_Z) \tag{17.65}$$

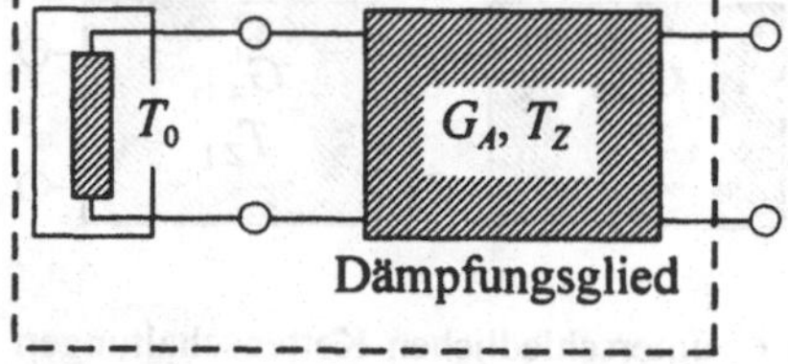

Abb. 17.10 : Zur Berechnung der Rauschtemperatur eines ohmschen Dämpfungsgliedes

folgen. Verwendet man noch die verfügbare Dämpfung D_A anstelle des verfügbaren Gewinns, dann folgt für die Rauschtemperatur des Dämpfungsgliedes:

$$T_Z = T_0\,(D_A - 1) \quad . \tag{17.66}$$

Daraus bestimmt man die Standard-Rauschzahl des Dämpfungsgliedes als

$$F_{Dämpfungsglied} = D_A \quad . \tag{17.67}$$

Man beachte aber, daß auch hier die verfügbare Dämpfung von dem Generatorreflexionsfaktor abhängt !

17.2.3.7 Das Rauschmaß nach Haus und Adler

Um die Bedeutung der Rauschzahl des Dämpfungsgliedes voll zu erfassen, werden nun zwei alternative Schaltungskonfigurationen untersucht.

In der in Abb. 17.11a dargestellten Schaltung wird ein Zweitor 1 mit verfügbarem Gewinn $G_{A,1}$ und Rauschtemperatur $T_{Z,1}$ vor ein Zweitor 2 mit verfügbarem Gewinn $G_{A,2}$ und Rauschtemperatur $T_{Z,2}$ geschaltet. In der Schaltung nach Abb. 17.11b ist lediglich die Reihenfolge vertauscht.

Um die Angelegenheit möglichst einfach zu halten, wird vorausgesetzt, daß die Eigenreflexionsfaktoren der Zweitore 0 seien und daß auch Generatoren, welche die Kettenschaltung ansteuern, den Reflexionsfaktor 0 haben.

Zunächst ist man versucht, die beiden Anordnungen als äquivalent einzustufen. Daß dem nicht so ist, zeigt das folgende Beispiel.

Beispiel 17.11 :

Eine Satellitenantenne soll auf einem Hausdach montiert werden. Da der Satellitentuner relativ weit entfernt aufgestellt werden soll, muß ein Verbindungskabel mit 40 dB Dämpfung verwendet werden. (Dies erscheint relativ viel zu sein, ist aber im Konsumbereich durchaus üblich.) Zum Ausgleich der Verluste soll ein Vorverstärker benutzt werden, welcher einen Gewinn von 60 dB bei einer Rauschzahl von 6 dB besitzt. Da die Montage des Vorverstärkers in unmittelbarer Nähe der Antenne Mühe bereitet, soll überlegt werden, ob man den Vorverstärker erst im Anschluß an das dämpfende Kabel und direkt vor dem Satellitentuner anbringen soll.

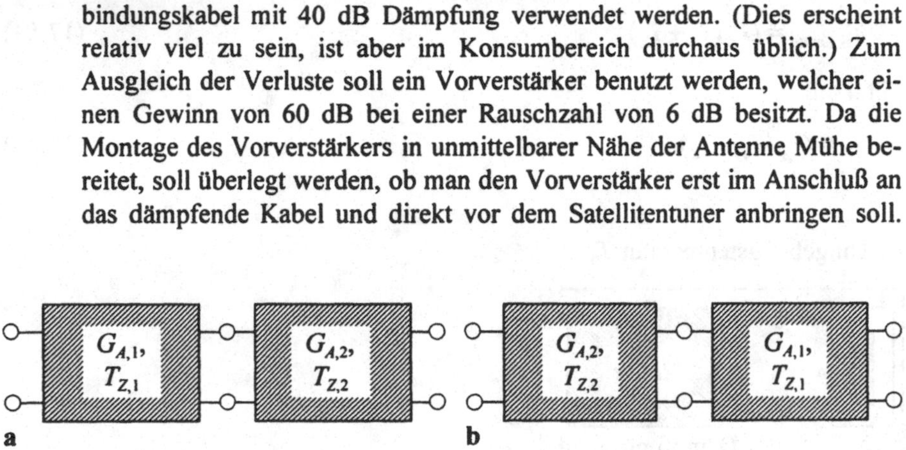

a **b**

Abb. 17.11 : Zum Vergleich der Rauschzahlen der unterschiedlichen Kettenschaltungen aus zwei Zweitoren

Eine Berechnung der Rauschzahl soll Aufschluß bringen. Dabei ist anzunehmen, daß der Störabstand des Antennensignals 26 dB beträgt.

In der ersten Konfiguration wird der Vorverstärker vor das dämpfende Kabel geschaltet. Der verfügbare Gewinn des Vorverstärkers ist

$$G_{VV} = 10^{60/10} = 10^6 \quad . \tag{17.68}$$

Seine Rauschtemperatur ist

$$T_{VV} = T_0\,(F_{VV} - 1) = T_0\,(10^{6/10} - 1) = 3\,T_0 \quad . \tag{17.69}$$

Die Rauschtemperatur des Kabels ist die eines Dämpfungsgliedes der verfügbaren Dämpfung 40 dB, also

$$T_{Kabel} = T_0\,(F_{Kabel} - 1) = T_0\,(10^{40/10} - 1) \approx 10^4\,T_0 \quad . \tag{17.70}$$

Die Kettenrauschtemperatur ist dann

$$T_{VV,Kabel} = T_{VV} + \frac{T_{Kabel}}{G_{VV}} = T_0\left(3 + \frac{10^4 - 1}{10^6}\right) \approx 3\,T_0 \quad . \tag{17.71}$$

Die Kettenrauschzahl ist folglich etwa 4.

Der Störabstand des Antennensignals sollte 26 dB $\hat{=}$ 400 betragen. Am Ausgang dieser Konfiguration ist er daher etwa 100, also relativ gut.

Im Vergleich dazu wird die Version betrachtet, in der das Kabel vor dem Vorverstärker liegt:

$$T_{Kabel,VV} = T_{Kabel} + \frac{T_{VV}}{G_{Kabel}} = T_0\left(10^4 - 1 + \frac{3}{10^{-4}}\right) \approx 4\cdot 10^4\,T_0 \quad . \tag{17.72}$$

Die Rauschzahl ist

$$F_{Kabel,VV} \approx 4\cdot 10^4 \quad . \tag{17.73}$$

Am Ausgang der zweiten Konfiguration ist also der Störabstand nur etwa 0,01, d.h. das Nutzsignal ist hundertmal kleiner als das Störsignal. Es leuchtet ein, daß die zweite Konfiguration damit absolut unbrauchbar ist: Am Fernsehgerät käme praktisch nur noch Rauschen an. ◆

Um die im Beispiel vorgeführte Rechnung nicht immer wieder aufs neue wiederholen zu müssen, wird eine *Rausch-Gütezahl* gesucht, welche eine eindeutige Aussage für die Reihung von linearen rauschenden Zweitoren ermöglicht.

Gegeben seien also zwei Zweitore mit den verfügbaren Gewinnen $G_{A,1}$ bzw. $G_{A,2}$ und den Rauschtemperaturen T_1 bzw. T_2. Der Einfachheit wegen wird angenommen, daß Generatorreflexionsfaktoren und Eigenreflexionsfaktoren der Ausgangstore der Zweitore 0 seien.

Dann ist die Rauschtemperatur der Kette aus Zweitor 1 und Zweitor 2:

$$T_{1,2} = T_1 + T_2/G_{A,1} \tag{17.74}$$

und die der Kette aus Zweitor 2 und Zweitor 1:

$$T_{2,1} = T_2 + T_1/G_{A,2} \quad . \tag{17.75}$$

Die Forderung, daß die erste der beiden Anordnungen die kleinere oder im schlechtesten Fall gleiche Rauschtemperatur haben solle, läßt sich daher wie folgt formulieren:

$$T_{1,2} \le T_{2,1} \qquad \Leftrightarrow \qquad T_1 + T_2/G_{A,1} \le T_2 + T_1/G_{A,2} \quad . \tag{17.76}$$

Diese Ungleichung wird zunächst nach den Temperaturen umsortiert:

$$T_1\left(1 - 1/G_{A,2}\right) \le T_2\left(1 - 1/G_{A,1}\right) \quad . \tag{17.77}$$

Nun würde man gerne auf jeweils einer Seite der Ungleichung ausschließlich Parameter eines der beiden Zweitore stehen haben, da dadurch das gesuchte Gütemaß zu finden ist. Hier müssen allerdings Fallunterscheidungen vorgenommen werden:

1. $G_{A,1}$ und $G_{A,2}$ seien beide größer als 1. (Zwei Verstärker in Kette)
   In diesem Fall ist

   $$\frac{T_1}{1 - 1/G_{A,1}} \le \frac{T_2}{1 - 1/G_{A,2}} \quad . \tag{17.78}$$

   Die erste Konfiguration liefert also die bessere Rauschtemperatur, wenn Ungleichung (17.78) erfüllt ist.
2. Der verfügbare Gewinn von Zweitor 2 sei 1. Dann ist die Ungleichung (17.77) nur zu erfüllen, wenn $G_{A,1}$ größer oder gleich 1 ist.
3. Der verfügbare Gewinn von Zweitor 1sei 1. Dann ist die Ungleichung (17.77) nur zu erfüllen, wenn $G_{A,2}$ kleiner oder gleich 1 ist.
4. Der verfügbare Gewinn von Zweitor 2 sei kleiner als 1, der von Zweitor 1 sei größer als 1. In diesem Fall ist Ungleichung (17.77) immer erfüllt.
5. Beide Gewinne seien kleiner als 1. Dann ist das Produkt der Klammerausdrükke in Ungleichung (17.77) positiv und es folgt erneut

   $$\frac{T_1}{1 - 1/G_{A,1}} \le \frac{T_2}{1 - 1/G_{A,2}} \quad . \tag{17.79}$$

Die Ergebnisse lassen sich besser mit folgender Definition zusammenfassen:

Definition 17.6 :

Es sei T_Z die Rauschtemperatur eines linearen Zweitores mit Gewinn G_A. Dann heißt

$$M := \frac{T_Z}{1 - 1/G_A} \tag{17.80}$$

das Rauschmaß des Zweitors (engl.: noise measure). ◆

Dieses Rauschmaß wurde als Rausch-Güteziffer erstmalig von Rothe und Dahlke eingeführt [17.9] und in der angelsächsischen Literatur durch die Autoren Haus und Adler [17.10] als *Rauschmaß* bekannt gemacht. Heute wird es meist als Rauschmaß nach Haus und Adler bezeichnet.

Anmerkung:

Einige Autoren nennen das logarithmische Maß 10 log (F) ebenfalls Rauschmaß.

Mit Hilfe des Rauschmaßes nach Haus und Adler läßt sich dann folgende Regel formulieren:

1. Zweipole mit verfügbarem Gewinn größer oder gleich 1 müssen vor Zweipolen mit verfügbarem Gewinn kleiner als 1 verwendet werden.
2. In einer Teilkette von Zweipolen, die entweder alle verfügbaren Gewinn größer als 1 oder alle verfügbaren Gewinn kleiner als 1 besitzen, müssen die Verstärker in Reihenfolge aufsteigender Rauschmaße angeordnet werden.

Diese Regel läßt sich nicht mehr verwenden, wenn Rauschtemperatur und verfügbarer Gewinn der Zweitore stark von dem jeweiligen Generatorreflexionsfaktor abhängen.

17.2.3.8 Messung der Rauschzahl

Die Rauschzahl ist ein wesentlicher Parameter zur Beurteilung eines Zweitors. Daher kommt seiner zuverlässigen Messung eine erhebliche Bedeutung zu.

Im Laufe der Zeit wurden verschiedene Meßmethoden entwickelt. Die wichtigsten werden nachfolgend vorgestellt.

Die Y-Faktor-Methode (Hot-Cold-Methode).
Bei dieser Meßmethode greift man auf eine Rauschquelle zurück, welche sich in zwei Zustände bringen läßt. Im ersten Zustand sei die Rauschtemperatur der Quelle T_C, im zweiten T_H mit $T_C < T_H$. Man könnte zum Beispiel im ersten Fall einen stark gekühlten ohmschen Widerstand, im zweiten einen erhitzten Widerstand gleichen Nennwertes verwenden.

Das Testobjekt wird dann direkt von der Rauschquelle angesteuert. An den Ausgang des Testobjektes wird ein hochempfindlicher, schmalbandiger, reflexionsarmer Meßempfänger geschaltet, der im wesentlichen aus einem Verstärker und einem Leistungsmeßgerät besteht (siehe Abb. 17.12).

Es werden nun zwei Messungen mit den beiden unterschiedlichen Rauschtemperaturen des Rauschgenerators durchgeführt.

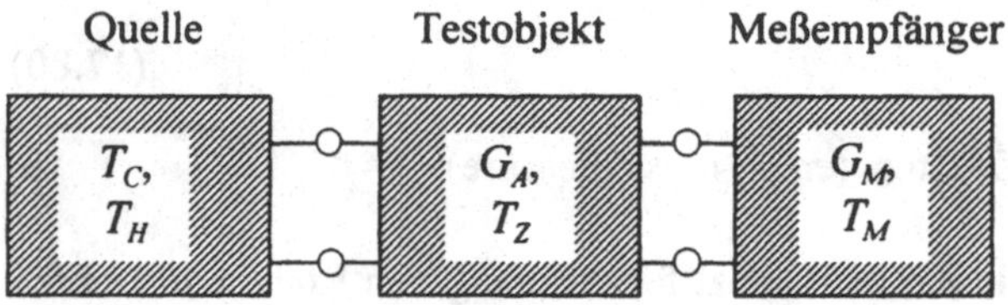

Abb. 17.12 : Hot-Cold-Methode zur Messung der Rauschzahl eines Zweitores

Mit der kleineren Rauschtemperatur wird sich eine gemessene Rauschleistung ergeben, welche mit Hilfe der Kettenrauschtemperatur wie folgt bestimmt wird:

$$P_{M,C} = k_B \,(T_C + T_Z + T_M/G_A)\,\Delta f \; G_A \, G_M \quad . \tag{17.81}$$

Die Gültigkeit dieser Gleichung setzt voraus, daß das Meßobjekt auch wirklich die verfügbare Leistung aus dem Rauschgenerator entnimmt.

Mit der größeren Rauschtemperatur des Generators mißt man die Leistung

$$P_{M,H} = k_B \,(T_H + T_Z + T_M/G_A)\,\Delta f \; G_A \, G_M \quad . \tag{17.82}$$

Das Verhältnis der gemessenen Leistungen wird *Y-Faktor* genannt:

$$Y := \frac{P_{M,H}}{P_{M,C}} = \frac{T_H + T_Z + T_M/G_A}{T_C + T_Z + T_M/G_A} \quad . \tag{17.83}$$

Setzt man voraus, daß der verfügbare Gewinn des Testobjektes, die Rauschtemperatur des Meßempfängers und die Rauschtemperaturen der Quelle bekannt sind, dann läßt sich aus dem Y-Faktor die Rauschtemperatur des Testobjektes bestimmen:

$$T_Z = \frac{T_H - Y\,T_C}{Y-1} - \frac{T_M}{G_A} \quad . \tag{17.84}$$

Bei hinreichend großem G_A und hinreichend kleinem T_M gilt näherungsweise

$$T_Z \approx \frac{T_H - Y\,T_C}{Y-1} \quad . \tag{17.85}$$

Die 3-dB-Methode.

Eine Alternative zur Y-Faktor-Methode ist die 3-dB-Methode, die dann zur Anwendung kommen kann, wenn man über einen Rauschgenerator mit kontinuierlich einstellbarer Rauschtemperatur verfügt.

Die 3-dB-Methode erfordert ebenfalls zwei Meßgänge. Im ersten Meßgang wird die Versuchsanordnung gemäß Abb. 17.13a benutzt. Die gemessene Leistung ist

$$P_{M,0} = k_B \,(T_0 + T_Z + T_M/G_A)\,\Delta f \; G_A \, G_M \quad . \tag{17.86}$$

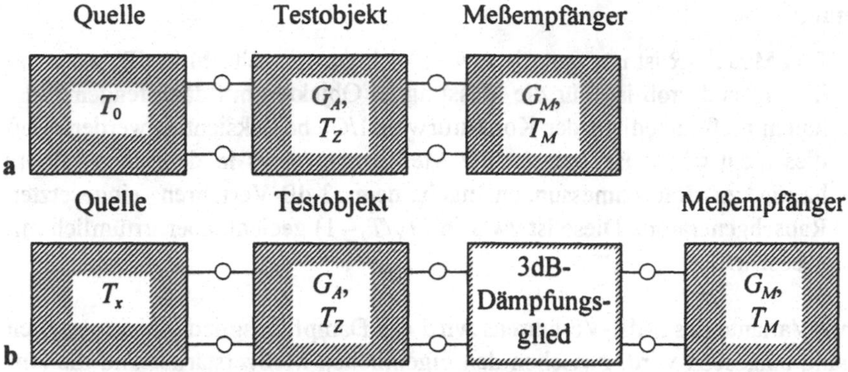

Abb. 17.13 : Meßanordnungen bei der 3-dB-Methode

Im zweiten Meßgang wird zusätzlich ein 3-dB-Dämpfungsglied zwischen Meßobjekt und Meßempfänger geschaltet. Man mißt dann die Leistung

$$P_{M,X} = k_B \left(T_X + T_Z + T_0/G_A + 2\,T_M/G_A\right) \Delta f \, G_A \, G_M/2 \quad . \tag{17.87}$$

In der letzten Gleichung wurde benutzt, daß die Rauschtemperatur des 3-dB-Dämpfungsgliedes T_0 beträgt, und daß sein verfügbarer Gewinn ½ ist.

Vergrößert man nun T_X von T_0 ausgehend so lange, bis

$$P_{M,X} = P_{M,0} \tag{17.88}$$

ist, dann muß gelten:

$$k_B\left(T_X + T_Z + \frac{T_0}{G_A} + \frac{2\,T_M}{G_A}\right)\Delta f \frac{G_A G_M}{2} = k_B\left(T_0 + T_Z + \frac{T_M}{G_A}\right)\Delta f \, G_A G_M \tag{17.89}$$

oder

$$T_Z = T_X - T_0\left(2 - 1/G_A\right) \quad . \tag{17.90}$$

Daraus bestimmt man dann die Rauschzahl als

$$F = 1 + T_Z/T_0 = \left(T_X - T_0\right)/T_0 + 1/G_A \quad . \tag{17.91}$$

Die Größe

$$ENR := 10 \lg\left(\left(T_X - T_0\right)/T_0\right) \tag{17.92}$$

wird in der angelsächsischen Literatur *Excess Noise Ratio*, im deutschen hin und wieder *Überschuß-Rauschverhältnis* genannt und in dB gemessen. Im Falle hinreichend großen Wertes von G_A gilt näherungsweise

$$F \approx 10^{ENR/10} \quad . \tag{17.93}$$

Warnung:

> Das Maß *ENR* ist nur dann in etwa gleich der Rauschzahl in dB, wenn G_A hinreichend groß ist. Für die Messung an Objekten mit dämpfendem Verhalten muß unbedingt der Korrekturwert $1/G_A$ berücksichtigt werden. Daß dies nicht trivial ist, beweist die Meßanzeige eines in deutschen Labors häufig zu Rauschmessungen nach dem 3-dB-Verfahren eingesetzten Rauschgenerators. Diese ist zwar in $(T_X/T_0 - 1)$ geeicht, aber irrtümlich mit F beschriftet.

In einer Variante des 3-dB-Verfahrens wird das Dämpfungsglied, das im zweiten Meßgang eingesetzt wird, zwischen den eigentlichen Meßverstärker und die Anzeige des Meßempfängers geschaltet. Es wird empfohlen, zur Übung die Bestimmung der Rauschzahl mit Hilfe dieses Verfahrens zu analysieren.

17.2.3.9 Minimale Rauschtemperatur und optimaler Generatorreflexionsfaktor

Weiter vorn wurde gezeigt, daß die Rauschtemperatur eines Zweitors auch vom Reflexionsfaktor des Generators abhängt:

$$T_Z = \frac{\left\langle \left| b_{N,1} \Gamma_G + b_{N,2} \right|^2 \right\rangle}{k_B \Delta f \left(1 - \left|\Gamma_G\right|^2\right)} \quad . \tag{17.94}$$

Dabei waren

$$b_{N,1} := b_{G,1} - b_{G,2}\, s_{11}/s_{21} \quad \text{und} \quad b_{N,2} := b_{G,2}/s_{21} \tag{17.95}$$

die auf den Eingang des Zweitorszurück gerechneten Rausch-Urwellen, welche das Rauschverhalten des Zweitors beschreiben.

Durch Variation von Γ_G müßte es also möglich sein, die Rauschtemperatur eines Zweitors zu minimieren. Zur Bestimmung des Minimums wird zunächst der Erwartungswert im Zähler des Ausdrucks für die Rauschtemperatur bestimmt.

$$\begin{aligned} \left\langle \left| b_{N,1}\Gamma_G + b_{N,2} \right|^2 \right\rangle &= \left\langle \left(b_{N,1}\Gamma_G + b_{N,2}\right)\left(b_{N,1}\Gamma_G + b_{N,2}\right)^* \right\rangle \\ &= \left|\Gamma_G\right|^2 \left\langle \left|b_{N,1}\right|^2 \right\rangle + \Gamma_G \left\langle b_{N,1} b_{N,2}^* \right\rangle + \Gamma_G^* \left\langle b_{N,1}^* b_{N,2} \right\rangle + \left\langle \left|b_{N,2}\right|^2 \right\rangle \end{aligned} . \tag{17.96}$$

Die Ausdrücke $<b_{N,i}\, b_{N,k}>$ werden nun in der sogenannten *Korrelationsmatrix* $\vec{C}$ zusammengefaßt:

$$\vec{C} := \begin{pmatrix} \left\langle \left|b_{N,1}\right|^2 \right\rangle & \left\langle b_{N,1}\, b_{N,2}^* \right\rangle \\ \left\langle b_{N,1}^*\, b_{N,2} \right\rangle & \left\langle \left|b_{N,2}\right|^2 \right\rangle \end{pmatrix} \quad . \tag{17.97}$$

Die Nebendiagonalelemente dieser Matrix sind übrigens zueinander komplex konjugiert. Mit den Elementen der Korrelationsmatrix ist dann

$$k_B\,T_Z\,\Delta f = \frac{\left|\Gamma_G\right|^2 C_{11} + \Gamma_G\,C_{12} + \Gamma_G^*\,C_{12}^* + C_{22}}{1-\left|\Gamma_G\right|^2} \tag{17.98}$$

oder

$$\left|\Gamma_G\right|^2 + \frac{\Gamma_G\,C_{12} + \Gamma_G^*\,C_{12}^*}{C_{11} + k_B\,T_Z\,\Delta f} + \frac{C_{22} - k_B\,T_Z\,\Delta f}{C_{11} + k_B\,T_Z\,\Delta f} = 0 \quad . \tag{17.99}$$

Ein Blick in Kapitel 6 zeigt, daß durch die letzte Gleichung ein Kreis in der Ebene des Generatorreflexionsfaktors gegeben ist mit Mittelpunkt

$$\Gamma_{G,M} = \frac{-C_{12}^*}{C_{11} + k_B\,T_Z\,\Delta f} \tag{17.100}$$

und Radius ρ, wobei für letzteren der Zusammenhang

$$\rho^2 = \frac{\left|C_{12}\right|^2}{\left(C_{11} + k_B\,T_Z\,\Delta f\right)^2} - \frac{C_{22} - k_B\,T_Z\,\Delta f}{C_{11} + k_B\,T_Z\,\Delta f} \tag{17.101}$$

gilt. Nennt man das Quadrat des Kreisradius y und kürzt man die Rauschleistung $k_B\,T_Z\,\Delta f$ mit x ab, dann ist y offenbar eine Funktion von x.

Eine Kurvendiskussion von y ergibt, daß diese Funktion eine bei negativen x-Werten liegende Polstelle hat, in deren Umgebung y positive Werte annimmt. Weiter muß das einzige Extremum der Funktion rechts von der Polstelle liegen. Die Funktion kann zwei Nullstellen mit unterschiedlichem Vorzeichen oder eine doppelte Nullstelle bei $x = 0$ besitzen. Der Fall, daß keine Nullstelle vorliegt, kann ausgeschlossen werden. Zum Beweis ist dabei heranzuziehen, daß der (Kreuz-)

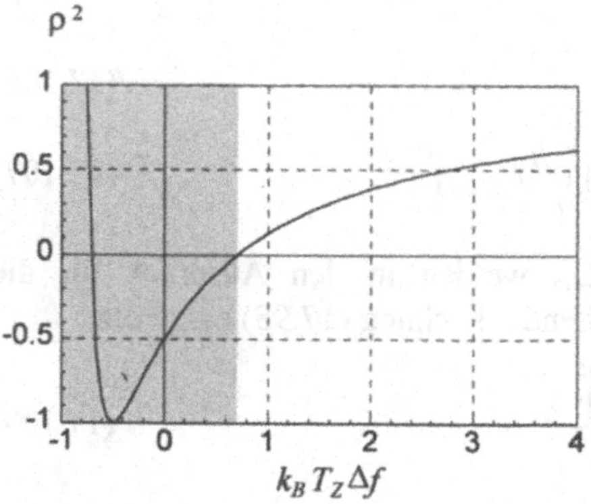

Abb. 17.14 : Radiusquadrat der Kreise konstanter Rauschtemperatur

Korrelationskoeffizient der Zufallsvariablen $b_{N,1}$ und $b_{N,2}$ dem Betrage nach nicht größer als 1 werden kann. Abb. 17.14 zeigt einen typischen Graphen der Funktion.

Da die Rauschtemperatur positiv sein muß, und da der Radius reellwertig sein muß, gibt es einen minimalen zulässigen Radius, nämlich 0, und eine minimale positive Rauschtemperatur an eben dieser Stelle. *Wachsende Rauschtemperatur ist dann gleichbedeutend mit wachsendem Radius.*

Aus der Forderung nach verschwindendem Radius berechnet man die *minimale Rauschtemperatur* als

$$T_{Z,\min} = \frac{1}{2\,k_B\,\Delta f}\left\{C_{22} - C_{11} + \sqrt{(C_{22}+C_{11})^2 - 4\,|C_{12}|^2}\right\} \quad . \tag{17.102}$$

Der dazu gehörende Kreis ist zum Punkt entartet. Er liegt an der Stelle

$$\Gamma_{G,opt} = \frac{-2\,C_{12}^{*}}{C_{11} + C_{22} + \sqrt{(C_{11}+C_{22})^2 - 4\,|C_{12}|^2}} \quad . \tag{17.103}$$

Dies ist offenbar der zur Minimierung der Rauschtemperatur erforderliche *(rausch-) optimale Generatorreflexionsfaktor*.

In einem nächsten Schritt sollen nun die Elemente der Korrelationsmatrix eliminiert werden.

Aus Gleichung (17.94) folgt, daß diejenige Rauschtemperatur $T_{Z,0}$, welche man mit Generatorreflexionsfaktor $\Gamma_G = 0$ mißt, durch

$$T_{Z,0} = C_{22} / k_B\,\Delta f \tag{17.104}$$

gegeben ist. Daraus folgt

$$C_{22} = k_B\,T_{Z,0}\,\Delta f \quad . \tag{17.105}$$

Durch Umformung der Gleichungen (17.102) und (17.103) erhält man zusammen mit diesem Ausdruck für C_{22}:

$$C_{12} = k_B\,\Delta f\,(T_{Z,\min} - T_{Z,0}) \big/ \Gamma_{G,opt} \quad , \tag{17.106}$$

$$C_{11} = k_B\,\Delta f\left(T_{Z,0} - T_{Z,\min}\left(|\Gamma_{G,opt}|^2 + 1\right)\right) \Big/ |\Gamma_{G,opt}|^2 \quad . \tag{17.107}$$

Die so gefundenen Größen C_{11} und C_{12} werden in den Ausdruck für die Rauschtemperatur des Zweitores entsprechend Gleichung (17.98) eingesetzt:

$$T_Z = T_{Z,\min} + \frac{(T_{Z,0} - T_{Z,\min})\,|\Gamma_G - \Gamma_{G,opt}|^2}{\left(1 - |\Gamma_G|^2\right)|\Gamma_{G,opt}|^2} \quad . \tag{17.108}$$

Infolgedessen ergibt sich:

$$F - F_{\min} = (F_0 - F_{\min}) \frac{\left|\Gamma_G - \Gamma_{G,opt}\right|^2}{\left(1 - \left|\Gamma_G\right|^2\right)\left|\Gamma_{G,opt}\right|^2} \quad . \tag{17.109}$$

Dabei ist F_0 diejenige Rauschzahl, die mit Reflexionsfaktor 0 des Rauschgenerators gemessen wird und $F_{\min}$ die der minimalen Rauschtemperatur entsprechende *minimale Rauschzahl*.

Auch die Parameter der Kreise konstanter Rauschtemperatur bzw. konstanter Rauschzahl können nach Elimination der Elemente der Korrelationsmatrix durch die Rauschzahlen F_0 und $F_{\min}$ und den optimalen Reflexionsfaktor ausgedrückt werden:

$$\Gamma_{G,M} = \frac{\Gamma_{G,opt}\,(F_0 - F_{\min})}{F_0 - F_{\min} + (F - F_{\min})\left|\Gamma_{G,opt}\right|^2} \quad , \tag{17.110}$$

$$\rho^2 = \left|\Gamma_{G,opt}\right|^2 \frac{(F - F_{\min})\left(F_0 - F_{\min} + (F - F_0)\left|\Gamma_{G,opt}\right|^2\right)}{\left(F_0 - F_{\min} + (F - F_{\min})\left|\Gamma_{G,opt}\right|^2\right)^2} \quad . \tag{17.111}$$

Es ist nun oft üblich, statt der Reflexionsfaktoren die dazu assoziierten, auf den Leitungswellenwiderstand normierten Admittanzen anzugeben, also

$$\Gamma_G = \frac{1 - y_G}{1 + y_G}\ ;\ \Gamma_{G,opt} = \frac{1 - y_{G,opt}}{1 + y_{G,opt}}\ ;\ y_G = g_G + jb_G\ ;\ y_{G,opt} = g_{G,opt} + jb_{G,opt} \quad . \tag{17.112}$$

Damit folgt nach Entnormierung mit dem Leitungswellenwiderstand Z_0:

$$F - F_{\min} = Z_0 \frac{F_0 - F_{\min}}{\left|1 - Z_0\, Y_{G,opt}\right|^2} \frac{\left(G_G - G_{G,opt}\right)^2 + \left(B_G - B_{G,opt}\right)^2}{G_G} \quad . \tag{17.113}$$

Der auf der rechten Seite der Gleichung stehende Vorfaktor

$$R_n := Z_0 \frac{F_0 - F_{\min}}{\left|1 - Z_0\, Y_{G,opt}\right|^2} = Z_0 \frac{(F_0 - F_{\min})\left|1 + \Gamma_{G,opt}\right|^2}{4\left|\Gamma_{G,opt}\right|^2} \tag{17.114}$$

hat die Dimension eines Widerstandes. Man nennt ihn den *äquivalenten Rauschwiderstand*[1] des Zweitors. Damit erhält man:

$$F - F_{\min} = R_n \frac{\left(G_G - G_{G,opt}\right)^2 + \left(B_G - B_{G,opt}\right)^2}{G_G} \quad . \tag{17.115}$$

Diese Gleichung macht deutlich, daß

---

[1] Durch Umrechnung der Zweitorbeschreibung von Streuparameterdarstellung in Kettenparameterdarstellung kann gezeigt werden, daß der äquivalente Rauschwiderstand die Innenimpedanz einer rauschenden Ersatzspannungsquelle am Eingangstor des Zweitores ist.

1. der Graph der Rauschzahl F in Abhängigkeit von dem Imaginärteil B_G der Innenadmittanz des Rauschgenerators eine quadratische Parabel sein muß, und daß
2. der Graph der Rauschzahl F in Abhängigkeit von dem Realteil G_G der Innenadmittanz des Rauschgenerators hyperbolisches Verhalten zeigt.

Daraus ergibt sich ein Meßverfahren zur Bestimmung von $Y_{G,opt}$ und R_n. Man kann nämlich durch Variation von B_G den Scheitelpunkt der Parabel und damit $B_{G,opt}$ bestimmen. Entsprechend kann man aus dem Scheitelpunkt und der Asymptotik der Hyperbel $G_{G,opt}$ und R_n ableiten.

Wählt man einen Generator mit $G_G = G_{G,opt}$ zur Ansteuerung des Zweitors aus, so sagt man, Generator und Zweitor seien *rauschangepaßt*. Wählt man einen Generator mit $B_G = B_{G,opt}$ zur Ansteuerung des Zweitors aus, so sagt man, Generator und Zweitor seien *rauschabgestimmt* [17.9]. Zur Erreichung des Rauschminimums muß das Zweitor sowohl rauschangepaßt als auch rauschabgestimmt sein.

Hersteller von Halbleiterbauelementen geben oft die minimale Rauschzahl, den optimalen Reflexionsfaktor $\Gamma_{G,opt}$ und den äquivalenten Rauschwiderstand R_n an. Da sich aus R_n die Rauschzahl F_0 gemäß

$$F_0 = F_{\min} + \frac{4\left|\Gamma_{G,opt}\right|^2 R_n}{Z_0\left|1+\Gamma_{G,opt}\right|^2} \tag{17.116}$$

bestimmen läßt, sind damit alle Größen zur Berechnung der Kreise konstanter Rauschzahl bekannt.

Beispiel 17.12 :

In Tabelle 4 des Anhangs C werden einige Daten zum Rauschverhalten des integrierten GaAs-MESFET F135 angeführt. Es handelt sich dabei um denselben Transistor, der bereits im Kapitel über Verstärker untersucht wurde. Abb. 17.15 zeigt die Lage der rauschoptimalen Reflexionsfaktoren dieses Transistors für Frequenzen zwischen 2 und 18 GHz in Schritten von 1GHz.

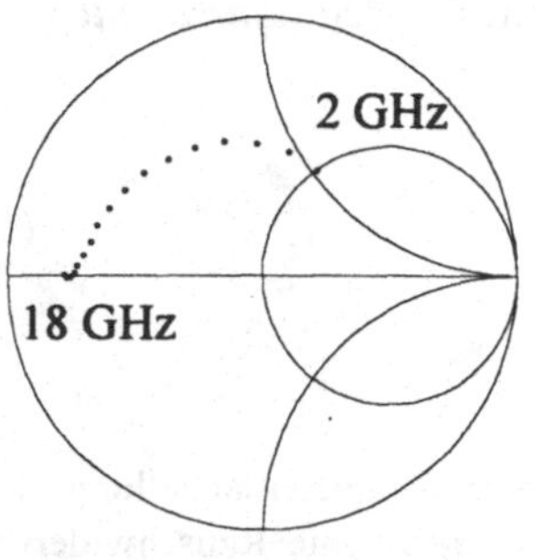

Abb. 17.15 : Generatorreflexionsfaktoren für minimale Rauschzahl ; Frequenzen von 2 bis 18 GHz

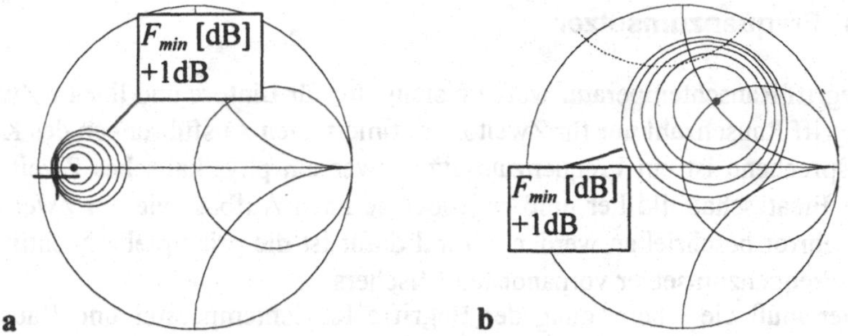

Abb. 17.16 : Kreise konstanter Rauschzahl in der Ebene des Generatorreflexionsfaktors **a** bei 18 GHz; der Reflexionsfaktor für maximal verfügbaren Gewinn ist durch ein Fadenkreuz gekennzeichnet. **b** bei 2 GHz; der Eingangsstabilitätskreis ist strichliert eingezeichnet.

Abb. 17.16a zeigt für die Frequenz 18 GHz den rauschoptimalen Generatorreflexionsfaktor (fetter Punkt) und Kreise konstanter Rauschzahl für F_{min} [dB] + 0,2 n dB, n = 1,2,3,4,5. Der Wert des Generatorreflexionsfaktors, bei dem der maximal verfügbare Gewinn erreicht wird, ist als Fadenkreuz eingezeichnet. Er *fällt nicht mit dem Wert für minimale Rauschzahl zusammen.* In Abb. 17.16b ist die entsprechende Situation für 2 GHz abgebildet. Der Eingangsstabilitätskreis ist strichliert eingezeichnet. Hier ist zu beobachten, daß der rauschoptimale Wert nicht mit dem Wert für maximal stabilen Gewinn übereinstimmt. ◆

Das Beispiel zeigt ganz allgemein die Problematik auf, daß optimale Leistungsanpassung und optimales Rauschverhalten nicht immer gleichzeitig erreicht werden können.

Zur Erzielung eines guten Kompromisses helfen hier nun die Kreise konstanter Rauschzahl und die Kreise konstanten Leistungsgewinns. Im Kapitel über Verstärker war nämlich gezeigt worden, daß der Eingangsreflexionsfaktor des Zweitors zur Erzielung eines konstanten Leistungsgewinns auf einem bestimmten Kreis liegen muß. Möchte man nun die Leistung des Generators möglichst gut ausschöpfen, dann muß dessen Reflexionsfaktor zum Eingangsreflexionsfaktor des Zweitors komplex konjugiert sein. Unter dieser Randbedingung sind die Orte konstanten Leistungsgewinns in der Ebene des Generatorreflexionsfaktors ebenfalls Kreise, die in Kapitel 14 für den Transistor des obigen Beispiels bereits dargestellt wurden. Zeichnet man beide Kreisscharen in ein gemeinsames Diagramm ein, dann läßt sich ein Generatorreflexionsfaktor finden, der möglichst kleine Rauschzahl und möglichst hohen Gewinn vereint.

17.2.4 Frequenzumsetzer

Der Begriff Rauschtemperatur wurde bislang nur für Eintore und lineare Zweitore, der Begriff Rauschzahl nur für Zweitore definiert. Den Ausführungen des Kapitels 15 entsprechend ist ein Frequenzumsetzer zwar ein physikalisches Zweitor, von seinem Ersatzschaltbild her muß er jedoch je nach Aufbau wie ein Zwei-, Drei- oder Mehrtor beschrieben werden. Grund dafür ist die prinzipielle Nichtlinearität des im Frequenzumsetzer vorhandenen Mischers.

Daher muß die Übertragung der Begriffe Rauschtemperatur und Rauschzahl auf Frequenzumsetzer mit Umsicht erfolgen. Bei sorgfältiger Unterscheidung der Ersatzschaltbilder läßt sich der Frequenzumsetzer aber wieder sehr einfach behandeln.

Nachfolgend werden Abwärts-Umsetzer betrachtet. Alle Ausführungen lassen sich aber in einfacher Weise auch auf Aufwärts-Umsetzer übertragen.

17.2.4.1 Der Zweitor-Umsetzer

Im einfachsten Fall kann der Frequenzumsetzer wie ein Zweitor beschrieben werden. Dies ist dann der Fall, wenn – bedingt durch den Aufbau des Umsetzers – Signalanteile bei *Spiegelfrequenzen nicht an Mischprozessen beteiligt sind.* In diesem Fall können die Betrachtungen über Rauschtemperatur und Rauschzahl von Zweitoren mit einer kleinen Modifikation übernommen werden. Die Modifikation besteht darin, daß die Rauschleistungen am Umsetzerausgang und die am Umsetzereingang in unterschiedlichen Frequenzbändern liegen. Insbesondere hängt natürlich die Rauschzahl auch von dem Generatorreflexionsfaktor ab. Dies ist ein Umstand, der häufig übersehen wird.

17.2.4.2 Der Dreitor-Umsetzer

Ersatzschaltbild und Quellenübertragungsfunktionen.

Die Voraussetzungen für die Behandlung eines Frequenzumsetzers als Zweitor sind nur sehr selten erfüllt. Meistens ist der Umsetzer so aufgebaut, daß er durch ein äquivalentes Dreitor mit *Nutzsignaleingang* und *Spiegeleingang* beschrieben werden muß. Es entsteht so eine neue Situation.

Hier können an jedem der drei Tore Rauschwellen aus dem Umsetzer laufen. Im Gegensatz zum rauschenden Zweitor gibt es damit im allgemeinen *drei* Rauschquellen mit noch zu bestimmenden Korrelationen. Der Umsetzer ist daher wie folgt zu beschreiben.

$$\begin{pmatrix} b_{P+Z} \\ b_Z \\ b^*_{P-Z} \end{pmatrix} = \overset{\leftrightarrow}{S}_{konv} \begin{pmatrix} a_{P+Z} \\ a_Z \\ a^*_{P-Z} \end{pmatrix} + \begin{pmatrix} b_{G,P+Z} \\ b_{G,Z} \\ b^*_{G,P-Z} \end{pmatrix} \quad . \tag{17.117}$$

Dabei ist $\overset{\leftrightarrow}{S}_{konv}$ die in Streuparameterdarstellung umgerechnete Konversionsmatrix

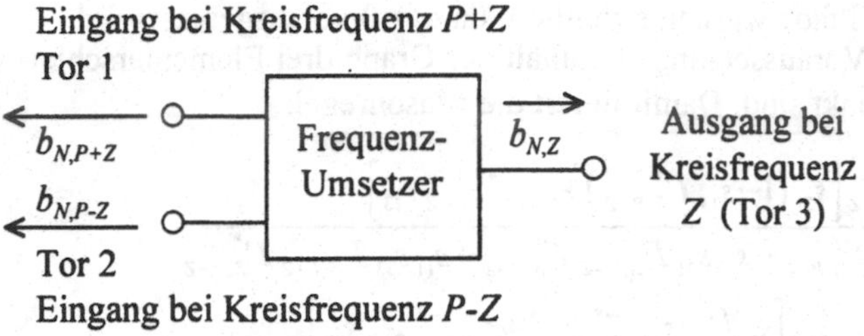

Abb. 17.17 : Ersatzschaltung eines Frequenzumsetzers mit drei Toren und drei herauslaufenden Rauschwellen

und die $b_{G,i}$ sind die bei Abschluß mit Wellensümpfen aus den Umsetzertoren austretenden Rauschwellen.

Beschaltet man nun die beiden Eingangstore mit zwei Generatoren mit den Reflexionsfaktoren $\Gamma_{S,P+Z}$ bzw. $\Gamma_{S,P-Z}$ und den Urwellen $b_{S,P+Z}$ bzw. $b_{S,P-Z}$ und schließt das Ausgangstor reflexionsfrei ab, dann erhält man das Signalflußdiagramm entsprechend Abb. 17.18.

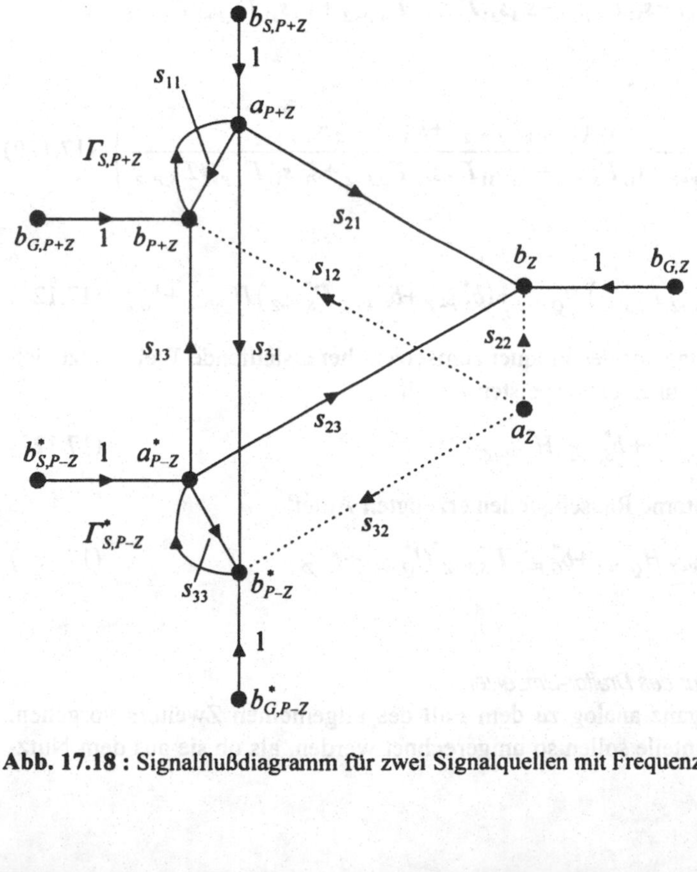

Abb. 17.18 : Signalflußdiagramm für zwei Signalquellen mit Frequenzumsetzer-Dreitor

Die von a_Z aus gehenden Pfade wurden strichliert, da $a_Z=0$ vorausgesetzt wird.

Unter den gegebenen Voraussetzungen enthält der Graph drei Elementarschleifen, von denen zwei disjunkt sind. Damit liefert die Masonregel:

$$\begin{aligned} b_Z = & \frac{b_{S,P+Z}\left[s_{21}\left(1-s_{33}\Gamma^*_{S,P-Z}\right)+s_{31}\Gamma^*_{S,P-Z}s_{23}\right]}{1-s_{11}\Gamma_{S,P+Z}-s_{33}\Gamma^*_{S,P-Z}-s_{13}s_{31}\Gamma_{S,P+Z}\Gamma^*_{S,P-Z}+s_{11}s_{33}\Gamma_{S,P+Z}\Gamma^*_{S,P-Z}} \\ & + \frac{b_{G,P+Z}\Gamma_{S,P+Z}\left[s_{21}\left(1-s_{33}\Gamma^*_{S,P-Z}\right)+s_{31}\Gamma^*_{S,P-Z}s_{23}\right]}{1-s_{11}\Gamma_{S,P+Z}-s_{33}\Gamma^*_{S,P-Z}-s_{13}s_{31}\Gamma_{S,P+Z}\Gamma^*_{S,P-Z}+s_{11}s_{33}\Gamma_{S,P+Z}\Gamma^*_{S,P-Z}} \\ & + \frac{b^*_{S,P-Z}\left[s_{23}\left(1-s_{11}\Gamma_{S,P+Z}\right)+s_{13}\Gamma_{S,P+Z}s_{21}\right]}{1-s_{11}\Gamma_{S,P+Z}-s_{33}\Gamma^*_{S,P-Z}-s_{13}s_{31}\Gamma_{S,P+Z}\Gamma^*_{S,P-Z}+s_{11}s_{33}\Gamma_{S,P+Z}\Gamma^*_{S,P-Z}} \\ & + \frac{b^*_{G,P-Z}\Gamma^*_{S,P-Z}\left[s_{23}\left(1-s_{11}\Gamma_{S,P+Z}\right)+s_{13}\Gamma_{S,P+Z}s_{21}\right]}{1-s_{11}\Gamma_{S,P+Z}-s_{33}\Gamma^*_{S,P-Z}-s_{13}s_{31}\Gamma_{S,P+Z}\Gamma^*_{S,P-Z}+s_{11}s_{33}\Gamma_{S,P+Z}\Gamma^*_{S,P-Z}} \\ & + b_{G,Z} \end{aligned} \quad .(17.118)$$

Mit Hilfe der Quellenübertragungsfunktionen

$$H_{Q,P+Z} = \frac{s_{21}\left(1-s_{33}\Gamma^*_{S,P-Z}\right)+s_{31}\Gamma^*_{S,P-Z}s_{23}}{1-s_{11}\Gamma_{S,P+Z}-s_{33}\Gamma^*_{S,P-Z}-s_{13}s_{31}\Gamma_{S,P+Z}\Gamma^*_{S,P-Z}+s_{11}s_{33}\Gamma_{S,P+Z}\Gamma^*_{S,P-Z}} \quad (17.119)$$

und

$$H_{Q,P-Z} = \left(\frac{s_{23}\left(1-s_{11}\Gamma_{S,P+Z}\right)+s_{13}\Gamma_{S,P+Z}s_{21}}{1-s_{11}\Gamma_{S,P+Z}-s_{33}\Gamma^*_{S,P-Z}-s_{13}s_{31}\Gamma_{S,P+Z}\Gamma^*_{S,P-Z}+s_{11}s_{33}\Gamma_{S,P+Z}\Gamma^*_{S,P-Z}}\right)^* \quad (17.120)$$

wird daraus:

$$b_Z = \left(b_{S,P+Z}+b_{G,P+Z}\Gamma_{S,P+Z}\right)H_{Q,P+Z}+\left(b^*_{S,P-Z}+b^*_{G,P-Z}\Gamma^*_{S,P-Z}\right)H^*_{Q,P-Z}+b_{G,Z} \quad .(17.121)$$

Die aus dem Ausgangstor des Frequenzumsetzers herauslaufende Welle setzt sich also aus einem von außen eingespeisten Anteil

$$b_{Z,S} = b_{S,P+Z}\,H_{Q,P+Z}+b^*_{S,P-Z}\,H^*_{Q,P-Z} \quad (17.122)$$

und einem durch interne Rauschquellen erzeugten Anteil

$$b_{Z,N} = b_{G,P+Z}\Gamma_{S,P+Z}\,H_{Q,P+Z}+b^*_{G,P-Z}\Gamma^*_{S,P-Z}\,H^*_{Q,P-Z}+b_{G,Z} \quad (17.123)$$

zusammen.

Die Rauschtemperatur des Dreitor-Umsetzers.

Man möchte nun ganz analog zu dem Fall des allgemeinen Zweitors vorgehen. D.h.: Alle Rauschanteile sollen so umgerechnet werden, als ob sie aus dem Nutzsignal-Eingangstor stammen würden. Im Fall des Gleichlage-Abwärts-Umsetzers ist daher die Schreibweise

$$b_{Z,N} = b_{N,P+Z}\ H_{Q,P+Z} \quad \text{mit} \tag{17.124}$$

$$b_{N,P+Z} := b_{G,P+Z}\ \Gamma_{S,P+Z} + b^{*}_{G,P-Z} \frac{\Gamma^{*}_{S,P-Z}\ H^{*}_{Q,P-Z}}{H_{Q,P+Z}} + \frac{b_{G,Z}}{H_{Q,P+Z}} \tag{17.125}$$

angebracht, während man im Fall des Kehrlage-Abwärts-Umsetzers

$$b_{Z,N} = b^{*}_{N,P-Z}\ H^{*}_{Q,P-Z} \quad \text{mit} \tag{17.126}$$

$$b^{*}_{N,P-Z} := b^{*}_{G,P-Z}\ \Gamma^{*}_{S,P-Z} + b_{G,P+Z} \frac{\Gamma_{S,P+Z}\ H_{Q,P+Z}}{H^{*}_{Q,P-Z}} + \frac{b_{G,Z}}{H^{*}_{Q,P-Z}} \tag{17.127}$$

schreiben sollte. Damit ergibt sich für den Gleichlage-Abwärts-Umsetzer:

$$b_Z = \left(b_{S,P+Z} + b_{N,P+Z}\right) H_{Q,P+Z} + b^{*}_{S,P-Z}\ H^{*}_{Q,P-Z} \tag{17.128}$$

und für den Kehrlage-Abwärts-Umsetzer:

$$b_Z = b_{S,P+Z}\ H_{Q,P+Z} + \left(b^{*}_{S,P-Z} + b^{*}_{N,P-Z}\right) H^{*}_{Q,P-Z} \quad . \tag{17.129}$$

Es wird nun angenommen, daß die Wellen $b_{S,P+Z}$ bzw. $b_{S,P-Z}$ unkorrelierte, von externen Quellen eingespeiste Rauschwellen mit den Temperaturen $T_{S,P+Z}$ bzw. $T_{S,P-Z}$ sind. Dann ist die am Ausgangstor des Umsetzers zu messende spektrale Rauschtemperatur $T_{U,\mathrm{Aus}}$

$$T_{U,\mathrm{Aus}} = T_{S,P+Z}\ G_{A,P+Z} + T_{S,P-Z}\ G_{A,P-Z} + \frac{\left\langle \left| b_{N,P\pm Z} \right|^2 \right\rangle}{k_B\,\Delta f} G_{A,P\pm Z} \ . \tag{17.130}$$

Dabei sind $G_{A,P+Z}$ bzw. $G_{A,P-Z}$ die mit Hilfe des Ausgangsreflexionsfaktors des Umsetzers aus den Quellenübertragungsfunktionen zu berechnenden verfügbaren Gewinne für die Umsetzung aus dem oberen bzw. unteren Seitenband in das zwischenfrequente Band. Das obere Vorzeichen ist bei Gleichlageumsetzung, das untere bei Kehrlageumsetzung zu verwenden.

Obige Gleichung schreibt sich übersichtlicher, wenn für die auf das Nutzsignalband bezogenen Größen statt des Index $P\pm Z$ der Index S und für die auf das Spiegelband bezogenen Größen statt des Index $P\mp Z$ der Index I (für Image) benutzt wird:

$$T_{U,\mathrm{Aus}} = T_{S,S}\ G_{A,S} + T_{S,I}\ G_{A,I} + \frac{\left\langle \left| b_{N,S} \right|^2 \right\rangle}{k_B\,\Delta f} G_{A,S} \quad . \tag{17.131}$$

Gleichung (17.130) gestattet die eindeutige Zuordnung einer spektralen Rauschtemperatur des Umsetzers zu demjenigen Umsetzereingangstor, an welchem das umzusetzende Nutzsignal anliegt.

Definition 17.7 :

Der verfügbare Gewinn eines Dreitor-Abwärts-Umsetzers vom Nutzsignalband zum zwischenfrequenten Band sei $G_{A,S}$, die verfügbare, aus internen Rauschquellen stammende Rauschleistung am Ausgangstor sei $P_{N,\text{Aus}}$. Dann ist

$$T_{U,S} := \frac{P_{N,\text{Aus}}}{k_B\, \Delta f\, G_{A,S}} \tag{17.132}$$

die (dem Nutzsignalband zugeordnete) *Rauschtemperatur* des Dreitor-Abwärts-Umsetzers. ♦

Es ist also

$$T_{U,S} = \frac{\left\langle \left|b_{N,S}\right|^2 \right\rangle}{k_B\, \Delta f} = \frac{1}{k_B\, \Delta f} \left\langle \left| b_{G,S}\, \Gamma_{S,S} + b_{G,I}^{*} \frac{\Gamma_{S,I}^{*}\, H_{Q,I}^{*}}{H_{Q,S}} + \frac{b_{G,Z}^{(*)}}{H_{Q,S}} \right|^2 \right\rangle \quad . \tag{17.133}$$

In dieser Gleichung ist bei Gleichlageumsetzung $b_{G,Z}$ und bei Kehrlageumsetzung $b_{G,Z}^{*}$ zu verwenden. Damit folgt:

$$T_{U,\text{Aus}} = \left(T_{S,S} + T_{U,S}\right) G_{A,S} + T_{S,I}\, G_{A,I} \quad . \tag{17.134}$$

Gleichung (17.133) zeigt, daß die Rauschtemperatur am Ausgang des Umsetzers nicht nur von den Streuparametern des Umsetzers, sondern auch noch von den Reflexionsfaktoren der Quellen an Nutzsignaleingang und Spiegeleingang abhängen. Dieser Umstand wird oft übersehen. Insbesondere läßt sich durch geschickte Wahl des Spiegelfrequenzabschlusses $\Gamma_{S,S}$ eine Minimierung der Rauschtemperatur $T_{M,\text{Aus}}$ erreichen.

Rauschzahldefinitionen für Dreitor-Umsetzer.
Bei einem linearen Zweitor waren Rauschtemperatur und Rauschzahl zunächst unabhängig definiert und erst dann in einen Zusammenhang gebracht worden. Deshalb soll hier die gleiche Vorgehensweise angewendet werden.

Die Friissche Definition der Rauschzahl eines *Zweitores* setzt den Störabstand am Eingangstor ins Verhältnis zum Störabstand am Ausgangstor. Für das Umsetzerdreitor muß diese Definition modifiziert werden. Eine von mehreren denkbaren Möglichkeiten zur Modifikation wird in der folgenden Definition festgelegt:

Definition 17.8 :

Ein Abwärts-Frequenzumsetzer werde als Dreitor beschrieben Der Störabstand am *Nutzsignaleingang* sei bei *Standard-Rauschtemperatur* SNR_{ein}, der am Ausgang sei SNR_{aus}. Dann ist

$$F_{SSB} := \frac{SNR_{ein}}{SNR_{aus}} \tag{17.135}$$

die *Einseitenband-Rauschzahl* (engl.: single side band noise figure) des Umsetzers. ◆

Der Name Einseitenband-Rauschzahl ist so zu erklären, daß der Störabstand ausschließlich auf das eine Seitenband bezogen wird, aus dem das umzusetzende Nutzsignal stammt.

Um den Zusammenhang zwischen der Einseitenband-Rauschzahl und der dem Nutzsignalband zugeordneten Rauschtemperatur zu bestimmen, wird die auf den Nutzsignaleingang zu fließende Welle als Überlagerung aus einer Nutzsignalwelle und einer Rauschwelle beschrieben:

$$b_{S,S} = b_{S,Nutz} + b_{S,Stör} \quad . \tag{17.136}$$

Am Spiegeleingang kann dann voraussetzungsgemäß nur eine Störwelle $b_{S,I}$ anliegen.

Für die Bestimmung der Standardrauschzahl müssen die Rauschwellen durch die Temperatur T_0 gekennzeichnet sein. Dann ist der (spektrale) Störabstand am Nutzsignaleingang

$$SNR_{ein} = \frac{\left|b_{S,Nutz}\right|^2}{\left\langle\left|b_{S,Stör}\right|^2\right\rangle} = \frac{\left|b_{S,Nutz}\right|^2}{k_B\, T_0\, \Delta f} \quad . \tag{17.137}$$

Am Umsetzerausgang erscheint im Falle des Gleichlage-Abwärts-Umsetzers die Welle

$$b_Z = \left(b_{S,Nutz} + b_{S,Stör} + b_{N,S}\right) H_{Q,S} + b_{S,I}^* \, H_{Q,I}^* \tag{17.138}$$

und im Falle des Kehrlage-Abwärts-Umsetzers die Welle

$$b_Z = b_{N,I}\, H_{Q,I} + \left(b_{S,Nutz} + b_{S,Stör} + b_{N,S}\right)^* H_{Q,S}^* \quad . \tag{17.139}$$

Damit ergibt sich als Verhältnis aus Nutz- zu Störleistung

$$SNR_{aus} = \frac{\left|b_{S,Nutz}\right|^2 G_{A,S}}{\left(\left\langle\left|b_{S,Stör}\right|^2\right\rangle + \left\langle\left|b_{N,S}\right|^2\right\rangle\right) G_{A,S} + \left\langle\left|b_{S,I}\right|^2\right\rangle G_{A,I}} \quad . \tag{17.140}$$

Die Einseitenband-Rauschzahl ist also

$$F_{SSB} = \frac{SNR_{ein}}{SNR_{aus}} = \frac{\left(\left\langle\left|b_{S,Stör}\right|^2\right\rangle + \left\langle\left|b_{N,S}\right|^2\right\rangle\right) G_{A,S} + \left\langle\left|b_{S,I}\right|^2\right\rangle G_{A,I}}{\left\langle\left|b_{S,Stör}\right|^2\right\rangle G_{A,S}} \quad . \tag{17.141}$$

Mit

$$\left\langle \left| b_{N,S} \right|^2 \right\rangle = k_B \, \Delta f \, T_{U,S} \; ; \left\langle \left| b_{S,Stör} \right|^2 \right\rangle = k_B \, \Delta f \, T_0 \; ; \left\langle \left| b_{S,I} \right|^2 \right\rangle = k_B \, \Delta f \, T_0 \tag{17.142}$$

folgt dann

$$F_{SSB} = 1 + T_{U,S} / T_0 + G_{A,I} / G_{A,S} \quad . \tag{17.143}$$

Dies ist ein Unterschied zu dem entsprechenden Zusammenhang zwischen Rauschzahl und Rauschtemperatur eines linearen Zweitors, bei dem man nur die ersten beiden Summanden erwartet hätte. Daher findet man in der Literatur auch folgende Definition.

Definition 17.9 :

Es sei $T_{U,S}$ die dem Nutzsignalband zugeordnete Rauschtemperatur eines Abwärts-Umsetzers. Dann wird in völliger Analogie zu dem Zusammenhang zwischen Rauschzahl und Rauschtemperatur eines linearen Zweitores

$$F_{SSB,IEEE} := 1 + T_{U,S} / T_0 \tag{17.144}$$

als *Einseitenband-Rauschzahl nach IEEE* [17.11] des Umsetzers definiert. Dabei ist T_0 die Standardtemperatur 290 K. ♦

An obigen Definitionen kann ausgesetzt werden, daß die so definierten Rauschzahlen einer Messung nur schwer zugänglich sind. In Realität gibt es nämlich meist nur ein einziges physikalisches Eingangstor: die Auftrennung in zwei (oder mehr) Eingangstore ist meist nur ein mathematisches Hilfsmittel. Bei der Messung mittels *Y*-Faktor- oder 3dB-Methode wird daher nicht nur im Nutzsignalband, sondern auch im Spiegelband Rauschleistung eingespeist.

Die auf den *physikalischen* Eingang des Umsetzers zulaufende Welle b_{phys} enthält daher im allgemeinen einen Nutzanteil $b_{S,Nutz}$, der umgesetzt werden soll, einen Rauschanteil $b_{S,Stör,S}$ im Nutzsignalband und einen Rauschanteil $b_{S,Stör,I}$ im Spiegelband. Damit ist der eingangsseitige Störabstand bei Standardtemperatur des Eingangsrauschens:

$$SNR_{ein} = \frac{\left\langle \left| b_{S,Nutz} \right|^2 \right\rangle}{\left\langle \left| b_{S,Stör,S} \right|^2 \right\rangle + \left\langle \left| b_{S,Stör,I} \right|^2 \right\rangle} = \frac{\left\langle \left| b_{S,Nutz} \right|^2 \right\rangle}{2 \, k_B \, T_0 \, \Delta f} \quad . \tag{17.145}$$

Für den ausgangsseitigen Störabstand gilt dann

$$SNR_{aus} = \frac{\left\langle \left| b_{S,Nutz} \right|^2 \right\rangle G_{A,S}}{\left(k_B \, T_0 \, \Delta f + \left\langle \left| b_{N,S} \right|^2 \right\rangle \right) G_{A,S} + k_B \, T_0 \, \Delta f \, G_{A,I}} \quad . \tag{17.146}$$

Daher läßt sich folgende Variante einer Rauschzahl definieren:

Definition 17.10 :

Ein Abwärts-Frequenzumsetzer in physikalischer Zweitorausführung werde im Ersatzschaltbild als Dreitor beschrieben. Der Störabstand am *physikalischen Eingangstor* sei bei Standard-Rauschtemperatur SNR_{ein}, der am Ausgang sei SNR_{aus}. Dann ist

$$F_{DSB} := \frac{SNR_{ein}}{SNR_{aus}} \tag{17.147}$$

die *Zweiseitenband-(Standard-) Rauschzahl* (engl.: double side band noise figure) des Umsetzers. ♦

Der Name Zweiseitenband-Rauschzahl ist so zu erklären, daß der Störabstand auf eine Rauschleistung bezogen wird, die Spektralkomponenten sowohl aus dem Nutzsignalband als auch aus dem Spiegelband enthält.

Für die Zweiseitenband-Rauschzahl gilt:

$$F_{DSB} = \frac{SNR_{ein}}{SNR_{aus}} = \frac{\left(k_B\, T_0\, \Delta f + \left\langle \left| b_{N,S} \right|^2 \right\rangle \right) G_{A,S} + k_B\, T_0\, \Delta f\, G_{A,I}}{2\, k_B\, T_0\, \Delta f\, G_{A,S}} \quad . \tag{17.148}$$

Mit der dem Nutzsignalband zugeordneten Rauschtemperatur des Umsetzers ist daher

$$F_{DSB} = \frac{1}{2} + \frac{T_{U,S}}{2\, T_0} + \frac{G_{A,I}}{2\, G_{A,S}} \quad . \tag{17.149}$$

Mit den Gleichungen (17.143), (17.144) und (17.149) folgt der Zusammenhang:

$$2\, F_{DSB} = F_{SSB} = F_{SSB,IEEE} + \frac{G_{A,I}}{G_{A,S}} \quad . \tag{17.150}$$

Bei breitbandigen Umsetzern ist der verfügbare Gewinn der Umsetzung vom Nutzband in das zwischenfrequente Band in etwa gleich groß wie der verfügbare Gewinn der Umsetzung vom Spiegelband in das zwischenfrequente Band:

$$G_{A,I} \approx G_{A,S} \quad . \tag{17.151}$$

Daher gilt dann näherungsweise

$$2\, F_{DSB} = F_{SSB} = F_{SSB,IEEE} + 1 \quad . \tag{17.152}$$

Bei schmalbandigen Umsetzern kann der verfügbare Gewinn der Umsetzung vom Spiegelfrequenzband in das zwischenfrequente Band näherungsweise 0 sein. Dann gehen die Einseitenband-Rauschzahlen in die Rauschzahl des Zweitorumsetzers über.

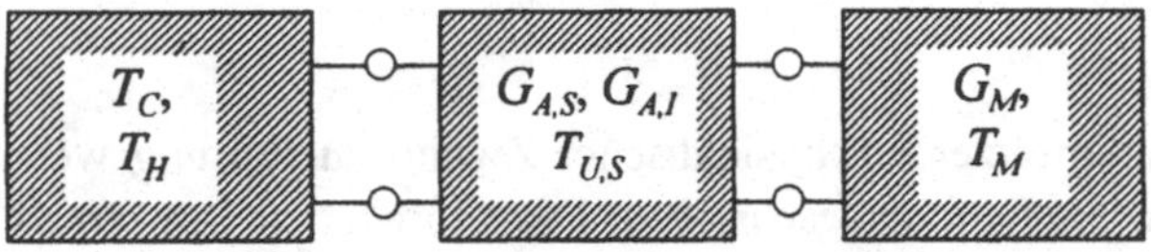

Abb. 17.19 : Hot-Cold-Methode zur Messung der Rauschzahl eines Dreitor-Umsetzers mit einem einzigen physikalischen Eingangstor

Robert Maurer hat die Einseitenband-Rauschzahl für einen Umsetzer mit Eintaktmischer entsprechend Abb. 15.22 unter Einbeziehung der Verlustleitwerte der Resonanzkreise und der Mischerdiode berechnet [17.12]. Er kommt zu dem Resultat, daß der Umsetzer in dieser Bauart bezüglich Konversionsgewinn und Rauschzahl bei Spiegelfrequenzkurzschluß ($\Gamma_{S,S}=-1$) besseres Verhalten aufweist, als bei Spiegelfrequenzleerlauf oder Spiegelfrequenzabschluß. Ersteres entspricht aber gerade dem Grenzfall des Zweitorumsetzers. Konversionsverlust und Einseitenband-Rauschzahl können in diesem Fall deutlich unterhalb 6 dB liegen.

Messung der Rauschzahl eines Dreitor-Umsetzers.
Die Messung der Rauschzahl eines Dreitor-Umsetzers mit einem physikalischen Eingangstor erfolgt im Prinzip genauso wie die Messung der Rauschzahl eines Zweitores. Dies wird am Beispiel der Hot-Cold-Methode demonstriert.

Bei Rauschtemperatur T_C des Rauschgenerators ergibt sich am Ausgang des Umsetzers gemäß Gleichung (17.134) die Rauschtemperatur

$$T_{U,\mathrm{Aus},C} = (T_C + T_{U,S})\, G_{A,S} + T_C\, G_{A,I} \quad . \tag{17.153}$$

Unter der Voraussetzung, daß der Ausgangsreflexionsfaktor des Umsetzers verschwindet, zeigt das Anzeigegerät der Meßapparatur dann eine Rauschleistung an, welche einer an ihrem Eingang anliegenden Rauschtemperatur

$$T_{M,C} = (T_C + T_{U,S})\, G_{A,S} + T_C\, G_{A,I} + T_M \tag{17.154}$$

entspricht. In ganz analoger Weise wird im Fall der Rauschtemperatur T_H des Rauschgenerators eine Leistung angezeigt, welche der Temperatur

$$T_{M,H} = (T_H + T_{U,S})\, G_{A,S} + T_H\, G_{A,I} + T_M \tag{17.155}$$

entspricht. Der Y-Faktor ist also

$$Y = \frac{T_{M,H}}{T_{M,C}} = \frac{(T_H + T_{U,S})\, G_{A,S} + T_H\, G_{A,I} + T_M}{(T_C + T_{U,S})\, G_{A,S} + T_C\, G_{A,I} + T_M} \quad . \tag{17.156}$$

Auflösung nach $T_{U,S}$ ergibt dann

$$T_{U,S} = \frac{T_H - Y\,T_C}{Y-1}\left(1+\frac{G_{A,I}}{G_{A,S}}\right) - \frac{T_M}{G_{A,S}} \quad . \tag{17.157}$$

Daraus bestimmt man die Rauschzahlen als

$$F_{SSB} = \frac{T_0\,(Y-1)+T_H - Y\,T_C}{T_0\,(Y-1)}\left(1+\frac{G_{A,I}}{G_{A,S}}\right) - \frac{T_M}{T_0\,G_{A,S}} \quad , \tag{17.158}$$

$$F_{SSB,IEEE} = 1+\frac{T_H - Y\,T_C}{T_0\,(Y-1)}\left(1+\frac{G_{A,I}}{G_{A,S}}\right) - \frac{T_M}{T_0\,G_{A,S}} \quad , \tag{17.159}$$

$$F_{SSB} = \frac{T_0\,(Y-1)+T_H - Y\,T_C}{2\,T_0\,(Y-1)}\left(1+\frac{G_{A,I}}{G_{A,S}}\right) - \frac{T_M}{2\,T_0\,G_{A,S}} \quad . \tag{17.160}$$

Im Spezialfall $T_C = T_0$ und $G_{A,I} = G_{A,S}$ ergibt sich:

$$F_{SSB} = 2\,\frac{T_H - T_0}{T_0\,(Y-1)} - \frac{T_M}{T_0\,G_{A,S}} \quad , \tag{17.161}$$

$$F_{SSB,IEEE} = \frac{2\,T_H - (Y+1)\,T_0}{T_0\,(Y-1)} - \frac{T_M}{T_0\,G_{A,S}} \quad , \tag{17.162}$$

$$F_{DSB} = \frac{T_H - T_0}{T_0\,(Y-1)} - \frac{T_M}{2\,T_0\,G_{A,S}} \quad . \tag{17.163}$$

Weil bei den in der Hochfrequenztechnik besonders wichtigen Diodenmischern der Konversionsgewinn kleiner als 1 ist, kann der von der Meßapparatur stammende Subtrahend $T_M/T_0\,G_{A,S}$ in der Regel *nicht vernachlässigt* werden.

Da gerade bei Diodenmischern der Ausgangsreflexionsfaktor oft nicht verschwindet, ist die theoretisch exakte Bestimmung der Rauschzahlen meist aufwendiger als hier dargestellt.

17.3 Zusammenfassung

In diesem Kapitel wurde elektronisches Rauschen als unvermeidbare statistische Störung von Signalen identifiziert. Es wurde eine mathematische Darstellungsmöglichkeit in Form einer Rauschsumme angegeben. Letztere ermöglicht eine Zeitbereichsbeschreibung einer Musterfunktion des Rauschens, aus der auch unmittelbar spektrale Eigenschaften abgelesen werden können.

Die wichtigsten physikalischen Ursachen des elektronischen Rauschens wurden angesprochen. Es stellt sich heraus, daß thermisches Rauschen und Schrotrauschen über hinreichend große Frequenzbereiche als weiß angesehen werden kann. Dagegen ist das niederfrequente 1/f-Rauschen, aber auch das Empfangsrauschen nicht weiß.

Rauschspannungen oder -ströme geben Anlaß zur Ausbildung von Rauschwellen. Bei der Betrachtung von N-Toren muß man daher N Rauschwellen berücksichtigen, welche zusätzlich zu den Nutzsignalwellen aus den Toren herauslaufen.

Die Reflexion dieser Wellen an der externen Beschaltung führt dann dazu, daß die Erwartungswerte der Rauschleistungen, welche aus den Toren austreten, von den Reflexionsfaktoren der externen Beschaltung abhängig werden.

Es wurden verschiedene Klassen von N-Toren untersucht. Eintore konnten praktisch komplett durch Reflexionsfaktor, Spektrum und Statistik einer äquivalenten Rauschquelle beschrieben werden. Für die Charakterisierung des Spektrums wurde der Begriff der spektralen Rauschtemperatur eingeführt.

Dieser Begriff konnte auf Zweitore übertragen werden, die in Kette mit einem Generator betrieben wurden. Die Rauschtemperatur des Zweitors wurde als äquivalente Generatorrauschtemperatur einer gedachten eingangsseitigen Quelle identifiziert. Als weitere Maße wurden die spektrale und die globale Rauschzahl von Zweitoren eingeführt. Bei linearen Zweitoren steht die spektrale Rauschzahl in einfachem Zusammenhang mit der spektralen Rauschtemperatur. Schließlich wurde die Verkettung von Zweitoren untersucht. Es wurden die Kettenrauschtemperatur und die spektrale Kettenrauschzahl berechnet. Als Gütekriterium für Zweitore in Kettenschaltungen wurde das Rauschmaß nach Haus und Adler gefunden.

In ähnlicher Weise wie Zweitore konnten Dreitor-Frequenzumsetzer durch eine Rauschtemperatur beschrieben werden. Bei Dreitor-Frequenzumsetzern sind drei verschiedene Definitionen des Begriffs Rauschzahl in Gebrauch. Die drei Definitionen wurden hergeleitet und in Bezug gesetzt.

Sowohl für lineare Zwei- als auch für lineare Umsetzer-Dreitore wurden Meßverfahren zur Bestimmung der Rauschkenngrößen angegeben.

17.4 Übungsaufgaben und Fragen zum Verständnis

1. Geben Sie eine Rauschsumme für eine Rauschsignal-Musterfunktion an, welche spektrale Anteile zwischen 10 Hz und 1 kHz enthält, 1/f-Rauschen beschreibt, und bei 100 Hz in einem Band von 1 Hz eine Spannung mit der charakteristischen Größe 10 nV/Hz$^{1/2}$ erzeugt. Wie groß muß die Beobachtungszeit T_{obs} wenigstens sein, damit eine Auflösung von 1 Hz gewährleistet ist?
2. Welche äquivalente Rauschtemperatur erzeugt ein Gleichstrom aus Elektronen mit Mittelwert 1 mA durch eine ohmschen Widerstand von 50 Ω?
3. Zwei allseitig wellenwiderstandsangepaßte Zweitore werden in Kette geschaltet. Zweitor 1 besitzt eine Rauschtemperatur von 300 K und einen verfügbaren Gewinn von 4, Zweitor 2 besitzt eine Rauschtemperatur von 350 K und einen verfügbaren Gewinn von 100.
   a. Bestimmen Sie die Rauschzahlen und die Rauschmaße der Zweitore.
   b. Welches Zweitor muß als erstes in der Kette verwendet werden?

c. Bestimmen Sie die Kettenrauschzahl.

4. Bestimmen Sie den Kreis konstanter Rauschzahl $F_{min} + 1$ dB für den in Anhang C gegebenen Transistor bei der Frequenz 10 GHz.
5. Beschreiben Sie die Vor- und Nachteile der drei Rauschzahldefinitionen für Umsetzer-Dreitore.
6. Gegeben sei eine Kettenschaltung aus einem linearen Verstärker und einem Dreitor-Abwärtsumsetzer. Die Kettenschaltung kann als neuer Dreitor-Umsetzer betrachtet werden. Bestimmen Sie für diesen die auf das Signaltor bezogene Umsetzertemperatur und die drei Rauschzahlen in Abhängigkeit von den Kenngrößen der einzelnen Schaltblöcke.

Anhang
A. Fourier– und Laplacetransformation

Fourier– und Laplacetransformation sind wesentliche Hilfsmittel der Systemtheorie. Daher werden nachfolgend die wichtigsten Eigenschaften der Transformationen zusammengefaßt.

A.1 Fouriertransformation

A.1.1 Die Fouriertransformation als Funktionaltransformation

Es sei $\mathcal{L}_1$ die Menge aller reell- oder komplexwertiger Funktionen über $\mathbb{R}$, für die das Integral

$$\int_{-\infty}^{\infty} \left| f(\xi) \right| d\xi \tag{A.1}$$

existiere[1]. Es sei $f(t)$ eine Funktion aus $\mathcal{L}_1$. Aus f kann innerhalb eines gewissen Beobachtungszeitraums durch folgende Vorschrift eine Näherungsfunktion gewonnen werden:

$$\tilde{f}(t) := f(t - nT) \quad \text{für} \quad t_0 + \left(n - \frac{1}{2}\right)T \le t < t_0 + \left(n + \frac{1}{2}\right)T \quad ; \quad n \in \mathbb{Z} \quad . \tag{A.2}$$

$\tilde{f}$ stimmt innerhalb des halboffenen Intervalls $[t_0 - T/2, t_0 + T/2)$ mit f überein und ist ansonsten die periodische Fortsetzung dieses Funktionsteils. Damit läßt sich $\tilde{f}$ in eine Fourierreihe entwickeln. In komplexer Schreibweise ist also

$$\tilde{f}_F(t) = \sum_{n=-\infty}^{\infty} C_n \exp\left(\frac{j 2\pi n t}{T}\right) = \sum_{n=-\infty}^{\infty} C_n \exp(j n \Delta\omega t) \tag{A.3}$$

mit

$$C_n = \frac{1}{T} \int_{t_0 - T/2}^{t_0 + T/2} f(t) \exp\left(-\frac{j 2\pi n t}{T}\right) dt = \frac{1}{T} \int_{t_0 - T/2}^{t_0 + T/2} f(t) \exp(-j \Delta\omega n t)\, dt \tag{A.4}$$

---

[1] Das Integral ist im Lebesgueschen Sinne zu verstehen, so daß auch Unstetigkeiten zugelassen werden.

und

$$\Delta\omega := 2\pi/T \quad . \tag{A.5}$$

Durch Definition der Funktion

$$F(jn\Delta\omega) := \int_{t_0-T/2}^{t_0+T/2} f(t)\exp(-jn\Delta\omega t)\,dt = T\,C_n \tag{A.6}$$

wird aus Gleichung (A.3):

$$\tilde{f}_F(t) = \sum_{n=-\infty}^{\infty} \frac{F(jn\Delta\omega)}{T}\exp(jn\Delta\omega t) = \sum_{n=-\infty}^{\infty} F(jn\Delta\omega)\exp(jn\Delta\omega t)\frac{\Delta\omega}{2\pi} \quad . \tag{A.7}$$

Vergrößert man nun T, dann wird $\tilde{f}_F$ eine Funktion, die in einem immer größer werdenden Beobachtungsintervall mit f übereinstimmt. Gleichzeitig wird $\Delta\omega$ immer kleiner. Dadurch werden die Werte $n\,\Delta\omega$ immer feiner verteilte Zahlenwerte, die als spezielle Zahlenwerte einer Variablen ω aufgefaßt werden können. Durch Grenzübergang $T \to \infty$ geht also $\tilde{f}_F$ in f über und aus den beiden letzten Gleichungen folgt:

$$f(t) = \frac{1}{2\pi}\int_{-\infty}^{\infty} F(j\omega)\exp(j\omega t)\,d\omega \tag{A.8}$$

$$F(j\omega) = \int_{-\infty}^{\infty} f(t)\exp(-j\omega t)\,dt \quad . \tag{A.9}$$

Die letzte Gleichung kann nun als Funktionaltransformation oder Abbildung

$$\mathfrak{F}_{t\to\omega} : \mathcal{L}_1 \to \mathcal{L}_1$$

$$f(t) \mapsto F(j\omega) = \int_{-\infty}^{\infty} f(t)\exp(-j\omega t)\,dt \tag{A.10}$$

aufgefaßt werden. Die Umkehrabbildung ist dann

$$\mathfrak{F}^{-1}_{\omega\to t} : \mathcal{L}_1 \to \mathcal{L}_1$$

$$F(j\omega) \mapsto f(t) = \frac{1}{2\pi}\int_{-\infty}^{\infty} F(j\omega)\exp(j\omega t)\,d\omega \quad . \tag{A.11}$$

Häufig findet man für Abbildung und Umkehrabbildung die symbolische Form

$$f(t) \circ\!\!-\!\!\bullet\, F(j\omega) \quad . \tag{A.12}$$

Das durch die Gleichungen (A.10) und (A.11) gegebene Paar der Funktionaltransformationen kann auf einen $\mathcal{L}_1$ übergreifenden Raum erweitert werden, welcher unter anderem Konstanten und sinusförmige Funktionen umfaßt.

A.1.2 Sätze und Korrespondenzen der Fouriertransformation

Im folgenden wird vorausgesetzt, daß die Fouriertransformierten der Funktionen f und g existieren und daß $F(j\omega)=\mathfrak{F}_{t\to\omega}\{f(t)\}$ und $G(j\omega)=\mathfrak{F}_{t\to\omega}\{g(t)\}$ gilt.

1. Dualität

$$F(jt)=2\pi\,\mathfrak{F}^{-1}_{\omega\to t}\{f(-\omega)\} \tag{A.13}$$

2. Linearität

$$\mathfrak{F}_{t\to\omega}\{\lambda f(t)+\mu g(t)\}=\lambda F(j\omega)+\mu G(j\omega) \text{ für } \lambda,\mu\in\mathbb{C} \tag{A.14}$$

3. Spiegelungssatz

$$\mathfrak{F}_{t\to\omega}\{f(-t)\}=\mathfrak{F}_{t\to-\omega}\{f(t)\}=F(-j\omega) \tag{A.15}$$

4. Skalierungssatz

$$\mathfrak{F}_{t\to\omega}\{f(at)\}=\frac{1}{|a|}F\left(j\frac{\omega}{a}\right) \quad \text{für} \quad a\in\mathbb{R}-\{0\} \tag{A.16}$$

$$\mathfrak{F}^{-1}_{\omega\to t}\{F(ja\omega)\}=\frac{1}{|a|}f\left(\frac{t}{a}\right) \quad \text{für} \quad a\in\mathbb{R}-\{0\} \tag{A.17}$$

5. Verschiebungssatz

$$\mathfrak{F}_{t\to\omega}\{f(t-t_0)\}=e^{-j\omega t_0}F(j\omega) \tag{A.18}$$

$$\mathfrak{F}^{-1}_{\omega\to t}\{F(j(\omega-\omega_0))\}=f(t)\,e^{j\omega_0 t} \tag{A.19}$$

6. Konjugiert Komplexes

$$\mathfrak{F}_{t\to\omega}\{f^*(t)\}=F^*(-j\omega) \tag{A.20}$$

$$\mathfrak{F}^{-1}_{\omega\to t}\{F^*(j\omega)\}=f^*(-t) \tag{A.21}$$

7. Reell- und imaginärwertige Funktionen

$$f(t)=f^*(t) \quad \Rightarrow \quad F(j\omega)=F^*(-j\omega) \tag{A.22}$$

$$f(t)=-f^*(t) \quad \Rightarrow \quad F(j\omega)=-F^*(-j\omega) \tag{A.23}$$

8. Gerade und ungerade Funktionen

$$f(t)=f(-t) \quad \Rightarrow \quad F(j\omega)=F(-j\omega) \tag{A.24}$$

$$f(t)=-f(-t) \quad \Rightarrow \quad F(j\omega)=-F(-j\omega) \tag{A.25}$$

9. Kausale Funktionen
(Reellwertige Funktionen $f(t)$ für die gilt: $f(t)=0\ \forall\ t<0$)

$$\Re\{F(j\omega)\} = -\frac{2}{\pi}\int_0^{\infty}\int_0^{\infty} \Im\{F(j\eta)\}\sin(\eta t)\cos(\omega t)\,d\eta\,dt \quad , \tag{A.26}$$

$$\Im\{F(j\omega)\} = -\frac{2}{\pi}\int_0^{\infty}\int_0^{\infty} \Re\{F(j\eta)\}\cos(\eta t)\sin(\omega t)\,d\eta\,dt \quad . \tag{A.27}$$

Der Imaginärteil der Fouriertransformierten einer reellwertigen kausalen Funktion kann daher aus dem Realteil der Fouriertransformierten bestimmt werden und umgekehrt.

10. Produkte und Faltungsintegrale

$$\begin{aligned}\mathfrak{F}_{t\to\omega}\{f(t)\,g(t)\} &= \frac{1}{2\pi}\int_{-\infty}^{\infty} F(j\eta)\,G(j(\omega-\eta))\,d\eta \\ &= \frac{1}{2\pi}\int_{-\infty}^{\infty} F(j(\omega-\eta))\,G(j\eta)\,d\eta \quad ,\end{aligned} \tag{A.28}$$

$$\mathfrak{F}^{-1}_{\omega\to t}\{F(j\omega)\,G(j\omega)\} = \int_{-\infty}^{\infty} f(\tau)\,g(t-\tau)\,d\tau = \int_{-\infty}^{\infty} f(t-\tau)\,g(\tau)\,d\tau \quad . \tag{A.29}$$

11. Korrelationsfunktionen

$$\mathfrak{F}_{t\to\omega}\{f(t)\,g^*(t)\} = \frac{1}{2\pi}\int_{-\infty}^{\infty} F(j(\omega+\eta))\,G^*(j\eta)\,d\eta \tag{A.30}$$

$$\mathfrak{F}^{-1}_{\omega\to t}\{F(j\omega)\,G^*(j\omega)\} = \int_{-\infty}^{\infty} f(t+\tau)\,g^*(\tau)\,d\tau \tag{A.31}$$

12. Wiener-Khintchine-Theorem für kontinuierliche determinierte Funktionen

$$\int_{-\infty}^{\infty} f(t+\tau)\,f^*(\tau)\,d\tau = \frac{1}{2\pi}\int_{-\infty}^{\infty} |F(j\omega)|^2\,e^{j\omega t}\,d\omega \tag{A.32}$$

13. Parsevalsches Theorem („Energie" eines Signals)

$$\int_{-\infty}^{\infty} |f(\tau)|^2\,d\tau = \frac{1}{2\pi}\int_{-\infty}^{\infty} |F(j\omega)|^2\,d\omega \tag{A.33}$$

14. Differentiationssatz

$$\mathfrak{F}_{t\to\omega}\left\{\frac{d^n f(t)}{dt^n}\right\} = (j\omega)^n\,F(j\omega) \tag{A.34}$$

$$\mathfrak{F}^{-1}_{\omega\to t}\left\{\frac{d^n F(j\omega)}{d\omega^n}\right\} = (-jt)^n\,f(t) \tag{A.35}$$

15.Integrationssatz

$$\mathfrak{F}_{t\to\omega}\left\{\int_{-\infty}^{t} f(\tau)\,d\tau\right\} = \pi\,\delta(\omega)\,F(j0) + \begin{cases} 0 & \text{falls} \quad \omega = 0 \\ \dfrac{F(j\omega)}{j\omega} & \text{falls} \quad \omega \neq 0 \end{cases}, \tag{A.36}$$

$$\mathfrak{F}^{-1}_{\omega\to t}\left\{\int_{-\infty}^{\omega} F(j\eta)\,d\eta\right\} = \pi\,\delta(t)\,f(0) - \begin{cases} 0 & \text{falls} \quad t = 0 \\ \dfrac{f(t)}{jt} & \text{falls} \quad t \neq 0 \end{cases} \tag{A.37}$$

Die folgende Tabelle zeigt einige Korrespondenzen der Fouriertransformation.

Tabelle A.1. Korrespondenzen der Fouriertransformation

$s(t)$	$S(j\omega)$
$\delta(t)$	1
1	$2\pi\,\delta(\omega)$
$\mathbb{1}(t)$	$\pi\delta(\omega)+\frac{1}{j}\left[\frac{1}{\omega}\right]=\pi\delta(\omega)+\begin{cases} 0 & \text{falls} \quad \omega=0 \\ \frac{1}{j\omega} & \text{falls} \quad \omega\neq 0 \end{cases}$
$Ш(t) = \sum_{k=-\infty}^{\infty} \delta(t-k)$	$Ш\left(\frac{\omega}{2\pi}\right) = \sum_{k=-\infty}^{\infty} \delta\left(\frac{\omega}{2\pi} - k\right)$
$Ш\left(\frac{t}{T}\right) = \lvert T\rvert \sum_{k=-\infty}^{\infty} \delta(t-kT)$	$Ш\left(\frac{\omega}{\Omega}\right) = \lvert\Omega\rvert \sum_{k=-\infty}^{\infty} \delta(\omega - k\Omega)$ mit $\Omega = \frac{2\pi}{T}$
$\operatorname{rect}(t) := \begin{cases} 1 & \text{für} \quad \lvert t\rvert < 1 \\ 1/2 & \text{für} \quad \lvert t\rvert = 1 \\ 0 & \text{für} \quad \lvert t\rvert > 1 \end{cases}$	$\operatorname{si}\left(\frac{\omega}{2}\right) := \frac{\sin\left(\frac{\omega}{2}\right)}{\frac{\omega}{2}}$
$\operatorname{rect}\left(\frac{t-\tau}{T}\right)$	$\lvert T\rvert\, e^{-j\omega\tau}\, \operatorname{si}\left(\frac{\omega T}{2}\right)$

Tabelle A.1 (Forts.). Korrespondenzen der Fouriertransformation

$s(t)$	$S(j\omega)$
$\mathrm{si}(t)$	$\pi\,\mathrm{rect}\left(\frac{\omega}{2}\right)$
$e^{-\pi t^2}$	$e^{-\frac{\omega^2}{4\pi}}$
$\Lambda(t)=\begin{cases}0 & \text{für} \quad t\leq -1\\ t+1 & \text{für} \ -1<t\leq 0\\ 1-t & \text{für} \quad 0<t\leq 1\\ 0 & \text{für} \quad t>1\end{cases}$	$\mathrm{si}^2\left(\frac{\omega}{2}\right)$
$\mathrm{si}^2(\pi t)$	$\Lambda\left(\frac{\omega}{2\pi}\right)$
$\sin(\omega_0 t+\alpha)$	$\frac{\pi}{j}e^{j\alpha}\,\delta(\omega-\omega_0)-\frac{\pi}{j}e^{-j\alpha}\,\delta(\omega+\omega_0)$
$\cos(\omega_0 t+\alpha)$	$\pi\,e^{j\alpha}\,\delta(\omega-\omega_0)+\pi\,e^{-j\alpha}\,\delta(\omega+\omega_0)$

A.2 Die einseitige Laplacetransformation

A.2.1 Die Definition der Laplacetransformation

Es sei $f(t)e^{-a_0 t}\,\mathbb{1}^{(+)}(t)$ eine Funktion aus der Funktionenmenge $\mathcal{L}_1$. Dann wird die einseitige Laplacetransformierte von f durch folgende Transformationsvorschrift definiert:

$$\mathcal{L}_{t\to p}\{f(t)\}=\int_0^\infty f(t)\,e^{-pt}\,dt=:F(p) \quad . \tag{A.38}$$

Die Umkehrabbildung wird durch

$$\mathcal{L}^{-1}_{p\to t}\{F(p)\}=\frac{1}{2\pi\,j}\int_{\alpha-j\infty}^{\alpha+j\infty}F(p)\,e^{pt}\,dp=f(t)\,\mathbb{1}^{(+)}(t) \tag{A.39}$$

gegeben mit

$$p := \alpha + j\omega \quad ; \quad \alpha \geq \alpha_0 \quad . \tag{A.40}$$

(siehe Kapitel 2.4).

A.2.2 Sätze der Laplacetransformation

Im folgenden wird stets vorausgesetzt, daß die Laplacetransformierten der Funktionen f und g existieren und daß $F(p) = \mathcal{L}_{t\to p}\{f(t)\}$ und $G(p) = \mathcal{L}_{t\to p}\{g(t)\}$ gilt. Es gelten dann die folgenden Zusammenhänge:

1. Holomorphie

   $F(p)$ ist für $\alpha \geq \alpha_0$ eine in p beliebig oft differenzierbare Funktion.

2. Linearität

$$\mathcal{L}_{t\to p}\{\lambda f(t) + \mu g(t)\} = \lambda F(p) + \mu G(p) \text{ für } \lambda, \mu \in \mathbb{C} \tag{A.41}$$

3. Skalierungssatz

$$\mathcal{L}_{t\to p}\{f(at)\} = \frac{1}{|a|} F\left(\frac{p}{a}\right) \quad \text{für} \quad a \in \mathbb{R} - \{0\} \tag{A.42}$$

$$\mathcal{L}^{-1}_{p\to t}\{F(ap)\} = \frac{1}{|a|} f\left(\frac{t}{a}\right) \quad \text{für} \quad a \in \mathbb{R} - \{0\} \tag{A.43}$$

4. Verschiebungssatz
   Es sei $t_0 > 0$. Dann gilt

$$\mathcal{L}_{t\to p}\{f(t - t_0)\} = e^{-pt_0} F(p) \tag{A.44}$$

$$\mathcal{L}_{t\to p}\{f(t + t_0)\} = e^{pt_0}\left(F(p) - \int_0^{t_0} e^{-pt} f(t)\, dt\right) \tag{A.45}$$

$$\mathcal{L}^{-1}_{p\to t}\{F(p - p_0)\} = f(t)\, e^{p t_0} \tag{A.46}$$

   Einschränkung: die Transformierte der rechten Seite muß existieren.

5. Konjugiert Komplexes

$$\mathcal{L}_{t\to p}\{f^*(t)\} = F^*(-p) \tag{A.47}$$

$$\mathcal{L}^{-1}_{p\to t}\{F^*(p)\} = f^*(-t) \tag{A.48}$$

6. Produkte und Faltungsintegrale

$$\mathcal{L}_{t\to p}\{f(t)\,g(t)\}=\frac{1}{2\pi j}\int_{\alpha-j\infty}^{\alpha+j\infty}F(q)\,G(p-q)\,dq \tag{A.49}$$

$$\mathcal{L}_{p\to t}^{-1}\{F(p)\,G(p)\}=\int_0^{\infty}f(\tau)\,g(t-\tau)\,d\tau \tag{A.50}$$

7. Grenzwertsätze

$$\lim_{\substack{t\to 0\\ t\geq 0}} f(t)=\lim_{\substack{p\to\infty\\ p\in R}}\big(p\,F(p)\big) \tag{A.51}$$

$$\lim_{t\to\infty} f(t)=\lim_{\substack{p\to 0\\ p\geq 0}}\big(p\,F(p)\big) \tag{A.52}$$

8. Differentiationssatz

Es sei $f(t)$ eine laplacetransformierbare Funktion, deren rechtsseitige Ableitung überall existiert. Dann ist

$$\mathcal{L}_{t\to p}\left\{\frac{d\,f(t)}{dt}\right\}=p\,F(p)-f(0)\quad . \tag{A.53}$$

Hier ist zu beachten, daß $f(0)$ der rechtsseitige Grenzwert der Funktion ist ! Ist die Funktion n mal differenzierbar, dann gilt

$$\mathcal{L}_{t\to p}\left\{\frac{d^n f(t)}{dt^n}\right\}=p^n\,F(p)-p^{n-1}f(0)-\sum_{k=2}^{n}p^{n-k}\,\frac{d^{k-1}f(t)}{dt^{k-1}}\bigg|_{t=0}\quad . \tag{A.54}$$

Bei Differentiation im Laplacebereich gilt

$$\mathcal{L}_{p\to t}^{-1}\left\{\frac{dF(p)}{dp}\right\}=-t\,f(t) \tag{A.55}$$

$$\mathcal{L}_{p\to t}^{-1}\left\{\frac{d^n F(p)}{dp^n}\right\}=(-t)^n\,f(t) \tag{A.56}$$

9. Integrationssatz

$$\mathcal{L}_{t\to p}\left\{\int_0^t f(\tau)\,d\tau\right\}=\frac{F(p)}{p} \tag{A.57}$$

$$\mathcal{L}_{t \to p}\left\{\int_0^t \int_0^{\tau_1} \cdots \int_0^{\tau_{n-1}} f(\tau_n)\, d\tau_n \cdots d\tau_2\, d\tau_1\right\} = \frac{F(p)}{p^n} \tag{A.58}$$

$$\mathcal{L}^{-1}_{p \to t}\left\{\int_p^{\infty} F(q)\, dq\right\} = \frac{f(t)}{t} \tag{A.59}$$

10.Periodische Funktionen

Es sei $f(t)$ eine periodische, laplacetransformierbare Funktion mit Periodenlänge T. Dann ist

$$\mathcal{L}_{t \to p}\{f(t)\} = \frac{1}{1-e^{-pT}} \int_0^T e^{-pt}\, f(t)\, dt \quad . \tag{A.60}$$

A.2.3 Einige Korrespondenzen der Laplacetransformation

In der nachfolgenden Tabelle ist $\mathbb{1}^{(+)}(t)$ die rechtsstetige Einheitssprungfunktion, die für negative Werte von t den Wort 0 und für nichtnegative Werte von t den Wert 1 hat.

Tabelle A.2. Korrespondenzen der Laplacetransformation

$F(p) = \mathcal{L}_{t \to p}\{f(t)\, \mathbb{1}^{(+)}(t)\}$	$f(t)$
1	$\delta(t+0)$
$\frac{1}{p}$	1
$\frac{1}{p^{n+1}}$	$\frac{t^n}{n!}$; $n \in \mathbb{N}$
$\frac{1}{p-a}$	e^{at}
$\frac{1}{(p-a)^{n+1}}$	$\frac{t^n}{n!} e^{at}$; $n \in \mathbb{N}$
$\frac{1}{(p-a)(p-b)}$; $a \neq b$	$\frac{e^{at} - e^{bt}}{a-b}$

Tabelle A.2 (Forts.). Korrespondenzen der Laplacetransformation

$F(p) = \mathfrak{L}_{t \to p}\{f(t)\, \mathbb{1}^{(+)}(t)\}$	$f(t)$
$\dfrac{p}{(p-a)(p-b)}$; $a \neq b$	$\dfrac{a e^{at} - b e^{bt}}{a-b}$
$\dfrac{1}{p^2+a^2}$	$\dfrac{1}{a} \sin(at)$
$\dfrac{p}{p^2+a^2}$	$\cos(at)$
$\dfrac{1}{\sqrt{p}}$	$\dfrac{1}{\sqrt{\pi t}}$
$\dfrac{1}{p\sqrt{p}}$	$2\sqrt{\dfrac{t}{\pi}}$
$\dfrac{1}{\sqrt{p^2+a^2}}$	$J_0(at)$
$\dfrac{\left(\sqrt{p^2+a^2}-p\right)^n}{\sqrt{p^2+a^2}}$; $n \in \mathbb{N}$	$a^n J_n(at)$

B Dimensionierung von Mikrostreifenleitungen

Die untenstehende Abbildung zeigt perspektivisch einen Ausschnitt aus einer Mikrostreifenleitung.

Für hinreichend niedrige Frequenzen (quasistationärer Fall) wurden von E. Hammerstad [3.3] Näherungsformeln zur Dimensionierung angegeben, welche von I.J. Bahl und R. Garg [3.4] durch Einbeziehung der Leiterstreifendicke t weiter verbessert wurden. Diese Näherungen werden nachfolgend wiedergegeben.

Zunächst wird eine korrigierte Streifenbreite w_e wie folgt definiert:

$$w_e := \begin{cases} w + \dfrac{1{,}25\,t}{\pi}\left(1 + \ln\dfrac{4\pi w}{t}\right) & \text{falls } \dfrac{w}{h} \le \dfrac{1}{2\pi} \\ w + \dfrac{1{,}25\,t}{\pi}\left(1 + \ln\dfrac{2h}{t}\right) & \text{falls } \dfrac{w}{h} \ge \dfrac{1}{2\pi} \end{cases} \qquad \text{(B.1)}$$

Weiter sei w_{eff}/h eine effektive, auf die Substratdicke h bezogene Leiterbreite, die nachfolgend definiert ist:

$$\frac{w_{eff}}{h} := \begin{cases} \dfrac{w_e}{h} + 1{,}393 + 0{,}667\ln\left(\dfrac{w_e}{h} + 1{,}444\right) & \text{falls } \dfrac{w}{h} \ge 1 \\ \dfrac{2\pi}{\ln\left(\dfrac{8h}{w_e} + \dfrac{w_e}{4h}\right)} & \text{falls } \dfrac{w}{h} \le 1 \end{cases} \qquad \text{(B.2)}$$

Schließlich sei $\varepsilon_{r,eff}$ eine effektive relative Permittivität, die durch

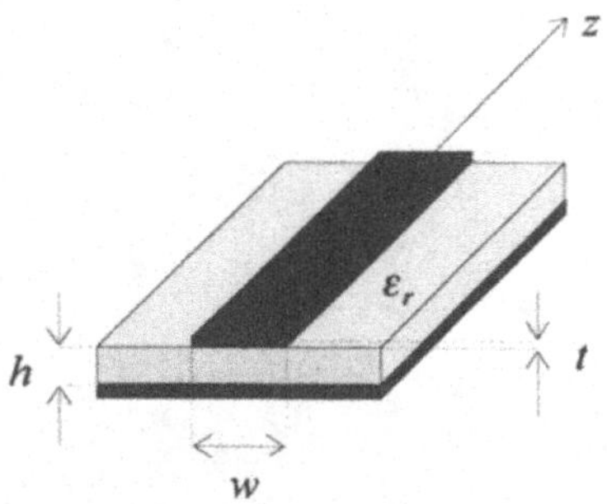

Abb. B.1 : Mikrostreifenleitung mit Maßangaben

$$\varepsilon_{r,eff} := \frac{\varepsilon_r+1}{2} + \frac{\varepsilon_r-1}{2}\left[\frac{1}{\sqrt{1+12h/w}} + 0{,}04\left(1-\frac{w}{h}\right)^2 \mathbb{1}^{(+)}\left(1-\frac{w}{h}\right) - \frac{t}{2{,}3\sqrt{wh}}\right] \tag{B.3}$$

definiert ist. In der letzten Gleichung ist $\mathbb{1}^{(+)}$ die in Gleichung (2.47) definierte Einheitssprungfunktion. Dann ergibt sich als stationärer Leitungswellenwiderstand der Mikrostreifenleitung mit vernachlässigbar kleiner Streifendicke t innerhalb einer Genauigkeitsgrenze von besser als 0,8%

$$Z_{stat} = h\sqrt{\mu_0/(\varepsilon_0\,\varepsilon_{r,eff})}\Big/w_{eff} \quad . \tag{B.4}$$

Diese Näherung wurde später von E. Hammerstad und Ø. Jensen [3.5] noch verbessert. Die Genauigkeit dieser (hier nicht angegebenen Näherung) ist dann besser als 0,2%, in den meisten technisch relevanten Fällen sogar besser als 0,1%.

In der nachfolgenden Abb. B.2 wird der Leitungswellenwiderstand in der hier gezeigten Näherung als Funktionen der normierten Streifenbreite dargestellt. Dabei wird die Streifenhöhe t als vernachlässigbar dünn angesehen. Ebenso werden Dispersionseinflüsse vernachlässigt.

Die Wellenlänge hängt entsprechend

$$\lambda = \lambda_0\Big/\sqrt{\varepsilon_{r,eff}} \tag{B.5}$$

näherungsweise ebenfalls von der effektiven relativen Permeabilität ab. (λ_0 ist die Freiraumwellenlänge). In Abb. B.3 ist dieser Zusammenhang, der erneut Streifenhöhe und Dispersion vernachlässigt, dargestellt.

Von M. Kobayashi [3.6] stammt nachfolgende Näherungsformel zur Berechnung der Frequenzabhängigkeit der effektiven relativen Permittivität:

$$\varepsilon_{r,eff}(f) = \varepsilon_r - \left[\varepsilon_r - \varepsilon_{r,eff}(0)\right]\Big/\left[1+\left(f/f_g\right)^m\right] \quad . \tag{B.6}$$

Dabei ist $\varepsilon_{r,eff}(0)$ die in Gleichung (B.3) angegebene effektive relative Permittivi-

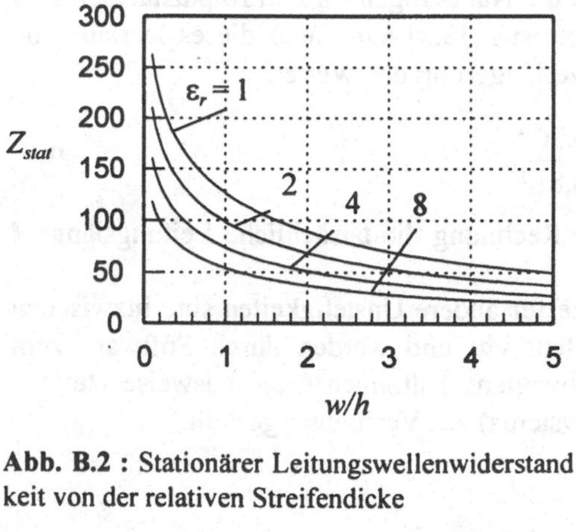

Abb. B.2 : Stationärer Leitungswellenwiderstand einer Mikrostreifenleitung in Abhängigkeit von der relativen Streifendicke

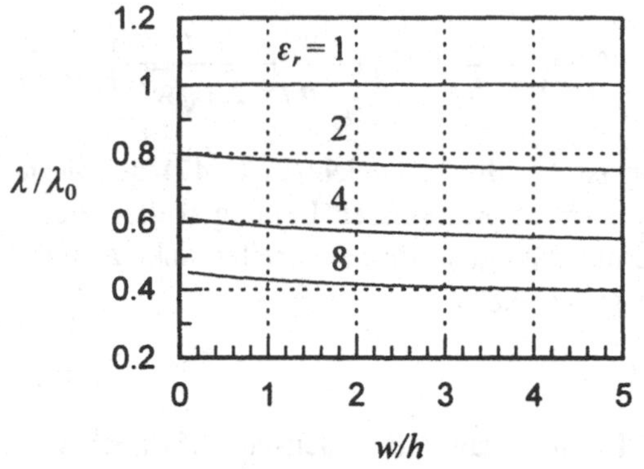

Abb. B.3 : Näherung für die relative Wellenlänge auf einer Mikrostreifenleitung

tät. Die Parameter m und f_g werden nachstehend angegeben.

Ganz offenbar berücksichtigt diese Näherung die bei hohen Frequenzen erfolgende Feldkonzentration im Inneren des Dielektrikums.

$$f_g = \frac{c_0 \arctan\left\{\varepsilon_r \sqrt{\left[\varepsilon_{r,eff}(0)-1\right] / \left[\varepsilon_r - \varepsilon_{r,eff}(0)\right]}\right\}}{2\pi h \sqrt{\varepsilon_r - \varepsilon_{r,eff}(0)}\left[0{,}75 + \left(0{,}75 - 0{,}332/\varepsilon_r^{1,73}\right) w/h\right]}\,, \tag{B.7}$$

$$\begin{aligned} m = {} & \left\{1 + \frac{1}{1+\sqrt{w/h}} + \frac{0{,}32}{\left(1+\sqrt{w/h}\right)^3}\right\} \cdot \\ & \cdot \left\{1 + \frac{1{,}4}{1+w/h}\left[0{,}15 - 0{,}235\, e^{-0{,}45 f/f_g}\right] \mathbb{1}^{(+)}\left(0{,}7 - \frac{w}{h}\right)\right\} \end{aligned} \tag{B.8}$$

Da sich am leerlaufenden Ende einer Mikrostreifenleitung ebenfalls Feldlinien in das Dielektrikum erstrecken, stimmen die Näherungen für den Kapazitätsbelag an dieser Stelle nicht mehr. Nach Hammerstad [3.3] kann aber dieses leerlaufende Ende in Form einer fiktiven Leitungsverlängerung des Wertes

$$\Delta\ell = 0{,}412\, h \frac{\varepsilon_{r,eff} + 0{,}3}{\varepsilon_{r,eff} - 0{,}258} \frac{w/h + 0{,}262}{w/h + 0{,}813} \tag{B.9}$$

berücksichtigt werden, um die in der Rechnung die tatsächliche Leitungslänge ℓ verlängert werden muß.

Entsprechende Näherungsausdrücke für andere Unstetigkeiten sind inzwischen in zahlreichen Literaturstellen veröffentlicht und werden durch Software zum rechnergestützten Entwurf von Mikrowellenschaltungen (beispielsweise Hewlett Packard Microwave and RF Design Systems) zur Verfügung gestellt.

C Daten des GaAs-MESFET F135

Nachfolgend werden einige Daten für den integrierten GaAs-MESFET F135 aus der E05–Serie des Daimler Benz Forschungszentrums [8.1] angeführt. Der Arbeitspunkt ist dabei wie folgt charakterisiert: $U_{GS} = -0{,}2$ V, $U_{DS} = 2{,}674$ V, $I_{DS} = 72{,}35$ mA, $I_{GS} = 2\ \mu$A. Der Transistor ist auf einem GaAs–Chip integriert und über 50Ω–Koplanarleitungen mit seiner Umgebung verbunden.

Die nachfolgende Tabelle C.1 zeigt die Eigenreflexionsfaktoren des Transistors. Die Vorwärts- und Rückwärtstransmissionsfaktoren sind in Tabelle C.2 wiedergegeben.

Aus den Streuparametern folgen pro Meßfrequenz der Stabilitätsfaktor *K* nach Rollet sowie der Mittelpunkt und der Radius des Stabilitätskreises entsprechend Tabelle C.3.

In Tabelle C.4 sind schließlich die Rauschparameter angegeben.

Tabelle C.1. Streuparameter des Transistors F135, Eigenreflexionsfaktoren

f/GHz	$\lvert s_{11}\rvert$	$\angle(s_{11})/°$	$\lvert s_{22}\rvert$	$\angle(s_{22})/°$
2	0,85202	-95,589	0,32597	-100,164
3	0,82801	-118,108	0,33296	-119,372
4	0,81801	-132,357	0,34395	-130,111
5	0,81502	-142,206	0,35194	-136,839
6	0,81202	-149,596	0,35893	-141,496
7	0,81202	-155,245	0,36793	-145,033
8	0,81002	-159,593	0,37391	-146,689
9	0,80802	-163,372	0,38290	-148,715
10	0,80902	-166,44	0,39089	-150,741
11	0,80702	-169,569	0,39888	-150,936
12	0,80403	-172,047	0,40587	-152,391
13	0,80103	-174,085	0,41586	-152,956
14	0,79803	-176,053	0,42685	-153,63
15	0,79503	-177,661	0,43384	-154,805
16	0,80203	-179,149	0,44283	-155,249
17	0,80704	178,933	0,45483	-156,073
18	0,80305	176,226	0,46282	-156,487

Tabelle C.2. Streuparameter des Transistors F135, Transmissionsfaktoren

f/GHz	$\lvert s_{21}\rvert$	$\angle(s_{21})/°$	$\lvert s_{12}\rvert$	$\angle(s_{12})/°$
2	6,53156	124,786	0,07601	35,226
3	5,03056	111,346	0,08501	23,916
4	4,02651	101,697	0,09001	16,907
5	3,32944	94,197	0,09301	11,497
6	2,83238	88,057	0,09401	7,557
7	2,45533	82,617	0,09501	4,287
8	2,17229	77,848	0,09401	1,258
9	1,93425	73,278	0,09401	-1,222
10	1,75522	68,809	0,09301	-4,191
11	1,59019	64,899	0,09201	-6,041
12	1,45416	61,24	0,09201	-8,11
13	1,34414	57,561	0,09101	-10,409
14	1,25212	54,151	0,08801	-11,439
15	1,1721	50,682	0,08701	-12,848
16	1,08308	46,592	0,08501	-15,218
17	1,00806	43,852	0,08401	-16,228
18	0,94503	41,693	0,08300	-18,067

Tabelle C.3. Stabilitätsparameter des Transistors F135

f/GHz	K	$\Gamma_{L,0}$			$\rho_{L,0}$
2	0,2179501864	–0,150254	$+j$	1,35429	0,73293
3	0,2717496534	–0,585627	$+j$	1,19792	0,65119
4	0,3211104439	–0,818549	$+j$	1,00029	0,55850
5	0,3692742291	–0,949204	$+j$	0,825270	0,47832
6	0,4299791308	–1,03090	$+j$	0,682474	0,41465
7	0,4821099822	–1,07942	$+j$	0,565232	0,36469
8	0,5526839290	–1,11322	$+j$	0,469216	0,32189
9	0,6230790555	–1,13827	$+j$	0,387359	0,29012
10	0,6844409760	–1,15170	$+j$	0,316858	0,26174
11	0,7715299700	–1,16733	$+j$	0,246884	0,23786
12	0,8593440940	–1,17977	$+j$	0,192159	0,22104
13	0,9496464890	–1,18835	$+j$	0,144204	0,20569
14	1,069923933	–1,19626	$+j$	0,099928	0,18934
15	1,175987902	–1,20300	$+j$	0,0629812	0,17831
16	1,250122055	–1,19431	$+j$	0,0248880	0,16048
17	1,309440944	–1,18737	$-j$	0,0165149	0,14821
18	1,447100124	–1,19184	$-j$	0,0742050	0,14038

Tabelle C.4. Daten zum Rauschverhalten des Transistors F135

f/GHz	F_{min}/dB	$\lvert\Gamma_{opt}\rvert$	$\angle(\Gamma_{opt})$	$R_n/50\,\Omega$
2	0,40	0,46	61,626	0,24
3	0,61	0,49	77,340	0,22
4	0,82	0,51	92,053	0,21
5	1,03	0,54	105,566	0,19
6	1,25	0,56	117,879	0,18
7	1,46	0,58	129,193	0,16
8	1,67	0,61	139,406	0,15
9	1,89	0,63	148,419	0,14
10	2,11	0,65	156,432	0,13
11	2,32	0,67	163,246	0,12
12	2,54	0,68	168,959	0,11
13	2,76	0,70	173,572	0,10
14	2,98	0,72	177,085	0,09
15	3,20	0,73	179,398	0,08
16	3,42	0,75	180,712	0,07
17	3,64	0,76	180,825	0,06
18	3,87	0,77	179,938	0,06

D Hermitesche Formen und unitäre Abbildungen

Nachfolgend werden die wichtigsten Definitionen und Lehrsätze über Hermitesche Formen und unitäre Abbildungen zusammengefaßt. Umfassendere Darstellungen findet man in der Literatur über lineare Algebra, beispielsweise in [8.3]...[8.6].

D.1 Formen

Definition D.1 :

Es seien $\mathcal{V}$ und $\mathcal{W}$ Vektorräume über dem Körper $\mathbb{C}$ der komplexen Zahlen. Eine Abbildung

$$\varphi : \mathcal{V} \to \mathcal{W} \quad , \tag{D.1}$$

welche den Linearitätsanforderungen

$$\varphi(\lambda x + \mu y) = \lambda \varphi(x) + \mu \varphi(y) \quad \forall\, x, y \in \mathcal{V} \quad \wedge \quad \forall\, \lambda, \mu \in \mathbb{C} \tag{D.2}$$

genügt, heißt *lineare Abbildung (von $\mathcal{V}$ nach $\mathcal{W}$)*. Ist zusätzlich $\mathcal{V} = \mathbb{C}$, dann ist φ eine *Linearform (auf dem Raum $\mathcal{V}$)*. ♦

Definition D.2 :

Es sei $\mathcal{V}$ ein Vektorraum über dem Körper $\mathbb{C}$ der komplexen Zahlen. Eine Abbildung

$$\Phi : \mathcal{V} \times \mathcal{V} \to \mathbb{C} \quad , \tag{D.3}$$

die für beliebige Elemente $x,y,z \in \mathcal{V}$ und für beliebiges $\alpha \in \mathbb{C}$ die Bedingungen

a) $\Phi(x + y, z) = \Phi(x, z) + \Phi(y, z)$, (D.4)

b) $\Phi(\alpha x, z) = \alpha\, \Phi(x, z)$, (D.5)

c) $\Phi(x, y + z) = \Phi(x, y) + \Phi(x, z)$, (D.6)

d) $\Phi(x, \alpha z) = \alpha^*\, \Phi(x, z)$ (D.7)

erfüllt, heißt *Sesquilinearform* oder *Semibilinearform* auf $\mathcal{V}$. Dabei bedeutet * die Bildung des komplex Konjugierten. Ist darüber hinaus für alle x, z

$$\Phi(x,z) = \Phi^*(z,x) \tag{D.8}$$

erfüllt, dann heißt Φ *Hermitesche Form*[1]. ♦

Anmerkung:

Sesquilinearformen sind *bei festgehaltenem zweiten Argument* im ersten Argument linear. Bei festgehaltenem erstem Argument sind sie aber im zweiten Argument nur „halb" linear, da hier die Multiplikation des zweiten Arguments mit einem Skalar nicht in eine Multiplikation der Abbildung mit dem Skalar selbst, sondern mit dem komplex konjugierten Skalar übersetzt wird. Dies erklärt den Namen (lat.: sesqui = anderthalb; lat.: semi = halb; lat.: bi = zweimal).

Beispiel D.1 :

Es seien

$$x = \left(x^{(1)},\dots,x^{(n)}\right) \in \mathbb{C}^n \quad , \quad y = \left(y^{(1)},\dots,y^{(n)}\right) \in \mathbb{C}^n \tag{D.9}$$

zwei Vektoren aus $\mathbb{C}^n$. Durch

$$\Phi(x,y) := \sum_{\nu=1}^{n} x^{(\nu)} \left(y^{(\nu)}\right)^* \tag{D.10}$$

wird dann eine Hermitesche Form auf $\mathbb{C}^n$ definiert. ♦

Definition D.3 :

Es sei $\mathcal{V}$ ein Vektorraum über dem Körper $\mathbb{C}$ der komplexen Zahlen. Eine Abbildung

$$\Phi : \mathcal{V} \times \mathcal{V} \to \mathbb{C} \quad , \tag{D.11}$$

die für beliebige Elemente $x,y,z \in \mathcal{V}$ und für beliebiges $\alpha \in \mathbb{C}$ die Bedingungen

a) $\Phi(x+y,z) = \Phi(x,z) + \Phi(y,z) \quad ,$ (D.12)

b) $\Phi(\alpha x,z) = \alpha\, \Phi(x,z) \quad ,$ (D.13)

c) $\Phi(x,y+z) = \Phi(x,y) + \Phi(x,z) \quad ,$ (D.14)

---

[1] Nach dem französischen Mathematiker Charles Hermite (1822-1901).

d) $\Phi(x, \alpha z) = \alpha\, \Phi(x, z)$ (D.15)

erfüllt, heißt *Bilinearform* auf $\mathcal{V}$. Gilt darüber hinaus

$$\Phi(x, z) = \Phi(z, x) \quad , \tag{D.16}$$

dann heißt Φ *symmetrische Bilinearform.* ◆

Anmerkung:

Bilinearformen sind sowohl *bei festgehaltenem zweiten Argument* im ersten Argument als auch *bei festgehaltenem ersten Argument* im zweiten Argument linear. Dennoch ist die Abbildung *keine lineare Abbildung.* (Vergleiche Definition 1).

Beispiel D.2 :

Es seien

$$\varphi : \mathcal{V} \to \mathrm{C} \tag{D.17}$$

und

$$\psi : \mathcal{V} \to \mathrm{C} \quad , \tag{D.18}$$

zwei Linearformen auf $\mathcal{V}$. Durch das Produkt

$$\Phi_{bilinear}(x, y) := \varphi(x)\, \psi(y) \tag{D.19}$$

wird dann eine Bilinearform und durch

$$\Phi_{sesquilinear}(x, y) := \varphi(x)\, [\psi(y)]^* \tag{D.20}$$

eine Sesquilinearform auf $\mathcal{V}$ definiert. Gilt insbesondere $\varphi \equiv \psi$, dann ist

$$\Phi_{bilinear}(x, x) := \varphi^2(x) \quad \text{und} \tag{D.21}$$

$$\Phi_{sesquilinear}(x, x) := |\varphi(x)|^2 \quad . \tag{D.22}$$

Dies macht die Nichtlinearität der Formen besonders deutlich. ◆

Definition D.4 :

Es sei $\mathcal{V}$ ein Vektorraum über dem Körper C der komplexen Zahlen. Es sei

$$\Phi : \mathcal{V} \times \mathcal{V} \to \mathrm{C} \tag{D.23}$$

eine Sesquilinearform bzw. eine *symmetrische* Bilinearform und es sei folgende Abbildung definiert:

$$\begin{array}{rccc} \Psi & : & \mathcal{V} & \rightarrow & \mathbb{C} \\ & & x & \mapsto & \Phi(x,x) \end{array} \quad . \tag{D.24}$$

Ψ heißt dann *(die zu Φ korrespondierende) quadratische Form.* Φ ist die zu Ψ *polare Sesquilinearform* bzw. die zu Ψ *polare symmetrische Bilinearform.* ◆

Beispiel D.1: (Fortsetzung)

Die Abbildung

$$\Phi(x,y) := \sum_{\nu=1}^{n} x^{(\nu)} \left(y^{(\nu)}\right)^* \tag{D.25}$$

ist die zu der quadratischen Form

$$\Psi(x) := \sum_{\nu=1}^{n} \left|x^{(\nu)}\right|^2 \tag{D.26}$$

polare Sesquilinearform. ◆

Theorem D.1 :

Die zu einer quadratischen Form Ψ polare Sesquilinearform Φ wird eindeutig durch Ψ festgelegt:

$$\Phi(x,y) = \frac{1}{2}\{\Psi(x+y) - \Psi(x) - \Psi(y)\} + \frac{j}{2}\{\Psi(x+jy) - \Psi(x) - \Psi(y)\} \;. \tag{D.27}$$

Die zu einer quadratischen Form Ψ polare symmetrische Bilinearform Φ wird eindeutig durch Ψ festgelegt:

$$\Phi(x,y) = \frac{1}{2}\{\Psi(x+y) - \Psi(x) - \Psi(y)\} \quad . \quad ◆ \tag{D.28}$$

Theorem D.2 :

Die zu einer quadratischen Form Ψ polare Sesquilinearform Φ ist genau dann eine Hermitesche Form, wenn Ψ reellwertig ist. ◆

Definition D.5 :

Eine Hermitesche Form heißt *positiv definit*, wenn ihre quadratische Form für alle Argumente außer dem Nullvektor O positiv ist:

$$\Psi(x) > 0 \quad \forall x \neq O \quad , \tag{D.29}$$

sie heißt positiv semidefinit, wenn

$$\Psi(x) \geq 0 \quad \forall x \neq O \quad , \tag{D.30}$$

sie heißt *negativ definit*, wenn

$$\Psi(x) < 0 \quad \forall x \neq O \quad , \tag{D.31}$$

sie heißt negativ semidefinit, wenn

$$\Psi(x) \leq 0 \quad \forall x \neq O \quad , \tag{D.32}$$

sie heißt *indefinit*, wenn Ψ Werte beiderlei Vorzeichens annehmen kann. ♦

Definition D.6 :

Es sei $B := \{x_1, \ldots, x_n\}$ eine Basis des n-dimensionalen Vektorraums $\mathcal{V}$. Jede über $\mathcal{V} \times \mathcal{V}$ definierte Sesquilinearform bzw. Bilinearform Φ definiert eine eindeutig bestimmte komplexwertige $n \times n$-Matrix $\vec{A}\,(B)$ mit den Elementen

$$\alpha_{\nu,\mu} := \Phi(x_\nu, x_\mu) \quad . \tag{D.33}$$

Die Matrix $\vec{A}$ heißt *Matrix der Sesquilinearform bzw. der Bilinearform* Φ bezüglich der Basis B. Ist Φ eine Hermitesche Form, dann heißt die Matrix $\vec{A}$ *Hermitesche Matrix*. ♦

Theorem D.3 :

Jede komplexwertige $n \times n$-Matrix $\vec{A}\,(B)$ bestimmt eindeutig eine Sesquilinearform bzw. eine möglicherweise nicht eindeutige Bilinearform Φ. Für beliebige Vektoren y,z mit der (eindeutigen) Darstellung

$$y = \sum_{\nu=1}^{n} \eta^{(\nu)} x_\nu \quad , \quad z = \sum_{\mu=1}^{n} \zeta^{(\mu)} x_\mu \tag{D.34}$$

folgt nämlich

$$\Phi(y,z) = \sum_{\nu,\mu=1}^{n} \eta^{(\nu)} \left(\zeta^{(\mu)}\right)^* \Phi(x_\nu, x_\mu) = \sum_{\nu,\mu=1}^{n} \eta^{(\nu)} \left(\zeta^{(\mu)}\right)^* \alpha_{\nu,\mu} \quad . \tag{D.35}$$

Gleichung (D.35) läßt sich auch wie folgt umschreiben:

$$\begin{aligned} \Phi(y,z) &= \sum_{\nu=1}^{n} \eta^{(\nu)} \sum_{\mu=1}^{n} \alpha_{\nu,\mu} \left(\zeta^{(\mu)}\right)^* &= y^T \vec{A} z^* \\ &= \sum_{\nu=1}^{n} \left(\zeta^{(\mu)}\right)^* \sum_{\mu=1}^{n} \alpha_{\nu,\mu} \eta^{(\nu)} &= \left(z^T\right)^* \vec{A} y \end{aligned} \quad . \tag{D.36}$$

Der Übersichtlichkeit wegen wurden die Abhängigkeiten von der Basis B dabei nicht ausgeschrieben. ♦

Theorem D.4 :

Die Sesquilinearform Φ ist genau dann eine Hermitesche Form, wenn ihre Matrix $\tilde{A}$ für eine beliebige Basis B der Identität

$$\tilde{A} = \left(A^T\right)^* \tag{D.37}$$

genügt. Insbesondere sind dann die Hauptdiagonalelemente der Matrix reellwertig.

Die Bilinearform Φ ist genau dann symmetrisch, wenn ihre Matrix $\tilde{A}$ für eine beliebige Basis B der Identität

$$\tilde{A} = A^T \tag{D.38}$$

genügt. ♦

Definition D.7 :

Es sei

$$\tilde{M} = \begin{pmatrix} m_{11} & \cdots & m_{1N} \\ \vdots & \ddots & \vdots \\ m_{N1} & \cdots & m_{NN} \end{pmatrix} \tag{D.39}$$

eine $N \times N$-Matrix mit komplexwertigen Elementen. Dann heißt

$$\det{}_n \tilde{M} = \det \begin{pmatrix} m_{11} & \cdots & m_{1n} \\ \vdots & \ddots & \vdots \\ m_{n1} & \cdots & m_{nn} \end{pmatrix} \tag{D.40}$$

der n-te Hauptminor von $\tilde{M}$. Hauptminoren sind also spezielle Unterdeterminanten der zugeordneten Matrix. ♦

Theorem D.5 :

Die Determinante und alle Hauptminoren einer hermiteschen Matrix sind reellwertig. ♦

Theorem D.6 :

Die zu einer Hermiteschen Form Φ korrespondierende quadratische Form Ψ ist genau dann positiv definit (bzw. positiv semidefinit), wenn alle Hauptminoren der zu Φ gehörenden Hermiteschen Matrix positiv (bzw. nicht-negativ) sind. ♦

D.2 Der unitäre Raum

Definition D.8 :

Es sei $\mathcal{V}$ ein Vektorraum über dem Körper $\mathbb{C}$ der komplexen Zahlen. Es sei

$$\langle\, , \rangle : \mathcal{V} \times \mathcal{V} \to \mathbb{C} \tag{D.41}$$

eine Abbildung, die für beliebige Elemente $x,y,z \in \mathcal{V}$ und für beliebiges $\alpha \in \mathbb{C}$ folgende Bedingungen erfüllt:

a) $\langle x,y\rangle = \langle y,x\rangle^*$, (D.42)

b) $\langle x+y,z\rangle = \langle x,z\rangle + \langle y,z\rangle$, (D.43)

c) $\langle \alpha x,y\rangle = \alpha \langle x,y\rangle$, (D.44)

d) $\langle x,x\rangle \geq 0 \quad ; \quad \langle x,x\rangle = 0 \;\Leftrightarrow\; x = O$. (D.45)

Dabei ist $*$ das Symbol für die Bildung des komplex Konjugierten und $O \in \mathcal{V}$ der Nullvektor. Dann heißt die Abbildung $<,>$ *ein Skalarprodukt* oder *inneres Produkt* der Vektoren x und y und $\mathcal{V}$ heißt *unitärer Raum*. ♦

Ganz offenbar ist das Skalarprodukt eine positiv definite Hermitesche Form.

Beispiel D.1 : (Fortsetzung)

Die in Beispiel D.1 definierte Hermitesche Form

$$\langle x,y\rangle := \sum_{\nu=1}^{n} x^{(\nu)} \left(y^{(\nu)}\right)^* \tag{D.46}$$

ist positiv definit. Durch sie wird das *Standardskalarprodukt* in $\mathbb{C}^n$ definiert. ♦

Beispiel D.3 :

Es sei $\Omega \subset \mathbb{R}^n$ und es sei

$$L^2(\Omega) := \left\{ f \mid f : \Omega \to \mathbb{C}\, ; \int_\Omega |f(x)|^2 \, dx < \infty \right\} \tag{D.47}$$

die Menge der auf einer Teilmenge Ω des $\mathbb{R}^n$ energiebeschränkten komplexwertigen Funktionen. Auf $L^2(\Omega)$ kann eine Addition als punktweise Addition und eine Multiplikation mit einer komplexen Zahl als punktweise Multiplikation mit der Funktion definiert werden. Damit wird $L^2(\Omega)$ zum Vektorraum über $\mathbb{C}$.

Die Abbildung zweier Funktionen (Vektoren) aus $L^2(\Omega)$

$$\langle f, g \rangle := \int_{\Omega} f(x)\, g^{*}(x)\, dx < \infty \tag{D.48}$$

erfüllt auf $L^2(\Omega)$ die Anforderungen an ein Skalarprodukt. $L^2(\Omega)$ ist daher ein unitärer Raum. ◆

Definition D.9 :

Zwei Vektoren x,y eines unitären Raums $\mathcal{V}$ heißen *orthogonal*, wenn

$$\langle x, y \rangle = 0 \tag{D.49}$$

gilt. ◆

Definition D.10 :

Es sei $\mathcal{V}$ ein unitärer Raum. Durch die Abbildung

$$\begin{aligned} \|\cdot\| \; : \; \mathcal{V} &\rightarrow \mathbb{R} \\ x &\mapsto \|x\| := \sqrt{\langle x, x \rangle} \end{aligned} \tag{D.50}$$

wird die durch das Skalarprodukt in $\mathcal{V}$ induzierte *Norm* definiert. ◆

Definition D.11 :

Es sei $\mathcal{V}$ ein unitärer Raum und $B := \{x_1, \ldots, x_n\}$ eine Basis von $\mathcal{V}$. Dann heißt die Basis *orthonormal*, wenn

$$\langle x_\nu, x_\mu \rangle = \begin{Bmatrix} 1 & \text{falls} \;\; \nu = \mu \\ 0 & \text{sonst} \end{Bmatrix} = \delta_{\nu\mu} \quad \forall\, \nu, \mu \in \{1, \ldots, n\} \tag{D.51}$$

gilt. ◆

Definition D.12 :

Es sei $\mathcal{V}$ ein unitärer Raum. Es seien

$$\varphi \; : \mathcal{V} \rightarrow \mathcal{V} \quad , \tag{D.52}$$

$$\varphi^{*} : \mathcal{V} \rightarrow \mathcal{V} \quad , \tag{D.53}$$

lineare Abbildungen, die für beliebige Elemente $x,y \in \mathcal{V}$ folgende Eigenschaft besitzen:

$$\langle \varphi(x), y \rangle = \langle x, \varphi^{*}(y) \rangle \quad . \tag{D.54}$$

Dann heißt die Abbildung φ^{*} die zu der Abbildung φ *konjugierte Abbildung*.

Theorem D.7 :

Zu jeder linearen Abbildung φ bzw. ψ von einem unitären Raum $\mathcal{V}$ in den Raum $\mathcal{V}$ existiert eine eindeutige konjugierte Abbildung. Es gelten dann für alle $x \in \mathcal{V}$ und beliebige komplexwertige λ folgende Zusammenhänge:

a) $$\left(\varphi^*\right)^* = \varphi \quad , \tag{D.55}$$

b) $$\left(\lambda\,\varphi\right)^* = \lambda^*\varphi^* \quad , \tag{D.56}$$

c) $$\left(\varphi + \psi\right)^* = \varphi^* + \psi^* \quad , \tag{D.57}$$

d) $$\left(\varphi \circ \psi\right)^* = \psi^* \circ \varphi^* \quad . \tag{D.58}$$

Darüber hinaus geht die Matrix der Konjugierten einer linearen Abbildung durch Transposition und Bildung des komplex Konjugierten aus der Matrix der Abbildung hervor. ♦

Beispiel D.4 :

Es sei

$$\begin{aligned} \varphi : \mathcal{V} &\to \mathcal{V} \\ x &\mapsto \lambda\, x \end{aligned} \quad , \tag{D.59}$$

also

$$\varphi = \lambda\, I \quad , \tag{D.60}$$

wobei I die identische Abbildung ist. φ ist dann der Dehnungsoperator. Es gilt dann

$$\varphi^* = \lambda^*\, I \quad . \qquad \blacklozenge \tag{D.61}$$

Definition D.13 :

Es sei $\mathcal{V}$ ein unitärer Raum. Eine lineare Abbildung

$$\varphi : \mathcal{V} \to \mathcal{V} \quad , \tag{D.62}$$

für die gilt:

$$\varphi^* \circ \varphi = I \quad , \tag{D.63}$$

heißt dann *unitär*. ♦

Theorem D.8 :

Es sei φ eine unitäre Abbildung von einem unitären Raum $\mathcal{V}$ in den Raum $\mathcal{V}$. Es gilt dann

$$\langle \varphi(x), \varphi(y) \rangle = \langle x, y \rangle \quad \forall\, x, y \in \mathcal{V} \quad . \tag{D.64}$$

Darüber hinaus gilt für die Matrix $\tilde{U}$ einer unitären Abbildung:

$$\tilde{U} \left(\tilde{U}^T \right)^* = I \quad . \qquad \blacklozenge \tag{D.65}$$

Definition D.14 :

Es sei $\mathcal{V}$ ein unitärer Raum. Eine lineare Abbildung

$$\varphi : \mathcal{V} \to \mathcal{V} \quad , \tag{D.66}$$

für die gilt:

$$\varphi^* = \varphi \quad , \tag{D.67}$$

heißt dann *Hermitesch*. ◆

Theorem D.9 :

Eine notwendige und hinreichende Bedingung dafür, daß eine Abbildung φ von einem unitären Raum $\mathcal{V}$ in den Raum $\mathcal{V}$ eine Hermitesche Abbildung ist, wird durch

$$\langle \varphi(x), x \rangle \in \mathbb{R} \quad \forall\, x \in \mathcal{V} \tag{D.68}$$

gegeben. D.h.: $\langle \varphi(x), y \rangle$ ist eine Hermitesche Form. ◆

E Umrechnungstabelle der Matrizen zur Zweitorbeschreibung

Die Umrechnung von verschiedenen Matrizendarstellungen eines Zweitors ineinander ist eine häufige Aufgabe. Daher werden hier die wichtigsten Formeln tabelliert. Dabei werden die Definitionen der Tabelle E.1 zu Grunde gelegt:

Tabelle E.1. Matrizendefinitionen für Zweitore

Streumatrix	$\overset{\leftrightarrow}{S}$	$\begin{pmatrix} b_1 \\ b_2 \end{pmatrix} = \overset{\leftrightarrow}{S} \begin{pmatrix} a_1 \\ a_2 \end{pmatrix}$
Transmissionsmatrix, Wellenkettenmatrix, Kettenstreumatrix	$\overset{\leftrightarrow}{T} = \overset{\leftrightarrow}{C}$	$\begin{pmatrix} b_1 \\ a_1 \end{pmatrix} = \overset{\leftrightarrow}{T} \begin{pmatrix} a_2 \\ b_2 \end{pmatrix}$
Zusammenhang zwischen normierten und nicht normierten Strömen und Spannungen		$u(j\omega) = \frac{U(j\omega)}{\sqrt{Z_0}}$ $i(j\omega) = I(j\omega)\sqrt{Z_0}$
Mischkettenmatrix	$\overset{\leftrightarrow}{m}$	$\begin{pmatrix} b_1 \\ a_1 \end{pmatrix} = \overset{\leftrightarrow}{m} \begin{pmatrix} u_2 \\ i_2 \end{pmatrix}$
Impedanzmatrix	$\overset{\leftrightarrow}{Z}$	$\begin{pmatrix} U_1 \\ U_2 \end{pmatrix} = \overset{\leftrightarrow}{Z} \begin{pmatrix} I_1 \\ I_2 \end{pmatrix}$
Admittanzmatrix	$\overset{\leftrightarrow}{Y}$	$\begin{pmatrix} I_1 \\ I_2 \end{pmatrix} = \overset{\leftrightarrow}{Y} \begin{pmatrix} U_1 \\ U_2 \end{pmatrix}$
Hybridmatrix	$\overset{\leftrightarrow}{H}$	$\begin{pmatrix} U_1 \\ I_2 \end{pmatrix} = \overset{\leftrightarrow}{H} \begin{pmatrix} I_1 \\ U_2 \end{pmatrix}$
Kettenmatrix	$\overset{\leftrightarrow}{A} = \overset{\leftrightarrow}{K}$	$\begin{pmatrix} U_1 \\ I_1 \end{pmatrix} = \overset{\leftrightarrow}{A} \begin{pmatrix} U_2 \\ -I_2 \end{pmatrix}$

Alle Stromzählpfeile weisen auf das Zweitor zu. Bei der Kettenmatrix ist auf das Vorzeichen des Stromes I_2 zu achten. Mit Ausnahme der Mischkettenmatrixdefinition gehen die Definitionen von nicht normierten Strömen und Spannungen aus.

Tabelle E.2. Umrechnung aus der Streumatrix

in die Transmissionsmatrix	
$t_{11} = -\frac{s_{11}s_{22} - s_{12}s_{21}}{s_{21}}$	$t_{12} = \frac{s_{11}}{s_{21}}$
$t_{21} = -\frac{s_{22}}{s_{21}}$	$t_{22} = \frac{1}{s_{21}}$
in die Mischkettenmatrix	
$m_{11} = \frac{s_{11} - s_{11}s_{22} + s_{12}s_{21}}{2s_{21}}$	$m_{12} = -\frac{s_{11} + s_{11}s_{22} - s_{12}s_{21}}{2s_{21}}$
$m_{21} = \frac{1 - s_{22}}{2s_{21}}$	$m_{22} = -\frac{1 + s_{22}}{2s_{21}}$
in die Impedanzmatrix	
$z_{11} = Z_0 \frac{1 + s_{11} - s_{22} - s_{11}s_{22} + s_{12}s_{21}}{1 - s_{11} - s_{22} + s_{11}s_{22} - s_{12}s_{21}}$	$z_{12} = Z_0 \frac{2s_{12}}{1 - s_{11} - s_{22} + s_{11}s_{22} - s_{12}s_{21}}$
$z_{21} = Z_0 \frac{2s_{21}}{1 - s_{11} - s_{22} + s_{11}s_{22} - s_{12}s_{21}}$	$z_{22} = Z_0 \frac{1 - s_{11} + s_{22} - s_{11}s_{22} + s_{12}s_{21}}{1 - s_{11} - s_{22} + s_{11}s_{22} - s_{12}s_{21}}$
in die Admittanzmatrix	
$y_{11} = \frac{1 - s_{11} + s_{22} - s_{11}s_{22} + s_{12}s_{21}}{Z_0(1 + s_{11} + s_{22} + s_{11}s_{22} - s_{12}s_{21})}$	$y_{12} = \frac{-2s_{12}}{Z_0(1 + s_{11} + s_{22} + s_{11}s_{22} - s_{12}s_{21})}$
$y_{21} = \frac{-2s_{21}}{Z_0(1 + s_{11} + s_{22} + s_{11}s_{22} - s_{12}s_{21})}$	$y_{22} = \frac{1 + s_{11} - s_{22} - s_{11}s_{22} + s_{12}s_{21}}{Z_0(1 + s_{11} + s_{22} + s_{11}s_{22} - s_{12}s_{21})}$
in die Hybridmatrix	
$h_{11} = Z_0 \frac{1 + s_{11} + s_{22} + s_{11}s_{22} - s_{12}s_{21}}{1 - s_{11} + s_{22} - s_{11}s_{22} + s_{12}s_{21}}$	$h_{12} = \frac{2s_{12}}{1 - s_{11} + s_{22} - s_{11}s_{22} + s_{12}s_{21}}$
$h_{21} = \frac{-2s_{21}}{1 - s_{11} + s_{22} - s_{11}s_{22} + s_{12}s_{21}}$	$h_{22} = \frac{1 - s_{11} - s_{22} + s_{11}s_{22} - s_{12}s_{21}}{Z_0(1 - s_{11} + s_{22} - s_{11}s_{22} + s_{12}s_{21})}$
in die Kettenmatrix (*ABCD*-Matrix)	
$k_{11} = \frac{1 + s_{11} - s_{22} - s_{11}s_{22} + s_{12}s_{21}}{2s_{21}}$	$k_{12} = Z_0 \frac{1 + s_{11} + s_{22} + s_{11}s_{22} - s_{12}s_{21}}{2s_{21}}$
$k_{21} = \frac{1 - s_{11} - s_{22} + s_{11}s_{22} - s_{12}s_{21}}{2Z_0 s_{21}}$	$k_{22} = \frac{1 - s_{11} + s_{22} - s_{11}s_{22} + s_{12}s_{21}}{2s_{21}}$

Tabelle E.3. Umrechnung aus der Transmissionsmatrix

in die Streumatrix	
$s_{11} = \frac{t_{12}}{t_{22}}$	$s_{12} = \frac{t_{11}t_{22} - t_{12}t_{21}}{t_{22}}$
$s_{21} = \frac{1}{t_{22}}$	$s_{22} = -\frac{t_{21}}{t_{22}}$
in die Mischkettenmatrix	
$m_{11} = \frac{t_{11} + t_{12}}{2}$	$m_{12} = \frac{t_{11} - t_{12}}{2}$
$m_{21} = \frac{t_{21} + t_{22}}{2}$	$m_{22} = \frac{t_{21} - t_{22}}{2}$
in die Impedanzmatrix	
$z_{11} = -Z_0 \frac{t_{11} + t_{22} + t_{12} + t_{21}}{t_{11} - t_{22} + t_{12} - t_{21}}$	$z_{12} = -2\,Z_0 \frac{t_{11}t_{22} - t_{12}t_{21}}{t_{11} - t_{22} + t_{12} - t_{21}}$
$z_{21} = \frac{-2\,Z_0}{t_{11} - t_{22} + t_{12} - t_{21}}$	$z_{22} = -Z_0 \frac{t_{11} + t_{22} - t_{12} - t_{21}}{t_{11} - t_{22} + t_{12} - t_{21}}$
in die Admittanzmatrix	
$y_{11} = -\frac{t_{11} + t_{22} - t_{12} - t_{21}}{Z_0 (t_{11} - t_{22} - t_{12} + t_{21})}$	$y_{12} = \frac{2(t_{11}t_{22} - t_{12}t_{21})}{Z_0 (t_{11} - t_{22} - t_{12} + t_{21})}$
$y_{21} = \frac{2}{Z_0 (t_{11} - t_{22} - t_{12} + t_{21})}$	$y_{22} = -\frac{t_{11} + t_{22} + t_{12} + t_{21}}{Z_0 (t_{11} - t_{22} - t_{12} + t_{21})}$
in die Hybridmatrix	
$h_{11} = -Z_0 \frac{t_{11} - t_{22} - t_{12} + t_{21}}{t_{11} + t_{22} - t_{12} - t_{21}}$	$h_{12} = \frac{2(t_{11}t_{22} - t_{12}t_{21})}{t_{11} + t_{22} - t_{12} - t_{21}}$
$h_{21} = \frac{-2}{t_{11} + t_{22} - t_{12} - t_{21}}$	$h_{22} = -\frac{t_{11} - t_{22} + t_{12} - t_{21}}{Z_0 (t_{11} + t_{22} - t_{12} - t_{21})}$
in die Kettenmatrix (*ABCD*-Matrix)	
$k_{11} = \frac{t_{11} + t_{22} + t_{12} + t_{21}}{2}$	$k_{12} = -Z_0 \frac{t_{11} - t_{22} - t_{12} + t_{21}}{2}$
$k_{21} = -\frac{t_{11} - t_{22} + t_{12} - t_{21}}{2\,Z_0}$	$k_{22} = \frac{t_{11} + t_{22} - t_{12} - t_{21}}{2}$

Tabelle E.4. Umrechnung aus der Mischkettenmatrix

in die Streumatrix	
$s_{11} = \frac{m_{11} - m_{12}}{m_{21} - m_{22}}$	$s_{12} = -2 \frac{m_{11} m_{22} - m_{12} m_{21}}{m_{21} - m_{22}}$
$s_{21} = \frac{1}{m_{21} - m_{22}}$	$s_{22} = -\frac{m_{21} + m_{22}}{m_{21} - m_{22}}$
in die Transmissionsmatrix	
$t_{11} = m_{11} + m_{12}$	$t_{12} = m_{11} - m_{12}$
$t_{21} = m_{21} + m_{22}$	$t_{22} = m_{21} - m_{22}$
in die Impedanzmatrix	
$z_{11} = -Z_0 \frac{m_{11} + m_{21}}{m_{11} - m_{21}}$	$z_{12} = 2 Z_0 \frac{m_{11} m_{22} - m_{12} m_{21}}{m_{11} - m_{21}}$
$z_{21} = -\frac{Z_0}{m_{11} - m_{21}}$	$z_{22} = Z_0 \frac{m_{22} - m_{12}}{m_{11} - m_{21}}$
in die Admittanzmatrix	
$y_{11} = \frac{m_{22} - m_{12}}{Z_0 (m_{12} + m_{22})}$	$y_{12} = -2 \frac{m_{11} m_{22} - m_{12} m_{21}}{Z_0 (m_{12} + m_{22})}$
$y_{21} = \frac{1}{Z_0 (m_{12} + m_{22})}$	$y_{22} = -\frac{m_{11} + m_{21}}{Z_0 (m_{12} + m_{22})}$
in die Hybridmatrix	
$h_{11} = Z_0 \frac{m_{12} + m_{22}}{m_{22} - m_{12}}$	$h_{12} = 2 \frac{m_{11} m_{22} - m_{12} m_{21}}{m_{22} - m_{12}}$
$h_{21} = \frac{1}{m_{22} - m_{12}}$	$h_{22} = \frac{m_{11} - m_{21}}{Z_0 (m_{22} - m_{12})}$
in die Kettenmatrix (*ABCD*-Matrix)	
$k_{11} = m_{11} + m_{21}$	$k_{12} = -Z_0 (m_{12} + m_{22})$
$k_{21} = \frac{m_{21} - m_{11}}{Z_0}$	$k_{22} = m_{12} - m_{22}$

Tabelle E.5. Umrechnung aus der Impedanzmatrix

in die Streumatrix	
$s_{11}=\dfrac{Z_0(z_{11}-z_{22})+z_{11}z_{22}-z_{12}z_{21}-Z_0^2}{Z_0(z_{11}+z_{22})+z_{11}z_{22}-z_{12}z_{21}+Z_0^2}$	$s_{12}=\dfrac{2Z_0 z_{12}}{Z_0(z_{11}+z_{22})+z_{11}z_{22}-z_{12}z_{21}+Z_0^2}$
$s_{21}=\dfrac{2Z_0 z_{21}}{Z_0(z_{11}+z_{22})+z_{11}z_{22}-z_{12}z_{21}+Z_0^2}$	$s_{22}=\dfrac{Z_0(z_{22}-z_{11})+z_{11}z_{22}-z_{12}z_{21}-Z_0^2}{Z_0(z_{11}+z_{22})+z_{11}z_{22}-z_{12}z_{21}+Z_0^2}$
in die Transmissionsmatrix	
$t_{11}=\dfrac{Z_0(z_{11}+z_{22})-z_{11}z_{22}+z_{12}z_{21}-Z_0^2}{2Z_0 z_{21}}$	$t_{12}=\dfrac{Z_0(z_{11}-z_{22})+z_{11}z_{22}-z_{12}z_{21}-Z_0^2}{2Z_0 z_{21}}$
$t_{21}=\dfrac{Z_0(z_{11}-z_{22})-z_{11}z_{22}+z_{12}z_{21}+Z_0^2}{2Z_0 z_{21}}$	$t_{22}=\dfrac{Z_0(z_{11}+z_{22})+z_{11}z_{22}-z_{12}z_{21}+Z_0^2}{2Z_0 z_{21}}$
in die Mischkettenmatrix	
$m_{11}=\dfrac{z_{11}-Z_0}{2z_{21}}$	$m_{12}=\dfrac{Z_0 z_{22}-z_{11}z_{22}+z_{12}z_{21}}{2Z_0 z_{21}}$
$m_{21}=\dfrac{z_{11}+Z_0}{2z_{21}}$	$m_{22}=\dfrac{z_{12}z_{21}-Z_0 z_{22}-z_{11}z_{22}}{2Z_0 z_{21}}$
in die Admittanzmatrix	
$y_{11}=\dfrac{z_{22}}{z_{11}z_{22}-z_{12}z_{21}}$	$y_{12}=-\dfrac{z_{12}}{z_{11}z_{22}-z_{12}z_{21}}$
$y_{21}=-\dfrac{z_{21}}{z_{11}z_{22}-z_{12}z_{21}}$	$y_{22}=\dfrac{z_{11}}{z_{11}z_{22}-z_{12}z_{21}}$
in die Hybridmatrix	
$h_{11}=\dfrac{z_{11}z_{22}-z_{12}z_{21}}{z_{22}}$	$h_{12}=\dfrac{z_{12}}{z_{22}}$
$h_{21}=-\dfrac{z_{21}}{z_{22}}$	$h_{22}=\dfrac{1}{z_{22}}$
in die Kettenmatrix (*ABCD*-Matrix)	
$k_{11}=\dfrac{z_{11}}{z_{21}}$	$k_{12}=\dfrac{z_{11}z_{22}-z_{12}z_{21}}{z_{21}}$
$k_{21}=\dfrac{1}{z_{21}}$	$k_{22}=\dfrac{z_{22}}{z_{21}}$

Tabelle E.6. Umrechnung aus der Admittanzmatrix

in die Streumatrix	
$s_{11}=\frac{1-Z_0(y_{11}-y_{22})-Z_0^2(y_{11}y_{22}-y_{12}y_{21})}{1+Z_0(y_{11}+y_{22})+Z_0^2(y_{11}y_{22}-y_{12}y_{21})}$	$s_{12}=\frac{-2Z_0y_{12}}{1+Z_0(y_{11}+y_{22})+Z_0^2(y_{11}y_{22}-y_{12}y_{21})}$
$s_{21}=\frac{-2Z_0y_{21}}{1+Z_0(y_{11}+y_{22})+Z_0^2(y_{11}y_{22}-y_{12}y_{21})}$	$s_{22}=\frac{1+Z_0(y_{11}-y_{22})-Z_0^2(y_{11}y_{22}-y_{12}y_{21})}{1+Z_0(y_{11}+y_{22})+Z_0^2(y_{11}y_{22}-y_{12}y_{21})}$
in die Transmissionsmatrix	
$t_{11}=\frac{1-Z_0(y_{11}+y_{22})+Z_0^2(y_{11}y_{22}-y_{12}y_{21})}{2Z_0y_{21}}$	$t_{12}=\frac{1+Z_0(y_{22}-y_{11})-Z_0^2(y_{11}y_{22}-y_{12}y_{21})}{-2Z_0y_{21}}$
$t_{21}=\frac{1+Z_0(y_{11}-y_{22})-Z_0^2(y_{11}y_{22}-y_{12}y_{21})}{2Z_0y_{21}}$	$t_{22}=\frac{1+Z_0(y_{11}+y_{22})+Z_0^2(y_{11}y_{22}-y_{12}y_{21})}{-2Z_0y_{21}}$
in die Mischkettenmatrix	
$m_{11}=-\frac{Z_0y_{22}-Z_0^2(y_{11}y_{22}-y_{12}y_{21})}{2y_{21}Z_0}$	$m_{12}=\frac{1-Z_0y_{11}}{2y_{21}Z_0}$
$m_{21}=-\frac{Z_0y_{22}+Z_0^2(y_{11}y_{22}-y_{12}y_{21})}{2y_{21}Z_0}$	$m_{22}=\frac{1+Z_0y_{11}}{2y_{21}Z_0}$
in die Impedanzmatrix	
$z_{11}=\frac{y_{22}}{y_{11}y_{22}-y_{12}y_{21}}$	$z_{12}=\frac{-y_{12}}{y_{11}y_{22}-y_{12}y_{21}}$
$z_{21}=\frac{-y_{21}}{y_{11}y_{22}-y_{12}y_{21}}$	$z_{22}=\frac{y_{11}}{y_{11}y_{22}-y_{12}y_{21}}$
in die Hybridmatrix	
$h_{11}=\frac{1}{y_{11}}$	$h_{12}=-\frac{y_{12}}{y_{11}}$
$h_{21}=\frac{y_{21}}{y_{11}}$	$h_{22}=\frac{y_{11}y_{22}-y_{12}y_{21}}{y_{11}}$
in die Kettenmatrix (*ABCD*-Matrix)	
$k_{11}=-\frac{y_{22}}{y_{21}}$	$k_{12}=-\frac{1}{y_{21}}$
$k_{21}=\frac{y_{12}y_{21}-y_{11}y_{22}}{y_{21}}$	$k_{22}=-\frac{y_{11}}{y_{21}}$

Tabelle E.7. Umrechnung aus der Hybridmatrix

in die Streumatrix	
$s_{11}=\frac{h_{11}-Z_0^2 h_{22}+Z_0(h_{11}h_{22}-h_{12}h_{21})-Z_0}{h_{11}+Z_0^2 h_{22}+Z_0(h_{11}h_{22}-h_{12}h_{21})+Z_0}$	$s_{12}=\frac{2Z_0 h_{12}}{h_{11}+Z_0^2 h_{22}+Z_0(h_{11}h_{22}-h_{12}h_{21})+Z_0}$
$s_{21}=\frac{-2Z_0 h_{21}}{h_{11}+Z_0^2 h_{22}+Z_0(h_{11}h_{22}-h_{12}h_{21})+Z_0}$	$s_{22}=\frac{h_{11}-Z_0^2 h_{22}-Z_0(h_{11}h_{22}-h_{12}h_{21})+Z_0}{h_{11}+Z_0^2 h_{22}+Z_0(h_{11}h_{22}-h_{12}h_{21})+Z_0}$
in die Transmissionsmatrix	
$t_{11}=\frac{h_{11}+Z_0^2 h_{22}-Z_0(h_{11}h_{22}-h_{12}h_{21})-Z_0}{2Z_0 h_{21}}$	$t_{12}=\frac{h_{11}-Z_0^2 h_{22}+Z_0(h_{11}h_{22}-h_{12}h_{21})-Z_0}{-2Z_0 h_{21}}$
$t_{21}=\frac{h_{11}-Z_0^2 h_{22}-Z_0(h_{11}h_{22}-h_{12}h_{21})+Z_0}{2Z_0 h_{21}}$	$t_{22}=\frac{h_{11}+Z_0^2 h_{22}+Z_0(h_{11}h_{22}-h_{12}h_{21})+Z_0}{-2Z_0 h_{21}}$
in die Mischkettenmatrix	
$m_{11}=\frac{Z_0^2 h_{22}-Z_0(h_{11}h_{22}-h_{12}h_{21})}{2h_{21}Z_0}$	$m_{12}=\frac{h_{11}-Z_0}{2Z_0 h_{21}}$
$m_{21}=-\frac{Z_0^2 h_{22}+Z_0(h_{11}h_{22}-h_{12}h_{21})}{2h_{21}Z_0}$	$m_{22}=\frac{h_{11}+Z_0}{2Z_0 h_{21}}$
in die Impedanzmatrix	
$z_{11}=\frac{h_{11}h_{22}-h_{12}h_{21}}{h_{22}}$	$z_{12}=\frac{h_{12}}{h_{22}}$
$z_{21}=-\frac{h_{21}}{h_{22}}$	$z_{22}=\frac{1}{h_{22}}$
in die Admittanzmatrix	
$y_{11}=\frac{1}{h_{11}}$	$y_{12}=-\frac{h_{12}}{h_{11}}$
$y_{21}=\frac{h_{21}}{h_{11}}$	$y_{22}=\frac{h_{11}h_{22}-h_{12}h_{21}}{h_{11}}$
in die Kettenmatrix (*ABCD*-Matrix)	
$k_{11}=\frac{h_{12}h_{21}-h_{11}h_{22}}{h_{21}}$	$k_{12}=-\frac{h_{11}}{h_{21}}$
$k_{21}=-\frac{h_{22}}{h_{21}}$	$k_{22}=-\frac{1}{h_{21}}$

Tabelle E.8. Umrechnung aus der Kettenmatrix

in die Streumatrix	
$s_{11} = \dfrac{Z_0(k_{11} - k_{22}) + k_{12} - Z_0^2 k_{21}}{Z_0(k_{11} + k_{22}) + k_{12} + Z_0^2 k_{21}}$	$s_{12} = 2Z_0 \dfrac{k_{11}k_{22} - k_{12}k_{21}}{Z_0(k_{11} + k_{22}) + k_{12} + Z_0^2 k_{21}}$
$s_{21} = \dfrac{2Z_0}{Z_0(k_{11} + k_{22}) + k_{12} + Z_0^2 k_{21}}$	$s_{22} = \dfrac{Z_0(k_{22} - k_{11}) + k_{12} - Z_0^2 k_{21}}{Z_0(k_{11} + k_{22}) + k_{12} + Z_0^2 k_{21}}$
in die Transmissionsmatrix	
$t_{11} = \dfrac{Z_0(k_{11} + k_{22}) - k_{12} - Z_0^2 k_{21}}{2Z_0}$	$t_{12} = \dfrac{Z_0(k_{11} - k_{22}) + k_{12} - Z_0^2 k_{21}}{2Z_0}$
$t_{21} = \dfrac{Z_0(k_{11} - k_{22}) - k_{12} + Z_0^2 k_{21}}{2Z_0}$	$t_{22} = \dfrac{Z_0(k_{11} + k_{22}) + k_{12} + Z_0^2 k_{21}}{2Z_0}$
in die Mischkettenmatrix	
$m_{11} = \dfrac{Z_0 k_{11} - Z_0^2 k_{21}}{2Z_0}$	$m_{12} = -\dfrac{k_{12} - Z_0 k_{22}}{2Z_0}$
$m_{21} = \dfrac{Z_0 k_{11} + Z_0^2 k_{21}}{2Z_0}$	$m_{22} = -\dfrac{k_{12} + Z_0 k_{22}}{2Z_0}$
in die Impedanzmatrix	
$z_{11} = \dfrac{k_{11}}{k_{21}}$	$z_{12} = \dfrac{k_{11}k_{22} - k_{12}k_{21}}{k_{21}}$
$z_{21} = \dfrac{1}{k_{21}}$	$z_{22} = \dfrac{k_{22}}{k_{21}}$
in die Admittanzmatrix	
$y_{11} = \dfrac{k_{22}}{k_{12}}$	$y_{12} = \dfrac{k_{12}k_{21} - k_{11}k_{22}}{k_{12}}$
$y_{21} = -\dfrac{1}{k_{12}}$	$y_{22} = \dfrac{k_{11}}{k_{12}}$
in die Hybridmatrix	
$h_{11} = \dfrac{k_{12}}{k_{22}}$	$h_{12} = \dfrac{k_{11}k_{22} - k_{12}k_{21}}{k_{22}}$
$h_{21} = -\dfrac{1}{k_{22}}$	$h_{22} = \dfrac{k_{21}}{k_{22}}$

F Spezielle Funktionen der Filtertheorie

Nachfolgend werden mathematische Ergänzungen zur Beschreibung von Filtern mit Prototypfunktionen dargestellt.

F.1 Tschebyscheff-Polynome

Es werden Funktionen $T_n(x)$ betrachtet, die wie folgt definiert sind:

$$T_n(x) = \begin{cases} \cos\left(n \cos^{-1}(x)\right) & \text{falls } |x| \le 1 \quad x \text{ reell} \\ (\operatorname{sgn}(x))^n \cosh\left(n \cosh^{-1}(|x|)\right) & \text{falls } |x| > 1 \quad x \text{ reell} \end{cases} \quad . \tag{F.1}$$

Damit gilt für $n=0$ und $n=1$ und für alle reellen Zahlen x:

$$T_0(x) = 1 \quad , \tag{F.2}$$

$$T_1(x) = x \quad . \tag{F.3}$$

Stellt man die Cosinus-Funktion bzw. den Hyperbel-Cosinus mit Hilfe von Exponentialfunktionen dar, dann wird leicht der folgende Zusammenhang bewiesen:

$$\cos\left((k+1)\,\vartheta\right) + \cos\left((k-1)\,\vartheta\right) = 2\cos(k\,\vartheta)\cos(\vartheta) \quad , \tag{F.4}$$

$$\cosh\left((k+1)\,\vartheta\right) + \cosh\left((k-1)\,\vartheta\right) = 2\cosh(k\,\vartheta)\cosh(\vartheta) \quad . \tag{F.5}$$

Ersetzt man in diesen Gleichungen ϑ durch $\cos^{-1}(x)$ bzw. $\cosh^{-1}(x)$, dann folgt aus der Definitionsgleichung (F.1) die Vorschrift

$$T_{k+1}(x) = 2\,x\,T_k(x) - T_{k-1}(x) \quad , \tag{F.6}$$

welche als eine Vorschrift zur rekursiven Definition der Funktionen $T_n(x)$ interpretiert werden kann. So ist beispielsweise

$$T_2(x) = 2x^2 - 1 \quad , \tag{F.7}$$

$$T_3(x) = 4x^3 - 3x \quad , \tag{F.8}$$

$$T_4(x) = 8x^4 - 8x^2 + 1 \quad , \tag{F.9}$$

$$T_5(x) = 16x^5 - 20x^3 + 5x \quad , \tag{F.10}$$

$$T_6(x) = 32x^6 - 48x^4 + 18x^2 - 1 \quad . \tag{F.11}$$

Dies legt die Vermutung nahe, daß sich alle Funktionen $T_n(x)$ als Polynome in x darstellen lassen. Der einfache Beweis dieser Annahme wird induktiv geführt und dem Leser überlassen.

Die Funktionen $T_n(x)$ sind also Polynome und werden nach ihrem Erfinder Tschebyscheff-Polynome (in der englischsprachigen Literatur Chebyshev polynomials) genannt.

Ebenfalls durch vollständige Induktion folgt, daß die Tschebyscheff-Polynome gerader Ordnung gerade Polynome sind, die ungerader Ordnung ungerade Polynome, daß der Koeffizient vor der höchsten Potenz des Tschebyscheff-Polynoms n-ter Ordnung 2^{n-1} ist, und daß der Koeffizient des linearen Polynomanteils von T_{2n+1} durch $(-1)^n(2n+1)$ gegeben ist.

Um die Nullstellen x_m dieser Polynome zu finden werden zunächst x-Werte aus $[-1,+1]$ betrachtet. Die Polynomwerte liegen dort mit Sicherheit im Bildintervall $[-1,+1]$. Auf Grund von Gleichung (F.1) folgt:

$$n \arccos(x_m) = \pi/2 + m\pi \tag{F.12}$$

oder

$$x_m = \cos\pi\,(2m+1)/2\,n \quad \text{für} \quad m = 0,\ldots,n-1 \quad . \tag{F.13}$$

Es gibt also im Intervall $[-1,+1]$ insgesamt n verschiedene Nullstellen. Da ein Polynom n-ter Ordnung genau n Nullstellen besitzt, sind damit alle Nullstellen gefunden: Außerhalb des Intervalls $[-1,+1]$ können keine weiteren Nullstellen liegen.

Für x-Werte, die größer als 1 sind, müssen die Tschebyscheff-Polynome monoton anwachsen, da dort der inverse Hyperbel-Cosinus monoton mit x wächst und nicht negativ ist, und da für solche Argumente der einfache Hyperbel-Cosinus ebenfalls monoton wächst.

Benutzt man die Tschebyscheff-Polynome als Prototypfunktionen für Tiefpässe, dann sind die Nullstellen von

$$1 + \varepsilon^2\; T_n^2(\omega') = 0 \tag{F.14}$$

zu suchen. Diese mögen bei den Werten $\omega_k' = p_k'/j$ liegen.

Da die linke Gleichungsseite bei reellwertigem Argument des Tschebyscheff-Polynoms größer als 0 ist, kann es keine reellwertige Lösungen geben. Benutzt man die analytische Fortsetzung

$$T_n(p_k'/j) = \cos(n \arccos(p_k'/j)) \quad , \tag{F.15}$$

dann folgt weiter, daß dann auch das Argument der Cosinus-Funktion nicht reell sein kann. Für die weiteren Betrachtungen wird daher zweckmäßigerweise

$$n \arccos(p_k'/j) =: z_k =: R_k + j\,I_k \quad , \quad R_k, I_k \in \mathbb{R} \tag{F.16}$$

gesetzt. Damit ist dann die Gleichung

$$T_n^2(p'_k/j) = \cos^2(z_k) = -1/\varepsilon^2 \tag{F.17}$$

zu lösen. Anwendung der Eulerschen Formel liefert dann

$$\exp(j2R_k - 2I_k) + 2 + \exp(-j2R_k + 2I_k) = -4/\varepsilon^2 \quad . \tag{F.18}$$

Getrennte Auswertung nach Imaginär– und Realteil ergibt:

$$\sin(2R_k)\left[\exp(-2I_k) - \exp(2I_k)\right] = 0 \quad , \tag{F.19}$$

$$\cos(2R_k)\left[\exp(-2I_k) + \exp(2I_k)\right] = -4/\varepsilon^2 - 2 \quad . \tag{F.20}$$

Für die Lösung der Imaginärteilgleichung (F.19) muß entweder sin $(2R_k)$ oder der Inhalt der eckigen Klammer 0 sein. Letzteres ist nur mit $I_k = 0$ möglich. Eingesetzt in die Realteilgleichung (F.20) folgt dann

$$\cos(2R_k) = -2/\varepsilon^2 - 1 < -1 \quad . \tag{F.21}$$

Diese Gleichung ist mit reellwertigem R_k nicht zu lösen. Infolgedessen bleibt nur $\sin(2R_k) = 0$ oder

$$2R_k = m\pi \quad ; \quad m \in \mathbb{Z} \quad . \tag{F.22}$$

Eingesetzt in die Realteilgleichung (F.20) ergibt dies

$$\exp(-2I_k) + \exp(2I_k) = (-1)^{m+1}(4/\varepsilon^2 + 2) \quad . \tag{F.23}$$

Da die linke Gleichungsseite positiv ist, dürfen nur ungerade Werte von m zugelassen werden. Sei also

$$m = 2k + 1 \quad . \tag{F.24}$$

Damit wird aus der Realteilgleichung:

$$\exp(-2I_k) - 2 + \exp(2I_k) = 4/\varepsilon^2 \quad . \tag{F.25}$$

Auf beiden Seiten der Gleichung steht ein vollständiges Quadrat, so daß die Wurzel gezogen werden kann:

$$\exp(I_k) - \exp(-I_k) = \pm 2/\varepsilon \tag{F.26}$$

oder

$$\sinh(I_k) = \pm 1/\varepsilon \quad . \tag{F.27}$$

Zusammen mit den Gleichungen (F.22) und (F.24) folgt dann

$$R_k = (2k+1)\pi/2 \quad , \tag{F.28}$$

$$I_k = \pm \sinh^{-1}(1/\varepsilon) \quad . \tag{F.29}$$

Eingesetzt in Gleichung (F.16) folgt

$$\arccos(p'_k/j) = (2k+1)\pi/(2n) \pm (j/n)\sinh^{-1}(1/\varepsilon) \tag{F.30}$$

oder

$$p'_k = j\cos\{\pi(2k+1)/(2n) \pm j/n\sinh^{-1}(1/\varepsilon)\} \quad . \tag{F.31}$$

Durch Anwendung des Euler–Theorems erhält man daraus

$$p'_k = \frac{1}{2}\exp\left\{\frac{j\pi(2k+1+n)}{2n} \pm \frac{1}{n}\sinh^{-1}\frac{1}{\varepsilon}\right\} + \frac{1}{2}\exp\left\{-\frac{j\pi(2k+1-n)}{2n} \mp \frac{1}{n}\sinh^{-1}\frac{1}{\varepsilon}\right\} . \tag{F.32}$$

Durch Real- und Imaginärteilbildung und Anwendung der Summentheoreme der trigonometrischen Funktionen folgt

$$\sigma'_k := \Re\{p'_k\} = \mp\sin\frac{\pi(2k+1)}{2n}\sinh\left\{\frac{1}{n}\sinh^{-1}\frac{1}{\varepsilon}\right\} \quad . \tag{F.33}$$

$$\omega'_k := \Im\{p'_k\} = \cos\frac{\pi(2k+1)}{2n}\cosh\left\{\frac{1}{n}\sinh^{-1}\frac{1}{\varepsilon}\right\} \quad . \tag{F.34}$$

Einen positiven Wert für σ'_k erhält man entweder für $k=0,\ldots,n-1$ und die untere Vorzeichenauswahl oder für $k = -1, \ldots, -n+1$ und die obere Vorzeichenauswahl. In beiden Fällen gelangt man zu den gleichen Paaren (σ'_k, ω'_k) (nur mit unterschiedlicher Indizierung).

Daher sind alle gesuchten Nullstellen der Gleichung (F.14), welche in der positiven p'-Halbebene liegen, durch

$$p'_k = \sin\frac{\pi(2k+1)}{2n}\sinh\left\{\frac{1}{n}\sinh^{-1}\frac{1}{\varepsilon}\right\} + j\cos\frac{\pi(2k+1)}{2n}\cosh\left\{\frac{1}{n}\sinh^{-1}\frac{1}{\varepsilon}\right\}; k=0,\ldots,n-1$$

gegeben. (F.35)

F.2 Prototypfunktionen für Cauer-Tiefpässe

So wie die Tschebyscheff-Polynome als Ergebnisse einer Bestapproximation der Geraden 0 im Intervall [–1,+1] durch Polynome mit Maximalwert 1 entstehen, können die folgenden von Wilhelm Cauer vorgeschlagenen Näherungsfunktionen durch eine Bestapproximation der Geraden 0 im Intervall [–1,+1] durch rationale Funktionen gefunden werden. Hier soll aber ein anderer, mehr intuitiver Weg verfolgt werden.

Wie beim normalen und inversen Tschebyscheff-Tiefpaß soll die charakteristische Funktion $K(p')$ eine rationale Funktion sein, deren Nullstellen und Polstellen alle rein imaginär sind und die Vielfachheit 1 besitzen. Damit läßt sich $K(p')$ wie folgt darstellen:

$$K(p') = \widetilde{C}\,\frac{\prod_{k=1}^{n}\left(p' - j\omega'_{0,k}\right)}{\prod_{l=1}^{m}\left(p' - j\omega'_{P,l}\right)} \quad . \tag{F.36}$$

Für das weitere Vorgehen definiert man der einfacheren Schreibweise wegen

$$\omega' := p'/j \quad , \tag{F.37}$$

$$f(\omega') := K(j\omega') \quad . \tag{F.38}$$

f wird dann bei Nachweis der Geradheit oder Ungeradheit die Prototypfunktion sein. Damit folgt

$$f(\omega') = C\prod_{k=1}^{n}\left(\omega' - \omega'_{0,k}\right)\Big/\prod_{l=1}^{m}\left(\omega' - \omega'_{P,l}\right) \quad ; \quad C = (j)^{n-m}\,\widetilde{C} \quad . \tag{F.39}$$

Wie beim normalen Tschebyscheff-Tiefpaß sollen die Nullstellen von f alle im Inneren des Intervalls [–1,+1] liegen. Wie beim inversen Tschebyscheff-Tiefpaß sollen die Polstellen alle rein reell sein und ausserhalb des Intervalls [–1,+1] liegen. Es wird dabei in Erinnerung gerufen, daß letzteres Verhalten dadurch erreicht wurde, daß

$$f_{inv.Tschebyscheff}(\omega') = K\big/f_{Tschebyscheff}(c/\omega') \tag{F.40}$$

gewählt wurde. Daher wird für die Cauer-Tiefpässe gefordert:

$$f(\omega') = \alpha\big/f(\omega'_\alpha/\omega') \quad . \tag{F.41}$$

Dabei sind α und ω'_α von 0 verschiedene, positive Konstanten, die im weiteren Verlauf so bestimmt werden, daß das grundsätzliche Verhalten des Cauer-Tiefpasses dem des Tschebyscheff-Tiefpasses im Durchlaßbereich gleicht.

Auf Grund der geforderten Transformationseigenschaft nach Gleichung (F.36) folgt dann für den Fall, daß alle $\omega'_{0,k} \neq 0$ sind:

$$C\frac{\prod_{k=1}^{n}(\omega'-\omega'_{0,k})}{\prod_{l=1}^{m}(\omega'-\omega'_{P,l})} = \frac{\alpha}{C}\omega'^{n-m}\frac{\prod_{l=1}^{m}(\omega'_\alpha-\omega'_{P,l}\,\omega')}{\prod_{k=1}^{n}(\omega'_\alpha-\omega'_{0,k}\,\omega')} = \frac{\alpha}{C}\omega'^{n-m}\frac{\prod_{l=1}^{m}(-\omega'_{P,l})\left(\omega'-\dfrac{\omega'_\alpha}{\omega'_{P,l}}\right)}{\prod_{k=1}^{n}(-\omega'_{0,k})\left(\omega'-\dfrac{\omega'_\alpha}{\omega'_{o,k}}\right)} \,. \tag{F.42}$$

Diese Gleichung kann nur dann erfüllt werden, wenn gleichzeitig gilt:

$$n = m \quad , \tag{F.43}$$

$$\omega'_{P,k} = \omega'_\alpha/\omega'_{0,k} \quad ; \quad k = 1,\ldots,n \quad , \tag{F.44}$$

$$C^2 = \alpha\, \omega_\alpha'^{\,n} \Big/ \prod_{k=1}^{n} \omega_{0;k}'^2 \quad . \tag{F.45}$$

Falls genau eine Nullstelle bei 0 liegt, dann muß

$$C\,\omega' \frac{\prod_{k=1}^{n-1}\left(\omega' - \omega_{0,k}'\right)}{\prod_{l=1}^{m}\left(\omega' - \omega_{P,l}'\right)} = \frac{\alpha}{\omega_\alpha' C}\,\omega'\,\omega'^{\,n-1-m} \frac{\prod_{l=1}^{m}\left(-\omega_{P,l}'\right)\left(\omega' - \dfrac{\omega_\alpha'}{\omega_{P,l}'}\right)}{\prod_{k=1}^{n-1}\left(-\omega_{0,k}'\right)\left(\omega' - \dfrac{\omega_\alpha'}{\omega_{0,k}'}\right)} \tag{F.46}$$

gelten. In diesem Fall ist

$$n-1 = m \quad , \tag{F.47}$$

$$\omega_{P,k}' = \omega_\alpha' / \omega_{0,k}' \quad ; \quad k = 1,\ldots,n-1 \quad , \tag{F.48}$$

$$C^2 = \alpha\, \omega_\alpha'^{\,n-2} \Big/ \prod_{k=1}^{n-1} \omega_{0,k}'^2 \quad . \tag{F.49}$$

zu erfüllen.

Wie bei normalem und inversem Tschebyscheff-Tiefpaß soll f bei geradem n eine gerade Funktion und bei ungeradem n eine ungerade Funktion sein. Dies hat zur Folge, daß zu einer Nullstelle $\omega_{0,k} \neq 0$ automatisch auch $-\omega_{0,k}$ eine Nullstelle ist. Die Nullstelle $\omega_{0,k} = 0$ tritt dann nur bei ungeradem n und nur in der Vielfachheit 1 auf.

Die Nullstellen werden nun umbenannt und der Größe nach geordnet:

$$\omega_{-n+1}' < \omega_{-n+3}' < \ldots < \omega_{n-3}' < \omega_{n-1}' \quad . \tag{F.50}$$

Man beachte, daß der Index von Nullstelle zu benachbarter Nullstelle jeweils um zwei steigt. Durch diese Numerierung wird erreicht, daß zu einer Nullstelle ω_k' auch $-\omega_k' = \omega_{-k}'$ Nullstelle ist.

Zusammen mit den Gleichungen (F.43) bis (F.45) und (F.47) bis (F.49) kann man $f(\omega')$ dann wie folgt schreiben:

$$f(\omega') = \begin{cases} \sqrt{\alpha}\, \omega_\alpha'^{\,n/2} \dfrac{\prod_{l=1}^{n/2}\left(\omega'^2 - \omega_{n-2l+1}'^2\right)}{\prod_{k=1}^{n/2}\left(\omega'^2\, \omega_{n-2k+1}'^2 - \omega_\alpha'^2\right)} & \text{falls } n \text{ gerade} \\[2ex] \sqrt{\alpha}\, \omega_\alpha'^{\,(n-2)/2}\, \omega' \dfrac{\prod_{l=1}^{(n-1)/2}\left(\omega'^2 - \omega_{n-2l}'^2\right)}{\prod_{k=1}^{(n-1)/2}\left(\omega'^2\, \omega_{n-2k}'^2 - \omega_\alpha'^2\right)} & \text{falls } n \text{ ungerade} \end{cases} \tag{F.51}$$

f ist also – wie erforderlich – eine gerade oder ungerade Funktion. Wie bei normalen und inversen Tschebyscheff-Tiefpässen wird nun weiter gefordert, daß

$$f(1) = 1 \tag{F.52}$$

gilt. Dann ist wegen

$$f(1) = \frac{\alpha}{f(\omega'_\alpha)} \tag{F.53}$$

bei bekanntem α eine Bestimmungsgleichung für ω'_α gegeben:

$$f(\omega'_\alpha) = \alpha \quad . \tag{F.54}$$

Als weitere wesentliche Bedingung wird nun wie bei den normalen Tschebyscheff-Tiefpässen gefordert, daß genau $n-1$ reellwertige Extremstellen von f bei reellwertigen Abszissenwerten im Inneren des Intervalls [–1,+1] liegen und daß f zwischen den Extremwerten +1 und –1 oszilliert. Alle anderen Extremstellen sollen außerhalb von [–1,+1] liegen. Insbesondere darf keine Extremstelle auf dem Intervallrand liegen. (Auf dem rechten Intervallrand nimmt f voraussetzungsgemäß den Wert +1 an. Dieser kann dann kein echtes Extremum sein, sondern muß ein Randmaximum darstellen).

Für gerades n gibt es also eine ungerade Anzahl von Extremstellen im Intervall [–1,+1], für ungerades n eine gerade Anzahl. Weil nun im Intervall [–1,+1] keine Polstellen liegen dürfen, ist f in diesem Intervall stetig differenzierbar. Zusammen mit der Tatsache, daß sowohl Nullstellen als auch Extremstellen die Vielfachheit 1 haben, folgt damit, daß sich Nullstellen und Extremstellen (einschließlich der Randextrema) gegenseitig abwechseln müssen. Daher bietet sich nach Größenanordnung der Extrema einschließlich der Randextrema die Numerierung

$$\omega'_{-n} < \omega'_{-n+2} < \ldots < \omega'_{n-2} < \omega'_n \tag{F.55}$$

für diese Extremstellen an. Es ist dann beispielsweise $\omega'_{-n} = -1$ die Abszisse des linken Randextremums, $\omega'_n = +1$ die Abszisse des rechten Randmaximums und ω'_{n-2} die Abszisse des am weitesten rechts gelegenen echten Extremums. Wie bei der Numerierung der Nullstellen erhöht sich die Indexnummer der Abszissen bei steigendem Abszissenwert jeweils um 2. Dadurch wird wegen der Geradheit bzw. Ungeradheit von f wieder erreicht, daß zu einer Extremstelle ω'_k auch $-\omega'_k = \omega'_{-k}$ der Abszissenwert einer Extremstelle ist.

Da das rechte Randextremum voraussetzungsgemäß ein Maximum ist, muß das Extremum bei ω'_{n-2} ein Minimum mit dem Wert –1 sein, das bei ω'_{n-4} ein Maximum mit dem Wert +1 und so weiter. Es gilt also

$$f\left(\omega'_{n-2k}\right) = (-1)^k \quad . \tag{F.56}$$

Bei geradem n liegt ein Extremum bei $\omega'_0 = \omega'_{n-2n/2} = 0$ und folglich muß der Extremwert $(-1)^{n/2}$ sein. Bei ungeradem n liegt eine Nullstelle bei $\omega'_0 = 0$. Daher folgt

$$f(0)=\begin{cases}0 & \text{falls } n \text{ ungerade}\\ (-1)^{n/2} & \text{falls } n \text{ gerade}\end{cases} \quad . \tag{F.57}$$

In gleicher Weise ermittelt man, daß für das erste rechts von $\omega'_0 = 0$ gelegene Extremum an der Stelle $\omega'_{2-n \bmod 2}$ gilt:

$$f\left(\omega'_{2-n \bmod 2}\right)=(-1)^{\lfloor (n-1)/2 \rfloor} \quad . \tag{F.58}$$

Dabei ist

$$\lfloor (n-1)/2 \rfloor = \text{ganzzahliger Anteil von } (n-1)/2 \quad . \tag{F.59}$$

Außer den Extremstellen im Intervall [–1,+1] besitzt f weitere Extrema. Dazu betrachte man

$$\begin{aligned}\frac{df(\omega')}{d\omega'} &= \frac{d}{d\omega'}\frac{\alpha}{f(\omega'_\alpha/\omega')} = -\frac{\alpha}{f^2(\omega'_\alpha/\omega')}\left.\frac{df(x)}{dx}\right|_{x=\omega'_\alpha/\omega'}\left(-\frac{\omega'_\alpha}{\omega'^2}\right)\\ &= \frac{\omega'_\alpha}{\alpha\,\omega'^2}\,f^2(\omega')\left.\frac{df(x)}{dx}\right|_{x=\omega'_\alpha/\omega'}\end{aligned} \quad . \tag{F.60}$$

Zur Bestimmung einer Extremstelle muß die rechte Gleichungsseite verschwinden. Da in einer kleinen Umgebung von $\omega' = 0$ die Funktion $f^2(\omega')/\omega'^2$ nicht verschwinden kann, muß aus Gleichung (F.60) gefolgert werden, daß zu jeder Extremstelle ω'_{n-2k} im *Inneren* von [–1,+1] bei $\omega'_{E,k} := \omega'_\alpha/\omega'_{n-2k}$ eine weitere Extremstelle außerhalb von [–1,+1] gehört. Für diese gilt dann

$$f\left(\omega'_\alpha/\omega'_{n-2k}\right)=\alpha\big/f\left(\omega'_{n-2k}\right)=(-1)^k\,\alpha \quad . \tag{F.61}$$

Insgesamt hat f also $2(n-1)$ echte Extrema.

Um das Toleranzschema des Tiefpasses zu nähern, muß natürlich

$$|\alpha|>1 \tag{F.62}$$

gewählt werden. Da f an den Intervallrändern von [–1 ,+1] ein Randextremum annimmt, kann auch kein echtes Extremum bei $\omega' = \pm\omega'_\alpha$ liegen. Auch hier gilt aber

$$f(\omega'_\alpha/\omega'_n)=\alpha\big/f(\omega'_n)=\alpha \quad , \tag{F.63}$$

$$f(\omega'_\alpha/\omega'_{-n})=\alpha\big/f(-\omega'_n)=(-1)^n\,\alpha \quad . \tag{F.64}$$

Es gilt also

$$f^2\left(\omega'_{n-2k}\right)-1=0 \quad ; \quad k=0,\cdots n-1 \tag{F.65}$$

und

$$f^2\left(\omega'_\alpha/\omega'_{n-2k}\right)-\alpha^2=0 \quad ; \quad k=0,\cdots n-1 \quad . \tag{F.66}$$

Die Funktionen $f^2(\omega') - 1$ und $f^2(\omega') - \alpha^2$ haben daher je $n-1$ doppelte Nullstellen bei den echten Extrema und je eine Nullstelle an den Stellen ± 1 bzw. $\pm\omega'_\alpha$. Daher hat die neue Funktion

$$g(\omega') := \frac{\left[f^2(\omega') - 1\right]\left[f^2(\omega') - \alpha^2\right]}{\left[\omega'^2 - 1\right]\left[\omega'^2 - \omega'^2_\alpha\right]} \quad . \tag{F.67}$$

an den echten Extremstellen von f und nur dort Nullstellen. Diese sind von der Vielfachheit 2. Dies trifft aber auch auf die Funktion $(df/d\omega')^2$ zu. Da außerdem beide Funktionen die gleichen Polstellen besitzen, muß der Zusammenhang

$$\left[\frac{df(\omega')}{d\omega'}\right]^2 = M^2 \frac{\left[f^2(\omega') - 1\right]\left[f^2(\omega') - \alpha^2\right]}{\left[\omega'^2 - 1\right]\left[\omega'^2 - \omega'^2_\alpha\right]} \tag{F.68}$$

bestehen, wobei M eine Konstante ist, die nachfolgend noch bestimmt werden muß. Durch Separation der Variablen gelangt man dann zu der Differentialgleichung

$$\frac{df}{\sqrt{\left[1 - f^2\right]\left[1 - f^2/\alpha^2\right]}} = \frac{\alpha M}{\omega'_\alpha} \frac{d\omega'}{\sqrt{\left[1 - \omega'^2\right]\left[1 - \omega'^2/\omega'^2_\alpha\right]}} \quad . \tag{F.69}$$

Durch Integration erhält man

$$\int_{f(0)}^{f(\omega')} \frac{df}{\sqrt{\left[1 - f^2\right]\left[1 - f^2/\alpha^2\right]}} = \frac{\alpha M}{\omega'_\alpha} \int_0^{\omega'} \frac{d\omega'}{\sqrt{\left[1 - \omega'^2\right]\left[1 - \omega'^2/\omega'^2_\alpha\right]}} \quad . \tag{F.70}$$

Definition F.1 :

Die Funktion

$$\widetilde{F}(\xi, k) := \int_0^\xi \frac{dx}{\sqrt{(1 - x^2)(1 - k^2 x^2)}} \tag{F.71}$$

heißt elliptisches Fundamentalintegral erster Gattung in Legendrescher Normalform. ♦

Elliptische Integrale und die damit verbundenen elliptische Funktionen sind in der mathematischen Literatur eingehend untersucht und weitgehend tabelliert worden [11.5]...[11.9]. Sie können daher wie beispielsweise die trigonometrischen Funktionen als bekannt vorausgesetzt werden. Moderne Computer-Algebra-Programme gestatten eine beliebig genaue Berechnung der Funktionswerte. In der Literatur sind viele Eigenschaften des Fundamentalintegrals formelmäßig zusammengefaßt. So leuchtet unmittelbar ein:

$$\widetilde{F}(-\xi,k)=-\widetilde{F}(\xi,k) \quad , \tag{F.72}$$

$$\frac{\partial \widetilde{F}(x,k)}{\partial x}=\frac{1}{\sqrt{(1-x^2)(1-k^2x^2)}} \quad . \tag{F.73}$$

Mit dem Fundamentalintegral erhält man aus Gleichung (F.70)

$$\widetilde{F}\left(f(\omega'),\frac{1}{\alpha}\right)=\frac{\alpha\, M}{\omega'_\alpha}\,\widetilde{F}\left(\omega',\frac{1}{\omega'_\alpha}\right)+\widetilde{F}\left(f(0),\frac{1}{\alpha}\right) \quad . \tag{F.74}$$

Damit ist das Problem, die Funktion $f(\omega')$ zu finden, gelöst, wenn die Umkehrfunktion des elliptischen Fundamentalintegrals bezüglich der ersten Variablen gefunden ist. Zu diesem Zweck werden einige Eigenschaften elliptischer Integrale und Funktionen aufgeführt.

Eingeschränkt auf das Intervall $\xi\in[-1,+1]$ kann man in dem elliptischen Fundamentalintegral die Variablensubstitution

$$x=\sin(\varphi) \tag{F.75}$$

durchführen, ohne im Bildbereich die reellen Zahlen zu verlassen[1]. Dann gilt

$$\widetilde{F}(\xi,k)=\int_0^{\arcsin(\xi)}\frac{d\varphi}{\sqrt{1-k^2\sin^2(\varphi)}} \quad . \tag{F.76}$$

Definition F.2 :

Die Funktion

$$F(\phi,k):=\int_0^{\phi}\frac{d\varphi}{\sqrt{1-k^2\sin^2(\varphi)}} \tag{F.77}$$

heißt *unvollständiges elliptisches Integral erster Gattung* oder *Legendresches Normalintegral erster Gattung in trigonometrischer Form*. Die Variable ϕ des elliptischen Integrals erster Gattung heißt *Amplitude*

$$\phi:=\mathrm{am}(F;k) \tag{F.78}$$

des elliptischen Integrals, die Variable k heißt *Modul*. Faßt man das unvollständige elliptische Integral als Funktion der Amplitude ϕ mit dem Modul als Parameter auf, dann ist ϕ die Kehrfunktion von F. ◆

Offenbar gilt

---

[1] Diese Einschränkung kann später fallen gelassen werden.

$$\widetilde{F}(\xi,k)=\int\limits_0^{\arcsin(\xi)}\frac{d\varphi}{\sqrt{1-k^2\sin^2(\varphi)}}=F(\arcsin(\xi),k) \tag{F.79}$$

oder

$$F(\phi,k)=\widetilde{F}(\sin(\phi),k) \tag{F.80}$$

und damit

$$\arcsin(\xi)=\mathrm{am}(F;k) \quad . \tag{F.81}$$

Man erhält also die ursprünglich gesuchte Umkehrung der Funktion $\widetilde{F}$ als

$$\xi=\sin(\mathrm{am}(F;k)) \quad . \tag{F.82}$$

Definition F.3 :

Es sei

$$u(\phi;k)=F(\phi,k)=\int\limits_0^{\phi}\frac{d\varphi}{\sqrt{1-k^2\sin^2(\varphi)}} \tag{F.83}$$

das elliptische Integral erster Ordnung mit festgehaltenem Modul k. Dann heißt

$$\mathrm{sn}(u;k):=\sin(\mathrm{am}(u;k))=\sin\phi \tag{F.84}$$

sinus amplitudinis von u. Der sinus amplitudinis wird auch als *Jacobische elliptische Funktion* bezeichnet[1,2]. ◆

Angewendet auf das Problem der Lösung von Gleichung (F.70) ergibt sich also

$$\begin{aligned} f(\omega')&=\mathrm{sn}\left[\frac{\alpha\, M}{\omega'_\alpha}\widetilde{F}\left(\omega',\frac{1}{\omega'_\alpha}\right)+\widetilde{F}\left(f(0),\frac{1}{\alpha}\right);\frac{1}{\alpha}\right] \\ &=\mathrm{sn}\left[\frac{\alpha\, M}{\omega'_\alpha}F\left(\arcsin(\omega'),\frac{1}{\omega'_\alpha}\right)+F\left(\arcsin(f(0)),\frac{1}{\alpha}\right);\frac{1}{\alpha}\right] \end{aligned} \quad . \tag{F.85}$$

Daher ist die Kenntnis der wesentlichen Eigenschaften des sinus amplitudinis wichtig. Zunächst gilt auf Grund der Definition

---

[1] Carl Gustav Jacob Jacobi, 1804 – 1851, deutscher Mathematiker. Jacobi erstellte bedeutende Beiträge zur Analysis, Algebra, Zahlentheorie, Geometrie und der theoretischen Mechanik. Er gilt als Begründer der „Königsberger Schule“.

[2] Außer dem sinus amplitudinis gibt es noch weitere nach Jacobi benannte elliptische Funktionen.

$$\mathrm{sn}(-u;k) = -\mathrm{sn}(u;k) \tag{F.86}$$

Auf Grund der Periodizität der trigonometrischen sinus-Funktion mit einfacher reeller Primitivperiode, nämlich 2π, ist auch eine Periodizität des sinus amplitudinis zu erwarten. Zur Bestimmung einer reellen Primitivperiode des reellwertigen sinus amplitudinis ist im Intervall $\mathrm{sn}\, u \in [-1.+1]$ die Gleichung

$$\mathrm{sn}(u + P_r) = \mathrm{sn}(u) \tag{F.87}$$

zu lösen. Ist also

$$u := \int_0^{\phi} \frac{d\varphi}{\sqrt{1-k^2 \sin^2(\varphi)}} \quad , \tag{F.88}$$

dann muß ein

$$P_r := \int_0^{2\pi} \frac{d\varphi}{\sqrt{1-k^2 \sin^2(\varphi)}} = 4 \int_0^{\pi/2} \frac{d\varphi}{\sqrt{1-k^2 \sin^2(\varphi)}} = 4\, F\!\left(\frac{\pi}{2}, k\right) \tag{F.89}$$

derart gefunden werden, daß P_r einen von der Integralgrenze ϕ unabhängigen Wert annimmt. Dies ist aber auf Grund der π-Periodizität des Integranden in jedem Fall gegeben.

Definition F.4 :

Die Funktion

$$\mathbf{K}(k) := F\!\left(\frac{\pi}{2}, k\right) \tag{F.90}$$

heißt *vollständiges elliptisches Integral erster Gattung.* Die Funktion

$$\mathbf{K}'(k) := F\!\left(\frac{\pi}{2}, \sqrt{1-k^2}\right) \tag{F.91}$$

heißt *komplementäres vollständiges elliptisches Integral erster Gattung.*

$$k' := \sqrt{1-k^2} \tag{F.92}$$

heißt *komplementärer Modul.* Es ist also

$$\mathbf{K}'(k) := F\!\left(\frac{\pi}{2}, k'\right) \quad \blacklozenge \tag{F.93}$$

Damit ist:

$$P_r = 4\,\mathbf{K}(k) \tag{F.94}$$

eine Periode[1] des sinus amplitudinis. Es gilt daher

$$\mathrm{sn}(z+4\,\mathbf{K}(k);k)=\mathrm{sn}(z;k) \quad . \tag{F.95}$$

In ganz entsprechender Weise wird gezeigt, daß

$$\mathrm{sn}(u+2\,\mathbf{K}(k);k)=-\,\mathrm{sn}(u;k) \tag{F.96}$$

gilt. Wegen

$$\mathrm{sn}(0;k)=0 \tag{F.97}$$

liegen dann Nullstellen von sn(z ; k) bei

$$u_{N,\nu}=2\nu\mathbf{K}(k) \quad ; \quad \nu\in\mathbb{Z} \quad . \tag{F.98}$$

Die Extrema der trigonometrischen sinus-Funktion liegen bei $\phi=(2\nu+1)\pi/2$, also um eine viertel Periode versetzt, somit bei

$$u_{Ext,\nu}=(2\nu+1)\mathbf{K}(k) \quad ; \quad \mathrm{sn}(u_{Ext,\nu})=\pm 1 \quad ; \quad \nu\in\mathbb{Z} \quad . \tag{F.99}$$

Mit diesen Aussagen läßt sich nun das ursprüngliche Problem lösen. Gleichung (F.85) zufolge ist

$$f(\omega')=\mathrm{sn}\left[\frac{\alpha M}{\omega'_\alpha}F\left(\arcsin(\omega'),\frac{1}{\omega'_\alpha}\right)+F\left(\arcsin(f(0)),\frac{1}{\alpha}\right);\frac{1}{\alpha}\right] \quad . \tag{F.100}$$

Weiter oben wurde gezeigt:

$$f(0)=\begin{cases} 0 & \text{falls } n \text{ ungerade} \\ (-1)^{n/2} & \text{falls } n \text{ gerade} \end{cases} \quad . \tag{F.101}$$

Damit ist

$$f(\omega')=\begin{cases} \mathrm{sn}\left[\dfrac{\alpha M}{\omega'_\alpha}F\left(\arcsin(\omega'),\dfrac{1}{\omega'_\alpha}\right);\dfrac{1}{\alpha}\right] & n \text{ ungerade} \\ \mathrm{sn}\left[\dfrac{\alpha M}{\omega'_\alpha}F\left(\arcsin(\omega'),\dfrac{1}{\omega'_\alpha}\right)+(-1)^{n/2}\,\mathbf{K}\left(\dfrac{1}{\alpha}\right);\dfrac{1}{\alpha}\right] & n \text{ gerade} \end{cases} \quad . \tag{F.102}$$

Hieraus lassen sich nun die Nullstellen von f in einfacher Weise bestimmen. Ist nämlich n ungerade, dann gibt es bei $\omega'=0$ eine Nullstelle, also

$$u\big|_{\omega'=0}=0 \quad ; \quad \text{falls } n \text{ ungerade} \quad . \tag{F.103}$$

---

[1] Der komplex fortgesetzte sinus amplitudinis hat eine weitere, von P_r unabhängige Periode: $P_i=j\,2\boldsymbol{K}'(k)$.

Mit Gleichung (F.98) gibt es dann im Argumentenintervall $\omega' \in [-1,+1]$ die Nullstellen:

$$f(\omega'_{2\nu})=0 \quad \text{für} \quad \frac{\alpha M}{\omega'_\alpha} F\left(\arcsin(\omega'_{2\nu}), \frac{1}{\omega'_\alpha}\right)=2\nu \mathbf{K}\left(\frac{1}{\alpha}\right) \; ; \; n \text{ ungerade} \; . \tag{F.104}$$

Nach Umkehrung folgt dann

$$\omega'_{2\nu} = \operatorname{sn}\left(\frac{2\nu\,\omega'_\alpha}{\alpha\, M} \mathbf{K}\left(\frac{1}{\alpha}\right); \frac{1}{\omega'_\alpha}\right) \quad ; \quad n \text{ ungerade} \quad . \tag{F.105}$$

Im Fall geraden Wertes von n ist bei $\omega' = 0$ ein Extremum. Es gilt also

$$(-1)^{n/2} = \operatorname{sn}\left[(-1)^{n/2} \mathbf{K}\left(\frac{1}{\alpha}\right); \frac{1}{\alpha}\right] \quad ; \quad \text{falls } n \text{ gerade} \tag{F.106}$$

und demzufolge

$$u\big|_{\omega'=0} = \mathbf{K}\left(\frac{1}{\alpha}\right) \quad ; \quad \text{falls } n \text{ gerade} \quad . \tag{F.107}$$

Die erste Nullstelle rechts von diesem Extremum liegt bei ω'_1. Da die Nullstelle gerade eine viertel Periode von dem Extremum entfernt ist, muß gelten:

$$u\big|_{\omega'_1} = 2\,\mathbf{K}\left(\frac{1}{\alpha}\right) \quad ; \quad \text{falls } n \text{ gerade} \quad . \tag{F.108}$$

Zusammen mit Gleichung (F.98) folgt damit für die Nullstellen bei geradem n:

$$\omega'_{2\nu+1} = \operatorname{sn}\left(\frac{(2\nu+1)\,\omega'_\alpha}{\alpha\, M} \mathbf{K}\left(\frac{1}{\alpha}\right); \frac{1}{\omega'_\alpha}\right) \quad ; \quad n \text{ gerade} \quad . \tag{F.109}$$

Weil Nullstellen und Extrema abwechselnd und jeweils versetzt um eine viertel Periode auftreten, gilt allgemein:

$$\omega'_\nu = \operatorname{sn}\left(\frac{\nu\,\omega'_\alpha}{\alpha\, M} \mathbf{K}\left(\frac{1}{\alpha}\right); \frac{1}{\omega'_\alpha}\right) . \tag{F.110}$$

Das rechte Randextremum liegt bei $\omega'_n = 1$. Daher ist

$$1 = \operatorname{sn}\left(\frac{n\,\omega'_\alpha}{\alpha\, M} \mathbf{K}\left(\frac{1}{\alpha}\right); \frac{1}{\omega'_\alpha}\right) \tag{F.111}$$

und folglich

$$F\left(\frac{\pi}{2}, \frac{1}{\omega'_\alpha}\right) = \frac{n\,\omega'_\alpha}{\alpha\, M} \mathbf{K}\left(\frac{1}{\alpha}\right) \tag{F.112}$$

oder

$$\frac{\omega'_\alpha}{\alpha\, M}\,\mathbf{K}\!\left(\frac{1}{\alpha}\right)=\frac{1}{n}\,\mathbf{K}\!\left(\frac{1}{\omega'_\alpha}\right) \quad . \tag{F.113}$$

Damit kann man dann Nullstellen und Extrema als

$$\omega'_\nu = \operatorname{sn}\!\left(\frac{\nu}{n}\,\mathbf{K}\!\left(\frac{1}{\omega'_\alpha}\right);\frac{1}{\omega'_\alpha}\right) \tag{F.114}$$

beschreiben. Somit ist die gesuchte Prototypfunktion f:

$$f(\omega')=\begin{cases}\sqrt{\alpha}\,{\omega'_\alpha}^{n/2}\dfrac{\prod\limits_{l=1}^{n/2}\left(-\omega'^2+\operatorname{sn}^2\left(\left[(2l-1)/n\right]\mathbf{K}(1/\omega'_\alpha);1/\omega'_\alpha\right)\right)}{\prod\limits_{k=1}^{n/2}\left(-\omega'^2\operatorname{sn}^2\left(\left[(2k-1)/n\right]\mathbf{K}(1/\omega'_\alpha);1/\omega'_\alpha\right)+{\omega'_\alpha}^2\right)} & n \text{ gerade}\\[2ex] \sqrt{\alpha}\,{\omega'_\alpha}^{(n-2)/2}\dfrac{\omega'\prod\limits_{l=1}^{(n-1)/2}\left(-\omega'^2+\operatorname{sn}^2\left((2l/n)\mathbf{K}(1/\omega'_\alpha);1/\omega'_\alpha\right)\right)}{\prod\limits_{k=1}^{(n-1)/2}\left(-\omega'^2\operatorname{sn}^2\left((2k/n)\mathbf{K}(1/\omega'_\alpha);1/\omega'_\alpha\right)+{\omega'_\alpha}^2\right)} & n \text{ ungerade}\end{cases}$$

$$. \tag{F.115}$$

Aus Gleichung (F.70) läßt sich nun noch eine wesentliche Aussage herleiten. Zusammen mit

$$f(\omega'_\alpha)=\alpha \tag{F.116}$$

folgt aus ihr nämlich

$$\int\limits_1^\alpha \frac{df}{\sqrt{\left[1-f^2\right]\left[1-f^2/\alpha^2\right]}}=\frac{\alpha\, M}{\omega'_\alpha}\int\limits_1^{\omega'_\alpha}\frac{d\omega'}{\sqrt{\left[1-\omega'^2\right]\left[1-\omega'^2/{\omega'_\alpha}^2\right]}} \quad . \tag{F.117}$$

Der Formelsammlung von Magnus und Oberhettinger [11.9] entnimmt man den Zusammenhang:

$$\mathbf{K}'(k)=\int\limits_0^1\frac{dx}{\sqrt{\left[1-x^2\right]\left[1-k'^2x^2\right]}}=\int\limits_1^{1/k}\frac{dx}{\sqrt{\left[x^2-1\right]\left[1-k^2x^2\right]}} \tag{F.118}$$

Dabei ist $\mathbf{K}'(k)$ das komplementäre vollständige elliptische Integral erster Gattung und $k' := \sqrt{1-k^2}$ der komplementäre Modul. Angewandt auf die vorletzte Gleichung folgt

$$\mathbf{K}'(1/\alpha) = \frac{\alpha\, M}{\omega'_\alpha}\, \mathbf{K}'(1/\omega'_\alpha) \quad . \tag{F.119}$$

Zusammen mit Gleichung (F.113) erhält man dann

$$\frac{\mathbf{K}(1/\omega'_\alpha)}{\mathbf{K}'(1/\omega'_\alpha)} = n\, \frac{\mathbf{K}(1/\alpha)}{\mathbf{K}'(1/\alpha)} \quad . \tag{F.120}$$

F.3 Bessel-Polynome

Bessel-Polynome sind Polynomnäherungen für $\exp(\tau_{G0}\, p)$, deren komplexe Nullstellen ausschließlich in der linken abgeschlossenen Halbebene liegen. Für ihre Herleitung ist eine Grundkenntnis der Theorie der Zweipolfunktionen erforderlich. (Siehe Anhang G)

Eine einfache Polynomnäherung für die Exponentialfunktion ist deren Taylorreihenentwicklung n-ter Ordnung:

$$P_n(p) = \sum_{k=0}^{n} \frac{1}{k!} (\tau_{G0}\, p)^k = \sum_{k=0}^{\lfloor n/2 \rfloor} \frac{1}{(2k)!} (\tau_{G0}\, p)^{2k} + \sum_{k=0}^{\lfloor (n-1)/2 \rfloor} \frac{1}{(2k+1)!} (\tau_{G0}\, p)^{2k+1} \quad . \tag{F.121}$$

Dabei ist $\lfloor N \rfloor$ der ganzzahlige Anteil von N. Die Polynomkoeffizienten von P_n sind alle positiv. Mit

$$P_{g,n}(p) := \sum_{k=0}^{\lfloor n/2 \rfloor} \frac{1}{(2k)!} (\tau_{G0}\, p)^{2k} \;,\; P_{u,n}(p) := \sum_{k=0}^{\lfloor (n-1)/2 \rfloor} \frac{1}{(2k+1)!} (\tau_{G0}\, p)^{2k+1} \tag{F.122}$$

ist dann in

$$P_n(p) = P_{g,n}(p) + P_{u,n}(p) \tag{F.123}$$

eine Zerlegung der Entwicklung n-ter Ordnung in ein gerades und ein ungerades Polynom mit ausschließlich positiven Koeffizienten gefunden.

Einem in Anhang G bewiesenen Satz zufolge besitzt P_n genau dann ausschließlich Nullstellen in der linken Halbebene, wenn der Quotient

$$Z_n(p) = P_{g,n}(p) / P_{u,n}(p) \tag{F.124}$$

die Eigenschaften einer Reaktanzzweipolfunktion hat. Genau dies ist aber – wie das Beispiel 11.7 zeigt – nicht für jede Taylorreihenentwicklung der Exponentialfunktion garantiert.

Der Quotient $Z_n(p)$ hat aber sicher dann die geforderte Eigenschaft, wenn es für ihn eine Kettenbruchentwicklung gibt, bei der alle Koeffizienten positiv sind. In Beispiel 11.7 ist das nicht der Fall.

Eine genauere Analyse der Kettenbruchentwicklung von Z_n zeigt nun, daß die möglichen negativen Koeffizienten der Entwicklung erst ab dem Entwicklungsglied der Ordnung $\lfloor n/2 \rfloor$ auftauchen. Daher ist die grundsätzliche Idee einer Approximation, die Exponentialfunktion in eine unendliche Reihe zu entwicken, diese in eine Summe aus geradem und ungeraden Anteil zu zerlegen, und dann eine Kettenbruchentwicklung vorzunehmen, welche nach dem n-ten (positiven) Glied abgebrochen wird. Wenn man dann den endlichen Kettenbruch wieder in einen normalen Bruch zurückrechnet, dann muß dieser Quotient eines geraden und ungeraden Polynoms sein, dessen Summe die gewünschte Approximation der Exponentialfunktion ist.

Sei also

$$Q_0(p) = \frac{\sum_{k=0}^{\infty} \frac{1}{(2k)!} (\tau_{G0}\, p)^{2k}}{\sum_{k=0}^{\infty} \frac{1}{(2k+1)!} (\tau_{G0}\, p)^{2k+1}} \tag{F.125}$$

der Quotient aus geradem und ungeraden Reihenanteil der Exponentialfunktion. Q_0 besitzt einen einfachen Pol bei 0. Dieser soll durch folgenden Ansatz abgespalten werden:

$$Q_0(p) = \frac{c_1}{p} + R_1(p) \quad . \tag{F.126}$$

Dabei soll $R_1(p)$ eine in 0 reguläre Funktion sein. Es muß also gelten:

$$R_1(p) = Q_0(p) - \frac{c_1}{p} = \frac{\sum_{k=0}^{\infty} \frac{1}{(2k)!} (\tau_{G0}\, p)^{2k} - \sum_{k=0}^{\infty} \frac{\tau_{G0}\, c_1}{(2k+1)!} (\tau_{G0}\, p)^{2k}}{\sum_{k=0}^{\infty} \frac{1}{(2k+1)!} (\tau_{G0}\, p)^{2k+1}} \quad . \tag{F.127}$$

Damit dann $R_1(p)$ in 0 regulär ist, muß gelten:

$$\left[\frac{1}{(2k)!} - \frac{\tau_{G0}\, c_1}{(2k+1)!} \right]_{k=0} = 0 \quad \text{oder} \quad c_1 = \frac{1}{\tau_{G0}} \tag{F.128}$$

und

$$R_1(p) = \frac{\sum_{k=0}^{\infty} \frac{1}{(2k)!} (\tau_{G0}\, p)^{2k} - \sum_{k=0}^{\infty} \frac{1}{(2k+1)!} (\tau_{G0}\, p)^{2k}}{\sum_{k=0}^{\infty} \frac{1}{(2k+1)!} (\tau_{G0}\, p)^{2k+1}} = \frac{\sum_{k=1}^{\infty} \frac{2k}{(2k+1)!} (\tau_{G0}\, p)^{2k-1}}{\sum_{k=1}^{\infty} \frac{1}{(2k-2+1)!} (\tau_{G0}\, p)^{2k-2}} , \tag{F.129}$$

Offensichtlich hat nun R_1 eine Nullstelle bei $p = 0$. Dann muß der Kehrwert von R_1 eine Polstelle bei $p = 0$ haben, die entsprechend voriger Vorgehensweise abgespalten werden kann:

$$Q_1(p) := \frac{1}{R_1(p)} \overset{!}{=} \frac{c_2}{p} + R_2(p) \tag{F.130}$$

also

$$R_2(p) = Q_1(p) - \frac{c_2}{p} = \frac{\sum_{k=1}^{\infty}\left[\frac{1}{(2k-2+1)!} - \frac{2k\,\tau_{G0}\,c_2}{(2k+1)!}\right](\tau_{G0}\,p)^{2k-2}}{\sum_{k=1}^{\infty}\frac{2k}{(2k+1)!}(\tau_{G0}\,p)^{2k-1}} \quad . \tag{F.131}$$

Damit R_2 in 0 regulär ist, muß offenbar gelten

$$\left[\frac{1}{(2k-2+1)!} - \frac{2k\,\tau_{G0}\,c_2}{(2k+1)!}\right]_{k=1} = 0 \quad \text{oder} \quad c_2 = \frac{3}{\tau_{G0}} \quad . \tag{F.132}$$

Damit ist

$$R_2(p) = \frac{\sum_{k=2}^{\infty}\frac{2k\,(2k-2)}{(2k+1)!}(\tau_{G0}\,p)^{2k-2}}{\sum_{k=1}^{\infty}\frac{2k}{(2k+1)!}(\tau_{G0}\,p)^{2k-1}} \quad . \tag{F.133}$$

Insgesamt ist damit:

$$Q_0(p) = \frac{1}{\tau_{G0}\,p} + \frac{1}{\frac{3}{\tau_{G0}\,p} + R_2(p)} \quad . \tag{F.134}$$

R_2 besitzt wiederum eine Nullstelle in 0. Also besitzt der Kehrwert von R_2 eine Polstelle in 0 usw. Induktiv zeigt man, daß nach $m < n$ „Polabspaltungen" die Darstellung

$$Q_0(p) = \frac{1}{\tau_{G0}\,p} + \cfrac{1}{\cfrac{3}{\tau_{G0}\,p} + \cfrac{1}{\cfrac{5}{\tau_{G0}\,p} + \ddots + \cfrac{1}{\cfrac{(2m-1)}{\tau_{G0}\,p} + R_m(p)}}} \tag{F.135}$$

gültig ist. Bricht man die Kettenbruchentwicklung hier ab, dann erhält man eine Kettenbruchnäherung m-ter Ordnung für Q_0:

$$Q_{0,m}(p)=\cfrac{1}{\tau_{G0}\,p}+\cfrac{1}{\cfrac{3}{\tau_{G0}\,p}+\cfrac{1}{\cfrac{5}{\tau_{G0}\,p}+\ddots+\cfrac{1}{\cfrac{(2m-1)}{\tau_{G0}\,p}}}} \quad . \tag{F.136}$$

Diese besitzt ausschließlich positive Koeffizienten. Geht man nun den umgekehrten Weg, dann ergibt sich durch Auflösung der Kettenbruchdarstellung

$$Q_{0,m}(p)=\frac{\sum_{k=0}^{\lfloor m/2\rfloor} b_{2k}(\tau_{G0}\,p)^{2k}}{\sum_{k=0}^{\lfloor m/2\rfloor-1} b_{2k+1}(\tau_{G0}\,p)^{2k+1}} \qquad \text{mit} \qquad b_k=\frac{m!\,(2m-k)!\,2^k}{k!(m-k)!\,(2m)!} \quad . \tag{F.137}$$

Das Zählerpolynom ist gerade, das Nennerpolynom ungerade. Die Grade unterscheiden sich um exakt 1. Daher muß

$$\begin{aligned} D_m(p) &:= \sum_{k=0}^{\lfloor m/2\rfloor} b_{2k}(\tau_{G0}\,p)^{2k}+\sum_{k=0}^{\lfloor m/2\rfloor-1} b_{2k+1}(\tau_{G0}\,p)^{2k+1} \\ &= \sum_{k=0}^{m} b_k(\tau_{G0}\,p)^k \quad \text{mit} \quad b_k=\frac{m!\,(2m-k)!\,2^k}{k!(m-k)!\,(2m)!} \quad . \end{aligned} \tag{F.138}$$

eine Näherung für die Exponentialfunktion sein, welche nur Nullstellen in der linken Halbebene besitzt. Normiert man dieses Polynom so, daß der Koeffizient der höchsten Potenz in $\tau_{G0}\,p$ Eins wird, dann erhält man das Bessel-Polynom m-ten Grades:

$$B_m(\tau_{G0}\,p):=\frac{(2m)!}{m!\,2^m}\sum_{k=0}^{m}\frac{m!\,(2m-k)!\,2^k}{k!(m-k)!\,(2m)!}(\tau_{G0}\,p)^k \quad . \tag{F.139}$$

G Zweipolfunktionen

G.1 Definition und allgemeine Eigenschaften

Es sei Γ der Reflexionsfaktor eines passiven kausalen Eintores oder Zweipoles. Γ sei eine rationale Funktion der komplexen Frequenz p:

$$\Gamma(p) = C\,\frac{Z(p)}{N(p)} = C \prod_{l=1}^{M} (p - p_{0,l}) \Big/ \prod_{k=1}^{N} (p - p_{\infty,k}) \quad . \tag{G.1}$$

Dabei werden Zähler- und Nennerpolynom als teilerfremd vorausgesetzt.

Auf Grund der vorausgesetzten Passivität ist

$$\left|\Gamma(j\omega)\right| \le 1 \quad . \tag{G.2}$$

Die Bedingung der Kausalität führt zu

$$\Gamma^*(j\omega) = \Gamma(-j\omega) \quad . \tag{G.3}$$

Eingesetzt in Gleichung (G.1) ergibt sich

$$C^* \prod_{l=1}^{M} (j\omega + p_{0,l}^*) \Big/ \prod_{k=1}^{N} (j\omega + p_{\infty,k}^*) = C \prod_{l=1}^{M} (j\omega - p_{0,l}) \Big/ \prod_{k=1}^{N} (j\omega - p_{\infty,k}) \,. \tag{G.4}$$

Da dies für alle ω gelten muß, folgt

1. $C = C^*$ (G.5)
2. Die Pol– und Nullstellen sind entweder reell oder Partner eines komplex konjugierten Zahlenpaares.

Die rationale Funktion Γ kann in eine Summe von Partialbrüchen der Form

$$K\,p^{\lambda} \big/ (p - p_{\infty,k})^{\ell} \tag{G.6}$$

zerlegt werden. Deren Laplacerücktransformierte sind dann im wesentlichen die λ–ten zeitlichen Ableitungen der Rücktransformierten von

$$1 \big/ (p - p_{\infty,k})^{\ell} \quad , \tag{G.7}$$

also die zeitlichen Ableitungen von

$$t^{\ell-1} e^{p_{\infty,k} t} / (\ell-1)! \quad . \tag{G.8}$$

Reflexionsfaktoren sind physikalisch beobachtbare Größen, sie müssen also im Zeitbereich durch asymptotisch stabile Funktionen beschrieben werden. Infolgedessen dürfen die Pole von Γ nur nichtpositive Realteile haben.

Im Fall eines rein imaginären Pols darf dieser darüber hinaus nur einfach sein, weil sonst in den Ausdrücken entsprechend Gleichung (G.8) der Term $t^{\ell-1}$ überwiegt.

Die Polstelle $p=0$ muß wegen der Beschränktheit des Reflexionsfaktors für $p = j\omega$ ausgeschlossen werden.

Durch die Untersuchung der Polstellen der rationalen Funktion im Laplacebereich ist also ein einfaches Kriterium für die asymptotische Stabilität der entsprechenden Funktion im Zeitbereich gegeben.

Faßt man in der Produktdarstellung von Γ die komplex konjugierten Partner des Nennerpolynoms zusammen:

$$(p - p_{\infty,k})(p - p_{\infty,k}^*) = p^2 + 2\left|\Re\{p_{\infty,k}\}\right| p + \left|p_{\infty,k}\right|^2 \quad , \tag{G.9}$$

und schreibt man im Fall reellwertiger Polstellen

$$p - p_{\infty,k} = p + \left|p_{\infty,k}\right| \tag{G.10}$$

dann erhält man – gegebenenfalls nach Umnumerierung der Indizes – für das Nennerpolynom (bis auf einen konstanten Faktor):

$$N(p) := \prod_{k=1}^{N_{reell}} \left(p + \left|p_{\infty,k}\right|\right) \prod_{k=N_{reell}+1}^{N_{kompl}} \left(p + 2\left|\Re\{p_{\infty,k}\}\right| + \left|p_{\infty,k}\right|^2\right) \quad . \tag{G.11}$$

Nach Ausmultiplizieren der Produkte folgt dann die Darstellung

$$N(p) = \sum_{k=0}^{N} D_k \, p^k \quad \text{mit} \quad D_k > 0 \quad \text{für} \quad k = 0, \ldots, N \quad . \tag{G.12}$$

Ein solches Polynom, das nur reelle positive Koeffizienten besitzt und dessen Nullstellen ausschließlich in der linken offenen komplexen Halbebene liegen, heißt auch *Hurwitz-Polynom*[1].

Das Nennerpolynom von Γ ist also ein Hurwitz–Polynom.

Aus dem Reflexionsfaktor läßt sich nun umkehrbar eindeutig die normierte Impedanz des Zweipols berechnen:

---

[1] Benannt nach dem deutschen Mathematiker Adolf Hurwitz, (1859 - 1919), der bedeutende Arbeiten zur Theorie der Modulfunktionen, zur Funktionentheorie und zur algebraischen Zahlentheorie beisteuerte.

$$w(p)=\frac{1+\Gamma(p)}{1-\Gamma(p)}=\frac{N(p)+C\,Z(p)}{N(p)-C\,Z(p)} \quad . \tag{G.13}$$

Daher muß auch die (normierte) Impedanz des Eintors eine in p rationale Funktion sein. Umgekehrt muß der Reflexionsfaktor dann eine rationale Funktion sein, wenn die normierte Impedanz eine rationale Funktion ist.

Da der Betrag des Reflexionsfaktors unter der Voraussetzung asymptotischer Stabilität nicht größer als 1 sein kann, folgt, daß der Realteil von w in der offenen (geschlossenen) linken Halbebene von p größer (größer oder gleich) 0 sein muß.

Für die (verallgemeinerten) normierten Ströme und Spannungen am Tor der Schaltung gilt:

$$u(p)=w(p)\,i(p)=\frac{N(p)+C\,Z(p)}{N(p)-C\,Z(p)}\,i(p) \quad , \tag{G.14}$$

$$i(p)=\frac{u(p)}{w(p)}=\frac{N(p)-C\,Z(p)}{N(p)+C\,Z(p)}\,u(p) \quad . \tag{G.15}$$

Es sind also sowohl w als auch $1/w$ systemtheoretische Übertragungsfunktionen.

Da die verallgemeinerten Ströme und Spannungen physikalisch observable und daher kausale Größen sind, kann die Argumentation für das Nennerpolynom der Übertragungsfunktion analog geführt werden, wie bei der Betrachtung des Reflexionsfaktors.

Daher müssen $N-CZ$ und $N+CZ$ Polynome sein, deren Koeffizienten mit Ausnahme des absoluten Gliedes positiv sind. Für einen möglichen Pol bei 0 muß gelten, daß er einfach ist, d.h. das absolute Glied des Polynoms darf außer positiven Zahlenwerten auch den Wert 0 annehmen. (Dies ist anders als beim Nennerpolynom des Reflexionsfaktors, da der Betrag von w bzw. $1/w$ nicht unbedingt beschränkt ist). Andere Pole auf der imaginären Achse müssen einfach sein und als konjugiert komplexe Polpaar erscheinen.

Für die Impedanz oder Admittanz eines Zweipoles oder Eintores muß also gelten:

$$w(p)=\sum_{l=0}^{M}A_l\,p^l \Big/ \sum_{k=0}^{N}B_k\,p^k \quad \text{mit } A_0,B_0\geq 0,\, A_0+B_0>0 \;,\; A_l,B_k>0 \text{ sonst} \quad . \tag{G.16}$$

Definition G.1:

Eine rationale, teilerfremde Funktion in p mit den Koeffizienteneigenschaften der Gleichung (G.16), welche keine Pol- und Nullstellen in der rechten Halbebene und höchstens einfache Pol- oder Nullstelle auf der imaginären Achse aufweist, heißt *Zweipolfunktion* oder *rationale, reelle, positive Funktion.* ♦

Der erste Name ist offensichtlich. Der zweite rührt von der Eigenschaft her, daß die Zweipolfunktion rational ist und für alle Werte von $p = j\omega$ einen nicht negativen Realteil besitzt.

G.2 Reaktanzzweipole

Eine besondere Untermenge der (normierten) Impedanzen mit rationaler Übertragungsfunktion bilden die verlustlosen Zweipole oder *Reaktanzzweipole*. Auf Grund der Unitarität der Streumatrix verlustloser Zweipole folgt sofort, daß dann der Reflexionsfaktorbetrag der entsprechenden Impedanz 1 sein muß. Das aber wiederum bedeutet, daß die zugehörige Zweipolfunktion für endliche Frequenzen rein imaginär oder 0 ist. Daher können auch all ihre Pole (und Nullstellen) nur rein imaginär sein.

G.2.1 Partialbruchzerlegungen

Da die imaginären Pole und Nullstellen höchstens einfach sein können, und wegen der Zweipolfunktionseigenschaften folgt dann, daß sich die normierte Impedanz in der Form

$$w(p) = \frac{K_0}{p} + \sum_{l=1}^{L} K_l \left(\frac{1}{p - j\omega_{\infty,l}} + \frac{1}{p + j\omega_{\infty,l}} \right) + K_{L+1}\, p \tag{G.17}$$

schreiben läßt. Nach Umformung erhält man

$$w(p) = K_0/p + \sum_{l=1}^{L} 2\,p K_l/(p^2 + \omega_{\infty,l}^2) + K_{L+1}\, p \quad . \tag{G.18}$$

Falls p sehr nahe bei einem Pol $\pm\omega_{\infty,k}$ liegt, dann verhält sich w näherungsweise wie

$$w(p) \approx 2\,p K_k/(p^2 + \omega_{\infty,k}^2) \quad . \tag{G.19}$$

Dies ist (immer noch) eine Zweipolfunktion. Daher müssen alle K_k mit k-Werten zwischen 1 und k positiv sein.

Im Fall $K_0 \neq 0$ liefert eine entsprechende Argumentation, daß auch K_0 positiv sein muß. Im Fall $K_{L+1} \neq 0$ zeigt eine asymptotische Betrachtung für $p \to \infty$, daß dann auch K_{L+1} positiv sein muß.

Die Koeffizienten K_k der Partialbruchzerlegung von w müssen also alle postiv oder 0 sein.

Es werden nun folgende Fälle unterschieden:

1. $K_0 = K_{L+1} = 0$.

   In diesem Fall ist

$$w(p) = \sum_{l=1}^{L} 2\,p\,K_l \prod_{k=1,k\neq l}^{L} (p^2 + \omega_{\infty,k}^2) \Big/ \prod_{k=1}^{L} (p^2 + \omega_{\infty,k}^2) \quad . \tag{G.20}$$

Der Grad des Zählerpolynoms ist dann $2L-1$, der des Nennerpolynoms $2L$.

2. $K_0 = 0,\ K_{L+1} \neq 0$.

   In diesem Fall ist

$$w(p) = \frac{K_{L+1}\,p \prod_{k=1}^{L} (p^2 + \omega_{\infty,k}^2) + \sum_{l=1}^{L} 2\,p\,K_l \prod_{k=1,k\neq l}^{L} (p^2 + \omega_{\infty,k}^2)}{\prod_{k=1}^{L} (p^2 + \omega_{\infty,k}^2)} \quad . \tag{G.21}$$

   Der Grad des Zählerpolynoms ist dann $2L+1$, der des Nennerpolynoms $2L$.

3. $K_0 \neq 0,\ K_{L+1} = 0$.

   In diesem Fall ist

$$w(p) = \frac{K_0 \prod_{k=1}^{L} (p^2 + \omega_{\infty,k}^2) + \sum_{l=1}^{L} 2\,p^2\,K_l \prod_{k=1,k\neq l}^{L} (p^2 + \omega_{\infty,k}^2)}{p \prod_{k=1}^{L} (p^2 + \omega_{\infty,k}^2)} \quad . \tag{G.22}$$

   Der Grad des Zählerpolynoms ist dann $2L$, der des Nennerpolynoms $2L+1$.

4. $K_0 \neq 0,\ K_{L+1} \neq 0$.

   In diesem Fall ist

$$w(p) = \frac{(K_0 + K_{L+1}\,p^2) \prod_{k=1}^{L} (p^2 + \omega_{\infty,k}^2) + \sum_{l=1}^{L} 2\,p^2\,K_l \prod_{k=1,k\neq l}^{L} (p^2 + \omega_{\infty,k}^2)}{p \prod_{k=1}^{L} (p^2 + \omega_{\infty,k}^2)} \quad . \tag{G.23}$$

   Der Grad des Zählerpolynoms ist dann $2L+2$, der des Nennerpolynoms $2L+1$.

Zähler- und Nennergrad unterscheiden sich also in jedem Fall um exakt 1.

Weiter kann man schließen, daß in dem Fall kleineren Zähler- als Nennergrades in der Partialbruchdarstellung kein zu p proportionaler Anteil enthalten ist.

Die gleiche Argumentation kann für die normierte Admittanz geführt werden. Sei also

$$y(p) = \frac{D_0}{p} + \sum_{k=1}^{K} \frac{2\,p\,D_k}{p^2 + \omega_{0,k}^2} + D_{K+1}\,p \quad . \tag{G.24}$$

Mit der gleichen Argumentation wie im Falle der Impedanz muß geschlossen werden, daß die Koeffizienten D_k dieser Partialbruchzerlegung nicht negativ sind, daß sich Zähler- und Nennergrad der Zweipolfunktion um genau 1 unterscheiden,

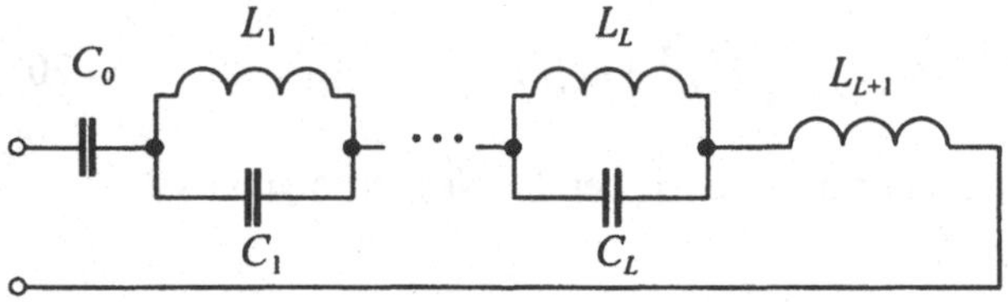

Abb. G.1 : Partialbruchdarstellung einer Impedanz

und daß in dem Fall kleineren Zähler- als Nennergrades in der Partialbruchdarstellung kein zu p proportionaler Anteil enthalten ist.

In der Partialbruchzerlegung der normierten Impedanz w nach Gleichung (G.18) kann man den ersten Summanden sofort als Kapazität mit dem Wert

$$C_0 := 1/K_0 Z_0 \tag{G.25}$$

und den letzten Summanden als Induktivität mit dem Wert

$$L_{L+1} := K_{L+1} Z_0 \tag{G.26}$$

interpretieren. Dabei ist Z_0 der Wellenwiderstand, der zur Normierung verwendet wurde. Die Terme in der Mitte sind die Impedanzen eines Parallelresonanzkreises mit der Kapazität

$$C_l := 1/2 K_l Z_0 \tag{G.27}$$

und der Induktivität

$$L_l := 2 K_l Z_0 / \omega_{\infty,l}^2 \quad . \tag{G.28}$$

Damit ergibt sich, daß jede Reaktanzfunktion entsprechend Abb. G.1 realisiert werden kann.

Ob man in der Partialbruchdarstellung überhaupt eine Serienkapazität C_0 oder eine Serieninduktivität L_{L+1} benötigt, kann leicht überprüft werden: Die Serienkapazität ist vonnöten, wenn eine Nullstelle bei 0 vorhanden ist, die Serieninduktivität, wenn es einen Pol bei Unendlich gibt.

Beispiel G.1 :

Abb. G.2 zeigt eine Reaktanz mit vier Blindelementen. Sie wird durch die folgende Impedanz beschrieben:

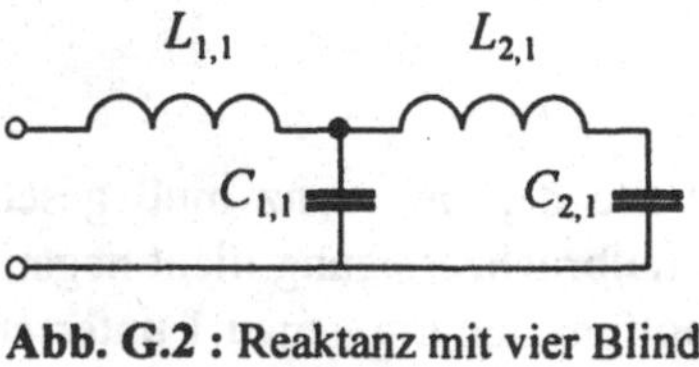

Abb. G.2 : Reaktanz mit vier Blindelementen

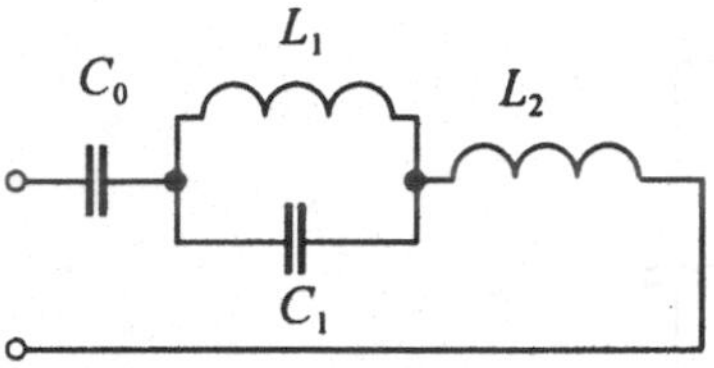

Abb. G.3 : Partialbruchdarstellung der gegebenen Impedanz

$$W(p) = p\,L_{1,1} + \cfrac{1}{p\,C_{1,1} + \cfrac{1}{p\,L_{2,1} + \cfrac{1}{p\,C_{2,1}}}} \quad . \tag{G.29}$$

Die *Kettenbruchstruktur* der Reaktanzfunktion geht direkt aus der Berechnung der Impedanz aus den Einzelimpedanzen hervor. Durch Auflösung des Kettenbruchs und Normierung auf den Leitungswellenwiderstand folgt

$$w(p) = \frac{p^4\,L_{1,1}\,L_{2,1}\,C_{1,1}\,C_{2,1} + p^2\left(L_{1,1}\,C_{1,1} + L_{1,1}\,C_{2,1} + L_{2,1}\,C_{2,1}\right) + 1}{p^3\,L_{2,1}\,C_{1,1}\,C_{2,1}\,Z_0 + p\left(C_{1,1} + C_{2,1}\right) Z_0} \quad . \tag{G.30}$$

Durch Partialbruchentwicklung wird daraus

$$w(p) = p\frac{L_{1,1}}{Z_0} + \frac{p\,C_{2,1}\big/\left(Z_0\,C_{1,1}\left(C_{1,1} + C_{2,1}\right)\right)}{p^2 + \left(C_{1,1} + C_{2,1}\right)\big/L_{2,1}\,C_{1,1}\,C_{2,1}} + \frac{1}{p\left(C_{1,1} + C_{2,1}\right)Z_0} \quad . \tag{G.31}$$

Die letzte Form entspricht der in Gleichung (G.18). Offenbar ist

$$C_0 = C_{1,1} + C_{2,1} \quad , \quad C_1 = C_{1,1}\left(C_{1,1} + C_{2,1}\right)\big/C_{2,1} \quad , \tag{G.32}$$

$$L_2 = L_{1,1} \quad , \quad L_1 = L_{1,1}\,C_{2,1}^2\big/\left(C_{1,1} + C_{2,1}\right)^2 \quad . \tag{G.33}$$

Daher ergibt sich eine Schaltung entsprechend Abb. G.3. Die Schaltung hat eine Polstelle bei 0, weil kein Gleichstrompfad von der einen zur anderen Klemme führt. Sie hat einen Pol bei Unendlich, weil in ihr eine Serieninduktivität vorhanden ist. ◆

Der Kehrwert der normierten Impedanz w ist die normierte Admittanz y, die durch die Partialbruchentwicklung nach Gleichung (G.24) beschrieben werden kann.

Hier ist der erste Summand als eine Induktivität mit Wert

$$L_0 := Z_0 / D_0 \tag{G.34}$$

und der letzte eine Kapazität mit Wert

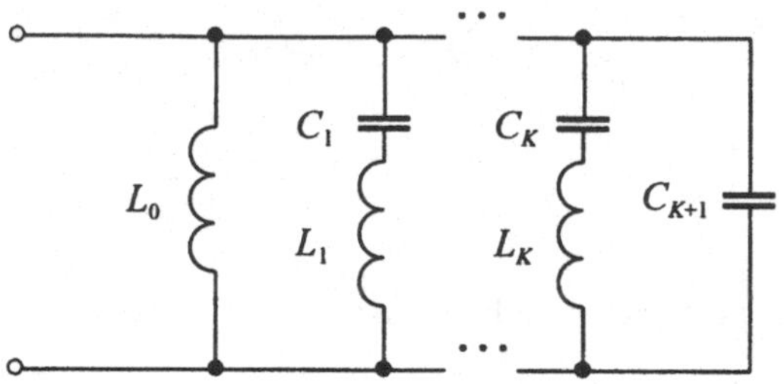

Abb. G.4 : Partialbruchdarstellung einer Admittanz

$$C_{K+1} := D_{K+1}/Z_0 \tag{G.35}$$

zu interpretieren. Die anderen Summanden beschreiben jeweils einen Serienresonanzkreis aus einer Induktivität

$$L_k := Z_0/2\,D_k \tag{G.36}$$

und einer Kapazität

$$C_k := 2\,D_k/\omega_{\infty,k}^2\,Z_0 \quad . \tag{G.37}$$

Man kann daher die Reaktanzfunktion durch eine Parallelschaltung aus einer Induktivität, einer Kapazität und aus Serienresonanzkreisen entsprechend Abb. G.4 realisieren. Dies soll an der Schaltung aus Beispiel G.1 demonstriert werden.

Beispiel G.2 : (Fortsetzung aus Beispiel G.1)

Gegeben sei die Reaktanzfunktion

$$W(p) = \frac{p^4\,L_1\,L_2\,C_1\,C_2 + p^2(L_1\,C_1 + L_1\,C_2 + L_2\,C_2) + 1}{p^3\,L_2\,C_1\,C_2 + p(C_1 + C_2)} \quad . \tag{G.38}$$

Ihr Kehrwert ist

$$Y(p) = \frac{p^3\,L_2\,C_1\,C_2 + p(C_1 + C_2)}{p^4\,L_1\,L_2\,C_1\,C_2 + p^2(L_1\,C_1 + L_1\,C_2 + L_2\,C_2) + 1} \quad . \tag{G.39}$$

Dann ist die Partialbruchentwicklung der Admittanz:

$$Y(p) = k\left(\frac{p(a+b)}{c\,p^2 + d - a} + \frac{p(a-b)}{c\,p^2 + d + a}\right) \tag{G.40}$$

mit

$$a = \sqrt{(L_1\,C_1 + L_1\,C_2 + L_2\,C_2)^2 - 4\,L_1\,C_1\,L_2\,C_2} \quad , \tag{G.41}$$

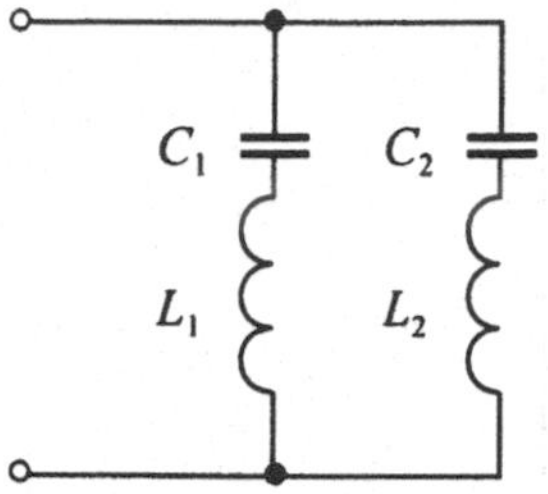

Abb. G.5 : Partialbruchnetzwerk der Admittanz aus Beispiel G.1

$$b = L_1 C_1 + L_1 C_2 - L_2 C_2 \quad , \tag{G.42}$$
$$c = 2 L_1 C_1 L_2 C_2 \quad , \tag{G.43}$$
$$d = L_1 C_1 + L_1 C_2 + L_2 C_2 \quad , \tag{G.44}$$
$$k = \frac{L_2 C_1 C_2}{a} \quad , \tag{G.45}$$

Damit ergibt sich die Realisierungsmöglichkeit entsprechend Abb. G.5.

Es ist zu beachten, daß hier die Parallelkapazität 0 und die Parallelinduktivität unendlich groß ist. ◆

Durch die den Partialbruchentwicklungen entsprechenden Schaltungen sind zwei *kanonische Darstellungen*[1] für die entsprechenden Übertragungsfunktionen gefunden, welche *immer* für *Reaktanzzweipol*funktionen existieren.

G.2.2 Das Fostersche Reaktanztheorem

Der Imaginärteil der Zweipolfunktionen w bzw. y ist im Falle $p = j\omega$ jeweils eine Funktion der Kreisfrequenz ω, die – abgesehen von den Polstellen – überall stetig nach ω differenzierbar ist. Im Falle von w gilt beispielsweise

$$\Im\{w(j\omega)\} = -K_0/\omega + \sum_{l=1}^{L} 2\,w K_l / (-\omega^2 + \omega_{\infty,l}^2) + K_{L+1}\,\omega \quad , \quad K_k \geq 0 \tag{G.46}$$

und damit

$$\frac{\partial \Im\{w(j\omega)\}}{\partial\omega} = \frac{K_0}{\omega^2} + \sum_{l=1}^{L} \frac{(\omega^2 + \omega_{\infty,l}^2)\,2\,K_l}{(-\omega^2 + \omega_{\infty,l}^2)^2} + K_{L+1} > 0 \quad . \tag{G.47}$$

Der Imaginärteil von w muß also zwischen den Polstellen strikt monoton wachsen. Daher muß an den Polstellen einen Vorzeichenwechsel auftreten. Dies wiederum bedingt zusammen mit der stetigen Differenzierbarkeit zwischen den Polstellen, daß genau eine Nullstelle zwischen zwei Polstellen liegen muß.

---

[1] kanonisch = einem Regelwerk (dem sogenannten Kanon) folgend.

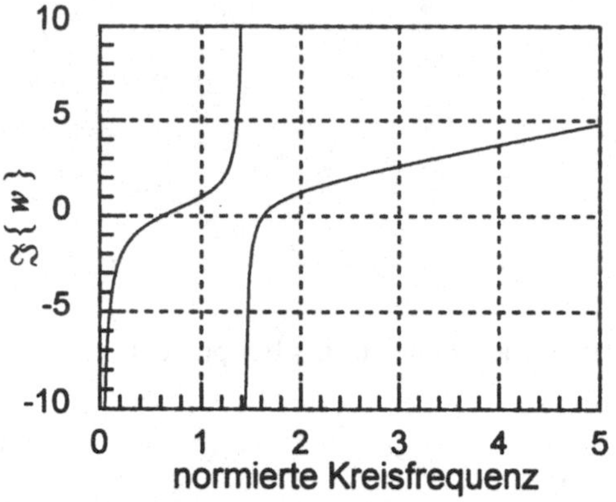

Abb. G.6 : Reaktanzfunktion der Schaltung nach Abb. G.2

Diese Eigenschaften werden in dem nach R.M. Foster benannten *Reaktanztheorem* zusammengefaßt

Theorem G.1 :

Die durch j dividierte Impedanz eines Reaktanzzweipols ist eine rationale Funktion, welche zwischen ihren Polstellen streng monoton wächst. Pol- und Nullstellen wechseln einander ab. ◆

Beispiel G.3 : (Fortsetzung aus Beispiel G.1)

Gegeben sei die Reaktanzfunktion aus Beispiel

$$W(p) = \frac{p^4 L_1 L_2 C_1 C_2 + p^2 (L_1 C_1 + L_1 C_2 + L_2 C_2) + 1}{p^3 L_2 C_1 C_2 + p(C_1 + C_2)} \quad . \tag{G.48}$$

Ihr Imaginärteil wird in Abb. G.6 dargestellt.

Die Schaltung zeigt das zu erwartende Verhalten: ihre Steigung ist dort, wo sie definiert ist, positiv. Polstellen und Nullstellen wechseln einander ab. ◆

G.2.3 Kettenbruchentwicklungen

Angenommen, die normierte *Impedanz* eines Reaktanzzweitores liege in ihrer Partialbruchentwicklung vor, von der nun bekannt ist, daß sie immer existiert. Sei also

$$w(p) = \frac{K_0}{p} + \sum_{l=1}^{L} \frac{2 p K_l}{p^2 + \omega_{\infty,l}^2} + K_{L+1}\, p \quad . \tag{G.49}$$

In Beispiel G.1 wurde die Schaltung zunächst als Abzweigschaltung eingeführt. Das ist eine Schaltung in der sich Serien– und Parallelimmitanzen abwechseln. Es ist daher die Frage zu stellen, unter welchen Umständen eine Darstellung des Reaktanzzweipols als Abzweigschaltung möglich ist. Dazu werden nun zwei unterschiedliche Vorgehensweisen aufgezeigt.

1. Verfahren der Polabspaltung bei $p=\infty$.
   a. Falls der Zählergrad der rationalen Funktion $w(p)$ kleiner ist als der Nennergrad, wird w umbenannt in w_1 und mit Schritt b) des Verfahrens fortgefahren.

      Falls der Zählergrad der rationalen Funktion $w(p)$ größer ist als der Nennergrad, muß es einen zu p einfach proportionalen Summanden in der Partialbruchentwicklung geben:

$$w(p)=\frac{K_0}{p}+\sum_{l=1}^{L}\frac{2\,p\,K_l}{p^2+\omega_{\infty,l}^2}+K_{L+1}\,p \quad ; \quad K_{L+1}\neq 0 \quad . \tag{G.50}$$

      Dieser zu p proportionale Anteil sei

$$w_0(p)=K_{L+1}\,p=:L_1\,p/Z_0 \quad , \tag{G.51}$$

      der von $w(p)$ abgespalten wird. Der Rest

$$w_1(p)=\frac{K_0}{p}+\sum_{l=1}^{L}\frac{2\,p\,K_l}{p^2+\omega_{\infty,l}^2} \tag{G.52}$$

      ist dann offensichtlich immer noch eine Reaktanzzweipolfunktion, deren Zählergrad aber nun niedriger ist als der Zählergrad der ursprünglichen Impedanz $w(p)$.

   b. Aus w_1 bildet man die entsprechende normierte *Admittanz*:

$$y_1(p)=1/w_1(p) \tag{G.53}$$

      die sich dann wieder in Partialbruchentwicklung darstellen lassen muß. Der Zählergrad der Admittanz ist um 1 größer als der Nennergrad:

$$y_1(p)=\frac{D_0}{p}+\sum_{k=1}^{K}\frac{2\,p\,D_k}{p^2+\omega_{\infty,k}^2}+D_{K+1}\,p \quad ; \quad D_{K+1}\neq 0 \quad . \tag{G.54}$$

      Daher läßt sich in jedem Fall ein zu p proportionaler Anteil

$$y_2(p)=D_{K+1}\,p=:Z_0\,C_2\,p \tag{G.55}$$

      abspalten. Als Rest verbleibt eine Admittanz

$$y_3(p)=y_1(p)-y_3(p) \quad . \tag{G.56}$$

c. Aus y_3 bildet man die entsprechende normierte *Impedanz*:

$$w_3(p) = \frac{1}{y_3(p)} \quad , \tag{G.57}$$

deren Zählergrad dann wieder größer ist als der Nennergrad. Es wird dann weiter verfahren wie in Schritt a) bis schließlich der Nennergrad zu 0 abgebaut wurde.

Durch fortgeführte Abspaltung eines zu p proportionalen Ausdrucks wird also die ursprüngliche Reaktanzfunktion in einen *Kettenbruch* mit ausschließlich nichtnegativen Entwicklungskoeffizienten überführt:

$$\begin{aligned} w(p) &= w_0(p) + w_1(p) = \frac{L_1}{Z_0} p + \frac{1}{y_1(p)} \\ &= \frac{L_1}{Z_0} p + \frac{1}{Z_0 C_2\, p + y_3(p)} = \frac{L_1}{Z_0} p + \frac{1}{Z_0 C_2\, p + \frac{1}{w_3(p)}} = \ldots \quad . \end{aligned} \tag{G.58}$$

Die Kettenbruchentwicklung endet, wenn die verbleibende Impedanz bzw. Admittanz nur noch aus einem zu p proportionalen Glied besteht.

Man nennt die so gefundene Darstellung *Kettenbruchentwicklung durch fortgeführten Polabbau bei* $p = \infty$, weil der fortgeführt abgespaltene zu p proportionale Anteil als ein Summand mit Polstelle bei $p = \infty$ interpretiert werden kann.

Man macht sich das Verfahren am besten an Hand eines Beispiels klar:

Beispiel G.4 : (Fortsetzung aus Beispiel G.1)

Gegeben sei die Reaktanzfunktion

$$W(p) = \frac{p^4 L_{1,1} L_{2,1} C_{1,1} C_{2,1} + p^2 (L_{1,1} C_{1,1} + L_{1,1} C_{2,1} + L_{2,1} C_{2,1}) + 1}{p^3 L_{2,1} C_{1,1} C_{2,1} + p(C_{1,1} + C_{2,1})} \; . \tag{G.59}$$

Da der Zählergrad höher als der Nennergrad ist, läßt sich ein von 0 verschiedener zu p proportionaler Anteil abspalten:

$$W(p) = p L_{1,1} + \frac{p^2 L_{2,1} C_{2,1} + 1}{p^3 L_{2,1} C_{1,1} C_{2,1} + p(C_{1,1} + C_{2,1})} \quad . \tag{G.60}$$

Nennt man den zweiten Summanden W_1, und seinen Kehrwert Y_1, dann gilt

$$Y_1(p) = \frac{p^3 L_{2,1} C_{1,1} C_{2,1} + p(C_{1,1} + C_{2,1})}{p^2 L_{2,1} C_{2,1} + 1} \quad . \tag{G.61}$$

Hier läßt sich wieder ein zu p proportionaler Anteil abspalten:

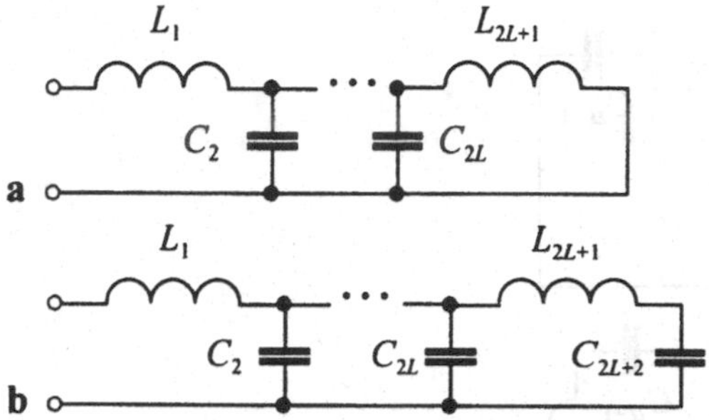

Abb. G.7: Abzweigschaltungen entsprechend einer Kettenbruchdarstellung mit Polabbau bei $p=\infty$ **a** kein Pol bei 0, d.h. letztes Glied der Entwicklung ist eine Induktivität, **b** Pol bei 0, d.h. letztes Glied der Entwicklung ist eine Kapazität

$$Y_1(p) = p C_{1,1} + \frac{p C_{2,1}}{p^2 L_{2,1} C_{2,1} + 1} \quad . \tag{G.62}$$

Nennt man den zweiten Summanden Y_3 und seinen Kehrwert W_3, dann ist

$$W_3(p) = \frac{p^2 L_{2,1} C_{2,1} + 1}{p C_{2,1}} = p L_{2,1} + \frac{1}{p C_{2,1}} \quad . \tag{G.63}$$

Insgesamt ergibt sich also

$$W(p) = p L_{1,1} + \cfrac{1}{p C_{1,1} + \cfrac{1}{p L_{2,1} + \cfrac{1}{p C_{2,1}}}} \quad . \tag{G.64}$$

Das ist der Ausdruck, der schon in Beispiel G.1 gefunden wurde. ♦

Die möglichen Schaltungskonfigurationen, die durch Polabbau bei $p=\infty$ entstehen, sind in Abb. G.7 aufgeführt. Dabei kann – je nach Schaltung – auch der Wert $L_1 = 0$ vorkommen (falls nämlich Schritt a) ausfällt).

2. Verfahren der Polabspaltung bei $p=0$.
Statt des fortgeführten Polabbaus bei $p=\infty$ ist prinzipiell auch ein Polabbau bei 0 möglich. Ist nämlich die Partialbruchentwicklung der normierten Impedanz durch

$$w(p) = \frac{K_0}{p} + \sum_{l=1}^{L} \frac{2 p K_l}{p^2 + \omega_{\infty,l}^2} + K_{L+1} p \quad , \tag{G.65}$$

gegeben, dann wird daraus durch die Abbildung

$$q := \frac{1}{p} \tag{G.66}$$

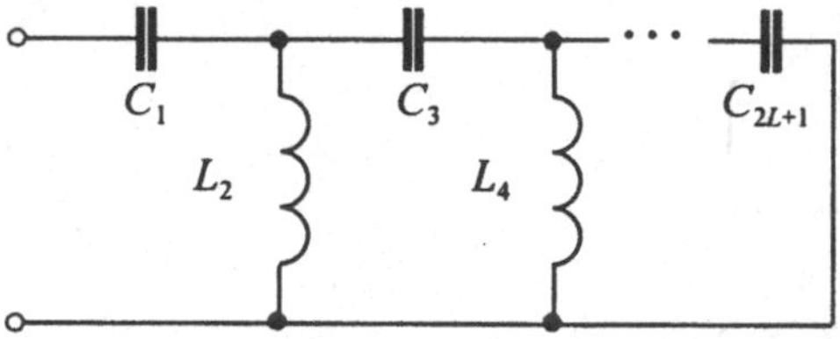

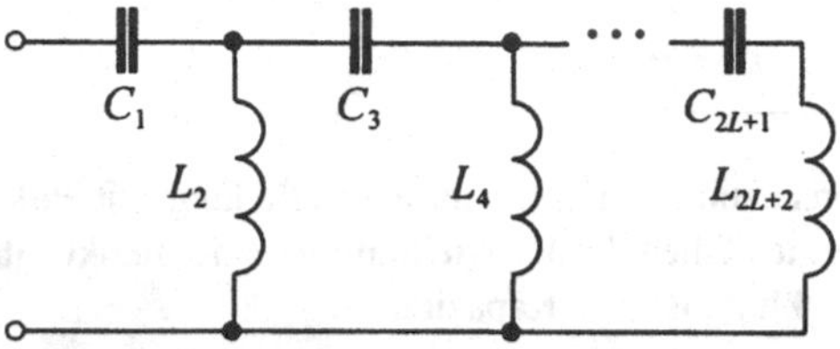

Abb. G.8: Abzweigschaltung entsprechend einer Kettenbruchdarstellung mit Polabbau bei $p=0$, **a** kein Pol bei ∞, d.h. letztes Glied der Entwicklung ist eine Kapazität **b** Pol bei ∞, d.h. letztes Glied der Entwicklung ist eine Induktivität

die Impedanz

$$\widetilde{w}(q) = K_0\, q + \sum_{l=1}^{L} \frac{2q\, K_l / \omega_{\infty,l}^2}{q^2 + 1/\omega_{\infty,l}^2} + \frac{K_{L+1}}{q} \quad . \tag{G.67}$$

Dies ist wieder eine Zweipolfunktion mit exakt der gleichen Struktur wie der von $w(p)$, diesmal aber in der Variablen q. Für diese ist dann entsprechend dem vorhergehenden Verfahren eine Abzweigschaltung durch Kettenbruchentwicklung durch fortgeführten Polabbau bei $q=\infty$ möglich. Dies entspricht einer *Kettenbruchentwicklung durch fortgeführten Polabbau bei* $p=0$.

Durch die Transformation $p = 1/q$ vertauschen gleichzeitig Induktivitäten und Kapazitäten ihre Rolle. Damit ergeben sich die beiden Typen von Abzweigschaltungen entsprechend Abb. G.8, wobei – je nach Zweipolfunktion – $C_1=\infty$ sein kann.

Beispiel G.5 : (Fortsetzung aus Beispiel G.1)

Gegeben sei die Reaktanzfunktion

$$W(p) = \frac{p^4\, L_{1,1}\, L_{2,1}\, C_{1,1}\, C_{2,1} + p^2 \left(L_{1,1}\, C_{1,1} + L_{1,1}\, C_{2,1} + L_{2,1}\, C_{2,1} \right) + 1}{p^3\, L_{2,1}\, C_{1,1}\, C_{2,1} + p\left(C_{1,1} + C_{2,1} \right)} \ . \tag{G.68}$$

Dividiert man Zähler und Nenner durch die höchste Potenz in p, nämlich p^4 und ersetzt $1/p$ durch q, dann ergibt sich

$$W(p) = \widetilde{W}(q) = \frac{L_{1,1}\, L_{2,1}\, C_{1,1}\, C_{2,1} + q^2 \left(L_{1,1}\, C_{1,1} + L_{1,1}\, C_{2,1} + L_{2,1}\, C_{2,1} \right) + q^4}{q^1\, L_{2,1}\, C_{1,1}\, C_{2,1} + q^3 \left(C_{1,1} + C_{2,1} \right)} \ . \tag{G.69}$$

In völliger Analogie zur Vorgehensweise des letzten Beispiels findet man

$$\widetilde{W}(q)=q\frac{1}{C_{1,2}}+\cfrac{1}{q\frac{1}{L_{1,2}}+\cfrac{1}{q\frac{1}{C_{2,2}}+\cfrac{1}{q\frac{1}{L_{2,2}}}}} \tag{G.70}$$

mit

$$C_{1,2}:=C_{1,1}+C_{2,1} \quad , \tag{G.71}$$

$$L_{1,2}:=L_{1,1}+\frac{L_{2,1}\,C_{2,1}^2}{\left(C_{1,1}+C_{2,1}\right)^2} \quad , \tag{G.72}$$

$$C_{2,2}=\frac{\left(C_{1,1}+C_{2,1}\right)C_{1,1}\,L_{2,1}^2\,C_{2,1}^3}{\left[L_{1,1}\left(C_{1,1}+C_{2,1}\right)^2+L_{2,1}\,C_{2,1}^2\right]^2} \quad , \tag{G.73}$$

$$L_{2,2}=\frac{L_{1,1}\left[L_{1,1}\left(C_{1,1}+C_{2,1}\right)^2+L_{2,1}\,C_{2,1}^2\right]}{L_{2,1}\,C_{2,1}^2} \quad . \tag{G.74}$$

Ersetzt man erneut q durch $1/p$, dann folgt für die Impedanz W:

$$W(p)=\frac{1}{pC_{1,2}}+\cfrac{1}{\frac{1}{pL_{1,2}}+\cfrac{1}{\frac{1}{pC_{2,2}}+\cfrac{1}{\frac{1}{pL_{2,2}}}}} \tag{G.75}$$

Das ist eine Schaltung entsprechend Abb. G.9.

Die Schaltung nach Abb. G.9 ist zu der nach Abbildung D.2 *dual*, das heißt, die eine Schaltung geht strukturell durch Ersetzen der Kapazitäten durch Induktivitäten und umgekehrt aus der anderen hervor. ◆

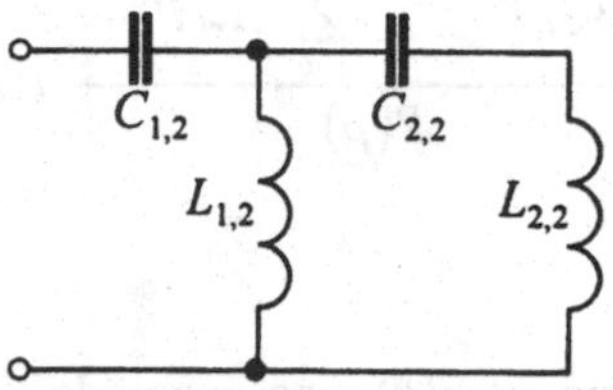

Abb. G.9: Abzweigschaltung entsprechend einer Kettenbruchdarstellung mit Polabbau bei $p=0$ für die Beispielschaltung

Durch die Schaltungen, welche den *Kettenbruchentwicklungen* von Impedanzen und Admittanzen entsprechen, sind zwei weitere *kanonische Darstellungen* für die entsprechenden Übertragungsfunktionen gefunden.

G.2.4 Ein Stabilitätstheorem

Mit Hilfe der oben gefundenen Aussagen über Reaktanzzweipole kann nun ein nützlicher Satz der Filtersynthese bewiesen werden. Häufig muß nämlich sichergestellt werden, daß das Nennerpolynom einer rationalen Übertragungsfunktion ein Hurwitz–Polynom ist.

Theorem G.2:

Das Polynom

$$P(p)=\sum_{\nu=0}^{N} c_\nu\, p^\nu \qquad \text{mit} \qquad c_\nu > 0 \quad \text{für} \quad \nu = 0 \ldots N \tag{G.76}$$

hat Hurwitzeigenschaften, wenn die durch Quotient aus dem geraden und dem ungeraden Anteil von P gebildete rationale Funktion

$$Z(p)=\sum_{k=0}^{\lfloor N/2\rfloor} c_{2k}\, p^{2k} \Bigg/ \sum_{k=0}^{\lfloor (N-1)/2\rfloor} c_{2k+1}\, p^{2k+1} \tag{G.77}$$

eine Reaktanzzweipolfunktion ist. ◆

Der Beweis wird wie folgt geführt.

Angenommen, $Z(p)$ ist eine Reaktanzzweipolfunktion. Dann sind die $c_{k'}$ nichtnegative Größen. $Z(p)$ kann dann als normierte Impedanz interpretiert werden. Infolgedessen ist der zugeordnete Reflexionsfaktor

$$\Gamma(p)=\frac{Z(p)-1}{Z(p)+1} \tag{G.78}$$

Laplacetransformierte einer asymptotisch stabilen Funktion. Wegen

$$\frac{Z(p)-1}{Z(p)+1}=\frac{\sum_{k=0}^{\lfloor N/2\rfloor} c_{2k}\, p^{2k} - \sum_{k=0}^{\lfloor (N-1)/2\rfloor} c_{2k+1}\, p^{2k+1}}{\sum_{k=0}^{\lfloor N/2\rfloor} c_{2k}\, p^{2k} + \sum_{k=0}^{\lfloor (N-1)/2\rfloor} c_{2k+1}\, p^{2k+1}}=\frac{\sum_{k=0}^{\lfloor N/2\rfloor} c_{2k}\, p^{2k} - \sum_{k=0}^{\lfloor (N-1)/2\rfloor} c_{2k+1}\, p^{2k+1}}{P(p)} \tag{G.79}$$

muß dann $P(p)$ ein Hurwitz–Polynom sein.

Ist umgekehrt $P(p)$ ein Hurwitz–Polynom, dann ist $Z(p)$ eine ungerade Funktion, deren Zähler– und Nennergrad sich um genau 1 unterscheiden. Da das

Hurwitz–Polynom nur nicht negative Koeffizienten hat, müssen dann Zähler– und Nennerpolynom positiv und reell sein. Weiterhin ist

$$Z(j\omega) = \frac{\sum_{k=0}^{\lfloor N/2 \rfloor} c_{2k} \left(-\omega^2\right)^k}{\sum_{k=0}^{\lfloor (N-1)/2 \rfloor} c_{2k+1}\, j\omega \left(-\omega^2\right)^k} \tag{G.80}$$

Damit ist der Realteil von $Z(j\omega)$ stets gleich 0 für alle reellen ω. Infolgedessen ist Z eine Reaktanz. ◆

Literatur

Literatur zu Kapitel 1

1.1 Vollzugsordnung für den Funkdienst (1994). International Telecommunications Union, Genf

1.2 Recommendations of the CCIR (1990) Radiocommunication Vocabulary Rec. 573-3. International Telecommunications Union, Genf

Literatur zu Kapitel 2

2.1 Rees C S, Shah S M, Stanojević C V (1981) Theory and Applications of Fourier Analysis. Marcel Dekker, New York Basel

2.2 Courant R, Hilbert D (1968) Methoden der mathematischen Physik I. Springer, Berlin Heidelberg New York

2.3 Doetsch G (1958) Einführung in die Theorie der Laplace-Transformation I-III. Birkhäuser, Stuttgart

Literatur zu Kapitel 3

3.1 Betz A (1948) Konforme Abbildung. Springer, Berlin

3.2 Schneider M V (1969) Microstrip Lines for Microwave Integrated Circuits. Bell System Technical Journal 48: 1421–1444

3.3 Hammerstad E O (1975) Equations for Microstrip Circuit Design. Proc European Microwave Conf 5: 268–272

3.4 Bahl I J, Garg R (1977) Simple and Accurate Formulas for a Microstrip with Finite Strip Thickness. Proc. IEEE 65: 1611–1612

3.5 Hammerstad E O, Jensen Ø (1980) Accurate Models for Microstrip Computer-Aided Design. IEEE MTT-S Int. Microwave Symp. Digest: 407–409

3.6 Kobayshi M (1988) A Dispersion Formula Satisfying Recent Requirements in Microstrip CAD. IEEE Trans. MTT-36: 1246–1250

3.7 Brand H (1970) Schaltungslehre linearer Mikrowellennetze. Hirzel, Stuttgart

Literatur zu Kapitel 5

5.1 Prinz H, Zaengl W, Völcker O (1962) Das Bergeron-Verfahren zur Lösung von Wanderwellenaufgaben. Bulletin des schweizerischen elektrotechnischen Vereins 53: 725-739

5.2 Groll H (1969) Mikrowellenmeßtechnik. Vieweg, Wiesbaden

5.3 Schiek B (1984) Meßsysteme der HF-Technik. Hüthig, Heidelberg

5.4 Meinke H, Gundlach F (1992) Taschenbuch der Hochfrequenztechnik (Hrsg.: Lange K, Löcherer K.-H.). Springer, Berlin Heidelberg

Literatur zu Kapitel 6

6.1 Behnke H, Sommer F (1965) Theorie der analytischen Funktionen einer komplexen Veränderlichen. Springer, Berlin Heidelberg

6.2 Smith P H (1939) Transmission Line Calculator. Electronics 12 : 29

Literatur zu Kapitel 7

7.1 Paul M (1969) Kreisdiagramme in der Hochfrequenztechnik. Oldenbourg, München Wien

7.2 Smith P H (1969) Electronic applications of the Smith Chart. McGraw-Hill, New York

Literatur zu Kapitel 8

8.1 Brand H (1970) Schaltungslehre linearer Mikrowellennetze. Hirzel, Stuttgart

8.2 DaimlerBenz Gallium Arsenide Foundry Service (1994) E05 Data Book, Version August 1994. Daimler-Benz Forschungszentrum, Ulm

8.3 Anton H (1995) Lineare Algebra. Spektrum Akademischer Verlag, Heidelberg, Berlin, Oxford

8.4 Greub, W H (1967) Linear Algebra. Springer, Berlin, Heidelberg, New York

8.5 Kowalsky H-J (1969) Lineare Algebra. Walter de Gruyter, Berlin

8.6 Schikin J (1994) Lineare Räume und Abbildungen. Spektrum Akad. Verlag, Heidelberg, Berlin

Literatur zu Kapitel 9

9.1 Mason, S J (1953) Feedback Theory – Some Properties of Signal Flow Graphs. Proc. IRE 41:1144–1156

9.2 Mason, S J (1956) Feedback Theory – Further Properties of Signal Flow Graphs. Proc. IRE 44:920–926

9.3 Kuhn N (1963) Simplified Signal Flow Graph Analysis. Microwave Journal 6:59-66

9.4 Mason S J, Zimmermann H J (1960) Electronic circuits, signals and systems. Wiley, New York

Literatur zu Kapitel 10

10.1 Cauer W (1941) Theorie der linearen Wechselstromschaltungen. Akademie-Verlag, Berlin

10.2 Marko H (1977) Methoden der Systemtheorie. Springer, Berlin, Heidelberg, New York

10.3 Hoffmann M (1996) Does your systems simulator use the 'right' transfer function? Proc. „Symposium on Modelling, Analysis and Simulation", CESA'96 IMACS Multiconference, Lille, July 9-12, 1996 : 694-699

10.4 Rupprecht W (1961) Lineare Netzwerke mit negativer Gruppenlaufzeit. Diss. Technische Hochschule Karlsruhe

10.5 Morgenstern G (1971) Gruppenlaufzeit und Impulslaufzeit. AEÜ 25 : 393-395

Literatur zu Kapitel 11

11.1 Unbehauen R (1993) Synthese elektrischer Netzwerke und Filter. München, Oldenbourg 1993

11.2 Butterworth S (1930): On the Theory of Filter Amplifiers. Experimental Wireless & The Wireless Engineer 7 : 536-541

11.3 Schwarz H R (1988) Numerische Mathematik. Teubner, Stuttgart

11.4 Cauer W (1941) Theorie der linearen Wechselstromschaltungen. Akademie-Verlag, Berlin

11.5 Abramowitz M, Stegun I A. (eds.) (1972) Handbook of Mathematical Functions. National Bureau of Standards Applied Mathematics Series 55, U.S. Government Printing Office, Washington

11.6 Gradshteyn I S, Ryzhik I M (1990) Table of Integrals, Series and Products. Academic Press, London

11.7 Reutter F, Haupt D, Jordan-Engeln G (1971) Elliptische Funktionen einer komplexen Veränderlichen, Nomogramme und Formeln. Verlag G. Braun, Karlsruhe

11.8 Tricomi F, Krafft M (1948) Elliptische Funktionen. Akademische Verlagsgesellschaft Geest & Portig, Leipzig

11.9 Magnus W, Oberhettinger F, Soni R P (1966) Formulas and Theorems for the Special Functions of Mathematical Physics. Springer 1966, Berlin

11.10 Saal R, Entenmann, W (1988) Handbuch zum Filterentwurf. Dr. Alfred Hüthig Verlag, Heidelberg

11.11 Storch L (1954) Synthesis of Constant-Time-Delay Ladder Networks Using Bessel Polynomials. Proc. IRE 42 : 1666-1675

11.12 Krall H L, Frink O (1949) A new class of orthogonal polynomials: the Bessel polynomials. Trans. Amer. Math. Soc. 65 : 100-115

11.13 Kuntermann J, Pfleiderer H-J, Unbehauen R (1969) Über die Tschebyscheff-Approximation vorgegebener Laufzeitfunktionen. Frequenz 23 : 120-126

Literatur zu Kapitel 12

12.1 Lehner G (1994) Elektromagnetische Feldtheorie. Springer, Berlin, Heidelberg, New York
12.2 Unbehauen R (1990) Elektrische Netzwerke. Springer, Berlin, Heidelberg, New York
12.3 Chang K (ed.) (1989) Handbook of Microwave and Optical Components. Wiley, New York
12.4 Gupta K C, Garg R, Bahl I, Bhartia P (1996) Microstrip Lines and Slotlines. Artech House, Boston, London
12.5 Itoh T (ed.) (1989) Numerical Techniques for Microwave and Millimeter-Wave Passive Structures. Wiley, New York
12.6 Matthaei G L, Young L, Jones E M T (1964) Microwave Filters, Impedance Matching Networks and Coupling Structures. McGraw-Hill, New York
12.7 Cauer W (1941) Theorie der linearen Wechselstromschaltungen. Akademie-Verlag, Berlin
12.8 Unbehauen R (1993) Synthese elektrischer Netzwerke und Filter. Oldenbourg, München
12.9 Brune O (1931) Synthesis of a finite two–terminal network whose driving-point impedance is a prescribed function of frequency. Journal Math. and Physics 10 : 191 – 236
12.10 Belevitch V (1952) Tchebyscheff filters and amplifier networks. Wireless Engineer 29 : 106 – 110
12.11 Orchard H J (1953) Formula for ladder filters. Wireless Engineer 30 : 3-5
12.12 Deboo G J (1967) Application of a Gyrator-type Circuit to Realize Ungrounded Inductors. IEEE Trans.Circuit Theory CT-14 : 101-102
12.13 Richards P I (1948) Resistor–Transmission–Line Circuits. Proc. IRE 36 : 217-220.

Literatur zu Kapitel 13

13.1 Butterweck H-J (1963) Der Y-Zirkulator. AEÜ 17 : 163-176
13.2 Bosma H (1964) On Stripline Y-Circulation at UHF. IEEE Trans. MTT-12 : 61-72
13.3 Wilkinson E J (1960) An N-Way Hybrid Power Divider. IRE Trans. MTT-8 : 116-118
13.4 Parad L I , Moynihan R L (1965) Split-Tee Power Divider. IEEE Trans. MTT-13 : 91-95
13.5 Young L (1962) Synchronous Branch Guide Directional Couplers for Low and High Power Applications. IRE Trans. PGMTT-10 : 459-475
13.6 Agrawal, A K, Mikucki G F (1986) A Printed-Circuit Hybrid-Ring Directional Coupler for Arbitrary Power Divisions. IEEE Trans. MTT-34 : 1401-1407
13.7 Brand H (1970) Schaltungslehre linearer Mikrowellennetze. Hirzel, Stuttgart.
13.8 Gupta K C, Garg R, Bahl I, Bhartia P (1996) Microstrip Lines and Slotlines. Artech House, Boston, London
13.9 Chang K (ed.) (1989) Handbook of Microwave and Optical Components. Wiley, New York
13.10 Lange J (1969) Interdigitated Stripline Quadrature Hybrid. IEEE Trans. MTT-17 : 1150-1151

Literatur zu Kapitel 14

14.1 Carson R S (1982) High-Frequency Amplifiers (2nd ed.). Wiley, New York

14.2 Rollet J M (1962) Stability and power-gain invariants of linear two-ports. IRE Trans. CT-9 : 29-32

14.3 DaimlerBenz Gallium Arsenide Foundry Service (1994) E05 Data Book, Version August 1994. Daimler-Benz Forschungszentrum, Ulm

14.4 Mason S J (1954) Power Gain in Feedback Amplifiers. IRE Trans. CT-1 No.2 : 20-25

Literatur zu Kapitel 15

15.1 Maas S A (1988) Nonlinear Microwave Circuits. Artech House, Norwood, MA

15.2 Courant H (1955) Vorlesungen über Differential- und Integralrechung II. Springer, Göttingen

15.3 Pantell R M (1958) General power relationships for positive and negative nonlinear resistive elements. Proc. IRE No. 46 : 1910-1913

Literatur zu Kapitel 16

16.1 Mises R (1919) Grundlagen der Wahrscheinlichkeitsrechnung. Mathem. Zeitschrift Bd 5 : 52-99

16.2 Mises R (1931) Wahrscheinlichkeitsrechnung und ihre Anwendung in der Statistik und theoretischen Physik

16.3 Kolmogorow A N (1933) Grundbegriffe der Wahrscheinlichkeitsrechnung. Springer, Berlin

16.4 Risken H (1984) The Fokker-Planck equation. Springer, Berlin, Heidelberg, New York

16.5 Davenport, W B (1987) Probability and Random Processes. IEEE Press, New York

16.6 Schneeweiss W G (1974) Zufallsprozesse in dynamischen Systemen. Springer, Berlin, Heidelberg, New York

16.7 Hänsler E (1991) Statistische Signale. Springer, Berlin, Heidelberg, New York

Literatur zu Kapitel 17

17.1 Rice S O (1944) Mathematical Analysis of Random Noise. Bell System Technical Journal No. 23 : 282-332

17.2 Rice S O (1945) Mathematical Analysis of Random Noise. Bell System Technical Journal No. 24 : 46-156

17.3 Johnson J B (1928) Thermal Agitation of Electricity in Conductors. Physical Review July 1928 no.32 : 97-109

17.4 Nyquist H (1928) Thermal Agitation of Electric Charge in Conductors. Physical Review July 1928 no.32 : 110-113

17.5 Blum A (1996) Elektronisches Rauschen. Teubner, Stuttgart

17.6 Kerr A R, Feldman M J, Pan S-K (1996) Receiver noise temperature, the quantum noise limit, and the role of the zero-point fluctuations. Electronics Division Internal Report No. 304, National Radio Astronomy Observatory, Charlottesville, Virginia

17.7 Friis H T (1944) Noise Figure of Radio Receivers. Proc.IRE 32 : 419-423

17.8 Friis H T (1945) Noise Figure of Radio Receivers. Proc IRE 33 : 125-126

17.9 Rothe H, Dahlke W (1955) Theorie rauschender Vierpole. AEÜ 9 : 117-121

17.10 Haus H A, Adler R B (1959) Circuit Theory of Linear Noisy Networks. Wiley, New York

17.11 IRE Subcommittee 7.9 on Noise (1963) Description of the Noise Performance of Amplifiers and Receiving Systems. Proc.IRE 51, March, 436-442

17.12 Maurer R (1982) Theorie des Diodenmischers mit gesteuertem Wirkleitwert. AEÜ 36 : 311-317

Sachverzeichnis

Springer und Umwelt

Als internationaler wissenschaftlicher Verlag sind wir uns unserer besonderen Verpflichtung der Umwelt gegenüber bewußt und beziehen umweltorientierte Grundsätze in Unternehmensentscheidungen mit ein. Von unseren Geschäftspartnern (Druckereien, Papierfabriken, Verpackungsherstellern usw.) verlangen wir, daß sie sowohl beim Herstellungsprozess selbst als auch beim Einsatz der zur Verwendung kommenden Materialien ökologische Gesichtspunkte berücksichtigen.

Das für dieses Buch verwendete Papier ist aus chlorfrei bzw. chlorarm hergestelltem Zellstoff gefertigt und im pH-Wert neutral.

Springer